云南省哲学社会科学规划项目研究成果

云南水利碑刻辑释

赵志宏 编著

民族出版社

图书在版编目（ＣＩＰ）数据

云南水利碑刻辑释 ／ 赵志宏编著 ． —— 北京 ： 民族出版社，2019.12

ISBN 978-7-105-15947-5

Ⅰ．①云… Ⅱ．①赵… Ⅲ．①水利史－史料－云南②碑刻－汇编－云南 Ⅳ．① TV-092 ② K877.42

中国版本图书馆 CIP 数据核字（2019）第 294078 号

云南水利碑刻辑释

策划编辑：欧光明
责任编辑：杨蜀艳　张海燕
封面设计：李　晶
出版发行：民族出版社
地　　址：北京市东城区和平里北街 14 号
邮　　编：100013
电　　话：010—64228001
　　　　　010—64224782
网　　址：http：//www.mzpub.com
印　　刷：北京艺辉印刷有限公司
版　　次：2019 年 12 月第 1 版第 1 次印刷
开　　本：787 毫米 ×1092 毫米　1/16
字　　数：890 千字
印　　张：43
印　　数：1 ～ 2000
定　　价：120 元
ISBN 978-7-105-15947-5/T・56 汉（20）

该书如有印装质量问题，请与本社发行部联系退换

建立趙州東晉湖塘閘口記　　　　大理衛後千戶所為申明舊制水利永為遵守事碑

段家壩碑

溫官營水例碑記

松梅水例

青海段壩碑記

白龍寺永垂不朽告示碑

奉府憲明文

重脩（修）蔓海河尾碑記

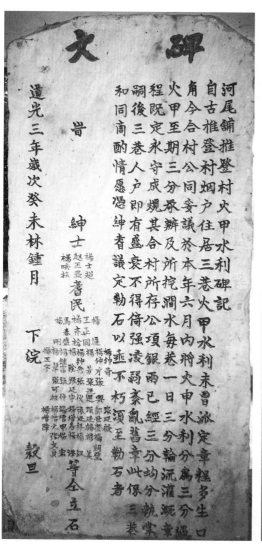

河尾舖（舖）推登村火甲水利碑記

龍王廟碑記

青海石壁水利　　　　　　　　　　　　　水利碑記（碑陰）

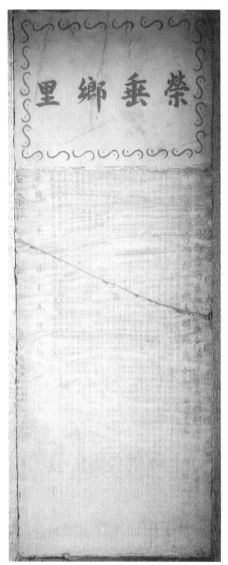

陽南村水例告示碑 　　　　　　　　西閘河護堤碑

永卓水松牧養利序

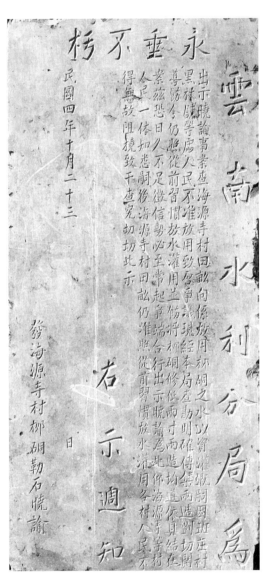

海源寺村人享有梛（柳）樹硐（洞）放水
權碑記

7

上下沐邑水分石刻碑

利用堰塘碑记

前　言

刻石紀事是我國特有的文化傳統之一。碑刻是中華民族石刻珍藏的重要組成部分，是中華文化的重要載體之一，是中華民族寶貴的精神財富，也是研究我國各個歷史時期政治、經濟、社會、民俗、宗教等重要的原始文獻。

雲南歷史悠久，文化燦爛，是人類文明重要的發祥地之一。雲南江河縱橫，湖泊眾多，水系繁雜。境內大小河流共 600 多條，其中較大的有 180 條，分屬長江、珠江、紅河、瀾滄江、怒江和伊洛瓦底江六大水系，如此紛繁複雜的水系組合是其他省區所沒有的。雲南高原湖泊眾多，是我國湖泊最多的省份之一。滇東主要的湖泊有滇池、撫仙湖、陽宗海、杞麓湖及星雲湖等；滇西主要有洱海、程海、瀘沽湖、劍湖、茈碧湖、納帕海、碧塔海等；滇南主要有異龍湖、長橋海、大屯海等。

歷史上世世代代的漢族、彝族、白族、哈尼族、傣族、壯族、苗族、佤族、傈僳族、納西族等先民沿江、圍湖而居，祖祖輩輩享用着大自然的恩賜。但由於地處祖國西南邊疆，山高谷深，旱情多發，故歷朝歷代政府和民間都把水利建設放在了重要位置，大興水利工程并刻石紀事，由此大量的水利碑刻應運而生。這些水利碑刻記載的內容多樣，涉及地方水利建設、水利運行與管理、水利分配、水利糾紛、水規水法、水源保護、生態環境保護以及旱澇災害等，蘊藏着巨大的歷史文化價值和學術價值，是一筆十分可觀的文化遺產，對研究雲南少數民族水利史、農業史、經濟史、民族史、文化史等具有重要的現實參考價值。這些大小不一、形態各異的水利碑刻是雲南各類碑刻的重要組成部分，是我們研究雲南水利建設、歷史發展、時代變遷和社會生活等方面不可多得的重要史料，也是研究我國少數民族地區各個歷史時期政治、經濟、社會、民族、宗教等重要的原始文獻。

雲南水利碑刻資源豐富，數量較多，分布甚廣，年代久遠，它們不但是雲南各族人民智慧的結晶，而且是雲南可持續發展的重要資源。但絕大部分分散藏存，有的至今散落於田間曠野，且變動很大，損毀、剝蝕、殘斷、消佚現象嚴重，亟待進行保護、搜集、整理、研究。

一、雲南水利碑刻研究現狀

中華人民共和國成立以來，我國已有大量的碑刻類著作和論文相繼出版和發表，其中也涉及不少水利碑刻研究。目前，學界對雲南水利碑刻的研究主要集中為碑刻文獻輯錄、碑文考釋與評介、碑刻文化解讀三方面。

（一）碑刻文獻輯錄

雲南金石文獻從宋代開始就有記載，宋人的金石學著作中曾收入來自雲南的銅洗和關於益州太守的碑刻。元、明以來的地理志書在古迹、塚墓及山川諸目中，也略有記載，或

1

於藝文中收錄碑刻文字。明嘉靖年間周弘祖的《古今書刻》收錄全國 15 個地區 920 種石刻，其中即有雲南石刻，可謂將雲南石刻作為一個整體的開創性研究。清代金石學更為發達，著錄的雲南碑刻大量增加，乾隆年間王昶在雲南搜訪金石拓片，所作《金石萃編》共 160 卷，收錄上起周下至遼、宋、金等石刻 1500 餘種，最後一卷專門輯錄南詔、大理國金石，錄文并撰題跋。道光年間，阮福隨其父阮元來到雲南，悉心收集碑刻和有銘文的古器物，彙編為《滇南古金石錄》一書，收錄雲南金石碑文和題跋，乃雲南第一部專門性金石著作，其中涉及一些水利碑刻。由於碑刻材料的增多，其父阮元總纂的道光《雲南通志》便在藝文志中專設"金石"一門，開創了雲南省志著錄金石的先河。此書以"金石"為副編二卷，著錄漢至宋金石文字及所知題跋，已初具規模。近代，雲南金石文獻研究取得新的進展。袁嘉穀輯《滇南金石萃編》，李根源編《雲南金石目略初稿》，后又作《續稿》，自漢至宋，除超出道光《雲南通志》金石目以外，還增補了元、明、清時期大量碑刻，為雲南金石目錄最豐富之書。周鍾嶽主纂《新纂雲南通志》，於《金石考》中登錄金石碑刻 2599 種。繼有方樹梅、何秉智編《續雲南通志長編》，其中《金石一》《金石二》共著錄 471 種，均屬民國初年所知見的金石文獻。20 世紀 80 年代以來，碑刻研究成果更加豐碩。如楊世鈺等主編《大理叢書·金石篇》，周恩福主編《宜良碑刻》，張了、張錫祿編《鶴慶碑刻輯錄》，張方玉主編《楚雄歷代碑刻》，趙家華主編《保山碑刻》，楊林軍編著《麗江歷代碑刻輯錄與研究》，段金錄等主編《大理歷代名碑》等，以及各地州縣志、村志、文史資料等也都不同程度地收錄了大量的水利碑刻。

（二）碑文考釋與評介

1940 年，方國瑜編纂《雲南金石考》，搜錄前人題跋，并逐件自撰跋文，編錄前期 5 卷、中期 6 卷、後期元代 4 卷、明清兩代 5 卷，共計 20 卷，已收入《新纂雲南通志》（卷八十一至一百），所收水利碑刻較多，較前人著述更為詳備。1957 年編印《雲南民族史史料目錄解題》一書，著錄了相當一部分少數民族金石文字及題跋，後又編成《雲南史料目錄概說》三冊，著錄自漢晉至明清的雲南金石文物資料 235 條，其中涉及不少水利碑刻。1992 年孫太初著《鴨池夢痕》中"雲南碑刻概述"一文，對雲南碑刻作了一次全面介紹，其中亦涉及部分水利碑刻。

（三）碑刻文化解讀

中華人民共和國成立後，雲南金石文獻研究突破了金石學、考據學的研究領域，開始從多學科、全方位、新角度進行文化解讀。如方國瑜從民族史料學的角度進行研究，汪寧生從考古學的角度進行研究，顧峰從書法學的角度進行研究，方齡貴從元史的角度進行研究，研究論著和論文較多，其中不少涉及水利碑刻。國外有關雲南水利碑刻的研究目前尚未見到。

這些研究，雖然取得了可喜的成果，但依然存在不足之處，如有關雲南水利碑刻文獻的輯錄，多以碑文集和題錄的形式分散於歷史文獻、地方志、文史資料和碑文輯錄等文獻中；水利碑文輯錄缺乏全面性和系統性，專門的水利碑文輯錄至今尚未面世；碑文的錄文、標點、注釋歧義和錯漏多，部分碑文的錄文甚至存在以訛傳訛的現象；絕大部分水利碑刻的相關資料、信息，在單一文獻中并不完善，不便於學術參考；文獻所載元代以後碑刻多為題錄，無法查曉碑文等。加之，近20年來考古新發現碑刻較多，亟待收集整理研究。因此，在前人研究的基礎上，對中華人民共和國成立以前的雲南水利碑刻進行全面搜集和科學系統的整理研究，為雲南水利建設和民族歷史文化研究提供系統的、全面的、便於檢索利用的水利碑刻資料具有重要意義。

2015年，課題組以"雲南水利碑刻文獻收集整理研究"申報雲南省哲學社會科學規劃基金項目，期望通過該項目對零散於文獻典籍中、散存於田間曠野的雲南水利碑刻進行搜集整理，并經過點校、注釋、研讀、概述等輯錄成為系統的水利碑刻專題文獻彙編，為雲南乃至國家水利碑刻文化研究提供史料。項目申報獲得了省哲學社會科學規劃項目評審專家的支持，於2015年7月獲准立項（雲宣通【2015】21號，項目編號：YB2015082）。

二、本課題研究的內容及方法

（一）資料收集

從2015年8月起，課題組依托雲南省部分公共圖書館、高校圖書館豐富的館藏地方文獻資源，走訪調研了昆明、楚雄、玉溪、紅河、曲靖、昭通、怒江、保山、德宏等地，以大理大學圖書館為主，堅持"紙質文獻查閱、網絡數據庫檢索、田野調查實物采集"三管齊下的原則，全面搜集雲南省各地的水利碑刻資料。

1. 紙質文獻查閱

文獻查閱即全面查閱、收集、輯錄文獻中的雲南水利碑文。首先，課題組以大理白族自治州為起點，采取以近及遠、分頭出擊的辦法，對省內絕大部分的公共圖書館、高校圖書館館藏的古籍文獻、地方志、水利志、文物志、文史資料、地方文獻、碑刻集等中的水利碑刻資料進行了查閱、收集、文獻輯錄。期間，實地走訪了雲南省圖書館、聶耳圖書館、紅河哈尼族彝族自治州圖書館、楚雄彝族自治州圖書館、怒江傈僳族自治州圖書館、曲靖市圖書館、昭通市圖書館、麗江市圖書館、保山市圖書館，彌勒市圖書館、建水縣圖書館、會澤縣圖書館、祿豐縣圖書館、祥雲縣圖書館、彌渡縣圖書館、鶴慶縣圖書館、巍山彝族回族自治縣圖書館，雲南大學圖書館、雲南師範大學圖書館、曲靖師範學院圖書館、昭通學院圖書館等30多個圖書館。此外，我們還到當地的政協文史辦、文物管理部門、博物館等處搜集、獲取相關文獻資料，確保資料的完備、全面。對於在圖書館、博物館、檔案館等均無法獲取的紙質文獻資料，則通過孔夫子舊書網、有路網等進行購買，獲取所需文獻。

2. 網絡檢索

依托學校圖書館的超星數字圖書館、讀秀、萬方等數據庫進行網絡檢索，對紙質文獻作有益的補充；數據庫中無法查獲的資料則借助文獻傳遞、館際互借、篇章網絡購買等途徑獲取雲南水利碑文電子文獻。

3. 碑刻實物資料搜集

根據前期調研所獲文獻記載、文博部門文物普查登記資料等，了解各地水利碑刻的基本情況、存佚現狀、藏存信息、相關綫索，以便調研工作有的放矢。課題組充分利用學校寒暑假的有利時機，在各地專家學者、地方人士的熱心幫助下，積極開展原碑尋訪、數碼照片采集、拓片收集、碑石尺寸測量等工作，堅持"不唯上、不唯書、只唯實"的原則開展調研工作。期間，實地調查的地區有玉溪、紅河、楚雄、昆明、曲靖、昭通、怒江、保山、德宏、臨滄、西雙版納、麗江、大理等州市的 50 多個縣、上百個鄉村和寺觀廟宇以及數個水利管理所。部分暫時無法到達的地方，則請當地的熱心人士代為查訪，竭盡所能搜集全省各地的碑刻遺存。目前，共搜集到碑刻實物照片、拓片資料等 500 多件。

（二）碑刻整理研究

1. 碑文輯錄

對所搜集到的文獻所載的水利碑文資料進行輯錄；對文獻未載的、調研中新發現的碑文進行錄文；對現有文獻中只有題錄而無碑文的，所載碑文僅為略錄、節選、摘要等的水利碑刻，盡力查找尋訪，并作了補充錄文，以便研究者獲取全文。碑文輯錄時，為保存原碑價值和保持原貌，以繁體字錄文，保留通假字、异體字、生僻字等，僅在篇章中作脚注說明，以供研究者參考（詳見《編輯說明》）。

2. 點校、注釋

對調查中發現原碑或拓片的水利碑刻，一律參照原碑、拓片進行校勘；對原碑、拓片無存的但碑文見諸多種文獻者，則利用文獻追溯法，取其年代較早、內容較詳者，并參考其他版本作了校勘，在脚注中作注釋說明；對標點、注釋歧義和錯漏的碑文進行校勘；依據調查所獲資料、信息，對原來沒有標點、計行數、計字數的碑文進行斷句、標點、行數新增、計字數等，以供參考。

3. 碑文概述

對所收集的每通水利碑刻，通過對碑文內容的認真研讀、理解，以及對其所描述事項的相關資料、信息、時代背景的盡力查證，對原各種文獻中碑刻資料記錄不完整的地方，採用"二項五要素法"進行了完善，即在每篇碑文文末附注兩項：概述、參考文獻，這兩項內容中又細分為如下五要素：（1）藏存地：注重行政區劃變更、藏存地點轉移、地名變更等實情；（2）形制：碑石材質、形狀，碑文行數、標點新增，現狀及保存情況等；（3）立碑時間：時間、撰文者、書丹者、立碑者等；（4）碑文概述：內容簡介、文物價值；（5）參考文獻，為研究者提供綫索，其後簡要說明編者錄文、校勘之情況。

（三）學術研究

在資料收集、碑文輯錄整理、點校過程中，課題組也積極嘗試結合調研所得水利碑刻資料開展研究探討，積極撰寫、發表部分相關研究成果。主要有如下幾方面：

1. 編撰《雲南水利碑刻輯釋》：依據立碑時間或按碑刻撰寫的歷史朝代排序（若遇時間不詳者，據朝代排於該朝代之末），編撰《雲南水利碑刻輯釋》，為研究者和愛好者提供參考。目前，該輯釋共收錄雲南水利碑刻 515 通，碑刻錄文計 64 萬余字。

2. 發表系列學術研究論文（目前主要有）：《大理市水利碑刻概說》發表於《大理大學學報》2017 年第 5 期；《大理古代水利碑刻研究》發表於《黑龍江史志》2017 年第 9 期；《雲南水利碑刻文獻研究述略》發表於《大理大學學報》2018 年第 1 期；《祥雲古代水利碑刻考略》發表於《農業考古》2018 年第 3 期；《祥雲地區散存古代水利碑刻的保護利用》

發表於《曲靖師範學院學報》2018 年第 4 期；《祥雲水利碑刻藏存及研究現狀簡析》發表於《大理大學學報》2018 年第 5 期；《新發現段家壩三碑考述》發表於《大理大學學報》2018 年第 11 期；《祥雲水利碑刻輯錄文本錯訛考證》發表於《大理大學學報》2019 年第 3 期。後續將陸續撰寫論文："雲南水利碑刻文獻數據庫建設探析"（全文、原碑圖片、拓片、索引、論著題錄等數據庫），"明清以來大理（昆明、楚雄、玉溪、保山等地）水利碑刻概述"等。

3. 雲南水利碑刻的地理分布、類型特點和史料價值研究：首先，根據水利碑刻所處的地理位置、記述內容涉及的地理區域，按現行行政區劃，將其分為州市、縣級兩大區域，便於進一步進行橫向、縱向，不同地區、不同民族的比較研究。其次，依據碑文記述的具體內容，將其分為紀事碑、紀念性碑刻、祭祀性碑刻、爭訟性碑刻、水源和生態環境保護碑刻、功德芳名碑等，有利於釐清雲南水利碑刻的類型特點。再次，對雲南水利碑刻的保護現狀、史料價值等進行深入研究，有利於了解雲南地域社會和水利制度的具體情況，為當前民族地區水土資源的合理開發利用、生態環境保護提供借鑒。

我們相信，這些成果將會引起學界對雲南水利碑刻研究工作的極大關注，加大對雲南水利碑刻文獻的宣傳、利用，同時可為雲南水利碑刻研究領域拓展新的思路。

三、雲南水利碑刻的分布、類型及特點

遍布於雲南境內的水利碑刻，資源豐富，數量眾多。這些碑刻時代久遠，內容豐富，形式多樣，千姿百態。下面僅從時間、地理位置、內容、石質等方面對其作簡單介紹。

（一）從刻立的時間來看，此次收集碑文以中華人民共和國成立以前為時間界限，目前共收到水利碑刻 515 通，其中元朝 1 通，明朝 74 通，清朝 344 通，民國 96 通。單就數量而言，清朝最多，民國次之，元朝最少；所搜集的水利碑刻中，立碑時間最早的為"御井亭記"（1359 年），立碑時間最晚的為"彌勒甸惠渠修溝用水規約"（1948 年）。詳情如下：

1. 元朝（1271—1368）：1 通。

2. 明朝（1368—1644）：明朝水利碑刻共 74 通，其中洪武 1 通，建文 1 通，永樂 1 通，宣德 1 通，正統 1 通，景泰 2 通，成化 2 通，弘治 3 通，正德 4 通，嘉靖 15 通，隆慶 3 通，萬曆 29 通，天啓 4 通，崇禎 7 通。

3. 清朝（1644—1911）：清朝水利碑刻共 344 通，其中順治 2 通，康熙 52 通，雍正 16 通，乾隆 92 通，嘉慶 37 通，道光 48 通，咸豐 11 通，同治 6 通，光緒 66 通，宣統 4 通，時間不清 10 通。

4. 民國（1912—1949）：96 通。

（二）從地理分布上看，雲南省的水利碑刻分布較廣，幾乎遍布全省 8 州 8 市。此次收錄的水利碑文：大理白族自治州 153 通，昆明市 118 通，玉溪市 68 通，楚雄彝族自治州 57 通，這些地區水利碑刻數量較多；相比較而言，德宏、臨滄、迪慶、怒江、麗江、文山、普洱等地則較少。

（三）從內容上來看，大致可分為紀事碑、爭訟碑、水規碑、水源碑、功德芳名碑等幾種類型。

（四）從立碑情況來看，雲南省水利碑刻主要有官府刻立、民間刻立、軍民同立、私人捐立等幾種類型。總體而言，民間刻立的水利碑刻最多，表明雲南各族民眾十分重視水利建設、水源及生態環境保護，民間水利自治程度較高。官府所立、軍民同立的水利碑刻數量基本相當，私人捐資刻立的亦不少。

（五）從碑刻的形制來看，形狀以長方形居多，少數為正方形、方柱形、塔型；碑石石質有大理石、青石、石灰岩、砂石、白石、墨石、漢白玉等材質；碑又分有額碑和無額碑兩種，有額碑碑額以圭形、半圓形居多，少數為冠蓋形。

（六）從涉及的民族來看，有漢族、白族、彝族、回族、傣族、納西族等民族。

2017年9月，"雲南水利碑刻文獻收集整理研究"申請結項，2018年4月，經專家評審鑒定，順利通過雲南省省委宣傳部、省社科規劃領導小組成果驗收，并榮獲良好等級結項。

四、《雲南水利碑刻輯釋》的學術價值

（一）雲南水利碑刻首次全面、系統的收集整理

《雲南水利碑刻輯釋》是對中華人民共和國成立以前與雲南水利建設發展相關碑刻的輯錄、點校、注釋和概述。主要收錄水利碑、水規碑、告示碑、判決碑、合同碑、章程碑、（修築河渠、堰塘、堤壩、閘口等）工程碑；龍王廟、龍潭廟、本主廟、土主廟等寺觀廟宇碑；橋梁、渡口、水洞、石缸、水井碑；封山育林蓄水碑、鄉規民約碑、功德碑、祠堂碑、墓志銘、詩碑、摩崖等。資料源於散存在雲南各地的碑刻實物，各級圖書館、博物館、文管部門、檔案館的碑刻拓片，中華人民共和國成立以前歷代纂修的地方志、金石錄，中華人民共和國成立以後新修的地方志、專門志、地方文獻、碑刻集、文史資料等。雖然絕大部分碑文前代史志典籍已有錄文，但較為零散、分散，且多數并未斷句標點。尤其重要的是，調研中新發現大量文獻中并無記載或文獻中僅有題錄未見碑文的碑刻資料。因而，《雲南水利碑刻輯釋》首次將零散、分散、未歸類的雲南水利碑刻彙編成集，既是對前人研究成果的繼承和發展，又是一次對雲南水利碑刻文獻史料極具開創性的發掘與整理，也是目前雲南水利碑刻研究最新、最系統的專題文獻成果，將為雲南水利碑刻研究的進一步拓展奠定堅實的基礎。

（二）雲南水利建設與發展歷程的詳實記錄

水利乃農業之命脉，水利問題與政治、經濟、民族、風俗、教育、文化等相互交融的現象十分突出。這種現象，在不同時期各地區各民族的水利碑刻中均有較為詳實的記錄，水利碑刻是雲南社會生活狀況、歷史發展演變等的集中體現。雲南水利碑刻資源豐富，但始終沒有得到學界應有的關注，碑刻資源的開發和利用還遠遠不能滿足學術發展的需要。《雲南水利碑刻輯釋》所搜集的碑刻資料，其時限上起元朝（至正十九年，1359），下訖民國（1948），時間跨度近600年，見證了雲南水利建設與發展的重要歷程，記述了雲南水利歷史上重要的水利工程建設、重大的水利事件以及水權、水法，等等，這些史料對雲南民族史、經濟史、農業史等領域的研究具有重要參考價值，在學術層面上有利於豐富雲南社會歷史發展的研究內容。《雲南水利碑刻輯釋》的編制，不僅可以讓人們對雲南豐富的水利碑刻的歷史背景、概況、內容等作一個全面的了解，而且有利於厘清雲南水利碑刻的地理分布、類型特點和史

料價值，為雲南水利史的研究提供重要史料。

（三）中國水利研究區域性歷史資料的新發現

迄今為止，學界對中國水利史的研究主要側重於黃淮流域、長江流域及沿海地區，對雲南等偏遠地區水利的研究相對較為薄弱，這對研究和了解中國水利問題的全貌極為不利。雲南雖然經濟社會發展滯後，但各族人民在長期的社會生產實踐中，總結出了農田水利建設和管理方面的不少經驗，這在大量碑刻中皆有充分體現。加之，雲南民族眾多，全國 56 個民族中，雲南就有 52 個，是我國少數民族最多的省份。長期以來，各民族分布形成了大雜居、小聚居的特色。由於地理、歷史、文化、語言、生活習性等的不同，各地區各民族用水、治水、水權分配等各具特色。同時，其水利碑刻也具有其他地區無法比擬的多樣性、多層次性、獨特性。《雲南水利碑刻輯釋》涵蓋了極為豐富的雲南水利碑刻資料，其中不僅有雲南獨有民族的水利碑刻，而且還有記錄修建段家壩、治理滇池、疏浚撫仙星雲兩湖、興造洱海、建石龍壩水電站等中國水利史上著名的重大事件的雲南地方性碑刻，以及諸多未見前人整理和研究的碑刻資料。因此，雲南水利碑刻獨具地域性和民族性，在中國水利碑刻史上占有一定的地位。

（四）雲南少數民族地區水利碑刻文化遺產的發掘整理

雲南水利碑刻是研究雲南少數民族水利史、農業史、經濟史、民族史、文化史等的"活化石"，對研究雲南地方社會、政治、經濟、文化等的演變與發展具有重要的現實意義、歷史意義和參考價值，對雲南省大力實施"興水強滇""綠色生態強省"等戰略具有寶貴的借鑒意義。從這個意義上來說，雲南水利碑刻無疑是雲南各族人民重要而珍貴的文化遺產，但其保護現狀、發掘整理研究卻不容樂觀。文獻的收集、整理是文化遺產保護、歷史文化傳承、開展學術研究的首要前提，雲南水利碑刻文獻，散見於古籍史志、各地方志、金石錄以及碑刻集等文獻之中，不便查找、利用。《雲南水利碑刻輯釋》既是一次對雲南水利碑刻的文物普查，同時也是對雲南少數民族地區水利碑刻文化遺產的發掘整理，最終形成便於檢索利用、可資借鑒的參考資料，為相關領域的研究者和愛好者提供了極大的便利。

囿於時間、精力、水平和學術視野等的限制，以及為保持原碑價值和原貌之需要，部分碑文中有關於少數民族的不當稱謂，編者未作修改。本輯釋不足之處，敬請方家批評指正。

趙志宏

2019 年 3 月

編輯說明

一、《雲南水利碑刻輯釋》輯錄的碑文，以涉及雲南水利者為主。收錄範圍為水利碑、水規碑、告示碑、判決碑、合同碑、章程碑、封山育林蓄水碑、河渠碑記、堰塘碑記、堤壩碑記、龍潭碑記、井泉碑記等；部分包含水利內容的渡口、橋梁、寺觀廟宇、鄉規民約碑和祠堂碑記、功德碑、傳略碑、墓誌銘、詩碑、摩崖等，亦酌情收錄。

二、碑文的輯錄，源自原碑實物、碑刻照片、拓片、金石錄、地方志、文史資料、碑刻集等。若同一內容碑文見諸多種文獻者，取其年代較早、內容較詳者，并參考其他版本作校勘，在腳注中注釋說明，以供參考。若原碑或拓片實物尚存者，一律以實物作為校勘依據。

三、碑刻收錄的時限，以中華人民共和國成立以前的水利碑刻為主。所輯錄碑文的時限，上起元朝至正十九年（1359），下訖1948年，中華人民共和國成立以後的碑文未作收錄。

四、碑文的編排，以時間為序。根據立碑或撰文時間，先按朝代進行排列，分別編入元朝、明朝、清朝、民國四個歷史時期。在各歷史時期內，再按年代進行排序；同一年代的水利碑刻，不作月份區分；若遇時間不詳者，依據作者和相關文獻記載考證其朝代年號，據年號排於該年號之末；如年號無法考證者，據朝代排於該朝代之末。

五、碑文輯錄時，為保存原碑價值和保持原貌，以繁體字錄文，保留通假字、异體字、生僻字等，并適當作了注釋，以供研究者參考。

六、原文缺漏、無法辨識的字，統一錄為缺字符"□"；缺字較多或原碑殘損部分，以（上缺）（下缺）表示；無法錄入的文字，使用合并字符、調整字符間距等造字法作了處理。

七、原文未進行斷句、標點、行數標注者，通過研讀或者依據相關資料，嘗試作了斷句、標點、行數標注。文獻記述中碑石形制錯漏者，根據調研實測作了更正、補充。

八、原碑無碑名者，據碑文記述內容或文意作了新擬；原參錄文獻有碑名，一些與碑文記述內容或文意有較大出入者，酌情作了更名或直接選用勘定文獻碑名；其余皆據參錄文獻照錄。

九、碑文錄文格式，按現行行文規範作了如下統一：（1）標題（碑名）：居中，黑體小二號字；（2）正文（碑文）：每段落首行空2字，宋體五號字；（3）文末（附注）：【概述】、【參考文獻】楷體五號字；（4）由於篇幅所限，部分碑文未能完全按照原文格式編排。

十、每篇碑文後皆撰寫了概述，竭盡所能地揭示碑刻的藏存地、形制、立碑時間或撰文者、碑文記述的主要內容等。參照文獻輯錄的，一并列出參考文獻，以為研究者提供綫索。

十一、據參考文獻錄文時，文中［ ］、（ ）、｛ ｝中的內容為校注者所做的校勘，根據需要統一使用［ ］照錄或改為腳注；本書作者校勘所作的補錄，一律在腳注中加以漏錄說明，字數較多者亦采用［ ］標注。

十二、附錄《雲南水利碑刻題名索引》，按每通碑刻碑名的拼音進行排序，其後標出該碑在文中的頁碼，以便讀者查找檢索。

目　錄

8

民國

元 朝

御井亭記 [①]

楊 庭

　　雲南乃古六詔之地，去天萬里，僻居一隅。歲在癸丑，我世祖皇帝應運龍興，御趾親臨其所，毳裳椎髻 [②] 之民，咸謂天人降，不加一兵而盡歸職方。非神武不殺之恩，其孰能致扵此！趙州北十里許，陵陸之上曾駐駟 [③] 焉，時旱不雨，軍士皆稱咽乾，上天憫之而禱，乃以寶劍插地，果應聖衷而清泉湧出，因井之。深凡數尺。在當時以濟其師，而後世則被其澤，此其惟德動天，至誠如此者也。《易》之九五曰：“井冽寒泉，食五。以陽剛中正，德位俱尊，君之象也。”井冽而清，為人汲，飱食居住用事，澤及扵民，謂能濟眾者也。其開 [④] 感造化，豈偶然哉！井之 [⑤] 上有亭，歲久漫漶，而皆福塸 [⑥]。至己亥 [⑦] 冬，憲使禿魯公中順，按臨大理，見而嘆曰：“此先皇之盛事，宜崇修之，以永臣民之所觀感。”乃捐俸資，俾路尹段公亞中董其事。民悅趨之。不日而功造 [⑧] 成。命庭為文以記。庭乃拜手稽首而言曰：“我世祖之崇建功德也，家四海而 [⑨] 八荒，以 [⑩] 三代漢唐宋所無之地，扵此掘井，以察天心，其聖德所昭之實，莫能名焉。憲使公承耳，自知 [⑪] 寄振紀綱 [⑫] 以按百司，雷厲風飛而邊塵底定，扵此修亭，以崇正 [⑬] 望，其所著之功，亦有至焉。是知泉益甘而亭益鞏”，明艮 [⑭] 先後之用，豈特一時之盛 [⑮]，將見皇元之休風，與天地相為永久也。憲使公之令績，亦與國家相為光大

---

① 御井，在州北一十五里。元楊庭《御井亭記》曰：世祖癸丑南征，駐蹕其所，時旱，軍士渴甚，上憫之，禱神以寶劍插地，清流湧出，因井之，亭廢碑存，志訛以御為玉。［（明）李元陽纂：《嘉靖大理府志》，90頁，大理白族自治州文化局翻印，1983］

② 《鳳儀誌》錄為“髻”，據《趙州志》應為“髻”。

③ 《鳳儀誌》錄為“駟”，據《趙州志》應為“驆”。

④ 《鳳儀誌》錄為“開”，據《趙州志》應為“闓”。

⑤ 《鳳儀誌》多錄“之”字。

⑥ 《鳳儀誌》錄為“福塸”，據《趙州志》應為“堉堞”。

⑦ 己亥：指元至正十九年（1359）。

⑧ 《鳳儀誌》錄為“造”，據《趙州志》應為“告”。

⑨ 《鳳儀誌》漏錄“閩”字。

⑩ 《鳳儀誌》錄為“以”，據《趙州志》應為“收”。

⑪ 《鳳儀誌》錄為“自知”，據《趙州志》應為“目之”。

⑫ 《鳳儀誌》錄為“綱”，據《趙州志》應為“剛”。

⑬ 《鳳儀誌》錄為“崇正”，據《趙州志》應為“從眾”。

⑭ 《鳳儀誌》錄為“艮”，據《趙州志》應為“良”。

⑮ 《鳳儀誌》錄為“盛”，據《趙州志》應為“盨”。

也。乃^①係之以銘，曰："玉泉湧清，華亭奐輪；於穆聖德，丕顯惟神；億萬斯年，惠及下民；惟泉斯流，惟亭斯周；赫赫憲公，克黼皇猷；令聞令績^②，與世^③咸休。"

【概述】碑應立於元至正十九年（1359），楊庭撰文。碑文記載：元世祖癸丑南征，駐蹕趙州，時天旱不雨軍士渴甚，世祖憫之，禱神以寶劍插地，清流湧出，因井之并建亭。惜年久漫漶，至正年間，憲使魯公捐資重修并命楊庭撰文銘記。

【參考文獻】鳳儀誌編纂委員會. 鳳儀誌. 昆明：雲南大學出版社，1996.10：551；楊世鈺，趙寅松. 大理叢書·方志篇（卷四）：道光·趙州志. 北京：民族出版社，2007.5：395.

據《鳳儀誌》錄文，參《道光·趙州志》校勘。

---

① 《鳳儀誌》多錄"乃"字。
② 《鳳儀誌》錄為"令聞令績"，據《趙州志》應為"令門介續"。
③ 《鳳儀誌》錄為"世"，據《趙州志》應為"民"。

明　朝

孝感泉四村班水碑記 [①]

孝感泉四村班水碑記（一行）

蓋聞有規則安，無規則亂，安久生祥，亂久生禍。然禍之易生而鉅者，莫甚於農恍之水焉。觀夫孝感（二行）泉源流細小，所應田園廣潤。每值溉種之季，此水將不骹勝應，若再如舊，無緒散放，倔強估儼，其水（三行）之分析，難濟空填溝瀆者，姑置弗惜，殆將有無涯之禍也已。因此，吳安屯劉芳等、北閮史承祖等、沙灘李（四行）鴻發等、黃咶房陳初心等四村首事暨大眾人等，統協召集，除去恩怨逼勒，由折衷垂定，以致百古不（五行）易，遂議定云：此水立成班口，分大小先後。大班口一尺五寸，小班口七寸五分，大班口由一班至八班止，小班口由一班（六行）至四班止。其輪流次序，格外著有班水規條。惟是黃咶房因田園甚散，半居山坡，將南山溝一瓦之水，留（七行）作此村吃、灌秧水之用。故黃咶房只得每日於眾班水上早晚引放，名曰接水，不得終日侵放。而放班（八行）水者，亦不得任意將山溝水肴入班水。當日各村均係心甘意願，誓無反悔。此後，務須依照規條，保清界（九行）限，以泯爭端。茲空口無憑，故立此碑記以誌不朽云（十行）。

執事人：吳安屯劉芳、劉琴；沙灘街董士傳、李鴻發、陳思顏；北閮史承祖、李林；黃咶房陳初心、高甲典暨四村大眾人等公立（十一行）。

大明洪武七年 [②] 三月二十八日　　　　　　　穀旦（十二行）

【概述】碑原立於保山城北黃紙房孝感泉，現存杏花小學內。碑為青石質，高67厘米，寬36厘米，額上鐫刻"永垂不朽"4字。碑文直書陰刻，文12行，行9–47字，共377字。明洪武七年（1374），吳安屯、沙灘街、北關、黃紙房四村民眾公立。碑文記載洪武年間四村民眾為合理分配孝感泉灌溉用水而協議立約的原因、經過和分水條款。該碑是目前所知保山最早的水利碑記。

【參考文獻】保山市文化廣電新聞出版局.保山碑刻.昆明：雲南美術出版社，2008.5：33.

據《保山碑刻》錄文，參拓片校勘，行數為新增。

---

① 《保山碑刻》錄為"孝感泉班水碑"，現碑名據拓片照錄。

② 洪武七年：1374年。

湯池渠記

平 顯①

湯池渠，肇始於洪武之丙子②。時西平惠襄侯沐公在滇，以雲南師旅之衆，仰給餉饋，同備攻守用③，廣闢屯田，爲悠久計。宜良在滇東南，當陸涼、路南喉襟。既置兵守，必謀其食。公相度原野，舊有溝塍，廣不盈尺，流注④弗遠。湯水在旁，人不知用。原田膴膴⑤，棄爲荒隙，不盡地產。是年終⑥，發卒萬五千，荷畚鍤，董以雲南都指揮王俊⑦。因山障隄，刊木鑿石⑧，別疏⑨大渠，道洩於湯池之竅而壯其流。袤三十六里⑩，闊丈有二尺，深稱之。逾月功竣⑪，引流分灌，得腴田若干頃。春種秋穫，實穎實栗，歲穫其饒，軍民賴之。

越二年，公卒⑫。壬午夏⑬，季芒種⑭，雨不時降，人方爲憂，獨宜良水利不竭，首畢農事。將校黎老益追慕公德，咸願鐫石，以紀頌於不窮。[以紀頌於不朽，丐銘于平顯。銘曰：

湯池之渠，宜良之利。人食以生，維公所施。我公伊誰，黔寧冢嗣。善繼厥志，奚啻一事。渠流沄沄，浸彼田稚。勿罹勿勩，冬有斂穧。公雖云逝，我思無替。穹石斯礪，憲於萬世。]⑮

【概述】碑已無存，原碑據考應立於明建文四年（1402）。碑文記述明洪武年間，沐春主持滇政，大修屯田，開鑿湯池渠，灌溉宜良涸田數萬畝，為民興利的功績。

---

① 平顯：明正德《雲南志》卷二十載：平顯，字仲微，浙江杭州人。洪武初，應孝弟力田，為廣西藤縣令。降主簿，尋謫戍雲南。博學能文，西平侯請於朝，除伍籍為塾賓。此即明初留滇詩人平居陳郭之平顯。《景泰雲南志》卷一載平顯《湯池記》（按應為湯池渠記）、李元陽《雲南通志》卷十五載平顯《雲南志後序》并為洪武年間作。

② 洪武之丙子：洪武二十九年，歲次丙子，即 1396 年。

③ 同備攻守用：明《景泰雲南圖經志書校注》作“因備攻守用”；《滇志》作“固備攻守用，廣開屯田”。

④ 流注：《滇志》作“注流”。

⑤ 原田膴膴：《景泰雲南圖經志書校注》作“底平膴膴”，《滇志》作“砥平膴膴”。膴膴：膏腴、肥沃。指可以耕種的肥沃土地。

⑥ 是年終：《景泰雲南圖經志書校注》《滇志》作“是年冬”。

⑦《景泰雲南圖經志書校注》《滇志》作“董以雲南都指揮同知王俊”。

⑧《景泰雲南圖經志書校注》《滇志》作“鑿石刊木”。

⑨ 疏：《滇志》作“流”。

⑩《景泰雲南圖經志書校注》《滇志》作“道洩於鐵池之竅而洑［伏］，其袤三十六里。”

⑪ 逾月功竣：功，《滇志》作“工”。

⑫ 公卒：《景泰雲南圖經志書校注》《滇志》作“公薨”。

⑬ 壬午：即明建文四年（1402）。時明成祖朱棣廢建文年號，改為洪武三十五年。

⑭ 季芒種：《景泰雲南圖經志書校注》《滇志》作“既芒種”。

⑮［］中所錄內容，係參《景泰雲南圖經志書校注》《滇志》補錄。

【參考文獻】周恩福.宜良碑刻.昆明：雲南民族出版社，2006.12：3-5；（清）袁嘉穀修，許實纂.宜良縣志（全）.臺北：成文出版社，1967.5：227；（明）陳文修，李春龍、劉景毛校注.景泰雲南圖經志書校注.昆明：雲南民族出版社，2002.2：7；（明）劉文徵撰，古永繼點校.滇志.昆明：雲南教育出版社，1991.12：639；楊世鈺，趙寅松.大理叢書·方志篇（卷三）：天啓·滇志（下）.北京：民族出版社，2007.5：144-145.

　　據《宜良碑刻》錄文，參《宜良縣志（全）》《景泰雲南圖經志書校注》《滇志》校勘、補錄。

永昌龍王廟銘有記

劉　寅

　　永昌之城，右倚峻山，山之下水汪然湧出，停蓄爲池，週還數百步，漸而南，東溉灌田千餘頃，軍民咸賴其利。父老相傳爲龍泉，故其寺與城皆因之而得名。俗又呼九隆池，豈蒙氏之先，女子沙壹觸沉木於是而生九隆與？按志書云，在哀牢山下，今亦未敢必以爲然也。

　　池之上，舊有祠廟在焉，歷年既久，棟宇傾頹，上兩旁風神無所棲。上章執徐之春，樂安孫揮使來蒞是邦，遷其祠于池之左偏。立位面陽，厥土燥剛。殿堂門廡，易以美材而更新之，像塑以奉祀事。每歲禱祈，對越如在，而往來過者，亦不敢褻也。至永樂癸未①，皇上遣瑯琊雲公以內臣分鎮金齒②，仁慈惠愛，事神尤嚴。己酉歲③春夏間，雨澤愆期，公與本司孫揮使等官謁廟，誠感隨感而應。公乃捐金修其所宜修者，完其所不完者。榱題橝楹，飾以采色。丹紅堊黼，輝光交映。神像儼然，可敬可畏。命彭城劉氏銘之。

　　寅按：山川丘陵，能興雲雨則祀之，以其有益於斯民也。此泉既多利澤，而其神又著感通，祠而銘之，夫豈不宜？其辭曰：

　　郡城之西，泉湧爲池，淵沄漫滿，浩蕩湯湯。東南分流，有渠有溝，溉我田疇，滋稻粱也。食賴而生，民依而寧，享此太平，歲豐穰也。泉流之堨，龍池④在焉，巍然煥然，惠此邦也。是禱是祈，雨暘時若，降福攸宜，民壽康也。公來撫安，臨下以寬，衆心同歡，赫有光也。捐金宜之，雕梁刻榱，五采用施，爛熒煌也。神免其非，民不憂疑，德將安歸，國之禎祥也。庸述其貞，勒之堅砥，式昭後人，永永不忘也。

　　【概述】該碑應立於永樂三年（1405），劉寅撰文。碑文記載：九隆池爲永昌民衆飲水、灌溉之重要水源，永樂元年（1403）內臣瑯琊雲公主理永昌政務期間，感其利澤捐資重修龍王祠。

---

① 永樂癸未：即永樂元年（1403）。
② 金齒：地名。約指今雲南瀾滄江到保山騰衝一帶。
③ 己酉歲：疑誤，應爲"乙酉歲"，指永樂三年，歲次乙酉，即1405年。
④ 古永繼點校本錄爲"池"，據《天啓·滇志》應爲"祠"。

【參考文獻】（明）劉文徵撰，古永繼點校．滇志．昆明：雲南教育出版社，1991.12：855；楊世鈺，趙寅松．大理叢書·方志篇（卷三）：天啟·滇志（下）．北京：民族出版社，2007.5：362-363.

據古永繼點校《滇志》錄文，參《天啟·滇志》校勘。

洪武宣德年間大理府衛關裏十八溪共三十五處軍民分定水例碑文

洪武^①宣德年間^②大理府衛關裏十八溪共三十五處^③軍民分定水例碑文（一行）

大理衛指揮使司^④，為屯軍事，據左千戶等所管屯口百戶嚴斌等手本呈：該取勘到各屯原有河溝澗溏去處，俱系（二行）洪武年間軍民分定各該放水則例，呈稟行司、大理府照依原分軍民水例日期、分數，依例輪流灌田栽插便益，庶免臨期爭奪。開呈得此，今照得即日農忙在邇，各執碑［牌］面，將（三行）所呈原分水例於上，逐一明白開寫。如遇栽秧之時，照舊分水灌田，毋容爭奪。今置坎字號牌面開發，委官收掌，軍民務在遵守。所委官員，至期會同有司，委官（四行）親議。各屯軍民相參田處，常川點閘，毋致失悮農時。敢有互相爭奪水例者，就便踏勘看問明白，將犯人嚴枷痛治，毋致偏循，取罪不便！須至牌者（五行）。坎字互號一面關裏三十五處（六行）：

一處，河尾西山澗水，軍左所三日三夜，民二日二夜。

一處，楊南村溝水，軍前所二分，左前所五分，民水三分。

一處，楊皮村西澗水，軍左所二分，左前所一分，民七分，晝夜放（七行）。

一處，馬蝗溝澗水，軍前所三分，中左所二分，後所二分，民三分。

一處，大龍潭水，軍前所一分，左所一分，後所一分，民一分。

一處，感通寺澗水，軍前所三分，中右、中左所一分，民三分（八行）。

一處，十里舖潭水，軍中後所一分，民一分。

一處，七里橋澗水、陽和村溝水，軍左所三分，中所一分。陽和祿各莊民六分（九行）。

一處，五里橋澗水，軍左所二分，民八分。

一處，城南廂蒼山澗水，軍本衛秋田四分，前所二分，民四分。

一處，古城澗水，軍秋田四分，前所三分，右所一分，後所二分，民一分（十行）。

---

① 洪武：明太祖朱元璋年號（1368—1398）。

② 宣德：明宣宗朱瞻基年號（1426—1435）。

③ 碑文標題為三十五處，實際只列出三十二處。

④ 衛指揮使司：官署名。明朝於都指揮使司之下設衛指揮使司，長官為指揮使 1 人，正三品，副長官為指揮同知 2 人，從三品；屬員有指揮僉事 4 人，正四品；鎮撫司鎮撫 2 人，從五品，經歷司經歷，從七品，知事，正八品，吏目，從九品，倉大使、副使各 1 人。

一處，五里橋澗水，軍後所五分，民五分。

一處，江心莊澗水，軍後所五分，民五分。

一處，黑橋澗水，軍後所三分，右所一分，中所一分，民五分（十一行）。

一處，塔橋澗水，軍左所四分，民二分。

一處，古城外摩用澗水，軍右所三分，左所一分，民四分（十二行）。

一處，上洋溪澗水，軍左所五分，民五分。

一處，作揖舖澗水，軍左所四分，民六分。

一處，小邑莊泉水，軍左所三分，中所二分，民五分（十三行）。

一處，西山觀音寺澗水，軍中所三分，民七分。

一處，靈會寺泉水，軍中所五分，民五分。

一處，大院㙮村下水，軍中所五分，民五分（十四行）。

一處，峨崀澗水，軍中所四分，民六分。

一處，三舍邑澗水，軍五分，民五分。

一處，沙坪村澗水，軍中所三分，民七分（十五行）。

一處，白石澗水，分開三分，周城民七分，軍中所二分，牧馬邑民水七分，軍中無。峨崀里民水七分，軍水三分。

一處，周城澗水，軍中所四分，中前所二分，民四分（十六行）。

一處，周城泉水，軍中所四分，民四［下缺］六分。

一處，神摩洞澗水，軍中所四分，民六分（十七行）。

一處，白花澗水，軍中所三分，中前所二分，中右所一分，民四分。

一處，草腳屯西山下泉水，軍中前所四分，中所二分，民四分（十八行）。

一處，波羅㙮大路下泉水，軍六分，民四分（十九行）。

宣德口年四月吉日立（二十行）

【概述】原碑立於明宣德年間，高91厘米，寬39厘米，現已不存。碑文直行楷書，文20行，行10-66字。碑文詳細記載了官府對蒼山十八溪的水流灌溉的具體分配與規劃，是宣德年間整個大理壩子農業生產所必須遵守的水利灌溉法規。該碑對研究本地區文明發展、歷史沿革具有重要參考意義。

【參考文獻】楊世鈺，趙寅松.大理叢書·金石篇（卷一）.昆明：雲南民族出版社，2010.12：312-314.

7

修白姐聖妃龍王合廟碑

李文海

　　正統十四年①己巳,昭信校尉楊公謹,率合村人修建白姐聖妃龍王合廟,經始於是歲季春,告成於明年夏四月,檜楹宏麗,視前有加。天順辛巳②之春,楊公囑余識石以示方來。廟距柳龍沖四百餘武,其神梵像惟南服有之,不見經傳,故白姐之號莫考其詳,未可強為之說。惟據西域神僧摩伽陀傳示波羅門密語中,載有其概云:"聖實彌勒化現之神,首上三龍表示主持三界,左手撫心,欲斷眾生無名之毒,以契真覺心,右手擬頂門授記,記其無常偈,待其當來度生即證成佛也。十指交叉,欲斷眾生十惡五逆心,為十方境界,是知其神乃古佛化身,聖神之母,詎止為祝厘祈福之所也歟!"

　　舊說柳龍沖,昔因岩場水連年橫流為患,備禦弗克。合議曰:"州東北之滢溇場,古建白姐廟,靈感有驗,叩之立應,盍資神力以制之。"議既合眾,遂闢辭請禱於廟,徙置岩場江陰,又塑白難陀龍王專像奉安於左,合而鎮之,果蒙神靈有歸,而水患賴以寧息。明年夏,大旱,眾白官徙市於廟,命僧俗結壇,又輒得雨,益信神之靈足以惠福一方,莫不駢手跂而事之益虔焉。鄉村以每歲孟春哉生明年例,各庀香需供玩,詣廟致祭,以酬神貺,迄今仍之。茲因其請記,按祭法,有能禦大災捍大患則祀之,是鄉之民,實資神力以殄水患,蘇亢旱則報祀之禮,歷千萬載而不刊也,宜矣!是為記。

　　【概述】該碑立於明正統十四年(1449),李文海撰文。碑文記述了劍川柳龍冲連年水患成灾,昭信校尉率眾修建白姐聖妃龍王合廟,并例行祭祀祈禱以殄水患蘇亢旱之事。

　　【參考文獻】劍川縣史志辦公室.劍川縣文藝志.昆明:雲南民族出版社,2010.11:114.

---

① 正統十四年:1449 年。
② 天順辛巳:即天順五年(1461)。

寶泉壩記 ①

彭 時 ②

寶泉壩③距雲南縣城西北二十里，乃雲南憲副④麻城周公鑒與參政連江趙公雍之所倡而為之者也。蓋二公行部⑤至縣，守法勤政，協德一心，進文武諸司詢民所利害，而罷行之。於是洱海衛鎮撫孫謙進曰："民事莫重於農，而農之所憂，惟旱為甚，不可無以備之。"縣境有地曰遊峯場，四山環列，而中為巨浸者三，俗呼為海子。其源深以長，其流散漫而廣衍，非築壩堰以閉縱之，則傍近之田不可資以灌溉。間嘗有築之者矣，然苟利目前，屢築而屢圮，一遇亢旱，則田輒失利，而民以病告。二公愕然相顧曰："此急務也，為之不可緩。"因行視其地營度之。集文武官屬，激之以義而必其成，眾歡然唯命。指揮同知張盤、雲南縣令趙彥亨、楊宗輩咸捐賞俸，以鳩庀材。而指揮僉事吳瑾、千戶丁晟則相與董其役。壘石為壩，高二十尺，長二百五十尺，廣半其長之數；中為十⑥門，視水之大小而閉縱之。又作亭於壩上以休，置祠於壩之南山，以祀龍神焉。既成，名之曰"寶泉"，因壩之西寶泉山以名也。然水之所注，可以溉田萬頃，而利民於無窮，其實與名亦克稱矣。

時監察御史榮昌王公驥適奉璽書⑦讞獄⑧，至而見之，喜為賦詩以記其盛。而指揮使陳勝、曹宏等乃合詞言於公曰："是役之興，石以層數者二十有四，木以枚數者五百八十有奇；用人之力以工計之三萬六千一百二十有五。經始於景泰六年⑨二月丁丑，而卒事於四月辛丑，為日八十有六，可謂費且勞矣。然人不可以為費且勞者，由藩憲二公信乎於下，而激勸之有

---

① 《祥雲縣志》《祥雲碑刻》錄碑名為"游蜂壩碑記"，但二者錄文不全。《雲南縣志》錄碑名為"游峯壩碑記"，亦出入較大。游蜂壩，古名寶泉壩。

② 彭時（1416—1475），字純道，明英宗、代宗、憲宗時宰相，明朝賢相之一。曾主修《英宗實錄》，有《彭時文集》問世。病死，終年60歲。（楊劍宇編著：《中國歷代宰相錄》，937頁，上海，上海文化出版社，1999）

③ 寶泉壩：今名游豐壩，位於祥雲縣城西北12公里。景泰六年（1455）雲南憲副周鑒、參政趙雍倡修，由指揮同知張磐、縣令趙彥亨庀材，指揮僉事吳瑾、千戶丁晟董役施工。歷時86天，耗工36125個，築成高30尺，長250尺，砌石24層的石牆土心壩，中設斗門以節啓閉，"可灌田萬頃而利民無穹"。其施工速度、工程技術和灌溉效益都十分可觀。（中國人民政治協商會議祥雲縣委員會主編：《祥雲文史資料·第一輯》，8頁，內部資料，1991）

④ 憲副：官名，代都察院副長官左副都御史的別稱。

⑤ 行部：謂巡行所屬部域，考核政績。

⑥ 十：疑誤，應為"斗"。

⑦ 璽書：（1）古代以泥封加印的文書。（2）秦以後專指皇帝的詔書。

⑧ 讞獄：審理訴訟；審問案情。

⑨ 景泰六年：1455年。

方也。願伐石刻辭，以無忘二公之德，且告來者，俾無壞焉。"公曰："諾。"乃命訓道張衡具始末，而以書走京師，屬予記。

　　予惟自三代溝洫之法廢，而民始以旱為憂，故君子心乎愛民者，恒務興水利以備之，所以代天施而長地力，若孫叔敖立勺陂，馬臻理鏡湖之類是也。顧其遺跡往往而在，民至於今受其惠。夫二公之心，亦古人之心也。使是壩幸久存而不壞，則其惠利於民，豈有窮已哉！而諸君子又欲昭示後人，使圖其無窮之利，與御史公能成人之美，皆可嘉也。不可以不記，遂為之記。

　　【概述】該碑已佚，現存碑文原載於嘉靖《大理府志》，由明朝景泰六年（1455）大學士彭時撰文。碑文記載明景泰年間，雲南憲副周鑒與參政趙雍宣導地方官員修築寶泉壩（今名游豐壩），積水禦旱為民興利的功績。該碑是祥雲縣內現存最早的水利碑記。

　　【參考文獻】方國瑜．雲南史料叢刊·第六卷．昆明：雲南大學出版社，2000.1：410-411；祥雲縣志編纂委員會．祥雲縣志．北京：中華書局，1996.3：830；李樹業．祥雲碑刻．昆明：雲南人民出版社，2014.12：151；（清）項聯晉修，黃炳堃纂．（光緒十六年刊本·影印）雲南縣志（全）．臺北：成文出版社，1967.9：142-143.

　　據《雲南史料叢刊》錄文。

新建南壩閘記 [①]

陳　文 [②]

　　雲南，古滇國，其城瀕于滇池。乘高而望之，則商山在其北，左金馬，右碧雞，支壟蜿蜒，相屬環抱，方數百里。其間遠村近落，良疇沃壤，彌望而不可極，惟宂其南而池浸焉。

　　南壩據池之上流，距城五里許，其源出東北之屈償、昧樣、邵甸諸山，凡九十九泉，或潰而流，或瀯而潆，或激而波，或濇注而溪焉，或山夾而澗焉，潋焉汩焉，會于盤龍江。

　　至松華 [③] 壩，則岐爲二河，一由金馬之麓過春登里，一由商山之麓過雲津橋，皆趨於滇。蒙、段氏時 [④]，過春登者隄上多種黃花，名遶道金稜河 [⑤]；過雲津者隄上多種白花，名縈城

---

①《雲南府志》錄碑名為"南壩閘記"，碑文亦有出入。

②陳文（1405—1468）：字安簡，號緗齋，江西吉安縣人。明宣德十年（1435），參加鄉試獲中舉人第一名，是為解元。正統元年（1436），在禮部會試中，殿試獲一甲第二名，賜進士及第，壽官翰林編修。景泰二年（1451），擢升為雲南右布政使，任職期間，修水利、均徭役、申冤獄、興學校，利國利民。編撰《雲南圖經志》，是雲南現存官修地方志中最早的一部。

③《景泰雲南圖經志書校注》錄為"華"，據《景泰·雲南圖經志》應為"花"。

④蒙、段氏時：南詔國、大理國時期。

⑤金稜河：俗稱金汁河。

銀稜河^①。嘗築土石爲二堰於河之要處，障其流以灌田，凡數十萬畝。元時，雲南行省平章政事賽典赤亦^②復增脩之，民甚賴焉。今所謂南壩，即縈城銀稜河之所流也。然前此爲堰，不過興一時之利，而於經久之計則未聞也。

惟我皇明混一區宇^③，雲南恃遠弗庭^④，洪武壬戌^⑤，黔寧昭靖王時爲西平侯，奉命率師平之，留鎮其地，定以經制，昭以威信，厚以惠利，俾兵民並力於田畝，以耕以穫，不違其時，而南壩之脩，歲有恆役。後定邊伯繼領鎮事，思以弘黔寧之緒^⑥，謀造石閘以蓄洩其水，爲經久利。方儲材命工，值邊境多事，未就其志。

景泰癸酉^⑦，今總戎繼軒沐公^⑧廼圖成于參贊思庵鄭公^⑨，議定而後會焉，時鎮守都知監左監丞羅公、右監丞黎公、布政司左布政使賈公^⑩、按察司按察使李公^⑪暨二三同志皆力相之。既而上其事於朝，亦不易其初議。廼計舊儲之材增以十倍，而凡富人之樂助者亦不拒之。仍擇將校之有智計者田凱、李振、郭進三人董其役。其條畫之出、用度之宜，則沐、鄭二公自主。於是甃石爲閘而扃以木，視水之小大而時其閉縱。又因其余材，相閘之西爲廟，以祠神之主此閘者。其東爲亭，與廟相直，而春秋勸省耕穫，則休於其中。於^⑫景泰甲戌^⑬八月十有三日始役，而以明年三月一日卒事。其所用之工力，合之凡八萬二千九百有奇。既成，雲南之兵民無少長皆悅曰："自今以始，田不病於旱潦而吾農得以足食者，誠二公之賜也。願紀其事于石，置諸亭以傳悠久。"二公皆不能止也，廼以記丐於余。

余謂沐公爲定邊之孫、黔寧之曾孫也，學兼文武，崇德象賢^⑭，拜右軍都督同知，握征南將軍印以總戎事。鄭公以經綸之才，弘達之識，廉方公正之操，糸贊其事，累陞至僉都御史兼巡撫之寄。相濟同道，以綏靖此方，又能興歷代之遺利，以成累世欲爲之志，使兵民蒙惠於無窮，實君子之事也，烏可以不記？然余於是而知二公之所爲，當於古人中求之。

---

① 銀稜河：俗稱銀汁河。
② 《景泰雲南圖經志書校注》多錄"亦"字。
③ 混一區宇：指統一天下。混：用武力統一。
④ 恃遠弗庭：倚仗地處邊遠，不服從朝廷的管轄。
⑤ 洪武壬戌：即洪武十五年（1382）。
⑥ 黔寧之緒：指黔寧王沐英留下的事業（指修築南壩）。
⑦ 景泰癸酉：即景泰四年（1453）。
⑧ 繼軒沐公：即沐璘，字廷章，號繼軒，定遠人。明景泰間官雲南右軍都督同知、充總兵官，鎮雲南。長吟詠，工書法。
⑨ 思庵鄭公：即鄭顒，號思庵，浙江錢塘人。明正統年間任雲南按察司副使，景泰年間任僉都御史、巡撫。
⑩ 賈公：即賈銓，字秉鈞，直隸邯鄲人，永樂末進士，正統十二年（1447）授左布政使。
⑪ 李公：即李璽，字朝用，號玉山，湖南耒陽人。明宣德五年（1430）進士，曾任雲南按察使。
⑫ 《景泰雲南圖經志書校注》錄爲"於"，據《景泰·雲南圖經志》應爲"以"。
⑬ 景泰甲戌：即景泰五年（1454）。
⑭ 崇德象賢：崇尚賢德，并以之爲榜樣。

昔晋羊叔子[①]、杜元凱[②]二子繼守襄陽，皆能脩政立事以成晋業，宋歐陽文忠公稱其功名盖當世，而流風餘韻，藹然被於江漢之間，至今人猶思之。盖思元凱以其功，叔子以其仁，二子所爲雖不同，然皆足以垂於不朽，此乃異時同道而得人心者也。今二公以道相濟，而同時出治，余竊以謂沐公以孝，鄭公以德歟！盖善繼人之志者，孝之大；善成人之羙者，德之推。行仁始於孝，立功本於德，視古人奚遠哉？余雖歐陽公[③]之鄉人，而言不足以永二公之孝之德，若羊、杜二子之功與仁者，盖雲南兵民少長之心，實欲紀以傳也，余豈得已哉！若夫匠氏之良、富人之助，亦君子所不棄，乃以其名氏列于碑陰云。

　　【概述】該碑應立於景泰六年（1455），雲南右布政使陳文撰文。碑文記載景泰五年（1454）八月十三日至次年三月一日，新建昆明城南南壩水閘的詳細情況。
　　【參考文獻】（明）陳文修；李春龍，劉景毛校注．景泰雲南圖經志書校注．昆明：雲南民族出版社，2002.2：522-524；楊世鈺，趙寅松．大理叢書·方志篇（卷一）：景泰·雲南圖經志．北京：民族出版社，2007.5：176-178.
　　據《景泰雲南圖經志書校注》錄文，參《景泰·雲南圖經志》校勘。

海口見龍記

秦　禺[④]

　　成化[⑤]王辰[⑥]五月，民憂海口淤塞，滇水爲患。鎮守錢公，總戎沐公，體朝廷一視同仁之心，偕役治水，不數日而淤塞者通，灌溉田畝，民得其利。是歲龍見，咸以爲豐稔之兆，非我公誠心孚格，以和召和，焉能若是易。九五[⑦]日[⑧]：“見[⑨]龍在天。”又日[⑩]：“見龍在田。”

①羊叔子：即羊祜（221—278），字叔子，泰山郡南城縣（今山東費縣西南）人，西晉的開國元勳，鎮守襄陽十年間，開屯田，儲軍糧，以德政著稱。
②杜元凱：即杜預（222—285），字元凱，京兆杜陵（今陝西西安東南）人，西晉時期著名的政治家和學者，滅吳統一戰爭的統帥之一。與羊祜先後鎮守襄陽，皆有德政，後世并稱“羊杜”。
③歐陽公：即歐陽修。陳文與歐陽修皆江西盧陵（今江西省吉安市）人。
④《海口鎮志》錄為“禺”，據《昆陽州志》應為“容”。
⑤成化：明憲宗（1465—1487）年號，憲宗於天順八年（1464）登基，1465年改元“成化”。
⑥《海口鎮志》錄為“王辰”，據《昆陽州志》應為“壬辰”。成化壬辰：即成化八年（1472），歲次壬辰。
⑦九五：《易》卦爻位名。九，謂陽爻；五，第五爻，指卦象自下而上第五位。《易·乾》：“九五，飛龍在天，利見大人。”孔穎達疏：“言九五，陽氣盛至於天，故云‘飛龍在天’。此自然之象，猶若聖人有龍德、飛騰而居天位。”後因以“九五”指帝位或帝王。
⑧《海口鎮志》錄為“日”，據《昆陽州志》應為“曰”。
⑨《海口鎮志》錄為“見”，據《昆陽州志》應為“飛”。
⑩同注釋⑧。

明良遇而君臣同慶，上下交而德業竝修，此之謂與。嗟夫！龍旣彰兮，我公祥必兆兮；滇中時之和兮，十雨五風，年之豐兮，禾麥芃芃；鼓之舞之兮，樂及老翁；不識不知兮，歌及小童；荷聖朝大化兮，公秉其忠；使西南無事兮，大建厥功！

【概述】碑文記載成化八年（1472），海口淤塞水患成灾，時任官員為民興利除弊的功績。

【參考文獻】西山區海口鎮志編纂辦公室．海口鎮志．內部資料，2001.7：322-323；（清）朱慶椿等修．昆陽州志·卷六．清道光二十年刻本：63-64.

據《海口鎮志》錄文，參《昆陽州志》校勘。

重修海口神廟記

童　軒

距雲南郡東百里許，合諸山之泉，自南而西，匯爲巨浸者，曰滇池，即古昆明池也。每颶風挾怒濤至，則澎湃盈[1]擊，茫無涯畔，勢若海然，故又名滇海。比歲池口淤塞，水逆爲患，兵民日負郭者，悉塾爲塗泥，農桑擊畜，咸[2]失其所。成化王辰[3]，欽差鎮寧[4]雲南御用監太監錢公能，聞而歎曰：古之善爲政者，率能引水爲利，今顧壅水爲患，可乎？失茲不治，殆將魚其民，沼其田矣，而先王順時覗土之政，果安在耶。嗣[5]命都指揮陳俊方，親身率兵民以疏導之。迺以是歲二月始事，持[6]畚捔[7]，薙菑穢，刊陞濬涸，逾三月而工[8]訖。公遂偕欽差鎮守雲南總兵官，征南將軍黔國公沐[9]琮，巡行以觀省之。顧瞻之際，見有神[10]祠，頹然於洲渚之間，棟宇傾側，垣墉圮壞。二公相與謂曰：是必主斯水者，神無憑依，若此，以福吾民乎。於是各捐己貲，慨然以重修爲事。不日材用坌集，工役畢至，公乃[11]命指揮熊誌以董其成。凡榱角[12]之撓折者，易之；板檻之腐朽者，新之；甋級瓦蓋之缺落者，繕泊之；

---

① 《海口鎮志》錄為"盈"，據《昆陽州志》應為"盪"。
② 《海口鎮志》錄為"咸"，據《昆陽州志》應為"成"。
③ 《海口鎮志》錄為"王辰"，據《昆陽州志》應為"壬辰"。
④ 《海口鎮志》錄為"寧"，據《昆陽州志》應為"守"。
⑤ 《海口鎮志》錄為"嗣"，據《昆陽州志》應為"肆"。
⑥ 《海口鎮志》錄為"持"，據《昆陽州志》應為"偫"。
⑦ 《海口鎮志》錄為"奮"，據《昆陽州志》應為"畚"。畚捔：盛土和抬土的工具；泛指土建工具。
⑧ 《海口鎮志》錄為"工"，據《昆陽州志》應為"公"。
⑨ 《海口鎮志》錄為"公沐"，據《昆陽州志》應為"沐公"。
⑩ 《海口鎮志》多錄"神"字。
⑪ 《海口鎮志》錄為"乃"，據《昆陽州志》應為"仍"。
⑫ 《海口鎮志》錄為"角"，據《昆陽州志》應為"桷"。

黝堊之漫漶者，黑白之。無幾落成，公俾軒記之①於石。嗟夫！事神治民，初非有二理也。然治民以仁爲本，事神以誠爲要，向使田功不興，民食不足，謂之能仁夫民，吾未之信也。神宇不飾，祀事不將，謂之能誠於神，吾亦未之信也。今二公者，俱以王室之裔，挺魁傑之材，當封疆之寄，其於邊務，固已區劃②有方，而保釐有道矣，茲焉除水患以卻田功，新祠宇以承祀事，非於民而仁，於神而誠者，能若是乎。商書曰：民罔常懷，抒③於有仁；④神無常享，享於克誠。二公可謂能盡之矣。於戲，世固有視民如秦、越，謂神猶桃梗者，彼方且虐之慢之不暇，又奚暇爲二公所爲乎。由是言之，則二公之用心皆可爲⑤書也，故爲之記。

【概述】碑文記載：海口連年淤塞，水患成灾，人民流離失所。成化八年（1472），欽差錢能巡視雲南期間，令都指揮陳俊方親率兵民疏導治理，三月工竣，并重修海口神祠。

【參考文獻】西山區海口鎮志編纂辦公室．海口鎮志．內部資料，2001.7：322；（清）朱慶椿等修．昆陽州志·卷六．清道光二十年刻本：45–48.

據《海口鎮志》錄文，參《昆陽州志》校勘。

永定水利碑記

雲南按察司⑥金滄道⑦委官洱海衛⑧指揮吳，為分水利，（下缺）（一行）

本道批狀據□□衛旗軍⑨□□等連名告稱：先年（下缺）（二行）原開設古溝在地名清花洞後九龍潭澗於水接連，流至（下缺）（三行）過共上埧壹拾伍道，離屯壹拾餘里，方繞流到田內。每遇（下缺）（四行）挖溝埧，得放灌溉栽種⑩。近被大理、洱海、景東、趙州并（下缺）（五行）隣近本營，許⑪將水利築砌硬埧，扛抬久病男婦圖賴（下缺）（六行）等因，蒙此。依蒙着今告人孟鑑等指引，親詣所皆覬（下缺）（七行）分水。圓牌到官，

---

① 《海口鎮志》多錄 "之" 字。
② 《海口鎮志》錄為 "劃"，據《昆陽州志》應為 "盡"。
③ 《海口鎮志》錄為 "抒"，據《昆陽州志》應為 "懷"。語出《尚書·商書·太甲下》："民罔常懷，懷於有仁。鬼神無常享，享於克誠。"
④ 《海口鎮志》漏錄 "鬼" 字。
⑤ 《海口鎮志》多錄 "爲" 字。
⑥ 按察司：官名，"提刑按察使司" 的簡稱，明、清時一省的司法和檢察機關。
⑦ 金滄道：指金沙江、瀾滄江水道。
⑧ 洱海衛：衛是軍事建制，不管地方政務，只管屯田和防務。洱海衛設置在雲南品甸（今祥雲縣）。一般情況下，每衛下轄前、後、中、左、右5個千戶所，有軍卒5600人。據明萬曆《雲南通志》記載，大理衛就下轄有10個千戶所，有軍卒10314人；洱海衛下轄有6個千戶所，有軍卒7358人。
⑨ 旗軍：明朝四衛營的官軍。
⑩ 《大理叢書·金石篇》錄為 "種"，據原碑應為 "插"。
⑪ 《大理叢書·金石篇》錄為 "許"，據原碑應為 "計"。

酌量各屯遠近軍民田地多寡，斷定（下缺）（八行）。今將分過水利仰□□等置立圓牌壹面，該屯収執。用（下缺）（九行）故有故□不道^①仍前混亂，勢強霸占，許指名執牌赴官陳（下缺）（十行）給者，□□計開分定水利。（下缺）（十一行）

　　蒙化衛中右所百戶符鐸所軍屯分放肆晝夜，（下缺）（十二行）

　　　中前所百戶玦官所軍屯分放叁上善^②晝夜。（下缺）（十三行）

　　　　　　　　　　　　弘治貳年^③陸月　　日給（十四行）

　　　　　　　　　　　　娶^④官（十五行）

　　【概述】碑存彌渡縣彌城新農村（原名撒麼依）農戶家中。碑為大理石質，額呈圭形，其上鐫刻"永定水利碑記"6字，碑面有"芝麻"點毀損痕迹，下截殘損。殘高47厘米，寬36厘米。碑文右起直行楷書，文15行，行2–22字，共270字。明弘治二年（1489）立石。碑文記載明弘治年間，洱海衛指揮吳姓官員處理蒙化衛屯軍與鄰近民眾之間水利糾紛的具體情況及判決結果。

　　【參考文獻】楊世鈺，趙寅松. 大理叢書·金石篇（卷五·續編）. 昆明：雲南民族出版社，2010.12：2504–2505.

　　據《大理叢書·金石篇》錄文，參原碑校勘。

海口記^⑤

陳　金

　　滇池在雲南會城之南，週廻三百餘里，諸山之水皆歸焉。其水自南流而西折，歷安寧、富民入金沙江。源廣末狹，若倒流，然滇池^⑥之名所由始也。濱池之田無慮數百萬頃，皆膏腴沃壤，畝入可六七石。顧下流地勢頗高，加以兩山沙石、雨水衝入，眾流之會日益^⑦焉。故汜濫^⑧瀰漫，而膏腴沃壤，浸沒十之八九，民甚苦之。弘治己未^⑨，巡撫李公若虛，慨然有志疏濬。予時為左布政^⑩使，承命偕按察使陳君敬，都指揮僉事孫君輔往視之。得其所以

---

① 《大理叢書·金石篇》錄為"故有故□不道"，據原碑應為"敢有故違不遵"。

② 《大理叢書·金石篇》多錄"上善"2字。

③ 弘治貳年：1489年。

④ 《大理叢書·金石篇》錄為"娶"，據原碑應為"委"。

⑤ 《海口鎮志》《雲南府志》錄碑名為"海口記"，《昆明文物古迹》錄為"修海口河碑記"。

⑥ 《海口鎮志》多錄"池"字。

⑦ 《海口鎮志》錄為"益"，據《雲南府志》應為"溢"。

⑧ 《海口鎮志》錄為"汜濫"，據《雲南府志》應為"氾濫"。下同。

⑨ 弘治己未：即弘治十二年（1499）。

⑩ 《海口鎮志》漏錄"司"字。

氾濫①之故，歸白於公。而東作方興，其事已後時，無能爲矣。庚申②冬，予膺③巡撫，寄水患滋甚，軍民懇乞疏濬者日急。辛酉④夏，乃會鎮守劉公明遠，總戎沐公鎮之及藩臬諸君，相告曰：「滇水爲害，久且大矣，禦災捍患，非吾輩分外事。」僉曰：「公憂思及此，地方之福，軍民之幸也。」其共圖之，遂伐木於山，採竹於林，取海牌⑤於水，成鐵具於冶，攻器物於肆，俱命官董之。按察副使曹君玉實，督率而經理之。未幾，曹又爲撫彝之務所奪，爰會劉、沐二公，起借六衛軍，餘安寧、晉寧、昆陽三州，昆明、呈貢、歸化、易門四縣民夫，二萬有奇，各委官分領而提督其事，則按察司僉事范君平也。壬戌⑥正月望，予偕劉、沐二公詣海口神祠，竭誠告祭。翌日詣下流灘場⑦，築壩斷⑧水，自壩而下，至青魚灘，凡若干⑨里，以衛、州、縣官夫，畫地分工，照界疏濬，以一丈五尺爲則，不及數者，因地勢也。青魚灘上至石梁河，皆橫石，乃相度地勢於青魚灘之左、⑩梁河之右，各⑪開一渠，廣三尺許，水從此洩，而橫石不能爲河流之碍。至黃泥灘、黃土嘴、平地舖⑫、白塔村等處，以及官莊上下，擋⑬水亂石，⑭阻塞河流者，悉平治而盡去之。未幾，范歸視司篆，以副司毛公科代之。又於河之兩岸⑮，環築旱壩十有五座，以擋⑯榭兩山水衝流壅塞河道之患，各設壩長一、壩夫十守之。軍民夫匠各給以糧，糧皆取諸屯倉及贖罪之數，無濫費也。三月十有六日，毛因工匠告完，且軍民佈種者急於得水，移文於余，而障水之壩拆焉。水得就下，其聲若⑰雷，不數月而池之水十已去六七，不復昔日之氾濫瀰漫矣。土地⑱盡出，而所謂膏腴沃壤者，不復昔之浸沒矣。乃命雲南府⑲知府張鳳指揮，魏闇查勘退出田地，前後約百萬有奇。將有主而人賦者給之主⑳。主與賦俱無者，查給附近軍民。與主有而賦無者，驗數陸㉑科焉，通計

---

① 《海口鎮志》漏錄"瀰漫"2字。
② 庚申：即弘治十三年（1500）。
③ 《海口鎮志》錄爲"膺"，據《雲南府志》應爲"受"。
④ 辛酉：即弘治十四年（1501）。
⑤ 《海口鎮志》錄爲"牌"，據《雲南府志》應爲"簰"。簰：同"簰"，用竹木編成的水上交通工具。
⑥ 壬戌：即弘治十五年（1502）。
⑦ 《海口鎮志》錄爲"場"，據《雲南府志》應爲"廠"。
⑧ 《海口鎮志》錄爲"斷"，據《雲南府志》應爲"障"。
⑨ 《海口鎮志》錄爲"干"，據《雲南府志》應爲"千"。
⑩ 《海口鎮志》漏錄"石"字。
⑪ 《海口鎮志》漏錄"新"字。
⑫ 《海口鎮志》錄爲"黃土嘴、平地舖"，據《雲南府志》應爲"黃十嘴、平定舖"。
⑬ 《海口鎮志》錄爲"擋"，據《雲南府志》應爲"欄"。
⑭ 《海口鎮志》漏錄"凡"字。
⑮ 《海口鎮志》錄爲"岸"，據《雲南府志》應爲"崖"。
⑯ 同注釋⑬。
⑰ 《海口鎮志》錄爲"若"，據《雲南府志》應爲"如"。
⑱ 《海口鎮志》錄爲"土地"，據《雲南府志》應爲"地土"。
⑲ 《海口鎮志》多錄"府"字。
⑳ 《海口鎮志》多錄"主"字。
㉑ 《海口鎮志》錄爲"陸"，據《雲南府志》應爲"陞"。

賦之增者若干石。查濱海州縣、衛所，遞年虛賠之數而盡補之，甦軍民之困也。患之消，利與①惠之及於人者，蓋亦大且溥矣。藩、臬長貳，李君詔、王君弁，僉以事之首末，皆予所究心者，爰恪恭請予記文②。或者問予曰：“夏禹決汝漢，排淮泗而注之江，萬世永賴，公濬滇池而注之金沙江，與禹功不相類乎！”予曰：“不然，禹之功在九州，予特爲一方之利耳。”又曰：“③賽典赤鑿金汁渠，引松華水，以溉滇城東西之田，至今滇人仰其利而廟祀之，公濬滇池之水，而田④之出者動以數百萬計，較之賽典赤之功大乎！”予曰：“不然，賽曲赤鑿渠引水，滇人以享百世之利。予濬水出田，特今日事，但恐將來下流⑤淤塞，水復氾濫，而田復浸沒，則又不逮賽典赤⑥多矣。今予將有去志，後之繼其事者，憂民之憂，利民之利，而加之意焉。見河流壅塞，卽督工濬之，見旱壩毀損，卽督工修之，俾兩山沙石，終不入河，下流滔滔，終無阻碍，使氾濫瀰漫者，不再復見⑦，而膏腴沃壤，不復淹沒，董⑧雲靄於壟⑨畞，嘉穀如茨如梁，則將爲滇人子孫億萬載無窮之利，而予生平志⑩願足矣，夫復何言。”問者唯唯而退之⑪，遂併書而記之焉。

【概述】20世紀50年代初，考古工作者在海口原龍王廟內發現該碑。碑立於弘治十五年（1502），巡撫陳金撰。碑文記錄了弘治十五年開挖海口河的巨大工程的經過，動用民夫二萬余，苦戰三個月，使滇水面頓落數丈，拯救農田百萬余畞，爲研究昆明水利史提供了極爲重要的資料。此碑與楊慎《修浚海口碑記》、方良曙《重竣海口記》有海口三名碑之稱。海口三碑，記載了從明弘治到萬曆年間三次疏浚海口，數萬人胼手胝足大會戰的壯闊情景。爲人們了解過去治理滇池，開發春城提供了珍貴的資料。

【參考文獻】西山區海口鎮志編纂辦公室．海口鎮志．內部資料，2001.7：319；王海濤．昆明文物古迹．昆明：雲南人民出版社，1989.3：160-161；（清）謝儼．雲南府志（全）．臺北：成文出版社，1967.5：541-542．

據《海口鎮志》錄文，參《雲南府志》校勘。

---

① 《海口鎮志》錄為“利與”，據《雲南府志》應為“利之興”。
② 《海口鎮志》錄為“文”，據《雲南府志》應為“之”。
③ 《海口鎮志》漏錄“元”。
④ 《海口鎮志》錄為“田”，據《雲南府志》應為“由”。
⑤ 《海口鎮志》錄為“流”，據《雲南府志》應為“復”。
⑥ 《海口鎮志》漏錄“者”字。
⑦ 《海口鎮志》錄為“不再復見”，據《雲南府志》應為“不復再見”。
⑧ 《海口鎮志》錄為“董”，據《雲南府志》應為“黃”
⑨ 《海口鎮志》錄為“壟”，據《雲南府志》應為“隴”。隴畞：田畞。《史記·卷七·項羽本紀》太史公曰：“羽非有尺寸，乘勢起於隴畞之中。”
⑩ 《海口鎮志》錄為“志”，據《雲南府志》應為“至”。
⑪ 《海口鎮志》多錄“之”字。

石屏水利記 [1]

陳 宣

　　水生於天 [2]，成於地穴 [3]，非得人以理之，則縱其泛 [4] 濫彌漫，以魚鼈吾生民。此禹非 [5] 以憂溺之心，三過其門而不入也。周公營洛 [6] 之時，又營鑿石渠，引伊 [7] 水以灌田土，號周陽渠。至漢張純猶 [8] 復其故道，至於今不廢，豈終能爲患而不爲利耶？《易》曰：潤萬物者，莫潤乎水。然或止於坎窞，蓄於池、於湖、於澤，性雖潤物，終莫能自行。不幸 [9] 生於四塞之地，又不幸遭時大旱，其不爲枯槁 [10] 而凋喪者，幾希矣。欲潤物，莫能自致，不能不假之人力焉。人也者，所以補天地之不及，而所謂參贊焉者於斯，亦有驗。與猶之有一物之仁，有一事之仁，謂之非仁不可也。

　　滇南屬郡臨安，予與憲副包公 [11] 好問，實守巡其地，皆有責焉。[12] 弘治癸亥 [13]，自春至 [14] 夏五月望，尚不雨。春秋所必書，屏人心驚惶走告，無虛日。聞有言，去城之西，不五十里，有石屏湖，俗重之曰海。若假人天浚 [15]，水可下行，性有 [16] 潤其枯槁；湖落地出，盡膏腴也。副憲 [17] 王公行之邀我二人，望三日偕至湖，作謀治式。如金如玉，凡百千丈有奇。今 [18] 知府王公資良、衛 [19] 指揮龐君松，民兵共役，令之稱畚錘具，餱糧程土物，明日即事。每丈平處

---

① 《石屏縣志》錄爲"石屏水利記"，據《石屏州志》應爲"石屏州水利記"。
② 《石屏縣志》漏錄"一"字。
③ 《石屏縣志》錄爲"穴"，據《石屏州志》應爲"六"。
④ 《石屏縣志》錄爲"泛"，據修《石屏州志》應爲"氾"。
⑤ 《石屏縣志》錄爲"非"，據修《石屏州志》應爲"所"。
⑥ 洛：指洛水，水名，源於中國陝西省洛南縣，東流經河南省入黃河。
⑦ 《石屏縣志》漏錄"洛"字。伊洛：伊水與洛水。兩水匯流，多連稱。亦指伊洛流域。
⑧ 《石屏縣志》漏錄"能"字。
⑨ 《石屏縣志》漏錄"而"字。
⑩ 《石屏縣志》錄爲"槁"，據《石屏州志》應爲"稿"。
⑪ 包公：建水包見捷。
⑫ 《石屏縣志》漏錄"時"字。
⑬ 弘治癸亥：即弘治十六年（1503）。
⑭ 《石屏縣志》錄爲"至"，據《石屏州志》應爲"徂"。徂：及，至。
⑮ 《石屏縣志》錄爲"天浚"，據《石屏州志》應爲"開濬"。
⑯ 《石屏縣志》錄爲"有"，據《石屏州志》應爲"能"。
⑰ 《石屏縣志》錄爲"副憲"，據《石屏州志》應爲"憲副"。
⑱ 《石屏縣志》漏錄"衛"字。
⑲ 《石屏縣志》多錄"衛"字。

一人至二人，有沙有^①土處倍之。凡一千五百人，每五十丈督一^②指揮、通判等官，察其勤惰，以上下其食事，三旬而成。水通物潤，且有地以鄉計者四，以畝計者數百萬。過次^③則潤及建水州猶未已也。天之生水與地成之，而人之所以贊之者，至是皆無遺憾矣。不然，則儲^④於坎窞湖澤，與土石相泊^⑤沒，卒歸之無用之所而已矣。畏天命憫人窮，周公當先爲之，豈欺我哉？南京監察御史王君明仲讀書於家，感而有請，且曰：吾徒生長於斯，聞有湖在石屏，未嘗聞有利如此，不刻之石，何以垂遠而傳不朽。包公偕予走書白當道，當道然之，以爲民辦^⑥所當急者，又重吾子之請，敬從之，遂記其事。

【概述】碑文記述弘治年間，石屏州軍民共同疏浚异龍湖，開田數萬畝，興修水利，發展農業生產的經過。

【參考文獻】雲南省石屏縣志編纂委員會．石屏縣志．昆明：雲南人民出版社，1990.10：812；（清）管學宣．石屏州志．臺北：成文出版社，1969.1：146；陳後強．蒼南縣陳姓通覽．杭州：杭州出版社，2006.12：771.

據《石屏縣志》錄文，參《石屏州志》校勘。

新開黑龍潭記

陸　棟

新開黑龍潭記（一行）
賜進士出身知鶴慶軍民府事余姚陸棟撰文（二行）
賜進士出身工部職房司郎中郡人陸經篆額（三行）
鄉貢進士正德庚午科郡人朱珮書丹（四行）
　　予家山中，喜農事，有薄田數十畝，相度土宜，樹藝稼穡，竟不憚勞。凡水泉可及遠者，率鄉中子弟濬源（五行）導流，無遺焉。蓋雖勞而發生暢茂之趣，亦自有可樂者。嘗以為苟得子民之職，亦當如此矣。初知河間（六行），河間為古九河下流，水聚而土鬆，既築堤以障汪瀾，復分流以灌濱河之田數百頃。既而移知鶴慶，乃（七行）詢郡人之在都下者，僉曰：郡有東山河，河東田資以灌溉，河西田則唯龍泉是賴。龍泉凡十餘所，而黑（八行）龍泉之利物居多，泉出郡之西南宣化山下，經行溪澗，皆有泉迸出，處高則澤可以及遠邇，

---

① 《石屏縣志》多錄“有”字。
② 《石屏縣志》漏錄“百戶，每百五十丈督一千戶，每五百丈督一”17 字。
③ 《石屏縣志》錄為“次”，據《石屏州志》應為“此”。
④ 《石屏縣志》錄為“儲”，據《石屏州志》應為“潴”。
⑤ 《石屏縣志》錄為“泊”，據《石屏州志》應為“汨”。
⑥ 《石屏縣志》錄為“辦”，據《石屏州志》應為“事”。

至郡，將首（九行）圖之。二守①張君君用②，已命百戶劉儀輩興此役矣。因督之亟，且授以成筭③，再閱月來告成。遂偕君用命（十行）駕，遡流而上。溝開廣五尺，深三尺許，遶山之曲二十有四，約三十餘里。跋涉險阻，□衣攀崖，艱澀萬狀（十一行），而後至潭所。是日，惠風拂面，麗日當空，命從者斧朽木，薙穢草，驅亂石，而潭之景益奇。蓋戊寅④三月九（十二行）日也。有父老進曰：凡達官至此，輒風雨若靳其景者，今獨不然，豈神物亦有意耶？予應之曰：是非我所（十三行）知也。庠生□汝詢等請曰：是水下流，析為十餘溝，惟迎邑與何邑⑤一溝，阻三溯澗上舊架木為槽以過（十四行）水。補槽木之朽折，開泥沙之壅填，歲勤數百人，迫泉方流，又奪於強暴，視他溝每力多而功半。農之病（十五行）夫水也如此。正德乙亥⑥，汝詢暨董葉省祭生學輩謁張君，指以南坡可鑿水道。張君審其宜於民，出令（十六行）示眾，檄千戶李瓅監工。始於三月甲子，畢於四月甲寅。農之不病於水，蓋三年矣。以公之來，水利聿興（十七行），與張君省耕，躬歷溝道，深而廣之，泉之流殆徧，而豪奪者自遠。若百戶薄秀等屯田，均得霑足，豈特迎（十八行）邑、何邑二村而已。是郡昔長於土酋，政之苛，民之病，不暇論矣。厥後守郡者，不知其幾，更無一言及此（十九行）。二公為民之心亦至矣，吾儕其忍忘之？請一言勒石，以垂永圖。利均而分定，豪右其敢有復窺者乎？於（二十行）呼！昔古人有言：驅民南畝，而後民可使富。然雨暘不能以時，旱潦不可無備於斯，而不為之處。雖有愛民（二十一行）之心，亦為徒善而已矣。昔安定胡先生教授弟子，即設水利齋，議者以為有用之學。況夫有子民之責（二十二行）者，獨可不念及此耶？今吾輩坐嘯⑦一堂，而吾民不免於饑寒，其心樂乎？不樂也。然則茲役也，將以利乎（二十三行）□□□也，將以樂其利乎民也。是為記。

正德戊寅孟夏月吉旦立（二十四行）

【概述】碑存鶴慶縣金墩鄉和邑村迎邑三家村後，距縣城西南3公里。碑為青石質，高130厘米，寬92厘米，厚23厘米。碑額為半圓形，有雲紋，中留一方形如印，因風雨剝蝕，篆文已不能辨認。碑文兩側有花紋，直行楷書，文24行，行6-39字，計757字。碑座龜頭已損，部分字迹漫漶。明正德十三年（1518）立，陸經篆額，陸棟撰文，朱珮書丹⑧。碑文記述明正德年間，鶴慶知府陸棟協力同知張君用、百戶劉儀輩等興修黑龍潭水利工程造福於民之事。該碑

---

① 貳守：州府長官太守的副手；謂任同知之職。

② 君用：為張廷俊字。

③ 筭：古同"算"。

④ 戊寅：指正德十三年，歲次戊寅，即1518年。

⑤ 何邑：現作"和邑"，均為漢字記白語，應從府志意譯白語作"鶴邑"為是。

⑥ 正德乙亥：即正德十年（1515）。

⑦ 坐嘯：本意閑坐吟嘯，引申意為官清閑或不理政事。《後漢書·黨錮傳序》：東漢成瑨少修仁義，篤學，以清名見，任南陽太守，用岑晊（字公孝）為功曹，公事悉委岑辦理，民間為之謠曰："南陽太守岑公孝，弘農成瑨但坐嘯。"

⑧ 陸經，乃鶴慶歷史上第一個進士；朱佩，為繼陸經之後的第二個進士；知府陸棟亦為進士，故此碑亦稱為"三進士碑"，又稱"三絕碑"。

為鶴慶縣現存關於水利方面最早的一通碑刻。

【參考文獻】楊世鈺，趙寅松.大理叢書·金石篇（卷二）.昆明：雲南民族出版社，2010.12：582-584；雲南省鶴慶縣志編纂委員會.鶴慶縣志.昆明：雲南人民出版社，1991.6：630.

據《大理叢書·金石篇》錄文，參拓片校勘。

洗心泉誡

洗心泉誡（一行）

昔人云，泉水為上，井水次之，河水又次之。凡我同鄉飲此水者，當知掘地遡源，三百餘丈之遠；導流砌石，一千餘工之多。非特供飲濟（二行）渴而已，必也滌去舊汙，滋長新善。為父正，為母慈，為兄愛，為弟恭，為夫義，為婦順，為子孝，為女潔；為士廉，為友信，為僕勤，為婢實，為富（三行）仁，為貧忍；為長者以身教，為幼者以心學。善者眾共尊之，惡者眾共除之。隣保相助，患難相卹。過失相勸，德業相成。不可為僧為道，不（四行）可為冠為巫。不可集聚賭博①，不可結黨遊蕩。不可習尚懶惰，不可沉迷酒色。不可相侵界埂，不可損壞橋路。不可增減秤斗，不可用強（五行）買賣。不可重筹利息，不可相效奢侈。不可倡率兇武，不可夸恃強盛。不可相誣詞訟，不可潑騙咒罵。不可欺玩法度，不可制造違式。不（六行）可浸潤衙門，不可抗拒官長。不可私借官物，不可暗買盜財。不可畜養鷹犬，不可暴殄服食。不可酷好博弈，不可隱攘器物。不可聽信（七行）邪妄，不可混雜男女。不可兄弟計利，不可婚姻論財。不可喜諧聽讒，不可溺愛護短。不可妄生猜疑，不可行使左計。不可報復宿仇，不（八行）可遺棄故舊。不可毀謗詭隨，不可嫉妬驕傲。不可忽畧疾病，不可輕用刀針。不可斂用金玉，不可葵用火化。不可犯尊長之諱，不可滋（九行）惡少之黨。不可交結無藉之人，不可輕傳無據之言。不可偏執己私，不顧眾論之公。及不可橫截直衝此水來歷之處，務要用力農種（十行），勤看經史，嚴防水火，保護身家。無田產者，或施訓迪，或行醫藥，或學手藝，或習推卜，或做買賣，或開山岡。諸事不能自勝者，為人傭工（十一行），為人服役，為人牧放，為人栽植。貧富相資，強弱相依。差徭用心供辦，稅糧用心上納。但凡一人首倡良善，則一家皆良善，一鄉一郡相（十二行）效，而同為良善，禮義之俗自此成矣。自然福壽康寧，災害不生。父母妻子，同慶太平之世。墳塋門戶，可必保全之久。相承相繼，綿延無（十三行）疆。存無愧行，沒有芳名。不亦榮乎？不亦樂乎？若有不依此者，必是棄德薄福之流。此水入腹，必不滋長通快。而災害之生，近及身家，遠（十四行）及子孫。抑且生前惡行，既深入扵眾心，死後臭名，必唾罵扵眾口。非天所厭，乃己所自取也。有何益哉？此論雖若迂，扵理則不妄。但天（十五行）道或遲或速，或隱或顯，莫能測度。所以愚頑執迷，只顧目前，不肯信從。又有一等低下之人，每以貧不得已藉口。爾想貧至乞

---

① 《大理叢書·金石篇》錄為"博"，據原碑應為"博"。博，古同"博"。

丏者，設（十六行）養濟院以生之；貧而妄為者，設奸盜律以殺之。何者為榮？何者為辱？何者為樂？何者為憂？慎思自擇可也。然欲洗心，一時難便深責，須（十七行）用日改月化漸摩之，久習與性成，實易易也。致仕御史楊南金，生長鄧川，無以淑①鄉人也。晝夜切切，凡關係地方風俗急務，每與同志（十八行）者講究開導，或請行扵父母斯土之官，數年事事頗盡心矣。正德十四年②春，復扵通衢疏導此泉，而僭③為之名曰洗心泉。因綴此誠扵（十九行）下，尚冀後之同志，增補宣諭，永遠警勸。同鄉而少讀書者，早晚常聞常見此誠，各洗其心，以去惡而崇善焉。扵往日之鄙陋，將來之變（二十行）化，或未必無小補云（二十一行）。

正德十四年歲次己卯仲秋月吉日立（二十二行）

【概述】碑存洱源縣鄧川鎮舊州村。碑為青石質，額上楷體陽刻“洗心泉”3字。碑高153厘米，寬64厘米，厚13厘米，碑身上、下中部有2-3厘米榫口，以便豎碑時嵌固之用。碑文直行楷書，文22行，行4-51字，計1000字。明正德十四年（1519）立。碑文記述洗心泉得名之原委，并鐫刻數十條為人處世的道德規範，以勸誡到此飲水之人。該碑對研究明代白族社會道德風尚具有重要的參考價值。

【參考文獻】楊世鈺，趙寅松．大理叢書·金石篇（卷二）．昆明：雲南民族出版社，2010.12：587-589.

據《大理叢書·金石篇》錄文，參原碑校勘。

南供河記

楊士雲

南供河在府治西南二十里，發源山神哨至白楊塲，俗稱龍泉者。三穴齧澗噴出，暵旱弗縮。下流恒用泓演，東入漾弓江，南甸田④仰溉焉，故名。蓋瀕河左為大溝，引水而北者四；右為大溝，引水而南者三。因各為支溝，以注田者不計焉。田為畝餘五萬，賦為石餘五百，戶數百，居為千餘室，河之利溥矣。而特⑤以為利者，此泉耳。泉迤南為高阜曠土，可若千畝。勢家闚利，欲橫截泉水而用之。在正統中為土酋，成化中為守禦，宏治中為豪民某某長康。民以遏我上流，輙訟之，乃弗得逞。正德庚辰⑥，又有豪民躍故智譎辭於府，乞墾田輸賦，

---

① 《大理叢書·金石篇》錄為“淑”，據原碑應為“淋”。
② 正德十四年：1519年。正德：明武宗朱厚照（1506—1521）年號。
③ 《大理叢書·金石篇》錄為“僭”，據原碑應為“僣”。僣：古同“僭”。
④ 《鶴慶碑刻輯錄》漏錄“咸”字。
⑤ 《鶴慶碑刻輯錄》錄為“特”，據《鶴慶州志》應為“恃”。
⑥ 正德庚辰：即正德十五年（1520）。

里中老承勘得賂，報可，遂給印帖，登版冊，民泣愬者相屬。豪民者復詭辭於藩司，巫①眾之傾已，下府復②之。太守王君甫下車，得其情，嘆曰：此地此水果可利，昔人當先爲之矣，奚俟今日哉。夫以棄地而病良田，恣一夫以戚眾庶，奚可？迺追帖削冊，咸服其辜。民驩呼相謂曰：微我公，南甸其萊矣。夫人效尤者，亦永有懲乎。謀於鄉貢士趙德宏，國子生楊懷玉，郡學生李紹綸董，紀事於石，請予記。於戲，民非穀弗生，穀非土弗植，土非水弗滋，故禹謨六府，洪範五行，皆水居先。而後世河渠之書，溝洫之志，加強③矣。蓋善爲民者，所④興水利也。涸也爲之畜引，溢也爲之分泄，廢也爲之修復。又患民之爭也，則爲之禁令。所以禁其爭也，抑強暴而已矣，杜侵奪而已矣。昔關中仰鄭白二渠⑤溉田，而豪戚壅上游取碾利，奪農用。李柏⑥笃請皆徹毀，唐史書之，輝映簡策。南供河之利，鄭白渠之類也。龍泉之遏，上游之壅也。高阜之地，百碾之類也，烏可以小而妨大。君之意固李君也，是宜書然。李以高才擢給事，方挺不屈，出刺常州，治行最卓。君亦以給事言事補外，稍遷臺省。茲守鶴，多惠政，其風節治績亦李君也，又宜書。君名昂，字仲容，廣安人，起宏治乙丑⑦進士。

【概述】碑存鶴慶縣。明正德十五年（1520），楊士雲撰文，鄉貢士趙德宏、國子生楊懷玉、郡學生李紹綸等同立。碑文記述了鶴慶"勢家""豪民"長期霸占龍泉水，民眾屢次稟告官府無果，苦不堪言，後經太守王君甫斧正，民眾歡呼勒石紀事的經過。

【參考文獻】張了，張錫祿.鶴慶碑刻輯錄.內部資料，2001.10：198-199；李正清.大理喜洲文化史考.昆明：雲南民族出版社，1998.08：530-531；楊世鈺，趙寅松.大理叢書·方志篇（卷八）：光緒·鶴慶州志.北京：民族出版社，2007.5：634.

據《鶴慶碑刻輯錄》錄文，參《鶴慶州志》校勘。

水洞祠記⑧

吳　堂

漾工爲鶴慶巨川，因名爲江。俗又謂之蛟江，豈其形似耶。源發於麗江之雪山，始於

---

① 《鶴慶碑刻輯錄》錄爲"巫"，據《鶴慶州志》應爲"誣"。
② 《鶴慶碑刻輯錄》錄爲"復"，據《鶴慶州志》應爲"覆"。
③ 《鶴慶碑刻輯錄》錄爲"強"，據《鶴慶州志》應爲"詳"。
④ 《鶴慶碑刻輯錄》漏錄"以"字。
⑤ 鄭百二渠：鄭國渠和白渠的并稱。在今陝西省境。
⑥ 《鶴慶碑刻輯錄》錄爲"柏"，據《鶴慶州志》應爲"栖"。
⑦ 宏治乙丑：疑誤，應爲"弘治乙丑"，即弘治十八年（1505）。
⑧ 水洞祠：在治南象眠山下，昔神僧贊陀屈多有利導之功，明知府周集建祠，歲以四月八日祭，郡守吳堂、郡舉人樊巍各爲之記。（楊世鈺、趙寅松主編：《大理叢書·方志篇〈卷九〉：民國·鶴慶縣志》，193頁，北京，民族出版社，2007）

濫觴①，積乃溢，合眾流而南入鶴境，迅駛百折，盤渦駭騰，越百里餘奔注象眠山足石崛，伏流里許為水洞導澗，石衝決聲，晝夜轟若雷括，從②籟罔聞，百二十里入金沙江，東會於海。嗚呼，源委亦盛矣！產珍孕奇，至我皇明而風氣益開拓，建宮立學，誕敷文教，人才輩出，山川之秀豈可誣哉！予以正德乙卯③與朝議不合，出守斯④土。越明年，庚辰四月八日洞始祭，從民望也。辛已⑤又祭，士民胥集。有進而言曰：天為民設此洞也，否則瀦而為淵，且不可郡謂非吾鶴之司命乎？耕而需、飲食而需、聚族而需、葬而需、生養而需，弗報乃罔神，其獲戾。不文何以紀諸後，是，豈非君候⑥之意乎？願有以勒。因不自鄙，摭眾聞，俾鑴祠石，並正其神號曰"象眠山水洞之神"。

【概述】碑文記述象眠山水洞為鶴慶境內農田灌溉、日常飲用等的重要水源，為感天恩，民眾祭祀洞神并立祠勒石的情況。

【參考文獻】張了，張錫祿．鶴慶碑刻輯錄．內部資料，2001.10：101；楊世鈺，趙寅松．大理叢書·方志篇（卷九）：民國·鶴慶縣志．北京：民族出版社，2007.5：193.
據《鶴慶碑刻輯錄》錄文，參《民國·鶴慶縣志》校勘。

姜公彌患記

楊南金

吾鄧世患有四：武斷相仍無變也，冦虐縱橫無禁也，神姦惑亂無破也，流潦衝激原陷隰淹無順而導之者也。四患之相沿幾百年矣，生斯土者豈乏崛起之士，然一齊眾楚，故文不能變武斷。盜賊時有誅捕而罔究，厥因罔發厥究，故法不能禁冦虐。闢邪時有毀除之令，而其源弗塞其流日長，故正不能破神姦。至於疏鑿濬導非無人力也，而不知審變通之勢，懲抗政之豪，故堤有不築者，有隨築隨決者，流潦之患可勝言耶？甲申⑦春，兵備憲副太倉姜公龍巡歷至鄧，南金叨溫泉里社之侍，公目擊山澗流潦在在沒民田廬，嘆曰："地無牧耶！民何至此極也？"既而詢及諸患，公蹙然不忍聞，見視諸害若已致之，隨治流潦從宜講畫檄大理府，別駕周侯昆俾尋源溯流順其勢而導之，並委千户嚴經、邑幕程董其事，未五月而三堤告成，曰廟後、曰圓井、曰大水塲也。三堤共計四百丈有奇，高濶一丈有奇，堤之麓雜

---

① 濫觴：江河發源的地方，水少只能浮起酒杯。今指事物的起源。
② 《鶴慶碑刻輯錄》錄為"從"，據《鶴慶縣志》應為"眾"。
③ 正德乙卯：據上下文，疑誤，應為"正德己卯"，即正德十四年（1519）。
④ 《鶴慶碑刻輯錄》錄為"斯"，據《鶴慶縣志》應為"茲"。
⑤ 《鶴慶碑刻輯錄》錄為"已"，據《鶴慶縣志》應為"巳"。辛巳：即正德十六年（1521）。
⑥ 《鶴慶碑刻輯錄》錄為"候"，據《鶴慶縣志》應為"侯"。
⑦ 甲申：指嘉靖甲申年，即嘉靖三年（1524）。

植竹木，堤之陽移水磨以爲衛，而往者抗政之豪亦不敢恣其阻遏。其余灌溉溝渠計十有九，每流潦至決一渠，舉州爲壑，仍責令居民採運木石，爲分水合水之備，且清查兩岸之侵於強橫者六百丈有奇而厚培之，於是流潦之患悉除。其武斷、冠虐、神姦之患，公則抉其深隱著爲明示，其執迷不率者，寘之法而殄其尤，若輩亦皆縮首回心，若遠去然。至州內各淫祠悉毀之，揀其廢場餘料以增鄉閭社學，以建南北關樓，以完諸隘口排柵，以備正祠公亭之用，期後永爲準而有所瞻依也。而州屯戍卒額外加增之稅，亦因之詳究而蠲除，一月之內諸廢畢舉，而鄧邑之氣象改觀矣，姜公其維持氣運者哉？嗚呼！武斷變則人道興，冠虐禁則人身甯，神姦破則人心明，流潦息則人得資養於土地，四患除而無窮之利，自興一旦窮鄉變爲樂土，伊誰之賜也？夫姜公之功德其及於滇者甚溥。鄧特滇之一隅耳，一隅固不得專其惠，而吾鄧父老子弟感激於衷。若私其人而惟恐其去者，於是思之則歌之，歌之未已且長言之也。因爲彌患記，以風来政，以寓吾民感激之私云。

【概述】明嘉靖三年（1524），御史楊南金撰文。碑文記述了嘉靖年間兵備憲副太倉姜公龍體察民情、勤政為民、焚淫祠、除凶暴、築堤捍患的功績。

【參考文獻】（清）侯允欽．鄧川州志．臺北：成文出版社，1968.12：161-162.

西龍潭記

馬 卿[①]

鶴慶有水曰西龍潭，出郡西覆盆山，或曰龍潛焉，故名，東溉諸村屯。歲七月九日，郡守率吏民祀潭神，徧望境內山川，築室于南山之椒，修祀所也。府治前故艱水，正德元年[②]，耆民楊壽延議開渠引水，知府劉玨允其議。乃于潭之東南開二渠，一至府前，曰南清渠，一至坡頭邑，曰北清渠，民利之。然東溉諸村者水猶艱，農時上流專其利，而下流後時弗藝。

嘉靖四年[③]，予謫守鶴慶。明年秋，率故事禮神畢，僉以乏水告。予乃陟降原隰，視潭下山勢環抱，曰："是可築堤以瀦水。"又顧山形頓而復起三臺，隱然臨于潭許，曰："茲惟山水之交，風氣攸萃，可以祠。"詢于衆，二三耆舊外，盜種其地及上流者交阻之。予曰："疑事無成，吾事決矣！"乃令計畒程工，築堤障水，以千戶李瓛、百戶王翰、驛丞周寅、

①馬卿：字敬臣，號柳泉，河南省林縣人，弘治十八年（1505）乙丑科進士，入翰林院改庶起士，授給事中。正德年間，任大名府知府，歷10年，因整頓社會秩序和治水救灾等政績而深得民心。嘉靖辛酉年，遷任浙江按察副使，後曾任山西右參政、浙江右布政使、雲南鶴慶知府、雲南參政、雲南按察使、南京太僕寺卿、光祿寺卿、都察院右副督御史等職。任期盡職盡責，政績顯著，積勞成疾，年58卒於任上。著有《林縣志》《馬氏家藏集》《九子詠》等。
②正德元年：1506年。
③嘉靖四年：1525年。

耆民楊壽延等董其役。以十一月始事，正月告成。故西龍潭為上潭，東北為石閘以通流，曰普利閘，分一小閘為捐流閘。新開之潭為下潭，名曰龍寶，深二丈餘，周五百丈。堤曰萬年，高一丈五尺，濶二丈，長六十丈。為石閘以蓄洩，曰永固，濶五尺。下為石池，池下之閘曰會濟，東分一小閘曰波流。山故為金燈，改曰秀臺。建祠于中臺，曰禮神。移故室于南臺，曰齋明。建亭于北臺，曰偕樂。守禦指揮趙增又建亭北小臺，曰觀瀾。山下為坊，曰"秀臺龍寶，右神利民"。

　　既成，明年春，蒔秧者水具足。古所謂"民不可以^①慮始，而可以樂成"，信夫！予懼後之有爭也，因定蓄洩之法，溉田之次，以示後云。

　　【概述】該碑應立於嘉靖七年（1528）^②。碑文記述了嘉靖年間，鶴慶知府馬卿體恤民情，令計畝程工、築堤障水，新開龍寶潭、築萬年堤、鑿石池，修普利閘、永固閘、會濟閘、波流閘，建祠亭等為民興利的功績。

　　【參考文獻】（明）劉文徵撰，古永繼點校．滇志．昆明：雲南教育出版社，1991.12：641；楊世鈺，趙寅松．大理叢書·方志篇（卷三）：天啟·滇志．北京：民族出版社，2007.5：146-147.

　　據古永繼點校《滇志》錄文，參《天啟·滇志》校勘。

修瀰苴河堤碑記^③

楊南金

　　鄧川中界有河，舊名瀰苴佉江。首受鶴^④、浪^⑤、鳳羽諸水之合流，南注洱海^⑥。其兩岸沙堤，迴^⑦環曲折，逶迤^⑧至江尾觀水亭，五十餘里。堤有洩水渠東八、西十四，一州田

---

① 《滇志》錄為"以"，據《天啟·滇志》應為"與"。下同。
② 《新纂雲南通志》載："西龍潭記　知府馬卿撰，疑嘉靖六年。在鶴慶縣。見李《志》卷三。記築堤蓄水事。"（劉景毛、文明元、王珏等點校：《新纂雲南通志·五》，昆明，雲南人民出版社，334頁，2007）但據碑文考證，立碑時間應為嘉靖七年（1528）。
③ 《咸豐·鄧川州志》《鄧川州志》錄為"重修河堤記"。瀰苴河：位居洱海的北端，在大理州洱源縣境內，是洱海的主要水源河，屬瀾滄江流域。該河起於龍馬澗峽谷出口——下山口，由北向南蜿蜒貫穿鄧川壩子，注入洱海，全長22.28公里。
④ 鶴：鶴慶。
⑤ 浪：浪穹。
⑥ 《洱源縣水利志》錄為"洱海"，據《鄧川州志》應為"西洱"。
⑦ 《洱源縣水利志》錄為"迴"，據《鄧川州志》應為"迴"。
⑧ 《洱源縣水利志》錄為"逶迤"，據《鄧川州志》應為"迤邐"。

疇資其灌溉，賦稅、儲蓄、軍民衣食胥出此①焉。往②昔修築完固，則數年賴以豐收，否則立見饑窘。嘉靖癸巳③，軍民具情上陳，幸直指當塗楊公東、兵備慈谿王公熔④、太守句容夏公克義，知遠方事體廢弛，誠不一也。拳拳民隱，垂念鄧川河道爲害，乃擇屬官之才猷可任者，得州佐何彪、千戶嚴經、陳完等，訪求往蹟。知多年就緒之難，由人心壞喪之故，於是嚴訂⑤章程，賞勤罰惰，一時軍民感激，翕然赴工，無或後者。其辦事⑥之法則照先年同知蜀人李福成規，隨宜經畫而詳處之。堤高一丈有奇，濶一丈五尺爲準，分爲四門，先令一門成一段以爲式，而各門悉傚效之。每丁若干尺，每甲若干丈，每段乘雨密種柳木若干株，每日見工程若干分。工始於二月一日，至月終畢，於⑦是堤防固而河無潰決之虞。夫瀰苴⑧河之爲患匪朝夕矣，上官之畏天命憐⑨人窮者，恒相繼而至矣。乃承委有司專心所事，以副上之委任者僅一見焉，此鄧民之所以日即淪胥，而莫之或拯爲可悲也。嗚呼！修築河道，特百政之一，尚如此其難，鄧川他政可知矣。民食不足困悴逼之，邇及⑩征調又逼之，侵淩強暴又不時魚肉之，誠救死⑪不暇矣，安望從教化哉。議水患者，有別開子河之說⑫，不可謂無見，並記之，以告後之留心於民事者。

〔瀰苴河堤始築之由莫可考，可考者此記耳。昔高一丈，今已倍蓰。水流愈仰，民力愈困。公當日已咨嗟太息，言之：迄今四百餘年，其堪爲痛哭流泣者，可勝道哉？〕⑬

【概述】明嘉靖十二年（1533），御史楊南金撰文。碑文記述了嘉靖年間當塗楊公東、兵備慈谿王公鎔、太守句容夏公克義，體恤鄧川民情，選派何彪、嚴經、陳完等，率衆重修瀰苴河堤爲民除患之事。

【參考文獻】洱源縣水利電力局.洱源縣水利志.昆明：雲南大學出版社，1995.3：317；楊世鈺，趙寅松.大理叢書·方志篇（卷七）：咸豐·鄧川州志.北京：民族出版社，2007.5：624-625；（清）侯允欽.鄧川州志.臺北：成文出版社，1968.12：160-161.

據《洱源縣水利志》錄文，參《咸豐·鄧川州志》《鄧川州志》校勘。

---

① 《洱源縣水利志》錄爲"出此"，據《鄧川州志》應爲"此出"。
② 《洱源縣水利志》漏錄"往"字。
③ 嘉靖癸巳：即嘉靖十二年（1533）。
④ 《洱源縣水利志》錄爲"熔"，據《鄧川州志》應爲"鎔"。
⑤ 《洱源縣水利志》錄爲"訂"，據《鄧川州志》應爲"定"。
⑥ 《洱源縣水利志》錄爲"事"，據《鄧川州志》應爲"理"。
⑦ 《洱源縣水利志》錄爲"於"，據《鄧川州志》應爲"由"。
⑧ 《洱源縣水利志》多錄"苴"字。
⑨ 《洱源縣水利志》錄爲"憐"，據《鄧川州志》應爲"憫"。
⑩ 《洱源縣水利志》錄爲"及"，據《鄧川州志》應爲"乃"。
⑪ 《洱源縣水利志》漏錄"之"字。
⑫ 子河之說：指清康熙二年（1663），開通了西閘河分流。
⑬ 據《鄧川州志》補錄"瀰苴河堤始築……可勝道哉"計61字。

趙州甘雨祠記

李元陽

趙州甘雨祠記（一行）

賜進士苐荊州府知府前翰林院庶吉士江西道監察御史太和中谿李元陽譔文（二行）

鄉進士什邡縣知縣太和石園韓宸書丹（三行）

鄉進士太和高河吳懋篆額（四行）

堯峯潘侯[1]守趙州之三年，為歲丁未[2]，旱暵方千里，其隣郡之長，接邑之令，咸躬親祈禱。或以春秋繁露致（五行）蜥蜴，作土龍；或以巫覡致虵，竟亦無雨。侯曰：陰陽失節，咎在長吏。民之無辜，罹此荼毒。言已泣下，徒跣從（六行）事。父老前曰：距州治若而里有古潭，湫龍實宅之，以侯之仁信，禱可得雨。侯如言而往，路見一虵，迎侯而（七行）前。眾崩拜曰：龍見！龍見！侯未之信。僉曰：虵則無足，今四足儼然，鱗角金燦。數十年前，嘗有神僧召龍，見之（八行）即今狀也。侯以食以翳，祝曰：若真龍者，當受食，入吾翳。虵輒觝食入翳。父老曰：今當大雨，願侯疾馳。行未（九行）數里，一眾霑溼。是夕，大雨如注。農人歌曰：致虵淂龍，惟侯之衷。雨既三日，田事用興。起視隣境，焦土如故（十行）。農人又歌曰：雨我而止，惟侯之似。是歲大稔，其入三倍。侯乃謝雨，龍迎如故。嗣是，屢至屢迎，如期約然。侯（十一行）因作祠，題曰：甘雨。

明年，遷侯秩貳蜀之烏撒府[3]，侯得檄而行。趙人留之而無從也，乃相與謀記其祠，以無（十二行）忘侯惠。具以祠之首末告李子，而請記焉。且曰：州固壓扵郡也，然烏撒僻簡，而趙繁衝。且郡貳之專，孰與（十三行）州守。以侯之才且仁，將處之，非其宜乎？世曾莫侯知乎？李子曰：爾侯之才且仁，有可言乎？曰：有。自吾州之（十四行）有徭也，徵丁而遺田，故富人獨佚。侯至而均之，今幾獨見憂矣。吾州當衝衢，民力疲扵將送，視他邑獨勞（十五行）。侯取助扵隣而哀益之，民始息肩矣。北郭奔潦，世為田廬患，莫吾憂也，侯至而溝之防之樹之矣。李子曰（十六行）："止止！不須復言。均田賦則不畏強禦，可知；先溝洫非知豫者，不能也。斯二者信乎？智勇之事，爾民以才且（十七行）仁目之，固也。然而，爾侯躭以誠信乎鬼神，而不躭感動乎當軸；躭回甘雨扵大旱，而不躭以膴仕潤其身（十八行）；是求天知，而不求人知也久矣。爾屬既知侯之才且仁，而猶區區以利

---

[1] 潘侯：即潘嗣冕，字宗周，號堯峯，廣西靈州舉人。據道光《趙州志·名宦》載："潘嗣冕，靈州舉人。嘉靖間任，勤慎寬厚。遷同知。"

[2] 丁未：指嘉靖二十六年（1547），歲次丁未。

[3] 烏撒府：即烏撒軍民府，治所在今貴州威寧。據《明史·地理志》載："烏撒軍民府，洪武十五年正月為府，屬雲南布政司。十六年正月，改屬四川布政司；十七年五月，升為軍民府。"

鈍逆疚之欣戚，烏在其為知疚也（十九行）。衆沮而退，顧為士者筆余言以為祠記。侯名嗣冕，字宗周，號堯峯，廣西靈川人（二十行）。

嘉靖二十七年①戊申九月，同知徐允德，學正劉相，吏目蘇人望，生員黑文舉、陸穗、張雲路、李以恒、王夢龍立石（二十一行）。

【概述】碑存大理市鳳儀鎮，大理石質，通高127厘米，寬55厘米。額呈半圓形，高34厘米，左右兩邊殘損。額正中有方版，四周有雲紋，版中篆體鐫刻"甘雨祠記"4字。嘉靖二十七年（1548），李元陽撰文，韓宸書丹，徐允德、劉相等立石。文21行，行11-40字。碑文記述嘉靖年間，趙州久旱無雨，時任州守潘嗣冕為解決民荒，順應民意向土龍祈雨，後因祈雨見效，建祠祭祀，并刻石立碑之事。該碑為研究明代大理地區民俗的重要資料。

【參考文獻】楊世鈺，趙寅松.大理叢書·金石篇（卷二）.昆明：雲南民族出版社，2010.12：677-679.

據《大理叢書·金石篇》錄文，參拓片校勘。

新建清流普濟祠記②

鄒堯臣

新建清流普濟祠記（一行）
賜進士出身亞中大夫江西布政司左參政前陝西道監察御史郡人和峯鄒堯臣撰文（二行）
鄉進士奉政大夫重慶府同知郡人岑涯范昂書丹（三行）
承務郎同知上饒右潭徐允德篆額（四行）

清流普濟祠之建，所以為民也。龍泉之溪，清而不濁，故曰清流。祠之維何？曰：昭龍德也。曷言乎為民也？曰：嘉靖（五行）丁未歲③，大旱，郡侯堯峯潘公，為民祈禱，靡神不周。比夏將至，旱愈太甚，人心惶惶④。乃督僧氏求雨拯龍。僉曰：董（六行）氏有龍，祈雨輒驗，但其出不易，其家難之。公曰：有是哉？迺躬親徃禱之，曰：歲既大旱，祈爾龍神出而行雨，以澤（七行）吾民。吾將建祠以永神祀。少頃，龍遂安然而出。公令僧氏乘取以歸。觀其似魚非魚，似蛟非蛟，圓目細鱗，斷尾（八行）四足，油油洋洋，人甚異之。越三日，天果大雨，上下沾足。暨秋，歲則大熟，嘉禾挺生。公心大悅，若有感焉。迺即江（九行）頭，相度地靈。則見龍山之脈，蜿蜿蜒蜒，伏于平田。左據湯顛，右臨曲別，溪流內遶，

---

① 嘉靖二十七年：1548年。
② 《趙州志》錄碑名為"清流普濟祠碑記"。
③ 嘉靖丁未歲：即嘉靖二十六年（1547）。
④ 《雲南道教碑刻輯釋》錄為"惶惶"，據拓片應為"皇皇"。

風嶺外峙。公曰：鬱乎佳哉，真（十行）龍宫也。迺遍謀建祠焉。基未闢，江頭殷民協然丕應，有梁棟者以其梁棟至，有枋木者以其枋木至，有椽棧者（十一行）以其椽棧至。州之里民聞風而徃，若有爭先然者。材既集，公乃令陶人冶瓦，石工鑿石，夫取之農隙，匠出諸在（十二行）官。以十一月十三日起工，越明年三月某日告成。祠之中，高[①]堂三間，間七架，兩廊各兩[②]間，間五架。前為儀門一（十三行）間，構樓扵上，四面洞達，圍以重垣。輪奐之美，可遊可觀，山川之勝，可登可眺矣。公曰：形勢既勝，其神必靈，祠宇（十四行）既崇，其澤必普。而今而後，吾民可無旱憂矣。迺遂議舉祀焉。公欲祀以木主，詢之董氏，則曰：吾龍派出海東，本（十五行）號青龍女神。郡[③]人以其泉流之清，故俗稱為清流女。廟貌以女，神斯有歸。或者又曰：龍魚身而蛟足者，繪以女（十六行）象，何居？公曰：龍之為靈，昭昭如此，澤物有清泉，救旱有甘雨，則有龍之功德矣。既有功德扵民，則其祠而祀之（十七行）也固宜，而況有人心之神昭昭也，何形之求而迹之泥。迺遂因民心之神而神之，故曰：清流普濟祠之建，所以（十八行）為民也。祀禮肇舉，公適陞任，同寅右潭徐公洪溪、蘇公廣文、南屏劉公，樂成其美，謂予曾偕公徃覩[④]其盛，不（十九行）可無述。余謂：昔人苦旱，或求之于蜥蜴，或求之于蛇毉，皆足以致雨，然未有若是其神且異者。天下事，故有出（二十行）諸常理之外，使人始而疑，中而信，終而欽且崇者，類若此。是舉也，龍有救旱之功焉，公有愛民之政焉，民有好（二十一行）義之忠焉。是則可書也，遂記之（二十二行）。

嘉靖戊申歲[⑤]孟冬吉日立（二十三行）

【概述】碑存大理市鳳儀鎮江頭村。碑為大理石質，碑身高153厘米，寬62厘米。額呈半圓形，額高45厘米，寬56厘米。其上篆書鐫刻“新建清流普濟祠記”8字，旁有流雲紋。碑文直行楷書，文23行，行8–42字。明嘉靖二十七年（1548）立，鄒堯臣撰，范昂書，徐允德篆額。碑文記述明嘉靖年間，趙州久旱無雨，郡侯潘堯峰為民祈雨未果，後求助神僧董氏求雨成功，利濟民眾，并建祠祀龍的詳細經過。

【參考文獻】蕭霽虹．雲南道教碑刻輯釋．北京：中國社會科學出版社，2013.12：65–66；（清）陳釗鏜修，李其馨等纂．趙州志（全二冊）．臺北：成文出版社，1975.1：492–495；楊世鈺，趙寅松．大理叢書·金石篇（卷二）．昆明：雲南民族出版社，2010.12：680–682.

據《雲南道教碑刻輯釋》錄文，参拓片校勘。

①《雲南道教碑刻輯釋》錄為“高”，據拓片應為“爲”。
②《雲南道教碑刻輯釋》錄為“兩”，據拓片應為“二”。
③《雲南道教碑刻輯釋》錄為“郡”，據拓片應為“鄉”。
④《雲南道教碑刻輯釋》錄為“覩”，據拓片應為“復記”。
⑤嘉靖戊申歲：即嘉靖二十七年（1548）。

海口脩濬碑

楊　慎

　　譙允南巴蜀志云：滇池之水出盤龍江，亦名積波，凡九十九竇，滙爲昆明池。其水乍深廣、乍泄[①]狹，有如倒流，故名曰滇池。漢武帝欲開越巂[②]、昆明，聞有此池，先於長安鑿池象之以習水戰是也。今其名[③]可覆，悉如志言。而漢唐歷宋，叛服靡[④]恒，屢開[⑤]復塞焉。迨明大一統百七十年，九州同軌，四海一家，荒服之區，化比畿甸矣。昆明池近在雲南治城之外，環而列城者，州以安寧、昆陽、晉寧，縣以昆明、呈貢、歸化，皆邊昆池上[⑥]，人亦稱曰海。在昆陽地名曰海口，實此池[⑦]咽溢[⑧]、盈涸。因之，水旱係焉。濱海澤田，或遇涔潦之歲，浮刪沒畚，秈蔞澹淡，徒飲鶃鵝。弘治中，巡撫都御史應城陳公金，始爲開濬之役，有記勒於碑。嗣是歲一興役，謂之小脩。正德間，都御史安福王公懋中，副使崑山史公良佐繼之，始相子河。乃嘉靖戊申[⑨]至庚戌[⑩]，大雨浹旬，水大至，盤猛激而成窟，淵沛溁而爲阜，則石龍阻[⑪]而成礇，黃泥填淤而象鞭，海田無秋矣。澤甿及滇之仕宦歸田者，相率陳於兩臺，於是巡撫都御史吳興顧公應祥，巡按御史莆田林公應箕，總戎都督古濠沐公朝弼，集議於藩臬諸司，躬往閱視。維時南至屆節，東作未起，乃檄命雲南府屬各官，凡二十八[⑫]人有差。經始己酉[⑬]十有一月，望後三日癸未，是時來庀役者，夫僅七千餘。二十五日庚寅，裁肇工子河，至十有二月庚戌，拊子河成。其逼[⑭]水大壩工繁未愁，乃先築沙壩[⑮]於子河故堤。

---

① 《海口鎮志》錄爲“泄”，據《雲南府志》應爲“淺”。

② 越巂：為三國時期郡名，今為四川越西。

③ 《海口鎮志》漏錄“迹”字。

④ 《海口鎮志》錄爲“靡”，據《雲南府志》應爲“叵”。

⑤ 《海口鎮志》錄爲“開”，據《雲南府志》應爲“闓”。

⑥ 《海口鎮志》錄爲“上”，據《雲南府志》應爲“土”。

⑦ 《海口鎮志》漏錄“之”字。

⑧ 《海口鎮志》錄爲“溢”，據《雲南府志》應爲“嗌”。

⑨ 嘉靖戊申：即嘉靖二十七年（1548）。

⑩ 庚戌：即嘉靖二十九年（1550）

⑪ 《海口鎮志》漏錄“流”字。

⑫ 《海口鎮志》多錄“八”字。

⑬ 己酉：即嘉靖二十八年（1549）。

⑭ 《海口鎮志》錄爲“逼”，據《雲南府志》應爲“衢”。

⑮ 《海口鎮志》錄爲“沙壩”，據《雲南府志》應爲“少壩”。下同，不重複注釋。

二十四①己未，爲土人星回節，沙壩成而②③休百工。越今歲庚戌十月④乙亥，而庀役丁夫至者滿萬，分委諸⑤職偕手競作。乃濬大河，斫⑥石龍潭，創釃子河，南曰平定鋪，至於白沙河，又至於白塔村，又至於冚⑦，又至於新村，再至於大河⑧堤之新村，再至於北岸之沙冚村。各以石緻川濬，而濂窴其中，爲洩水之壩。杙九座壩，各存水牕，俾俠⑨礫漂沙，不充⑩塞焉。其逼⑪水大壩，成於仲春下旬乙卯。乃併啟少壩而挖黃泥灘，復自茶卜墩下滙⑫河，故湑新築禦⑬，編篁析筍，囊石壞壞，如蜀之湔堰，昇於蛇籠之制，以埽⑭絪淫波。若黃河頓灘嫩堰法，蓋其碑⑮欄障沍，迾轂儦邐⑯道，自耙齒山堨沙水引入子河，以蠲黃泥灘之患。犉計始漢廠，以逮石龍壩。以丈算者，三千二百有餘，落成以三月己卯。大壩碍焉，放流下安寧、富民。而濱海環滇者，澤口出，海心凸矣。風冏漣漪，並立⑰靈河九里之潤；月墮清此⑱，無濁涇五斗之泥。綠萍青封⑲，若踴躍而來；白沙丹疇，狀奮迅而出。是役也，允如前記所云：不一⑳勞者不永逸，不暫費者不永寧。嗣是則歲之小脩可免，匪惟濱海得佃其田，仿其力，環海衛所州縣，皆膮有息肩之慶矣。役成當有礫㉑石之鍥，以垂久遠爾㉒。

【概述】20世紀50年代初，考古工作者在滇池海口原龍王廟內發現該碑。碑立於明嘉靖二十九（1550），楊慎修撰。碑文記述了明嘉靖年間大雨成灾，滇水泛濫，巡撫顧應祥體察民情，積極開挖子河，疏浚海口的詳細經過。附：該碑所記叙的修浚海口之事，是歷史上著名的一次大規模水利工程。此碑與陳金《修海口河碑記》、方良曙《重竣海口記》有海口三名碑之稱。

---

① 《海口鎮志》漏錄"日"字。
② 《海口鎮志》錄為"而"，據《雲南府志》應為"乃"。
③ 《海口鎮志》漏錄"墅"字。
④ 《海口鎮志》錄為"月"，據《雲南府志》應為"日"。
⑤ 《海口鎮志》漏錄"末"字。
⑥ 斫：古同"斫"，斬，砍。
⑦ 《海口鎮志》漏錄"穲"字。
⑧ 《海口鎮志》漏錄"南"字。
⑨ 《海口鎮志》錄為"俠"，據《雲南府志》應為"硤"。
⑩ 《海口鎮志》錄為"充"，據《雲南府志》應為"衝"。
⑪ 《海口鎮志》錄為"逼"，據《雲南府志》應為"齷"。
⑫ 《海口鎮志》漏錄"子"字。
⑬ 《海口鎮志》錄為"禦"，據《雲南府志》應為"藁"。
⑭ 《海口鎮志》錄為"埽"，據《雲南府志》應為"掃"。
⑮ 《海口鎮志》錄為"碑"，據《雲南府志》應為"殫"。
⑯ 《海口鎮志》錄為"儦邐"，據《雲南府志》應為"穚"。
⑰ 《海口鎮志》錄為"並立"，據《雲南府志》應為"竝"。
⑱ 《海口鎮志》錄為"此"，據《雲南府志》應為"泚"。
⑲ 《海口鎮志》錄為"封"，據《雲南府志》應為"葑"。
⑳ 《海口鎮志》錄為"一"，據《雲南府志》應為"亦"。
㉑ 《海口鎮志》錄為"礫"，據《雲南府志》應為"樂"。
㉒ 《海口鎮志》錄為"爾"，據《雲南府志》應為"耳"。

【參考文獻】西山區海口鎮志編纂辦公室．海口鎮志．內部資料，2001.7：320；王海濤．昆明文物古迹．昆明：雲南人民出版社，1989.3：161-162；（清）范承勳，張毓碧修；謝儼纂．雲南府志（全）．臺北：成文出版社，1967.5：491-492.

據《海口鎮志》錄文，參《雲南府志》校勘。

水利碑記（碑陽）（1551 年）

　　大理府賓川州為務□□□□□□□□□□□□□（一行）。巡按[1]雲南監察御史趙□□□□□□□□□□□□□（二行）州，即將董鶴程、張清等各告水□□□□□□□（三行）龍水二道。查照舊規，仍令張清等輪流□□□□□□□（四行）日期，并南北山形溝勢於上印刷，回報仍僉水利老人一名，印給水簿一本，將□□□□□□□□□□（五行）上月終，選州查考等因。奉此，卷查先為極惡土官賣放，強盜致死人命，謀奪軍民納糧，□□□□□□□（六行）小民不得安生事。奉（七行）兵備副使[2]郝憲牌，擬本府呈前事。案照先奉（八行）欽差巡撫[3]都御史應批，據本州官邑、拴廊等里民張志剛等告為極惡鄉虎，霸占古塘，阻□□□□□（九行）負累錢糧事。奉批邱，賓川州勘斷明白，報繳。續奉本府帖文，蒙（十行）兵備卞批，據張志剛等告，俻行本州朱知州親詣各告□坝龍泉處所拘，集鄉老王俊等欺□□□□□（十一行）泉水一道，積堰塘左邊大澗上應踏梘槽，引水放大塌曲前萱甸田地三百餘畝，右邊一道灌□□□□□（十二行）下甸田地三百五十餘畝。所告東山大澗原舊三分之水，着欽照舊分放，其中一小分流至拴廊，□□□□（十三行）遠水漸微，細不足救荒，無雨之年未免爭競。合無分定日期，大塌曲二大分，該放水二十日；小塌曲二分□（十四行），該放六日半；拴廊一小分，該放三日半。候詳允[4]日令各置碑一座，刻定分水日期，俻申（十五行）欽差巡撫都御使吳批。據申所分水利似亦允當，但分水日期已定，恐大分者妄爾執，一先放二十日而後（十六行）小分，則小分候放未至反悮眾事。邱定各照日期多寡，每遇放水，大分、小分各輪放一日，週而復始，庶得均（十七行）霑。各適所願，其余依擬施行，奉此案經遵照在卷。今奉前因邱將發去，詳允事由，刻立石碑，永為遵守。各照（十八行）後開分定日期輪流分放，如有豪強之人倚勢霸占，許令管水老人指名呈來，捉問不恕。須至，出給者□□（十九行）。

　　計開：放水日期，每年俱以正月初一日為始。大塌曲貳日，小塌曲、拴廊壹日（二十行）。

---

① 巡按：官名，又稱按台，代表皇帝巡視地方，負責考核吏治，審理大案，知府以下均奉其命，其職權頗重。

② 兵備副使：官名，明提刑按察司副使、整飭兵備道省稱。

③ 巡撫：官名，又稱撫台。明清時地方軍政大員之一，是巡視各地的軍政、民政大臣。

④ 詳允：報准，批准。

嘉靖三十年[①]十月二十日，委官由白羊市巡檢司巡檢同眾立石（二十一行）

【概述】碑存大理市挖色鎮大成村文昌宮內。碑為大理石質，高146厘米，寬54厘米，碑已殘斷為兩截，額呈半圓形，左額、碑身右下部殘損。碑陽額中部刻四圓圈，圈內陰刻"水利碑記"4字。碑文直行楷書，文21行，行8-41字。嘉靖三十年（1551），官民同立。碑文記述大理府賓川州對官邑、拴廊等地極惡鄉虎，霸占水利的判決，并明確規定大場曲、小場曲、拴廊等村的放水日期，對研究明代挖色地區的水利及地名情況有一定的價值。

【參考文獻】楊世鈺，趙寅松．大理叢書·金石篇（卷五·續編）．昆明：雲南民族出版社，2010.12：2527、2529.

據《大理叢書·金石篇》錄文，參拓片校勘。

水利碑記（碑陰）（1553 年）

刻碑陰緣由（一行）

大理府爲黨惡土舍朋，計誓飲血酒，欺滅官□，霸占水利，賄賣索取財物（二行）事。

嘉靖叁拾貳年捌月初肆日，蒙（三行）

巡按雲南監察御史黃批，據本府經歷司呈前事蒙批，王廷弼等姑依（四行）擬發落屬分，水利比前更允當矣！行令永爲定規，再不許紊爭，通取實收（五行）繳蒙此，除僉取分水老人辦[②]置格眼文簿填註外，今將分定放水日明[③]刊（六行）刻于後（七行）。

計開（八行）：

每年俱自正月起至四月終止，每輪大塲曲放貳[④]日，次小塲曲放壹（九行）日，又大塲曲放兩日，次拴廊放壹日，如正月初壹初貳大塲曲放，初（十行）叁日小塲曲放，初肆初伍日又大塲曲放，初陸日拴廊放，週而復始（十一行），以次放去，其拴廊放水日期，將景帝廟左邊龍泉原搭梘槽□□□（十二行）溝橫放入前宣甸水一股，逕溉限滿，仍歸梘槽，小塲曲□□□□□（十三行）例，永爲遵守，不許紊亂（十四行）。

嘉靖三十二年八月□□□□□□□□□□（十五行，下殘）[⑤]

【概述】碑存大理市挖色鎮大成村文昌宮內。碑為大理石質，高146厘米，寬54厘米，碑已殘斷，額刻"水利碑記"4字。碑文直行楷書，文15行，行2-28字。嘉靖三十二年（1553）

---

① 嘉靖三十年：1551年。
② 《大理叢書·金石篇》錄為"辦"，據原碑、拓片應為"并"。
③ 《大理叢書·金石篇》錄為"明"，據原碑、拓片應為"期"。
④ 《大理叢書·金石篇》錄為"貳"，據原碑、拓片應為"兩"。
⑤ 《大理叢書·金石篇》錄文時，行數標注僅13行，屬誤，現據原碑更正如上。

立。碑文記述刻立碑陰的緣由，刊載了每年從正月起至四月終的大場曲、小場曲、拴廊等村放水起止日期，對研究明代挖色地區的水利情況有一定的價值。

【參考文獻】楊世鈺，趙寅松. 大理叢書·金石篇（卷五·續編）. 昆明：雲南民族出版社，2010.12：2528、2530.

據《大理叢書·金石篇》錄文，參原碑、拓片校勘。

建立趙州東晋湖塘閘口記

韓　宸

建立趙州東晋湖塘閘口記（一行）

趙州治東北十五里許，有陂堰一區，南北亙十里，東西約五里。中有九泉，冬夏不涸。在古為瀠水之湖，冬蓄夏泄（二行），以灌栽插。軍田則大理衛後所資之，民田則趙州草甸里三村資之。今觀湖之南有埂，堅厚廣博，古人垂遠之意（三行），巍然在日[①]。鑿穴一區為橋，以關啓閉，信為陂堰無疑矣，但名為東晋，不知所考也。弘治初，分巡林公曾當[②]之以城（四行），趙州民厄扵灌，復釀金贖之。然湖之勢西深東淺，水落湄地可以播藝。湖之東漢邑村民利之，與掌湖口者為樊（五行），暮閉夙啓，于是水蓄不足者有年。嘉靖癸丑[③]，屯軍遡於當路，求分河水為灌，乃付趙守坤泉潘公議之。潘公審斯（六行）樊也久矣。乃哂之曰：是猶衣帶有珠而不知，乃丐食於人者乎？審于衆曰：湄田之利與灌溉之利孰廣？治河之力（七行）與堰之力孰簡？河之水及與湖之水及孰多？然則何不求之湖？遂解之曰：所[④]不知義，為無覺者以誨之。法不能遠（八行），為無當心者以憂之。民無所威，為無嚴以誠[⑤]之。何謂無覺，今夫人則知自利，不知利人。自利者，神嫉之，利人者，神（九行）聽之。云何曰旱潦、曰疫癘、曰爭訟、曰蟲荒、曰盜賊、曰災眚、曰飢饉、曰夭札，□□[⑥]不生是已。然則與湄田之利孰強（十行）？誠知此必不肯以一己而防羣衆也。何謂無當心？譬之人家不相犯者，謂小[⑦]有主也。今湖專於後所之掌，思以防（十一行）之衛[⑧]之如治家然，其誰敢侮？

---

① 《大理叢書·金石篇》錄為"日"字，據原碑應為"目"。
② 《大理叢書·金石篇》錄為"當"字，據原碑應為"鬻"。
③ 嘉靖癸丑：即嘉靖三十二年（1553）。
④ 《大理叢書·金石篇》錄為"所"字，據原碑應為"民"。
⑤ 《大理叢書·金石篇》錄為"誠"字，原碑此處損毀，《趙州志》錄為"畏"。
⑥ 《大理叢書·金石篇》錄為"□□"字，據原碑應為"□類"，《趙州志》錄為"之類"。
⑦ 《大理叢書·金石篇》錄為"小"字，據原碑、《趙州志》應為"各"。
⑧ 《大理叢書·金石篇》錄為"衛"字，據原碑、《趙州志》應為"衛"。

何謂無嚴？易曰：謾藏誨盜，蓋盜本無心，因謾[1]而有心，是以謾誨為盜也。苟[2]湖口之關（十二行），如他處閘口之密詭焉，得而伺[3]之，于時掌所千兵宋君胤聞而作曰：吾媿[4]矣！吾媿矣！乃謝于潘公之門，唯公所詔（十三行）是從，願竭力輸財無難也。曰：有是哉，事可濟矣！復[5]于當路許可。于是宋君請匠于隣邑，購財于山谷，鑿石為池，如（十四行）樓之制樓之。鑿石為孔，三孔各置一椿，上為鎖鑰以肩之。由是水無漏泄，啓閉有時，垂之億年，猶一日也。是時潘（十五行）侯受曲靖秩五月矣。又明年乙邜潘侯往曲靖，水利大興，民思之。宋君謂石園子曰：“子其被水之利，其深知潘矦（十六行）者乎？”余曰：“竊有志，恐以私而累侯之德也，有命其烏辭。”乃稽首言[6]之曰：“夫養民[7]者，農事為本，水利為急，陂堰為美。有（十七行）自然之利，而民不被其澤者，無憂國者以為之也。”潘侯破羣迷之見，察起斃之源，開成務之宜，竭心思之巧，仁政（十八行）弥于上下，此則見諸一端。宋君承而荷之，則斯民粒食之報，在頌祷者，自引于無盡也，是為記（十九行）。

嘉靖三十四年[8]乙邜冬十二月吉日

石園子韓[9]宸稽首謹識（二十行）

【概述】碑存大理市鳳儀鎮紅山村本主廟。碑為石灰岩石質。碑通高 146 厘米，寬 62.5 厘米，額呈半圓形，額高 43 厘米，額寬 81 厘米。額上有方牓，內刻“湖塘碑記”4 字。碑文直行楷書，文 20 行，行 11-43 字，保存完好。明嘉靖三十四年（1555）立，舉人韓宸撰文。碑文記述了東晉湖塘閘口的修建緣由、經過，及建成後老百姓得到的水利惠澤。該碑語言詼諧，旁徵博引，引古論今，行文中運用了大量的對話，實為罕見。該碑是研究明代水利建設的重要史料，也是一塊頗具文學價值的水利碑。

【參考文獻】楊世鈺，趙寅松.大理叢書·金石篇（卷二）.昆明：雲南民族出版社，2010.12：715-717；（清）陳釗鏜修，李其馨等纂.趙州志（全二冊）.臺北：成文出版社，1975.1：489-492.

據《大理叢書·金石篇》（卷二）錄文，參照原碑、《趙州志》校勘。

---

① 《大理叢書·金石篇》錄為“謾”，據原碑應為“慢”。
② 《大理叢書·金石篇》錄為“苗”字，據原碑應為“苟”
③ 《大理叢書·金石篇》錄為“同”字，據原碑應為“伺”。
④ 《大理叢書·金石篇》錄為“愧”字，據原碑應為“媿”。媿，古同“愧”。下同。
⑤ 《大理叢書·金石篇》錄為“旋”，據原碑應為“復”。
⑥ 《大理叢書·金石篇》錄為“之”，據原碑、《趙州志》應為“言”。
⑦ 《大理叢書·金石篇》錄為“夫農”，據原碑應為“養民”。
⑧ 嘉靖三十四年：1555 年。
⑨ 《大理叢書·金石篇》錄為“翰”，據原碑、《趙州志》應為“韓”。韓宸，又名韓子中，雲南大理人，號石園，嘉靖七年（1528）戊子科舉人，曾任什邡縣知縣，為官清正廉潔，深受人民愛戴。[（明）李元陽著：《李元陽集·詩詞卷》，19 頁，昆明，雲南大學出版社，2008；張福孫編著：《大理白族教育史稿》，166 頁，昆明，雲南民族出版社，2008]

大理衛後千戶所為申明舊制水利永為遵守事碑①

大理衛後千戶所②為申明舊制水利永為遵守事。奉（一行）

雲南按察司③分巡臨元道④帶管屯田水利僉事⑤歐批，據本所申准掌印管屯千戶宋胤關案。據本所百戶徐鏜等伍并趙（二行）州草甸里軍民李瓚、尹縉紳等連名告稱：洪武年間設有東晉湖塘一區，每遇九月九日閉塞湖口積水，至五月五日，三次（三行）開湖放水，灌溉陸百戶，并本里軍民田地千萬餘畝，已成定規。後弘治二年⑥內，蒙（四行）

雲南按察⑦副使林爺按臨，築砌趙州城牆，因乏工料，將前湖賣與豪舍陳達等，開種為田，致使軍民無水栽插田荒。告蒙（五行）巡按劉爺，并守巡道毛、周俱親詣湖所踏勘明白，責令瓚等父祖用水人戶照畝出錢，共銀一千三百二十四兩五錢，給還（六行）買湖陳達等，將湖贖出，仍舊積水灌田，刻碑在州。後被隣住本州漢邑村豪民楊求、楊廷玉、馬能顯父叔馬安等捏報，并利（七行）用船載土填築高埂，成田種食，阻塞水道。及至九月九日閉塞，恃⑧稱有粮，又不容填塞。以致水積微少，軍民不能栽⑨種，田荒（八行）粮累，寒苦逃移不可勝數。自本州到任以來，悉知前獎，又見軍舍吳鳳翔、李潤等，各於塘口水源，起蓋碓磑圖利竊水。蒙痛（九行）自禁革，民便稍通。伏望再乞移文，作為經久。庶後紛擾等情到職切照，屯種以水利為本，先被豪徒霸阻，今承潘知州不畏（十行）勢豪，將各犯枷號責治。卑職既叨管屯責任，須要慮于將來。乘今農隙之時，本官比照先委勘築洱海衛青龍埧湖塘，脩砌（十一行）閘口，下錠石纂，依期起落閉放事規，每歲僉⑩揭，餘丁二名看守，督匠會估，

---

① 此碑為"建立趙州東晉湖塘閘口記"之碑陰。

② 千戶所：軍事機構，金代始置，元代相沿，其軍制千戶設"千夫之長"，亦隸屬於萬戶。元代千戶所統領百戶所：統兵七百以上稱上千戶所；兵五百以上稱中千戶所；兵三百以上稱下千戶所。各設"達魯花赤"一員，千戶一員、品級相同。明代衛所兵制亦設千戶所，千戶為一所之長官。駐重要府州，統兵1120人，分為十個百戶所。

③ 按察司：官名，是元朝（至元二十八年後改肅政廉訪司）、明朝（改稱提刑按察使司）、清朝（改稱按察使司）三代設立在省一級的司法機構，主管一省的刑名、訴訟事務。

④ 分巡臨元道：一作分巡臨安兵備道，順治十七年（1660）十二月置。駐臨安府，督臨安、廣南、澂江、廣西、元江5府衛所土司兵。康熙六年（1667）七月裁。（傅林祥、林涓、任玉雪等著：《中國行政區劃通史》，550頁，上海，復旦大學出版社，2013）

⑤ 僉事：官名。金置按察司僉事。元時諸衛、諸親軍及廉訪、安撫諸司，皆置僉事。明因之，都督、都指揮、按察、宣慰、宣撫等，皆有僉事。清初沿用，乾隆時廢。

⑥ 弘治二年：1489年。

⑦ 《大理叢書·金石篇》漏錄"司"字。

⑧ 《大理叢書·金石篇》錄為"持"字，據原碑應為"恃"。

⑨ 《大理叢書·金石篇》錄為"裁"字，據原碑應為"栽"。

⑩ 《大理叢書·金石篇》錄為"咸"字，據原碑應為"僉"。

共用銀壹拾捌兩。本官將本州贓罰，動支一十一（十二行）兩二錢，責令旗軍田章、馬相等，收買木植、磚石、灰瓦等項，其不敷工食銀六兩八錢，卑職將俸糧借措，供應匠作。見今脩築（十三行），若不申請明示，恐潘知州陞任，卑職庸薄，又被楊永①、馬能顯等積襲故獘，仍將閘口暗乞，不容依期開閉。軍舍吳鳳翔、李潤（十四行）等復盜水源，未免湖水浸散，軍民仍又失望，合候呈詳允，日會同本州，建立石碑，將呈允明文刻字，豎立塘口，永為遵守，及（十五行）嚴行禁約，楊求、吳鳳翔不致覇阻侵占偷乞，結狀在官，屯粮不致遺②累。緣未申稟，不敢擅專，為此合閞前去，須為俻達施行（十六行），准此，擬③合通行。為此除申呈府衙外，今將前項緣由，卑所理合俻申，乞伏④照詳施行，奉批屯田，以水利為急。今潘知州脩復（十七行）［水利，禁治奸惡，其惠溥矣。石築閘口，依期起閉，揭丁看守，立碑禁約，俱如議行。敢有將閘暗乞，起盖碓磑，覇阻侵占，及楊求］⑤（十八行）、吳鳳翔等仍肆偷占者，許指名申道，以憑拿問重治，仍行該州一體嚴禁，此徼⑥。行間，又奉（十九行）。

雲南布政司分守金滄道左叅議崔批，據本所申同前事奉批，如擬刻石立碑，以垂永久，如有阻覇者，重治枷號；又奉（二十行）⑦差整飭瀾滄姚安等處兵備雲南按察司副使周批，據本所申奉批，仰潘知州即查報繳；又奉（二十一行）⑧差整飭金騰兵備，兵備帶管分巡金滄道雲南按察司副使李批，仰州查報繳；又奉大理府批，仰該州作速立碑，以垂永久（二十二行）。

嘉靖三十四年乙邜冬十二月吉日
大理衛後所掌印管屯千戶宋胤立
總小旗田章、李瓛、徐鋭、董茂、尹縉紳、袁傑、馬相、馬良
旗吏承大有書丹（二十三至二十四行）

【概述】碑存大理市鳳儀鎮紅山村本主廟。碑為石灰岩石質。碑通高146厘米，寬62.5厘米，額呈半圓形，額高43厘米，寬81厘米。碑文直行楷書，文24行，行20-47字。碑保存完好。明嘉靖三十四年（1555），佚名撰文，承大有書丹，宋胤立。碑文詳細記述了大理衛後千戶所懲治勢豪、退耕還湖（東晉湖塘）、重修閘口、興水利民、申明舊制的事宜。此碑對研究明代大理地區社會狀況、農田水利建設等方面具有參考價值。

【參考文獻】楊世鈺，趙寅松.大理叢書·金石篇（卷二）.昆明：雲南民族出版社，2010.12：728-730.

據《大理叢書·金石篇》錄文，參原碑校勘。

① 《大理叢書·金石篇》錄為"永"，據原碑應為"求"。
② 《大理叢書·金石篇》錄為"遺"字，據原碑應為"貽"。
③ 《大理叢書·金石篇》錄為"擬"字，據原碑應為"疑"。
④ 《大理叢書·金石篇》錄為"乞伏"，據原碑應為"伏乞"。
⑤ 《大理叢書·金石篇》漏錄"［水利……及楊求］"共47字，現據原碑補錄如上，行數重新計。
⑥ 《大理叢書·金石篇》錄為"徼"字，據原碑應為"繳"。
⑦ 《大理叢書·金石篇》漏錄"欽"字。
⑧ 同注釋⑦。

洱海興造記 ①

李元陽

　　嘉靖三十九年②秋，會稽③沈公④以雲南提刑按察副使飭兵瀾滄道。既至，問民疾苦與致盜之因。嘆曰："盜起於饑，農病於涸。"遂周行原隰，相度水泉，則見水政廢壞，蓄泄無倫。膏腴之壤，鞠為灌莽。乃檄吏召工，復陂塘十有二，所築堤壩千有餘丈，浚溝渠三十餘里，作石椎、石閘。如其陂之數作石樑七埠，以通人行。或因舊而廣之，或創作而補之。水道紆阻者，至剖石成渠；水源細澀者，能聚潦成蕩。欲啟閉之慎則為屋，以居其人；欲垂之久遠則標界，以責之吏。初，公之興此役也，人力出於兵，木石出於山，犒勞之費出自分俸焉。故其吏民若不知也，既而思曰："大利將獲，坐享甯安。"於是，吏自出米，民自出力。不召而來，霧潝雲集。首尾四月，厥功告成。吏息於署，民息於家。公乃曰："吾亦有所息乎？"於是築堂題曰"課農"，疏水利之目於座右，以備觀省。又曰："水則為田利矣，民之無田，其若何？"乃治社倉於東序，募吏民出穀為歉歲之備焉。又曰："養而不教，如愚何？"乃治社學於西序。群吏民子弟之俊秀，擇師而董之。諮諏善道，惟日不足。會遷貴藩參政，遂行，洱海之人遮道涕泣。遠近聞者皆嘖嘖稱嘆。

　　吾大理為屬郡，距臺署二百里而近。於時，吾土不及餞送，方用咨嗟。其文武屬吏耆老，眾口同詞，咸願志公之跡，使永無忘。里居趙中丞汝濂、參議高對諸君謂陽宜秉筆。陽沐公之知，其何敢違？始述興造之大者，以為守牧勸焉。公為人長者，所至節用愛人為本，臨事沉毅有力。在蜀循良上等。在滇治苴卻、東川之兵，動中機宜，所活千餘人。當有良史書之，茲不敢贅。姑書其治洱海者，以泄士民之思云。公名橋，別號南山。

　　【概述】該碑原存大理縣，嘉靖三十九年（1560）立，李元陽撰文。碑文記載：嘉靖年間，沈橋任瀾滄兵備道期間，為官清廉，體察民情，在洱海衛修復陂塘、修築堤壩，疏浚溝渠、水道，建社倉，置社學。

---

① 據《新纂雲南通志·五》記載："洱海興造記　李元陽撰，為瀾滄道會稽沈橋立，嘉靖三十九年秋。在大理縣。"
② 嘉靖三十九年：1560 年。
③ 會稽：郡名。秦置，今江蘇省東部及浙江省西部地。
④ 沈公：即沈橋，字宗周，浙江會稽人，進士。嘉靖間，任瀾滄兵備道，問民疾苦，修水利，建書院，置社學。社倉捐穀三百石，積儲備賑，百廢俱興，民祀之。（江燕、文明元、王珏點校：《新纂雲南通志·八》，26 頁，昆明，雲南人民出版社，2007）

【參考文獻】（明）李元陽.李元陽集·散文卷.昆明：雲南大學出版社，2008.12：135－136；劉景毛，文明元，王珏等點校.新纂雲南通志·五.昆明：雲南人民出版社，2007.3：345.據《李元陽集·散文集》錄文。

兵備道沈朱二公惠政遺愛碑文

陳 善

侍御劉公曰："傳有之前事之不忘後世之師也。故政有修舉，於前觀法，於後規制未備，潤色在今，苟有裨於地方，不必自己出也。"竊見副使南安朱公[1]事職三年，力行惠政，教化生養景行前烈，凡前人已試見效，及欲為未就者，隆慶三年[2]以來，分命各屬漸次修治，期垂永久。今前功未竣，北轅在途，要重後賢，庶可底績。朱公更屬僉憲塞公用畢前事。先是嘉靖辛酉[3]，會稽沈公，開城之東隅建五雲書院一區，左為社學，右為社倉，計費銀三百二十兩，扁其堂曰："正德厚生"，意甚渥也。守者弗飭，日就荒廢，公乃發贖金一百九十兩，命雲南縣尹[4]朱應旌同指揮張采新書院、立講堂，建精舍二十間，使多士講業其中，躬為飭勵。沈公於社倉積穀三百六十石以備凶，歲貸農種，然土田瘠薄，物產彫耗，貸穀不給，公發銀二百三十兩，命大理同知楊震宇益至千石。沈公肇修白崖義倉積穀一百六十石，公益至三百石，民恃無恐。洱海一川，厥賦甚巨，引寶泉水一道以溉田，修塘濬溝，民食攸繫。沈公素所厪念又青龍海、段家壩、茨坪村等溝歲久不治，萬口嗷嗷，恒苦旱暵。公乃召蒙化、洱海二衛指揮暨縣尹朱應旌曰："付汝贖金四十兩，惟茲青龍、段家二壩其修築之"；召千戶陳知曰："茨平村渡水土壩壞矣，付汝金九十一兩，其改石橋一座，引注品甸灣內勿漏洩"；召千戶周雄曰："付汝金一十五兩，築團山壩石閘"；召千戶單言曰："付汝金四十五兩，修中甸、東甸水溝，勿壅塞。"雲南驛至沐滂舖地勢低，每夏秋雨潦深泥積水，相助為害，顛踣狼藉，怨聲載道。沈公目擊，即委千戶張本修治，會聞陛報不果，公乃行楚雄、大理同知張大亨、楊震宇勘議，僉同發贖金一百四十兩，命千戶陳知伐石鳩工，期限平治。公經畧之迹如此，稍假三月，永觀厥成矣。然公在位則身任其勞，既去猶心終其事，此何所為哉！仁人之心期以安利元元為快。余觀沈公忠誠篤厚人也，其政亦精密嚴恕，可為法程。朱公博大俊偉人也，其政嚴毅幹固，條貫詳備。至於奠安一方

---

① 朱公：即朱奎，字季文，南安人，由進士任瀾滄兵備副使。興修三閘，又修土壩、五孔石橋，渡水往品甸及青龍海、段家壩。捐金葺書院講堂，積穀備賑，士民德之。[〈清〉伍青蓮、張聖功、項聯晉等纂；雲南省祥雲縣人民政府辦公室整理：《（康熙·乾隆·光緒）雲南縣志》，260頁，北京，中華書局，1998]

② 隆慶三年：1569年。

③ 嘉靖辛酉：即嘉靖四十年（1561）。

④ 縣尹：一縣的長官。

若合符節。此兩人識趣當於古名臣求之可也。竊嘗論之，沈公惠政無紀之者，則其美莫傳；朱公惠心無聞之者，則其德不顯。洱海人士荷二公之貽厚矣！昔人覯河洛者思禹功。於戲，二公其可忘哉！朱公不虐煢獨，不畏高明。意所予者，傾心下之；意所否者，不稍假借。其執論正而不刻，其用法嚴而不殘。其全活顛連無告。周恤流離小官，使有生意。歸故廬者莫可憚述，尤退然若無功不必已出若此，殆易所云"勞謙君子，萬民服也"。余觀朱公沈公事，乃若友直友諒，二公足當之矣。公嘗欲予紀事以章明沈公之功。今去公一年，諸事已就緒，章章焉不可蓋也。遂論次付大理寺史君，勒石五雲書院。後欲知二公者，亦當有攷於斯文。

【概述】碑原存於五雲書院（今祥雲縣城附近），明嘉靖四十年（1561）立。碑文記述了沈朱二公在任期間，設社學建社倉、引水溉田、修塘浚溝、築壩建閘等為民興利造福民眾的功績。

【參考文獻】（清）項聯晉修，黃炳堃纂．雲南縣志（全）．臺北：成文出版社，1967.9：137–138；（清）伍青蓮，張聖功，項聯晉等纂；祥雲縣人民政府辦公室整理．（康熙·乾隆·光緒）雲南縣志．北京：中華書局，1998.6：124–125；雲南省水利水電勘測設計研究院．雲南省歷史洪旱災害史料實錄（1911年〈清宣統三年〉以前）．昆明：雲南科技出版社，2008.8：453.

據《雲南縣志（全）》錄文。

西礜龍泉碑

董雲漢[1]

　　吾郡附郭邑維河陽距治所十餘里，乾隅經松枰西下而南雙塘高峙，題曰：西泉勝景。轉小石梁，沿隄向龍岡少南，祠曰：西礜龍泉。厥源，左自本境羅藏山澗，右側昆明之海，寶山涯脈瀠瀅連至龍岡。巨石巉巖下，混混分江冽而寒，合流於祠之前，遥逶南達於撫仙湖。近者向東引之，極於犂華、暮溪諸邨營，放於湖濱，其利甚溥。祀典具載每歲春三月上巳日，郡守率僚屬致祭，諸邨營繼之，因脩禊事均揮松陰，鬱鬱蒼蒼有浴沂風雩，遺意迄於初夏。相傳，昔近邨楊鎮寧理岩下剙建祠四楹，後其子堅移前數十武，中設神像。又前丈餘為門屋，傍列神馬及執響者，顧公祭畢，無休無所，即於神像之傍。嘉靖癸卯[2]春，署郡事會省貳守李侯允簡，首捐西市征稅、堂食白金十有六兩，擇委近邨民楊憲、尹貴督建壽樂亭於祠左，之後側為庖，所周以垣。復楊之後，一人司祠事。縣令劉侯鼎亦量助贖金，更募諸邨營建豐樂亭於祠右，餘胥如左。又建寢殿於祠後，奉移神像，虛其前為堂，壽樂亭後岩建小亭，

---

① 董雲漢：字倬庵，明河陽（今雲南大理東南）人（後移居澂江），正德九年（1514）進士，任推官，官至僉事。（尚恒元、孫安邦主編：《中國人名異稱大辭典·綜合卷》，1489頁，太原，山西人民出版社，2002）
② 嘉靖癸卯：即嘉靖二十二年（1543）。

四尋向上去，鑿磴盤旋而登至最高處，岩石環抱，直祠後俯視，數十仞搆亭，曰：高明。凡湖山林野，天光物華，舉在目前。祠前中流壘土石爲臺，搆三亭其上，曰：觀瀾。宗瀛會澤，其脩禊所爲垣以障之，惟是土木之功，必資脩葺。辛酉[①]春，尹貴等白於郡邑。爰稽沾利諸邨營，酌其多寡，使分任其責，伐石爲碑，以刻之庶垂永久，以漢興聞其設，請爲記。惟茲實爲報本，矧使我公私，自今始事及嗣脩葺者，尚勉殫心力共圖堅久，毋苟且虛應以自遺累。舊名西浦龍泉，考浦之義，不甚協，維石巖巖，民具爾瞻，更曰：西嶜龍泉，斯允稱云。

【概述】該碑應立於嘉靖年間。碑文記述了嘉靖年間楊憲、尹貴等人修建龍泉祠供祭祀，以及西嶜龍泉的由來。

【參考文獻】林超民等.西南稀見方誌文獻·第27卷：重修澂江府志.蘭州：蘭州大學出版社，2003.8：371-372.

水洞祠記

樊　巍[②]

鶴地僻在滇西北陲，平原百餘里，東西麓龍泉混混者，奚啻数十，以羣山環合，水無從洩瀦而為海，民居兩涯。漢武帝元封二年[③]始置郡。唐德宗[④]時，西方有神僧號贊陀崛多尊者來，止石寶山結茅居之，今庵址尚存。僧一日，以鶴皆龍蛇窟，民無所定，舉所拽杖拄[⑤]南山之麓，為洞一，為孔百餘，以洩水。於是水由[⑥]地中行，民得平土而居之。嗣是村落[⑦]處，就濕為田。歷宋及元，比我國朝，兼設守禦二所，鶴之地屯田居半，而軍儲之需仰給於斯土矣。正統八年[⑧]，郡守林公置水神祠於洞門之涯，祭以四月八日，從民望也。迄今嘉靖壬寅[⑨]，

---

① 辛酉：指嘉靖辛酉，即嘉靖四十年（1561）。
② 樊巍：字松巒。幼通敏，嘉靖甲午舉人。結廬朝霞山，潛心力學，無仕進意。家居二十年，足不履公門，巡按嘗獎曰"冰蘗之操"。後為親貧，出知良鄉縣，有卓越聲。尋以疾改夔州府教授，以身訓人，士林德之。卒於官，貧無以殮，知府張廷相終其事。著有《夔府志》《朝霞集》等書。嘉靖間崇祀。（楊金鎧編著，高金和點校：《民國鶴慶縣志》，200頁，昆明，雲南大學出版社，2016）
③ 漢武帝元封二年：公元前109年。
④ 唐德宗：李適（742—805），在位時間779—805年。
⑤ 《鶴慶碑刻輯錄》錄為"柱"，據《鶴慶縣志》應為"拄"。
⑥ 《鶴慶碑刻輯錄》錄為"由"，據《鶴慶縣志》應為"田"。
⑦ 《鶴慶碑刻輯錄》漏錄"星"字。
⑧ 正統八年：1443年。
⑨ 嘉靖壬寅：嘉靖二十一年（1542）。

淫雨為虐，洪水泛濫，蕩阡畛、淹莊①稼、沒民居，居民避高原②，有望其廬舍而垂涕悲咽不能出聲者，愬於郡守。遂甯周公亦泫然泣下，曰：鶴其為沼乎？吾奚忍於吾民昏墊若是！即日出俸資百七十八兩。而郡民楊大增捐銀五十兩，庠生楊允中捐銀十兩。遂鳩工，相地形，東南隅稍下者欲溝之以洩其盈，越月餘而溝亦就緒。眾以用工頗費而望效甚遲，乃言於公曰：鑿渠之難為功，熟與疏洞之取效速乎？夫崛多故洞，自江尾抵洞口里許皆孔也，孔皆水洩也。近為漁者擅利，春初則壅，孔置筍③，比潢潦暴至弗及撤，歲復歲而孔浸以塞矣。又有沿江植柳，漾為沙洲，因以禾麥其間者，致令江尾漸隘，川勢漲溢。水患之弊，其原於斯乎？公矍然曰：其信然乎。乃使善水者探其故穴，撤其壅蔽，伐植鑱④礙，而水之奔注者莫之禦矣。公乃嘆曰：以漁人之利而貽畎畝之殃，恣一夫之奸而為一郡之害，可乎！乃治其人，得其狀。自是嚴禁約民，有頑者不得肆其奸矣。因思尊者之功，曰："神哉！其利於吾民若是，何報功之典歷世莫之講也？"乃使居民求其像於元化寺而迎之，置於洞門之隅而堂之，住持⑤時拈香以供之。徵予記，予曰：美哉，諸士民之舉乎！懋哉，尊者之功乎！賢哉，我周公之仁乎！昔者大禹當平世不忍斯民昏墊，乃洺⑥川導河，疏天下之流而注之海。然考其導黑水者四，而葉榆澤其一也。鶴舊為海，密邇葉榆，豈禹跡有未到耶？不然，天下之水皆導於禹，而獨於鶴有遺功耶？抑尊者之來，豈天以斯人畀鶴以纘禹之功乎？誌郡者錄山川之景，有曰：象嶺吞江，蛟河蟠野，皆誌是水也。而導是水以有斯景者果何人耶？向微我公則尊者之功幾乎泯滅，尊者之洞幾乎壅塞，而鶴之桑田幾乎滄海矣。然則禹之功在天下，尊者之功在一郡，我公之功在續尊者以疏其壅，其先後大小不同而憂民則一也。或有謂尊者寂滅之流，無意人世。而洞門百孔，亦皆天造地設。噫，獨不思尊者斬雲之劍，驅雹之咒，密教之貽，亦⑦皆天造地設者乎。而釋迦每以利益一切眾生為言，是果無意人事⑧者乎？使天下之僧而皆如尊者，則皆有功於民矣，而奚以病其寂滅哉！予固謂：尊者之心，大禹之心也，固宜記；我公之心，尊者之心也，尤宜記。諸有勛於斯舉者，則有：郡人縣丞楊懷玉、主簿⑨李杰、教官李文熙及楊中道、李集義、李學書，各捐銀四兩而修理焉，⑩崇德報功之心也，又當載姓氏於碑云。

---

① 《鶴慶碑刻輯錄》錄為"莊"，據《鶴慶縣志》應為"禾"。

② 《鶴慶碑刻輯錄》錄為"原"，據《鶴慶縣志》應為"源"。

③ 筍：安放在堰口的竹制捕魚器，大腹、大口小頸，頸部裝有倒須，魚入而不能出。

④ 鑱：犁鐵，即犁頭。與鏵相類而形制不同，銳利厚重，適宜開墾生地。也指裝有彎曲長柄的長鑱，用以掘土。

⑤ 《鶴慶碑刻輯錄》錄為"持"，據《鶴慶縣志》應為"僧"。

⑥ 《鶴慶碑刻輯錄》錄為"洺"，據《鶴慶縣志》應為"濬"。

⑦ 《鶴慶碑刻輯錄》漏錄"皆"字。

⑧ 《鶴慶碑刻輯錄》錄為"事"，據《鶴慶縣志》應為"世"。

⑨ 主簿：官名。漢代中央及郡縣官署多置之。其職責為主管文書，辦理事務。至魏晋時漸為將帥重臣的主要僚屬，參與機要，總領府事。此後各中央官署及州縣雖仍置主簿，但任職漸輕。唐宋時皆以主簿為初事之官。明清時各寺卿也有設主簿，或稱典簿。外官則設于知縣以下，為佐官之一。後省并。《南史·儒林傳·伏曼容》："[伏曼容]父胤之，宋司空主簿。"

⑩ 《鶴慶碑刻輯錄》漏錄"亦"字。

郡人楊方盛①謁"水洞祠"詩：禮罷神僧兩足尊，妙門千剎半龕存。定中疏水杖何在，首出開天德不言。寶剎有光留色相，洞泉多寶見根源。溪雲出月年年事，風電何時消法門。郡人史秉信"水洞祠"詩：鶴拓在昔稱龍國，墾涯平川水深黑。昏墊懷襄半屬魚，渺渺瀰瀰②無溝洫。西城飛來喔哆尊，投珠百八穿山根。神錫掉通坤維軸，象眠之麓亦龍門。鯨吸蛟吞尾閭開，沱沱③悠悠漾水洄。漏巵洩處觀消息，海立雲崩吼若雷。時復為笑復為怒，練披雪捲珠璣吐。雨花濺石日生寒，長空白晝飛陰霧。一自歸墟雲腳穿，綠野青蔥萬井烟。濫觴盈滿難為數，秋淋時復汎為川。稼穡強半沒洪濤，多少人民為水逃。廬舍中央憑漂④泊，萬姓徂溺聲嗷嗷。或云積楞塞其竇，又疑妖蛟居其岫。千蹊萬壑泥沙擁，徒切民憂莫能究。浪說滄海與桑田，旱帝災王年復年。但祝神功彌霄壞，勝蹟安瀾皈象眠。⑤

【概述】碑文記述嘉靖年間，鶴邑洪水氾濫，民眾飽受水患之苦，郡守周公帶頭捐資倡修溝渠，積極撤除壅蔽并疏浚水道為民造福的事迹。

【參考文獻】張了，張錫祿．鶴慶碑刻輯錄．內部資料，2001.10：102-103；楊世鈺，趙寅松．大理叢書·方志篇（卷九）：（民國）鶴慶縣志．北京：民族出版社，2007.5：193-194；楊世鈺，趙寅松．大理叢書·方志篇（卷八）：（光緒）鶴慶州志．北京：民族出版社，2007.5：583-608.

據《鶴慶碑刻輯錄》錄文，參《民國·鶴慶縣志》《光緒·鶴慶州志》校勘、補錄。

重修西湖柳堤記

李三樂⑥

華峯之麓，有瀦澤，名曰西湖，謂其近郡西也。旁有饒田千畝，宜菽麥，宜禾，湖中又宜漁。郡民日用，多取諸此。舊無隄防，頻苦水患。弘治初，始築隄捍水，兼爲便道。起自駐驊⑦亭，抵於石橋。因地制宜，民賴有歲。厥後堤漸決潰，秋水泙湃，漂沒禾黍。嘉靖乙丑⑧，

---

① 查《鶴慶州志》卷之三十一·藝文志六十八·七言律，應為"楊盛"。［楊世鈺、趙寅松主編：《大理叢書·方志篇（卷八）：光緒·鶴慶州志》，608 頁，北京，民族出版社，2007］

②《民國·鶴慶縣志》錄為"瀰瀰"，據《光緒·鶴慶州志》應為"瀾瀾"。

③《民國·鶴慶縣志》錄為"沱沱"，據《光緒·鶴慶州志》應為"沱氾"。

④《民國·鶴慶縣志》錄為"漂"，據《光緒·鶴慶州志》應為"飄"。

⑤《鶴慶碑刻輯錄》漏錄碑末"郡人楊方盛……勝蹟安瀾皈象眠"，計 299 字，標點為新增。

⑥ 李三樂：劍川甸南水寨人，嘉靖四十三年（1564）甲子科第 15 名。（雲南省劍川縣志編纂委員會編纂：《劍川縣志》，702 頁，昆明，雲南民族出版社，1999）

⑦《康熙劍川州志》錄為"驊"，據《康熙·劍川州志》應為"驛"。

⑧ 嘉靖乙丑：即嘉靖四十四年（1565）。

胥侯[①]來守茲郡，調停紀綱。政甫三載，百廢俱興。當行部知湖堤缺狀，徘徊太息曰：堤之修廢，民生休戚攸關，尚可以少緩哉！明年，遂下修堤之命。權時借衆庶民子來，培其未廣，增其未高。率作有道，民不知勞，役不湴[②]時。堤防就緒，植柳隄邊，以圖久遠。五步一株，縱橫成列。兆民永賴，頌聲四作。麥秀芃芃[③]，禾黍油油，耕者曰：侯之賜也。周行坦坦，可步可車，行者曰：侯之賜也。投竿垂餌，黑鯽青鱗，漁者曰：侯之賜也。雖然，此其大者。乃若堤柳含烟，飛鳴頡頏；笙簧成韵，足人聽聞。炎暑盈宇，綠秧刺水，負戽往來，形影靡靡。至於天朗秋晴，潦净泉清，月色樓影，沉璧[④]耀金。又如寒夜孤舟，玉綴簑笠；擊楫款[⑤]乃，漁火明滅。噫！此皆疇昔之所無也。西湖四美，又孰非侯之賜耶？邑之父老謂余曰：賢侯惠我如斯，弗可泯也。屬余爲記。余謂記也者，有金石之記，有民心之記。金石之記得其迹，民心之記得其精。今日民無智愚賢不肖，無邇無邇，口誦心惟我侯之殊勳者，不謀而合。是匹夫匹婦之心，自有全碑，正所謂得其精者。奚以記爲？父老曰：子之言是也。然鐫石勒文，昭垂永久，庶斯堤之不朽也。余曰唯唯。因記之，以告後之涖茲土者。

【概述】碑文記述劍川西湖堤決，淹沒田地，嘉靖年間時任知州胥鉉下令修復湖堤、加寬加高堤埂，并在堤邊遍植柳樹固堤，民眾感其恩德勒石昭垂永久之事。

【參考文獻】（清）王世貴，何基盛等纂．大理白族自治州文化局翻印．雲南大理文史資料選輯·地方志之八：康熙劍川州志（點校本）．內部資料，1982.10：147-148；楊世鈺，趙寅松．大理叢書·方志篇（卷九）：康熙·劍川州志（影印本）．北京：民族出版社，2007.5：651.

據《康熙劍川州志》錄文，參《康熙·劍川州志》校勘。

重修九龍池溝道記[⑥]

陳 善

重修九龍池[⑦]溝道記（一行）
賜進士第中奉大夫雲南等處承宣布政使司左布政使前奉（二行）

---

① 胥侯：即胥鉉，舉人，四川華陽人，曾任劍川州知州。
② 《康熙劍川州志》錄為“湴”，據《康熙·劍川州志》應為“踰”。
③ 《康熙劍川州志》錄為“芄芄”，據《康熙·劍川州志》應為“芃芃”。芃芃：草木茂美的樣子；健壯。
④ 《康熙劍川州志》錄為“壁”，據《康熙·劍川州志》應為“璧”。
⑤ 《康熙劍川州志》錄為“款”，據《康熙·劍川州志》應為“欵”。欵：同“款”。
⑥ 明李元陽纂修《萬曆·雲南通志》錄為“陳善九龍池溝道記”，略有出入。
⑦ 九龍池：亦稱易羅池，位於保山市隆陽區城西南隅，原有濯纓亭、茲雲塔等景觀，後被毀，今重建，景色怡人，乃保山勝景。

敕提督廣西雲南學校　　　　　　　　錢塘陳善[1]撰[2]（三行）

賜進士出身中憲大夫整飭瀾滄兵備雲南按察司副使南昌朱奎[3]書（四行）

賜進士第中憲大夫提督學校　　雲南按察司副使長樂陳洙[4]篆（五行）

由下關取道永昌，皆崇山峻嶺，鳥道紆迴，絕類貴陽。自關坡而下，平原博野，四望如一，周道逶迤，抵于郡城，蓋西南一大都會也。城西南隅有龍泉山，山下（六行）出泉為九龍池，幅員僅畝許，清冽見底，晝夜沸騰，流沫三十餘里。循池而西，積土築塍，導由南海，以資溉灌。先是，分為四十一號，以通遠邇、均疏洩，然土性（七行）善崩，潰決莫固。弘治、正德間，先任副使陳公輔議甃磚石，自二號至十四號，業已就工。後因陞代不常，無繼之者，每橫流泛濫，沮洳為患，前已修治，水流不（八行）盈，溝澮旁達，農夫拱手，西成晏然。其未獲水利，兼受水害。及遭時旱乾，農不耕收，財粟匱缺，官租私券，懸罄待盡。蓋自正德以至于今，其患非一日矣。隆慶（九行）元年[5]，鄱陽鶴山鄒公備兵此邦。冬十有一月，軍民陸景春等陳牒臺下，以修甃溝道為請，公曰：“吾受命於朝而育斯人，其可已乎！”乃檄先郡守浦江張公暨（十行）指揮趙袞，博詢鄉耆黎老，以求至當。時定泉吳公崧售計獨備。議既定，則以白於中丞江陵陳公，曰：“此萬世之利也，脩墜典，恤生人，流惠實多。俱如議行。”而（十一行）左使東泉鄔公又力贊襄之。公乃動黑白窖銀六百四十兩有奇，發八所屯卒更番為役。行指揮趙袞及時鳩工，範磚採石。起十五號，止三十六號，甃以城（十二行）磚，邊用覆石，灰土相輔，沃以糯糜，荒石內列，錯若碁置。又山腳一溝，羣流匯合，土壅沙塞，患在咽喉。乃隨地之高下以濬溝，築閘三座以殺湍，計費一百三（十三行）兩。公不時經行，稽其贏縮，又益工料一百二十三兩。厥工告成，一望如截，泝源達委，會為安流，遠郊近圻，無不如志。迺三年之夏，遍省蘊隆，此邦晏然，丞民（十四行）謳歌，枕臥待獲，蓋數十年所僅見也。於是，士民喜相賀曰：“遊彼流泉，公為治之。終年阻饑，公粒食之。維茲蕪穢，孰誰理之？於皇新畬，孰誰開之？公闢書院，髦（十五行）士以興。公清庶獄，枉抑以伸。節議里甲，民無濫征。清理屯田，師有餘糧。荷公之功，沒世難忘。”於是，鄉大夫邵公纓泉惟中、二梧霍公薰輩述民之欲，屢促予（十六行）為紀德之碑。嘗聞自古為國，以水事為重，故臺駘宣汾、洮[6]，障大澤，帝用嘉之，封諸汾川。鄒公舉數十年弛廢之業，完二百年未就之功，所以安養斯人，遠矣（十七行）。吁！斯池也，使在朔方、西河、汝南、九江，作史者當敘入《河渠書》，脩渠之功亦宜與西門豹、鄭國並傳矣。今在西南遠徼，誰知之者？自今永昌稱沃野，無凶年，漸（十八行）致富強，鄒公之功也。是用假辭勒石，以詔來禩。經始於隆慶二年四月，

---

[1] 陳善：浙江錢塘人，明嘉靖進士，曾官儒學提舉司廣西、雲南提學使，雲南布政司左布政使等職。

[2]《保山碑刻》錄為“撰”，據原碑應為“譔”。譔：同“撰”。

[3] 朱奎：江西南昌人，進士。明隆慶四年（1570）繼鄒光祚任金騰兵備副使，任職期間主持修建書院講堂和公廩義倉，為發展地方公益事業做出了較大貢獻。

[4] 陳洙：福建長樂人，明嘉靖進士，隆慶間曾任儒學提舉司雲南提學使和雲南按察司副使等職。

[5] 隆慶元年：1567 年。

[6] 洮：洮水。在甘肅省西南部，黃河上游支流，源出甘肅、青海邊境的西傾山東麓，東流到岷縣折向北，經臨洮縣到毛簾峽附近入黃河，長 500 余公里，通稱洮河。

迄工扵三年十二月。為費八百六十餘兩。修完溝道七百八十餘丈。效勞官員[1]如指（十九行）揮王月、趙袞、車渠、萬彙、谷印、路九萬、矦度，千戶陳訓、劉昌齡、耿星、辛鳳、李世勤，戶戴翱、金良臣、劉彥琛，鎮撫劉必興、陶袞，皆備書云（二十行）。

鄒公名光祚[2]，起家丙辰進士（二十一行）。

隆慶五年[3]冬十月吉日，永昌衛掌印屯指揮使車渠立石（二十二行）

【概述】碑存保山市太保公園。碑為青石質，額、座均已失。高 222 厘米、寬 102 厘米、厚 11 厘米。碑文直行楷書，文 22 行，行 60 字，計 1000 余字。明隆慶五年（1571），陳善撰文，朱奎書丹，陳洙篆額，車渠立石。碑文詳細記述了當年雲南三司督撫官員率領永昌地方軍民，修治永昌城西易羅池水利設施，綜合治理水患的原因、經過等情況。該碑是保山明代最重要的水利建設碑之一，1988 年 8 月公布為保山市第二批重點文物保護單位。

【參考文獻】保山市文化廣電新聞出版局.保山碑刻.昆明：雲南美術出版社，2008.5：34-36；雲南省水利水電勘測設計研究院.雲南省歷史洪旱災害史料實錄［1911 年（清宣統三年）以前］.昆明：雲南科技出版社，2008.8：548-549；周文華.雲南歷史文化名城.昆明：雲南美術出版社，1999.2：176；邱宣充，張瑛華.雲南文物古迹大全.昆明：雲南人民出版社，1992.1：608-609；劉景毛，文明元，王珏等點校.新纂雲南通志·五.昆明：雲南人民出版社，2007.3：354；方國瑜.雲南史料叢刊·第七卷.昆明：雲南大學出版社，2001.5：266-267.

據《保山碑刻》錄文，參拓片校勘。

橫山水洞碑記[4]

羅元正

去會城[5]而西，凡[6]三十里，爲龍院諸村。村凡八，村之田凡若干頃，田稅歲輸縣官凡若干石。村故枕山而帶水，水卽滇池也。池低村，地勢隱起，差具傾倚狀，可立上游走丸，

---

① 貟：古同"員"。

② 鄒光祚：字承卿，江西鄱陽人，進士。隆慶間，任金騰兵備副使，治河堤，置義田，修學宮。遷去，民思之。（江燕、文明元、王珏點校：《新纂雲南通志·八》，28 頁，昆明，雲南人民出版社，2007）

③ 隆慶五年：1571 年。

④ 《雲南通志》錄為"橫山水洞記"。橫山水洞：係明代隆慶年間人工開鑿的灌溉隧道。隧道位於西山區龍院村三里處的自衛村，其地為深山峽谷，谷口為水庫，左右為峻嶺，谷後為陡坡村，水洞在谷中。洞口高 2 米，寬 1.2 米，隧道全長 1180 米。

⑤ 會城：指昆明。

⑥ 《黑林鋪鎮志》錄為"凡"，據《雲南通志》應為"幾"。

以故池水不可逆引而仰溉，村之負山而田者，無論愆陽，即旬日不雨，土脈輒龜裂，歲輒不登。中歲，他境稔而茲境不厭半菽，民苦之。村迆西三十五里爲白石崖，崖故有泉，其山形隱起，則又高龍院諸村什九①。度崖泉可引而東以灌。然橫山牆立於前，岸然峭阻。

先是，議鑿山之凹爲渠，引泉齋②山而東，乃其山石脊而土麓，石堅不可鑿。議鑿其麓，自西以跨於東五十有八丈。村農合力率作紛若蟻之營垤，齋歲，訖無成績。

方伯敬亭陳公，以省耕至，問焉，衆告之故。公曰：“茲吾事而以疲若等，吾爲若成之。”乃謀諸同寅，計其費可三千金，移議御史臺，報可。公檄掾③尹德先、何獻榮、劉得先後繼董茲役。曰：“德先，汝往，視疏鑿，相度規畫以樹爾功。”洞高五尺，廣二尺，斷木如高廣之數以支顧圯，功成，徐易以石，發帑儲如議數授之，上下其工之直以廩焉。曰：“獻榮，汝廩④往卒德先功。”曰：“得汝其嗣德先、獻榮以督諸役之力者、不力者。”已，又檄舍人袁應登佐掾以轄羣工。應登簡工之不習者，請以礦夫代，公⑤可其請。召朱正輩二十人以屬應登。余時糸藩政，同公往視，指授問⑥道，分東西鑿，鑿幾半而道不值。予當入賀，行念前功，恐或棄之者。公請於撫軍曹公雲山、巡按許公保宇，僉曰：“政在利民，毋惜費，毋憚勞。其往督諸掾役，毋隳前功。”各捐贖金佐工，諸掾役競奮如命，道果值。實隆慶壬申⑦之二月十一日也。

遡始事庚午⑧，凡二歲，易掾董役者三掾，以直盡告者五告，即議發先後五發，帑凡百有十金而訖功。敬亭公曰：“吾可休矣。”公與時不甚合，久欲乞歸，會水洞未成而未決也，明日，遂謝事去。獅岡陳公繼公，愈益振策諸掾役，尋以成功報。

靈竅朗闢洞中可偃塞行。公復趣⑨掾尋源，引白石崖溝山腰連山奄，互得泉二十二道，蜿蜒縈紆四千一百八十三丈，廣盈尺，深逾⑩咫。泉抱山而東赴，若帶而縮；若白龍挾雨，偕山勢俱來；若玉虹下飲，潛入洞口而東出，噴薄滄⑪漣，堰潴而渠分。村之耕者需濡，稼者需溉，植者需滋，畦者、圃者需潤，不雨而澤，不禱而免於旱槁，民甚便之，而德諸公之功。乃歌曰：“橫山之麓，可屋可田。白崖之泉，可引可沿。山麓可鑿，伏流潺湲。茲麓既闢，不淤不顚。溉我稼穡，充廩盈廛⑫。我公之績，億萬斯年。曷⑬俎豆之，以輸我虔。”

鄒公名應龍，長安人。曹公名三暘，宜興人。許公名大亨，安肅人。皆起家進士。敬

① 什九：十分之九。指絕大多數。
② 《黑林鋪鎮志》錄爲“齋”，據《雲南通志》應爲“踰”。下同。踰：同“齋”。
③ 掾：原爲佐助的意思，後爲副官佐或官署屬員的通稱。
④ 《黑林鋪鎮志》多錄“廩”字。
⑤ 《黑林鋪鎮志》錄爲“公”，據《雲南通志》應爲“功”。
⑥ 《黑林鋪鎮志》錄爲“問”，據《雲南通志》應爲“向”。
⑦ 隆慶壬申：即隆慶六年（1572）。
⑧ 庚午：即隆慶四年（1570）。
⑨ 趣：古同“促”，催促；急促。
⑩ 《黑林鋪鎮志》錄爲“逾”，據《雲南通志》應爲“踰”。踰：同“逾”。
⑪ 《黑林鋪鎮志》錄爲“滄”，據《雲南通志》應爲“淪”。
⑫ 廛：古代城市平民一戶人家所居住的房地。
⑬ 曷：古同“盍”，何不。

亭公名善，浙江錢塘人。獅岡公名時範，閩長樂人。同嘉靖辛丑^①進士。

【概述】該碑原立於昆明市西山區龍院村三里處的自衛村橫山水洞洞口，惜現已佚。據考證碑應立於明代隆慶六年（1572），羅元正撰文。碑文記載嘉靖三十八年（1559）至隆慶三年（1569），雲南地方官陳善、陳時蒼等先後主持開鑿昆明橫山大型水利工程之事。橫山水洞不僅是古代昆明農民與大自然搏鬥的歷史見證，也是今天研究雲南水利、能源、科學發展史的重要實物。

【參考文獻】《黑林鋪鎮志》編纂委員會．黑林鋪鎮志．內部資料，1995.10：287-288；王海濤．昆明文物古迹．昆明：雲南人民出版社，1989.3：110-111；林超民．西南古籍研究（2010年）．昆明：雲南大學出版社，2011.6：305；劉景毛，文明元，王珏等點校．新纂雲南通志·五．昆明：雲南人民出版社，2007.3：353；（清）靖道謨纂，鄂爾泰等修．雲南通志·24．揚州：江蘇廣陵古籍刻印社，1988.4：97-101．

據《黑林鋪鎮志》錄文，參《雲南通志》校勘。

橫山水洞記

徐中行

古梁州徼外，禹疆理所不及。滇國屬秦，略通五尺道而已。漢時且閉昆明，帝於長安穿池象之，以習水戰。後雖爲屬郡，恃其旁地肥饒，多畜產之富，安知流泉^②灌寢，所以育五穀，爲通溝瀆以備旱計也？自成義侯造起陂池，迄元咸陽王輩，復爲陂池及屯田求源洩水，始知蠶桑。明興，方伯陳公乃開昆明橫山水洞。洞在縣西鄉，源自城西清水關外龍泉，匯爲乾海子。東行八里爲白石厓，十五里爲橫山、龍院等八邨，軍民定墾田四萬五千六百餘畝。其地高平，比之岐峻緣厓蹯石不同。泉流不及，旱爲焦土，有可用溉，則沃野也。

嘉靖己未^③，李文蘊等開厓導山七十三曲，圍^④水凡十三條，邸橫山，止於石丘。隆慶己巳^⑤大旱，楊應春等鑿丘爲東西洞，約穿三十丈，未穿者如其數。四月，公以右使治道過之，其徒纍纍告疲，公憫而省其山，以請於都御史江陵陳公、御史內江劉公，咸曰："此功一成，爲萬世利。"乃命官興工，洞高廣各三尺有咫，堇堇^⑥容一人仄^⑦身屈膝以鑴，用二人遞畚所鑴而出。入之彌堅難，

---

① 嘉靖辛丑：嘉靖二十年，歲次辛丑，即 1541 年。
② 《徐中行集》錄爲"流泉"，據《雲南通志》應爲"泉流"。
③ 嘉靖己未：1559 年。
④ 《徐中行集》錄爲"圍"，據《雲南通志》應爲"爲"。
⑤ 隆慶己巳：1569 年。
⑥ 《徐中行集》錄爲"堇堇"，據《雲南通志》應爲"僅僅"，二者同。
⑦ 《徐中行集》錄爲"仄"，據《雲南通志》應爲"反"。

熳①而解焉。聲沖沖若咫尺，東西竟不相值②。初以九旬爲期，又九旬，公乞歸。人懼弗卒業③，公曰："噫乎！泰山之霤④穿石，漸靡⑤使然也。人而鑿空，其弗然乎？"以舍人袁應登視之，乃用易門礦夫二十人。明年三月，公爲左使，工周歲弗給，請於都御史宜興曹公、御史安蕭許公，咸曰："功既垂成，費安惜乎？"給之如初。九旬又請，公謝事不以，請右使長樂陳公攝之，又借公帑以給礦夫。馬廷弼乃止其西，從東。又明年二月八日，長樂公代爲左使，公曰："去志久矣，爲此水而止。今未卒業，幸諸大夫圖之。"敬諾。越三日，公出祖，數萬人泣留遮道。忽傳水道⑥穿，歡呼若雷，而神之。公曰："亦偶然耳⑦。"且謂召公將明農，惓惓告周公誡小民，秦漢水工鄭國、徐伯之名以傳，礦夫繫之一年良苦，西⑧鄉萬夫粒食，二十人汗血耳，其補助之勿緩。官終事者庫副使劉昇、應登，雖舍人勞甚，其論賞宜優，爲具奏記，惓惓授長樂公而行。凡用不滿三百兩，爲日六十五旬餘，蓋費省勞暫，利鉅而貽之休者遠也。

民共立祠橫山，屬某⑨記之。某⑩曰："滇之廟祀自成義始，亦有咸陽，豈非陂池之澤乎？史起論西門豹之未盡，起亦徒利導之者耳，奚有蜀道之難若冰之鑿離碓？世傳蜀江神，有之，乃冰精誠所至⑪。橫山不下離碓，公每旦必齋禱，雖舍人亦然。洞穿與行會，偶然邪⑫？滇田號雷鳴者，匪雷雨罔秋，八邨之有龍泉，常⑬沛若雷雨矣。允惟岳牧，寔代天公⑭，以百世祀，豈成義、咸陽盡之乎？代公治渠股引，盡屬長樂公，率土皆兩公者，可無凶年憂矣。

公名善，錢塘人；長樂公名時範。同舉嘉靖辛丑進士，先後八年于滇，迭爲左右伯，成是水功云。

【概述】碑原存昆明市西山區，現不詳。隆慶六年（1572）立，徐中行撰。碑文記述布政使陳善倡修昆明橫山水洞之事。

【參考文獻】（明）徐中行著，王群栗點校.徐中行集.杭州：浙江古籍出版社，2012.4：266-268；劉景毛，文明元，王珏等點校.新纂雲南通志·五.昆明：雲南人民出版社，2007.3：353；《黑林鋪鎮志》編纂委員會.黑林鋪鎮志.內部資料，1995.10：288-289；林超民等.西南稀見方誌文獻·第21卷：雲南通志.蘭州：蘭州大學出版社，2003.8：349.

據《徐中行集》錄文，參《雲南通志》校勘。

① 《徐中行集》多錄"熳"字。
② 《徐中行集》錄爲"值"，據《雲南通志》應爲"直"。
③ 《徐中行集》多錄"業"字。
④ 霤：同"溜"，房頂上流下來的雨水。
⑤ 靡：通"摩"，摩擦、接觸。
⑥ 《徐中行集》錄爲"道"，據《雲南通志》應爲"洞"。
⑦ 《徐中行集》錄爲"耳"，據《雲南通志》應爲"爾"。
⑧ 《徐中行集》錄爲"西"，據《雲南通志》應爲"四"。
⑨ 《徐中行集》錄爲"某"，據《雲南通志》應爲"余"。
⑩ 《徐中行集》錄爲"某"，據《雲南通志》應爲"徐中行"。
⑪ 《徐中行集》錄爲"至"，據《雲南通志》應爲"致"。
⑫ 《徐中行集》錄爲"邪"，據《雲南通志》應爲"耶"。
⑬ 《徐中行集》多錄"常"字。
⑭ 《徐中行集》錄爲"公"，據《雲南通志》應爲"工"。

峨山彝族自治縣覺羅村萬古傳留碑

覺羅村未住民之時，虎豹狼成群，並無人煙，荒榛[1]野蒿，草木繁茂，禽獸所居之地。箐自益[2]，烈山澤而焚之，禽獸逃匿，中國食可得也。至後稷教民稼穡，樹五穀□□，工商各歸一業。五戶一來，開闢覺羅，同齊察看山勢，同齊察看地基，居住覺羅，開闢其闔山闔水。各占墳山，各占神山，同畜公山，東到大沖頭分山流水，北至上一把傘分山流水，南至峨峰頂分山流水，西至鴨子沖對門分山流水。五戶同齊並畜養樹林，日後山水湧出，五戶各開田畈，各分經界。後二府照田安糧，五戶各交納，逢山安稅，逢田安糧，趙胥□□經界正分田制，祿可坐而定也。千千數百年，由古及今，並無競爭。後人煙日盛，接親相交，外人遷雜姓者，有接親居住之人，有相交居住之人，並未有自己得後占之山產田地。所有墳山、地基，皆由與五戶之內所買，各有契約為憑。日後恐人心不古，先立下章程，後人不得越界，村莊雜姓不得競占五戶之山。若占著必須先要立契約為憑，必須向五戶公內出銀，所收不得亂占功名，占勢恃勢霸惡五戶，以他赴官論理。五戶人等必須同心同德，不得忤違[3]，子孫世也，尊之無替。

大明萬曆元年[4]孟秋月[5]五戶同立

【概述】明萬曆元年(1573)，覺羅村民眾同立。碑文記述明萬曆年間，民眾同心同德開闢覺羅，共同蓄養樹林、保護水源以及為田畈、山產、賦稅等而立下的章程。

【參考文獻】雲南省峨山彝族自治縣志編纂委員會.峨山彝族自治縣志.北京：中華書局，2001.5：831.

石鼻裏水利碑[6]

雲南府昆明縣為乞均水利以蘇民困事。奉（一行）
雲南等處承宣布政使司扎付[7]，奉（二行）欽差巡撫雲南兼建昌華節[8]等處地方贊理軍

① 荒榛：雜亂叢生的草木；引申為荒蕪。
② 益：古同"溢"。
③ 忤違：違犯，抵觸。
④ 萬曆元年：1573年。
⑤ 孟秋月：農曆七月。
⑥《西山區文史資料選輯·第5輯》錄為"明代馬街農民控告沐莊霸阻水利碑"。
⑦《西山區志》錄為"扎付"，疑誤，應為"札付"。札付：官府中上級給下級的公文，亦作"劄付"。
⑧《西山區志》錄為"華節"，疑誤，據《雲南文物古迹》《西山區文史資料選輯·第5輯》錄為"畢節"。再查《明史》，應為"建昌、畢節"。

務兵部左侍郎,兼都察院右僉都御史鄒[1]批：據縣民角應高、楊尚儒、楊儀、張應儒等連名告稱,村居城西石鼻,相連沐府[2]莊田。麓（三行）澗[3]有源,均灌田畝,栽不失時,錢糧得輸,民稍充裕。嘉靖十一二等年,有家人張時泰等,仗倚營充參隨、管莊、聽用等役,持勢每月栽插,將水霸佔輪放,兼行倒賣肥己。民無消（四行）滴[4],如遇亢旱,荒者十簾[5]八九,致使栽插失時,久絕依源。此[6]欲投告,懼各持勢,含冤到今。幸逢（五行）

天星撫鎮茲土,懲究[7]殄惡。竊思橫惡不忖,莊田止有三百餘畝,民田約有一千五百餘畝,□[8]各逞勢,將水侵放,百計殃民,實難聊生。如蒙准行,拘提本莊積惡張鳳岐等四十一戶（六行）,清出二彼田畝,均分水利,刻碑垂久,以為萬世之益等情。奉批：仰布司委官查報。□[9]劄仰縣奉此,行拘詞內犯人張時泰等到官,該本縣掌印知縣期[10]

押帶各犯,親詣所（七行）告田所,拘集知音公勘。審得張時泰等供,系沐府家人,先年本府置有莊田五百餘畝,與昆明縣石鼻裏地方納糧民田一千一百余畝相連。縣民與本莊家人相攙種,辦錢（八行）糧水用,麓澗山腳下左邊溫泉右邊冷水溝會流,二水聚合,均灌俱得,成收為定,錢糧易完。嘉精[11]十一二年,時泰與在官家人張鳳岐、蘇春、趙美、李茂生、段有爵、蘇友良,各逞（九行）府勢豪,每逢栽插,將會流活水一股阻截,流歸莊田足用,方令民田栽插,以致失時無收,累及告民角應高等賠納差糧消乏。各畏勢強,不敢聲言,遞年無望。隆慶六年七月（十行）內,角應高等民田納糧之外,又有海夫雜派差役,莊田止納額糧,欲告復舊,將情具告。備劄行縣勘報間,趙美與時泰各仍倚勢用強霸佔,套擬虛詞紊規爭奪等情,亦（十一行）告。批：仰布政司並問報。蒙並仰縣查得,縣民田[12]有定賦,正糧之外,且有里甲公堂及均徭差役,莊田止納秋糧,各項盡免,並無負累。及將活水一股霸佔,實為民害。所告莊（十二行）民二田,較量田畝多寡,分為寬狹二股,各流灌溉,仍於適中之所,勒石

---

① 鄒：指鄒應龍,字雲卿,長安人。嘉靖三十五年（1556）進士。授行人,擢御史。隆慶初,以副都御史總理江西、江南鹽屯。遷工部右侍郎。後改任兵部侍郎兼僉都御史巡撫雲南。

② 沐府：是指沐英後裔沐朝弼一家。明初,沐氏鎮滇日久,威權日盛,逐漸腐敗。自明中葉以後,沐氏賄賂宦官及權臣,驕凌三司,兼并土地,欺壓人民,儼然成了雲南的土皇帝。明代嘉靖、隆慶年間,沐府的主人是沐朝弼,至此時沐氏鎮滇已近200年,沐府莊田遍及三迤,是雲南最大的官僚豪強地主。

③ 《西山區文史資料選輯·第5輯》錄為"間"。

④ 《西山區志》錄為"消滴",疑誤,據《雲南文物古迹》《昆明文物古迹》《西山區文史資料選輯·第5輯》應為"涓滴"。涓滴：極少量的水,比喻極少量的錢或物。

⑤ 《西山區志》錄為"簾",疑誤,據《雲南文物古迹》《昆明文物古迹》應為"常"。

⑥ 《西山區志》錄為"此",疑誤,據《雲南文物古迹》《昆明文物古迹》《西山區文史資料選輯·第5輯》應為"比"。比：連續,頻頻。

⑦ 《西山區志》錄為"究",疑誤,據《雲南文物古迹》錄為"宄"。宄：壞人。

⑧ 《西山區志》錄為"□",據《西山區文史資料選輯·第5輯》應為"均"。

⑨ 《西山區志》錄為"□",據《西山區文史資料選輯·第5輯》應為"飭"。

⑩ 《西山區志》錄為"期",疑誤,據《雲南文物古迹》《昆明文物古迹》應為"胡",指知縣胡崧。

⑪ 《西山區志》錄為"嘉精",疑誤,據《雲南文物古迹》《昆明文物古迹》《西山區文史資料選輯·第5輯》應為"嘉靖"。

⑫ 《西山區志》漏錄"原"字。

分界，以為永久。如此則水利均平，豪強不得多占，縣民不致貽累。具由連人關縣申解（十三行）本司。蒙批：據申查勘已明確，審各犯亦無詞，仰該縣即究招報詳。蒙復提各犯到官，審看得時泰等倚①權豪，欺壓鄉民，積惡已非一日。溫泉冷水會流，系一方灌溉之源，卻（十四行）乃倚勢霸阻，以致民田不通水利，遂生告擾，應當擬究，以懲奸欺。斷將前項水利，不分清潢，各照田畝多寡，分為寬狹二股，各流灌溉，以免爭紊。如遇潢水泛漲，照舊依古，下（十五行）河流海，不許阻沖民田。其冷水溝一線之水，斷令小邑村人民灌田食用。蒙將時泰與張鳳岐、蘇春、趙美、李茂生、段有爵、蘇友良各擬不應杖七十俱稍有力贖折；角應高等（十六行）告實。具招②詳（十七行）本司，轉呈（十八行）部院。奉批：依擬實。收繳備牌③仰縣發落外，各行④頒勒石文，仰各悉照前議事規，均行灌溉，永為遵守。以後各家人敢再仍前違犯者，許受害人民印碑赴告，明究治罪不恕（十九行）。

皇明萬曆元年歲次癸酉孟春⑤吉旦勒，問官知縣胡崧立石（二十行）。

本村告狀耆民：（題名九十三人，略）⑥

楊松、楊楫、李文魁、張鏗、張應贇、張汝林、張愛保、董同生、楊舜卿、楊傑、張崇德、張勳、楊茂時、董愷、張福元、張果、張應儒、張文禮、李應暘、董賢、段元、李逢春、楊汝科、張允高、楊尚儒、楊尚仁、趙尚義、楊廷和、張應爵、張應馨、楊廷相、張柏、角應高、段崇仁、楊景秀、李習登、趙應麟、楊汝和、蔡懷、張大有、楊儀、張崇德、羅尚錦、角應龍、周孟儒、楊惠中、張孟保、楊汝移、楊俊、楊志輝、張應舉、張應學、張文才、張文合、楊自然、張應元、楊廷美、楊習成、角應魁、角應鼇、角應鬥、角晨、張王保、李廷義、段文傑、楊天綠、楊廷爵、趙德儒、楊九華、羅尚繡、楊元、童山保、蘇元卿。

小邑村：

趙賓、李元、張仲學、畢五、李文德、李德高、董志廣、李三奴、畢義、李森、趙容、解冤奴、李阿黑、李本、畢保，張引生、李文生、張六斤等建。

【概述】碑原存昆明西郊馬街小學校內，"文化大革命"中散失，現僅存碑文拓片。碑高160厘米，寬70厘米。文20行，行68字，計1031字，碑末有小字題名9行，正文及題字均正書。明萬曆元年（1573），時任昆明知縣胡崧立。碑文記載：明隆慶年間，昆明縣石鼻里一帶村民92人，聯名控告沐府及其家人霸占自然水源，使與沐府莊田毗連民田1500多畝不得灌溉，失時無收，以及官府審理此案并作相關處理。

【參考文獻】昆明市西山區地方志編纂委員會.西山區志.北京：中華書局，2000.9：647-

①《西山區志》漏錄"仗"字。

②《西山區志》漏錄"申"。

③《西山區志》錄為"備牌"，疑誤，據《昆明文物古迹》應為"各牌"。

④《西山區志》錄為"各行"，疑誤，據《雲南文物古迹》《西山區文史資料選輯·第5輯》應為"合行"。

⑤《西山區志》漏錄"月"字。

⑥《西山區志》《雲南文物古迹》均未錄此句"本村告狀耄民：（題名九十三人，略）"，現據《昆明文物古迹》補錄出。（1）耄民：疑誤，據《西山區文史資料選集·第5輯》應為"耆民"。耆民：年高有德之民。（2）題名93人，有誤，實為91人。

649；李昆生．雲南文物古迹．昆明：雲南人民出版社，1984.8：94-97；王海濤．昆明文物古迹．昆明：雲南人民出版社，1989.3：176-179；中國人民政治協商會議昆明市西山區委員會文史資料委員會．西山區文史資料選輯·第5輯．內部資料，1992.12：156-159।

據《西山區志》錄文，參《雲南文物古迹》《昆明文物古迹》《西山區文史資料選輯·第5輯》校勘、補錄。

肅政使白岳王公[①] 息患記

李元陽

大理郡治於點蒼山下，山有十九峰，峰夾有澗，城郭當之。在昔積雨漲澗，大水灌城，城中幾為魚鱉。城卒見一巨人斬東門之關，水乃洩去。死傷已眾，屋廬不足言矣。監司弔唁踏視，乃知水決岡隴，兩溪合流助成此患。時謂旦夕即當疏其壅滯，塞其齧缺，絕其後虞。不謂因循，倏及二載。蓋由智者已去，仁者未生，袞袞相仍，朝不謀夕。譬彼疾雷震霆，令人食則失匙箸，坐則失幾杖；如下石於頭顱，驚悸不知所措。方是時，自省於內以謂天威可畏，修身得毋晚乎？既而雷歇天晴，漠乎無有，則宿情妄習，依然如舊。故夫患不思防，亦猶是矣！

萬曆丙子[②]六月十二之夜，澗溪暴漲，水溢西門城下，浸者三尺然。田疇漂沒，橋樑墮斷，渾如破國之餘，淒然可慨。是歲之冬，蘄水白岳王公以給諫直言麾遷滇臬，肅政之地在我金滄。初入境，一見其然，拊髀嘆曰：“橋樑道路、溝洫田疇，此非王政之急務乎？”既而思之，帑藏不宜啟鑰，畚鍤未免勤民。乃下令郡中捐俸作倡，募民義舉以賞雇役。四旬日內，輿梁並興；水行地中，田疇以復；農人歌詠，行旅頌聲；山翠江清，依然樂土。公曰：“未也。物之成毀莫不有因，水之泛溢豈無其故？”於是，訊縉紳、咨父老而得其說。遂號於眾曰：“前事之懲後事之師，及今不圖，後悔何及！”遂以營室。正中之月，農事告隙之時，進文武吏士而告之曰：“疏鑿事大必役千人，遽作必至勞民，稽緩不無失事。盍弛民卒之役，聿興拯水之工。工竣，則放卒歸農，免其羈束。事成則著為定令，永塞禍源。”既而號召有法，工力告成，悅以使民子來趨事。閭閻歡慶，士庶欣欣。托處聚廬，可保終吉。

蓋公器量涵一世，於心有所不安，不敢須臾自處。民之隱痛如身受之，所謂仁智兼備，公蓋有焉。是日，天子有命遷江西參議。縉紳士庶餞公於郊，退而龑石刻於城門，庶後來知疏鑿之所始云。

---

① 肅政使白岳王公：肅政使，元代改稱按察使為“肅政廉訪使”，明初復用原名，為各省提刑按察使司的長官，主管一省的司法，白岳王公：即王希元。《滇志·官師志·按察使僉事》：“王希元，啟善，湖廣蘄水縣人。進士。”
② 萬曆丙子：即萬曆四年（1576）。

【概述】萬曆四年（1576），李元陽撰文。碑文詳細記述萬曆年間肅政史王希元平息大理水患造福民眾之功績。

【參考文獻】（明）李元陽．李元陽集·散文卷．昆明：雲南大學出版社，2008.12：137-138.

大理造輿梁碑

李元陽

萬曆四年六月十一日之夜，震雷大雨，澗溪暴漲，橋梁皆圮，孔道阻閡，官民洶洶茫然無措。是年冬，白岳王公以給事中論劾不避樞要，出僉雲南憲事，分巡金滄。初入大理境，則見斷橋絕路，崩石縱橫，跰蹄怵澀，行旅揭厲，惻然弗安，深用圖維。敷政三月，遠邇向風。於是，計度二橋：一在城南五里，其橋半圮；一在七里，蕩缺無存。五里者工十之三，七里者工十之七。公乃謀及郡丞黃公大載，以五年[①]正月分俸召公，官屬響應，庶民子來，弗棘弗弛。二橋並舉，輋石以壯其趾，刳石以資其竅，鎔鐵以關其縫，交牙以箝其離。鈎聯其錯遻，砭爐其乖忤。捏底必復以卻水之鑽穿，增堤必堅以排水之激射。凡所以為久遠計者，無弗周矣。橋脊並高一丈五尺，面廣各一丈八尺。窪長有差，翼以扶欄。各如其長之數，在五里者釃水為三洞，在七里者束水為一洞，各因地勢水勢之所宜也。落成之日，郡人逸史前翰林庶吉士李某為詞以記之。詞曰：

天作山川，人蒙其利。或騫或崩，聿為民崇。不有賢哲，責將奚寄。明明王公，導民以衷。靡幽弗燭，靡墜弗崇。乃作輿梁，孔道是通。役夫如雲，欣欣受傭。厚其穀粟，篩飧有餘。不督而勤，眾志攸同。千錘響振，無堅不攻。春正經始，四旬竣工。梁梁突起，望之如虹。邑封趨承，郡國以雄。旅袪揭厲，燕及旄童。川無礙石，水由地中。翕而不溢，有裨農工。除險作利，天道攸隆。養民如身，仁賢之風。歌示黎元，來者無窮。

公名希元，蘄水人。

【概述】萬曆六年（1578），李元陽撰文。碑文記述萬曆年間大理澗溪暴漲，橋梁被衝毀，肅政史王希元會同郡丞黃大載為民修建橋梁、疏治山洪之事。

【參考文獻】（明）李元陽．李元陽集·散文卷．昆明：雲南大學出版社，2008.12：403.

---

① 萬曆五年：1577 年。

曾公生祠碑記略 [1]

　　萬曆丁丑 [2] 之 [3] 歲,自九月不雨至明年六月,旱勢 [4] 太 [5] 甚,百姓無歸。適我任齋曾父母至,自吉安巡視阡陌,謂父老曰:"爾等 [6] 無憂,□□□ [7] 當有□□ [8] 此也。乃發廩,捐俸大犒役夫,沿湖開竇十餘,募人造龍骨水 [9] 車,引水灌溉,無慮數千頃。由是藻葦之場盡變禾稼之區。湖田既饒,引水又便,不一月而其 [10] 油油芊芊,至秋大 [11] 熟,米不騰硒,民於極浸 [12] 之歲,若有忘而不知者,公又以湖水固當引灌,山泉雨潦尤當蓄貯 [13] 。乃下令增寶秀之 [14] 堤,塞化龍之 [15] 口,婉詞以 [16] 請於沐府,令民代納子粒,易塘積水,蓋惟恐事之不諧,而吾民不獲世享積水之利也,乃 [17] 文移報允,百姓舞蹈,公始解顏。自此詢訪八里疆場巖泉溪澗,凡可導鑿者悉皆整頓,定 [18] 以塘堰既多,畎畝易潤,春夏之交遂不愁矣 [19] 。油雲之作而四郊之稼俱青矣,乃 [20] 今高原下顯,罔不豐穫,老沾疲癃,罔不霑被,彼今 [21] 日鼓腹之人,固 [22] 前日枵

---

① 佘孟良點校《石屏州志》錄為"曾公生祠碑記略",據清管學宣纂修《石屏州志》應為"曾公生祠記"。曾公:即曾所能,四川涪州人,明萬曆丁丑年任石屏州知州,任中體恤百姓,置社倉,修堰塘,教民使用桔槔、龍骨水車提水灌田,民感其德,舊志列為名宦,入十公祠享祭。
② 萬曆丁丑:即明萬曆五年,(1577)。
③ 佘孟良點校《石屏州志》多錄"之"字。
④ 佘孟良點校《石屏州志》多錄"勢"字
⑤ 佘孟良點校《石屏州志》錄為"太",據清管學宣纂修《石屏州志》應為"尤"。
⑥ 佘孟良點校《石屏州志》錄為"等",據清管學宣纂修《石屏州志》應為"輩"。
⑦ 佘孟良點校《石屏州志》錄為"□□□",據清管學宣纂修《石屏州志》應為"卒歲吾"。卒歲:終年,整年;度過年終、歲月。
⑧ 佘孟良點校《石屏州志》錄為"□□",據清管學宣纂修《石屏州志》應為"以了"。
⑨ 佘孟良點校《石屏州志》多錄"水"字。
⑩ 佘孟良點校《石屏州志》漏錄"苗"字。
⑪ 佘孟良點校《石屏州志》多錄"大"字。
⑫ 佘孟良點校《石屏州志》錄為"浸",據清管學宣纂修《石屏州志》應為"祲"。極祲:嚴重歉收,大饑荒。
⑬ 佘孟良點校《石屏州志》錄為"蓄貯",據清管學宣纂修《石屏州志》應為"注蓄"。
⑭ 佘孟良點校《石屏州志》錄為"之",據清管學宣纂修《石屏州志》應為"舊"。
⑮ 佘孟良點校《石屏州志》錄為"之",據清管學宣纂修《石屏州志》應為"海"。
⑯ 佘孟良點校《石屏州志》多錄"以"字。
⑰ 佘孟良點校《石屏州志》錄為"乃",據清管學宣纂修《石屏州志》應為"及"。
⑱ 佘孟良點校《石屏州志》錄為"定",據清管學宣纂修《石屏州志》應為"是"。
⑲ 佘孟良點校《石屏州志》錄為"愁矣",據清管學宣纂修《石屏州志》應為"俟"。
⑳ 佘孟良點校《石屏州志》錄為"乃",據清管學宣纂修《石屏州志》應為"以"。
㉑ 佘孟良點校《石屏州志》多錄"高原下顯,罔不豐穫,老沾疲癃罔不霑被。彼今"18字。
㉒ 佘孟良點校《石屏州志》錄為"固",據清管學宣纂修《石屏州志》應為"想"。

腹之眾也①。克享青精②之飽，回思赤土之氛③，寧能頃刻而④忘公經畫勷相之勞也哉⑤，矧當時力阻監司以懇一水⑥不得，請即拂袖欲去，跬步瞻拜以禱雨，一望密雲即洗漢⑦不已，是心何心耶？惟以石⑧屏僻在萬山之中，鳥道逶迤，⑨四通五達之米可以兼濟，民戶單弱無右族，巨室之藏可以勸借，壤地偏⑩小無富商大賈之集⑪可以平糶⑫，則其⑬所以自救之計，水利之外無餘策矣。而公庶事之康，將望與民樂其成，則此庶覲之履，寧不為民，慮其始乎，而被之者，不能一時舍公之良法宜，不能一時忘公之苦心矣。

孟子曰：民事不可緩也。其唯我公得之⑭，況人既尊⑮居，萬化從出。自⑯是以觀其展錯⑰，則嚴期會以精文藝，厚供餕⑱以勞奮勵⑲。屢分俸以助貧士，時講閱以端趨迪。而廟貌必飭，泮池必拓，捐金三十以鑄祭器，報本始矣⑳。啟聖、鄉賢、名宦以㉑起，祠屋樹標法矣㉒。猶慮化㉓未周也，延師立社於彝㉔方，而俗因丕變，猶恐久㉕則倦也，提撕警覺乎㉖鄉

---

① 佘孟良點校《石屏州志》多錄"也"字。
② 青精：指青精飯，即立夏吃的烏米飯。相傳首為道家太極真人所制，服之延年。後佛教徒亦多於陰曆四月八日造此飯以供佛。
③ 佘孟良點校《石屏州志》多錄"克享青精之飽回思赤土之氛"12字。
④ 佘孟良點校《石屏州志》多錄"而"字。
⑤ 佘孟良點校《石屏州志》錄為"勞也哉"，據清管學宣纂修《石屏州志》應為"勤乎"。
⑥ 佘孟良點校《石屏州志》錄為"一水"，據清管學宣纂修《石屏州志》應為"水一"。
⑦ 佘孟良點校《石屏州志》錄為"洗漢"，據清管學宣纂修《石屏州志》應為"浩嘆"。
⑧ 佘孟良點校《石屏州志》多錄"石"字。
⑨ 佘孟良點校《石屏州志》漏錄"無"字。
⑩ 佘孟良點校《石屏州志》錄為"偏"，據清管學宣纂修《石屏州志》應為"褊"。褊：狹小。
⑪ 佘孟良點校《石屏州志》錄為"集"，據清管學宣纂修《石屏州志》應為"積"。積：聚集。
⑫ 平糶：官府在荒年缺糧時，將倉庫所存糧食平價出售。糶：賣糧食。
⑬ 佘孟良點校《石屏州志》多錄"其"字。
⑭ 佘孟良點校《石屏州志》多錄"而被之者，不能一時舍公之良法宜，不能一時忘公之苦心矣。孟子曰：民事不可緩也。其唯我公得之"39字。
⑮ 佘孟良點校《石屏州志》錄為"尊"，據清管學宣纂修《石屏州志》應為"奠"。奠居：安居；定居。
⑯ 佘孟良點校《石屏州志》錄為"自"，據清管學宣纂修《石屏州志》應為"由"。
⑰ 佘孟良點校《石屏州志》錄為"錯"，據清管學宣纂修《石屏州志》應為"措"。
⑱ 佘孟點校《石屏州志》錄為"餕"，據清管學宣纂修《石屏州志》應為"饌"。
⑲ 佘孟良點校《石屏州志》錄為"奮勵"，據清管學宣纂修《石屏州志》應為"殷勤"。
⑳ 佘孟良點校《石屏州志》多錄"報本始矣"4字。
㉑ 佘孟良點校《石屏州志》漏錄"次悉"2字。
㉒ 佘孟良點校《石屏州志》多錄"樹標法矣"4字。
㉓ 佘孟良點校《石屏州志》漏錄"有"字。
㉔ 佘孟良點校《石屏州志》錄為"彝"，據清管學宣纂修《石屏州志》應為"夷"。
㉕ 佘孟良點校《石屏州志》漏錄"焉"字。
㉖ 佘孟良點校《石屏州志》錄為"乎"，據清管學宣纂修《石屏州志》應為"於"。

約，而風益還淳，奸滑^①之為屬者鋤之，一空徭役之未均者編之；名^②當守門無兵者^③增之；以待暴公衙^④太敝，葺^⑤之以適居。義倉建而可^⑥備賑饑^⑦，城樓修可^⑧壯觀仰^⑨。漏澤有園，肉加於枯骨^⑩，閱武有屋，變彌於未形，即^⑪其史^⑫憚而縮，民情^⑬以舒者，公之盛美，具^⑭更僕不易數者矣。

夫屏之境土一也，由前則固^⑮陋就簡，屢豐年而庶事盡廢，由今則鼎新革故，一震勵^⑯而諸務畢興。政之得失，民之休戚，不亦存乎其人哉！是宜兩陸軍之薦，書炳日獎檄，轟雷以風滇土之有司也，^⑰要之事得其序而後理政務，其本而後成。無水則不可田，無田則不可富，無富則不可教。而文治不彰，今聞焉起是，故君子當務之。為爰周公之治井田也，捐膏腴之地以為溝洫者多於田，率井田之民以治溝洫者多於賦，是以恒腸^⑱，則水有所引而不至於旱，淫霖則水有所瀦而不至於潦。農事開國，八百之脈，系周公設天下無善治，人有是言矣。

嗟夫！石屏遠徼，士攜妻孥走萬里至此，回顧歸索，莫不心灰氣索。而公以名藩劇郡之佳麗，履滋窮輒僻壤之蕪陋，乃鐵心木腸，略不為身計，一經理至田舍翁事，又日夜汲汲不舍，非余所謂知稼穡艱難，聞周公興起之豪傑耶，說者以公高魁蜀中，謂文章丈人耳，亦淺淺乎識公者矣^⑲。

【概述】碑文記述了明萬曆年間石屏知州曾所能，體恤民情，置社倉，修壩塘，教民使用桔槔、龍骨水車提水灌田，為民造福的德政和功績。

【參考文獻】（清）程封纂修，佘孟良標點注釋.石屏州志.北京：中國文史出版社，

① 佘孟良點校《石屏州志》錄為"滑"，據清管學宣纂修《石屏州志》應為"猾"。
② 佘孟良點校《石屏州志》錄為"名"，據清管學宣纂修《石屏州志》應為"各"。
③ 佘孟良點校《石屏州志》多錄"者"字。
④ 佘孟良點校《石屏州志》錄為"衙"，據清管學宣纂修《石屏州志》應為"署"。
⑤ 佘孟良點校《石屏州志》錄為"葺"，據清管學宣纂修《石屏州志》應為"葺"。
⑥ 佘孟良點校《石屏州志》錄為"而可"，據清管學宣纂修《石屏州志》應為"以"。
⑦ 佘孟良點校《石屏州志》多錄"饑"字。
⑧ 佘孟良點校《石屏州志》錄為"可"，據清管學宣纂修《石屏州志》應為"以"。
⑨ 佘孟良點校《石屏州志》多錄"仰"字。
⑩ 佘孟良點校《石屏州志》多錄"肉加於枯骨"5字。
⑪ 佘孟良點校《石屏州志》多錄"變彌於未形，即"6字。
⑫ 佘孟良點校《石屏州志》錄為"史"，據清管學宣纂修《石屏州志》應為"吏"。
⑬ 佘孟良點校《石屏州志》錄為"情"，據清管學宣纂修《石屏州志》應為"恃"。
⑭ 佘孟良點校《石屏州志》錄為"具"，據清管學宣纂修《石屏州志》應為"真"。
⑮ 佘孟良點校《石屏州志》錄為"固"，據清管學宣纂修《石屏州志》應為"因"。
⑯ 佘孟良點校《石屏州志》錄為"勵"，據清管學宣纂修《石屏州志》應為"屬"。
⑰ 佘孟良點校《石屏州志》多錄"是宜兩陸軍之薦，書炳日獎檄，轟雷以風滇土之有司也"22字。
⑱ 恒腸：疑誤，應為"恒暘"。恒暘：久晴不雨。
⑲ "為爰周公之治井田也，……人有是言矣。嗟夫！……亦淺淺乎識公者矣。"此處佘孟良點校《石屏州志》共錄192字如上文，據清管學宣纂修《石屏州志》僅錄為"為急公知務矣。說者謂公：起蜀中，為文章，大家猶淺之乎，識公矣。"（25字）。

2012.8：253-256；（清）管學宣．石屏州志．臺北：成文出版社，1969.1：142-143.

據佘孟良點校《石屏州志》錄文，參清管學宣纂修《石屏州志》校勘。

疏河益畊水利碑記 ①

□築河道碑記（一行）

郡治東十里許有東河。河東打漁村、河頭村、枯樹庄、金竹林、小屯、清英村、田埧、董官屯、小官廟等處，每陰雨（二行），積水不行，連年災傷，軍民不勝困苦。蓋因奸人填塞溝路，貪圖小利，遂成大害。被害之家，每垂首喪氣，仰天（三行）長嘆而已。故非一家一力之所能疏治也。歲己亥，莽酋犯（四行），欽差提督屯田水利雲南按察司副使羅按臨，講武之暇，拳拳以興水利、講鄉約為務。蓋欲安人心，使之力本（四行）務農，且知親上苑長之義云耳。由是，沙河之水利興焉，龍王塘之水利周焉，河東之水害除焉。水害之除，□（五行）楊才、段汝學、趙一鯨、張俸、成添叙、劉一元、段輔、趙洪等二十九人連名具訴，蒙准狀批保山縣委廉□□（六行）縣幕劉君昇者督眾開濬。但見極溺之令一宣，予來之工叢集，旬日內記救田七八千畎，每歲中可增穀二（七行）三萬石，軍民由此淂生，錢糧由此易完，裁成輔相之功萬無永賴，豈徒區區洴澼絖哉。況修河一十三里，投（八行）工三千一百有奇，工食力役，皆各村屯田戶情願自儋，不費官帑，不繁衛所里甲，而尤為美事。第恐日久弊（九行）生，奸人仍舊因循填塞，會議告請明文刻石，以垂久遠。廼粘圖具告，委官備達，詳允蒙批"如関水利久永定（十行）規，許立石垂遠"。庶每相因疏治，于是立石。鳴乎，昔之義食積穀，有限出自人家。今之仁政生財，乃無窮本乎（十一行）地土。自茲以往，種斯田者，遂仰事俯育之願。完錢糧者，無典男鬻女之苦。而郡人之買米食者，亦庶幾少穀（十二行）價騰湧之患矣。其知羅公仁恩之溥，博劉委官事事之廉能，楊才等告訴之愿懃也歟。

其立車之處，許用椽木竹笆邀水，不（十三行）許搬土填塞，故示！

鄉官王裡、生員胡守正及張應舉、劉銳、趙永、蘭再、楊俊、董文學、葉會、張小二、查采、董文舉、趙應芳（十四行）、段學、張長生、段文紀、劉遇時、段所住、張淳、楊裕、趙應式、董榮、趙廷弼等仝立石（十五行）。

萬曆六年②十二月吉日（十六行）

【概述】碑存保山市隆陽區河圖鎮打漁村玉皇閣內。碑為青石質，冠蓋形，高182厘米、寬61.5厘米，額刻"疏河益畊水利碑記額"9字。正文楷書，文16行，行6-41字，計611字。明萬曆六年（1578），由當地鄉官王裡、生員胡守正等刻立。碑文記述了當年雲南按察司屯田副使羅汝芳督飭保山縣組織地方民眾義務疏浚堵塞河道，治理東河水患以造福一方的經過。

---

① 《保山市水利志》錄碑名為"築河道碑記"。
② 萬曆六年：1578年。

【參考文獻】保山市文化廣電新聞出版局．保山碑刻．昆明：雲南美術出版社，2008.5：37-38；保山市水利局．保山市水利志（1978—2005）．內部資料，2009：368-369.

據《保山碑刻》錄文，參拓片校勘。

蘇髻龍王廟記 [①]

胡　僖

　　趙邑東十五里許，有山俗呼龍伯。峣巖崒峻，西與相闍 [②] 山聯，其巔有塘 [③]，名曰天池。麓有雙流，石穴形若蝦鬚，一入石竅，通白岩 [④] 覆釜山下，溉田利溥；一流成池，出與烏龍水合，溉麻地、雲浪等八村民田數百頃。元至正間，土酋為寨山下，古號為夢 [⑤] 神寨山，撫景者題曰“石寨鴉歸”，今尚然也。俗傳龍女見形，元世祖封為蘇髻龍王，鄉民搆廟，肖像以祀之，旱禱輒應。萬曆庚辰 [⑥] 春，余從侍御江陵劉九澤公，乃西巡過此，見廟貌傾圮， [⑦] 與沈郡守議新之，沈君以貳守張君董其事，余素重其才華勤且敏，遂如所議。厥後諏日命匠，不浹月而厥工功 [⑧] 告成焉。廟宇維新，門廡具舉，創建危樓，樓凡三楹，前有污池，常為烏龍潭水奔拜 [⑨]，今順勢利導，拓其池為方塘，週遶凡二十餘丈，水心搆亭，良可遊憩。辛巳秋，余奉勑寧洱 [⑩]，復過之，視 [⑪] 昔殊為改觀，停驂久之，嘆賞至再，爰賦對二聯，題額二匾，樓曰俯泉，志興也，亭曰濯纓，志潔也。時郡庠師生有鐫石之請，余嘉其績，故直書其事以應之。

【概述】碑應立於明萬曆九年（1581），胡僖撰文。碑文記載：趙州龍伯山巔有天池，其潭水灌溉田畝數百頃，利溥附近村民。元至正年間，鄉民建廟祀神，至明萬曆年間，廟貌傾圮，郡守新之并撰文鐫石。

【參考文獻】鳳儀誌編纂委員會編．鳳儀誌．昆明：雲南大學出版社，1996.10：559；楊世鈺，趙寅松．大理叢書·方志篇（卷四）：道光·趙州志．北京：民族出版社，2007.5：401-402.

據《鳳儀誌》錄文，參《道光·趙州志》校勘。

---

① 《鳳儀誌》錄為“蘇髻龍王廟記”，據《趙州志》應為“蘇髻龍王祠記”。
② 《鳳儀誌》錄為“闍”，據《趙州志》應為“國”。
③ 《鳳儀誌》錄為“塘”，據《趙州志》應為“潭”。
④ 《鳳儀誌》錄為“岩”，據《趙州志》應為“崖”。
⑤ 《鳳儀誌》錄為“夢”，據《趙州志》應為“蔓”。
⑥ 萬曆庚辰：即萬曆八年（1580）。
⑦ 《鳳儀誌》漏錄“旋”字。
⑧ 《鳳儀誌》多錄“功”字。
⑨ 《鳳儀誌》錄為“奔拜”，據《趙州志》應為“濟湃”。
⑩ 《鳳儀誌》錄為“寧洱”，據《趙州志》應為“守洱海”。
⑪ 《鳳儀誌》錄為“視”，據《趙州志》應為“祀”。

新溝^①團牌碑記

澂江府新興州，為開泉濟旱事。奉屯田水利道答復，奉軍門鎮總衙門批。

據本州申，據西古城等屯，住種七分軍餘。趙舉聯名告開：甸苴麻園龍潭河水等情，奉此，准令開挖溝道，疏浚一方等因，詳久在卷。據趙舉呈稱："查得前溝，山箐遙遠，撒石浸漏，不時崩塌，無人巡溝，以致水勢截斷。用水人戶同心合議：每水一輪，必僉立一人看守溝壩一年。若遇大雨沖埋溝道，許本人叫^②集用水人戶齊心修挖，務要堅固。倘若不時溝塌阻塞，巡溝人自行修浚，懈忌^③坐視呈究。"等情到州，據此批，看得倡率開溝，皆趙舉之功也。

今眾人議論，輪流每人看守二^④年。此一公論，准此照。不許違抗，如違，執此告呈究令，就出給團牌，通行曉諭遵守。為此牌，仰各屯用水人戶，分為十五輪為輪頭，天明卯時起至一晝夜次日卯時交接，周而復始。若水利如有輪水之日，倘白夷截挖邀斷水，並依田近便持^⑤強放水者，許執牌赴州呈告，治罪不恕。此水重關糧田，修城准免其役。須至碑者，右仰辛大金、任大延、蔣寅、朱瓚、師登、朱欽、張瑞、張實、張貿、劉奉、劉仲斌、鄒義、趙舉、朱全、劉國慶准此。

萬曆九年^⑥十一月九日，大營屯、辛家屯、西古城、師旗屯、中所屯、壯旗屯同立。

【概述】該碑立於明萬曆九年（1581）。碑文記載了西古城等村共同議定溝壩巡守、溝道維護及輪流用水的情況。

【參考文獻】玉溪地方志辦公室．玉溪市志資料選刊（第二十四輯）：大營街志．內部資料，1988.7：274-275；陳寶貴．匯溪記憶．昆明：雲南人民出版社，2015.12：39-40.

據《大營街志》錄文，參《匯溪記憶》校勘。

---

① 新溝：1958年更名為"合作大溝"。
② 《大營街志》錄為"叫"，疑誤，據《匯溪記憶》應為"糾"。
③ 《大營街志》錄為"忌"，疑誤，據《匯溪記憶》應為"怠"。
④ 《大營街志》錄為"二"，疑誤，據《匯溪記憶》及上文應為"一"。
⑤ 《大營街志》《匯溪記憶》錄為"持"，疑誤，據文意應為"恃"。
⑥ 萬曆九年：1581年。

隆陽水頭張姓祖祠碑

　　予祖自金陵至此，有宗枝[①]一圖。不料延至己亥世變，被人死，竟不傳。幸我祖考素有傳言，予雖幼，尚記諸告予家世：本江（一行）南應天府上元縣，即今江寧府江寧縣也，住於雞市巷小井街，井上有八角圍欄。我江南世祖曾任知縣事，生公三。至老（二行）告歸，樂田園，詩酒以娛歲月。臨天命，終於正寢，所遺秋粮數担。三公尚幼，料維艱。至於洪武高皇太祖皇帝時，居正統，以（三行）仁德、明王察秋毫，澤沛萬方。遙聞滇地新安永郡，古屬哀牢，漢時名曰金齒。況此地僻人稀，高則林麓，低則蘆蓼，田地無（四行）開闢之夫，廬舍無搆結之役，夷窩蠻穴，鳥跡獸蹤[②]，禮樂無聞。太祖遺詔，發禁施令：凡小民纖毫口角，俱已犯禁論，概將充（五行）發，移繁就寡，充塞虛地，亦成實郡。正謂"用夏變夷[③]"之至意也。有我江南大祖、二祖、三祖年幼稚，因循完納粮稅。有司申奏（六行）"勢倚父職，墮慢皇粮"。聞奏議准，將三祖發在萬里雲南永平縣天井舖入舖。隨將二祖撥入石泰伍內，入營征南，至永昌（七行）石官屯中。二祖、三祖俱得其所矣。惟我鼻祖，真乃宦家之冢君。見季、仲之長往，手足不忍生離，母命敬於承順，依依不捨（八行），何憚數萬里之程途，只知同天地之骨肉，既將仲、季二祖相伴交。交明，揣我鼻祖必有思歸之念，怎奈離家萬里，隻身何（九行）旋樂業於此。遂居水頭一廠，置田園，結廬舍，聯親戚，交朋友，與仲、季二祖相救如左右手，實乃生寄之策，定越幾許，繼而（十行）三代安厝之昭穆[④]。墳台歷歷可考，俱係土塚，年壽、名號無傳。一世祖生祖公諱演，二世祖公生三世高祖諱仲良，叔高祖（十一行）諱仲和，季叔高祖諱仲登。四世仲長高祖公生五世大伯曾祖諱應龍，娶妻劉、倪氏。二伯曾祖諱應舉，娶妻萬氏。予曾祖行（十二行）三，諱應貴。高祖居長，盡冢君之道。所佔得白草坡墳山一廠，上至山頂凹，下至岔河，左至山胡[⑤]椒箐，右至大箐河底。又一（十三行）廠，過水溝上至山頂箐，下至本山腳小箐，左至凹底、右至河。又有糯麥地一廠，上至孔姓界墾，下至村後，左至擺子凹，右（十四行）至河。繼有水規遺囑：阿昌壩、石壩二龍塘之水，放至沙溝東達達營、木瓜村二廠，驚蟄、春分晝夜有班。阿昌壩、柳溝壩、小寨晝班（十五行）。石壩水、清水溝放至水頭村後，是晝班。阿昌壩、柳溝壩、石壩三龍塘之水，自清明、谷雨、立夏、小滿、忙種數節，夜班放至水（十六行）頭門首之田。木瓜村、達達營、唐家庄、田心等村，又水頭放至河西田。以唐家庄龍王溝為界，田心寨為界。田心寨下，夏至（十七行）有班。任官屯由春分起，每節壹晝夜，到忙種三晝夜，永垂後代

---

① 宗枝：同"宗支"，同宗族的支派。
② 《保山碑刻》錄為"蹤"，據拓片應為"跡"。
③ 用夏變夷：以諸夏文化影響中原地區以外的僻遠部族。
④ 昭穆：古代宗法制度，宗廟或宗廟中神主的排列次序，始祖居中，以下父子（祖、父）遞為昭穆，左為昭，右為穆。
⑤ 《保山碑刻》錄為"胡"，據拓片應為"楜"。

不朽（十八行）。

萬曆十一年正月初三日，張鳳翼、張鳳書、張鳳英等立石（十九行）

【概述】碑存保山市隆陽區板橋鎮水頭村原張姓祖祠舊址內。碑為青石質，有額、座，高197厘米，寬66厘米。碑額陽刻"永垂不朽"4字，置於一方版內，方版上方鐫刻"寶"字，左右兩旁刻二龍。碑文陰刻楷書，文19行，行22－46字，計830字。明萬曆十年（1583），張鳳翼、張鳳書、張鳳英等立石。碑文記述了明洪武年間，張姓先祖因他人誣告滯納皇糧被判充邊，落籍永昌（保山）立業發家的經過及其土地四至、水規遺囑等詳細情況。該碑是研究保山地區明代漢民遷徙情況的重要史料之一。1988年被公布為保山地區重點文物保護單位。

【參考文獻】保山市文化廣電新聞出版局．保山碑刻．昆明：雲南美術出版社，2008.5：72－73；楊旭恒，汪榕．雲南民族村鎮旅遊．昆明：雲南美術出版社，2009.2：165.

據《保山碑刻》錄文，參拓片校勘，行數為新增。

上達邨龍泉山記

杜　湘

建陽南二十里，有山隆然而高，四面平原拔地掙起，約五六百丈，健足者不能直上也。其巔平曠，方圓里許，名諸葛城，有井焉，蓋天水之一也。山下有泉，凡十數處，匯而為潭，澄清見底，游魚出泳，其神曰光輝龍王。萬曆十三年[①]，魯昆蠻作亂，有雲南縣世守知縣楊淇，帥練擊賊，至廟禱焉。像與賊遇，風雨大作。賊懼，求而退。令其地名阿求和，以此吁泉流成溪，以飲以灌則其澤長矣。英靄之氣，衛國衛民，則其神在矣。惜未有表出之者，遂寐寐至今日也。因為之記。

【概述】明萬曆十三年（1585）立，杜湘撰文，全文計183字。碑文簡略記述了趙州上達村龍泉的基本情況。

【參考文獻】楊世鈺，趙寅松．大理叢書·方志篇（卷四）：道光·趙州志．北京：民族出版社，2007.5：417；楊世鈺，趙寅松．大理叢書·方志篇（卷九）：民國·彌渡縣志稿．北京：民族出版社，2007.5：788；雲南省水利水電勘測設計研究院．雲南省歷史洪旱災害史料實錄（1911年〈清宣統三年〉以前）．昆明：雲南科技出版社，2008.8：455.

據《道光·趙州志》錄文，標點為新增。

---

① 萬曆十三年：1585年。

惠渠記

王利賓

惠渠記（一行）

水之切利①於民，曷可一日緩哉！天時之旱潦，靡常人之事，儲本當預，故峻堤深堰修之。閒暇□□（二行）潦倏②，值足時③無恐，豈非足食之上計。司牧者當加意與學覿。周記：述溝洫遷史書，河渠□□□（三行），保④於國計民生者非淺鮮也。

趙之南距州治南⑤三⑥舍許，里曰巧邑，舊有西山壩，築自國初，魚水茂豐（四行），民甚賴之。迄⑦嘉靖年來，日久圮敝，以水勢衝突，旋修旋壞，迄無□功□□，禾黍不登□負□□（五行），□豈興利者若有所時與！

萬曆乙酉⑧，會成都（六行）⑨人莊公蒞趙，政通人和，畱心撫學。里鄉約有矣廷貴者，以其事報公□然曰：此□㝢之利也。即（七行）□令鳩工，委省察⑩李應科、千戶自全忠董其事，壘石為壩，出土為堤，高□十余丈，長廣五里許，又（八行）為斗門二，以時啓⑪。開暗□疏渠流，注水汪汪，可灌田二千餘頃。敬□川決之，旱則資之。栽插無（九行）失期，高下皆霑是⑫，向所謂荒原，今皆為沃壤矣！

昔李冰治蜀，鄭國在秦，或鑒渠或築陂，惠澤至今（十行）稱焉。迨今我（十一行）莊公澤之被民者，彰彰如是，峻德巍功，萬古⑬永賴。視二公不後先公⑭映哉！是役也，經始於萬曆十（十二行）五年正月⑮，而竣事於十月，人以不擾民，皆子⑯來計，砌則得三十

---

① 《彌渡縣志》錄為"水之切利"，據原碑應為"水利之切"。
② 《彌渡縣志》錄為"倏"，據原碑應為"倏"。
③ 《彌渡縣志》錄為"時"，據原碑應為"恃"。
④ 《彌渡縣志》錄為"保"，據原碑應為"係"。
⑤ 《彌渡縣志》多錄"南"字。
⑥ 《彌渡縣志》錄為"三"，據原碑應為"二"。
⑦ 《彌渡縣志》錄為"迄"，據原碑應為"迨"。
⑧ 萬曆乙酉年：即萬曆十三年（1585）。
⑨ 《彌渡縣志》漏錄"郡大"2字。
⑩ 《彌渡縣志》錄為"察"，據原碑應為"祭"。
⑪ 《彌渡縣志》漏錄"閉"字。
⑫ 《彌渡縣志》錄為"是"，據原碑應為"足"。
⑬ 《彌渡縣志》錄為"古"，據原碑應為"世"。
⑭ 《彌渡縣志》錄為"公"，據原碑應為"輝"。
⑮ 《彌渡縣志》錄為"萬曆十五年正月"屬誤，據原碑應為"萬曆乙酉，五年正月"。
⑯ 《彌渡縣志》錄為"子"，據原碑應為"予"。

余金計，工則千^①余工。而矣廷貴尚（十三行）義，勞費更多，遂為之記。諸效勞襄成者，勒名碑陰，且呂造^②將來，俾無穰^③焉（十四行）。

大理府趙州儒學訓導　慕湖王利賓撰（十五行）

^④廩膳生員李進書丹（十六行）

廩膳生員郭寓青篆額（十七行）

附學生員師元吉謹□（十八行）。

^⑤龍飛萬曆拾捌年^⑥歲在庚寅孟秋月吉旦（十九行）。

石匠楊繼先（二十行）。

【概述】碑存彌渡縣寅街鎮巧邑村寧國古寺文昌殿后牆腳。碑額陽刻"永賴"2字，高126厘米，寬60厘米，惜剝蝕嚴重。明萬曆十八年（1590）立石，大理府趙州儒學訓導慕湖王利賓撰文，廩膳生員李進書丹，廩膳生員郭寓青篆額。碑文記述了成都人莊公聽取矣廷貴訴說，派人修堤築壩，灌溉農田，變荒原為沃壤的豐功偉績。碑文言簡意賅，引經據典，洋洋灑灑，邏輯清晰，是研究彌渡地區水利建設的詳實資料。

【參考文獻】彌渡縣志編纂委員會. 彌渡縣志. 成都：四川辭書出版社，1993.4：848—849.

據《彌渡縣志》錄文，參原碑校勘，行數為新增。

巧邑水利碑

大理府趙州委官千戶自全忠^⑦、省祭^⑧李應科，為急救民情事。奉（一行）

本州信牌，據巧邑里^⑨鄉約矣廷桂、郭應徵、虧亂，火頭師朝恩等呈：前事仰本官卽查，乾海子署印省祭周鑑、千戶自全忠□（二行）脩古壩，蓋所遵照原行作速督，併村夫匠役上緊脩築完。因不許苟且了事等因，遵奉會同千戶自全忠，喚集鄉民匠役築（三行）壩，勘得先年積水，該村均得灌溉。近因人心不齊，山水沖塌，上有龍泉一水，竟灌隣村田畆，壩下田難以遵灌，干係輸□□（四行）輕眾姓，連年忿爭，廷桂率約協力，僉同脩築前壩。其呈（五行）：

---

① 《彌渡縣志》漏錄"有"字。

② 《彌渡縣志》錄為"呂造"，據原碑應為"目告"。

③ 穰：通"攘"，煩亂；紛亂。

④ 《彌渡縣志》漏錄"本孝"2字。孝："學"的異體字。

⑤ 《彌渡縣志》漏錄"嘗"字。

⑥ 萬曆拾捌年：1590年。

⑦ 自全忠：明朝趙州千戶，彌渡縣寅街鎮小西莊村人。

⑧ 省祭：祭，古"察"字。省祭即"省察"。省察官的職能即"糾察""督察"，與現在的執法監察類的官員相似。明代多設在州縣，是負責督察的小官吏、差吏。

⑨ 巧邑里：是明代趙州編制十五里之一，即今彌渡縣寅街一帶。

本州蒙委省祭周鑑更代不果，復委本職，遵奉查，照原議申数，本壩渠水灌田約四百餘畆，每肆畆出銀叁錢，該銀叁拾餘兩（六行）。議匠役及簍①房木料等項外，每田肆畆議夫拾肆□。以工完為始，其龍泉水議陸□晝夜，泉隣左右二溝輪放二晝夜，□□（七行）肆晝夜，賴集水塘壩下分灌□本里田粮，不惟肆百畆餘田，與小邑里田土相兼，原經（八行）：

撫院屯田案驗□明，將比齐河溝分定水利：小邑捌晝夜，巧邑陸晝夜，照常各理溝壩不得紊亂。監修南北二水倉方伍尺，高（九行）壹丈陸尺，海面各貳丈伍尺，俱齐海埂。外流水暗溝貳條，高寬各貳尺，通長各二丈伍尺，各下二簍水，以時啓閉，上建簍房（十行）各壹間，已經築完。輪僉水夫貳名，巡水看守，関鎖簍房，驗其勤隋。廷桂掌鑰，竟②察依期，魚鱗週放，庶田粮不乏，人民安樂□（十一行）。春秋成□，每田肆畆議豆谷各壹斗，議作工食外。龍泉週圍樹木責令水夫護守，不致侵損，関係一方神祠風水。今蒙□□（十二行）本州莊大爺給示碑記，萬世霑仰，永定成規，勿使奸强枉縱，如違呈究。仍將壩下應水田地姓名畆数勒石，□行継後遵守（十三行）。

計壩下應水田畆甲数姓名開後：第壹小甲矣大章田拾陸畆，必文秀貳畆，矣貞賴壹畆伍分，矣廷桂貳拾肆畆。第貳小甲師大臣田肆畆，師六女田□畆，普生田陸畆（十四行），普莊□貳畆，納茶田捌畆，自各代貳畆，自□□畆。第叁小甲虧儦田貳拾畆，亏阿賴田肆畆，師朝恩貳畆，周三奇、亏辛共肆畆，亏二保壹畆伍分，照□□□□分□□（十五行）□畆。第肆小甲師大柱田捌畆，郭應貴叁畆，郭元保貳畆，郭應選叁畆，□八叁畆，納時高陸畆，自果壹畆伍分，師應朝陸畆，亏二本伍分。第伍小甲自□□田貳拾畆，自□（十六行）肆畆，郭應泰伍畆，自奎□貳畆。第陸小甲師朝臣田肆畆，師授得七畆，那継保肆畆，亏廷辛陸畆，郭應徵叁畆，亏者高壹畆，師處逈肆畆，那太生貳畆。第柒小甲□□□田（十七行）捌畆，周邦佐肆畆，郭在國肆畆，郭進忠貳畆，張萬清肆畆，師阿底貳畆，矣真□壹畆，□仲孝貳畆，必賴貳畆，李鈇肆畆。第捌小甲郭進忠田肆畆，郭進□□畆，矣廷□□（十八行）畆，師應元貳畆，矣連紀拾畆，陳継得貳畆。第玖小甲矣□三田陸畆，矣得賴肆畆，矣小□肆畆，施生、□月共貳畆，師文英貳畆，郭生貳畆，郭進仁壹畆，必□榮壹畆（十九行），師河購壹畆伍分，亏生月□畆，矣必祖肆畆。第拾小甲師先聖田肆畆，郭應明捌畆，郭應以捌畆，師應孝肆畆，輝□信貳畆，師朝臣貳畆，普運根肆畆，郭元保貳畆，矣□（二十行）紀貳畆，郭進忠陸畆。佃田戶李廷□肆畆，師□□□畆，郭在華貳畆，師志孝叁畆，師廷□肆畆，□小六貳畆，必光保叁畆，李小乜陸畆，施暮□壹畆伍分，□□肆畆（二十行），郭在則田捌畆，自全孝肆畆，熊立八貳畆，郭進忠陸畆，□建恩叁畆，師萬言肆畆，師者全、者歲共貳畆，郭應徵拾貳畆，郭佳相貳畆，師小二貳畆，必□□□畆，郭□□（二十二行）壹畆，郭末迫肆畆，師伍生壹畆（二十三行）。

龍飛萬曆拾捌年季夏月朔旦立（二十四行）

【概述】該碑無文獻記載，資料為調研時所獲。碑存彌渡縣寅街鎮巧邑村寧國寺文昌殿后

---

① 簍：從水庫放水的類似閥門的裝置，多以石鑿洞為放水簍洞，不放水時用木椿將簍洞塞緊。
② 竟：古同"覚"。

牆腳。碑為青石質，高 126 厘米，寬 60 厘米，額刻"水利碑"3 字。碑文直行楷書，文 24 行，行 3-62 字，計 1077 字。明萬曆十八年（1590）立石。此碑文是《惠渠記》的碑陰。碑文記載：巧邑里原有龍泉水以資周灌，後因人心不齊、上水衝塌，難以均灌，引發忿爭。邑人矣廷柱等率眾同修此壩，并約定按各戶受益田塊面積承擔出銀出穀義務，用以建設和維護溝壩等水利設施。同時規定各小甲各戶輪流放水的時間、比例等許可權。經趙州府官方核查認定，給示勒石。

據原碑錄文，行數為新計，標點為新增。

勒古碑 [1]

臨安府委官李方，為土豪霸占莊水事。

萬曆二十一年 [2] 八月二十日，奉本府信牌，蒙欽差暨飭臨安等處兵備道 [3] 兼按察司副使喬憲牌。前事據本戶照磨 [4] 稟蒙委勘，欽差總領官田及賽崇敬田西有古溝，上年灌溉無異，因馬瀹訴賽崇敬開挖東溝，今驗審所挖新溝賽崇敬自認不是，應該填塞。斷將西溝古水以十日為率，莊田多，放七日；□ [5] 田少，放三日，均沾水利。官民兩便，等因呈到道。據此，看得水利之法要，在普遍均沾。官莊兼之，則病□ [6] 田；□ [7] 民據之，則妨官莊。所以有司既以查勘原無新溝，合行填塞，以息爭端。為此牌仰本府前往阿迷州，會同方吏目將賽崇敬等開新溝處所集工填塞。其西溝分水之法，酌量官民田之多寡，於缺水時計日輪牌均放，仍立石為計。莊田不得倚勢填阻，□ [8] 戶不得逞刁強竊，永為遵守，毋得還錯，立石為據。

催工鄉老馬芳原，跟同原被馬朝騁、賽崇敬立。

【概述】碑存開遠市羊街鄉寬寨村。高 104 厘米，寬 67 厘米。碑文直行楷書陰刻，文 22 行，滿行 14 字。碑文記述了大莊地主賽崇敬自行開挖新溝對抗"官田"，引發水利糾紛。後經臨安府調停，雙方合行填埋新溝，并斷定按田之多寡計日輪牌均放大莊河水并刻石立碑。該碑為今

---

[1] 明洪武十四年（1381），平西侯沐英平定雲南有功，被封為黔國公世襲雲南，"沐氏握朱符世守茲土，俸祿之外，聽置莊田"（方國瑜：《雲南地方史講義》）。經兩百餘年的盤踞掠奪，沐府"莊田"幾占全省官民田總數的一半。阿迷大莊壩的肥沃田園多為"莊田"，民呼"官田"。合壩田畝灌溉，歷來仰賴大莊河水。"官田"憑借沐府勢力，優先享有河水灌溉權。至明萬曆年間，衛所屯田制瓦解，明初軍屯民屯者成為勢力不薄的封建地主階級。春耕之際，大莊河水資源有限，爭水矛盾繼生。於是便發生了一起大莊地主賽崇敬自行"開挖新溝"挑戰"官田"，繼而對簿公堂的水利糾紛。

[2] 萬曆二十一年：1593 年。

[3] 兵備道：官名。明制於各省重要地方設整飭兵備的道員，清代沿置。

[4] 照磨：元代以後設置的掌管宗卷、錢穀的屬吏。

[5] 據曹安定《開遠史話》，此處應為"跕"。跕田：即民田（與官田相對）。

[6] 據文意，此處應為"跕"。

[7] 同[6]。

[8] 同[6]。

【參考文獻】開遠市文物管理所.開遠文物志.昆明：雲南美術出版社，2007.12：102-103.

重修無量寺碑記

揚　名

重修無量寺碑記重修蛇山廟，一十三輪水戶，本寺園容建立（一行）。

昔召公循行南國，南人寄愛甘棠[①]，匪獨民風厚，緣公德懋也。

明萬曆中（二行），肖公[②]以西蜀人豪摺守棋郡，時以清流泉訟，聽斷於無量寺中，及公平。而民忌新寺，公許之。猗興盛哉，允南人遺意。□落成，屬□為記。

予觀（三行）無量勝□在西山之陽，黿蛇案而靈照屏，龍馬輔而鳳凰弼。且高峰插空，澗流豐霧，憑虛禦鳳，雲屯錯繡，此無量寺之大觀也。

鼎新來，見（四行）高宇雲覆，華彩飛暈，製作與形勢爭勝（五行）。

公之德澤，不獨與泉流比潤行，且與廟貌相輝映矣。其為（六行）公之甘棠，豈淺淺哉？第公之德在人心。不直此擒□□而疆圍淨，通大道夷氛消。棋南一隅，烽火不驚，熙熙皋皋，若登春臺而游華胥（七行），皆（八行）公之經綸所致也。其造福棋中，亦無量哉。倘後之來守是郡者，覽勝興思，欲步感於（九行）公，亦是公之澤暨後人也。是為記（十行）。

新興州為均輪水例，永為定規事：□向邦、羅朋等告爭水利，該□□（十一行）本州親詣踏密羅沖水利，自永樂年間到今，一十三輪均放。今羅朋爭拾三輪，原水一股，雖用人工在前，亦系眾該有分。蒙斷十二輪各（十二行）出工價肥一百三十索，共一千五百六十索。公降張得先、李廷瓚、周其、鄒儀、劉俸、李天有催辦，住持園容用修本壩廟宇（十三行）大佛殿免罪。外令十三輪水頭各執團牌一面，每遇耕耘之時，每輪放一晝一夜，每日俱以卯時交接。各遠近遵守，如有紊亂妄爭，執牌起（十四行）官埋值。須至記者（十五行）。

（功德從略）

嶍峨[③]縣儒學游五華書院生員揚名撰（二十二行）。

峕[④]萬曆二十二年歲次甲子[⑤]季冬月[⑥]吉旦，重修本寺住持僧人園容同眾建立（二十三行）

---

① 據傳，周代召公南巡，在甘棠（棠梨）樹下聽訴斷案，後百姓惜樹不砍伐。此處，是撰文者為將州官聽斷水利案的無量寺比作"甘棠"，以稱贊州官如古代名宦，并表達修寺是百姓的心願。

② 肖公：即肖裕，時任新興州知州。

③ 嶍峨：今峨山彝族自治縣，是玉溪市下轄縣，舊名嶍峨。

④ 峕："時"的訛字。

⑤ 甲子：疑誤，應為"甲午"。明萬曆二十二年，歲次甲午。

⑥ 季冬：冬季的最後一個月，農曆十二月。

【概述】碑存玉溪市紅塔區大營鎮雙鳳村後真武山麓的無量寺（俗稱龍山大廟）內，鑲於前殿左側牆上。碑為沙石質，有額有座，碑面四邊蔓花紋飾。碑額半圓形，高44厘米，寬67厘米，中部鐫刻"重修無量寺記"（楷書，刻作兩行）6字，筆鋒勁秀，陰刻精工。碑身高102厘米，寬53厘米，楷書，陰刻。碑分行直書，計473字。明萬曆二十二年（1594）立，揚名撰文，住持僧圓容與民眾同立。碑文記述了作者撰寫該碑記的原因，刊載了新興州官府公平判決羅朋等爭水一案的具體規定。

【參考文獻】玉溪市文化局．玉溪市文物志．內部資料，1986.5：66-69.

永惠壩碑誌 [①]

閆應儒

田水之利遍滇南,而牂牁[②]獨無之,先是莅茲土者往往議以瀘源洞流水欲爲壩,灌漑田畝,恒苦於工浩大,費無指[③]。雖曾有築者,倏興倏廢徒善己爾,欲興水利裕民食,其道無由也。萬曆癸巳春,葵軒陳公忠拜命知郡,甫下車詢及民間疾苦,得聞其詳,卽懇懇以築壩爲計,洵愷悌[④]君子也。越明年甲午,周視原野,相度山澤,卓有定見,遂捐俸多金,僉掌計出納者三,通知水利者四,鳩工覓役,砍運木石興事。任力日省月試,略不憚風霜晝夜之苦。值霪雨霧霶,河水氾濫,乃乘小舟閱歷海島,量度山石可出水者,鑿口疏通約十餘處,故民樂有水田,且樂有洩水之路。視曩時[⑤]民居渰沒,無尺寸田者,天[⑥]壤壤[⑦]矣。仁夫陳公！綏惠人民者,抑何至耶？由是遠近見聞,無不悅服。庶士爭相義助,不啼[⑧]子來。他如土舍沙夷輩,或輸力,或輸財,或輸車、牛,歡欣鼓舞,趨事赴工。師[⑨]郡民以仁而從之,理同然也。逮丙申[⑩]孟春落成。當其時,闔郡士民男婦,樂其樂,利其利,歌德美者盈路。其壩長百丈有奇,闊五丈八尺,高四丈二尺,名曰：永惠。兩邊各有閘[⑪],東開一道,達於府城、竜甸。西開

---

① 《廣西府志》錄為"永惠壩碑記"。
② 牂牁：亦作"牂柯"。牂牁：（1）古水名；古地名。（2）船隻停泊時用以繫纜繩的木樁。
③ 《瀘西縣志》錄為"指"，據《廣西府志》應為"措"。
④ 愷悌：和樂平易。
⑤ 曩時：往時；以前。
⑥ 《瀘西縣志》錄為"天"，據《廣西府志》應為"霄"。
⑦ 《瀘西縣志》多錄"壞"字。
⑧ 《瀘西縣志》錄為"啼"，據《廣西府志》應為"啻"。
⑨ 《瀘西縣志》錄為"師"，據《廣西府志》應為"帥"。
⑩ 丙申：即萬曆二十四年（1596）。
⑪ 《瀘西縣志》錄為"名曰：永惠。兩邊各有閘"，據《廣西府志》應為"兩邊各有閘,名曰：永惠"。

一道，達於石洞村。再開子河兩道，且椿上加椿[①]，石上加石。無時無刻念慮[②]少置，既竭耳目心思之力，求爲千萬世永賴之利。嗟乎！公之用心仁且遠矣！監管則十八寨所吏目鄒紳，維摩州吏目虎仁恩，先後[③]一心協力效勞；至經歷藍應魁尤成始成終，夙夜匪懈者焉！余幸際其時，得與公共事，茲樂觀厥成，特原始要，終以誌云！若夫，頌揚盛美，則有三代之民在！公，直隸河間府獻縣人，姓陳名忠，別號葵軒。

【概述】該碑現已不存。原碑立於明萬曆二十四年（1596），閆應儒撰文。碑文記述了明萬曆二十一年（1593）至二十四年知府陳忠體恤民情，倡興水利，捐資修築永惠壩，開挖東西兩子河，引水灌田的業績。該碑對研究瀘西水利建設的歷史具有重要的參考價值。

【參考文獻】雲南省瀘西縣志編纂委員會.瀘西縣志.昆明：雲南人民出版社，1992.12：634，818；（清）周埰等修，李綏等纂.廣西府志（全二冊）.臺北：成文出版社，1975：395-398.

據《瀘西縣志》錄文，參照《廣西府志》校勘。

均平水利碑記

委官蒙化府經歷方，為水利事，奉（一行）

本府委職，踏勘均平水利緣由。照得南庄大箐水利，原議（二行）官民共為拾晝夜，今因魏老、張彥和告爭紊亂（三行），本廳親詣踏勘。據軍民李棠各執（四行）察院許屯田劉印帖圓牌，并各村軍民議復，照舊為拾晝（五行）夜均平分放，深為民便等情。據此，合行曉諭。為此示仰立（六行）碑。其南庄十三村官舍軍民人等知悉，自今為始，遵照舊（七行）規，仍為拾晝夜，週而復始，輪流分放。其加增新水，悉行除（八行）革，不許侵占霸阻。如有似前紊亂舊規者，嚴孥解（九行）府，定行重治不恕。為此立碑，永為遵守（十行）。

下廠水壹晝夜，宗住等官下水壹晝夜，葛登等隊伍壹晝夜，探金等（十一行）橋頭水壹晝夜，李方等□古城水貳晝夜，楊北趙潤等抄漠壹晝夜，華拱於等（十二行）機民水壹晝夜，張希晉寄庄水壹晝夜，李永等下南庄壹晝夜，楊□□（十三行）。

萬曆叄拾年五月初七吉旦

【概述】碑存巍山縣廟街鎮古城村寺內。碑為紅砂石質，高95厘米，寬60厘米。直行楷書，文14行，行12-22字。明萬曆三十年（1602）立。碑文記述了南莊十三村官舍軍民均平水利事宜，并詳細規定了輪流分放灌溉的時間。

---

① 《瀘西縣志》錄為"椿上加椿"，據《廣西府志》應為"椿上加椿"。
② 《瀘西縣志》錄為"無時無刻念慮"，據《廣西府志》應為"無時刻無念慮"。
③ 《瀘西縣志》錄為"先後"，據《廣西府志》應為"後先"。

【參考文獻】楊世鈺，趙寅松．大理叢書・金石篇（卷二）．昆明：雲南民族出版社，2010.12：889—890.

據《大理叢書・金石篇》錄文，參拓片校勘。

重脩東河土壩碑記

侯　康

開壩滄河碑記（一行）

國家之根本在農。重農事者，恒望之（二行）賢守令。我邑父母周侯來牧保山，仁政縷縷，奏異等之效矣。適府庠① 高生允第率士民謁予，謂我縣主廣建社學，子弟賴（三行）教矣。東河頻年水患得開滄，年大有，尤田疇賴植焉。具道巔末，屬予為記，予不能揚盛美也。惟錄其實，可乎？永昌郊東（三行）有哀牢山，漢以名郡，東河經而南下，境內川澤來注之，河內、河東膏腴萬頃，物力廣饒，昔稱為安樂國者，以此。近② 值大（四行）雨，兩岸淹沒，黍稻不登，公廩空虛，閭閻③ 懸磬④。狀水潦者，罪天行耳。時，侯正總領征西餽餉，兵民待命，侯以文武全材，調（五行）停稱便。然永昌田穀半出東方，水患未除，邊儲繼糴⑤，議賑蠲租，非久計也。命駕沿流觀其原委，喟然嘆曰：“此豈盡天行（六行）哉，桔槔⑥ 者以土壩截流，水遂旁溢，害我田稑。”通詳⑦（六行）道府，立巡河老人，復其身，令主疏淪⑧，親詣率作，頑梗抗令，則付之法。夾岸漂陷，則議脩補，東作方興，築草壩以引灌溉農（七行），工甫畢，開草壩以卻懷襄⑨。土茨有禁，責成有人，蓄洩有式。河工告成，會雨彌月，兩河晏然。百穀告成，童叟咸祝，侯以純（八行）嘏⑩。夫土埂淤塞，居河濱者不知也，田河濱者不知也，往昔之當事者不知也。侯一經理，積弊頓清，殆天不遺若民，而惠（九行）之愷悌君子耶。禹抑洪水，中國可得而食；蘇築柳堤，古杭受賜。至今茲水不為害，民有蓋藏⑪，國無負逋，禹績蘇堤，何以（十行）加焉？侯恩深渥人，鏤心腑，雖無記可也。第行執斧鉅，省舟楫要

---

① 府庠：府學。庠：古代稱學校。

② 《保山碑刻》錄為“近”，據拓片應為“邇”。

③ 閭閻：里巷內外的門，後多借指里巷，亦泛指民間或借指平民。

④ 懸磬：亦作“懸罄”，懸掛着的磬，形容空無所有，極貧。

⑤ 糴：買進糧食。

⑥ 桔槔：井上汲水的一種工具，在井旁樹上或架子上掛一杠杆，一端繫水桶，一端墜大石塊，一起一落，汲水可以省力。

⑦ 通詳：舊時下級向上級申報文書。

⑧ 《保山碑刻》錄為“淪”，據拓片應為“瀹”。

⑨ 懷襄：即“懷山襄陵”，大水包圍山岳，漫過丘陵。形容水勢很大或洪水泛濫。

⑩ 純嘏：大福。嘏：福。

⑪ 蓋藏：指儲藏的財物。

津矣。非記，則嗣善政者何所考據哉。侯諱萃，號□□，蜀（十一行）合江鄉進士也。開壩八十餘道，立巡河老人十七名，脩河岸五十里，皆造生民之命，為後世法程者。謹勒之碑，用垂不（十二行）朽（十三行）。

萬曆三十四年[①]貳月吉旦（十四行）

賜進士直隸戶部陝西清吏司兼督甘固郎中晋軒侯康[②]謹譔。

督同生員：鐵子方、鄭之俊、陳湯用、曾玉、高允登、王國英、張一民、張虎、張自舉（十五行）。

議同鄉官鄭尚德。永昌府庠生[③]高允第、徐一中頓首拜書（十六行）。

士民：張一林、段文紀、段七十、張六十、楊長、趙漢、段俸、張甫、張紹、楊長受、段哀弼、趙廷師、張繼先、張丙、張添保、段招才、張正留、張應簽、段添保、段必科、段文經、趙蘇住、張繼生、趙一經、段通（十七行）。

巡河老人：張漢、□文科、楊玉、楊文科、董學、張友德、鄧來興、張老、張公保、張□、張正、董鎖住、段保、段科、張歹、張世英、趙滕、張堂、李雙、趙應科、趙堂、趙連春、趙子成、趙六、李繼馨、段長奇、趙進保等全豎（十八行）。

【概述】碑存保山市隆陽區河圖鎮打漁村玉皇閣內。碑文刻於“疏河益畎水利碑記”背面。碑為青石質，高170厘米，寬67厘米。碑額書“重修東河土壩碑記”8字。正文直書陰刻，文18行，計655字。明萬曆三十四年（1606），鄉人侯康撰文，府庠生高允第、徐一中書丹，鄉官鄭尚德、生員鐵子方等刻立。碑文詳細記述了當年保山知縣周萃率地方軍民築堤修壩，排除東河水害的經過和事迹。該碑是了解保山古代水利建設發展史的重要資料。

【參考文獻】保山市文化廣電新聞出版局.保山碑刻.昆明：雲南美術出版社，2008.5：39-40.

據《保山碑刻》錄文，參拓片校勘，行數為新增，第十七行、十八行為補錄。

廣利壩碑記

張光宇

郡城東三里許，各有澤，俗名海子，泉出山下，停蓄汪洋，蓋天地自然之利。而郡以僻處邊隅，罔諳[④]耕作，不知因其利以爲利也，所從來矣！先守陳公，爲治西壩，引水灌田

---

① 萬曆三十四年：1606 年。
② 侯康：字晋軒，保山人，明萬曆十年（1582）鄉薦，明萬曆十四年（1586）登進士，官至戶部郎中。
③ 庠生：科舉制時稱府、州、縣學的生員。明清時為秀才的別稱。
④ 罔諳：不熟悉，不精通。

約五千餘畝。民裕饔餐^①有今日也！公去，郡人亦嘗數效治東壩，然病治無術迄無成功，是實有利而未廣耳。萬曆己酉^②余來守是郡，下車周諮，所以宜興除者，而父老子弟，前以東壩之水，對因承命修治，郡人以數無成功，且信且疑。初無踴躍趨事意，數諭以苦樂勞逸理民，始蒸蒸知赴功。於是委官董理，捐貲覓匠，計畝升夫，開東西子河，砌左右二閘，東西距里許，順流而下至廣福寺，南約可達六里許，計所灌田，當不下萬畝。自庚戌^③一^④月初經始，迄五月而工告成，眾問何^⑤以名是壩者？妄意當曰"廣利"。云若曰：因民利以利民。如何敢居是役區畫經營，既竭心思，是余分然。履畝相度，朝夕拮据，則署經歷司十八寨所吏目劉子登之功實爲居多。至協力贊勤，接督觀成，學博魏君國鼎、經歷夏君，俱有力焉。乃若奔走，致勤，分猷料理，則有武生趙成、鄉長趙弘義，民張問政、趙之元、趙秉恕等在也，因竝記之。

【概述】該碑今已不存。萬曆三十八年（1610）立石，知府張光宇撰文。碑文記述了明萬曆三十八年，吏目劉子登等繼承原知府陳忠遺志，興修廣利壩，引水灌田惠及於民的業績。該碑對研究瀘西水利建設的歷史具有重要的參考價值。

【參考文獻】雲南省瀘西縣志編纂委員會.瀘西縣志.昆明：雲南人民出版社，1992.12：634，818-819；（清）周埰等修，李綬等纂.廣西府志（全二冊）.臺北：成文出版社，1975：402-404.

據《瀘西縣志》錄文，參《廣西府志》校勘。

通濟泉記

何邦漸

萬曆壬子歲^⑥，適我吳公^⑦蒞政之三年。一日，見城西麓有石甃^⑧而水已涸，詢其故，曰：舊井也。今井側貢生李棟材之祖李森者，自世宗朝開砌以瓦筒，從地中引西山水來，惟時邑令君永寧陳公儒捐助竟其事，爲邑人之利。久後，水道湮塞，棟材及邑人冀修之，未逮也。公慨然曰：引水濟民，亦司牧事。即捐俸資，屬邑幕羅公總其事。西嶺之長流已混混而下，

---

① 《瀘西縣志》錄為"餐"，據《廣西府志》應為"飧"。饔飧：早飯和晚飯；飯食。飧：同"飧"。
② 萬曆己酉：即萬曆三十七年（1609）。
③ 庚戌：萬曆三十八年（1610）。
④ 《瀘西縣志》錄為"一"，據《廣西府志》應為"二"。
⑤ 《瀘西縣志》錄為"何"，據《廣西府志》應為"所"。
⑥ 萬曆壬子歲：即萬曆四十年（1612）。
⑦ 吳工：吳嘉麒，選貢，貴州都勻人，明萬曆年間浪穹縣（今洱源）知縣。（洱源縣志編纂委員會編纂：《洱源縣志》，703頁，昆明，雲南人民出版社，1996）
⑧ 石甃：石砌的井壁。

且又清冽而甘。邑人忻戴感頌，題其碣曰：玉液清流。公諱嘉麒，號瑞宇，黔之都勻人也。幕羅公諱有德，號仁菴，蜀射洪人，贊助督成皆其力，例得並書。邑士人與事效勤者，附列於後。

【概述】該碑由邑人何邦漸撰文，全文計208字。碑文記述萬曆年間，浪穹縣知縣吳嘉麒捐資引水濟民的功績。

【參考文獻】（清）羅瀜美修，周沆纂．浪穹縣志署（全二冊）．臺北：成文出版社，1975.1：446-447.

前所軍民與徹峨莊丁分水界碑

劉朝璽

　　祿豐縣之東一舍地聚落前所，地方溯流而上，至徹峨莊府地脈相連，莊有龍湫①十有三派，洶湧流注。古有規半漑府莊子粒，半漑所職軍民田畝，數百年來循規分注。近日，府莊漢軍民夷雜處，霸截水利不分，以致苗不救。本年值旱魃為殃，春夏不下雨。本廳二所石之屏、劉華及軍民人等，比列金汁、銀汁布政司李，按察司帶管屯田水利道袁，批仰祿豐縣典史劉朝璽踏看回報，彼莊丁抗違不理，本縣鎖拿申解而同蒙屯所田秧粒堪掃，彼莊栽青，重責監禁急令救秧栽插。並批雲南府理刑帶管清軍水利廳楊均斷，仍依舊規各方一半。將李小四、王國等擬罪申詳，兩司批憑依允。仰理刑廳楊俾仰祿豐縣典史劉朝璽同勒石，分作各一晝夜為率，以日出為限，臨流分注永為規，免致歲遠時遙，仍前紊亂，如有抗違者，指名查究，等因。於乙卯②八月二十六日，豎立碑石，立舍大槐樹之下，以垂永久。今仍將本屯所職軍民田畝分作五壩，逐日依水刻次第輪分漑，不得依勢分爭。所有壩口水刻，開並於後上五壩水利分灌秧苗，遵奉上司批憑。軍民人等各守成規，永為遵照，是為記。

　　一壩水五分，易朝科、易朝卿放一晝夜，何國宣放一晝夜，許在亭同放止。二壩水三分五厘，許為相放二分五厘，百戶石之屏放一分。三壩水五分五厘，百戶劉華放一晝夜，許登高放一晝夜，許在亨放一晝夜。四壩水四分，百戶石之屏、佃彭加選放，又撥田水一分二厘共二分二厘半。五壩水兩刻，每刻分八厘半，許在亨放一晝夜，解其蘊放一晝夜，許在極放一晝夜。

萬曆四十三年閏八月二十六日，委官典史劉朝璽立

---

① 龍湫：上有懸瀑下有深潭謂之龍湫。湫：水潭。
② 乙卯：即萬曆四十三年（1615），歲次乙卯。

【概述】碑存祿豐縣和平鎮前所村，高 170 厘米，寬 50 厘米。明萬曆四十三年（1615）立，祿豐縣典史劉朝璽撰書。碑文直書 19 行，計 553 字。碑文記載：明萬曆年間，由於干旱缺水，屯田前所的漢軍與當地彝民發生水利紛爭導致殺人案，後經雲南府判決，釋放殺人者，以古規為據各半放水，并對 5 壩輪流放水的水分、時間等作了明確規定。

【參考文獻】雲南省祿豐縣地方志編纂委員會．祿豐縣志．昆明：雲南人民出版社，1997.12：820-821.

祿豐水利糾紛判決碑

雲南府理刑帶管清軍官楊，為霸水紀殺事。萬曆四十三年五月二十日，蒙（一行）

帶管屯田水利道按察使袁批，據本廳呈詳犯人李小四、王國等招，由蒙批劉小四[1]等霸截水口利，□（二行）眾依擬各杖，贖決發落，餘如照實收繳，蒙此又奉（三行）布政司信牌[2]，仰廳官吏照牌事理，將李小四等發回該縣，水利官督令軍人許在亨照依常規公平放水（四行），插秧苗完日回報。等因奉此，除將各犯發落省釋歸農外，合行遵照此票，仰本官照依呈祥（五行）理，即便遵依分定事規，上下輪流均放各一晝夜，毋得紊亂。仍勒石豎石以垂永久，敢有（六行）[3]，指名拿解，以憑從重究治不貸。須至票者（七行），萬曆四十三年八月十七日，右仰祿豐縣典史劉朝璽准此（八行）府（九行）。

□布政司李（十行）。

按察司袁（十一行）。

雲南府理刑廳楊（十二行）署祿豐縣事雲南府都事熊、水利典史□糯谷灣播種李遇楊、李遇景、何國宣、許登高、伍畝、易得榮、易朝科（十三行）。

[此碑歷來久矣，於咸豐末年屢遭兵戈，被兵火將碑燒壞，迄今承平日久。許濱、何長興、易常新、陳□、彭永春、許成智、張起甲、彭欽相同閣村眾姓等。此碑已垂永久，日後二比爭論舊碑存。

光緒二十六年八月初二日，邑後學易欽周書丹][4]

【概述】碑存祿豐縣和平鎮廠房村祠堂內。明萬曆四十三年（1615）刻立，高 110 厘米，

---

① 《祿豐縣水利志》錄為"劉小四"，據《祿豐縣志》應為"李小四"。
② 信牌：即傳信牌。宋仁宗康定元年五月，制軍中傳信牌，傳遞軍中檔時，以為憑信。《宋史·輿服志六》："傳信木牌：先朝舊制，合用堅木朱漆為之，長六寸，闊三寸，腹背刻字而中分之，字云某路傳信牌。却置池槽，牙縫相合。又鑿二竅，置筆墨，上帖紙，書所傳達事。用印印號上，以皮繫往來軍吏之項。臨陣傳言，應有取索，并以此牌為言，寫其上。"元代民事亦用信牌，凡諸管官以公事攝所部，并用信牌。
③ 《祿豐縣水利志》漏錄"抗違"2 字。
④ 該碑咸豐年間被毀，光緒年間重立。

寬60厘米，厚6厘米，有首無座。碑文直行楷書，文13行，計287字。碑文記載明萬曆年間，雲南府妥善判處"前所屯軍與彝民因水利糾紛而引發的霸水殺人案"的史實。該碑對研究明代雲南水利建設、法律制度、屯田制度、民族關係等具有重要的史料價值。

【參考文獻】祿豐縣地方志編纂辦公室．祿豐縣水利志．內部資料，1989.10：163；雲南省祿豐縣地方志編纂委員會．祿豐縣志．昆明：雲南人民出版社，1997.12：820；鐘仕民．楚雄彝族自治州文物志．昆明：雲南民族出版社，2008.7：162.

據《祿豐縣水利志》錄文，參《祿豐縣志》校勘。

新建松華壩石閘碑記銘 [①]

江 和

萬曆戊午歲 [②]，滇水利憲副朱公請于御史南海潘公言："滇城東北郭，故有松華壩。邵甸 [③] 之水走盤龍江者，使東注于河，河曰金棱，土人呼曰金汁，繇金馬麓過春登里，七十餘里而入海。沿河肢流以數十，遞而下，涵洞如級，田以次受灌，不知幾萬畝也，而是壩獨橐鑰之。非壩，則小暵易涸，而河不任受畜；小漲易溢，而河亦不任受瀉。畜瀉不任，則腴田多蕪，而民與糧逋。河資壩，所從來矣。第壩故支以木、築以土而無閘，勢若堵牆，遇浸輒敗，歲修，費閫司 [④] 樁錢不貲。有司草草持厥柄，力龐而功暇，僅同築舍。蓋費于壩者尚付之烏有，況其不至于壩者也！于河奚資焉，而反以病。予謂壩而不閘，畜瀉何恃？即木而匪石，終漂梗 [⑤] 耳。與其歲糜多錢而民無利也，孰與合數歲之費而甃以石、通以閘？自閘以徃，若牛舌尖中馬頭，皆衝流也，胥石乃固，矧地與石鄰！夫以畝科，至便計也；木樁之額，累歲可問，非他索也。良吏經紀，能吏分勞；功者賞，否者罰。事成，設以守，時其翕縱而周防之，如漕閘然，此百世利也。"爰捐助銀一百六十餘金。潘公遂捐一百金，撫院河源李公亦捐二十金。迄新撫院歸安沈公、按院南昌楊公至，申請如前，三公皆如議，交給以費。藩習 [⑥] 嘉興施公、閫司金陵尹公扣徵停挖木樁之逋負者，又得四百九十餘金。計若鉅若細，悉從金出，

---

① 《雲南府志》錄碑名為"新建松華壩石閘碑記"，錄文有出入。
② 萬曆戊午歲：萬曆四十六年，歲次戊午，即1618年。
③ 邵甸：古縣名。元至元十二年（1275）升邵甸千戶置，治今雲南省嵩明縣西白邑。屬長州，後屬嵩明州。明初屬雲南府，洪武十五年（1382）廢。
④ 閫司：明代地方軍事機構"都司"的別稱。
⑤ 漂梗：隨水漂流的桃梗。語出《戰國策·齊策三》："（蘇秦）謂孟嘗君曰：'今者臣來，過於淄上，有土偶人與桃梗相與語。'"桃梗謂土偶人曰："子，西岸之土也，挺子以為人，至歲八月，降雨下，淄水至，則汝殘矣。"土偶曰："不然。吾西岸之土也，土則復西岸耳。今子，東國之桃梗也，刻削子以為人，降雨下，淄水至，流子而去，則子漂漂者將何如耳。"後以"漂梗"引申指漂泊者。
⑥ 《滇志》錄為"習"，據《天啓·滇志》應為"司"。

而世鎮沐公又慨然以近閘石山任其採用。

于是，吏人各如檄起程，募健伐堅，創閘口高一丈三尺，長三丈二尺五寸，廣一丈七尺五寸，牛舌尖中馬頭高一丈三尺，長二十六丈六尺。皆選石之最堅厚者，長短相制，高下相紐，如犬牙，如魚貫，而鈐以鐵，灌以鉛。閘彷諸漕，扁以巨枋，啓閉如式。東西兩涯之間，駢珉壁[①]屹，水龍若控。經始于萬曆四十六年七月二十六日，至四十八年[②]二月二十六日告成，仍名曰“松華閘”。計費凡八百七十七兩有零，匠作田夫五萬七千餘數，力取諸隙，績底以漸。時率雲南少府楊公亦捐助九十六金，且日日上壩，勞以肥布酒食，公私為一。故紓而不勞，終始不虐用一人、強取一料，故功成而人安之。時與三司諸大夫登壩上觀，壁如屹如立[③]，河膴膴，地有安流而天不能災。

是歲大稔，諸父老喈嗟嘆息曰：“朱公再造我也！”歸之朱公，朱公不有。某幸睹成事，繆為記署，而申以銘。朱公名芹，蜀富順人，進士，政務興革，利民多若此。楊公名繼統，秦南鄭人。其與有勞者，書之陰。銘曰：

湯湯金棱，邵甸遡源，建瓴忽分，東西決川。壩枳而東，如龍飲泉，爪攫翼張，百道蜿蜒。割流膏野，萬畦濡霑，土耶木耶，昔何闕然！蕭葦捍衝，歲糜金錢，自公之來，嘉與更始。亦有施公尹公，悉賦成美，楊公承之，動有經紀，稟成諸臺，規茲永利。

金石巖巖，當其射激；閘門言言，時其啓閉。閉視其沍，水弗外泒；啓視其漲，水弗內潰。畬授于農，農隙乃至；工食于官，官厚其餼。再閱春冬，經始勿亟；乃奏厥功，乃立安既。

於乎郁哉！河肇咸陽，洪源自公，明德廣遠。人代天工，匪閘無河，毋恃絕巘，毋易逝波。其流可穿，其堅可磨，蟻穴必室，如避黿鼉[④]。有渤必新，毋仍斧柯[⑤]，百爾君子，保障弘多，庶綿斯澤，礪山帶河。

【概述】碑文記載：萬曆年間，因原松華壩為土木築就且無閘，無法適應蓄泄河水及灌溉之需，滇水利憲副朱芹捐資、主持，用工五萬七千餘人，費時七個月，改松華壩和下游諸閘為石閘，為民興利。

【參考文獻】（明）劉文徵撰，古永繼點校.滇志.昆明：雲南教育出版社，1991.12：637-638；（清）謝儼.雲南府志（全）.臺北：成文出版社，1967.5：547-549；楊世鈺，趙寅松.大理叢書·方志篇（卷三）：天啓·滇志（下），北京：民族出版社，2007.5：141-143.

據古永繼點校《滇志》錄文，參《天啓·滇志》校勘。

---

① 《滇志》錄為“壁”，據《天啓·滇志》應為“璧”。
② 萬曆四十八年：1620 年。
③ 《滇志》錄為“立”，據《天啓·滇志》應為“竝”。
④ 黿鼉：漢族神話傳說中是指巨鱉和豬婆龍（揚子鰐）。語出《國語·晉語九》：“黿鼉魚鱉，莫能不化。”
⑤ 《滇志》錄為“斧柯”，據《天啓·滇志》應為“柯斧”。

白龍潭碑記

段尚雲 [1]

邑東距縣十里許，有白龍潭出羅藏山，山形岏曲，石勢參差，面案琴橫，兩臂分抱，自成堂局，宛若棋枰，四顧外山，渾無半點山腰，洞闢狀類龜扉而高厰過之，寥遠莫窺底，止惟見苔痕蒼翠，滴乳離奇，左流泉，右沙渚，鄉人嘗有從石室入者，渚行百二十步，壁開石鯨鱗甲，風氣清冷，心怖而返。

洞口封石敧危，上可五六人趺坐，俯瞰遊魚，投飯飯之，羣然競至，聞語聲則逝，頃之悠然復來，令人勃起莊周興矣。躡路憩小亭，山水之間，真可以寓醉翁幽意。若夫日出霏開，鳥鳴谷應，落暉晚照，沉壁耀金，岸柳拖煙，岩蘿掛月，春風沂水，童冠詠歸，此則龍潭勝槩也。源泉混混，晝夜弗停，大者成河，細者成澗，分支別派，滋潤四境之田，殆不知其幾千萬頃，折旋二十餘里，盈科而進放乎滇池，此則龍潭巨澤也。

舊立廟肖神，每歲三月，邑侯往祀。萬歷癸未 [2]，日漸傾圮，久之蕩然，僅存遺址。迨丁亥 [3] 春，任軒聶侯如期脩宮，見之，咨嗟不已。謂："茲潭也，以龍名而利溥一方，龍之為神不誣矣。苟屬意於民必崇祀之，矧原隰固賴源泉，高阜猶需時雨，近雨澤不時，民憂滋甚意者，神亦未妥與宵夜，當為廟計。"於是鳩工命材，揆日興作，地卑濕則驅石纍基，制淺隘則覆 [4] 復侵地，費則量動贖鍰，更捐俸入戒深勿巫義，篤子來，若堂若門，胥以四楹，塑之繪之，煥然一新，不兩閱月，聿觀厥成。

夫五嶽四瀆，聖王有秩祀焉，凡境內龍潭，守令例得祀之。侯茲舉，既報功，且祈年不但利泉已也，年來雨暘時，若高下有秋，國賦早輸，家食咸給，昔也憂，今也樂，神之功也，要皆誠感而然，侯之功詎不侔於神哉！然民知樂其樂，而不知侯之憂其憂；侯知憂其憂，而不知民之樂其樂也。計侯來祀茲廟，曾日月之幾何，忽喬遷之伊邇 [5]，而山川不可淹罶矣。美侯襟宇軒豁，每當明禋既畢，與寅僚把酒臨流，憑高一笑，宦況寄諸景 [6] 中，此其涓涓者耳語，其至則澤潤生民，隨處充滿 [7] 繫我士民之思，如潭水之行地，合併記之。

---

① 段尚雲：字從龍，呈貢人。嘉靖甲子舉人。（張秀芬、王珏、李春龍等點校：《新纂雲南通志·九》，233頁，昆明，雲南人民出版社，2007）

② 萬歷癸未：即萬歷十一年（1583）。

③ 丁亥：即萬歷十五年（1587）。

④ 《雲南道教碑刻輯釋》錄為"覆"，據《呈貢縣志》應為"甃"。

⑤ 《雲南道教碑刻輯釋》錄為"爾"，據《呈貢縣志》應為"邇"。

⑥ 《雲南道教碑刻輯釋》多錄"景"字。

⑦ 《雲南道教碑刻輯釋》多錄"滿"字。

【概述】該碑應立於明萬曆年間，段尚雲撰文。碑文記載：白龍潭為呈貢縣重要水源，灌溉四境之田畝，舊有廟宇惜已傾圮，丁亥年間雨澤不時，邑侯轟任軒重修該廟并例行崇祀為民祈雨行德政。

【參考文獻】蕭霽虹．雲南道教碑刻輯釋．北京：中國社會科學出版社，2013.12：141-142；林超民等．西南稀見方誌文獻·第29卷：呈貢縣志（清光緒十一年刻本影印）．蘭州：蘭州大學出版社，2003.8：331.

據《雲南道教碑刻輯釋》錄文，參《呈貢縣志》（清光緒十一年刻本影印）校勘。

新建龍王廟碑記

石　銀[①]

歸陽帶山襟，阪[②]川澤竭。隆慶六年[③]夏，公官此。明年，治順人和，建白三營脩堰，康農二鄉地洊舉白雲村去縣二里，舊泉脉脉，疏治方始，是年七月十三日午，泉之上隅，忽聲如雷，噴沫百丈，作雲雨狀，布蔓[④]周匝，田夫掘者見之，詡綦往觀，一湧泉也。泉闊五尺，泪泪淵淵，僉曰：異哉。

先是，六月十二月[⑤]夜，公夢一白叟，自稱龍神，如揖如告，旦則以語"千兵楚儌"，記今是泉出，僅一月耳。乃今始悟為龍之言，嗚呼，異哉！記曰：地出醴泉，大順之應，方今主聖，令賢治順，充溢淵泉，時出恐不獨一方兆也。董子曰：心和而天地之和應，今神人相與，至形夢寐，志壹動氣，其機必有所召焉。夫自子丑迄今，恐不多見，公乃會逢其適。

嗚呼，異哉！昔錢武肅王拊掌泉湧洞霄，餘杭世賴也[⑥]。他如惠山味美，克收有濟之功，翁源流長，方錫無方之益，若茲於邑小補云乎。嗣年邑人少尹張君雲漢邑庶百十輩，緣義起禮，立廟享神，建脩三楹為堂，肖像於內，繞垣於外，財力各具，不假公私，旬日竣役，巍然偉觀矣。際厥成者[⑦]晉牧黃公宏，公名可漁，四川涪州人。典史程朝鳳，蜀之隆昌籍也，併書以記之。詞曰：

維民之生需五穀兮，維穀蕃茂資水土兮。維侯惠民興水利兮，維神眷德甘泉駛兮。如江如河其利溥兮，我疆我理旣沾足兮。相彼原隰成樂土兮，我穀用登歲其穰兮。其誰致之神

---

① 石銀：字子重，呈貢人。嘉靖庚子（1540年）舉人。曾為合江縣令，隴州知州。（陶應昌編著：《雲南歷代各族作家》，94頁，昆明，雲南民族出版社，1996）

② 《雲南道教碑刻輯釋》錄為"阪"，據《呈貢縣志》應為"坂"。"阪"同"坂"。

③ 隆慶六年：1572年。

④ 《雲南道教碑刻輯釋》錄為"蔓"，據《呈貢縣志》應為"濩"。布濩：遍布，布散。

⑤ 《雲南道教碑刻輯釋》多錄"月"字。

⑥ 《雲南道教碑刻輯釋》多錄"也"字。

⑦ 《雲南道教碑刻輯釋》漏錄"肖像於內……厥成者"29字。

之力兮，其誰感之侯之德兮。神之惠民曷有極兮，民之祀神豈容已兮。廟貌是崇靈其妥兮，千秋萬歲報無盡兮。

【概述】碑應立於明萬曆年間，石銀撰文。碑文記述了萬曆年間少尹張雲漢惠民興利，并率官民新建龍王廟以祀神的政績。

【參考文獻】蕭霽虹.雲南道教碑刻輯釋.北京：中國社會科學出版社，2013.12：142-143；林超民等.西南稀見方誌文獻·第29卷：呈貢縣志（清光緒十一年刻本影印）.蘭州：蘭州大學出版社，2003.8：331-332.

據《雲南道教碑刻輯釋》錄文，參《呈貢縣志》（清光緒十一年刻本影印）校勘。

海口說

顧慶恩

自古談水利者，惟[①]蓄洩二法而已[②]。洩之法更艱，恐其以鄰爲壑也。異龍湖爲屏陽巨浸，上通寶秀潴，中滙九天堰，左合諸源泉之流，彙而入於湖[③]。湖廣五十里，怒濤驚浪，幾令望洋者興歎，而千頃綠雲[④]，悉賴以灌，利不減瀕海、渠塘。探[⑤]其尾閭，乃在海之[⑥]東峽。過石龍，由關底經西莊，臨郡屯田藉之以蘇[⑦]，是洩此之水又足爲彼之利，而[⑧]無壑鄰之憂者[⑨]也。沿海山勢，由北[⑩]轉東而西，捍衛水口。旁有王家沖、蘆子溝二水，逆流而上，兩沙壅淤，隨開隨塞，卽令呈[⑪]以壁馬勢，苦艱於瓠子耳。若聞[⑫]，不以時屏有飄[⑬]沒之虞，而臨無涓滴之潤，是開則兩利，塞則均病者也。每歲二月時，必量其水勢，相其地形，攔以

---

① 《石屏縣志》多錄"惟"字。
② 《石屏縣志》漏錄"矣而"2字。
③ 《石屏縣志》錄為"湖"，據《石屏州志》應為"海中"。
④ 《石屏縣志》錄為"怒濤驚浪幾令望洋者興歎而千頃綠雲"，據《石屏州志》應為"瀕湖千頃"。
⑤ 《石屏縣志》多錄"利不減瀕海渠塘探"8字。
⑥ 《石屏縣志》多錄"之"字。
⑦ 《石屏縣志》錄為"藉之以蘇"，據《石屏州志》應為"亦藉以潤"。
⑧ 《石屏縣志》錄為"而"，據《石屏州志》應為"不止"。
⑨ 《石屏縣志》多錄"者"字。
⑩ 《石屏縣志》錄為"北"，據《石屏州志》應為"此"。
⑪ 《石屏縣志》錄為"呈"，據《石屏州志》應為"沉"。
⑫ 《石屏縣志》錄為"聞"，據《石屏州志》應為"開"。
⑬ 《石屏縣志》錄為"飄"，據《石屏州志》應為"沉"。

深椿，衛以巨石，使二水合處不爲衝擊崩塌，則沙不能塞①，而水尋故道，②西走③如駛馬④矣。⑤是役也，咸謂⑥屏臨兩利，應率七分軍以助⑦臂，庶勞逸得均；但⑧屯軍以助役爲名，反於海東生擾，不若就屏之有海日［田］⑨者，臨時照畝派之以助，潴則以自利而自營之，不責報於臨邑，更覺相安，是⑩在司土⑪者之斟酌耳。

【概述】顧慶恩撰文。該文簡明扼要地闡述了作者對於治理石屏當地水患的主張。

【參考文獻】雲南省石屏縣志編纂委員會．石屏縣志．昆明：雲南人民出版社，1990.10：820；（清）管學宣．石屏州志．臺北：成文出版社，1969.1：190–191.

據《石屏縣志》錄文，參《石屏州志》校勘。

寶秀水利碑記

蕭廷對

易師之象曰：地中有水，君子以容，民畜以⑫眾。夫周制寓兵於農，一變爲內政，迄今已漸天⑬盡，獨所在屯田固，猶有餼羊⑭之思焉。

寶秀去城兩⑮舍許，東與石屏合爲兩屯，輸屯儲養臨城衛軍，力耕敢鬥。先是丁改嘯聚，剽掠閭閻若掃，獨寶秀未敢一矢相加。遣⑯兵農合一之制，卽蕞⑰爾明效較著，矧建屯，而後國家文教翔洽，多士黌序⑱，翩翩應科貢。庶幾，免置之計⑲寧復兵食不支，是虞惟是四

---

① 《石屏縣志》錄為"塞"，據《石屏州志》應為"壅"。
② 《石屏縣志》漏錄"而"字。
③ 《石屏縣志》漏錄"焉"字。
④ 《石屏縣志》多錄"馬"字。
⑤ 《石屏縣志》漏錄"或曰"2字。
⑥ 《石屏縣志》多錄"咸謂"2字。
⑦ 《石屏縣志》漏錄"一"字。
⑧ 《石屏縣志》錄為"庶勞逸得均但"，據《石屏州志》應為"吾謂"。
⑨ 《石屏縣志》錄為"有海日［田］"，據《石屏州志》應為"人有田而瀕海者"。
⑩ 《石屏縣志》錄為"更覺相安是"，據《石屏州志》應為"尤當"。
⑪ 《石屏縣志》錄為"土"，據《石屏州志》應為"上"。
⑫ 《石屏縣志》多錄"以"字。
⑬ 《石屏縣志》錄為"天"，據《石屏州志》應為"滅"。
⑭ 餼羊：古代用為祭品的羊；比喻禮儀；比喻徒具之形式。
⑮ 《石屏縣志》錄為"兩"，據《石屏州志》應為"西"。
⑯ 《石屏縣志》錄為"遣"，據《石屏州志》應為"遺"。
⑰ 蕞："蕞，小貌。"——《廣韻》
⑱ 黌序：古代的學校。
⑲ 《石屏縣志》錄為"計"，據《石屏州志》應為"什"。

山崒嵂^①，苦若無泉^②灌注田畝，山雨暴漲，歲久爲民患二焉。其一通遠橋：橋直接高、余二箐，牌樓坡諸水下達河口，初溝廣六尺，深入^③之水循故道，民居安堵。正嘉以來，下流沙壅，溝道高於^④田園等，且籓垣隔絕，久不復尋故址。近佃牟利，奄有播種，衆水漫演四出，道途日高。廬舍日卑，至以民居爲壑，且夕弗退水嚙，居垣老幼凜凜，莫必其命。其一中、左二所屯田逼草海，雨集輒爲巨浸，山下舊河一溝勢難容洩，又數十年無議開者，濬之難，不勝其壅之易也。諸生某某，偕諸父老，且以利弊陳余，余惕然於民生安危，國儲登耗，始親詣橋畔，宥之^⑤侵佔罪。斬荊茨、履畝而南，度古溝廣狹所直立之標準，督沮洳人戶疏之。旬有幾日告竣，凡千四百六十八丈。視昔制尺寸不爽，軍民僉畢^⑥其事。戊戌^⑦夏，淫雨。中左田禾初生兩耳，尋漂沒無餘，力爲請災傷弗獲，則約各伍疏舊河，計畝出力，畫地置標，每丁各循丈尺，毋許盈縮，被淹者，工再倍。復向山麓開沙溝一道，捍泥沙，殺人^⑧曠土，不得直趨河埂下流，計各千八百方^⑨有奇。又下令：自是而後，相度時勢，畢力排瀹，悉遵前議勿^⑩撓。蓋自二役興，向苦汜^⑪傾者，風雨攸寧虞，漂沒者苗畬，次於兩岩之間。則此一水耳，壅之而害也，疏之^⑫利也，而孰知利之久，而心^⑬害也。害之除，復爲利也。先王兵農合一之利^⑭，誰畏^⑮終不可履^⑯乎？諸父老慮無以垂永久，謀鐫之石，焉^⑰乞^⑱余紀其巓末，因三致意於《易象》，容畜之旨云。

【概述】碑文記述了明萬曆二十六年（1598），時任知州蕭廷對，修浚寶秀舊河的詳細經過。

【參考文獻】雲南省石屏縣志編纂委員會. 石屏縣志. 昆明：雲南人民出版社，1990.10：813；（清）管學宣. 石屏州志. 臺北：成文出版社，1969.1：129-130.

據《石屏縣志》錄文，參《石屏州志》校勘。

---

① 《石屏縣志》錄爲“嵂”，據《石屏州志》應爲“嶪”。嶪：高聳的樣子。
② 《石屏縣志》錄爲“苦若無泉”，據《石屏州志》原爲“苦無原泉”。
③ 《石屏縣志》錄爲“入”，據《石屏州志》應爲“如”。
④ 《石屏縣志》錄爲“於”，據《石屏州志》應爲“與”。
⑤ 《石屏縣志》錄爲“之”，據《石屏州志》應爲“諸”。
⑥ 《石屏縣志》錄爲“畢”，據《石屏州志》應爲“巽”。
⑦ 戊戌：即明萬曆二十六年（1598）。
⑧ 《石屏縣志》錄爲“人”，據《石屏州志》應爲“入”。
⑨ 《石屏縣志》錄爲“方”，據《石屏州志》應爲“丈”。
⑩ 《石屏縣志》錄爲“勿”，據本《石屏州志》應爲“毋”。
⑪ 《石屏縣志》錄爲“汜”，據《石屏州志》應爲“圮”。
⑫ 《石屏縣志》漏錄“而”字。
⑬ 《石屏縣志》錄爲“心”，據《石屏州志》應爲“必”。
⑭ 《石屏縣志》錄爲“利”，據《石屏州志》應爲“制”。
⑮ 《石屏縣志》錄爲“畏”，據《石屏州志》應爲“謂”。
⑯ 《石屏縣志》錄爲“履”，據《石屏州志》應爲“復”。
⑰ 《石屏縣志》錄爲“焉”，據《石屏州志》應爲“丐”。
⑱ 《石屏縣志》多錄“乞”字。

九天觀水塘水利碑記 [①]

曾所能

萬曆丁丑[②]冬十月，予承乏來守石屏。時年饑，久不雨，越春徂夏不雨，春秋例得書之。予偕僚屬[③]舍，齋宮禮神禱焉。越旬雨如霧。又五日，雨霑足而田畝之涸如故。蓋州治自城垣外可數步，即沃壤平衍而無水源，獨治東有異龍湖，又其寔下。予循故道抵湖源，似可通人力引水上流，遂下令浚治之。發倉給餉，躬自督率，往來於阡陌之間，無寧處也。已而浚尺土，得尺水，水所至咸得播種，民翕然樂趨，不自愛力，日出而服勞者幾千百人，無倦。匝月而河工造[④]成者，計二十有三。復台[⑤]車工作車汲水，民得水如得雨，可無旱憂。又令有力者耕湖田，戒豪家兼并。賊[⑥]十一人[⑦]入社備賬[⑧]，計得穀三百餘，社倉已行，而社學亦因以立矣。

一日，父老告予：以州西去可三里，有九天觀，俗名以海。平[⑨]勢平窖[⑩]，深山長谷之水四面滙入，昔人曾各捐田二畝入官爲堰。蒙撫按諸上游委衛使龐君松督脩，可足灌沒[⑪]下方田數千畝，歲輸公餉六千餘，民方利賴無已。無何，總府田間於中歲徵籽粒，水盈則病於耕，而籽粒無或貸也。歲久令弛每有莊戶盜決，一旦堤潰，瀦水轉以入海，春耕無賴，公私告乏。予毅然欲爲修浚，適科臣見華王公有興水利之議疏上天子，可其請下天下郡縣行之。予奉檄而喜，遂欲民力浚治之。移舊堤於百步之上，就其岡陵陵[⑫]之隘而阨塞之，中爲石閘，以通啓閉，立碑一所，僉水利官一員，壩夫二名，掌之。工成，蓋戊寅[⑬]八月也。湖水漸盈，

---

① 《石屏州志》錄爲"九天觀水塘記"。九天觀：村名，在石屏城西黑龍坡南麓。明萬曆初知州曾所能于黑龍坡、西寺坡間築堤建閘儲水灌田，後至清康熙年間知州劉維世復築西堤，儲水、植柳、建亭閣，成爲石屏一景"西堤柳浪"。今堤壩已無存，唯有遺址可查考。

② 萬曆丁丑：即萬曆五年，1577 年。

③ 《石屏縣志》漏錄"出"。

④ 《石屏縣志》錄爲"造"，據《石屏州志》應爲"告"。

⑤ 《石屏縣志》錄爲"台"，據《石屏州志》應爲"召"。

⑥ 《石屏縣志》錄爲"賊"，據《石屏州志》應爲"賦"。

⑦ 《石屏縣志》多錄"人"。

⑧ 《石屏縣志》錄爲"賬"，據《石屏州志》應爲"賑"。

⑨ 《石屏縣志》錄爲"平"，據《石屏州志》應爲"地"。

⑩ 《石屏縣志》錄爲"窖"，據《石屏州志》應爲"窨"。標點疑誤，應爲"地勢平，窨深，山長，谷之水四面滙入"。窨：深坑。

⑪ 《石屏縣志》錄爲"沒"，據《石屏州志》應爲"汲"。

⑫ 《石屏縣志》多錄"陵"字。

⑬ 戊寅：即明萬曆六年，1578 年。

汪洋千頃，農夫掀^①然，喜如居者之有積倉也。是歲果大稔，而莊戶羣然，競爭鷙悍，莫能禦。予召而語之曰：以利害較計，渰沒莊田不過失籽粒十金，若決堤則失旱田糧動以千計，何執而不通也？渠曰潴水灌溉，利在軍民，乾賠子粒，偏累莊戶，非便也。予曰：然。試爲若等圖之。思總鎮公有世德，滇人懷之，非獨以其威足以懾之也，茲有利於生民，知必樂以俯從，乃以軍人李友松等所爲。狀白之於公，果樂從；使百戶趙文清來狀其事。清亦偉人，遂以故復於公。公曰：州守數歲，一代乃今有此況，吾世鎮茲土，又有明旨，有何利^②而不爲也！遂給帖，歲蠲子^③粒銀十兩，以所渰沒田入官潴水。且示莊戶，以盜決者罪。公之澤在人心，當與此湖相終始矣。後之畊^④而食者，敢忘所自哉。予不敢悖公德意，爲文通詳，蒙兩臺監司郡長相與樂成，褒嘉如出一詞。《書》曰：元首明哉，股肱良哉，庶事康哉。噫！今益信矣。

此湖之復固，有待於今日也，雖然潴水之利，務在及時，盜決之患，不獨莊戶，又在長史^⑤者加之意焉。蓋滇南冬多不雨，秋雨不閉閘則冬水必涸，春耕無賴，是無冬水卽無春耕也，必乘秋雨之後，卽嚴閉閘之令。而阻撓者罰之，毋使失時。春水之洩，漁者利於魚^⑥，耕者利於耕，不相緊閉，必致失水，必均其分數，時其啓閉，強梁者罰之，勿^⑦使失水。如此則潴之有地，禦之有法，司之有人，濬其源，節其流，水利當無窮矣。

湖成一日，具壺觴與二客遊其上。客曰：昔蘇子守杭州，開西湖，杭人德之，至今頌蘇公之功不衰。公亦蜀人也，是湖之濬，與西湖並勝乎？嗚呼！彼以人勝，非獨以其地勝矣^⑧。

【概述】碑文記述了萬曆年間知州曾所能疏浚異龍湖水道，并對九天觀湖塘進行築堤、建閘、儲水以灌溉農田、造福百姓的詳細經過。

【參考文獻】雲南省石屏縣志編纂委員會．石屏縣志．昆明：雲南人民出版社，1990.10：813-814；（清）管學宣．石屏州志．臺北：成文出版社，1969.1：132-133.

據《石屏縣志》錄文，參《石屏州志》校勘。

① 《石屏縣志》錄為"掀"，據《石屏州志》應為"欣"。
② 《石屏縣志》錄為"有何利"，據《石屏州志》應為"在何所利"。
③ 《石屏縣志》錄為"子"，據《石屏州志》應為"籽"。籽：植物的種子。
④ 《石屏縣志》漏錄"田"字。
⑤ 《石屏縣志》錄為"史"，據《石屏州志》應為"吏"。
⑥ 《石屏縣志》錄為"魚"，據《石屏州志》應為"漁"。
⑦ 《石屏縣志》錄為"勿"，據《石屏州志》應為"毋"。
⑧ 《石屏縣志》錄為"矣"，據《石屏州志》應為"也"。

重濬海口記

方良曙

　　粵稽滇池之勝，自戰國時屬楚，名始載於史冊。蓋金馬、碧雞東西兩山夾護商山，北來而環衛於前，中列一大都會，其下並受邵甸，牧羊山諸泉及烏黑、龍潭、菜海、海源各河水①，滙爲巨浸，延袤三百餘里。軍民田廬環列其旁，而洩于其南。稍西一小河，又折而北，不見其去，故②名滇海云。是海口小河，實滇池宣洩咽喉也。疏濬不加，每歲夏秋，雨集水溢，田廬具③沒，患非渺少。先年當事諸公，率多裁成，海夫有編，開笇有期，爲民之意，亦旣殷矣。萬曆改元癸酉④，關中少司馬⑤蘭谷鄒公，來撫茲土，偶值霪雨連旬，水泛病民，公用憫惻，檄下閫司，行經歷陳子指揮，王子勘議，爰請如前三年大笇例，築壩閘水，分段興工，開笇凡二十⑥餘里。調集指揮，千百戶，若干員，夫役萬五千有奇，竹木麻鐵，器具工餼，約費帑金五千有奇。而一壩之費，遽至千金。惟時，鄒公復行藩司議。明年，河中養齋，郭公按滇，亦謂事關勞費，須詳議。其秋，余以承乏⑦左轄⑧至，適東西用兵之餘，斗米三錢，軍民艱食，洶洶惟棘，且兩臺節財，恤民至意，不可不仰體也。冬暇，親至其地，謀及琶吏、士庶、父老而廣詢之。廼知滇水從出之口，牛舌洲橫於前，龍王廟洲塞于中，此全省水口風氣攸關，蓋奇勝也。土人咸指故道：“水縣洲左豹山下行十之六七，縣海門村旁行十之三四，今左流纏一二耳，況下有螺殼、黃泥二灘之淤，冬水落而背露，春水涸而龜昂，故工所可加，而豹山之下，猶宜深濬，壩舊築螺灘上，可勿循。”越明年，乙亥⑨正月，適同年盱江近溪羅公，以屯田憲副巡昆陽。余亟往迎而咨議之，且見二灘經流欲絕，羅公因力贊曰：“螺灘之壩不必築，豹山之下必宜開”，議遂決。復請兩臺俞允⑩，疏濬一倣⑪撈淺之法，且併龍王廟而新之。爰命右衛指揮孫子承恩董其役，雲南府通判勞子日積督之，調各衛所州縣夫什之二，乃孫子則固分丈布工，論方驗日，工無少曠焉，踰月而工竣，

---

①《海口鎮志》錄爲“各河水”，據《雲南府志》應爲“洛洛河諸水”。
②《海口鎮志》漏錄“又”字。
③《海口鎮志》錄爲“具”，據《雲南府志》應爲“且”。
④萬曆癸酉：萬曆元年（1573）。
⑤少司馬：爲兵部侍郎的別稱。
⑥《海口鎮志》錄爲“二十”，據《雲南府志》應爲“廿”。
⑦承乏：承繼暫時無適當人選的職位。
⑧左轄：官名，即左丞。左右丞管轄尚書省事，故左丞謂之左轄。
⑨乙亥：指萬曆乙亥，即萬曆三年（1575）。
⑩俞允：原指帝王允許臣下的請求，後在一般書信中用作請對方允許的敬辭。
⑪倣：同“仿”，效法。

實三月哉生明也。水復半由豹山下行，而螺殼而黃泥無復少阻。工費官餼，僅四百金，視陳子、王子循舊三年開甃，不啻省什九矣。孫子請勒石如故事，余曰：嘻，是奚足哉。他日請之再三：辭弗獲己，因憶是役，非兩臺之憫恤，孰與肇始；非羅公之明智，孰與贊決；亦非得孫子之勤算而董之，又孰與綜理之甚密，而迄工之甚速耶。傅曰：仁者講功，兩臺以之。又曰：智者處物，羅公及孫子之謂也。衆思集而忠益廣，用力少而成功多，即此小役，可以槩大矣。後人觀此，其於興事考成，當必有劃然默會於中焉者，遂書以遺之。鄒公名應龍，郭公名庭吾，羅公名汝芳，皆起家進士，余爲新安方良曙也。

【概述】碑原存昆明市西山區海口鎮中灘街龍王廟，爲海口三碑之一。碑文記述了萬曆年間地方官鄒應龍、郭庭吾、羅汝芳、方良曙，前赴後繼，分段興工，大規模疏浚海口河工程的詳細情況。

【參考文獻】西山區海口鎮志編纂辦公室.海口鎮志.內部資料，2001.7：320-321；（明）劉文徵撰，古永繼校點.滇志.昆明：雲南教育出版社，1991.12：638-639；（清）范承勛，張毓碧修；謝儼纂.雲南府志（全）.臺北：成文出版社，1967.5：546-547.

據《海口鎮志》錄文，參《雲南府志》校勘。

開濬海口并築新堤記

何可及 [1]

夫國依於民，民資於食。洪潦橫決而沉浸，奚以奠食而安民？故禹貢六府，洪範五行，皆水爲先，而後世河渠之書加詳焉。治南二十里，爲落成橋。當孔道之衝，爲劍海 [2] 歸墟 [3] 之地。海之瀦水，有石萊渠一派，麗之九和一派，遇雨即建瓴而下。劍之四郊，尚未布雲，起視大江，平岸氾溢，害斯烈矣。近加螳螂之水，東決而西注之江，尋入湖，大抵以落成橋爲尾閭。

---

① 何可及：字允升，劍川人。萬曆己未（1619）進士。任涉縣知縣，調臨漳，俱有惠政。獲玉璽於漳河，進御膺賞。兩舉卓異。爲御史，巡漕，有能聲，擢太僕寺卿，仍巡浙醝。會海嘯，鹽場漂沒，以狀聞，蠲免二十余萬，兼題修海防，商民賴之。歷任九載，題請八十余疏。年四十六，退居林下，事父及繼母至孝，友愛昆弟，周恤鄉黨，以詩文自娛，當路欽爲典型。崇禎癸酉，大饑，傾儲作糜賑濟，州民多賴以活。壽七十四卒。（張秀芬、王玨、李春龍等點校：《新纂雲南通志·九》，271頁，昆明，雲南人民出版社，2007）
② 劍海：即劍湖，位於劍川縣城東南，周長約25里，平均水深4米多。劍湖以其水質之異常清潔甘冽，堪稱鑲嵌於滇西北高原上的一顆璀璨的明珠。
③ 歸墟：亦作“歸虛”。傳說爲海中無底之谷，謂眾水彙聚之處。《列子·湯問》：“渤海之東，不知幾億萬里，有大壑焉，實惟無底之谷，其下無底，名曰歸墟。”張湛注：“歸墟，或作歸塘。”明李東陽《初預郊壇分獻得南海》詩：“歸虛下有通靈地，廣利中含濟物功。”後喻事物的終結、歸宿。

或告壅滯，淹沒爲患，三農苦之。諸紳衿庶民，憤惋言之，不能得之當事。羅太父母[1]，初下車，詢民疾苦，亟令去其壅者、滯者。溶溶就下，水不爲災，自歲乙未[2]始。且距橋而南二里許，野水每自西南衝突，沙石俱下，橫截水路，返逆而上，阻水而北，西北一帶舉壑矣。我翁洞矚此害，鳩工運石，轉於尾閭之西，新築一堤，用障野水。今而後，野水自適其歸，河水得順其勢。堤成，洵永世之利也。丙申[3]春，再闢東西兩岸，展而拓之。增卑培薄，如其舊道而止。岸拓而溮[4]，旋[5]益寬，岸高而隄防益固。治水之策，莫善於此。嗟嗟！自有水患，方春而憲檄頻領，申令亟勤。有司輒傳舍其事，委之下吏。一挑一濬，塞責耳矣。孰有如我翁，身事視民事，家事視國事，野棲露處，戴星往來，若胥溺之及躬，不敢以晷刻寧者？仰體部院王公祖德意，而克副委成，俯對生民，而慰其三農之望。厥績懋矣哉！烏可無書？憶余戊辰，攬轡[6]三吳，詣虎丘，瞰西湖。小吏[7]屈拇而導曰：此蘇公堤也，此孫公堤也，均利於民而表之也。今茲：新堤，何獨不然？與二三紳衿，名之曰"羅公堤"[8]，匪溢美也。利民之政，後先一轍也。眾皆曰：可。遂泚筆而爲記，用貞之珉，并告來者，知所嗣守[9]，俾勿壞，民益永利焉。公諱文燦，號翠環，蜀之長寧人。

【概述】該碑由邑人何可及撰文。碑文記述明萬曆年間，劍川知州羅文燦體察民情，率眾疏浚淤塞河道，修築海尾河西堤，拓寬、加高東西兩岸河堤，為民排除水患造福劍川百姓的功績。

【參考文獻】（清）王世貴，何基盛等纂；大理白族自治州文化局翻印．雲南大理文史資料選輯·地方志之八：康熙劍川州志．內部資料，1982.10：146-147；楊世鈺，趙寅松．大理叢書·方志篇（卷九）：康熙·劍川州志．北京：民族出版社，2007.5：650-651．

據《康熙劍川州志》（點校本）錄文，參《康熙·劍川州志》（影印本）校勘。

---

[1] 羅太父母：指羅公燦，四川長寧人，萬曆年間任劍川州知州，開浚海口井、築尾閭西堤、建學修書院。（雲南省劍川縣志編纂委員會編纂：《劍川縣志》，518頁，昆明，雲南民族出版社，1999）
[2] 乙未：指明萬曆二十三年，歲次乙未，即1595年。
[3] 丙申：指明萬曆二十四年，歲次丙申，即1596年。
[4] 《康熙劍川州志》錄為"溮"，據《康熙·劍川州志》應為"漾"。
[5] 《康熙劍川州志》錄為"旋"，據《康熙·劍川州志》應為"漩"。
[6] 攬轡：常作"攬轡澄清"。攬轡：拉住馬韁；澄清：平治天下。表示刷新政治，澄清天下的抱負。也比喻人在負責一件工作之始，即立志要刷新這件工作，把它做好。
[7] 《康熙劍川州志》錄為"吏"，據《康熙·劍川州志》應為"史"。
[8] 羅公堤：明萬曆二十四年（1596），知州羅文燦，率民修築海尾河西堤，掘開堵塞河道，加厚兩邊河堤，排除水患。鄉人深感其恩，稱河西堤為"羅公堤"。（雲南省劍川縣志編纂委員會編纂：《劍川縣志》，205頁，昆明，雲南民族出版社，1999）
[9] 嗣守：繼承并遵守和保持。

監察御史禁斷侵占軍屯堰塘、加征屯賦案

澂江府新興州，为害眾事

天啓五年[1]十二月初八日，奉本府帖文，蒙（一行）

巡按雲南監察御史朱[2]批：據本府呈，蒙本院批，據新興州屯軍張國翰告前事。詞稱（二行）：舊年五月十五日，遭積李應時、非僎賄囑捕官，起釁變乱，妄將洪武迄今屯軍額糧聚水（三行）塘跡水救眾栽插，突被加徵。案照明文，每石加銀四分，眾命李絲、李華春等證，額外加侵（四行）輸納無田之賦額，頒示五規，似鹽沉水，等情。蒙批澂江府究報。該本府署印馬同知行提（五行）各犯到官，審看得堡兵設田催募，成實昭然，而侵占堡塘，業經楊知州親查無遺矣。雞窩（六行）一塘，乃屯軍張國翰有糧軍產，为屯田蔭水之區，自洪武至今，原未入堡。毋何，李應時以（七行）簧鼓匪人，假公媒利，遂指雞窩为民塘，妄報入堡，欲行加派，不幾於變乱成規，令屯軍有（八行）賠累之苦乎？雖藉口益賦，而祗为國蠹矣！相應照舊免科，以甦民困。李應時無端起釁，非（九行）僎從旁附和，分別杖警，於法允宜。問擬李應時、非僎，各不應杖罪，張國翰告實具招，呈詳（十行）本院。蒙批：李應時指糧妄報，变乱不法，加責二十板，依擬分別發落實收，仍勒石遵照繳（十一行）。蒙此，除抄招給帖[3]外，應將原招[4]抄，仰州勒石。为此帖，仰該州官吏照帖[5]事理，即便遵照批（十二行）詳，將雞窩塘勒石，永遠遵守。敢有棍徒变乱，指糧妄報者，許被害屯軍陳告，定行依律究（十三行）遣，決不輕貸，須至碑者（十四行）。

右仰雞窩蓄水眾軍餘：

賴僎、李培、李信、賴參化、賴朝策、賴順化、李樑、吳鳳儀、張奇才、張雲龍、田耘、賴位、李英、張雲明、李之盛、李法、張國翰、李昇、李經、李之錦、賴思培、李海、賴信、李國水[6]、張雲鳳、賴調元、賴为公、吳鳳奇遵守（十五行）。

天啓六年二月二十日，新興州知州劉澤遠勒石（十六行）

【概述】碑存玉溪市紅塔區研和鎮貫井村。碑为砂石質，高 120 厘米，寬 60 厘米，額上楷體陰刻"奉察院明文立"6 字。天啓六年（1626），知州劉澤遠立。碑文直行楷體陰刻，文 16 行，行 9-83 字。碑文記載天啓年間，新興州屯軍張國翰等狀訴李應時、非僎等勾結胥吏，侵占屯軍

---

① 天啓五年：1625 年。
② 朱：朱泰正，南海人，明天啓年間任雲南巡按。（李飛鴻主編：《晋寧歷代詩歌楹聯選》，214 頁，昆明，雲南民族出版社，2006）
③《玉溪碑刻選集》錄为"貼"，據拓片應为"帖"。下同。
④《玉溪碑刻選集》漏錄"備"字。
⑤《玉溪碑刻選集》多錄"貼"字。
⑥《玉溪碑刻選集》錄为"李國水"，據拓片應为"李思仁"。

聚水堰塘并加征賦稅的事實，及雲南監察御使朱泰正判處該案的結果。該碑對研究當地屯田歷史有重要的參考價值。

【參考文獻】玉溪市檔案局，玉溪市檔案館．玉溪碑刻選集．昆明：雲南人民出版社，2009.3：14-15.

據《玉溪碑刻選集》錄文，參拓片校勘，行數為新增。

張公堤碑記

雷躍龍

張公堤碑記（一行）

嘗謂士有志①建明者，豈獨大綏國風之□□出之威②後，呈以鳴當時、傳③後世哉？隨其所遇，苟可以利濟人物，殫助治理，殫其力而為（二行）之，皆事功也。故寧一邑以④天下晌行，□□兵□職之哉？至於城社渠堤夫馬鹽鉄，孰非王政所載？而卒於寧之一身，至則稱神明，由來（三行）尚矣。嵋峨城⑤辛酉至丙寅，六載式之握符之，代優而政理廢，遭兵賊兩害，国民莫保（四行）。當□有人眾門，不可請明者。□□□□四川塩亭人張楚伴視之焉（五行）。張公惟恐□焉公騫然□□□水□下車，執業□須印勤業兵明人備，保全身家，不容假藉，巡阡陌，到處躬為勸勞，而多所給施，□星久蔽矣（六行）。帑金以作，治之宮牆，循富美也。進爾作索地，授之明以振，制之闔閭⑥，一干城也。以邑而路充斥夫，烏困於走□，公為條陳，蘇豁之致（七行），府主有嘉忠心一方之獎秩。省□□毫雄，□優辦公堂十兩，而公□□□禁絕之，小民，成秋風病草之醫，他如輕徭□賦、訟簡刑靖諸所猷，為悉開（八行）□，道瞥見至，有志□人可羅省⑦，兩廡風清、四郊塵靖，依稀月碧國□□□，公視之欣然，惟蒿目以憂山河云。蓋邑有兩河環城合抱（九行），以壯金湯之勢，禁至隔墉□□艸淮畝，拂城廓，一夕為災，千夫莫捍，□□□□□民胥□□也。有不待天□見⑧水汨始□其事，急指廩（十行）給銀錢，當事者鳩工採石，□巨椿⑨為長堤，以□之，拮据胼胝而□□□□□之法鼓其氣勤勉勞來，戴星徃返⑩，趙運幕又極力劻勷，不（十一行）越月而堤成，遇巨浸為安流，可

---

① 《玉溪碑刻選集》漏錄"於"字。
② 《玉溪碑刻選集》漏錄"而"字。
③ 《玉溪碑刻選集》錄為"傳"，據拓片應為"耀"。
④ 《玉溪碑刻選集》錄為"以"，據拓片應為"與"。
⑤ 《玉溪碑刻選集》漏錄"自"字。
⑥ 闔閭：闔閭城的略稱。
⑦ 《玉溪碑刻選集》錄為"省"，據拓片應為"雀"。
⑧ 《玉溪碑刻選集》漏錄"而"字。
⑨ 《玉溪碑刻選集》錄為"椿"，疑誤，據上下文應為"椿"。
⑩ 《玉溪碑刻選集》錄為"返"，據拓片應為"還"。

收河潤之功，永消水之患。昔東坡治杭，而西湖長堤治功為最，其綜理細密，不贅取葑田□之湖中為（十二行）長堤，以通南北，民應^①便之，號為蘇公堤。至今猶存席捲萬鳥，猶疑長堤抗波風之永護，實天監其勤恤之，秉而陰扶，嘿□□聲□孚千古（十三行）。今公所築，躋其芳躅，即謂之張公堤可也。矧公文武世家，可與為泉堺美而宜，真昆玉謂□弟兄之節，采非即眉，而有三秀，□北有三□（十四行），公□居然斯也。而東坡也指日賢聲，上走昔秉兆絳台甫，不日可知矣。倚歟休哉！弟故^②有禦大災、捍大患，人人得而歌詠紀載之，況爾（十五行）夫乎？迺峨陽杜、張二埶友採司化大□牛君鄉袞，八十翁顏君書來，作張公考徵文為紀，且謂子^③會曰□□堂請署，他日覆沙築新堤時（十六行），子何□然表彰功德，以光史，開照官聯，則□與有□焉，乃取來書，輯次共語，共成一段美節，請勒貞珉以觀後之□河洛而思者（十七行）。

　　　　　　　　　賜進士第翰林院庶吉士雷躍龍□□（十八行）
　　　　　　　　　□□□□□□□典史趙（下缺）（十九行）
　　　　　　　　　新任知縣（下缺）（二十行）
　　　　　　　　　儒學訓導□□□、巡檢（下缺）（二十一行）
　　　　　　　　　天啓六年十月吉旦（下缺）（二十二行）^④

　　【概述】碑存峨山縣文化館內。高177厘米，寬69厘米。碑石裂蝕，部分文字漶滅。天啓六年（1626）十月立，賜進士第翰林院庶吉士雷躍龍撰文。碑文記述了嶍峨知縣張楚修築河堤，讓民眾免遭水患的事迹。該碑為峨山縣現存較早的碑刻，對研究當地的農田水利建設具有重要的史料價值。

　　【參考文獻】玉溪市檔案局，玉溪市檔案館. 玉溪碑刻選集. 昆明：雲南人民出版社，2009.3：301-302.

　　據《玉溪碑刻選集》錄文，參拓片校勘，行數為新增。

重修九天觀序

顧慶恩

　　州治西五里許，有草海，中挺孤嶼，蒼色如螺。自曾州牧加浚^⑤，引寶秀海水，障以曲

---

① 《玉溪碑刻選集》錄為"民應"，據拓片應為"士庶"。
② 《玉溪碑刻選集》錄為"弟故"，據拓片應為"苐古人"。
③ 《玉溪碑刻選集》錄為"子"，據拓片應為"予"。下同。
④ 原碑剝蝕嚴重，拓片模糊，無法辨識；參考文獻中原錄文錯漏較多處，直接據拓片做了更改，未作注釋。
⑤ 《石屏縣志》錄為"蒼色如螺自曾州牧加浚"，據《石屏州志》應為"昔日曾州牧曾加疏濬"。

堤，可灌田千頃。既而海波中^①盪，浩瀚混範^②，環嶼皆爲巨浸。

屏有五島，今增其一矣。其上，昔人建九天觀大士閣，湖光山色，互相掩映。其下，則釣艇往來，荇藻參差。臨高四望，如置身金焦^③，縹緲之間，此山亦屏中奇勝也。歲久，殿宇不免傾圮矣。予甲子^④春來置^⑤斯州，魃且寇交爲民患，每日^⑥按郊圻，一時居民炊烟莫續，又將操殳矛就戰。室家子父^⑦之不保，何暇鳩^⑧工土木，談司^⑨虛空之學哉！幸歲三稔，流亡盡集，金湯告竣，敵寫^⑩不窺。予乃於從容恬適之餘爲丹艧一新。其觀雖山靈之幸，亦時事之一徵也，予稍捐月俸爲人士倡重，以塗文學之請，因援筆爲序。

【概述】碑文簡單記述了明天啓年間（1621—1627）石屏魃寇交加，知州顧慶恩捐資聚眾興修水利、重建九天觀的情況。

【參考文獻】雲南省石屏縣志編纂委員會.石屏縣志.昆明：雲南人民出版社，1990.10：819；（清）管學宣.石屏州志.臺北：成文出版社，1969.1：176.

據《石屏縣志》錄文，參《石屏州志》校勘。

寶秀新河碑記^⑪

楊忠亮^⑫

我國家方制萬里，兵與農共。凡衛所峙列之處，分置營屯，滇更倍之。山川險遠，輸運未易，督兵屯種，庶幾養兵無費，又可備戰守。故以區區一州，合之寶秀兩屯，額糧至八千有奇，屯餉多於田賦，爲軍國慮至淵深矣。

夫軍以捍城，屯以贍軍，近例屏紈綺，獨以催徵屬之有司，則軍民皆^⑬吏之赤子也。然

① 《石屏縣志》錄爲"中"，據《石屏州志》應爲"衝"。
② 《石屏縣志》多錄"浩瀚混範"4字。
③ 金焦：金山與焦山的合稱。兩山都在今江蘇省鎮江市。金山原名浮玉，因裴頭陀江際獲金，唐貞元間李騎奏改。焦山因漢焦光隱居此山得名。
④ 甲子：明朝天啓四年，即1624年。
⑤ 《石屏縣志》錄爲"置"，據《石屏州志》應爲"署"。
⑥ 《石屏縣志》錄爲"日"，據《石屏州志》應爲"出"。出按：出外巡察。
⑦ 《石屏縣志》錄爲"父"，據《石屏州志》應爲"婦"。
⑧ 《石屏縣志》錄爲"鳩"，據《石屏州志》應爲"庀"。
⑨ 《石屏縣志》錄爲"司"，據《石屏州志》應爲"習"。
⑩ 《石屏縣志》錄爲"寫"，據《石屏州志》應爲"馬"。
⑪ 據方國瑜《石屏寶秀新河碑記概說》言，"此碑文不言年月，惟應在萬曆二十五年（1597）以後"。（方國瑜主編：《雲南史料叢刊·第七卷》，262-263頁，昆明，雲南大學出版社，2001）
⑫ 楊忠亮：石屏州人，萬曆丁酉（1597）亞元，官於四川、陝西，致仕歸。
⑬ 《石屏縣志》漏錄"長"字。

有屯田必需水利，有水利必賴治水之良有司。古有鑿離碓而灌沃野之渠者；有通涇水[1]而溉澤鹵之地者；有引漳水[2]而注鄴下之田者，皆以[3]無處尋有，用力甚艱。如以固有之利，反羅[4]蕭桑[5]之害，寧惟病屯，究且病軍；寧惟病軍，究且病國。故民屯者，軍國之元命也；水利者，民屯之活脈也；良有司者，司命之樞筦也。

寶秀之草海，國初置屯田於此，屯糧四千，民賦千餘，額數亦不爲少。乃三面阻山，山水時發，舊有河沿山足下，屈曲沙衝，隨潴隨塞，上積而益深，下激而愈壅。腴田爲波臣所據。近以災傷改折，得蒙輕減，而賠累署[6]已數[7]年矣。先長老御史白塘許公目擊而嘆曰："嗟乎！海水[8]據上流，無山石爲梗，若於田間開一直河以洩水，則沙不能衝，爲利最溥。然必俟賢父母，方可請行；不然恐任事者少，祇滋擾耳，慎勿輕舉動也。"此語傳三十年，而判府顧公適至，建學，繕城，歲無寧居。大工甫竣，復議水利，蓋機之會者。時與人若相待而言之中者，古與今亦卷[9]合也。軍民朱廷弼等呈請[10]籲苦，臺司道府切由己之恤，可其請。分[11]遂履畝踏勘，一意開潴直河。薦紳素封之家，有田錯處河中，各捐讓不惜。公曰："興情協矣，大役可興也。"屯長列沮洳人戶，若干田下令河工多寡，稱是，人人裹[12]糧，競躍舉錘爲雲，決渠爲雨。然水勢建瓴而下，漫潰可虞也，酌爲三停，混混而出，洋洋而去。初及五畝一帶，浸灌菑畬。次及九天觀之陂池，吞納沉蓄。又次及州治之附郭田。南北交流，東西瓦[13]注，湖水決矣，[14]經理不可後也。審溝渠[15]之遺跡，正疆界之定分，乘時率作，獲田以數百[16]頃計。舊河存之，用遏流沙。直河設水利官，領流[17]瀹之寄。蓋九天陂池，惟及時潴水，均其分數，時其啓閉，使受之水利[18]。寶秀直河，當霪雨連綿、客水暴集，即開潴後勢不能

---

[1] 涇水：即河，在山西，原句指涇惠渠，始鑿于漢武帝時。

[2] 漳水：即漳河，在河北、河南。

[3] 《石屏縣志》錄爲"以"，據《石屏州志》應爲"從"。

[4] 《石屏縣志》錄爲"羅"，據《石屏州志》應爲"罹"。

[5] 蕭桑：古地名，在今江蘇沛縣西南。

[6] 《石屏縣志》錄爲"署"，據《石屏州志》應爲"者"。

[7] 《石屏縣志》漏錄"十"字。

[8] 《石屏縣志》錄爲"海水"，據《石屏州志》應爲"草海"。

[9] 《石屏縣志》錄爲"卷"，據《石屏州志》應爲"券"。

[10] 《石屏縣志》錄爲"呈請"，據《石屏州志》應爲"陳情"。

[11] 《石屏縣志》錄爲"分"，據《石屏州志》應爲"公"。

[12] 裹：古同"裹"。裹糧：常作"裹餱糧"，謂携帶熟食干糧，以備出征或遠行。語出《詩·大雅·公劉》："乃裹餱糧，于橐於囊。"朱熹集傳："餱，食。糧，糗也。"

[13] 《石屏縣志》錄爲"瓦"，據《石屏州志》應爲"互"。

[14] 《石屏縣志》漏錄"民屯出矣"4字。

[15] 《石屏縣志》錄爲"渠"，據《石屏州志》應爲"塍"。塍：古同"塍"，田間的土埂，小堤。

[16] 《石屏縣志》錄爲"百"，據《石屏州志》應爲"千"。

[17] 《石屏縣志》錄爲"流"，據《石屏州志》應爲"疏"。

[18] 《石屏縣志》錄爲"受之水利"，據《石屏州志》應爲"受水之利"。

保無填淤^①，責成水利官，上淤則導之使下，下淤則通之使流，水利中善後第一，義公蚤籌之矣。當是時，三十里之土田，或易蛟宮爲沃壤，或更斥鹵爲神皋，數萬口之生靈，近者任土樂業，遠者仰沫承流，給^②以爲害之自此而出^③。詎之^④利之自此而興也，始以爲饒有濟於屯，詎知兼有裨於民也。^⑤夫芟薪樵橛之勞，孰與陸博蹋鞠之逸，管^⑥蒲脣蛤之饒。又孰與梁茨京坻之利然。所以裁成疆理，導利而均布之者，獨賴一良有司。苐問桑田變矣，滄海如昨，昔日^⑦之難也，如精衛之填海。今之易也，如巨壑之轉石，豈非難者。軍民歧視，相推相諉，而易者不惑不懼，惟公惟忠，因民而利，順風而呼者哉！白塘公當年遺意，三十載而始成。其美賢父母，詢^⑧非偶然矣。不佞嘗謂懸魚卻^⑨餽，鞭蒲示法，或釀爲歧麥之瑞，賢良亦炳炳史冊，然清惟潔乎一身，澤僅及於一時而止？治河之^⑩計工萬有五千，不費公幣^⑪，不動聲色，以三旬畢事，嘉惠我屏，最切且遠。遂偕薦紳父老，鐫石紀其成功，享樂利者忍忘河樂^⑫之恩^⑬乎。分^⑭諱慶恩、號綸堂，直隸之吳江人，文雅有高韻，并書以肖之。

【概述】碑文記述了明朝天啓年間，知州顧慶恩開浚直河爲民興利造福石屏百姓的功績。

【參考文獻】雲南省石屏縣志編纂委員會．石屏縣志．昆明：雲南人民出版社，1990.10：814-815；（清）管學宣．石屏州志．臺北：成文出版社，1969.1：144-145.

據《石屏縣志》錄文，參《石屏州志》校勘。

① 《石屏縣志》錄爲"淤"，據《石屏州志》應爲"閼"。閼：壅塞。下同。
② 《石屏縣志》錄爲"給"，據《石屏州志》應爲"始"。
③ 《石屏縣志》錄爲"出"，據《石屏州志》應爲"除"。
④ 《石屏縣志》錄爲"之"，據《石屏州志》應爲"知"。詎知：怎知，豈知。
⑤ 《石屏縣志》漏錄"雖知民屯之利賴無算又詎知大有補於軍國也"19字。
⑥ 石屏縣志錄爲"管"，據《石屏州志》應爲"莞"。
⑦ 《石屏縣志》多錄"日"字。
⑧ 《石屏縣志》錄爲"詢"，據《石屏州志》應爲"洵"。洵：假借爲"恂"，誠然，確實。
⑨ 《石屏縣志》錄爲"卻"，據《石屏州志》應爲"郤"。
⑩ 《石屏縣志》漏錄"後"字。
⑪ 《石屏縣志》錄爲"幣"，據《石屏州志》應爲"帑"。
⑫ 《石屏縣志》錄爲"樂"，據《石屏州志》應爲"洛"。
⑬ 《石屏縣志》錄爲"恩"，據《石屏州志》應爲"思"。
⑭ 《石屏縣志》錄爲"分"，據《石屏州志》應爲"公"。

孝感泉碑

明崇禎四年①

孝感泉

石屏州學正範允臨立

【概述】崇禎四年（1631），石屏州學正範允臨立。

【參考文獻】雲南省石屏縣蔡譽志編纂委員會 . 蔡譽志 . 內部資料，2005：162.

關溝碑記

永垂不朽

欽加府同知獎賜四品服色世守北勝州正堂高，諭令關溝以存永久事。

茲據賓川赤石崖大羌朗民人李思賢等稱：前輩所開在賓川赤石崖大羌朗插花之地，無水灌放，深為不便。查此地方，俱可開溝，引其大河之水，以灌所開之田，利增倍蓰。惟所經地方，自頭壩田起，由半山而過，開至大羌朗村旁，蜿蜒三十餘里，其間亦有賓川之地。為此，稟明情形，祈請照會賓川，以便興工等情。據此，深感嘉善，理合照準。除呈詞批示以及備文，咨請賓川州主，諭令賓民勿得阻撓外，為此，諭仰民人李思賢等所請，自行開溝，其費甚巨，事體重大，慎勿始勤終怠，不得損壞他人廬墓。迨至溝道落成，本州應免爾等錢糧租三年，以示體恤。並將此諭勒之琪瑉，以垂永久。

勉之！勉之！

勿違！勿違！特諭。

---

① 崇禎四年：疑誤，應為"崇禎四年"，即 1631 年。

大明崇禎四年二月二十八日　吉旦

大羌朗鄉紳：楊福榮　楊福恩

管理：李仕昌

監工：李思言

【概述】該碑未見文獻記載，資料為調研時所獲。碑存賓川縣平川鎮底麼大羌朗，石灰石質，高60厘米，寬30厘米，厚4厘米。明崇禎四年（1631）立。碑文刊載了崇禎年間欽加府同知獎賜四品服色世守北勝州正堂高，准許賓川赤石崖大羌朗民眾開溝引水以資灌溉而出示的諭令。此碑對明朝時期賓川水利建設相關研究具有重要的參考價值。

江川修河建城碑記

雷躍龍

　　昔禹平水土，稷粒蒸民，萬世而下沐享者，不特邑人；頌明德，侈載篇什[1]，推賢尼父，有由來矣。滇越在萬里，江川尤辟處於遐陬，二海相鄰，盈則俱盈，軍民田廬淹沒有年。公祖姜公以儒學名宗，經世巨獻，奉命按滇。其間之興，陳史不勝書，獨曆按江邑慨然有已溺之思。謀諸中丞蔡公祖並藩臬[2]。公祖商其地之受水者由於壅滯，於是相其山竇穴可利導者，去其壅而疏其派，少加排決而兩地之歊棲野被者以億萬數。又憐素為賊掠，甚且失印累官，總以無城郭故。公祖葉吉于卜筮之間，獨斷於觀察之際，去縣二里許，依驛建城。兵憲宋公祖，總戎陳公，體公祖雅懷，極力斡旋，而以遊擊官黃之奎、方應龍、邢其任，本縣父母王惠卿督其事，文武協謀，霄肝經營，假兵健以充役，捐餉金以佐費，其事約，其工省，不傷財，不害民，甫年而無疆之業立就。功始於癸酉年[3]冬十月，迄於甲戌年[4]秋九月。于時萬姓無食有食，無居有居，除二患於指掌間，真與禹稷明德並矣！假令尼父于此，不知如何推賢？烏禁萬姓不屍祝而禹稷[5]哉？鳩工聚材不二月，祠與城同完，正堂崇公像，後堂崇諸公像，大門通往來，兩廡藏豆俎，垣牆界內外，丹臒[6]莊嚴，春秋禴祀[7]，瞻像頌德，不勝山高水長之思，非聖賢而能若是乎？祠成之日，羅拜如市，百千萬如一心焉。公諱思睿[8]，浙江慈

---

① 篇什：《詩經》的"雅"和"頌"以十篇為一什，所以詩章又稱"篇什"。

② 藩臬：藩司和臬司。明清兩代的布政使和按察使的并稱。

③ 癸酉年：即明崇禎六年（1633）。

④ 甲戌年：疑誤，應為"甲戌年"，即明崇禎七年（1634）。

⑤ 禹稷：指夏禹與後稷。夏禹、後稷受堯、舜命整治山川，教民耕種，稱為賢臣。

⑥ 丹臒：塗飾色彩；猶言藻飾。

⑦ 禴：古同"礿"。礿：祭名，我國夏商兩代在春天舉行，周代在夏天舉行。

⑧ 姜思睿：字顓愚，浙江慈溪人。天啓二年（1622）進士，授行人。崇禎中，歷官御史、雲南巡按。

溪人。乙丑進士，壬申年①奉命按滇，特備書以與茲城同傳云［公之生祠即今東門公館，後人改易焉］。

【概述】明崇禎七年（1634），雷躍龍撰文。碑文記載：姜思睿奉命按滇，在江川修河建城，杜絕水、寇二患，造福百姓。百姓心存感激，為姜思睿建生祠。

【參考文獻】詹七一，冉隆中．西南語彙．昆明：雲南人民出版社，2015.6：195-196.

寶象河平水石底碑記

雲南府清軍水利廳同知李，為河工事。崇禎柒年拾壹月拾玖日，奉（一行）

三堂批，據昆明縣官渡里寶象河十四村士庶軍民沈嘉民等告稱：寶象河自小板橋分派古制中豎月牙尖，以三七分引水，一入官渡十四村人戶，用水七分（二行）。一入舊門溪四村人戶，用水三分。上有大耳村溝口，用一瓦之水。到今，世遠傾圮，利害不均。其舊門溪河底輒低，水勢盡泄下流。官渡河底高亢，毫無半點濟渴（三行）等情。奉批屯田道察報，奉此酌議間，又據舊門溪河住人金傑等，具告不容均分水利等情。亦奉批道轉行水利廳，喚集兩河一溝百姓，屢經親詣踏勘，均平（四行）無異，取據遵守甘結在卷，具詳。屯田水利道隨蒙本道復詳，看得分水灌插必均沾而無偏苦②，方為兩便可久。官渡河建閘之議，舊門溪民慮其專壅於上，是（五行）以群哄而爭也。計莫如照舊為便，修築分水月牙尖，拜舊門溪河埂仍遵三七分引水之例，庶蝸塘之爭息而灌溉之例均矣。於捌年正月拾壹日，詳奉（六行）。

撫院錢批，水利必要均平方成兩利，如擬已檄行水利官造平水石底矣，仰照行檄。貳月初陸日，又蒙（七行）。

按院李批，事無兩全，利害酌半，即當仍舊貫依儀修築分水月牙尖，並舊門溪河堤仍遵三七分引水舊例，永永遵行。如再有告擾，即系亂民，三尺③所不宥。該（八行）道檄縣立石遵守，繳隨蒙帶管屯田水利督學道參議邵，憲牌④仰廳，即便修築河堤分水月牙尖、平水石底，以三七分引水遵行。仍檄縣立石遵守，務要使（九行）水利均平，毋得虛應。奉此，即蒙（十行）（後略）。

崇禎捌年叁月

【概述】碑存昆明市官渡古鎮文明閣碑廊內，立於崇禎八年（1635）。碑為黃砂石質，高210厘米，寬76厘米。碑文記載：崇禎年間，因年久失修，寶象河中遵古制分水豎立的月牙尖受損，

---

① 壬申年：即明崇禎五年（1632）。
② 偏苦：疑誤，應為“偏枯”。偏枯：偏於一方面，照顧不均，失去平衡。
③ 三尺：古以三尺竹簡書寫法律條文，因以指法、法律。
④ 憲牌：舊時官府的告示牌或捕人的票牌。

造成利害不均，引發官渡十四村與舊門溪（雲溪）四村用水糾紛。後經雲南府水利廳同知多次踏勘，審理、斷令雙方仍遵分水古制，修築河堤分水月牙尖、平水石底，以三七開分水并立石遵守。

【參考文獻】中共雲溪社區總支委員會，雲溪社區居民委員會．雲溪、永豐村志．北京：中國文化出版社，2014.6：187-188.

朱州守生祠碑記略 [①]

楊忠亮

公高皇帝九葉孫，由孝廉起家，初授臨安別駕，奉令 [②] 特召創典也，簡署敝邑，下車首問民疾苦。

屏二百年來絕無見年。丙寅歲 [③]，兵儲告潰 [④]，有司公費槩爲捐裁。當事僉見年救燃眉耳。金錢粟米，雞豚酒醴，無不取辦於見年。屏地僻小，稱貸無從，有鬻妻賣子無以供其求者，公曰：見年此何名？檻下蘋 [⑤] 之公，入則茹蔬，出則界 [⑥] 糧，市厘 [⑦] 不見追呼！鄉井不聞科擾，黃髮齠齔 [⑧]，負薪傭保，靡不歌舞於途。

異龍湖水周通 [⑨] 百五十里，民田相錯湖濱者幾萬頃，田高湖卑，浮沙田 [⑩] 塞。土民築壩希灌 [⑪] 之利，湖水不得行；漁者排椿，積葑草爲梁，湖水又不得行。於是雍而上侵桑田，爲陽侯所據，窮民賠納者，且百年餘。公曰：浮沙未去，湖口未可濬也。鄉民舊壩，下令拆毀，力濬河身，沙無留行，石堤未築，浮沙未可砥也。下排椿築土埂，樹榆柳數百丈如鐵甕焉，又搬運木石，培護內堤外堤，湖水趨下而滙於東，出淤田數百畝。公自己卯 [⑫] 冬，歷庚辰 [⑬] 之春，

---

① 佘孟良點校《石屏州志》錄爲“朱州守生祠碑記略”，據清管學宣纂修《石屏州志》應爲“朱州守生祠碑記”。朱州守：江西南昌人，字司烜，號麗澤，明天啓年間由臨安通判至石屏任知州。

② 佘孟良點校《石屏州志》錄爲“令”，據清管學宣纂修《石屏州志》應爲“今上”。今上：稱當代的皇帝。

③ 丙寅歲：即明朝天啓六年，1626 年。

④ 佘孟良點校《石屏州志》錄爲“潰”，據清管學宣纂修《石屏州志》應爲“匱”。

⑤ 佘孟良點校《石屏州志》錄爲“蘋”，據清管學宣纂修《石屏州志》應爲“革”。

⑥ 佘孟良點校《石屏州志》錄爲“界”，據清管學宣纂修《石屏州志》應爲“畀”。

⑦ 佘孟良點校《石屏州志》錄爲“市厘”，據清管學宣纂修《石屏州志》應爲“市廛”。市廛：店鋪集中之處，集市。廛：古代城市平民的房地。

⑧ 佘孟良點校《石屏州志》錄爲“齔”，據清管學宣纂修《石屏州志》應爲“齔”。齠齔：亦作“齠亂”，垂髫換齒之時，指童年；借指孩童。齠，通“髫”。

⑨ 佘孟良點校《石屏州志》錄爲“通”，據清管學宣纂修《石屏州志》應爲“遭”。

⑩ 佘孟良點校《石屏州志》錄爲“田”，據清管學宣纂修《石屏州志》應爲“四”。

⑪ 佘孟良點校《石屏州志》漏錄“溉”字。

⑫ 己卯：即崇禎十二年，1639 年。

⑬ 庚辰：即崇禎十三年，1640 年。

冒雨雪踏勘，擔土運石，給工錢牛酒，萬杅^①千鋤雲集，子來不數月而河功成，百年滄海一皇^②桑田。公諱統鏵，字司烜，別號麗澤，江西南昌人。屏之紳衿子姓建祠消^③像，尸而祝之。

【概述】碑文記述崇禎年間，因异龍湖水壩魚梁壅塞水道，時任石屏知州朱統鏵體恤民情，率眾拆毀舊壩築新堤植榆柳，造福石屏百姓的功績。

【參考文獻】（清）程封纂修，佘孟良標點注釋 . 石屏州志 . 北京：中國文史出版社，2012.8：284-285；（清）管學宣 . 石屏州志 . 臺北：成文出版社，1969.1：145-146.

據佘孟良點校《石屏州志》錄文，參清管學宣纂修《石屏州志》校勘。

重修永惠壩碑記

李章鉉

廣西郡，改自成化二年^④。府廓環數十里，地亢土焦，苦無泉流灌溉。四望皆奠草，所棲額有糧，編制府屬，兩州徵解。嗟，我黔黎既病土滿復苦追呼，非一日矣。郡西瀘源洞水潺潺，可溉田萬畝。先人曾未經意，幸葵軒陳公^⑤祖於萬口間^⑥出守吾郡，喆心民隱，築堤築壩而功乃成。按壩制亘以長堤，砌以石閘，疏以東西兩子河，落成題曰：永惠厥功。至今不衰。無如桑海易變，堤傾河壅，十之七矣。邇來，更益加編，百姓疾首，計莫能支。仰天嘆曰：安得如陳公者，再造吾瀘哉。越五十年，邁我黔之高公^⑦祖，甫下車，川流利病盡悉胸中。時雨大搆，師烽火相連，苦無寧日，而公計定召父老，命之修督某處傾塌宜補，某處淤塞宜疏，遂出胸中成算如數家計。晨出暮歸，捐賞獎勸，一時赴工者雲興雨集，未匝月而長堤成。兩河疏最難者，無如羅和白，溪流泛漲，流沙梗塞。先是父老輩欲建橋跨之，公曰：彼兩山夾峙一水飛流，雖跨長虹能與河伯戰乎？乃分爲八字水以殺其勢，故水得所歸，不復有沖阻之患。郡之紳士、童叟往觀异之，視而堤，昔築土今易石，寬三丈許；視而閘，昔沖塌今堅緻倍之；視而兩河，昔淤塞今汪汪流瀉不盡。東河：約修一千二百丈，達竜甸

---

① 佘孟良點校《石屏州志》錄為"杅"，據清管學宣纂修《石屏州志》原為"杅"。
② 佘孟良點校《石屏州志》錄為"皇"，據清管學宣纂修《石屏州志》原為"望"。
③ 佘孟良點校《石屏州志》錄為"消"，據清管學宣纂修《石屏州志》原為"肖"。
④ 成化二年：1466 年。
⑤ 陳公：陳忠，字良甫，直隸獻縣人。萬曆間，任廣西知府，廉潔幹練。建永惠壩，開東、西兩河，附近田地，盡為膏腴。築三鄉城，於沿江渡口設哨兵，又令戍卒墾荒且守，道路以安。（江燕、文明元、王珏點校：《新纂雲南通志·八》，148 頁，昆明，雲南人民出版社，2007）
⑥《廣西府志》此處缺 1 字，應為"萬曆間"。
⑦ 高公：高梁楷，思恩人，舉人。崇禎間，任廣西知府，劃去煩苛，悉歸寬恕，修復永惠壩水利，惠政甚多，民祀之。（江燕、文明元、王珏點校：《新纂雲南通志·八》，149 頁，昆明，雲南人民出版社，2007）

村，灌田二千二百五十畝；西河：約修二千九百丈，直達格路河，灌田五千一百七十三畝。嗟乎！天福吾瀘也。生陳公於前，繼高公於後，閱五十年經綸如出一手。茲壩中一滴水，不且爲兩公之心血，而萬姓之膏液也哉。士民歌曰：前有陳父後有高母，和如巽風甘如解雨，操凜冰霜才兼文武，猗歟休哉。勒之琪珉，壽公不朽。

【概述】該碑全文計 540 字。碑文記載：由於年久失修，永惠壩堤壩傾塌河道壅塞，民眾痛心疾首。明崇禎十四年（1641），時任廣西知府高梁楷主持重修永惠壩，將昔日土壩、土堤改築爲石壩、石堤，并重新疏浚東西兩道子河。

【參考文獻】（清）周埰等修，李綬等纂．廣西府志（全二冊）．臺北：成文出版社，1975：398-402.

修濬黑龍潭水利記 [①]

吳元孝 [②]

蓋水利之爲，政治要也。國賦民生，實根本焉。古昔名宦循吏，靡不惟是爲務。涇之三渠，漳之十二渠，尚矣。其後，倪以公修治於六輔，范文正濬築於廣陵；信陽令有子貢坡之號，胡襄守有如春陽之歌。流澤無窮，聲施後世，豈偶然哉？慨諸當年所爲慮始，以臻厥成者，相視營度，功誠偉矣。

路南州界深阻，山澤未闢，水源出自黑龍潭，而陂堰弗建，蓄洩無備，旱潦曾不得一勺之用。自贈中大夫大糸鄒公蒞茲土奉職，循理以爲治，百姓樂業，訟獄平反，他如增課、解羨種種，又其緒耳。然於水利尤加之意，爰築堰束水勢，鑿渠數十里，通水道，繇潭口抵大屯，原隰幾千頃皆爲沃野。無凶年，州民粒食之休，貽於萬世。洋洋乎，惠澤流傳，與古爭烈，而建祠崇祀，俎豆無替，視歌誦殆遠過之矣。歲久，陵谷遷徙，渠漸闊而野幾洇。夫以川澤在前，弗因之者之過也。公聞孫今憲臺，總滇臬，平反無冤，世德直與于門並稱，尤勤水道遺跡，以光大先澤。方元孝入境贄謁，首舉以詢，時固拙劣，未遑開濬。蒙臬憲授以方畧，始知所嚮以從事。爰循故道閱視，實由谷口之衝，水激沙崩，此塞彼必決，毋怪乎旋修而旋湮也。於是，堅甃谷口，增梘橫石，洒盪沙泥，使不墮塞溝瀆中。而後，潰者築之，闊者疎之。渠復其故，而沃野再覯於今日。軍民之懽忻鼓舞，戴德於憲臺者，猶當日之戴德於贈公矣。惟贈公經畫之遠猷，憲臺繩武之極思，精神潛孚而不隔，故功烈經久而聿新。路南億萬世之利，孰非食鄒庭兩世之澤也哉！祖孫濟美，德業交輝，寧啻李贊皇、黃安陸已焉。楊伯起之五代，張子孫之七葉，其繩繩無多讓矣。無煩公帑，非餘澤之浸灌，有以感動之，

① 《重修澂江府志》（道光二十七年刊刻補抄本）錄爲"濬路南黑龍潭水利記"。
② 吳元孝：安徽休寧人，舉人，崇禎年間任路南知州。

烏能若是。元孝下吏，何敢以不文之辭，為揚厲幸附畚鍤之役，而興仰止之思，敢綴誌之！

其董督則本州吏目黃君應登實有功勣焉。分修則得水利老人夏時泰、王朝、栗正芳也。例得併書。

【概述】該碑應立於明崇禎年間，知州吳元孝撰文。碑文記述歷任官員在當地黑龍潭修堰的經過及良好的社會效益。

【參考文獻】石林彝族自治縣史志辦公室．雲南石林舊志集成．昆明：雲南民族出版社，2009.5：64-65；（清）金廷獻，李汝相纂修．康熙路南州志（民國十六年抄本）．雲南新文石印館，1928：138-139.

據《雲南石林舊志集成》錄文，參《康熙路南州志》校勘。

清 朝

西礱龍泉碑記

楊應策

順治己丑[①]春，余守澂江，見環澂皆山，淳泓注海，峙流明秀，固人文之所烝愛也。迄乎暮春，大雨時行，澗水泛溢，東西浦民高告旱而低告沖，請致祭於西浦龍泉廟。及至而廟貌傾圮，神像淋漓。董先正紀牒罕有存者，惟龜形載紋石若堆螺髻於其上。濁泉通昆明池，清泉本羅藏山，左右映帶流一里許，合而汪洋散布，灌溉澂郡田疇千萬畂計，是泉之有大造於西也。國計民生實嘉賴之，豈但爲遊地，而聽其走沙塞路、潰浪沖隄、人迹罕至可乎？溝血未盡其力，泉湧而潰，東道之不通，稼禾受之而反罹其害，則疏瀹隄防敬鬼神而務民義志烏容已！或曰：戎馬倥傯，時詘舉盈，非策也。夫國之大事在農，古昔神農氏爲民立命，姚姒曰：一民飢我飢之也。崇伯子瀝沈澹災稷，播樹藝立萬世生民之極。詩曰：粒我烝民，莫匪爾極。邠風七月，惓惓農事。孟叟告滕，經畫於溝塗。封殖之界，以爲國根本，惟在是哉。越明年庚寅，政通民和，調繁曲靖，澂人借寇將有事於西疇，而濬川鼎廟，力不從心。寤寐展轉，適元戎周公撫景興懷，捐金首事，譬平地一簣乎！雖冰署蕭然，苟有利於民社，吾何愛於髮膚！相與縉紳長者豆區釜筐，委照廳趙時學勤其事，因頹基而壁瓦棟宇一從新葺，裝嚴蕭雍，堂堂如在。又於祠前建三楹，塑白衣大士於中，設大門三楹。題額曰：廣派庵。右開甬道，以曲徑通幽處豎庭三楹，爲謁廟而更衣履，祭畢而飲神，餘左三楹僧房行戲在焉。余守澂二年餘，秋斂則罄折事神，使澂民貼席，春耕則日乘馬視，築東西兩壩，行水利道。勞不肩與暑不張，蓋而盡力乎溝洫。後之君子因流遡源，毋壅毋潰，其與我同志與。若曰取清濁而歌滄浪，但以臨流興羨，適觀而已，非志也，亦非記意也。

【概述】碑存玉溪市江川區，順治八年（1651）立。碑文記述了順治年間澂江知府楊應策率領民眾疏浚羅藏溪、修復灌溉渠道與堤防，并新建東西二壩之事。

【參考文獻】林超民等.西南稀見方誌文獻·第27卷：重修澂江府志.蘭州：蘭州大學出版社，2003.8：375.

---

① 順治己丑：即順治六年（1649）。

陽宗周令川記

章爾佩[①]

　　陽宗黑子小邑，轄兩鄉，上鄉附城南枕明湖[②]，下鄉名炒甸，繞山數十里，無灌溉之利。歲數旱，五穀罔播。矧有穫令尹潞河周君，進父老而謂曰：點畫造於聖人，物所稱各禎咎分焉。天比不雨，而甸更以炒名，宜其乾矣。說文：水流通爲川，盍名以川，然甸實無川也。君行山麓，見草際有水，涓涓沒根節，則又謂父老曰：刺刀得井，卓錫湧泉，專一所至，鬼神應之，況令爲斯民請命。草際有水，實告以端，其奈何不具畚鍤從事。於是，以雞豚祀神諏吉啓土，一時聽者咸竊笑。甸苦旱且十年，苟有水，奚待今日。難重違令言強從事，然私計爲必不得，徒勞民耳。稍入水出石齒間如珠，既而泛溢，掘之數尺，浮出成渠。引而行，依山入明湖，灌溉之利，舉上下鄉諸邨俱受焉。是年大穫，向之竊笑者咸歌舞相慶，謂：非吾令不及，此周君遜不居歸之於神，復爲祠祠神。逾年，堂廡備。適余北迎節度使過甸，廣文武君述其事，且請文以記。余應之，曰：是陽民之遭也。苟無水焉有歲，苟無歲焉有民，今得周君而正名，以回天行野，以度地致禱，以格神信令，以動衆枯焦之畝，變而爲膏腴之圷矣，抑不特此也。肇功以識，立功以斷，居功以讓，失一於此不足以集事。君此舉三善備焉，事成民受其利，神受其享，而謂君可怘[③]乎。白公鄭國濬渠，即以名其渠；諸葛君築堰，即以名其堰，示不怘也。茲甸名川而川未有名，曷卽以君名之？武君曰：善。爰礱石而題曰：周令川云。

　　【概述】順治十六年（1659），澄江知府章爾佩撰文，全文計482字。碑文記述陽宗縣令周令川帶領民衆"尋找水源、掘地成渠、引水灌溉"的事迹。

　　【參考文獻】林超民等．西南稀見方誌文獻·第27卷：重修澄江府志．蘭州：蘭州大學出版社，2003.8：377.

　　據《重修澄江府志》錄文，標點爲新增。

---

① 章爾佩：字琳友，貴陽人。清順治十六年（1659）知澄江府，以寬大爲澄人所懷。康熙五年（1665）擢金滄道副使，裁缺謁選，卒於京。[（清）吳中蕃著，劉河釋：《吳中蕃詩萃詳釋》，318頁，貴陽，貴州人民出版社，1999]
② 明湖：即陽宗海。
③ 怘："忘"之異體字。

溫官營水例碑記

大理府賓川州正堂張，為□川殃秋事。□照五年五月初□（一行）

奉本府萬批：據王林、張大興、張大魁等連名告前事。奉批，仰賓川州查報。奉此隨（二行）即差皂趙池行，提一干犯証到州當堂研審。據王林訴稱：古有官坡箐活流一脈（三行），自山崗舖分為叁分：一分係西溝，接引至溫官營，軍民灌溉陸地；二分係東溝，朱（四行）、王、顧、紀、高軍民灌放。成規已久，勿容逞強紊亂。迨今世遠人湮，紛更滅制，阻截民水（五行），坑田累粮。有此告者，本州查審，看得原告王林等乃賓川民，被告張輝垣，係大羅（六行）衛軍也。軍民水利，自昔先人設立古碑，兩半均放，永為定例，其來遠矣。豈意張輝（七行）垣等，不遵古制，糾結陳廷倫、石良弼，毀滅石碑，希圖損人利己，藐法莫此為甚。今（八行）將輝垣朴責示儆外，仍將民水利，各斷一半，照舊均放，庶軍民不再爭論，而水利永（九行）無偏枯矣。候詳批仇遵照即發落等語，業已申詳。本府奉批如詳，繳奉此合行（十行）發落。為此，稟仰王林等遵照，即將軍民水各斷一半，照舊均放。仍復立起古碑例（十一行）勒書字，永為遵守，勿容紊亂。敢有恃強，定行詳究，重懲不恕。為此，遵照奉文勒石（十二行），以垂永久，勿得紊亂。須至。立石者（十三行）：

生員：陳奇策。

生民：張大興、張士科、王林、□捷魁、張大魁、張大元、周德崇、周德明、周喬、周文。

伍官：溫潤軍、陳廷倫、張輝垣（十四至十六行）。

　　　康熙伍年六月二十日軍民勒石，溫官營大慈菴住持僧智增仝立（十七行）

【概述】該碑未見文獻記載，資料為調研時所獲。碑存賓川縣賓居鎮溫官營慶元寺內，大理石質，高113厘米，寬59厘米。碑額楷體陽刻"水例碑"3字。碑文直行楷書陰刻，文17行，行13-31字。康熙五年（1666），軍民僧同立。碑文記載：康熙年間，賓川大羅衛軍人張輝垣等不遵古制，糾結陳廷倫、石良弼，毀滅石碑，阻截民水引發訟端。后經賓川州正堂張當堂研審，判令軍民水利照舊均放，并勒石立碑。該碑對研究清朝時期賓川水利建設與邊屯文化具有重要的史料價值。

據原碑錄文，行數、標點為新增。

路南州民和鄉安家橋壩碑記

陳　可

路南州民和鄉安家橋壩碑記（一行）

□者井田之制，分佈畫井，而田□□達於溝，溝達於洫，□□□□達於川。溝澮時修，農功畢舉（二行），洵美利哉。則今之為民牧者，顧我疆我理。東南其甿，其大且急，孰有過於水利者乎。予守路南（三行），修廢除害，次第舉行，附郭東壩暨三元橋河渠開濬告成，州城內外，永①患已平矣。惟茲民和安（四行）家橋，舊有一壩，可②聽其塌圮而弗事於修築耶？督捕吳裕生進③言曰，善都人士咸揖而前曰（五行）：維公之力。予即倩工聚石，委督者若而人，監率者若而人，眾皆踴躍力奮功倍。計始於康熙六（六行）年四月朔，至閏四月望日輸竣。共工四十五□，用夫一萬有奇，灌田若干頃。所謂美利之興，庶（七行）幾無憾也。夫雨暘④在天，而時其蓄泄，以待旱魃者，人也。築斯壩，則旱魃不足慮，而樂歲無饑耳（八行）。

⑤嗟嗟，守土之 括 据良亦甚□三元橋□□水流則附郭水害□□安家橋壩道既築，則民和水（九行）利斯興，利興害廢□□守土□□非□ 監 督□□□□事者□□□□□□及郭名士投揖而樂（十行）曰盍永諸石？委督者誰，即督捕吳裕生，名正□□□□□者誰，明□□□□生員□貞楊幹浚，眾（十一行）鄉耆呂東陽、安加壽等是也。例得並書□時□□以□□□□□（十二行）。

曽（十三行）

康熙六年歲次丁未嘉 岢 吉旦（十四行）

奉准答復，知路南州事陳可撰（十五行）。

管 事：楊弘道、唐光祚、楊俊、楊正經、萬應衡、李獻奇、萬□□、呂鴻駿。

鄉耆：（字迹模糊不清，以下20餘人略）仝立

【概述】碑存宜良縣北古城鎮安家橋村。碑為砂石質，高142厘米，寬62厘米。額呈半圓形，其上陰刻"功宏利濟"4字，旁有陰刻雲、日、雉鳥紋飾；碑周雕刻如意草紋飾。康熙六年（1667），民眾同立，知州陳可撰文。碑文記述乾隆年間，路南知州陳可修築安家橋舊壩、興利廢害為民

① 《宜良碑刻・增補本》錄為"永"，據拓片應為"水"。
② 可：指陳可。陳可，永豐人，貢生，康熙二年任路南知州。（昆明市路南彝族自治縣志編纂委員會編：《路南彝族自治縣志》，614頁，昆明，雲南民族出版社，1996）
③ 《宜良碑刻・增補本》漏錄"而"字。
④ 《宜良碑刻・增補本》錄為"陽"，據拓片應為"暘"。
⑤ 《宜良碑刻・增補本》漏錄9行以後內容，約200字。

造福的功績。

【參考文獻】周恩福．宜良碑刻·增補本（上）．昆明：雲南大學出版社，2016.12：6-7.

據《宜良碑刻·增補本》錄文，參拓片校勘、補錄。

新築西堤碑記 [①]

羅天柱

國家分土置州以撫綏，生養之事付之親民，一官任不斯重哉！乃為司牧者率。牽擾於刑名錢穀，間日不暇給。其或案牘無留，催科有術，蕉苻 [②] 鋒靖，逋逃不匿於郊，即可以書上考不次超遷。已至於穿白渠 [③]，通召瀆 [④]，不費民財，奏功旬日，遂以開粒食之源，垂千百世永賴之澤，及第今鮮其人，歷稽往代循良，益亦幾幾難覯焉。

我靖翁劉公以遼左英豪初令威楚，報最 [⑤]，擢守屏陽，數年來，善政仁聲，更僕難記。其大者下車之歲，即捐金建四城樓。越明年，重修頹壁。繼疏湖口，增車堤，百廢靡弗興矣。且體恤民艱，苞苴羨耗，悉與蠲除。嚴保甲以防逃，守除溢以禦寇。凡所以為民去害者，不遺餘力矣。獨是西南田疇每三春微亢，半屬汙萊。公詢其故，紳士耆老僉曰：去城二里許，舊修小壩障水，今歷久淹頹，以至播種無從，正供難辦，公遂履其遺址，慨然曰：斯壩湫隘積水盈尺，旱則涸，滿則汛，其能濟幾何？吾當更為築之。

於是相度形勢，爰擇傍堤，近麓之交，截流作堰，遂於己酉 [⑥] 秋初興役，先挑浚河，底深丈餘，密布彬椿，填巨石層疊而上，中建二墩台，邊開三閘，左右皆砌石岸，既整且堅。更鑿山數丈，移土築堤。其崇兩倍於舊，廣亦如之。堤當水沖處，灰嵌條石數百丈，雖暴雨凶流莫能犯。閉閘則以仲秋，瀦彌勒溝諸溪流水，一望汪洋。孟春啟閘，引水自高而下，縷分溝遂，灌軍民田萬餘畝，蓄泄有方，旱溢不能為患。由是從前蓁莽之區，一朝盡為沃壤。家多益藏，民無逋賦，公私均愛其利焉。

是役也，用椿以萬計，石若土不可勝算。日役屯丁二百餘，鄉民二倍之，公身先倡率，

① 西堤：堰塘堤名，在石屏城西黑龍坡西南麓，故稱西堤。清康熙十一年，署知州劉維世修築。堤上又築三台閣及亭，繼後又植柳堤邊，舊時稱"西堤柳浪"，為石屏一景。西堤遺址今尚可尋，三台閣及石砌分水閘河均尚存迹。又令戍卒墾荒且守，道路以安。（江燕、文明元、王珏點校：《新纂雲南通志·八》，148 頁，昆明，雲南人民出版社，2007）

② 蕉苻：疑誤，應為"萑苻"。萑苻：澤名。《左傳·昭公二十年》："鄭國多盜，取人於萑苻之澤。"杜預注："萑苻，澤名。於澤中劫人。"一說，凡叢生蘆葦之水澤皆可謂之萑苻之澤，見楊伯峻《春秋左傳注》。後以稱盜賊出沒之處。

③ 白渠：漢代關中平原的人工灌溉管道。在今陝西省境。漢白公所開，故名。

④ 召瀆：為周代召公所鑿之渠。召公：名奭，名邵公，召康公，因封地在召，故稱。

⑤ 報最：猶舉最。舊時長官考察下屬，把政績最好的列名報告朝廷叫報最。

⑥ 己酉：清康熙八年，（1669）。

辨色而出，戴星而入。桔据[1]泥塗之中，幾百工程皆親為指授。余嘗從之周旋，竊憫其過瘁，而公不身知也。方經營之始，諸薦紳先生私相計曰：堤成實無疆之利。然厥功艱巨，非漸次鳩材，紆其歲月，難以觀成，乃未及三旬，竟已畢事。莫不相顧歡躍驚服其神益。公之精誠恪天，勤勞動眾，故能成功，若斯之速耳。既告浚，後構亭堤上，為省耕勸農之所，複開閘旁新鑿之地起三台閣，危簷飛棟，巍然直接垂霄，遠眺龍湖，俯瞰城廓，憑欄四望，則見去峰縹緲，煙樹參差，鬱鬱蔥蔥，使人流覽不暇。洵為一郡奇觀。最上一層奉梓潼帝君[2]，置田以供堙祀，意在忠孝訓人，且以振興文教也。

今秋，屏中士薦賢書者四，錄副卷者一，科名甲於兩迤[3]。良田種明啟佑，川丘效靈。雲閣之左，山畔有閣，以憩遊賓。對山有序，豎碑以均水分，閣亭相望，其景各殊。遊斯地者咸歎。所費不貲，乃公築堤建閣，凡匠作木石之需，不擾於眾，不費於公，皆出自清俸，誠無負於設官養民之責矣。食利澤於無窮者，焉得而充其功哉！若夫歷年漸遠，或有罅漏傾欹，後之君子當思締造艱難，時加修葺，則斯堤也自可存諸奕世，與河山並永矣，是為記。

【概述】康熙十一年（1672），學正羅天柱撰文。碑文記述了康熙八年（1669）知州劉維世，增築高舊堤，新開三閘，聚彌勒水溝諸溪流水，仲秋閉閘，孟春啓之，分水灌溉軍民田畝的功績。

【參考文獻】（清）程封纂修，佘孟良標點注釋．石屏州志．北京：中國文史出版社，2012.8：280-283.

小龍洞水永遠碑記 [4]

劉際泰

嘗考之古誌曰：離城東南十五里，有小龍洞水一穴，灌溉玉龍村、下伍營田畝。有大龍洞水一穴，灌溉上伍營（一行）、大營田畝。按二洞之水，距隔一里，各有堤垻，原不擾

---

① 桔据：疑誤，應為"拮据"。拮据：勞苦操作；辛勞操持。
② 梓潼帝君：道教神名。相傳名張亞子，居蜀中七曲山，仕晋戰死，後人立廟祀之。唐宋時封王，元時封為帝君。掌人間功名祿位事。
③ 兩迤：明清時在雲南置迤東、迤西道，故稱滇池為"兩迤"，後至乾隆三十一年（1766），因迤東地廣又分置迤東道（今滇南）地區，合稱"三迤"。
④ 小龍洞、大龍洞位於上伍營村後山，小龍洞在山腰，大龍洞在山箐底，一高一低。自明洪武年間起，上伍營獨放大龍洞水，玉龍村、下伍營分放小龍洞水已成定規。後由於歲月更替、人心不古，小龍洞水利糾紛迭起，訟端不斷。期間經歷代官府調停審斷，終得維持。周甲寅年（清康熙十三年，1674）正月二十八日，因上伍營等村民決挖小龍洞水致使訟爭再起，經縣府太爺吳勘斷，玉龍村、下伍營士庶眾姓人等於翌年刻立此碑。

溷^①。其制創自洪武年間，軍民分處之初，計屯分田，計田分（二行）水，按田數之多寡分洞口之大小。不知費幾調停，始立為定規。立規之初，豈不欲亙古亙今，垂之千萬世，恪為（三行）遵守者也。但大龍洞水出自箐底，順箐下流，溝道便利，且切近田畦，即有萬夫之力，不能攔竊其點滴。小龍洞（四行）水出自山腰，鑿石穿罅，溝道險隘，且寫遠艱阻，屢被竊水之人一鋤決之，水即絕流而傾倒。彼時軍強民弱，雖（五行）有堤埂，無可奈何。先民有李萃安者，不忍聽其肆害，慷慨直前，於明朝萬曆八年^②間，伸告（六行）兩院。批委屯田水利道羅道尊，督同本縣正堂潘^③，親臨小龍洞口踏勘，即于洞口安置石槽，分為兩股，仍（七行）與玉龍村、下伍營照舊分放。其上伍營等仍放大龍洞水，勿得混行私竊，二比俱遵照洪武年間舊制，再不得（八行）紊亂舊規。石槽一立，案倒如山，訟端乃止，蓋經三百年矣。不料于（九行）周甲寅年^④正月二十八夜，又被上伍營等之民，不遵舊規，將小龍洞水一股決挖，豆苗盡曬枯稿，民不聊生。二村士（十行）庶萬不得已，控告于（十一行）本縣太爺吳^⑤臺前。親臨小龍洞口踏勘，見洞口自古立有石槽。蒙審批云：小龍洞水一穴灌溉玉龍村、下伍（十二行）營，原係沈老先生分斷，開載誌書，立有陳規，且今本縣親眼觀看，斷難更改，仍准照舊，灌溉二村，勿得紊亂。此（十三行）照存案在縣。為此，二村共全商議，此水上關國儲，下關性命，似此豪強屢竊，後世子孫受害不淺。于是將從古分水（十四行）來歷，並控告剖斷情繇備述之，以銘於石，以傳於後。真有風會可移，此水必不可移；氣化可更，此水必不可更（十五行）者。自立石以後，倘有再為肆害者，即將碑記垂之以墨，以白於公庭云（十六行）。

庠士劉際泰撰，後學李含乙書丹，石匠楊似雄（十七行）。

周二年^⑥歲在乙卯仲夏月二十二日黃道良辰穀旦
玉龍村、下伍營士庶眾姓人等仝立（十八行）

【概述】碑存宜良縣狗街鎮玉龍村土主寺正殿西牆。碑為青石質，額呈半圓形，額高 50 厘米，寬 87 厘米；碑身高 140 厘米，寬 70 厘米；通高 190 厘米，厚 11 厘米，額題楷書陰刻"小龍洞水永遠碑記" 8 字。碑文楷書陰刻，文 18 行，滿行 44 字，計 600 余字。康熙十四年（1675）民眾同立，劉際泰撰文，李含乙書丹。碑文記載明初軍民屯田以來，當地各村按照"計屯分田、計田分水"使用大小龍洞水進行灌溉的舊制及康熙、乾隆年間官府處理小龍洞用水糾紛的情況。

① 溷："混"的異體字。
② 萬曆八年：1580 年。
③ 潘：據《宜良縣志·秩官志·循吏》載云："潘運昌，四川保寧舉人。萬曆八年（1580）任縣事。清丈田糧，里甲免賠糧之累。遷建文廟，科目多登進之英。在任六年，留心教養，不愧循吏。升彌勒牧。"《雲南通志》亦載之。
④ 周甲寅年：即康熙十三年（1674）。"周"為吳三桂反清建立的割據政權的國號。清康熙十二年（1673）吳三桂叛亂反清，定國號"周"；康熙十七年（1678），其孫吳世璠於湖南衡陽定年號"昭武"，次年改年號為"洪化"。
⑤ 本縣太爺吳：應為吳三桂時偽官，故《宜良縣志·秩官志·循吏》未載其名，無法考證。
⑥ 周二年：即康熙十四年（1675）。

該碑對研究明清水利制度及偽周歷史有一定價值。1987年，被公布為宜良縣重點文物保護單位。

【參考文獻】周恩福.宜良碑刻.昆明：雲南民族出版社，2006.12：6-8；邱宣充.雲南名勝古迹辭典.昆明：雲南科技出版社，1999.1：49.

據《宜良碑刻》錄文，參拓片照片校勘。

重修白蓮塘碑記 [①]

丁燨南

易兌之辭曰：悅以先民，民忘其勞。兌也者，澤乎民者也。澤乎民，以使民故民悅，而忘其勞也。世之盛也，貨惡其棄於地，不必藏力於己。惡其不出於身，不必爲己。蓋惟上之使民也，悅故民亦相悅，而忘其己也。吾滇山國也，泉出山上，田在山下，所稱名水、支水之匯四瀆者，又在其下，其可爲潬陂堰埭之利者，在在有之，而且朝有尙，勅官有經費，歲時巡督以相鼓舞，其人功之修也。豫故雖有水，旱而不能爲災。昆陽守王公，所稱悅以先民者，其人也。州治舊有白蓮塘，創於明正德間，實爲諸水所蓄洩。一以利仙鶴、河泊、甸心之田，使無憂旱。一以利新生、古城之田，無無憂潦。年久不治，外圮中淤，蓄洩無所，則旱潦能爲之災。公曰：是有貨焉，而棄諸地。有力焉，而不以爲身也。然非吾民責，而長吾民者責也。於是捐金發粟，急爲開濬。諸父老子弟，亦莫不相戒勉子來趨事，不日告成。嗟乎！是數十年，人以傳舍視其官者，公若利害之切於身也。是數十年，人皆坐相觀望而委諸道傍者，而今之父老子弟獨若利害之在己也。視古西門鄭白芍陂錢塘，上下相悅而忘其勞者，豈不古今有同揆耶。吾滇山國也，可爲蓄洩利者，所在皆有。今自吾公爲諸郡邑倡將四方，於此式效，又況後之人得不永守而時修之。是役也，總其成而經度者，若而人分其職而奔走者，若而人斗粟緡錢爭相助者，若而人皆得書名碑陰。王公，諱宏締，字于野，吾黔丙午科鄉進士，因士民之至昆明述狀而樂爲之記。

【概述】該碑應立於康熙十四年（1675），丁燨南撰文。碑文記述了白蓮塘年久失修旱潦成患，州守王公捐資率眾重修以利灌漑、蓄泄之事。

【參考文獻】（清）朱慶椿等修.昆陽州志·卷七.清道光二十年刻本：11-13.

---

① 據《雲南史料叢刊》載："又《昆陽重修白蓮塘碑記》，周二年歲在乙卯仲冬立。"（方國瑜主編：《雲南史料叢刊·第七卷》，327頁，昆明，雲南大學出版社，2001）

嚴禁碑

□□係鳳羽鄉巡檢司□□□□賞□□□□□事（一行）

本縣批據：王錫爵、張必魁、李廷選、張合勝、趙太平等連名□□□（二行）奉祝，仰鳳羽巡司出示嚴禁，仍准勒石宋社。縱放可也等。□□此（三行）合行嚴禁勒石。為此，示仰鐵界場鄉保地方備碑勒此。水□□（四行）放如仍前故，□許被害之家出首，除賠賞之水，罰米二石，□（五行）脩寺院。田中損壞之處，任從田主，拷死勿論。若有放禹之（六行）鄉保出首，闔村亦以公舉，毋得徇情。特示（七行）。

康熙二十二年十月□日立（八行）

【概述】碑原存於洱源縣鳳羽鎮鐵甲村興文橋上，大理石質，額上鐫刻“嚴禁”2字。2012年8月被山洪泥石流衝毀，碑文多處受損。清康熙二十二年（1683）立石。碑文簡要記述了勒碑立石的緣由，并刊載了用水的相關規定。該碑是研究洱源地區水利史的重要參考資料。

【參考文獻】趙敏，王偉. 大理洱源縣碑刻輯錄. 昆明：雲南大學出版社，2017.11：59.

據《大理洱源縣碑刻輯錄》錄文，參拓片（字迹漫漶）校勘。

拖梯水道碑記

王清賢[1]

士大夫入佐天子以黼黻太平，出宣皇猷以經理民事，雖遇有不同，苟有裨於國，有利於民，常而不失其變，可也；變而不失其常，亦可也。安在其固執為？

余蒞武[2]之二年，值丙寅[3]春三月，有庠士苟名尚禮，趙名恒，並超梓楊生者，訟鏃匠村軍民施國賢、武應侯越地穿疆，侵其本界之水道。其界為何？則拖梯也。去祿陽二十里許，居鏃匠村上流，即苟、楊諸士之山莊。其地無平坦處，靠山而田，田如梯形，因此得名。

諸士進而陳曰：“方今神君坐理，吏畏民懷，無相爭奪者，此輩越於制，雖農家事，

---

[1] 王清賢：漢軍鑲紅旗人，康熙二十三年（1684）任武定州知州。（劉景毛、文明元、王珏等點校：《新纂雲南通志·五》，221頁，昆明，雲南人民出版社，2007）

[2] 武：指武定。

[3] 丙寅：指康熙二十五年，歲次丙寅，即1686年。

敢請命吏決之。"余曰："溝洫詎細事乎？古井田之制，亦戒豪強，經界必正，子輿①氏所以切切言之也。烏得侵，侵有罰。盍往勘之。"

於是，單騎就道，過祿邑，越秀屏，沿鳩河而上，極一日流覽之致，二處形勝，悉在目中焉。更進父老而詢之，遍歷溝洫而巡之。見夫石田數頃，維草宅之者，為軍餘久廢之畝也。詢其廢之之故，咸為："舊作銅車，注鳩水，以逆灌之，民力幾何，而堪年換月添也耶？所以任其廢棄若斯。"余不勝慨懍焉。思所為救之術而未得，又見夫新滄在傍，遙遙數里間，其為軍餘所方鑿，而因以致訟者乎？嗟嗟，憊矣！工食其頻耗矣。肋力其既穿矣，民力其堪念矣。

余素厭俗吏之所為，拘牽文法，每藉口於舊制之不可渝。制誠不可渝也，□不□通乎？時州牧李子在側，因謂之曰："水必有源，試窮其源，吾自有議。"李子曰唯唯，尚未知余意之所在也。相從余騎而行，越數里，入石箐，騎不能馳，遂秣馬於野，捫蘿扳石而登焉。比初入墅時，猶見水滲沙石中，流甚細，余有憂容，憂其水之止能濟拖梯，而不能濟荒隴也。更振衣直上，將次山巔，紫蘇雲封，蒼藤壁掛，恍若別是一天。余亦不暇顧其景色，遙見古木掩映內，隱隱龍湫一泓。至則清澄可愛，較流於山下者加大矣，不絕怡然色動。曰："吾解此訟，其在斯乎？"乃臨流而謂諸士曰："子從太守斷乎？有泉如此，此天地自然之利也，不足固不能以及人有餘，又何得獨私其造化？盍於爾農桑沾足之後，分其餘流以惠彼瘠土。誠吾儒不費之惠，利甚溥焉。但禁彼軍人不得竊之於未足之日，是又太守杜侵漁之征意也，勉之，戒之哉！"

甫畢，兩訟忽應聲而解。余既喜其士民之淳而厚，且自笑余之迂而勞也，倘所謂政之變而不失其常者，是耶？非耶？

李子請而志之，余□從而賦之曰："松徑行來十里香，綠疇點處嫩晴光。煩余花馬踏輕重，任彼山村計短長。源本何來通石箐，流於幾處灌農桑。須知所利公斯溥，但願吾民鮮訟場。"

【概述】該碑應立於康熙二十五年（1686），知州王清賢撰文。碑文記述康熙年間，武定知州王清賢為了解決當地越界侵犯水道之糾紛，親自踏勘，尋得源流，并修挖水道引水以供民眾灌溉飲用之事。

【參考文獻】楊成彪.楚雄彝族自治州舊方志全書·武定卷.昆明：雲南人民出版社，2005.7：250-251.

---

① 子輿：即曾參（公元前505—公元前434），孔子弟子。姓曾，名參，字子輿。春秋末魯國南武城（原屬山東費縣，現屬平邑縣）人。（張岱年主編：《孔子百科辭典》，274頁，上海，上海辭書出版社，2010）

路溪屯分水碑記

丁宗閔

　　縣正堂丁，為群虎絕命，祈天急救倒懸事。案據署縣令夏申詳，本縣中屯、路溪軍民，鋪堡莊民李槐、潘闊等聯名"互爭水利"一案，遵奉本府羅批，行轉奉糧道孔、布政司于批："查兩屯水利，務令上下均沾。"本縣躬親踏勘，大小龍泉，乃天地自然之利，議以路溪、弓兵等村，田近龍泉，而地勢頗高，斷令十日之內，輪放七晝夜。中屯、蔣家山等五村，田遠龍泉，而地勢稍卑，斷令十日之內，輪放三晝夜。具詳，蒙批："如詳勒石遵守"在案。何路溪民潘洛等複以"奔天斧斷"等詞誑聳，總督范、巡撫王批行本府，會同中軍龔，審得潘洛等欲行獨佔龍泉，涓滴不與中屯，殘忍刻薄極矣，具詳兩院，蒙總督范批："三七定議已公，應永為遵守。仰即飭令勒石，以絕曲防，以敦睦鄰。"又蒙巡撫王批："如詳行繳①。"康熙二十九年六月二十一日，轉奉本府信牌 行縣勒石，等因奉此，本縣遵即勒石遵守。自後，每年元旦黎明為始，路溪、弓兵等村，連放七晝夜，至初八日黎明為始，中屯、蔣家山等五村，連放三晝夜。照此輪流，周而復始。倘遇小建②，連放三日七日之額，不拘初一初八之期。庶幾上下均平，普被泉源美利。兩屯田畝，無此豐彼嗇之虞；兩屯人民，亦無曲防盜決之鬥。爭端永息，鄰里常和，豈不相親相愛，共樂堯舜蕩平之世哉？用鐫諸石，各宜恪遵永守，毋得故違取究。

　　【概述】康熙二十九年（1690）立，丁宗閔撰文。碑文記載了康熙年間祿豐知縣丁宗閔，審斷當地軍民水利糾紛案件并勒石立碑之事。

　　【參考文獻】（清）劉自唐纂輯，祿豐縣志辦公室校點．康熙祿豐縣志．昆明：雲南大學出版社，1993.8：58-59；楊成彪．楚雄彝族自治州舊方志全書·祿豐卷（上）．昆明：雲南人民出版社，2005.7：55-56.

　　據《康熙祿豐縣志》錄文。

---

① 繳：疑誤，應為"檄"。
② 小建：夏曆的小月。也稱"小盡"。清代時憲曆每月下例載"某月大（或小），建某某"，建謂斗柄所指，如甲子、乙丑等。後來誤將建字連讀，因有大建、小建之稱。

黃公^①濬築河防碑記

李崇階

　　盜湖爲浪穹要害，益以鳳江、東江橫射阻截，泥沙^②淤積，民甚苦之。當事者雖聞爲一疏，未有實心爲民任事如黃公者。公佐榆，知浪患在水；及攝縣事，入境即問水之要害，知其阻塞在三江口、巡檢司，沙壅在黑、白二漢廠。適總提兩憲巡行經浪，因備陳其疏築之所以然；於正月十四日抵其地，相地高下，度水深淺，洞悉情形；即於十五日自橋下起工，月餘，河之濬而深者尋丈，沙積等邱陵；然虞其久而塌也，選椿^③作木櫃，置石其中以固隄；次第瀹疏而上，又月餘至三江口，見鳳江、東江之湍悍奔插而來，湖水壅塞不能暢流；夫豈沙壅水勢之強弱使然哉！因於奔插處砌石爲限，使不得與湖水爭。黑漢廠逼山，頗難爲力，亦惟以木櫃貯石豫其防。若白漢場^④，走千鈞石如弄丸，非東廠比，不可不紆其勢，導之而北，使不驟至以塡河。公每日至隄，稽多寡，察勤惰，不憚勞暑，多方布置；水於是日下，而田之出者數十頃，是大有造於浪也。蓋公沉毅多大畧，以夙所留心經理黃河大淮之幹濟，小試於尺澤，故不三月而成數十年功，且以其余力於巡檢司成橋，一舉而三善備矣。昔子瞻之守杭也，築隄名蘇；堯佐之守滑也，築隄名陳，以公方之，豈異焉？然在公，猶不屑自以爲功也，以爲余五日京兆耳。民當頻年之積，逋兩歲之歉收，力不堪重用，亦不忍於用，聊以救目前之急耳。是在後之君子，實心爲民者，每年用力使鳳江由北入湖，東江由周禮營一帶入湖，兩江滙於湖中，始合而南下，乃可免尾閭阻截之患，則田額復而風氣開，大害除而大利興矣。此拳拳^⑤之德意，尤不可以不紀。公諱元治，新安名家，才守爲當今第一；諸不具論，即其功德之在隄者，請如蘇陳佳事，以黃公名隄可乎？僉曰：可，是爲記。

　　【概述】康熙三十一年（1692）立，李崇階撰文。碑文記載了康熙年間浪穹知縣黃元治勤政爲民，積極疏浚河渠、加固堤岸、修建巡檢橋等的功績。

　　【參考文獻】洱源縣水利電力局.洱源縣水利志.昆明：雲南大學出版社，1995.3：319－320；（清）羅瀜美修，周沆纂.浪穹縣志畧（全二冊）.臺北：成文出版社，1975：485－487.

　　據《洱源縣水利志》錄文，參《浪穹縣志畧》校勘。

---

① 黃公：即黃元治，康熙三十一年（1692）由大理通判攝浪穹縣事。
② 《洱源縣水利志》錄爲"泥沙"，據《浪穹縣志畧》應爲"沙泥"。
③ 《洱源縣水利志》錄爲"椿"，據《浪穹縣志畧》應爲"椿"。
④ 《洱源縣水利志》錄爲"場"，據《浪穹縣志畧》應爲"廠"。
⑤ 《洱源縣水利志》錄爲"拳拳"，據《浪穹縣志畧》應爲"惓惓"。

罷谷山澂碧樓記

黃元治

　　康熙三十有一年壬申 [①]，屬余攝浪穹縣事，浪穹頻年災於水，民方饑饉。今自春正月不雨，至於夏五月，民益皇皇。余憂甚，乃禱於罷谷山之神祠，禱之，明日大雨。雨三日夜乃止，民喜甚。余復謁神祠謝之，謝罷乃退而登樓，樓搖蕩不能措一足，仰視則已洞其頂，脊不屬楹，榱不屬脊，瓦不屬榱，懼將壓也。急下樓，行不數武而棟頹矣。余訝之，既而曰：此殆神之。余告而冀余之，撤其舊也乎。爰召匠氏計其費，斲者、陶者、墁者程其功，肇於五月之望，迄七月二十三日。觀厥成，乃集紳士把酒而落之。客曰：斯樓創於邑人趙副使，歷百餘年，而新於今日，是不可以無額。余顏之，曰：澂碧。茲樓之勝不在山，而在水。水非洱河之源乎，洞山潛決不見噴湧之形，而沉湛淵渟涵天，一碧繩而下之，垂四十丈而猶未能窮。其底三面環山，獨敞一口而放之南，南行不五里，兩洲夾之。叢葦豐蒲復遮其去路，水益浸山而高石暗動，浮渦底沸湀。投以雜果，輒隨所投波立如樹，因目之爲寧湖躍珠。云霽日照躍波光，五色若虹霓、若彩雲。乍此乍彼，莫測其變。中產茈碧花，花似蓮，差小，有白者，有錦邊者；葉如荷錢，花葉本長六七丈，采而羹之味勝於蓴。冒山古樹數百株，如螭如虯，穿怪石之竅而蟠之，鬱綠濃青映水愈碧。樓踞其巔，以鏡浩浩之碧波，斯不亦湛然而無滓也與，且茲水之德不可及也。泛而爲湖，倒而爲江，拓而爲海，宜涸其源而此不竭其藏也。夏秋霆雨，截於左者，鶴慶之奔濤；奪於右者，鳳羽之駭漲，朋流交惡，黃濁瀠洄，宜溷其源而此不易其操也。給於外者無窮，蘊於中者有主，嗚呼，非具天下之至神而能若是乎？客曰：然是日也士女如雲，方舟連袂，焚香祝釐，竟日始歸。問其故，則曰：答神既慶豐年也。噫，有是哉。向微甘霖應禱民且無禾矣，無禾則將無民矣，求如此之襏襫遨遊也，豈可得哉。然則今日，余與客觴之咏之以落斯樓之成者，皆神之賜也，烏可以不記。

　　【概述】康熙三十一年（1692），黃元治撰文。碑文記述康熙年間浪穹知縣黃元治為民祈雨并重修澂碧樓之事。

　　【參考文獻】（清）羅瀛美修，周沆纂. 浪穹縣志畧（全二冊）. 臺北：成文出版社，1975.1：473-476.

[①] 康熙三十一年：1692 年。

叢山石泉記

李倬雲[①]

山之盛得水而益奇，或則峭壁千尋，根插水底，嶒崚噌嵷，浸薄舂撞。或則垂紳飛瀑，下注懸巖，不則幽澗清泉，娟娟細流，淅瀝林谷之間。雖未極耳目之觀，亦殊增遊眺之興也。叢山為雲龍形勝第一，而水絕少，惟山麓有泉，止而不流，騷人墨客，每以是為恨。壬申[②]秋，余偕學人段蒿[③]如飲於叢山絕頂，箕踞古柏下，眺覽既久，以醉欲歸，忽聞水聲淙淙，出林樹間，回步尋之，東南數十武，果得泉焉。其源在亂石中，下流倏伏倏現，從巖上跌入谷中，勢急而咽，沸而有沫，激而有聲。有巨石橫其衝，分為二道，至谷口仍滙為一渠。旁多梮[④]杞冬青之屬，側垂曲映，實纍纍，赤黑異質，錯落披拂。中為小丘，可容三五人，與段子左顧右盼，欣然忘返，不知酒之在體也。遂移具重酌，且謂段子曰：水動似智而靜乃似仁；至其怒流衝激，而不為巖石之所撓，又似乎勇；泉之德殆不可及也。惜也僻處山陬，而餘波之潤未廣，世莫有知之者，而余乃追尋而賞鑒之，物之顯晦，固各有時，然終不至蒙絡於荒穢之中，寂寞於窮麓之下也，茲泉可不謂遇哉。

【概述】碑應立於康熙三十一年（1692），鶴慶人李倬雲撰文。碑文記述了作者偕同友人游覽雲龍名勝叢山并發現石泉的經過。

【參考文獻】（清）佟鎮修；鄒啓孟，李倬雲纂．雲南大理文史資料選輯地方志之五：康熙鶴慶府志．內部資料，1983.4：313；楊世鈺，趙寅松．大理叢書·方志篇（卷八）：（康熙）鶴慶府志．北京：民族出版社，2007.5：345.

據《康熙鶴慶府志》（大理白族自治州文化局翻印）錄文，參《鶴慶府志》（清康熙五十三年刊本·影印）校勘。

---

① 李倬雲：鶴慶人，字瑤峰，清初白族學者和詩人，自幼勤勉，博覽群書，工古文，善賦詩。康熙四十七年（1708）中舉，選學正。五十三年（1714），與佟鎮、鄒啓孟共修纂《鶴慶府志》26卷，并收錄其詩文35篇。（高文德主編：《中國少數民族史大辭典》，1039頁，長春，吉林教育出版社，1995）
② 壬申：指康熙壬申年，即康熙三十一年（1692）。
③《康熙鶴慶府志》錄為"蒿"，據《鶴慶府志》應為"嵩"。
④《康熙鶴慶府志》錄為"梮"，據《鶴慶府志》應為"梂"。

本州批允水例碑記

　　大理府賓川州爲夥虎亂制，勢霸水例事。據大羅衛利交營張卜下梅三伍軍李鳳鰲、阮有賢、田自成、謝賓、張聯元、范如鸞、楊得受（一行）、卜文龍、謝瑞民、卜良、應天澤、文尚彩、楊思諫、鄺高昇等連名訴前事，詞稱：情原大羅軍伍，始於洪武叁拾壹年①，調撥瀾滄衛張卜下（二行）梅三伍分土屯田，已坐落利交營。原納稅粮柒百餘石，僅有東山龍王廟箐水一溝灌溉。後於洪治柒年②設立賓川州，遂奉勘合即（三行）將大羅衛改調歸州，輸納錢粮水例無異。不料有猓玀周能，開挖荒山住坐，閃門差報投沐府，輸納籽粒，因而有沐府委官查看投（四行）報莊所，見得周能村係是乾庄，乃向張卜下梅三伍官軍索水。彼時衆軍係國公步卒，安敢不遵？即送食水捌寸，立有成規。豈期日（五行）久勢重，竟被霸阻，致令三伍田地丟荒。衆軍難忍具告，撫按屯田各衙門批行瀾滄衛踏看，分定尺寸，安立水扳鉅口均放，見有（六行）正德、嘉靖年間印冊可據。周能村止水捌寸，古制難紊。於順治拾陸年③，沐氏府莊盡歸吳王，委官看惡等倚勢橫行，如狼似虎，盡將（七行）箐水雄踞，忍令三伍田地荒蕪，完納不前，軍皆逃散。屢屢上控，蒙准除荒招撫，衆軍方歸復業。見今輸納錢粮伍百餘石，衆惡霸水（八行）二十五年，今幸府莊歸州，雲開見日。鰲等竊思，每被衆惡霸阻，恐其冊案難存，具禀前任，本州敢祈照例勒石，以垂不朽，普救苦（九行）軍。蒙批總管季先元、王受先取結報投，竟被虎棍王澤洪等奸謀不允，不遵具結，逐戶齊銀賄囑，恃惡恃財，捏聳前任周太爺，欲（十行）以叁石有零府粮之田，霸吞軍餘伍百粮田之軍水。情理何辜④！橫行無忌。祈天賞准批示，責令舊職張百戶並三伍鄉約遵奉勒石（十一行），以垂不朽，苦軍免遭截殺，田地不致荒蕪，功垂萬代等情。奉本州太爺甘批：仰張應昌會同各鄉約矜士，查明舊冊舊例，秉公勒（十二行）石，務令均霑水利，兩無偏枯。奉批，當即查照舊額回報。本州遵奉勒石，庶冊壞石存，水例不紊。一均放水，軍民人等不致抗違。須（十三行）至勒石者。所有各溝鉅口開列於後：

　　第壹鉅口：周能村，捌寸。

　　第貳鉅口：卜伍軍水，貳尺捌寸，折鉅壹尺肆寸；職水肆寸，折鉅貳寸，送戚家庄水貳寸（十五行）。

　　第叁鉅口：張伍南溝軍水，壹尺柒寸，折鉅捌寸伍分；租米水肆寸，折鉅貳寸，送圓覺寺供佛水貳寸（十六行）。

　　第肆鉅口：散波浪水，壹尺貳寸，折鉅陸寸，送食水貳寸（十七行）。

---

① 洪武叁拾壹年：1398 年。

② 洪治柒年：應爲弘治七年，即 1494 年。

③ 順治拾陸年：1659 年。

④ 辜：通"故"，原故，原因。

第伍鉅口：張伍北溝軍水，壹尺柒寸，折鉅捌寸伍分，職水壹尺，折鉅伍寸；黃甫水捌寸，折鉅肆寸，鄺表挖溝水壹寸（十八行）。

第陸鉅口：老人溝白崗水，捌寸，折鉅肆寸，送食水貳寸（十九行）。

康熙叁拾壹年^①歲在壬申應鐘^②月朔之五日

張卜下梅三伍仝立石（二十行）

督工楊運恭（二十一行）^③

【概述】碑存賓川鎮力角鄉圓覺寺。碑為青石質，高 155 厘米，寬 72 厘米，厚 13 厘米。額呈圭形，其上楷體陰刻"本州批允水例碑記"8 字。碑文直行楷書，文 21 行，行 5-50 字。清康熙三十一年（1692）立。碑文記載了明洪武至清康熙時賓川軍屯與民田用水例規情況，是研究大理地區邊屯文化和農田水利建設的重要史料。

【參考文獻】楊世鈺，趙寅松．大理叢書·金石篇（卷三）．昆明：雲南民族出版社，2010.12：1111-1113.

據《大理叢書·金石篇》錄文，參原碑校勘、補錄。

重脩黑龍潭廟碑記

張毓碧

天地生人而欲善全其生，則必於生物之中焉。生一物以寄其生，生之心而是物也。爲天地之靈所獨鍾，亦遂能獨顯其靈，以效資生之能而爲生人所利賴。人見其靈之有神於生也，遂從而崇奉之、祠禱之，禮所固然，無足怪者。獨怪夫猶是能效資生之靈，時或禱焉而應，或禱焉而未必應，是豈物之靈有時而詘哉，人心之誠有至有不至，故物之靈亦有時而確與不確也。書曰：至誠，感神。傳曰：誠之，不可揜如此。夫古者龍見而雩，後世龍神之祀義始諸此。滇池多龍，凡溪潭澗壑之間，皆有龍以主之，旱則禱而祈焉。其在會城，則惟黑龍廟神爲最顯。廟在郿治東北，距城二十里許，下俯深潭，淵莫可測，水勢奔騰，曲折而南入滇池。滇池之廣，汪洋百餘里，界數州邑，而其源則自黑龍潭發也。歲壬申夏，旱魃爲虐，禾苗枯稿殆遍，農民皇皇，相號泣於疇隴間。毓碧憂之，爲設壇齋戒。凡世俗祈禱之術畧盡，無應，復率我僚屬及郿之耆老子弟，徒稽首酷日中，以從事於黑龍潭廟之神，而猶未應。碧方省愆思過廢寢食者，逾時制憲、撫憲兩公聞之，毅然相謂曰：不雨，如吾民何？於是，撫軍大中丞王公，偕藩憲臬憲列憲禱于城中之五華山，而制府大司馬范公，詣廟中爲文祭告其神。

---

① 康熙叁拾壹年：1692 年。

② 應鐘：古樂律名，十二律之一。古人以十二律與十二月相配，每月以一律應之。應鐘與十月相應。

③ 《大理叢書·金石篇》漏錄第二十一行，計 5 字。

不旋踵而風雨交作，霖雨傾溢，晝夜田夫野老負耒稽首環轅而謳頌兩公之德。時制府莞然曰：神之靈如是，是直崇奉勿替，顧廟久圮弗肅奈何。因與大中丞王公捐俸倡脩，倍增壯麗，復置產以供久達之祀。制憲、撫憲兩公之爲民而嚴於祀神如此，碧忝督役既竣事復命，因退而自思，曰：龍之爲靈，昭昭矣。方碧之禱而勿應也，疑神之靳澤於民矣，乃一奉制府公之祭，而受命如響又何澤之始靳而終沛也。既而思，曰：神無常享，享于克誠。今制府公之誠，上足極天地而動聖明，下足感豚魚而孚異類，況神受天地之靈而佐朝廷，以資生吾民，有不受命如響者哉。碧之誠，固後時而思積者也。其禱而未應，固宜今而後。碧其益篤，吾誠以敬其明，神庶無負制憲、撫憲兩公爲民祀神之盛心也哉。其廟中田畝、司守及申文、禁示既備載碑陰，因爲迎送神之曲，以勒于麗牲之石，俾歲時歌以祀焉。辭曰：

昔有壬申歲鞠卤，旱魃爲厲滋蝗螽，三農懸未憂秬穜。碧忝守土心懂懂，偏走羣望牲帛窮，籲神弗應蟿省躬，職惟弗德咎斯叢。制府中丞維兩公，視民如傷瘰則同，既齊既戒誠乃通，讀祝贊幣聲未終，翕然屏翳隨豐隆。甘霖霢霂溢西封，穤秬蹶起蔚菁蔥，啞然長笑歡叟童，惟神降福廟當崇。有美輪奐肇新宮，靈之格兮樂沖融，灑我時雨潤豐茸，歛穧獲穉兆如墉。神之回兮曦馭瞳，潦不害稼成歲功，福我黎庶膏澤濃，永爲滇蕆祀典宗，有年頻書嘉神功。

[康熙癸酉歲^① 孟秋下澣日

中憲大夫雲南府知府前刑部福建清吏司郎中楚江陵張毓碧撰并書

主持道人 薛來顯]^②

【概述】康熙三十二年（1693）立，張毓碧撰文并書丹。碑文記載：康熙年間，昆明旱魃爲虐，時任官員范承勛等於黑龍潭廟爲民祈雨，龍神顯靈昆明普降甘霖。事後，范承勛帶頭捐資并令知府張毓碧督工修繕黑龍廟以謝神恩。

【參考文獻】（清）范承勛，張毓碧修．謝儼纂．雲南府志（全）．臺北：成文出版社，1967.5：596-597.

均平水利永遠碑記

李 鰲

均平水利永遠碑記（一行）

從來有澤之厚而功之弘者，莫若雨露；亦有同其澤厚功弘者，莫若龍泉。然龍泉不易得，活龍泉尤不易得。惟（二行）本境龍泉，誠活龍泉者也。混混湧出，潺潺濤聲，猷畝禾苗，盡頻灌溉。倚歟休哉，何澤之厚而功之弘哉？在曩昔，先（三行）人既已淋水爲額，宜後代

---

① 康熙癸酉歲：即康熙三十二年（1693）。
②《雲南府志》漏錄 [ ] 內 45 字，今據黑龍潭存民國時期該碑拓本補錄如上。

所遵循。惜乎良法未極於盡善，原非經久不易之道，更非子孫千百年之謀。所以爭（四行）競鬥氣，往往淩替之風不勝髮指，總由田土遠近不同、水勢到與不到置是故耳。時有村中父老世俊，閱其水（五行）利，有勞逸不均之弊，於是倡首以遷，闔村衆姓事從簡要，其水每照各戶門差而放。庶幾，水澤之功，盈科後進（六行）；田禾遍濟，人民胥安。恃強挾弱、倚衆欺寡之端，自此息矣。如是經久不易之道，與子孫千百年之謀，益自此基（七行），何必別求寧人利物之道也哉。故以文扣予，予豈能文乎。不揣俚言，姑為敘其始末以勒石，以誌未艾，以垂（八行）不朽云。

昆庠儒學生員李鰲撰書（九行）。

第壹淋：王龍卿、王法湯、王保卿、王雲卿、王華卿、王元卿、程建、黃小普（十行）實計山上夜水第伍、第拾淋系程兆祥放。

第貳淋：李運泉、李雲龍、李如美、李華早、李先貴、李先魁、李先瓊、李如蘭（十一行）北邊日夜八日一周與程兆祥無幹。

第叁淋：楊鴻喜、楊鴻鳴、楊鴻鵠、楊鴻芳、楊鴻儒、楊鴻業、楊鴻聲、李國禎（十二行）。

第肆淋：程興龍、程珍、程瓊、程章、程玠、程迤、李先連（十三行）。

第伍淋：王志立、王志鼎、端正國、程世俊、程平、王明卿、李先明、程遺（十四行）。

第陸淋：朱老五、李先惠、王朝卿、李如鬆、尹良弼、尹良法、尹老三、尹一清、周之富（十五行）。

第柒淋：朱朝棟、朱珍、朱朝元、朱朝傑、朱朝勛、程國紀、程國經、程國綸（十六行）。

第捌淋：王一卿、王文卿、王志廣、王若蘭、訾金、訾愛吾、李朝、穆之早（十七行）。

石匠：李雲龍、李先魁。

大清康熙叁拾肆年①歲在乙亥季夏陸月朔日穀旦　南溪鄉馬軍村闔村衆姓仝立（十八行）

【概述】碑存宜良縣狗街鎮馬軍村。碑為青石質，高160厘米，寬60厘米；額呈半圓形，綫刻騰龍文飾，雙綫陽刻行草書"澤潤生民"。碑體周飾纏枝文飾，碑文楷書陰刻，計18行。康熙三十四年（1695），李鰲撰書，馬軍村合村民眾同立。碑文記載：馬軍村水利原以淋水為額，但因勞逸不均時有爭競、欺凌等現象。為息爭端，合村眾姓公議照各戶門差輪放以均平水利并勒石。

【參考文獻】周恩福.宜良碑刻·增補本（上）.昆明：雲南大學出版社，2016.12：16-18.

---

① 康熙叁拾肆年：1695 年。

張公新浚海口記 [①]

許賀來

屏郡地勢東下，滙而爲湖，環匝百十餘里。海口[②]山麓，石龍峽其尾閭也，洩則沿湖沃壤，塞則苦澇焉。舊志州守顧公言之已悉。數十年來，壅滯愈甚，值夏秋之交，霖雨不息，狂流暴發，黃芪[③]盡委巨浸，民益苦之。乙亥[④]，芝山張公[⑤]來守吾屏，下車之日，革應支[⑥]，卻饋遺，清里甲[⑦]，葺城垣，善政實多。越明年，政通人和，百廢俱興。瞿然曰：田稼災傷，民天所係。治屏急務，莫[⑧]大於此者。乃集衆鳩[⑨]工，親詣海口，揆形度勢，深悉淤塞，有數患焉。乾溝水自脩沖關來，昔人堤之，堤壞則土石直奔海口，此一患也。王家沖水，必令分流歸海，以殺其勢，否則河堤難免衝擊，又一患也。南岸乾溪數處，須布樁橧石，捍之別流，否則雨水暴集，砂礫隨至，亦一患也。更有村民[⑩]欲激水入田，架木作壩，橫截河中，沙日壅，水日淤，其患尤甚。緣此數患，故累開累塞[⑪]，卒無成功。嗟嗟！吾屏上流之田，半屬亢旱，春雨愆期，徒懸未嘆耳！望在下流，秋復苦潦，是兩病也。公蒿目民艱，爲一勞永逸之計，當疏者疏，當浚者浚，人力艱[⑫]起者，牛耕以起之，其作壩激水之弊，立行嚴禁。河渠浚深丈餘，開鑿十有數里，他若埧心山間諸水，或分其勢，或厚其防，有條有理，雲濤怒捲，雪浪湍[⑬]飛，決之如建瓴下，而勾[⑭]町鄰畝，亦大霑餘潤，稱兩利焉。余匆擊京華，未獲親見其盛，里人來，輒稱公疏通海口之法甚詳，則屏之粒食，皆公賜也。聞公復爲後事計，設堤

① 《石屏縣志》錄爲"張公新浚海口記"，據《石屏州志》應爲"新濬海口碑記"。
② 《石屏縣志》錄爲"口"，據《石屏州志》應爲"門"。
③ 《石屏縣志》錄爲"芪"，據《石屏州志》應爲"茂"。黃茂：豐美的穀物。
④ 《石屏縣志》漏錄"歲"字。乙亥歲：清康熙三十四年（1695）。
⑤ 張公：指知州張毓瑞，湖北江陵人。
⑥ 《石屏縣志》錄爲"應支"，據《石屏州志》應爲"支應"。支應：應酬；接待。
⑦ 里甲：明州縣統治的基層單位，後轉爲明三大徭役（里甲、均徭、雜泛）名稱之一。《明史·食貨志一》："洪武十四年，詔天下編賦役黃冊，以一百十戶爲一里，推丁糧多者十戶爲長，餘百戶爲十甲，甲凡十人。歲役里長一人，甲首一人，董一里一甲之事。先後以丁糧多寡爲序，凡十年一周，曰'排年'……每十年有司更定其冊，以丁糧增減而升降之。"起初里長、甲首負責傳達公事、催征稅糧；以後官府聚斂繁苛，凡祭祀、宴饗、營造、饋送等費，都要里甲供應。
⑧ 《石屏縣志》漏錄"有"字。
⑨ 《石屏縣志》錄爲"鳩"，據《石屏州志》應爲"糾"。糾：糾集；集結。
⑩ 《石屏縣志》錄爲"民"，據《石屏州志》應爲"農"。
⑪ 《石屏縣志》錄爲"累開累塞"，據《石屏州志》應爲"屢開屢塞"。
⑫ 《石屏縣志》錄爲"艱"，據《石屏州志》應爲"難"。
⑬ 《石屏縣志》錄爲"湍"，據《石屏州志》應爲"遄"。遄飛：勃發；疾速飛揚。
⑭ 《石屏縣志》錄爲"勾"，據《石屏州志》應爲"畇"。

夫以掌之，禁芻目[1]漁丁不得踐踏傾圮，清海口堆沙、浮糧之公田，以資堤夫用，令少有壅塞，即行修治。是役也，公捐俸犒夫，舍郊親率，越月而功始竣，民之感德者，思勒石以頌，公鄉薦紳，走字屬余爲記。余曰：海口之病民已久，前此非不日言排決，而畏難苟安，襲爲故事。非公之實心實力，徹底疏通其曷有濟乎。公荊南世閥太先生少司馬公，爲當代名臣，封章數上，有[2]聲震天下。公治行卓犖，皆本家學淵源，茲者濬河功成，萬世永賴，且與鄭陂、白渠[3]史氏所稱者，共垂不朽[4]。爰鐫諸石以紀其巔末。

【概述】碑文記述清康熙年間，知州張毓英采取布椿甃石、分流歸海的方法，修浚滇池海口，為民興利的事迹。

【參考文獻】雲南省石屏縣志編纂委員會．石屏縣志．昆明：雲南人民出版社，1990.10：816–817；（清）管學宣．石屏州志．臺北：成文出版社，1969.1：163–164.

據《石屏縣志》錄文，參《石屏州志》校勘。

海東金湫龍潭禁約碑

水之利賴大矣哉，而其維調護者在人之協力為不淺。賓川東海有金湫龍潭，相傳為明成化間龍神來上沖決成潭，灌漑五境田地。其水出自山麓，其脈發自浪滄，且昔叢林茂密，泉勢汪洋，今人見之發豎。誠哉！龍宮仙島概也。是以屢入郡志，與蒼洱並垂於不朽。古人遂立祠于水出所在，歲時禱祀無不靈應，水澤所漑栽插應為及時，此洵千百世國賦民生永資者也。至於山形拱抱，四面未嘗不可作陰地，而亦未有人敢作者。昔有楊金錠，其人曾圖謀焉，各村鳴訟阻之，乃寢其事。至今指名不絕，使當日金錠倚財勢而得遂，不特為金湫之罪人，實萬民之罪人也。近有塔村庠生張世魁，適母氏終，亦效金錠為之，雖擇地葬母，固屬孝誼，人且此係非止一身一家計也，眾親友力為勸止，乃竟不聽，不得已眾合具訴。本州隨委本廳親臨踏勘，着移葬焉，後復告以執照，蒙批勒石。想世魁選葬母可謂孝矣，平居結納可謂廣矣，親友之間猶不敢以私情而廢公儀，此後有不良之徒仍效法之，必致水消潭涸，為害不其大哉。自今以始，潭側即有可作陰地之處，此系公物，不得種植桃梨，不得坵葬屍塚，抑或變賣山地，契內俱不得妄寫墳地。凡潭目及，恐有此轍，仍要協力鳴訟，俱不得循情面致誤子孫利賴。須至欲圖謀陰地於潭側者，亦思利一家以害千萬家，是不可忍也。其諒惓惓力調護之苦心乎。特遵明文，立新瑉以垂不朽云。

---

① 《石屏縣志》錄為“目”，據《石屏州志》應為“牧”。芻牧：割草放牧；放牧的人；家畜。
② 《石屏縣志》錄為“有”，據《石屏州志》應為“直”。
③ 白渠：古代關中平原的灌漑管道。漢武帝太史二年（公元前95年），用趙中大夫白公建議，在鄭國渠開鑿，故名。
④ 《石屏縣志》漏錄“矣”字。

大清康熙三十五年^①歲次甲子秋九月穀旦

【概述】碑存大理市海東鎮。清康熙三十五年（1696）立。碑文記述金湫龍潭是海東重要的水利灌溉資源，為防止民眾破壞，當地官府特明文立約勒石之事。

【參考文獻】張奮興．大理海東風物志續編．昆明：雲南人民出版社，2008.12：255-256.

知府潭記

李佩瑤

　　郡之南有大谿洩水，爲瀘川之尾閭。谿中有石，石隙有水，水深而魚肥。每值春和景明，水落石出，古太守常萃闔郡人士捕魚於潭，以供祭祀，與民同遊觀之樂，遂名爲知府潭，亦名支脯塘云。遊覽之際，熙熙攘攘，輻輳溪旁，朝煙夜月，氣象萬千，豈非一郡之盛槪，而同民之偉績！與當魚發之期，罟^②網千層，烝然罩罩，各執其物，環潭而漁焉。太守親臨，升高而望，把酒臨風，其喜洋洋，必悠然而動遐思。見潭之上，雜樹浮青，遠煙籠碧，閒雲一片，漁火千廬，必曰：此美景也！思所以共之。見潭之中，施瓜^③穢穢^④，鱣鮪發發，沙汀鷗鷺與幾葉漁舟爭出沒，必曰：此樂事也！思所以同之。見潭之左右，笑歌而管絃，傴僂提攜，往來不絕，或希蝸頭之利，或佐斗酒之需，必曰：此小惠也！思所以公之。觸類而思，不一而足。瑤知斯潭之生，古人以之綏緝人民，因物感興，無不動其惠愛之思。奚只取供祭祀，流連光景，觀魚於潭而已哉！彼神池太乙非？不可久也！不過娛一代之耳目，計暫時之小利，不旋踵而感慨係之，瑤不知其爲何說也！雖然知府潭東發源於江頭，西噴津於瀘洞，滔滔百折五十餘里，而分洩於諸海眼，淤滯失疏，霪潦夾旬，粱黍麥菽，滙爲巨津久矣。夫將成江河，不治矣。前人幾欲疏鑿而不果者，無他，志不在民也，畏難苟安也。異日或有賢大夫，而辱於此者，殫心民瘼，加意邊疆，慨然以開決海口，自任非所稱憂民之憂、樂民之樂者乎？陳公永惠之壩可謂輔相天地之不及茲，而爲前人之所難爲，又所謂裁成天地之過矣！瑤也，生逢盛世，愧無^⑤長才，而井田學校之思，有油然於中而不能已者，雖不獲躬逢其事，徒爲托諸空言，而吾郡憂樂同民之先務，有可略紀，以俟後之君子詳者。

【概述】康熙三十七年（1698）立，李佩瑤撰文。碑文記述了知府潭的由來以及作者對境

---

① 康熙三十五年：1696 年。
② 《瀘西縣志》錄為"罟"，據《廣西府志》應為"罾"。
③ 《瀘西縣志》錄為"瓜"，據《廣西府志》應為"罛"。
④ 《瀘西縣志》錄為"穢穢"，據《廣西府志》應為"潎潎"。潎潎：象聲詞。
⑤ 《瀘西縣志》錄為"無"，據《廣西府志》應為"乏"。

內水利失修之擔憂。

【參考文獻】雲南省瀘西縣志編纂委員會.瀘西縣志.昆明：雲南人民出版社，1992.12：816；（清）周埰等修，李綖等纂.廣西府志.臺北：成文出版社，1975.1：470–474.

據《瀘西縣志》錄文，參照《廣西府志》校勘。

公築河灣石隄碑記

王立憲

　　郡諸水滙於東南，以閭洞爲歸。東南田皆膏腴，近河者先收其利。年來，山蠱水渙沙土塡實，河身日高，河咽日塞，膏腴者漸變爲澤鹵。衆河皆然，而瀘江之患爲尤大。蓋河之腹，旣無寬廣渟蓄之處以消融其暴戾，而舉驟盛之勢一往衝射兩岸更低，任其狂瀾肆溢，則未得就水之利而先受水之患矣。河灣有隄，名曰倉田。大河之水至此正當馳急，而隄皆浮沙，不足以當其狂勢。前之決者累矣，田成沙礫，租賦不收。動勤文武執事之憂，勘踏指授，謂非易土而石必不能勝規畫，誠善矣。然豈附近河隄十數家能辦此哉？今冬，農人張如玉輩合衆力伐木伐石，以速堅此隄而請予爲記。予謂水之關於治大矣，周禮遂人掌邦之野，遂溝洫澮井然有條；又稻人掌稼下地，其爲瀦防諸法尤詳且備，顧欲得上流之消洩，必先下流之疏通。是謂，疏分之以殺其洶湧之勢，復合之以一其奔放之衝。是謂，瀦至若塞之者，砂土之力不敵木石，則石隄尤要矣。然先在疏之瀦之，而後塞者，功可成。是必有起而任其責者，康熙四十年①孟冬朔日也。

【概述】該碑立於康熙四十年（1701），郡人王立憲撰文，全文計371字。碑文記述康熙年間，瀘江水患成災，倉田土堤岌岌可危，農人張如玉等率眾疏浚河道、溝洫，并伐木伐石築堤之義舉。

【參考文獻】（清）祝宏等.建水州志.清雍正九年刻本·卷之十一下·藝文記：27–29.

---

① 康熙四十年：1701 年。

呈貢縣申詳分水文

劉世焞[1]

　　呈貢縣有黃、黑、白三龍潭之水，發源後滙爲一小河，非洋洋巨津也。西流數里，分爲東、西、中三河，名爲河實溝渠耳。東河之水，龍街、石碑、可樂、烏龍等村用之。中河之水，江尾、上古城、下古城、石壩等村用之。西河之水，縣前、梅子、斗南等村用之。又分一股入城內，出西門灌溉城西之彩龍、煉朋尾、殷家等村。尚有本縣之王家營、狗街子、小古城、麻阿等村，同在城內之西北，餘波弗及，祇緣一車之水不能救濟無邊之田耳。今連桂等所控者，西河之水也。三十年間，昆明曾有徐汝恩者，偷挖一番。前任魯知縣率衆填平，形跡尚在，非歷來之古蹟也。今復以疏通水道上控憲臺，蒙批到縣。卑職親臨其地，逐村驗看，遠近高卑之不等，水利固自難周。彼所謂無用之水流入大海者，沍寒之日也，豈惟此水處處歸海矣。時當灌溉，一滴亦爲有用，何能有餘？借詞三冬餘剩而意實不在冬，得隴而蜀亦可望，原爲春夏起謀，而如簧之巧言所自出也。呈貢之民視水爲性命，一滴水不啻一粒珠，豈甘被人分去。若一設葛藤彼此相爭，將來之大案隨之矣。懇乞憲臺俯賜踏勘，觀其水之大小可以足昆明數十村之用否？況各縣有各縣之界址，各村有各村之水分，據稱曾分寶象三分之水，爲泥沙阻斷，日久無人開垵，不疏通本境之舊渠，而乃肆爲欺罔妄冀鄰封之微利，貪心無厭，刁風漸不可長。仰乞憲臺一筆定如山之案，而姦宄覬覦之心消矣。蒙批：呈貢灌溉不足，豈可復啟爭端。如議銷案繳，勒石以垂永久。

　　【概述】碑應立於清康熙四十一年（1702），知縣劉世焞撰文，全文計500字。碑文記載：呈貢縣灌溉不足，偷挖放水之事時有發生。近有昆明數十村欲從西溝開挖渠口借水灌溉，縣官嚴詞拒絕并稟明上級，經上級判定禁止開挖溝渠并勒石記之。

　　【參考文獻】林超民等．西南稀見方誌文獻·第29卷：呈貢縣志（清光緒十一年刻本影印）．蘭州：蘭州大學出版社，2003.8：339-340.

---

[1] 劉世焞：新蔡人，康熙己未進士。四十一年，任呈貢知縣，性耿介，潔己愛民，慨然以興利除害為任。嘗言："雖罷吾官，不虐吾民。"擢戶部主事，未就，道卒，民以神祀之。（江燕、文明元、王珏點校：《新纂雲南通志·八》，80頁，昆明，雲南人民出版社，2007）

石壩碑記

李殿颺

石壩碑記（一行）

　　且自天□生水，所以潤澤萬物，而宇宙自然之利，遂莫大乎水焉。是故山□出泉，或決諸東，或決諸西。漢之□□□□□□（二行）耶流耶，理宜天地均沾，豈^①曰："築堤絕流，據為一村之有，遂可獨而不可公□乎。"彼浪花淺碧一水泓，然自西南□□□嵩對龍（三行）河也，環山六、七里瀉出，於老楊［羊］村漸聞水聲潺潺，奔騰而砰湃者，石壩也。石壩于何昉乎，乃八里營與官渡三村同□積□□（四行），以為灌溉田畝之要灘也。因己卯年^②天行旱魃，河水維艱，四村競爭不平。李公茂吉、李□□等，於（五行）本州正堂太爺馬蒙批，廳主太爺陳以理公斷而語之，四□水之為物也，百川四瀆^③，本至平者也。倘用之，少得其乎（六行），□亦造物所深忌。假令處上流者，以為壅之之便，勢必一滴不流，則窪下嗟竭澤焦土矣，其何以堪。籍令處□流者，以為□之（七行）之便，勢必傾狂瀾於一倒，則高阜蹂維，田其涸矣，可奈何。此皆以至平之物，而以不平處之，無惑乎。彼此爭衡，不平之鳴，所□（八行）來也。斷自今，從前以土為壩，一年修葺一次，分水之數往往聚訟不平。今易厥土而砌之以石，雖創造之力甚煩，而□成之（九行）逸已多。壩前旁開筧溝，較定水平，無論發源盈縮，將水均分四分，使每村一分，自較定之後，各安所得，不容紊亂偏□，甚至□（十行）地將他□□阻塞，利己病人。如有此情，許指名治罪。此誠以美意，著為良法也。第恐世遠年湮，利久備生^④豪強之徒，保無有□（十一行），經制石思兼併者乎，不若鐫之于石，以□永久。俾世世子孫，守而無替，則作法□良，庶幾遠而彌芳，山高而水長，於是為記（十二行）外，勒中、東二村之水五分，均分中村河貳分，東村河貳分，見□河一分（十三行）。

　　嵩庠後學李殿颺撰並書（十四行）。

　　八里營村：金贊、李昆成、黃選中、戴士祖、李早、朱俊、周達（十五行）。

　　官渡西村：李鼎、李躍龍、李淩雲、李騰蛟、李培育、楊逢亨、楊洪業（十六行）。

　　官渡東村：楊泰、王立極、李升龍、楊奇、李問孔、朱道賢（十七行）。

　　官渡中村：丁燁、楊連學、李玉鉉、李起先、李之彥、李成貴、張弘玉（十八行）。

康熙四十一年^⑤歲次壬午□月□浣庚子穀旦，八里營、官渡三村耆老同石匠張儒人等建

---

① 豈：假借作虛詞，用在句中或句首，表示反問。

② 己卯年：康熙三十八年，歲次己卯，即1699年。

③ 四瀆：長江、黃河、淮河、濟水的合稱。

④ 利久備生：疑誤，應為"歷久弊生"，意為經過很長的時間容易產生弊端。

⑤ 康熙四十一年：1702年。

立（十九行）。

【概述】碑存嵩明縣楊林鎮官渡村中燈山房內。碑為青石質，高135厘米，寬65厘米。四周陰刻單綫條和花草紋作裝飾。碑文楷體陰刻，文19行，滿行48字，計680餘字。康熙四十一年（1702），李殿颺撰書，張儒人刻石，四村耆老同立。碑已從中部斷為兩截，部分字迹漫漶不明。碑文記述了康熙年間，嵩明州官府公平處理八里營與官渡三村之間的水利糾紛，并勒石立碑之事。

【參考文獻】嵩明縣文物志編纂委員會．嵩明縣文物志．昆明：雲南民族出版社，2001.12：130-132.

馬隆鄉古溪泉水分碑

粵稽滇中開闢啟自莊蹻，而明之黔甯王猶繼，以開田制產。按其始計，原因水開田，因田聚（一行）眾，以疏水道，相傳數百餘年不易之良規也。所以大則有江河，小則有溪灘。因而離城十五里之（二行）地，自西而東，倚山接廬，村曰馬隆鄉，有住後古溪一泉，只能救濟秧苗，舉凡栽種田地，皆賴大雨（三行）施行，灌溉田畝。後溪水大定，分派毛家營有水壹分，馬龍鄉有水陸分，內陸分內頭壹分有馬龍（四行）鄉隨田典去水壹淋，各照次序，相傳以至當今，不紊舊例。往往因天年不順，村人以此爭告，於康（五行）熙肆拾貳年，有毛家營縣控篆（六行）本縣太爺詹①，構齊當堂審訊，復仰鄉約、練總到灘驗槽踏勘查明（七行），回覆眾等遵依，具結在案，同至城隍廟憑神寫立合同，照舊輪放。凡有流水，總歸溝行。外有夫役（八行），各村分當，不得扳扯。如再行爭競，仍蹈前轍，有負先王制產深心也。若有違抗，不遵照合同，公（九行）議甘罰銀拾兩入官公用，仍同合村稟究。但村眾軍民猶恐日久事更，合同隱廢，仍起事端，祈請（十行）天星賞批勒石，以杜後患。蒙（十一行）本縣正堂詹批，准行勒石，以垂永久。於是合村老幼無不仰體遵行，歡心樂道。自此之後，氣數有變遷，而（十二行）此水不得紊亂。頂戴勒石，以誌不朽云（十三行）。

今將肆拾貳年二月十九日公立合同與中人姓名開列於後（十四行）：

王佐國　李逢春　李盛春　時　明　時開泰（一列）

羅發早　李正春　時　連　任萬朝　峕洪先（二列）

孫必貴　孫受眾　時　俊　時　漢　時　敏（三列）

時　朝　時佩玉　李培厚　峕朝奉　時起龍（四列）

李必昌（五列）

保正　毛　葵　峕　玉　弘　謨　毛有龍　時楊昇

毛如望　任時正　仝奉立（六、七列）

---

① 詹：即詹琪芬，江西撫州府樂安縣辛未（1691）進士。康熙三十七年（1698）任。（許實編：《宜良縣志點注》，216頁，昆明，雲南民族出版社，2008）

【概述】碑存宜良縣狗街鎮馬隆鄉村土主廟。碑為青石質，高156厘米，寬70厘米。額呈半圓形，額上楷書陰裏陽刻"奉縣勒碑"4字。康熙四十二年（1703）立石。碑文記載：古溪泉水為馬隆鄉村民眾救濟秧苗之重要水源，古有舊例，世代遵依。康熙年間，因天年不順，用水糾紛遂起，經詹知縣勘明訊斷，互控雙方寫立合同，照舊輪放并勒石立碑。

【參考文獻】周恩福．宜良碑刻·增補本（上）．昆明：雲南大學出版社，2016.12：19-20.

玉溪河 ① 記

任中宜

　　玉溪之水源有二：一出江川獸頭山，一出州境香柏河，至小矣資合流，則撒喇、哨河 ② 注之。至戴家屯，白龍潭水注之。至康阜橋，羅木溪水注之。至通年橋，奇梨、西河二水注之。至甸尾村，行山際中，出嶍峨城下及阿迷、彌勒州界，入盤江達廣西泗城，歸南海。

　　冬春少雨，溪流常弱。夏秋洪濤，③ 漫及於中衛屯、中古城等處，不知何時築隄障之。然山巒沙石，隨波而下，日久淤塞，河身漸高。崇禎二年 ④，攝州事武定司理宜賓何公憲 ⑤，集州民數萬人疏之。自玉溪橋而上，以 ⑥ 大營屯而下，高阜如束，可無水患。中間兩畔，隄岸十里，往往衝決，埋田廬以致岔 ⑦ 角傷人，守土者當亹意焉。疏濬用夫甚多，難以輕議，惟 ⑧ 每歲春增修隄岸之爲愈也。

　　【概述】該碑立於康熙四十五年（1706），知州任中宜撰文 ⑨。碑文記述了崇禎二年（1629）州官何公憲集州民數萬疏通玉溪大河河道的事實。

---

① 玉溪河：亦稱玉溪大河、州大河，是玉溪境內重要的水利資源。它橫貫玉溪壩子，河水澄碧透亮，如玉帶潺潺流淌在萬畝田疇之中，玉溪緣此得名。歷史上，大河給玉溪人民帶來灌溉便利和富庶生活的同時，也成了歷朝歷代官員和百姓的心腹之患。因此，自明代五衛屯田後，水利一項成了歷代關注之大事，修整玉溪河幾乎成了一種定規。
② 《玉溪縣志資料選刊》漏錄"水"字。
③ 《玉溪縣志資料選刊》漏錄"洶湧"2字。
④ 崇禎二年：1629年。
⑤ 何公憲：時任新興州知州。
⑥ 《玉溪縣志資料選刊》錄為"以"，據《新興州志》應為"與"。
⑦ 《玉溪縣志資料選刊》錄為"岔"，據《新興州志》應為"忩"。
⑧ 《玉溪縣志資料選刊》錄為"惟"，據《新興州志》應為"唯"。
⑨ 據《新纂雲南通志》記載："玉溪河記：新興知州山陰任中宜撰，康熙四十五年。在玉溪縣。見岑《志》。"（劉景毛、文明元、王珏等點校：《新纂雲南通志·五》，400頁，昆明，雲南人民出版社，2007）

【參考文獻】梁耀武.玉溪縣志資料選刊·第一輯：歷史大事記述長編（上）.內部資料，1983.7：69；鳳凰出版社等.中國地方志集成·雲南府縣志輯26：道光澂江府志·乾隆新興州志.南京：鳳凰出版社，2009.3：607.

據《玉溪縣志資料選刊·第一輯》錄文，參《道光澂江府志·乾隆新興州志》校勘。

蘭若寺常住碑

鶴慶軍民府觀⬚音⬚山巡檢司施，為群虎磨滅碑文奪水累粮事。康熙肆拾肆年陸月貳拾陸日，奉（一行）

本府正堂艾批，據僧洪智告前事，詞稱：蘭若寺由元朝丙申年開田，施主改陞，經歷楊藥師奴開山、僧慧明二人創建為寺。祝（二行）國保境，就水開挖西山，地名棕樹場。山坡梯田壹段，計拾捌雙叁畝，東至河，南至溝，西至山頂，北至澗，隨粮僧自納并澤水溝壹道（三行）。古碑可証，四百餘年無異。萬曆年間，楊成子、□□□等將碑磨滅，將水私分為壹拾叁潘，其田入於□宮不立常住水名。住持如（四行）秀告，經前府主差拘有鄉紳李吏部處，剖將田水歸還本寺，眾人公議出拾叁潘外，貳潘以作壹拾伍潘之數，輪流灌溉。如佃戶不（五行）願耕種者，連田連水付與住持，讓約可証。陞被王顯科等佃種常住，年年騙租累粮，僧具訴，府主頒行巡司將田退出，公斷在案（六行）。彼時伊等退田不退水，意欲謀田周令栽插佈種，不容僧灌放。有田無水難以栽插，錢粮將何辦納？僧止得將水潘數目投明（七行）巡司，蒙批：練總鄉約查明灌溉，但伊等勢眾公然霸水，私無奈何，伏乞天臺憐碑，賞拘斧斷，香火永賴。三寶沾恩，錢粮得完，陰陽齊（八行）天。詞列被告王顯科、楊觀山、楊享文、楊伏等，楊瑞鶴干證，廩生楊鐮、李光祖、楊廷鸞、李咸達、李聲、李毓元，鄉約楊光厚、里長楊勝會（九行）、楊守仁等情，奉批備巡檢司查報，奉此該⬚二⬚戳⬚遵即差役行拘。去後隨據原告僧人洪智具呈請息，前□□□本寺有常住田畝，被（十行）王顯科等剡眾霸水，不容灌溉。告經（十一行）

本府大老爺，蒙批到案，拘審間親友公議拾叁潘之外，讓與僧人壹潘，取有眾人讓約壹紙。內稱：因龍門合三村供養蘭若寺，歷年（十二行）已久，所有常住田壹拾捌双叁畝，係楊藥師奴引水開捐，坐落棕必場，隨澤水壹道灌溉此田。後因年遠，不知何人將水隱滅。本寺（十三行）僧於崇禎年間，告經府主。科等先人已立讓水文約，領田耕種納租已經多年，奈豐歉不齊，佃戶欠少祖石將田退還寺僧，不讓水（十四行）班，被寺僧告。蒙府主蒙願巡司臨審間有施主、親友在中，公議讓水壹潘，原水額拾叁潘陸日柒夜，一巡外公讓為壹班以作柒日（十五行）柒夜，拾肆潘之數。其水第壹潘八甲，貳潘三保福，叁潘九甲，肆潘施早大，伍潘摩勞客，陸潘大楊家，七潘龍門，捌潘小旗廂，玖潘小（十六行）楊家，拾潘李家，拾壹潘舍學戶，拾貳潘施家，拾叁潘張家，拾肆潘蘭若寺，輪流灌溉，週而復始。其田願領耕種者，其租不得欠少。如（十七行）有欠少，不願耕種者，連田連水交還寺僧，所隨粮稅本寺僧自納完，容不得遺累佃戶。自此議水之後，認從僧人勒石以垂永久，科（十八行）等子孫不得異言。此係三寶功德，情願公議，中間並無相強，二比允服。等情到戩，據此相應詳明，伏候批示，勒石永遵。等因呈詳，奉（十九行）批如詳行繳，奉此除將議約鈐印給住持僧收執，永遠為照外，為此示仰僧眾及水班人等一體永行遵守，毋得玩違，須至。勒石者（二十行）：

呰（二十一行）。

皇清康熙肆拾伍年歲次丙戌三月十五吉立。

住持僧：洪智、照潛。

徒：普性、普悟、普慈、普心、普照。

徒孫：通上、通明。

石匠：洪盛（二十二行）。

【概述】碑存洱源縣牛街鄉雙龍村眠龍洞內，青石質，高117厘米，寬65厘米，厚17厘米。額上楷體陽刻"蘭若寺常住碑"6字，碑文楷體陰刻，文22行，行1-50字。清康熙四十五年（1706）立。碑文詳細記述了歷史上蘭若寺僧眾與附近村民之間的水利糾紛，以及官府對該訟案的處理情況。

據原碑抄錄，行數、標點為新增。

重鐫玉龍村下伍營分放小龍洞水碑記

重鐫玉龍村下五營分放小龍洞水碑記（一行）

宜良縣正堂吳[1] 為滅制殃民事，康熙四十五年十一月二十四日奉（二行）

護理雲南通省民屯糧儲薪管水利道印務羅，信牌前事內開[2]

康熙四十五年十一月初六日奉（三行）

總督雲貴部院加四級署理雲南巡撫印務貝批：遵照舊制，拆去新溝，修復古溝，以杜爭端。據護道呈詳，宜良縣上、下五（四行）營告爭小龍洞水緣由。該護道查看得上五營與下五營之爭小龍洞水也，調閱前案，提訊供詞，蓋盜水也，非爭水也。凡被[3]（五行）此共放之水，或以先後不齊而爭，或以多寡不均而爭，然後謂之爭水。若上五營獨放大龍洞之水，下五營與玉龍村合放（六行）小龍洞之水，載在縣誌，截然兩分，無所容其爭也。即使有爭，亦惟玉龍村可與下五營爭耳。上五營原無水分，豈得過而問（七行）焉。大龍洞水流箐底，乃天然之溝渠。小龍洞水出山腰，依山傍岩，培補溝路，寬不逾尺，深甫數寸。時有滲眼

---

① 吳：據《宜良縣志·秩官志·清知縣》載云："吳庸敷，江南蘇州府吳縣舉人，（康熙）四十五年（1706）任。"

② 內開：公文用語，援引來文時用之。

③《宜良碑刻·增補本》錄為"被"，據拓片應為"彼"。

128

漏下箐底，流入（八行）大龍洞溝內。夫以涓涓細流，使有漏而不塞，寧復有灌溉之利哉？今歲春月稍旱，秧苗乏水。小龍洞溝石罅滲漏，下伍營惜（九行）水如金，徙溝以避之。上五營村民汪濮等，惡其補罅塞漏也，遂掘開其溝渠，獨不思他人之水遇有滲漏，固沾餘潤。即無滲（十行）漏，不失故我，何至掘開溝渠，以滲漏之不足而使之竭流傾倒耶。其為盜水也，明甚。從前查勘承審之官，不從盜水根究，不（十一行）從大小龍洞分別源流，不查縣誌於審詳，文內聲說舊制明白，惟就小龍洞溝漏水滲眼較量，暗漏明流孰少孰多，遂議（十二行）於十分之中分水二分與上五營，是不揣其本而齊末也。護道以水利，相沿日久，止可申明舊約，難以創設新規。上五營（十三行）田較多，應仍獨放大龍洞水，下五營田較少，應仍與玉龍村分放小龍洞水，各放各水，無庸於舊制之外更有二八分水之（十四行）議。再令下五營修復古溝，許其補塞滲漏，上以遵奉，拆去新溝，遵照舊制之（十五行）①。

憲批下，可永杜上、下五②營之爭端也③。再查原告許志等散押在外，並未刑禁，原息張君彩等匿不到官，亦非捏詳。至汪濮等盜（十六行）水誣訴，本應究擬，但牽審數月，合無憐其拖累，實寬免省釋出。自（十七行）④憲恩非護道所敢擅便也，合就呈詳。統候（十八行）憲臺批示遵行等回⑤，奉批如詳。⑥繳奉此，查原被干證許志、孫永祚、時現文、汪濮、那廣錫、陳元吉、楊國興等，前已令解役，連（十九行）批帶回外，今奉前因，合行發案省釋。為此，牌仰該縣官吏遵照。詳奉（二十行）憲批事理，即諭令許志等修復古溝，補塞滲漏，拆去新溝，遵照舊制，毋得再起爭端，並將原卷誌書存縣備案，仍具遵依報（二十一行）查，俱毋故違。計發原卷一宗，誌書一本等因，奉此合行出示曉喻。為此，示仰玉龍村軍民人等知悉，嗣後修復古溝，補塞滲（二十二行）漏，拆去新溝，各放各水，毋許擅⑦越。如敢仍前混爭，定行指名詳究，按法重處，決不姑寬。各宜凜遵毋違。特示（二十三行）。

康熙四十五年十二月初一日示，玉龍村士庶人等⑧（二十四行）

【概述】碑存宜良縣狗街鎮玉龍村土主寺正殿東牆。碑為青石質，額題楷書陰刻"上憲明文永遠碑記"8字。碑額高45厘米，寬80厘米；碑身高155厘米，寬74厘米，通高200厘米。碑文楷體陰刻，文24行，行16-46字。康熙四十五年（1706），玉龍村士庶同立。碑文記載康熙年間，宜良縣府審理"上伍營與下伍營小龍洞水利糾紛案"的詳細經過及安民告示。

【參考文獻】周恩福.宜良碑刻.昆明：雲南民族出版社，2006.12：9-11；周恩福.宜良碑刻·增補本（上）.昆明：雲南大學出版社，2016.12：11-13.

據《宜良碑刻·增補本》錄文，參拓片校勘。

---

① 《宜良碑刻·增補本》此處漏計一行，應為第十五行。
② 《宜良碑刻·增補本》多錄"五"字。
③ 《宜良碑刻·增補本》錄為"也"，據拓片應為"矣"。
④ 《宜良碑刻·增補本》此處漏計一行，應為第十七行。
⑤ 《宜良碑刻·增補本》錄為"回"，據拓片應為"因"。
⑥ 《宜良碑刻·增補本》漏錄"行"字。
⑦ 《宜良碑刻·增補本》錄為"擅"，據拓片應為"攙"。
⑧ 《宜良碑刻·增補本》漏錄"仝立"2字。

修大村溝壩碑記

水利之興，關乎國賦，厥功懋哉！祿邑舊設六壩，而縣轄大村母子河，去城五十里許，有溝壩一道，始前明永樂年間，其工程浩大，較他壩最甚。壩高二丈，闊一十六丈，溝長二十里，闊四尺。沿溝溜槽三十餘道，壩外懸崖十多丈，石壁阻塞，鑿山通引，翻迭而出，灌溉兩村秋稅田二百餘畝。迨明末丁亥[1]、戊子[2]，兵火連綿，人民逃散，壩倒溝埋，田地荒蕪，居民苦之。康熙三十五年[3]，奉文開墾，生員何如文等遵依憲文，仿舊修築，引流灌溉，始於康熙三十六年，成於四十一年，約計所費五百餘金。總為國賦攸關，不惜重資者，有自來矣。余己丑[4]冬來守茲土，值奉續修三十年以後志，因而登山嶺，尋河流，竊不禁喟然嘆曰：美哉！斯壩為大村一帶田畝所倚。其利溥，其功難。若非修葺有人，防衛周備，未有不旋修旋圮者，是所望於樂善不倦之諸君子也。因為記。

【概述】碑文記述康熙年間，祿豐士民何如文等奉命重新修築大村溝壩，并引水灌溉造福民眾的功績。

【參考文獻】（清）劉自唐纂輯，祿豐縣志辦公室校點．康熙祿豐縣志．昆明：雲南大學出版社，1993.8：72.

重修金馬里上枝諸河碑記

吳寶林[5]

嵩明州金馬里、上枝地方，踞嘉利澤之上游。玉龍總河自屼岇發源，受諸山溪壑之水，至南沖出平川會總閘，分中、西、東三河入於澤，蜿蜒六十里。夏秋閒，霪雨暴作，洪波迅發，夾老沙積石俱下，倏忽震蕩，堤埂盡決，化桑田為魚鼈之鄉勢也。余蒞嵩有年，其於城池、學校、書院、祠祀，以及橋梁、道路無一不興舉，而此獨頻年以水患見告。余目擊心傷，思為此一方民起溺亨屯而未有得，即時為修葺不過目前之計，終非經久之謀。於是，廣延眾論，

① 丁亥：順治四年，歲次丁亥，即 1647 年。
② 戊子：順治五年，歲次戊子，即 1648 年。
③ 康熙三十五年：1696 年。
④ 己丑：康熙四十八年，歲次己丑，即 1709 年。
⑤ 吳寶林：石門人，貢生，康熙四十六年（1707）任嵩明知州。

專委其事於驛廳孫君，督同鄉耆水利及各村歷練者董其事。令照式寬一丈二尺、深五尺，按田出夫，擇日興工。未幾，孫君報稱：西河張官營有廢橋一座阻水，以致大樹營田禾淹沒。今新其橋以闊水路，其河尾新開一百三十餘丈，中、東兩河並黑蟆溝、地河船溝、官渡、小壩河、羅良村河諸水道，次第如式開挖、疏通，以百餘年之積害，未三月而去之。噫，成功何若是之速也，蓋前此不知上流壅塞，由於下流沙淤，其高者同於陸地，細者不絕如帶，而承其任者，率多虛事，迄無成功。今孫君實心爲民，以河之事爲身之事，故能擇人任勢，恩威並用，巨細分合，悉心經理，淺者深之，狹者廣之，塞者通之，疎者堅之。譬之一身，元氣流暢，百脈疏通，無纖毫閟閉之患者。孰謂水利之興無關於民生之重歟！況孫君以佚道使民，吾知礬鼓^①不設而趨役，恐後抑，孫君有言曰：職之承，是任也。懼無以上慰委諭之心，次期與此邦紳士、里民圖善後之計。其要在：開河尾以洩水之勢，設閘枋以定水之數。而其補救之目則又有三：一曰禁沖沙，濱河之民沖沙廣地則河阻；二曰禁土壩，以木易之則不淤；三曰去截泥，河尾交接處必多橫截之泥，責令濱河之地之民去之。嗣後，設水利二人復其差，比年一小修，三年一大修，率以爲常，而河自是無患矣。余聞其言而善之，夫水有利有害者，勢也，而能使其有利無害者，人也。孫君能成余之志，興其利而除其害，且欲爲此邦之人永除其害而享其利，所謂仁人之心，其利甚溥也。業經申詳上憲永著爲令，以俟後之官斯土者，知余兩人樂善同心，仍其法於不朽，是余之所望於將來者也。孫君，諱師灝，字幼梁，有雋才，通經術，爲楊林驛驛丞署本州捕廳，興水利，平徭役，以公明著，浙江山陰縣人。同時董事者：鄉耆史藻、崔致中，驛書柏長春，水利陳運恭、楊德君，其余姓名不及盡載云。

【概述】該碑應立於清康熙五十年（1711），吳寶林撰文。碑文記述嵩明州知州吳寶林任職期間，集眾議委派孫師灝采取開河尾、設閘枋、疏淤清障等方法，興修金馬里、上枝諸河水利，并設立水利管護人員、制定河道維修規定等造福民眾的功績。

【參考文獻】故宮博物院.故宮珍本叢刊·雲南府州縣志：（乾隆）晉寧州志·（雍正）呈貢縣志·（乾隆）續編路南州志·（康熙）嵩明州志.海口：海南出版社，2001.6：405-406.

重修龍王潭碑記

永郡雖遠在遐陬，然民風淳厚，田野膏沃，為全滇之甲。今上御極之四十有六載。余奉簡命來鎮茲土，恭逢郅隆之際，海宇清甯，邊徼綏懷。雖深山窮穀，莫不含哺鼓復以樂堯天。余叨蒙聖澤，愧無寸豎可以仰報朝遷^②，惟於整戎之暇，凡利所當興，弊所當除者，罔不勉力行之。鎮永四載，兵輯民安，時和歲稔，庶幾告無過於地方。今歲春夏之交，東作方殷，

---

① 礬鼓：大鼓。古代用於奏樂、役事。
② 遷：疑誤，應為“廷”。

偶爾亢賜，余躬率寮眾，祈禱經旬，無如赤祲肆虐，苗禾將槁，郡人告余曰："城北三十里許有龍王潭最著靈異，其應如響，曷不往禱之？"余遂齋戒，潔誠躬率軍民人等步禱於此。果蒙立沛可霖，是歲，民獲有秋，年成大有，謂："非神之福佑何以臻此？"余既荷神庇，無以仰報，遂勉捐歲俸，但率同官鳩工庀材，新其廟貌。閱半載而工始告竣，兼營置香火田若干畝，並皆勒之於石，冀垂永久，是為記。

鎮守雲南永順等處地方控制，土司蠻彝兼轄衛所總兵官段騰龍倡捐：

永昌軍民府知府王汝霖，捐銀二十兩；

永昌軍民府同知董雲，捐銀四兩；

永昌軍民府通判韋士弘，捐銀四兩；鎮標管遊擊孫文之，三營守備劉龍榮、張龍、劉常寶、蔡成貴、江毓秀並千把百隊兵丁等，共捐銀伍拾兩。

保山知縣金銓，捐銀拾兩；

總鎮都督府、永昌清軍府，共捐銀陸兩；

永作燈油之資，油戶領訖。每月交油六斤，看司收點。

康熙辛卯歲[①]季冬月吉旦

【概述】碑立於康熙五十年（1711）。碑文記述康熙年間永昌府時任官員興利除弊、為民祈雨并倡首捐俸修葺龍王廟之事。

【參考文獻】保山市水利電力局．保山市水利志．內部資料，1993.5：166-167.

三鄉十一壩水利碑記 _{康熙壬辰}[②]

縣正堂劉，為勸諭共井和睦，均沾水利事。據三鄉村民李立等訴群虎抗斷，阻撓水利，又據丁啟建等訴土豪越界挖水，各等情互控到案。據此，本縣隨即單騎減從，親臨踏勘。看得水源之發，亦屬浩浩不竭，迨十一壩各分其勢，則漸以浸微，而白邑村更居下游之末者也。查上滿下流，古之常理，近水居民，均沾灌溉，宜也。獨白邑村地在水尾，遠莫能致，秧母亢旱，殊可憫惻。李立等之越界挖水，情非得已。丁啟建等之阻撓，亦為久旱，切切自防之。故此，屢挖屢阻，疊控不休，均勿怪其然也。本縣相度水勢，細閱案卷，平情酌理，勸諭爾等誼屬同鄉，則田可同井，嗣後如遇亢旱之年，先聽老鴉關各壩居民灌溉秧畝外，餘水讓與白邑撒秧。其白邑村間田，固不許過貪放水；而上流各壩，亦不得盡泡田畝，而坐視下流之秧母枯槁，而不知救也。如此，則上下均沾水利，而葛藤[③]可斷。仰遵本縣勸諭至意，不惟和睦鄉里之風行，而公庭亦免質對守候之苦矣。倘再抗違，立拿重究。除立

---

① 康熙辛卯歲：康熙五十年（1711）。

② 康熙壬辰：康熙五十一年（1712）。

③ 葛藤：比喻糾纏不清的關係。

案存房，外堂即出示，並諭鄉練，傳知在案。本縣仍恐愚民不遵勸諭，彼他鄉練互相容隱，復委在城鄉耆林蕃等、城守郎志捷等前往三鄉勸諭均水去後，據鄉耆林蕃、郎志捷回稱，遵票即往老鴉關，傳齊十一壩放水軍民人等，公同前往查看，有各壩放水軍民趙溯、丁啟建等，凜遵朱牌告示事理，出具遵依結狀。嗣後如有悖強複起爭端者，自認抗斷之罪。二比允服，寫立合同，永為定例。仍懇俯 ① 賞勒石，庶便遵守等情到縣。據此，隨查此水屢經控告，群爭不休，今本縣平情公斷，爾百姓既恪遵守心服，相應准其勒石永久，使豪強不得竊越，遠近均沾，利澤並便，使後之撫茲土者，共諒本縣公道愛民之至意，相傳不朽云爾。特示。

【概述】碑文記述康熙年間，三鄉十一壩村民李立等與丁啓建等之間的水利糾紛，後經縣府踏勘查明，斷令十一壩軍民人等遵循"遠近均沾水利"並永為定例的詳細經過。

【參考文獻】（清）劉自唐纂輯，祿豐縣志辦公室校點．康熙祿豐縣志．昆明：雲南大學出版社，1993.8：75-76.

新修賽寶壩碑記

武光緒

民生之計，莫重勤農；稼穡之資，尤先水利，田之需水，猶民之需粟也。祿邑地在沖郵，山多田少，附郭之區，土高澤卑。若東麓以及南郊，率皆待雨而耜者。我邑侯劉公，下車之二載，見西疇綠滿，東皋尚赤 ②，不禁惻然於懷。乃尋城北飛虹橋上河六七里許，至黑龍潭壩，則北附郭引流灌溉舊址。公徘徊審處，輒怡然喜曰："此壩高河丈餘，不幾且潤東南之隴乎？"立召戶民宋士廉等指授規畫，貸以穀錢，俾率有田家合力修築，增石壩至二丈餘，開溝十有里許。自庚寅 ③ 冬迄辛卯 ④ 春，凡三月而東南千畝可播矣。僉曰："我侯之惠，向者望雨如珠玉，今則千倉萬箱，皆由始矣。"因擬其名曰"賽寶"，請壽諸石。夫民非無利，必待上之人有以開之。昔邵父 ⑤ 疏河，時稱"除苦"。毛公浚漕，人頌其德。西門鄴令，發民鑿十二河，渠成，民以攸賴。是皆千萬世所瞻，名載簡青，功同禹績。公殊政良法，概不止此。要莫非心乎民之心，事乎民之事，日取民之身家飲食而悉壽之，公誠不愧為民之父母歟！敢約其概而為之序。其勤勞趨事者，皆刻名於石，以為後人勸。

---

① 俯：舊時公文及書信對上級或尊長的敬辭。

② 西疇綠滿，東皋尚赤：西邊的田地已長滿了綠色莊稼，東邊的高地還是一片紅土。

③ 庚寅：即康熙四十九年（1710）。

④ 辛卯：即康熙五十年（1711）。

⑤ 邵父：對邵信臣的尊稱。邵信臣，《漢書·循吏傳》作"召信臣"。西漢九江壽春人，在南陽太守任上有惠政，為民稱道。

【概述】康熙五十一年（1712），武光緒撰文。碑文記述康熙年間，祿豐邑侯劉公體恤民情，在任期間"增修石壩、新開溝渠、引流灌溉"為民興利的功績，以及賽寶壩得名的原因。

【參考文獻】（清）劉自唐纂輯，祿豐縣志辦公室校點．康熙祿豐縣志．昆明：雲南大學出版社，1993.8：77.

蒙化水利碑

奉（一行）

本府大老爺正堂加一級趙（二行）

本廳老爺田，乞恩頒示勒石，以嚴水利，以垂永久事。晚南庄約士民危嗣徵、李崇義、張綬（三行）等連名稟□事，詞稱：情緣南庄大箐之水，一約分放一月，三約各有兩分，勿容紊亂，皆界□□（四行）溝下。有利己損人之輩，開挖塘口，阻截水源，致今為害村民。雖有水分，不能到田。是以水利□（五行）均□□史台，蒙批鄉約理處稟覆。鄉約即遵理問，踏勘水源。埧頭□之水道理處明白，水利只（六行）增不減，將水平移至山門口溝，還塘不栽種，總共俱在山門分放。後有塘者不得移水到塘□（七行）塘者，為水易至田地，村民悅服。伏乞頒示勒石，以垂永久。俾強不凌弱，富不欺貧。以杜後日爭（八行）端。合約沾恩無既，等情到廳。據此，合行出示，給□勒石。為此，俾仰南庄合約士民人等知照[1]。仍（九行）照前議，將水平移出山門溝，還塘下總埧，俱在山門分放，永為遵守。不得再行爭執，如有違者（十行），許即指名報廳，以憑申詳，重究不貸。須至給牌勒石者。李先芳施田叁坵，楊德星、楊述覲施田二坵（十一行），南庄合約士民人等危嗣徵、蘇來[2]石、楊廷斌、李崇美、張文俊、李瓊林、羅經世、張海、施錦、劉樂善、張淮（十二行）、左嘉讓、李先芳、李選、張浩、楊廷覲（以下十三至十七行，人名略）。

康熙五十二年[3]癸巳歲五月十三日。

合約士民、鄉□[4]、鄉約、里約楊選、張文伍、劉海、同[5]正人、楊興、施光、張光廷同立石。

【概述】碑存巍山縣大寺。高118厘米，寬55厘米。額刻"奉文勒石"4字，碑身直行楷書，文17行，行1-45字。清康熙五十二年（1713）立。碑文記載：南莊大箐之水，原按舊制分放，但"有利己損人之輩，開挖塘口，阻截水源，致今為害村民"，後經鄉約踏勘明察，判令將水

---

① 知照：知曉；關照。舊時亦作下達公文用語。
②《大理叢書・金石篇》錄為"來"，據拓片應為"永"。
③ 康熙五十二年：1713年。
④《大理叢書・金石篇》錄為"□"，據拓片應為"保"。
⑤《大理叢書・金石篇》錄為"同"，據拓片應為"全"。下文"同立石"亦然。

平移至山門溝并照前議分放。

【參考文獻】楊世鈺，趙寅松．大理叢書·金石篇（卷三）．昆明：雲南民族出版社，2010.12：1162-1163.

據《大理叢書·金石篇》錄文，參拓片校勘。

納家營清真寺《金汁溝碑》

嘗思天乙[1]生水，田脈系馬國縣□□□□□食惡不□□□□（一行）。我等□□始祖咸陽王奉命撫滇，鑒海開河，敕滇□士林（二行）。祖納速喇丁[2]封任臨安宣慰司[3]，世襲金牌土官都元帥，轉鎮曲（三行）陀關。後裔遷居於此，賜世襲錦衣衛正千戶，惟勤王事，不沾面（四行）業，遺□無多。村前系海湖，田地出沒無常。村後系咸陽公地，有（五行）種無收，每□賠糧，苦不聊生。竊崧□祖王治滇之意□思本源（六行）。山界為鳥龍泉，原系灌濟山前腳下納氏祖秧田乙鉢，因山（七行）崩水沖石壓，不能開墾，龍泉隨之穿流。公同合村會議，捐金□（八行）石，挖溝引灌村後稅地。其別村有陸地相鄰者，曾約同挖。意以（九行）□難為，惜財，堅辭，願作乾田，世代永遠不沾。無何，敝村獨挖□□（十行），約費三百餘金。猶□克成，亦不無諉縮者，因將情由具呈在案，蒙（十一行）本縣周大老爺諱□任批，開溝引水灌溉田畝，甚屬美舉。急宜（十二行）協力，□協□成，厥功可也。倘有狡猾奸吝者，不得妄爭點滴。隨（十三行）即尊遵，竭力告成。唯恐世遠年遙，有無知者恃強混爭，且或替（十四行）開無水□之田，更或杜買其田，邀截水利，肥己□□，各令辛勤（十五行）。□資在前，□無水耕種，拯惡何□，□□或是□，勒石□戒□（十六行）。

康熙伍拾貳年□月□□□合村納姓紳□……□（十七行）

【概述】碑存通海縣納古鎮納家營清真寺內，高100厘米，寬46厘米。碑文楷書陰刻，文16行，行24字，全文計382字。康熙五十二年（1713），合村納姓民眾同立。碑文記述康熙年間，由於山崩水沖石壓，納氏祖秧田無法耕種，納家營全村民眾共同議定捐資開溝引水灌溉本村田地之事。

【參考文獻】姚繼德，肖芒．雲南民族村寨調查：回族——通海納古鎮．昆明：雲南大學出版社，2001.4：292；國家文物局，雲南省文化廳．中國文物地圖集·雲南分冊．昆明：雲南科學技術出版社，2001.3：348.

據《雲南民族村寨調查：回族——通海納古鎮》錄文。

---

[1] 天乙：即成湯，商朝的創建者。

[2] 納速喇丁：回族納氏二世祖。

[3] 宣慰司：官署名，宣慰使司的簡稱。元代始於邊境及少數民族地區設置，常兼都元帥府、管軍萬戶府等軍事機構。其長官稱宣慰使，共三人，下設同知、副使各一人。宣慰司在中書行省與路、府、州之間起承轉上下的作用，明清僅在邊疆少數民族地區沿置，其職官多由土官擔任。（顏品忠等主編：《中華文化制度辭典》，173-174頁，北京，中國國際廣播出版社，1998）

新置海口田租碑記

葉世芳

　　自古水能爲利亦能爲害，故神禹導河先利用，疏凡以殺其勢，不使有壅潰之虞也。屏有湖曰異龍，尾閭東洩，附近之田利賴實多。弟雨暘不齊，通塞靡定。當霖霖大作，轉石砎崖流沙潰埂，田之受害可勝道哉。其最甚者，則廻龍河渡沙橋與范白凹有兩沖，余負丞斯土目擊心惻者久之，因謀之郡紳士，募埂夫時加疏濬，十餘年如一日，衝決之傷庶幾可免。因爲之建官廒，置公田，除完糧外，一以借埂夫，一以備器用，務使歲歲以時淘脩蓄濬，有利無害而後卽安。竊恐日久弊滋侵漁不免，爰泐石以告後來。倘後起之士，鑒於①苦衷而因以事，其事則幸之幸矣。所有田租數目、四至并新開墾田坵、糧價，俱開載於後：

　　一買王冀之山地一塊，坐落海東里十甲石橋漫坡黑蛇窩，價銀三兩，起益②官房。吳名沖河邊，蘇姓田旁開田一坵。又買鄉紳劉兆麟、劉祥麟田大小十四坵，坐落海東里四甲范白沖，秋糧二斗，價銀二十一兩。東至沙河，西、南③至山腳，北至路。又海田二坵，坐落棠梨樹腳，東、南、北俱至毛家田，西至李家田。又鄉紳劉兆麟、劉祥麟送田半分，計十五坵，坐落海東里四甲少都，秋糧二斗。東至溝，南至溝，西至山，北至賣主官田。又買唐謀、唐元升田一段，坐落海東里④里十甲黑沖，秋糧一斗七升，價銀三十五兩，田計十坵。東至普家田，南至山頂，西至一剪沖，北至河，河外有田三坵。又買毛翬、毛嘉祉、毛嘉晏田一段，共六坵，坐落海東里六甲，秋糧一升，價銀四兩。東至黃⑤坡墳腳，南、西俱至溝，北至路。又買王秀之田一段，共十八坵，坐落海東里十甲范白沖坝下，秋糧八升，價銀十兩五錢。東至普家田，南至山腳，西至溝，北至白家田。又買毛嘉祉報入歸公田五畝七分七釐，共十八坵，坐落霸⑥心舖大樹沖趙姓墳腳，秋糧一斗五合五勺。東至溝，南至大路，西至小路，北至趙家墳邊。又一坵，坐落漆樹嘴，東至毛家田，南至張家田，西至李家田，北至毛家田。又王秀之田旁開田一坵，毛翬田旁開田五坵。又鄉紳劉兆麟、劉祥麟田旁新墾田二十三坵，范白沖劉田尾開田十四坵，漫坡霸下開九坵。

　　以上共開田五十二坵，尚未議收租。其所買田原收租二十一石，契書文簿造冊存官衙查收。

---

① 《石屏縣志》錄爲"於"，據《石屏州志》應爲"予"。
② 《石屏縣志》錄爲"益"，據《石屏州志》應爲"蓋"。
③ 《石屏縣志》錄爲"西南"，據《石屏州志》應爲"南西"。
④ 《石屏縣志》多錄"里"字。
⑤ 《石屏縣志》錄爲"黃"，據《石屏州志》應爲"紅"。
⑥ 《石屏縣志》錄爲"霸"，據《石屏州志》應爲"坝"。下同。

【概述】碑立於康熙五十三年（1714），州吏目葉世芳撰文。碑文記述葉世芳為官石屏期間，集工疏浚異龍湖海口河河道，修築潰埂，建蓋官房，置墾公田收取水租作歲修費用，訂規章立制度為民興利造福民眾的功績。

【參考文獻】袁嘉穀纂修，孫官生校補. 石屏縣志. 北京：中國文史出版社，2012.9：694-696；（清）管學宣. 石屏州志. 臺北：成文出版社，1969.1：160-161.

據《石屏縣志》錄文，參《石屏州志》校勘。

黃花塲村民呈驗之古碑文

麗江府印堂加一級俞、大理府雲龍州正堂加二級紀錄一次王，"為土豪財勢包天"等事。康熙五十三年① 十月二十七日，奉劍川州正堂李、雲南分守永昌道布政使司參議加一級卜憲牌② 內開："康熙五十三年三月二十三日，楊丐得等告前事，當批劍川州查報。去後，本年五月初九日又據麗江府申詳，亦經批行在案。本年五月十九日，又據劍川州詳請親提審訊緣由到道，隨經差提羅惟馨並行州拘提原告楊丐得、干證李萬登到案，當堂審訊緣由。各供吐等語在案。隨查普天之下，雖云莫非王土，而彼疆此界難容互相侵越。緝逃捕道［盜］，各有專轄。萬一失事，按地處分。是以嚴飭各屬按季報冊，職此故也。今雪邦一山，羅惟馨供稱：隔皮塲村十五六里之遙，而劍蘭又系于山下平原田地中接壤。及悉所呈輿圖，並署麗糧廳告示及劍川州王牧行與羅惟馨印信會照。且楊丐得自閱輿圖：有'雪邦山在這角，皮塲村在這角是真'之供。則雪邦一山，定屬麗江地界確不可移。且鹽路山在雪邦山之南，雪邦山在鹽路山之北，斷無鹽路［山］已屬麗轄而在北之雪邦一山從中突屬劍川者也。但不設立界趾石碑，異日終萌爭奪，今行專委查立為此碑。仰該州史照碑事理，文到即便細繹卷案，移行劍川牧、麗糧廳並蘭州土舍③ 親臨彼地，逐細踏勘形勢，秉公確查，於分疆處所設立劍蘭界趾一碑，仍以嚴［鹽］路山南北為界。劍屬皮塲等村人民不得越界砍伐侵奪，紊亂舊治以滋釁端。其嚴［鹽］路山之南任從劍民芻牧④，羅惟馨不得擅行霸阻。至北江一水分流之小溝，惟馨照放，以資灌溉。其余全江下流之水，悉聽劍民滋潤田畝，惟馨不許阻塞病民，仍將所立界碑印刷碑模，並取二比遵依，一並具文報導查考立案。該州係屬兩地鄰封，無得偏徇⑤ 違延，致干再委查勘未便。計發原卷一宗，輿圖一張，仍交"。

領袖：李盛榮、李福華、李福壽、李開才等同立。

康熙五十四年三月十五日遵奉立碑

---

① 康熙五十三年：1714 年。

② 憲牌：舊時官府的告示牌或捕人的票牌。

③ 土舍：土司的屬官。

④ 芻牧：指割草放牧。語出《左傳·昭公六年》："禁芻牧采樵，不入田。"

⑤ 偏徇：亦作"偏狥"，偏私曲從。語出《元典章·刑部十五·問事》："事有偏狥，理宜糾治。"

【概述】該碑立於康熙五十四年（1715）。碑文記載康熙年間，為了平息劍川、蘭坪兩地民眾之間的水利糾紛，官府親臨該地踏勘查明後，制定了爭訟雙方用水灌溉的相關規定，并於分疆處勒石立碑的詳細情況。

【參考文獻】蘭坪白族普米族自治縣人民政府．蘭坪史料集拾遺．內部資料，1994.8：78.

修東山河記

王迪吉

　　玉湖河[①]在東山南，周三里許，受研和諸山澤，出梁海村，行山際中，至河西[②]碌碑鄉，入大溪。夏秋雨潦，田禾常溺，以湖小不能容受，洩口平狹，故也。山流湧激，沙石并下，洩口日就淤塞，近湖民少力難自任。明季申請三院，照昆陽海口例，每三歲發研和一鄉夫，并河西碌碑鄉濡及其田之夫，共相修治。著爲令康熙壬申、丙子、己卯，州三給示，於孟春[③]興工，迪吉[④]父子監之。約長二里許，積久不治，雍遏倍常。乙未迪吉請於州牧任公中宜，批准[⑤]往例行水流暢，達無淹沒之患。然玉湖瀦水，旱可以蓄，潦可以洩，人[⑥]爲稼穡之資，惟[⑦]沙泥漸漬，湖身或至平滿，爲患恐不止湖畔數屯也。在今日以疏口爲沛流之計，若異日則又以瀦身爲探本之論也。

【概述】碑存玉溪市紅塔區研和鎮東山村。清康熙五十四年（1715）立[⑧]，王迪吉撰文。碑文記述了東山河的修治情況，涉及兩縣按水流受益出工修河及定期修治諸事。

【參考文獻】梁耀武．玉溪縣志資料選刊·第一輯：歷史大事記述長編．內部資料，1983.7：85-86；陳寶貴．東山土司．昆明：雲南人民出版社，2014.1：84-85；鳳凰出版社等．中國地方志集成·雲南府縣志輯26：道光澂江府志、乾隆新興州志．南京：鳳凰出版社，2009.3：607-608.

　　據《玉溪縣志資料選刊》錄文，參《乾隆新興州志》校勘。

---

① 《玉溪縣志資料選刊》多錄"河"字。
② 《玉溪縣志資料選刊》漏錄"縣"字。
③ 《玉溪縣志資料選刊》錄爲"孟春"，據《新興州志》應爲"春孟"。
④ 迪吉：即王迪吉，時任新興土州判。
⑤ 《玉溪縣志資料選刊》錄爲"准"，據《新興州志》應爲"照"。
⑥ 《玉溪縣志資料選刊》錄爲"人"，據《新興州志》應爲"大"。
⑦ 《玉溪縣志資料選刊》錄爲"惟"，據《新興州志》應爲"唯"。
⑧ 據《新纂雲南通志》記載："修東山河記：土州判王迪吉撰，康熙五十四年乙未。在玉溪縣碌碑鄉。見岑《志》。"（劉景毛、文明元、王珏等點校：《新纂雲南通志·五》，403頁，昆明，雲南人民出版社，2007）

修東井記

東井創自建城之初，載在郡志，名曰禮井，俗名水井殿。重修於嘉靖十四年[①]，客民捐修，有人爭占，具呈立蒙委、捕廳[②]勘訊。示諭：井外禁止擺鋪，遮攔陰滯，汲水道路井四至，除香火鋪外山牆，理合遵諭，勒石以垂永久。

大清乾隆十六年辛未仲冬月郡紳

【概述】該碑立於乾隆十六年（1715）。碑文言簡意賅地記述了東井的始建、重修、相關規定等情況。

【參考文獻】許儒慧. 遺留在建水碑刻中的文明記憶. 昆明：雲南人民出版社，2015.11：65.

重建永濟閘記

吳寶林

水利之有關於民生也，大矣。然欲其有利而無害，惟在乎蓄洩之得宜。而蓄洩之方，莫大乎建閘以時啟閉，而使之旱澇有備也。按晟志載：縣治東四里，三泉合流出落龍河，水勢低下，故建閘障水。上流以濟東西兩河村落之田畝，其所由來舊矣，無何歲久傾圮。自戊辰己巳以來，迄今三十年僅有大壩之名，而無蓄洩之實。即如癸巳秋霪雨不止，而大壩水漲，淹沒上下古城民房、田禾不可勝數。乙未[③]秋，余來攝縣，而田禾缺水，民以爲憂，因與邑之紳士咨訪利弊，遡流窮源。見夫滔滔者，盡流入海，即大壩隱有閘形而已成土坑，坑之上所植木已拱矣。噫，此民居之所以沒，而田禾之所以涸，豈非由於無蓄之而洩之者哉。思欲重建而時際荒歉之，後計及民力民財輒欲中止。既復慨然曰：煦煦之仁何以興百世永賴之利。乃與諸紳士耆老從長計算，每田一工，約出銀一分五厘，以備石料，其夫役則出之煙戶。於是捐俸命匠鳩工，經始於康熙五十四年十一月，落成於五十五年三月。蓋以其農隙也，時武林蔡君輔臣適河工效力來任尉事，精於脩治舉，經營籌度，悉賴其力。而鄉薦諸君子襄事者，亦靡不竭力董勸以底厥成。其民閒之供力役，而出財賦者悉皆均攤，并無偏累以及包攬侵漁之苦。余顧而喜曰：是不可以無記也。夫天下事，經始不易，圖終亦難。茲役也，力出乎民，

---

① 嘉靖十四年：1535 年。
② 捕廳：清代州縣官署中的佐雜官，如吏目、典史等。因有緝捕之責，故稱。
③ 乙未：即康熙五十四年（1715）。

財出乎民，而民踴躍從事歡忻鼓舞，不日成之，是豈可以無記也哉？從此因勢利導，蓄洩得宜，行且歲書大有，民樂豐年。卽或稍有傾圮，可以不時脩葺。所謂有利無害有備無患者，非是之謂與。至於閘之舊制，考之從前，未免因陋就簡，故屢建屢廢。今特從其堅厚久遠者，閘身石計三丈，迎水石二丈，送水石五丈，皆備載之，以垂永久。若夫水分東西，界至斗南村、羅家營止，昆明之矣苴堡不與，皆關緊要，例宜并書。是為記。

【概述】碑立於康熙五十五年（1716），吳寶林撰文，全文計618字。碑文記述康熙年間前嵩明州知州吳寶林署呈貢縣，見大壩傾圮，允眾稟請，按田捐銀，重修永濟閘并刻石立碑之事。

【參考文獻】林超民等．西南稀見方誌文獻·第29卷：呈貢縣志（清光緒十一年刻本影印）．蘭州：蘭州大學出版社，2003.8：337-338.

據《呈貢縣志》錄文，標點為新增。

重開水峒記

孟以炤

　　鶴慶界接吐蕃，天子置郡守，又設鎮臣，操鑰茲土，軍儲民食，皆仰給焉。而民多就濕為田，歲一淫雨，漾工河水，坪鋪漂沒，勢擬懷□。雖軍儲亦將□諸水濱，又無問民之酌，清波而不飽也，予甚憂之！乃舍視事之暇，考圖志，度地形，始知漾河源出雪山，積乃溢，溢則汛，駛奔注象眠山，是而導之尾閭①，是為江尾而峒也。西有銀河，勢高下趨，下力尤猛，決而銀河以上，如落鐘橋、瓦窯頭諸水往往乘山泉漲溢輒湧沙滾石，與漾河會。漾河既曲折緩瀨，而泉流復湍激，泥淤其中，沙漸嗌此，郡所以多漂沒也。奈上溝者，不事疏淪②，利其地而兼併之，私植麥禾，隱滅洩水石穴近百餘孔。其未經漂沒者，漁人又於春初時，壅孔置笥③不撤，集沙成洲。每當橫流暴至，遂魚鱉我赤子，受灌我城郭，而曾不一動其心，由來久矣。豈知水之故道猶在，而漁人貪幾微之利，貽禍田畝；姦夫逐升斗之需，嫁災里社④，使今不理，將來者而為淵且不可郡，是誰之咎？於是，商其事於總鎮郝公。公善甚，乃各捐俸，募人尋當年故道，為之搜剔坊壤，剪焚樹石，得石穴七十餘所。而尤緊要者為四流峒，峒稍大，獨受西北悍勁諸水。估餘孔，洩淫潦，伏流百二十里，入金沙，東注於海，而耕者、居者得免於沼。今而後，庶可以安民供軍儲也哉，然天下事不患其難而患其易壞。從來賢智之為民捍大災、興大利，遺跡彰彰可考，倘繼起者皆如始作之心而不聽其廢，民□□令受其賜矣。

---

① 尾閭：傳說中海水所歸之處。《莊子·秋水》：“天下之水，莫大于海，萬川歸之，不知何時止而不盈；尾閭泄之，不知何時已而不虛。”後比喻事物歸宿或傾泄之所。
② 《鶴慶碑刻輯錄》錄為“淪”，疑誤，據文意應為“瀹”。
③ 笥：一種盛飯食或衣物的竹器。
④ 里社：借指鄉里。

故襲□載言以告後之來守者，知水非多其孔，則下流不能洩，隱滅者之宜禁也。□□□西北橫流之泥沙，則上流不能淤，搜剔者之宜勤也。民生攀焉，國計關焉，寧不能不望諸同志者哉！

康熙五十六年丁酉歲仲呂月吉旦

中憲大夫知鶴慶府事孟以炯撰

鎮守雲南鶴慶、麗江等處地方、控制漢土官兵總兵官：郝偉

督撫通判：佟鎮

鎮標三營遊擊：夏因唐、劉文耀

署鎮標中軍卯務、提標後營遊擊：王之臣、楊勳

後補通判：劉富國、陳奇德

三營督工把總：何元、張大義

三營守備：尚振侯、姜忠臣、陳德明

三營千總：李君賢、王錫魁、李可林

把總：王朝美、高旭、楊建忠

傳宣守備：劉學魁、藺完璧、閔師騫、高岱

儒學教授：鄒啟孟；儒學訓導：張宿煜

武舉：李儀、洪略、付榜、楊懷晉

貢生：李芳、楊龍光、屠經歷、□汝祥

在城驛之丞：田生惠；生員：段文蔚

鄉官：楊光暌、楊昭

舉人：李雲龍、楊萬春、趙廷璽、寸心信

八圖鄉約①：寸心信、楊申金、莫紹倫、趙部諸、張興文、董增玉、寸魁甲、張鴻抱

捕役：趙鐘保、趙廣受、張立根、張升發、施得全、王普玉、楊堅從、楊方慶

【概述】碑原存鶴慶縣金墩鄉水洞寺內，經實地調查，惜現已不知去向。清康熙五十六年（1717）立，孟以炯撰文。碑文記載：清康熙年間鶴慶壩區因漾工河河道泥沙淤積，雨季屢遭洪澇災害，鶴慶各級官吏捐俸興修水利，并對"隱滅"水洞、毀壞水利設施的行為予以嚴禁。碑文後附有當時捐俸集資的文武官員名錄，該碑對研究白族聚居地鶴慶水利建設史有重要的參考價值。

【參考文獻】張了，張錫祿．鶴慶碑刻輯錄．內部資料，2001.10：200-201；國家民委《民族問題五種叢書》編輯委員會，《中國民族問題資料·檔案集成》編輯委員會．中國民族問題資料·檔案集成（第5輯）：中國少數民族社會歷史調查資料叢刊·第85卷．北京：中央民族大學出版社，2005.12：484-485；張公瑾主編；國家民族事務委員會全國少數民族古籍整理研究室編．中國少數民族古籍總目提要·白族卷．北京：中國大百科全書出版社，2004.11：59.

據《鶴慶碑刻輯錄》錄文。

———

① 鄉約：明清時鄉中小吏。由縣官任命，負責傳達政令，調解糾紛。

龍鳳屯水利訟案曉諭碑

　　雲南等處承宣布政使司布政使、紀錄二十六次毛，為立頒天示，一視同仁，急救民生，急解倒懸事。康熙六十年①五月初九日據昆明縣申訴，康熙六十年四月二十三日奉（一行）本司憲牌前事內開。康熙六十年四月十六日，據嵩明州龍鳳屯民劉嘉英等四十二戶稟前事，稟稱蟻等前控，青天俯賞追圖查驗一案，蒙批侯送圖照大案，到日再奪。今已日久，可（二行）否詳到天臺？茲值立夏，民事難緩，農事失時，拖累日久。昨追控，臬主洞鑒，恐蟻捏律，府主偏徇。即委昆明縣主於本月初八日親臨彼地，觀山閱圖，至掘咽汪州主立平水之處，毀（三行）壞古制，諭令即塞［基］步至關聖行宮，拘齊兩造，吩咐鄉耆葉應貴等聽知：茲本縣替爾等詳定日期，自春分至夏至，候龍鳳屯栽插完日，餘水上滿下流，永不更張，以絕訟端等語，是以（四行）蟻等備錄縣主斷看情由，據實報明大老爺批示，給照勒石，以垂永久，以除後患。眾姓急務農業，國賦攸關。為此，粘報明，今將縣主奉委勘斷水源，略節開後云。至恐縣主面是心非，備（五行）錄報明緣由，具稟到司，隨批檄行。該縣將勘明緣由，備敘具詳定奪。除批示外，撮合就行。為此，牌仰該縣官吏，遵照牌內事理，文到即將該縣勘明緣由，遂一備細分晰，敘具委詳，申司（六行）以憑閱奪。毋得徇庇，慎速火速等因，奉此。該卑職遵奉憲行事理，遵查此案。先于本年四月初三日奉本府信牌內開為沉冤莫訴，祈天親提，急救群生事。本年三月二十七日蒙（七行）按察使司批據。嵩明州龍鳳屯民周建魯、周文品、鐘占袍、劉萬言、黃連元、鐘天培、鐘天林、周弘學、鐘天順、劉智、劉士英、劉瓚、周天佑、鐘天奇、夏天培、鐘天弼、鐘天錫、鐘發英、劉明英、周世有（八行）、劉萬忠、劉漢英、劉金英、周文科、劉大成、周弘一、鐘天助、鐘天鳳、劉廷英、鐘呈王、劉義、鐘印章、周小六等訴前事，訴稱竊蟻等上年十月赴劍川投鳴，千里飛報一案，已據該州詳報，批（九行）府嚴審矣。哭思蟻村四十餘戶，軍民田三百餘畝，民壯三名，全村人畜，生靈幾百。每到布種，只此山浸滴水，僅足人食，救秧水只有手杆粗一股。自漢武至今，原無更異。前於三十壹年②遭（十行）印國珍糾黨挖閘，蟻等盡圖，錄節當鳴，馬州主踏勘批給執照，迄今二十九載無人敢紊。去年三月仍遭土豪印國珍鳴鑼糾眾三百餘人歃血，將蟻命水咽喉撅斷三四十丈，即投（十一行）州主，委廳看驗。吩咐："爾等有何古據？"蟻等將圖照獻交，廳主只說是為民做主，誰曉套挈佔據，隱匿詳州。州主又親詣看驗，立壓，將水分為兩斷，蟻等不依，已經歇息。忽於九月二十二（十二行）日，珍子文賢恃州門生，彌縫夤緣③，具請州照，杜有志將周文煌不在珍告之內，無辜鎖去，勒要鋪堂銀兩，登時逼刟，因水致命當投州主在案，投鳴青天，已據州詳，批府嚴審矣（十三行）。府又批州，延

---

① 康熙六十年：1721 年。

② 三十壹年：即康熙三十一年（1692）。

③ 夤緣：本指攀附上升，後喻攀附權貴，向上巴結。

今本年正月二十五日，不逐一研審真情，開言折斷，連人詳解。府主已於二月初十將命水分斷窮究，各吐真情。府主吩咐，水小仍照古規，不得紊亂，命案詳覆（十四行）臬憲定奪，各回安業。蟻等見國珍買囑三屯數十餘人，光棍陳三才、劉運等捏詞各憲，妄誑蟻敢寧死，束手聽斃。又恐府照州詳紊規殺命，故此日夜驚惶，況又討保緊守，度日如年。土豪□（十五行）伊逍遙，不得不哭叩青天，為國為民作主，親提鞫①究委員驗，急救沉冤，追還圖照，萬世遵守，律除土豪，致令蟻等國賦民生兩有攸賴矣。如再懸案，去歲天旱無收，必生其業，無生（十六行）有日。為此，□圖照票，哀哀上訴，印國珍、印文賢、杜有志、陳三才、劉運、印小四干證，杜有志差票等情，蒙批雲南府委員確勘，妥議詳報，蒙此。同日又蒙本使司據該州民楊起才（十七行）等具訴，訴為借命圖騙，籲天電究冤枉事雲至等因，蒙批仰雲南府並議詳報等因，蒙此合行專委。為此，牌仰昆明縣官吏，遵照牌內奉憲批委勘事理文到，即便單騎前往嵩明（十八行）州，迅速將所訴之溝察勘明白，會圖妥議，詳報本府以憑核轉。事關憲批，委勘毋得徇隱偏袒違延，有負委任至意，慎之，速速等因。奉此，卑職遵於四月初九日，單騎親□水源處所。眼（十九行）同本處村民人等，逐一看驗。其水所出無多，歷龍鳳屯田地一里許，下至四營、黃泥屯、龍喜村地方俱賴灌溉，理應上下均分。但農種秧苗為重，細查四營、黃泥屯、龍喜村三處濱海（二十行），傍海種秧，且黃泥屯獨有龍潭、不患無水，間有旱秧，資灌不多。惟龍鳳屯一處，秧田俱在山谷間，非資此水灌溉，別無所望。且龍鳳屯居上，三村居下，涓涓細流，有此無□合無。卯請（二十一行）憲慈□春分後至小滿六十日內，光［先］取龍鳳屯人灌溉秧苗，不許別用，如有餘水及遇雨，則又令波及下流，不得獨擅其利。其余日，則上下中分，或立水平，或彼此輪流。如此則於低昂之（二十二行）中，似不失人情物理之宜。至於畫圖，兩造所呈並無差錯，並呈驗。不復多贅，可否允協？伏憲裁查核轉詳，批示遵行。計呈驗圖二張等，因申詳本府，轉詳臬憲在案。茲於五（二十三行）月初五日，本府信牌轉□臬憲批，據本府申詳前事。奉批仰速飭嵩明州將昆明縣議詳之處秉公，盡一定議取具，兩造遵依，一併詳報，毋得偏執干咎。敬奉此令，奉憲檄行（二十四行）查，卑職遵將勘明，詳批緣由，合就照案備錄，申詳請祈憲台府賜查核，批示遵行等因申詳到司，據此合行出示曉諭。為此，示仰龍鳳屯軍民人等知悉，即將□□告示，遵照昆明（二十五行）縣所議，自春分後至小滿六十日內，令龍鳳屯人灌溉秧苗，不許別用。如有餘水及遇雨，務使波及下流，不得獨擅其利，以杜爭訟之端。仍行勒石，以垂永久，毋違特示（二十六行）。壽國庵住持僧法宣、法山等九、十一月積放閘水（二十七行）。勅②賜狀元及第、署理雲貴總督部院、貴州提督軍門、加三級張批仰雲南府速審詳報。巡撫雲南兼建昌、畢節等處地方贊理軍務兼督川貴兵餉、都察院右副御史加三級楊批：仰（二十八行）按察司會同糧儲道，遵照前案秉公確議，即覆劉智等詞，並發雲南等處提刑按察使司按察使、加二級紀錄十次金批，仰雲南府委員確勘妥議詳報（二十九行）。督理雲南通省民屯、糧儲、水利道加級李批，事關水利，批查已久，該州漫不審理具詳，殊見藐視民生，仰即速為妥議具報。雲南府正堂、

---

① 鞫：審訊，查問。
② 勅：同"敕"。

加三級紀錄六次韓，委昆明縣正堂加二（三十行）級朱親臨踏勘。廣西府師宗州正堂、署理嵩明州印務、加三級汪（三十一行）。

康熙六十年閏六月二十九。右仰通知發龍鳳屯上楊、下楊二五軍，余遵奉勒石碑記（三十二行）。

【概述】碑存嵩明縣牛欄江鎮腰站村龍鳳寺內。碑為青石質，高 140 厘米，寬 67 厘米。碑陽上部楷體，陰刻"永垂不朽"4 字，每字約 5 厘米×6 厘米；碑文楷體，陰刻，文 32 行，滿行70 字，計約 2100 余字。康熙六十年（1721）立，現狀完好。碑文詳細記載了康熙年間地方官府審判龍鳳屯水利訟案的始末及最終判定結果。清康熙三十一年（1692）土豪印國珍糾眾挖閘，引起糾紛。經嵩明知州馬偉遠判斷，批給執照，依古制執行。康熙五十九年（1720）印國珍又集眾挖斷水溝三四十丈，引發了龍鳳屯、黃泥屯、龍喜村的水利訟爭。被廳主"套摰古據，隱匿詳州"，後造成命案。龍鳳屯村民上訴于督、司、府各衙門，後由雲南布政使司批轉雲南府，府責令昆明縣官吏實地勘察，提出處理意見報雲南府，雲南府批准"自春分後至小滿六十日內，令龍鳳屯人灌溉秧苗，不許別用。如有余水及遇雨，務使波及下流，不得獨擅其利，以杜爭訟之端"，并出示曉諭，勒石以垂永久。

【參考文獻】嵩明縣文物志編纂委員會．嵩明縣文物志．昆明：雲南民族出版社，2001.12：135-139.

板橋造涵洞勒碑序

朱若功[1]

辛丑[2]之夏，亢暘為患。昆明舊有潭水，傍列龍神廟，凡十餘處，祈禱多應。各憲委屬員代禱，予得板橋之龍泉、黃龍二祠。維時驛丞金君式銘謁予，旅次詢及地方利弊，云：此處有寶象河，資灌甚廣，然溝渠易淤。有老人朱大庸殫力經理，今年八十餘矣，可謂有功於人者也。日前，捐金命大庸催工車注，欲於河內築一暗溝，使點滴不洩盡歸田畝。然所費不貲，奈何？予因促騎往觀，果見河面無水，掘地數尺則源源不竭。若橫河築一涵洞，更濬溝七八尺許，截河底之水引入溝內，則十餘里皆成沃壤。予家有清溪，唐時倉部公徐諱喬者，用是法灌溉田數百頃，至今尸祀。金君之心，即倉部公之心也。歸即白之，各憲促金君及大庸為之，

---

① 朱若功（1667—1736）：字曰定，號勇庵、學齋，浙江武義縣人。清康熙三十八年（1699）舉人，四十八年（1709）進士，五十八年（1719）任雲南府昆明縣知縣。雍正二年調任呈貢知縣，雍正四年（1726）辭官歸鄉。乾隆元年（1736）病逝。（金作武編著：《清官朱若功》，96-99 頁，上海，上海人民出版社，2014）
② 辛丑：康熙六十年（1721）。

不逾月而功成。予惟民閒農事，惟水最急。板橋有河水，以故旱乾之患常少，然未有計及於涵洞之善者也。不事車戽之勞而滔滔不窮，一勞永逸，其功當與倉部公同不朽矣。予待罪於茲，碌碌無所建立。金君無民社責，乃能爲功於人，如此是豈可以俗吏目之也哉。因信筆而爲之記，使後之人不忘其所自云。

【概述】碑立於清康熙六十年（1721），朱若功撰文，全文計 361 字。碑文記述了康熙年間板橋旱情嚴重，昆明縣知縣朱若功親勘踏訪，并令驛丞金式銘與朱大庸修造涵洞、疏通溝渠、造福民眾之功績。

【參考文獻】林超民等.西南稀見方誌文獻·第 29 卷：呈貢縣志（清光緒十一年刻本影印）.蘭州：蘭州大學出版社，2003.8：346.

奉本州轉奉糧儲道碑記

新甫鄉上下牟溪沖士民姜文浩、姜倬雲、姜文洋、姜文淵、李恒昌、李福、李忠、姜文泓、秦藩、姜讓等稟，為籲懇天恩，嘗准遵斷勒石，以垂□□（一行）久事。

情緣生等牟溪二屯，田地高亢，苦無龍泉，幸有箐內沙浸小水，自洪武滇沐氏屯田，先人相其形勢，捐金釀米，延請工匠掘山鑿石及（二行）開挖水溝二條，救濟二屯田畝。迨至崇禎年間，河底稍深水不能上，復掘石改溝於上。至順治年間，河底漸深，水不能上，又掘石改溝於上。及（三行）至康熙二十九年[1]，河底更深，水不能上，又復掘石改溝於上。憶其創始及更改數次，所費難以數計。其水歷古以來，原系牟溪二屯輪放，與桃（四行）園毫無干涉。況桃園有龍泉三處可放。生[2]二屯僅此沙浸小水，豐年猶可救濟秋苗，旱年難於播種栽插。

前於三十七年，陡有武生楊廷獻等（五行），不思歷代開拓之苦，妄欲坐享其成，糾黨歃血，以城牆腳下萬曆廢碑為憑，刷其碑文妄控於前任蔡州主，已蒙勘踏審明，毫不與桃園分（六行）放。

至六十一年，廷獻等不改故習，仍以萬曆廢碑為憑，捏詞控告天台。蒙恩親臨踏勘查閱碑文，原無牟溪一人姓名，且出備豬酒買路（七行）開溝數語，事屬牽強。蒙剖斷明晰，毫不與桃園分改，已經銷案。

不料廷獻等恃刁健訟[3]，復赴控糧儲道李大老爺台前。蒙批天台查報，復（八行）蒙審明轉詳糧儲道台前，蒙批銷案，恩同再造，生等感戴無慨。

---

① 康熙二十九年：1690 年。
② 生：姜文浩等的自稱。
③ 健訟：《易·訟》："上剛下險，險而健，訟。"孔穎達疏："猶人意懷險惡，性又剛健，所以訟也。"後人誤將"健訟"連讀，用以稱好打官司。

弟①恐官有升遷，吏有更換，案卷失迷，日久難稽，廷獻等復萌故智，不得不籲（九行）懇天恩，嘗准遵斷抄錄看語批詞，勒石以垂永久。俾天台之恩德並垂不朽，桃園士民永不得爭訟矣。為此，連名具稟，等情。奉批准其抄（十行）案，遵斷慨石，永為遵守可也。

奉（十一行）本州正堂加一級紀錄七次陳，轉奉（十二行）雲南督理屯田糧儲兼管水利道按察使司僉事加三級紀錄一次李批，據楊廷獻等，告為豪衿糾黨事。除原詞不錄外，奉批桃園屯水□□（十三行）利，自本朝以來，系何如放法？仰新興州查報，農忙之時，且不必拘人，等因。奉此，蒙本州太老爺將兩造士民細加嚴訊，各供吐在案。

除口供（十四行）不錄外，將本州看語抄錄：卑職隨即單騎前至控爭處所，巡流逆源逐一考查，看得牟溪沖與桃園相隔由州往嶍峨通衢一路，牟溪沖居（十五行）路左，桃園居路右。牟溪沖所用之水，乃從東南一帶山箐合併而出，上流原自無多，該牟溪士民以溝頭合併之處，鑿山通疏綿互數里引入（十六行）上下二屯田地，以滋灌溉。計其創始經營頗費人力，且一遇旱年，牟溪沖盡成赤土一片，與桃園高亢無異。則此水之在牟溪沖，得之甚艱，而（十七行）其為利亦無多矣，又焉肯以此最難得之水，甘心復由路左之己田，而分及他人路右之田耶？再查康熙三十七年②間曾經互控之說，並無卷（十八行）案可稽，亦末曾③准與桃園分放。查牟溪沖現用水之溝乃系由下而上，盤旋曲折，鑿山掘石不知幾費經營而後得此。今桃園之人必欲舍本（十九行）分之功，而坐享他人之成利，其偷情貪懶之習，既不可縱而狡猾譎詐之謀，更不可長是。以卑職斷令牟溪沖自引之水，仍系牟溪沖輪放，桃（二十行）園不得過而問也。

卑職身任地方，桃園、牟溪均屬子民，何分厚薄？而楊廷獻等不遵州斷，捏詞上控憲轅，其為刁抗多事，可概見矣。況今歲（二十一行）雨陽時若，桃園、牟溪素稱高亢之區，除蕎豆地土之外，俱已栽插無餘。而該生等急赴憲轅控訴者，不過借此以鼓感④鄉愚，希圖開銷盤費（二十二行）。州民狡黠之風，行將自此而起。幸奉憲臺燃犀⑤之燭，奉批桃園屯水利，自本朝以來系如何放法，廷獻之奸謀譎計，業已魂褫膽落矣。本（二十三行）應將詞內好事諸人，分別戒飭責警，姑念農忙從寬，將為首之生員楊廷獻發學記過。倘仍健訟不休，另行嚴提究擬詳報。緣系奉批，且不（二十四行）必拘人，又先經卑職審訊之案，相應備錄供看，呈明憲臺查核應否銷案，抑或俟開訟後，再加研審詳報。卑職未敢擅便，伏侯⑥批示遵行。（二十五行）詳明在案，蒙糧儲道大老爺李批，既經審結，戒飭在前，准其銷案可也，此繳。

奉此，鐵案如山，楊廷獻等焉敢再架屬樓，捏詞越控，妄生（二十六行）覬覦者乎？特遵奉勒石，凡我二屯父老子弟世世永為遵守。所有開定溝壩，輪水隨田因糧均放，不得紊亂掘挖，因立石以志用垂不朽云。至（二十七行）於下流沙浸小水，自上牟溪沖下壩以下，

---

① 弟：古同"第"，但。
② 康熙三十七年：1698 年。
③ 末曾：應為"未曾"。
④ 鼓感：應為"鼓惑"，意為鼓動，煽惑，亦作"蠱惑"。
⑤ 燃犀：喻能明察事物，洞察奸邪。
⑥ 伏侯：應為"伏候"，意為俯伏等候。下對上的敬詞。

各有溝壩輪水，順序而放，業有定規，原無紊亂掘挖，因並志之，以垂不朽，早晚不得邀切水尾（二十八行）。

　　康熙六十一年[①]歲次壬寅十月十八庚午吉旦，上下牟溪沖士民人等同立（二十九行）

　　【概述】碑存玉溪市紅塔區上牟沖文明寺。碑為青石質，高150厘米，寬74厘米，碑額楷書陽刻"奉本州轉奉糧儲道碑"9字。碑文楷書陰刻，刻工精細，文29行、行15-58字，全文計1500字。清康熙六十一年（1722），上下牟溪沖士民人等同立。碑文詳細記述了官府處理牟溪沖與桃園水利糾紛案件的過程，以及遵斷勒石的緣由，并刊刻了新興州官對此案復查處理的報告、雲南糧儲兼管水道按察使司的批復。

　　【參考文獻】玉溪市文化局. 玉溪市文物志. 內部資料，1986.5：76-81.

河頭營新造義船碑記

竇若斗[②]

　　粵自白馬西來，人多佞佛。故武帝搆精舍，則云獲釋愆尤；太后建虹橋，而云脫離苦海。此作之前者，班班可考；而修之後者，應亦無窮矣。然中峯嘗云：善之在一剎者，其功小；善之利一國者，其功宏。仁人具欲立欲達之願，存利物利人之心，志不可斬於小，而事必圖其大。吾匡大河，發源曲陽，逶邐陸涼，北自河頭營入邑，而環繞匡城，人民殷富，有自來也。然大渡小渡，地經通衢；巨商大賈，往來絡繹。其募建橋梁常易。獨河頭一渡，地限南北，應接甚廣，所過者，皆擔柴負米，化居貧窶之人。舊日，民和鄉[③]善士薛、王二公，設立義船水壩，以濟往來，眾甚便之。特是三春之時，則負擔舒徐，優游讓路。若夫隆冬冱寒[④]，街場輻輳，車馬喧闐[⑤]，則咸思急渡，望洋興嗟。思興梁而無術，比比矣。廷選吳公輩，目擊情形，籌度庀材，釀金聚穀，不避艱辛，慨然溥[⑥]濟。其成功也甚難，而用力也甚瘁。始於秋季初旬，落成於孟冬望五。自此而如砥如矢，永無褰褰[⑦]之勞，轂擊肩摩，常履坦平之道，功顧不偉哉？尤慮每歲一修，終或久而廢也。因問引於余，以壽諸石。余曰：此誠善之大而功之宏者，首事之勤，贊襄之雅。皆不可泯泯於後也。諸君嗣此，尚慎終如始焉，則廣濟之施，實與水而永利也。

---

① 康熙六十一年：1722年。
② 竇若斗：宜良人，字天樞，康熙丙午（1666）科舉人，性好施與，捐租以建義學，制衣以濟貧人。
③ 民和鄉：舊日，凡路南縣而今歸屬宜良縣所轄之地，由北古城以進北至九鄉，皆為該縣之民和鄉也。
④ 冱寒：閉寒。謂不得見日，極為寒冷。冱：閉，塞。
⑤ 喧闐：亦作"喧填""喧嗔"，喧嘩，熱鬧。
⑥ 《宜良縣志點注》錄為"溥"，據《宜良縣志》應為"博"。
⑦ 褰褰：飄舉貌。

【概述】碑已無存，據考該碑立於康熙年間。碑文記述了康熙年間鄉民吳廷選捐資聚眾，歷盡艱辛，新造義船為民解困之善舉。

【參考文獻】許實輯纂，鄭祖榮點校. 宜良縣志點注. 昆明：雲南民族出版社，2008.11：303-304；（清）袁嘉穀修，許實纂. 宜良縣志（民國十年刊本·影印）. 臺北：成文出版社，1967.5：231.

據《宜良縣志點注》錄文，參《宜良縣志》校勘。

建瀛仙亭[①] 碑記

楊國正

　　蒙邑荒徼也，四維皆山，赤土百里，獨東南稍缺。有法果一泉，離城六十里許，陽山數重艱於濬導。過此境者，常懷草宅之憂，泣斯邑者，徒地土滿之患。明時，太守錢公、邑侯唐公決草湖為堰，積其土為三山，以儲灌溉而培風脈。其後，因有微澤，人文蔚起。第泉非有源，旋盈旋涸也。幸值王公諱來賓字爾嘉者，世籍襄平簪纓世胄[②]也，而公清廉仁愛、洞悉治體，出守阿迷惟以鋤奸，為國剔弊為民為憂，柔不茹剛不吐，深得古君子直道、事人之操焉。蒙迷接壤，相去百有餘里，嘗聆其德教而想慕其行事。庚午秋，攝篆於蒙，興利除害而魑魅潛消，政簡刑清而民物安阜，不粉治、不市恩、不受貨、不炫名，譬如泰山喬嶽，不見其運動而功利之及於物者，不可以數計而周知。每於朔望，屬其士民詢及法果一泉，毅然以為己任，捐俸鑿山二千六百餘丈，其水如瀑萬斛珠璣，引入平原瀠洄學海，波光隐曳雲漢泮海，煥乎。文章且憂北方洿下洩而難收，於城南築隄數里，如長虹臥波，赤地澤國。望之，令人心志豁然，有舉步瀛洲之想。合邑士民無以感公，作亭水中，誌公之功德不衰，使後之食德沐澤者，咸興伊人宛在之思。公曰：否否，此爾民之作也，我何與焉。乃命其亭，曰：瀛仙[③]。且冀後之人文蔚起者，當不亞瀛仙學士。噫夫，以公之德之厚如此，乃不居其功，而以名吾亭，是何其期於士民者，益深且厚乎。嗚呼！蒙邑之父母斯民者亦多矣，求如公之深心民事開泉築隄者幾人哉？以故，公攝蒙三月，上憲復委別篆。士民擁塞城門哭道保留，

────────

① 瀛仙亭：現名瀛洲亭，坐落於蒙自南湖之濱，為木結構三重檐攢尖頂正六角亭。亭高22.4米，六邊形彌座台基高1.17米，邊長6.6米，占地面積112.86平方米。該亭坐南朝北，結構玲瓏，碧瓦紅柱，畫棟飛檐，風姿挺秀。清康熙二十九年（1690），阿迷州知州王來賓代理蒙自知縣時，捐資疏法果泉入湖，築北堤，并建亭湖濱，原取名"來賓亭"，王來賓改其為"瀛仙亭"，蓋希蒙自人文蔚起，不亞瀛洲學士之意。1858年，瀛仙亭毀於兵火。1889年，蒙自紳士周慰徽等捐資重建，更名為"瀛洲亭"，保存至今。（紅河彝族辭典編纂委員會編：《紅河彝族辭典》，345頁，昆明，雲南民族出版社，2002）

② 簪纓世胄：指世代做官的人家。

③ 瀛仙：神仙。對別人的敬稱。

吾民復受其德者數月。人曰：此異事也。吾曰：非異也，要出於心之誠，然發於情之不容已耳。蓋赤子之於父母也，一有所失，出則銜恤入則靡至者，天性然也。今公愛民如子，而民猶有不如子之失父母者，未之有也。是為記。

【概述】該碑由楊國正撰文，全文計603字。碑文記述王來賓在蒙自為官期間，清正廉明，心係民事，捐俸鑿山，開泉築堤，造福民眾的功績，以及民眾建亭感其恩之事。

【參考文獻】（清）李焜．蒙自縣志（全）．臺北：成文出版社，1967.9：137–138.

勒石永遵

謹將我屯先輩所守上下溝輸水公議章程鐵案開後（一行）

且上古之時，祿邑中屯地方，山多田少。於洪武之前，我始祖開荒報墾，有糧無水，若遇天年亢旱，秧苗未生，左右荒蕪。□□□有安寧地界牛廠箐、密（二行）麻龍二箐，龍泉直灌其下，被路溪屯、弓兵村人一再阻截而去，點水無滴。始祖自萬曆告至康熙年來無有決斷，於□□八年，李槐田各（三行）憲轅門投告，任將安甯地界龍泉斷入我屯灌溉田畝，不准路溪屯、弓兵村人一概[1]橫行阻截，大家均霑其水，所以斷為十分均攤。我中屯五村均放（四行）三分，而路溪屯、弓兵村均放七分，以三七規為定，永無更改。康熙二十八年[2]四月內，天氣亢旱，有路溪民霸據上流龍泉，一再阻截，以致中屯五村民韓正（五行）春，以群虎絕命籲天急救倒懸事具告等情，而爭端永杜矣，等因，申詳到府。據此，本府查此案已[3]各上憲批允三七輪放，飭令遵行在案，何□（六行）民、潘潤屢抗不遵，殊屬可惡。但水性自上而下，必雨澤充足，上下田畝皆可無虞，若遇亢旱，上流堵絕，則下村失望。況天下有分土而無分民，兩縣均為□□（七行），何至各存意見，殊屬不合，合行飭駁。為此，牌仰該縣吏，查此丁令詳內事理，遵照牌內事理，即刻會期同祿豐縣、羅次縣，單騎減從，親詣各該村，秉公確勘，勿（八行）致徇私，務將水源期於均霑，從公報奪。倘刁民仍行恃強爭辯，該縣一并解府重懲。轉解以儆，俱毋違延，速速。訴狀人韓正春、章表華、李槐、李如旦、李楷、李□（九行）金等，係祿豐縣中屯五村軍民，連名訴為鐵案難移。復行妄瀆，叩天燭卷，神奸立見。事情因路溪、弓兵二村阻撓水利一案，於康熙二十八年並經（十行）兩院司道批據，本府本縣確審踏勘，詳定三七分[4]，飭令勒石遵守在案。雖歷經四載，每至束[5]作奸惡，仍蹈前轍，阻撓邀截，則三分之中止得其一。眾等含冤無處（十一行）伸，

---

① 《楚雄歷代碑刻》錄為"概"，據拓片應為"漑"。一漑：一次灌溉。亦比喻用力不多。

② 康熙二十八年：1689年。

③ 《楚雄歷代碑刻》漏錄"奉"字。

④ 《楚雄歷代碑刻》漏錄"水"字。

⑤ 束：古同"刺"。

不敢瀆擾至今。陡於本年四月內，被弓兵村神棍何珍等大肆橫豪，水瀝處所起蓋房屋二十餘間，斜連惡少晝夜把守，涓滴不容過界。則三分之定例一旦（十二行）化為烏有，返行控情妄瀆天臺，蒙批羅次關提查報哭。思縣分兩邑，民無差別，分放灌溉均皆國賦，何已定之案復生波瀾。其中之獘總因路溪屯□□（十三行）財豪伊買弓兵村之田，復而連姻，則何珍與弓兵村之人，皆伊同類之親，不過借何珍之名，寔潘潤翻案之計。一旦死灰復燃，孰不知水性自上而下，先由路（十四行）溪後至中屯。居上者虎踞，而在下者安能有涓滴乎？至使中屯之田一苗未插，滿隅流泣，哭聲振地。似此殘毒，律法空懸，勒石枉然，欺天抗斷，案□□□□（十五行）大彰公道，為民作主。剪一救萬，查閱原卷，俯賞親提，委員踏勘，惡焰難逃。天鑒審實，擬詳庚神奸，知有明禁之條，而愚弱之民，庶遭□□□□□□□（十六行）致①盡矣。為此迫情，匍匐叩光上訴本府大老爺臺前，施行被訴潘潤、何珍等。奉批，仰祿豐縣會同羅次縣查照原案限三日內嚴□□□□□□□□不（十七行）得再延遲誤栽插等因。奉此憲行牌內事理，該卑職遵即移會於祿豐縣，於七月十一日，減從會詣於龍泉處所，喚集弓兵、路溪、中屯□□□□□□□，秉（十八行）公同勘驗，弓兵村民何珍所告韓正春越奪水源一案，屢經互告，府縣審明，蒙各位大老爺以三七批先永為遵守取據。兩屯遵依結□□□□□（十九行）違不遵。不料韓正春等於批定三七均分之外，動輒將溝壩挖倒，其弓兵之田全無滴水引之也。卑職等會勘得羅次山，大小二泉合流十餘□。□□□合為（二十行）一股，沿山而行，②至弓兵村山坡，先灌弓兵、路溪二村，後灌中屯，順山溝而流。今卑職等於分為二股，一股之處今許中屯逐年修挖，涓滴□□□□□□（二十一行）截。今兩泉之水盡歸于沿山一股，引至三村均可分灌之處，名曰石嘴，于此設石刻立分水石坪。劃作拾尺，以三尺灌中屯五村，以七尺灌路溪、弓兵□□□（二十二行）晝夜皆放水之時，而不失三七之規。無守候之苦，有灌溉之利，可永息爭水之端矣。至於中屯新開溝道，實係羅次地界荒山荒地，日後弓兵村□□□□□（二十三行）各相先服無辭，除取據何珍、韓正春等遵依存案，相應據實申詳。

申詳雲南府安甯州祿豐縣，為勢豪越奪水源紊制抗粮絕食殺命事。康熙三十二年六月（二十四行）十二日，奉本府正堂張信牌。康熙二十二年五月二十八日據卑縣申詳前事。康熙三十二年四月初五日，奉本府批。據羅次縣弓兵村民戶何一梧、何珍（二十五行）、劉秀儒、李捷芬、李逢春、李自貴、李先陽、楊名軒、宋長才、羅元、羅榮、陳佩、陳蕙、陳忠等訴前事，訴稱云云。為此，牌仰該縣官吏云云等③，奉此，該卑職□（二十六行）遵即移會羅次縣。於七月十一日減從同詣分水處所，喚集弓兵、路溪、中屯等村里老，並原被何珍、劉秀儒、李槐、韓正春、潘潤等，公同勘驗弓兵村民何珍（二十七行）等所訴李槐越奪水源一案，蓋即韓正春、李槐、潘潤等屢經互告，大小二龍泉之案也。也業經府審縣審詳明，各憲大老爺批令三七均分，勒石永遵（二十八行）。取據兩屯遵依，結報在案，何可翻易？祗因路溪、弓兵兩村為移雲換月之計，假以中屯放水必由弓兵村溝道開挖其壩始得下泄，遂

---

① 《楚雄歷代碑刻》錄為"致"，據拓片應為"不"。
② 《楚雄歷代碑刻》漏錄"後"字。
③ 《楚雄歷代碑刻》漏錄"因"字。

謂有妨弓兵灌溉。所（二十九行）以何珍等有越奪水源之控，其實中屯開壩放水止十日內之三日耳，在弓兵、路溪輪放之七日阻塞其壩水盡壅入兩村田畝，處處盈滿，何至以三日間斷輪，□（三十行）涓滴無潤也。會審之時，羅次縣議于三七之中以日時均分者，今改以尺寸均分，向之于團山腦嚮水河設立水閘必由弓兵村溝壩放水者，今改于石嘴□（三十一行）所設立水坪另開一新溝，與中屯放水避過弓兵村溝壩，免致開挖。此于三七之規既無更易，而又兩順民情。卑職亦勸諭^①李槐、韓正春等共相遵從。但此議維（三十二行）善有可慮者二焉，一則堵截之壩難免潰決也。蓋二龍泉之水合流十餘里，其勢浩瀚湍激，順兩山夾行之漕，自然沖成一河，直注弓兵溝壩，下泄中屯，此所（三十三行）上及下水性然也。緣路溪屯田隔一山坡，不能順流引灌，所以古設潘家壩一座，將水分為二股，一股順水之性，聽其自下，一股逼入山足水漕，漾過山坡，灌溉路溪村（三十四行）田，其團山腦石嘴皆此水引注之路也。今止議堵截下流逼入沿山一股，而不將修築此壩利病預為議明。無論洶湧之水勢難堵截，即使滲其一二，堵其七八，□路（三十五行）溪潘潤等曰：此我家祖壩也，不容中屯修築。在弓兵村何珍等曰：此我羅次山界也，不容中屯就近取木取石取土，何以築之□堅。又此壩踞石嘴處所，尚有七八（三十六行）里之遙，一絲羊腸水□隨處偷，一蟻穴便可傾注山溝，流入伊之溝壩，石嘴水坪之設，雖有三七虛名，恐無一分實濟矣。一則新開之溝難免唇舌也。蓋石咀之下原無（三十七行）溝路，今以避弓兵村溝壩之故，議令新開一溝，雖係羅次荒地，原無升合錢糧，却與弓兵村田相去不遠，恐日後藉端阻撓破田之控，不更甚於把^②溝乎。卑職與羅（三十八行）次縣令，弓兵村、路溪屯、中屯三處居民，將設立水坪三七分水及中屯築壩開溝，弓兵、路溪並無阻撓諸事，寫立合同停妥，並其遵依會移立案，始行詳覆。不料刁民（三十九行）何珍等竟不寫立合同，亦無遵依投遞。業經羅次縣一面會稿一面詳申憲臺，蒙批，勒石永遵。卑職曷敢異議，祇是三村之民素性刁悍健訟，恐合同未立，古壩之（四十行）堵，新溝之間^③經成畫餅，又啟日後爭端，有負憲臺均分水利，息訟愛民至意。合再^④叩請憲恩，再繳羅次縣斟酌盡善，立押何珍與李槐、潘潤等三村之民（四十一行）寫立合同，遵依並勒石，分水開溝築壩，一一見諸實事，確然遵依具報結案，庶三七之斷不為紙上空言，兩縣軍民一體均之^⑤利賴矣。為此，今將前由謄具書之珉為具（四十二行）中，伏乞照詳施行（四十三行）。

【概述】碑存楚雄彝族自治州祿豐縣中屯村土主廟內。高127厘米，寬98厘米。碑文直行行書，文43行，行7~62字，約2500字。清康熙年間立。碑文詳細記述了雲南府安寧州中屯、路溪屯、弓兵村三處居民，自明朝萬曆年間至清康熙三十二年（1693）長達數十年的水利糾紛，以及官府對爭訟的判裁經過。

---

① 《楚雄歷代碑刻》錄為"諭"，據拓片應為"議"。
② 《楚雄歷代碑刻》錄為"把"，據拓片應為"挖"。
③ 《楚雄歷代碑刻》錄為"間"，據拓片應為"開"。
④ 《楚雄歷代碑刻》錄為"再"，據拓片應為"照"。
⑤ 《楚雄歷代碑刻》錄為"之"，據拓片應為"霑"。

【參考文獻】張方玉．楚雄歷代碑刻．昆明：雲南民族出版社，2005.10：410-414. 據《楚雄歷代碑刻》錄文，參拓片校勘。

歲科兩試^①卷金水利碑文^②

李雲龍^③

　　雲南府晉寧州爲公溥水利以垂永久事。照得本州盤龍、達摩二壩源出東北，其水甚小，田地頗多，屢屢爭鬥截挖。昔年，前任鑒其弊端立有成額，雖高低得以均勻，而水價安置尚屬不妥，殊非長計。本州蒞任之初，時遇送考，目擊通學諸生卷金無措，已經捐俸買給，特一時之濟，不能永久。次查二壩水價，從前似屬耗費無濟於公，應宜酌以爲歲科兩考卷金。倘或不足，諸生捐添。如或有餘，以作科舉卷價。但恐異日更易，合行立石以垂永久。其盤龍壩遞年自十二月十五日始，至次年三月頭龍止，每晝夜水價銀一錢。達摩壩自十二月十五日始，至次年立夏止，每晝夜水價銀五分。俱着壩長收計交庫，試期支領買備試卷，各廟住持不得干與，仍禁生員不得充當壩長，各宜遵守，須至勒石者。

　　【概述】該碑由晉寧州知州李雲龍撰文，全文計286字。碑文記載：康熙年間，晉寧知州李雲龍通過向盤龍、達摩二壩水利用戶收取水費，以解決通學諸生歲科兩考卷金無措問題，并勒石記事。

　　【參考文獻】（民國十五年刊本）晉寧州志8：卷十二藝文志·碑記，1926：62-63.

---

① 歲科兩試：科舉考試制度之一。清制，各省學政一任三年，到任後第一年舉行歲試，第二年舉行科試。學政於駐地考試就近的府、州、縣諸生，其餘各處則依次巡迴，分期案臨考試。至於僻遠之府、州、縣，交通往返不便，不能再行周歷者，學政則於案臨時先歲試後科試，兩試接連舉行，稱為歲科并考。

② 該碑所記是中國歷史上政府向群眾收取水費較早的例證。通過向水利用戶收取水費，不但可以用於維護水利設施，保護有限的水資源，教育民眾節約用水，珍惜用水，所取的經費還可用於公益、教育事業，可謂一舉兩得，不失為一種合理的籌集方法。（袁翔珠著：《清政府對苗疆生態環境的保護》，348頁，北京，社會科學文獻出版社，2013）

③ 李雲龍：清康熙年間晉寧州知州。

新開永潤溝碑記

王虎臣

　　國之所重在民，民之所重在耕。而所賴以耕者，又非水不爲功。易曰：地中有水師，君子以容民畜衆。書曰：予決九州距四海，濬畎澮距川。周禮有治溝洫之義，王制有備凶[①]旱之法，所以魏吳起引漳水灌鄴，秦鄭國開涇水溉關中，民獲其益，歌頌不衰。求之南田，多亢水乏活泉，每當俶載[②]之期，羣切滂沲之望，若乏雨之歲，舉目赤地，一望荒萊，以致貢賦莫措，衣食無資，往往棄廬舍，携妻子適他鄉。不但民之流離堪恤，而正貢逋欠，抑且有累於官。予目擊心傷，竊念士人讀書，懷古志存康濟，即不能置身廊廟，澤被九州，亦當隨其力所能爲，拮据爲之，俾一方受澤。因不量綿力，倡約壩長曹大才、王錫名等，相地形分引九龍池、玉溪河水灌其地，同紳士鄉民公呈前任郡侯蔡公，臨河踏看，計畝鳩工。舊有溝跡者，修之；無者，開之；有小河橫阻者，爲地道達之。溝首由左家屯玉皇閣起，至白九甲田中爲暗洞，過小河由翟家屯、小梁屯至鄭家屯又爲暗洞，過小河至獨樹屯、馮家屯，從溝首至溝尾約八里，所溉田二千餘畝。是役也，予與壩長朝夕董率，不憚勤勞，即風雨寒暑，無少休息。始於康熙甲戌[③]十月，成於庚辰[④]三月。自是而水利所潤田疇，不致荒萊，人民得以安堵[⑤]，永賴澤被之功。衆議名之曰：永潤，喜其利而期其久也。歷今二十有餘年，舊制不無湮缺，郡侯任公復加意督率，立法修通，無失其潤，功亦甚永矣哉。或謂予曰：子之此溝，堪與魏吳起、秦鄭國傳不朽夫！予諸生是何能爲，亦仰體賢司牧愛民之心，勤民之事，奉行之不懈而已，敢自詡其功哉？衆欲刊之石，予聊敍此溝之巔末以付之。

　　【概述】該碑由王虎臣撰文，全文計550字。碑文記述康熙三十三年（1694）至三十九年（1700）間，生員王虎臣倡約地方紳民疏河道、開新溝、修暗洞，引九龍池、玉溪河水灌溉翟家屯、小梁屯、鄭家屯、獨樹屯、馮家屯等處田地的惠政。

　　【參考文獻】鳳凰出版社等．中國地方志集成·雲南府縣志輯26：道光澂江府志、乾隆新興州志．南京：鳳凰出版社，2009.3：608-609.

---

① 凶：同"凶"。凶旱：嚴重干旱。
② 俶載：始事，開始從事某種工作。《詩·大雅·大田》："俶載南畝，播厥百穀。"朱熹集傳："取其利耜而始事于南畝，既耕之播之。"後以"俶載"指農事伊始。俶：開始。
③ 康熙甲戌：即康熙三十三年（1694）。
④ 庚辰：指康熙庚辰年，即康熙三十九年（1700）。
⑤ 安堵：安定；安居。

新築堤壩碑記 ①

劉維世

　　粵②稽濬澮③，載在《虞書》④，壤賦定於《禹貢》⑤，三代以來，疆理南東，法咸備焉。唯⑥我盛朝，奠鼎擴基中外，一統疆域，既屬版圖，糧稅訖⑦遺土，軍國是需，課最尤亟。

　　夫古來一夫之田有遂，十夫有溝，百夫有洫，旱則輓溝洫之水達於遂，潦則洩遂之水注於溝洫。雖有桔橰之勞，竟無旱魃之虐。今吳虞⑧楚豫間，猶食利賴焉。滇省居萬山中，田無川渠灌溉。石屏地頗平衍，献畝繡錯⑨，余來守此⑩土，甫下車即以興百廢，培風水爲己任，而尤兢兢於勤⑪課，以爲徵輸⑫急著。及天稍旱，民間便束手坐困，鋤犁⑬高閣。詢之士民，僉云：舊日七伍軍田尚有小溝，承接上流，以資栽種，爲東北一隅之利。水有餘竟放流入海，西南依山麓一帶，皆爲石田。余乃喟然曰：天澤難恃，人事既盡，不可以獲地利乎？因乘騎上下山原，相楊柳壩之下，築橫堤，造下⑭壩，足注無窮之水，而灌無數之田，遂捐俸募夫，親負土石，不辭勞瘁，浹旬而功輒告成。士民於是額首曰：我輩躊躕數年，而莫可措置者，公乃不日而克竣，厥舉誠愛民深，故經營速也。仍將所障之水，分作十一分，畫成三大溝，頭溝水計三分半，往東北流，以利軍民田，而軍田居多；第二溝水計三分，

---

① 據《續滇文叢錄》記載："康熙八年知州劉維世，增築高舊堤，新作三閘，聚彌勒溝一帶流水，仲秋閉閘，暮春啓之，分水遠近均沾，灌軍民田畝。"
② 粵：古同"聿""越""曰"，文言助詞，用於句首或句中。
③ 澮：水名，也稱澮河。源出河南省，流入安徽省。
④《虞書》：是《尚書》組成部分之一。相傳是記載唐堯、虞舜、夏禹等事迹之書。今本凡《堯典》《舜典》《大禹謨》《皋陶謨》《益稷》五篇。其中《舜典》由《堯典》分出，《益稷》由《皋陶謨》分出。《大禹謨》係爲《古文尚書》的一篇。
⑤《禹貢》：是《尚書》中《夏書四篇》最重要的一篇，全書分"九州、導山、導水、五服"四部分。《禹貢》以山脈、河流等為標志，將中土分成九州，即冀州、兖州、青州、徐州、揚州、荊州、豫州、梁州和雍州，并對每州的疆域、山脈、河流、植被、土壤、物產、貢賦、少數民族、交通等自然和人文地理現象作了簡要的描述，是我國古代最早、最有價值的地理學著作。
⑥《石屏縣志》錄為"唯"，據《石屏州志》應為"惟"。
⑦《石屏縣志》漏錄"無"字。
⑧《石屏縣志》錄為"虞"，據《石屏州志》應為"越"。
⑨ 繡錯：色彩錯雜如繡。
⑩《石屏縣志》錄為"此"，據《石屏州志》應為"茲"。
⑪《石屏縣志》錄為"勤"，據《石屏州志》應為"勸"。勸課：勸勉交納賦稅。
⑫ 徵輸：征收賦稅輸入官府。
⑬《石屏縣志》錄為"鋤犁"，據《石屏州志》應為"犁鋤"。
⑭《石屏縣志》錄為"下"，據《石屏州志》應為"石"。

往西山腳下，以利民田；第三溝水計四分半，往東南流，以利軍田，蓋因^①之多寡，以得水之多寡，而無所偏也。又於田旁無礙處，細開小長溝，使高下各足遠近均沾，軍民共被。復逐日巡行阡陌間，督其刺秧，勸懲勤惰。形雖勞心，殊慰矣。猶恐法立弊生，時久爭起，豪強者兼并，附近者霸取，遂從眾請勒石永著爲例，某日應某處某人接水灌田，循次漸被，不得恃強攙越，違者，許眾赴官究治。自後倘堤壩日久頹損，士民當多方修整，則水利溥，徧土曠無虞，大有頻書催納易辦，本州一片愛百姓之苦心，亦藉是以不朽矣，是爲記。

【概述】碑文記述劉維世任石屏知州期間，勤政廉民，捐俸募夫，築堤修壩，勞心勞力，爲民興利，均分水分、勤勤懲惰，促進當地農業生產的政績。

【參考文獻】雲南省石屏縣志編纂委員會．石屏縣志．昆明：雲南人民出版社，1990.10：815-816；（清）管學宣．石屏州志．臺北：成文出版社，1969.1：149-150.

據《石屏縣志》錄文，參《石屏州志》校勘。

新建中河石橋碑記

曾 旭

河自西南來，左掖瀘江小河，爲遠近山民及諸司甸往來之會。舊架以木橋，山水驟集輒擁去，又必更置。丁丑^②冬，郡紳士惻然感之爲久遠計，謂非甃以石不可。一時雜襄醵會，畚插齊興，伐山作礎，斸石爲臸，雁齒^③橫施，歷歷可指。天光雨霽，有長虹欲飲之狀，往來者方軌竝駕如砥如矢，極利涉歡。嗟乎！其功鉅，其事可謂久遠矣。其在書，曰政在養民，水火金木土穀。惟脩夏令，曰九月除道十月成梁。是故，清溝洫，葺橋梁，所以備。旱澇免塞濡也。郡南河一帶村落相望，疆塲溝塍綺分繡錯，灌溉蔬植，居民尤便。頻年，瀘水沙壅堤隤，每夏秋霪雨溟漲，無端淩跨茲河，交相爲害。渡者以航災狀屢告，爲之計者寧獨茲橋云爾哉。會當事匽心民瘼，導壅疏滯、固金堤培柳埂，而瀘水之患一除是河亦與有利焉。乃茲橋適於是乎告成，且鎮以樓竦峙高瞰瀘江，竹樹參差，煙光迷離，蒲菰菱藻，鳧鶩飛鳴。上下遠眺，城廓歌鐘隱隱如相接太平風致，洵足樂也。予因慶聖天子德被八埏，河清海晏^④，政脩人和，百廢具舉，故民有餘閒得以共襄厥成，同樂康衢。因記之，如此。

【概述】該碑由曾旭撰文，全文計379字。碑文記載：瀘水之上原有木橋，惜常被山水衝毀。

---

① 《石屏縣志》漏錄"田"字。
② 丁丑：指康熙三十六年，歲次丁丑，即1697年。
③ 雁齒：比喻排列整齊之物；常比喻橋的台階。
④ 河清海晏　河：黃河；晏：平靜。黃河水清了，大海沒有浪了。比喻天下太平。

康熙年間，民眾清溝湢葺石橋，是以旱澇無患。豈料，連年來瀘水沙壅堤潰，南河一帶亦受牽連。時任官員，體察民情，導壅疏滯、固金堤培柳埂，為民興利除弊。

【參考文獻】（清）祝宏等．建水州志．清雍正九年刻本·卷之十一下·藝文記：52-53.

修接風脈碑記

章民望[①]

　　羅次縣治之脈，發源青山，蜿蜒而下，有明以來，頗稱富庶。因離城二里許，過峽之所，為水沖斷，有如深箐，民漸凋零。康熙壬申[②]，前尹[③]彭公諱軫[④]涖茲土，即建學宮，遷魁閣，修溝渠，置義塚，凡有裨於吏治民生，無不力為興舉。適士民楊倫、李如松等，即以是告，公親臨踏勘，捐俸覓夫，毅然修築，別開水道，另置梘槽，而邑中士民亦各捐資效力，趨事赴公，不閱月而山形如舊，坑塹皆平，匪[⑤]特有益農功，其於縣治首善之區，未必無小補也。士若民思有以紀之，用垂永久，丐予為文。予思，天下興利除害之事，不可勝述，惟在人力行何如耳。自今之後，彭公修築於前，邑人補葺於後，凡我士民，毋阻水以病農功，毋掘山以損風脈，修葺梘槽，疏通水道，由是地靈人傑，戶誦家絃[⑥]，又何富庶之盛，不可漸復也哉？是為記。

　　【概述】該碑應立於康熙年間，章民望撰文。碑文記述康熙年間，羅次縣彭知縣捐資鳩工新開水道、修置梘槽，為民興利除害的功績。

　　【參考文獻】楊成彪．楚雄彝族自治州舊方志全書·祿豐卷（上冊）．昆明：雲南人民出版社，2005.7：188；鳳凰出版社等．中國地方志集成·雲南府縣志輯62：光緒羅次縣志·光緒武定直棣州志·光緒鎮南州志略．南京：鳳凰出版社，2009.3：89.

　　據《祿豐卷》錄文，參《光緒羅次縣志》校勘。

---

① 章民望：浙江人，康熙三十五年（1696）任羅次縣知縣。
② 康熙壬申：指康熙三十一年，歲次壬申，即1692年。
③ 尹：舊時官名。此處指羅次縣知縣。
④ 彭公諱軫：即彭軫，山東進士，康熙三十二年（1693）任羅次縣知縣。
⑤ 《祿豐卷》錄為"匪"，據《光緒羅次縣志》應為"非"。
⑥ 戶誦家絃：常做"家弦戶誦"，家家都不斷歌誦。形容有功德的人，人人懷念。

重修福壽橋碑記

朱　絨①

　　福壽橋，據城南要衝，乃往來必由之地。而鳳江沙水自西南來者，直流其中，屢建屢圯。凡三易而更以此名，蓋取悠久之意也。其先營建之堅，不憚以數百金計。歷今三十餘載，水流沙壅，值陰雨暴作，水輒爭於橋上。然而，不卽就毀者，若有數存。康熙戊戌②，趙州守陳來署邑事。明年春，閱視河干，謂此橋將傾，毋容更緩矣。學博段公卽力履③其事，而凡木石而凡鐵具，而凡工役計日之用，悉取給於官。於是，易棟桷板楹之腐朽撓折者，易瓦級及石之損敗破缺者，其基升之，使高不但不至④橫流，直可作砥柱矣。僉謂橋宜改制，更當速治。治或不速，水一溢其奈之何？且必先之以固河防水，至乃不潰；先之以去沙淤，至乃不壅。未幾，四月望，忽雨而水果溢，而河防果將潰，乃飛沙長流終不至於滯塞者，橋成之故。若非二公早爲綢繆之備，則南郊亦若海也；寧但阻其要衝不利往來，而民病涉也乎。此舉有三善焉：一以除水患，一以興田利，一以通涉濟。其功豈不偉哉？再繼以平治道塗植柳於橋之兩岸，異日，者民必指而頌之，曰：此皆陳段二公之功。當與福壽橋，並垂不朽也。因爲記，而勒之石。

　　【概述】康熙五十八年（1719），朱絨撰文，全文計390字。碑文記述康熙年間，浪穹縣當地官員疏浚鳳江河道，除水患興田利，并重新修繕福壽橋，平治道路以改善交通的功績。

　　【參考文獻】（清）羅瀛美修，周沆纂 . 浪穹縣志畧（全二冊）. 臺北：成文出版社，1975.1：493-495.

---

① 朱絨：字方來，浪穹人。康熙戊子（1708）舉人，歷任河西教諭、晉寧學正。（張秀芬、王玨、李春龍等點校：《新纂雲南通志·九》，317頁，昆明，雲南人民出版社，2007）
② 康熙戊戌：即康熙五十七年（1718）。
③ 此處原文不清，難以辨認，疑爲"履"。
④ 此處原文不清，難以辨認，疑爲"至"。

重脩九天觀堰水利碑記

盧　炳[①]

水利之關於民者重矣。自古賢守，遑遑修堤堰資蓄洩[②]爲百世計，軍民所[③]賴焉。

州西有水出自寶秀，滙於九天觀塘。潴中小嶼一區，舊屬觀址，植園以供香火。嶼麓之田，屬軍屯勳莊者，昔年曾戶捐數田[④]，以爲聚水池用，其田之屯糧子粒，詳請蠲免。明初蜀涪曾公[⑤]築堤作閘，秋冬閉閘蓄水，春則決之，以資耕播，利爲最溥，詳在舊志。日久傾塌過半，蓄潴較少，民無望焉。郡侯張公[⑥]下車咨民疾苦，以興利除弊爲己任，有裨民生者，行之不遺餘力。聞一日郊巡，目擊茲堰，喟然曰：脩廢舉墜，事在牧民，是予之責也。遂集村農萃畚鍤，堅樁運土，捍以巨石，較舊堰有[⑦]高數尺，而堅厚弘[⑧]敞[⑨]過之，不傷財，不費工，歷旬而功告成，積水汪洋，東下亢旱之田數千畝，皆借其灌溉，歲歌大稔，云公之爲民其用心深且至矣。

昔樂天刺史杭州，浚西湖水入河，灌田幾萬頃，暇則吟詠湖中，有“松排山面，月點波心”之句。歷宋廢而不理，至東坡守杭，復舉廢築堤，以爲湖水蓄洩之限，詩酒徜徉其間，杭人德之，號曰：蘇堤。公之築茲堰也，不亦後先合轍乎？州民欲立石以永其傳，郵寄手札，道公盛德難泯，問計[⑩]於余，余曰：儲水興利，爲循良第一善政，矧屏堰數處，惟此淳蓄廣深，引溉經旬不竭，利賴非他堰比。公此舉，澤流百世矣。矧公善政種種，指日嘉丕，績涉[⑪]台鼎，霖雨海內，可拭目俟之。僅屏民之食其德乎，爰記[⑫]其事，以鐫之石。

---

① 盧炳：字子陽，石屏人。康熙戊辰（1688）進士。任南昌知縣，清勤明練，剔弊除奸。行取吏部主事，晉郎中，後擢兵科給事中，條奏皆合機宜。分校禮闈，典試山左，所得皆知名士。子侯瓚，康熙戊子舉人。（張秀芬、王珏、李春龍等點校：《新纂雲南通志·九》，252頁，昆明，雲南人民出版社，2007）
② 《石屏縣志》漏錄“經畫盡善”4字。
③ 《石屏縣志》錄爲“所”，據《石屏州志》應爲“永”。
④ 《石屏縣志》錄爲“田”，據《石屏州志》應爲“畝”。
⑤ 曾公：指知州曾所能，四川涪州人。明萬曆丁丑年（1577）任石屏州知州。
⑥ 張公：指知州張毓瑞，湖廣江陵人，康熙三十四年（1695）任石屏州知州。
⑦ 《石屏縣志》錄爲“有”，據《石屏州志》應爲“增”。
⑧ 據《石屏州志》原無“弘”字。
⑨ 《石屏縣志》錄爲“敞”，據《石屏州志》應爲“厰”。
⑩ 《石屏縣志》錄爲“計”，據《石屏州志》應爲“記”。
⑪ 《石屏縣志》錄爲“涉”，據《石屏州志》應爲“陟”。陟：“陟，登也。——《說文》”
⑫ 《石屏縣志》錄爲“記”，據《石屏州志》應爲“紀”。

【概述】碑文記載：明初石屏州知州曾所能築堤修閘建九天觀塘，以資耕播。惜日久堤壩傾塌，民不聊生。清康熙年間，知州張毓瑞體察民情，舉廢除墜，重修舊堰澤流百世。

【參考文獻】雲南省石屏縣志編纂委員會. 石屏縣志. 昆明: 雲南人民出版社, 1990.10: 817-818; (清) 管學宣. 石屏州志. 臺北: 成文出版社, 1969.1: 165-166.

據《石屏縣志》錄文，參《石屏州志》校勘。

段家壩① 碑

（殘損缺字）十次（缺字）等立（殘損）（一行）

建段家埧序將以七言律詩一首（二行）

段氏稱雄六詔中，昔聞路過鏡湖潼。天機顯露停車轍，埧業綏固畜馬駿。埧水（三行）汪洋共洗濯，練場積銳起兵戎。二年一日垂千古，洪武至今仰素鳳（四行）。

粵稽，古匡原無活泉，自段氏築壩為塘以後，明朝委官相繼重修，均餙練場（五行）人民保固埧埂，積水灌溉，播種相沿。古稱段埧，今實堰塘也。茲因埧內西河（六行）屬於練場地界限，洪水壅塞，河道不通，久復淤圮，攸關國賦生民之望。十三（七行）村向神祠會合，與練場合村齊議。康熙肆拾肆年②，在練場地開圖西閘，新開（八行）東、西、中三溝，以足國賦生民。三溝又開於練場秋畝良田之上，西溝獨有楊（九行）聯甲不讓，止容清水過不容洪水流。共同協議：每溝人民每年作壩之期，願（十行）幫練場修壩，力夫三十名，照古。於今再勒其石，每年霜降後十日收塞，清明（十一行）前十日開放。狀頭上溝和尚總水小滿前三日扠，以小滿之後，狀頭不得上（十二行）溝海底水，將練場喂牛馬洪水下海。練場栽秧上滿下流，不得倚強欺弱，以（十三行）壞古例。十三村共同商議立石於練場，以垂永遠不朽矣（十四行）。東溝上水口許世傑，左所張順天、史稱著，下水口黃映麟（十五行）。東溝上村蒲土藻、中村袁普、下村李大山、傅旗營傅國祥（十六行）。

□□□□孫王承、鄒拔翠、李清行、周天秩（以下缺）（十七行）。

（左半部殘斷，不知去向）

【概述】該碑未見文獻記載，碑文為調研所獲，標點、行數為新增。碑存祥雲縣雲南驛鎮練昌村奎星閣內，碑已殘損，左半部不知去向。碑為青石質，殘高71厘米，寬43厘米，厚18厘米。碑額呈圭形，額上楷體陰刻"段家壩碑"4字。碑文楷書陰刻，文殘存17行，行13-30字，殘碑計420字。據碑文記載內容推測，立碑時間應為康熙年間。碑文記述康熙年間，練場西河

---

① 段家壩：古稱段壩，位於雲南驛鎮高官鋪與水口之間。東接白馬寺山，西連白龍寺山高前綫練昌村，南至水口村入村公路，北至田壩。面積約為0.5平方公里。據清光緒《雲南縣志》載："段家壩，後晉時段思平所築。"該壩距今已有1000多年，是祥雲縣有文字記載的最早的一項水利工程。現已墾作農田，尚有壩埂殘迹留存。

② 康熙肆拾肆年：1705年。

洪水壅塞、河道不通，國賦民生維艱，十三村民眾齊聚白龍寺，共同議定修壩、輪流放水等情及勒石立碑之事。

重建赤子龍王廟碑記

鄭　榮

　　國家事神治民，爰修祀典，凡有功德於民者，例得春秋報賽，而淫誣者不得與焉。赤子龍王①廟，為州祀典之一。廟在州治西，距城不數里，左龍右鳳，枕翠岫而瞰丹甸，靈泉古木，清絕塵埃。說者謂為風脈所關，而龍亦頗著神異，禱雨祈晴，無不立應。惜其棟宇狹隘，莫詳創建之始。會得古曆，於舊像中，閱之為明正德四年②己巳，去今二百有二年。歷世既久，風雨摧殘，且禱祀之人，因陋就簡，蕪穢不治，非所以妥神明而嚴祀事也。今年春，鄉耆北湯天③楊宏文謁余，言曰：“龍王廟災日就荒坎，曷請葺之。”予詢其事於州人士及趙發村，村中皆曰：“可。”而趙士元、趙祚宏，更以營造為己任，議於田畝公捐，得數十金，工力則東北二門與趙發村各分其半，官紳士庶亦間有資助。遂於仲春鑿山拓地，先搆正殿三楹，盡廢腐惡、故像而更新之，金碧輝耀，燦然可觀；次搆前樓，再次營兩廡、厨室，皆宏廠巍煥，樓之前因樹為臺，引流為池，池水清湛，曲折迴旋於綠葉青蔭④之下，每朝霞夕暉，樹蔭匝地，山影橫塘，而溪流一泒，澄碧拖藍，登臨其地，頗能滌襟懷而怡心目，洵鳳城佳勝矣。是役也，創謀於春二月，越秋八月而營繕畢。何成功之速哉，蓋龍之靈有以蔭持而默相之，而沐其庥者樂膏澤而望甘霖，勤力作而不以為勞，捐資財而不以為苦，遂能擴往古之制，極一時之觀，非敢曰重困我父老子弟也。予不敏，因得藉之以告成事。其宣力之人，捐資備載於後，以垂不朽。

　　【概述】碑應立於康熙年間，鄭榮撰文。碑文記述赤子龍王廟乃趙州禱雨祈晴祀典之所，惜歷年久遠風雨摧殘，康熙年間鄉耆捐資聚眾重新修繕并勒石之事。

　　【參考文獻】鳳儀誌編纂委員會. 鳳儀誌. 昆明：雲南大學出版社，1996.10：565-566；楊世鈺，趙寅松. 大理叢書·方志篇（卷四）：道光·趙州志. 北京：民族出版社，2007.5：407-408.

　　據《鳳儀誌》錄文，參《趙州志》校勘。

---

①《鳳儀誌》多錄“王”字。
② 明正德四年：1509 年。
③《鳳儀誌》錄為“北湯天”，據《趙州志》應為“栢參天”。
④《鳳儀誌》錄為“蔭”，據《趙州志》應為“陰”。下同。

師宗州通元三洞記

魏光竹

州治西一里許，疊障層巒峰擁，而歷朝曉暮靄紛披而掛，遠觀近眺，早識其中有佳勝處矣。及登高陟巘，而三洞在焉。所謂通元，總名也。額鐫上洞，中寬平，可二十餘武。游咏其間，軒廠可愛。再進，而北則幽深奧窅，或爲龍窟蛟宮，莫可測度。中洞稍隘，僅十數武。林木掩映藤蘿交纏，偶值風馳雨驟之際，而農夫襏襫，樵子斧斤，牧童短笛，實作一廈之庇焉。至於下洞，有水一脈橫流洞外，而空山中潺潺有聲。傾耳聽之，時類絲竹之音。溯其流，紆迴曲折至城南，灌田數千畝，亦可謂山靈之秀異者矣。

國家修養百年，絃歌日盛，人文日興，衣冠禮樂，駸駸乎日上。雖朝廷聲教所被，安知非斯地山川特出，其精英之氣以鐘毓斯人，而生斯地者，其可爲風氣域哉。

【概述】雍正二年（1724），魏光竹撰文，全文計265字。碑文簡要記述了通元三洞的基本情況。

【參考文獻】（清）周埰等修，李綖等纂．廣西府志（全二冊）．臺北：成文出版社，1975.1：477–478.

奉上疏通水道碑記

雲南縣正堂加一級紀錄一次張，爲懇恩頒示疏通水道，賞准勒石，以（一行）垂久遠事。據生員張訓、楊承業等呈前事，呈稱：本村有田十餘頃，久被水淹，訴經（二行）本縣宗師，蒙恩批准，兼捐銀拾兩。訓等盡力脩明，伏乞賞給碑文，以爲定例。適（三行）本縣因查大波那前甸沙海，以現納糧田，久經湮沒（四行）。本縣捐資督脩，不惜親臨。爾士民亦體此意，逾月告竣。轉許勒石，以垂久遠。至（五行）一年一濬，照例舉行，合村分作三甲，挨次疏通，無得推諉抗拗。若上下兩（六行）灣，亦照田多寡，派夫疏挖，其有沿河作埧，以隣爲壑，其害非淺，尤當永禁（七行）。至於小波那埧，亦止許用木板，而下閘定於九月初一日，放閘定於六月（八行）初一日，不得過期，如違重究。特示（九行）。

雍正叁年[①] 捌月吉日
衆姓人等仝立（十行）

----

① 雍正叁年：1725 年。

【概述】碑原存祥雲縣劉廠鎮大波那小學內。碑為青石質，高100厘米，寬67厘米，厚20厘米。碑頭橫刻"奉上疏通水道碑記"8字。碑文直行楷書，文10行，行13-30字，計約300字。清雍正三年（1725），眾姓人等同立。該碑原碑已破裂損毀，後經民眾捐資，於1996年9月18日由大波那村老年協會按原碑複製，并移至村老年協會活動室保存。

碑文記載：雍正年間，雲南縣（今祥雲縣）劉廠大波那村，由於水道淤塞，四十余頃田地久被水淹，生員張訓、楊承業等呈報縣衙獲批，官民捐資合力疏通水道，并勒石定例。該碑對研究祥雲清代民間水利維護、管理等有重要參考價值。

【參考文獻】楊世鈺，趙寅松. 大理叢書·金石篇（卷三）. 昆明：雲南民族出版社，2010.12：1190-1191.

據《大理叢書·金石篇》錄文，參拓片校勘。

彌勒州搆甸壩水利糾紛案碑記 [1]

廣西府**彌勒州**正堂紀錄四次程，爲興水利除水患，以裕國儲事。雍正二年五月初十日，奉（一行）

巡撫雲南都察院加五級紀錄三次楊批。據卑戢申詳，雍正元年九月十九日，奉（二行）

本都院批，據卑戢申詳前事。康熙六十一年十月二十日，奉本都院批，據楚雄府南安州儒學致仕訓導楊崢承 [2] 前事。詞稱：窃維五行皆利於民生，而水爲主 [3]；八政咸裨於國計，以食爲天 [4]，然未有（三行）宜興宜廢之不勤，□令□ [5] 不爲興 [6] 旱不爲 [7] 者也。彌勒州所属搆甸壩一區，兩山對峙，東西皆有龍潭，東 [8] 界大河兩岸具属高田，每村相連 [9] 築壩叺天車絞 [10] 水灌田，約有二十七道，干 [11] 旱年不無小補，而（四行）壅塞之患，每十倍於旱魃之

---

① 《彌勒縣志》擬碑名為"竹園文廟內水利碑記"，現據碑文另擬為"彌勒州搆甸壩水利糾紛案碑記"。

② 《彌勒縣志》錄為"承"，據原碑應為"呈"。

③ 《彌勒縣志》錄為"主"，據原碑應為"重"。

④ 《彌勒縣志》錄為"天"，據原碑應為"先"。

⑤ 《彌勒縣志》錄為"□令□"，據原碑應為"能令澇"。

⑥ 《彌勒縣志》錄為"興"，據原碑應為"災"。

⑦ 《彌勒縣志》漏錄"害"字。

⑧ 《彌勒縣志》錄為"東"，據原碑應為"中"。

⑨ 《彌勒縣志》錄為"連"，據原碑應為"沿"。

⑩ 《彌勒縣志》錄為"絞"，據原碑應為"繳"。

⑪ 《彌勒縣志》錄為"干"，據原碑應為"於"。

虐①。當年之害不甚者，蓋由壩小②河深，今則河道填塞，水勢逆行，爲害不淺。更有愚頑之輩，四五村共築一壩，直邀河水灌田，而以隣村爲壑。康熙六十年，蒙青天明鑒，深（五行）悉滇南疾苦，檄行疏通水利在案。本州父母官程於未奉。憲檄之先，峥具呈其故，荷蒙捐俸百金給發地方頭人募工修理，於既奉之後，仰體仁恩親臨踏勘，③經畫欄④東山龍潭引水就⑤東，西（六行）山龍潭引水就⑥西，中開一溝復救東岸，其法甚善。無如愚民不知逆水之患，而河中之壩仍然不拆，則壩阻水積⑦，河堤崩漲，將峥十石有零良田⑧盡被泥沙淹沒，經⑨歲力作無望，國賦難輸，阻⑩塞之患（七行）至⑪如此。今州主升任在邇，恐不峻工□⑫抑徒負大老爺愛民之⑬意。峥屬有良田，故敢冒罪呈⑭情，且時值農工⑮稍暇，伏祈⑯速賞示，按粮科工修溝拆壩，庶恩波偕水波共溥，膏澤與民澤俱共長矣。等情，奉（八行）批，仰彌勒州查報。等因，奉此。又於雍正元年⑰初五日，奉本都院批，彌勒州屬搆甸壩中五村⑱馬淳、王震光等訴：⑲砍壩蓄⑳水，活殺萬命事，詞稱：窃維國以民爲本，民以食爲天，從未有絕水（九行）利、拂民生而德㉑者也。彌勒州屬搆甸壩一區，直六十餘里，橫十餘里，東西皆山，大河中流，上㉒下三五村㉓微有龍潭，獨中五村僅賴大河，水低田高㉔，古人築

---

① 《彌勒縣志》錄爲"虐"，據原碑應爲"虞"。
② 《彌勒縣志》錄爲"小"，據原碑應爲"少"。
③ 《彌勒縣志》漏錄"多方"2字。
④ 《彌勒縣志》錄爲"欄"，據原碑應爲"於"。
⑤ 《彌勒縣志》錄爲"就"，據原碑應爲"救"。
⑥ 同注釋⑤。
⑦ 《彌勒縣志》錄爲"積"，據原碑應爲"急"。
⑧ 《彌勒縣志》錄爲"良"，據原碑應爲"糧"。
⑨ 《彌勒縣志》錄爲"經"，據原碑應爲"終"。
⑩ 《彌勒縣志》錄爲"阻"，據原碑應爲"壩"。
⑪ 《彌勒縣志》錄爲"至"，據原碑應爲"致"。
⑫ 《彌勒縣志》錄爲"峻工□"，據原碑應爲"竟功"。
⑬ 《彌勒縣志》錄爲"之"，據原碑應爲"至"。
⑭ 《彌勒縣志》錄爲"呈"，據原碑應爲"陳"。
⑮ 《彌勒縣志》錄爲"工"，據原碑應爲"功"。農功：農事。
⑯ 《彌勒縣志》錄爲"祈"，據原碑應爲"乞"。
⑰ 《彌勒縣志》漏錄"七月"2字。
⑱ 《彌勒縣志》漏錄"士民"2字。
⑲ 《彌勒縣志》漏錄"爲"字。
⑳ 《彌勒縣志》錄爲"蓄"，據原碑應爲"絕"。
㉑ 《彌勒縣志》錄爲"德"，據原碑應爲"得"。
㉒ 《彌勒縣志》漏錄"中"字。
㉓ 《彌勒縣志》漏錄"上下"2字。
㉔ 《彌勒縣志》錄爲"水低田高"，據原碑應爲"水高田低"。

壩自^①車灌溉秧苗，不知幾百年矣。又^②於康（十行）熙三十八年，有勢貢楊崢希圖涸海廢隳水車，民不得已，直^③控到州，蒙州主馬仍令修車築壩。又於康熙五十八年，淳等因地治流，就高寨土^④壩共開一溝疏通水道，仰體大老爺斥^⑤興水利以便民（十一行）生至意，數年，小民錢粮無邇□□□^⑥身無號^⑦者皆賴此壩耳。冤遭勢傾一州，楊崢書辨^⑧，衙役盡是干^⑨兒，鄉約粮長皆爲奴隸，岡上行私，志切涸海，指修上五村黑龍潭。於本年三月內，壓派淳等夫五百（十二行）餘民^⑩，木椿^⑪一百五十根^⑫，銀六兩，無一不道^⑬索。黑龍潭水遠數十里，有山溝溪隔，每雨瀑漲，塞斷難成。徒^⑭於本年四月十五日，有監生陳詔、馬維乾親領百餘人，將高寨、崩補外右堤^⑮砍拆一空，使至利至（十三行）便之水潑深^⑯於無用，而時難勢難之水^⑰盡失，秧苗晒死，淳等具訴州主，蒙批儒學勘築，復差鄉約看修，無如崢又夥黨監生嚴正乾、耿勤鼓簧州主。蒙親臨踏險^⑱，田苗炕死是真，州主猶（十四行）豫不決。涸轍之鮒^⑲，其^⑳待西江書^㉑急矣。崢之勢據以顛倒^㉒，民心惶惶。由^㉓於上年朦聳天聽，崢^㉔稱四五村愚民共築一壩，淹伊十餘石粮田。若田水淹壩叭上，衍^㉕壩叭下弗淹，其咎在壩，如上下洪水泛（十五行）漲，淳甘^㉖居壩之下被淹尤甚，崢獨咎在壩，彼原以瞞官害民，借

---

① 《彌勒縣志》錄爲"自"，據原碑應爲"制"。
② 《彌勒縣志》多錄"又"字。
③ 《彌勒縣志》錄爲"直"，據原碑應爲"具"。
④ 《彌勒縣志》錄爲"土"，據原碑應爲"古"。
⑤ 《彌勒縣志》錄爲"斥"，據原碑應爲"飭"。
⑥ 《彌勒縣志》錄爲"□□□"，據原碑應爲"當子鬻"。鬻：賣，出售。
⑦ 《彌勒縣志》錄爲"號"，據原碑應爲"澺"。澺：水名。澺水，出趙國襄國，東入渦。
⑧ 《彌勒縣志》錄爲"辨"，據原碑應爲"辦"。
⑨ 《彌勒縣志》錄爲"干"，據原碑應爲"肝"。
⑩ 《彌勒縣志》錄爲"民"，據原碑應爲"名"。
⑪ 《彌勒縣志》錄爲"椿"，據原碑應爲"枋"。木枋：方柱形的木料。
⑫ 《彌勒縣志》錄爲"根"，據原碑應爲"塊"。
⑬ 《彌勒縣志》錄爲"道索"，據原碑應爲"遵奈"。
⑭ 《彌勒縣志》錄爲"徒"，據原碑應爲"陡"。
⑮ 《彌勒縣志》錄爲"右堤"，據原碑應爲"古壩"。
⑯ 《彌勒縣志》錄爲"潑深"，據原碑應爲"癹瀉"。
⑰ 《彌勒縣志》漏錄"紆途截阻雨水"6字。
⑱ 《彌勒縣志》錄爲"險"，據原碑應爲"驗"。
⑲ 涸轍之鮒：喻處在困難中急待援助的人。
⑳ 《彌勒縣志》漏錄"難"字。
㉑ 《彌勒縣志》錄爲"書"，據原碑應爲"也"。
㉒ 《彌勒縣志》錄爲"據以顛倒"，據原碑應爲"提起放倒"。
㉓ 《彌勒縣志》多錄"由"字。
㉔ 《彌勒縣志》錄爲"崢"，據原碑應爲"控"。
㉕ 《彌勒縣志》錄爲"衍"，據原碑應爲"淹"。
㉖ 《彌勒縣志》錄爲"甘"，據原碑應爲"等"。

此壩爲論耳。[①] 夫壩，古今人費 [②] 盡其 [③] 力，必數百金而使 [④] 成，一旦被 [⑤] 砍拆，小民如割肝腸，似此損人利己，國計民生何以賴乎。伏祈憲天（十六行）視民如傷，賞准欽 [⑥] 提按律擅砍古壩病民之罪，若以細微批行，理民反爲冤民，行見修堰之利溥於山陬，饑溺由己之念，再見於今日也。爲此，抄錄批示差牌並陳詔、馬維乾砍壩甘結繪圖具結粘連（十七行）上訴。被訴：陳詔、楊峭、馬維乾。干證：贊 [⑦] 思義。等情，奉批，仰彌勒州并查速報。等因，奉此。該卑職查得楊峭、馬淳等互控開溝拆壩一案。蓋彌勒州之搆甸壩地方、東西兩山皆有龍潭，開溝引水足可灌（十八行）溉，而崩補外、洪州 [⑧] 村、新街子受 [⑨] 益者與 [⑩] 西宰五寨田畝，昔年未經開溝，不能引水灌溉，所以杠 [⑪] 築壩引水之舉也。卑職於五十九年間曾經捐貲開濬溝道。六十年間奉憲職 [⑫] 飭疏通水利，遵即後 [⑬] 飭士（十九行）民加工開挖，久經報明在案，而楊峭以河壩壅水久受淹沒之害，爲興水利除水患等事具控憲臺，蒙批查報，遵即行令鄉約傳集各寨築壩士民，乘此農閒 [⑭] 之時，速行修溝，凡有水道 [⑮] 之處（二十行）即行拆壩，以免淹沒之虞。去後，又節次嚴催，抗不查覆。本年二月間，據楊峭稟請拆壩前來，當即差查拆壩。迨至五月間，緣源頭過水之木地龍爲水漲破，因而斷水十日無水進溝，而楊峭坐視不行（二十一行）修補，以致馬淳、王振先 [⑯] 等即具訴到州，隨批儒學查勘，卑職復又親臨查驗，務使水利各得其所，庶無淹沒之患。正在繕文詳覆間，乃馬淳等復叭砍壩絕水等事具控。憲臺蒙批并查報遵行 [⑰]，差拘（二十二行）楊峭、馬淳、王振先并百姓等齊集公所，諄諭公議，以凭詳覆 [⑱]，次日齊集再行復議 [⑲]，而馬淳、王振先頑抗不服，兼言：你自去詳，我自去築，竟爾飄然而去。查得馬淳等俱係紳衿，不便嚴究，但水利有關國（二十三行）賦民生，豈能

---

① 《彌勒縣志》漏錄"竊思" 2 字。
② 《彌勒縣志》錄爲"費"，據原碑應爲"廢"。廢：通"發"。舉；發生。
③ 《彌勒縣志》錄爲"其"，據原碑應爲"血"。
④ 《彌勒縣志》錄爲"使"，據原碑應爲"始"。
⑤ 《彌勒縣志》多錄"被"字。
⑥ 《彌勒縣志》錄爲"欽"，據原碑應爲"親"。
⑦ 《彌勒縣志》錄爲"贊"，據原碑應爲"樊"。
⑧ 《彌勒縣志》錄爲"州"，據原碑應爲"丹"。
⑨ 《彌勒縣志》多錄"受"字。
⑩ 《彌勒縣志》錄爲"與"，據原碑應爲"小"。
⑪ 《彌勒縣志》錄爲"杠"，據原碑應爲"有"。
⑫ 《彌勒縣志》錄爲"職"，據原碑應爲"檄"。
⑬ 《彌勒縣志》錄爲"後"，據原碑應爲"復"。
⑭ 《彌勒縣志》錄爲"閒"，據原碑應爲"隙"。
⑮ 《彌勒縣志》錄爲"道"，據原碑應爲"到"。
⑯ 《彌勒縣志》錄爲"振先"，據原碑應爲"震先"。下同。
⑰ 《彌勒縣志》錄爲"行"，據原碑應爲"即"。
⑱ 《彌勒縣志》漏錄"諭"字。
⑲ 《彌勒縣志》錄爲"議"，據原碑應爲"諭"。

懋①擬詳覆，在卑戢之委婉切諭，示②已極矣，理合詳請憲臺俯賜遴委能員碻勘審覆，則憲案不致久羈，而下民之沾沐鴻恩無暨矣，等因，申詳。奉批，如果緣源頭之木地龍漲破（二十四行）因而斷水，只須修補可耳。乃訴③不休，又不服④集議，殊屬非法，仰速勘明碻，奚⑤議詳奪。如有抗違，查明是何項紳衿，開列戢銜詳究，無⑥得模棱牽混于究詰⑦。等因，奉此，遵即傳檄⑧各村寨紳衿楊崢、馬淳（二十五行）等公議妥碻，隨差公⑨房書役嚴督修理。去後，茲於雍正二年四月二十三日，據生員馬淳等呈，爲水利成功，懇恩代謝憲恩，并請銷案事。呈稱：情緣馬淳、楊崢之⑩呈搆甸埧水利一案（二十六行）。

撫都院大老爺批行本州，⑪等自悔冒昧，於雍正元年二月遵奉憲批，公同本州工房協力開挖溝道，置造地龍，於本年二月工竣。各寨水滿田疇，遍地⑫播種。所有壅水之埧已經拆盡⑬，黎民樂業，頌（二十七行）聲震天，舉⑭下情感戴之私，唯⑮以上達，伏乞賞賜代詳鳴謝，并墾⑯銷案，感戴無暨，等情。同日又據原呈：致仕訓導楊崢呈，爲懇恩勒石以立陳觀⑰，以垂永久事，[情緣彌勒州轉搆甸埧一區內分上中下三（二十八行）五村兩山對峙]⑱中分大河，二山之下各出一泉，東山龍潭其勢頗高，引水灌上，而上伍村可以足用；西山龍泉其地虘下，直流入河，則中下兩伍村人民各寨自築一埧，叺車絞水⑲灌田，在當日（二十九行）河梁⑳田高，播植之日㉑不無小補。相緣㉒日乆，㉓埧竟成二十七道，而兩山之㉔沖入河中，沙泥擁㉕積埧內，

---

① 《彌勒縣志》錄爲“懋”，據原碑應爲“懸”。
② 《彌勒縣志》錄爲“示”，據原碑應爲“亦”。
③ 《彌勒縣志》漏錄“訟”字。
④ 《彌勒縣志》錄爲“服”，據原碑應爲“復”。
⑤ 《彌勒縣志》錄爲“奚”，據原碑應爲“妥”。
⑥ 《彌勒縣志》錄爲“無”，據原碑應爲“毋”。
⑦ 《彌勒縣志》錄爲“詰”，據原碑應爲“繳”。
⑧ 《彌勒縣志》錄爲“檄”，據原碑應爲“集”。
⑨ 《彌勒縣志》錄爲“公”，據原碑應爲“工”。
⑩ 《彌勒縣志》錄爲“之”，據原碑應爲“互”。
⑪ 《彌勒縣志》漏錄“淳”字。
⑫ 《彌勒縣志》錄爲“地”，據原碑應爲“處”。
⑬ 《彌勒縣志》錄爲“盡”，據原碑應爲“毀”。
⑭ 《彌勒縣志》錄爲“舉”，據原碑應爲“第”。第下：猶門下、閣下。古代多用於對長官的敬詞。
⑮ 《彌勒縣志》錄爲“唯”，據原碑應爲“難”。
⑯ 《彌勒縣志》錄爲“墾”，據原碑應爲“懇”。
⑰ 《彌勒縣志》錄爲“觀”，據原碑應爲“規”。
⑱ 《彌勒縣志》漏錄“[ ]”內 23 字，現據原碑補錄如上。
⑲ 《彌勒縣志》錄爲“叺車絞水”，據原碑應爲“叺”。
⑳ 《彌勒縣志》錄爲“在當日河梁”，據原碑應爲“在當日埧口（二十九行）河深”。
㉑ 《彌勒縣志》錄爲“日”，據原碑應爲“時”。
㉒ 《彌勒縣志》錄爲“緣”，據原碑應爲“沿”。
㉓ 《彌勒縣志》漏錄“築”字。
㉔ 《彌勒縣志》錄爲“之”，據原碑應爲“山水”。
㉕ 《彌勒縣志》錄爲“擁”，據原碑應爲“壅”。

河水溢出①，田畝淹沒，終歲失望，皆無知之民違②法自斃之故也。康熙五十七年，有馬淳、沈鴻基等（三十行）爲③第一座壩名高寨壩，更加高築直，抉河水進田，則壩埂④愈高，而河水⑤愈淺，凡壩上之田更加淹沒，是以隣⑥爲壑，利己害人之至⑦也。康熙五十八年，幸我父師經過此地，目擊□□⑧之苦，蒙賜下訓（三十一行）。

（碑末左下部分，疑殘缺，情況不明）

【概述】碑存彌勒市竹園鎮竹園水利管理所內。碑爲青石質，高194厘米，寬91厘米，厚18厘米。雍正二年（1725）立。碑文詳細記述了清代康熙至雍正年間，彌勒州搆甸壩水利糾紛案的始末。

【參考文獻】彌勒縣縣志編纂委員會．彌勒縣志．昆明：雲南人民出版社，1987.10：808-810.據《彌勒縣志》錄文，參原碑校勘、補錄，行數爲新增，形制爲實測，碑名爲新擬。

水目山普賢寺水利訴訟判決碑

姚安軍民府督捕堂兼抔⑨雲南縣事加四級沈，爲恃強越界，霸奪水利，含冤久困，呼天臨勘急救事。康熙陸拾年⑩閏陸月弍拾日，奉（一行）

本府正堂加一級紀錄四次程批，據本署縣申詳，縣轄水目山普賢寺住持僧正國、正牟，具告楊渠、楊維唐、楊維極等緣由一案：審看得民以食爲天，田以水爲利，田水之（下闕）（二行）之有疆界，無庸混淆。此水利攸關，民命於是乎生（三行），國課於是乎出。若不溯流而源，安能分其涇渭。如正國、楊渠等於伍拾伍年，爭此水利，控於前任伍令，而伍令雖經躧看⑪，卻被楊渠等朦朧掩卻松毛、小沖弍股。但指蜂窩之水（下闕）（四行），且不眼同兩造瓜李之嫌，伍令亦自無辭。楊渠之朦朧控縣，伍令之朦朧詳府，府案之朦朧批下，一悞再悞，竟以僧人百年衣缽相傳之源流，而忽歸楊渠。一朝波浪翻天之（下闕）（五行），正國等曉曉署縣，有此恃強越界，霸奪水利，含冤久困，呼天臨勘急救之訴也。署縣即批，

---

① 《彌勒縣志》錄爲"出"，據原碑應爲"濫"。
② 《彌勒縣志》錄爲"違"，據原碑應爲"爲"。
③ 《彌勒縣志》錄爲"爲"，據原碑應爲"於"。
④ 《彌勒縣志》錄爲"埂"，據原碑應爲"墾"。
⑤ 《彌勒縣志》錄爲"水"，據原碑應爲"底"。
⑥ 《彌勒縣志》漏錄"國"字。
⑦ 《彌勒縣志》錄爲"至"，據原碑應爲"事"。
⑧ 《彌勒縣志》錄爲"□□"，據原碑應爲"修浚。"
⑨ 抔：古同"攝"，統率；管轄。
⑩ 康熙陸拾年：1721年。
⑪ 躧看：實地探訪察看。

於式拾日，着原被齊候，親往踏看。及到此①地，前後細觀，楊渠之田，皆②松毛、小沖式（下關）（六行）水，惟有蜂窩一源，井井之界，瞭若指掌。楊渠等何得迷天黑霧，復施前番伎倆乎？且楊渠執正德年間之合同，正國有嘉靖年間之告示，署縣細閱示同，與署縣之躧看，前後（下關）（七行），始信前人之權衡水鑒，迥非後人所及。乃伍令何云李仲文不過一出名之狀頭，認爲李仲文放水拾式晝夜惧矣。查李仲文當日之控，亦猶今日正國之控也，非關切己（下關）（八行）訴，而當日蜂窩之水，即批仲文永管。仲文之田轉售牵人張文煥，而文煥後捨僧寺。僧人之田，即系係仲文之田。仲文之田，即係蜂窩之水。而伍令又云：蜂窩山澗水係河尾（下關）（九行）有年所，而仲文之田正屬河尾站村，楊渠之田係隔山之趕香村，更爲風馬牛之不相及。其云歷有年所，歷者何歷？年者何年？前人明明斷與仲文，而又爲此無稽之詞，真（下關）（十行）分矣。在楊渠不霸占於未入黌③宮之前，而霸占於既入黌宮之後，明以青衿爲護身符，明以青衿爲虎生翼，而視此闍黎④輩，其猶腐鼠狐雛乎？貪狼司灶，餓虎監廚，有不任（下關）（十一行），嗟嗟！水目山寺，以僧伽度世之道場，忽变爲羅刹害人之陷地，此伍陸（中關）難支，更遲時日，則將來寺廢僧逃，糧空課絕，能不爲催科之累乎？據（下關）（十二行）（上關）經控伍令之後，但（下關）（十三行）永無替，其禦災捍患，以□□（十四行）父老子弟者，有不與蒼山同高，洱水同深乎。而照法則以創之之難，竊慮夫守之之不易也。來乞余言以志之。余既忝⑤守土之責（十五行），目擊其成，義弗可辭。爰述梗概，以勸後之能繼其志者。至捐置銀田數目，例載碑陰（十六行）。

　　　　雍正乙巳歲中秋吉旦
　　　　原住持僧寂受，徒重修住持照法，護國居照燦，徒孫普學重孫通住（十七行）

　　【概述】碑存祥雲縣雲南驛鎮大井村。高130厘米，寬34厘米。額爲圭形，其上橫刻楷書“遵奉申詳囦⑥”5字。碑文直行楷書，文殘存13行，行19-67字。清雍正三年（1725）立。碑文記述了水目山普賢寺住持僧正國、正牵，具告楊渠、楊維唐、楊維極等恃強越界，霸奪水利，後經勘明，原係誤判，并更改判決的案由。

　　【參考文獻】楊世鈺，趙寅松. 大理叢書·金石篇（卷三）. 昆明：雲南民族出版社，2010.12：1184-1186.

　　據《大理叢書·金石篇》錄文，參拓片校勘。

---

① 《大理叢書·金石篇》錄爲“此”，據拓片應爲“其”。
② 《大理叢書·金石篇》漏錄“由”字。
③ 黌：古代稱學校。
④ 闍黎：亦作“闍梨”，意謂高僧，亦泛指僧。
⑤ 忝：辱，有愧於，常用作謙辭。
⑥ 囦：古同“淵”。

巍寶朝陽洞玄極宮新置常住水磨碑記

趙本晟[①]

世間不朽，功德香燈為重，作善之道，微論大小，期於永久而不廢也。然非眾擎實難易舉。城南巍山飛爛顯跡，判曰朝陽。適遇乙未歲天災流行，偶有神人點化，命朝巍山。已疾者許之，立睹痊癒；未疾者許之，均獲安康。而人之畏敬，累加修葺，建前後諸殿。其後山山下三臺，中層尚無道院，有羽客趙中和、童真出俗，慕道清修，為之闢地開基，建三清寶殿，名玄極宮，然皆郡善之力也。茲所慮者，有宮殿必有香火之費，以期永久。眾約協力，同成善果。僉曰：唯匕眾擎易舉，歷久不迷者，惟立水磨房甚便，勿以利小而不為也。蒙城東外中壩溝上，隙地一塊，乃軍舍尋水吉路哉，募化立基永支水磨，為香燈之舉。眾稍有弊願，招雷霆四司分改，十方善信功德昭彰，但恐後人無知之輩，或漢僰夷儸侵其小利，損壞房基，迷失善果，而忘其報應之速也，縱免人非，難逃天鑒，因勒石永久，以為之勸云。

【概述】碑存巍山縣巍寶山，大理石質。清雍正四年（1726）立石，趙本晟撰文。碑文記述雍正年間，巍寶山玄極宮（今三清殿）在縣城東外中壩溝上募化資金修建水磨作為香燈費用，并勒石以垂永久之事。

【參考文獻】薛琳．巍寶山志．昆明：雲南人民出版社，1989.12：74-75.

禾甸五村龍泉水利碑[②]

張 漢

從來有治法而無人治者，未有能治人而無治法者。蓋法有一寶，變通在人。因時因地，宜緩宜急，罔弗有利於民。處今日而欲厚民生、裕民財，使家給人足，良不容易。然因民之所[③]而利之，此治法之至要，存乎其人也。

---

① 趙本晟：巍寶山後山住殿道人，為龍門派道人，其生平事迹不詳。
② 《祥雲碑刻》錄碑名為"許長水利碑"，但碑文漏錄後半部分，約500字。黑龍箐龍泉水利（現許長水庫灌溉工程），由明朝崇禎十七年（1644）上溯廩膳生員王翚祚倡修，清朝康熙四十年（1701）重修未竟，雍正四年（1726）督修成功，後遭"咸同之亂"（杜文秀回族起義）。咸豐二年（1863），下溯羅先甲將軍出師過境回籍，督眾修成。
③ 《雲南鄉規民約大觀》漏錄"利"字。

洱邑地勢高燥，水多不足，禾甸一迤尤甚。以故歷年禾糧，率多逋欠。彼地原有箐水一溪，都人築塘一座。秋冬蓄之，春夏可資灌溉。不謂日久塘廢，無濟於田畝。數十年來，屢議修築，一則苦無功力，一則不得其法。惟亦隨時補葺，均無所俾。余聞之，三至其地，因地制宜，捐俸千金。兼請工匠，庇口工，飭會屬民力合作，不年餘而工竣。水波闊大，眾悉歡焉。明鐘李曦等，會同村民公計田畝多寡之數，分析用水多寡之份，悉無偏私。又恐利在而起爭端，寶花水冊開載姓名，各注水份於下，請予鈐印，並取一言刻於冊首。今而後，禾甸一川，吾知可免亢旱，虞逋欠之虞矣。在余不過不憚勤勞躬履數次，相厥地形指揮佈置，所費亦僅千餘金。他有民力之自作，瞬夕之間頓興是利，是非因民之所利而利者乎。

余宰武城，甫經三年。履任之初，百務廢馳，懸欠三萬有奇。補葺調劑，不遑寢食幾於二載，諸事照舊理焉。洱邑之困，首在於旱。凡有備塘堰之土，命為捐資以開始，全民繼功於其後。

所有水利，靡弗畢興。洱邑不似當年之苦旱者，半得築^①塘之力也。後之君子，切以饑己溺己之心，廢者興之，無者創之，自必與余同輒。獨是戒民，當思一廢之後，何以數十年不能復興？而宜彼此同心，時加修補，勿蹈昔弊，以永保是利。[是子]^②，余之願也。夫因是為爾民序，遂為爾民諭。

雲南縣正堂記錄一次張漢^③題
雍正丙子年^④

水例款目開列於後，計開：

——水例照縣前碑記，溯燈二村二晝一夜，下檢村二晝一夜，阿獅邑二晝一夜，新生邑、左所二晝一夜，上檢村、許長二晝一夜，勿得增減。

——水例照古會輪流，由溯燈而左所，新生邑而上檢，許長由上檢而下檢而阿獅邑而復溯燈，周而復始，勿得挽^⑤越。

——水例輪流須依時刻，寅時交寅時接收，戌時交割戌時接收。交割遲一時者，以侵竊水例論，決不姑貸。

——水例田畝照縣前碑記，上溯燈三十雙，下溯燈三十雙，下檢四十雙，兩季二十雙，新生邑三十雙，左所三十雙，許長三十雙，阿獅邑六十雙，勿得詭混。

——水例照縣前碑記，無洪水須依水例，倘上流有侵竊一份者，須執水例，村人稟究。

——水例原照田畝，有此一份田即有比[此]一份灌溉之水。今有賣田而不賣水者，有買田而不得水放者，賣主則無田而賣水，買主則有田而無水，何以灌溉。如有此等，須賣主稟究。

---

① 《雲南鄉規民約大觀》錄為"築"，據《祥雲碑刻》應為"壩"。
② 《雲南鄉規民約大觀》漏錄"[ ]"內2字。
③ 張漢：鹽亭人，副榜。雍正二年（1724），知雲南縣事，親民禮賢，建"鵬飛得英館"待士。為政三年，庭無訟簡。（江燕、文明元、王玨點校：《新纂雲南通志·八》，90頁，昆明，雲南人民出版社，2007）
④ 《雲南鄉規民約大觀》錄為"雍正丙子年"，據《祥雲碑刻》應為"雍正丙午年"，即雍正四年（1726），歲次丙午。
⑤ 《雲南鄉規民約大觀》錄為"挽"，據《祥雲碑刻》應為"攙"。攙越：越出本分。

——水例須照放水，有村人惡俗，僅有一份之田，霸兩份之水者，訴村人稟究。

——水例原照畝照夫，今有值冬秋興夫時緘田畝，值春夏放水時則爭水分，似此狡詐詭混，何以服眾，訴村人稟究。

——水例自今年夫役為定規，他年即有修築，未有如今一溝三壩夫役浩繁者。今年不行，更待何年，再不行，即將本人田畝水份革去，不與以上數款。言出必踐，法在必行，永為定規。敢有村民人等抗傲不遵者，許中里老指名具報以憑詳道解究，決不姑貸。

右給付村人（羅儒等十四人，名單從略）

【概述】碑存祥雲縣禾甸鎮許長本主廟，清雍正丙午年（1726）立。碑文記述：禾甸亢旱，原築水塘一座蓄箐水以資灌溉，惜日久塘廢，屢修無成。知縣張漢三至其地，因地制宜，捐資聚眾倡修而成，并按田畝多少割分水份載於水冊。

【參考文獻】黃珺．雲南鄉規民約大觀．昆明：雲南美術出版社，2010.12：128-130；李樹業．祥雲碑刻．昆明：雲南人民出版社，2014.12：165-166.

據《雲南鄉規民約大觀》錄文，參《祥雲碑刻》校勘。

雍正五年立雲南縣水例碑 [①]

張 漢

雲南縣正堂加一級紀錄一次張漢，爲懇恩賞給碑文，飭定水例，勒石以垂永久事。雍正四年 [②] 九月（一行）初三日，據生員劉鼎漢等訴前事，詞稱：情因先人從征，洪武到滇，屯田本縣劉官廠 [③]，約有柒拾貳戶。後（二行）因彤 [④] 敝逃亡，迄今僅存拾戶。雖人烟輳集，而土瘠民貧。邨中父老子弟所日昃不遑者，半在身家，而鮮（三行）及心性。蒙宗師廣闢□□朝廷義路，造就人文，賞立社學，開塘報墾，誠教養之藎舉，而父母斯民者也（四行）。但恐事久或廢，其食德未深。祈恩賞賜碑文，將田糧四至坐落水分人名，臚列拴石。俾時勢有殊，無得（五行）更易。賢奸不一，羣奉章程，德配尼山並峙，澤與洙泗 [⑤] 長流。等情

---

① 《祥雲碑刻》錄為"劉廠社學碑記"，錯漏多。

② 雍正四年：1726 年。

③ 劉官廠：村名，即今劉廠鎮劉廠村。明洪武年間劉姓征滇為官，在此辦礦產得名劉官廠，簡稱劉廠。（祥雲縣人民政府編：《雲南省祥雲縣地名志》，94 頁，內部資料，1987）

④ 彤：通"凋"。

⑤ 洙泗：洙水和泗水。古時二水自今山東省泗水縣北合流而下，至曲阜北，又分為二水，洙水在北，泗水在南。春秋時屬魯國地。孔子在洙泗之間聚徒講學。《禮記·檀弓上》："吾與女事夫子于洙泗之間。"後因以"洙泗"代稱孔子及儒家。

到縣，據此，本縣為照設立社學，教育人（六行）才，誠第壹美舉也。但恐日後人情變態，歷久弊生，或將水分次序前後攙越，或將田地肆至彼此混奪（七行），甚至短少租穀，以及抗騙租石者，則此番公舉，必至流為禍胎。欲其持久而不廢也，難矣。應即照依所（八行）訴，將水分次序及各田地肆至併諸姓名，逐一臚列扵后，以垂永久。倘異日有違抗不遵，以私滅公，許（九行）爾眾人立即首報，以憑懲處。務使雅化洪開，英才蔚起，世世相循扵勿替，庶不負本縣振興文教之（十行）心，亦不虛爾等具呈設學之意云爾。計開：新墾本伍久荒田壹塊，坐落海下，東至嚴端吐退田，南至（十一行）蕎地，西北至溝。報秋糧陸畝壹段貳坵，坐落營後，東至陳鳳田，南至溝，西至胡會榮田，北至路。報稅乙畝（十二行），領到嚴端、嚴智、嚴以仁吐退田壹區，坐落任官海稍，東至嚴端田，南至海，西至徐文鳳地，北至龍田。認（十三行）秋四畝，其糧總歸社學完納。原修築海面上下貳坐，東至蕎地，南至張伍田，西至山，北至大路，工力共（十四行）費銀伍百貳拾叁兩柒錢。其海水定例拾貳分，內劉鼎漢、鄒繡、劉睿、陳武道、徐聯第、王澤湘、胡象乾、嚴（十五行）怡、許正國、梁九成等，每戶水壹分，田壹分，納租貳石。外拾戶公捐關聖殿常住田壹段，東至溝，南至秧（十六行）田，西至胡家蕎地，北至梁家田。以上額例，永垂不朽，是為石（十七行）。

　　外劉光暄水壹分，職田拾肆截，肆至俱至社學田，秋壹畝，不入社學（十八行）。

　　雍正伍年[1]三月十六日。

　　埧長夫頭劉漢英、陳宏烈、徐聯第，典史彭雲翼，教授簡重，經承朱興文、段心賢，鄉約張淩雲立（十九行）。

同治四年[2]六月初二日，合伍重修（二十行）

　　【概述】碑存祥雲縣劉廠小學。碑為青石質，高130厘米，寬65厘米，厚25厘米。碑頭橫書"社學碑記"4字。碑文直行楷書，文20行，行13-39字，至今保存完好。清雍正五年（1727），張漢撰文，劉漢英等立，同治四年（1865）重立。碑文記述：軍屯村雲南縣（今祥雲）劉官廠"土瘠民貧"，村中子弟因貧困而難以就學讀書。為此村中興辦社學，興修水利，并請知縣給予碑文，鈐定水例，"將水分次序及各田地肆至併諸姓名"等情勒石銘刻。該碑對研究當時農田水利及民間辦學，群眾資助發展教育具有一定的價值。

　　【參考文獻】李樹業.祥雲碑刻.昆明：雲南人民出版社，2014.12：83-84；楊世鈺，趙寅松.大理叢書·金石篇（卷三）.昆明：雲南民族出版社，2010.12：1417-1419.

　　據《大理叢書·金石篇》錄文，參原碑、拓片校勘。

① 雍正五年：1727 年。
② 同治四年：1865 年。

東西溝碑記

毛振翎①

人皆知立功名，而不知在上位之立功名易，在下位之立功名難。難而能立，斯稱異焉。如趙公②堰亭者，明處士耳，無權力足以驅人。欲謀一事，所恃惟己。況開東西溝③，工甚繁，費甚巨，豈易雲就。而乃傾其家貲，開成三百六十水口，設三十六戶小水，俾兩溝之水分佈州坝田畝，其為一方所利賴，非淺鮮也。彼世之在上位，挾多金以自贍，而置民命於不顧，何以對堰亭乎？余蜀人也，景先賢之故跡，慕桑梓之芳規，兩菇斯土，欲稍俾④補於東西溝而卒不能，於是乎益佩公之運籌設施為難。及今將分守黔陽⑤古州，覺山川人民，戀不能舍，況功在社稷，生民者，寧能恝然乎。是為記。

【概述】該碑立於雍正六年（1728），阿迷州知州毛振翎撰文。碑文記述了阿迷州（今開遠）明處士趙堰亭傾盡家產，開鑿東西溝，灌溉州坝田畝，為民造福的事跡，表達了作者的敬仰之情。

【參考文獻】雲南省開遠市地方志編纂委員會．開遠市志．昆明：雲南人民出版社，1996.11：670.

---

① 毛振翎：四川華陽人，字喬蒼，康熙四十七年（1708）舉人。曾於雍正四年（1726）和雍正八年（1730）兩度出任阿迷州知州，奉職四年。在任期間，修文廟，重水利，鞏固改土歸流成果，頗有政績。
② 趙公：即趙升，字堰亭，生於明洪武年間（1368—1398）。宣德後期至正統年間（1417—1449），傾盡全部家資、耗盡一生心血，歷時近 30 年，開鑿成東溝和西溝。
③ 東西溝：東溝，古稱東堰，明代邑人趙升開挖。源起南洞河頭，尾終北郊玉王莊。全長 20 公里，橫流開遠壩大部，是樂百道鄉仁者、田心、綠豐、樂百道、玉來村等 11 個彝漢村寨農田灌溉和生活用水資源。西溝，古稱西堰，俗稱大溝。明代邑人趙升開鑿。源起市西南瀘江河畔，終止北郊十里村。全長 13 公里，工段劈崖破壁，工程艱辛繁浩，是田心、靈泉等 16 個彝漢村鎮農田灌溉及生活用水的主要來源。（紅河彝族辭典編纂委員會編：《紅河彝族辭典》，108 頁，昆明，雲南民族出版社，2002）
④ 俾：疑誤，據上下文應為"裨"。
⑤ 黔陽：湖南黔陽。

冰泉記 ^①

毛振翃

余以西蜀下士於雍正丙午^②歲夏六月朔八日授印自會城，二十日來蒞迷陽^③，諸政未舉，於水利竊首務焉。九月二十四日親觀四鄉溝洫，出西郊巍然有閣，跨於大壑之表。因水自熱沖來，建茲以蓄其勢，舊名鎖水閣。過此則有乾橋，水來自香木箐，夏時雨盛，千流萬派爭赴巴領旁，澎湃洶湧勢不可遏；堤稍不堅衝決氾濫，乾壩田畝半受淹損，防範可不預乎。遠望黃濤滾滾有排山倒海勢，從者指之曰：渾河也。其源發於石屏異龍湖，過臨安穿閭洞繞漾田，入天生橋直流至此。去此二里，則與東溝水源南洞來之清河滙於兩岔口，是為樂蒙河共歸盤江。盤江去治北三十里，自澂江新興流建水入州部沼，乃眾水所會彌阿分界處也。至部沼相傳亦有龍潭九十九處，坡田恃此無旱憂。即東郊黑龍、伏龍諸潭之類，余曰然。則大莊以南獨不資水利乎？從者曰：彼又有水頭洞在。且問且行沿河干而上，不一里許天光濯影水汽浸裳，有亭峙於林際，從者復曰冰泉亭也。亭之下為西溝，秋冬水涸鑿倍深，春夏水漲流益遠，甸中、沙田以及祿豐諸鄉實賴之。惜歲久堤傾，亭漸低水多滯，田居下流者鮮食其利。因與鄉先生輩議高斯亭，土木之資，願分薄俸，而鄉先生以及耆老亦極欣欣，欲勸厥成。坐談半晌，鄉先生伍玉伯且為述吾鄉升庵公題茲亭聯。嗟呼！名賢已往，誰登大雅之堂；遺韻匪遙，實切同桑之慕，慨芳躅之難□，悵琢句以何裨。遂舍僕從，謝賓朋，獨步玄天閣。登陸絕頂，入懸巖，曳薜蘿^④剝苔蘚於峭壁石洞中，猶有及見明嘉靖刺史桐梁人李先生第之留題焉。俄而山風四起，雲煙障目，俯眺冰泉相去不啻萬丈，心驚神馳凜乎不可久留。遂取徑扶杖而下，仍息於亭者久之，乃復回顧冰泉。馬首北指，過村墟繞石麓直抵熱沖山下，清碧一泓，真堪鑒髮，西北兩渠分流，其利普矣。土人曰：上有古亭，夏坐可以忘憂。今蕩然無遺，只餘山半水神一廟，亦欹^⑤斜欲墜，無以妥神靈，我州婦子其能陰受庇耶？亦有修葺志。憩不逾時，土人曰：西溝水尾徑達於北，尚其往觀。及抵祿豐，便入被獲李純故宅門巷，草荒庭□塵暗。樓中粉黛，唯餘階下殘花；館內笙歌，合剩枝頭悲鳥。罪在當誅，情不可憫，而破亡之象不堪久視，因返轡旋城，時正停午，日射銀波風鳴金柳，山光歷歷如畫；水獻奇拱秀以助遊賞者。不觀水利胡以得茲，是州民猶未獲水利之樂，而我先以樂其樂，且更寄情於水利之外，

---

① 《阿迷州志》錄文有刪減。
② 雍正丙午：即雍正四年（1726）。
③ 迷陽：今開遠。
④ 薜蘿：薜荔和女蘿。兩者皆野生植物，常攀緣于山野林木或屋壁之上。《楚辭·九歌·山鬼》："若有人兮山之阿，被薜荔兮帶女蘿。"王逸注："女蘿，兔絲也。言山鬼仿佛若人，見於山之阿，被薜荔之衣，以兔絲為帶也。"
⑤ 欹：古同"敧"。

樂州民所不知之樂。不誌其概，負茲遊負茲官矣。爰以為之記。

雍正庚戌① 季夏，西蜀毛振□② 題並書。

【概述】該碑原存於南橋冰泉，"文化大革命"中被村民抬走，現藏於樂百道辦事處田心村委會上田村張志武家。碑為臥式，寬135厘米、高65厘米、厚約14厘米，碑文直行行楷陰刻，文37行，滿行24字，計973字。雍正八年（1730），毛振翩題并書。碑文記述了毛振翩初蒞迷陽任知州，以水利為要務，親自察勘四鄉溝洫的詳細情況。

【參考文獻】開遠市文物管理所. 開遠文物志. 昆明：雲南美術出版社，2007.12：105–107；（清）王民碑. 阿迷州志. 臺北：成文出版社，1975：327–330.

據《開遠文物志》錄文，參《阿迷州志》校勘。

鄂少保開巖洞碑記③

王立憲

少保大司馬西林鄂公④之來總制斯土也，視三省⑤如其家，心民心務民務，雖邊徼異域，苟有濟於民聞於公者，罔不切肌膚簍骨髓不爲不已，爲之不底於成，以不朽於後世不已，矧其託宇下者乎。臨安去會城不五百里，古畇町⑥國也，崇山大澤宅其中，長江巨河環其外。每夏秋溪水漲溢望如海，故以建水名。水大而能利民亦能害民者，莫甚於瀘江，其發源也則始於石屏之異龍湖，合塌沖、象沖暨六河九洫，諸水皆會於瀘，以奔赴巖洞⑦。巖洞者，所稱石巖山之水雲門也。洞前虛廠可坐數百人，登巖以望，洋洋乎浩浩乎，利田疇資灌溉，地肥饒民殷富者不恃有此川哉。然當其水勢汎濫，決圩防沒田廬，又往往爲民患。揆厥所由，

---

① 雍正庚戌：即雍正八年（1730）。

② □：應為"翩"。

③《鄂爾泰年譜》錄為"開建水巖洞碑"，《滇繫》錄為"王立憲開建水巖洞碑"，但碑文均有刪略。

④ 鄂公：鄂爾泰（1680—1745），雍正、乾隆朝大學士、軍機大臣。字毅庵，號西林。隸滿洲鑲藍旗。鄂爾泰在任雲貴總督期間，主持"改土歸流"，較有影響。諡號文端。（蔣筱波編：《中國宰相傳最新經典珍藏》，271頁，西安，三秦出版社，2012）

⑤ 三省：指雲南、貴州、廣西三省。

⑥ 畇町：亦作"句町"。"句町"之名，始見於《漢書·地理志》和《王莽列傳》，《昭帝紀》則寫作"鉤町"，在明諸葛元聲的《滇史》、清馮甦的《滇考》、倪蛻的《滇南歷年傳》、王崧的《道光雲南志鈔》等書中，句町則被寫作"畇町"。歷史上句町王國曾盛極一時，其統治範圍包括今雲南省文山壯族、苗族自治州全部，紅河哈尼族彝族自治州中東部，玉溪、曲靖和廣西百色三個市以及越南北部的部分地區（何正廷著：《句町國史》，4-8頁，北京，民族出版社，2011）。

⑦ 巖洞：是建水壩子里六河九洫的天然泄水溶洞，洞前的瀘江河里有許多嶙峋巨石，形成13道石埂，阻水不能直泄，每到雨季壩區的房屋田地常被洪水淹沒。

則巖洞實障之。瀘水從衆流來合，東至於巖洞，伏流十餘里，出阿迷，入盤江，以爲歸宿，此其性也。而巖洞之前，石磴嶙峋縱横洞口，細流則峽道曲入，洪濤則湍波四潰洩，多石埂横截中流者十有三重，唯伐石鑿埂，使無壅遏，順流而下，則水利興水患息矣。自少保公至，召我郡縣告之曰："瀘水之患溢臨境，巖洞之障厥宜屏，刊乃石斷乃埂，民害除、農力省、功惟速、志惟猛，我憂以紓而汝是儆。"屬吏聞命者，咸唯而退。故老相傳，洞口有神物憑其上，動一拳石者，輒大風驟起，煙霧迷離，咫尺不相見。所擊砂礫飛數十步外能中傷人，以故鮮有過問者。

雍正八年[①]正月十七日，郡守東萊張公無咎，與總鎮張公應宗、州牧祝公宏，既奉少保公命往疏河，甫至，令伐巨石，錐鑿不能入。強入之獲未寸許，忽風起砂飛石，擊工人手落其一指，衆皆驚散，諸君子相顧錯愕。聞於少保公，公曰："神庇吾民者也。吾惠吾民而神不許，謂神何！唯子之誠不足以感神，故神弗靈。吾其祭以文，通以誠，神必許我，汝敬往哉。"太守乃賫[②]文以祭，祭畢，雲開煙斂，天大晴霽，光色照耀。於是督工鑿石，而向之剛者柔，堅者脆，應手而伐輒得大塊或數尺或數十尺，不一月而十三重埂盡拔而去。自此，水湧沙流，河身丈餘無復避礙，巖洞遂不爲患，下流既疏然後上流得肆其力，於是溯衆水所經，按一江所入，凡河之淺者深之，滯者通之；岸之低者崇之，薄者厚之；壘浮沙者易以茅塊，堆淤淖者運於遠邱。又復伐木爲樁，編竹為篾，以爲兩岸之障，聳如壁、平如削、堅如石、滑如漆，風雨不能摧，波濤不能入，魚鼈不能損。功成之日，計程不二百里，計地不三萬丈，篾數千，樁數萬，工數億，官勤勞，役奔走，上無懈心，下無惰志，而後得以有水利無水患。雖積雨經旬，連陰累月，而沿流循渚，堤以永固，禾以永豐，歲書大有矣。於是郡人士咸相尚慶曰："此少保公生我也。"願記一言以貽我子孫，使後之飲若水者知源，服若疇者識德。爰歌以記之，詞曰：

"雲門鑿，瀘川濬。龍湖來，阿迷進。達盤江，往而迅。水安流，穀豐潤。恬河伯[③]，熙田畯。囷倉盈，鱗介牣。億姓歡，百神順。官弁康，吏治振。古禹稷[④]，翼堯舜。理水土，欽且慎。今其誰，維公僅！"

雍正九年八月朔日州人公立

【概述】雍正九年（1731）州人公立，王立憲撰文，全文計983字。碑文記述雍正年間，時任雲貴總督鄂爾泰令郡守張無咎、總鎮張應宗、州牧祝宏征召民夫，伐石鑿埂、疏浚河道、開岩洞之塞等興利為民的功績。

【參考文獻】（清）祝宏等．建水州志．清雍正九年刻本·卷之十一下·藝文記：54–57.

---

① 雍正八年：1730年。
② 賫：同"齎"。齎：持，携帶；懷抱着。
③ 河伯：中國神話人物。即"黄河水神"。又名馮夷。相傳他在渡黄河時淹死，被天帝封為水神。
④ 禹稷：指夏禹與後稷。夏禹後稷受堯舜命整治山川，教民耕種，稱為賢臣。

福山泉記

張允隨

　　福山泉，廣通舊干海資矣，崇山圍之有田兩千餘畝，地以干名志水也。既無水，何以田曰。耕以雨，栽以雨，苗而秀且霄亦以雨。蓋不徒恃地，而尤恃天也。雨愚[①]恣可若何，則無如何也。滇之田類，是者皆呼曰雷鳴田，不獨廣邑一干海資矣。今（朝）天子重（農）貴粟，講求水利，熙□（照）秀田也，□而□余秦隴□地也，疏而為澤，滇豈獨□山國異哉。余撫滇，每以□□□有司在集人之力，以通地之窮，此其當振灌溉，年豐歲勻稔，亦既有效矣。廣通令楊登，以干海資以慮於水也，徘徊覓源，於山後五里許得泉三，發源福台山麓，欲渠之，而祖於山，請示余，余勉之，乃出貲發民鑿山。洞七十丈、寬三尺，而堵其一水，潺潺穴於洞達於溝引於田，蓄泄有法，工竣而（雷鳴）之田者皆喜曰，干海資不乾矣。詳其原由□□其議於司，司上其名曰，福山泉溯其源也，無論記（咨）勒石，余曰，此救民者常識耳，何必記贅，有河風者三史，起令□引漳水而魏，當白公在□引涇水而民澆地，無論肥瘠，須人力可嗟耳，滇所在多山，民苦無水，司牧者苟皆能營度而補救之，無諉地利，無任天時，無徒責勞於民，是瘠者可肥而歉者可豐也。傳又曰，政如農，功日夜思之，思其始而感於終，楊令果知此意也。凡牧民之政，其勤於探源，毅如鑿山，收效如澄百谷，又何往而不治也。奉宣德者，有司事也。先公而後私，民之分也。服其疇[②]食，其利尚曰：國家所以任吏治，重農功，嘉惠黎民，無微不至，忠敬之心油然以生矣，是為記。

　　雍正十二年[③]歲次甲寅秋七月望日。

　　巡撫雲南兼建昌畢節等處地方贊理軍務兼督川貴兵餉都察院右副都御史加四級記錄十次襄平張允隨撰。

　　【概述】碑存祿豐縣一平浪鎮干海資。高250厘米，寬100厘米。雍正十二年（1734）立，雲南巡撫張允隨撰文。碑文記載：雍正十二年，廣通縣令楊登，為解決干海資干旱缺水民苦耕種的困境，於福得山麓尋得泉水三股，并組織民眾捐資出力，耗時七個月，開溝鑿洞引水灌溉農田。該碑是彝族史上鑿隧引水的珍稀資料。

　　【參考文獻】雲南省祿豐縣地方志編纂委員會．祿豐縣志．昆明：雲南人民出版社，1997.12：821.

---

① 愚：疑誤，應為"偶"。
② 服疇：猶服田。謂從事農活。
③《祿豐縣志》錄文"雍正十二年（1722）"，屬誤。據查證：雍正十二年，應為1734年；康熙六十一年，1722年。

紅岩羅營村水利碑記 ①

蒙化府 ② 正堂加一級又軍功加三級紀錄二次杜（一行）

大理府趙州正堂加三級紀錄四次程

為祈天為國為民賞照勒石以垂永久事。雍正拾（二行）壹年 ③ 伍月貳拾壹日，蒙孫瑾、周據 ④ 仁、鄒孝孔（三行）、雲南分巡迤西道按察使司副使加三級雷批，據蒙化趙州地方白崖川各村住民龔讓、黃晦、梁正、楊（四行）朝應等訴前事訴稱，情因□ ⑤ 的等畊種蒙化府趙州二處田地錢糧共千石有零，舊有坐落袁家營古溝（五行）壹條，接放大可□ ⑥，因昔年兵變人走田荒，洪水泛漲將溝渠沖斷，彼時田地荒蕪未經修理數年，難於畊種。前於雍（六行）正捌年，屢奉上行，今民間開 ⑦ 通水道，除踦□□ ⑧ 房基外，均令竭力開挖，衆民㴑此洪恩，無不猗 ⑨ 聲在道。小的等（七行）相約各村寫立合同，湊脩銀百餘金，仍照古制協力脩通水路，灌溉一帶田畝已經四載，無異窮恐後有不法之（八行）徒不見，小的等具訴請照勒石，橫行填塞使水□ ⑩ 大河流於無用之處，有幸（九行）憲洪恩使毘荒□耕種維艱，民生塗炭，伏乞天星上體（十行）皇□□民瘼，賞准給照勒石，恩垂永久，德配無疆，等□ ⑪ 蒙批應否勒石，仰蒙化府會同趙州查議報等情，蒙批（十一行）到□□□節季蒙趙二處約馬耀龍等將待前龔讓等所訴袁家營藉有古溝，今已開挖四載，況各（十二行）□人□已□有合同，仍照古溝輪流分放，灌溉蒙趙田地千百餘石。本州［府］覆查無異相，應許請勒石以垂永久（十三行）。具文□□（十四行）巡憲，蒙批如□勒石，仍具碑摹查核繳等因，蒙批到本州（府）蒙化合就勒石，求 ⑫ 為遵守毋違，項 ⑬ 至勒石者（十五行）。

---

① 《大理叢書·金石篇》錄碑名為"水利碑記"，今據碑文內容另擬為"紅岩羅營村水利碑記"，以示與其他眾多水利碑記的區別。

② 蒙化府：中國古代行政區劃名。元至元十一年（1274）升開南縣置，治今雲南巍山彝族回族自治縣，屬大理路。十四年升為蒙化路，二十年降為蒙化州。明正統十三年（1448）復升為府。清乾隆三十五年（1770）降為蒙化廳。

③ 雍正拾壹年：1733 年。

④ 《大理叢書·金石篇》錄為"據"，據拓片應為"懷"。

⑤ 《大理叢書·金石篇》錄為"□"，據拓片應為"小"。

⑥ 《大理叢書·金石篇》錄為"大可□"，據拓片應為"大河水"。

⑦ 《大理叢書·金石篇》錄為"聞"，據拓片應為"開"。

⑧ 《大理叢書·金石篇》錄為"踦□□"，據拓片應為"墳塋"。

⑨ 猗：同"猗"，表示贊嘆、贊美。

⑩ 《大理叢書·金石篇》錄為"□"，據拓片應為"歸"。

⑪ 《大理叢書·金石篇》錄為"□"，據拓片應為"情"。

⑫ 《大理叢書·金石篇》錄為"求"，據拓片應為"永"。

⑬ 《大理叢書·金石篇》錄為"項"，據拓片應為"須"。

雍正拾叁年叁月貳拾肆日，鄉約李淳栢，掌印同知杜思賢，知州程近仁，鄉約段從文率軍民（以下人名略）仝立（十六至二十行）。

議定汪家營壹晝夜，［大理衛壹晝夜］①，張官營壹晝夜。［楊朝應］②（下缺）（二十一行）

【概述】碑存彌渡縣紅岩鎮羅營村委會汪家營文昌宮內。碑為青石質，高100厘米，寬59厘米，碑額橫書"水利碑記"4字。正文直行楷書，文21行，行14—43字，共約600字。雍正十三年（1735），軍民同立。碑文記載：雍正年間，白崖地區因水災造成一些田地、灌溉用水的糾紛，為解決糾紛，將共同商議的水利事項刻製成碑，以期村民共同遵守。此碑對研究當時當地的生產經濟狀況有很大的參考價值。

【參考文獻】楊世鈺，趙寅松. 大理叢書·金石篇（卷五·續編）. 昆明：雲南民族出版社，2010.12：2653—2654.

據《大理叢書·金石篇》錄文，參拓片校勘。

小西庄栗樹庄矣者蓬水利碑記

小西庄栗樹庄矣者蓬水利碑記（一行）

大理府趙州為惡棍紊制霸水，叩天急救民命事。雍正十三年八月十九日，奉（二行）

雲南分巡迤西道按察使司副使加二級雷批：據卑職申詳李國良等訴余汝成③等一案，該卑職審看得栗樹庄民李國良具告小西庄舉人余汝成（三行）紊制霸水一案，緣小西庄、栗樹庄、矣者蓬三村田地上下相連，先年俱用波羅灣④之水，而小西庄人口田地俱多，獨處正流，是以從前議定每月小西庄放（四行）水貳拾天，栗樹庄、矣者蓬放水拾天，未知始自何年。崇禎伍年⑤間，栗樹莊民人李世芳等具告到州，審斷：每月伍天輪流均放，而小西庄民人則又抗違不（五行）遵。蓋以小西庄人民眾多，田地高沆，居在上流，而栗樹庄居中、矣者蓬居下，在矣者蓬有海子之水可用，不需此水輪流。而栗樹庄又有白箐之水，不專放（六行）此水，是以每年正伍月壹月伍天輪流均放，其余月分俱歸小西庄取用，栗樹庄亦不過問也。近因栗樹庄里民將山地改為水田，白箐之水春月不旻以（七行）用，時常盜挖。近則竟將小西庄引水之溝，聚眾數十人強行挖折，互相角口，致小西庄民人師公溥等具控到州。隨查徃例，如何用水，不致偏苦，仰兩庄議（八行）約秉公會處。去後，又據白崖巡司具報到州，

---

① 此處漏錄"［ ］"內6字。
② 此處漏錄"［ ］"內3字。
③ 余汝成：彌渡縣彌城鎮小西莊村人，清康熙庚子（1720）科舉人。（彌渡縣教育局編：《彌渡縣教育志》，28頁，昆明，雲南科技出版社，1997）
④ 文中如"波羅灣"等帶"□"之字，原碑字跡模糊不清，為據相關資料及上下文經考證而新增，僅供參考。
⑤ 崇禎伍年：1635年。

隨又批令帶同各約，逐一確勘作何調濟，俾彼此均沾水利，不致偏苦在案。續據該巡司詳稱，伍陸兩月，伍月（九行）輪流均分，貳叁肆月每月入給栗樹庄陸天，幫補泡豆麥、洒秧種之不足等情。卑職因查栗樹庄旣有白箐之水可用，今議以貳叁肆月每月放波羅灣，伍（十行）陸兩月伍天輪流均放。在栗樹庄尚有白箐之水相幫，而小西庄則無別水可用，未免偏苦。柒捌月間亦正用水之時，因即批令：伍月正當栽插之時，應伍（十一行）日輪流均放；貳叁肆陸柒捌月間，每月放給栗樹庄陸天以補灌漑，庶為平允。李廷楠等聚衆強將小西庄引水之溝挖廢，亦屬強悍，念係同井，未經究處（十二行）。飭令將挖廢水溝為之修整，去後，而李廷楠仍不遵依。正在行拘覆訊間，李國良赴府疊告數次，未邀准，理復又上瀆（十三行）

憲轅。蒙批，卑州查報碑幕，并發等因，奉此遵即行提各犯逐加研訊。在李國良等，則以崇禎年間碑文為憑；而余汝成等，則以矣者蓬旣不放此水，栗樹庄（十四行）又現有白箐之水可用，非若小西庄人口衆多，田地高沆，專賴此水食用。現今，小西庄田畝尚有壹壩無水栽插，若伍日輪流開放，小西庄田畝勢必大半（十五行）抛荒等語，卑職因思酌議，矣者蓬旣不用此水，而栗樹庄又有白箐之水可用，迺值伍月正需用水之時，白箐之水恐有不足，斷令：伍月內伍日輪流均分（十六行）；若肆陸兩月令栗樹庄每月開放玖天，貳叁柒捌月亦令每月開放栗樹庄陸天；房後壹溝仍係小西庄閤村人民日食需用之水，即值栗樹庄輪流之期（十七行），亦令稍留些須以資日食。各已尢服，出具遵依在案。現在飭令兩庄人民公同勒石垂久，永杜爭端。緣奉批查事理，理合詳覆伏候（十八行）

憲裁批示，以便勒石遵行。奉批如詳行繳等因，奉此合就勒石，永為遵守，須至勒石者（十九行）。

右仰遵守（二十行，大號字）。

小西庄里民：自鏡、師公溥、董維秀、沈同元（二十一行占下部）。

雍正十三年十一月　日，知州程近仁，白崖巡司戴濤，舉人余汝成，生員余巽、李崑林，監生余謙（二十二行）；

栗樹庄里民：李國良、李恒美、蕭儀鳳、李廷樾（二十三行）；

矣者蓬里民：畢彥、李廷楠、劉光謨、趙演（二十四行）。

同立石（大號字占二十一至二十四行）。

余廷玉書（二十五行）。

嘉慶拾年[①]**六月　日，重修水利碑。監生余鏐、里民自桂仝合村立石（二十六行）**

【概述】該碑無文獻記載，資料為調研所獲。碑存彌渡縣寅街鎮小西莊土主廟北牆。碑為大理石質，高122厘米，寬65厘米。碑額雙綫陽刻（帶圈）"澤潤生民"4字，保存完好。碑文直行楷書，文26行，行4-60字，計1205字。雍正十三年（1735）立，嘉慶十年（1805）重立。碑文記述雍正年間，趙州府知州程近仁審理判處彌渡小西莊、栗樹莊、矣者蓬三村水利糾紛案件的詳細經過。此碑對研究彌渡清代農田水利建設、水利管理及民事訴訟案件的審理具有重要的參考價值。

---

① 嘉慶十年：1805 年。

創建龍潭廟碑記

崔乃鏞

　　雍正三年^①，皇上以龍德承天，福澤生民，功不可以缺祀，而祈祝不可以不虔也。頒封龍神，命直省督、撫祀之，祈報有所，則雨陽^②不忒，義至深，禮至肅也。

　　滇中稱龍潭之處多，且神異，其守牧令莫不因俗祀禱，由來已舊。而民間於溪壑、澗谷中，凡所資於溉灌^③者，奉香火尤謹毖焉。余牧尋七年，凡於旱則祈雨，潦則禱晴，非愚枕^④之能，格而呼之若應，益信龍神之靈也。

　　辛亥^⑤之春正月^⑥次日，抵東川，逼城三里南山之麓，山勢聳矗^⑦，磊石峻嶒，石罅清流，蓄滙澄澈，祠宇臨焉，亦勝槩也。詢之曰："此龍潭也。"潭出中流爲河，左右疏兩渠，一川田畝所資注也。殿楹則前守黃公士傑所創建者也，惜以兵燹踐毀，亭檻悉圮。抵夏月，命工葺之，欲爲擴其規制，而弗暇及也。

　　甲寅^⑧之夏，暵乾不雨，禾稼就稿，秧不插蒔，會澤縣令祖承佑請禱神，余以病不能奔走，祖令與守備李成，露頂跣足曝於烈日中，時五月初九日也。方祖令率士民出赴祠宇，時余同叅戎王曜祖候於西城樓前，翹望四郊，無纖雲翳空，安知有雨？而遙見旗幡旛入龍潭，度梵唄尚未畢諷，而龍潭後山忽騰片雲，迅雷卽自山起，祖令率士民迎神甫入城，而大雨滂沱，至夜分乃止，時雨霈足，信乎神之靈與人爲通，此余所目覩而深信之者也。躬謝神賜！

　　祖令請改建祠宇，謀之於余，余則勗之曰：奉職守土，所以謀民也。政不利民，奚以爲司？利民之政，莫大於人事神矣。今是水爲利於東，人溥已然，猶未足以大神之施也。此潭東西二渠，昔人築堤障之，惜乎堤僅數尺，潴水無多也。若於水前築橫堤三十丈，高過五丈，則此水東可引之繞城，及於馬五寨爲隍、爲池、爲塘堰，西可引之暨^⑨五龍募，豈惟霑潤廣哉。東郡其爲名區已，獨憾城役未畢，衰憊乘之，心力不及謀此。後有作者必且不遺此善，今爲祠近水，則此潭無能再謀興築者矣。

　　曷留此地，以預爲蓄水計，而直移神祠於山之上，非但觀瞻崇峻，且遺澤於後世無窮

---

① 雍正三年：1725 年。
② 《東川府志・東川府續志（校注本）》錄爲"陽"，據《東川府志》應爲"暘"。
③ 《東川府志・東川府續志（校注本）》錄爲"溉灌"，據《東川府志》應爲"灌溉"。
④ 《東川府志・東川府續志（校注本）》錄爲"枕"，據《東川府志》應爲"忱"。
⑤ 辛亥：即雍正九年（1731）。
⑥ 《東川府志・東川府續志（校注本）》錄爲"月"，據《東川府志》應爲"元"。
⑦ 聳矗：高聳陡峭。
⑧ 甲寅：即雍正十二年（1734）。
⑨ 《東川府志・東川府續志（校注本）》錄爲"暨"，據《東川府志》應爲"墾"。

也。祖令於是築石臺於山，爲殿宇二層，而棲神焉。門櫺、堦砌、黝堊、丹漆，踞山水之勝，卓然東僻一偉觀也。而在祖令，則於神爲報功，於民爲祈福，於官爲盡職矣。

落成之日，問記於余，余旣以神之靈識之，仍復殷殷屬念，敬告後之守斯土者，勤民事神，度地勢，擴堤障，疏濬兩渠，使水利普被，不但區區謀民之心藉手以觀成，而神功浩蕩，將使風物繁衍，山水嘉會，大有造於東矣。爰敘其事，以筆之琬琰云。

【概述】雍正年間，崔乃鏞撰文。碑文記載：滇中地區龍潭居多，民間祀神祈雨古已成俗。雍正年間會澤縣令爲民祈雨，偶成，并請改建祠宇。與此同時，作者闡明了"疏濬溝渠、擴建堤障"才是興利爲民之根本的觀點。

【參考文獻】梁曉強.東川府志·東川府續志（校注本）.昆明：雲南人民出版社，2006.11：374-375；林超民等.西南稀見方誌文獻·第26卷：東川府志.蘭州：蘭州大學出版社，2003.8：153-154.

據《東川府志·東川府續志（校注本）》錄文，參《東川府志》校勘。

瀘江橋碑記

趙　節

滇南臨郡之瀘江河，發原石屏州異龍湖，至西屯而諸水會合，復有象沖、塌沖歸其右，窑溝、南莊歸其左，綿延浩瀚，闔郡灌漑實攸賴焉。然古橋噎隔於中流，巖洞紆絪於去路，河水泛溢每爲臨城之憂。歲在己酉[①]，我郡守張公諱無咎，山東萊州府掖縣人，陞驛監副使來守是邦，凡興利除弊、修廢舉墜諸大政無不畢舉。復遵。

少保鄂公指授，窮源遡流，遍履津要，分委賢員督修瀘江諸河；厚築堤岸，宏開巖洞，向之浸淫者悉資灌漑矣。願瀘江一橋，逼近城郭，舊制卑狹，山水驟發，每致壅阻，堤岸崩決，田盧淹沒，實爲瀘江上流之害。此橋不廣，此患終無已時。

張公洞悉其情，復委員監修，捐俸首倡。屬員、紳士忻然樂助，以封君傅諱大美者董其事，解囊好義，會同委員庀財鳩工，卑者高之狹者廣之，自庚戌莫春[②]迨辛亥[③]仲春而橋工告竣。自茲田無淹沒，盧無漂泊，車無濡軌，人無蹇裳[④]。昔有許公堤諱宗鑑，福建泉州府晉江縣人，臨元兵備副使，今有張公橋，後先輝映，均足千古哉。維時分修堤工開鑿巖洞者，則有署石屏州牧祖諱承祐、教授夏諱冕、學正關諱繩武、經歷詹諱在亨、司獄朱諱國瓚、吏目黃諱環、通海典史金諱祿基，臨澂鎮把總姜諱志廣、陳諱士俊，外委把總李諱忠、董諱其複、邢諱騰蛟、

---

① 己酉：指雍正己酉，即雍正七年（1729）。

② 莫春：暮春；晚春。

③ 辛亥：指雍正辛亥，即雍正九年（1731）。

④ 蹇裳：揭衣，用手提起衣裳。蹇，通"褰"。

王諱永甲、胡諱永成、羅諱萬有、曾諱世榮，百總毛見采、曾朝相，農官唐詩是，皆實力奉行有事河工者。至監修瀘江橋，則石屏州吏目葉諱世芳耑^①其任也。宜並勒諸石，以示後來焉。是為記。

【概述】該碑應立於雍正年間，郡人趙節撰文，全文計504字。碑文記載：雍正年間，臨安郡守張正咎疏浚瀘江諸河，厚築堤岸、宏開岩洞，并捐俸首倡維護、擴修瀘江橋等，為民興利除弊的功績。

【參考文獻】（清）祝宏等．（據清雍正九年修，民國廿二年重刊本影印）建水縣志（全二冊）．臺北：成文出版社，1975.1：956-958.

歲修海口碑記

周　勳

　　州城東隅異龍湖，週圍百里，田連阡陌，舟通城濠，水自寶秀環山漫流，總滙異龍湖中。村居錯落，離城三十里，地名海東，有洩湖水河道，其中兩山峻狹^②，曲折長流，建水瀘江一帶田畝，咸資灌溉焉。祇緣水口河道，箐山多破，一經雨水，沙石下行，每遭阻塞。兩岸河長約^③十里，若非倍費人工，難保無慮^④。久雨山崩，巨石滾堵河中，更有廻龍岔河，沙淤尤甚，壅阻遏流，湖水泛漲，田廬受淹，村民散居，錢糧賠累，苦莫能訴，此屏郡之積患也。向曾開挖疏通，皆由沙不遠發，以致隨挖^⑤隨淤，況要地無人巡守，屬^⑥被附近村民放火燒山，挖掘柴根，土鬆上浮，雨淋^⑦成瀏；兼之縱放牛馬，聚眾捕魚，載重行船，直抵石橋，沿堤踐踏砂坍，歷年莫能禁止。旱則湖水不泛，海田稍可佈種；澇則一望汪洋，民人束手無策。前於康熙五十七八等年^⑧，已經吏目葉世芳公同紳士遵奉上行，每年農務稍暇，齊集人工三百名，動工二十日，疏濬河道，堵築堤埂，寬深五尺，於破山處建造木橋，引渡沙水，不使填河壅滯。由是，湖水漸消，海田得種，所獲不下萬計，勸民樂輸，每租一石，捐穀一斗，三年共捐穀四百餘石，散給人夫飯食，擇地河邊大橋寬廠要隘處蓋造瓦土房三十餘間，招募埧夫十名居住，使其便宜巡守。更置墾田租二十餘石，除完賦外，買備應用椿木挑箕什物，

---

① 耑：（1）同"端"。（2）同"專"。
② 《石屏縣志》錄為"狹"，據《石屏州志》應為"挾"。
③ 《石屏縣志》錄為"河長約"，據《石屏州志》應為"沙堤約長"。
④ 《石屏縣志》錄為"慮"，據《石屏州志》應為"虞"。
⑤ 《石屏縣志》錄為"挖"，據《石屏州志》應為"掘"。
⑥ 《石屏縣志》錄為"屬"，據《石屏州志》應為"屢"。
⑦ 《石屏縣志》錄為"淋"，據《石屏州志》應為"霖"。霖：久雨不止。
⑧ 康熙五十七八等年：1718、1719 年。

其余接濟壩夫。如費有餘穀，除①陸續再置田畝，則壩夫耕守有賴，亦且動用人夫，不乏日食。業經繪圖申詳在案。但思天時之旱潦無常，人事之修濬必力，若始勤終怠，自是前功廢棄，嗣後時當農隙疏濬勸夫，於水退得栽田畝者，計租十石，應夫一名，是誠使之自營其利之善求②也，倘遇大小③淋漓、山崩，砂石壅阻，田垣受淹，則用四門村寨④協力共修。設有偷安抗違，仍前作踐者，必以法懲，合勒諸石以垂永久。

【概述】該碑應立於雍正年間，石屏知州周勳撰文。碑文記述了吏目葉世芳同當地紳士自康熙五十七年（1718）起，每年農閒時節，調集民工疏浚河道、堵築堤埂，募壩夫、置墾田，開展農田水利建設的功績。

【參考文獻】雲南省石屏縣志委員會．石屏縣志．昆明：雲南人民出版社，1990.10：819；（清）管學宣．石屏州志．臺北：成文出版社，1969.1：152–153.

據《石屏縣志》錄文，參《石屏州志》校勘。

松梅⑤水例

倍於軍粮乎，李瓊英等□疊控不休，實（一行）李令之審斷前後互異也。茲該府行據（二行）規令覆勘明確，詳稱：李令前議尚屬情（三行），協仰即給遵勒石縣門，以杜越佔。取具（四行）碑案，縣查其堡軍捏情暗立碑記，即行（五行）碑文所存原斷堡軍幫修海塘□□（六行）。飭縣揹追給領具報餘，如詳行繳，奉此（七行），擬合啟得為此牌。仰該縣官吏查照牌（八行）內，詳奉（九行）憲批事理，即便遵照並取依領碑礱石，申（十行）應憲並照輪（十一行）。本府倘案毋違等因，奉此合行遵奉（十二行）巡憲暨（十三行）府憲批示，勒石以垂永久，毋違，須至勒石者（十四行）。今將松梅村民放水姓名開列於后（十五行）：

第一排張朝祖田歸常住令心徹放（十六行）。

第二排自紹芳子孫李瓊英、李自偉放（十七行）。

第三排余化芳田外李姓分李聯桿、自國佐放（十八行）。

第四排自儆、自發子孫自位、自耀、自學、自樂（十九行）、自革、自廣有等放（二十行）。

第五排羅一枫田歸常住心徹放（二十一行）。

第六排呂堯賢田歸自、劉二姓自国賢、自国林、劉泰放（二十二行）。

第七排熊崇忠田歸自姓自孝曾、自英、自耀、自（二十三行）樂、自国賢、自国相等

---

① 《石屏縣志》多錄"除"字。

② 《石屏縣志》錄為"求"，據《石屏州志》應為"術"。

③ 《石屏縣志》錄為"小"，據《石屏州志》應為"水"。

④ 《石屏縣志》漏錄"人夫"2字。

⑤ 松梅：村名，隸屬於祥雲縣劉廠鎮。

放（二十四行）。

第八排張朝祖田歸常住心徹放（二十五行）。

第九排自宗堯田歸自姓常住李（二十六行）瓊英、李自偉心徹放（二十七行）。

第十排自宗舜子孫李自偉放（二十八行）。

第十一排羅自所田歸自姓自孝書等放（二十九行）。

第十二排張朝祖、呂克咸、自受得今田分歸李瓊英、李自偉（三十行）、自国賢、刘泰心徹等放（三十行）。

第十三排自有才、自五子、自有賢（三十二行）、李瓊英、自孝易、自英、自勝標放（三十三行）。

第十四排自羅能子孫自廣助等放（三十四行）。

第十五排自五、李文孝今自孝書、自（三十五行）孝魯、自灼、自耀等放（三十六行）。

第十六排自存元子孫廣允等放（三十七行）。

第十七排刘臻買得耆民田刘臻放（三十八行）。

第十八排今奉批情給與堡軍今□得（三十九行）荣、楊和等放（四十行）。

以上十八排，放水□□照例分放後週例照（四十一行）□合□□□□□□□□（四十二行）。

　　　　　　　　乾隆元年[1]三月十六日（四十三行）

　　　　　　　　署雲南縣知縣周　俶（四十四行）

　　　　　　　　松梅村士民李瓊英、李自偉、李自耀等立石（四十五行）

【概述】該碑文未見文獻記載，調研時新發現，行數、標點、字數等為新增，形制為實測。碑存祥雲縣文化館後碑廊。青石質，高138厘米，寬79厘米。厚23厘米。額呈圭形，額上楷體鐫刻"松梅水例"4字，右部殘損。碑文直行楷書，文45行，行3-23字，全碑計589字。碑身刻文時被分為上下二部分，其中1-24行為上半部分，25-45行為下半部分。乾隆元年（1736），松梅村民眾同立。碑文記載乾隆年間，松梅村民眾與堡軍因水引發訟爭，後經雲南縣知縣周俶勘明訊斷，分十八排輪流放水，并勒石立碑之事。

赤瑞湖記

張　漢

　　石屏治西寶秀驛東，有巨瀦焉，俗名爲寶秀海，又以東異龍湖稱西湖，無定名也。湖顏[2]南有砦，我張氏聚族居之。湖西南之山，由筆架山燕子洞跳擲而來，至湖南大展如屏嶂，

---

① 乾隆元年：1736 年。

② 《石屏縣志》錄為"顏"，據《石屏州志》應為"瀕"。

嶂中起一阜，張氏世世會葬之山。由西下者秀山，達西塞有關，折而北，乾柴嶺、鳳凰山、虎頭山、寶山，以至水清抅^①坦，甸會湖口之迤絡橋，湖腹充而口隘如倒壺，而流一衣帶水，直走十餘里入九天覯^②鑑湖，又分西^③帶，抱城南北入東湖，東達臨安之瀘江，會曲滅^④、瀾滄江而去。流之長不可以道里^⑤計矣。

　　湖中有石版，俗號雲梯，有龍孔泉沸，^⑥伏湖中，莫見水洌可鑑毛髮，雖雨漲淖流赴入不能濁。康熙癸巳春，水忽赤月餘，每初曙及薄暮，如丹砂傾瀉被湖面。舟人驚怪不省何祥。是秋，予萬壽科得第，嗣丁酉春，水復淺赤，予冢子鄉舉。或曰：予先世兆域臨湖上應此祥也。丙午，水復淺赤，丁未司^⑦得第四人，又西郭噴珠泉及泮池。壬子歲，水亦赤，癸丑同第者二人。年來得第以水赤爲瑞，而總無如癸巳湖赤之烈也。抑聞城北乾陽山石粲土有赤色，昔人相傳，有北山青出翰林之讖。國朝以來，山日蒼以翠，舘選屢有人意。山水人文顯晦有時，其光氣薰鬱亦靈奇而詭變，有開公^⑧先耶。予因更湖名曰赤瑞湖，是爲登第讖。至乾陽山定名久矣。署山閣曰青瑞閣，牽連紀之。

　　【概述】乾隆元年（1736），御史張漢撰文。碑文記述了赤瑞湖得名的由來。
　　【參考文獻】袁嘉穀纂修，孫官生校補．石屏縣志．北京：中國文史出版社，2012.9：747；（清）管學宣．石屏州志．臺北：成文出版社，1969.1：169-170.
　　據《石屏縣志》錄文，參《石屏州志》校勘。

鎖水塔記

趙繼松

　　十月之望，歲在丙辰，乃乾隆紀元也。邑人洪緒汪公素稱善士，獨力捐金，重建城東北五里鎖水塔。夫塔自康熙十九年地震傾圮，於今五十餘年，本與風水無闕，而說者謂戶口瘠貧、人煙寥落、科甲未顯，未必非斯塔之缺畧乎。公聞之，慨然以復古爲任，是有大^⑨造

---

① 《石屏縣志》錄爲"抅"，據《石屏州志》應爲"坵"。
② 《石屏縣志》錄爲"覯"，據《石屏州志》應爲"觀"。
③ 《石屏縣志》錄爲"西"，據《石屏州志》應爲"兩"。
④ 《石屏縣志》錄爲"滅"，據《石屏州志》應爲"江"。
⑤ 《石屏縣志》錄爲"道里"，據《石屏州志》應爲"里道"。
⑥ 《石屏縣志》漏錄"發"字。
⑦ 《石屏縣志》錄爲"司"，據《石屏州志》應爲"同"。
⑧ 《石屏縣志》錄爲"公"，據《石屏州志》應爲"必"。
⑨ 《楚雄卷》錄爲"有大"，據《楚雄縣志（全）》應爲"大有"。

於斯土矣。公之為一郡^①善士也，其義行不可枚舉，聊撮其要者言之：

戊子之秋，捐卷金以奉多士；城郭之邑^②，置便宅以利死生；道路之旁，設茶水以濟渴煩；河津之隔，造橋梁以便行李；而且修寺院，建育嬰，置漏澤，然此猶公壯年事也。所堪異者，公今行年七十有四，皓首龐眉，而好施不倦。^③沿西山舊址建既毀之寺，掘既涸之井，題曰"雲泉勝境"，是郡脈之蔚然聳秀不且與文筆之挺拔凌空同見公之義舉也哉！

公誠一鄉之善士也。彼斯塔雖無關於形家所言民生富貴，而鎖水灌溉之利，實有瀦畜而無泛濫^④之憂，未必非斯塔之有造也，乃為之記。

乾隆元年丙辰十月立石

【概述】乾隆元年（1736）立石，趙繼松撰文。碑文記述了乾隆年間邑人洪緒汪公重建鎖水塔以資灌溉之義舉，并頌揚了其捐資為民修路、造橋、建寺院、挖井、設茶水之善行。

【參考文獻】楊成彪．楚雄彝族自治州舊方志全書·楚雄卷（下冊）．昆明：雲南人民出版社，2005.7：1294；（清）崇謙等．楚雄縣志（全）．臺北：成文出版社，1967.9：241.

據《楚雄卷》錄文，參《楚雄縣志（全）》校勘。

鎖水塔記

丁棟成^⑤

水利，通天下之要津也。水利之興廢，實與民生之休戚相關。當今聖朝，百廢俱興，人文蔚起，黎庶乂^⑥安，修舉廢墜，典至渥也。

滇南去京師萬里，而教化浹洽，無遠弗屆，向風慕義者，不間逴邁焉。威楚界在迤西，為省門戶，西通九郡。予躬膺簡命，以副使為斯土守。下車，詢士民寒苦，問水土利病，乃知地瘠民貧，心實憫之。凡經理區畫，必以因民之利為急務，整齊風化次之。時邑紳言：郡城東北隅有鎖水塔，向接庚丁，兩峯對鎖，直撑艮坎，一水中流。蓋自庚申傾圮^⑦而風會稍殊矣。

---

① 《楚雄卷》錄為"郡"，據《楚雄縣志（全）》應為"鄉"。
② 《楚雄卷》錄為"邑"，據《楚雄縣志（全）》應為"隅"。
③ 《楚雄卷》漏錄"復"字。
④ 《楚雄卷》錄為"濫"，據《楚雄縣志（全）》應為"溢"。
⑤ 據宣統《楚雄縣志述輯》載："丁棟成，科貫失考。乾隆元年知楚府事。率知縣黃士鑒設義學、修水壩，并率知縣王紹文、劉嗣孔、趙屏晉補葺文廟、武廟。禁衙役拖連苛索，止頭人攤派賠累，各屬俱化。"
⑥ 《楚雄卷》錄為"乂"，據《楚雄縣志（全）》應為"必"。
⑦ 庚申傾圮：指康熙十九年（1680）楚雄大地震，鎖水塔倒塌。

幸福星蒞止，保民若赤，振貧起瘠，庶^①富之象，或者由斯塔之復舊可卜乎？予披圖而覽，郡城八景，晨鐘無響，蓮池無馨，餘雖名勝，要不過遊眺謳吟已也。彼斯塔亦不過觀瞻耳，豈真有風水之說、培助文風之盛哉，實無益於民生。但念鎖水之利實有益於斯土，因而登臨踏看，議復古制。適有善良汪濤慷慨好義，捐金獨理。不日而石工告成，巍然與雁塔遙應。此豈足壯都人^②士之巨觀乎？而予所重者，在鎖江水之利。俾沿江干居民得以潴洫此水而耕種無憂，依然全盛之威楚也。方今朝廷道隆郅治，休^③舉廢墜，以通天下之利，則斯塔之鎖水，不無小補，而予亦樂觀厥成云。

乾隆元年丙辰十月立石

【概述】該碑立於乾隆元年（1736），丁棟成撰文。碑文記述乾隆年間時任楚雄知府丁棟成關心民生、重視水利、修廢舉墜，順應民心復建鎖水塔，意為興龍江之利而除其弊的經過。

【參考文獻】楊成彪．楚雄彝族自治州舊方志全書·楚雄卷．昆明：雲南人民出版社，2005.7：1268-1269；楚雄彝族自治州舊方志整理出版委員會．楚雄歷代诗文选．昆明：雲南人民出版社，2006.12：446；（清）崇謙等．楚雄縣志（全）．臺北：成文出版社，1967.9：224.

據《楚雄卷》錄文，參《楚雄縣志（全）》校勘。

邊奉嚴禁截挖黑箐水源碑記

着大理府趙州正堂加三級紀錄王玟唐，為府准開灌興水利，以足國賦事。乾隆貳年^④九月十四日奉。本府正堂加二級又軍功加二級軍功紀錄三次又紀錄九次章，批署州申詳前事，該署州查勘。得生員鄒封裔、李興、楊時英等爭控黑箐^⑤水源一案。乃係山間石洞發源之水，順流而下，灌溉湯天、豐樂各村耕種田地一萬餘畝。逐於依次放水，即湯天村為之首，大旱不竭，誠為有源之水也。眾村安業，歷久無異。今湯天村鄒封裔等，忽欲於發源洞口，立邊開溝引入後山灌溉荒□。則前山之水，未免消沮，是以楊時英等互相爭執，奔控憲轅，蒙批趙州查報。原任丁優，知州程判移交卑職，緣始□抵趙，即□吏目^⑥鐘秉秀查勘。據該吏目繪圖具詳，卑職細閱圖形，所開之溝接連洞口，既分其源，又必演西山而繞，始得引

---

① 《楚雄卷》錄為"庶"，據《楚雄縣志（全）》應為"庚"。

② 《楚雄卷》多錄"人"字。

③ 《楚雄卷》錄為"休"，據《楚雄縣志（全）》應為"修"。

④ 乾隆貳年：1737 年。

⑤ 黑箐：亦稱"深藏箐"，傳說大理國開國之主段思平逃出詔王府地，被董氏先祖董普明所救，并躲在黑箐逃過楊干貞的追殺，故其後人稱之為"深藏箐"。後又取諧音稱"深場箐"。

⑥ 吏目：古官名。元于儒學提舉司及各州設吏目為參佐官。明之翰林院、太常寺、太醫院、留守、安撫、招討、市舶、鹽課諸司及都指揮司、各長官司、各千戶所、各州均有設置。清唯太醫院、五城兵馬司及各州置之。其職除太醫院吏目與醫士類似以外，其余或掌文書，或佐理刑獄及官署事務。

水入田。且山之左右，皆係民人盧墓。若一開溝，必於盧墓有碍。是以駁令再加細勘，無如該吏目復執一偏之詞，經又人詳復，多屬朦混卑職，隨即親詣黑箐發源之所，細加躧勘。乃知黑箐之水，自山至溝約有丈餘，其下□□受水小溝，不知凡幾，引入各村方足灌溉，即湯天村鄒姓一族田畝，皆受地水之利也。乃欲於發源之處別開溝道，引水繞山迤邐三十餘里，始獲及田，不惟成功難，而貽害不小。且所開之田，僅六十餘畝，承糧無多，即在田傍，皆有山水可資灌溉。若必欲於黑箐之水，開溝引水破千百年之成例，害數萬畝之糧田。毋怪乎，楊時英等公籲疊訴，力為阻持者也。卑職吩諭兩造，仍循舊制，以免訟累。鄒封裔猶暨執己見，以為可開。今據各村紳士軍民王弘會等公訴，前來僉，稱劈溝截水，寔有未便□宜，仍照舊例，公請勒石，以垂永久。原奉憲批事理，卑職未敢擅合，將查勘過情形悉備申詳，可否嚴禁開溝之義，伏候①憲臺察奪，批示遵行，奉批水利有關民生，不容利此害彼。其應興應禁，該州自應親往查勘，速行詳覆，何得轉委吏目往查，以致受□，且延擱經年，交今訟揭。吏目之復始據查案詳，報該州亦屬不合。今鄒封裔等呈請開溝之處，既有妨於別村田畝，□即嚴禁可也。此繳等因奉批合行，勒石嚴禁。為此，示仰湯天、豐樂各村軍民人等知悉，黑箐水源永遠不許別開溝道，如違稟究，須至勒石者。

乾隆二年九月□日。

署趙州正堂加三級紀錄三次植，本署吏目鐘秉秀，經承李文噁、張慎、趙學乾、楊亮，舉人王弘會、袁人龍，貢生王券、楊其楷，生員鄒封裔、王世會、趙□、王用謙、李潤昇、楊肇興、楊春泰、胡是謨、趙之鶴、張騰蚊、李新、顏三畧、趙汝臣、賴仕仁、張邦愷、顏德亮、鄉耆楊時英、李時軒、施賢量、李自秀、李泓昇、趙廷秀、施尚德、趙廷輔、施甫華、王之選、彭可照、李天佑、李史、趙熙、蔡秦、段大□仝立石。

【概述】碑存大理市鳳儀鎮大豐樂雲會庵。碑為大理石質，乾隆二年（1737）立。碑文記載了乾隆年間趙州正堂章氏，批處湯天、豐樂二村爭控黑箐水源糾紛的案由。

【參考文獻】馬存兆．大理鳳儀古碑文集．香港：香港科技大學華南研究中心，2013.6：135-138.

松桂水道碑記

中憲大夫雲南鶴慶軍民府正堂公祖姚太老爺修復松桂水道碑記

（上缺）其地舊有溪澗水溝一道，發源於西山之南北二阱間，乃前撥守屯軍及土著居民協力同心，鑿岩穿谷開渠者。爰考古碑，其水之所至，公立水平，循例均分，足資灌溉。厥後歲久年深，沙沖石撞，漸至壅塞坍塌，僅存故道，水不能行。是以源雖長，每泛溢於無用之地，而下及者僅餘滴耳。居民久欲興修，每憚於力之不逮。幸我公祖詢訪得實，遂慨捐

① 伏候：俯伏等候。下對上的敬詞。

清俸，鳩工興復，其壅塞者□決之排之，其坍塌者築之補之，於本年二月朔六起工到四月望二告竣，使之源源而來者復滔滔而至，而今而後則土得水而能溉民者。（上缺）尖山水平、麻地沖一尺五寸，泞泥阱一尺五寸，街南一尺五寸，街北一尺五寸。（下缺）

乾隆二年歲次丁乙夏四月□日立

【概述】碑嵌於鶴慶縣松桂街北門樓之東牆。乾隆二年（1737）立。碑文記述了鶴慶軍民府正堂公祖姚太老爺捐資修復松桂水道的情況。

【參考文獻】張了，張錫祿．鶴慶碑刻輯錄．內部資料，2001.10：202.

重立北溝阱水利碑記

重立北溝阱水利碑記（一行）

自古水利，上關國賦，下係民生。輪放各照日期，古規實難紊亂。凡放阱水，村民定期遵守，如北溝一阱曾于萬曆十一年[①]內有王顯（二行）登等與張文盛等互相告增。蒙（三行）

欽差提督學校帶管屯田水利道雲南按察司僉使聶批，仰大理府查報。後本府以懇恩均平水利等[②]詳覆。又蒙（四行）欽差管理驛傳兼清軍帶管屯田水利道雲南按察司副使□批、據本府呈詳犯人張文盛等招罪緣由，蒙批王顯登等所告水利，既（五行）議處明悉，准照行，仍豎碑存照，以杜後爭。實收結狀繳，已于萬曆十三年正月二十日豎碑于定西嶺驛前，永為遵守。後裁驛失落（六行）碑記，止存碑文給帖。至康熙二十八年[③]，因鑄邑村輪水，止放北溝一阱，其余各村俱放貳阱叁阱，眾村公議，讓與鑄邑村榨水壹畫（七行）夜，至今無異文。于康熙五十九年[④]，因雙村住居阱口，屢受截水之害，眾村無奈，于未輪之先，議與全阱漾水貳晝夜，以杜截水之害（八行）。並各村爭鬨[⑤]之患，后照期輪放。昨於乾隆元年四月二十六日，遇孫璠、楊一瀚、黃國正等三村輪水日期，遭豺虎楊煥等得隴望蜀[⑥]（九行），儵生過溝水之新例，反行捏控。璠等情出無奈，止淂以豺虎糾衿串蠹，越例索規等情，迖訴州主。蒙州主唐太老爺于八月十八（十行）日，差提嚴訊，燭破楊煥畫蛇添足詭計，責懲示眾，餘皆寬免，取結立看存案在。楊煥等縱有移天之手，難搖已定鐵案矣。窃恐日久（十一行），詭弊復生，二十六村衆姓公議，錄看立石，以垂不朽。本州看云：審淂孫璠等與楊煥等互控爭水利一案，緣孫璠等有田在北溝（十二行）下十五里之遠，楊煥田近北溝，

---

① 萬曆十一年：1583 年。
② 《大理叢書·金石篇》漏錄"事"字。
③ 康熙二十八年：1689 年。
④ 康熙五十九年：1720 年。
⑤ 鬨：同"鬥"。
⑥ 得隴望蜀：隴，指甘肅一帶；蜀，指四川一帶。已經取得隴右，還想攻取西蜀。比喻貪得無厭。

從前于萬曆年間，定有二晝夜三晝夜之成規，可謂永久無弊矣。詎乾隆元年四月二十六日，輪該（十三行）孫璠下壩應分二晝夜之水，而楊煥于過水溝中，欲分水以濟躭①田，此孫璠等藐憲紊規之控所由來也。廷訊之下，據楊煥供稱，康（十四行）熙五十九年立有合同，鐫刻石碑，載有分放過溝水分字樣，竟被磨去。再四詳閱，並非六字形跡。且合同碑文內無此字樣，其為虛（十五行）捏可知。詢知鄉約地方干證，並在場諸生，眾口如一，皆曰實未見聞。則楊煥之違例霸水，實出一人己見，並非有人於中主使者也（十六行）。如使楊煥之計得行，則上壩之人，皆可藉口就近分水，孫璠下壩二十六村沾水之田皆不可耕矣。水利固係公物，灌溉則有定規（十七行）。近阱分放，利在一人，阻絕下流，害非小可。楊煥等借倚老邁祖母王氏出頭，挾制貧民，應從重究，姑念愚頑，薄責以懲。着令仍照古（十八行）制行水，勿淂混爭。取其兩造，遵依甘結存案（十九行）。

乾隆二年②四月三十日。

遵看立石人：白亮采、孫璠、許弘猷、王瓊③、王士偉、徐士逵、張亮、高騰、徐忠、羅經、楊國用、劉弘澤、楊一沛、丁俊、陳武（二十行）、彭澤普、李國正、張天和、趙邦彥、楊應魁、趙正、張拱昊、段統、李騰伯、李士弘、王士恪、周永富、龔偉、黃國正、楊一瀚、龔世蕃、趙國彥、楊一沕、楊（二十一行）時健、范心榮、左君用、師受益、李如漢、張拱正、李如瀾、張拱周、白奎采、時之濱、楊天爵、張忠、彭萬里、傅崇、吳世榮、張心義、楊鳳儀（二十二行）。生員：傅肖弼、廖天爵、楊一渭、鄭汝惠。鄉約：張毓華、楊時逢、李士選、許弘勳、丁懷信、廖超眾，總催劉有餘，原差李青。

計開：洱海水（二十三行）叄晝夜，寄莊水壹晝夜，蒙化水叄晝夜，民水貳晝夜，新增水壹晝夜，景東水貳晝夜，總府水貳晝夜。輪水以三月十五定期（二十四行）（下缺）漾水壹晝夜（下缺）。

【概述】碑存彌渡縣新街鎮雙村。高117厘米，寬60厘米。該碑下半部及左邊略有殘損，碑額鐫刻"遵看勒石"4字。碑文直行楷書，文25行，行9-50字。清乾隆二年（1737）立石。碑文記述：北溝阱水域上下游各村，為爭放阱水灌溉農田，歷史上曾數起紛爭。官府先後於明萬曆年間、清康熙年間數次批處并銘石立碑，規定放水例規，以絕各村爭鬥之患。但至乾隆元年，又有楊煥、孫璠等為爭水而起訴訟。經官府審理後，依律重申古制并勒石。該碑對研究清朝時期彌渡縣農田水利建設有重要的參考價值。

【參考文獻】楊世鈺，趙寅松.大理叢書·金石篇（卷三）.昆明：雲南民族出版社，2010.12：1201-1203.

據《大理叢書·金石篇》錄文，參拓片校勘。

---

① 躭：同"耽"
② 乾隆二年：1737年。
③ 《大理叢書·金石篇》錄為"瓊"，據拓片應為"瑤"。

重修九龍池碑記

朱文燦

　　物苟鍾其靈，不必河之圖洛之書[①]而後知爲非常，大抵天地精英必有所濟於世，造物若有數紀焉，皆將與蒼生爲不朽。天下有兩大水，岷山導江，河流東注（一行），瀟湘會[②]澤，龍門積石之勝，物[③]其余觀爾。吾邑有兩大水，南條則玉溪，北條則衍於山谷經數十里至龍門，爲中流之利。山之西，排空千刃[④]，層巒叠嶂，望若雲津（二行），其嵯峨齷叢，上出重霄。北崖則虬龍蜿蜒，南崖則彩鳳翱翔，其間伏者欲卧，翼者欲飛，排者欲嘯，橫者欲怒；側綺[⑤]者，蟠窟者，偃仰若懸乳者，若復[⑥]鍾自鳴者，俱（三行）極參差錯落。若夫盤根古樹，亂歷松陰，飛烟滴翠，青天白日中頓生雲雨。時乎萬籟爭鳴，笙篁[⑦]入耳，恍擬聲在樹間然。然谷口雲封，則上方之洞天森羅，飛閣（四行）流丹下臨於無地。是以一雨一晴，冬煖夏涼，呼吸間能作千態萬狀。所謂宗宗[⑧]錚錚，澎湃淅瀝於下者，九龍池也。

　　按西北之方於河圖數九，於象爲乾，於地利（五行）則澤能周於四十二屯。舍此無九池[⑨]名乎？曰有九蓮峰也，九州輿也；有[⑩]九嶷[⑪]山也，九曲河也。舍此無九池名乎？曰有通河間是矣。然而混混滔滔[⑫]，能使四十二屯皆（六行）龍節之國，未有如斯之盛。嗟呼！

---

① 河之圖洛之書：即河圖洛書，是中國古代的兩幅神秘圖案，歷來被認爲是河洛文化的濫觴，中華文明的源頭，被譽爲"宇宙魔方"。最早記錄在《尚書》之中，其次在《易傳》之中，諸子百家多有記述。太極、八卦、周易、六甲、九星、風水等皆可追源至此，在哲學、政治學、軍事學、倫理學、美學、文學諸領域產生了深遠影響。相傳，上古伏羲氏時，洛陽東北孟津縣境内的黃河中浮出龍馬，背負"河圖"，獻給伏羲。伏羲依此而演成八卦，後爲《周易》來源。又相傳，大禹時，洛陽西洛寧縣洛河中浮出神龜，背馱"洛書"，獻給大禹。大禹依此治水成功，遂劃天下爲九州。又依此定九章大法，治理社會，流傳下來收入《尚書》中，名《洪範》。《易·系辭上》說："河出圖，洛出書，聖人則之"，就是指這兩件事。

② 《玉溪市文物志》錄爲"會"，據原碑應爲"滙"。

③ 《玉溪市文物志》錄爲"物"，據原碑應爲"恃"。

④ 《玉溪市文物志》錄爲"刃"，據原碑應爲"仞"。

⑤ 《玉溪市文物志》錄爲"綺"，據原碑應爲"倚"。

⑥ 《玉溪市文物志》錄爲"復"，據原碑應爲"覆"。

⑦ 笙篁：即笙。笙：管樂器名，一般用十三根長短不同的竹管製成。篁：竹林，泛指竹子。

⑧ 《玉溪市文物志》錄爲"宗宗"，據原碑應爲"鎗鎗"。

⑨ 《玉溪市文物志》多錄"池"字。

⑩ 《玉溪市文物志》多錄"有"字。

⑪ 九嶷：山名，在湖南省，相傳是舜安葬的地方。

⑫ 《玉溪市文物志》錄爲"滔滔"，據原碑應爲"淪淪"。混淪：混沌；渾然未分貌。引申爲擴散流傳。

名山佳水，何地無之，如三山、十洲、瑤島、勾漏①，寧非絕勝，然而與②蒼生無與也。夫九池之爲利於棋州也，雖所濟者四十二屯，而（七行）夏不涸冬不竭，則龍門玉溪並蒙其福。借使勝非三山、十洲，石非瑤島，洞非仙院，寧不足以當斯邑之大觀？況乎利賴普而其勝又未嘗不甲於棋之南北，斯（八行）稱最焉。

先是住持永行於康熙丙戌③歲以舊寺卑陋，爲之廣立臺榭，間以楼閣，蒼苔藤峽中鑿徑通幽，委曲玲瓏。而茲山之規模已就。

其嗣徒曰昌賢，即山下（九行）之村人。盖歷世聚族於斯，自非天涯行脚僧④偶爾經過於此，以兩大人早逝，諸昆李⑤淪仚，宗姓寥寥，遂一意修行，種竹封山，畔雲鋤雨。每鐘鼓香燈畢，即擔石負（十行）土，因方培累。時雍正七年⑥，新作石橋，長虹臥波，幾於騰空直上。繼修大士閣，煥然一新，儼若普陀；龍王閣則 全⑦身峻宇，珠欄石砌，又別是一觀。若三教諸殿皆（十一行）重新其制。更置良田数豇，以供香火。以此龍池佳勝，遂爾日新。乃知造物者之無盡藏也，有是山無是泉⑧非靈也，有是泉無是石泉非靈也，有是池無是僧（十二行）池非靈也。雖然執是說也，果其勝非三山、十州⑨、瑤島、勾漏，而龍之爲靈顧非昭昭者乎。

予行滇中多矣，山下發蒙徍徎蕩漾於無何有之鄉，其平川百里非曠（十三行）土即平沙，灌溉之利豐⑩需時雨，其爲靈爽又幾何耶？棋之西北，染⑪村萬戶，一帶柳堤花溪，掩映於桑麻井里；而樸者安耕鑿，秀者崇禮教，人之傑耶，地之靈耶（十四行），山水之精英耶！後天之紀，一若先天相待，皆將以有用者爲蒼生之利賴，而徒以佳山水美泉石，風人雨物，供達士玩弄，引仙客騷人筆墨爲偶爾之遣興（十五行），亦辜負造物之生機矣！而老僧者亦何必努力行深以自劳？此数十年也哉！予與老僧相交最久，深見其苦行，匪以人事奪地利，以地利勝天工，然而修救之（十六行）功⑫有相繼於不墜⑬。故載其始末並常住田地、山、樹一一詳之於浚，庶免浚⑭之湮沒云，是爲記。

棋州朱文燦撰文，龍岩楊芳書丹，李恭鐫字（十七行）。

---

① 勾漏：山名。在今廣西北流縣東北。因山峰簪立如林，溶洞勾曲穿漏，故名。
②《玉溪市文物志》錄爲"與"，據原碑應爲"於"。
③ 康熙丙戌：康熙四十五年（1706）。
④《玉溪市文物志》多錄"僧"字。
⑤《玉溪市文物志》錄爲"李"，據原碑應爲"季"。
⑥ 雍正七年：1729年。
⑦《玉溪市文物志》錄爲"全"，據原碑應爲"金"。
⑧《玉溪市文物志》漏錄"山"字。
⑨《玉溪市文物志》錄爲"州"，據原碑應爲"洲"。
⑩《玉溪市文物志》錄爲"豐"，據原碑應爲"半"。
⑪《玉溪市文物志》錄爲"染"，據原碑應爲"千"。
⑫《玉溪市文物志》漏錄"誠"字。
⑬《玉溪市文物志》漏錄"者"字。
⑭《玉溪市文物志》漏錄"此"字。

四十二屯紳士①：李鼎甲、毛廷儀 、潘鯤、何維德、楊瑛、劉継漢、楊芳馨、馬天成、王思蘭、湯文瑞、楊占春、楊芳先、施溢、姜玉芳、劉楊文、張韜、鍾駿聲、張浩、趙開運、飛捷天、王銘、倪文蔚、李謙、王延敷、桂齊雲、朱靖邦、劉述遠、史可記、張綸、李必謹、楊天眷、李育品、馮聖猷、李純、陳文明、潘鱛、曹應卜、鍾英、李天錦、馬璋、陳璞、楊名卓、范瑞生、楊名楊、楊名起、飛之崗、馮聖綸、李榑、徐興、朱興邦、王永清、申遂、李天�、施齊遠、劉月新、趙天民、劉祖漢、唐蕭、揚萬柱、別瓊、劉聿新、潘鯉、李廷俊、朱兆鼉、錢國璽、郭雲鳳、蔡正、李正如、陳瑜、朱兆之、王喆、郭于爽、桂璿、潘文起、楊九如、王特進、施及遠、張鵬光、潘文蛟、段理、趙金聲、李普、王君用、趙珩、楊芳表、曹鑒、楊廷機、蔡香賓、毛文華、楊琮、楊於陞、鍾遠望、楊芳洲、鍾遠鳴、潘鯽、楊我敬、鍾遠聞、張鍾、鍾文旭、李英、徐文偉、朱瑛、左玉麟、趙卓、范存禮、桂奉、毛連之、申喜、劉連登、李英、劉連科、崔巍、何敬德。

乾隆二年歲次丁巳春正月吉旦，住持僧昌賢立

（以上十八至二十七行）

【概述】碑存玉溪市紅塔區九龍池公園大觀樓殿內。碑為青石質，有額有座。碑身高133厘米，寬78厘米，厚10厘米；額呈圓弧形，額高47.5厘米，長97厘米，其中鐫刻一正方形方版，內陽刻楷書"山高水長"4字；碑座呈"工"字形，高48厘米，邊長93厘米，寬38.5厘米。碑文楷書，計27行，共1000余字。乾隆二年（1737）立，棋州朱文燦撰文，龍岩楊芳書丹，李恭鐫字，住持僧昌賢立。碑文記述了九龍池的來歷、興建、沿革，住持僧人永行和昌賢擴建九龍池的功績。碑末刊刻了42屯紳士李鼎甲等113人姓名。1984年9月，玉溪市人民政府將九龍池公布為市級重點文物保護單位，撥款整修，辟為公園，并建立管理所。2003年12月，被雲南省政府列為省級文物保護單位。

【參考文獻】玉溪市文化局．玉溪市文物志．內部資料，1986.5：82-86.

據《玉溪市文物志》錄文，參原碑校勘、補錄，行數為新增。

江頭村永行豁免海口夫役碑

雲南府宜良縣正堂加二級段②，為懇恩賞准勒石，以均勞逸永遠遵守事。據縣民官上宇、楊洵、楊芳等稟（一行）稱：竊查宜邑官河③，昔蒙（二行）分巡臨沅道文公按臨縣境，不辭勞瘁，躬親踏勘。追大禹明德之功，躋八載治水之績，相形度勢，審其高下（三行），開

---

① 《玉溪市文物志》中四十二屯紳士姓名被略去，今據原碑補出。
② 段：段大策。據民國版《宜良縣志·秩官志·清知縣》載："段大策，貴州都勻府清平縣庚子（康熙五十九年，1720）舉人，乾隆元年（1736）任。"
③ 文公河：舊亦稱官河，民間口碑流傳，而未見文字載據。此碑為縣署頒立，而兩見其名，是為確據也。

山浚流，引陽宗海水至江頭村界。築大壩一道，水入官河。上自江頭村，下至落（樂）道村，沿河兩堤涵洞定規（四行）：夜則上放，日則下流，按日分放，灌溉田畝，利濟民生。緣湯池海口，每年春首，按得水人戶，派夫開修。其江頭（五行）村大壩，系小的等闔村挨戶撥夫挑築，不派各村。其河源三十餘里，如大雨時行，萬水來歸，水勢奔騰；其壩（六行）被水沖決，坍塌無定，不時需夫挑築。蒙（七行）前任縣主朱[1]洞悉民苦，免應海口夫役，未經勒石。天星蒞宜，犀燭[2]小民偏累之苦，亦免海口夫，黃童白叟，無（八行）不被德。茲蒙恩諭，責成挑築本村河壩，小的等凜遵，具情禀明。伏乞天星賞准，批示勒石，永遠遵守，恩垂不（九行）朽等情。據此，為查江頭村大壩乃官河堤防，救濟田畝甚溥，不時需夫培築，俱系江頭村民應付。其湯池海（十行）口一帶，每年沙土壅滯水源，於農隙按得水人戶出夫開修，使水暢流。今查江頭村民既應壩夫，又應海（十一行）口夫，實屬勞逸不均。嗣後，江頭村民永行豁免海口夫役，准其勒石。其江頭村大壩，着該地頭人水利，於本（十二行）村撥夫培築，務使堅固；需水之際，該頭人水利實力奉行，每日撥夫五名在壩看管，如有添漏，即刻挑築，倘（十三行）敢玩忽，責有攸歸[3]，凜之慎之，須至碑者。

乾隆三年[4]四月　日示，發江頭村耆庶人等勒石遵守

【概述】碑存宜良縣西河管理所。碑為砂石質，額題陰裏陽刻篆文"重修碑記"4字。碑額高40厘米，寬75厘米；碑身高120厘米，寬60厘米。乾隆三年（1738）立。碑文記載乾隆年間，宜良縣正堂為體現均衡和公平，豁免江頭村民眾海口夫役并賞准勒石而頒布的告示。

【參考文獻】周恩福. 宜良碑刻. 昆明：雲南民族出版社，2006.12：14-15.

响水河龍潭護林碑

楚雄府[5]鎮南州正堂加三級錢，爲神人攸賴，禁止樵採，以遂輿（一行）情事。照得州治北十五里，有响水河龍潭一區，水入白龍河，灌溉（二行）田疇千有餘頃，利益民生，澤施甚溥，爲州民祈年雩禱之所，載在（三行）州乘，昭昭可考。本州蒞茲三載，日以勸

---

① 朱：即朱幹，江西南昌府豐城縣人，舉人，雍正八年（1730）任宜良知縣，任期六載，深受人民愛戴。
② 犀燭：比喻能明察事理者。
③ 責有攸歸：是誰的責任，就該歸誰承擔。指份內的責任不容推卸。攸：所；歸：歸屬。
④ 乾隆三年：1738年。
⑤ 楚雄府：明太祖洪武十五年（1382）改元威楚開南路為楚雄府，改治所威楚縣為楚雄縣（在今雲南省楚雄市）。清末轄：楚雄（縣治在今雲南省楚雄市）、定遠（今雲南省牟定縣）、廣通（縣治在今雲南省祿豐縣廣通鎮）、大姚（今雲南省大姚縣）共四縣；鎮南（州治在今雲南省南華縣）、南安（州治在今雲南省雙柏縣）、姚（州治在今雲南省姚安縣）共三散州。轄境相當今雲南南華、牟定、楚雄、雙柏、南澗等縣地。1913年廢。

農教稼爲事，廣開水利爲（四行）先，凡疏浚利導，悉窮其源，其無虞旱乾者，皆藉龍水，神實司焉。乾（五行）隆四年^①二月二十二日，省視春耕，行至响水，有州屬士民陳於廷（六行）、謝継堯等公籲，此地龍潭向來樹木茂盛，擁護靈泉，今被居民砍（七行）伐，漸次稀少（八行）。糧憲宫前任茲土，欲勒石禁止，立案未行，似將有待。因親往踏勘，緣（九行）係龍潭無人看管，以致近城居民，紛紛樵採，雖柴薪爲日用所需（十行），但砍負售賣，獲利有限。倘再行樵採，数年之後即爲童山。而泉水（十一行）灌溉，惠澤無窮。查水防水庸，不過田間溝洫，列祀八蠟^②，吹豳^③擊土（十二行），歲報厥功。矧此龍潭澤及蒸黎，周圍樹木神所棲依，安可任民砍（十三行）伐。准據輿情，勒石永禁，凡近龍潭前後左右五千五丈之内，概不（十四行）得樵採，如敢違禁，私攜斧斤入山者，即行扭稟（十五行）。

乾隆四年二月二十八日示祭

响水河龍潭立石（十六行）

【概述】碑存南華縣响水河龍潭深處。碑高 100 厘米，寬 60 厘米。碑額鑲刻"神民永庇" 4 字，文 16 行，行 11-25 字，計 400 余字。清乾隆四年（1739）立。碑文記載的是乾隆四年鎮南州知州爲保護响水河龍潭水源而發布的禁止民眾采伐森林的告示。

【參考文獻】張方玉 . 楚雄歷代碑刻 . 昆明：雲南民族出版社，2005.10：325-326；中國人民政治協商會議雲南省南華縣委員會 . 南華縣文史資料選輯 · 第一輯 . 內部資料，1991.8：82-83.

據《楚雄歷代碑刻》錄文，參拓片校勘，行数爲新增。

沙登村水源章程古記序

李安春

從來國有國法，鄉有鄉規，前人不傳其根由，後輩安知其詳故，所以不得不叙其原由章程者，恐後紊亂而生強弱之弊端也。原沙登村上旬，古無源頭活水，遇雨則喜而栽插，逢旱則已耕而荒蕪。

雍正十三年^④，幸有城内舊寨貢生張公諱緝鬥之次郎癢生^⑤張公諱宸，字居善，風度倜儻、英偉於濟，意欲培植沙登一椿。奈甸内田多水少，即想出水之道，可以疏通到沙登之理。又恐本地阻撓，乃秘而不宣，先結交蕨市坪頭目人等，並與伊村董長旺爲友，而沙登經過蕨

---

① 乾隆四年：1739 年。

② 八蠟：周代每年農事完畢，於建亥之月（十二月）舉行的祭祀名稱。

③ 豳：古地名，在今中國陝西省彬縣、旬邑一帶。

④ 雍正十三年：1735 年。

⑤ 癢生：屬誤，應爲"庠生"。下同。

196

市坪中間山梁阻隔，山俱系羊肝石，由坡界到此疆，約有四五十丈厚，功本所費頗多。於是倡首與沙登紳耆李昌厚、楊體信、李仁良等商議，從阻隔山腹打通此水，於我境內有益地方，永享福之計，情願先捐五十兩銀。而沙登紳耆，亦人人湧躍爭先，願捐資一千一千或五兩六兩、二三四兩等等不一。其余費用，不論田畝，依照水班分配，一班伍百文，俱入公手總管。水洞打通，工止告竣，公與紳耆細算，前後費用，共支付銀幣壹百伍拾叁兩陸錢捌分整，銅錢貳百壹拾肆千文整，已清澈。

　　於是又議分水章程，不依照田畝，而依照水班捐錢故也。水到箐中以七大份分水，坡頭溝一份半、山坡溝一份半、南甸溝一份半。夫南甸溝與山坡溝，水班一樣，而只有一份半者何？因本甸有活水一二，加之漏溝水，故議一份半。坡頭溝與山坡只有三份者何？亦為本箐出活水一二，故議三份。每溝又分為七份，一溝上又碎分為一晝夜，自內而出外，以卯時替換水班，作七天一輪，周而復始。而南甸溝七天內，有黃花坪面份水班一晝夜。唯獨下橋村無水班者何？其田概屬兩熟，又穿插於沙登、黃花坪、甸頭禾等處，亦俟秋田栽完，然後用水，非獨下橋村，為地居下流，又盡是春苗，不必用水。開洞時議定，有兩熟田者，故無水班，蓋為水有緩急之別，秋田用水時，水期必急，自立夏起輪水班，灌兩熟時，水期已緩，就可以上滿下流，故兩熟田者不必出洞費。沙登的沙地，土層瘠薄，難比別村之肥地，苗短實少，種不成收。田中無水，苗稼不成，栽後勃發，不常灌水泡養，則半收難得，故以水為要寶。不得不敘其原由章程者，以免後輩紊亂而生強弱之弊端，俚音數證，條分縷晰，略作為序。

乾隆五年[①]正月初十日沙登村癢生李安春和氏謹記

　　【概述】該碑立於乾隆五年（1740），邑庠生李安春撰文。碑文記述了雍正年間劍川庠生張宸倡導并捐資開通沙登村水洞、議定分水章程的始末。

　　【參考文獻】大理白族自治州水利電力局. 大理白族自治州水利志. 昆明：雲南民族出版社，1995.12：335-336.

雲南布政使司張、水利府王、雲南府陳、水利委員鄒會同詳明永垂碑記

　　自古樹藝五穀重在籽種，而籽種之播地利在水源，因水利不均，以致春來播種之時，連連構訟，載載相爭。由乾隆五年三月之間，彼此興戈兩傷人命，互相具稟州主，蒙州主楊公轉稟上憲府遵[②]大人陳公，布政使司張公，發慈祥之心，分水源之利，飭令水利王公協同委員鄒公親臨晉邑，詳查勘辦以均水利。勘得晉寧州城之西，距城三五里之外，河東河西兩界，

---

① 乾隆五年：1740 年。
② 府遵：屬誤，應為"府尊"。

生就秋畎塘三處，大西、小海、潘家塘，上不接龍潭，下不繼海水，河內惟有清泉細流，僅足以濟三處之秋水。勘得大西老水塘，連合四村，共計播種四十餘石，其地勢較低，水源較近，宜分水二分，以二晝夜流行分班。勘得小海地勢低而彎，環連合九村，共計播種八十餘石，其水源較近，宜分水四分，以四晝夜流行分班。勘得鄭家灣潘家塘，形如葫蘆，大小三塘連合十村，共計播種七十餘石，其水路較遠，宜分水七分，三日印河，四日灌溉，以七晝夜流行分班。三處秋水之關節，始立春以終立夏，按期流行，周而復始，勿得越分，亦勿得過期，立定章程，刻石勒碑，萬世遵守，永垂不朽。又勘得大河兩岸，原有子河，子河口前俱以木椿①築壩，各逞豪強，不留龍口。每逢夏來栽插之期，大雨不降，河水不盈，俾水尾之地之民，跌地呼天，束手無策，有啼饑者，有號寒者，紛紛然不計其數。上憲悲憫之心於此尤加迫切，非惟播種之清水宜分，即栽插之洪水更宜分也。查來白臼壩為上上壩，宜開八尺龍口以就下。殺蟲壩為上中壩，宜開七尺龍口以就下。孫家壩為中壩，宜開六尺龍口以就下。鄭家壩為下壩，惟子河最高，多被洪水束沙壅塞，極難灌溉，宜開三尺六寸龍口以就下。唐家壩為下下壩，宜開三尺龍口以就下。自上而下，壩壩流水，高低相顧，上下同流，凡有灌溉交界者，宜各縶河口相助，勿得任意放入海內。妄廢有用之水者，查獲倍罰。水利一均，河東、河西兩岸之民，無不欣欣然鼓腹而歌也。水利委員、列位、諸公，執其兩端，用其中於民，勘辦數月，告厥成功。清水分利，洪水亦分利，清水、洪水之利濟，庶幾並不朽云。

乾隆五年十月二十六日，合鄉人等同立

【概述】該碑立於乾隆五年（1740）。碑文記述乾隆年間，晋寧州因水利不均引發爭鬥并構訟至官府，後經官府詳查勘辦立定章程、均分水利且刻石勒碑之事。

【參考文獻】晋寧縣水利局．晋寧縣水利志．內部資料，1995.4：200-201.

湖塘碑記

王錫侯

湖塘碑記（一行）

大理府②趙州儒學生員王錫侯瑞五氏撰文（二行）。

山西③有湖塘二座，載在志書，由來久矣。自兵燹歷亂之後，俱已傾頹。上一座開挖成田，

---

① 椿：疑誤，應為"樁"。

② 大理府：明朝時期設立，清末府治太和（今大理鎮），轄太和（縣治在今大理鎮）、浪穹（今洱源縣）、雲南（祥雲縣）三縣，鄧川（州治在今洱源縣鄧川鎮）、雲龍（州治在今雲龍縣）、趙州（州治在今大理市鳳儀鎮）三州。1913年廢。

③ 山西：村名，原屬鳳儀所轄，現屬大理市下關鎮。

下一（三行）座洒布秧母。值栽插之時，遇大雨施行各得胼胝，倘滂沱不降，徧^①塇田地盡屬赤土。瞻彼阡陌（四行），咨嗟無已。所以前輩人不忍傾頹，將下一座陸續挑抬。數年來，稍可灌溉。弟人心不一，水有（五行）難流之處，竟行霸阻。因是踴躍者固多，而退縮者亦不少。雖曰稍可灌溉，功猶在於半途。於（六行）乾隆四年^②七月初一日，合村軍民士庶人等欲復古制，重修上一座。妥議明白，具呈^③戴大（七行）宗師老爺台前，呈薦修湖備旱，蒙批協力挑抬，賞給執照。迄今二載，事就功成，眾姓人等憑（八行）神勒石，以垂永久。嗣後每年沿門輪流，出頭十人管水，下一座栽畢之後，閘口挑塞，滿滿積（九行）聚。上一座稻谷收盡，亦行積聚，俱在十人積滿。倘水積不滿，亦係十人之責。兩湖身下田畝（十行），或有泡豆麥者，各去沖內挖放，不得偷放湖塘之水。如違查獲，罰銀拾兩，以作脩理塘墾之（十一行）費。至於開湖，先開上一座，上座之水用完，方開下一座。如水低田高，有啻得^④處，任人啻用。若（十二行）無溝道處，逢田過田，田主不得壅塞阻撓。事關合村錢糧衣食，戶役門差，其沖內水利四晝（十三行）夜，五月栽插，止容大路上下分放，亦不得強挖於湖下。因議定事例，備垂於石，世世遵守。倘（十四行）後之人違例不遵者，沿門赴官懲處，各不得狗情，為此勒石（十五行）。

乾隆六年歲次辛酉仲秋月團圓日，合村軍民士庶眾姓人等仝立（十六行）

【概述】碑存大理市下關鎮山西村。碑高116厘米，寬47厘米。額上鐫刻"永傳世代"4字。碑文直行楷書，文15行，行4-35字。清乾隆六年（1741）立，王錫侯撰文。碑文記載：山西村民眾重修被毀壞的上一座湖塘，并合議規定了管理維護、輪流分放兩座湖塘水的細則。該碑對於研究大理地區的農田水利、鄉規民約等具有參考價值。

【參考文獻】楊世鈺，趙寅松.大理叢書·金石篇（卷三）.昆明：雲南民族出版社，2010.12：1210-1211.

據《大理叢書·金石篇》錄文，參拓片校勘。

---

① 徧：同"遍"。
② 乾隆四年：1739年。
③ 《大理叢書·金石篇》漏錄"報"字。
④ 《大理叢書·金石篇》錄為"得"字，據拓片應為"啻"。

新建玉河龍王廟碑記 [①]

管學宣 [②]

　　郡治 [③] 北五里許，象山之麓有泉焉，沮 [④] 羃沸 [⑤]，出山根石髮間，清瑩秀澈，可鏡鬚眉，混混汩汩，匯為河流，南注里餘，支山 [⑥] 三岐：二由白馬、刺縹，原隰之高高下下者，以灌以溉；一由府城轉彎 [⑦]，環流居民之列肆者，以飲以汲，至東園橋會流 [⑧] 鶴拓 [⑨]，是為漾工江。歲丙辰 [⑩] 夏四月，河源竭，越孟秋乃復，丁己 [⑪] 夏之 [⑫] 竭，時守者菈麗，麗人士惶惶 [⑬] 若失，衆言朋興，歸咎於山巔之瑩，謂瑩實污泉，泉以茲故竭，群膚懇欲徙之。守者曰：奚有扵是？吾民且靜俟，泉將自達。言既出，朝夕惴惴，恐懼弗釋，考之《禮》，命有司 [⑭] 為民祈祀山川百源，蓋以其能禦災捍患，福庇是民也。今麗郡之食福扵玉河者，不下十千戶，其庇民孰大焉。而壇祀缺然，祀報無聞，非所以迓神庥，勤民隱也！爰相土 [⑮] 食吉扵泉之上，得隙地甚敞。余曰：是足以妥神靈矣。迺損 [⑯] 貲，属其事扵從事趙君良輔，槱櫨 [⑰] 節稅，與時鳩興，商賈士農，咸釀金趨事，踰月而廟成，向時告竭者，且沛然方至，愈奔放肆大焉。噫嘻！

---

① 據《麗江府志稿》祠祀志記載："玉泉龍王廟，在府城北象山麓，依山面水，殿閣高聳，古樹濃蔭，寒潭漱玉，天然美景不假人工，誠邑之盛境也。自乾隆二年，知府管學宣，經理趙良輔倡建後，於乾隆六年管學宣太守立碑以記之"。（中華人民共和國成立後，闢為玉泉公園，俗稱"黑龍潭"，又名"玉水龍潭""象山靈泉"）

② 管學宣：江西安福人，字未亭，進士，乾隆元年（1736）任麗江府知府。任職期間，其除積弊、減課稅、興農桑、促工商、辦教育，有諸多建樹，深受麗江民眾愛戴。離任時，"老幼攀轅，泣送數十里不絕"。

③ 《民族問題五種叢書》錄為"治"，據《麗江府志略》應為"城"。

④ 《民族問題五種叢書》漏錄"洳"字。沮洳：低濕之地；低濕。

⑤ 羃沸：泉水湧出貌。羃：通"渾"，（泉水）湧出。

⑥ 《民族問題五種叢書》錄為"山"，據《麗江府志略》應為"分"。

⑦ 《民族問題五種叢書》錄為"轉彎"，據《麗江府志略》應為"宛轉"。

⑧ 《民族問題五種叢書》漏錄"入"字。

⑨ 鶴拓：唐時南詔的別名。

⑩ 丙辰：指乾隆丙辰年，即乾隆元年（1736）。

⑪ 《民族問題五種叢書》錄為"丁己"，據《麗江府志略》應為"丁巳"。丁巳：指乾隆丁巳，即乾隆二年（1737）。

⑫ 《民族問題五種叢書》錄為"之"，據《麗江府志略》應為"又"。

⑬ 《民族問題五種叢書》錄為"惶惶"，據《麗江府志略》應為"皇皇"。皇皇：同"惶惶"。下同。

⑭ 有司：官吏。古代設官分職，各有專司，故稱。

⑮ 《民族問題五種叢書》錄為"土"，據《麗江府志略》應為"士"。

⑯ 《民族問題五種叢書》錄為"損"，據《麗江府志略》應為"捐"。

⑰ 槱櫨：柱頂上承托棟樑的方木。

川之神亦靈矣哉。拗是士民忭舞歡呼，僉曰：地效厥靈，惟守者之賜，亟請記以文字^①。^②曰：
"奚有拗是，貪天功以為己力，吾將誰欺？是惟神之靈，將大庇吾民。越三歲，泉不復竭。
借象山片石，鏤詞記^③神功，庸有當乎。歷戊午^④、己未^⑤，迄今庚申^⑥，泉混混不舍，及夏
乃愈盛。守者乃進麗民而告之曰：山谷川澤，神實憑依，黍稷非馨，淫祀用靡。故先成民，
而後致力拗神，神有功拗民，則廟祀之，此禮也，非淫也。始何^⑦以竭？守者之愆也？抑爾
民之食德罔報，且或作不善，奸慝^⑧淫邪以及此患也？今何以達神之靈也？抑或覽^⑨我官民
上下，惶惶若失，恐懼祇省，不終以涸轍斃民也？自今以往，官若民其一秉拗禮，洗心必淨，
澡身必潔，治家治事，清本澄源，毋淫以污，此則守者勤民祀^⑩神之本意乎！若夫春祈秋報，
定有常經，亦惟是藉馨香，以薦明德，其必信必時，毋瀆毋慢，否則神不享^⑪矣。寧毋虞其
再竭乎？抑聞之，山下出泉，君子以果行育德，育德則有本，果行則不息，是不竭之道也。
守與民其於茲水鑒歟！爰書拗石，付守廟者藏之。

【概述】碑文記載：麗江象山之麓有清泉，民眾賴之或飲或溉。乾隆年間，時遇天旱，泉
涸河竭，麗江民眾惶惶不可終日。官府為禦災捍患派有司為民祈雨，并修建龍王廟。

【參考文獻】國家民委《民族問題五種叢書》編輯委員會，《中國民族問題資料·檔案集成》
編輯委員會．中國民族問題資料·檔案集成：《民族問題五種叢書》及其檔案彙編（中國少數民
族社會歷史調查資料叢刊·第94卷）．北京：中央民族大學出版社，2005.12：483-484；鳳凰
出版社等．中國地方志集成·雲南府縣志輯41：乾隆麗江府志略·民國麗江縣志書．南京：鳳
凰出版社，2009.3：328-332；李衛東．文明交往視角下納西族文化的發展．昆明：雲南民族出
版社，2011.8：345．

據《民族問題五種叢書》（簡稱）錄文，參《麗江府志略》校勘。

---

① 《民族問題五種叢書》多錄"字"字。
② 《民族問題五種叢書》漏錄"守者"2字。
③ 《民族問題五種叢書》錄為"記"，據《麗江府志略》應為"紀"。紀：通"記"。
④ 戊午：即乾隆戊午年，即乾隆三年（1738）。
⑤ 《民族問題五種叢書》錄為"己末"，據《麗江府志略》應為"己未"。己未：指乾隆己未年，
即乾隆四年（1739）。
⑥ 庚申：指乾隆庚申，即乾隆五年（1740）。
⑦ 《民族問題五種叢書》錄為"何"，據《麗江府志略》應為"可"。
⑧ 奸慝：奸惡的人；奸惡的心術或行為。
⑨ 《民族問題五種叢書》錄為"覽"，據《麗江府志略》應為"鑒"。
⑩ 《民族問題五種叢書》錄為"祀"，據《麗江府志略》應為"祠"。
⑪ 《民族問題五種叢書》錄為"享"，據《麗江府志略》應為"饗"。

蓮花塘水利碑記

　　雲南縣正堂加三級汪、雲南縣督捕廳徐，為遵依勒石，以垂永^①遠事（一行）。

　　竊^②禾甸^③蓮花曲一帶並無龍泉，原係收水。其邑村屯田畝，蓋資海水灌溉（二行）。因從前加埂淹沒，從此□告^④。曾經（三行）各憲批示，雙方勒石為界。今因年月甚久，碑記無存，復蹈前轍，互□不休（四行）。茲後每年夏秋之交栽插完畢，餘今^⑤蓮花曲埧長積水以濟來歲春禾，大（五行）溯頭不得阻撓，至得收積^⑥。如積水泛漲之時，蓮花曲減水滿，不得阻遏（六行），至使大溯頭遭受水患。着埧長常川看守，繩以□派□纂鱉頭瀝派上彎（七行）田石碑為界。倘若水勢泛漲，東沒鱉頭、西在界石之上，着蓮花曲七村民、埧（八行）長從減水□□□□□使大溯頭村淹沒。從此不許爭論，如有違禁等情（九行），□罰白米拾石以作公用。爾等各宜恪守盟□□杜永遠爭執。切切此喻（十行）。

　　大清乾隆八年^⑦歲次癸亥孟秋吉旦（十一行）。

　　大溯頭村民：楊允□、儀官□呂、李清、楊□□、劉禕、楊文喚、楊憲田（十二行）。

　　蓮花曲村民：喻由乾、段□□、何登序、趙近先、李毓□、楊相、施弘業（十三行）。

　　鄉約：董維桱、段思文、張□□、段有爵、段文龍等同立（十四行）。

　　【概述】碑存祥雲縣禾甸鎮。碑為青石質，通高140厘米，寬70厘米。額呈半圓形，額寬90厘米。該碑左下方殘損，碑面剝蝕嚴重，字迹模糊不清。碑文直行楷書，文14行，行5-29字，保存基本完好。乾隆八年（1743），民眾同立。碑文記述乾隆年間，蓮花曲、大溯頭等村發生水利糾紛，後經官府公斷并勒石永遵之事。

　　【參考文獻】李樹業.祥雲碑刻.昆明：雲南人民出版社，2014.12：159-160.

　　據《祥雲碑刻》錄文，參照原碑照片（碑面剝蝕、字迹難辨）作了校勘。

---

① 《祥雲碑刻》錄為"永"，據原碑應為"久"。

② 《祥雲碑刻》漏錄"查"字。

③ 《祥雲碑刻》錄為"禾甸"（現名），據原碑應為"和甸"。

④ 《祥雲碑刻》錄為"從此□告"，據原碑應為"彼此控告"。

⑤ 《祥雲碑刻》錄為"餘今"，據原碑應為"既令"。

⑥ 《祥雲碑刻》漏錄"獲"字。原標注（六行）錯誤，總行數錯誤。

⑦ 乾隆八年：1743年。

重立蓮花塘水利規程碑記 ①

大理府趙州雲南縣正堂□老百長積年土豪：據柶柒村塘壩微柒田地果賠錢糧懇之（一行）天恩，詳查答救事。

嘉靖叁拾壹年②拾貳月初九日，奉分巡金、瀾滄道案諸奉（二行）欽差巡撫都御史鮑批：

據本道呈，據本府馮通判呈，據親詣段浸林等所告蓮花曲□處，所查得周圍約有貳拾餘里，用水軍民柒村（三行）。壩□小村並猢猻廠各八拾雙；蓮花曲村貳百叁拾雙；北邑村、烏馬登村各柒拾餘雙；新邑村、城灘村各玖拾餘雙。□本塘壩水□□先年承蒙議之本水利（四行）錄足。開春放泄，近者被澤有餘，遠者浸潤不及；強者多占而私賣，弱者少沾而冀成，以民眾□不□爭端紛。今眾議：壩□小村、猢猻廠、北邑村三村稱，（五行）□近塘壩，共放貳晝夜；蓮花曲田地與三村相等遠近，亦放三晝夜；其新邑村、城灘村、烏馬登三村水路隔遠，各放一晝夜。由近及遠（六行），□晝夜方及壹輪。其新澤河東一帶田地，俱用黑箐河水，並不與蓮花曲水相干。

外查：蓮花曲村段叢林，與捐糧田，倡修斯海。其急公好義，實屬可嘉。除正輪外，□□該（七行）民獨放水而③晝夜以補勤勞。且該民田畝多沖填流域，閘壩以便灌該民高亢糧田，以免再詞，合行。雲南縣遵照。於本壩塘（八行）邊監立石碑壹圭，將前分別過界限，與輪放壩次、日期，並各村用水軍民人名姓石④鐫刻於上，仍為村各⑤立家□道德（九行）寞年高曉事水頭一名，各給下帖執照。

及查：段叢林，原系管壩納糧魚□□給下□資，令總管提調。各照田畝□日期□塘壩（十行）輪放。如有不遵、恃強霸阻、多占私賣、紊亂規例者，許今各水頭指□□前□□關□斃治罪。如此，可革而用水軍民息□（十一行）得普沾實惠矣！將問過招由，呈詳到道，轉呈本院奉批據登□施行，備奉案部。本縣遵照豎立石碑，將前分別□□□次日期，並各村用水軍民姓名鐫刻於上（十二行）。遇用水之期，各村水頭眼間開纂，照期均放，水利永焉！遵守不□村照霸阻、私賣紊亂。違者究治（十三行）。

皇明嘉靖叁拾貳年歲次癸丑二月初一日□縣事蘭、州同知陳、工房司史董、太學典吏李時立（十四行）。

計開柒村放水軍民姓名並椿次於後（十五行）。

本海壩長段叢林開礦海□田地，輪納荒蕪，舊例用蓮花曲水，用水壹晝夜（以下文字

---

① 原碑無碑名，現名為新擬。
② 嘉靖叁拾壹年：1552 年。
③ 而：疑誤，應為"貳"。
④ 軍民人名姓石：疑誤，應為"軍民人等姓名"。
⑤ 村各：疑誤，應為"各村"。

被鑿掉若干字至行尾）（十六行）（此行開始文字被鑿掉若干字）河□小村及段應常；猢猻廠水頭楊□；北邑村水頭周宗□□晝夜（十七行）；蓮花曲村水頭何文俊、段㓗各定獨放[①]晝夜；新邑村水頭李□□□晝夜；城灘村水頭李仲森放壹晝夜；烏馬登水頭（十八行）施文高放壹晝夜。

碑文所定柒輪次水利規程，先人奉為圭臬[②]。將至後世，人心變詐日甚。徒有無知將碑為（十九行）之夭斷，□□□為旱干今[③]。茲為虐之旱魃疊見，人心□陰，天道好還。今人心稱平，壩水已滿。緣念先人，冀復□相因無知將□擅□（二十行）□□，參照古碑文重新刊石立碑，而為之序。碑照謄，失超字，再照（二十一行）。

大清　　歲次　　二月（二十二行）

【概述】碑存祥雲縣禾甸鎮。碑為青石質，通高 140 厘米，寬 70 厘米。額為半圓形，額寬 90 厘米。該碑碑面剝蝕，部分字迹有鑿損現象。殘存文 22 行，行 15–51 字。此碑文為“蓮花塘水利碑記”之碑陰。碑文記載：蓮花塘壩水歷來為附近七村軍民灌溉之重要水源，原有古規刊勒于石，後為無知之徒損毀，致水利紛爭四起，為息訟爭，參照古碑文重新刊石立碑。

【參考文獻】李樹業．祥雲碑刻．昆明：雲南人民出版社，2014.12：161–162.

由旺水上坡碑記[④]

立退還約人石奉天、石擎天、石靄菴，有祖遺大莊田乙處，坐落牛旺南首，其田久荒無水，有府夏稅壹斗伍升，多年賠納。於康熙五十年[⑤]，有匠人包攬隔河接水，言定食用工價銀叁百兩。彼時石門無銀，將荒田踩出貳拾柒分零叁丘，為立合同以作食用工價。匠人得其合同，行到彼地，浼求楊國龍、董世慧以及眾人名下為業，當日言明，具食用在眾人隨時應辦，工價俟水出成功之日，如數歸完。二比情願，立約為憑。至五十三年水出，工價一一收訖明白，多年無異。至雍正拾貳年[⑥]，不料匠人寸瑾冒讓田主告贖，眾人亦不刁指，聽伊取贖。伊止取贖拾分，其余無銀取贖。自贖之後不能修接，致使水斷田荒。無可奈何，央及親友，浼求將已贖、未贖之田，情願寫立吐退，退還石門。但此田原有老糧壹斗伍升，自接水之後開墾，又新增壹石三斗四升四合。恐錢糧有誤，不能復行修水，仍將踩出之田交還眾人名下，永為己業。其接水所費銀兩，歷年修整，以及建橋不能成功，前後共費銀柒百肆拾柒兩，自退之後，任從印照，石門子孫不得一言。恐後無憑，立此退還文約存照行。

① 此處疑缺字。
② 圭臬：指圭表，比喻準則或法度。
③ 干今：疑誤，應為“於今”。
④ 由旺：昔稱牛旺。由於年代久遠，此碑前半部分字迹難以辨認，僅只從拓片取後半部分碑文錄文。
⑤ 康熙五十年：1711 年。
⑥ 雍正拾貳年：1734 年。

乾隆八年[①]十一月十五日立

退還文約：石擎天　　石奉天　　石霱菴

代字：石裴然

憑中：徐先生　　袁先生

【概述】殘碑存保山施甸縣由旺鎮大莊小學。殘碑高80厘米，寬110厘米。乾隆八年（1743）立，是工程完工29年後記錄贖退文約的碑。碑文詳細記述了當時施甸縣由旺大莊一帶的農戶集資修灌溉渠之事。附：康熙五十年（1711），集資白銀300兩，請工匠修水利工程，歷時3年多，到康熙五十三年（1714）完工通水。該工程開了施甸縣工程引水的先河，采用物理學的原理，用松筒、石頭鑿穿製成現代鋼管狀的"倒虹吸"引水工程。工程完工後，使由旺大莊一帶的糧田面積增加，糧食產量增加近十倍（從所負的皇糧推算），并一直沿用到20世紀80年代中期，歷經270多年，且形成了遠近聞名的由旺八景之一"由旺水上金坡"。此碑是施甸縣水利工程史上具有較高歷史價值的一塊碑。

【參考文獻】中國人民政治協商會議施甸縣委員會，施甸縣文史資料委員會．施甸縣文史資料（第四輯）：施甸碑銘錄．內部資料，2008.7：62–64.

雲南縣水例章程碑

雲南縣正堂加三級汪、督捕廳徐，爲遵依勒石，以垂久遠事。竊查和甸蓮花曲一帶並無灌溉，原□□□□□（一行）村屯田歉盡資海水灌溉，因從前加埂淹沒，彼此控告，曾經（二行）各憲批示，勒石爲界。今年深月久，碑記無存，復蹈前轍，互控不休。因上年減水，溝壅塞，浸沒大溯頭禾（三行）苗，以致爭競。嗣後栽插完脩，令埂長積水，以濟來歲春禾。大溯頭村不得曉□其耕種之時，使水□（四行）得阻遏，着埂長常川看守，總以石碑爲界，其小山頭後（下闕）（五行）大溯頭民人撒秧，倘水勢泛漲在界石之上，着□（下闕）（六行）彼此不許爭論。如有違禁等情，各罰白米拾石（下闕）（七行）。

大清乾隆捌年歲次癸亥孟秋吉旦

大溯頭村士農（下闕）

蓮花曲七村（下闕）

鄉約董維柱□□文（下闕）（八至十行）

【概述】碑存祥雲縣禾甸鎮。碑高178厘米，寬61厘米，左下方殘損。額上鐫刻"永定章程"4字。碑文直行楷書，殘留文10行，行14–35字。清乾隆八年（1743）立。碑文記述了禾甸蓮花曲一帶村民的水利爭端。

---

① 乾隆八年：1743 年。

【參考文獻】楊世鈺，趙寅松．大理叢書·金石篇（卷三）．昆明：雲南民族出版社，2010.12：1212-1213.

據《大理叢書·金石篇》錄文，參拓片校勘。

重修大海子碑記

彭敬吉[①]

漢武侯駐師永昌郡，即其壘西南漢[②]潴為堰，週遭八百九十餘丈，引沙河水以注之，灌萬餘畝，厥功偉哉！至明成化三年，巡按朱公暟[③]增修以石垔觸浪衛土堤，四百年賴之。條於乾隆十年十月二十七日，東北潰決，長十八丈，自海底下口某[④]濱四丈，而清泉由地中湧出者，凡三穴，其二穴出堤西數丈，一穴伏堤內，即今涓涓循循溝東出者。本府曲辰徐公同本縣一齋頓公視之，咨曰：此非可以易為力而又不容緩之須臾者，倘必俟報而後治，往復遲延，沙河之水已決[⑤]，若蒼生何[⑥]！即刻酌議興工，買磚石、石灰、器用並水泥[⑦]工價俱公捐銀兩，不費民間毫末。命吉鳩工，日夕堤畔，且夙夜憂慮，間一、二日一巡視之。郡憲邑侯，躬親指畫，工戒其速築飭以堅，始於十月二十九日至十二月望五日落成，而沙河水尚滔滔然來，而海底之塵飛沙起者，且清波蕩漾矣。百姓請於余曰："愚民無以上報[⑧]，願立一石以表之。"余曰："仁者之於民也，行乎其心之安焉而已，何取乎石？且而不見府憲之於爾民乎？十餘年來，何利不興？何弊不革？德政之垂於久遠者，亦何能殫述，況損金修治之處，不勝數矣。我知其無取乎石也。"百姓且固請曰：是固然也，而百姓之心不能已也。嗟我百姓之待此海而貢賦稅者數千家，待此海而存[⑨]性命者數萬人，海決水渴而流亡，而死者立至矣。我父母之為我成此堤也，是克保我父老也，無流亡我子弟也。況我世世子孫受茲

---

① 彭敬吉：字一卿，號梅屋，雲南趙州彌渡人，乾隆二年（1737）丁巳科三甲 207 名進士（文），歷任江西樂安縣知縣，永昌府教授。（鳳儀誌編纂委員會編：《鳳儀誌》，725 頁，昆明，雲南大學出版社，1996）

② 《保山地區水利志》多錄 "漢" 字。

③ 《保山地區水利志》錄為 "暟"，據《永昌府志》應為 "暟"。朱暟：字錦文，江南高郵人。成化間按滇，興學校，導水利。行部至金齒，修築諸葛舊堰，軍民利之。（江燕、文明元、王玨點校：《新纂雲南通志·八》，20 頁，昆明，雲南人民出版社，2007）

④ 《保山地區水利志》錄為 "口某"，據《永昌府志》應為 "曳"。

⑤ 《保山地區水利志》錄為 "決"，據《永昌府志》應為 "渴"。

⑥ 《保山地區水利志》多錄 "何" 字。

⑦ 《保山地區水利志》錄為 "水泥"，據《永昌府志》應為 "泥水"。

⑧ 《保山地區水利志》錄為 "上報"，據《永昌府志》應為 "報上"。

⑨ 《保山地區水利志》錄為 "存"，據《永昌府志》應為 "全"。

水利，於未有艾不興^①。漢丞相之創始，明御史之增修，其厚澤深仁，後先有同乎。是，又烏得而忘之而不志之？余感其誠，為固請於府憲，乃許之，於是，並辦事諸人姓名俱列於石。

【概述】碑立於乾隆十年（1745），永昌府教授趙州彭敬吉撰文。碑文記述清乾隆十年十月，諸葛堰東北大堤潰決，知府徐本仙會同保山縣官員視察後，購買石料、石灰、器用并泥水重修堰堤，以鞏固為民造福之事。

【參考文獻】保山地區水利電力局．保山地區水利志．芒市：德宏民族出版社，1995.7：425；（清）劉毓珂等．永昌府志（光緒十一年刊本·影印）．臺北：成文出版社，1967.5：404-405.

據《保山地區水利志》錄文，參《永昌府志》校勘。

修下壩水界碑

荀士英

修下壩水界碑（一行）

三岔之修下壩，由來已久矣。先民失隆，百有餘年，未經修築，古制雖存，競^②無興工重修。所謂"前有所□（二行）雖善不固，後無□繼。有美弗彰"。□之灌溉田畝豈缺不齊。有水之干浸，亦易；無水之歲滋潤（三行）□艱。致使有害之水變為無泛之形，其中肥饒厚薄，未有不望洋而咜歎者。荀士英、任越先輩（四行），目擊情形，欣然一舉夫人之遺制，為後之津梁。邀眾捐金重修石閘，□銀所費四百餘兩，計（五行）工則用千有餘。□水源既立，水利亦興。上□□國儲□稱貸而益之叟，下遂民生免啼饑號寒（六行）之苦。將見人民樂業，風水悠關。有禪於斯地者，其獲^③利豈淺鮮。功成告竣，□勒石永垂不朽云（七行）。

署曲靖府南寧縣正堂加一級記錄五次又隨帶軍功加一級□太老爺示□（八行），生員荀士英、任天民、易鎮乾督修（九行）。

（後十行為捐金者姓名及分水田地名冊，此處略）

乾隆十二歲^④荀士英撰文

【概述】碑存曲靖市麒麟區文化局院內。碑由碑額、碑身兩部分組成，作半圓首長方形狀，高170厘米，寬80厘米，厚18厘米。碑額為雙鳳圖案，中有八卦圖；碑身正中刻"修下壩水界碑"6

---

① 《保山地區水利志》錄為"興"，據《永昌府志》應為"與"。
② 競：疑誤，應為"竟"。
③ 獲：疑誤，應為"獲"。
④ 乾隆十二歲：1747年。

字，碑文共 17 行，行 12-37 字，計 490 字，除少數漫泯不清，其余皆完好。乾隆十二年（1747）立，荀士英撰文。碑文記載了西山下壩水利工程的修築情況，并刊勒了捐資者姓名、分水田地等，對研究曲靖地方水利有一定價值。

【參考文獻】徐發蒼. 曲靖石刻. 昆明：雲南民族出版社，1999.12：103-105.

化所華嚴寺公地並寶子箐放水條規碑記

蓋聞勝地名區，必得人而後能傳，亦必賴人而後能久。莫為之前雖美弗彰，莫為之後雖盛弗傳，此（一行）梵刹琳宮，有其制之，必有其守之，斯可永保無虞。治南四十里許，村名化所，寺名曰華嚴樓，接倚東（二行）山之麓，而遙映西昆之岫；筜箐峙①其南，而赤江繞其北。層巒聳翠，煙波掩映，繡樓參差，村居歷落，誠（三行）一方之勝口也。村中祝國祈年，悉於是焉。寺後門外原有官廠一塊，內有官路一條，以為上下村鄰（四行）往來出入大道。每凡賑濟報賽，以及晾曬谷石，悉於此焉。歷世相傳，未之或易。禍因年深日久，今於（五行）本年內，忽有不肖之徒妄生覬覦，以為此地相連房邊房後，意欲侵佔為業，斷其官廠官路，滅（六行）公地而暗作一己之私。於是村中眾姓等，不忍於佛祖地而忽被財豪謀騙。有楊文斌等連名，投（七行）縣主太老爺台前訴告。蒙庇金批，賞斷歸公，准給道教真言四字額懸掛中殿，後給牌文匾式，“召棠郇（八行）雨”四字，勒石不朽。而張縣主乃關西名儒、滇南循吏，一聞是舉，欣然而樂從之，且題匾額以示永（九行）久。如此勝口，誠以菩提心布廣長舌而種福田於未艾也，將來陳金鑑作，帝師正可拭目以俟，而口（十行）等合村之公地，亦得以永垂不朽矣。豈非勝地必得人而後能傳，亦必得人而後能久耶。茲將厥地（十一行）四至及村眾姓名臚列如左。但村中人眾不能備載，將具訴之人約略記載，以誌不朽云。（十二行）

雲南府宜良縣正堂加三級紀錄六次張諱大森②書額。

查稟覆鄉約劉朝相、保正沈士俊（十三行）。

又據村眾稟稱，寶（豹）子箐之水灌漑田畝，合村共食其利，但放水之人勢（恃）強無法，恐起爭端，今並定冶（十四行）條規，上甲放水壹晝夜，天明為止。下甲放水壹晝夜，天明為止。以勒諸石，永為定例，口口遵守，不得（十五行）妄為更易。如違，赴官懲處，甘罪無辭，條例是實。

其官地東至城埂，南至姚家房、劉家廠，西至周姓（十六行）房，北通土官村大路，四至分明。遵領官地人：楊文斌、楊源、陳子章、口瓊、王進業、楊口、口琳、魏口、陶起文、陶淩曜、沈映瑞、尹開甲、口敬禮、洪丕章、鄭家祥、陶淩秀、周子治、王文（十七行）。

---

① 《宜良碑刻·增補本》錄為“侍”，據拓片應為“峙”。
② 張大森：陝西西安府咸陽縣甲子（1744）舉人。乾隆十六年（1751）任。（許寶編：《宜良縣志點注》，217 頁，昆明，雲南民族出版社，2008）

其有古溝黄家塘水溝租谷貳石，案年上納。華嚴樓原寺中有空地一塊，坐落村子南首，東至毛家田，南至毛家房，西至大路，北至公眾田（十八行）。

（補記行）康熙四十六年①，蒙縣主徐太老爺斷給在案，永以為記田一坵，東至毛家田，南至官地，西至大路，北至洪家出水溝，四至分明，隨納本寺冊名秋糧五升五合。

後學庠生：段慶恩敬書。石匠：董士俊（十九行）。

大清乾隆拾柒年歲次壬申孟冬月朔八日黄道良辰闔營敬立

【概述】碑存宜良縣狗街鎮化所村華嚴寺。碑為砂石質，高154厘米，寬74厘米；額呈半圓形，額上鐫刻"召棠邠雨"4字，其左右分刻"華嚴""碑記"，正中上方雙綫刻圓形"佛"字圖案，左右雛鳥紋飾。乾隆十七年（1752），合營民眾同立。碑文記載：化所村華嚴寺後原有官廠、官路，世為民眾公用，近被不肖之徒侵占，引發訟端，經縣長審斷判令歸公，明確官地四至并制定寶子箐放水條規等。

【參考文獻】周恩福.宜良碑刻·增補本（上）.昆明：雲南大學出版社，2016.12：23-25.

據《宜良碑刻·增補本》錄文，參拓片校勘。

疏海碑記

謝聖綸②

乾隆壬申③冬，余由黔之天柱調蒞洱上。洱上川原平曠，於榆郡號沃壤。公餘踏田四郊，詢知青龍三海④乃為邑水利，亦為邑水患。三海發源梁王山附郭，地廣百餘里，山谷村落有餘之水，並容納於三海而下注於段家壩⑤、小雲南諸處。從前建三閘，以時啟閉，上可資宣洩，下可以資灌溉。嗣因地坦土松，夏秋積雨，綿連一帶，山谷沙泥隨雨水盡注於青龍下海，年累月積，遂將海口填滿，居民復漸次開成田畝，於是海口愈加淤塞，三閘僅存遺跡。自康

① 康熙四十六年：1707年。

② 謝聖綸：字研溪，福建建寧人，舉乾隆辛酉（1741）順天鄉試，由教習選授貴州天柱縣知縣。乾隆十七年（1752），知雲南縣。後攝賓川知州，又攝柳霽，擢維西通判等。（貴州省文史研究館點校：《貴州通志·宦蹟志》，651頁，貴州，貴州人民出版社，2004）

③ 乾隆壬申：即乾隆十七年（1752）。

④ 青龍三海：即今祥雲縣沙龍鎮青海湖。青海湖，古稱"青湖、青龍海、青海"，因湖水終年清澈，自元代起而得名青海湖，"青海月痕"自古便是"祥雲八大景"之一。

⑤ 段家壩：後晉天福二年（937），通海節度使段思平起義於鏡州（今雲南驛），討滅楊干貞的大義寧國，建立了封建農奴制政權——大理國後，在今高官鋪至練昌之間修建了一座水庫，名段家壩，這是祥雲最早出現的水利工程。千年來屢修屢壞，但至今壩埂殘迹尚存。（中國人民政治協商會議祥雲縣委員會主編：《祥雲文史資料·第一輯》，7頁，內部資料，1991）

熙五十二年^①以後，凡值大雨淋漓、萬壑奔赴之時，田禾半被淹沒，廬舍率多漂塌，有數村徙居他地者；節經疏修，千夫拮据，究不敵一朝暴流，海上十七村苦泛濫之害，壩下十三村復失灌溉之利。余往復相度，因思水性就下，寬淺則散漫無力，深通則洶湧易流。是疏浚之要，河身須漸次收緊，河心須漸次深通。收緊則勢聚而下與壩水相接，深通則勢急而上挽沙泥並流。余節加董勸，並捐俸賞勞，兼委土主薄張慶裕督率人夫，於乾隆癸酉三月興工，深淺寬仄，按丈尺挑挖。由下海至段家壩，約長八九里，中寬三丈，旁築高堤。計撥用人夫二萬四千餘，工旋於四月內，全行疏通，涸出民田四十餘畝。惟是需用人夫，向照門戶派撥，未免貧單受累，富豪坐享利賴，且三海地勢坦彝，川原寬廣，非頻加疏浚，不數年將淤塞如初。余因念沿海涸出之土均堪播種，除按糧冊歸還各戶外，更同各村居民丈出旱地一頃三十四畝四分，計可獲京斗穀麥租六十石八斗六升，申請列憲照例升課，歲得籽糧，擇沿海殷實士民掌理，以海中自然之利為海口每年疏浚之需，既免貧單派撥夫役之苦，且垂將來永久不敝之規。爰勒石堤上並縷敘緣由，俾疏浚民人知所嚮往，不至更淤塞以貽民患云爾。

乾隆甲戌^②秋七月知縣事綏城謝聖綸記

【概述】該碑立於乾隆十九年（1754），知縣謝聖綸撰文。碑文詳細記述乾隆年間，雲南縣知縣謝聖綸體察民情，捐俸疏浚青龍海下海至段家壩河道、修築高堤，并涸出田畝歸還農戶等為民興利造福民眾的功績。

【參考文獻】古永繼．滇黔志略點校．貴陽：貴州人民出版社，2008.9：31-32.

青海段壩碑記

謝聖綸

青海段壩碑記（一行）

乾隆壬[申]^③冬，余奉命由黔之天柱^④調蒞洱上。細查近城川末，青龍海水發源於梁王山（二行），附郭[地]帶寬廣百有餘里，其山谷村落之水並納於青龍一海，下注於段家壩、小雲南（三行）等處。從前海深通達，立閘口以時啟閉，故[上]可宣洩下可灌溉。嗣因地勢平坦土壩寬（四行）鬆，夏秋雨水綿連泥沙淤於海內，日積月[累]，遂將下海填滿。附近居民漸次將下海開（五行）成田畝，於是海口愈加淤塞，以漸及上海閘口，下流段壩僅存遺跡。因康熙以來未有（六

---

① 康熙五十二年：1713 年。
② 乾隆甲戌：即乾隆十九年（1754）。
③ 乾隆壬□：此處原碑損毀，據上下文并查歷史時代表，應為"壬申"。
④ 天柱：即貴州天柱縣。天柱縣，位於貴州省東部，現為黔東南苗族侗族自治州所轄縣，縣以城北柱石山"石柱擎天"得名。

行）官紳疏修，凡值秋雨淋漓之時，沿海半被淹沒坑窪，廬舍更多漂塌。雖節經疏修，究之（七行）千夫拮据不如一朝瀑流，海上村居既苦泛溢之害，段壩村民幾失灌溉之利。余因叠（八行）行履勘往復相度，委世職張公督率人夫，於十八年二月興工，河心深五尺，河壩寬五（九行）丈，旁築高堤，自下海至段家壩一體遵辦。所派夫役上合沿海居民，下計段壩各村，共（十行）計式萬肆千餘工。旋於四月修通，不但可免水患，兼每畝可增種谷麥数千餘石。漸於（十一行）海口壩墾深有利賴，惟是人夫照戶派撥未免貧單受累，田豪安逸，連年加修無阻，種（十二行）植自然得利。於十九年通詳督、撫兩院，將涸出之地無碍水道者，清丈成田照例收租，除（十三行）給各海沿遵照按海面管業惟有至海沿壩墾者，誠恐後口口鏡准其由水之漲跌耕（十四行），照不得以官海、官壩侵仗民田，惟苦窮民海内之田不得口口口納擇沿海及該壩各（十五行）村老成士民所得籽粒公同掌管，即將所得谷價作為批據口口蒙各憲批准在案。老（十六行）糧田畝均經余對冊驗契挨戶查清，無有朦混，除扎飭紳勿雷聚龍督令煉場老民楊（十七行）邦俊，在煉場地面西山腰修建龍祠，取名白龍寺以奉祀口而重水利外，合行勒石以（十八行）垂永久。並願父母是邦者，協同該地紳士查照原議辦口，使豪強不致朦混，庶免口口（十九行）派撥之苦，且垂永久不敝之規，將海壩居民並沐賢父母無暨矣（二十行）。

順天鄉進士、教習、鑲藍旗世職，癸酉丙子充滇圍同考試官知雲南縣事，閩中建寧縣謝聖綸研溪撰（二十一行）。

大清乾隆貳拾年[①] **玖月沒旦** 　　□ 　**白龍寺**（二十二行）

【概述】該碑未見文獻記載，資料為調研所獲。碑鑲嵌於祥雲縣雲南驛鎮练昌村白龍寺大門右側。碑為青石質，高95厘米，寬63厘米。額呈圭形，額上陰刻楷體"永遠遵守"4字。碑文楷書陰刻，文22行，行14-40字，全碑計686字。乾隆二十年（1755）立石，知縣謝聖綸撰文。碑文記載：青龍海河道泥沙淤積，官紳疏於修理，日積月累，水患成灾，民眾苦不堪言。乾隆年間，謝聖綸調任雲南縣知縣，興工深河道、寬河壩、築高堤，并將涸出田畝歸還農戶。

白龍寺永垂不朽告示碑[②]

欽加同知銜特授雲南縣知縣升任維西通判謝　　　　　　　　　　為（一行）

　　出示勒石，以垂永遠事。案據煉場士民楊渤，耆民楊邦俊、楊湘、楊濱、王興儒、王（二行）興仁等禀稱，前奉札飭[③] 在煉場地西山腰修建白龍寺以重水利等因，秦川士（三行）民等遵即召集閣村籌募修資，伐木鳩工，正殿工程現已告竣，惟查寺内新建（四行）無欵，共同商議，

---

① 乾隆貳拾年：1755 年。
② 原碑無碑名，據文意新擬。
③ 札飭：指舊時官府上級對下級的訓示公文。

擬將白龍寺山腳楊、王各姓己墾之田，開明四至作為寺內香（五行）火租及歲修費。合無仰懇仁恩，免納開墾租額及賦稅，准其立案，給示勒石以（六行）垂永久，實功德便，等情。據此，查青海段壩水利案，於十九年[1]本縣履勘後通詳（七行）督、撫憲，將海壩涸出之地勿碍水道清丈成田，照例収租，連年加修，勿得耕種，自（八行）然得利各緣由，奉批核准在案。茲據前情，除批示准其免納租額、賦稅外，合行（九行）出示曉諭。為此，示仰煉場人民一體遵照，所捐白龍寺香火之田，准其開明坐（十行）落四至，勒石於後，以垂永遠。並由該士民公管，勿得恃強侵吞，致干查究，各宜（十一行）凜遵，勿違。切切特示（十二行）！

計開白龍寺香火田坐落四至列后（十三行）：

白龍寺山腳南半節：東至西河，南至壩埂，西北至山溝。

　　山腳北半節：東至河，南至山溝，西北至王姓地（十四行至十五行）。

右仰通知（十六行）

　　雲　南

乾隆二十一年二月十日（十七行）

　　縣　印

告示　　　　　　　　　　　　發白龍寺勒石曉諭勿損（十八行）

【概述】該碑未見文獻記載，資料為調研所獲。碑現鑲嵌於祥雲縣雲南驛鎮練昌村白龍寺大門左側。碑為青石質，高93厘米，寬60厘米。額呈圭形，額上陰刻楷體"永垂不朽"4字。碑文楷書陰刻，文18行，行4–31字，全碑計416字。乾隆二十一年（1756）立石。碑文記述乾隆年間，雲南縣謝知縣據青海段壩水利一案前情，批准煉場村民楊渤、楊邦俊等免納租額、賦稅的訴求，以重水利，并准予勒石之事。

恩安添建蓄水閘壩碑記

沈生遴

恩邑之水源有二：其自北逆流而南而西者，出城北龍洞；其自西順流而東而北者，出魯甸之大黑山；二水匯於高魯，歸灑漁河，經大關、老李渡出蜀江。昔烏蒙土府，盡屬倮夷，刀耕火種，惟莜惟麥，不種水稻。除汲飲外，全無庸蓄集為灌溉需，故二水皆漫無收束也。雍正四年[2]改設流官，九年首自圍城，城中之水至匱。尋討平，十年改烏蒙為昭通，移建城於二木那，前屏鳳山，後枕龍洞，置恩安為附廓。鋒鏑之餘，招來安插，戶僅七百餘，土地

---

① 十九年：即乾隆十九年（1754）。

② 雍正四年：1726 年。

荒蕪過半。十二年乃於雲、曲、徵①三郡之附近昭通者，資遣務農之家千戶，戶三十畝，給牛具，頒籽種，發幣金，蓋房棲止。嗣因限於得水，歲靡有秋，解體逃竄。乾隆元年，興修水利，其河有三：一利濟，一舊河，一灕漁。閘則龍洞、察拉、水塘、八仙營、蘆柴沖、李子彎；西戈寨及北門外分水官壩、官溝暨內積水池。董其事者則前令尹公諱升也。次年報竣，於是散者復集。二十餘年來，黔、蜀、江、楚之貿遷至此者，漸次承業。然地廣閭稀，且置非其地。建築失關鎖之宜，尾閭有直下之勢，水之為利未遍也。丙子初夏，余蒞茲土。其時亢旱三載，又值前冬回祿之後，米則一京石價五六金，雜糧每京石價三四金，危危不可終日。府憲鄭公睹歲艱，即下停征之令，又為之亟請開倉平糶，府憲同余復出俸廉，赴川買運以平市價，以安人心。然四五月間，旱魃仍肆虐，禱祈罔應。余遂尋源至龍洞，則閘板盡啟。蓋小民姑逞一時得水為快，致盛大源泉，成為涓滴。殊不知建閘固所以聚也。急下令閉龍洞閘，募夫守之。閱六日夜滿盈。啟放，諭村莊各築攔河壩，盈科遞輸，二旬中獲栽十之七，蓋時已六月中旬矣。竊揆今昔情形，核戶田之多寡，知其數懸殊。向僅一千七百餘戶，今則七千有奇；向田僅三萬四千餘畝，今已七萬八千有奇。生齒日滋，開墾者眾。勤求水利，其烏敢後？丙子②秋以積欠，末暇（下缺）。

【概述】碑存昭通望海樓後牆。乾隆丙子（1756）初夏立，恩安知縣沈生遴撰文。碑文記述恩安縣建置後興修水利和墾殖的情況。據劉景毛等點校的《新纂雲南通志》載：碑高120厘米，廣133厘米，24行，行28字，正書，後缺數行。該碑有重要的文獻價值，可惜有半截斷失，現僅存上半部。

【參考文獻】鄒長銘.昭通史話.內部資料，2000.12：163-164；李正清.昭通史編年.昆明：晨光出版社，2009.3：294-295；劉景毛，文明元，王珏等點校.新纂雲南通志·五.昆明：雲南人民出版社，2007.3：417-418.

據《昭通史話》錄文。

澤永沙浸

特授澂江府新興州正堂加六級紀錄七次龍，為祈恩給案勒石以垂永久事。乾隆二十一年二月十九日，據新寧鄉上旱上下牟溪沖士民（一行）姜文洪等具稟前事：稟稱情緣仁人一日之澤，小民萬事之福。耆民牟溪上屯，自前民屯糧，依山居住，田畝高亢，前人循山鑿石，開上溝一條（二行）灌溉民田，下溝一條，灌溉軍田。水系山菁沙浸，豐任③或能救濟，旱歲即難播種。歷古以來，系上下屯輪放，原無別屯奪。陡於乾隆十八年有高（三行）倉蔣世

---

① 雲：指雲南府。曲：指曲靖府。徵：疑誤，應為"澂"，指澂江府。
② 丙子：指乾隆丙子年，即乾隆二十一年（1756）。
③ 任：疑誤，應為"牣"。

官等，糾眾恃強霸奪。蒙（四行）天臺勘訊，批斷在案。

詎高倉人素行健訟，乾隆十九年（五行）天臺護理臨安府印務，李文元等捏調誣控，署州主明批廳主劉查訊，詳州未結。天臺複泣州治，伊等架誣越控，蒙拘集訊詳（六行）藩憲批准在案。

乾隆二十年，伊等又捏控（七行）府憲，天臺研訊詳報。不料高峻等要截文書，拆封洗改。天臺查訊通詳。乾隆二十一年奉（八行）憲批如詳，究治結案，高倉永不得以下流而問上流之有無。恩同再造，頂戴無慨。然恐案卷失迷，高倉複訟刁健，耆民等籲告無憑，伏祈（九行）嘗①准給案勒石，以垂永久等情。

據此，查此案於乾隆十八年五月內，姜文洪等具控高倉蔣世官等糾眾恃強霸水，當經本州親睹踏勘，查牟（十行）溪二屯，居河之南，依山鑿石開溝二條，引水灌田。水僅沙浸，不能分潤別屯，立有碑記。查白蓮溝居河下之北，訊舊例系下牟溪沖與高倉分（十一行）放，必須修壩積聚，方克引水救濟。蔣世官等不事修築，妄指雷徐潤等私立白蓮溝輪水碑記，紛眾強霸。勘訊之下，飭令仍循舊例，照各溝道（十二行）輪放，不得混爭。取具遵結在案。至十九年，本州奉委護理臨安府篆，李文元等複起爭端投控，署州明批行捕廳劉，查勘詳報未結（十三行）。

本州卸②事問新，李文元等越控，（十四行）學憲批飭查訊，又複捏控，（十五行）藩憲批府轉行到州，遵經覆訊。查得李文元等聚眾斂錢，架詞誣控，實屬刁健，因將所派錢文，詳請究追。

奉（十六行）欽命雲南等處承宣布政使司布政使加六級記錄二十八次覺羅納批，既據查明牟溪沖水向，止灌溉兩沖田畝，不能分潤高倉。姜文瀾等並（十七行）未紊亂古制。如詳仍循舊制，毋許混爭。至李文元等架詞妄控，派累村民，律應重懲。但據詳，高倉亦有白蓮溝，可否開掘深通，引水灌田，飭令（十八行）村眾修理所追之錢，即以添補公用。再行確詳奪批。府轉行到州，又複查勘，審擬詳府，乃李文元等赴府捏控本州受賄偏斷。

奉（十九行）欽命雲南分巡迆東道兼攝澂江府事加二級記錄八次施批，並查拘犯研鞫，乃系雷昱一人，捏名混控，詳請責懲，以杜刁風。孰知劉咸有受高（二十行）峻之托，競賄囑府書王世龍、許榮朋比作奸，捺文午弊③，致奉府駁。本州隨取印稿查對，兩相互異。遂挨鋪嚴查，始知賄囑拆文改洗情弊。稟（二十一行）府憲批查揖究，並將王世龍、許榮朋差發下州嚴審確情。詎忌王世龍畏罪輕生，投井斃命。

本州一面移請（二十二行）雲南府昆明縣正堂加一級弓，驗填通報，又一面嚴拿各犯到案，訊供通詳（二十三行）各憲飭革究擬。嗣奉（二十四行）欽命提督雲南全省學政工科給事中加一級記錄三次葛，批准褫革高峻衣頂，隨本州審明。除王世龍身死不議外，將各犯分別按擬詳（二十五行）府核轉。

因查該犯等事犯在（二十六行）恩詔以前，應邀恩寬免。荷蒙（二十七行）欽命兵部

---

① 嘗：疑誤，應為"賞"。
② 卸：疑誤，應為"御"。
③ 午弊：應為"舞弊"。下同。

尚書兼都察院右副御史、總督雲貴等處地方軍務兼理糧餉加六級記錄六次愛（二十八行）、欽命巡撫雲南兼建昌畢節等處地方贊理軍務兼督川貴兵餉兵部右侍郎都察院右副都御史加三級記錄八次郭，批司轉府行州，高峻、雷（二十九行）昱、劉咸有三犯，捏控官長，照擬發落，不准援減。高峻衣頂不准開復。劉咸有遞回甯州嚴加管束。餘照詳內辦理，並將咸有、許榮□□贓銀（三十行）照追繳解。至高倉田地，既據查明白蓮溝可以修築積水，飭令興修以資灌溉，毋許混爭牟溪二沖之水，等因。遵照發落，通報在案。

查高（三十一行）倉人民始則糾眾霸水，妄指私碑越控，繼則賄吏午弊，遂致釀成人命，刁健已極。誠恐日後高倉人民不遵批斷，不循舊例，仍蹈前徹，合行給（三十二行）案勒石，以垂永久。嗣後務須各照溝道輪放，不得仍前恃強混爭，致干嚴究。須[1]勒石者（三十三行）。

乾隆二十一年三月初八日，右案給上下牟溪沖士民姜元弼、姜文洪、姜文蘭、姜道麟、秦藩、姜檉、姜文洽、姜槐、姜學武、姜恪、李京龍、姜喜、張應坤、姜文元、李巽龍、姜美、姜文臣、姜有住。准此勒石（三十四行）。

【概述】碑存玉溪市紅塔區上牟溪沖文明寺。碑為青石質，高150厘米，寬85厘米，額楷書"澤永沙浸"4字，碑文陰刻，文34行，行54-74字，計1399字。清乾隆二十一年（1756）立。碑文記載：乾隆十八年（1753），牟溪沖姜文洪等人，控告高倉蔣世官等人恃強霸水，州官龍廷棟實地踏勘，作出公正判決。豈料，乾隆十九年（1754），龍廷棟調離新興州後，李文元對原案提出了復控，并越級上告。龍廷棟受命重新回任新興州，經過多方調查、審訊，報請上級責懲誣告、捏控人等，倡修白蓮溝地壩以資高倉田地灌溉，如此既保障了牟溪二沖的水利，又維持了州官龍廷棟的原判，并懲辦了"誣控"他的人員。案結，牟溪沖士民請求勒石。

【參考文獻】玉溪市文化局．玉溪市文物志．內部資料，1986.5：86-92.

□□洋溪海水例碑記

□□洋溪海水例碑記（一行）

蒙化府正堂加五級紀錄十次趙　　　　　　　　　　　　　　　　　為（二行）

籲恩賞准示[2]定水例以杜後患。事據生員董國宰，軍佃董思九、董玉篆、董國學、董玉英、董三聖等稟□[3]□（三行）稟稱：情因生等原籍浙台，拵洪武從[4]軍來滇，分屯雲川，闢居董家營，領屯田二頃零，俱係雷鳴，毫無泡[5]水（四行）。先代曾開堰塘一座，名洋溪

---

① "須"後疑漏錄"至"字。
② 《大理叢書·金石篇》錄為"示"，據原碑應為"永"。
③ 《大理叢書·金石篇》錄為"□"，據原碑應為"前"。
④ 《大理叢書·金石篇》錄為"從"，據原碑應為"泛"。
⑤ 《大理叢書·金石篇》錄為"泡"，據原碑應為"活"。

海，川廣各二百餘丈，積水滋灌。年遠阻塞，僅存基址。合族扵乾隆五年①公捐（五行）銀二百兩搬挖，積水不能灌溉。上年復借貸銀四百兩，括地②增修二次，共費銀六百兩。平地挖深五尺，堤（六行）埂築高丈餘，今幸落成。粮賦粒食，兩有所資。原議按田派銀，按銀分水。無奈塘低田高，必用撬瓢脚車，方（七行）可勝水達田。而田又多寡遠近不一，居民之勤惰貧富不齊。眾議此無源之水，例難畫一。必每年估水勢（八行）之淺深，按戶計田，均撬均車，或三輪五輪，週而復始。則田多之富而勤者不淂任意全泡，田少之貧而惰（九行）者不致袖手咨嗟。俾水例均而爭競息，衣食足而風俗醇。叩恩金批勒石，永定章程，卋古遵守。遐川士民（十行）頂祝仁恩扵不朽矣。據此，當批准其勒石，永為遵守。奉此，合行勒石，所有一應水分，無論遠近高低，按（十一行）分品搭，毋淂恃勢就便，越分多放。所有水排及應行事宜俻載扵後，為此勒石，須至勒石者（十二行）。

五軍公議遵示，每輪放水三晝夜，寫立合同五紙，各执一紙，永為遵守。首輪：西南北五溝，放至橫路（十三行）止。二輪：放至朝昇大田、董庶橫田及以綱③橫田止。三輪：放至大堆子及學聖灣田，並牛角田止（十四行）。四輪：放至房後並桑子樹止。輪數已定，週而復始。有十工者只放五工，有六工者只放三工。若強放（十五行）一工者，罰銀三兩修海，絕不寬宥。若有数輪④未到，以勢混行者，亦罰銀五兩。若有使婦女放萬，紊亂法（十六行）規，將婦男子及親支男子拿入祠堂責打。如若不遵，齊集赴官。至扵吾族，原係一脈，粮賦一事，一人領（十七行）田，合族攤種，自古迄今，並無爭端。今支分派別，倘有無知者，欲以戶奪田，实為悖祖邀法。此数事倘有（十八行）違犯者，合族將碑文並□⑤府主所給遵照赴官。其海係董思九、董玉篆、董國學、董三聖、董玉英為首（十九行），借貸修築，方纔成功，每人先放水三工，世世子孫永不淂阻。董灝書，董玉楚刻。軍首董學聖（二十行）。

乾隆二十二年⑥正月二十八日，請示貢生董仕儒、生員董國宰、舉人董玉堂協五軍同立（二十一行）。

【概述】碑存祥雲縣雲南驛鎮董營村董氏祖祠內。碑為青石質，高135厘米，寬75厘米。額刻"遵示勒石"4字，故此碑又被人稱為《遵示勒石碑》。碑文直行楷書，文21行，行7-40字，全碑計780余字。碑右下角殘損，部分字迹漫漶。乾隆二十二年（1757）立。碑文由董灝書，董玉楚刻；董仕儒、董國宰、董玉堂協五軍同立。碑文記述了軍屯村董家營合族集資重修祖輩所開堰塘——洋溪海，以及按輪放水按工分水的事宜。該碑對研究明代軍屯及其後民間興修水利問題有一定參考價值。

【參考文獻】楊世鈺，趙寅松. 大理叢書·金石篇（卷三）. 昆明：雲南民族出版社，

---

① 乾隆五年：1740年。
② 括地：亦作"括田"，丈量田畝，檢查漏賦情況。
③ 《大理叢書·金石篇》錄為"網"，據原碑應為"綱"。
④ 《大理叢書·金石篇》錄為"数輪"，據原碑應為"輪数"。
⑤ 《大理叢書·金石篇》漏錄，據原碑應補出"□"（缺字符）。
⑥ 乾隆二十二年：1757年。

2010.12：1216-1218.

據《大理叢書·金石篇》錄文，參原碑校勘。

桃源閘碑序

王 怡

蓋聞人人濟也，首重水利，故神禹盡□□洫，周文先正經界良，以食為民，天水乃食之所重生也，民等大小，桃源田多水少，每當栽種時，灌溉不敷。蒙前任郡侯金太大人目擊民難，捐俸建閘至今，幸以不涸，國賦攸增，民生是賴。自金公升任後，豪強案牘疊興，歷年十四郡侯□更，並未清結自我。

郡侯方太老爺蒞任以來，體聖天子保義之化，各憲為國之心，剔其弊端，興其利治。凡民同疾苦，必親為咨詢其間，勸課農桑，設學明論，善政善教，實難枚舉，民等姑不錄。茲以此閘之未清也，相約巡司視流眾，度其宗濕酌丈，馬姓等田畝有多無少。凡厥奸由。悉記，洞若觀火，即飭諭鄉保曰：本分府親臨踏丈馬德佩等之田，除糧冊外，尚有多餘。其觀積水之處，實系荒海，德佩等藉端疊挖，殊予法紀，憂恐延詢之下，執法無私，則閘上閘下，仇怨愈深。因以不忍之心，行不忍之政，飭諭鄉保於閘塘山腳下，町交界之處豎立石樁，石樁以上系馬姓等良田，石樁以下盡係閘塘。凡兩邊石樁以內，永不許開挖栽種。每年馬姓等秋收后，任隨竇姓等加閘關聚，淹過石樁直至岩洞，馬姓等不得聲言，亦不得預先開挖。栽插之時必俟下閘撤水，馬姓等始行栽種。因於竇姓等面下，處銀一百二十兩與馬姓等，另買公田乙分，以作欠收幫補之□，上下方無防[1]害。於是鄉保諸人民眾明斷，閘上閘下共欽訖倉曰：郡侯□父母斯民者也。二比合同，刊碑勒名，永遵不變，反覆有罰，郡侯誠達萬事無疆之業。□（下缺）凡屬魯民群頌，恩施於不衰，而嘆我郡侯之政誠。□（下缺）

上閘：馬德全、馬德志、馬文榮、李葉馬氏、王君佐、孔玉陶。

下閘：邵心齋、趙尚仁、趙世傑、邵心誠、周凡伯等二十餘人。

乾隆二十二年二月穀旦，昭通府永善縣庠生王怡書

【概述】碑立於乾隆二十二年（1757），現已不存，王怡書。碑文記述乾隆年間郡侯方公體察民情，清結桃源閘塘、平息爭端、立定用水規約造福民眾的政績。

【參考文獻】魯甸縣水利電力局．魯甸縣水利志．內部資料，1993.5：216-217.

---

① 防：疑誤，應為"妨"。

開浚白龍山泉水利碑記

楊重穀

乾隆己卯[①] 秋，余守郡之明年，以水利為政事之急務。凡山川遠近，土地肥磽，靡不經籌區畫[②]。咸思措施（一行）得宜，以為民利。值郡東北隅陸地缺水，田苦磽脊[③]，計慮久之，遂偕署姚州[④] 屠牧可堂，訪求水利。得（二行）距城十五里許，巍峻而陰翳者曰：白龍山。履危巔，瞰幽壑，觀茲山之泉穴，涓涓不竭，其源有自。惜皆（三行）散漫山陂，阻積坎石，閒置於無用之區。顧謀諸屠牧曰：奉（四行）

天子命守牧茲土，凡以為民興利也，利之所在，胡可晏然已諸。爰相泉勢所至，右繞班家屯、左屆武德衛（五行），為斯泉之羽翼，使循其脈絡，順流而利導之，則東北一帶田畝，旱既可引以為灌溉。且蛉水在北，大（六行）河在南，皆堪容受。其上流則又斯泉之門戶，倘澇則瀉之二河，以達金江，更無憂及泛溢。是水旱皆（七行）有備，其為利誠溥而事有不可緩者。乃上其議於（八行）

各憲，曰可，即鳩工庀匠，以興厥事。無何，屠牧以憂去，余因獨任之。計里開溝，計溝□民，嚴守□□，新（九行）舊為三，水之急者，曲之使緩；水之泄者，補之使聚；水之騰沸而漫溢者，束之使赴壑流。□□□□水（十行），遂循山繞嶺、出諸山口、而達之平原，散漫者歸，阻積者通，既皆得其所用矣。復□□□□□□營（十一行）屯，又得古名仙家石閘一座，脩自前任漢軍施守。碑載：歲以冬至收水，夏至車水□□□□灌溉田（十二行）畆，其利甚鉅。緣年久沙淤石圮[⑤]，余循古制，脩而復之，時其啓閉，俾與斯泉之水上□□□□□□為（十三行）一脈。於是泉流四達，蓄洩有資，而前此磽脊之田畝，均可易而為膏腴矣。是舉也，□□□□□己卯（十四行）之冬，竣工於庚辰之夏。繼以州宋牧益金、府經歷陳琦、暨署吏目沈永祺等督□□□□□並建龍（十五行）祠三楹於茲山之陽，榜曰：靈躍，以妥神庥而駐祈禱焉。計費三百餘金，經營僅止數年，□所獲利賴（十六行），實百千萬億而無窮，豈曰小補之哉！州牧輩丐余為記，且議善後條規，勒諸府堂之前。余雖遜不敏（十七行），然喜其事之有成，足以為吾民之利，更冀後之同志者，繼事於□□□，因以為記（十八行）。

---

① 乾隆己卯：乾隆二十四年，即 1759 年。
② 區畫：亦作"區劃"，區分，劃分。
③ 《楚雄歷代碑刻》錄為"磽脊"，據拓片應為"磽瘠"。下同。
④ 姚州：即劍南道姚州，唐武德四年（621）置，治今雲南省姚安縣西北舊城。
⑤ 《楚雄歷代碑刻》錄為"圯"，據拓片應為"圮"。

大清乾隆二十五年^①歲次庚辰六月朔日（十九行）

知姚安府事、世襲騎都尉遼海楊重穀撰並書

姚安府學教授蔡馨□訓導李□

姚州□□□登全校正上石（二十行）

附〔碑陰〕：

　　知姚軍民府事、世襲騎都尉楊重穀^②，字百修，祖系從龍漢軍正白旗人，由世蔭出身，歷任兵部、戶部員外郎。在部俸滿，推陞引見，奉旨以繁缺^③知府記名。乾隆二十三年^④二月，分部選除授姚安府職，十一月十五日蒞任，年三十七歲，原籍遼東鐵嶺人也。

　　【概述】碑存姚安縣大龍口鄉白龍寺龍王廟內。碑高154厘米，寬87厘米。碑文直行楷書，碑陽文20行。碑陰鐫刻有副碑1塊，介紹楊重穀身世。清乾隆二十五年（1760）立，楊重穀撰書。碑文記述時任姚安知府開浚白龍山泉水為民興利的事迹。此碑書法精美。

　　【參考文獻】張方玉．楚雄歷代碑刻．昆明：雲南民族出版社，2005.10：331-332.

　　據《楚雄歷代碑刻》錄文，參拓片校勘，行數為新增。

海隄碑記

王以寬

　　呈邑之海宴、安江、梅子、斗南等村沿海而居，民以其海邊淤出壙土報墾陞科，名海淤田，此舊規也。而其中亦有辨，斗南西隅有海岸一條，長約里許，橫約十餘丈二十丈不等。村民中有以其地閒曠呈請開墾者，經余前往踏勘，勘得地原可墾，而隄內一帶多民間秧母。田地一墾則隄易潰，而秧母隨之。是因未熟之土而壞已成之田，非計之得。而報墾之說，宜寢也。隨諭令村民嗣後當多培樹木其上，以固長隄，以資民用。並可使野無曠土，地無遺利，毋爲後來報開墾者所藉口。眾曰：唯唯。仍述及該村每年應納下五甲條糧二百餘石，約共不敷；夏稅一石三斗二升一合零，向由里長賠累，歲於水月庵常住內撥市米一石五斗，以帮條糧之不及。今願將前項隄岸樹株歸水月庵管業，兼可，可以幫常住之不及。懇請給示勒石，

① 乾隆二十五年：1760年。

② 楊重穀：字百修，清漢軍正白旗人，世襲騎兵都尉，原籍遼東鐵嶺人。歷任吏部、戶部員外郎，乾隆二十三年（1758）在部俸滿，出任姚安軍民府知府，時年37歲。任職期間宣導修水利，修文昌宮後殿。

③ 繁缺：指政務繁忙的官職。舊時，外任官員的繁缺，其轄區廣，收入豐，故實為肥缺。

④ 乾隆二十三年：1758年。

以垂永久。余維此一舉也，息訟端，固秧母，興地利，貼浮糧，培常住，於是乎在酒樂爲之，敍其巓末，以爲記。

乾隆二十五年^①歲次庚辰季冬月

【概述】清乾隆二十五年（1760）立石，知縣王以寬撰文，全文計342字。碑文記述乾隆年間，呈貢知縣王以寬重視植樹造林以固長堤資民用的事宜。

【參考文獻】林超民等．西南稀見方誌文獻·第29卷：呈貢縣志（清光緒十一年刻本影印）．蘭州：蘭州大學出版社，2003.8：351．

西龍潭輪流演戲碑^②

澂江府河陽縣正堂加三級記錄三次五示諭：

照得每年各村演戲事，頭龍立夏及龍王慶誕，牌列分定輪着村管演戲一天，報答神庇，靈萬民，理宜敬惻俟候應辦抗拗，各宜盡心凜之慎之，如違，嚴拿重究，特示。

計開：西街、阜民演戲一天。團營演戲一天。許營、許家村演戲一天。廖營、趙旗演戲一天。高樓房、舊街子、大西城演戲一天。朱官營演戲一天。小洋村、小里村、貓耳村演戲一天。小西城、沙河村演戲一天。上左所演戲一天。下左所演戲一天。黃家營、毛家營、沙田演戲一天。矣樂、水碾、果子園演戲一天。撒馬都、前後師家村演戲一天。前後香村演戲一天。前所、大營演戲一天。前所、小營、高七營、矣草村演戲一天。萬家營、曹官營演戲一天。大河口、鎮海營演戲一天。馬房村、哈家村演戲一天。白詳、馬家村演戲一天。前後吉里演戲一天。魯溪營演戲一天。洋僚營、新河口演戲一天。

乾隆二十六年^③三月初　　日派定

【概述】碑存澄江縣西龍潭龍王寺內。碑高110厘米，寬55厘米。清乾隆二十六年（1761）三月立。碑文是乾隆年間河陽縣正堂在"龍王慶誕"期間，派定全縣各村營輪流演戲以報答龍王庇護蒼生的規定。該碑是研究雲南戲劇歷史的珍貴資料。

【參考文獻】澂江縣水利電力局．澂江縣水利電力志．內部資料，1989.10：264–265；楊

---

① 乾隆二十五年：1760 年。
② 西龍潭：又名"西浦龍泉"，距離澄江縣城4公里。相傳，西龍潭附近的村子里，有一個美麗的姑娘嫁給了西龍潭龍王做妻子，她不忘人間養育她的土地和父老鄉親。每逢天旱，村民們只要到西龍潭祈禱，她就會要龍王降下雨，灌溉田地，使農民能按節令栽下秧，此後就形成了一年一度的立夏節。舊時，立夏日會期開始時，先由澄江壩子內具有威望的老者，挑選一名精悍的年輕夥子，抱着刻有"風調雨順，五穀豐登"的銅牌，泅水送入潭內的洞中立好，然後再開始演戲活動。（梁耀武編著：《新編玉溪風物志》，97頁，昆明，雲南人民出版社，2000）
③ 乾隆二十六年：1761 年。

應康．澄江風物志．昆明：雲南民族出版社，2004.12：97－98.

據《澄江縣水利電力志》錄文。

賓川縣水例碑記

特授大理府賓川州正堂加三級錄四次記功一次廖　　　　　　　　　為（一行）

勒石立坪，以垂永久事。今據大禾頭村貢生張鵬翼等稟稱：賓川赤石（二行）巖大禾頭村東山有箐水壹溝，定例壹拾肆班，照田糧之多寡，輪流灌（三行）溉。此歷年放水之成規，並無紊亂。因近年以來，時值天旱，下箐水勢漸（四行）減，有小禾頭村、趙城等出而爭奪，已經前任州主嚴斷，給趙城（五行）、小禾頭村放水肆寸，大禾頭村放水叁尺柒寸。前已申詳，今蒙（六行）

巡憲本府飭取遵結，准令勒石。張鵬翼等當堂具結，仍遵前斷，令趙城、小禾頭（七行）村放水肆寸，張鵬翼、大禾頭村放水叁尺柒寸。由村頭建立石坪，據此准（八行）勒石，永為遵守。須至碑者（九行）：

趙人龍、覺華庵、何多法、李法綱、何亦經、何溶、何多學（十行）、彌勒院、趙國政、何亦遵、李尚智、張鵬翼、李樸美、報恩寺（十一行）、李覲光、高必盛、楊昇燦、李純義、楊有定、趙城、董秀宇（十二行）、楊奪魁、楊允秀、楊昇旭、楊竒、趙增、何多就、李瓊（十三行）、何多慎、何多賢。鄉約：李時亨，石匠：張士相（十四行）、乾隆貳拾柒年[1]拾貳月初五日，閣村士民仝立（十五行）。

附勒者：此碑原立於舊本主廟之廊西，因代遠年湮，廟燬碑壞。幸有貢生何守治令（十六行）文生楊承武、白玉書抄藏寶秘，于是閣村會議，照舊重修古碑，隻字未改，濫碑仍存管（十七行）事之家。至今廟遷村頭，亦復建於廟之廊下，以垂永久，是為記（十八行）。

監生楊暢、何鏡清，文生趙光祖、何濬、楊藻、張仲清、李正穠、趙如蘭、李逢春（十九行）。

光緒三十一年[2]孟夏月。

管事：張致中、何國珍，鄉長：李國銘，溝頭：李長福、何萬洪等重修立石（二十行）

【概述】碑原存賓川縣平川鎮大禾頭村本主廟內，現存平川楊氏宗祠。大理石質，通高124厘米，寬80厘米，厚23厘米。該碑陰陽兩面均刻文，額呈半圓形，陰面鐫刻"禁止濫砍森林碑"，惜碑面磨蝕無法辨認。陽面額上陰刻"水例碑記"4字，碑文直行楷書，文20行，行10－32字。清乾隆二十七年（1762）立，後因廟毀碑壞，光緒三十一年（1905）重立。碑文記載：賓川赤石巖大禾頭村東山有箐水一溝，古有成規定例，照田糧之多寡，輪流灌溉。近因干旱，水源不足，小禾頭村、趙城等出而爭奪，後經官府判定"仍遵前斷"，并建立石坪勒石立碑。

---

① 乾隆貳拾柒年：1762 年。
② 光緒三十一年：1905 年。

【參考文獻】楊世鈺，趙寅松．大理叢書·金石篇（卷三）．昆明：雲南民族出版社，2010.12：1632-1633.

據《大理叢書·金石篇》錄文，參拓片校勘。

重修黑龍洞 ① 碑記

特授雲南永昌軍民府保山縣正堂加五級記錄六次項 ②

特授雲南永昌軍民府正堂、雲南永昌軍民府保山縣正堂加二級記錄三次張　　　為

請示章程垂法永久事。乾隆五年 ③ 正月初十日，據生員楊瑞林稟請前事，稟稱情由：仁天開引黑龍河，水利七鄉 ④ 田畝，又為士民計其永遠，買置歲修租石，七鄉之士民，澤流世代之子孫。

蓋事有善始必有善終。若不前定章程，預為設法，倘經久，玩未可定。生 ⑤ 等仰德義公，同鄉首事、貢、監、生員趙一連、徐桂林、蔣世藩等前呈："八壩各立壩頭一人，令八壩頭協同巡河修理，每年更換。其歲修租石，即着壩頭經收，以便開費。"請給諭示一道，將"壩頭巡河定例，新舊壩頭按年交代歲收，同眾開銷，不得蒙混，並每年起夫或多或少，務以原冊開定若干數目，不得加減"詳列出示為《八壩壩頭應事更換章程》，以垂永久，澤流無既矣。等情到縣，據此，本年開報壩頭楊先等遵照奉行外，合行示諭，仰首事、貢、監、務耆 ⑥ 及壩頭巡河產戶人等遵照。

查黑龍一水，發源半山，水高道遠，循行石架，空飛渡穿高嶺腳下，深凡數十餘丈。沿山繞箐，歷三十里始入甸河，並流放灌歸仁、興義等七鄉田畝。

本縣詳奉各憲，請項興修，得道。觀成，為利甚薄 ⑦。但土木工程，無虞不能經久。信賴每年歲修，俾水道堅固，順流無礙，得以久享灌溉之利。當經本縣購置田，租以供歲修之用，庶臨時不致掣肘。

茲當歲修伊始，應如該生所請，酌定章程，給於勒石以垂永遠。願爾七鄉人民世世子孫，率由罔罟。雖滄桑為變，人定可以勝天，則地無遺利，民無遺力，以七鄉樂土可也。

一、立溝頭二人，自心正，巡視龍洞水口，一切溝道遇有壅塞坍塌應修之處，即派撥

---

① 黑龍洞：是天然出水口，位於擺榔鄉雞茨凹，是施甸大河的主要源頭。流出 1 公里後分為兩支：一支流向姚關為黑龍河，一支向橫山流出，漫無溝道，經人工開鑿出御筆溝，始循溝經落水坑、和尚田，到東嶽廟窊子口，流 7 公里抵施甸壩。由南向北流，貫通全壩至由旺向西南折，最後注入怒江。全長 37 公里，納支流數十條，甸陽、仁和、由旺之農田均賴以灌溉。

② 項：即項兆龍，江蘇省阜寧人，舉人，乾隆二十五年（1760）任保山知縣。

③ 乾隆五年：1740 年。

④ 七鄉：施甸分八鄉，此處指除姚關以外的各鄉。

⑤ 生：楊瑞林自稱。

⑥ 務耆：管理事務的老者。《禮記·曲禮上》："五十曰艾，六十曰耆。"

⑦ 薄：疑誤，應為"溥"。

佃戶承值修浚。

一、立董事生二人，印簿八冊本，每年田租，壩頭公共經收應用，務於簿內登列立案，年終更替，簿穀一併交代。

一、計七鄉用水人戶六百二十七戶，田畝共二千四百九十一丘，栽種工數千四百三十一個，當日開溝應夫一萬四千二百七十二名。

一、歲修官田四至：一處，東至高嶺腳，西至大路，南對落水坑一凹，北至官溝；一處，坐落孔雀塘官溝腳下一凹。此二柱年納糧米四斗，銀二錢。一興義鄉沙墩田二丘，三項共納租穀為貳拾陸土石零壹篩。

乾隆二十七年五月二十四日。

七鄉紳首：陸維嵩、邱珩、楊嶠、張放渠，士庶人等同立石。

中華民國五年^①月二十日。

董事：李貴、楊玉堂、蔣學誠、趙從發，暨溝頭：彭國亮、錢自文重修。

【概述】碑存保山施甸縣文管所。碑高 110 厘米，寬 60 厘米。原碑為乾隆二十七年（1762）立，民國五年（1916）重修。碑文記述了保山縣官府為老黑龍溝的修理和老黑龍水的利用制定章程的經過。先由生員楊瑞林等呈文府縣，府縣發文核准，訂立章程四條。

【參考文獻】中國人民政治協商會議施甸縣委員會，施甸縣文史資料委員會．施甸縣文史資料（第四輯）：施甸碑銘錄．內部資料，2008.7：65–69.

重立永道^②

特授賓川州正堂加三級紀錄四次記功一次廖，為照例立坪，勒石以杜後患事。照得水利民命攸關，錢糧（一行）

國本所係。茲查賓川州^③所屬東半壁，田多水少，灌溉難週。時值栽種，每因放水不勻輒起爭端，紛紛且^④控，以強凌弱徃徃有之。今據（二行）左羅里一三九甲生員李汝蕃、監生楊瑤、村民張召監^⑤等，於乾隆二十五年^⑥五月內，控周能村武劣王廷詔、李秉正等聚（三行）眾阻水，打傷張承寵等六人。控經前州陸，詞稱：周能村納粮叁石有零，古例分水捌寸。力角八村納粮壹百捌拾餘石（四行），原定分水陸尺。尚有三^⑦、波浪庄分水捌寸。因周能

---

① 民國五年：1916 年。
② 《賓川縣水利志》錄為"道"，據原碑應為"遵"。
③ 《賓川縣水利志》多錄"州"字。
④ 《賓川縣水利志》錄為"且"，據原碑應為"具"。
⑤ 《賓川縣水利志》錄為"召監"，據原碑應為"昭鑑"。
⑥ 乾隆二十五年：1760 年。
⑦ 《賓川縣水利志》錄為"三"，據原碑應為"散"。

村附近水源霸阻甚易，力角等八村隔水路遠守放甚難等情，業經審（五行）訊，照例立坪在案。忽於乾隆二十六年三月內，有周能村之武劣王廷詔等竟敢搞①斷毀坪，捍②詞復控。嚴署州未經結（六行）案，乃王廷詔恃符橫行，公然霸阻，以致生員李汝蕃等投控（七行）。

府憲馬批③署州速查報，因署州赴省公示④，是以王廷詔霸阻愈甚。夏末秋初，忍令八村秧苗無水灌溉，遂盡晒死。復控（八行）巡憲費批，仰大理府催結速報。旋蒙署州嚴公回，查勘訊斷，周能村舊例只放水捌寸，今酌加添肆寸，共放水壹尺貳寸。力（九行）角等八村仍舊分水陸尺，期三⑤、波浪庄分水捌寸。議詳申覆，蒙府憲馬批，內開李汝蕃等控爭水例，既行查勘明晰，自（十行）應訊取兩造切實確供輸服，遵結方可定案。今查詳內供情游移，議以東山箐口建設水坪，另立鋸⑥口添給周能、何蓮二（十一行）村肆寸，共分水壹尺貳寸。力角等八村果否朮服並未聲明，碍難轉譯⑦即再譏⑧，確供取具各輸服遵結一併詳報，以憑核（十二行）轉毋延等語。署州解任，本州鋪⑨莅斯土，細查原案、古冊、印批、水碑，隨即差提兩造訊明確切，各供果願仍照前斷。周（十三行）能村舊例分水捌寸，今添肆寸，共分水壹尺貳寸。力角等八村仍分水陸尺，其散、波浪庄仍分水捌寸，業已當堂覆斷明（十四行）晰。隨據兩造投具輸服遵結，詳覆上憲在案。准於東山箐口建立石坪，王廷詔等倘在⑩不遵，損壞石坪，許力角八村等（十五行）居民稟報，以憑按律懲治。自後⑪（十六行）

東山箐口所建石坪，長壹丈壹尺，寬壹尺，厚壹尺貳寸（十七行）。

特授賓川州正堂加三級記⑫錄四次記功一次廖。

吏目：陳

貢生：歐陽蒼文

監生：楊瑤、抑⑬京藩、范杞⑭（十八行）。

生員：李汝蕃、杨愷、戚芳、杨德培（十九行上）、张蕴采、谢超宗、王廷诏、李秉正、王勳（二十行上）。

耆約：柳聯□、周子□（十九、二十行下）。

村民：范楷、鄺世聰、謝得祿、鍾安業、王正統（二十一行）。張昭鑑、文暹、陳士

---

① 《賓川縣水利志》錄為"搞"，據原碑應為"抗"。
② 《賓川縣水利志》錄為"捍"，據原碑應為"捏"。
③ 《賓川縣水利志》漏錄"飭"字。
④ 《賓川縣水利志》錄為"示"，據原碑應為"出"。
⑤ 《賓川縣水利志》錄為"期三"，據原碑應為"其散"。
⑥ 《賓川縣水利志》錄為"鋸"，據原碑應為"鉅"。
⑦ 《賓川縣水利志》錄為"譯"，據原碑應為"詳"。
⑧ 《賓川縣水利志》錄為"譏"，據原碑應為"訊"。
⑨ 《賓川縣水利志》錄為"鋪"，據原碑應為"甫"。
⑩ 《賓川縣水利志》錄為"在"，據原碑應為"再"。
⑪ 《賓川縣水利志》漏錄"爾等務各遵照斷定水分灌溉田畝。爰勒諸石，以垂不朽云（十六行）"23字。
⑫ 《賓川縣水利志》錄為"記"，據原碑應為"紀"。
⑬ 《賓川縣水利志》錄為"抑"，據原碑應為"柳"。
⑭ 《賓川縣水利志》漏錄"柳宗□"（3字）。

敏、田生藻、李德元（二十二行）。文受祿、張世傑、許克昌、阮士英、楊森（二十三行）。應學詩、卜住超、周世南、章鳴鳳、何銳中（二十四行）。

仝立石^①（二十一至二十四行）

大清乾隆二十七年十一月十六日（二十五行）

【概述】碑存賓川縣力角鎮圓覺寺，青石質，保存完好。額呈圭形，其上楷體陽刻"重立永遵"4字，各置於一方版中。碑文直行楷書，文25行，行14-49字，全文計800余字。乾隆二十七年（1762）立。碑文記述了賓川州所屬東半壁田多水少灌溉難周，乾隆年間因放水不均起爭端并引發鬥毆，后經官府勘明訊斷并准予照例立坪勒石的詳細經過。

【參考文獻】賓川縣水利電力局．賓川縣水利志．內部資料，1992.10：345-346.

據《賓川縣水利志》錄文，參原碑校勘，行數、標點為新增。

西龍潭開閘口水利碑

游方震

署鶴慶軍民府正堂永北清軍水利府加一級紀錄四次孫，為祈復古制事。案於乾隆二十九年^②八月一日，奉

特授雲南分巡迤西兼管水利道加七級記錄二十八次李欣開准

布政司咨^③乾隆二十九年七月十三日奉

太子少保總督部堂吳批，本司會同糧儲道呈詳，查得鶴慶府士民李瑜等與生員王政等控爭西龍潭水利一案。緣西龍潭水源原閘各開水口三道，引灌各村田畝，其閘口北寬南窄，北接急流，難引迴^④瀾，因南北田土多寡不一，水旱原有不齊，故分流亦有緩急，盈縮相安。至乾隆二十六年，因北閘居民私行盜開水孔，經南閘居民查之，控經調任鶴慶府尹守查勘，以兩閘田水均有不敷，另行尋獲泉，挖合入西龍潭內，令兩閘各添開閘口一道，新舊共各開閘口四道，雖北閘田水較多，但添開閘口已屬裕如，詎貪心不足複暗行添挖。而生員李瑜同民人楊子芳，又複首倡借南三北七無稽之訛傳，輒赴督憲行轅混控。奉批，前任費升道轉委署雲龍州孫和相會同前任鶴慶府漆君銑查勘訊斷。由前迤西道順甯府劉守轉詳^⑤，複

---

① 《賓川縣水利志》19-25行，錄文錯漏較多，今據原碑補錄、校勘如上。

② 乾隆二十九年：1764年。

③ 咨：諮文的簡稱，舊時公文的一種，多用於同級官署或同級官階之間。

④ 迴：疑誤，應為"迴"。

⑤ 轉詳：謂將案情呈報上級官府。

蒙署撫憲批令新任迆西道親履勘明情形議詳①核奪等因，令准該道親履該地勘明情形，與該府州前勘無異，請照前詳辦理。奉憲批，司會同糧儲道核議詳報。奉此，本司道復查，設閘放水，灌濟農田，原應彼此均平，萬免偏枯。今鶴慶府屬西龍潭南閘口既經署鶴慶府朱守親履勘明，與前護道及該府州等勘斷無異，應如斷議，悉照三守舊定章程，將南北四閘口照舊寬尺寸加釘棒木，□平量定，一律水深分寸，嚴飭石匠人等不得高下其手②，致滋紛爭。致該道所標水面打量至底有深淺不同之處，恐有偏祜③，已面諭眾督率改砌劃一，務使一律平順，其有滲漏處所，用灰石抿砌堅密，□任再為偷挖等語，亦應如該道所議，飭令作速督率辦理完□□。再，生員李瑜、民人楊子芳，以前守已公平斷結之案，複貪心不足，私挖水口，圖多放閘水，混借南三北七無稽之談，越控都憲行轅，殊屬不合。應請仍照前擬照，□應重律拆責三十板，分別發學責懲，以儆其盜挖水口。及明和連名人等，姑念事屬以往，□□道府已取具名，遵依葺結存卷，毋庸置議。並令勒石潭旁，以垂永久，以杜爭端，仍取碑摹通報備案緣，奉批。議事理是否如斯，稱應□憲台核奪批示，以便移飭遵照等由，奉批仰候撫部院批示，傷④遵交奉。此文於本年七月十四日奉太子少保巡撫部院劉批同前由，奉此。如詳移飭尊照，並令勒石潭旁，以垂永久，取具碑摹，通送備查，仍候督部堂批示交等因，奉此。除遵照辦理發落印刷碑摹通報外，合行勒石潭旁，以垂永久，仰南北閘衿民全體遵照。

　　計開：前任鶴慶府漆會同雲龍州孫詳報閘口形勢尺寸，勘得潭形，上接山麓，坐南向北，設南北二閘，各有新舊四閘口。

　　新開第一閘口寬二尺，第二閘口寬二尺九寸八分，第三閘口寬二尺九寸四分，第四閘口寬二尺二寸八分。北閘自西而東，第一閘口寬四尺一寸一分，第二閘口寬四尺一寸六分，新添第四閘口寬三尺零一分，第四閘口寬一尺三寸五分。查北閘較南閘量共□□四寸三分。

石勒在潭傍仰南北間衿民遵　立

乾隆二十九年十二月

【概述】碑嵌於鶴慶縣西龍廟正殿南牆壁上。碑為青石質，高130厘米，寬68厘米，保存完好。乾隆二十九年（1764）立。碑文詳細記載了鶴慶府士民李瑜等與生員王政等控爭西龍潭水利一案。

【參考文獻】張了，張錫祿．鶴慶碑刻輯錄．內部資料，2001.10：203－205.

---

① 議詳：謂提出意見上報。
② 高下其手：比喻玩弄手法，串通作弊。
③ 祜：疑誤，應為"枯"。
④ 傷：疑誤，應為"飭"。

改祀龍硐神祠碑記 [1]

佟國英

　　郡制跨崗脊而城，舊不宜井。西門有池焉，然甕汲泥沙，濾不滿缶。太守傅公董吏民，甃干以石，此飲和既一事矣。余涖鎮之明年夏五月，不雨，池且涸，需汲西郊之利濟河河水，方日落，灌不及畝。北而上溯河源約二十里，龍硐在焉。西門之池亦導自龍硐，遞流轉注，其細已甚，無怪汲飲之難也。會從同官往禱龍神祠。祠距硐半里，蝸牆蛸戶，苔[2]侵草竊。徘徊憑弔者久之，巡祠而南下，坡繞澗折，而度板橋，則淵乎虛谷，珠泉碧沼，環披襟帶，洵別一洞天也。乃訂太守傅公遷神祠，屬恩安[3]鄔令及署任，雅中軍董其事，且告之曰："夫神，民之依也。山川，神之宅也。舍土作社，社宅乎土，因硐事神，神宅乎硐。事從其溯，禮也。"隨撤舊祠而塈之吉，斸飾神像，告宅焉。度隙地，建齋宮兩楹礎，謹時事也。葺祠祝住房一間，謹日事也。伐石而橋，斲[4]水而檻，謹無廢事也。志謹祀事，而神降之福。況山川出雲降雨，俾能年穀順成，豈僅飲水知源，而灌溉蒙澤也。余樂與諸君子交致謹焉，遂記諸石。

　　【概述】該碑應立於乾隆三十年（1765），佟國英題，永善知縣游方震撰文立碑。碑文記述乾隆年間，大旱缺水，昭通鎮佟國英會同從官尋找水源，發現源頭大龍洞，廢城內廟宇，新建龍神祠於大龍洞出水處之事。

　　【參考文獻】昭通舊志彙編編輯委員會.昭通舊志彙編.昆明：雲南人民出版社，2006.5：240；符廷銓，楊履乾纂修.昭通志稿.民國十三年刻本：27-28.

　　據《昭通舊志彙編》錄文，參《昭通志稿》校勘。

---

① 據《昭通地區志》記載：（乾隆）三十年（1765），大旱缺水，傅塞與總兵佟國英率人尋水源，發現源頭大龍洞，廢城內廟宇，新建龍神祠於大龍洞出水處。佟國英題"改祀龍洞神廟碑記"，永善知縣游方震撰文立碑。（昭通地區地方志編纂委員會編纂：《昭通地區志（下卷）》，127頁，昆明，雲南人民出版社，1999）

② 《昭通舊志彙編》錄為"苔"，據《昭通志稿》應為"笞"。

③ 恩安：即恩安縣，清雍正八年（1730）置，治今雲南昭通市，為昭通府治。1913年更名昭通。向為滇川交通要衝。（中國歷史大辭典·歷史地理卷編纂委員會編：《中國歷史大辭典·歷史地理卷》，740頁，上海，上海辭書出版社，1996）

④ 《昭通舊志彙編》錄為"斷"，據《昭通志稿》應為"斲"。

城東築堤防水碑記 [1]

殷王臣 [2]

　　聞之歲一熟曰稔，再熟曰平，三熟曰太平。我國家重農貴粟，長治久安，四海享太平之福者，至深且厚矣。其或偶遭水旱，則蠲賑特頒，且又歲下明詔，凡利益三農，道資九穀者，墾畛 [3] 開畬，穿渠築堰，勸民爲之，期有以盡地力而厚民生也。余作宰滇南，屢任所經，類皆山多田少，阡陌奇零，刀耕火種之倫，甚可憫焉。維茲宜邑，署居兩山之間，東西相距，未盈十里；自北之南，袤長百里。登高遠眺，平疇萬頃，素稱沃壤，庶幾哉。溝塍刻鏤，原隰 [4] 龍鱗，決渠降雨，荷鍤成雲，有似班孟堅之所賦耶。乃有赤水長流，貫串其中，雖非長江大河之險，然而夏秋雨集，潢汙瀑漲，往往淳淤泛溢，浸傷禾稼，宜人患焉。頃據邑東患水者，籌所以障之，用是比畛，村墟僉謀皆同。緣舊路以爲堤，而培之使厚，增之使高，用以障彼橫波，衛茲頃畝。起自六十舖之龍王廟，經五百戶營以前而上，圍夫城東、城北。止於段官村甸外，約長有四里許，而保障者幾萬畝。再則倚橋建閘，時其蓄洩，更爲善後計，構舍三楹於橋之畔，募人居守之，俾司閘之啟閉，兼防堤之坍塌，以時修補，洵古田畯 [5] 鰲成事也。昔曹華信治余杭，築塘防海，募至土石，一斛與錢一千。初至者予之，繼而來者如雲，乃示不須土，眾皆棄土而去。塘成，因名曰錢塘。是堤之成也，斂彼茨梁 [6] 京坻之遺粟，乘乃耕耘收穫之閒暇，用而主伯亞旅之餘力。經始於壬午 [7] 仲冬，落成於丙戌 [8] 初夏。功不勞而事畢舉，眾志合而利賴均，行將與錢塘並不朽矣。夫築堤者，蜡祭 [9] 之防也；建閘者，蜡

---

① 《宜良碑刻》錄為"堤"，據《宜良縣志》原為"隄"，全文共 6 處。隄：同"堤"。

② 殷王臣：字又衡，號傅巖，陝西西安府咸陽縣（今陝西咸陽）人，辛酉（乾隆六年，1741）拔貢。據王誦芬《宜良縣志》載，乾隆三十年（1765）十一月十八日署任宜良縣令，三十一年（1766）九月十六日卸事，調路南州知州。

③ 《宜良碑刻》錄為"畛"，據《宜良縣志》應為"畬"。畬：燒去草木之後下種；開溝引水灌溉。

④ 原隰：廣平與低濕之地；泛指原野。

⑤ 田畯：官名。古代管農事、田法的官。《詩·豳風·七月》："同我婦子，饁彼南畝，田畯至喜。"《毛傳》："田畯，田大夫也。"

⑥ 《宜良碑刻》錄為"梁"，據《宜良縣志》原為"粱"。

⑦ 壬午：即乾隆二十七年（1762）。

⑧ 丙戌：即乾隆三十一年（1766）。

⑨ 蜡祭：祭名。年終合祭百神。語出《禮記·郊特牲》："蜡之祭也，主先嗇而祭司嗇也，祭百種，以報嗇也。"

祭之水庸也；構舍者，蜡之郵表畷①也。《禮》曰：土反其宅，水歸其壑，昆蟲不作，草木歸其澤，所以爲祝也。於斯堤亦復云然。因樂序其巔末，壽之碑陰，用以副襄事者之請。若乃成功不墜，裨補缺遺，永保完固，是在爲其後者。

【概述】碑已無存，據民國版《宜良縣志·秩官志》記載考證，該碑當立於乾隆三十一年（1766）。碑文記述了乾隆年間宜良水患成災，縣府召集民眾采取加厚、增高舊堤，建閘、築舍，募人居守、管護堤壩等方式，歷經四年工竣堤成。

【參考文獻】周恩福.宜良碑刻.昆明：雲南民族出版社，2006.12：16-17；（清）袁嘉穀修，許實纂.宜良縣志（民國十年刊本·影印）.臺北：成文出版社，1967.5：236.

據《宜良碑刻》錄文，參《宜良縣志》校勘。

大龍泉碑記

李　鵠②

皇帝御極之二十有九年，歲在甲申③，余奉簡命出宰易門。甫蒞茲土，第見繡壤④相錯，一碧萬頃。或比屋而居，或聚族而處，皆傍山依水，儼若畫圖，泱泱乎大國之風也。昔聖云："明倫必先教稼，厚生乃可正德，易邑室盈婦甯，煙火萬家。為斯民幸，旋自為幸焉。公餘，晤別駕董公良材、明府周公綏，皆邑名進士也，及孝廉于公有光、侯公煦照昆仲、王公劬、王公皙、明經劉公嘉瑞諸人，始悉西山之麓，距城數里，古有大龍泉在。奈榛莽叢生，亭榭摧殘，雖有老僧，竟謀食遠出。嗚呼！得水思泉，謂之何哉？余商之紳士，欲成盛舉，董公、于公、劉公慨然董其事。集腋於父老，分潤於諸山。庀材鳩工，建大殿三楹，群樓一帶，移泉香亭於左，創觀瀾亭於右，至乙酉年⑤而功竣矣。固風俗之淳，亦龍神之靈乎。

噫嘻！夫龍也，或飛於天，或見於田，噓氣成雲，茫洋窮於元間。薄日月、伏光景，

---

① 表畷：古代井田間的交界處。因樹有標木，故稱。郵表畷：語出《禮記·郊特牲》："饗農，及郵表畷、禽獸，仁之至，義之盡也。"鄭玄注："郵表畷，謂田畯所以督約百姓於井間之處也。"陳澔集說："標表田畔相連畷處，造為郵舍，田畯居之以督耕者，故謂之郵表畷。"

② 李鵠：字鴻飛，號盧樵，山東諸城縣（今改市）人。乾隆十八年（1753）舉人，三甲第一百三十五名進士，曾任宣威知州，沾益、蒙自、易門知縣，師宗、晉甯、馬龍知州等職。乾隆二十九年（1764）任易門縣知事，在任三年，公平正直，慈惠廉明，以勸農課士為急務，凡有利於民者，知無不為。（劉廷鑾、孫家蘭編著：《山東明清進士通覽·清代卷》，225頁，濟南，山東文藝出版社，2014）

③ 甲申：指乾隆二十九年，歲次甲申，即1764年。

④ 繡壤：指田間的土埂和水溝。因其交錯如文繡，故稱。

⑤ 乙酉年：指乾隆三十年，歲次乙酉，即1765年。

威震電神，變化以霖雨蒼生，亦何不可，而必潛於泉。夫泉也，致之灃鎬邠社①，通都大邑，貴遊之士，擊轂摩肩、觥籌交錯，坐起而喧嘩。今僻處天末，寂寞荒涼，農夫漁父，或過而陋之，而竟列于易。雖然方隅蕞爾，國計生民，所關綦重，龍泉為衣食之本、利賴之原，歷互古而不朽，其功正非淺鮮。且乙酉、丙戌②，滇南憂旱，吾邑得泉，獨獲豐年。更迭沛甘霖，千斯倉而萬斯箱。國史頻書，大有崇德而報功，誰曰不宜援筆？而為之記。

【概述】碑已不存，據碑文該碑應立於乾隆三十一年（1766）。碑文記述乾隆年間，易門知縣李鵠與進士董良材、周綏等修葺擴建大龍泉的經過。

【參考文獻】嚴廷鈺纂修；梁耀武，李亞平點校．續修易門縣志．昆明：雲南人民出版社，1997.12：320-321.

黑羊村築堤③聚水記

王誦芬④

　　滇南山多田少，而水更少。周禮所謂山國者，非耶？每當夏秋之交，山水陡漲，朝泛而夕涸，無陂塘渟瀦之用，欲望其水澤均調，多黍多稌，其可得耶。丙戌⑤九秋，來蒞茲土。考其地，唐曰昆州，元曰宜良。沃野百里，地利五穀。邑之水利，惟文公堤⑥為大。自江頭村紆折而東繞，溉田五十餘里。而邑南之黑羊村，獨不被其澤。蓋其田三面皆山，東則官河堤埂。地勢低窪，旱乏水，潦被淹，村民生計維艱。職是之故，士民徐天賦等，請於秋杪冬初，收聚官河下流無用之水，於山麓築高埂路，圍截其中。春初沿山皆可插青，夏初開涵洞灌路下田。聚水處涸出，亦可隨時播種。漲盛則閉洞，水亦不能溢埂為患。余親詣其地，相度形勢，果有利無害如所言。適好事者梗之。嚴約毋得阻撓，趣令鳩工。鄉民咸踴躍爭先。裹糧荷鍤而來者以百數。越三旬而堤始成。柳子厚云：昔之為國者，惟水事為大。自有此埂，當日文公開渠導水之功，至今日而並及於黑羊村之民，其利不亦溥哉。後人當思創築之難，因時整葺，勿使墮壞。士民等請壽諸石，固余所願也。是為記。

---

① 邠社：疑誤，應為"鄠杜"。鄠杜：鄠縣與杜陵。鄠：漢縣名，故治在今陝西省戶縣北；杜陵：漢宣帝陵墓。靠近長安，為勝地。

② 丙戌：指乾隆三十一年，歲次丙戌，即 1766 年。

③《宜良碑刻》錄為"堤"，據民國版《宜良縣志》原為"隄"，全文共 4 處。

④ 王誦芬：號蘭舟，江南蘇州吳縣（今江蘇蘇州）人，乾隆二十四年（1759）己卯科舉人，乾隆三十一年（1766）九月十七日任宜邑知縣，三十二年（1767）九月十六日卸事調任。

⑤ 丙戌：即乾隆三十一年（1766）。

⑥ 文公堤：據《宜良縣志》載："明初開渠引導，日久湮塞，嘉靖間臨源僉事道文衡檄知縣伍多慶指揮江璽築堤障水南流，鑿涵洞七十二，上自江頭村，下至樂道村，繞灌四十餘里，灌田數萬畝，人民德之，名曰文公堤，又名文公河。"

【概述】乾隆三十一年（1766）立石，惜現已無存。碑文記述乾隆年間，時任宜良縣令王誦芬體察民情，應黑羊村民眾之請，築高埂以截宮河下流之水，為民興利的事迹。

【參考文獻】周恩福．宜良碑刻．昆明：雲南民族出版社，2006.12：18-19；（清）袁嘉穀修，許實纂．宜良縣志（民國十年刊本·影印）．臺北：成文出版社，1967.5：236-237.

據《宜良碑刻》錄文，參《宜良縣志》校勘。

東嶽宮水例記 ①

　　封山之典，肇[始]虞帝 ②，而五嶽之靈，亘古為昭，千載不罔不竭，誠致敬以祀之。嶽鎮於縣東，又為四嶽（一行）之宗乎？洱城[東]門之外，有東嶽[宮]□□，肇建自前明，歷時已久。夫同□國庇民之偉觀，而為雲邑所憑依（二行）者也。昔□□□□龍江楊公者，□其□而修理之，煥然一新，極為美備。內置常住田若干畝，梁王山（三行）總水壹處，以稽僧□之以為香煙修葺之費，誠盛事矣。奈[代]遠年湮，人心不古。竟有匿田畝者，水（四行）例罔之，湮沒仁水，君子每咨□□息之不已。今合縣官紳、士庶、軍民人等，鼓舞奮興，溯流窮源，詳（五行）□□究，由是而□契出，□田畝復舊。每[年]三月廿八[誕]祝之期，水例□照昔日。允於廿六日總放水，壹（六行）晝夜[為]滿，[代]管□滿隨□以作，□年□□[之]□□爾，各村人等□□□，不敢阻撓，不敢混放，憲至良（七行）也。竊恐日久，弊□時殊，□□□官紳、士庶、軍民共相謀畫，將廟內田畝、租數、水例勒於碑石，[以]垂久遠（八行），而福□□□之偉觀可永傳而不替。茲舉也，是亦仁（九行）。

　　東嶽仁□之[聖]□□相為鑿書□是為記（十行）。

　　署雲南縣正堂加二級[紀]錄六次楊閌（十一行）。

　　雲南縣（下缺數位）（十二行）。

　　□□□□□□均加一級□□邱迎（十三行）。

　　□□□□□□□□□加□□楊士（十四行）。

　　雲南（下缺數位）（十五行）。

　　大清乾隆三十五年 ③ 歲次庚寅中秋月上浣吉旦，邑庠士趙太平敬書，辦事劉泌興男泰立石（十六行）。

---

① 東嶽宮：亦稱"東嶽廟"，位於祥城鎮鼓樓東街322號。始建於明萬曆元年（1573），歷經清乾隆三十五年（1770）、道光二十八年（1848）、咸豐七年（1857）、民國十四年（1925）等多次大規模修葺，20世紀80年代城東部分群眾集資保護維修。整個建築坐北向南，由大門、東嶽殿、東西廂房、灶君殿、三霄聖母殿、觀音殿組成，現由祥雲縣東嶽宮文物管理小組、祥城東嶽宮道教管理組共同管理。

② 虞帝：即虞舜，上古五帝之一。代堯而立。相傳南巡至蒼梧時死，葬九疑山。（張忠綱主編：《全唐詩大辭典》，913頁，北京，語文出版社，2000）

③ 乾隆三十五年：1770年。

【概述】該碑未見文獻記載，資料為調研所獲。碑存祥雲縣祥城鎮東嶽宮內。碑為青石質，高 181 厘米，寬 72 厘米，厚 17 厘米。有底座應為新修，底座高 44 厘米，橫長 121.5 厘米，寬 51 厘米。清乾隆三十五年（1770），趙太平書丹，劉泌興立石。碑石保存完好，但碑面磨蝕，字迹模糊。碑額楷體陰刻"東嶽宮水例記"6 字。碑文陰刻楷書，文 16 行，滿行 37 字，計 430 餘字。碑文記述因歷年久遠，東嶽宮內常住田畝、租數、水例等為人所壞，今合縣官紳軍民共同溯源窮流，議定廟內田畝、租數、水例等并勒石立碑之事。

新開大石橋堰塘碑記

詹時敏

新開大石橋堰塘碑記（一行）

予蒞河邑[1]年餘矣。山水清遠，畎澮如繡。故而樂之。城東北七十里，有草甸鄉[2]，土地平衍，縱橫二十餘里。舊有龍泉灌溉，而（二行）田多水少，分潤難周。其龍池、地馬二村，待澤尤急。每當俶載之期，群切滻凄之望。倘若雨不及時，遂至貨棄於地。村民苦（三行）之。村旁有大石橋，地勢卑凹，可以築埂，瀦蓄水澤。予籌畫再四，特恐閭閻[3]之智有未逮，貧富之力有不齊，因循苟且，亦付（四行）之無可如何耳。適村人士馬國勳、唐朝鳳等，呈請於予。予欣然曰：興水利以利民，此有司事也。昔劉口善治，水利為政，皆（五行）興水利有功。予雖未逮，竊嘗有志焉。爰命鳩工興作，不一二月而告成。其積水堰塘，長二里許，寬一里許，深五七尺不等（六行）。秋冬瀦蓄，春夏引放，灌田可得千有餘畝。龍池、地馬二村之田，向之一望赤土者，今旦滿眼綠畦矣。予方愧利濟之無術（七行），毋之流風，豈予小子所能。儀式型於萬一，是所望於後之蒞茲土者。因以鑴諸石（八行）。

文林郎[4]**知河陽縣事韓江詹時敏撰**（九行，正中行）。

（略篆印三方）

邑人馬國勳定之氏書（十行）。

（略篆印二方）

計開：

管事人員：李明、李興、李忻龍、李化林、李賽龍、李實。

（共略八行，行十一姓名）

---

① 河邑：即河陽縣（今澄江）。

② 草甸：舊屬河陽縣，距其縣城東北 70 里。

③ 閭閻：泛指民間；借指平民。

④ 文林郎：文散官名。隋置，取北齊徵文學之士充文林館之義。歷代因之。見《通典•職官十六》《續通典•職官十六》。

大清乾隆三十六年 [①] 歲次辛卯季夏月吉旦
龍池、地馬二村士庶人仝立

【概述】碑存宜良縣草甸鎮龍池村關聖宮正殿外西牆。碑為砂石質，高154厘米，寬78厘米。乾隆三十六年（1771），龍池、地馬二村民眾同立。碑文記述乾隆年間，河陽縣令在大石橋倡修積水堰塘以資灌溉，造福龍池、地馬民眾的功績。

【參考文獻】周恩福．宜良碑刻．昆明：雲南民族出版社，2006.12：20-21.

重修本境土主廟碑記

重修本境土主廟碑記（一行）

嘗讀《陋室銘》云：山不在高，有仙則名；水不在深，有龍則靈。此古人之云矣。今我營中重修土主廟（二行），上塑帝君、聖母、後稷諸聖像，以求境內清吉平安，祈福迎祥之望。其廟並無常住，因此先輩□□（三行）泑開圍四個，名曰上圍貳箇，下圍貳个，囤積餘水以救秧苗。而開圍之日議收水租，永供香火（四行）之資。又立圍上規矩，其圍內恐有庄家，不能釤 [②] 㪬，合營公議，放水之期，不俱老嫩，亦要釤㪬，□（五行）圍聚水，不得阻澆。如有阻澆，任憑管事送官懲處無辭。況蒙縣主（六行）

署雲南府宜良縣正堂加三級紀錄五次任 [③] 賞給遵照：其圍上規矩章程，已經親臨踏看，□□（七行）遵守在案。又議每年圍上新立輪鎏管事四人鑒查，議訂以五月初一日為例，方可徹圍放水（八行）。闔營公議條規，並非隨人私論。為此勒石，永為遵守。以是為序（九行）。

今將下二圍錢粮、廟內園地、空廠、塘子東廂開列于後（十行）：

宮九甲二戶胡可昌嵡兌貳斗八升六合四勺，宮九甲二戶胡守欽稅三斗五升乙合五勺。

一、廟內杜買得胡芳、胡德文園地一塊，東廂乙箇，價銀十二兩，載契；一、廟內塘子乙个，空廠乙塊，坐落廟門首；東廂四個，坐落官路下（十二行）。

一、將原日築圍人等捐收田上功德數目開列于後（十三行）：

胡榕銀一兩三錢，胡棠銀二兩，胡德琛銀四兩，胡天恩銀五兩久錢，胡德本銀四兩九錢，胡德能銀二兩三錢，胡德誥二兩七錢，胡天愛銀三兩七錢，胡天敘銀四兩二錢，胡天培銀三兩七錢（一列十人）。

胡瑄銀五兩二錢，李朝選銀三兩九錢，胡德和銀一兩，吳殿元銀四兩八錢，胡皋銀乙

---

① 乾隆三十六年：1771 年。

② 釤：古同"爪"，抓，搔。

③ 任：即任錫綬，字方來，山西汾州府汾陽縣人。癸酉（乾隆十八年，1753）舉人。乾隆三十三年（1768）三月十七日到宜良任知縣。三十六年（1771）五月二十一日卸事，調任大姚縣知縣。（許實編：《宜良縣志點注》，219 頁，昆明，雲南民族出版社，2008）

兩，胡天順銀三兩，胡天申銀二兩八錢，胡天福銀九錢，胡昆銀一兩六錢，胡德超銀八錢（二列十人）。

胡德實銀一兩，胡天元銀一錢，胡峋銀四錢，胡天儒銀八錢，胡佑銀三錢，胡德彩銀九錢，胡天乙銀六錢，胡德崇銀一兩一錢，胡儀銀三錢，胡天德銀一兩一錢（三列十人）。

胡德恭銀九錢，胡德章銀四錢，時順銀三錢，時沛銀七錢，胡厚銀一兩二錢，胡天開銀五錢，胡德寶銀一錢，胡德亮銀一錢，胡柳銀七錢，胡天路銀六錢（四列十人）。

胡德福銀一兩二錢，胡樹銀五錢，胡德貢銀四錢，胡喜銀錢，胡應銀一兩二錢，差上銀二兩四錢，墳上銀一兩七錢，胡德楊銀二錢。

胡天才銀一錢，胡應銀五錢，胡德永銀一錢，胡訓銀二錢，胡天一銀一錢，胡高銀一錢，胡天申銀一錢，胡祝銀二錢，時沛銀八錢，胡美銀一錢。

胡珣銀一錢，胡琅銀二錢，丁亮銀四錢，胡玠銀五錢，胡鴻銀一錢，胡鎮功德銀陸兩。

乾隆三十六年[①]歲次辛邳太簇月[②]　　　日

闔營老幼人等公議薰沐　仝立

【概述】碑存宜良縣南羊鎮胡家營土主廟大殿北牆。碑為青石質，通高170厘米，寬67厘米。額呈半圓形，額上陰裏陽篆刻"永垂不朽"4字，浮雕雙鳳朝陽并鹿、鶴、卷雲紋飾。碑文記述乾隆年間，胡家營重修土主廟，民眾公議收水租以供香火、新立輪流管事四人鑒查、議訂每年放水之期等，經宜良知縣認可并記錄在案後賞給勒石之事。

【參考文獻】周恩福.宜良碑刻·增補本（上）.昆明：雲南大學出版社，2016.12：32-34.

據《宜良碑刻·增補本》錄文，參拓片校勘。

新開河尾常往碑記

署臨安府河西縣[③]正堂候補分府覺羅福，為呈請勒石崇重香火以垂永久，以杜爭端事。案據白石甸士庶吳周泰、楊銓、公孫銘、吳位昌、公孫琰等呈稱，窯沖一河與白石甸房相連，迄今河高田低，水勢浩大，非沖壓田園即淹倒民房，皆由水道高塞之患。今閤村公議，自備資本從中新開岔河，至將來由岔河淤出田畝，永作關聖宮香火等情。經本攝縣親詣勘明，舊河地勢紆回阻塞甚高，開掘不易，而該士庶呈請新開岔河之處，入海水勢甚近，易於為力，且訊明俱系己田，並無干礙。准其開掘永為勒石，淤出田畝作香火，白石甸士庶人等各宜仰體遵行，勒石永垂，以誌不朽。

乾隆三十五年六月三日給。

---

① 乾隆三十六年：1771年。
② 太簇：古人將十二律與十二月相配，太蔟配正月，因以為農曆正月的別名。
③ 河西縣：清朝屬臨安府（今建水），現并入通海縣，屬玉溪市。

蒙恩稟請

司照於三十五年十一月二十九日領。

今將開河使費資本銀兩開列於後。計開：

使過銀一分，九十三兩，系加找出賣龍海寺常住田價銀，其田俱系先年典過。又中元會同書長賝銀二十二兩零二錢。又龍海寺買賝一個，銀十八兩，外借銀共二百二十兩。其河底田二路，一路系中元會備價銀三十一兩，贖龍海寺常住田一路，系香燭會田二路河上常住田三畝與魏姓抵換。

司照一張交吳憲昌收執，執照交公孫鉞收執。

今新開河尾，其舊河河底立即開掘以作香火，殊不負。

縣主福大老爺崇重香火至意，誠恐豪強乘隙瓜分，因是勒石永留。

乾隆三十六年[①] 三月二十八日

具稟開河協心辦事：公孫鉞、公孫金、楊銓、公孫琰、吳周泰、吳位昌、公孫銘、吳憲昌、楊朝選、吳甲選、公孫璿、吳際昌、楊國勳、公孫銳、吳敏、吳貴昌、吳辛泰、葦文端、公孫銷。

住持道人石玉和同閣營士庶立石

【概述】乾隆三十六年（1771），關聖宮主持道人石玉和及白石甸民眾同立。碑文記述乾隆年間白石甸民眾呈請新開岔河以除水患，淤出田畝永作關聖宮香火，經河西縣正堂親詣勘明后批准并勒石以示之事。

【參考文獻】《七街鄉志》編纂小組．七街鄉志．內部資料，1987.12：155-156.

布衣透龍潭左山溝水碑記

奉本縣正堂蘸大老爺親勘審斷布衣透龍潭左山溝水碑記

大清乾隆叁拾柒年六月十九日。

具告狀貢監生員趙誠經、楊俣、趙誠綸、尹師甫、張謙、杜繩祖等告，為東山田主陳忠俊率佃羅有貴、羅為龍等，飛空強謀水□事。

具告狀夷民羅松、李國林、高聯科、王宣、羅廷璧、羅興域等告，為東山主佃捏□□造白頭契紙，強謀水分，懇恩親勘以救民生事。

文昌宮、東林寺、鹿苑寺管事、生員杜□□□見龍杜位尹九官等呈，為懇恩保全香火事，蒙　縣主蘸批，候親臨查勘奪。六月二十五日，縣主蘸親臨踏勘，即於是日晚，堂提齊訊究，當堂審斷。二十四日，蒙署臨安府蒙自縣印務昆陽州正堂加五級紀錄六次蘸，為勘得布衣透龍潭之氽[②]，碑詞鑿鑿，界址甚明，與小東山絕無干涉。布衣透有頭道水溝一條，直達大路，

---

① 乾隆三十六年：1771 年。
② 氽：（1）本意是瀑布，多用作地名。（2）（方言）山清水秀之處即為"氽"，表示水從山上流下來。

布衣透一帶高田，資其灌溉。路以南即為東山之田，徃年兩水調勻，即取路中山水以濟灌溉。今歲兩水稀少，小東山之人依路為溝，以取是溝之水。控經前任未及訊結，本州下車伊始，仍復控告曉曉互相爭競。今本州於二十二日親臨踏勘，查得所控情形具屬真確，並詢之誠實老民，僉稱皆是。但查布衣透田已栽插，而東山尚多荒蕪。布衣透現在水有盈餘，俱入河內，殊為可惜。斷令東山簿出穀若干或銀若干，向布衣透之人年買斯水，其銀俱存公處，以作修溝之用，則水歸有用田不荒蕪，然亦必上滿下流方無爭鬧。仍令東山之人，俟布衣透水已用足始行改放，在布衣透則為盈餘之水，在東山寔獲無窮之利矣。此判，遵右仰通知。

乾隆叁拾柒年陸月二十四日示　發貼署曉諭讞[①]

乾隆叁拾柒年柒月十九日立

【概述】碑存蒙自市文瀾鎮多法勒布衣透村黑龍潭附近，立於乾隆三十七年（1772）。碑文記載乾隆年間布衣透和東山兩個村寨之間，發生水利糾紛，後經官方判明并斷令修溝用水規定之事。

【參考文獻】楊偉兵．明清以來雲貴高原的環境與社會．上海：東方出版中心，2010.6：174–175.

詳准布衣透溝水碑記

詳准布衣透溝水碑記

署臨安府蒙自縣蔣，為懇請勒石，以垂永久事。據紳士杜良俵、趙誠綸、尹師甫，夷民羅松、李國林等呈稱：緣小東山陳忠俊、貴等謀霸水分一案，奉憲批核案勘詳，業蒙勘明詳憲□發□勒石等情。據此，合將原詳憲批發給勒石，以便遵行。原詳勒後：

署臨安府蒙自縣蔣，為糧田乾殺等事案，奉前署本府孔批、仰蒙自縣核案吊約秉公勘斷，勿許兩造爭水釀事，並即詳觜繳[②]等因，奉此卷查康熙四十九年[③]，獨家村王三等爭水訐訟，具控到縣，經前□韓三異勘明界址，實係王三等越壩盜水，當即審斷，取具各遵依甘結，並開明布衣透田地四至，勒石在案。又於乾隆三十七年，小東山羅有貴等與布衣透羅松等爭水互控，經前署縣蘧濟勘審，明確水係布衣透之水，與小東山絕無干涉。但布衣舫水有盈餘，小東山□多荒蕪，斷令每歲栽插之時，布衣透有餘之水放歸小東山田內，以資灌溉。二比俱已久服，嗣又將溝水斷給小東山十分之二，布衣透引灌八分。卑職抵任，羅有貴等具訴前來，隨查案批餉等因在卷。詎羅有貴等貪心未泯，復越訴憲轅，奉批到縣。卑職帶濟兩造人等親詣該處，逐細確勘，勘得布衣透與小東山兩寨豐連，中隔大路，路以南即係小東山之田，而

① 讞：本義為審判定罪，此處意為"判明"。
② 觜繳：觜：同"嘴"。繳：糾纏。此處意指"糾紛"。
③ 康熙四十九年：1710 年。

布衣透周圍高低田地計千有餘。□寨內山腳底有泉水一道，自山腹流出，潺漾直下，滔滔不竭，所有布衣透田地咸受利澤。此即羅有貴等詞內所稱之落龍洞也。但水勢順流，故布衣透於流水之中橫開一道，其寨內高田資其灌溉。此即羅有貴等詞內所稱之古溝也。復吊閱合約，內開康熙二年①□月初六日立分水合約。查布衣透田地，原係前明沐氏勳庄，至康熙三十八年②奉文變價始為民田。豈有康熙二年小東山人民即□立約分水，且合約紙色染造墨跡猶新，假捏朦混更屬顯然。隨即逐一查訊錄供，復傳兩寨紳士杜良楷、陳忠俊並耆庶人等面□□詢，僉稱龍潭水實係布衣透界內之水，溝係布衣透修築之溝，與小東山無涉等。今卑職審得此案緣縣屬布衣透寨內有泉水一道，由山腹湧出，滾滾長流，自東而西，莫窮其源之所自。每當夏秋雨水之際，勢更洶湧，即冬春之時，亦滔滔不斷，百餘年來從無枯竭之患。該寨四圍田地均資灌溉，而水性就下，高田不能遍及，該民復修築溝渠引溉潰阜之區。時值栽種，水有盈餘即鄰寨亦資其余潤，歷久相安原無異議。迨至乾隆三十七年，雨澤愆期，布衣透泉水亦細流難濟。該寨民遂自相護持，不令小東山開放，以致兩寨爭競彼此許告。

　　經前署縣蕰濟勘審，斷令小東山民或銀或穀公同捐備，向布衣透之人年買斯水。其銀即為修溝之用，復酌斷水二分與東山開放，乃布衣透民以向無此例，恐日久生變，抗不遵依。卑職抵任，羅有貴等橫行具訴，當即批飭。今又赴憲轅姿瀆，奉批核案勘詳。卑職隨往確勘，其界址四至分明，碑記鑿確。吊驗合約，係屬捏造，及訪詢紳士耆庶，僉稱無異。廷訊之下俱供不諱，其為小東山之垂涎水利謀佔溝洫已毫無疑議。但莫非王土糧賦攸關，水旱無常天心難必，以鄰國為壑同屬不可，而見鄰田為赤土亦非情理。若計分分水，不惟百餘年來舊規頓然改易，不足攝服布衣透眾民之心，竊恐附近村寨各生覬覦，互相爭競，則釁端肆起，勢無底止。倘令小東山之民薄出銀谷給布衣透之人年買斯水，誠如該寨民所慮，小東山得以借詞，難保日後不生他變，亦非常久之計。卑職再三籌畫，並會同紳士公同酌議，嗣後布衣透泉水，亦必拘定天時之旱潦、雨水之多少，每遇栽種時，如布衣透用足後稍有盈餘，即與小東山開放，布衣透不得阻撓。倘布衣透不足用，只許伊本寨輪流引溉③，小東山不得混爭。如此，既可免兩寨人民之訐訟，而彼此田畝均獲無窮之利濟矣。二比俱各悅□，出具遵依甘結前來，是否久協相應具文申詳，請祈憲臺俯賜查核批示祇遵。如蒙允准，即飭今刊勒碑石，永遠遵守，以杜爭競。為此碑由冊文④具申伏祈照詳施行□。

　　右申：

特授臨安府正堂加三級紀錄三次湯。

　　乾隆三十九年十一月十七日，署知縣蔣具申本月二十七日奉。

　　特授臨安府正堂加三級記錄三次湯批，如詳飭遵定案，仍勒石以杜日後爭端可也。此繳。

　　乾隆三十九年十二月十八日，布衣透夷民：羅良輔、羅淋、羅廷璧、羅文俊、羅清、羅興域、李國梓、王永盛、王阿顏、王阿沙、羅沛、羅廷璽、王宣、高聯科、高聯元、高兆麟、

① 康熙二年：1663 年。

② 康熙三十八年：1699 年。

③ 溉：古同"灌"。

④ 冊文：文體名。簡稱"冊"。

駱二、駱□遠、李國穗、羅□、王永興、□□廉、□開域、□恒合寨立石。

【概述】碑存蒙自市文瀾鎮多法勒布衣透村黑龍潭附近，立於乾隆三十九年（1774）。碑文記載乾隆年間布衣透和小東山兩村寨之間發生的水利糾紛，以及官府秉公勘明訊斷後，布衣透全寨民眾刻碑勒石的詳細情況。

【參考文獻】楊偉兵.明清以來雲貴高原的環境與社會.上海：東方出版中心，2010.6：175–177.

建立豐樂塘碑記

易曰：潤萬物者，莫若乎水。朱子云：議蝕賑不如興水利。以知水之為益大矣。□□□□部文屢頒，命□□（一行）積水通渠，誠唯澤說物也。上、下阿里塘，河口三村，良田萬項，所少者水澤。先輩曾設閘塘，崩沖無存。□（二行）有冕、炳、臣、燦、袞等諸士人憂水澤之艱，乃於瑤山①之麓建閘塘一座，請示於（三行）州主普大宗師，給示興修。自備炊爨②，墊辦資材，鳩工督眾，不辭風霜雨雪之苦，夙夜開築之勞，千辛萬（四行）苦，使深谷而為高岸，將高岸而為深谷，一心救濟，三過不入，人思雨露之恩，眾動報答之念，欲傳永久（五行），請序於予。予思此閘之興，上關國賦，下濟民生，洵③善□也。自秋徂冬，澗流續注，澄如也，泓如也。仲春之（六行）際，渟滀汪洋，瀉灌秧母，迨夫四月，不俟雷雨，而傾赴澮，分瀏水坪一瀉千畝。甫芒種雨青苗遍隴④底，夏（七行）至而綠翻穤秠⑤，年年歌大有，歲歲樂豐年，其利豈小補哉。信乎諸君之功甚巨，後之人□永念勤苦，慎（八行）重持修也。爰撮其略，箴諸石。云（九行）：

一、水坪左右均流，不得恃強□開，倘有阻攔者，罰銀叁拾兩，入公修閘（十行）。

一、下□田多壹佰捌拾工，議定規矩，任兩壩先放一年，後放一年，不得越規（十一行）。

一、洶水之日，連行灌放，不得阻攔，若阻攔者稟究（十二行）。

一、洶放之日，各擺定規，自上一年，自中一年，不得倒亂越規（十三行）。

一、未打閘之田，倘有鄰田隱情賣放者，或私自偷放者，一併公罰（十四行）。

一、人工每工田拾個，作錢一千文，□使費錢一百文。取贖之日，照數敷補，不得刁難，違者公罰（十五行）。

---

① 瑤山：今藥靈山，位於昆明市嵩明縣小街鎮，山川秀美，歷史悠久，古迹眾多，山上有洗甲池、壽國庵等古代遺迹。山上植被繁茂，藥材遍布，見諸蘭茂《滇南本草》的野生藥用植物就達140余種。

② 爨：（土、陶制的）爐灶。

③ 洵：假借為"恂"。誠然，確實。

④ 隴：通"壟"，田埂。

⑤ 穤秠：稻子。

一、三村老幼□□念此，□□成功，情願將每年祭閘之豬首壹元提敬會首，永為酬報之儀（十六行）。

吏部候補儒學□□歲進士□億撰文，受業門人段炳書丹，石匠陳嘉言（十七行）。

董事會首庠生段冕、尹右臣、俞燦曦、段炳、鄉俊段袞、□□張志賢、張志忠、尹□起、張玫、尹昭、張明德、尹□□（十八行）。

乾隆四十年[①]歲在乙未夾鐘月之上旬穀旦，河口，阿里塘上、下三村士庶同立（十九行）

【概述】碑存嵩明縣牛欄江鎮阿里塘原觀音寺內，碑為青石質，無碑首及碑座，高 120 厘米，寬 63 厘米，厚 20 厘米。碑文正書，陰刻，文 19 行，滿行 39 字，計 670 余字，部分字迹受損。撰文者不詳，段炳書丹，石匠陳嘉言鐫刻。清乾隆四十年（1775），阿里塘上、下村、河口三村士庶同立。碑文記載：乾隆年間，由於山洪衝毀舊閘塘，為解決農田灌溉問題，阿里塘上、下村和河口三村鄉紳商議，在瑤山之麓新建閘塘。經請示嵩明知州普連，"給示興修"。工竣塘成後，鄉紳士庶公議並制定了管理豐樂塘和用水的相關規定，并勒石立碑。

【參考文獻】嵩明縣文物志編纂委員會．嵩明縣文物志．昆明：雲南民族出版社，2001.12：143–145.

為開河有礙糧田貽患鄰邑事碑[②]

特授澂江府河陽縣正堂加三級紀錄三次　　富
雲南府宜良縣正堂加三級紀錄三次　　　　素
雲南府正堂加三級紀錄六次　　　　　　　永
澂江府正堂加三級紀錄三次　　　　　　　孟

為開河有礙糧田貽患鄰邑等事。乾隆三十九年[③]九月初二日，奉（一行）憲牌；乾隆三十九年八月十二日，奉（二行）雲南等處承宣布政使司布政使加六級紀錄六次王憲牌；乾隆三十九年正月二十三日，奉（三行）太子太保兵部尚書總督雲貴部堂彰批：仰雲南布政司會同糧儲迤東二道查明妥議詳報。又奉（四行）兵部侍郎巡撫雲南部院李批：司會道飭行雲澂二府率同宜河二縣親往確勘，秉公妥議，詳報去浚。茲據雲南府知府永、澂江府知府孟，率同宜（五行）良縣知縣素、河陽縣知縣富等，勘明河陽縣屬炒甸，草海積水，向由落水硐

① 乾隆四十年：1775 年。
② 該碑及《恒公河碑記》，記載了清乾隆十五年（1750）至清道光二十年（1840）間，河陽縣（今澂江縣）屬草海周邊前衛、後所、秧田、黃泥等四村與草海出水口處龍池村及宜良縣的一段水患歷史公案。此段公案歷近百年之久，驚動雲貴總督、澂江府、河陽縣、雲南府、宜良縣一督二府二縣最高當局，最終在督、府、縣三級共同調停下得以妥善處置，其影響久遠，誠可嘆唱。
③ 乾隆三十九年：1774 年。

瀉入楊[陽]宗海，因久不疏浚，硐路阻塞，水難宣瀉。今於龍池村明溝瀉（六行）入宜良之獅子箐，歸於文公河。第文公河身淺狹，不能容泄，宜邑田畝必致為害。乾隆十五年[1]，草海水漲，該處居民曾於龍池村地方開溝，引由獅子（七行）箐出水，瀉歸文公河，以致宣洩不及，水溢宜城，沿河田地房屋遍遭湮沒。經前任雲澂二府批示，永行禁止開溝有案，未便利小失大，請將楊萬化等（八行）在龍池村開溝瀉水之處勒石永禁，無許再行滋訟。責令四村民人集力挑挖，疏通落水硐，以資宣洩，毋再畏難苟安，因循自惧等情，錄供議詳，前來（九行）本司道復查。田畝被淹，開溝泄水，固屬農功要務，但須開改得宜，彼此相安，方免爭訟。今河陽縣屬之炒甸草海積水，漫溢附近前衛等四村，田畝被（十行）水浸淹，楊萬化等不疏浚向來瀉水之落水硐，使積水暢流歸匯楊（陽）宗海，乃請於龍池村置田開溝，瀉入宜良之文公河，而文公河身淺狹，難以容瀉（十一行），勢必殃及宜民，利小害大，實多未便。應如該府等所議，令勒石永禁，毋許再行開挖，以杜訟端。楊萬化、楊萬育、楊學海、王寬等，違禁開溝，緣水淹情切（十二行），武生馬國驤訊非多事，河陽縣差役余有章催取遵依，系該縣富令所差，並無串結情事。應如該府等所議，請免置議馬國驤衣頂，並免斥革。龍池村（十三行）開溝現請禁止，所需溝路、田價及開挖工費，亦可毋庸估報。是否如斯，相應具詳，呈請（十四行）憲臺查核批示，以俾飭遵等。因奉（十五行）

署理雲貴總督部堂羅圖批：據詳已悉。又奉（十六行）

巡撫雲南部院李批：既據勘明，河陽縣草海積水，向由落水硐宣洩，前衛等村民人因舊道阻塞，於龍池村開溝有礙宜民田土，致相構訟，仰即照議飭（十七行）禁，仍令集力挑挖，俾落水硐疏通暢流，保護田疇，以復舊規。餘均如詳，免其置議等。因奉此，合就飭行。為此，仰府官吏即便轉飭宜良縣會同河陽縣（十八行）查照，由龍池村開溝引瀉之處勒石永禁，毋許再行開挖，以杜訟端。余照詳看，遵行在案。龍池村士民人等遵奉勒石，永禁開挖，以垂久遠（十九行）。

歲進士候選儒學竇維絢[2] 書。

馬祥、馬倫、羅春、馬九成、李於龍、馬志龍、馬和、李應龍、馬金佩、馬惟亮、馬成、徐發祥、李起龍、馬正常、龐成支、馬顯親、李朝佐、李興堂（二十行）、馬國驤、馬奇、李迎龍、馬顯俊、馬夔龍、馬緒、李延龍、戚聰、馬紹同、李金龍、馬雲、譚映龍、馬春秀、李紹龍、李得采、馬闊、李林、馬發、李化蛟、馬升、李伏龍（二十一行）、李實、馬騰龍、馬登龍、李賢、李雙龍、李忻、馬顯宗、馬才、馬連步、馬琰、譚躍龍、李化麟、李向龍、馬永安、馬春鳳、李瑞龍、李為龍、馬學詩、李芝發、李朝陽、馬體坤（二十二行）、馬紹文、馬翔龍、李發、馬顯臣、馬文華、馬迎龍、李速發、馬奇文、李登龍、馬文龍、李宏、馬顯華、馬林、李朝相、羅任、馬傑、馬樹、馬殉、馬偉、馬槐、李尊周（二十三行）、李賽龍、李興龍、馬埏龍、馬紹卿、馬金龍、馬顯貴、馬紹伯、羅俊、馬順龍、李天龍、李朝龍、羅廣、李人龍、馬體乾、馬世龍、羅偉、李猶龍、李楊壽、馬學禮、李桐、高發（二十四行）、

---

[1] 乾隆十五年：1750 年。

[2] 竇維絢：邑中書家，清乾隆三十七年（1772）壬辰歲貢，官永昌府訓導。宜良向有"嚴詩竇字陳梅花"之說，"竇字"即指竇維絢書作。

馬瑞龍、馬中選、李祥龍、馬聯貴、李□、李煥龍、李祥、李德普、馬連俊、馬惟德、馬宣、馬國翰、馬起、李順龍、馬卓、李得顯、馬欣、馬學義、李育、李芝、董祥、戚開林（二十五行）。

　　合村全立。

大清乾隆四十年歲次乙未孟秋月吉旦
石匠：宗賢刊

　　【概述】碑存宜良縣草甸鎮龍池村關聖宮正殿外東牆。碑為青石質，額題篆書陰刻"永遠碑記"4字。碑額高37厘米，寬98厘米；碑通高240厘米，寬98厘米。乾隆四十年（1775），合村民眾同立，竇維絢書。碑文記述乾隆年間，草海周邊前衛、後所、秧田、黃泥等四村與草海出水口處龍池村及宜良縣之間水患的兩次公斷。

　　附：草海水一向經由草海西北、黃泥村西南處落水洞流入陽宗海。因地震山陷，落水洞阻塞，清乾隆十五年（1750）草海水漲，淹及四村，村民即於龍池村地方開溝泄水，草海水由宜良獅子箐經石牛箐瀉入文公河，結果因"文公河身淺狹"，"以致宣洩不及，水溢宜城，沿河田地房屋遍遭淹沒"。於是雲南、澂江二府批示，不能因小失大，永行禁止開溝，無許再行滋訟。同時，責令四村民人集力挑挖，疏通落水洞，以資宣洩。此為第一次公斷"永行禁止開溝"。至乾隆三十九年（1774），爭訟又起，楊萬化、楊萬育、楊學海、王寬等得到河陽縣令的支持，在河陽縣差役余有章率領下，強行違禁開溝。此舉遭到以武生馬國驤為首的龍池村民的強烈抵制，以至械鬥。於是，雲貴總督、雲南巡撫批示，在龍池村開溝引瀉之處勒石永禁，不許再行開挖。此即第二次公斷"永行禁止開溝"。

　　【參考文獻】周恩福.宜良碑刻·增補本（上）.昆明：雲南大學出版社，2016.12：36-40.

輪放大海水規碑記

輪放大海[①] 水規碑記（一行）

　　永昌水利，北有龍王塘、九龍池，此二水皆源泉耳。南惟諸葛一堰，今群稱為海，即其是也。例以上年重九日塞篆關□□邀沙河（二行）水以注之。不一二旬流動充滿，浪鼓千層，過減口行焉。迨至下年小滿日開海放水，以便乘時耕種。篆口前以木板作水準，照錢（三行）粮數分為四大溝，各帶寸水一分。外有岔篆半溝，合之共四溝半云。每值冬末春頭，河水消縮，

---

① 大海：即大海子，古稱諸葛堰，是保山古代最大的水利設施。據傳，諸葛亮南征時，兵至永昌（今保山），其部隊曾駐扎在今大海子旁的諸葛營鄉（又名鳳凰村）。其時，諸葛營一帶人畜飲水全靠村北的大沙河。沙河夏秋泛濫，冬春干涸。為解決飲用水問題，諸葛亮親自設計工程圖紙，帶領軍隊和當地平民在村西北的法寶山下開鑿長400多米的池子用以蓄水，并驅馬就飲。當時百姓稱為"洗馬池"。駐軍走後，當地人民為感懷諸葛亮興修水利的恩德，改稱之為"諸葛堰"，後又被稱為"大海子"。

輪放纂泄餘瀝，其班次悉照開海（四行）水規。[1] 凡此諸項規范，皆是前人酌定之條，皆是前人通行之例。居水之上流者，嘗曲體[2] 水尾之艱難，至公至平，毫不侵霸，初何（五行）有亂期掘岸，挖板阻截，以致紛爭禍啓者，而今人漸不古若矣。本年秋季，又是塞纂之期，大眾會議，念及水板木不耐久，以石易（六行）之。更且遙想前規，經勒石以詔將來，故[3] 表而彰之，屬工條例於其此，令書深刻，萬目昭然。惟願永遵成規，毋滋陋弊。庶人心（七行）平而水利均，[4] 亦可以仰達武侯創始之公心也矣[5]（八行）！

規條[6] 開後（九行）：

一、纂外四溝水板尺寸，議定每一班著七寸寬，三百戶溝係八班，應著五尺六寸寬。東南後所三溝，每溝係七班，應共（十行）一丈肆尺七寸寬，各溝寸水在內。

一、禁紊亂班期，擅掘岸頭並挖通板底，盜截班水。如犯一規，罰銀二兩，修海公（十一行）用。

一、重九塞纂後，岔纂溝水頭守滿水過減口，厥後，四大溝水頭輪守至河水乾後。如有違悮者，罰銀五兩，修海公用（十二行）。

一、開纂水乾之後，河水復出，仍係各溝水頭守入海內，照班分放。如有溝眾紊乱班次，罰銀五兩；如有水頭違悮，罰銀（十三行）□兩，俱入修海公用。

一、沖放河柴，舊例只屯紮楊家園處，不得擅下海口。如違，稟官究治。

一、所定規條，不得磨滅（十四行），如有犯者，稟官究治（十五行）。

乾隆四十三年[7] 七月二十日

四溝裕士：劉天衛、馮詡、鄭章、蘇淳、鄭天寵、徐國經、蘇治、邵如琚、邵如瓚、蘇文楠、董希哲、蘇海、董治敏、閔德瑜、蘇渤、蘇廷桂、傅佐高、邵如瑛、楊溢、邵棟、蘇林、劉勝、傅啟高、董治和、馮聯科、李淑、蘇廷秀[8]。

水頭：閔士俊、蘇清、朱必達、蘇廷秀。

暨眾姓老幼人等同立（十六行）

【概述】碑存保山市隆陽區漢莊鎮大海子水庫管理所內。碑為青石質，高162厘米、寬56厘米。額刻雙勾楷書"大海碑記"4字。正文直書陰刻16行，計657字。清乾隆四十三年（1778），當地鄉民重修大海子水庫分水口時公立。碑文主要記述大海子水庫在當地農業生產中的重要作用和當年重修水口、合理分水的經過及規定條款等。該碑對了解保山古代水利建設發展史具有重要參考價值。

[1]《保山碑刻》漏錄"然"字。
[2] 曲體：深入體察。
[3]《保山碑刻》漏錄"特"字。
[4]《保山碑刻》漏錄"其"字。
[5]《保山碑刻》錄為"矣"，據拓片應為"已"。
[6]《保山碑刻》錄為"規條"，據拓片應為"條規"。
[7] 乾隆四十三年：1778 年。
[8]《保山碑刻》原略去"馮詡、蘇治、傅佐高、馮連科"等22人，現據拓片補錄如上。

【參考文獻】保山市文化廣電新聞出版局．保山碑刻．昆明：雲南美術出版社，2008.5：41；雲南省地方志編纂委員會，雲南省水利水電廳．雲南省志·卷三十八：水利志．昆明：雲南人民出版社，1998.12：644-645.

據《保山碑刻》錄文，參《雲南省志·卷三十八：水利志》補錄；參拓片校勘，行數為新增。

重修泮池捐貲碑記

侯榮春

學宮有泮池，東西設門。所謂圜橋門而聽觀音者，此其制也。昭郡自雍正癸丑年①置府治，始建是宮。當年初創未甚修整，內有半壁泮池尚屬土坑，略用磚砌，未曾石甃。歷年久遠，淤泥填滿，不能注水。余於乾隆三十九年②甲午夏四月奉擢來昭司鐸③，目極之餘，竊歎泮池如此，何以肅觀瞻？爰是謀諸紳士，重修新鑿。奈工價無出，商議設法。時遇歲科，文武童生略捐微資，並積送捐各項及自量捐，又得郡伯張、邑長呂、參軍范捐，共湊兩百餘金，議舉副車馬洲、國學李暢毓、生員李上才、梅沖和雇募人工，將池中淤泥掏去，另行鑿深周圍，海底鑲以石塊，當中一甃石橋，豎立石欄，制獅、象蹲兩頭。戊戌年④秋八月造成。邇來池水盈盈，波紋綠漾，耳目一新，芹藻⑤芬芳，乃命工人泐石以誌。各官長並生童捐貲，因略序列如左。

【概述】該碑立於乾隆四十三年（1778），侯榮春撰文。碑文記載：昭通府學宮有泮池，因歷年久遠，淤泥填滿，不能注水。乾隆年間，昭通府教授侯榮春捐資聚眾，采取去除淤泥、鑿深周圍、用石塊鑲砌池底等方法，重修新鑿泮池。

【參考文獻】昭通舊志彙編編輯委員會．昭通舊志彙編．昆明：雲南人民出版社，2006.5：241.

---

① 雍正癸丑年：雍正十一年，歲次癸丑，即1733年。
② 乾隆三十九年：1774年。
③ 司鐸：謂掌管文教。相傳古代宣布教化的人必搖木鐸以聚眾，故稱。
④ 戊戌年：即乾隆四十三年（1778）。
⑤ 芹藻：比喻貢士或才學之士。語本《詩·魯頌·泮水》："思樂泮水，薄采其芹……思樂泮水，薄采其藻。"

趙波薩墓碑

清故納樓司治下招壩顯考趙公諱波薩墓 [1]

嘗大清乾隆四十五年 [2] 歲次庚子季秋月吉旦。

昔日祖牛波，自康熙四十二年 [3]，蒙太祖爺由木梳賈招至丫多上寨，計享年七十六壽。四十三年，生父波薩，司主歷代提簽沖□招壩，招募百姓開溝墾田，納辦糧租，永為子孫之業乎。波自脩工本銀一百五十兩、牛一條、豬一口、塩菜各項，由觀音山開溝一條，自寨中近過。賴子孫全眾姓人均皆得業耕種，豈不美哉。惟恐人心不古，□□專情勒石為記。

男：薩□　薩耶　薩危　薩乜

孫：耶戛　耶樂　耶者　樂得　樂阿　戞阿　耶黑　　　　　　　　立石

□：危□　危□　危薩　危波

重修溫泉碑記

張土俊

安寧故多勝景，最著者曰溫泉，重於三迤，名呼四海，以故縉紳達官與夫遊人過客，靡不車轍馬跡焉。余於丙申 [4] 通籍南滇，黍牧是邦，於今再至，公餘陟降仰睇，則碧落之表露，棟雲苑松筠箸萃，俯視則岩麓之下，習蹤雨瀑，□潺流虯，既靄靄生香，亦綿綿成韻，心曠神怡，徘徊久之，因嘆地稱名勝，良不虛誣。惟是塘之上界殿顏大士楹廡坍塌，荒煙蔓草，古迹幾淹，塘之下瀉，江漲挂流，為居民患，悵此名勝，所以鑰匙螳川者，匪第碧玉澄鮮，供人澡習，殆山川毓秀，人文蔚起，習尚淳美，莫不由此。詢諸郡人士胥，不忍坐廢，予遂翟然起蹶然興，竭綿捐俸扶振，重新塾石高泉希以供遊覽者，莫不巍焉、煥焉。侈前人之觀，娛遊人之目，使灌溉之資，侈言興利云爾哉。諸紳士民，垂石之譽奚以為。

大梁張土俊書記

---

① 趙波薩墓：位於紅河州元陽縣馬街鄉丫多村南。該墓為圓形圍石封土墓，圍石為漢白玉石質，封土直徑 150 厘米，高 100 厘米，墓前有碑，立於乾隆四十五年。趙波薩（1704—1780），曾任開化府納樓茶甸長官司招壩（職官名），曾招募民眾修水渠、墾荒田。

② 乾隆四十五年：1780 年。

③ 康熙四十二年：1703 年。

④ 丙申：指乾隆丙申年，即乾隆四十一年（1776）。

乾隆庚子年^①季秋月　　　穀旦

【概述】碑存安寧市溫泉街道辦事處碧玉泉池畔南壁。乾隆四十五年（1780），張士俊書記，碑文楷體直書。碑文記載：乾隆年間張士俊（曾任安寧知州）重游溫泉時，見佛殿毀壞、古迹湮沒、荒烟蔓草，一片淒涼景象。特別是河水暴漲，溫泉無法排泄，居民深受其害，不忍坐視，遂捐資重建，抬高溫泉水位，使其下泄，保住名勝，解除民眾疾苦。

【參考文獻】中國人民政治協商會議雲南省安寧市委員會．安寧文物古迹精粹．昆明：雲南民族出版社，1999.9：127-128.

撫仙湖碑

查得撫仙一湖，容納澄江、江川、寧州^②三縣諸溪之水，惟有海口清水河一道，資其宣洩。北有梅子箐河，南有官莊混水，河形勢較高，一遇沖決，沙石下壅，清水河被塞，全湖無所宣洩，水即泛濫，三州縣均被其害。是以原建有牛舌壩一道，捍禦渾水，使不為害，並各額按年歲修。歷年久遠，官民疏於修浚。四十六年^③間大雨時行，山水泛漲，將牛舌壩沖倒，沙石壅阻，以致沿湖田廬被淹。蒙委員會同地方官督令有田民夫，修浚告功，蒙憲臺奏明，嗣後令該管知府，督同三州縣，於每年水涸之時，董率^④民夫，將混水梅子箐、清水河身及石工堤埂，另修一次。

（上缺）三屬各照界挑深三尺，務在一律疏通，所挑沙石，即於各石工背後，培補河壩，其中下三段石工，務須照首段新工，添修一律。清水河河身，歲三屬務須紮壩興修，各照界挑深三尺，一律疏通，使沿湖田廬，永免水患。梅子箐河身，每歲三屬會夫挑修，一律疏通，遇有石工倒塌之處，一律添補，歲修清水河紮壩，需用水干工料，照舊額河陽^⑤地方者白三村出椿木，寧州地方過格村出壩樑頂撐，乍把條子，江川地方綠光村，（上缺）依舊辦理，毋許催重差多糶^⑥滋擾，致累民間（下缺）。

【概述】碑文記載：清乾隆四十六年（1781）間，雨多水泛牛舌壩被衝毀，致使河道壅塞、田廬被淹。官府組織民眾對梅子箐、清水河進行河身挑深、河道疏通、壩埂培補等修理工作。

【參考文獻】雲南省水利水電勘測設計研究院．雲南省歷史洪旱災害史料實錄（1911年〈清宣統三年〉以前）．昆明：雲南科技出版社，2008.8：195.

---

① 乾隆庚子年：乾隆四十五年（1780）。
② 寧州：今華寧。
③ 四十六年：指乾隆四十六年（1781）。
④ 董率：亦作“董帥”。統率；領導。
⑤ 河陽：今澄江。
⑥ 糶：賣糧食。

立合同碑記

　　立合同文約人：李瑄、畢洵等，系本州管下海東名莊、蕨澗村住，今立合同文約，為因二爭水控經本府。蒙受恩批，仰本州餚行勘訊詳報，蒙本州差提到案，工[1] 比當堂批出水例古今合同，前後次弟，載在開明。因蕨澗村合同內塗洗改換六字，今重立合同，當堂點驗，各執一紙，以存永久。自乾隆四十四年[2]，以上水例開後：一、蕨澗村平川田於小滿前五日放水，放至芒種五日前止。名莊平川田於芒種前五日放水，放至夏至五日前止。於芒種前五日，名莊開潭騰與蕨澗村栽。潭底上截，其余栗子園、大間尾麥地二甸夏至前五日接手放水。自當堂書立合同之後，世代不違例。今取有二憑，立此合同存照。

　　鄉老：李好義、趙鐸、楊芳兆。

　　憑者公：楊子實。約公：李技。

　　一、名莊士：賓川儒學生員李瑄惠南甫正字。

　　李瑄、李根培、李珍林、楊濱、李相唐、楊秉敬、李純、李應選、李根長、李秀、李恩廉、楊均、李澤、李忠、李愷、趙鳳飛、李理、趙文遠、趙成、李欽選。

　　一、蕨澗村民：畢洵、陳信、李作桂、畢大明、畢琪、畢瑜、陳光斗、李芳、畢開堯、畢高。

　　馮[3] 中：世國華、段沛；再憑公差：董可成。

乾隆四十六年仲夏穀旦，名莊、蕨澗二村士民合同勒石

　　【概述】碑存大理市海東鎮。乾隆四十六年（1781），名莊、蕨澗二村士民合同勒石。碑文記載了為解決名莊、蕨澗二村水利糾紛所立合同的基本情況。

　　【參考文獻】張奮興 . 大理海東風物志續編 . 昆明：雲南人民出版社，2008.12：250-251.

---

① 工：疑誤，應為"二"。

② 乾隆四十四年：1779 年。

③ 馮：疑誤，應為"憑"。

鹿城西紫溪封山護持龍泉碑序

鹿城[①]西紫溪[②]封山護持龍泉碑序（一行）

在昔《周禮》，土木水草之資，必深為涓謀之，而不惜委曲護持之力者。蓋謂一年種（二行）谷，所以養生濟物也；十年栽松，所以為棟樑，古聖之厥，有成規矣。所謂紫溪（三行）山，乃楚郡之發脈，所以護持者，已培風水尤為扼要。若山若水，系關國賦，如（四行）公山大龍箐水所從出，屬在田畝，無不有資於灌溉。是所需者在水，而所以（五行）保水之興旺而[③]不竭者，則在林木之蔭翳，樹木之茂盛，然後龍脈旺相，泉水汪（六行）洋。近因砍伐不時，挖掘罔恤，以至樹木殘傷，龍水細涸矣。俟後來合郡叢林、寺（七行）院、棟樑難已採辦；上下各村，無數田畝［急待］救護。僧俗同議立石，共相護持。凡龍（八行）箐公山，勿容妄為砍伐。在俗存愛惜之心，培養合郡龍脈之勝地；在僧盡樽（九行）節之道，蓄源泉以沛騰。俗以諭僧，勿蹈前輒；僧以勸俗，益加栽培。遵約則佛（十行）地人天[④]，共成善果；背約則訟怨公斷，難免糾纏。所幸在俗檀越[⑤]與僧共同勒（十一行）石永垂，嗣是而後戒，誠有不得擅為砍伐者。栽培久之，則叢林自爾幽邃，龍泉（十二行）亦必汪洋，則養生取材，收不可勝食，不可勝用之效；又況龍脈風水，亦於茲而（十三行）更盛也。爰勒之石，以為碑記。自立石之後，如有違犯砍伐者，眾處銀伍兩，米（十四行）壹石，罰入公，以栽培風水。合郡龍脈之山，永遠為記（十五行）。

寂光寺、紫雲寺、紫溪庵、源綠樓、福星庵、等雨庵、峻卓庵、普賢寺、中華庵、朝陽寺、中峰庵、法雲寺、雲台庵、真寧庵、顯法林、松霞林、法藏寺、大紫溪、九族河、日落村、阿波良、朵基村、木蘭村、彭家村、干家箐[⑥]（十六至十九行）。

乾隆四十六年[⑦]歲次辛丑孟夏月二十四日

上下各村
僧俗人等 同立石（二十行）

【概述】碑原立於楚雄市紫溪山南麓紫溪村後，山王廟路口，現存前進鄉紫金村公所內。

① 鹿城：位於雲南省楚雄市中部，在龍川江南岸峨碌山（西山）東麓。大理國時白鹿部在此。1939 年設鹿城鎮，1965 年改紅旗鎮，1978 年復名鹿城鎮，為楚雄彝族自治州及市人民政府所在地。有雁塔山古塔、高則墓誌銘碑、文廟大成殿等古迹，有靈秀湖、西山公園和龍江公園等風景名勝。
② 紫溪：位於楚雄市鹿城西 20 公里，屬前進鄉。境內的紫溪山，係宋、元、明、清時佛教聖地、著名的風景區，景色優美。
③ 《楚雄歷代碑刻》多錄"而"字。
④ 人天：佛教語，六道輪回中的人道和天道。亦泛指諸世間、眾生。
⑤ 檀越：梵語 Dānapati 的音譯，施主。
⑥ 以上所列 17 座寺院、8 個村莊均在紫溪山東南麓。
⑦ 乾隆四十六年：1781 年。

碑為砂岩石質，高 147 厘米，寬 55 厘米，厚 14.5 厘米。額刻"封山碑記"4 字，碑文直行楷書陰刻，文 20 行，行 30 字。清乾隆四十六年（1781），由楚雄紫溪山上下各村僧俗同立。碑文刊載紫溪山僧俗同議封山護林護持龍泉，立石以保水之興旺不竭之事。

【參考文獻】李榮高.雲南林業文化碑刻.芒市：德宏民族出版社，2005.6：155-159；張方玉.楚雄歷代碑刻.昆明：雲南民族出版社，2005.10：300-302.

據《楚雄歷代碑刻》錄文，參拓片校勘，行數為新增。

名莊玉龍兩村水例碑記

署理賓川州^① 正堂欽加三級紀錄六次王如，准給勒石，以垂永久事。據生李瑄等稟，恩賞准勒石事，因生等與畢洵等互控水例一案，蒙恩當賞堂^② 照二比古例，合供取其道結在案。生等遵奉永所^③ 異議，證思詢等，將古合同上塗洗改換，屬行妄控。蒙當堂賞准二比新立合同，□供合同勒石。日及^④ 二比不得塗改換訟端，萬載頂恩所既頭。為此，叩稟批古合同存卷。今再立合同，公私均有案，據實勒石之事任隨爾等，可也。遵奉，開呈乾隆四十五年^⑤ 以前放水古例。

一、蕨澗村、平川田、聖母箐聖母前、抑樹箐赤土坪、漆地以上五甸，於小滿前五日放至芒種前五日止。

一、名莊、平川田、鵝塔西、西算東算、上西塔、下西塔、曾嘴邑、頭甸、東場、西西場、小宅、登濕、曹枋杆、上和塔、下和塔、大麴、石鵝、小曲、寬本尾、大鳥、高登神、沖尾、漆地、神前、西旦上共二十五甸，於芒種前五日放水放至夏至前五日止。

一、栗子園、大澗尾麥地二甸，夏至前五日放水。

一、名莊、古塔，芒種前五日開潭騰與蕨澗村栽潭底上截。

乾隆四十六年三月初之日

名莊、蕨澗二村民李瑄、畢洵等立石

【概述】碑存大理市海東鎮。乾隆四十六年（1781），名莊、蕨澗二村民李瑄、畢洵等立石。碑文記述了名莊、蕨澗二村的水利糾紛，經查係蕨澗畢洵等塗改合同而致，判令再立合同，照古例放水。

【參考文獻】張奮興.大理海東風物志續編.昆明：雲南人民出版社，2008.12：251-252.

---

① 賓川州：明弘治六年（1493）析趙州及太和、雲南二縣置，治今雲南省賓川縣南州城，屬大理府。清仍屬大理府。1913 年降為縣。
② 《大理海東風物志續編》錄為"蒙恩當賞堂"，疑誤，據文意應為"蒙恩當堂賞"。
③ 《大理海東風物志續編》錄為"所"，疑誤，據文意應為"無"。
④ 《大理海東風物志續編》錄為"及"，據上下文應為"後"。
⑤ 乾隆四十五年：1780 年。

如意龍潭禁樹碑記 ①

蓋聞天生五材，水居其一。人能利，蓄得其宜，則旱澇有備，而田園得資灌溉之益。故周典所載治水之術，加詳於當時，遺法於後世。可知水之為物也，有利亦有害，害者除之，利者興之，豈非千百世之功哉！茲因陸郡東南隅地屬高山堡，有龍潭之水四時長流，自古然矣。而田居高，取資於龍潭者甚要。迄今思之，潭猶昔日之潭，而水非昔日之水也。何謂潭猶昔日之潭？即水有大小之分也。何謂水分於大小？即樹有興敗之故也。噫！念先時前後左右，樹木繁茂，陰氣多凝，水固興旺。歷經數載，不禁斧斤，不止牲畜，材者伐之，蔭者踏之，水漸細小。雖不息，其流也終滯，其源也咋乾。乾隆三十八年 ②，合村公議，將糧田近於龍潭者盡種松子，至今樹木雖未邊為茂盛，而庶有叢威之機。倘不盡心禁止，必仍從其故。雖然靡不有初，鮮克有終 ③，昔人所云，眾姓其 ④ 勉之哉！滋長者不可廢，其成功宜同心以嚴禁斧斤，可蔭者不可怠於栽培，當合意以放牧牲畜，待他年草木繁植，水源興旺，寧非眾姓之功哉！倘不遵公議，違者稟官究治。恐後不識種樹之由，特書之石。

再論，潭所自出原系高山堡地界，而水所浸灌應有前所村之分。但高山堡與前所村先人業已以水相分，高山堡受分石口式 ⑤ 口，定為長流。而前所村總分石口乙口，亦僅自寅以至酉是為長流。至於由酉以及寅又為高山堡與前所村兩相輪流，非前所村所得獨流世 ⑥。水故如此，而草木之培植與否，決不與前所村相涉矣！

合村姓名臚列（略）

乾隆四十六年歲次辛丑姑洗 ⑦ 月穀旦

【概述】碑存陸良縣馬街鎮如意龍潭廟內。碑高184厘米，寬72厘米，厚14厘米。額上鐫刻"禁樹碑記"4字。乾隆四十六年（1781）立。碑文記載：居住在龍潭附近的高山堡與前所

---

① 如意龍潭：在陸良縣馬街鎮東南約三公里的坡崗密林中，即古之高山堡龍潭，名"靈雨泉"。據傳因天旱於龍潭求雨靈驗而得名。俗稱靈雨龍潭，因具有灌溉效益，而名靈益龍潭，後演變為今名。潭前有古樹一棵，千枝交錯，盤繞如巨傘，覆蓋潭面，潭水四季清澈。後建亭院、屋宇，栽植花木，初具規模，成為縣內游覽的風景勝地之一。龍潭後建有廟宇一座，廟內大殿西側立有石碑3通，中間一通叫禁樹碑，上刻"禁樹碑記"。
② 乾隆三十年：1773年。
③ 靡不有初，鮮克有終：語出《詩經·大雅·蕩》："蕩蕩上帝，下民之辟。疾威上帝，其命多辟。天生烝民，其命匪諶。靡不有初，鮮克有終。"意思是說做事、為人、做官、為政沒有人不肯善始，但很少有人善終。
④ 其：疑誤，應為"共"。
⑤ 式：疑誤，應為"弍"。
⑥ 世：疑誤，應為"也"。
⑦ 姑洗：指農曆三月。

村先輩，為使龍潭水源興旺，村民的生產生活得到保障而集會公議，共同訂立愛樹護林、嚴禁砍伐放牧的公約，重申兩村輪流放水的舊制，并將其勒石刻碑，以期人們永遠遵守。

【參考文獻】中國人民政治協商會議雲南省陸良縣委員會文史資料委員會.陸良縣文史資料選輯·第12輯.內部資料，2000.12：183-185.

重修薇溪山龍神祠碑記 [①]

陳文燦

縣治西四十里許，薇溪山建有龍神祠。其地上接紫頂，下瞰鹿城，林木蔚雲，松篁飛雨，實一邑之勝景。每歲春秋，邑侯親臨致祭，或雨不時至，率士民祈禱，立應。歷年既久，祠宇傾頹。值邑侯周[②]名炎，下車伊始，親詣致祭，惻[③]然興懷，欲改而新之。旋以村民首告山樹互訐至案，邑侯聽訟清查，乃知附於龍祠之樹被村人隱蝕不少，爰準情理，寬其既往，禁其將來。村人悔改，願繳隱伐樹木銀三百餘兩，侯復捐俸，責成鞠士斌擇吉興修。於辛丑[④]十月經始，壬寅三月落成，共費銀四百餘金。其附祠樹木，仍令寺僧、附近居民公同照管。所餘山場，接種新松，嚴禁一切踐踏砍伐。迄今門堂寢室、左右廊廡，殿宇層疊，倍形巍煥。以視向之蒿萊滿目、鹿豕充庭，期一復舊而不可得者，今且無煩思議矣。

嗟夫！興廢無常，成敗頓易。邑侯此舉，實民生所仰賴者也。不然，荒煙蔓草，日繞浮鏡之潭；寒蛩秋蟬，時吟奉社之桔[⑤]，誰之責與？謹錄其事之始末，壽之於石，以誌我邑侯敬神勤民之至意焉。是為記。

乾隆四十七年壬寅冬十月立石

【概述】乾隆四十七年（1782）立石，知縣陳文燦撰文。碑文記述了乾隆年間邑侯周公捐資重建紫溪山龍神祠，并嚴禁砍伐樹木以保護水源之事。附：龍祠界址、樹木、田工、水分、秋未另載《楚雄縣志·食貨·公產》篇。

【參考文獻】楊成彪.楚雄彝族自治州舊方志全書·楚雄卷（下冊）.雲南人民出版社，2005.7：1294-1295；（清）崇謙等.楚雄縣志（全）.臺北：成文出版社，1967.9：241.

據《楚雄卷》錄文，參《楚雄縣志（全）》校勘。

---

① 《楚雄卷》錄為"薇溪山"，據《楚雄縣志（全）》應為"紫溪山"。下同。紫溪山：古名"薇溪山"，彝語意為豹子做窩的地方。
② 《楚雄卷》漏錄"印"字。
③ 《楚雄卷》錄為"惻"，據《楚雄縣志（全）》應為"側"。
④ 辛丑：指乾隆辛丑年，即乾隆四十六年（1781）。
⑤ 《楚雄卷》錄為"桔"，據《楚雄縣志（全）》應為"橘"。

太和龍尾甸新開水利記

王孝治

太和龍尾甸新開水利記（一行）

葉榆①枕蒼山，襟洱海，毗治中溪。以北為溪十一，迤南為溪六，合十八溪。自上而下，田畖咸資灌溉。由陽南（二行）而南，為龍尾甸，前後計畖二千有奇，十八溪之水所不到，僅取注於將軍廟澗，田多水少，半付蒿萊。余自（三行）己亥秋承乏茲土，兼管雲龍州屬之大功、白羊二廠，取道合江，於練場舖右顧，遙望對山，濺珠飛瀑，瀉出（四行）兩峰，直循海尾而下。詢之，乃响水箐也。喟然嘆曰：天施地生，其益無方，安得祝使逆流，以濟我龍尾甸乎（五行）！隨以移②牧鄧川，未果。越辛丑秋，還，士民遮道以請曰：公任鄧未期，築長堤，開大河，涸出良田萬餘畖，不動（六行）聲色，而民慶更生，其何以蘇我？爰偕父老，遵山陬，尋箐而憩，議所以溝之。僉以箐處下游，且地多浮沙，滲（七行）漏淤塞為難。迺相其高下，隨山凸凹，啟土開溝，伐石為槽，會澗而止。計長一千九百七十弓③，石甃者過半（八行）。捐俸為倡，餘以貲力續。興工於壬寅仲春，越三月藏事。復為定章程，俾善後。由是水源分道，匯注青疇，向（九行）患涓滴不呈者，今且有餘瀝矣。据摭顛末，白（十行）

上官會疏入（十一行）

告。歲慶有秋，諸士民乃登堂請記，以告來者，余謝曰：此令職也，何記為？然余因之有感焉。此水之棄於箐，與（十二行）今之會夫澗，其有益無益，既判然矣。知有益而善用之，利及數十世。反是則害，若輩亦知之矣。今夫天心（十三行）仁愛，欲人人各得其所。然必稼穡而後有食，蠶桑而後有衣。時禮樹畜，而後養生送死無恨，要莫非取益（十四行）於造物之自然者。黨庠術序之設，以人治人，亦祇益之，而非創之也。以視導水而収其利，有以異乎？且夫（十五行）業荒於嬉，功敗垂成，席素封④之產，一旦驕墮⑤生心，不念作者勞，守者苦，而乃狼籍之，耗蠹之，曾幾何時，豐（十六行）嗇改觀矣。子弟承教，可望有成。或暴棄自甘，業廢半途，功虧一簣，則秀頑殊致矣。以視導水而計長久，有（十七行）以異乎？故益之取象，始於利用，協占終於無恒，垂戒君子，觀於水可以鑒矣。我士民尚勉旃⑥哉。庶而富，富（十八行）而教，先民有言，余將於是役有後望焉。區區疏鑿，不過山下出泉，導予先路。

---

① 葉榆：古縣名。本西南夷地，西漢元封二年（公元前 109 年）置縣。

② 移：古時官府文書的一種，多用於不相統屬的官署之間。

③ 弓：古時丈量土地的計量單位，一弓為五尺、三百六十弓為一里。

④ 素封：無官爵封邑而富比封君的人。

⑤ 墮：古通"惰"。懶惰。

⑥ 旃：旃。勉旃：努力。多於勸勉時用之。

若云食德飲和，貪天功以為（十九行）己力，余滋愧矣。事宜悉載碑陰，是為記（二十行）。

乾隆四十七年^①十一月　　　日

知太和縣事湘鄉王孝治撰（二十一行）。

大理府太和縣貢生蘇雲望、趙公祿、段繡，生員李讓、馬潤、蘇霖望，耆民何國棟、張斗、趙公旦、楊孔昭、楊暉、李旭等仝立（二十二行）。

【概述】碑存大理市博物館，已斷為兩截，下截左上部殘損。碑為大理石質，高210厘米，寬110厘米，厚15厘米。碑文直行楷書，文22行，行5-40字。保存完好。清乾隆四十七年（1782），王孝治撰文，蘇雲望等同立。碑文記述了太和縣知縣王孝治捐俸為倡，率眾沿山開溝引水，以增加龍尾甸農田灌溉用水的事宜。此碑可供研究清代白族農業、水利參考。

【參考文獻】楊世鈺，趙寅松．大理叢書·金石篇（卷三）．昆明：雲南民族出版社，2010.12：1256-1258.

據《大理叢書·金石篇》錄文，參拓片校勘。

响水溝碑（一）^②

張預慶

乾隆四十七年壬寅季冬吉旦（一行）^③　　　　　　　　　爲（一行）

署雲南府宜良縣正堂加五級紀錄六次蘇

陳請賞示勒石以垂永久事。乾隆四十六年九月十八日，據^④屬士民李旭、李文藻、楊貴、王堯鼎、李得才、蔡加相、羅士龍、羅萬章、白玉成、方在智、呂經、楊占理、官尚顯、李田、王光^⑤侯、李茂（二行）、羅士珍、方顯榮、李昂、張聯科、李伯才等具稟前事，稟稱：情緣士民等鄉村有响水溝一道，灌溉路南、陸涼、宜良三屬田畝，源流約有三十餘里。自三十二年工竣至今，田畝受利甚著，但（三行）未經請示勒石立定章程，恐將來溝道遇有

---

① 乾隆四十七年：1782 年。

② 响水溝：又稱七村大溝，位於宜良縣北古城鎮東北部。乾隆二十一年（1756）勘查動工，三十二年（1767）竣工，全長 15 公里，受益田地 1340 餘畝，溝渠工程艱險，是宜良縣最早截南盤江水灌溉農田的水利工程，至今仍然發揮着較好的工程效益。1987 年 7 月，宜良縣人民政府公布為重點文物保護單位。

③ 《宜良碑刻》錄為"乾隆四十七年壬寅季冬吉旦（一行）"，據拓片查證并無此行。故，碑文的行數計定重新作了勘正。

④ 《宜良碑刻》漏錄"縣"字。

⑤ 《宜良碑刻》錄為"光"，據拓片應為"堯"。

坍塌，彼此推諉，是以本來七月內敘情，分稟陸涼、路南二州主，俱蒙給示勒石。仰墾①（四行）天星②亦給明示，以便勒石遵守，並請賞給溝首水利匾式，以示鼓勵等情。據此，除批示外合行給示，爲此示仰蔡家營等村溝首水利，以及得濟士民人等知悉：嗣後凡有溝道坍塌，多需③（五行）按照得濟田畝多寡，共同出④夫修築，勿⑤得觀望延挨，彼此推諉。倘有恃⑥符恃強不行出夫修築者，許該管溝首水利查勘具稟，以憑提究，各宜凜遵毋違。特示（六行）！

示給响水溝溝首水利人等永遠遵守（七行）。

乾隆四十六年十二月　　　　日示（八行）。

告示（九行）。

今將响水溝上下七村⑦公議修築溝壩長短丈尺數目開後（十行）。

計開（十一行）：

——⑧車田分得龍口第一截，上自龍口起，下至小龍潭上⑨；又一截自橋房過梘下起，至大村界限止（十二行）；

——大村分得龍口第二截，上自小龍潭起，下至錢姓麥地止；又一截自大村界限起，至蔡家營涵洞⑩止（十三行）；

——蔡家營分得龍口第三截，上自錢姓麥地起，下至小沙梘石咀⑪止；又一截至⑫蔡家營啣硐起，至蔡恒生田頭止（十四行）；

——中村分得龍口第四截，上自小沙梘石嘴起，下至擺夷⑬村界限止；又一截自蔡恒生田頭起，至本村石巖頭止（十五行）；

——擺衣⑬村分得龍口第五截，上自擺衣村界限起，下至新村界限止；又一截自中村石巖頭起，至新村界限止（十六行）；

——新村分得龍口第六截，上自新村界限起，下至楊貴田止；又一截自新村界限起，至前所界限止（十七行）；

——前所分得龍口第七截，上自楊貴田起，下至橋房過梘止；又一截自前所界限起，至李晃大田止（十八行）；

---

① 《宜良碑刻》錄為"墾"，據拓片應為"懇"。
② 天星：方言，秤星。此處指上級官員。
③ 《宜良碑刻》錄為"多需"，據拓片應為"務須"。
④ 《宜良碑刻》多錄"出"字。
⑤ 《宜良碑刻》錄為"勿"，據拓片應為"毋"。
⑥ 《宜良碑刻》錄為"特"，據拓片應為"恃"。
⑦ 七村：車田、大村、蔡營、中村、擺夷村、新村、前所。
⑧ 《宜良碑刻》錄為破折號"——"，據拓片應為"一"。下同，不再重複注釋。
⑨ 《宜良碑刻》錄為"上"，據拓片應為"止"。
⑩ 《宜良碑刻》錄為"涵洞"，據拓片應為"啣硐"。下同。
⑪ 《宜良碑刻》錄為"咀"，據拓片應為"嘴"。下同。
⑫ 《宜良碑刻》錄為"至"，據拓片應為"自"。
⑬ 《宜良碑刻》錄為"擺夷、擺衣"，據拓片皆應為"玀猭"。下同。

——上前所軍田未曾分溝（十九行）。

以上七村，上自溝口，下至溝尾，每村均分二截。上七截每田壹工，分溝四尺六寸；下七截每田壹工，分溝六尺四寸，俱係按田多寡量定丈尺寸[1]，立清界限，不得更移。至於響水大壩（二十行）、蔡家營小壩、地梘、石垵沖過梘、王音洞石岸、羊捲洞[2]過梘、中村石岸[3]、小里溝過梘，係七村公辦，不淂推[4]諉（二十一行）。

至於[5]七村水利，務需[6]上下不時巡查，恐有坍塌淤阻，即按田㲄派夫修築。如有推諉不前，因循怠玩者，溝首稟官究治；如有人夫抗拗者，水利亦指名赴官。（二十二行）

——車田水利：王堯侯、王希堯、龔淳、王談[7]（二十三行）。

——大村水利：李茂、蔡瓊、蔡全、何顯堂（二十四行）。

——蔡家營水利：羅士珍、蔡勝朝、蔡允中、蔡榮祖（二十五行）。

——中村水利：白天貴、方發科、周起（二十六行）。

——擺夷村水利：周陽甫、李有先、舒發甲、蔡顯祖（二十七行）。

——新村水利：李霈、張煥、李槐（二十八行）。

——前所水利：李伯才、楊槐、趙蓮升[8]（二十九行）。

[9]公議監管大壩、龍口水利李希顏、仕[10]家騏（三十行）。

[11]公議上下巡查溝道、催収上前所軍田水租水利龍雲[12]淳、李伯才、王琰、蔡全、何顯堂、蔡允中、蔡榮祖、舒發甲。以上十人務宜盡心協辦，勿得怠情[13]偷安，如違，赴官懲屢（三十一行）。

一、上前所軍田水租，每年収與水利，二月初一議事公用。其頂力辦理溝工水利趙萬燚[14]、張國珍，務宜盡心協辦，勿淂怠惰偷安。如違，赴官懲屢（三十二行）。[15]

龍飛乾隆四十七年歲次壬寅季冬月吉旦，八村[16]溝首、水利田戶人等暨石工阮[17]仝立（三十三行）

---

① 《宜良碑刻》多録"寸"字。
② 《宜良碑刻》録為"洞"，據拓片應為"溝"。
③ 《宜良碑刻》録為"岸"，據拓片應為"巖"。
④ 《宜良碑刻》録為"推"，據拓片應為"退"。
⑤ 《宜良碑刻》多録"於"字。
⑥ 《宜良碑刻》録為"需"，據拓片應為"須"。
⑦ 《宜良碑刻》録為"談"，據拓片應為"琰"。
⑧ 《宜良碑刻》録為"蓮升"，據拓片應為"聯陞"。
⑨ 《宜良碑刻》漏録"一"字。
⑩ 《宜良碑刻》録為"仕"，據拓片應為"任"。
⑪ 同注釋⑧。
⑫ 《宜良碑刻》録為"龍雲"，據拓片應為"龔"。
⑬ 《宜良碑刻》録為"情"，據拓片應為"惰"。
⑭ 燚：古同"發"。
⑮ 《宜良碑刻》漏録此行，共計 55 字。今據拓片補録如上。
⑯ 八村：由於前所分上、下前所，故而七村亦稱"八村"。
⑰ 《宜良碑刻》漏録"大名"2 字。

【概述】碑存宜良縣北古城鎮蔡營村土主寺。碑為青石質。碑額高 57 厘米，寬 97 厘米，額題刻"功垂萬世"4 字。碑身高 135 厘米，寬 69 厘米。碑文直行楷書，文 33 行。現保存完好。乾隆四十七年（1782），雲南府宜良縣儒學庠生張預慶撰文、書丹，八村民眾同立。碑文記述響水溝水利水規碑勒石的緣由，七村公議修築溝壩及水利維護、管理等規約。

【參考文獻】周恩福．宜良碑刻．昆明：雲南民族出版社，2006.12：31-35.

據《宜良碑刻》錄文，參拓片校勘。

响水溝碑（二）

張預慶

特授徵①江府路南州正堂加三級記②錄十次褚　　　　　　爲（一行）

陳懇勒石以垂永久事：乾隆四十六年十二月初三日，據民鄉士民李恒、李文藻、李德③才、羅士龍、羅萬章、蔡加相、楊貴、王堯鼎、白玉成、方尚賢、楊占禮④、呂經、官尚顯、楊沛，水利羅士珍、王堯侯（二行）、李伯才、李霈、白天貴、周陽甫、李茂、任家騏等稟稱，响水壩水溝一道，有濟田畝，現有溝首水利不時疏通，得以田畝及時灌溉。特恐相延日久，衆心不一，難免淤塞之虞，爲此具懇勒石，賞（三行）懸匾額，發給執照，以示遵行等情。據此卷查，响水壩原係自响水石山嘴修築攔河魚鱗石壩，順赤江南岸開挖至王音洞，撥石岸至車田，下大村、蔡家營，由糯米庄小河內打壩，繞至中村（四行）石岩，劈鑿溝路，開挖至擺夷村、新村及上下前所引水歸溝，遇有水旱，庶可相濟，三屬八村田畝禾苗藉以滋長，農民咸望豐収。本州念 初⑤民瘼，水利最關緊要，⑥三屬士民人心不一，此（五行）勤彼惰，以致溝壩淤塞沖圯⑦，所関匪小，除給匾並發溝首執照外，合行勒石。爲此，示仰該處士民人等遵照。嗣後，所有三屬，同築⑧石壩二道，石梘四座，遇有傾塌⑨，即須即⑩時修葺，

---

① 《宜良碑刻》錄為"徵"，據拓片應為"瀓"。
② 《宜良碑刻》錄為"記"，據拓片應為"紀"。
③ 《宜良碑刻》錄為"德"，據拓片應為"得"。
④ 《宜良碑刻》錄為"禮"，據拓片應為"理"。
⑤ 《宜良碑刻》錄為"初"，據拓片應為"切"。
⑥ 《宜良碑刻》漏錄"誠恐"2 字。
⑦ 《宜良碑刻》錄為"圯"，據上下文，應為"圮"。
⑧ 《宜良碑刻》漏錄"之"字。
⑨ 《宜良碑刻》錄為"塌"，據拓片應為"圮"。
⑩ 《宜良碑刻》錄為"即"，據拓片應為"及"。

其屬各①得（六行）濟田畞之水道，亦宜於水涸之時，上視②脩濬，務使水道暢流，田畞有濟，慎勿互相推諉，致碍農事。如有該厰田戶人等，偷安玩悮，許即赴州稟報，以憑究治，各宜凜遵勿違，特勒碑示（七行）。

　　乾隆四十六年十二月　　　　　　日示。發响水壩勒石曉諭（八行）。

　　從來良田③資乎水潤，而導水端賴夫人工。陸平之西，匡城之北，有④河一道，名曰赤江。發源於曲靖，由霑益、馬龍而道之，始⑤出陸涼、路南、宜良等厰地方，其源蓋亦遠矣。夫源之遠者，流自⑥（九行）斯巨流，可置之無用地乎？爰有路南州主張，下勘獐子溝，睹此流水，面諭車田、大村、蔡家營、中村、擺夷村、新村、上下前所八村士民三十餘人，築壩開溝，引水灌田。士民等於乾隆十七年（十行）五月初六日公議，稟請上憲自响水開挖一溝，捐金濬築，約長三十餘里。由是八村田畞咸資灌溉，利誠普也。至二十一年，蒙路南州主張、陸涼州主包、宜良縣主張⑦，公同踏勘（十一行），業經給照水利，不時巡查，至三十二年⑧功成告竣，灌溉田畞肆千餘工，共去公本銀伍仟陸百陸拾餘金，利銀在外。又慮日久年湮，人心懈怠，恐廢前修，復於四十六年⑨五月由八村公議，稟（十二行）路南州主褚、陸涼州主劉、宜良縣主蕱，蒙恩通行給示，賞給溝首水利，遵照匾式鑴之於石，以垂永久。衆等宜同心協力，依照奉行，庶田畞常資灌溉，士民永享樂利之休矣。此序（十三行）。

　　今將乾隆十七年開溝認捐工本銀兩開后（十四行）：

　　——⑩車田盛士偉捐銀貳拾兩，王經捐銀貳拾兩，楊明泰捐銀貳拾兩，周士⑪甲捐銀貳拾兩（十五行）；

　　——大村李德⑫才捐銀壹百兩，蔡雄生捐銀肆拾兩，蔡加相捐銀叁拾兩，蔡加⑬瑞捐銀叁拾兩（十六行）；

　　——蔡家營羅春貴捐銀叁拾兩，羅發甲捐銀肆拾兩，羅發軔捐銀陸拾兩，羅之榮捐銀貳拾兩，路雲程捐銀叁拾兩，蔡秀生捐銀貳拾兩。

　　以上三村工本自捐（十七行）。

① 《宜良碑刻》錄為"其屬各"，據拓片應為"並各屬"。

② 《宜良碑刻》錄為"視"，據拓片應為"緊"。上緊：趕快；加緊。

③ 《宜良碑刻》漏錄"必"字。

④ 《宜良碑刻》漏錄"大"字。

⑤ 《宜良碑刻》錄為"道之始（九行）"，據拓片應為"透"；且行數標註錯誤。

⑥ 《宜良碑刻》漏錄"長如"2字。

⑦ 張：即乾隆十六年（1751）任宜良縣令之張大森，撰有《學宮幫祭卷金碑記》《徐氏捐鄉試卷金學田碑記》及《重修南關土主廟碑記》三文。

⑧ 三十二年：即乾隆三十二年，1767年。

⑨ 四十六年：即乾隆四十六年，1781年。

⑩ 《宜良碑刻》錄為破折號"——"，據拓片應為"一"。下同。

⑪ 《宜良碑刻》錄為"士"，據拓片應為"世"。

⑫ 《宜良碑刻》錄為"德"，據拓片應為"得"。

⑬ 《宜良碑刻》錄為"加"，據拓片應為"家"。

一、^①中村白元有、方在智、白聲有、方在義同合村捐銀貳百兩（十八行）。

一、擺夷村李文燦、呂齊封、吳國順、洪惠同合村捐銀貳百兩（十九行）。

一、新村李沇、李文燦、李文照捐銀貳百兩^②（二十行）。

一、前所楊映元、李增、李經、官尚顯、趙珍、李起文、段文科、李起^③林、趙天華、李伯才、趙榮、李文龍同合村捐銀貳百兩。以上四村工本按田 貱^④（二十一行）。

一、借過路南州社谷叁百肆拾伍京石。一、借過宜良縣社谷陸百京石（二十二行）。

一、借過義太公租銀貳百兩。一、借過劉琮銀叁百兩。一、借過李暉銀壹百兩（二十三行）。

一、借過馬体坤銀貳百兩。一、借過李瓊銀壹百兩。一、借過羅發軔銀陸拾兩（二十四行）。

一、借過楊占理銀叁百肆拾兩。以上所借銀兩，當衆算明。俱已本利還清，嗣後恐有文約不清，係是故幣^⑤（二十五行）。

一、二十九年，車田、大村、蔡家營、中村、擺夷村、新村等六村，每田壹工捐谷壹斗，賣錢壹百陸拾叁文。三十年，上三村每田壹工又捐谷壹斗，賣錢貳百肆拾^⑥文（二十六行）。

雲南府宜良縣儒學庠生張預慶撰并書（二十七行）。

乾隆十七年^⑦董事士民羅發甲、李沇、李文燦等卅六人（以下略姓名 36 人）同立^⑧

楊占理、王經、羅發軔、李得才、呂齊封、羅之榮、楊應元、羅春貴、蔡加相、蔡雄生、方在智、李伯才、官尚顯、洪惠、盛士偉、蔡增、白元有、路雲程、蔡加瑞、楊明泰、李啓文、李起林、趙榮、□□□、□□□、趙天華、段文科、趙珍、方在義、吳國順、李經、白声有、李文龍^⑨（二十八行）。

龍飛乾隆四十七年八村歲在壬寅冬月吉旦

溝首水利 石師 阮大名 木師 周陽^⑩（二十九行）

【概述】碑存宜良縣北古城鎮蔡營村土主寺。碑為青石質。碑額高 60 厘米，寬 98 厘米，碑額題刻"千古常昭"4 字。碑身高 135 厘米，寬 74 厘米。碑文直行楷書，文 29 行。乾隆四十七年（1782），雲南府宜良縣儒學庠生張預慶撰文、書丹，八村民衆同立。碑文詳細記載了響水溝工程始末、維修、管理、捐款情況等。

---

① 《宜良碑刻》漏錄"一"字。以下相同地方，不再重複注釋，直接補錄出。
② 《宜良碑刻》漏錄"内沈依壹百伍拾兩"8 字。
③ 《宜良碑刻》錄為"起"，據拓片應為"啓"。
④ 《宜良碑刻》錄為"貱"，據拓片應為"捐"。
⑤ 《宜良碑刻》錄為"幣"，據拓片應為"昏"。
⑥ 《宜良碑刻》錄為"肆拾"，據拓片應為"四十五"。
⑦ 乾隆十七年：1752 年。
⑧ 《宜良碑刻》錄為"等卅六人（以下略姓名 36 人）同立"，今據拓片補錄出 33 人姓名。
⑨ 字迹不清，無法辨認者，以"□"替代。
⑩ 《宜良碑刻》錄為"龍飛乾隆四十七年八村歲在壬寅冬月吉旦溝首水利石師阮大名木師周陽"，據拓片應為"龍飛乾隆四十七年歲在壬寅季冬月吉旦，八村溝首水利暨石師阮大名、木師周陽仝立"。錄文中未計此行行數，現補計為"二十九行"。

【參考文獻】周恩福．宜良碑刻．昆明：雲南民族出版社，2006.12：36-39.
據《宜良碑刻》錄文，參拓片校勘。

龍泉溝序

龍泉溝序（一行）

今夫田畝者，人民之[①]籍以養生；溝渠者，田畝之所賴以灌溉。車田溝渠浩□□（二行），獲利濟之益。然而田之高夠□□能及之繞之。車田龍泉者，出於山巔[②]，流於□□（三行），惜無人焉[③]疏之，以成利濟之功也，時有慨然。出首者開之挖之，蜿蜒十餘里，以達（四行）乎車田合村之東南。凡山原草萊，罔不變為膏腴之地，開挖之利大矣哉。但田有（五行）上下之不一，水有先後之不齊，溝價則均攤，而灌溉則不勻，在前者過盈，在後者（六行）常涸。今公議龍溝之田，以上中下分為十二牌，輪流引放一晝一夜，放□一牌每□（七行），天明交牌，周而復始，不得違拗。倘有不乱[④]，公罰銀伍兩入溝公用。再有不遵者，合（八行）村赴官懲處。恐有紊乱，爰為勒石（九行）。

頭牌田：趙起四工，王成為十工，劉忠臣一工，和尚三工，陳文三工，王毅三工，李如同工半，楊正玉七工半，楊朝珍二工半，王欽、王名七工，楊秉忠九工半。

二牌田：李如桐十八工，楊明珍七工半，楊正有二工，楊法元十五工半，楊正方五工，王錫五工，楊正玉一工。

三牌田：楊朝珍八工，楊法元三工，趙世忠四工，錢上吉二工半，楊正志工半，楊秉忠一工，□合文四工。

四牌田：楊正魁七工，楊貴八工，王沛二工，楊正玉十工，王卓五工半，王富六工，王□□七工半，龔□三工，李如桐二工半。

五牌田：龔文明四大工又二工半，王思嘉□工半，□□□，□□。

六牌田：趙寬十二工半，楊秉忠四工，王□堯九工半，王之敬二工，王思堯九工半，王卓六工半，王玉山二工，王崇□二工。

七牌田：王富六工，楊秉志六工，李如桐十一工，□□□三工半，楊文元半工，趙全半工，王卓半工，周倫二工，楊正啟半工，塘子田四工。

八牌田：土主寺□□□，王成文□□□，周國明七工，王竟候十工，盛姓六工，徐逵十五工，楊秉正二工，周世相伴工，趙寬工半，王之敬工半，王□工半，王卓工半。

---

① 《宜良碑刻·增補本》漏錄"所"字。
② 《宜良碑刻·增補本》錄為"顛"，據拓片應為"巔"。
③ 《宜良碑刻·增補本》錄為"焉"，據拓片應為"禹"。
④ 《宜良碑刻·增補本》錄為"乱"，據拓片應為"遵"。

九牌田：王卓工半，王受立二工，[①]，王堯鼎十工，王錫十工，王林十三工，王文正九工。

十牌田：王起文六工，王卓兄弟三工，王成文五工，王受文七工，王臣文三工，周臣八工，王受文二工。

尾牌田：劉忠臣五十七工，代塘子又代王召文、王有文、王義文、王受文四人田共十九工，計十二牌（以上分屬第十行至二十三行）。

乾隆四十八年[②]癸卯仲夏月上浣□吉，合村眾姓全立（二十四行）

【概述】碑存宜良縣北古城鎮車田村土主寺。碑為青石質，高112厘米，寬51厘米。額呈半圓形，額上鐫刻"輪流碑記"4字，綫刻太極圖及"日""月"2字紋飾。乾隆四十八年（1783），合村民眾同立。碑文記述車田龍泉經開挖後民眾受益，惜灌溉不均，後公眾安議分十二牌輪流引放、周而復始，為防紊亂勒石立碑之事。

【參考文獻】周恩福. 宜良碑刻·增補本（上）. 昆明：雲南大學出版社，2016.12：46-48.

據《宜良碑刻·增補本》錄文，參拓片校勘。

重修黃寶村[③]大石壩記

馬翰瓊

夫天地生成，萬姓享自然之利者，水也。然有不能坐享其利，而必曲成以利之者，則溝壩是。宜邑東北，田下水高，其利可逸而獲。西南田高水下，其利非勞不成。此余村大石壩之所關甚巨也。蓋地多空闊，山復高峻，其間瘠田數十頃，使無水灌溉，難謀生聚而供國賦。幸田西有山，曰掛榜，下有龍泉，雖無浩瀚之勢，而浸淫會合，足以滋潤田畝。但河低田高，艱於疏引。明末，余始祖人龍與閣村眾姓，積石鳩工，造爲堤壩。水順本村山腳，沿流數里，潤澤高田，然非予一村之所敢私也。是以萬家窵、許家窵士庶，建恒濟塘[④]，接石壩之水，由和尚莊作五龍壩引之。其源流實由大石壩，所關豈淺鮮哉。惜數十年來，漸就傾圮。癸卯歲[⑤]我衡陽李公[⑥]蒞任茲土，日以農田水利爲急務。余同鄉人，仰體德意，將壩重加修築，縱山水暴漲，不至坍塌。所濟雖少，寔一隅之保障也。用壽貞珉，使後之修補者有所考焉。

---

① 《宜良碑刻·增補本》漏錄"王海一工"4字。

② 《宜良碑刻·增補本》漏錄"歲次"2字。

③ 黃寶村：現名黃堡村，分為上、中、下三村，今屬宜良縣匡遠街道辦事處黃保社區。

④ 恒濟塘：即俗稱之烏龜塘。

⑤ 癸卯：即乾隆四十八年（1783）。

⑥ 李公：指李淳，衡陽人，監生。乾隆四十八年，知宜良縣事，修學宮，創建雪堂書院，士民懷德，春秋祀之。（江燕、文明元、王珏點校：《新纂雲南通志·八》，81頁，昆明，雲南人民出版社，2007）

【概述】該碑應立於乾隆四十八年（1783），邑人馬翰瓊撰文。碑文記載：大石壩為黃實村重要水源，惜年久失修，漸將傾圮。乾隆四十八年，李淳莅任宜良知縣，視農田水利為急務，重修大石壩。

【參考文獻】許實輯纂，鄭祖榮點校．宜良縣志點注．昆明：雲南民族出版社，2008.11：320；（清）袁嘉穀修，許實纂．宜良縣志（全）．臺北：成文出版社，1967.5：241.

據《宜良縣志點注》錄文，參（民國十年刊本·影印）《宜良縣志》校勘。

保護公山碑記

特授麗江府劍川州正堂加六級紀錄十次金，爲據呈嚴禁侵佔（一行）

公山以垂永久事。據貢生趙有蘭等呈稱：劍西老君山為全滇山祖，合州要地，近為武生顏仁率（二行）李萬常等盤踞其下，延山砍伐，縱火燒空。以致水源枯竭，栽種維艱。前經合州士民扭稟，蒙前（三行）任州主开恩，主勘審嚴，遂給有讞語云。審得顏仁等與貢生趙有蘭等互控一案，查老君山係（四行）省諸山之祖，州誌府誌俱載其說，是不唯顏仁等不得占，即劍川州不得而私也。乃顏仁等□敢（五行）住其地，砍伐樹木，開挖田地，盤踞數十年之久，踐踏數十里之寬。究其執據，則捏造禾瓦子賣契（六行）紙及木土官妄給遵照一張。查原契紙色墨迹並非五十年之物，顯係偽造。查該處係官山，禾瓦（七行）何從得有其地，況毫無來歷，而契載四至之外，仍係官山，並無業主地鄰，豈中間一派山脈獨爲（八行）瓦子之產而可以擅賣乎？且契內只許牧放牲畜，並未載有起房居住、砍樹開地之語，況禾瓦子（九行）並無其人，明係顏仁等捏造假契。始則借牧放爲名，久之而無人過問，遂肆行侵占併吞之志，□至（十行）土官遵照，更屬可惡。伊並非守土之官，乃敢串通奸民，擅將隔境官山給照開挖，□□□□□罪（十一行）屬難恕，本應從重究治，姑念事歷多年，伊等現知罪具結，立限遷徙，姑免深究等由。今顏仁等雖（十二行）絕迹他處，誠恐貪昧之徒乘間竄入，任意侵踏，均未可定，合將公山應禁條規，□□□□□□恩（十三行）批飭禁，勒石永遵，並祈給與趙□□、□□魁看守公山遵照，免其門戶等情。據此，除給照與看守（十四行）人等外，合行批示嚴禁。爲此，示仰州屬士民人等知悉。查老君山爲合州來脉、栽種水源所關，統（十五行）宜共爲保全，爲自己受用之地，安容任意侵踏，以敗萬姓養命之源。自示禁之後，務遵律紀條規保（十六行）全公山，如敢私占公山及任意砍伐、過界侵踏等獎，許看山人等扭稟，以便究治，絕不姑寬，示遵照毋違時（十七行）。計開：公山嚴禁條規（十八行）。

一、禁顏仁等現留公山地基田畝不得私占（十九行）；

一、禁岩塲出水源頭處砍伐活樹（二十行）；

一、禁放火燒山（二十一行）；

一、禁砍伐童樹（二十二行）；

一、禁砍挖樹根（二十三行）；

一、禁各村不得過界侵踏（二十四行）；

一、禁販賣木料（二十五行）。

右仰遵守（二十六行）

合州紳士貢生趙有蘭、生員張定樞、楊森梅、羅崇、張世德、楊定雄、張善、張汝□、王誠、趙樸、陳緝林（二十七行）。

乾隆四十八年①十月十二日示（二十八行）

【概述】該碑立於乾隆四十八年（1783）。碑文記述了乾隆年間，劍川州正堂審結顏仁等私占老君山地基田畝、亂砍濫伐森林樹木致使水源枯竭、百姓栽種維艱一案的經過，以及為保護公山而采取派人看守、制定嚴禁條規、勒石立碑所出具的告示。

【參考文獻】劍川縣史志辦公室.劍川縣文藝志.昆明：雲南民族出版社，2010.11：120-121；楊世鈺，趙寅松.大理叢書·金石篇（卷三）.昆明：雲南民族出版社，2010.12：1259-1261.

據《大理叢書·金石篇》錄文，參拓片校勘。

楚雄擺喇十三灣封山碑記

蓋聞封山之例屢奉上文，飭令各地方種植保護在案，故名山大川，實賴樹木以培植風水，即盧墓住居，尤賴樹木以培養地脈。樹之宜植也，豈淺鮮哉。倘山荒無樹，龍水淹閉，栽種無資，有關田賦。凡龍潭出水，通河順溝田頭壩邊，一切雜樹均皆保護。緣何有山不種，任其荒蕪，何以成材而待用？此皆不知民生所急需，而為朝廷所最重者也。無奈世人全不思物各有主，竟有不法橫徒，縱放男婦盜砍樹木作柴薪，以及牧童縱放牲畜，任意踐踏。劈明子，折樹頭，種大□端，害不可言，將見山空水涸，有傷民命，莫此為甚。今擺喇十三灣同心協議，建碑銘寫立合同，互相查照，備臚條款以匪人云爾。一、定例每年十一月初二開山，正月初二封山，如違，罰錢壹兩。□例：盜砍大樹一棵罰錢壹兩，砍小樹一棵罰錢五錢；砍枝梆罰錢三錢；折松頭一個，罰錢三錢；采正頂松葉，罰錢壹錢；見而不報者，照例倍罰。□例：家主縱放男牧童②，硬行砍伐、踐踏，不遵碑例者，照例倍罰。龍潭通河順溝田頭壩邊，雜樹均不可砍，如違，照例倍罰。一、村內婚喪祭祀，急需用木料等項目，勿論人己上山，必須報名樹頭，方許砍伐。如違，罰錢三錢。以上條款，各宜凜之慎之。（61人同立姓名略）③

樊希文、許恒侯、樊津、鄧聰、徐湧、樊濞、鄧遜、樊思昌、周文蔚、劉永全、鄧文烈、

---

① 乾隆四十八年：1783 年。

② 《雲南省志·卷三十六：林業志》錄為"男牧童"，據《雲南林業文化碑刻》應為"男婦牧童"。

③ 《雲南省志·卷三十六：林業志》略去 61 人姓名，今據《雲南林業文化碑刻》補錄如上。

九^①賀昌、劉之選、劉瀘、鄧文潔、鄧遴、徐湘、李佑、九□、九宗沼、周德淵、劉大河、九溺、鄧以仁、袁世一、劉興漢、劉融、周連高、許鏡、劉安貴、周天富、樊漸、九峻、袁士維、劉大用、九淇、鄧以忠、許瓚、鄧逑、鄧迫、許士聰、李秀、樊璨、九有文、許連鑣、袁塘、羅順發、九海、九炳文、樊沅、樊灃、許襄、樊漢、樊泫、樊汶、九鏞、周文耀、九津、九泂、鄧周、許行。

乾隆五十一年^②二年^③初三日

合村　　同立

【概述】碑存楚雄市蒼嶺鎮山間。碑為砂石質，高88厘米，寬50厘米，厚16厘米。清乾隆五十一年（1786），由擺喇十三灣合村民眾同立。碑文記述乾隆年間，擺喇十三灣民眾為保護龍潭水源，合村協議訂立封山合同，并詳列出合同條款之事。

【參考文獻】雲南省地方志編纂委員會，雲南省林業廳.雲南省志·卷三十六：林業志.昆明：雲南人民出版社，2003.8：864-865；李榮高.雲南林業文化碑刻.芒市：德宏民族出版社，2005.6：186.

據《雲南省志·卷三十六：林業志》錄文，參《雲南林業文化碑刻》校勘、補錄。

三角塘碑記 ^④

特授雲南府宜良縣正堂加三級隨帶軍功加一級紀錄六次紀大功二次李^⑤　　為遵（一行）

諭議復事。案據南屯鄉約劉昭協同原差具稟前事，稟稱：緣奉天星餪差押陳可貴等到公所公議，化（二行）魚村人民幫補上伍等營谷石以作修溝，立即稟覆。遵此但約等，即會同四村營公同妥議，令化魚村人（三行）民每年與上伍等營谷三石，作歲修大龍洞溝道之用。至龍洞之水，俟秋末冬初之季，聽化魚村人民放（四行）入塘內積聚，以待秋夏二季，化魚村放水灌田，上伍等營人民不得阻撓。原上伍、化魚等四村曆系五輪（五行）輪流分放，五日內化魚村分放二日，上伍等三營分放三日，二比各放各水，永遠不得抗谷爭竟^⑥，俱各允（六行）議，理合稟請查核，批示立案，四村營人民永遠遵守，永息訟端等情。據此，查所議化魚村每年幫三營歲（七行）修溝道谷三石，甚為公允，仰取具各結附卷以憑，給示立碑，永遠遵守可也。除將此案緣由通詳（八行）撫督院大人劉、富，既藩憲譚、糧憲永、本府羅俱批准到縣，奉此，即餪承粘卷立案外，合行給示勒石。為此，示（九行）仰上伍營、山上營、

---

① 九：同"凡"。

② 乾隆五十一年：1786年。

③《雲南省志·卷三十六：林業志》錄為"二年"，屬誤；據《雲南林業文化碑刻》應為"二月"。

④ 三角塘：位於化魚村東、陳官營後山箐，為化魚村接蓄大龍洞水堰塘。

⑤ 李：指宜良縣著名循吏李淳。

⑥ 竟：疑誤，應為"競"。

南大營、化魚村人等知悉，嗣後爾等各按照舊規五日一輪，化魚村放兩日，三營放三（十行）日。三營三日之水，化魚村不得阻撓；化魚村兩日之水，三營不得覬覦。各管各塘，各聚各水，均勻分放，毋（十一行）得恃強欺弱，致干法處。至於化魚村借三營溝道放水聚塘，經眾公議，每年幫三營谷三石，以作修溝之（十二行）費，如違差追。三營亦不得侵蝕，各宜凜遵毋違，特示遵（十三行）。

——照給化魚村民士刊石勒碑，永遠遵守（十四行）。

雲南省宜良縣右堂督捕廳高（十五行）。

時　請示開溝李鶴鳴、李朝相、李騰蛟、陳倫、方盈廷、李鳳翥、李世勛（十六行）。

乾隆五十一年五月十六日，合村士庶人等同立

【概述】碑存宜良縣狗街鎮化魚村慈雲寺右廂房。碑高162厘米，寬68厘米，碑心寬56厘米；額高42厘米米，寬68厘米，額刻“開溝引水遵照碑記”8字。乾隆五十一年（1786），合村士庶同立。碑文記述乾隆年間，化魚村與上伍營、山上營、南大營之間發生水利糾紛，後經宜良縣官府判定雙方照舊制“各管各塘，各聚各水，均勻分放”輪流用水，并刻石立碑之事。

【參考文獻】周恩福. 宜良碑刻. 昆明：雲南民族出版社，2006.12：44-45.

禁私鑿青魚灣地硐碑記

一州之山川地利，久已（下缺）攻鑿尤屬目無法紀。仰石屏州確（下缺）前州審明取具陳瑛等遵示禁止，不（下缺）巡憲賀批，出示嚴禁，嗣後毋許一切人等擅行私（下缺）臨安府正堂刀橜，飭該州即出示，勒石青魚灣（下缺）遵奉在案，前州未及示禁，即值卸事。本署州雖下車（下缺）無論有關合州風水訟端，無己其實，開鑿此硐，徒糜（下缺）開鑿無成，可知工費之大，勢不能開。而高於形式，相度（下缺）自然所生，即如滇中各處有落水硐，亦天造地設，非人力所能開鑿也。□□□之硐，則地□凝結□垂久遠，若人力開鑿者，不時崩塌，如開此數里山硐，可□料其崩塞不通也。又此湖內皆沙，即如□大之海口，必須每年修浚，稍不深通，即致沙淤阻塞，是豈可由於曲窄深小之山硐保其暢出無淤□。況開此山硐，欲求涸出田畝，以求其利，亦必無人爭論而後可。今合州紳士誓不允開，勢必構訟不休。是未得利而先受害矣。州屬水源不廣，現在田畝猶少灌溉，況加以涸出多田，灌溉無資。更□□水之尋斅，是斷為不可鑿之硐明矣。總之，此事是沿海居民皆為陳瑛所愚，茲奉上憲嚴批，飭禁，如敢抗違，即應治罪。是陳瑛非為爾等圖利，實為爾等取禍耳。本署奉文嚴禁，又不忍本屬愚民被外屬之人所惑，故復加以詳細曉諭，勒石嚴禁。為此，示仰州屬沿海居人知悉。自示之後，爾等恪遵憲示，各安舊業，及早醒悟，慎勿為人所愚，妄費工本，私鑿青魚灣無益之硐，致廢時業羅罪戾。本署州一面出示，一面報明上憲存案，倘不遵示永禁，日久仍敢私鑿，一經紳士查報，則是有心抗違憲批，□亦不敗之徒，尚斷不宥，定行嚴拿治罪，

決不從寬。各宜凜遵，毋昭後悔。特此勒石，永遠禁止，須呈告示者。

乾隆五十三年[①]五月十六日示，**實瀜學前立石**

【概述】碑存石屏縣文廟內。碑為青石質，高105厘米，寬54.5厘米，厚9厘米。該碑從中間斷為兩截，碑右下角殘缺，碑下截字跡模糊。額上橫刻"禁私鑿青魚灣地硐碑記"10字。碑文直行楷書，文21行，行7-38字，可辨識的字計556字。清乾隆五十三年（1788）立。碑文記載了清朝乾隆年間，臨安府正堂關於禁止私鑿青魚灣地洞，保護異龍湖水利資源的告示。

【參考文獻】雲南省石屏縣志編纂委員會．石屏縣志．昆明：雲南人民出版社，1990.10：818-819；紅河州文化局．紅河州文物志．昆明：雲南人民出版社，2007.11：123；蘇佛濤．石屏縣文物志．昆明：雲南人民出版社，1998.10：106-107.

據《石屏縣志》錄文。

中和荊竹寨大溝水寸碑記 [②]

陳起龍　陳起元

合眾請生陳起龍、陳起元同撰

庶放水種田，上資國賦，下養民生，水之為用要矣。我凡家營大小三寨[③]，同放大溝之水，發源打鷹山腳半個箐埡口、母豬龍一帶山凹，為大溝之水。止螃海溝、大水箐二水是屈姓水源，不得混切大溝水，有告案結據。大溝自熱水塘下開來，前康熙四十一年[④]照順治十七年[⑤]舊規設立石平，造具水冊，立承頭人，各餘水乙寸，着修溝看水，頒有告示。今因年久，水平朽折，故照冊查實新換，將各分水寸，逐一載石，俾守永久。止刻古田水六寸五，在荊竹寨右立平開分。是次，調理公允，可以永守，故略敘。爰將開分水寸勒列云。計開：

第一版[⑥]：石頭田、金家田貳，共五寸二分；

第二版：磨頭田、大小排田、黃雁小排田叁，共六寸二分，有承首水五分在內；

第三版：永洪田四寸二分，有承首水乙寸在內；

---

① 乾隆五十三年：1788年。

② 《雲南鄉規民約大觀》錄為"（騰衝縣樊家營）大溝水寸碑記"，錄文不全。水寸：即有凹槽的石制水平，將水流限於有寬度的尺寸之內。

③ 凡家營大小三寨：即今之樊家營村民委員會所轄的樊家營、荊竹寨、鎮龍村三個自然村。

④ 康熙四十一年：1702年。

⑤ 順治十七年：1660年。有清一朝，騰衝地區沒有使用過"順治"年號，因康熙元年（1662）以前，騰衝屬南明政權所轄，使用"永曆"年號，該年為"永曆十四年"。因此，該年號為追溯歷史，不敢使用永曆年號之故。

⑥ 版："版，判也。——《說文》。按，判木也。"從碑文內容來看，結合水准開口的數量，此處"版"意為水口，即第一水口、第二水口……第十一水口。

第四版：小長田乙寸七分；

第五版：黃雁大小排田、龍潭田、陳有希田、陳有常田、銀匠田、平田，一共一尺三寸二分，有承首水乙寸在內；

第六版：張東田四寸二分，有承首水乙寸在內；

第七版：子墾田、小寨田、小長田，共八寸，有承首水乙寸在內；

第八版：王名遠田、陳巨玉田、凡唯一田、小寨田、杯合田五，共一尺五寸，有承首水乙寸在內；

第九版：大高田四寸七分，有承首水乙寸在內；

第十版：放下大寨田，共三十多，分水六尺四寸九分半，又帶張瞎子田、貳麼田及承首水、吃水、打溝石水、本寺化水，共一尺五分，共合一大版七尺五寸四分半，放下又立水平分晰；

第十一版：沈有成田二寸七分，有吃水二分在內。

以上通共計一丈四尺五分半，大小十一版，開水各立水平，折分尺寸，原在水冊，至修溝看水，另有規及。此碑將此道水平寸尺刊明，並尺式校準勒石，如有刮磨不合，查明，眾人同攻處治。

乾隆五十四年 [①] 正月十六日吉旦

合溝士庶承首有眾水戶人等同立

【概述】碑存騰衝市中和鎮樊家營村荊竹寨北側大溝旁。碑呈方形，高114厘米，寬59厘米，兩側及頂有石板圍護，保存較好。乾隆五十四年（1789），合溝民眾同立，陳起龍、陳起元撰文。碑文記述樊家營大小三寨同放大溝之水，古有水規、水冊并立分水石平，因年久分水石平朽折，後照冊查實新換，并在適當調整的基礎上將各分水寸逐一載石立碑以期永遠遵守之事。

【參考文獻】騰衝縣旅游局.騰衝名碑輯釋.昆明：雲南民族出版社，2012.4：218-221；黃珺.雲南鄉規民約大觀.昆明：雲南美術出版社，2010.12：165-166.

據《騰衝名碑輯釋》錄文。

---

① 乾隆五十四年：1789 年。

拖姑清真寺碑記 [1]

馬贗瑞

自雍正九年改土，前輩先人報領拖姑田畝，建閘於茲。土埂小 [2] 堤，從閘下至海田邊為界，共田五百三十五畝。分別出水，引出水分涵，外 [3] 海田並無水分不容放 [4]，[5] 被 [6] 破壞。三十七年，吾輩興修為閘，照依前例，紛 [7] 以五百三十五畝引 [8] 出水，分派 [9] 石頭，水勢汪洋浩大，[10] 姑海人士，利賴無窮。歌樂土而服先疇，食先人之恩澤，世可延期。及 [11] 五十一年，復受水潦，衝破石堤。五十二年，仍照舊例，按畝派修石閘，辦理不善，功甫畢，堤即破。五十四年八月內，爰集閘內同人，照原派田畝，延請石匠妥修石閘凸 [12] 橋。自築堤至今，共費銀一 [13] 千兩零，約定有私情買放閘 [14] 過河入海者，合眾鳴官，罰銀五十兩修閘，至閘內買蓄塘魚，按年租買 [15]，所獲魚價，歸入拖姑清真 [16] 寺，作常住添修之項，永遠為定。若有阻撓和納售價討利者 [17]，鳴官黨 [18] 治，仍罰五十兩修寺。後之人享樂利者，其亦昭 [19] 斯例而繼興勿替焉，是為記。

〔共放此拖姑龍興閘之水分栽插田畝；戚、馬等姓門首割水分田三百一十五畝；馬、阮

---

① 《魯甸縣水利志》錄碑名為"澤流不朽"。
② 《魯甸縣少數民族志》錄為"茲""小"，據《魯甸縣水利志》應為"此""水"。
③ 《魯甸縣少數民族志》錄為"分別出水引出水分涵外"，據《魯甸縣水利志》應為"割出水分河外"。
④ 《魯甸縣少數民族志》漏錄"此閘水"3字。
⑤ 《魯甸縣少數民族志》漏錄"於雍正十一年建閘之始，即定此例，永遠格遵。至乾隆二十七年水潦"27字。
⑥ 《魯甸縣少數民族志》錄為"被"，據《魯甸縣水利志》應為"堤"。
⑦ 《魯甸縣少數民族志》錄為"紛"，據《魯甸縣水利志》應為"仍"。
⑧ 《魯甸縣少數民族志》錄為"引"，據《魯甸縣水利志》應為"割"。
⑨ 《魯甸縣少數民族志》漏錄"□"（缺字符）。
⑩ 《魯甸縣少數民族志》漏錄"拖"字。
⑪ 《魯甸縣少數民族志》錄為"恩澤世可延期及"，據《魯甸縣水利志》應為"惠澤□世可期延及"。
⑫ 《魯甸縣少數民族志》錄為"凸"，據《魯甸縣水利志》應為"拱"。
⑬ 《魯甸縣少數民族志》錄為"一"，據《魯甸縣水利志》應為"二"。
⑭ 《魯甸縣少數民族志》錄為"買放閘"，據《魯甸縣水利志》應為"賣放閘水"。
⑮ 《魯甸縣少數民族志》錄為"買"，據《魯甸縣水利志》應為"賣"。
⑯ 《魯甸縣少數民族志》漏錄"大"字。
⑰ 《魯甸縣少數民族志》錄為"和納售價討利者"，據《魯甸縣水利志》應為"私拿售價割利者"。
⑱ 《魯甸縣少數民族志》錄為"黨"，據《魯甸縣水利志》應為"究"。
⑲ 《魯甸縣少數民族志》錄為"昭"，據《魯甸縣水利志》應為"照"。

等姓門首割水分田二百二十畝。]①

　　為首督修、經管閘水人：馬應彩、戚應超、馬膺瑞、馬□儀、阮□□②。

乾隆五十四年③十一月初十日

魯甸人公議，廩生馬膺瑞撰寫

　　【概述】碑存魯甸縣拖姑清真寺內。碑高100厘米、寬46厘米，額上鐫刻"德流不朽"4字。碑文楷書陰刻，文18行，計406字。乾隆五十四年（1789）立，馬膺瑞撰寫。碑文記述了自雍正九年（1731）改土歸流以來，拖姑民眾報領田畝、築堤蓄水灌溉、屢次維修并照舊例用水等的詳細經過。

　　【參考文獻】魯甸少數民族志編纂委員會.魯甸縣少數民族志.昆明：雲南民族出版社，2005.11：324；魯甸縣水利電力局.魯甸縣水利志.內部資料，1993.5：213-214.

　　據《魯甸縣少數民族志》錄文，參《魯甸縣水利志》補錄、校勘。

開挖海菜溝碑記

　　蓋聞水路通而後旱澇無虞，人力盡而後禾麥乃登。是以古之聖王孜孜盡力於溝洫者，良以上裕國賦，下系民食，誠有不可緩者也。村之南有海菜古溝，上自城北棺廟東薗，以至城東一帶簪水皆由此而達乎漾江焉。三十載前，各遵古例開挖水道疏通，是以穀麥成熟。厥後，因循日久，溝道壅塞，春秋二熟，連年淹沒，闔村室如懸磬④，何以聊生。因於戊申春初，按畝捐工，分上中下則攤派自南溝頭挖至漾江，歷經三載乃成。但一歲一舉未免連年累眾，茲會鄉老妥議量力捐金，每年正月十五以銀利興工開挖，不累闔村士民，庶可耐久。謹錄功德垂石以志不朽云。

　　生員張學周捐銀壹兩　　信士李廣萬捐銀壹兩

　　信士趙丙漢捐銀貳兩伍錢　　楊國臣　　壹兩

　　　張　琦捐銀壹兩伍錢　　楊國祥捐銀壹兩

　　信士張應柱捐銀壹兩貳錢　　張錫慶　　壹兩

　　　張應甲捐銀壹兩貳錢　　楊盛松　　壹兩

　　　楊天赦捐銀壹兩　　　　李應梁捐銀壹兩

　　　李久甲　　壹兩　　　　李連奎捐銀壹兩

　　　張　琤　　壹兩

---

① 《魯甸縣少數民族志》漏錄此段，計46字。

② 《魯甸縣少數民族志》漏錄"戚應超、馬□儀、阮□□"。

③ 乾隆五十四年：1789年。

④ 磬：古同"罄"。

267

李福全捐銀伍錢　　　　楊長庚　　伍錢

李開後捐銀伍錢　　　　楊應奎　　伍錢

張聲慶　　伍錢　　　　楊廣厚　　伍錢

趙聲余捐銀伍錢　　　　張阿奎　　伍錢

乾隆五十五年[1]三月初八日立

【概述】碑存鶴慶縣下城東農場牆內。碑為青石質，高83厘米，寬40厘米。碑額鐫刻"永遠碑記"4字，文17行，行26字。乾隆五十五年（1790）立。碑文記載了民眾捐資興工開挖海菜溝的情況。

【參考文獻】張了，張錫祿. 鶴慶碑刻輯錄. 內部資料，2001.10：206-207.

响水溝碑（三）

特授雲南臨安府阿迷州[2]曲靖府陸涼州正堂加三級紀錄六次劉　　　　　　爲（一行）

懇恩給示勒石垂久事：照得農田，先資水利，修濬必賴人工。查路[3]屬之蔡家營、車田、上前所，陸[4]屬之新村，宜[5]屬之大村、中村、擺衣[6]村、下前所共八村。茲[7]士民李旭、楊貴、羅士龍、[8]萬章（二行）、李得才、方在智、呂經、官尚顯，水利羅士珍、王堯侯、李沛、龔淳、李希顏、李茂、方顯榮、李伯才等稟稱：乾隆十七年，奉（三行）上憲開挖響水一溝，約長三十餘里，自乾隆十七年興工，二十一年蒙陸涼、路南、宜良三州縣主親臨踏[9]勘，至三十二年功成告竣，灌溉八村田畝四千餘工，共去工本銀伍千陸百六十餘金。今（四行）十載有餘，士民等安享樂利之麻。又慮事[10]世遠年湮，後人無物觸目，必不經心，復請給示，以同路南、宜良二州縣主之示，勒石遵守，並請賞給水利溝首，遵照匾式，免當夫役，以□□門[11]，士民等頓（五行）祝無暨等情。據此合行給示，爲此示給各村水利溝首遵照，不時巡查，但凡溝壩坍塌淤阻，即[12]照田派夫修築。倘有抗拗人夫，許爾等指名稟報，以憑

---

① 乾隆五十五年：1790 年。

② 《宜良碑刻》漏錄"署"字。

③ 《宜良碑刻》錄為"路"，據拓片應為"陸"。陸：指陸涼（良）州。

④ 《宜良碑刻》錄為"陸"，據拓片應為"路"。路：指路南州。

⑤ 宜：指宜良州。

⑥ 《宜良碑刻》錄為"擺衣"，據拓片應為"玀猰"。

⑦ 《宜良碑刻》漏錄"據"字。

⑧ 《宜良碑刻》漏錄"羅"字。

⑨ 《宜良碑刻》錄為"踏"，據拓片應為"跐"。跐：同"踩"。

⑩ 《宜良碑刻》多錄"事"字。

⑪ 《宜良碑刻》錄為"以□□門"，據拓片應為"以及門差"。

⑫ 《宜良碑刻》漏錄"宜"字。

拿究，決不姑寬。寧①之慎之，毋違。特示（六行）。

乾隆四十六年十二月②（七行）。

告示　發給响水溝溝首水利勒石曉諭（八行）。

今將八村田畝捐收消除銀兩数目開后（九行）：

——車田成熟田柒佰③陸拾叁工，王音洞上下田五十五工，新改田叁拾肆工（十行）；

——大村成熟田肆佰陸拾叁工，新改田叁拾工（十一行）；

——蔡家营成熟田肆佰柒拾工，新改田壹佰叁拾工（十二行）；

以上三村共成熟田壹仟④柒佰肆拾肆工，每工科銀貳兩貳錢，共科得銀叁仟捌佰叁拾陸兩捌錢；新改田壹佰玖拾肆工，每工科銀叁兩，科得銀伍佰捌拾貳兩（十三行）。

——中村成熟田貳佰玖拾叁工，新改田捌拾工（十四行）；

——玀夷村成熟田肆佰捌拾工，新改田捌拾工⑤（十五行）；

——新村成熟田伍佰肆拾捌工，新改田肆拾伍工（十六行）；

——前所成熟田肆佰伍拾肆工，新改田壹佰陸拾陸工（十七行）；

以上⑥四村成熟田⑦壹仟柒佰柒拾伍工，每工科銀貳兩貳錢，科得銀叁仟玖佰零伍兩，新改田伍佰壹拾捌工，每工科銀叁兩，科得銀壹仟伍佰伍拾肆兩（十八行）。

——上前所軍田貳佰伍拾伍⑧工，每工科銀壹兩陸錢，科得銀肆佰零捌兩（十九行）：

以上八村成熟、新改、軍田三項共田肆仟肆佰捌拾陸工，共科得銀壹萬零貳佰捌拾伍兩捌錢（二十行）。

又將十七年興工至四十七年費用銀兩共⑨同結算，歷年銷数開列於後（二十一行）。

計開（二十二行）：

上自响水龍口，下至前所⑩約長三十餘里，石壩、石溝、土溝、石岩、石岸、過梘、沙梘、地梘、涵⑪洞、小壩，共費銀伍仟陸佰陸拾餘⑫兩（二十三行）。

七村田戶，每成熟田壹工，上社谷叁京斗，每工扣銀叁錢，七村田戶共扣銀壹仟零伍拾伍兩柒錢（二十四行）。

上三村下五村（二十五行）。

---

① 《宜良碑刻》錄為"寧"，據拓片應為"凛"。
② 《宜良碑刻》漏錄"日右仰通知"5字。
③ 《宜良碑刻》錄為"佰"，據拓片應為"百"。下同。
④ 《宜良碑刻》錄為"仟"，據拓片應為"千"。下同。
⑤ 《宜良碑刻》錄為"捌拾工"，據拓片應為"貳百貳拾柒工"。
⑥ 《宜良碑刻》錄為"上"，據拓片應為"下"。
⑦ 《宜良碑刻》漏錄"共"字。
⑧ 《宜良碑刻》錄為"貳佰伍拾伍"，據拓片應為"二百五十五"。
⑨ 《宜良碑刻》錄為"共"，據拓片應為"公"。公同：猶共同。
⑩ 《宜良碑刻》多錄"所"。
⑪ 《宜良碑刻》錄為"涵"，據拓片應為"唧"。
⑫ 《宜良碑刻》錄為"餘"，據拓片應為"壹"。

自二十二年①至四十七年，溝壩、過梘、石岩、石岸脩理共費銀壹仟貳佰壹拾貳兩捌錢，後又費銀叁佰叁拾伍兩柒錢（二十六行）。

施入王音洞功德銀拾伍兩肆錢；又成熟田柒工溝價，施入大河口舡橋功德銀貳拾伍兩（二十七行）。

蔡家營羅姓公田四工，該銀拾壹兩貳錢，麥地兩②塊，以補小河壩之資（二十八行）。

施入民和鄉公所銀玖兩，八村不認。高田伍拾工，平田伍拾工，共折銀貳百陸拾兩，償所借銀數。③去息銀壹仟柒佰兩（二十九行）。

八村公議，嗣後凡有花戶④改田者，溝首水利全収溝價入公費用。其溝首有荒灘可改，溝價概免（三十行）。

乾隆五十二年，每田壹工捐銀貳錢，八村田畝共捐得銀捌佰九拾七兩貳錢，修造小河壩地龍一道，發捲⑤羊圈⑥溝過梘一道，修補王音硐石岸，修補小黑⑦溝過梘，此銀俱已費清（三十一行）。

其李沆、李文燦二位溝首等，借當銀兩，其有虧欠，永作功德（三十二行）。自十七年至五十五年，所有開溝底冊、文券、單賬、簿子當衆焚化（三十三行）。

龍飛乾隆五十五年仲春月　吉旦
八村溝首水利石師羅發富等　仝立（三十四行）

【概述】碑存宜良縣北古城鎮蔡營村土主寺。碑為青石質，額高 57 厘米，寬 100 厘米，額上題刻"永垂不朽"4 字。碑身高 135 厘米，寬 75 厘米。碑文直行楷書，文 34 行。乾隆五十五年（1790），八村民眾同立。碑文記述八村士民禀請三州縣主頒布關於溝壩巡查、管理、修護等方面的告示，并將乾隆十七年至五十五年（1752—1790）八村田畝捐收消除銀兩數目、費用結算等情詳細刊載於石。

【參考文獻】周恩福.宜良碑刻.昆明：雲南民族出版社，2006.12：40-43.

據《宜良碑刻》錄文，參拓片校勘。

---

① 《宜良碑刻》錄為"二十二年"，據拓片應為"三十二年"。
② 《宜良碑刻》錄為"兩"，據拓片應為"貳"。
③ 《宜良碑刻》漏錄"共"字。
④ 《宜良碑刻》漏錄"荒灘"2 字。
⑤ 《宜良碑刻》錄為"捲"，據拓片應為"磟"。
⑥ 《宜良碑刻》錄為"圈"，據拓片應為"棡"。
⑦ 《宜良碑刻》錄為"黑"，據拓片應為"里"。

永泉海塘碑記

楊鶴鳴

　　天一生水，地六成之。是水原於天而毓於地。屯則為海，流則爲河。吾鄉地居僻壤，優幸 在 （一行）村之西北有三木陰水，與隣村輪放，而西北之田地燥者得其潤，濕者得其浸，豐収有賴（二行），人物咸熙，國賦可償，皆得水之力。獨東南之田地，雖有五里坡後之細流，惜其所濟無幾（三行），亦只灌溉田漢三村正二三月之秧母。而吾鄉之苦於東南者，每號嘆於稼穡艱難之故（四行）。茅豪傑舉事，鮮藉亦興，矧勢可明乘，豈甘爲黖瓜哉。所以乾隆十二年① 有李文光為首，而（五行）統合村妥議，有黑泥陰可以搬作海塘，豈不有益吾鄉哉。所以少長咸集，詢之此而曰唯（六行）唯，詢之彼而曰諾諾，衆口一詞。於是同心同意，捐金出米不惜其資，做工勤勞不吞其力（七行），不四年之功而海塘成爲。自春而夏，而東南之禾稻不慮其豐収。自是而人物之恬熙，國（八行）賦之輸納，均霑水澤之功。尤幸前人所肇造，原為後人所師資，是貴遵尋焉垂久也。但不（九行）邀② 其原無以知始，不究其極無以曉其終，有是澤必有是貽。不為之嚴其防，則必為之悔（十行）其後。恐時勢之迁移，人心之变態；強者無水而有水，弱者有水而無水，恩③ 患預防而為人（十一行）心，惟其患以定規制。每年自清明後，修溝開放海水，或秉公公放，自遠而近，或照分數分（十二行）放。設垻長二人放水壹分，只得將各溝應通令近者方開水口，凡尋溝分水公平，不容恃（十三行）強者截挖，如若徇情不公，連垻長恃強之人，一概公罰以修海墾。又遞年至八月十六日（十四行）収集海水，責在垻長者，推諉疏忽，更聽賠罰，切勿怨言。爰是為序。今將所出銀米開于后：（十五行）

　　一戶李文光為首，水貳分係李鵬掌管；一戶李詮，出銀六兩米六斗，工貳百，著水貳分；一戶李文科，出銀三兩米三斗，工壹百，著水乙分（十六行）；一戶李燦，出銀三兩米三斗，工壹百，著水乙分；一戶李文藻，出銀三兩米三斗，工乙百，著水壹分；一戶李興，出銀三兩米三斗，工壹百，著水乙分（十七行）；一戶李凌雲，出銀四兩米四斗五，工壹百五，著水分半；一戶李杞，出銀三兩米三斗，工乙百，著水壹分；一戶李茂，出銀三兩米三斗，工壹百，著水乙分（十八行）；一戶李登雲，出銀四兩伍米四斗伍，工壹百五，著水分半；一戶李騰雲，出銀三兩米三斗，工壹百，著水壹分；一戶李文玉，出銀三兩米三斗，工壹百，著水乙分（十九行）；一戶李發，出銀三兩米三斗工壹百，著水乙分；一戶李世第，出銀三

---

① 乾隆十二年：1747 年。
② 《大理叢書·金石篇》錄為"邀"，據拓片應為"邀"。
③ 《大理叢書·金石篇》錄為"恩"，據拓片應為"思"。

兩米三斗，工乙百，著水壹分；一戶張朝選，出銀三兩米三斗，工壹百著水乙分；張應光，出銀一兩五米一斗五，工五十，著水半分（二十行）；一戶張元，出銀四兩五米四斗五工乙百五，著水分半；張貴，出銀三兩米三斗，工乙百，著水乙分；一戶張顯光，出銀乙兩五米一斗五，工五十，著水半分；張富，出銀乙兩五米一斗五工五十，著水半分；一戶李春、李世茂，出銀三兩米三斗，工乙百著水乙分，一戶張美，出銀三兩米三斗，工乙百，著水乙分（二十一行）。

乾隆五十五年桂月吉旦天水郡庠生楊鶴鳴題樂生李位書

鄉長張顯光　　里民李世英

老人李淩雲、李世祿、李詮、李學聖、李朋、張明光匹工仝勒石（二十二行）

【概述】碑存彌渡縣新街鎮上馬營樂善庵遺址內。碑為青石質，高98厘米，寬60厘米。碑額楷書陽刻"永泉海塘碑記"6字，字底鐫飾芝麻點花。碑文直行楷書，文22行，行34–60字，全文計963字。清乾隆五十五年（1790），楊鶴鳴題，李位書丹，張顯光、李世英、李淩雲等仝勒石。碑文記載：乾隆年間，上馬營村民李文光為首捐資出力，聚眾抗旱興建海塘，歷時四年而成。海塘建成後，為防止時勢變遷，特訂立了修溝放水、海塘管理、水份分配及捐資出米等方面的相關規定。

【參考文獻】楊世鈺，趙寅松.大理叢書·金石篇（卷五·續編）.昆明：雲南民族出版社，2010.12：2696–2698；張昭.彌渡文物志.昆明：雲南民族出版社，2005.3：125–127；

據《大理叢書·金石篇》錄文，參拓片校勘。

金梅大溝碑

張　鉅

溥濟溝[①] **序**（一行）

竊聞黃帝畫野，始分都邑，而遐陬辟壤，均沾立步定畝之恩；夏禹治水，初奠山川，而北陌南遷，咸享疏河浚川之澤。是以知制田授產，固國家之鴻猷；而立堰開渠，亦宇宙（二行）之大務。即如梅家一營，田高水低，盡屬雷鳴。遇豐享之年，或可慶農夫而慰曾孫；值饑饉之歲，何足開百室而寧婦子？吾人屢試數十年，往往阻其隰畛而少與翼之眾，遊（三行）其隴畔而無茨梁之歌，將俯仰既難以供，而錢糧亦將有誤，其情實有難堪者焉。先輩營中士民，不忍坐視其困苦，業以動工興工，開溝引水，無如工本不敷，棄而中止，幾（四

---

① 溥濟溝：俗稱金梅大溝。自北羊街鄉呂廣營村首起，開溝引賈龍河水經羅官（貫）村、金家營，達梅家營，繞山過箐，溝長20里，過梘25道。乾隆五十五年開工，乾隆五十八年二月二十二日告竣，耗銀2000餘兩，溥濟田畝數百畝，為邑中較早水利工程，迄今已200餘年。

行）乎不能有望矣。幸獲少長咸集，協同商議，復舉薦營中董事十人：張鏜、錢躍祖、賀賢、梅世才、梅椿、王來法、傅朝選、張舒翼、馬昆、賀萬年，捐資工本，請示開挖。時逢（五行）縣主岳公，德被下土，澤及方隅，親臨踏勘，相其溝路之高低，觀其地勢之原隰，賞恩給示，順河開溝。自羊街子①姜山後首起，至梅家營止，盡皆荒山野地，豈致有礙廬墓田園（六行）乎？況溝必因水勢，善溝者，水漱之。今梅家一營，撥岸立壩，既非曲防以病鄰，又非隔山以取水，而董事人，類皆盡心竭力，勞身焦思。自興工之後，備歷三載，乃於（七行）縣主張②老父師太老爺台前，告厥成功。凡開挖所費之銀兩，俱系按畝均派，每工派銀三兩五錢，以賞借項。自此，世世子孫春耕灌溉有資，夏耘而芃，或或致詠，甚至秋斂之期，滿車滿簣；冬藏之日，千倉萬箱。將錢糧不致貽誤，俯仰亦有依賴，庶幾不忘董事之辛（八行）勤焉。是為序（九行）。營中儒學生員張鉅撰並書（十行）。

賜進士出身特授雲南府宜良縣正堂加三級紀錄五次岳③，為公議捐資開溝引水灌溉田畝以祈恩賞示事（十一行）。乾隆五十五年④五月二十日，據縣屬梅家營士民張鏜、錢耀祖十人等稟稱：竊士民等住居梅家一營，所種田畝，多屬雷鳴，一遇天旱之年，錢糧難免貽誤，查從前村人曾由呂（十二行）廣營迤首，羊街姜山內起至本營止，延長二十餘里，順河開溝以引河水，嗣因工本不濟，一旦中止。茲士民等不忍廢棄，邀同本營士庶捐資，照從前所開之溝路饒⑤山順（十三行）河，由羅官村、金家營荒空之處開挖，人人歡欣。誠恐始勤終怠，功成之日，不行捐資還欠，均未可定。爰是公稟伏乞給示，以便擇期興工，受恩不淺，士民等據此呈請查核（十四行）到案。業經本縣勘明，一路溝身並無干礙田園廬墓，自應即早開工，以資水利，合行出示曉諭。為此示仰梅家營士民人等知悉，爾等有田人戶，務須父詔其子，兄勉其弟（十五行），遵照開挖，齊心協力，萬勿觀戶遷延，以致功墜垂成，自貽伊戚⑥。所需工時費用，聽董事人捐墊，工竣之後，計畝歸還，毋得短少。董事人等亦須秉公督率，庶幾克成厥事（十六行），不負本縣諄諄告誡至意。此本縣為爾民所深喜而慶倖也。勉之，勿違。特示（十七行）。

署雲南府宜良縣正堂加三級紀錄六次張，為工程告竣，叩人賞示。勒石垂久事。

據縣屬梅家營士民張鏜、錢躍祖十人案具稟前事一案，稟稱：緣士民於五十五年稟請（十八行），岳縣主親臨踏勘，賞給明示，准其開溝；士民等遵示破土興工，繞山過箐，搭過梘二十五道，溝水暢流，高田得濟，呂廣、羅官、梅家三村營約共二百餘畝，其開挖工費共用銀（十九行）二千餘兩，每工田捐銀三兩五錢，歷至今歲五十八年二月二十二日工程告竣，理合叩稟。天星賞給告示，勒石以垂久，國賦民食，兩有攸賴等情。據此，除原稟批准（二十

---

① 羊街子：即今北羊街。
② 張：即張大森，據《宜良縣志·秩官志》載，"張大森，陝西西安府咸陽縣甲子（1744）舉人。十六年任"。
③ 岳：即岳廷元，據《宜良縣志·秩官志·清知縣》載："岳廷元，徐州進士。（乾隆）五十四年（1789）任。"
④ 乾隆五十五年：1790 年。
⑤ 饒：疑誤，應為"繞"。
⑥ 伊戚：語出《詩·小雅·小明》："心之憂矣，自詒伊戚。"後遂以"伊戚"指煩惱、憂患。

行）外，合行給示曉諭。

　　為此，示仰梅家營董事人等知悉，爾等所收溝價，務遵照原議，得濟田畝均勻捐收，毋得過為攤派，有干侵蝕；至溝埝、過梘，遇有坍塌，隨時撥夫修浚堅（二十一行）固，以免廢馳。倘有得水灌溉各田戶，不給溝價者，以及毀挖溝埝，許該董事人指名稟究，各宜凜遵毋違。特示

　　乾隆癸丑年[①]仲春月　吉旦。

　　董事人：張鏜、錢躍祖、賀賢、梅世才、梅椿、王來法、張舒翼、傅朝選、馬昆、賀萬年。

　　同辦理人：李光祚、傅宗相、馬富、錢顯、賀珍、李元和、王啟鳳、王自明、梅開棠、王興祖。

　　【概述】碑存宜良縣匡遠街道辦事處梅家營村百祥寺前殿。碑為青石質，高225厘米，寬100厘米；座高40厘米，寬120厘米。額題刻“功興永長”4字；碑嵌寬10厘米，飾如意卷草紋。乾隆五十八年（1793）立，張鉅撰并書。碑文詳細記述了乾隆五十五年至乾隆五十八年（1790—1793）間，宜良縣官府體恤民情、順民心、遂民願，開溝引水灌溉田畝，為民造福的功績。

　　【參考文獻】周恩福. 宜良碑刻. 昆明：雲南民族出版社，2006.12：46-49.

石缸碑序

　　嘗思，事有一日為之而萬世不朽者，好善之士每鼓舞爭先。如我三村之□□[②]，離村五里許，名曰土地廟。其□峯巒聳翠，樹木蔭翳，薰風徐來，瑞靄宜□[③]，□片幽雅。景況彷彿當年舞雩[④]勝境，往來行人無不停足乘涼，大有暢懷安舒，樂而忘歸之意，所注望者水耳。憶昔□[⑤]輩早見及，於此置缸於山腰，立□已□矣。惜功德不敷，有缸乏水，難免望梅之□[⑥]。適值三村父老復立丙街，少長咸集，把酒臨風之下互相勸□。斯境也，嶺峻途遙，村稀水窮，上通司陀牟州普洱，下達虒容納樓臨安。設缸於斯，不惟□[⑦]挑背負者得其所，即乘車跨馬者亦遂其□，利人利己之事無愈於此矣。於是，紳士倡於前，黎庶率其後，竭力

---

① 乾隆癸丑年：乾隆五十八年，歲次癸丑，即1793年。
② 《明清以來雲貴高原的環境與社會》未錄出，據《迤薩記憶·古石缸》應為“西出”2字。
③ 《明清以來雲貴高原的環境與社會》未錄出，據《迤薩記憶·古石缸》應為“人”字。
④ 雩：古代為求雨而舉行的一種祭祀。
⑤ 《明清以來雲貴高原的環境與社會》未錄出，據《迤薩記憶·古石缸》應為“先”字。
⑥ 《明清以來雲貴高原的環境與社會》未錄出，據《迤薩記憶·古石缸》應為“思”字。
⑦ 《明清以來雲貴高原的環境與社會》未錄出，據《迤薩記憶·古石缸》應為“外”字。

損掛①購買□②畝，以作運水之資，永垂千秋。夫設缸□③舉，非市美於人，亦不望報於後。特□□□甘飲耳。後之有志向善□④，從而□趨焉，又士庶所厚望也。是為序.

乾隆五十八年孟冬月

郡□□□□□題並書

（省略捐錢人名單）

【概述】碑存紅河州紅河縣迤薩鎮文管所。碑為漢白玉大理石質。乾隆五十八年（1793）立。碑文記述乾隆年間，迤薩鄉紳捐籌銀兩，在交通要道的關隘處設水缸，供過往行人飲水的善舉。

【參考文獻】楊偉兵.明清以來雲貴高原的環境與社會.上海：東方出版中心，2010.6：177-178；邵炳祥.迤薩記憶·古石缸.僑鄉紅河，2009（1）：10.

據《明清以來雲貴高原的環境與社會》錄文，參《迤薩記憶·古石缸》校勘。

石缸鄉規碑

立賣田契：阿巴村卜喇阿□□男道保，原有祖遺糧田一分，坐落漫板鄉舊寨腳下。前因公務急迫，已出當與李如林，受過價銀五十兩。今又因公務急迫，無從出辦，只得贖回此田。當憑親友，轉賣與三村紳士庶民人等名下，永作舊土地廟石缸運水之資，實受田價紋銀柒拾兩整。其糧款隨鄉辦納，自賣之後任隨招佃耕種，以酬運水功勞並勒石永垂萬載。阿六父□再不敢加找贖取，此係二比情願，授受分明，原無貨利准折及逼迫等弊。倘有外□爭講，係阿六父子一力承當。恐後無憑，立此賣契勒石存照.

又將四至坵墾開後：

上至漫板招壩田，下至阿魯田□。

左至白有鄉田旁，右至水溝。

水溝上十九坵，溝下九坵，共二十八坵。

代書趙子和，憑中阿魯、楊□□。

臘底　馬得　隻得　阿□　阿成保

八紐　馬福保　道保

乾隆五十八年十月初□日立賣契阿六

一禁砍伐樹木，一禁毀壞磚瓦。

一禁缸上磨刀，一禁餵牛馬水。

---

① 《明清以來雲貴高原的環境與社會》錄為"損掛"，據《迤薩記憶·古石缸》應為"捐銀"。
② 《明清以來雲貴高原的環境與社會》未錄出，據《迤薩記憶·古石缸》應為"田"字。
③ 《明清以來雲貴高原的環境與社會》未錄出，據《迤薩記憶·古石缸》應為"之"字。
④ 《明清以來雲貴高原的環境與社會》未錄出，據《迤薩記憶·古石缸》應為"者"字。

一禁取水煮飯。

以上數禁，犯者罰銀叁兩，報信者給銀壹兩。

石匠朱友

（省略捐錢人名單）

【概述】碑存紅河縣迤薩鎮文管所。乾隆五十八年（1793）立。碑文為乾隆年間，村民阿六父子將糧田轉賣給三村紳士庶民作為石缸運水之資的契約，并刊刻了糧田四至及水缸用水的數條禁規。

【參考文獻】楊偉兵．明清以來雲貴高原的環境與社會．上海：東方出版中心，2010.6：178-179.

清理新河糧畝使費碑記

村中呈請開河歷有年矣，縣主福示載在原碑。開河八年淤有沙灘，報墾請照實請稅糧四石一斗九升九合五勺，共計式佰肆拾陸畝肆分肆厘半，系淤灘半屬白水立陸永公戶口。原欲淤得田畝永作本村關聖宮、玉皇閣、龍海寺、三教寺、土主殿、龍王閣陸寺香火，以示公也，因已分糧入各寺立戶，奈初借田以作堤身，並借銀以作築堤，請照二費。而新堤難於堅固，屢傾屢築，沖埋良田，使費浩煩，曾開呈在案。現淤田畝不能自存，隨即計畝攤糧，提補抵損糧田，並白水亦分賣與所借銀主，以實田糧，以償資本。其資本先經籌酌尚多未敷者，因預請陸續升科，縣照一張，管事收執。至今墾田與糧數將足，尚有餘灘可以呈墾，不敢隱匿，與鄉人約議升科。鄉人曰：吾村開河，一以淺水患，一以重香火，今經二十餘年矣。新增香火未見，即舊置香火如借作河身等田，毫無着落。又水患雖除，而歲修堤埂無論富貴貧賤均按煙戶赴工，此累伊於胡底乎，是重為管事罪也。抑思隱墾干國興隆科增，國賦不可不竭力以行者。至按年淤畝，雖前經安置，恐中有隱秘，晰勒諸碑銘，伏惟天人鑒察焉。

原開河管事人：旃有德、吳位昌、公孫銳、公孫鏜、吳有昌、公孫琰、楊國勳、吳憲昌、公孫銘、公孫金、公孔鉞。

乾隆五十九年孟春月

【概述】乾隆五十九年（1794）立碑。碑文記述原開河管事人旃有德、吳位昌、公孫銳等呈請清理新河糧畝稅賦之事。

【參考文獻】《七街鄉志》編纂小組．七街鄉志．內部資料，1987.12：158-159.

金汁河頭□□□是君慶等呈訴水規蒙護糧憲大人敦□訓明詳奉碑

　　雲貴總督部堂大人富□批：各排輪放金汁河水，向來既有舊規，自應遵循□□□□率稱□改□□□□□□□□□□□□章程亦更□到仰及如詳務遵並飭將此勒石，以垂永久。仍敢碑摹報查餘□□□□□護□□批示邀□□□□□□□□□□護雲南□部院大人費□批據護金汁河座後按排輪次放水，上滿下流，無須□□□放應諸仍後算舊之□□□□□□□□□示曉餘^①□其勒石，永遠遵守，以杜爭端。倘該河道水再有民情混稟報農民等□□□爭即行查拿並辦罪□□□□□□□督部堂批示覆□續奉

　　護糧憲大人敦，爲出示時諭^②。照得金汁一河截引盤龍江灌溉，沿河上□□□□田畝，每年自四月初二□□□□□□□栽插完畢輪及二排，其三四五排遞相灌栽，曆久無異。上年，因河水稍歉，三四五排農民急需栽插，□□□□□□□栽插未竣，致相爭鬥。經署水利同知劉丞傳集各排公議放水章程，下五排農民□□□□□河□□□存□□□□□□□起，頭排放水一晝夜，二排放水二晝夜，三四五排各安排數計日輪放。□□□□□時，頭二排農民均□□□□□□壽頭同異，須經□□□具議定，以得水之日爲始。頭排放水一晝夜，二排放水□晝夜，□一排放水三晝夜，□□□□□□在案。本年，頭二排□□以放水一二晝夜須半月始得一週即行栽插秧苗□□□□等情，赴□□□□□□□□□督憲具訴□□□議具詳。經本護道集訊□被並傳各各排曉事耆民，咸稱計日□放水上年□五排所議並□□□□□□□□舊規，每年栽插歷經排次輪放，上滿下流。經本護道議，以金汁河上下五排座田頭排栽插完畢，層次□放水□□□□□□規。但□前議每年栽插夏水以得水之日爲始，蓋恐雨澤愆期，不能以四月初一日爲准。原爲變□□宜之□□□□□□□□每年栽插夏□，如遇雨澤愆期，應照前議以得水之日爲始，挨次輪放；如雨水愆期，仍以四月初一日爲始，□□□□□□□。但頭排放水須俟栽插完畢，始及二排，則以下各排未免待水需時，此後頭排□□□經灌放□□□□□□□□□□□□以下各排悉如前行。頭排放水責成二排稽查，以下各排均如前稽查。倘上排水已充盈而不關閘□□□□□□□□□或水未放足下排越次相爭，許上排排頭稟究。每年於栽種放水之期，由糧道衙門飭□水利同鄉□□省問之□□□□□□□□爭兢等由。詳奉

　　兩院憲批准照議，勒石以垂永久。等□在案，除飭水利廳遵批辦理外，合行出示曉諭。爲此，□□金汁河上下五排□□□□□，不得有違，特示。

　　□□通知　□□□聖人程文□□□

――――――――――

① 餘：疑誤，應爲"諭"。

② 時諭：疑誤，據上下文應爲"曉諭"。

大清乾隆五十九年^①三月□十　　日示

□□□金汁河上下五排之老□□□

【概述】碑原鑲嵌於昆明市雙鳳社區安國寺大雄寶殿正殿左面牆壁內，現存官渡古鎮文管所碑林內。碑為黃砂石質，高172厘米，寬81厘米，材質疏鬆，保存不當，碑面下半部已有嚴重剝落毀損。清朝乾隆五十九年（1794）立。該碑記載了金汁河上下五排依次輪放使用水流的規定，并以法律文書的形式下發各處，各自刻石為憑。

【參考文獻】《雙鳳社區志》編纂委員會．雙鳳社區志．內部資料，2014.11：315-317.

修田溝石梘田碑記 ^②

丁　春

　　聞之老子曰：上善若水^③，水善，利萬物而不爭，觀畎巨川，丞民乃粒而知水利之不可不興者也。代民之施無旱潦，長地之無磽鹵。故叔敖^④起芍陂^⑤楚受其惠，文翁^⑥穿腴口蜀以富饒，吳起^⑦引彰水^⑧於魏而鄴旁有稻糧之咏，鄭國導涇水^⑨於泰而谷口有禾黍之謠。我邱地僻維摩，山峙暮冶，盤龍一溪，實出清江之源。自乾隆九年，新城、舊城、山北、馬頭山等處，凡一百二十戶，建築龍潭大壩，十三年功成。分東溝六十戶，西溝六十戶，其東溝水止於馬頭山而入河，惟西溝地擴水寬，可分數派。山北布申等三十戶，因接一溝出馬

---

① 乾隆五十九年：1794 年。

② 《明清以來雲貴高原的環境與社會》中碑名為"修西溝石梘碑記"。

③ 上善若水：語出《老子》："上善若水，水善利萬物而不爭，處眾人之所惡，故幾於道。"

④ 叔敖：即孫叔敖（約公元前 630 —前 593），名敖，字叔敖，今河南淮賓東南人（亦說是今河南固始縣人），楚國名相。曾任楚國令尹（楚相），主持興修多項水利工程，最大的工程是芍陂（今安徽壽縣安豐塘即是殘存部分），可灌溉百萬畝農田，不僅對當時農業經濟發展發揮了重大作用，而且惠及後人。這項水利工程比都江堰、鄭國渠早 300 多年。

⑤ 芍陂：古代淮水流域最著名的水利工程，相傳係春秋楚相孫叔敖所鑿，在今安徽壽縣南。因引淠水經白芍亭東積而成湖，故名。

⑥ 文翁（公元前 187 —前 101）：名黨，字仲翁，西漢官史。廬江郡舒縣（今安徽廬江）人。漢景帝末年為蜀郡守，興教育、興賢能、修水利，政績卓著。據《都江堰水利述要》記載：文翁在任職期間，帶領人民"穿湔江，灌溉繁田一千七百頃"。文翁是第一個擴大都江堰灌區的官員。由於注重興修水利，發展農業，使蜀郡出現了"世平道治，民物阜康"的局面。

⑦ 吳起（公元前 440 —前 381）：中國戰國初期軍事家、政治家、改革家，兵家代表人物。衛國左氏（今山東省定陶縣，一說山東省曹縣東北）人。一生歷侍魯、魏、楚三國，通曉兵家、法家、儒家三家思想，在內政、軍事上都有極高的成就。

⑧ 彰水：疑誤，應為"漳水"。漳水：水名，源出中國山西省，流至河北省入衛河。

⑨ 涇水：渭河的支流，在陝西省中部。也稱涇河。

鞍山，復接出大栗樹、矣堵。有新舊城王翁瑤、李公上元、段翁世熙等三十戶，見水仍餘，另接一溝出阿路白、七田、阿諾、白臉山等處。在四十一年，鑿石洞、架木梘，溉田無數。後因木梘倒塌未獲升科[1]，復於五十年邀約溝友，設管事十二人，分五十三股造架石梘，傾囊捐費，鳩材庀工，傾其半水渡於梁，諸翁成允成功，心力俱困，餘俱費銀三千餘兩，升糧一石一斗八升，家君親預其事。春也備悉之。至於今橋上水，橫鎖一川風景，陸中澤注，胥化萬頃琉璃。是何峕楚之芍陂，人悉受其惠，蜀之口腴家皆致其饒，而稻糧之咏，禾黍之謠，不可不於諸翁先生頌之乎？

是役也，阿諾於北，地尤坦腴，倘更加賚浚導，灌溉無方。吾見用力在一溝，而善利在萬人也。且用力在一時，而善利在萬世也，其諸君子所稱上善者，善利萬世而孰與爭哉。今諸翁命予敘其事，予不敢不綜其顛末敬志之。

公入，龍王廟神功田一腳共三百七十丈，一坐落大沙溝左邊大小四坵，一坐落布稿團田下大小四坵。

修溝架梘官事：王瑤、李上元、□昇華、段世熙、丁文明、李淏、王□、徐旦、傅騰蛟、劉文起、布養、布主。催辦：蔡成茂。出夲脩溝架梘：張桐六股、馬昇華五股、李學聖五股、張廷輔五股、傅騰蛟三股、陳金棟二股、李欽伯一股、胡高烈一股、王瑤一股、陳端英一股、王□一股、戴洪恩一股、羅榮衮一股、王國相一股、李士林一股、段世熙一股、徐旦一股、謝夲楊一股、李淏一股、傅騰蛟一股、李振綱一股、劉鬱一股、布主一股、布養一股、楊林一股、李上元一股、李江一股、蔡成□一股、杜□一股、孫□□一股、王朝享一股、李土賢一股、楊天□一股。

吏部揀選知縣丙午[2]科鄉進士復齋丁春頓首拜撰，架梘攬頭石匠李茂。

時乾隆五十九年歲在甲寅春三月穀旦立，刊字石匠陳士諒。[3]

【概述】碑存丘北縣錦屏鎮舊城村龍潭旁。碑高135厘米，寬67厘米，乾隆五十九年（1794）立。碑文陰刻楷書，文18行，計519字。碑文記載乾隆年間，丘北縣新城、舊城、山北、馬頭山等處民眾合力修建龍潭大壩，幷鑿石洞、建木梘引水灌田，後因木梘倒塌改建石梘灌溉農田的經過及水利分配的詳細狀況。

【參考文獻】雲南省邱北縣地方志編纂委員會. 邱北縣志. 北京：中華書局，1999.9：872；楊偉兵. 明清以來雲貴高原的環境與社會. 上海：東方出版中心，2010.6：173-174.

據《邱北縣志》錄文。

---

[1] 升科：明清定制謂開墾荒地，滿規定年限（水田六年，旱田十年）後，就按照普通田地收稅條例征收錢糧。

[2] 丙午：即乾隆五十一年（1786）。

[3] 從"公入龍王廟神功田一腳共三百七十丈"至"刊字石匠陳士諒"的內容，係參照《明清以來雲貴高原的環境與社會》補錄，計293字。

响水河龍潭仙龍壩外封山碑 [①]

　　署楚雄府鎮南州正堂加三級紀錄 [②] 六次記大功四次，為懇思 [③] 嚴禁砍伐事。為此，示仰州屬各地方 [④] 人民漢、夷人等知悉。嗣後，見性山寺周圍、 [⑤] 仙龍壩前後，四至之內，東至大尖山頂，南至石門大埡口 [⑥]，西至依棲麼 [⑦]、菖蒲阱 [⑧]、白土坡，北至響水河龍潭、小團山，四至分明。栽植樹木，擁護叢林，以滋龍源 [⑨]。該地諸色人等，不得混行砍伐。倘有不法之徒，仍敢任意砍伐，許寺爾等 [⑩] 指名稟報，以憑嚴挐 [⑪] 重究。各宜凜遵 [⑫]，勿違！

　　特示！

乾隆六十年 [⑬] 八月十五日吉旦

　　【概述】碑存南華縣响水河龍潭仙龍壩外，乾隆六十年（1795）立。碑文鐫刻了封山護林、蓄水的相關規定。

　　【參考文獻】雲南省南華縣地方志編纂委員會．南華縣志（1986—2002）．昆明：雲南人民出版社，2006.11：762；曹善壽．雲南林業文化碑刻．芒市：德宏民族出版社，2005.6：114-115；雲南省地方志編纂委員會，雲南省林業廳．雲南省志·卷三十六：林業志．昆明：雲南人民出版社，2003.8：865．

---

① 《南華縣志》無碑名，現碑名為新擬；《雲南林業文化碑刻》《雲南省志·卷三十六：林業志》均擬碑名為"南華仙龍壩外封山碑"。

② 《南華縣志》錄為"紀錄"；《雲南林業文化碑刻》《雲南省志·卷三十六：林業志》均錄為"記錄"。據《新華字典》，二者同。

③ 《南華縣志》錄為"懇思"，意思不通，疑誤，應為"懇恩"；《雲南林業文化碑刻》《雲南省志·卷三十六：林業志》均錄為"聖恩"。據碑文內容"懇恩"較為恰當。

④ 各地方：《雲南林業文化碑刻》《雲南省志·卷三十六：林業志》錄為"地方"。

⑤ 《南華縣志》錄為頓號"、"；《雲南林業文化碑刻》《雲南省志·卷三十六：林業志》均錄為"及"。

⑥ 大埡口：《雲南林業文化碑刻》《雲南省志·卷三十六：林業志》錄為"大丫口"，據《楚雄州年鑒1993》附錄"楚雄彝族自治州自然村標準地名"，應為"大埡口"。

⑦ 依棲麼：《雲南林業文化碑刻》《雲南省志·卷三十六：林業志》錄為"衣棲麼"，據《楚雄州年鑒1993》附錄"楚雄彝族自治州自然村標準地名"，應為"依棲麼"。

⑧ 菖蒲阱：《雲南林業文化碑刻》《雲南省志·卷三十六：林業志》均錄為"蒼蒲阱"，據《楚雄州年鑒1993》附錄"楚雄彝族自治州自然村標準地名"，其中有"菖蒲山、菖蒲箐、菖蒲塘、菖蒲地"等，故推測應為"菖蒲阱"。

⑨ 龍源：《雲南林業文化碑刻》《雲南省志·卷三十六：林業志》均錄為"龍潭"。

⑩ 許寺爾等：《雲南林業文化碑刻》《雲南省志·卷三十六：林業志》均錄為"許爾等"。

⑪ 挐：同"拿"。

⑫ 各宜凜遵：《雲南林業文化碑刻》錄為"各宜領（凜）遵"；《雲南省志·卷三十六：林業志》錄為"各宜遵"。據上下文，應為"各宜凜遵"。凜遵：嚴格遵循。

⑬ 乾隆六十年：1795 年。

據《南華縣志》錄文，參《雲南林業文化碑刻》《雲南省志·卷三十六：林業志》校勘。

小新村大龍潭龍王會碑記

趙九德

小新村大龍潭龍王會碑記（一行）

龍之爲靈，昭昭也。飛在天而膏雨六合，潛於淵而澤潤一方，其神功有非尋常可比（二行）者。小新村山下出泉，淵深有本，時出不窮，一源而三流焉。或東漸，或西被，或北流，洋溢（三行）活潑。田畝盡資灌溉，人物共沐恩波。食其德者誰不思酬扴萬一乎。在昔前人舊有祭（四行）典，但民居稀少，物力維艱，不無懈怠之意焉。於是鄉之士奮然振興，謀及父老，策爲長（五行）久之計，捐貲成美，寸累銖積[1]，越數十年，計銀百兩，更置公田，而會費始有賴焉。斯時也（六行），支費逢不涸之源，赴會如不息之流，父老不禁歡然曰："休哉，其真足以答神功扴無（七行）盡乎！"夫資藉有餘，則侵蝕之獘易滋，浮費之漸易起。惟我居人念興起之多艱，思守成（八行）於弗替，體備物之意，以達誠敬之心，[2]源遠流長，祭祀之典，與潭水而共久也夫（九行）。

吏部候選儒學訓導鄉貢進士趙九德敬撰，邑庠生丁午中沐手篆書（十行）。

今將杜買田糧刊刻（十一行上）於后（十二行上）：

一杜買得蔡伸民田（十三行上）壹分，坐落壩心，一連（十四行上）肆坵，東至許姓田，南（十五行上）至小溝，西至蔡信田（十六行上），北至蔡志田。四至分（十七行上）明。隨田秋糧陸升，價（十八行上）銀壹百兩。契卷[3]對（十九行上）神焚化（二十行上）。

又將會友姓名刊刻於后（十一行下）：

張發元、朱學舜、李如雲、朱學張、丁崇仁、胡起堯、張丕立（十二行下）、朱□炤、包以義、朱學理、朱學文、丁崇義、陳世烈、朱兆福（十三行下）、張映奎、丁科雲、朱兆成、朱□棟、岳思明、張丕興、朱學堯（十四行下）、張榮奎、丁友雲、張國輔、朱映貴、朱兆寬、朱國正、包璉（十五行下）、朱樹、朱柏、朱楷、朱灼、丁毓揚、杜明、包瑛（十六行下）、朱標、張廷奎、朱樽、朱兆元、丁銓、朱兆鶴、張國順（十七行下）、朱兆發、朱樸、丁映舉、丁□榮、朱映平、朱兆祥、朱柯（十八行下）、岳維安、岳思欽、朱煜、丁象離、朱松、朱兆起、岳思恭（十九行下）、包璉、包發科、張接奎、丁鐙、傅珉、歐陽高、朱學舜（二十

---

① 寸累銖積：常作"銖積寸累"。形容一點一滴地積累，也形容事物完成的不容易。銖：我國古代極小的重量單位，漢代以一百黍的重量爲一銖。

② 《通海歷代碑刻集》漏錄"庶"字。

③ 《通海歷代碑刻集》錄爲"卷"，據拓片應爲"券"。

行下）、岳維天、朱國忠、胡李順、朱兆錫、朱履中、朱兆祿、杜聰（二十一行）[1]。

乾隆六十年歲次乙卯十二月望六日　　　閤會立石（二十二行）

【概述】碑存通海縣楊廣鎮小新村三聖宮內。碑為青石質，高 112 厘米，寬 70 厘米。額呈圭形，其上鐫刻"澤及千秋"4 字。碑文楷書，書法上乘。清乾隆六十年（1795）立石，吏部候選儒學訓導鄉貢進士趙九德撰文，庠生丁午中書丹。碑文記述了乾隆年間，小新村人為保護水源、祭祀龍神而籌資置田的情況。

【參考文獻】通海縣人民政府．通海歷代碑刻集．昆明：雲南美術出版社，2014.5：146-147.
據《通海歷代碑刻集》錄文，參拓片校勘、補錄，行數為新增。

江神廟碑記

王曰仁

長江以天塹稱，蓋南北限也。然無盲風怪雨，則櫂夫奏功：一葦可航天下之險。惟溯江而上，若岷、若涪、若三巴，則大石橫江而踞，水勢鼓噴益急，灘高丈餘，實為至阻。而於瞿塘之灧澦[2]等，尤其獨金沙一江，亙古不通舟楫焉。禹貢稱岷山導江，岷屬湔[3]氏道，在西徼外，又雲浪架嶺，在西番界。而梁州黑水，亦發源於西番之諸莫渾、五巴什，諸山分支而東，田塔城關，流入滇境。鶴麗諸郡皆經之，至大姚之左卻鄉，與打沖河會，又經楚雄、武定及東川數府而抵昭之永邑。古牂牁地也，其先屬蜀，後歸滇，黑水之入境，橫奔五六百里焉，然後合瀘水而入於大江。漢孝武[4]時通道西南夷，境拓地至若水，為橋與孫水上。酈道元《水經注》，則分若、繩、孫為三水，至唐始統其名，曰"金沙江"。明正德嘉靖間，欲開濬議格不果。行是金沙一江，由來雖久，疏鑿之功俟後聖焉。國家繼繼繩繩[5]，奄有中外六合，八方海嵋。日出罔不恩普德洋，浸潤於澤，決排疏瀹，水利畢興，非常之功，懋於禹甸。豈滇省跬步皆山，難通利涉哉！我皇上為民理財，念滇銅足供鼓鑄，而懸崖峭壁，鳥道羊腸，陸運苦之；又念六詔蒼黎所需用物皆騰貴，以陸路販往，故於是清問集群議，乃

---

① 《通海歷代碑刻集》漏錄"十一行下至二十一行"內容（計約 200 字），今據拓片補錄如上。

② 灧澦：即灧澦堆。

③ 湔：水名。湔水，在四川。

④ 漢孝武：即漢武帝劉徹，劉徹生於公元前 156 年（景帝前元元年），公元前 141 年 3 月 21 日登基，在位 54 年，卒於公元前 87 年 3 月 29 日〔後元二年二月丁卯日（十四）〕，享年 70 歲，謚號孝武皇帝，廟號世宗，葬於茂陵。

⑤ 繼繼繩繩：指前後相承，延續不斷。同"繼繼承承"。

282

令前督臣慶①、前撫臣張②，委官分職，經營厥事，召募石匠，以錐以斧，就其故道，去其壅淤，于不惜幣金，惟期以利行舟。自乾隆六年估勘始，明年興，又明年工竣，遂分小江入口，至黃草坪為江上游，由黃草坪以下抵瀘州為江下游。各委正副兩員承辦，定以額銅數目，俟江水歸漕，即令開運。由是艫舳③相接，欸乃之聲，應山而響，而自蜀至滇，商賈貿易者亦絡繽往來矣。然而巨石嶙峋，大灘梯比，軒磕隱匐，連山噴雪，雖人功之可藉，實天險之難夷。故銅運商販尚多惶怯，我皇上軫念民，依特加恤典復。恐行運未便，又命大司馬舒暨湖督新沿江查視，務冀萬全，弗拘成議，以金沙江上游較險，爰准停運其下游如舊行，並建江神廟宇，以妥厥威靈，以酬厥功德；俾川穀導氣，合通四海；俾風濤永息，銅艘咸安；俾商民通貨易財，溯江上下，無事崎嶇於險阻。然則廟貌維新，明禋④用享，其默佑護持，以承天子之德意者，何險阻之足慮哉！邑等承命建豎，因飭永善，令就近董治於黃草坪地。由是治其庭壇，廣其堂廡，肇飛⑤鳥革，刻桷彤楹，四月廟成，因勒石以垂永久。既敍而歌之，曰：維茲金江，源遠流長，奔騰澎湃，疊浪光芒。谽谺⑥起伏，峰高摩蒼，亙古未辟，用待我皇，括海寧濤，歸化萬方。乃命臣工開鑿鴻荒，疏川導滯，桂棹蘭漿，銅運攸利，商賈啟行。聿新廟貌，兌冤琼璜，貝闕珠宮，西序東房。民用享錫，俎豆馨香，神其憑依，渡彼慈航。

【概述】碑文詳細記述了為舒緩銅運艱難，確保京師及各省鑄錢需要，慶複、張允隨等歷任官員，開浚金沙江航道工程的始末，以及修建江神廟的緣由。

【參考文獻】雲南省永善縣人民政府．永善縣志．昆明：雲南人民出版社，1995.9：754.

募修三江口河道引

林中麟⑦

余之來也入所謂蒲陀崆者，見其兩山對峙，一水中流，未嘗不嘆其危者。蓋萃眾壑之，

---

① 慶：指慶複。慶複（？—1749），佟佳氏，字瑞園，滿州鑲黃旗人，清朝雍正、乾隆時期著名大臣，曾任雲貴總督，期間上疏請求開姚州鹽井，治理疏浚金沙江等。
② 張：指張允隨（1693—1751），清朝大臣，字覲臣，號時齋，漢軍鑲黃旗人。曾任雲南總督，期間力主開浚金沙江航道。
③ 艫舳：常作"舳艫"，船頭和船尾的并稱，多泛指前後首尾相接的船。
④ 明禋：潔敬。指明潔誠敬的獻享。
⑤ 肇飛：《詩·小雅·斯干》："如翬斯飛。"朱熹集傳："其簷阿華采而軒翔，如翬之飛而矯其翼也。"後因以"翬飛"形容宮室的高峻壯麗。
⑥ 谽谺山谷空曠貌；山石險峻貌。
⑦ 林中麟：進士，四川瀘州人，清乾隆年間曾任浪穹知縣。（洱源縣志編纂委員會編纂：《洱源縣志》，704頁，昆明，雲南人民出版社，1996）

趨於一湖洩一湖之積於一澗，既入之深①出之必無所阨，使稍有崩塌之患，則尾閭一帶而橫流蔓延數萬家，生靈棄爲魚鱉適頃刻間事耳。乃不數武，則又沙岸瀰漫兩水激射，西山之澗勢尤洶洶，其沙石狂奔於河而爲患也。疾矣，易矣，危乎不危？其後考之邑，乘詢之父老，知其爲白漢厰也，其爲患也久矣。前司牧者誰，而束手乎？邑人士亦遂無一策，而安受之乎？因集士民而詔之，曰：此闔邑身家性命所關，而蒞茲土者之責也。思所以去之而力無可措，吾其如此壅積，何其如□□②何。士曰：爲父母者，莫不慈其子，故謀其利而□□□，□③其危而予以安。歷任之恩勤於斯者不少，□□□□④殷於是也，獨以民事爲己事。生等敢不以□□□⑤己事乎，然則何如？曰：千狐之腋可聚爲裘，數錢之費或可蘇萬家之命。蓋事分則力易，事合則功多。生等欲爲倡捐之議，可乎？余曰：善矣！恐民情之吝何？士曰：以所有者益君之府庫，則吝；以所有者自醫其病，尚何吝乎。人之感其君者，雖君事而猶效子來。況君之爲民計者乎，中有生楊承乾者，尤力贊其事。余知其爲好義多智之士，因使董其事而相其機宜，俾可以一勞而永逸者，而生果任其事，不惜囊中物而出數十金，以爲闔邑倡。嗚呼！生果人傑也。余尤望眾之慕效之也，異日湖水安流，兩澗無患，桑麻交蔭，柳絮縈河，士女歌遊蘇公隄上，則余之憂釋而眾之功成。凡我士民，其諒之乎。因撰數言，以告。

【概述】碑文記載：乾隆年間，三江口泥沙淤積，尾閭連年爲患，浪穹知縣林中麟體察民情，督修三江口河道，爲民除水患興田利。

【參考文獻】（清）羅瀛美修，周沆纂.浪穹縣志畧（全二冊）.臺北：成文出版社，1975.1：461-464；（清）道光壬寅冬鐫版.浪穹縣志（3），1842：18-19.

據光緒版《浪穹縣志畧（全二冊）》錄文，參道光版《浪穹縣志（3）》校勘。

棠陰待渡碑記

嚴廷珏⑥

易門縣兼督厰政，年辦京局粵采額銅六十餘萬斤，其加辦或數十百萬斤不在此數，洵滇省近日之豐厰也。厰大著名者三：曰香樹、曰萬寶、曰義都。產礦之多，爐丁之眾，以香樹爲最。厰在南安州界，去縣城百里。而近由大龍泉，歷永靖、捕賊、亮山三哨以西，越尖山、

---

① 《浪穹縣志畧》錄爲"既入之深"，據《浪穹縣志3》應爲"入之既深"。
② 《浪穹縣志畧》此處 2 字原文不清，據《浪穹縣志3》應爲"赤子"。
③ 《浪穹縣志畧》此處 4 字原文不清，據《浪穹縣志3》應爲"去其害防"。
④ 《浪穹縣志畧》此處 4 字原文不清，據《浪穹縣志3》應爲"而公之殷"。
⑤ 《浪穹縣志畧》此處 3 字原文不清，據《浪穹縣志3》應爲"公事爲"。
⑥ 嚴廷珏（1801—1853）：字行之，號比玉，浙江桐鄉青鎮（今烏鎮）人。嘉慶年間諸生，道光時貢生。曾任雲南府同知、麗江府知府、順寧知府。

團山至猴子坡，懸崖千仞，盤旋而下，中有綠汁一江[1]阻之，為昔日魯魁負險門戶。江水源出縣西六十里諸山中，兩山夾峙，一水中流，曲折逶迤，莫之所極。向由司廠者招募船戶，具舟以渡，每當春夏之交，大雨時行，山水暴注，江流驟長數十丈，汪洋恣肆，勢不可遏，往往歷數日不能渡。廠地懸隔江外，支爐者、打尖者、負礦者、售柴炭者、販油米者以及行商坐賈之有事斯廠者，熙熙而來，攘攘而往，日夕待渡不下數千百人。馱運銅斤之牛馬騾驢，尤難數計，艤舟次僅一席地，水隔人聚，即露處無立足所。亦有冒險逕渡，水激舟覆，多瀕於危，人恒苦之。

予攝篆是邦，凡有便於民者，皆所得為。況查廠往復，道必經此，目擊心傷，不能不急為之計。爰擇渡口近處，平治其地，建屋數楹，繚以牆垣，辟以戶牖，以避燥濕寒暑。庀材興工，不兩月而功成。俾向之立足無所、冒險欲渡者，皆得有所棲止，待時而動。江流如故，從此得免於瀕危者，歲不知幾輩矣。歐虛舫明府題其楣曰"棠陰待渡"，而乞予紀之，豈敢謂召伯甘棠，永留遺愛，亦執政者因地制宜，重惜民命，深冀後來者之勿剪勿伐云爾。是為記。

【概述】碑文記載：每當春夏之交綠汁江江水暴漲，往來待渡者苦不堪言，易門縣知縣嚴廷珏知情後，擇渡口近處平地建屋便民利民。

【參考文獻】易門縣地方志編纂委員會．易門縣志．北京：中華書局出版社，2006.8：755；《中國河湖大典》編纂委員會．中國河湖大典·珠江卷．北京：中國水利水電出版社，2013.1：410.

據《易門縣志》錄文。

溪口渡碑記

王廷桂[2]

鎮北溪口一渡，舊在大灘之首。土人刳大木爲槽，亂流而濟。屢遭覆溺，往來者視爲畏途焉。余嘗相度形勢，自三勝岩而下，兩山夾束，岈窄流奔。自虎跳石而下，水雖紆徐，

---

[1] 綠汁江：元江左岸支流，亦為上游最大的支流，地處雲南省滇中腹地的楚雄彝族自治州、昆明市與玉溪市。綠汁江發源于楚雄州祿豐縣勤豐鎮九龍山，向北轉南流成為楚雄州與玉溪市的界河，向西匯入元江上游石羊江。河長319.1公里，落差1857米，流域面積8613.4平方公里。流域地跨楚雄彝族自治州祿豐縣、元謀縣、武定縣、楚雄市、雙柏縣與昆明市安寧市、晋寧縣以及玉溪市的易門縣、峨山縣和新平縣。集水面積大於100平方公里的一級支流有西河、南河、稗子溝河、舍資河、老耳河、潔石河、沙甸河、川街河、股水河、大田河、扒河、他此河、衣施河、河口河、平地河與克田河，共計16條。（《中國河湖大典》編纂委員會編著：《中國河湖大典·珠江卷》，410頁，北京，中國水利水電出版社，2013）

[2] 王廷桂：鎮雄人，乾隆壬午（乾隆二十七年，1762）科舉人。（李春龍、江燕點校：《新纂雲南通志·二》，371頁，昆明，雲南人民出版社，2007）

而石岍不能蹊徑，俱非設渡所。昔徐刺史諱柄過此，有意捐金造舟，以更木槽，會遷不果。邇來，居人稠密，山箐老株斬伐殆盡，大木槽且難爲繼，誠不可不用舟。第思舟大雖善而地險尤當慮，惟舊渡上數百步巖口山開峀闊，水至此而滙漣漪，平靜迥殊灘首湍急。於是，集諸耆老議疏道、造舡、移渡口於此。抱利濟之懷者，尚其永之。

【概述】王廷桂撰文，全文計 200 字。碑文記述溪口渡水流湍急，過往客商視爲畏途，鎮雄耆老集體商定疏浚河道、造船、遷移渡口以利濟民眾之事。

【參考文獻】鳳凰出版社等 . 中國地方志集成 · 雲南府縣志輯 8：光緒鎮雄州志 . 南京：鳳凰出版社，2009.3：261.

新修仙人壩 ① 碑記

張　旺

環棋皆山也，自靈照分派，迤邐而東，層巒疊嶂作州治之右屏。其間田疇參差，半依山岡，以待澤於天雨者，約千餘畝。中有隨山諸水，蜿蜒奔注，直過煤炭沖統滙於仙人塘。是水也，是中右數屯所急需，而卒歸於無用者，何哉？盖田高塘低，勢不能使數仞以下之水，仰潤數仞以上之田。所以，臨流而興嘆者，已多歷年所。丁卯 ② 夏，值郡侯徐公省農於此，目擊枯涸之象，不勝憫惻之憂。適紳士劉君文錫等，呈請作壩壅水於仙人塘，以救此一方民。公卽詣其地細覽形勢，慨然允其議。據情，詳請上憲借給公銀三百兩，擇於縉紳中舉魏君世綖董率其事，廼鳩工庇材，鑿山削壁，瓷石爲壩，寬七丈許，高九丈許。自塘至溝口長三十餘丈，勢若建瓴，無漱齧之患；形似盤石，有鞏固之堅。肇工於戊辰春二月，至冬十一月工竣，約費三百餘金。惟得水之家，按照兩年均捐以還項，概無波擾。是則，財不省而用自裕，民不勞而事已集矣。由此，秋冬蓄水，春夏開放，分潤涸田千餘畝。向之一望赤土者，今且數頃碧波矣。吾知崇墉比櫛永享樂利之休者，公之賜也。況水勢漸積而高，灌漑由近而遠。異日，三屯以外其推暨正自無窮，亦公之賜也。然公豈苐 ③ 惠此一方哉？成梁於西路，築堤於北河，濬畝於南方，茲又建壩於東隅。凡四境內，可以甦民之困者，靡不毅然引爲巳任，而力成之鴻功偉績眞堪不朽矣。昔李氷鑿離堆之渠，而水道通；高斡築糜棄之堰，而水利興。

① 仙人壩：在城東十里，爲中、右所魏家山溝洫之源，地低，艱於灌漑。乾隆十三年（1748），知州徐正恩瓷石爲壩，秋冬蓄水，春夏開放。（方國瑜主編：《雲南史料叢刊 · 第十三卷》，277 頁，昆明，雲南大學出版社，2001）

② 丁卯：指乾隆十二年，歲次丁卯，即 1747 年。（雲南省水利水電勘測設計研究院編：《雲南省歷史洪旱災害史料實錄 [1911 年〈清宣統三年〉以前]》，191 頁，昆明，雲南科技出版社，2008）

③ 苐：古同"第"。第：僅；只。

類皆名垂竹帛，澤流奕禩。今之仙人壩，亦猶是離堆渠、糜棗堰^①也。其所以垂竹帛而流奕禩者，應與秦之李冰、蜀之高駢後先相輝映耳。東地士民，食公之德而不能忘，囑予次其巔末，以勒諸琅珉焉。是爲記。

【概述】張晅撰文，全文計 576 字。碑文記述乾隆年間，玉溪知州徐正恩修築仙人壩的詳細經過，歌頌了地方官紳為民興利的功績。

【參考文獻】鳳凰出版社等. 中國地方志集成·雲南府縣志輯 26：道光澂江府志·乾隆新興州志. 南京：鳳凰出版社，2009.3：616–617.

徐侯^②築堤引泉創興水利碑記

許賀來^③

中州廣陌平疇，濟以長川巨津，故稱饒沃者，十邑而九。滇土處荒僻之鄉，歃澮寄山谷中，農人在^④占風望雨，春霖失期，惟焚香籲天，束手坐困，歲成終無望焉。卽田之近湖隣泉者，水道所不及，祗憑桔槔以從事，民力疲而旱如故。其有裁成輔，相補造化之所不及者，誠戞戞乎，其難之。

州有里，曰海東，田不下數十頃。居湖東之畔，歷年以荒旱聞。前人數有鑿^⑤之謀，或畏難苟安，或工力不逮，無毅然成之者。徐侯以閥閱世家，閩海循吏，奉檄涖事，下車以來，潔己清心，除羨耗^⑥、革供應、慎締^⑦審，仁風善政，不一而足，治通人和，百廢俱興，古所未有。更念水利之關於民者重。公事之暇，摒^⑧車騎，詢野老，巡行阡陌，堤之宜築者築之，堰之宜脩者脩之，泉之宜濬者濬之。其蓄水之^⑨通流，以利灌溉者，指不勝屈。一日，道過海東，喟然曰：龍井之泉，決之海則無益，通之田則有裨，吾其與爾民成厥事乎。令出而民之歡

---

① 糜棗堰：指唐乾符（874—879）時，西川節度使高駢在郫江修建的水利工程，位於今成都西南交通大學總校東邊的九里堤。（王英華、杜龍江、鄧俊著：《圖說古代水利工程》，127 頁，北京，中國水利水電出版社，2015；張蓉著：《先秦至五代成都古城形態變遷研究》，238 頁，北京，中國建築工業出版社，2010）
② 徐侯：指知州徐正恩，乾隆十三年（1748）署石屏州。
③ 許賀來（1656—1725）：字燕公，號秀山，石屏人。康熙乙丑（1685）進士，任翰林院編修，官至翰林院侍講。
④《石屏縣志》漏錄"在"字。在在：處處；到處。
⑤《石屏縣志》漏錄"渠"字。
⑥ 羨耗：疑應為"耗羨"，舊時官府征收錢糧時以彌補損耗為名，在正額之外加征的部分。
⑦《石屏縣志》錄為"締"，據《石屏州志》應為"編"。
⑧《石屏縣志》錄為"摒"，據《石屏州志》應為"屏"。
⑨《石屏縣志》多錄"之"字。

乎^①禱祝者數千人。遂鳩工運石，築堤擁水，既厚且堅，爲萬世不拔之計。復沿山通道，引其流而遙注之，我徐侯不憚披荊斬棘，親指畫於泥塗原隰間。興作之日，發廩捐俸，以犒役夫。不傷財，不廢^②工，甫閱月而功告成，以無窮之水，灌無窮之田。昔之荒旱^③，悉變膏腴。蘇堤、白渠何多讓焉？吾因之有感矣。天下非常之舉，必待非常之人，龍井之泉爲千百年未開之利，前以猶豫而無成，豈非山川神靈，必俟守令之廉明卓異者，始以呈^④奇而著其績也哉。若夫善後之策，設堤夫以司之，均其分數，時其脩築。強梁者有罰、阻撓者有禁，俾荒旱之田，長歌豐稔。水利之創興，其功豈小哉！

異口奏最丹庭^⑤，司國家大計，經營調燮澤海內而福蒼生作霖，大業於茲可卜其梗概矣。是爲記。

【概述】碑文記載知州徐正恩爲官清廉重視水利，爲民築堤修堰，親自指揮、捐俸引龍井泉水灌溉農田，并設堤夫管理、均分水利，造福百姓的事迹。

【參考文獻】雲南省石屏縣志編纂委員會．石屏縣志．昆明：雲南人民出版社，1990.10：817；（清）管學宣．石屏州志．臺北：成文出版社，1969.1：164–165.

據《石屏縣志》，參《石屏州志》校勘。

依祿、團山等村水規碑

案系爭放溝水起釁，當經訊悉前情，查閱抄呈堂判。乾隆三十六年^⑥七月十八日，依祿村黑林鋪互控山場時，曾經前昆明縣曹集訊判決，並斷令現在該村等所爭之水溝，仍照古規開放，兩造遵結在案。現該村仍以爭放此溝水互控，當即派巡警前往該處辨同團約紳耆，秉公勘明即回復，依祿村地居高山，吃水維艱，班莊村、大團山、黑林鋪等村住在下流，兼有海源河水可以灌溉田畝，吃水較易。現斷令每年除二三兩月灑秧時，將此股溝水全歸依祿村開放，以示區別而彰公道，其余每年值正月及四月初一日起至臘月底止，着依祿村、班莊村、圓照寺、大團山、黑林鋪等村各照古規輪流開放，每月以十七日爲周而復始，大團山每月放水七排，應輪得四日三夜；黑林鋪每月放水六排，應輪著三日三夜；班莊村放水四排，應輪得兩日兩夜；圓照寺放水六排，應得三日三夜；依祿村每月放水拾排，應得五日五夜。自判決之後，各宜凜遵，毋違幹咎。兩造遵依具結完案，此判。右給大團山碑記。

---

① 《石屏縣志》錄爲"乎"，據《石屏州志》應爲"呼"。
② 《石屏縣志》錄爲"廢"，據《石屏州志》應爲"費"。
③ 《石屏縣志》錄爲"荒旱"，據《石屏州志》應爲"旱荒"。
④ 《石屏縣志》漏錄"其"字。
⑤ 《石屏縣志》錄爲"丹庭"，據《石屏州志》應爲"彤廷"。
⑥ 乾隆三十六年：1771 年。

【概述】該碑應立於乾隆年間。碑高58厘米，寬39厘米，厚3厘米。碑文記載乾隆年間依祿村與黑林鋪為放溝水而引發糾紛，後經官府秉公勘明，作出依祿村、班莊村、圓照寺、大圍山、黑林鋪等村各照古規輪流放水之判決。

【參考文獻】《黑林鋪鎮志》編纂委員會．黑林鋪鎮志．內部資料，1995.10：299-300.

重修龍神廟水塘義學碑記

傅　堅

粵稽古帝，六府聿修曰："水火木金土穀。"《易》曰："井養不窮"是知水之用，難容缺也。故浚畎澮，築堤堰及鑿井修塘，莫不料濟一方，而施及於奕世。矧在山國鮮有添源泉者乎？

郡城舊建於天梯。雍正九年[1]，祿逆跳梁，天威震迭，芟刈而蕩滌之，始改築城於治。此三十年來，生聚教養，湛恩汪濊[2]。凡我血氣之儔，已靡不飲和食德。顧掘井九軔[3]，深不及泉，煙火萬家，汙尊杯飲，等若沆瀣。

前郡首徐公諱德裕，會堵截溪流，引泉開溝池。然地處山河，到夏易竭。農事一興，灌田尚虞不給，城中汲取水，其艱可想矣。前任沈公，復鑿池城內西偏。顧峰土崩頹，淤泥汙濁，居民且縱放牛、豬，為畜牧場。旱則池水仍涸，雨則街巷積汙，匯入池中，食之多染癘疫。撫此蒼黎，能不惻然動念歟？

予於壬午[4]春調守茲土，即謀修治。顧下車伊始，百務未遑。時為仲夏，旱魃為虐，池已竭矣！池畔舊有龍神祠，乃率僚吏士民虔禱，睹屋宇湫隘，半就傾頹，曰："籲！是不足以妥神靈，又安得以邀神貺也！予守令烏能辭其責？"時多士復南顧指曰："斯即西門義學也。"邊瓦墮壁傾，風雨不蔽，唯誦聲幾寂矣。願兼而營之，誠一舉而三得備焉。

獨是工大費繁，非謀之於眾，恐不能成事。予以為：眾志成城，抑又何難？爰與縣令汪君議，捐資為眾倡。時又武士商，軍民亦皆樂從，募有成數。乃先議浚塘，擴而大之，浚而深之。計長十七丈零，闊四丈，深六尺。將自城外引入塘中一百二丈，俱易為石溝，上複版。復別開石渠，納各街積汙，去廟後一丈餘流出城，則垢穢可無虞矣。次於塘北購民間隙地、廟基，改舊宇為廟門，後買偏左民房，撤而新之。歲時禱祀，其生息有所矣。以作廟餘財修義學，更其方向，增其室廬，藏修有地矣。議成而後舉事，謂計日而可以奏功也。如無人心易渙，銳始怠終，捐項半屬空懸，工程尤多草率。歲聿雲募，匠工星散，幾不可復振。

---

① 雍正九年：1731年。

② 湛恩汪濊：指恩澤深厚。汪濊：（水）盛多。濊：古同"穢"。

③ 軔：古同"仞"，古代長度單位。周制8尺，漢制7尺。

④ 壬午：乾隆二十七年（1762）。

次年①春，胡君來署縣事，勸化居人歡欣伙助鼓舞，司事且罄竭已囊，設法部署。於前之修而復圮者，加椿添石，叠砌維堅，三次始次第告成。蓋興工於壬午之冬，落成於癸未②之夏。胡君瓜期③已屆，汪君復任矣。

塘臨市路，復議環以石欄，起屋十間，聽人僦居。既可以障塵坌，更可以獲賃資，以供祠祀及續修費。又置廟戶一人，執掃除役。自落成迄今又年餘，而後藏事也。

今，吾合郡汲取深池，飲水思源，尚其敬迓神庥，俾雨暘時，若大於不興乎？青青子衿肄業於側，其亦對清流活潑，疏淪④而聰明，澡雪而精神，日新而又新乎？

胡君、汪君俱去矣。予亦旦暮為解組計，又何敢以不文之辭，辱此靈源？然喜斯舉之澤及生民，功在學校。不能拒邦人之情，故略志始末，勒之石。猶冀後之君子，隨時補葺。庶可功垂永久云爾。

【概述】碑文記述了歷任昭通官員開溝池引泉、捐資浚塘引水、修石溝築石渠，并重新修葺龍神廟助義學等歷盡艱辛為民造福的功績。

【參考文獻】昭通舊志彙編編輯委員會．昭通舊志彙編．昆明：雲南人民出版社，2006.5：84-85.

駱家營雙塘靈泉記⑤

馬培元

縣治東駱家營里許，有雙泉塘，俗名曰月塘。塘闊半畝，中有二竅，左呼右吸，潏然出泉如湧珠焉。時而沙水團結，蠢起數尺，逾時始平，有痕如暈。隨竿投之，一吸以入，一湧以出。吞吐出納，浮精耀景，莫能名狀。竊以水，陰象也。從太陰之盈虛以為潮汐，陰陽闔闢，氣機鼓盪，湖海之大應爾也。而茲塘也，水不過一勺，而一闔一闢，尺水有湖海之觀奇矣。名以日月，固宜。乃省志弗採，邑乘不傳。而噴珠漱玉之靈境，付之閒曠之區，士大夫鮮有知者。樵夫牧豎，雖知而不能言，此其所以寂寂歟。抑山水之知遇，亦有待歟？今逢李邑侯重修縣志，一邱一壑，俱入採擇，以備披覽，則日月塘亦如蘭亭之遭右軍也。余故幸泉之遇，而不計文之陋，聊為之記。

---

① 《昭通舊志彙編》注釋為"次年（1762）春"，據上下文屬誤，應為1763年。
② 癸未：乾隆二十八年（1763）。
③ 瓜期：指任職期滿換人接替的日期。
④ 《昭通舊志彙編》錄為"淪"，屬誤，應為"瀹"。
⑤ 據《新纂雲南通志》載："雙塘靈泉記　宜良廩生馬培元撰，乾隆年。在宜良縣。見《滇繫》。"（劉景毛、文明元、王珏等點校：《新纂雲南通志·五》，429頁，昆明，雲南人民出版社，2007）

【概述】該碑應立於乾隆年間，宜良廪生馬培元撰文。碑文記載了作者撰寫駱家營雙塘靈泉記的來龍去脉。

【參考文獻】許實輯纂，鄭祖榮點校．宜良縣志點注．昆明：雲南民族出版社，2008.11：320；（清）袁嘉穀修，許實纂．宜良縣志（民國十年刊本·影印版）．臺北：成文出版社，1967.5：241.

據《宜良縣志點注》錄文，參《宜良縣志》校勘。

山腳營永公塘記

李　淳①

治南山腳營村有龍潭，而無堰塘，耕者苦之。余因公過其地，見村有田數十區，三面皆高，堤其一面，即可爲塘。詢之居民，已搆訟四十餘年矣。余召田主，婉諭，不從。詳經觀察，永憲②勘視，無異余議。不數月而塘成，居民請名其塘。余復往視之，汪洋若湖海，嘆曰：旱暵之鄉，而成膏腴之區，非永憲之功乎？因名曰永公塘，紀公德不朽，又見永爲公濟云。

【概述】碑應立於乾隆年間，時任宜良縣令李淳撰文。碑文簡要記載了筑塘的始末。

【參考文獻】許實輯纂，鄭祖榮點校．宜良縣志點注．昆明：雲南民族出版社，2008.11：317；（清）袁嘉穀修，許實纂．宜良縣志（民國十年刊本·影印）．臺北：成文出版社，1967.5：240.

據《宜良縣志點注》錄文，參《宜良縣志》校勘。

---

① 李淳：衡陽人，監生。乾隆四十八年（1783），知宜良縣事，修學宮，創建雪堂書院，士民懷德，春秋祀之。（江燕、文明元、王珏點校：《新纂雲南通志·八》，81頁，昆明，雲南人民出版社，2007）

② 永憲：指糧憲永慧。

新開東川子河築青石澗堤工記

高上桂[1]

　　鄧之四面皆山，中帶瀰苴河六十里，首受甯湖，下注洱海，界爲東西兩川。兩川形如半璧，田廬繡錯，環山諸溪百道飛瀉，各瀦爲湖，兩湖皆入瀰河。唐時羅時兄弟於西川鑿山導水，西湖始別出爲羅時江，至今食其利。惟東湖入河處天洞山逼其頰，天衢橋扼其喉，居人岸集無隙地，別可穿渠。千餘年來湖河合派，河爲沙壅，橋阻河高湖卑。夏秋雨集，河盈河不能納湖，湖反爲消河之壑，而青石、九龍諸澗水復蕩石，淤泥匯於湖口，相輔爲害稻壤，花村化爲魚窟，菱渚民生，其間未獲安居粒食嘻，甚矣。憶康熙初年，州民於天衢橋下開西閘。雍正五年，又開東閘，意在分洩倒流之勢。乾隆六年，本州楊開坦平山。九年，巡道朱又開馬鞍山，意在別尋湖流之委，均勞而罔功。十九年甲戌，本州蕭與余兄上樞畫兩河三埝策，議買河岸民房，穿子河引湖水，由東閘入洱。策誠善，嗣捐貲不敷，績用無成。余時在諸生，每顧吾鄉水雲一片，人其爲魚，輒爲鳴悒，後雖邀升斗宦遠方未嘗一日忘之。辛丑春，丁內艱家居里人趙之珞等來尋開河約。適郡伯歸安張公春芳奉撫軍檄臨鄧勘河，太和尹湘鄉王公孝治權鄧牧，皆留心水利。余復申前議，並於天洞山北議築長堤堵青石澗諸水，時其蓄洩。郡伯可之，而居人趙士模、楊瑞揚、丁雲相、丁顯南四人，倡率比隣徙宅以讓郡伯高其義。按房間大小償其值，卸屋料歸之，得地若干區，即日興役，更以後效屬王公。王公身督工程不問風雨，余與姪萬選及友人徐聲華董其事，輪班任職，計事分勞。有楊嚻、李際雲、楊楷等三十人襄理其間，由是子河開長堤成，湖自有尾潦不爲災，樂利之澤與羅江並永。又長堤下澗水故道一區，王公撥夫工、牛具闢沙石墾地八百畝，爲保護歲修之費，籌畫周矣。及祥符張公士俊踵而爲之，其功益大，備計此舉買房間九十、地畝三，穿新河舊閘，三千弓築兩河、石埭三千尺、長堤四百丈，爲石橋、石閘各一，用夫六萬、船隻二千、牛具匠工木石灰料地價三千六百金。官爲倡捐，余竭力三之一，餘銀及夫出各田戶。起辛丑二月，

① 高上桂：號月庵，清代大理府鄧川州銀橋村人。清乾隆二十八年（1763）中進士，初任四川新都縣令，後調任河南輝縣、太康等縣知縣。乾隆四十四年（1779）"居艱歸里"，鄉民向他哭訴東川水患之苦，高上桂向太甯、州牧"復申"在青索村瀰苴河東岸新開子河，以泄東川諸水的"兩河三埝策"，并首捐千金。州牧感其誠，聘爲修河總理。高上桂督率民夫，歷兩年零四個月，開鑿天洞山新河 170 余丈，鑲河堤石 20 多丈，使漫地江不再納入瀰苴河而與瀰苴河成兩河三埝之勢，各自南流入洱海。自此，東川水"暢泄無滯"，漫地江改名永安江，江兩岸涸出膏壤千頃，東川人民置高豐莊以感念其政績。乾隆四十七年（1782）高宗傳旨"嘉獎"，并擢升湖南茶陵州知州，後卒於任所。修河竣工後，高上桂還編纂了《鄧川州志》6 卷，因赴茶陵任所，未及付梓。道光四年（1824），其孫高仲光等刻印行世。（洱源縣志編纂委員會編纂：《洱源縣志》，671 頁，昆明，雲南人民出版社，1996）

迄癸卯夏杪。郡伯張始之，權州牧王成之，張又繼之。至窮流溯源遙爲驅策，則撫軍劉公主之，而余幸躬睹其盛焉。昔文翁穿湔洼，民用饒富。薛公疏漳衡潦患以除，白居易隄錢塘，滕子京隄洞庭，人多稱便。今撫軍重念康田，而府州盡力溝洫，舉千百年積患一朝去之，其視文、薛諸公爲國捍患興利，民到今受其賜者，將無同然。歐陽公記子京偃虹隄曰：事不患於不成，患於易壞作者。欲其久成，繼者常至，怠廢。此撫軍所爲慮。地方官日久怠生，特援之以入告也。他日子河培險疏滯工日有加，而長隄內漸淤漸滿，青石諸澗水歸馬鞍山之役未可緩圖，凡我同事可狃目前而忘遠慮乎？用書以告後。

【概述】該碑應立於乾隆年間，高上桂撰文，全碑計944字。碑文詳細記述了新開東川子河筑青石澗堤工程的具體情況。

【參考文獻】楊世鈺，趙寅松．大理叢書·方志篇（卷七）：咸豐·鄧川州志．北京：民族出版社，2007.5：630-631.

西洱村興修水利碑記

聞大禹之有天下也，卑宮室而盡力溝洫，夫亦以旱而有備，使民得盡力於南畝。夫人主玉食萬方而以經，重農事得盡力何以故。蓋國以民為本，民以食為天。食不足則民無以恤生，貢賦何由出？是以古之聖王司空繼以司徒，其必治水。淤者開之，塞者通之，相其地之高下□□以疏通。水治則國無遊民，野無礦^①土。夫故保介瞻原隰而生喜，田工赴阡陌而神怡。粵稽往制彰彰可考，至於今生鑿實繁更當以□急。試以一隅言之：昔耳山多水少，每乾春耕夏耘，士有□□之嗟，女無餬餉之勤，天下滂沱則坐受其困。非□□跡者尋流窮源，於昔耳之東南有龍潭焉，水勢滔□□□□□□僅矣納河餘水入江。嗟乎，此有用之水而何置於無用。因選擇於人以作領袖，捐金開挖。雖不無穿山破石之苦，而亦可安歲粒食之樂。眾志所向，無不歡忻，一時踴躍，勤於公事。至此功成告竣。爰立分數，照單放水，輪流轉移，庶豪強不得兼併，□暴□容多取。欲垂永久，勒石為銘。（名錄略）

一開溝共使費銀三百九十九兩二錢一分。

領袖：李廷勳、趙國寶、李廷樑。

公議水分共剖三十石，六排輪放，每排一旦一夜，以天明為定，不得擅自私放。如違者，罰銀一兩入公修溝。其水以號為定，號到擋水。

嘉慶元年^② 六月二十八日合寨人仝立

【概述】碑存彌勒市西二鎮西洱村關聖宮。碑高110厘米，寬68厘米。碑文記述了西洱村

---

① 礦：疑誤，應為"曠"。
② 嘉慶元年：1796年。

民眾開溝興修水利并公議水分的事實。該碑是研究彌勒地方興修水利的重要史料。

【參考文獻】葛永才.彌勒文物誌.昆明：雲南人民出版社，2014.9：164-165.

永遠水規

　　特授雲南楚雄縣正堂張，為振水利事。□照得六十年分國緊□□□□以完納者，有□也。自洪武開滇，墾田挖溝，自龍灘河總壩外至石紮，而軍民田產照工均勻科糧，安水共數乙十五輪，各有輪水灌放。因不良之人，討放些須小水，□□送彼此相視，效法成方，男女老幼晝夜攉洞，明暗之水，偷放無數，積壩水泡田，使溝稍水尾之軍田，春夏無泡灑秧苗之水，眾民嗟嘆，上欠國賦，下絕衣食。眾民齊憨公所，約振水規，蒙上蒼之洪恩，言定永遠為例。

　　一條規，上至官水口，下至龍灘河，歷古無輪水，自輪水之後，泡灑秧田，須留小水一股，日夜長流，各人轉放，周而復始，勿得股數放□與放大。放清水泡田，按年水租穀壹斗，犯規罰銀五兩。

　　一條規，自龍灘河總壩外起至石紮，盡皆有水分之田，溝頭官溝埂下之田，男女勿容上溝攉洞偷放明暗之水，若尋出罰銀七兩，情死判命，眾人言定無人命，死也狂然。

　　一條規，泡田原等發河水，勿得借下雨之名而截斷輪水，尋出罰銀三兩。

　　一條規，放山水泡田，勿得使沙填溝，勿得劈遺官溝改田□□，罰銀三兩。

　　一條規，十月初五日祭龍，輪水挖溝大事，男女不可阻滯咒罵。倘有此情，罰他挖清，罰銀一兩。隔河渡水，只渡己面之水，不得借此偷放，若不遵，依前罰銀四兩。

　　以上條規，龍水六股，凡犯者，照規就碑發落，修理溝壩。倘若倨傲，按規赴官處治。

嘉慶元年五月初七日黃道日立

劉
本界鄉保周老□具
張

【概述】碑存楚雄市軍屯官溝，嘉慶元年（1796）立。碑文刊載了楚雄縣知府關於龍潭河總壩外至石扎輪流放水、修理溝壩的規定條例。

【參考文獻】雲南省楚雄市水電局.楚雄市水利志.內部資料，1996：191-192.

騰衝縣閻家沖^①龍王廟碑敘

侯寧邦

　　嘗^②聞水不在深，有龍則靈。故在天在淵神靈莫測者，龍也。緬箐練之北二十里，有打鷹山，山下出泉，先輩諸父老名曰龍潭。匯流而出閻營，歷登雲村，三經懸巖瀑布而下，至小箐分為二大溝，再分為四大溝，灌溉田畝，國賦約有一百一石。昔年源頭寬敞，樹林蔭翳，水源養蔭。繼緣斧斤日肆，火耨^③芟根，乃致濯濯興嗟水源涸細。竊思此山之水，點滴皆金，關於國計民生重矣。四大溝人等，時切田荒累賦之憂，於戊午春，打建龍王廟於龍潭之岸。眾山環拱，巨石磷峋，猗歟休哉，龍宮水府不亦宛然在是哉。伏願泉源湧大，灌溉饒裕，又無暴漲沖埋，行見旱澇適宜，原隰豐裕，均受龍神之佑於靡暨矣。是為敘。計開：

一、四大溝人等不得藉龍王廟霸佔閻三訓首報一拾二畝義學糧山。

二、閻姓住近水源，永不得於古溝兩岸橫得截源開種。

三、祭祀龍王每年定期於春分日，不得過期。

四、四大溝人祭龍祈雨辦理仍遵古訓，止得順開龍口，不得於溝外越挖。

五、閻姓不得於立夏前後多截水源，致四溝田畝乾涸。

嘉慶三年^④戊午歲四月二十三日

四大溝人等同立

騰庠生侯寧邦稿。一式兩碑，立此一碑，立土主廟一碑

　　【概述】嘉慶三年（1798），四大溝民眾同立，侯寧邦撰文。碑文記載：打鷹山龍泉乃四大溝民眾之重要水源，惜因亂砍濫伐、放火燒山致水源枯涸。為保護水源，民眾在龍潭旁修建龍王廟護持，并對祭祀祈雨、放水用水等作了明確規定。

　　【參考文獻】黃珺.雲南鄉規民約大觀.昆明：雲南美術出版社，2010.12：168.

---

① 閻家沖：今隸屬騰衝市中和鎮。

② 嘗：古同“嚐”。

③ 火耨：猶火耕。耨：古代鋤草的農具。

④ 嘉慶三年：1798 年。

義安橋水分碑（一）①

　　署雲南府宜良縣正堂加五級紀錄六次周，為平地風波強奪越霸事。本年六月初二日　奉（一行）

　　本府正堂史牌開：嘉慶三年五月十五日奉（二行）

　　糧儲道錢批，本府呈祥②，該縣民李中榮等與駱丕等互爭水分一案，緣該縣駱家營、化夷村③有公共溝水一道，地名平地哨，溝上建橋一座，名（三行）義安橋。其溝自東至西約長里許，駱家營田畝在溝之北首，地處高阜；化夷村田畝在溝之南首，地勢低下，溝水至上而下，先由駱家營高田（四行）經過，歷系該二村分放，從前並無爭控。查閱化夷村民李中榮等所呈碑摹，係乾隆十七年④該縣張令⑤所立。內載化夷村有溝底水七分之四（五行）字樣。駱家營民人駱丕等雖無分水執據，歷年實係該二村分放。近因雨水稀少，駱家營民人輒行堵截，使水不能下流，以至化夷村低下之（六行）田無水灌溉。李中榮等赴縣具控，經該縣勘照田畝之多寡，均勻分放。化夷村田多，有糧三十七石四斗零，斷令放水六分；駱家營田少，有糧（七行）二十六石一斗零，放水四分。取結給示完案。詎駱家營民人駱丕等，以此水出在該村地界，希圖多放，遂赴（八行）藩憲、憲臺轅門翻控，批縣勘訊。該縣將勘斷緣由具詳，因未將該二村從前分水章程及化夷村所呈碑文何年何月何衙門給示，有無案據可稽。聲敘檄（九行）府，親往勘訊酌斷具詳在卷。前揖府未及勘訊，旋即卸事。卑府到任後，查案飭催，據該縣將原被人證批解到府，逐一查訊，據各供認前情不（十行）諱。查此案，控爭水分雖無案據，但乾隆十七年前縣張令碑載，化夷村有溝底水七分之四，確鑿可據，即或今昔情形不同，經縣（十一行）署縣周令⑥親勘，按糧分水已屬公允。但定以十分分放，未免為期過遠。卑府改擬五日一周，化夷村田多，斷令放水三晝夜；駱家營田少，放水二（十二行）晝夜。周而復始，輪流分放，兩造據各允服，出具遵結，前來應請給示遵守，庶免日久爭競而杜訟端。至駱丕等隨強翻控，實有不合。事犯在清刑（十三行），恩旨以前邀免置議，並免復勘。現值農忙，除將人證釋回安業外，合將訊斷緣由，取結錄供，具文詳請（十四行）憲臺府賜查核，批示飭遵緣由，奉批據詳。宜良縣民駱丕、李中榮等互爭義安橋水分一案，茲該府訊斷，照田之多寡酌定日期分放等情，殊屬平（十五行）允。仰即轉飭遵照，仍候（十六

---

① 義安橋：舊在駱家營村南、化魚村東北，今已不存。

② 《宜良碑刻》錄為"祥"，據拓片應為"詳"。

③ 化夷村：今已雅化為"化魚村"。

④ 乾隆十七年：1752年。

⑤ 張令：張大森。

⑥ 縣周令：《宜良縣志》失載，據《蓮池碑記》《周厚庵邑侯免官價碑記》等考之，為周厚庵，嘉慶元年（1796）任。據此，可知此碑應立于嘉慶三年（1798）。

行）藩司批示繳結存等因。又奉（十七行）布政使司陳批，同前由，奉批如詳飭遵，仍候（十八行）糧道[1]批示繳遵結存各等因，奉此合就飭行。為此，仰縣官吏即便諭令兩村人民遵照，酌定日期，勒石永遠輪放，毋得更章，以詔平允。余照詳悉（十九行）飭遵，仍取碑摹送查毋違等因，奉此合行給示，勒石遵守。為此，示仰縣屬化夷村、駱家營士庶人等知悉，爾等務須遵照（二十行）本府呈詳，斷令五日一周，化夷村田多放水三晝夜，駱家營田少放水二晝夜。周而復始，輪流分放，毋得恃強紛爭。倘有不遵，立即指名稟報赴（二十一行）縣，以憑申詳，按例治罪，決不稍為寬貸也。凜之慎之，毋違。特示。遵（二十二行）

——示發化夷村，勒石永遠遵守。庠生李永馨書丹。

案內人：李騰蛟、方盈廷、李鸝騰、徐發甲、李義、李世輔、李奇等（二十三行）。

管事：李中才、李鵠超、方超、許起、陳經、徐敏仝立（二十三行）。

石匠：沈建中、沈建林、王順、楊富（二十四行）。

【概述】碑存宜良縣狗街鎮化魚村慈雲寺右廂房。碑為青石質，通高190厘米，寬72厘米，額高25厘米，額題"永遠遵守"4字。嘉慶三年（1798），民眾同立，庠生李永馨書丹。碑文記述嘉慶年間，宜良縣民駱玊、李中榮等互爭義安橋水分，後經官府審理判決，照田畝之多寡，以五日為一周期輪流分放的詳細情況。

【參考文獻】周恩福. 宜良碑刻. 昆明：雲南民族出版社，2006.12：50-52.

寶秀秀山興利除害碑記 [2]

署臨安府石屏州候補分府加三級紀錄二十次莊，為興利除害，請示泐石永禁事。

本年三月初五日，據正街鄉約李鳳章，前所鄉約楊濟美，外三甲鄉約鄭源、李正昌，昌明里鄉約李鳳閣，寨民王濟川、李作檜、張昆、唐華、盧玉龍、唐誥、陳文燦、向綱、普霖、孫朝陽、李鳳林等稟前事一案，稱原寶秀一壩，周圍皆崇山峻嶺，原無龍潭湧泉，只是山中浸水，引起灌溉糧田。在昔，樹木深，叢山浸水，大栽種甚易。今時，山光水小，苦於栽和弊田。各處無知之徒，放火燒山林，連挖樹根，接踵種地，以致山崩水涸。及雨水發時，沙石沖淤田畝，所得者小，所失者大，數年來受害莫甚於此。合郡老幼於本年二月二十七日，集本境隍祠妥議。合鄉保同小的等稟明天臺，懇恩出示，將向寶秀壩前面周圍山勢，禁止放火燒林，挖樹根種地；並禁砍伐松柏、沙樹和株木等樹。數款既集，則興利除害，感戴不盡，賞准泐立，以垂久遠。庶愚民咸知畏法，不敢仍蹈前轍，陰功萬代矣，等情。據此，除批示外，合行出示泐石曉諭。為此，仰附近居民漢夷人等，悉示後毋得再起山場放火燒林，挖取樹根，

---

① 糧道：官名。明清兩代都設督糧道，督運各省漕糧，簡稱"糧道"。
② 《石屏縣文物志》錄為"封山育林碑"，《明清以來雲貴高原的環境與社會》錄為"秀山寺封山育林碑"，但錄文不全。

隨即種地，砍伐禁諸樹。倘敢故違爾，鄉保頭人，扭稟赴州，以憑從重究治，決不姑貸。各宜稟遵勿違，特示泐石，以垂不朽。

原有各山所種之樹，系有山者管業，眾人不得爭兢①。

大清嘉慶四年②三月二十七日立

【概述】碑存石屏縣秀山寺內。碑為青石質，高63厘米，寬112厘米，邊飾為回形紋。碑文正楷，文32行，行15字，全文計456字。清嘉慶四年（1799）立。碑文記載：寶秀壩山峻林密叢山浸水，雖無龍潭涌泉，但祖輩僅靠山中浸水即可灌溉糧田。近年來有無知之徒，放火燒山，毀林種地，以致山崩水涸，栽種無源，民眾苦不堪言。嘉慶四年，眾鄉約及寨民議定禁止砍伐林木、燒山種地等條款，并稟明官府請求給示勒石永遵。

【參考文獻】中國人民政治協商會議石屏縣委員會文史資料委員會．石屏文史資料選輯·第1輯．內部資料，1988.7：186-187；蘇佛濤．石屏縣文物志．昆明：雲南人民出版社，1998.10：108-110；楊偉兵．明清以來雲貴高原的環境與社會．上海：東方出版中心，2010.6：170-171．

據《石屏文史資料選輯》錄文。

武山村引水溝規約碑

一、溝水用水平三股均分，龍潭一股；村中一股；龍樹一股。不得私阻自利，或水勢微計日輪注。

二、溝丁穀四季收發，議定照人口派，在客單人輪收。

三、溝道上下十丈禁止斬伐樹木，違者罰銀修溝。

四、溝中不得灌足、截水圍塘，上下左右禁洗衣服以及宰牲，違者有罰。

五、挑水俱要到井，不容中路接水，並過園澆菜，違者有罰，報者將桶與之。

六、井中或有投水者，伊家即自淘井，勿使汙穢。

嘉慶四年二月十二日，合村士庶同立

【概述】碑存元江哈尼族彝族傣族自治縣武山村聖母殿內。碑為漢白玉石質，高78厘米，寬128厘米。嘉慶四年（1799），合村民眾同立。碑文刊刻了武山村均分水利、溝道用水、溝水管護等的相關規定。

【參考文獻】魏存龍．元江哈尼族彝族傣族自治縣農牧志．成都：四川民族出版社，1993.9：319-320．

---

① 兢：疑誤，應為"競"。
② 嘉慶四年：1799年。

奉府憲明文

特授雲南大理府正堂加三級紀錄六次舒　　　　　　　　　　　　　　為（一行）

禀請立按以杜後患事。據杜如檀等呈稱：蟻等據控李緝等糾衆滅水一按，蒙（二行）批太和縣勘訊具詳，縣主遵赴勘訊，查明新舊碑文，一甲原有水分，照（三行）例分引灌溉。二比遵依允服，各具遵結，申詳恐日久翻按，賞准以垂長久等情（四行）。據此，查此按據太和縣控，今詳據兩造結稱：一甲河北下壩田畝，二甲同一甲（五行）引放大井龍泉水灌溉。二甲、三甲、四甲、螺蠳村下壩田畝，引放葶蓂溪、鶴橋（六行）澗水栽插，至栽大路上下田畝，隨雨水遲早，不拘節令。二甲、三甲、四甲、螺蠳村（七行），同一甲共放葶蓂溪、鶴橋澗並澗尾井水，栽則同栽，放則同放，彼此不（八行）得爭先，亦不阻撓。其正二三月小秋水、抱麥水，五村人隨到隨挖，不得異言（九行），遵結是實，各等情到府，批飭如詳，銷按在卷。今據杜如檀等呈請（十行）

勒石前來，准其照按立石，以垂永久，以絕訟端。須至，勒石者（十一行）。

嘉慶四年四月二十五日，下瀚太和村二甲老民杜如檀共有三十九人立碑（十二行）

【概述】該碑無文獻記載，資料為調研時所獲。碑存大理市下關鎮太和村委会太四村本主廟內，大理石質。碑通高 116 厘米，額呈半圓形，額正中陽刻觀音坐蓮雕像。額寬 57 厘米，高 41 厘米，厚 13 厘米，額下部左右兩邊殘損。碑身寬 43 厘米，高 75 厘米，厚 13 厘米，碑身正中楷體陰刻 "奉府憲明文" 5 字。碑文直行楷體陰刻，文 12 行，行 18–31 字，計 335 字。嘉慶四年（1799），杜如檀等立石。碑文記述嘉慶年間，太和五村發生水利糾紛，時任太和縣主奉命秉公處理該案，并斷定五村用水規程的詳細經過。該碑為研究清代白族地區水利建設的重要資料。

新建龍王廟碑 [①]

那文鳳

山水佳勝，生於天者半，成於人者亦半。然徒憑山水以壯觀，猶有未為不樂為者。至於有關名教，有益民生，而山水亦因之而益顯，無有不樂為之者矣。白眉村北首斜行百餘步，

①《西山區文史資料選輯·第 1 輯》擬碑名為 "新建龍王廟碑序"；《彝族文學雜俎》擬碑名為 "白米村龍王廟碑序"。

奇岩屏列，佳木蔥籠。其間石磴層層，可供登覽；其下原泉混混，足快遊觀，宛有沂水舞雩^①之風焉。且人之所賴者，水也。而此水則環繞村前，設飲者於斯，灌溉者亦於斯。又流入秋田內，一片光明，儼然小海，自昔號四海。本鄉人往往備雞酒，報賽於岩下。蓋誠見夫山不在高，有仙則名；水不在深，有龍則靈也。特別是有仙而無仙宇，有龍而無龍宮，則名者未盡成其名，靈者未盡顯其靈也。

嘉慶庚申^②，鄉人咸相約以舉事於岩樹之間，源泉之上，構殿數間，敬塑龍王神像於內。四時供奉，香煙繚繞，每有祈禱，無不靈應。且廟宇共岩樹參差神采並波光蕩漾，不異蓬萊仙島，居然海藏龍宮。真有關名教，有益民生，而山水佳勝又因而益顯者矣。豈非成於人而不負天之所生也哉。茲值告竣，略敘由來，以誌諸公之力於赴功非誇勝舉也。且欲望後人時加修補，庶斯殿之不朽，而神麻永降，利及無窮矣。

甲寅^③恩科^④解元那文鳳^⑤撰，畢占風書

嘉慶辛酉^⑥姑洗月穀旦

【概述】碑存昆明市西山區團結鎮白眉村龍王廟內。嘉慶六年（1801）立，那文鳳撰文，畢占風書丹。碑文記述龍潭為西山區白眉村飲用、灌溉的重要水源，嘉慶年間，民眾在村北建造龍王廟祈求神靈庇佑的基本情況。

【參考文獻】《西山區民族志》編寫組.西山區民族志.昆明：雲南人民出版社，1990.9：315-316.

騰衝公平水利官司碑

永昌府騰越州正堂曲靖清軍府加五級紀錄六次高

據左所王宗受、王正卿告公坡何仕甲等聚眾揭埂，復據公坡張開成、張開俊禀左所王元等截流逞兇。查閱兩造歷控卷宗得悉：公坡舊名空坡，居於四周峭石之中，其土未滿三尺，居民三百餘戶，糧田千餘百畝，並無溪水碗井，全賴打鷹山、龍眼洞、螃蟹溝三源之水匯而為渠，由龍嵸山足經過左所村旁，流達公坡以灌溉，全村全賦全食惟賴此水。打鷹山等處三

---

① 雩：古代為求雨而舉行的一種祭祀。

② 嘉慶庚申：即嘉慶五年（1800）。

③ 甲寅：即乾隆五十九年（1794）。

④ 恩科：宋時科舉，承五代後晉之制，凡士子於鄉試合格後，禮部試或廷試多次未錄者，遇皇帝親試時，可別立名冊呈奏，特許附試，稱為特奏名，一般皆能得中，故稱"恩科"。清代於尋常例試外，逢朝廷慶典，特別開科考試，也稱"恩科"。若正科與恩科合并舉行，則稱恩正并科。

⑤ 那文鳳（1771—1823）：昆明西郊車家壁人，清乾隆五十九年（1794）參加鄉試中甲寅科解元，長於詩、散文和書法。

⑥ 嘉慶辛酉：即嘉慶六年（1801）。

源之水，實為公坡居民命脈，應為公坡居民所偏有。左所居民有田十餘畝，近於公坡溝旁，歷來不得分潤公坡點滴之水。又查左所所灌之田水，係引西山沐水河之源，□□而引溝於田，各有各源，古規□□確鑿。乃左所居民恃居上游，以梘槽引西山之水維艱，冀圖打鷹山等三源之水由村旁而過，□□□□每值栽插之期，截堵灌田，以致構訟。乾隆十八年，控經陳前州訊究判決在案。左所陽奉陰違，仍行竇截，以致公坡居民紛爭不已。乾隆四十六年，又經吳前州履勘查明，左所因有旁溝四道，最易截取公坡之水，斷令於左所四溝之口，建砌石壩禁水入口，渠獨達公坡。而左所居民只得聽其溝水漲泛，漫越石壩而去，取其自然之潤。此四溝舊址之留，係吳前州格處，成仁於左所之民也，判斷篤為公允。無如左所居民刁健，嗣藉留有四溝舊址，藉此狡猾，毀棄石壩任意悖案爭執。本年入夏雨水□期，公坡養命之源，俱為左所王宗受等居於上游截取，以致何仕甲等苦於涸極，尋源疏溝，填塞左所擅截之竇，王宗受等逐[①]糾眾紛爭，因興揭埂凶毆之訟。本署州訊據王宗受等供露截流□□真情，而揭埂毆打小傷二人，自願調理。

本應將王宗受等治以□□截源之罪，姑念□□俯首認錯，責以□斷令打鷹山、龍眼洞、螃蟹溝三源之水，本是公坡居民命脈，仍歸公坡居民飲灌。無論旱洪之年，非左所得以其點滴。至左所近溝田畝，仍架梘槽引西山沐木河之水灌溉。如逢旱而梘槽引水艱難，亦應作望天雷響田也。自斷之後，彼此永遠遵守，勿得再行悖案。

嘉慶六年五月二十九日立

【概述】碑立於嘉慶六年（1801）。碑文記載：打鷹山、龍眼洞、螃蟹溝三源之水，本是公坡居民命脈，自古歸公坡居民飲灌。嘉慶年間，被居於上游的左所村民王宗受等截源，引發紛爭并致凶毆，後經州守訊斷，雙方自願調理，遵依古規用水并刻石立碑。

【參考文獻】保山地區水利電力局.保山地區水利志.芒市：德宏民族出版社，1995.7：424-425.

沈伍營永濟塘碑記

李繼晟

儲不涸之，原者管子也，而周官之精寓焉。宜良南屯水希田廣，涸地也，而沈伍營尤甚。地居南屯河外之中間，四面皆極平（一行），東西南北田畝不下數萬工，而缺灌濟。歲有荒歉，往往栽植不全。雖舊有古城外之栁堤塘，大寺前之小橋水，所溉者亦幾希（二行）耳。今合營公議，舊有公項銀捌拾金，眾心合一，以公辦公，即將此項銀兩并大寺內公穀叁拾餘石，又公探合營田畝穀叁拾（三行）餘石，於南首鑿一大堤蓄水灌田。村中一呼而應，不待鳩集，

---

① 逐：疑誤，據上下文應為"遂"。

旬日應工者二三百人，不一月而堤成，啓名"永濟"，因囑予為文紀（四行）成事焉。予橫覽夫堤勢，東受土官村箐水，南接竹山下河流，西助北龍潭活渠，北有過街溝傳送，所儲至廣，所灌莫量。但得衆（五行）心不變，事例同歸，永為子孫灌溉之根，則殷富可拭目而待；且也教養相關，耕讀並濟，以合營人戶之多淂堤水滋益之利。由（六行）是而倉箱不匱，由是而詩書共敦。培梛榆於堤前，樹花木於堤下，水色漪漣，烟雲共鎖，行見風景俱開，俗情□異，是永濟之名（七行）。又不但田頃[1]滋培，而並助民風之興起也。其儲蓄之利，豈非有目者所共見哉。書曰：正德利用，厚生惟和，此物此志也。余[2]慚（八行）不文，勉爲之敘，願有志善後者共調成之，其勿棄基可也。是爲記。所有條規開列於左，曉峯李繼晟撰（九行）。

計開（十行）：

——田畆：被湮者，分為兩等。塘底常受水湮者，每年每工補穀乙斗五升，不收水租。上層未挑者，補穀乙斗，亦不收水租。倘後又挑着者，亦加五升（十一行）。

——溝口：凡放水之時，自西而北而東，以地勢水勢深淺為憑，不得依勢亂挖。如有亂挖者，赴官懲處，仍罰穀千乙石，以作公費。其南頭田高者，聽其拉塘水灌溉，照例科租（十二行）。

——放水：上滿下流，分為上、中、下三等，田近塘者先放，田在中者中放，田在後者後放，以田埂近遠為憑。凡以水信水、澈上濟下者，均作公水上租論。如有越次乱挖水者，照前公罰（十三行）。

——水租：先得水者爲頭，中得水者爲中，後得水者爲下。其租田歲之豐歉順流年妥議，亦分爲先後三等。在先得水者不得委縮，在後得水者不得恃富乱挖。如有乱挖者，照放水例公罰（十四行）。

——年歲風調雨順，需堤水[3]少者，得租有限，不能敷補[4]，合營田畆均貧無辞（十五行）。

——年歲荒歉，需堤水多者，得租必長於敷補塘田租谷；塘田租谷[5]補築堤埂之外有長餘者，積金買田，但得塘底田畆盡行抵補，更屬美舉，管事者不得濫用（十六行）。

——放水必須以本營為主，先後放清。有餘水者，方許賣與鄰村灌溉，不得在先圖利公賣（十七行上部）。

——凡澈水之時，以日出爲始，日落爲止。但上下三塘開車三日，方始開東閘、西小閘三天，次開西大閘三五天（十七行下部），後開北大閘。東、西、北平平相濟，總以水吏爲准，不得恃強擅挖。凜之，慎之（十八行下部）。

嘉慶十五年歲次庚午，合營齊心，又築東塘。凡塘內湮挑之田，不得阻滯，但春發仍照舊規（十八行上部）。其香巖[6]寺密川老和尚慈心送水溝一條，自大溝至塘內，並無升合

---

① 《宜良碑刻·增補本》漏錄"之"字。
② 《宜良碑刻·增補本》錄為"余"，據拓片應為"予"。
③ 《宜良碑刻·增補本》錄為"提水"，據拓片應為"堤水"。下同。
④ 《宜良碑刻·增補本》漏錄"塘田租谷"4字。
⑤ 《宜良碑刻·增補本》多錄"塘田租谷"4字。
⑥ 《宜良碑刻·增補本》錄為"嚴"，據拓片應為"巖"。

錢糧，永送三教殿（十九行上部）。道光十五年[①]孔天福施公得銀伍兩，永入常住。陳兆雄、何安、□世忠施田一坵，記十伍工，坐落大壩口，秋糧乙斗四升，南七甲十戶永入常住（十九行下部）。

凡澈水之時過着水之田，不俱高下，但有田之家亦不淂阻滯（二十行）。

大清嘉慶捌年[②]歲次癸亥又二月十八日
合營衆姓仝立（二十一行）

【概述】碑存宜良縣狗街鎮沈伍營村。碑為青石質，高160厘米，寬67厘米。額上鐫刻"永濟塘碑記"5字，有紋飾。嘉慶八年（1803），合營民眾同立。碑文記述了沈伍營民眾齊心協力修建永濟塘水利工程的始末，并詳盡刊刻了公議的水利條規。

【參考文獻】周恩福. 宜良碑刻·增補本（上）. 昆明：雲南大學出版社，2016.12：74-76. 據《宜良碑刻·增補本》錄文，參拓片校勘。

以垂永夊

署賓川州正堂加五級紀錄六次崔　　　　　　　　　　為（一行）

請示曉諭以垂遵守事。案據趙宗、趙雲卿、趙子松、楊作林等稟稱：情因民等具（二行）控楊輝盛、李光潤等藉仇霸水，以強淩弱一案。蒙恩委勘訊明斷：照古規放水（三行）；砍壞民等檢槽，令其修賠，各具遵依在案。但古規水例，上滿下流，乃楊輝盛（四行）等下滄之人捏造。碑文合同今雖為偽，誠恐日夊，仍以此為憑。昨以稟明，蒙批（五行）侯給示。飭令楊輝盛等遵斷，仍照常年舊例，毋許再行霸截也。民等闊上民衆（六行）沾恩不淺。是用稟請仁天，賞給示諭，永遠遵守，以垂不朽矣！沐鴻慈於無既切（七行）稟等情。據此，合行出示曉諭。為此，示仰闊上、下滄二村士民人等知悉。嗣後仍（八行）照常年舊例分放，下滄民人□□永不得混行紊乱。恐無知愚民抗不遵照（九行），再有霸截，定即嚴究。各宜凛遵毋違。特示（十行）。

右　仰　通　知（十一行）

嘉慶　　九年 方印 七月　　日示　　　闊上閣村同立（十二行）

【概述】該碑未見文獻記載，資料為調研時所獲。碑存賓川縣雞足山鎮關李村委會關上村，石灰石質，高124厘米，寬79厘米，厚15厘米。額呈圭形，其上鐫刻"以垂永夊"4字，文末落款處年月之間有方印一塊。碑文直行楷書，文12行，行4-30字，計277字。清嘉慶九年（1804）立。碑文記載：嘉慶年間，賓川關上趙宗、楊作林等控告下滄楊輝盛、李光潤等以

---

① 道光十五年：1835 年。
② 嘉慶捌年：1803 年。

強淩弱霸截水源，經賓川州正堂崔勘訊明斷，飭令楊輝盛等遵斷，仍照常年舊例，毋許再行霸截。闔上民眾為感仁恩，稟請示諭并勒石以垂永久。

據原碑錄文，行數、標點為新增。

石鼓溝輪流放水告示碑①

特授楚雄府楚雄縣正堂加三級紀錄六次何　　　　　　　　　　為奉（一行）

本府正堂翟委訊給示，勒石以垂永久事。嘉慶九年②十二月初八日，據鎮南州生員（二行）周琳、周丕光、李如琳、趙世祿、周瑞、張會楹等稟稱，緣生等具控石鼓溝叄夜水例一案（三行），今蒙訊斷令生等仍照古規，自壩口起至龍樹溝止，若至輪水，作叄夜週轉灌放，兩（四行）造俱已允服，具結在案。俯祈賞給印示，將叄夜水規，自壩口至楊顯吾口壹夜，楊顯吾（五行）口至漆樹口壹夜，漆樹口至龍樹口壹夜，逐一載明印示，以便兩造勒石遵守等情。據此，除（六行）稟批示存案外，合行給示，為此③仰州縣呂合、白土城、張官、石鼓等屯生民田戶人等知（七行）悉。所有石鼓官溝灌溉田畝水漿，若遇忙種，輪水均照古例灌放。夜水叄夜，從壩（八行）口至楊顯吾口壹夜，楊顯吾口④至漆樹口壹夜，漆樹至龍樹口壹夜。自龍（九行）樹以下，放日水五日，上旗式晝，下旗叄日，週而復始，不得紊亂。其有溝工，凡現存（十行）田畝，不得隱匿，水沖沙淤田畝，不得科派，各宜遵守，慎毋藉端翻異，如違，一（十一行）併究治不貸。

特示　遵　　　右仰通知（十二行）

嘉慶九年十二月十一日示（十三行）

告示押　　　發公所勒石曉諭（十四行）

【概述】碑存楚雄市呂合鎮大天城村土主廟內。碑為沙岩石質，高92厘米，寬45厘米。額上鐫刻"水利碑記"4字，碑文直行楷書，文14行。清嘉慶九年（1804）立。碑文是楚雄縣正堂關於石鼓官溝輪流放水的告示。

【參考文獻】張方玉．楚雄歷代碑刻．昆明：雲南民族出版社，2005.10：303-304.

據《楚雄歷代碑刻》錄文，參拓片校勘，行數為新增。

---

① 《楚雄歷代碑刻》擬碑名為"水例碑記"，現據碑文內容改為"石鼓溝輪流放水告示碑"。
② 嘉慶九年：1804年。
③ 《楚雄歷代碑刻》漏錄"示"字。
④ 《楚雄歷代碑刻》多錄"口"字。

撫仙湖口堤壩工程記碑

許亨超

撫仙湖界連三邑[①]，上接星雲，湖長亙二百餘里，萬山溪水之所匯也，賴海口一河以泄之。而其河之南北又有牛舌壩、梅子箐兩河，分派合流奔入鐵池[②]，河水不為害，河、江、寧三邑民鹹利之。嘉慶三年[③]夏四月大雨降，河堤頹石壩沙壅水失故道，波漲浪肥，邊海田莊變成巨浸者不知幾千萬數。民本業農，經今五載，徒望洋而嘆矣。

（上缺）率健夫，購木石，攜本鍤，次第修之。其間有率由舊章者，有與三邑之士民公酌而定章程者，自壬[④]冬至癸[⑤]夏，閱六月而功成。

（上缺）今雖河水安瀾，田皆膏壤，猶願後之君子相與有成，而吾民百年如此日也。因士之請而為之記。

計清水河[⑥]凡九段，梅子箐河凡四段，牛舌壩河凡三段。段又分為上、中、下段，詳記其長度若干丈，分三邑承擔負，注記地名，合而計之，共為十八段。河陽縣共修三百六十五丈，寧州共修二百三十九丈，江川縣共修二百五十丈。

【概述】該碑原立於澄江縣東南約25公里之大橋鎮，現已毀，殘碑於20世紀70年代尚在大橋海口河西岸作鋪路石。碑末署翰林院庶起士文林郎知江川縣事許亨超撰文、傅桂林書，嘉慶十年（1805）六月三縣管工紳士民同立。碑文記載：嘉慶年間撫仙湖區域暴雨成災，原堤壩多被衝毀，農田村舍變汪洋。河陽、江川、寧州三邑士民，共同修理堤壩并立碑記事。

【參考文獻】方國瑜主編；徐文德，木芹，鄭志惠纂錄校訂.雲南史料叢刊·第十三卷.昆明：雲南大學出版社，2001.9：774-775；張增祺.探秘撫仙湖：尋找失去的古代文明.昆明：雲南民族出版社，2002.8：39.

據《雲南史料叢刊》錄文。

---

① 三邑：即河陽（今澄江）、江川、寧州（今華寧）。
② 鐵池：即鐵池河，亦名"清水河"。
③ 嘉慶三年：1798年。
④ 壬：嘉慶七年歲在壬戌，即1802年。
⑤ 癸：嘉慶八年歲在癸亥，即1803年。
⑥ 清水河：即鐵池河。

隆陽區論水碑記

昔年風調雨順，國泰民安。至今雨水紛亡，難理農事，不得不以錢糧為重。按糧分班，可服人心。一石一班，到班接水。以酉、卯二時為規，如有胡亂班規者，罰銀一兩；有盜水放者，亦罰銀一兩；此糧水折清算明白。一石為十畝，一畝作十分，永遠存照。

（以下為放水班期及錢糧數，略）

至於採買水者，按糧均分；修溝打壩者，亦按糧出功；做溝頭者，每石一班。外有八班，餘水二畝，遞年出錢五百文。外有燒酒溝水，至小班口分班。左官屯有水八分，葛里村有水一分。

嘉慶十年 [①] 正月十三日
合村同立

【概述】該碑立於嘉慶十年（1805）。碑文記述了嘉慶年間，保山民眾關於溝壩修護、放水班期、錢糧數額等的相關規定。

【參考文獻】黃珺.雲南鄉規民約大觀.昆明：雲南美術出版社，2010.12：169.

柴家營新築永濟塘碑序

柴家營新築永濟塘碑序（一行）

嘗考周禮瀦澤之說，而知蓄水之功為甚要也。他如範陳九疇 [②]、水居其一，謨修六府 [③]，水實為先，水之為務（二行）不□□哉。宜邑之南地多田少，而水更少。地居十之七，田居其二，水僅居一也，古所謂陸地□□耶。距城（三行）十五里，其營名柴家，地勢乾燥，水無潤涵。官河流乎低下，山水截於上□，春無播種之資，夏無栽插之滴（四行），何以望秋收冬藏，遂民生而足國賦乎？因於嘉慶十年六月，闔營齊舉十三位董事，於本營之（五行）北首，新築堰塘積水。凡塘中埂內所站田畝，不論本營他村，均立合同，無擾粮，無補價，於秋□□□□，水（六行）隨沙溝而下者，放入塘內。每歲立夏後開車塘邊高田，公準盤濟；小滿內公開涵洞，下濟旁流，灌溉田（七行）畝。塘內涸出亦可栽種，乃善舉也。於是眾志成城，六月興工，八月告竣，所費工價先為借墊，後按田捐還（八行），所謂事有終始也。

---

① 嘉慶十年：1805 年。
② 九疇：指傳說中天帝賜給禹治理天下的九類大法，即《洛書》。
③ 六府：語出《尚書·大禹謨》："地平天成，六府三事允治，萬世永賴。"指水、火、金、木、土、穀六者為財貨聚斂之所，古人以為人類養生之本。

勒碑之期，問序於余，余不揣荒謬，強為執筆，□□□其事之顛末，以名其塘曰"永濟"，以（九行）誌都人士之以[1]享其澤潤。若夫潤澤而補救之，更有望於後之人。是為序（十行）。

□□□、袁有珍、柴思文（十行下）。

邑庠生：楊□撰並書（十一行上）。

董事人：竇連貴、柴思文、宋旼、劉占舜、柴思發、劉義[2]、竇連芳、柴思盛（十一行下）、竇連魁、宋丕烈、□□□、許兆明、許英（十二行）。

今將合營及外村所議合同壹紙及人名抄列於後（十三行）。

立合同築塘積水文書人：李秉陽、何其武、杜德寶、任發枝、柳紹青、芮成周、芮廷文、丁雲海、舒□才、宋丕仁、劉卓、許兆坤、柴如炳、柴起名、柴起鵬、柴思盛、柴起和、楊榮朝、許祥、袁輔珍、柴思摩、柴思周、蔣元臣、普（十四行）連宗、柴守仁暨合營士庶人等，為因柴家營田高缺水，所屬營之上下左右田畝難以灌濟，□□鳴春難於播種。赤帝司令何以水耕□田也，□□□種地沃壤也。而幾等石田每年難於栽插。即栽矣，遲之又遲（十五行），其黃而隕，苗則萎矣。所得之穀，不償所費之工，條糧又何□□。古人有云：民為邦本，食乃民天，無食而民何以堪乎。於是合營老幼邀□外村有田在本營之家，公同妥議，於營之北首築塘積水。凡塘中埂內所站（占）田（十六行）畝，以及放水入塘溝路，不拘挖著是人田畝，眾人等願俱□□無補價。共立合同，永為憑據。其開涵洞之日，任水所過之溝路，亦不得勒索擅糧補租。自立合同之後，永為鄉規，不得翻悔。若有翻悔，凡築塘□（十七行）听用銀兩，俱系翻悔者承當，外罰銀五十兩入公，以為歲修塘埂之資。其塘內所栽之穀，公議只容栽黃茵香穀，以便早收，塍田積水，不得黃、白相傲。若有放水入塘倘有湮壞，不得墨言（埋怨）。若有異言，合營人赴（十八行）官理處。恐口無憑，立此合同文書存照行（十九行）。

實計撤水之時，只許上滿下流，不得擅挖混放。再照（二十行）。

大清嘉慶拾壹年[3]**歲次丙寅孟冬月念**[4]**九日**

合營老幼：劉占龍、劉占鳳、宋丕元、朝玉、宋丕謨、竇連富、柴思良、誠禹、竇連華、柳申元、丁永年、柴如栓、舒香、張有功、張書英、宋丕忠、蔣之盛、楊貴、余起、柴思夏、柴起玉、柴守映敬仝立。

【概述】碑存宜良縣南羊鎮柴家營村大寺。碑為白石質，高173厘米，寬95厘米。額呈半圓形，額上雙綫陰刻"永濟塘"3字，字上方有圓日、雉鳥紋飾。嘉慶十一年（1806），民眾同立，邑庠生楊□撰文并書丹。碑文記述柴家營田高缺水，田畝難以灌溉，嘉慶年間民眾公議捐資新築堰塘積水，寫立合同定為鄉規并勒石之事。

【參考文獻】周恩福．宜良碑刻·增補本（上）．昆明：雲南大學出版社，2016.12：80-82.

據《宜良碑刻·增補本》錄文，參拓片校勘。

---

① 《宜良碑刻·增補本》錄為"以"，據拓片應為"夂"。
② 《宜良碑刻·增補本》錄為"義"，據拓片應為"玉"。
③ 嘉慶拾壹年：1806年。
④ 念："廿"的大寫。

柴家營永濟塘按田捐銀碑記

周廷懋

永濟塘按田捐銀碑記（一行）

聞之物有本末，事有終始，而先後之序寓於其中矣。如柴家營於嘉慶十年六月內新築永濟塘乙個，所有（二行）辦理塘事銀兩，自立合同之後董事人志切普濟，力為借墊。塘成之後，合營老幼以及外村有田人等，公同（三行）本利共去銀伍佰貳拾陸兩乙錢零六厘。於嘉慶十一年秋収時，按田捐銀，以償借貸，所謂事有終始也。□□（四行）之田本禹貢則壤之意。田分上、下，上田每工捐銀壹兩，下田每工捐銀捌錢。所有應収銀兩數目並人員姓名開（五行）列於後（六行上）：

邑庠生：周廷懋撰文（六行下）。

計開（七行上）：

邑庠生：李秉陽書丹（七行下）。

柴萬重送田乙節，宋丕仁送田乙角、節，柴思禹送田乙角，彭萬宗送埂乙節，何其武□□□□，宋丕元、烈、玉送田乙角，劉占順送埂乙節，宋丕仁送埂乙節（一節）[1]。

宋旼送埂乙節，柳紹青送埂乙節，任發枝送埂乙節，柴起玉、明送埂乙節，柴思發送埂乙節，柴思華送埂乙節，柴起朋送埂乙節（二節）。

柳紹青上田三十工，捐銀三十兩；許祥上田十七工，下田四工，捐銀二十兩零二錢；許英上田十九工，下田三工，捐銀二十乙兩四錢。

竇連貴上田五工，下田三工，捐銀七兩四錢；柴思敏上田八工，捐銀八兩；普連宗上田十四工，捐銀十四兩；柴如栓上田十工半，捐銀十兩零五錢；送旼上田八工，捐銀八兩；柴起朋上田七工，捐銀七兩；劉占奉上田五工，捐銀五兩；柴守信上田十五工，捐銀十五兩；劉玉群下田八工，捐銀六兩四錢（三節）。

芮廷文上田二工，下田三工，捐銀四兩四錢；柴思發上田十八工，捐銀十八兩；柴丕仁上田十一工，下田二工，捐銀十二兩六錢；袁有珍上田七工，捐銀七兩；竇連富上田六工，下田三工，捐銀八兩四錢；□元臣上田十四工，捐銀十四兩；芮誠受、誠周上田四工半，下田五工，捐銀八兩零五錢；李漢臣上田八工，捐銀八兩；柴□□上田八工，捐銀八兩；柴起□上田乙工，捐銀乙兩；柴思敬上田十八工，捐銀十八兩；宋福祿上田五工半，捐銀五兩五錢；□□□下田九工，捐銀七兩二錢（四節）。

淨樂庵上田二十工，捐銀二十兩；□□龍鳳順上田乙工，下田五工，捐銀五兩；柴起

---

[1] 節：原碑 1 至 7 行為從上至下通刻，7 行後將碑身分為七小段分刻，為示區別故以"節"計。

明上田二工，捐銀二兩；竇連魁上田六工，下田三工，捐銀八兩四錢；柴萬桂上田二十三工，捐銀二十三兩；竇連芳、華下田三工，捐銀二兩四錢；柴思孟上田二工，捐銀二兩；舒宏香、才上田二十工，捐銀二十兩；六占培上田乙工，捐銀乙兩；許傑下田五工，捐銀四兩；楊榮貴上田二工，捐銀二兩；張文德下田十三工，捐銀十兩零四錢（五節）。

袁輔珍上田九工半，捐銀九兩五錢；許兆坤下田九工，捐銀七兩二錢；柴思盛上田三工半，捐銀三兩五錢；柴萬重上田五工，捐銀五兩；柴思有、貴上田十工，捐銀十兩；劉玉、瓊上田五工，捐銀五兩；張有功、德下田五工，捐銀四兩；柴思文、字上田十三工，捐銀十三兩；丁雲海、丁永年義學田；柴思敖上田乙工，捐銀乙兩（六節）。

柴思新上田二工半，捐銀二兩五錢；柴思成上田二工半，捐銀二兩五錢；柴思茂上田二工半，捐銀二兩五錢；許兆明上田二工半，下田十六工，捐銀十七兩三錢；柴萬保上田二十工，捐銀二十兩；水潮寺下田□□工，捐銀□□□□（七節）。

大清嘉慶十一年^①歲次丙寅孟冬月吉旦，閤營士庶全立

石匠：張文德、張文貴

【概述】碑存宜良縣南羊鎮柴家營村大寺。碑為砂石質，高163厘米，寬70厘米。碑額雙綫陰刻“捐銀碑記”4字。嘉慶十一年（1806），民眾同立，邑庠生周廷懋撰文，李秉陽書丹。碑文詳細刊列了柴家營民眾捐資修建永濟塘應收銀兩數目、人員姓名。

【參考文獻】周恩福. 宜良碑刻·增補本（上）. 昆明：雲南大學出版社，2016.12：83-85.

據《宜良碑刻·增補本》錄文，參拓片校勘。

歹誤大壩大溝碑記

賞思^②：天生社稷，各國樂業，有田無水，五穀微弱，田盡失誤，稅難輸。昔有古溝古壩，水沖沙埋，未能成功立業。於乾隆三十年^③間，無力不能修理溝壩，田畝盡行荒蕪，民賦稅難把。乞今^④六十年間，李嵩、普天靈、楊旗（琪）、普錫仁、李天柱、李國才等，誠同倡首相約村內鄉黨老幼，商議修建糯佐寬房後打新壩一道、開新溝一條。其時，順通水道，與民安康，以為倡首者思為一勞永逸之舉。眾水戶助力，今已成功。流通縱水歹誤起至小石橋止，田工共六百四十八個，軍田有一百四十三個半，共軍民田七百九十一個半，共着工本銀八十七兩六錢五分。□□□□□□□□□普天靈經管下接之內，其田放俄六十工，着工本銀五兩四錢；阿□密他田工一百六十個，共着銀一十四兩四錢；折得拉俄田工一百七十一個，着工本

---

① 嘉慶十一年：1806 年。

②《武定縣水利志》錄為“賞思”，疑誤，應為“賞恩”。

③ 乾隆三十年：1765 年。

④ 乞今：疑誤，應為“迄今”。

銀一十五兩三錢九分；泥沙俄免墨田工三百五十八個，着銀二十五兩零六分；則哉俄歹田工三百五十四個，着工本銀二十四兩八錢，以共田工一千零三個，着工本銀八十五兩零五□□□□□□□。以概救水貳千有餘之田工，共二十石有零之賦稅，讓溝水通甚屬不少，當刻食賬不屬不多，苟為後義而先利，誠為不美，先陳清賬之於書，上下三等議派敢以與詩入悅意，其田工新開挖之年壩口起車米典門首止，底中下三等不論每工派小工二個，為此有憑。

一、買武家田一分，以為打壩，坐落甸末門首河尾，東至大漢田，南至李洪春田，西至胡家田。麥地一塊，價銀七兩五錢，年納秋糧四升四合。

一、買毛家山場一形，坐落歹當末，東至箐，南至嶺止路，西至山頂，北至胡國正地，價銀二兩二錢，穀二市斗。此山樹木任隨坎伐縈壩，以上共費銀三百餘兩，十石有餘之米。

乾隆六十年分開挖成功。

普天靈　李天柱

嘉慶十三年三月二十日同立　李　嵩　楊　琪

普錫仁　李國才

【概述】碑存武定縣猫街鎮咪三咱小學內，嘉慶十三年（1808）立。碑文記述李嵩、普天靈等宣導修建新壩、開挖新溝，造福民眾之事。

【參考文獻】雲南省武定縣水電局．武定縣水利志．昆明：雲南美術出版社，1994.11：191．

封山育林碑

楊　溱

大哉，男以有須為貴，無須為空。人之有鬚髮，如山之有草木，山有草木，如人有衣服。不毛之地，既見其肉，復見其骨，山曰窮壤，人曰窮徒。有名的五株萬松，最喜的茂林修竹，雖小小一身，尚有八萬四千毫毛，豈峨峨眾山可無萬億及秭[1] 松株況乎。山青水秀，大壯宇宙觀瞻。木蔭土潤，弘開甘泉旺盛。八政[2] 之書，土穀為重。五行之用，水火為先。官紀水師民猶水監。謨修六府，水居其先。范陳五行，水居其首，水雖為要，樹為之根。蒙上憲重

---

① 秭：古代數目名，萬億。“秭，數億至萬曰秭”。——《說文》
② 八政：古代國家施政的八個方面。具體內容不一：（1）《書·洪範》：“三，八政：一曰食，二曰貨，三曰祀，四曰司空，五曰司徒，六曰司寇，七曰賓，八曰師。”後世所稱“八政”多指此而言。《漢書·王莽傳中》：“民以食為命，以貨為資，是以八政以食為首。”晋陶潛《勸農》詩：“遠若周典，八政始食。”（2）《禮記·王制》：“齊八政以防淫。”又：“八政：飲食、衣服、事為、異別、度、量、數、制。”鄭玄注：“飲食為上，衣服次之；事為，謂百工技藝也；異別，五方用器不同也；度，丈尺也；量，斗斛也；數，百十也；制，布帛幅廣狹也。”（3）《逸周書·訓》：“八政：夫妻、父子、兄弟、君臣。八政不逆，九德純恪。”

蓄松株，令我村簽立樹長。自乾隆九年 [①] 甲子歲已立樹長劉芳、後羅文耀、後楊遇聖給牌更替輪流，至今劉從紀等。一為柴薪，即為養蔭，非水人不能生活，是性命之根源。一事而兩善兼備，一癢而兩美俱全，可弗慎與。若乃一望青蔥，堪圖畫萬傾風濤入雲霄狀。一邑之威風，增他鄉之光彩尚其余也。而棟樑之材，柴薪之用，椿木之資取之不盡，用之不竭。自然之利，無窮之澤，家家戶戶、子子孫孫誰不沾恩，年年皆秋實，月月盡逢春，無用胼胝力，何須事耕耘，九如 [②] 欽佳句，萬寶勝告成。只憂火盜，更患踐踏。人敬慎甲長，立嚴條規，公平可久，大小切遵，見恐私分，惟合方能永一，分便難存。鄉風宜和睦，俗語勿傲橫，自是千載綠，林非萬年新。

一、請立樹長須公平正直，明達廉貞，倘有偏依貪婪即行另立。

一、山甲須日日上山尋查，不得躲懶隱匿，否則扣除工食。

一、建造木頭，每棵四十椽子，二十椿木，只容砍杉松，每棵四十文，油松二百文。如砍而不用以作柴者，每棵罰錢三百文。未報私砍者，罰錢三百文。

一、封山大箐，東上街路，西齊陡坡，北至山嶺。五年後瓦房一間准取六棵，草房一間三棵。多砍者每（棵）罰五錢。外大白路沙地坡陡坡、石婆坡、馬鞍山、花家墳、下管家坡、壩石坎、岩頭下，盡行封蓄，嚴禁採取。

一、公山內遷墳者，其樹原屬公家，墳主不得把持私砍。

一、小阿納山、冷水箐、羅武山、打硐山、虹山、青銅山、松栗盡行封蓄，其山田莊糧三斗二升。

一、松栗枝葉不容採取堆燒田地，犯者每把罰錢五十文。

一、朝斗柴准在山頂砍二挐，不遵者，照例公罰。

一、五莊山上，至山頂下，至半山迤，至火頭凹小頭，至大平灘盡行封蓄，不得開挖把持。

邑庠生楊溙撰書

大清嘉慶貳拾叁年戊辰發 [③] 夾鐘月吉旦合村眾姓人等同立

【概述】碑存祿豐縣川街鄉阿納村土主廟。碑為大理石質，呈正方形，邊長92厘米。文27行，計755字。嘉慶十三年（1808），合村民眾同立，庠生楊溙撰書。碑文主要記述了封山育林蓄水、保護生態環境的重要意義，以及為此而訂立的9條鄉規民約。

【參考文獻】雲南省祿豐縣地方志編纂委員會.祿豐縣志.昆明：雲南人民出版社，1997.12：821-822；郭大烈，和兆興.恐龍之鄉：祿豐風物錄.昆明：雲南人民出版社，1995.4：113-114；曹善壽.雲南林業文化碑刻.芒市：德宏民族出版社，2005.6：238-242.

據《祿豐縣志》錄文，參《恐龍之鄉：祿豐風物錄》《雲南林業文化碑刻》校勘。

---

① 乾隆九年：1744 年。

② 九如：《詩·小雅·天保》："如山如阜，如岡如陵；如川之方至，以莫不增……如月之恒；如日之升；如南山之壽，不騫不崩；如松柏之茂；如不爾或承。"本為祝頌人君之詞，因連用九個"如"字，並有"如南山之壽，不騫不崩"之語，後因以"九如"為祝壽之詞。

③ 嘉慶貳拾叁年戊辰發：疑誤，應為"嘉慶十三年戊辰歲"。

濟衆塘碑記

周廷模

濟衆塘碑記（一行）

滇南山多田少，而水更少。山居十之七，田居其二，水僅得其一。非築塘積水□備利用，民何以堪。如邑南四十里許化（二行）所一隅，水希田廣，耕者苦之。雖有東山之倚，實無活水之靠。當歲豐則灌溉易周，歲歉則灌溉難遍。夫以年之豐歉（三行）實係民之困苦匪輕。所以村中紳耆菑而議之曰：吾村土廣水涸，栽種甚□，因之，國賦維艱。卜于村南甸內築塘（四行）焉，謂其塘曰：濟衆塘。勞力兩月，功乃告成，共費八百餘金。築斯塘也，以聚秋冬無用之水，而為來年有用之需。正格□（五行）未雨而綢繆，毋臨渴而掘井。由是所儲至廣，所灌莫量，則物阜財豐，而人文蔚起矣。窃為之喜曰：旱暵之鄉，成為□□□（六行）區，濟衆之塘，如有博施之行[1]云爾。是為序。

六十叟周廷模撰並書（七行）。

大管事：楊占鰲、周潞、魏佀、呂朝候、尹正甲、周君龍。

計開公議條規錄列於后（八行）：

——開塘撤水定于夏初之日。有塘內高田，先于未開塘口三日扯水泡田，方至開閘灌溉塘外田畞，永為定例（九行）。之後上滿下流，不得違拗，永為定例。

——塘內挑土者，每年每工永補春發壹斗，不收水租，以為定例。

——塘內不挑土（十行）者，每年每工永補春發伍升，不收水租，以為定例。

——塘內先已被淹而後乾者，扯水泡田不收水租，補春發伍升，以（十一行）為定例。

——撤水不通溝之田，放塘水時俱要從在下之田過水，不得阻當，永為定例。

——撤水有不通溝之田，撤（十二行）水時田在上者准扯不阻，永為定例。

——栽後苗科水撤上濟下，以水性水均作公水，按三等收穀，永為定例。

——塘（十三行）外灌溉之田，隨年公議收谷，以補塘內被淹田畞，永為定例。

——兩頭小閘口撤水之日，俱係一齊開放，不得偷（十四行）挖，永為定例。

——採買大夫、牌頭、鄉約、社長等項貼費銀兩，俱係公衆，永為定例。

——寨子箐、楊保沖箐（十五行）、大小沖箐三處之水，俱係第年[2]公議。又土官村箐水係上一日下一日，永為定例。其寨子箐、楊保沖箐、大（十六行）小沖箐三處之水，立夏、小滿自塘□以上之田，緊上灌濟，[3]只泡發（十七行）子，不得私放苗水。各宜遵守條規，

---

① 《宜良碑刻·增補本》錄為"行"，據拓片應為"仁"。

② 《宜良碑刻·增補本》錄為"第年"，據拓片應為"遞年"。

③ 《宜良碑刻·增補本》漏錄"交芒種後照上下田畞之多處灌济"14字。

不得紊乱。如有不遵，罰谷（十八行）伍斗。再有不遵，赴官理處（十九行）。

大清嘉慶十四年^①歲次己巳仲夏□□□旦　合營同立

石匠：安□　阮□

【概述】碑存宜良縣狗街鎮化所村華嚴寺。碑為青石質，高162厘米，寬66厘米，碑額陽刻"源遠流長"4字。嘉慶十四年（1809），合營民眾同立。碑文記述化所村田廣水涸，灌溉維艱，嘉慶年間，村眾齊力共築濟眾塘并議定開塘放水、收穀收水租等規約之事。

【參考文獻】周恩福．宜良碑刻·增補本（上）．昆明：雲南大學出版社，2016.12：86-88．

據《宜良碑刻·增補本》錄文，參拓片校勘。

修浚會通河支碾生息續浚溝洫善後碑記

署澄江府路南州正堂加五三級錦六五次丁會

酌訂條規撰文勒石河修橋創支碾

蓋聞國以民為本，民以食為天，而衣食之源在畝，畝旱固為害，澇亦為災，水利其要矣。路南近城，東有巴江、西有會通河，築壩於東，濟田於西。端賴先年州牧鄒羅諸公，以卓軼之才，行利民之政，築壩□□□□□□蓄泄盡善，旱澇勿憂，受其恩澤，殆與歲月俱長焉。無如年深月久，居民不思盡力，溝洫乃以淨土閘河，水涸以蓄水為利，水漲則衝動淨壩之土，塞住下流，兩岸多田，盡受淹沒，河淤水泛，其害不小。嘉慶十年，前州牧會（理）來署是邦，目擊其害，約民除之。戶畝而勘，捐俸幫修。又復創支碾二張，每年收穫租米八大石五斗，以為續修□□水道之資，誠一時美舉。但恐愚見淺莫顧，將來以富教可期之景象，或毀於一旦，不大可惜哉。時董事人等，請余約定條規，勒諸石以垂戒焉，余不為之，詹以示永遠遵循於無替云。

——河道宜通不宜塞，今河已疏通，水已暢流，嗣後水不足二尺，許以木閘水，永禁以土閘河，如違稟究。

——河底宜寬不宜窄，今河底僅浚兩丈，已不為寬，嗣後有挪埂為田，河底不足兩丈者，稟究。

——河埂宜厚不宜薄，宜實不宜虛，厚薄虛實，惟挨河栽田之人尤為熟悉，務須培厚捶實，以免沖決，如違稟究。

——河埂宜高不宜低，低處務須加高，以防水溢。

——河埂宜種樹，使埂愈固，管事種植，挨河種田人保獲，盜伐稟究。

——雙龍壩宜深浚溝路，不宜高閘泄水，水閘於下，必潰於上，東岸依山，西岸傍城，

---

① 嘉慶十四年：1809 年。

最關利害，低下固宜，培補高皋，尤宜保獲。

——公碾租米，專為續修近城水道之用，輪流收管一年報銷，三年更退，若有挪移鯨吞者稟究。

嘉慶十六年六月二十六日吉旦立

【概述】嘉慶十六年（1811）立石。碑文記述會通河河淤水泛，民受其害。嘉慶年間，路南州正堂捐俸倡修、創支碾收租作續修水道之資，并約定條規勒石立碑之事。

【參考文獻】石林彝族自治縣水利局．石林彝族自治縣水利電力志．內部資料，2000：289-290.

開東西兩溝堰亭趙公序

白種岳

　　士君子建功立業，苟能為所欲為。凡興一利除一弊，皆足起有心之感喟。而水利之興，尤為生民所永賴。以故耿炳文濬堰而灌浮陽之田，湯紹恩立閘而築三江之口，史冊所傳，至今不衰。若夫一介之士，窮居獨善，而欲施禮澤于一方，永明禋祀於奕世，顧不難哉！此吾於趙公堰亭竊歎，其超前軼後能為人所不能為也。公生於明洪武年間，非有勢位可憑，亦鮮朋儕相助，乃念切民依，獨籌備旱之策，不惜傾覆萬金，以經理東西二溝。東堰自南硐發，疏清水河之派至印王莊。西堰自冰泉上，分渾水河之派至沙田。積數十年之辛苦，而三十餘里之田畝，遂得沃衍膏腴，歲奏豐稔。此豈尋常利濟可同哉！特代遠年湮，風徽既邈，祀典闕如識者，撼焉。雍正五年，州牧毛公見有如是之功德，乃表揚其事，特為彙詳請咨重修祠宇。由是大烝有慶，俎豆輝煌，溯先源者，咸頌功德矣。其後伍名宦共勤其事，捐置學租，內分四十六石，以作東西溝歲修補葺之費。後先協濟洵稱盛舉。故原濕有龍鱗之象，而溝塍無傾圮之憂。前州牧張公記之，特詳予少讀《西都賦》至“荷鍤為雲，決渠為雨”之句，未嘗不流連夊之，及長遊三輔徘徊沂渭，而嘆古人之設施，誠足補造化所不及。今以堰亭方之，豈有異乎？然則，以堰亭之行使奮志功名，則體國經野黼黻鴻猷，其德政所施更當何如也。余攝篆茲土，覽山川之名勝，源慨慕於先型，每於季春耕，籍後詣公祠虔修祀典，躋躋蹌蹌，其靈如在信公之流澤孔長，而其子若孫亦各茧聲黌序。凡承致志，《易》所謂“積善之家，必有餘慶”，不其然驚抑，余猶有望焉。開創者，前人之烈。顯揚者，後世之心。倘公之子孫，更能恢宏大業立於不朽，則所以被其潤澤而大豐美者，豈惟一鄉一邑哉！

賜進士出身特授臨安府阿迷州知州烏蘭白種岳拜撰
嘉慶十七年^①歲在壬申中秋月中澣日

---

① 嘉慶十七年：1812 年。

【概述】清嘉慶十七年（1812）立，知州白種岳撰文。碑文記述了趙公開東西二溝為民興利的事迹，以及後之為官者為頌其德而重修祠宇之事。

【參考文獻】（清）王民碑．阿迷州志（全二冊）．臺北：成文出版社，1975.1：595–598.

下溝碑記

張　翔

　　原布沼有古溝一條，上通上城龍潭，下達田尾巴，八寨人民均受其利，歷久無爭。至乾隆四十年[①]，後有白鳳寨田一處租四十石，系放二道壩水，李為梓、張辰輔等先輩，合睦讓水一分，與白鳳寨同放。至五十九年[②]，白鳳寨人截水生端，六寨受害。報經鄉長稟官究治，田聆鄉鄰從中勸息，踏看田畝，立寫合同，安定刻石，均分水分，數年無議。至嘉慶十八年，白鳳寨李向陽、李□璉、李璋、李老四、李□等不遵合同，截水滋事，捏契生端，翔[③]等受害不堪。六寨人呈稟□州王主張太老爺，蒙恩批明，塗銷李姓捏契掌責，具結存案。復仰原差賞判立碑，翔等遵奉，將判語合同勒石，垂以永遵判斷，沾恩免害，此為序。

　　計開放水寨名：

　　土老寨、平壩寨、路底寨、王古川、上中下三寨、田尾巴、達臘寨、白鳳寨。

　　溝上條規：

　　一、每年挖溝二次，凡放着水人，各宜齊心出力修溝擋壩，不得推諉，違者議罰。

　　一、凡放水之人，田中放滿各宜擋還，原溝不得任意放，違者議罰。

　　一、凡溝邊上下種田之人，不得任意侵削溝埂至令溝窄、倒塌，亦不得挖土填塞溝路，違者議罰。

　　一、凡被罰銀錢，不俱多少均宜入廟以作香資，不得私吞肥已，違者一同議罰。

嘉慶十八年七月初七日八寨人同匠人包福立石
廩生張翔題並書
民人：白明、張源、李林
原差：楊春和

【概述】嘉慶十八年（1813），八寨民眾同立，張翔題並書。碑文記述乾隆、嘉慶年間，白鳳寨屢次截水生端、捏契滋事，後經官府查明判定立寫合同、塗銷捏契并立碑刊列溝上條規之事。

---

① 乾隆四十年：1775 年。
② 五十九年：即乾隆五十九年（1794）。
③ 翔：即張翔，廩生。

【參考文獻】開遠市小龍潭辦事處志編纂委員會．開遠市小龍潭志．北京：中華書局，2002.12：368.

三善塘碑

陳嗣昌

甲戌[①]之秋，七月既望，余游於赤江之下，清風徐來，水波不興。適有友囑余曰：此築堤焉，為文命名以記。余愧無文采（一行），強為之記。竊思，管子儲不涸之原，稻人[②]掌蓄水之方，堤之由來舊矣。茲堤之成也，有三善焉。赤江之東章堡之西（二行）有凹焉，可以為瀦。此固天造地設，以待後人培植者也，茲相宜而用之，其智可記；耡人攻土，匠人為溝，不吝千（三行）金之費，使子孫受無疆之福，其仁可記；而且興工於壬申之春，告成於是年之秋，其勇可記。夫一堤也，不失其利（四行），不惜其費，不惜其力，可謂之智，可謂之仁，可謂之勇，可因以三善名其塘（五行）。今將條規列後（六行）：

開塘日期必須公議，不得私自開挖。未開塘口之先，凡兩道車可濟之田，許扯三日；一道車可濟之田，許扯三日。方開大閘水泡（七行）田，自近及遠，不得以強紊亂。塘水凡過着之田，具準過水，但不得使原水有虧。至有不準過水，將田開溝，不補田價。塘內淹着之田（八行），村內田每工補谷八升，章堡村田每工補谷壹斗伍升，以抵下發（九行）。今將施田作塘埂姓名臚後：李玉才、李天壽、魯倫、魯起、魯興傑、魯文祥、魯興周、魯文廣、魯文焯、魯相、李顯才（受銀二兩），葛萬春（抵補）（十行），葛富（受銀拾伍兩，公眾納糧一升）（十一行）。

廩生陳嗣昌　撰書（十二行）。□山李　潤　鐫石（十三行）。

大清嘉慶十九年歲次甲戌孟秋[③]之二十[④]一日。

董事：魯俊、荀富、李文才、李玉才、魯興傑、魯興義（十四行）、葛士元、魯文元、葛萬春、葛天祿、魯文雄、周乘鳳、葛采、葛應順、李占甲、魯倫、魯相

暨合村仝立

【概述】碑存宜良縣狗街鎮高古馬村大寺。碑為青石質，高192厘米，寬70厘米。清嘉慶十九年（1814），陳嗣昌撰書，合村民眾同立。碑文記述了三善塘修建的基本情況、得名原因及開塘用水的相關規定。

---

① 甲戌：疑誤，應為"甲戌"。甲戌：指嘉慶十九年，歲次甲戌，即1814年。下同。
② 稻人：古官名，掌治田種稻之事。
③ 《宜良碑刻》漏錄"月"字。
④ 《宜良碑刻》錄為"二十"，據拓片應為"廿"。

【參考文獻】周恩福．宜良碑刻．昆明：雲南民族出版社，2006.12：55-56．
據《宜良碑刻》錄文，參拓片校勘。

佐力叢修理赤水江末段碑記

李振鐸

佐力叢修理赤水江 [①] **末段碑記**（一行）

佐力叢當赤水江下游，距彌渡城六十里，定西嶺一百里，江水（下缺）（二行）而其勢漸大，至比齊河而其量愈大。□□至佐力則兩面高山，中（下缺）（三行）環尘上游淤塞，徃徃歸怨於佐力其勢然也。歲壬申 [②] 余蒞茲土，於（下缺）（四行）明春因勘杜潤官田，始悉該□有河水之患，於是有修河之議焉。（下缺）（五行）游或又以爲宜專决下游，議論紛歧，旋值雨水，事遂寢息。越明年春，（下缺）（六行）鄉沿河踏勘，親赴佐力叢鎖雲橋、鄉 [③] 水灘、密汁郎等處，勘明河道源流，（下缺）（七行）在上游壅滯，堤低河凸，實非下流之堵塞。於是集衆興脩，剗 [④] 鎖雲橋上（下缺）（八行）下之漁壩。生員李唐壽首倡義舉，即命督修本段工程，而各衿耆亦踴躍。（下缺）（九行）自閏二月十五日興工，至五月初三日竣事功成。而紅岩上段彌渡中（下缺）（十行）亦以次告竣。是歲秋霖大作，全彌獲安，且墾復民田百餘頃，年穀倍（下缺）（十一行）矣。查佐力山高河窄，水勢陡下，即有石成灘，無干河道。而李生等（下缺）（十二行）鑿兼施，將石搬運兩岼至密汁郎，橫冲之沙石逐加挑治。况村（下缺）（十三行）患，非其切己乃能不分畛域，不介嫌疑，是則大公無我之心。（下缺）（十四行）各衿耆僉請勒石，爰具書始末，並題各衿耆姓名於後（十五行）。

計開：生員：李樸、李唐壽、郭郁文、李培因（下缺）（十六行）；監生杜學儒；耆民：李嗣通、李培棟、雷廣□（下缺）（十七行）；耆民：李謙、李東蔭、張縉紳、李（下缺）（十八行）；鄉約：叚 [⑤] 發、□□、熊□恭、李耀章、□□、李富陽；伙頭：□士周、李（下缺）、李福、黃（下缺）（十九行）。

---

① 赤水江：出定西嶺，由橋頭哨分灌白崖、前所營、柳營、邑村、紅土倉、觀音村、曾家營、羅家營田地。（楊世鈺、趙寅松主編：《大理叢書・方志篇（卷九）》，843頁，北京，民族出版社，2007）

② 壬申：指嘉慶壬申年，即嘉慶十七年（1812）。

③《大理叢書・金石篇》錄為"鄉"，據拓片應為"響"。

④ 剗：同"鏟"，削去，鏟平。

⑤《大理叢書・金石篇》錄為"叚"，據拓片應為"殷"。

誥授奉直大夫知雲南大理府趙州事錢^① 嶺李振鐸（二十行）

嘉慶十九年歲次甲戌^②（二十一行）

【概述】碑存彌渡縣苴力鎮文化站內。碑為大理石質，已殘損，下腳殘缺，故每行存字皆不全。碑殘高59厘米，寬48厘米。直行楷書，文21行，行8–27字，殘存460余字。清嘉慶十九年（1814）立石。碑文詳細記述了嘉慶年間，大理府趙州李知州體察民情、為民興利，主持修理彌渡赤水江（亦即毗雄江，或謂西大河）的始末。該碑乃《修彌渡通川河記》之前唯一一塊記述清嘉慶年間維修通川河的碑刻，具有十分珍貴的水利研究價值。

【參考文獻】楊世鈺，趙寅松. 大理叢書·金石篇（卷五·續編）. 昆明：雲南民族出版社，2010.12：2721–2722.

據《大理叢書·金石篇》錄文，參拓片校勘。

重開城內古觀音塘碑記

宋 湘^③

余於嘉慶十九年八月，自曲靖來署廣南府事，既與民議興水利，城外開古勞、古蚌兩塘，築法達、魁額、那昌三壩，有成說矣。郡學弟子員周國燦等來請開復古觀音塘，其說曰："城有二塘：西曰古浮，寬而淤，猶可為也；東曰觀音，狹而更淤，不可為也。城中煙火萬戶，滴水如金，曲突^④徙薪猶有爛額，稍或不戒，誰挽天河？"昔年往事，言之動心。民愁水淺，公其如何？今方思引江湖而陸注，沃磽确為豪^⑤腴。古人用心實先我勞。豈伊舊制，聽其堙廢？即屬練達董厥丁男，工鳩材庀，計日而竣。凡復^⑥舊址東埂十八^⑦丈，西埂十三丈，南北埂各二十二丈；圍七十二丈，心二十丈。凡用夫若干，石工若干，車椿^⑧若干根。或以其財，

①《大理叢書·金石篇》錄為"錢"，據拓片應為"鐵"。

②《大理叢書·金石篇》錄為"甲戌"，屬誤，應為"甲戌"。查《中國歷史紀事年鑒》：嘉慶十九年，歲次甲戌。

③宋湘（1757—1826）：字煥襄，號芷灣，廣東嘉應（梅縣）人。乾隆五十七年（1792），中壬子科廣東鄉試解元；嘉慶四年（1799）成進士，入翰林院，曾主試川黔。嘉慶十八年（1813），任曲靖知府。嘉慶九年（1804），奉調署理廣南府知府。為官清廉，政績斐然。（中國人民政治協商會議雲南省廣南縣委員會文史資料委員會編：《廣南縣文史資料選輯·第6輯》，71–72頁，內部資料，1993）

④《廣南府誌》錄為"哭"，屬誤，此處"突"為正。

⑤《廣南府志·整理連載十四》錄為"豪"，據《廣南府誌》應為"膏"。

⑥《廣南府志·整理連載十四》錄為"復"，據《廣南府誌》應為"後"。

⑦《廣南府志·整理連載十四》錄為"八"，據《廣南府誌》應為"六"。

⑧《廣南府志·整理連載十四》《廣南府誌》錄為"椿"，據上下文意應為"樁"。

或以其力，惟民之從，胥隸不干。瓜棚豆架，罔不除也，民自除也；豚棚牛宮，罔不去也，民自去也，隄式廓矣，水深廣矣，桃柳植矣，魚游泳矣，民樂愷矣，無鬱攸矣。余方欲構一茅亭，賦詩其上而未暇也，士民來乞記，書以應之。

【概述】碑應立於清嘉慶十九年（1814），知府宋湘撰文。碑文記述嘉慶年間宋湘知廣南府事，開塘築壩與民興利，并順應民意重開古觀音塘的詳細經過。

【參考文獻】楊磊等.《廣南府志》整理連載（十四）.文山師範高等專科學校學報，2004.17（04）：394；（清）林則徐等修，李希玲纂.廣南府誌（全）.臺北：成文出版社，1967.5：142.

據《廣南府志·整理連載》錄文，參（光緒三十一年重抄本·影印）《廣南府誌》校勘。

重脩蔓海河尾碑記

趙兂隨

自石貝山下衝，壩以東之後，河勢上流，蔓海[1]滋以灌溉，順時栽種，共祝豐年，可謂美矣。然水（一行）□□□□□積雨經旬報，受湮沒之害。揆敘[2]所由因魚硐河尾沙石壅阻，眾水滙此驟難宣（二行）□□□□□□□□□故每至大雨時行，凡種植海田之家，寢食俱難安，甚至中夜起視四（三行）□□□彼此雀角動興訟獄，水澇之患更甚於干旱，非細故也。夫治水之道，不外疏瀹決排（四行）。引大河之水以滋蔓海，作數條以殺其勢，頗得疏瀹之意。而河尾壅塞驟□返源，其於決排（五行）之道。尚陳舉郡人□□陽等憂之，爰集閤邑商議，仍專責水利郡士魁，按□□谷鳩工脩治（六行）。□□碷石閘處至水尾岔河止，兩岍俱用石塊砌成，河底沙石盡行淘沙，□前鑿深三尺，月（七行）□□□。由是，通海之水至此勢如破竹，流入以里河中。即以夲年論自六月廿日雨至七月（八行），□□□□□□□□□□然□有成效。自時厥後，時加脩培，志所謂蔓海秋成者，不已名實（九行）。□□□□□海晏不虛□，爰刻石於羅烏門外之望海樓前，郡人趙兂隨譔並書（十行）。

特授雲南東川府正堂管理廠運政務加三級紀錄五次銅文銀敘加七級張（十一行）

（自12行至23行，為捐穀功德名單，因字迹剝蝕、破壞嚴重，略去）

□嘉慶二十年[3]歲在乙亥孟秋月□□穀旦（二十四行）

---

① 蔓海：即今天的金鐘壩子。據雍正十三年《東川府志》、乾隆二十六年《東川府續志》記載：（蔓海）"在府治前，週三十餘里，一望蘆葦浸波。潴中產魚蝦、芹荇、菱角，土人亦資以為利。積年朽葦沉沒，水中盤結如地，人行其上，動搖不定。以竹竿探之，深入一丈五尺餘，仍未至底，引出杆頭不帶土泥。"（蔓海）"一名濯纓湖，在府城北，由西至東，長二十餘里……土人以'蔓海秋風'為（東川）十景之一，今更為'蔓海秋成'，蓋紀實耳。"
② 揆敘：語出《書·舜典》："百揆時敘。"本謂百官百事承順。後以"揆敘"為統理安排。
③ 嘉慶二十年：1815年。

【概述】該碑無文獻記載，資料為調研時所獲。碑存會澤縣江西會館（萬壽宮）。碑為青石質，高 112 厘米，寬 76 厘米。嘉慶二十年（1815）立石。碑文記述了嘉慶年間，因魚洞河尾沙石壅阻水患成災，會澤民眾苦不堪言，糾紛四起。後經合邑共同商議，采取砌石加固、挖深河床、疏瀹決排等方法，治理蔓海河尾并勒石立碑之事。

捐修潰隄碑記

鄧川瀰苴河利害攸關，前人述之備矣。稽從前隄潰，均蒙憲恩，咨部發帑賑濟，蠲免錢糧，派撥里民修築。茲於嘉慶二十年乙亥秋，七月朔九日，下山口公隄衝潰，各憲按臨軫念民瘼，大施善政，捐廉撫恤，并買備椿木，一切費用上不動帑，下不擾民，委員督辦，士民踴躍，尅期告成，憲恩所周與瀰水同永矣。用是泐石，以誌不朽。列憲捐款，並誌於後：

迤西道余捐撫恤銀五百兩；大理府趙捐修河工銀三百兩，捐撫恤銀四百兩；太和縣賴捐口袋三百條，捐輸錢糧銀一百四十兩；趙州李捐輸錢糧銀一百四十兩；浪穹縣程捐輸錢糧銀一百兩；賓川州郭捐輸錢糧銀一百四十兩；雲龍州穆捐輸錢糧銀一百四十兩；署鄧川州劉捐修河工銀三百兩，捐撫恤銀五百兩；署鄧川州圖捐輸錢糧銀二百兩，捐撫恤錢二十千文；署鄧川州陳捐輸錢糧銀四百兩。

其督工爲：州吏目趙、州學正管、訓導事何、汛防陶理合並載。

嘉慶二十年孟冬月吉日

【概述】清嘉慶二十年（1815）立。碑文簡要記述了嘉慶年間鄧川州（今洱源縣）下山口公堤被衝潰，各憲體恤民情，捐俸撫恤民眾、倡修潰堤之事，并刊刻了列憲捐款之情況。

【參考文獻】楊世鈺，趙寅松．大理叢書·方志篇（卷七）：咸豐·鄧川州志．北京：民族出版社，2007.5：566.

320

魯甸縣師人塘堤埂碑記

張應祥

　　賞恩碑也者，志也，志其人與事也。境師人塘自乾隆二十五年 ① 被恩 ② 民築堤為害，前輩士民王鋒、周文緒等曾具控在案，累批未結。至乾隆四十五、六年 ③，恩民糾眾連築二堤，為害更甚。以致嘉慶七年 ④ 三月二十九日釀成命案，魯 ⑤ 民王安太戳斃李周、六甲捐資控經闔省上憲約費千金有餘。後安太發配廣西，幸得釋回。去歲春初，篆巡憲大人檄文，飛催府主委命恩魯二主會堪 ⑥ 訊斷，幸仰二主開誠佈公，勞心半載。深察水性力限民害，當堂訊斷，自堤北進山腳開一閘口，深八尺，寬五尺，沿山腳順古溝修成大溝，引水灌入查拉大閘，其出水口高六尺，寬六尺，上修石橋以利行人。後來發修溝道銀兩概系恩民，是問爾與魯民相干，現飭魯民出銀十百五十兩，恩民臧文燦、黃國安領訖作修溝建橋之資定成鐵案。具文申詳，永不許壅塞，復起頌 ⑦ 端至荒海，原系恩半魯半，各守界址，亦勿得再行爭占，彼時兩造悅服具結銷案。六甲土民許不曰樂只，君子民之父母也乎！余恐世遠年湮，後之人莫識從來，弗知根由，勢必立而無據。不九道 ⑧ 余為靡不初鮮克終之人耶，因是勒石以記，並考錄各憲金銜，永垂不朽云。

　　欽命督理雲南屯田糧儲分巡文武地方兼管水利道加一級紀錄十次績，特授雲南昭通府正堂加五級紀錄十次張。特授雲南昭通府分防魯甸糧補府加六級記錄六次胡。署雲南昭通府恩安縣正堂加五級紀錄朱。署雲南昭通府分防魯甸糧補府加三級記錄宋。

　　為首民士：莊可才、秦沛、李文仙、王開太、李金魁、巴布、高周舉、張應祥、曾興發、王登崙、夏成相、毛正剛、王興太、安文開、王美、李秀峰、王登高、李金榮、王見明、催廷貴、尚國相、張國賢、王曜、龍雲、王太、周萬年、劉朝聘、尚國卿、龍長壽、楊開發、莊可達、龍貴、秦霖、鐘天碧、王登魁、周肇岐、周萬珍。

為首民士、六甲土民吉立

嘉慶二十一年五月朔二月，張應祥敬書並撰

---

① 乾隆二十五年：1760 年。

② 恩：即恩安，今昭通。

③ 乾隆四十五、六年：1780、1781 年。

④ 嘉慶七年：1802 年。

⑤ 魯：即魯甸。

⑥ 堪：疑誤，應為“勘”。

⑦ 頌：疑誤，應為“訟”。

⑧ 九道：古人指日月運行的軌道。此處意為“遵守判令”。

【概述】碑存魯甸縣茨院鄉板板房村。碑高200厘米，寬83.5厘米，厚28厘米，碑額伴二龍戲寶。碑文陰刻楷書，正文計386字。嘉慶二十一年（1816），張應祥敬書并撰，民眾同立。碑文詳細記載乾隆、嘉慶年間恩魯（昭通、魯甸）民眾之間因水利糾紛導致命案，後經官府勘明訊斷刻石立碑之事。

【參考文獻】雲南省魯甸縣志編纂委員會．魯甸縣志．昆明：雲南人民出版社，1995.3：758.

靈雨亭記

胡慶元

遙望東南半壁山勢，巉嶪龍聳[①]，磅礴綿紗。界在蠻夷，徒供樵夫牧豎採取，無有舉其名者。嘉慶丙子[②]夏，旱甚，太守何公祈禱殆徧，卒不得雨。因思曰："名山大川，實興雲雨，東南一帶山勢巍峩。豐年洞幽深，焉知非山靈攸居，神龍攸宅也？"於是率同城文武紳士，涓吉[③]拜禱山下，清[④]水洞中。踰日，山前後雲霧瀰漫，霈雨霶霈。是歲滇南各郡奇荒，獨廣南大熟，郡人士感頌公。公曰："山之靈也，吾何與焉？非所謂歸功太守，[⑤]太守不有者耶？因山本無名，隨名為靈雨山。自山脚至山腰翠微處，約高數十丈，洞穴深邃，視豐年洞稍隘，旁有路可通。公乃塑龍神、山神像，設龕而礻之。土目[⑥]儂應祥等仰體公意，輓運木[⑦]瓦構亭於其前。公因顏曰靈雨亭，以答神貺。公守廣南最久，偶遇亢旱，祈禱，無不應。每歲嘉平，必刌[⑧]羊屠豕，登陟而報賽焉。年來，山下左右數十里寨民豚蹄雞酒，求福禱病，匍匐而跪拜亭下者，日絡繹不絕，非風行草偃之象歟！公聞之，曰："吾止為祈雨計，此則非吾所知也。然亦不必作道學家語而禁之也。"慶元以侍坐得聆公論，文[⑨]喜為吾郡表茲靈境也，故樂而為之記。

【概述】碑應立於清嘉慶二十一年（1816），郡人胡慶元撰文。碑文記述嘉慶年間廣南府大旱，太守何公率文武紳士為民祈雨成功，并塑龍神、山神像設龕祭祀，土目儂應祥等修建靈雨亭的經過。

---

① 《廣南府志·整理連載》錄為"龍聳"，據《廣南府誌》應為"巃嵷"。
② 嘉慶丙子：即嘉慶二十一年（1816）。
③ 《廣南府志·整理連載》錄為"吉"，據《廣南府誌》應為"潔"。
④ 《廣南府志·整理連載》錄為"清"，據《廣南府誌》應為"請"。
⑤ 《廣南府志·整理連載》漏錄"而"字。
⑥ 《廣南府志·整理連載》錄為"目"，《廣南府誌》錄為"日"。重抄本誤，應為"目"。土目：土司所屬員司的稱号。世襲，兼理文武，職守权力因时因地而异。
⑦ 《廣南府志·整理連載》錄為"木"，《廣南府誌》錄為"水"，重抄本誤，應為"木"。木瓦：古代覆盖屋面的木板。
⑧ 《廣南府志·整理連載》錄為"刈"，據《廣南府誌》應為"刌"。
⑨ 《廣南府志·整理連載》錄為"又"，據《廣南府誌》應為"文"。

【參考文獻】楊磊等.《廣南府志》整理連載（十三）.文山師範高等專科學校學報，2004.17（02）：300；（清）林則徐等修，李希玲纂.廣南府誌（全）.臺北：成文出版社，1967.5：138-139.

據《廣南府志·整理連載》錄文，參（光緒三十一年重抄本·影印）《廣南府誌》校勘。

澤遠流長碑

特授浪穹縣正堂加三級又卓異加一級紀錄十二次程　　　　　　為（一行）

祈恩賞禮①，以便水利事。本月二十一日，據監生胡作鋌，生員李□□□□□皇□甫皇綠，穎□巷②、主□村③、干橋、峩登四寨田畝灌溉之水（二行），俱發源松溪山。涓滴如□④，本不敷用。芒種前後，四寨農民各爭□□，□糧□□，晝夜不分，必延至兩月□餘，而後所需足用，期⑤間分（三行）剖未均，忿爭成訟。□□不時，□□成疾，又男女□雜，瓜李成嫌。水□為物，監⑥科後行，山下出泉，止有此數。以有數之水，□無數之欲（四行），絲分縷散，而期速功，其為無益，生斃也□矣！前歲四寨公議，□□強壯水夫四名，勤修水道聚水。輪流足此□彼□□期，□取有（五行）罰，貪多有罰，水夫徇□⑦有罰，有田□家，引為生理。至期水滿，田□荷秧往種，拎己不勞，拎人不爭，風俗醇美，獄訟衰恩，泳□（六行）盛世，鼓舞懽欣，實為公便。誠恐強暴之徒不守鄉規，滋生事故。夥□□⑧仁恩賞准，批示生等勒石，永遠遵守。□四寨之良善，亦皆得所，□（七行）祝萬代矣！等情到縣，據此除呈批示，准其勒石。為此，示□□⑨洲巷、三家村、干橋、峩登四寨居民人等□⑩悉。嗣後務須遵照，永□童⑪（八行）程，僱夫勤修水道，輪流灌溉。倘敢窃取貪多，足水夫徇情□□，即指名具稟，以瀆□□□□⑫不姑。竟准勒諸石，以垂永久（九行）。

穎洲巷主⑬：楊蔚東、楊□振、張上賢、李成□、張錦文、施□□、寸精一、王禮、楊永升、趙□華、施化雨、李崇善、□國士、張登鰲。

---

① 《大理洱源縣碑刻輯錄》錄為"禮"，據原碑應為"批"。
② 《大理洱源縣碑刻輯錄》錄為"穎□巷"，據原碑應為"穎洲巷"。
③ 《大理洱源縣碑刻輯錄》錄為"主□村"，據原碑應為"三家村"。
④ 《大理洱源縣碑刻輯錄》錄為"□"，據原碑應為"絲"。
⑤ 《大理洱源縣碑刻輯錄》錄為"期"，據原碑應為"其"。
⑥ 《大理洱源縣碑刻輯錄》錄為"監"，據原碑應為"盈"。
⑦ 《大理洱源縣碑刻輯錄》錄為"□"，據原碑應為"情"。
⑧ 《大理洱源縣碑刻輯錄》錄為"夥□□"，據原碑應為"伏乞"。
⑨ 《大理洱源縣碑刻輯錄》錄為"□□"，據原碑應為"仰穎"。
⑩ 《大理洱源縣碑刻輯錄》錄為"□"，據原碑應為"知"。
⑪ 《大理洱源縣碑刻輯錄》錄為"□童"，據原碑應為"定章"。
⑫ 《大理洱源縣碑刻輯錄》錄為"□□□□"，據原碑應為"嚴提究處"。
⑬ 《大理洱源縣碑刻輯錄》錄為"主"，據原碑應為"生"。

生[1]：李□□、楊鳳鳴、張錦□、張□選、楊廷輯、□□奎、張宗瓊、楊清、李聯元、徐銑、張□雄、張□□、施佺、張鴻標、馬靜、李接元、曹步青、張宗良、施勳。

三家村民：李榮、金正堂、□富、李文□、李意、金鎔、李光美、李瓊、李佩、李□村、李□□。

干橋村生：杜燦坤、董亮、董明、杜□□、李永保、張文澡、□明光、李厚、于求祿、□□□、□□英。

民：寸開國、杜紹俊、寸必□、李□□、寸宗楊、楊玉田、李濃、李郁林、胡奮□、杜映坤、杜□□。

峩登村生：張復青、楊茂春、楊偉成、楊□□、趙聯□、趙聯甲、李相保、楊□□（十至十三行）。

嘉慶二十二年四月二十□□□□村士民□耆人□□□書杜□□□□（十四行）

【概述】碑嵌於洱源縣茈碧湖鎮干橋村 李育賢 家牆壁上，青石質，高149厘米，寬64厘米。額上橫刻行書"澤遠流長"4字。碑文直行楷書，文14行，行23-98字。嘉慶二十二年（1817）立石，碑身中部原斷裂有殘損。碑文記載：松溪山之水係潁洲巷、三家村、干橋村、峩登村四村灌溉之源，惜水利不足，爭訟不斷。嘉慶年間，四村民眾公議雇水夫勤修水道、輪流灌溉等項，后稟請官府批准并勒石。

【參考文獻】趙敏，王偉．大理洱源縣碑刻輯錄．昆明：雲南大學出版社，2017.11：92-93.
據《大理洱源縣碑刻輯錄》錄文，參原碑校勘。

賦足民安碑

遵奉欽命太子太保御前侍講[2]雲貴總督部堂兼管軍務錢糧加六級紀錄十次伯批飭（一行），欽命雲南清軍水利糧儲道加五級紀錄六次誠，轉飭（二行）代辦廣西直隸州事開化府分防馬兵清軍水利府加三級紀錄六次周，給示勒石（三行）告示，為禁止爭端以安地方案事。照得彌勒縣東鄉阿烏村□□徐澄甲、楊汝桐等，因田畝乾枯，錢糧無有，欲於村門大河修築（四行）石壩引水就田。有茨蓬哨廖有高、郭起祥阻撓起釁，徐澄甲等控訴糧憲轅前，批州轉行彌勒縣勘斷，由州轉核申詳（五行）□□□□代辭□。據彌勒縣勘詳，轉給阿烏村徐澄甲等修築月灣壩，以濟阿烏村一寨田地乾枯之患，於阿烏（六行）村寨一令州氏，亦恐水阻不能灌溉，互相控告□。本代辦州慎重水利，親詣該地勘查，洞悉月灣壩不能益於阿烏村（七行）田畝。飭令准築雞心流水壩，於春三月間可以積水，一村佈灌秋田。如此轉移之間，上無淹人，

---

①《大理洱源縣碑刻輯錄》錄為"生"，據原碑應為"耆民"。
②侍講：官名。漢代有此稱號，以之名官則起于魏明帝。唐始置侍講學士，其職為講論文史以備君王顧問。宋沿置，并設侍講、侍讀，皆由他官之有文學者兼任。元明清則列為翰林院額定之官。

324

下無乾枯，三有俾益。徐（八行）澄甲、廖有高等兩各具遵結附卷，合行出示曉喻。而此，示仰各寨人民遵照發給雞心壩式樣修築，不得妄築別壩（九行），致滋爭端。各寨□□遵，以絕訟源，母①違。特示！遵□，右仰通知（十行）。

　　嘉慶二十三年②□月□日示，發阿烏村勒石諭。

　　阿烏村董事人：徐澄甲、楊汝桐、王寬、常登科、常運元、王宣、王鴻玉眾等。

　　築壩人、立匠人：楊發科、楊發甲、□□甲、常澄雲。

　　【概述】碑存彌勒市彌陽鎮阿烏村委會阿烏村文化室。碑為青石質，高126厘米，寬60厘米，厚16厘米。清嘉慶二十三年（1818）立。碑文記述嘉慶年間，阿烏村因田畝干枯欲在村口大河修築石壩引水灌溉，受到茨蓬哨的阻撓挑釁引發糾紛，後經官府查勘、調解准築雞心流水壩并勒石告示之事。該碑是阿烏村民修築禹門河月灣壩水利工程的歷史見證，是研究清代軍務錢糧及興修水利設施的重要史料。

　　【參考文獻】葛永才．彌勒文物志．昆明：雲南人民出版社，2014.9：165.

白龍潭雲龍寺永遠遵守碑記

　　特授雲南府呈貢縣正堂加三級紀錄六次趙，為遵批給③**遵守本案。奉（一行）**

　　特調雲南府正堂加九級紀錄六次錢批，本縣呈詳縣屬豐樂村土民晉緒、普富、具大，王家營、吳傑營等村民李正玉、王開中等，赴出輪立控過□（二行）永分日期一案。查此案縣屬王家營、吳傑營、柏枝營、段家營、白龍潭、大水塘、回子營、落龍河、豐樂村等九村，輪放過山溝冬春□李□水□向無一□（三行），一期以議□□爭執。據豐樂村土民④晉緒等以冬季水少不敷灌溉等情，先糸⑤赴憲輪暨□□縣衙門，其訴奉此勘斷。卑職親詣查勘明□，豐樂村地（四行）流得水朝遲，其冬水僅放七八日不敷灌飽豆麥，係屬實情。隨傳案逐加訊問，斷令：王家營、吳傑營、柏枝營三村，讓水四日給豐樂村，□放四日已，□（五行）造出具遵依，正在具詳問⑥，王家營三村民人李正玉等議以不願讓水赴憲轅具訴。□□系訊遵復集案瑞⑦三開遵並□□諭，節⑧各該村自□□□□（六行）議。旋據九村土民楊光昇、趙世能、李適春、晉緒、普富、沈曜、王開中、普貴、李正義、趙文傑、李彩、楊鳳翁、馬明仁、

---

① 母：疑誤，應為"毋"。
② 嘉慶二十三年：1818 年。
③《呈貢歷史建築及碑刻選》漏錄"示"字。
④《呈貢歷史建築及碑刻選》錄為"土民"，據拓片應為"士民"。下同。
⑤《呈貢歷史建築及碑刻選》錄為"糸"，據拓片應為"後"。
⑥《呈貢歷史建築及碑刻選》錄為"問"，據拓片應為"間"。
⑦《呈貢歷史建築及碑刻選》錄為"瑞"，據拓片應為"再"。
⑧《呈貢歷史建築及碑刻選》錄為"節"，據拓片應為"飭"。

王世中、李培元、段雲會、汪早等議，係日□（七行）年冬水自立冬第三日起至立春第三日止，共九十日。吳傑營、王家營原各放水二十日，柏枝營原放水十日，節係村情願各□□一日；王家營放□（八行）十九日，吳傑營放冬水十九日，柏枝營放九日，段家營因地較少放水二日，白龍潭八日，大水塘八日，回子營八日，計七十三日；節交大寒，自大寒□（九行）卯時起至立春第三日止，計十七日。落龍河放水七日，豐樂村增放水十日。以上冬水共計九十日，各村挨村挨次輪放，其吳傑營、王家營三村向係□（十行）流先放一年，今仍照舊規按年輪放。又春水自立春第四日起至雨水節後止，計二十七日。吳傑營放水十日，王家營放水十日，柏枝營放水六日，□□（十一行）營放水一日；自驚蟄起到春分節底目[①]，計三十日。落龍河放水九日，白龍潭放水五日，大水塘放水五日，回子營放水五日，豐樂村放水六日；自□□□（十二行）至立夏止，計三十日。落龍河放水七日后，歸上游吳傑營、王家營、柏枝營、白龍潭等村接濟狹禾灌泡水田。以上春水日期仍係後照懲規止未更易。[②]據（十三行）等遵照諭，飭九村合舉水長一人責成巡水，如遇旱乾需水之年，各村照此以詳定日期不得多放；如遇有雨澤之年，上村灌泡已足即交下村。□□（十四行）必拘泥於日期，彼以[③]通融辯[④]理，水多則相讓，水少亦不致相爭。據各衆[⑤]服具結呈請轉譯[⑥]，給示遵守。卑職尚恕各該村或有異議，後傳集議[⑦]該土民等（十五行）問，據□所呈結內議定放水日期，貫後遵輪，公全商酌，出自村衆情願出菜水[⑧]水日期仍照舊規處[⑨]，王家營、吳傑營、柏枝營三村[⑩]各讓各水一日，□□□（十六行）村得放冬水十日亦俱輪服無詞。卑職□所詳已屬乎以應請俯照，議定日期輪流灌放毋涓紊亂，倘彼[⑪]此次詳定之後再敢逞才混爭，照例重究。□□（十七行）具備結存案外，理舍具文請指示節遵由[⑫]，於嘉慶二十四年　　月二十六日春批，所議甚屬平衆，仰即照議給示遵守此水，等因。奉此，給行□□（十八行）之水，務須遵照議詳日期殷村灌放，不得紊亂。倘此次議定立後，再敢逞刁混作以及霸放滋事，定即提案照例重究。各宜遵守，毋遣[⑬]特示（十九行）。

嘉慶二十四年十月初三
告示（二十行）

---

① 《呈貢歷史建築及碑刻選》錄為"目"，據拓片應為"止"。
② 《呈貢歷史建築及碑刻選》漏錄"並"字。
③ 《呈貢歷史建築及碑刻選》錄為"以"，據拓片應為"此"。
④ 《呈貢歷史建築及碑刻選》錄為"辯"，據拓片應為"辦"。
⑤ 《呈貢歷史建築及碑刻選》錄為"衆"，據拓片應為"兄"。下文（十八行）中"平衆"，應為"平兄"。
⑥ 《呈貢歷史建築及碑刻選》錄為"譯"，據拓片應為"詳"。
⑦ 《呈貢歷史建築及碑刻選》多錄"議"字。
⑧ 《呈貢歷史建築及碑刻選》錄為"出菜水"，據拓片應為"輪放"。
⑨ 《呈貢歷史建築及碑刻選》錄為"處"，據拓片應為"外"。
⑩ 《呈貢歷史建築及碑刻選》漏錄"情願"2字。
⑪ 《呈貢歷史建築及碑刻選》錄為"彼"，據拓片應為"經"。
⑫ 《呈貢歷史建築及碑刻選》錄為"理舍具文請指示節遵由"，據拓片應為"理合具文詳請給示飭遵依，出"。
⑬ 《呈貢歷史建築及碑刻選》錄為"遵守，毋遣"，據拓片應為"凜遵毋違，"。

【概述】嘉慶二十四年（1819）立石，碑文計20行。碑文詳細記述了呈貢縣豐樂村、王家營等九村村民的水利糾紛，以及縣府勘斷處理并規定輪流放水之事。

【參考文獻】中國人民政治協商會議昆明市呈貢區委員會.呈貢歷史建築及碑刻選.內部資料，2013.11：268-269.

據《呈貢歷史建築及碑刻選》錄文，參原碑手抄稿校勘。

保場三溝碑記

李祖成

嘗聞源泉混混，不舍晝夜，此本一生水，人物所資賴者。然東山大河口有三溝之水，定有地麥棉糧分放，原屬晝夜輪流，不得紊亂升勺，歷來例規。後有河頭新開麥田數丘無水，一茲聞此是，免[1]求三溝眾等，至芒種後，以竹筒渡放，各為長流之水。其三溝水平，或薯或米，按田所種麥田之人抬運砌收，此歷來不易之常規也。今乃於己卯年[2]二月十八日，水平失落，眾等向李順等訴說，不料伊等不抬水平，而且運控三所，後蒙□恩□□王興王老大爺當堂經斷，王餕、李順等仍照前例，於芒種後放，不得常時浸擾。於是眾等公正商議，遵斷立石，以垂永久不朽云。□□□後將李順等出具遵結開列於後，如有演戲搭台，由李順等承辦。

具結人李順、李應考、李顯寧、廣眾正宗李正蒙等，系管下復性鄉百姓，今於本縣大老爺台前興遵結，依奉結得等具控小的等惡霸病糧一案，蒙恩訊明：楊天池等系放東山河之水，小的等所放河頭之水。因小的等心懷素怨，一時愚昧，屢赴三所衙門控告。蒙恩責怨枷考，斷令小的等仍照舊規所報水平，頭二名於芒種後據放，不致常時浸擾。小的等遵斷，情願出具，日後不致滋生事端，結狀呈報備案，如有等前怨平究治，所結是實。批："准結，如敢再行爭端滋事，定即從重究辦。"西河溝水利銀八錢，放水二尺；中溝水利銀六錢四分，放水乙尺六寸；河底水利銀五錢六分，放水一尺四寸。

西山溝、中溝、河底衿耆、三溝頭眾姓人等仝立

永昌府儒學後生李祖成撰書

嘉慶二十四年閏四月十二日，三溝頭眾姓士庶人等勒石

【概述】碑存保山施甸縣仁和鎮保場東山寺。碑高127厘米，寬54厘米。嘉慶二十四年（1819），民眾同立，李祖成撰書。碑文記述西山溝、中溝、河底民眾為解決水利糾紛、昭示結果、永杜紛爭而刻石立碑的詳細經過。

【參考文獻】中國人民政治協商會議施甸縣委員會，施甸縣文史資料委員會.施甸縣文史資

---

[1] 免：同"勉"。
[2] 己卯年：清仁宗嘉慶二十四年（1819）。

料（第四輯）：施甸碑銘錄．內部資料，2008.7：88-90.

三多塘^① 碑記

歐陽道瀛^②

　　城之有池，不徒爲捍禦計也，而晨夕飲烹養生之政以寓。昭郡襲烏蒙舊址，背山爲城，距大河十數里，關以內無井泉，惟資涓涓之龍硐由溝入城，停蓄於大小兩池^③。每无雨則涸且穢，軍民病之。即官斯土者，僉謂形勢所艱，無長策焉。迄嘉慶戊辰^④ 奕山王公^⑤ 來篆恩邑，初下車，詢民疾苦，耆士以修龍硐爲請。公曰："水由硐出，天造地成，無所庸其導瀹，宜更於北城外，擇地浚深池，餘則瀦，溢則洩，既以便郭外之取携，又足濟城中之挹注。"令甫下，民爭赴之。閱五月而池成。既乃建廟以祀龍神，前列船房，左立仙閣，池中砌石架爲歌臺。費不下數千金，皆公與士庶所籌畫而樂輸焉。事將竣而公適解篆，屬余續完之。余謂："臺祇飾觀而歌非恒有，爰增爲閣而俸大士像於其上，俾禱祀有常而悔愆祈福，可以導人向善之心。"越辛未^⑥ 夏大旱，龍硐以支分流細不能遠達城溝，致城內兩池俱竭，萬家火食惟藉，是以免涸鮒^⑦ 之傷。因憶前之興土木，幾費經營，苟當風雨調和，原不見鑿池之利，而轉疑力役之勞。即過客登臨，撫曲檻之遠映，把酒賦詩，亦祇謂遊觀有地而莫識爲緩急之需，至今日而始悟此地之濟我生靈者，不啻甘霖之大沛^⑧ 焉。先詛之而後祝之，遺愛如鄭僑尚有餘憾，又何傷於奕山哉！余既不忍菀置之善莫傳，而復慮士庶之功德不著也。故誌之。

　　【概述】碑文記述為解決城區民眾飲用水困難，恩安知府修建三多塘的詳細經過。

　　附：在昭通市昭陽區今清官亭公園內，立有"三多塘碑記"石碑一通，碑為青石質，有底座。

---

① 三多塘：即今清官亭原名，位於昭通市昭陽區西北隅。清嘉慶十三年（1808），由知縣王禹甸始建，王任期滿，繼任知事歐陽道瀛不負前任所托完成後續工程。清嘉慶十六年夏，天大旱，城內另外兩個池塘已經干涸，幸有"三多塘"之水解居民之需，"萬家火食惟藉，是以免涸鮒之傷"。老百姓為感念父母官之恩情，易名"清官亭"。

② 歐陽道瀛：湖南舉人，嘉慶十四年（1809）接替王禹甸任恩安知縣，為官清廉，繼承前任遺志完成三多塘後續工程。

③ 兩池：原昭通飲用水池有二，即：一稱上水塘子，原址為今公園路口之魚鮮園；一稱下水塘子，原址為今北順街之服務大樓。

④ 嘉慶戊辰：即嘉慶十三年（1808）。

⑤ 王公：王禹甸，字奕山，三原（今陝西）舉人。清嘉慶十三年（1808），任恩安（即昭通）知縣，體察民情，帶頭捐資興修三多塘水利工程，造福昭通民眾。

⑥ 辛未：即嘉慶十六年（1811）。

⑦ 涸鮒：常作"涸轍之鮒"，比喻處境十分危難、急待救助的人。

⑧ 甘霖之大沛：見"沛雨甘霖"，意為充足而甘美的雨水，比喻恩澤深厚。

碑文從左至右橫行楷書，所記與《昭通文史資料選輯·第六輯》中的"歐陽道瀛三多塘碑記"相同，應為現代所刻。

【參考文獻】昭通市政協文史資料委員會. 昭通文史資料選輯·第六輯. 內部資料，1991.7：87-88；符廷銓，楊履乾纂修. 昭通志稿. 民國十三年刻本：35-37.

據《昭通志稿》錄文。

岳公[①]堤碑記

王遇錫[②]

衣食者，民所天也。宣[③]郡舊鮮紡織，平家男婦，幅裙無完，間有克自溫煥[④]者，而貿布之貨甲於綺羅。議者或以民情之惰，而官司勸課之不力也，抑不知農田罔利，俯仰歉然，小民且墾山鹺野之未暇。語云："終歲不製衣，蔽[⑤]廬猶可依；終日不再食，枵腹空自泣。"衣與食之緩，亟大較然矣。夫宣郡非無食也，而苦於禾稼之不秋也。宣郡非無禾稼也，而苦於水潦之為災也。淀泥淤，洪流泛[⑥]，隄防潰，老農悲，啾啾嗷嗷，將懸釜而擊之。以視無衣無褐，何以卒歲之？興嗟者，有心人，早自辨緩亟而為之圖也。

岳公以戊寅歲[⑦]攝任茲土，甫及下車，覽民間之情況，諏父老之艱難，喟然歎曰："夫民不可以無衣，而不必解衣衣之也。亦開其得衣之源而已。民不可以無食，而不必推食食之也，亦導其得食之本而已"。當春二月，韶陽向暖，沙清水明，用鳩河工。溯源委，計夫役於以絜修短，定崇卑而均勞逸。晨夕之間，屢親董勸。凡三匝旬而堤成者，六十餘里。高各丈五焉。厚稱之。蓋至是野水無虞，而宣郡之農業可勁矣。亦至是四疇咸給，而宣郡之女紅可興矣。時為己邜鄉貢，九月之秋，余自昆明來，抵下堡，聞紡車聲連簷軋軋。余驚且喜曰："是何勸課之神而速也？"前六月，郡民為公壽獻白金百兩餘，公笑而受之，以謂此非余一人之私積，實宣郡紡織之先資也。夫行必踐言，樂利羣生，自古循良往往而有，而特不料功化之神速若此耳。維時環視閭閻，或崇墉而比櫛，或餂香而椒馨，行見漸仁，摩義大化翔洽，當不徒飽

---

① 岳公：即岳文輝，河南洛陽人。嘉慶二十三年，以按經歷署宣威知州，為民興利，且務除害。宣邑良田多在東、西兩河之旁，每遇水漲，率苦淤壓，或淹沒成災。文輝巡行兩岸，灼見河堤不堅，且過低下，思為一勞永逸之計。二十四年仲春，大集田戶，相水勢，度土質，計田畝，均夫役，由源達委，起板橋而竟大屯，因舊堤加高增厚，以一丈五尺為度。文輝親率水利耆民，勘校獎督，凡四匝旬堤成，計長六十餘里。是年，水盛漲而田無恙，禾麥自是雙收，民感其德，號曰"岳公堤"。
② 王遇錫：宣威人，道光十六年（1836）貢生。
③ 宣：即宣威。
④ 溫煥：同"溫奧"。溫暖。
⑤《宣威歷代文學藝術作品系列叢書·古代文學作品卷》錄為"蔽"，據《宣威州志（全）》應為"敝"。
⑥《宣威歷代文學藝術作品系列叢書·古代文學作品卷》錄為"泛"，據《宣威州志（全）》應為"汛"。
⑦ 戊寅歲：即嘉慶二十三年（1818）。

食燠衣已也。公其惠而不費歟，夫謂平其政之君子歟！

【概述】碑文記述了嘉慶年間宣威水潦成災，知州岳文輝體察民情，溯其原委，親率耆民，採取以田戶均夫役加高、增修堤壩，勤政為民興修水利造福民眾的事迹。該碑所載水利資料及有關紡織業的發展、銅鹽弊政的改革等史料均有重要史料價值。

【參考文獻】高興文．宣威歷代文學藝術作品系列叢書·古代文學作品卷．昆明：雲南民族出版社，2005.9：42-43；（清）劉沛霖等修，朱光鼎等纂．宣威州志（全）．臺北：成文出版社，1967.9：130-131.

據《宣威歷代文學藝術作品系列叢書·古代文學作品卷》錄文，參《宣威州志（全）》校勘。

重修新溝碑記 [①]

朱士麟

蓋聞修溝治壩，朝廷所重，誠以水之為利甚溥也。辛家屯、大營街、西古城、師旗屯、中所屯、壯旗屯，前人於萬曆六年 [②]，糾約一百八人，借動國帑，開溝引水，勠力同心，辟挖鑿石，繞箐鑽山，經營三載，艱苦備嘗，適值建城之期，恩免六屯夫役。其溝發源於哨上，自白魚灣起，至桅杆屯止，水路悠長，約有五十餘里，至萬曆九年，溝工告竣，甚盛舉也。越今二百一十九年，輪流經管，照規疏通，遞年費工五百七十有零，看溝穀三石，各輪只循故事，潦草塞責，致令溝道阻滯，容水不多，灌溉有限，時遇山箐水漲，徒歎望洋而去耳。嘉慶二年 [③]，有任定周、朱元袞、師敏、朱廷選、朱履安、劉思恭、朱盈門、朱元錦，念創業之維艱，知守成之不易，慨然有恢廓前業之意，會集十五輪頭，每輪斂 [④] 定兩人催收銀兩，雇募石匠，踴躍興工，辦理年餘，費金二百有零，溝頭至下河，石槽擴成二尺。下河至溝尾，擴成二尺五寸，一時有水，人戶競相告曰，今觀水利，頓覺三倍於前矣，自是名與碑永，功與水長，後之人有更心前人之心者，其於水利，未必無小補云。

【概述】碑文記述了辛家屯、大營街、西古城等六屯鑿石、繞箐、鑽山開溝引水，以及後人重修新溝造福民眾的詳細情況。

【參考文獻】梁耀武．玉溪縣志資料選刊·第一輯：歷史大事記述長編．內部資料，1983.7：67-68.

---

① 《李志》："（新溝）在縣治南左德鄉武當山后，明萬曆年間，引三家、白土村分水十五輪，行辛家屯、師旗屯、中所屯、西古城、大營街、壯旗屯等處灌田。"

② 萬曆六年：1578 年。

③ 嘉慶二年：1797 年。

④ 斂：古同"簽"。

扎塘碑記

丁午中

聞之：豬①蓄防止，地官實立稻人；雲夢圃田，列國亦標澤藪。水澤之利，古今聿昭法制者，誠以潤物悅物之莫此若也。通邑小新村介居山沖，土田高（一行）燥，稻黍麥菽，每多不秀不實。旱再太甚，幾於有耕無收。噫，豈人力未至、地利非宜乎？實水澤洴涎無以潤之悅之。然究非無水也；有水，而無聚水之（二行）所也。蓋山麓碧灘，亦多散流，不需則聽其所之；需則絕流難濟。數年來，思爲芳塘，積以資潤。而支費無由，終付懷想。今因寺内三月一日賕②完，集衆（三行）酌議，扎塘聚水。衆共欣然喜曰："懿哉！誠村人生活之原也，猶復托諸空言。"扵是衆心一舉，群策群力，遵周官稻人之制度，沖内下澤之田數十餘工（四行），扎爲陂塘，收散渙之水，止而蓄之，以備干旱，不亦可半甦其困乎？夫以粮田為水宅，民則何敢！而善處有方，亦可曲全無恨。思田每歲所出，不過春（五行）秋兩發；水之泛流無庸，只在季秋與冬。公同議定：照田給銀。每工田，公補銀三両或二両，抵償遞年春發之項；將田永借入公，爲春冬聚水之區，至（六行）水開清後，仍歸各田主栽種秋發，以償錢粮。秋穫已畢，復歸公聚水，以待來年。斯有濟於公，而亦不害於私；聚無用之水，儲為有用。將見渟泓内蓄（七行），細流同江河之潤；灌溉有備，人為補造化之功。此誠因所利而利之之良法美意也！恍恤乎霸者，曲防之禁哉。

邑庠生丁午中沐手併書（八行）

今將田賓銀数、扎塘使費、放水條規開刊於后（九行）③

一、三月初一之賓神送五賓，首接三賕，尾接二賕，必須賕長應得銀五百両。養賕後三日同合營老幼算明，除送賕、結賕之合及寺内雜項使費外，所有銀三百八十□両一錢。□（十行）水功德碑上，功德銀二十八両七錢七分九厘，收佃田銀與利銀十三両乙錢，通共實有銀四百三十乙両零七分九厘。外有賕書半賕，得銀四十九両（下缺）（十一行）。

一、塘内田正中者，每工補銀三両；旁边者，每工補銀二両，共補去五十七両。日後埂高水潤占（十二行上）着田者，亦照前例補找。

一、西边塘埂誠屬丁姓田乙坵，粮三升，價銀五十六両，築埂占一半，一（十三行上）半科租招佃。

一、開水道占着台楊二姓田角數虜，共須去銀二十六両五錢。讓台家屋前台黄（十四行上）田内橫溝一條，両頭通路，補銀六両六錢。讓買台姓田乙節，築水口旁塘埂，粮七合，

---

① 豬：古同"瀦"。水積存之處。
② 賕：中國古代四川、湖南等地少數民族對所交賦稅的稱謂。
③《通海歷代碑刻集》略去碑文10行至21行，計560余字，今據拓片補錄、標點如上。

價銀十両（十五行上）八錢。石工、抬腳、築埂、開溝、買辦什物，共去銀乙百四十六両。後買碑身、刻字、豎碑日合營來（十六行上）銀、去銀二十両，通共使銀三百二十三両五錢。決議開水時，無論泡蕎葵、泡栽田須從圓洞放（十七行上）出，必於三四日前合營集寺內公議，或兩叢各開一日，或兩叢同開一日。一日之內，或六七人（十八行上），或十餘人泡其所須，或一日共科錢若干，或照所泡田畝每工科錢若干。今日某幾人放，明日（十九行上）某幾人放，當先議定，勿得臨時紛爭。若有此情，罰銀三両入文照萬年燈，無論某幾人開放（二十行上）。

一、認定上簿後，即時天雨，其錢亦不得少。若有異言者，照原水錢倍罰入下元會（二十一行上）。

一、遞年水錢收歸（十二行下）下元會，大頭買（十三行下）□□呈燈油香（十四行下）火，及分開使用（十五行下）該□後，公同訂（十六行下）算，一年一清，得（十七行下）于契紙。一年一（十八行下）交接，勿得貪圖（十九行下）沾染。若有此弊（二十行下），罰銀五両入倉（二十一行下）。

道光元年^①歲次辛巳　　三月二十六日　合營老幼仝立石（二十二行）

【概述】碑存通海縣楊廣鎮小新村三聖宮。碑為青石質，高121厘米，寬90厘米。額上鐫刻"澤同時雨"4字。道光元年（1821），合營老幼同立。碑文記述小新村干旱少雨、土田高燥，耕而無收。公眾集議照田出銀建塘積水以資灌溉，并議定出銀額數、放水條規等情。

【參考文獻】通海縣人民政府主編.通海歷代碑刻集.昆明：雲南美術出版社，2014.5：170.據《通海歷代碑刻集》錄文，參拓片校勘、補錄，行數為新增。

上赤白族道光年間水利碑

蓋聞積水防旱，□積穀防饑（一行）。（下缺）土膏豐腴□水（三行）人功爾，發水被沖，秋□闔村齊□士者（四行）古紙概不為□水（五行）賣出別里□□致□遇之水穿□不得（六行）海放水定期□滿節（七行）祥載於後。議定於具同得補天立，亦不惟粒食有獲（八行）分勒石成碑，以存永久以誌。計開：

一分羅□（九行）；

一分羅普，一分王從（十行）；

一分羅得□，一分羅腺（十一行）；

一分羅朝禎，一分羅朝□（十二行）；

一分李澄，一分□□（十三行）。

道光元年　　立（十四行）

【概述】該碑立於道光元年（1821），碑已損毀，僅殘剩半截，第二行模糊不清。現將每

---

① 道光元年：1821年。

行能辨識清楚的碑文錄如上。碑文記述了禾甸上赤村分配上赤河菁水的詳細規定。

【參考文獻】李樹業．祥雲碑刻．昆明：雲南人民出版社，2014.12：162.

臥龍石水溝 ① 碑記

綽山一河，引可灌溉，奈路經臥龍石，兀㮈 ② 難通。鄉先輩於乙卯年 ③ 築墩搭梘，纔建，旋坍，屢修未竟，延及數年，齊集相度，作久遠計，砌堰鑿疏至臥龍，工憚於力，攜貲潛逃。迨 ④ 丙子年 ⑤，鄉眾等復集會議曰："毋狃小成，致虧全局。"爰厚價鳩工，費至百十餘金，崖關幸告成矣。突釁起，同類抗阻、構訟，長久之計，厄於一旦，曷勝悼惜。遲至辛巳年 ⑥ 大旱，鄉眾等議復理舊慣 ⑦，再三設法，而當年之糾阻者方始同心同慮，乃估價鳩工，派輪出費，近兩載，又費至七十餘金，而事集，照出貲多寡，分水立法，鐫石爲記。夫事無難易，惟一絲 ⑧ 隔閡，面 ⑨ 艱頓生，寸舌掉弄，尺地亦障，有初鮮終，可不慎哉！書曰："惠迪吉，從逆凶"。從此各守輪規，永遵碑盟，灌溉無窮，旱乾有備矣。但開創之始，智豈周於萬全，而既定之局，功必期於及遠。紀顚末者有厚望云。

道光元年　　睹勒坪鄉眾　　立

【概述】該碑係道光元年（1821），民眾同立。碑文記載了雍正、乾隆年間民眾集資鳩工鑿疏臥龍石水溝，并分水立法刻石立碑之事。

【參考文獻】鎮雄縣志辦公室．鎮雄風物志．內部資料，1991.10：48-49；鳳凰出版社等．中國地方志集成·雲南府縣志輯8：光緒鎮雄州志．南京：鳳凰出版社，2009.3：258.

據《鎮雄風物志》錄文，參《光緒鎮雄州志》校勘。

---

① 臥龍石水溝：位於鎮雄縣李官營村。

② 《鎮雄風物志》錄為"兀㮈"，據《光緒鎮雄州志》應為"屼嵲"。

③ 乙卯年：即雍正十三年（1735）。

④ 《鎮雄風物志》錄為"至"，據《光緒鎮雄州志》應為"迨"。

⑤ 丙子年：即乾隆二十一年（1756）。

⑥ 辛巳年：乾隆二十六年（1761）。

⑦ 《鎮雄風物志》錄為"慣"，據《光緒鎮雄州志》應為"貫"。貫：古同"慣"。

⑧ 《鎮雄風物志》錄為"絲"，據《光緒鎮雄州志》應為"私"。

⑨ 《鎮雄風物志》錄為"面"，據《光緒鎮雄州志》應為"百"。

古城屯建立積水閘塘碑記

楊襄國

古城屯建立積水閘塘碑記（一行）

今夫流水之為物也，不盈科不行，不成章不達，斯言也。水性雖下而人可成章，以達（二行）之也。吾鄉有左衛古城名屯，田畝勝廣，水勢森然。南壅麗澤海水灌溉，東創龍潭寶（三行）水周濟，又有瀉水名（各）溝。當此屯何其旱澇無慮也。今有耆老名人，眼見開闊，知識特（四行）出。將東首龍潭之餘水，建設閘塘，築齊圍埂，鑿成深池，久積成淵。用石口案照口口（五行）工捐錢，而門面夫相助，眾心一與，不數日而成功矣。美哉，成章可達。前之所灌溉不多口（六行）者，今一概而得周濟焉。斯時也，永亨豐收，常安樂利，且風水聚秀，而文才亦丕振矣！口（七行）厥由來適（八行）聖天子時壅風動所感也！遵囑拙敘為記（九行）。所有公議條規開列於後：重建聚水古閘塘一座，塘下大小石閘二座，順河下大小（十行）石閘二座。每工田捐錢九十文，出人工四個。至於塘水、閘水四至，北首放至大擺尾齊河邊，西（十一行）首放至廟腳下過洞邊，南首放至窯底下海皮秧田邊，西南首放至後滃大溝邊。內有李（十二行）姓四家田六工、蔡宗堯田五工、蔡子訓田十工、蔡曜田五工、李迎瑞子侄三人田六工、蔡允長弟兄（十三行）二人田七工、蔡允華弟兄二人田五工、張興富田三工，西南至內共有田二十六工不在放閘水（十四行）之內。又公議開閘塘水日期，議定芒種日開放，不得前後。一開水之日，順序而開，上滿下流。栽過（十五行）者不得就苗表渡水，未到者亦不得先期霸放。以上公議條規，如違，干罰銀五兩入塘（十六行）內修補。至於大擺田，閘塘水積滿，其余龍潭水隨大擺田先放。再記（十七行）。

董事人：蔡允安、陳柄、陳元有、李梅、王玉珍、郭世倫、劉保中（十八行）、陳起、李方國、李有盛、張有賢、李世華，張新貴（十九行）、李迎瑞、陳亮、蔡允申、胡文申、陳緒、孫士相、張口口，住持僧敖闃（二十行）。

嵩明州儒學庠生楊襄國遵撰並書。

匠師：董生有、口口口、張有志、李自達刊（二十一行）。

道光二年[①]仲冬[②]月吉旦，古城閣村同立（二十二行）

【概述】碑存嵩明縣牛欄江鎮古城村古靈寺內，碑為青石質，高111厘米，寬62厘米。碑陽上部雙綫勾勒陽文"永享豐亨"4字，每字約9×10厘米。碑文正書，陰刻，文22行，滿行32字，計600余字。清道光二年（1822）十一月，古城合村同立，嵩明州儒學庠生楊襄國撰文、書丹，

① 道光二年：1822年。
② 仲冬：冬季的第二個月，即農曆十一月。處冬季之中，故稱。

董生有等刊石，碑保存基本完好。碑文記載：古城一地田畝甚廣，南有牛欄江水，東有龍潭，并有泄水各溝。為使得水不多的田畝都能滿足灌溉，屯中集資重建積水閘塘一座、塘下石閘一座，沿河建大小石閘二座。"築齊圍埂，鑿成深池"，以便蓄積東首龍潭的余水而能求享豐收。碑文還刊刻了公議的放水條規。

【參考文獻】嵩明縣文物志編纂委員會．嵩明縣文物志．昆明：雲南民族出版社，2001.12：154-155.

開溝尾碑記

付於敏

竊聞開溝引水，灌溉田畝，上增國賦，下濟民生，詎細事也。我朝定鼎[①]，屢次勸導，水利之興，於今為烈。邱屬之西，層巒聳秀，十餘里許有舊城龍潭一灣，源深流長，實天地造以流澤萬民者也。念昔先人，相其地勢，觀其流泉，渠壩備溝，水分溉田，報糧開墾，利甚溥焉。

迨至乾隆四十九年[②]，詳請大憲，首報升科，縣尊奉文督催，捐資引水，給照奉行。凡經過村墟陸地，有雙山隔層者，造架石梘。有二水爭流者，安置沙槽，背水濟處，計畝均分。功成約算，費銀數千。故決東則東溝之慶，決西則西溝之福。灌溉挹注，於今有年。繼因水勢不足，阿諾一帶田已成石。於嘉慶四年[③]，復念前功不可墟擲[④]，照份興工，未獲實濟。茲於道光元年八月初，彼寨同議，仍請舊日溝友管事，寫立合同，酬金酌辦，增其式廓，補其隙漏，見水分田無異至今。道光二年三月，接開溝尾，大功已竣，爰勒貞瑉以誌不朽云。

【概述】碑文記載了歷代開發利用丘北縣舊城龍潭水源，興水利民的情況。

【參考文獻】雲南省邱北縣地方志編纂委員會．邱北縣志．北京：中華書局，1999.9：872.

---

① 定鼎：相傳禹鑄九鼎，為古代傳國之寶，保存在王朝建都的地方。後來稱定都或建立王朝為定鼎。
② 乾隆四十九年：1784 年。
③ 嘉慶四年：1799 年。
④ 墟擲：疑誤，應為"虛擲"。

河尾舖^① 推登村火甲水利碑記

河尾舖推登村火甲水利碑記（一行）

自古推登村烟戶住居三巷火甲^②，水利未曾派定章程，多生口（二行）角。今合村公同妥議，於本年六月內，將火申^③水利分爲三分，遇（三行）火甲至期，三分承辦及所挖澗水，每巷一日三分輪流灌溉。章（四行）程既定，永守成規，其合村所存公項^④銀兩已經三分均分執掌（五行）。嗣後，三巷人戶即有盛衰，不得倚強淩弱紊亂舊章。此係三巷（六行）和同商^⑤酌情願憑紳耆議定，勒石以垂不朽。須至勒石者（七行）：

耆	**紳士**	楊士超	趙丕显	楊映桂				
	耆民	楊 逼	王正國	楊齐栒	馬春盛	楊 剛	楊钟奇	楊钟才	楊 芳

楊钟秀　楊　隆　楊鍾富　楊　翠　楊正宇　張　興　張廷選　張　仪　張廷中　張　仲
張可柱　張廷啟　邹世登　張廷輔　張廷科　楊增寿　楊增甲　楊增元　楊增障　楊朝璧
楊　美　楊　汉　楊　泽　楊　宏　張文貞等仝立石（八行）

道光三年^⑥歲次癸未林鍾月　　　下浣　　　穀旦（九行）

【概述】該碑文獻無記載，資料爲調研時所獲，行數、標點爲新增，形制爲實測。碑存大理市下關鎮興隆村靈像寺內。碑爲大理石質，高120厘米，寬56厘米，厚12厘米。額呈圭形，

---

① 舖：舊時的驛站。河尾舖：據文獻記載，清至中華人民共和國成立前，大理縣基層行政機構設置均照舊制。大理縣設上、中、下三鄉，三個鄉組織機構，設有總團，并在城中設有三鄉公所。每半鄉設團長公所，在每鄉地區中心設立。團長下有四個舖，每個舖，設有約總（又叫千長），約總下有鄉約、閭鄰。下鄉下半有四個舖，觀音堂河南起計磚窯村、大井旁村、劉官廠村、太和村四村爲太陽舖，還有洱濱舖（蘇武莊、崇邑村、螺蜥村、小關邑、陽南村），軍衛舖（大長屯、青平村、陽平村、寶林村、寺腳村、荷花村、大關邑），河尾舖（下關區又叫甲，計龍尾城下甲、城上甲、營頭甲、營中甲、水碓甲、劉家營、小井、紅土坡、上村、下村、打漁村、趙家營甲、經載莊、中莊箐、大渡箐、魚頭村等）。（中國人民政治協商會議雲南省大理白族自治州委員會文史資料委員會編：《大理州文史資料·第8輯》，118-119頁，內部資料，1994）
② 火甲：明代戶籍制度的單位。亦指戶之長。語出：明祝允明《猥談·無故之死》："明日內旨取看，火甲覓丐與兒，皆亡矣。"《金瓶梅詞話》第二七回："（李知縣）並責令地方火甲，跟同西門慶家人，即將屍燒化訖來回話。"《明史·循吏傳·李驥》："河南境多盜，驥爲設火甲，一戶被盜，一甲償之。"
③ 申：疑誤刻，應爲"甲"。
④ 公項：財政名。清代用於各省地方公事之經費稱爲公項。公項來源有按制度留用之正賦（也稱正項）、耗羨歸公之銀兩以及封貯於庫的銀兩等。公項之動用均須按照既定規章，并應於年終造冊報部匯核銷。凡臨時動支者，數在三百兩以上者必須咨部核明。
⑤ 商：疑誤，應爲"商"。商酌：商議，斟酌。
⑥ 道光三年：1823 年。

正中楷體陰刻"碑文"2 字。道光三年（1823），民眾同立。碑立於一長方形砂石基座之上，建蓋有碑亭保護，保存完好，碑亭應為 2000 年 3 月重修靈像寺時新建。碑文直行楷書，文 9 行，行 12–105 字，計 275 字。碑文刊刻了河尾鋪推登村火甲，為免紛爭合村共同議定三分水利輪流灌溉的章程。

孫家營公濬淤泥河碑記

孫福基

公濬淤泥河碑記（一行）

天難之作，天將開示後人；當行不行，為害滋深，況洪水為災，自古皆然。惟有以堤防之（二行），□國賦民生，克有濟而可久。孫家營僻處偏隅，地窄民貧，事雖屬公舉，行寔難。夫河水（三行）東西更变不常，乾隆以前，營門前舊有淤泥，河水灣灣曲曲，由壩口西合蛇洴水。東合（四行）小橋溝水，順流合張家溝洴水，轉西合老黑洴水，由山脚合吳家營南首洴水，出大柳樹河（五行）、河低田高，兩岸田畝不傷，又有石磑渡龍泉水灌濟，營雖小，耕耘甚便，縱有小患，無大（六行）害。及嘉慶二年丁巳，河溢兩岸，田畝堆積砂石數尺，賠糧不耕，糊口無資，愁苦情狀，書（七行）不盡言。至二十一年丙子，老幼重嘆：再不濬河，轉徙而他食者愈眾。且營中人不理，外（八行）村人孰肯代為。于是商議再三，公立合全，憑鄰村紳耆出契借貸。管事孫槐、孫潤、樊謹、張桂芳、孫榮、孫和林、孫（九行）□、呂國玉、孫□、谷寶、孫開培、孫愛培、孫珍、孫祿、谷邦國、蔣國喜、孫銀齡、孫望齡、陳兆祥、陳兆順等，齊心並力，十月興工，濬通西河壩口（十行）至窯場河數百丈長，順流直下，無復壅阻。河底三丈，河埂一丈二尺，閣門前係一丈五（十一行）尺；田歸于東，單築東一岸河埂，開中溝一條瀉水。正月中請楊天祿、谷丕國分田，每工計十六（十二行）丈，量丈清楚；六月內修補，七月初九公算。共費銀叁佰肆拾玖兩柒錢玖分，照田均攤（十三行）。成田每工銀三錢伍分，砂田每工銀貳兩，収穀跟利，民生遂條糧資。數十年前之害由（十四行）此消，數十年後之利由此起。蓋自開闢以來，事之鉅，費之廣，為之難，累之久，未有甚于（十五行）濬河者也。賓銀不敷，道光元年加伸本村砂田銀三錢，道光三年又加伸五錢，外村不能加。亦吾營數百年村運衰微一大升降機會也，天地鬼神寔鑒臨之。自是而後，年年（十六行）輪流管事人収穀修補，庶河埂無倒踏之憂，或可望數十年之計。邑增生孫福基撰書（十七行）。砂田計開（十八行）：

孫珍四工半、孫紀一工、蔣洪二工、蔣開元[1] 二工、柿花樹五工、孫槐八工、孫荣四公[2] 半、樊謹（十九行）五工半、孫錫林十四工半、孫桂芳十二工半、孫炷工半、孫玉培工半、

---

[1]《宜良碑刻·增補本》錄為"蔣開元"，據拓片應為"蔣癸元"。下同。

[2]《宜良碑刻·增補本》錄為"公"，據拓片應為"工"。

孫才培工半、孫開（二十行）培三工、孫和林工半、孫錫林工半、孫祿工半、孫祥林二工、孫望林七工、呂國玉七工，每工銀式兩把①錢（二十一行）。楊天祿五工、魯紹周四工、公衆十工，每工銀式兩。夏連達四工半、夏本厚一工、吳世瑞一工、孫恩培工（二十二行）半、陳家半工、吳姓三工，從未収（二十三行上部）。

成田計開：

孫紀卅一工、魯紹周十八工、樊謹十六（二十三行下部）工、孫和林十五工、陳兆科卄工②、孫桂芳十五工、③孫望林十工、柿花樹三工、孫祥林（二十四行）一工、孫荣九工、孫珍五工半、呂国玉一工、孫錫林六工、吳名玉三工、蔣開元四工半、蔣洪二工、孫吟（二十五行）工半、吳會二工、楊天祿五工、湯重四工、孫才培一工、孫師培三工、孫潤五工、孫壽林四工、孫祿（二十六行）工半、蔣国喜四工、陳兆順十工半、孫開培六工半、陳兆祥四工、谷保十六工、蕭荣八工、孫興一工（二十七行）、馬越三工半、馬起六工半、孫登林、孫詔林六工半，夏喜半工、李□生半工、蔣国定三工半、谷邦国三工、張（二十八行）永二工，每工銀三錢五分。萬家田八工、夏本厚半工、吳世瑞七工、吳伯卅④三工、孫思培三工半，從未収（二十九行）。

二十一年⑤十月買夏姓田二分，坐落石□河前，東至几姓，南北至孫姓，西至石山，一計十二⑥工，秋糧（三十行）□斗，價銀玖拾三兩，稅契七兩九錢四卜，義助二次十三兩，一計六工，秋（糧）六升，價叁拾肆，稅契三兩一（三十一行）錢四卜，義助十六両，後又助銀五両，共一百七十二兩八錢（三十二行上部）。

神明

十月借銀式百五十兩，接賒銀一百一十式兩，三月（三十二行下）⑦交田價，得麻排銀四十一兩，又借賒銀九十八兩五錢。自丁亥⑧年十月至壬午年十月，河埂跟賒銀⑨本利銀壹百四拾（三十三行）八兩，賒完，下有銀五十五兩，入公収利。辛卯年恩培銀公収（三十四行）。

□係夫馬賒銀買田一分，坐落蛇箐⑩南首，秋（糧）一斗八升，⑪銀五十二兩，稅契四兩五錢，義助廿兩，作夫馬費，計十五工（三十五行）。

大清道光五年十月二十日

---

① 《宜良碑刻·增補本》錄為"把"，據拓片應為"八"。
② 《宜良碑刻·增補本》漏錄"半"字。
③ 《宜良碑刻·增補本》漏錄"孫槐十五工"5字。
④ 《宜良碑刻·增補本》錄為"卅"，據拓片應為"三"。
⑤ 二十一年：《宜良碑刻·增補本》注為"1841年"，疑誤，應為"嘉慶二十一年（1816）"。
⑥ 《宜良碑刻·增補本》多錄"二"字。
⑦ 《宜良碑刻·增補本》漏錄"三月"2字，今據拓片補上。
⑧ 《宜良碑刻·增補本》錄為"亥"，據拓片應為"丑"。
⑨ 《宜良碑刻·增補本》多錄"銀"字。
⑩ 《宜良碑刻·增補本》錄為"箐"，據拓片應為"阱"。
⑪ 《宜良碑刻·增補本》漏錄"價"字。

孫家營滰中：段聯奎、魏佶、楊天祿、谷玉国、沈尚義、沈尚礼暨合營眾姓，石工：張榮仝立（三十六行）。

【概述】碑存宜良縣狗街鎮孫家營村關聖宮正殿左山牆。碑為青石質，高60厘米，寬104厘米。道光五年（1825），合營民眾同立。碑文記述嘉慶年間，孫家營水溢兩岸，田畝砂石堆積，民不聊生。為解決水患，村眾齊心協力公立合同，按照田均攤工銀的方式，疏浚淤泥河的詳細經過。

【參考文獻】周恩福.宜良碑刻·增補本（上）.昆明：雲南大學出版社，2016.12：91~94.

據《宜良碑刻·增補本》錄文，參拓片校勘。

永昌① 種樹碑記

陳廷焴

水利者，守土之專責也。培其本源，因其勢而順導之，則又治水之要道也。郡有南北二河，環城而下者數十里，久為砂②磧所苦，橫流四溢，貽田廬害，歲發民夫修濬，動以萬計，群力竭矣。迄無成功，蓋未治其本，而徒齊其末也。二河之源，來自老鼠等山，積雨之際，滴洪瀰③湃，賴以聚洩諸箐之水者也。先是山多材木，根盤土固，得以為谷為岾，籍④資捍衛。今則斧斤之餘，山之本⑤濯濯然矣。而石工漁利，窮五丁之技於山根，堤潰沙崩所由致也。然則為固本計，禁採山石，而外種樹，其可緩哉！余乃相其土，宜遍種松秧，南自石象溝至十八坎，北自老鼠山至磨房溝。斯役也，計⑥松種二十⑦餘石，募丁守之，置舖徵租，以酬其值，日冀松之成林，以固斯堤。堤堅則河流清利，而無沙磧之患，歲省萬夫，田廬獲安，此余志也。獨是天下事不難於創始，而艱於圖成。愚民狃於積習，斬及勾萌爲炊爨計，牛羊又從而牧之，欲其繼長增高也，其可得乎？所望後之賢大夫，隨時按察而剔蘗之，勿使剪伐，以垂永久，則幸甚矣。至若審端徑遂，別創規為，以期於美善，此又余之所引領而跂⑧者，是為記。

① 永昌：郡名。東漢永平十二年（69 年），以新置哀牢人居地二縣、并割益州郡西部六縣置。轄博南、哀牢、不韋、嶲唐、比蘇、葉榆、邪龍、雲南八縣。治所布韋縣（今保山市東北的金雞村），轄境相當於今雲南大理白族自治州及哀牢山以西地區。東晋成帝時廢。8 世紀時南詔置永昌府，治所今保山市隆陽區。清時轄境相當今永平、保山、施甸、龍陵、永德、鎮康等市縣地。1913 年廢。
② 《雲南林業文化碑刻》錄為“砂”，據《永昌府志》應為“沙”。砂：同“沙”。沙磧：沙灘；沙地。
③ 《雲南林業文化碑刻》錄為“瀰”，據《永昌府志》應為“溯”。
④ 《雲南林業文化碑刻》錄為“籍”，據《永昌府志》應為“藉”。
⑤ 《雲南林業文化碑刻》錄為“本”，據《永昌府志》應為“木”。
⑥ 《雲南林業文化碑刻》漏錄“費”字。
⑦ 《雲南林業文化碑刻》錄為“二十”，據《永昌府志》應為“廿”。
⑧ 《雲南林業文化碑刻》錄為“跂”，據《永昌府志》應為“跌”。

【概述】碑原在保山市磨盤山磨房內，後移至太保公園，現已無存。清道光五年（1825），永昌知府陳廷焴撰立。碑高 122 厘米，寬 48 厘米，文 17 行，行 42 字，計 700 余字。碑文記載：道光年間保山因眾人肆意開山采石砍伐山林，導致堤潰沙崩，泥沙四溢，水土流失，民眾深受其害。為徹底根治水患沙災，官府鳩工募丁，規定禁止采石砍伐的同時廣泛植樹造林。

【參考文獻】曹善壽．雲南林業文化碑刻．芒市：德宏民族出版社，2005.6：289–293；（清）劉毓珂等．永昌府志（全）．臺北：成文出版社，1967.5：419.

據《雲南林業文化碑刻》錄文，參《永昌府志》（光緒十一年刊本·影印）校勘。

糯咱水溝碑記

水溝碑記

蓋聞農業初定溝道爲先，所以古之聖人教稼安民始急開溝之事，墾田耕者之要務莫若斯耳。今之務農者，雖不能媲羙 ^② 乎古人，尤當致法乎古人之所爲。故，我輩約司修理是溝。我河泥里分為四叢粮俱分定，惟我此寨儘是乾地，雖開挖田坵成粮，俱是缺乏水蔭注，以致國課不能畢完。故此，三寨用心努力，各捐工本挖通溝道，蔭粮田完得谷繳國課。曾於乾隆五十二年 ^③ 丁未十月初十日，我龍坎、繳迷、糯咱三寨共議，欲同徃壁甫河頭龍潭前開挖溝一條，開至龍坎寨子脚枵蒼樹下，各照工本分放，共立二十二口半，內除一口為作溝頭，每年闈 ^④ 辦塩 ^⑤ 米□□之資，餘者各照工本分立，共去工價銀壹百陸拾兩，米肆拾捌石，塩一百六十斤，荳豉煙桻 ^⑥ 子共八十斤。以後無經理，故此拋荒數載。致於嘉慶十一年 ^⑦ 十月初四日，莫不嗟嘆曰：於斯已也。由此消然爲有矣，是以三寨再議，復捐工本重修溝道以蔭粮田，每□水分捐谷子伍斗，公眾益息以作久遠之資。又共去工價銀壹百肆拾捌兩，米弍 ^⑧ 十石，塩一百斤，荳豉煙桻子共十斤。各照水口闈辦。眾議每年□□工價谷子陸拾石修溝，工價弍十石□，米□□。至於二十二年正月內，被野賊作亂，各自逃生，以至荒蕪數年。後道光元年六月初六日，慶祝水源溝頭楊泗將軍各山龍神聖誕，又嘆曰又議將眾所有息之銀

---

① 陳廷焴：清道光五年（1825）任永昌知府，鑲黃旗人。在任期間，為根治水災，提倡種樹。據《永昌府文徵》記載："廉靜仁慈，留心學校，百廢俱興，重修《永昌府志》"，是一個較為重視科學文化技術的清代地方官。

② 羙：古同"美"。

③ 乾隆五十二年：1787 年。

④ 闈：古同"鬥"。下同。

⑤ 塩：古同"鹽"。下同。

⑥ 桻：古同"辣"。下同。

⑦ 嘉慶十一年：1806 年。

⑧ 弍：古同"貳"。下同。

重修溝道，□工價銀伍拾弐兩伍分，塩米□石，照水□閒辦合祀神聖。弍□溝道可以成實，田粮安妥，水口無得改。後故此，眾議恐人心不古，將眾所無息之銀請石匠□石□刻，磵①磚立碑記各註水分人名，免得恃強橫放。如有犯者，照例公罰共銀拾肆兩。仝將水口人名開列於後：

龍坎：楊琦林水分伍兩、李開科□兩、白天文拾兩、王錫弍兩伍分、南□選拾伍兩、普茲紀弍兩伍分、李倍弍兩伍分、李五斤弍兩伍分、李榮伍兩、李□弍兩伍分、李公平弍兩伍分。

繳迷：黃孝厄拾兩、黃李剛拾伍兩、黃□意拾伍兩、李支明拾兩、李阿得伍兩、王小普伍兩。

糯咱：李仁和拾伍兩、李信和拾伍兩、劉有華拾叁兩叁分、謝從孔拾兩、武思禹伍兩捌錢、羅茲古伍兩、陳汝弼貳拾兩、李□蔚柒兩伍分、陳思有伍兩、羅六十伍兩、李老七伍兩、李鳳叁兩叁分。

道光六年②歲次丙戌仲春月朔四日眾水戶人等公立

【概述】碑存元陽縣嘎娘鄉龍克村附近，立於道光六年（1826）。碑文記述了乾隆、嘉慶、道光年間，龍坎、繳迷、糯咱三寨民眾同心協力開通、重修溝道灌溉糧田的基本情況，以及分放溝水的相關規定。

【參考文獻】楊偉兵.明清以來雲貴高原的環境與社會.上海：東方出版中心，2010.6：172-173.

土官村小河口堰塘放水章程碑

署澂江府路南州正堂加三級紀錄七次林③　　　　　　　　　　為（一行）

朝廷國儲之需，錢糧為重；下民養命之源，稼穡惟艱。立國莫先於足民，由來舊矣。土官村、小河口兩邨夾界之旁（二行），有雷鳴田五百叁拾陸工，無水灌濟。大旱之年，不惟無秋登之望，屢且受賠糧之苦。離邨高數十餘丈兩山凹內（三行），有水巴箐一條，天降大雨，箐內之田地湮成塘子，數年不能濬開。紳士耆老觸目傷心，相約田戶數十餘家，與塘（四行）子內有粮之人，同其公議，認抬粮補田地價值，以作聚水宴［堰］④塘，每升糧之田地補價銀伍兩，糧錢□出自宴塘水（五行）。所灌濟之田，上納公算得糧肆斗柒升伍合。

---

① 磵：同"碱"。
② 道光六年：1826 年。
③ 林：指林大樹。廣西人，時任路南知州。（昆明市路南彝族自治縣志編纂委員會編：《路南彝族自治縣志》，615 頁，昆明，雲南民族出版社，1996）
④ 宴塘：據拓片，原碑文全部刻為"宴"，《宜良碑刻·增補本》勘誤為"堰"，"堰塘"為正。下同。

補田價，打圍築堤共費伍百餘金。二比情願辦理成□，得濟十陸年（六行）。彼時宴塘內之糧，年年完秋完稅，宴塘外之田戶，戶餘九餘三。法之良者，意自美也。忽於道光三年，圍埂朽壞，衆（七行）人公議每工田捐銀壹錢伍分。修補告竣之後，陡有李□□誣騙錢糧肆升，將出頭辦事人李瑪、馬中材等八人（八行）具控在案。蒙（九行）

州主林大老爺當堂訊明，按理公斷肆斗柒升之外，並無餘糧，□□實係捏控，俱有硃批遵結存案，併□□兩村，認粮（十行）者不得短少，無粮者不得驖騙。今因刻石勒碑，永息訟端。錢糧有定，公議章程遺後遵守。每年立夏八日開塘放水（十一行），勿容阻滯。溝路每村一條，而土官村之田糸雜小河口者居多，日後修溝照田分派人工，不得抗□。願糸人食舊（十二行）德者，思高曾之矩鑊；服先疇者，念前人之勤劬，因為之梓石，以誌不朽云（十三行）。

今將兩村公議開塘放水鄉規刊列於後（十四行）。

計開^①（十五行）：

——^② 放水走漏者，罰錢叁百文。

——私自開放者，罰錢陸百文（十六行）。

——兩村提溝，按田之多寡分派人工。

——放水之日不得以強欺弱，借事生端（十七行）。

——放水之^③ 人不得一坵^④ 開數個水口。

——尋水人務要小心巡查溝道，不得徇私舞弊，使流水走漏（十八行）。

併將放水田戶姓名開列^⑤於後。計開（十九行）：

李□漢、李瓊、李元、馬中材。

寶洪寺：李從厚、李錦春。

河口義渡（二十行）：李本植、李權、李勳、李承宗。

鳳山寺：馬貞、李維元、李□林（二十一行）、李□瑞、李瑪、沈端、李亮。

小村合村義渡：李學富、李誠（二十二行）、夏濟河、李惟泗、李剛、李章。

土官村公衆：李聯捷、李毓成（二十三行）、毛文元、李盈、李愷、李純、李文榮、李興唐、李齊（二十四行）、李名魁、李文華、孟天章、何存得、李本芳、陸有能、李瑾（二十五行）、李□卓、李毓文、李發春、李貞。

靈應寺：王保壽、小四（二十六行）。

大清道光陸年歲次丙戌孟夏月朔五日穀旦
土官村、小河口村田戶全立（二十七行）

【概述】碑存宜良縣土官村小河口。碑為青石質，高 137 厘米，寬 76 厘米。額上鐫刻"水

---

① 此處《宜良碑刻·增補本》漏計 1 行，全文共計應 27 行。
② 《宜良碑刻·增補本》錄為"——"（破折號），據拓片均應為"一"。下同。
③ 《宜良碑刻·增補本》多錄"之"字。
④ 《宜良碑刻·增補本》漏錄"田"字。
⑤ 《宜良碑刻·增補本》錄為"列"，據拓片均應為"勒"。

塘碑記"4字。碑文直行楷書，文27行，行2-45字。道光六年（1826），田戶同立。碑文記述道光年間，土官村、小河口堰塘圍埂朽壞，民眾捐資修補，工程告竣後因有人誣騙錢糧而致訟端，經知州林大樹公斷實為捏控，并將公議之開塘放水鄉規、放水田戶姓名等刻石勒碑。

【參考文獻】周恩福.宜良碑刻·增補本（上）.昆明：雲南大學出版社，2016.12：95-97.

據《宜良碑刻·增補本》錄文，參拓片校勘。

永仁縣祀龍阱永垂不朽禁伐護林碑

蓋開[①]山川錦秀，則地靈定人傑，樹木茂則木本水□［積］潭。□則知樹木為水源之本，豈容砍伐。合公認定約規，凡有對茂樹從□居來龍之處，證□濯濯而久津乎！今而判久，永垂不朽。不得行砍伐樹木，開挖山地，砍埃風水。計開條例。

一、禁砍伐龍樹。

一、憑正開挖山地。

一、憑正燒炭。

一、憑係以上各條，各家保守。如不遵砍伐樹處罰錢。三是開地□□□□斤。

以上罰銀十兩。

東至橫路，南至□路，西至齊路，北至□路。

道光七年[②]□月二十九日立

	曹大如	羅明才	羅正才	孫茂芝
立碑人：	李尚庭	楊宗章	高祖一	高庚書
	曹有福	楊永明	李國並	高溶章

【概述】碑立於永仁縣方山西麓，距維的鄉桃茸村約1.5公里的祀龍阱小路上方。該碑為清道光七年（1827）當地12戶鄉民公議所立，碑高約80厘米，寬約40厘米。碑額中部鐫刻"永垂不朽"4字，碑文為陰刻，計200余字。歷經風雨剝蝕，部分字迹漫滅。碑文記載道光年間，永仁當地民眾共同商議立規禁止砍伐、開地、燒炭以保護水源的鄉規民約。

【參考文獻】曹善壽.雲南林業文化碑刻.芒市：德宏民族出版社，2005.6：296-298；雲南省地方志編纂委員會，雲南省林業廳.雲南省志·卷三十六：林業志.昆明：雲南人民出版社，2003.8：871.

據《雲南林業文化碑刻》錄文，參《雲南省志·卷三十六：林業志》校勘。

---

① 開：疑誤，應為"聞"。

② 道光七年：1827年。

掌鳩河合同碑記

萃亦曾

　　借掌鳩溝碑，辭雖簡顯，事皆詳明，何用復書為代益所垂者，惟因南村本無掌鳩溝分，故所撰碑文皆以乾隆擅縣尊之志書為說，不以康熙蔡州主之碑文為循。南村若應有掌鳩溝分，開創之碑即刊有南村名，日^①不單灌江頭、六角屯、老者、吉矣。顧復^②得以普濟言之乎，況道光三年，又經□沈公察念碑文訊斷，南村果無掌鳩溝分。但在與四村善酌，可也。南村已尊依在案，故於七月二日，南村即邀請四村避席懇言曰：吾南村本無掌鳩溝分，因道流水□掌鳩水盈興，具流於無用之地，不若施於渴轍^③之鄉。又每年□錢貧富難捐，不若一年□錢一難永易，惟願共□四村錢四十千文，每年四村栽插畢，苗水外之餘水，河流通南村門首，以濟道流溝之及。何故南村碑中又有兼取道流，□□□□掌鳩溝云，向前宜不每年□四村錢矣。所以，南村□錢之日，自願立有合同，不得與四村輪班照例借水生端。四村□錢之日，亦立有合同，不得不與南村阻水下河更改。立約之後，永遠具距料。南村於七年二月立約，九月即照□□合同建碑勒石，夫碑單立約必不當易，顧碑中所撰之詞，所立之意，皆與約大相□別，□今雖然踐言意，□□□□□□約至八年卸街壞五村許訟之風將自開矣。是以八年正朔，四鄉者與南村老幼於觀音寺議言改其碑文，南村□何言沈公者不能刊落。夫既著於□沈公南村前會控經，何不即以志書折之，而又願私□此肆拾千錢，何□□實南□□不惟明，以常意於四村也。於是四村同語曰：吾等既已立約於前，豈有背約於後，不上思□國賦，下念民食，恕無□□負南村乎，逐公司錄明緣由，鑽確合同永遠為記。

　　四村合同何也，立文書人：潘俊、楊萬川、□振握、梁國瑞、楊超然、劉俊、陳懋美、劉獻其、劉丕俊、□□□□□、董尚選、董童華、武懷俊。江頭村、六角屯、者老革、舊縣四村□眾姓等，為因掌鳩一溝原□灌漑四村田畝，□來越界以流通南村。今因南村倒流溝水道乾渴，每向四村懇言，將接年餘剩之水永遠義送過界灌漑南村田畝，每畝村□錢拾千文以作灰□修溝之資。彼時憑眾言明，接年俊^④四村栽畢餘剩之水任隨南村巡放栽插，四村不得阻擋決水下河，其余四村田水盈滿流出下河，南村亦不得借事生端。此係四村公同意讓，並無壓逼等情，□恐後無憑，立此永遠合同存據。

---

① 日：疑誤，應為"曰"。

② 顧復：《詩·小雅·蓼莪》："父兮生我，母兮鞠我。拊我畜我，長我育我，顧我復我，出入腹我。"鄭玄箋："顧，旋視；復，反復也。"孔穎達疏："覆育我，顧視我，反復我，其出入門戶之時常愛厚我，是生我劬勞也。"後因以"顧復"指父母之養育。

③ 渴轍：疑誤，應為"渴澤"。

④ 俊：疑誤，應為"後"。

南村合同何也，立永遠合同文書人：梅修武、梅濟川、梅鹿東、梅君選等，係南村住，為因道流溝水，渴請到江頭村、六角屯、者老革、舊縣村四村鄉耆潘俊、楊萬川、劉振握、楊超然、劉俊、陳懋美、劉獻其、劉丕俊、董善選、董章華、角帝臣等，大眾公議將掌鳩溝水一道每年輪班之外，苗水任放，田水任車，餘水永遠流通南村，門首灌田畝情願捐出錢肆拾千文整，以修理溝填之用。自議之後，南村僅放餘水，永不致與者老革、舊縣村紊亂水班，即或四村田水盈滿流出，南村不得借事生端，四村亦不得阻擾決水下河。此係四村眾公議，一放永放□不致翻悔等情，恐後無憑，立此永遠合同文書存照，刻石永遠為據。則四村安而南村利，將見親睦之風大有之，眾豈不熙熙然共樂盛哉乎。斯世又開明，四村官壩□上首公山四嶺，東至橫路，南至秧田箐，西至河，北至壩□上至山神廟止。

道光八年^①六月二十五日四村同立

【概述】碑存祿勸縣屏山鎮六角屯村。碑高176厘米，寬85厘米。道光八年（1828），四村民眾同立，萃亦曾撰文。碑文正書，文24行，計800餘字。碑文記載：掌鳩溝水原係江頭村、六角屯、者老革、舊縣四村民眾水源，近因南村倒流溝水道干涸，南村民眾無水灌田。為解決灌溉難題，南村鄉耆懇請四村將掌鳩溝余剩之水流通南村以資灌放栽插，獲四村民眾同意後，雙方立寫合同并勒石存照。

【參考文獻】黃珺．雲南鄉規民約大觀．昆明：雲南美術出版社，2010.12：34-36; 國家文物局，雲南省文化廳．中國文物地圖集·雲南分冊．昆明：雲南科技出版社，2001.3：261.

據《雲南鄉規民約大觀》錄文。

濟旱芭蕉至德龍神碑

濟旱芭蕉至德龍神碑文（一行）

神無不靈，惟誠則靈。而鄧邑之芭蕉龍神，尤其靈焉者也。龍神多矣，獨以至德稱者，何也？為其能（二行）濟旱也！其濟旱奈何？丙戌^②夏，錦借補鄧邑。是歲，自初冬屆次年仲夏久不雨，豆麥少收，秧苗將稿（三行）。錦心憂之，多方祈禱，無應。嗣閱前明楊兩依御史州志載，有濟旱芭蕉至德龍神在大樓橋村，離（四行）城廿餘里，有求必應。隨詢之鄉宦艾君玉溪，所云亦然。錦沐浴齋戒，率儒學趙君雨樓、彭君鰲山（五行）、捕廳潘君星垣及駐防諸同寅，秉香步詣其地。但見林木薈蔚，潭水澄清，有泉聲潺潺自石際流（六行）出。周圍數百步，芭蕉環生，若依附效靈者，是乃芭蕉龍之名所由來歟！焚香叩禱畢，覺清風徐徐（七行），輕拂林間，油雲靄靄，籠罩頂上。回車後，陰雲四合，頃刻間，甘霖沛沱矣！拎是，士農相慶。或曰：此賢（八行）牧至誠之能感神也！或曰：此龍神至德之能

---

① 道光八年：1828 年。

② 丙戌：道光六年（1826）。

345

濟旱也！夫以錦忝牧斯邑，民饑己饑，為蒼生祈命，曷（九行）敢不誠！而龍神之隨禱隨應，其靈則真靈矣！稱曰濟旱，曰至德，不亦宜乎？抑錦更有說焉：天地以（十行）生物為心，何樂乎有旱。其旱也，毋亦人心不古，干天地之和。有以感召之乎，神靈以濟物為念，旱（十一行）既甚矣！禱則雨，不禱將不雨乎！司牧以愛民祀神為職，邑有正神，旱則禱，不旱將弗祀乎！竊願為（十二行）民者，仁厚成風，和氣感於天地；牧民者，祀典不缺，精神通於神明。四時節風雨時，而民不知有旱（十三行），神亦無旱可濟，司牧者亦無事，臨時致禱焉！是又錦之所深虞而切禱者也夫（十四行）。

借補鄧川州知州兼理浪穹縣印務直隸州知州覺羅恩錦[1]（十五行）

鄧川州儒學學正准陞知縣趙澤遠（十六行）

鄧川州儒學訓導彭嶠（十七行）

鄧川州吏目潘錫奎（十八行）

道光八年歲次戌子[2]仲秋月吉旦仝立（十九行）

【概述】碑鑲嵌於洱源縣右所鎮大樓橋村芭蕉龍祠前廊左側牆壁上，大理石質，高158厘米，寬81厘米。額上篆書陽刻"澤潤生民"4字。碑文直行楷書陰刻，文19行，行8-37字。清道光八年（1828），鄧川州知州覺羅恩錦率眾同立。碑文記載道光年間鄧邑干旱無雨，知州覺羅恩錦心繫民眾，率眾祈雨除旱濟民的政績。

據原碑抄錄，行數、標點為新增。

義安橋水分碑（二）

方燦東

舊章永定（一行）

特授雲南府正堂加三級紀錄六次馬（二行）

給示勒石遵守，以垂永久事。案據宜良縣屬駱家營士民陳五華等與化魚村民人李興等，赴（三行）藩、糧憲衙門控爭水分一案，本府核看得駱家營與化魚村有公共溝水一道，發源于黑石岩，由陳官營石壩上漫過，下注和尚硐，流至義安橋下（四行），築有土壩堵蓄，兩村分放。乾隆五十五年[3]，陳官營在石壩上加築土壩，使水不能漫越，駱家營控經（五行）前糧憲永臨勘，斷令小水專注陳官營，大水漫注駱家營，水尾仍聽化魚村分灌，立碑遵守有案。

---

① 覺羅恩錦：正紅旗人，清道光八年任鄧川州知州。（洱源縣志編纂委員會編纂：《洱源縣志》，699頁，昆明，雲南人民出版社，1996）

② 戌子：原碑誤，應為"戊子"。

③ 乾隆五十五年：1790年。

至嘉慶三年，駱家營在於和尚峒下築壩（六行）開溝，就近引水灌田，化魚村無水可分，控經前陞府史[1]勘訊，斷令仍在義安橋下築壩分水。化魚村田多放水三晝夜，駱家營田少放水兩（七行）晝夜，五日一輪，周而復始，亦有碑據在案，歷久無異。因此溝之水須俟雨水漲大，由陳官營石壩漫越下注，始得分放，故乾涸日多，有水日少（八行），栽種之時，兩村皆另有泉水堰塘資灌，並不全賴此水潤溉。惟駱家營地處高阜，在和尚峒下築壩引水易於灌濟，且乾隆五十五年與陳官（九行）營爭控水分時，化魚村未與其事，駱家營士民陳銳等遂誤會黑石岩水分系向陳官營爭得，與化魚村之義安橋下溝底水無涉。又見化魚（十行）村爭控案內碑載，平地哨義安橋下溝水兩村四六分放，並無和尚峒字樣，故於和尚峒下築立土壩，另開引溝，使水旁注。而義安橋下無水（十一行）分放，化魚村民人李興等不依，欲令拆壩。陳銳等不允，致興訟端。茲經該縣會同委員勘明溝水來源去路，及兩村田畝灌溉情形，並前後兩（十二行）次斷案，碑載未明之處，向該士民等層層開導，細加勸諭，斷令仍遵嘉慶三年舊案，在於義安橋下築壩分水。化魚村田多放水三晝夜，駱家（十三行）營田少放水兩晝夜，五日一輪，周而復始。至陳五華等新開溝壩，飭令駱家營拆壩填溝。義安橋下分水大壩坍塌，飭令化魚村修整，嗣後再（十四行）有坍塌，二村同修，同歸和好。再，義安橋以上至和尚峒，二村俱不得復行開溝築壩，兩造允服，各具遵結具詳到府，業經本府核議轉靜，於（十五行）道光八年八月初九日奉（十六行）藩憲王批，示仰候糧道核示飭遵。又於八月十三日奉（十七行）糧憲嵩批同前由，奉批如詳，飭遵銷案。茲據李興等呈請給示遵守，前來合涵示給。為此，示仰化魚村民人李興等遵照詳定章程，勒石永遠（十八行）遵守。毋得違斷，再妄分水分，致啓訟端，有乾重究。遵之。特示。

陳其瑜　方燦東　李發秀　李德高

遵案內人　李德安　趙　炳　李增起　李如玉

方盈廷　許朝棟　張　彩　趙明龍

陳　炳　趙□□

管事人：李受、許□□（十九行）、方智德、李□□

示給化魚村民李興等遵守（二十行）

告示（二十一行）

道光捌年拾壹月拾伍日示，全村士庶人等仝立

邑人燦東[2]照示書

石師張登雲同徒張兆有、陳友刻（二十二行）

【概述】碑存宜良縣狗街鎮化魚村慈雲寺右廂房。碑為青石質，額題"舊章永定"4字；碑高158厘米，寬58厘米。道光八年（1828），全村民眾仝立，邑人方燦東照告示書丹。碑文詳細

---

①府史：古時管理財貨文書出納的小吏。《周禮·天官·序官》："府六人，史十有二人。"鄭玄注："府，治藏；史，掌書者。凡府、史，皆其官長所自闢除。"

②燦東：即方燦東。

記載了歷史上駱家營、化魚村、陳官營三村民眾之間的水利糾紛、官府的審判結果及頒發的告示。

【參考文獻】周恩福. 宜良碑刻. 昆明：雲南民族出版社，2006.12：53-54.

大理府十二關長官司告示碑 [①]

雲南大理府十二關長官司加四級李　　　　　　　　　　　　　　　爲（一行）

出示曉諭，准照勒石，永定水規（二行），以杜爭端事。本年五月十三日，拠羅有善、自立志、李起富等具稟前事一案（三行），詞稱云云，難免爭端，伏乞天恩，賞給碑文，勒石定規，俾爭端息而民生濟，恩流（四行）萬代矣。為此具稟，並拠開閣 [②] 村議定清水河古溝水規，粘單一咮：每年至立（五行）夏後十日，各田戶於石條水口按戶均勻分放二十五日；屆夏至前十日，總（六行）水放土堡乾田栽插，其前栽之苗已長癹青葱，可稍緩其灌溉，義當讓後栽（七行）者均放十晝夜。俟栽插逐一全完，合前後栽插之田，仍復相沿輪流灌溉至（八行）恩亨基哨田。水分議定四分中之一分，等情。拠此，本司查黃草哨 [③] 地方水源（九行）溝道甚遠，悉係山坡梯田，兼以人烟漸集而田畖零星，非輪流均放則強橫（十行）者盈車立致，柔弱者一勺無沾，不唯 [④] 田畖難以灌週，即食水亦難望其有餘（十一行）。爭端之起由此日臻。茲拠爾等稟稱，村衆已公同 [⑤] 議定水規情由，諒無偏黨（十二行），殊有相友相助之風。除原詞批准如稟遵行存案外，合即示諭准照勒石，以（十三行）垂永久。日後如有私敢故壞公規，以及水未至松坪山混行截斷，於水口、石（十四行）條掀撬鑿深等獘，許該溝頭垻長不時稽查。如獲稟報即提，按法重究。各宜凜遵勿 [⑥] 違。特示（十五行）。

道光九年 [⑦] 五月二十日示（十六行）

【概述】碑原存祥雲縣米甸鎮黃草哨村，後被移至縣文化館後碑廊保存。碑為砂石質，高120厘米，寬58.5厘米，厚11厘米。額上鎸刻約3厘米不規則花邊。碑文陰刻楷書，首行鎸刻"雲南大理府十二關長官司加四級李為"16個大字。文16行，行10-35字，計412字。該碑立於道光九年（1829）。碑文記載道光年間，雲南大理府十二關長官司加四級李為解決當地水利爭端，批准民眾議定的清水河古溝水規、輪放、水份等，并准予勒石而出具的告示。

【參考文獻】祥雲縣志編纂委員會. 祥雲縣志. 北京：中華書局，1996.3：831.

據《祥雲縣志》錄文，參照原碑校勘。

---

① 《祥雲縣志》原擬碑名為"十二長官司碑"，現據碑文內容重擬為"大理府十二關長官司告示碑"。
② 《祥雲縣志》錄為"開閣"，據原碑應為"聞閣"。
③ 黃草哨：村名，地處祥雲縣米甸鎮東北。
④ 《祥雲縣志》錄為"唯"，據原碑應為"惟"。二者意同。
⑤ 《祥雲縣志》錄為"同"，據原碑應為"仝"。二者意同。
⑥ 《祥雲縣志》錄為"勿"，據原碑應為"毋"。
⑦ 道光九年：1829 年。

大溝水硐告示碑

大溝水硐告示碑（碑額右刻為二行）

署雲南大理府揀發直隸州正堂加三級紀録六次劉　　　　爲（一行）

賞示勒石，以杜訟端而垂永乆事。照得太和縣柴村士民楊樞、奚超、楊基、楊應奎、楊達尊、趙鶴、楊元贊、尹老二、楊令等，與車邑村陳老二，雞邑村張復翱、趙琴、那汝俊、□（二行）宗蓮、張子卿、楊文德、趙□、陳周禮、釧崇岡、楊聯珍等互控水硐一案，此案訐訟連年，本署府查卷定斷。緣陳老二，住居車邑村，與柴村毗連。攄郡志，大理城北有□□（三行）澗水一股，自蒼山中和峰發源，直流至城北大橋下甘家村後，分去五分之一，灌溉甘家、車邑諸村。其餘四分，下流至東北城角三板閘，分為兩半，一半南流灌溉□□（四行）得及瓦村北、柴村南諸甸；一半北流灌溉柴村正甸。柴村大溝北埂，有五寸水硐一個，離水硐箭許有車邑村民陳老二建蓋水碓一所，並租趙得禄廢田五分，開□□（五行）水，藉硐水冲碓冲磨。後雞邑村人又公建水碓一所，在陳老二水碓之下，即用陳老二碓下流出之水冲碓，不另取水，是以柴村人不禁。後因水硐被水冲壞，雞邑村人（六行）串通陳老二，私將硐眼砌大，希圖多得餘水灌田，以致柴村人水不敷用。道光八年四月內，柴村人修理水溝，趙鶴等查見硐孔漸大，投明鄉保理論，衆議查照舊式，另（七行）鑲五寸水硐。雞邑村人不依，赴縣具控。該縣吳令親詣查勘，問之鄉保地鄰老民，衆供硐口古規僅止五寸，該縣從寬定斷，當令工房趙旭督同匠役鑿成圍圓六寸，村（八行）民咸稱公乆。七月初七日，忽有雞邑村民婦多人，持鋤抬石赴府喊訴，當經牟守飭縣查訊。該縣將主使聚衆婦人之陳老二、楊宗泰責處枷號，仍即親往將水硐鑲砌（九行）。遂有文生張復翱、捐職趙珙、村民釧崇岡等出名具控，並稱舊硐係方孔，有尺餘之寬。該縣令其指實憑攄，張復翱不能指出，輒行頂撞。該縣責掌發學収管聽審，張復（十行）翱懷忿不服，聯列同村生員趙琴等多名赴憲轅暨學憲、臬憲、糧憲轅門具控，批飭訊詳。當經前府牟守查訊縣斷，並無偏向，仍准鑲砌圍圓六寸水硐以資引灌，詳復□（十一行）台查核。詎捐職趙珙抽拆石坪，張復翱聯名隨詳翻控，復赴撫憲暨憲轅具訴，批飭嚴提確究懲辦。經前府牟守移委彌渡通判福倅、浪穹縣秦令會勘訊明，另行（十二行）鑲砌六寸方硐，牒覆到府。經本署府集案確訊，攄供前情，秉公核斷，三村灌田，各有水分。此硐之外，原名柴村大溝，只准柴村灌田。此硐分出柴村大溝之水，只為冲碓（十三行）冲磨之用，不能因碓磨而荒蕪良田，應請俯照福倅、秦令斷鑲方硐六寸，毋應更易。但每年五六月間栽插之時，須將水硐阻塞，儘柴村人引水灌田，不許放水冲碓冲（十四行）磨，栽插完竣方准放水冲碓冲磨。其碓磨下流出餘水，雞邑村人引以灌田，亦所不禁，兩造乆服，各具遵結備案。查生員張復翱現住城內，雞邑村並無田畝，出名扛幫（十五行）恃性，屢次上控，實属刁健。捐職趙珙，私拆石坪，係為衆人所挾，雖事属有因，均有不合，應請照不應重律，杖八十折責三十板。張復翱業已告給衣頂，嗣經太和縣儒學（十六行）

詳請學憲批示斥革，應無庸議。捐職趙□，杖不滿百，應請免其咨革。縣書趙旭訊無不合，應與案內訊屬無干人等，概行省釋。所有奉批，查訊核斷完結。緣由理合縣（十七行）文呈詳，請祈憲台俯賜查核，轉詳銷案，批示飭遵，等情。詳奉批示，轉行遵照在案。茲據該士民楊樞等稟請給示勒石前來，除批示外，合行出示曉諭。為此，示仰柴村（十八行）士民人等遵照。嗣後分放溝水，務須查照本署府詳定斷案，分引灌田沖碓，毋得紊亂爭競滋訟，各宜凜遵毋違。特示（十九行）！

道光十年二月三日示（二十行）

告示永存，交斗會會首輪流收執（碑額左刻為三行）

【概述】碑存大理市大理鎮南才村文昌宮。大理石質，碑通高170厘米，碑身高116厘米，寬68厘米，厚15厘米。額呈半圓形，高54厘米，寬100厘米，厚12厘米。該碑兩面刻字，碑陽鐫刻"文昌斗會碑記"（乾隆五十三年，1788），碑陰鐫刻"大溝水硐告示碑"。碑陰直行楷體陰刻，文20行，行9-64字，部分字跡受損，清道光十年（1830）立。碑文詳細記載了大理府揀發直隸州正堂對太和縣柴村、車邑村、難邑村因溝水水洞互控一案所做的判決，及對澗水使用分配，水洞尺寸，水碓、水磨用水等做的明確規定。此碑對研究清代大理白族地區農業狀況和水利管理等具有重要的參考價值。

據原碑抄錄，行數、標點為新增。

永濟塘碑

邱占文

特授雲南府宜良縣正堂加三級紀錄六次吳[1]　　　　　　　　　　為[2]（一行）

勒石遵守事。照得本縣下車三月，據橋頭營生員邱鴻銳[3]、邱占瓊等及婁桃營、左所、前衛營、毛家營、樊官營、葡萄村、前所、哈喇（二行）村、九甸營、張家窯、沙子河諸士[4]民等公呈，十年前議約，請示勒石，以垂永久。本縣如其議而稍變通之，橋南之田為士民舊業（三行），深慮三春干旱，引水維艱，因取沙子河甸一帶，東至眾姓田，南至陳家埂，

---

① 吳：吳均，據《宜良縣志·循吏·吳均》載：吳均字紫樓，浙江歸安舉人，道光十一年（1831）知宜邑縣事，課農桑，興文教；邑田舊多荒蕪，均置買耕牛資民開墾；疏浚溝河，修築龍王廟堤20余里，民沾惠澤。

② 《宜良碑刻》漏錄"為"字，現據原碑補錄如上。

③ 邱鴻銳：據《宜良縣志·人物志·善行》載："字扶搖，增貢生，橋頭營人。生平厭善不倦，而尤以敬宗睦族為先務。咸豐庚申年（咸豐十年，1860），邑大饑，公於城隍廟設施粥場，又於橋頭營立施棺會。亂甫平，公乃捐地基，約實會，倡建邱氏宗祠，煥然一新。年91，以壽終。"

④ 《宜良碑刻》錄為"士"，據原碑照片應為"耆"。

西至大路，北至橫地，修築堰塘以備瀦蓄。塘埂腳寬（四行）一丈六尺，高一丈。塘內之田與塘埂所壓之田，公議概不補租，亦不派築塘工費。塘外放着水之田，照田收租，為歲修塘埂（五行）之資。於立冬日積水，小滿後撤水。芒種後五日，水涸塘空，仍得接踵栽種。雖先後稍殊，及其收成則一耳。嗚呼，前事之不忘，後（六行）事之師也。諸士民率由舊章，以人力而代天工，即以人力而興地利，不合安平康樂和親之雅化而見於斯歟。是為記（七行）。

　　知宜良縣事吳，右給勒石（八行）。

　　今將詳定章程開列於後（九行上）。

　　計開（十行）：

　　——①塘內有田者，倘至立冬前不收田穀，任隨放水積聚，不得爭競。若有爭競，公議罰銀貳拾兩入公；

　　——塘埂與塘口不得擅挖。倘有私挖者，公議罰銀拾兩入公；

　　——塘內淹着之田，仍照舊規，不收水租（十一行）；

　　——塘水救濟秧田，必須照田收錢，為歲修之資；倘有不出水錢者，公議每工罰錢貳佰文入公（十二行）；

　　——塘外扯着塘水之田，必須照田上納水租；倘有拖欠者，公議每工罰穀貳斗入公（十三行）；

　　——修補塘埂照戶派夫，不得違拗；倘有不做夫者，公議每夫一名，罰銀壹錢入公（十四行）；

　　——塘水撤出之日，必須照塘規輪溉；倘有紊亂者，公議每工罰銀三錢入公（十五行）。

　　今將預先築塘辦理十（九行後）人姓名開後（十行）：

　　邱炳南、張文德（十一行）、邱鳳瑞、劉聯元（十二行）、邱文周、黃鳳昭（十三行）、邱文宣、曹恩甲（十四行）、邱鴻基（十五行）、邱映富（十六行）。又將眾村人名開後（九行下）：

　　（略姓名七十二人）

　　　　邑人邱占文書丹（十六行），鐫石人李富春

　　　　大清道光十年歲次庚寅十一月初十日，給橋頭營、前衛營勒石曉諭（十七行）

　　【概述】碑存宜良縣南羊鎮橋頭營村報恩寺正殿外廊南牆。碑為青石質，額題"永濟塘碑"；碑高205厘米，寬65厘米。道光十年（1830）立碑，邑人邱占文書丹。碑文記述道光年間，宜良知縣體察民情，悉遵民願，修築塘埂，詳細制定塘水輪溉、水租交納、塘埂修護等章程。

　　【參考文獻】周恩福．宜良碑刻．昆明：雲南民族出版社，2006.12：57-59.

　　據《宜良碑刻》錄文，參原碑照片（模糊）作了局部校勘。

---

① 《宜良碑刻》錄為破折號"——"，據原碑照片應為"一"。下同。

硯山縣法依寨護林碑 ①

　　蓋聞木本水源，天地之正理，水及 ② 養命之物，木能生氣之基。我法依一寨，並無河道、龍潭，全仰周圍池塘積水。概四山樹於我寨，內有子寨、石丫口、小水溝、橫塘子、提頭寨至肖廠等處，地土相連，難分數寨，而糧賦壹單。為因先輩置業，理應祖孫耕種，眾等均思先輩之艱難，今竟有無知之人，肆意砍伐公禁山林，砍柴、鑿樹，及此山水悠美，利益□□非淺。今合寨諸議，刻石永久不朽。今將四山蓄樹四至開後：

　　東至新寨房大山腳止；南至舍木那丫口橫山止；西至三板橋大路止；北至白撒卡止；秧田沖大樹界上至鐵廠沖止，下至石丫口止。

　　今將條規、合同、山界勒石。村主當堂給嘗，朱印合同各執。

　　——砍伐禁樹拿獲者，眾議罰錢二千文；

　　——秋衣 ③ 田地五穀成熟盜取拿獲者，眾議宰手指一個；

　　——祭奠龍神，收催阻撓者，罰錢五百文；

　　——田頭地角無實據爭占者，罰錢五千文；

　　——有公事不勇往而暗行□者，罰錢三千文；

　　——又有夥頭田三分，憑眾保舉公道人承當，不得相爭；

　　——本寨遵照田單眾議，委實人承收，非田土事，眾人不齊，一人不得私行偷看。

　　以上條規均無紊亂，合眾不得違法改移，各安本分，天必佑之，神必享之。

道光十一年 ④ 三月二十日，法依寨合眾等會議勒布具立

小家大家挨門挨戶若有不依法者，秋收時收錢三百文

　　【概述】碑存硯山縣江那鎮舍木那村法依老寨的碓房門口，高 100 厘米，寬 80 厘米。碑文刊刻了道光年間硯山縣法依寨民眾，為保護水源而共同訂立的禁止砍伐山林條規。

　　【參考文獻】曹善壽.雲南林業文化碑刻.芒市：德宏民族出版社，2005.6：315–316.

---

① 該碑亦稱"永垂不朽碑"。

② 及：疑誤，應為"乃"。

③ 秋衣：特指征戍軍士的寒衣。此處意為"軍屯"。

④ 道光十一年：1831 年。

重修堰塘碑

趙體敬

重修堰塘碑記（一行）

從來創業者，莫貴守成；而守成者，尤莫貴乎光烈。我東山二村于嘉慶元年[①]舊塘之下，已新築塘一個。奈塘窄水細，難以敷數百畝（二行）之灌溉。於是二村父老相約二實，一曰功德，二曰繼美，借兩實二六之光，得銀壹百捌拾餘貫[②]，又買塘中田畝，又將公項抵補，而鳩工挑（三行）築。較前塘愈增個半矣。庶幾潤澤愈深，而家給人足，鼓腹以游（四行）盛世之天；家弦戶誦，雍容以樂（五行）熙朝之歲矣。爰勒諸石，以垂不朽（六行）。

將所送田畝抵補開列於左（七行）：

——公眾雇工搬挑塘子，共費錢壹佰貳拾捌仟文（八行）；

——趙玉送秧田壹坵，坐落塘子邊，授價伍仟文，秋糧壹升（九行）；

——趙聯貴、聯富、聯華送秧田壹坵，坐落塘埂下，授價錢拾仟文，秋糧貳升半（十行）；

——趙聯福、聯和送水田玖工，坐落塘心，授價銀叁拾兩，秋糧玖升；贖趙安秧田錢玖仟文，贖趙思秧田錢八仟文（十一行）；

——趙門趙氏送園地二塊，秧田一截，授價錢叁千伍百文；趙信送瓜田一圤[③]，授價錢壹千文（十二行）；

——趙門李氏送地一塊，秧田二小坵，授價錢玖千文；趙聯勛送園地一塊，授價錢壹仟伍佰文，秋糧貳合五勺（十三行）；

——趙相秧田一坵，坐落塘邊，公眾將窯門前田壹截抵換；趙開賢送田一截，授價錢壹仟文；糧無（十四行）；

——趙聯雲田三工，坐落塘心，公眾將窯門前田叁工抵換；實計以上田地、園子、秧田等項俱永為塘底，日後子孫，斷不得異言（十五行）。

　　　　邑人　趙體敬　撰書（十六行）

　　　時　龍飛道光十二年歲次壬辰孟春月建癸卯朔三日穀旦　暨合村同立（十七行）

【概述】碑存宜良縣湯池鎮東山村青龍寺左廂房。碑為青石質，額題"萬古不磨"4字；碑高164厘米，寬78厘米。道光十二年（1832），合村同立，邑人趙體敬撰書。碑文記述由於塘窄水細，難以灌溉田畝，東山二村父老捐資鳩工擴修堰塘造福民眾的功績。

【參考文獻】周恩福. 宜良碑刻. 昆明：雲南民族出版社，2006.12：60-61.

---

① 嘉慶元年：1796年。

② 貫：本義"穿錢的繩子"；亦用作量詞（舊時用繩索穿錢，每一千文為一貫）。

③ 圤：同"墣"，塊。

重修龍箐水例碑記

重修龍箐水例碑記（一行）

夫水者，龍箐龍水，攸関國賦錢粮數十餘（二行）石。其水自上古於來，丁徐二姓寫立合約（三行），打立石碑石刻，均椎[①]五分，丁姓四分，徐姓（四行）一分，各照分數灌放。所因年久，石碑遭被（五行）裁獲之人隱滅，丁徐二姓屢次爭論，請凟（六行）鄉練村隣公議言明，從另打立石碑石刻（七行），各照古規灌放。其水路各照各溝，不得紊（八行）乱。如若紊乱[②]，凟衆理言，執約赴官，自任[③]其（九行）罪。其水春救秋，夏泡田，各宜謹慎。為此勒（十行）石，永垂不朽矣。龍王廟水輪古規開列於后（十一行）：

以上六輪半，每年議定：立夏日起頭，各照古規，週而（十二行）復始，輪流灌放，不得以強凌弱，以長挾幼，錯乱古規。倘（十三行）有光棍不法之徒，混行偷放者，一經拿獲，罰白銀叁兩（十四行）、白米叁斗，充公費用。各宜凜遵，毋貽後悔。謹白（十五行）。

計[④]開：首輪、二輪丁友成，三輪丁養志，四輪徐永旺（十六行），五輪、六輪丁友忠，半輪王國亮（十七行）。

道光十四年[⑤]八月十五日合村仝立石（十八行）

【概述】碑存楚雄市紫溪鎮丁家村土主廟內。碑高55厘米，寬60厘米，厚2厘米。碑文直行楷書，文18行，行16字。清道光十四年（1834）立。碑文記述丁、徐二姓重新刻碑立石，照古規輪流放水灌溉之事宜。

【參考文獻】張方玉.楚雄歷代碑刻.昆明：雲南民族出版社，2005.10：319-320.

據《楚雄歷代碑刻》錄文，參拓片校勘，行數為新增。

---

① 《楚雄歷代碑刻》錄為"椎"，據拓片應為"攤"。
② 如若紊乱：《楚雄歷代碑刻》中漏錄，今據拓片補出。
③ 《楚雄歷代碑刻》錄為"任"，據拓片應為"訐"。
④ 《楚雄歷代碑刻》錄為"計"，據拓片應為"記"。
⑤ 道光十四年：1834年。

革奪河船碑序

陳正達

　　常^①考此地渡口，上邱北而下廣南，往來行人莫不病涉者，蓋扁舟舴艋，泛然乘載，而革奪人更藉以漁利，凡商旅息著於兩岸，既有船小胥溺之憂，又受艄工多取之虐，情何堪矣！兩地父老，亦曾目擊心傷，屢欲謀作公渡，而徒托諸空言，不克見之實事，豈非不知端委，憚於取諸人以為善乎？今有邱屬邢朝貴、太文盛、邢永祚、陳正達四人，欲實父老之語言，作世人之利濟，於春正月來，與革奪人計議，而合寨歡喜，願受價值八十六兩，永遠出賣。乃合廣南屬好善君子王履法、王抱包、蘇玉榮、黃抱德、余仕萬、劉英、王抱密、劉鴻等，共十二人，首倡其事。下城請示，又蒙府尊縣尹及各衙文武員弁盡皆許可；城內縉紳先生同相勸勉，山長王舉人復代我等為功德序，弁於簡端，以受大小官銜。故我等募化功德，善男信女，愈樂為勸施，約計得五百餘金。於是，將金三百有餘買山場田畝，築室於彼岸，擇可為船戶者，使其入此室，處而有宅有田，饗饗無缺，俾得留心於朝涉暮渡，竭力於送往迎來。庶幾，過渡者，無煩解囊；乘舟者，喜見安穩。此雖不敢云有功於世，亦聊效利人濟物之微耳。至於日後修造船航，論材木，則有山場禁林；問工價，則有每歲餘粟是自。今創其端，後世亦可守其成矣。然則此舉果誰之力歟？蓋緣官司作主，與夫眾姓捐助功德也。內中可嘉者，保民大老楊，傭工度日，亦情願助功德錢壹千文。善不可沒，故宜勒石，以垂久遠。乃功成之日，或有謂舟楫之利不如橋梁，何不為一勞而永遠安逸者？誠哉是言也，但吾等力薄，姑盡其所能為，以俟後之君子，是為序。

　　眾人公議：日出開船，日落封船。往來行人，須常趕早過渡，勿得遲延。致於牛羊，身重亂跳，恐損船支，是以不揹。私揹牛羊，察出亦罰銀拾陸兩。言出法行，不得有違。

邱陽生陳正達拜手題並書

大清道光十五年歲次乙未閏六月吉日邱廣屬眾姓同敬立

　　【概述】碑立於道光十五年（1835），陳正達撰文并書丹。碑文記述道光年間，邱、廣兩地民眾共同捐資購買山場田畝，建房擇船戶在革奪渡口設義渡迎送過往商旅行人的善舉。

　　【參考文獻】政協廣南縣委員會.廣南文史資料集（下冊）.內部資料，2015.3：162.

---

① 常：疑誤，應為“嘗”。

大修海口河新建屢豐閘記 ①

賜進士出身光祿大夫 ② 協辦大學士兵部尚書都察院右都御史

總督雲貴等處軍務白山伊里布撰文

賜進士出身資政大夫 ③ 兵部侍郎兼都察院右副都御史

雲南巡撫贊理軍務 ④ 連平顏伯濤題額

　　滇之有昆池，境連四邑 ⑤，流匯六河，浩瀚汪洋，周三百餘里，而以昆陽之海口爲尾閭，此河不治則沿海之田廬被淹，而會城亦多水患。故自前朝 ⑥ 以及國朝守土者，皆以海口之疏濬爲要務。然是河界兩山之限，每夏秋雨集左右諸箐之水挾沙 ⑦ 而奔赴正河，不數年卽淤。治之稍緩，其害立見。且其治之也，又必於巨浸之中築壩斷流，費甚鉅而民亦勞。乾隆中，邦人士有以閘代壩之議，以費無所出，屢議屢寢。丙申 ⑧ 之秋，河流阻塞，四邑之民復申前議；昆邑紳耆，誼切桑梓，踴躍捐輸。余知其事之可以成也，遂與同官集議，令在籍觀察廖君敦行，邑令李君芬率諸紳耆董其役。在工員役由糧道沈君蘭生，群 ⑨ 守黃君士贏，邑令宮君慕久，捐及薪水，循例動用四邑民築壩堵水。竝鳩工伐石，於川字河建立石閘三座，

---

① 《昆陽州志》錄爲"大修海口新建屢豐閘記"。

② 光祿大夫：官名，始置於漢。戰國時置中大夫，漢武帝時始改爲光祿大夫，秩比二千石，掌顧問應對。隸於光祿勳。魏晋以後無定員，皆爲加官及褒贈之官，加金章紫綬者，稱金紫光祿大夫；加銀章紫綬者，稱銀青光祿大夫。唐、宋以後用作散官文階之號，光祿大夫爲從二品，金紫光祿大夫爲正三品，銀青光祿大夫爲從三品。元、明升爲從一品，清代升爲正一品。（王邦佐主編：《政治學辭典》，387 頁，上海，上海辭書出版社，2009）

③ 資政大夫：金朝始置，爲文散官。以授正三品中文官。元朝改正二品，宣授。明朝爲正二品之升授。清爲正二品之封贈。（張政烺著：《中國古代職官大辭典》，876 頁，鄭州，河南人民出版社，1990）

④ 贊理軍務：官名。是巡撫的一種兼職。明清之制，巡撫與總督同爲封疆大臣，雖品級稍次，仍屬平行。明代巡撫的名稱亦因管轄的地區與職責不同而不同。大體上兼軍務的稱撫治，兼提督軍務、有總兵的地方稱撫治贊理軍務。清代巡撫之職掌在名義上以民政爲主，事實上則兼理軍民兩方事務，與總督并無不同，在沒有總督之省，巡撫遇事獨自作主，若有督又有撫，則難免互相掣肘。（梁淑芬主編，國家人事部政策法規司等編：《國家公務員實用辭典》，732 頁，武漢，武漢大學出版社，1990）

⑤ 四邑：指昆明、呈貢、晋寧、昆陽。

⑥ 《西山區文史資料》錄爲"朝"，據《昆陽州志》應爲"明"。

⑦ 《西山區文史資料》漏錄"石"字。

⑧ 丙申：指道光十六年（1836）。

⑨ 《西山區文史資料》錄爲"群"，據《昆陽州志》應爲"郡"。

凡爲閘墩一十有八，雁齒六閘，頂架石爲梁，以次將正河支流^①疏濬深通。復以餘力修惠濟龍王廟，新開桃園箐。凡役民夫^②二十五萬，用銀一萬五千有奇，閱九月而工成，命糧道沈君蘭生率四邑官紳士民以落之。於是^③啓壩放水，勢若奔雷，積潦旣去，淤田漸出。而閘座高張，峙立中流，旣便役人，永免築壩。四邑之民，鼓舞歡欣，共感上德，咸頌神功。余喜功之成而民之和也，援^④以"屢豐"名其閘，此雖頌禱之詞，而有年之象已寓於目前矣。顧余竊有慮焉，石閘之建藉以濬河，卽藉以洩水也。使竟視以爲可安而忘疏濬之勤，則湖^⑤之爲害猶在也。石閘雖存，民^⑥困如故，夫因利乘便者事易集，愼始圖終者功乃久。後之君子，尚念其此日經營之勞，籌將來善後之計，軫念民艱，以時疏瀹，則余之所謂"屢豐"者不徒見之目前，而且延及奕世矣。大害永除，大利常新，豈惟滇民之幸，是亦守土者之光也。因書之，以告後之從事於河者。

【概述】碑文記述道光十六年（1836），雲貴總督伊里布、雲南巡撫顏伯濤調集昆明、呈貢、晉寧、昆陽等州縣民工，采取修建石閘、疏浚支流、新開桃園箐子河等方法，歷經9個月，得以控制滇池水位的盈泄，爲民造福。

【參考文獻】中國人民政治協商會議昆明市西山區委員會文史資料委員會.西山區文史資料（第9輯）.內部資料，2004.1：154－157；（清）朱慶椿等修.昆陽州志·卷六.清道光二十年刻本：91－94.

據《西山區文史資料》錄文，參《昆陽州志》校勘。

紫魚村分水碑

特調雲南府正堂加四級紀錄五次黃　　　　　　　　　　　　　　為（一行）

給示遵守事。案據嵩明州民李勳等與陳禮、張元龍等三村互控水利一案。緣李勳等住居州屬紫魚村，張元（二行）龍等住居漢人村。該二村後有鹽井、季腰二山，箐水流合於黃牛山腳，聚爲總溝一道，由總溝流至大壩口分（三行）爲東、西二溝。紫魚村民李勳等有田八百餘工在東溝上游，向放東溝之水灌溉。漢人村民張元龍等有田千（四行）餘工在西溝下游，向放西溝之水灌溉。又紫、漢二村尚有田畝錯雜在東、西二溝中間者，就近各放東、西二溝（五行）之水，通融灌溉。惟新村陳禮等之田，系在東溝紫魚村田下游，向俟紫魚村上游田水灌足，

---

① 《西山區文史資料》錄爲"流"，據《昆陽州志》應爲"河"。
② 《西山區文史資料》漏錄"幾"字。
③ 《西山區文史資料》錄爲"是"，據《昆陽州志》應爲"時"。
④ 《西山區文史資料》錄爲"援"，據《昆陽州志》應爲"爰"。
⑤ 《西山區文史資料》漏錄"水"字。
⑥ 《昆陽州志》錄爲"名"，疑誤。

上滿下流，始准新（六行）村接灌，歷久無異。道光十二年[1]以後，三村民人因田畝多寡，水分不均，先後赴前府並（七行）糧、藩臬憲、（八行）督、撫憲轅門互控，屢經委員勘訊未結。茲本府行提[2]人證來省，劄委[3]昆明縣宮令訊悉前情，再三酌量，斷令於總（九行）溝中間挖深一尺，挑寬二尺，用大石一條橫放其間，作為水坪。又於石上鑿出二水口如"八"字樣，放水分流。東（十行）口鑿寬四分五流入東溝，西口鑿寬五分五流入西溝，各灌田禾。其紫魚村有田錯雜在西溝者，無論多寡，仍（十一行）放西溝之水灌溉。漢人村有田錯雜在東溝者，亦不論多少，仍放東溝之水灌溉。總以上滿下流為定規。其新（十二行）村田畝在東溝紫魚村下游，仍照舊章，聽紫魚村上游田畝灌足，流入新村接灌，紫魚村民毋許阻滯，新村民（十三行）人亦不得先行挖掘私放。至現設水坪處所，將來如有泥沙淤塞，仍令紫、漢兩村民人會同挑挖，按照新設時（十四行）之寬深尺寸，不得更改。終年不立水牌，亦不分晝夜，作為常流水，以免再有爭競。三村人等俱各輸服，投具甘（十五行）結，並請照斷給示，勒石遵守。議擬具詳到府，除一面照斷轉詳（十六行）各憲，聽候批示立案，並劄飭[4]嵩明州查照辦外，茲據三造民人李勳、張元龍、陳禮等呈懇給示前來，合亟照案（十七行）給示。為此，示仰紫魚村民李勳、李安富等知悉。自示之後，務須各照委員昆明縣宮令斷定章程，如法分別灌（十八行）放，不得違斷翻異，復起爭端。倘敢不遵，定即提府重究不貸，凜之。特示（十九行）。

　　示給紫魚村民李勳、李廷選、李安富等遵守（二十行）。

　　　　　　　　道光十八年三月二十六日，給告示（二十一行）

　　【概述】碑存嵩明縣小街鎮墩白辦事處紫魚村青雲庵內。碑為青石質，碑座已佚。碑石的兩面各鐫一碑文，碑陽鐫分水碑文，碑陰鐫青雲庵地產訴訟碑文。碑高133厘米，寬71厘米。碑陽上部正書，陰刻"奉憲勒石"4字，每字約9×10厘米。碑文正書，陰刻，文21行，滿行42字，計800餘字。碑陽鐫於清道光十八年（1838），基本完好。碑文記載雲南府正堂關於處理紫魚、漢人、新村三村村民李勳、張元龍、陳禮等互控水利一案的批示，及劄飭嵩明州查照辦理的事宜。（道光年間，三村村民因田畝多寡并相互錯雜，分水不均，先後赴督、撫轅門互控。經雲南府斷令於總溝中用石砌一水坪，鑿"八"字分水口，使水分流。各村按照新鑿水口所流的水各灌田禾，不准更改）

　　【參考文獻】嵩明縣文物志編纂委員會.嵩明縣文物志.昆明：雲南民族出版社，2001.12：160-162.

---

① 道光十二年：1832 年。
② 行提：行文提取人犯、案卷或有關之物。
③ 劄委：舊時官府委派差使的公文。
④ 劄飭：指舊時官府上級對下級的訓示公文。

潘①氏宗祠碑記

　　自古敦宗睦族之道，未有善於家祠者。顧前人艱難創之，必待後人敬慎守之，則從是而光大，從是而變通，相歸（一行）繼繼承承②俾無失墜者，此固賢子孫之貴也。縣東隅路溪屯潘氏族，自前明時，分為濂、澄、濟、淨四支。而淨一支（二行）傳公度，公度傳起鯨，起鯨傳秸禾，秸禾傳竣祚，特蓋五世矣，竣鼎與父秸禾相繼去世，遺母陶氏（三行）。特鼎字上鉉，年方十一歲，幸有次兄祚鼎扶持，攻書孝養孀母，於雍正元年遊泮，遂起建家祠之意。是可謂知（四行）重務本者，而力有未逮。至雍正十二年，慈親見背，除喪葬追薦外，將母養膳之資，存積為建祠費用。於乾隆十八（五行）年而家祠遂成，又自捐銀買田，以為本支入祠費用，又桃老者大麥地濂、澄、濟、淨四支公田，去錢玖拾玖千肆（六行）百五十文。計前後經營辛苦已歷三十餘年，其中節目之詳，備載親筆遺囑。前人之艱難創始為何如哉？觀遺囑（七行）所云，叮嚀諧誡，屬望後人，真有恒心、有遠慮、有卓識、有長才者。賢子孫共體此意，勒石垂久。周恤貧老有疾而無食者，俾秸禾子孫，共知敦宗睦族之意，而不致春秋拜掃之貲。稍有餘貲，助具伕差役等焉。以誌不忘云爾（八行）。

　　今將竣祚特三支子孫所殖田產載明碑記。計開（九行）：

　　乾隆十八年，建蓋家祠三楹，約費銀四十餘金（十行）。

　　乾隆三十年，又蓋前層，費銀叁拾餘金（十一行）。

　　乾隆三十二年，上鉉親自捐出銀四十三兩五錢，杜買得潘乙濤軍田壹分，坐落官田河。原契東至沙溝（十二行）路，南至顧家軍田，今至沙溝，西至河北至本家田，今至路，隨納張朝伍糧壹畝七分（十三行）。

　　乾隆四十八年，本支起蓋兩廂並修月臺、天井、大門，去錢九十五千六百六十四文，系是上鉉開挖老者大麥地之錢，如數收足即為此項費用。

　　嘉慶十九年，杜買得趙有德民田一分，坐落何家山腦，上至岩子溝，下至潘澤普田，外至鮑正渭田，主至顧家溝，右至鮑家放水溝，大小丘數不等。又田上荒地乙塊，上至山嶺，下至岩子溝，迤至潘會祖田尾地，外至陽橋，隨納實秋七升，鮑家中刻③水壹分杜價銀捌拾兩。

　　嘉慶二十二年，歸併得本支潘文錦民田貳丘，坐落窯頭田，上至周乙田，又至推主田，下至茂乙田，左至文治田，右至路隨納稅糧乙升，鮑家上小刻水三厘價銀五十兩。

---

① 潘：路溪屯東山潘氏之姓，凡宗祠、族譜、墳山墓碑，一律寫為左上無一撇的"潘"字。據說是先祖不齒與宋代奸臣潘仁美同姓而改，以示區別，訓令族人永不得做奸臣禍害國家。

② 繼繼承承：指前后相承，延續不斷。

③ 刻：計量單位，碑中用作"用水計量、計價"。如"中刻水壹分杜價銀捌拾兩""小刻水三厘價銀五十兩"等。

嘉慶二十四年，歸併得本支潘汪民田乙分，三通連坐落姚家山界，通連東至本主田，南至溝，西至文安田，北至溝；一通連東至路，南至小橫路，西至老墾，北至溝隨納秋糧乙升六合七勺，鮑家上刻水半分價銀六十二兩。

道光二年，歸併得本支潘育才民田乙丘，坐落沙田，東、南、西俱至容乙田，北至沙壩隨納稅糧玖合，價銀十四兩。

廟後左右未入分關之地，俱系公地。又有分水領碾房一座，上邊地、左邊地未入分關，俱系公地。

道光十八年七月十三日仝立

再將濂、澄、濟、淨四支所遺田產、山場載明碑記。計開：

有祖遺老者大麥地田乙凹並山場，東至大灣子與鮑姓地土相連，南至埡風口，西至路迤沙溝上老墾坡腳通路至山神廟，北至山神廟右邊山嶺，又至鮑姓山。

萬曆丁亥年九月二十日，杜買得煉樹鋪張雲龍山場乙塊，坐落乾凹嶺，東至馬家山場，南至路，西至買至墳山，北至中屯街路，價銀十兩。

嘉慶八年，潘掄乙承辦官事，杜買得黃占甲弟兄民田乙分，坐落對門沖左膀，東至潘文定田，南至鄔家田頭溝。迤至鮑正發田，中至脫家田，外至鮑正美弟兄田，北至路。隨田秋糧七升，鄔家中刻水乙分，價銀乙百貳十兩。

有墳山乙塊，坐落白臉石，三層樓岩腳，下至鮑姓田迤土墾，右順岩腳乙塊，迤至馬鞍子石，上至岩腳，下至黑石頭。

又通連白臉石乙圤，上至岩腳，下至田，外至橫山，水溝路，內有趙姓墳塋在內。

嘉慶二十二年，杜買得潘培祖軍田一通長，坐落王鳳田，上至潘珠科田，下至潘生乙田，左至沙溝，右至小溝，隨田納張朝伍軍糧乙畝六分，隨田鮑家下小刻水三分內三厘五毫，杜價白銀九十兩。

乾隆五十七年，吐退得潘自寬秧田叁丘，坐落蘆子沖花阱，通長叁丘，播種六斗。東至箐，南迤至自秀、自顯等公田，中外俱至溝，西至自貴田，北至外至小過水田，迤至山腳。四至分明為界，隨田稅糧二合，龍潭水隨放，吐退紋銀八兩伍錢。

潘坤源功德銀五錢。

道光十八年七月十三日　　仝立

【概述】碑存祿豐縣金山鎮小鋪子村委會東山村潘氏宗祠中，為方形柱體四面刻字碑幢，高113厘米，寬37厘米。道光十八年（1838）立。碑文記述潘氏族人自明朝軍屯戍邊定居路溪屯分為"濂、澄、濟、淨"四支，并載明了竣祚特三支子孫所殖田產、水分，以及四支所遺田產、山場、水分等的詳細情況。

【參考文獻】張方玉. 楚雄歷代碑刻. 昆明：雲南民族出版社，2005.10：427-430.

據《楚雄歷代碑刻》錄文，部分碑文（1-13行）參拓片校勘，行數為新增。

羅衣島合境遵示封山碑記

　　蓋聞天地有自然之利，而人事宜成贊助之功。故三農[①]八政之重，不外五行百產之精。與其以利利民，不若因民利民也。是以封山蓄水，灌溉田畝，上關國賦，下系民生，其利甚大，其事更切要焉！先年田間、山場、樹木不知培植，任意踐踏。且有挖抉根本，樹盡山傾，旱則水源涸竭，潦則沙水衝壓，故穀無收成，國賦難完，民不聊生，其害甚大矣！屢蒙上憲發給牌文，曾經曉諭。又於嘉慶十二年[②]，吾鄉父老頒請縣示，諄切告戒合境寫立合文契，共成甚舉。但恐歷年久遠，或字迹磨滅，或收執隱秘復生弊端，不如勒碑刻石永垂不朽。羅衣島合境人等，遵依前示，仍照舊規，公同妥議：凡有山場者，除墳墓各自封蓋之外，俱入公封蓋之，同心嚴拿。不容混行砍伐，更不得挖抉根本。至成林茂密，斧斤以時而入，山林間空採取。公議樹價：凡杉松、油松樹價所歸，載明條規，若有私自砍伐照規罰。屬倘抗拗不遵，鳴官究治。此撙節愛養心之心，因天地自然之利，材木不可勝用，田畝得以滋培，禾稼可以豐收，國賦可以全完，民生以逐利賴無窮，非吾鄉之厚福也哉！凡我同人，凜遵勿違。欲後有憑，永垂為照。封山條規開明於後：

　　——雜木開山，樹價山主、公家平分。

　　——杉松不得砍伐，混行砍伐提還山主。

　　——油松除椿木另用外，亦還山主。

　　——修補河埂椿木每個收錢二文。

　　——田埂椿木每椿公議收錢五文。

　　——采葉子作糞每挑罰錢二百文。

　　——砍野柴犯者每挑罰錢二百文。

　　——箐田有樹木遮田准砍開二丈。

　　——籬笆准砍茨樹，切忌有傷成材。

　　——砍伐成材杉松、油松，每棵罰錢六百文。

　　——攔糞堆准取松枝，有取栗枝作柴者，每挑罰錢二百文。

　　——不准放火燒地，放出野火，救火食用，放火者出辦。

　　——摟松毛有順伐活樹者，罰錢五十文。

　　——開地葉把只准枝葉，徒砍樹木者，每挑罰錢三百文。

　　——河埂被水衝開，取椿不得任定一處，告明看山免樹價。

　　——六角准砍彎扭，每家准五個，多砍者罰南京豆半升。

---

① 三農：（1）古謂居住在平地、山區、水澤三類地區的農民。後泛稱農民。（2）指春、夏、秋三個農時。

② 嘉慶十二年：1807 年。

——有外境砍伐本境界內樹木，合境齊集理論。

——每年開山，准於十月十六日起，三月初三止，有抗者將柴至公家扣入無異。

道光十九年歲次己亥仲夏月中浣吉旦合眾同立

【概述】碑存易門縣小街鄉羅尹大村。碑為青石質，高160厘米，寬77厘米，厚8厘米。道光十九年（1839），羅衣鳥民眾同立。碑文詳盡記載了羅衣鳥合境封山育林蓄水以資灌溉田畝的18條禁規。該碑對研究雲南省林水關係、鄉規民約等具有重要的史料價值。

【參考文獻】易門縣地方志編纂委員會. 易門縣志. 北京：中華書局，2006.8：755-756.

重疏水城碑記

李德生 [1]

　　察附城南、北、中三溝之水，皆發源於大龍泉，茲邑稱巨觀焉。數里而下，左襟小龍泉，右帶龔家箐泉，回瀠曲紆，近城一切軍民田畝皆資灌溉，其利高出尋常萬萬。

　　前明萬曆二十二年 [2]，邑宰余公維漳 [3] 開溝分水，釐定章程，其團牌潼口晝夜長短之輪規，纖悉俱到，易 [4] 民至今守之弗敢改。厥後，黃公世臣平糧均稅，王公國勳，履畝築埂，皆因余公之法而振而興之，遂成善政。

　　王公國勳，吾鄉先生也。其蒞易之日，正當崇禎甲申 [5] 兵燹四出之時。公慮山城無水，守陴甚難。因於西門之外，捐廉甃結水城，廣輪共計十九丈許。暗引中溝之水，由地道出入，誠為上策。今治平日久，按其形勢，猶慨然想望遺徽。

　　我朝宰斯土者，乾隆年高公銓、黃公有德、何公煜，近年李公耀瑚、陳公桐生，皆仰慕王公之烈而修挖水城各一次。歲戊戌，予由定遠調任斯篆，迄今年餘，案牘甚稀，暇則丞丞 [6] 於農田水利，日偕二三溝長，照舊定碑，口悉心勘。察俾其間，淺者空之，淤者通之，坍塌者補築之。首先南溝，次及中溝、北溝，而水城之孔道亦漸次修築焉。是予之疏水城，實因興水利而遞及之也。工竣，勒諸琅瑂，直書諸公之名而不避，蓋欲邑之人飲水思源，不

---

① 李德生：河南鎮平人。

② 萬曆二十二年：1594年。

③ 《易門縣志》錄為"余公維漳"，據《續修易門縣志》應為"余公惟章"。余公惟章：指余惟章，萬曆二十二年知易門縣事，分大龍泉，創開南、北兩溝，灌溉田畝，變磽瘠為膏腴。（雲南省水利水電勘測設計研究院編：《雲南省歷史洪旱災害史料實錄（1911年〈清宣統三年〉以前）》，178頁，昆明，雲南科技出版社，2008）

④ 易：指易門縣。

⑤ 崇禎甲申：崇禎十七年，歲次甲申，即1644年。

⑥ 《易門縣志》錄為"丞丞"，據《續修易門縣志》應為"丞丞"。丞：古同"承"，秉承。

忘諸公之德，並不忘諸公之名，是則予之所以欽慕諸公也夫。

【概述】該碑現已不存。道光十九年（1839）立。碑文記述了易門水城的沿革以及作者興水利民的事由。

【參考文獻】易門縣地方志編纂委員會．易門縣志．北京：中華書局，2006.8：754；嚴廷鈺纂修；梁耀武，李亞平點校．續修易門縣志．昆明：雲南人民出版社，1997.12：320-321.

據《易門縣志》錄文，參《續修易門縣志》校勘。

永警於斯碑

道光貳拾年二月二十二日午時，井役文楊芳　　　　　　　　　　　　　　　　為（一行）

上墳，一時冒昧，誤將豚菜拿往三道河上村（二行）房後，闔村吃水溝內泡洗，轍^①被村黨見獲，即（三行）欲鳴（四行）官。是吥文楊芳自知理屈，邀請（五行）紳灶耆尊挽留，從中理飭服理修溝，情願罰（六行）出銀叁拾兩，入井東之德海寺修用，垂石以（七行）警，日後不期混誤。為此，勒石謹（八行）聞。

庚子歲清和^②月中浣^③日文楊芳立石（九行）

【概述】碑存祿豐縣黑井鎮三道河上村後路旁。碑高110厘米，寬47厘米。額上鐫刻"永警於斯"4字，碑文直行楷書，文9行，計125字。清道光二十年（1840），文楊芳撰、書、立石。碑文記載黑井村民文楊芳上墳時，誤將豬肉放在回族飲水溝中泡洗，觸犯忌禁引起糾紛。文楊芳自知理屈，甘願受懲，垂石以警。2007年12月，該碑被祿豐縣公布為縣級重點文物保護單位。

【參考文獻】張方玉．楚雄歷代碑刻．昆明：雲南民族出版社，2005.10：424-425；楚雄彝族自治州博物館．楚雄彝族自治州文物志．昆明：雲南民族出版社，2008.7：132.

據《楚雄歷代碑刻》錄文，參拓片校勘。

---

① 《楚雄歷代碑刻》錄為"轍"，據拓片應為"輒"。
② 清和：農曆四月的俗稱。明盧象升《與蔣澤壘先生書》之四："家大人于清和閏月初二日抵白登公署。"一說指農曆二月。
③ 中浣：（1）亦作"中澣"；（2）古時官吏中旬的休沐日；（3）泛指每月中旬。

龍王廟碑記

張文治　白士俊

蓋聞古昔盛時，觀音大士顯化靈通，忽過崆峒山下，拖紗一疋，紅如錦緞。凡所拖過之區，靈泉湧出。因以觀（一行）音泉，號玉水村，曰："拖羅猗"歟。箐與水而并著，水與地而共傳，夫非大士之休徵也哉！然而水者，龍之靈也。我（二行）朝國初，閣州士庶同心協力，建修龍祠一所。設立神像，寅辰供奉。每逢八月十五，勑封惠慈憫念育物，龍（三行）聖誕，士民舉甲庆祝。自此原泉混混，由拖羅以達牛井，上下百餘里間，廣沐龍王水澤恩波，而國課有輸，衣食（四行）有賴，所謂無疆惟休矣！但心代还^①年湮，廟宇傾圯，香火無資，閣邑之人，共相董勸。於龍祠山下，開闢水田數畝，以（五行）資香火，保受^②前後山場，以衛水源。則昔之視会，亦由今之視昔何，莫非相得益彰耶？倘不述文以記，亦雖美弗彰（六行），維盛第傳也。余不揚固陋，表述其大畧，以垂不朽云（七行）。

計開（八行）：

一香火田三段，東至溝，南北至廟山，西至白育菓阱，納耤村里秋粮五升。一龍王廟王山一領，上至頂，下（九行）至阱，左至大路上首小阱，右至白育菓阱。一龍王廟西山一嶺，上至頂，下至阱，左右至阱。一水分上滿（十行）下流。一輪仝慶祝辦会：瑤草庄一会、大營一會、勳庄一會、上地苴一會、下地苴一會、瑤草庄（十一行）普漣棚一會、大營一會、団山村一會、甸尾一會、普漣棚一會。一田租二十五石（十二行）。

閣州士傲

何長沅、黃琴鳳、莊儀、白景賢、李天培、楊應宗、趙献耆、何禹平、宋維信、袁豊、段霞彩、段育英（十三行）

王克貞、白現、段維新、張從萃、杜紹美、朱綸、阿相斗、董國才、韓紹文、周俊、楊先知、張萃璧（十四行）

等仝立。

康熙四十九年歲次乙未大呂月上浣吉旦，賓川州儒學歲進士吏部候選學轉^③張文治光華氏謹撰并書（十五行）。

善式前輩規模如此，固彰彰可考矣。後人昌敢妄為敷陳哉。然乾隆五十三年，箐水漲發，中殿階下碑已損壞，幸（十六行）有其文。倘不復為立石，恐年久而文遺，其規模因之紊乱也。

---

① 还：疑誤，據上下文應為"遠"。

② 受：疑誤，據上下文應為"守"。

③ 轉：疑誤，據上下文應為"博"。學博：唐制，府郡置經學博士各一人，掌以五經教授學生，後泛稱學官為學博。

衆姓爰是鼓舞振興，重為立石，以垂永久云（十七行）。

闔州士庶：

趙光壁、楊柱、白士恒、王富、王廷揚、王廷田、白文龍、趙聯陞、何驤、侯世貴、王在朝、趙聯珠、張能（十八行）

白躍舟、趙珍、杜香、白璠、段騰霄、何賓、保增貴、楊啓蓁、段俊、唐思鳳、黎文華、王芝瑞、李興楊（十九行）

王廷俊、王嘉猷、趙廷椿、段汾、趙希賢、王必仁、段枝鵬、黃光國、王耀宇、張繡鯉、穆登鳳、秦泰、周濯（二十行）。

道光二十一年歲次辛丑應鐘月上浣吉旦，賓川州儒學廩生白士俊勝千氏敬書（二十一行）。

【概述】該碑未見文獻記載，資料為調研時所獲。碑存賓川縣大營鎮觀音閣內，大理石質，高 166 厘米，寬 80 厘米。碑額楷體陰刻"龍王廟碑記"5 字，各置於一圓圈中。碑文直行楷書，文 21 行，行 2–43 字。道光二十一年（1841）立，保存完好，中上部有斷裂痕。碑文分三部分：第一部分記述了觀音泉的來由、龍王廟創建之經過；第二部分記載了康熙年間重修廟宇，開田置辦香火，保護山場以衛水源并撰文勒石之事；第三部分記載了乾隆年間箐水漲發致碑損壞，為免紊亂，道光年間民眾重立的詳細情況。

據原碑錄文，行數、標點為新增。

丘北縣膩腳鄉①架木革村護林碑

蓋聞無木無水，地六成之是水，為天地生成而長養萬物者也。民非水不生活，則水之為民用豈淺鮮哉。然水固生木，而木又足以蓄水，吾架木革寨人居住於坡頭、衝子、龍樹腳三村。今吾等坡頭一村，就近買地鑿井而飲，公議養樹木以裕水源，庶乎源深流長取不盡而用不竭，則民遂矣。此規先年已屢立章程，原有蓄水四至為界，只因紙據難憑，日久生異弊，埋墳、盜砍種種惡習殊屬可恨。茲除另立合同外，同立此碑記，勒石以垂不朽之。

禁樹四至：東至祭山坡路止，西至丫口止，南至寨頭止，北至山嶺止。永遠收存合同人李漢。一遇有事必須執出理論，不得隱匿。

豎立條規開列於後：

自道光三年，培養水源樹木後，曾有無賴之徒，希圖樹木成林，陰謀埋墳侵佔樹木者，疑難支其墳塋，故不許其侵佔樹木。

---

① 膩腳鄉：丘北縣轄鄉，位於縣境西南部，距縣城 50 公里，西臨南盤江，西北有燕子洞、白洞、落水洞等風景名勝。膩脚，彝語，意為紅土沖。民國時屬盤瀠鄉，1958 年設大鐵公社，1971 年更名膩脚公社，1984 年改區，1988 年改設膩脚彝族鄉，轄膩脚、阿落白、匐底、大鐵、膩革龍、地白、架木革 7 個行政村。

自立碑後，再有埋墳在四至內者，罰銀叁拾兩入公。

有種地侵佔四至者，罰豬伍拾斤，酒叁拾斤，穀壹斗；有盜砍成材樹木者，罰豬叁拾斤，酒貳拾斤，米壹斗。

有盜砍柴枝以及劈明子者，罰羊叁拾斤，酒貳拾斤，米壹斗。

借砍枯枝、開端放牧與托土墾賣者，以及就井洗衣服等件者，同罰羊貳拾斤，酒伍斤，米壹斗。

以上鄉規，有能查獲犯規者，報信人給公錢壹百文；如獲器物柄據者，給公錢叁佰文；見而不報者，與犯規人同罪。吾等坡頭村共五十六戶人家，名俱已各自親押載明合同，每戶捎糧食壹升，積為公項，務須各家告誡子弟，倘有不遵，眾人將公項帶作盤費，按長幼次序聯名稟官究治無辭。

道光二十一年^①十二月十九日公立

【概述】碑存文山壯族苗族自治州丘北縣膩腳鄉坡頭村內。碑高85厘米，寬50厘米。清道光二十一年（1841），56戶村民同立。碑文記述丘北架木革寨民眾鑿井飲水，為保護水源公議護林蓄水合同并勒石立碑之事。

【參考文獻】文山壯族苗族自治州地方志編纂委員會.文山壯族苗族自治州志（第2卷）.昆明：雲南人民出版社，2002.11：335-336；曹善壽.雲南林業文化碑刻.芒市：德宏民族出版社，2005.06：348-350.

據《雲南林業文化碑刻》錄文。

景東縣者後鄉石岩村封山碑

上古，比戶可風，人解涼［良］德，是以道不拾遺，夜不閉戶，此風良可想也。敝邑家不盈百，其中賢愚雜處。先年，眾議蓄樹滋水，禁火封山，不數載而林木森然，薈蔚可觀。奈人心多渙，旦旦伐之，萌芽殆盡。茲復合志同心，冀臻美俗，照舊封畜，重加嚴禁，尤期眾志成城，勿蹈前輒，不維利一時，且及百世矣。所禁四至：上至紅土坡頭尖山后橫路；右至王家墳橫路下大箐邊；左至結果箐頭。每遇出水箐邊，左右離箐二丈，不准砍樹種地，污穢水源致于^②眾究。所載公田舊界，並誌永垂不朽：東至田家小橋凸子，南至小石岩凹口，西至總脈，北至結果箐，界內亦須嚴禁。至於各家先輩私山久蓄園林，更不得擅行剪伐。違者，照鄉規罰銀充公。所用墳塋，不得以墳佔山。凡我同鄉，尤望一德一心，父戒其子，兄勉其弟，雍雍睦睦以禮乎，家喻戶曉也。所訂禁規條陳於後，犯者，眾姓公議，決不徇私，容阮［忍］推委，抗罰者倍罰，見不報者同罰。

---

① 道光二十一年：1841 年。
② 于：疑誤，據文意應為“干”。

——禁縱火焚山，犯者罰銀叁拾叁兩。

——凡有公事一傳即至，抗違者罰銀叁兩。

——禁砍伐樹木，伐枝者，罰銀叁錢叁分；伐木身者，罰銀叁兩；砍榨杷一個，罰銀叁錢叁分。

——禁毀樹種地，違者罰銀叁拾叁兩；有在公山砍榨把者，每把罰銀叁兩叁錢。

——禁盜園蔬瓜果食物等項，查出罰銀貳拾叁兩。

——生畜害田地者，除賠外加倍罰。

——有外賊入村，在檻〔廄〕盜牲畜者，協力尋覓，倘無蹤影，眾姓照半價賠助。

道光二十二年^①六月十八日

石岩村眾姓同立

【概述】碑存景東彝族自治縣者後鄉路東村石岩小學。碑為大理石質，高65厘米，寬48厘米。額刻"勒石垂久"4字。碑文直行楷書，陰刻，文21行，計693字。道光二十二年（1842），石岩村民眾同立。碑文記載道光年間，景東石岩村民眾公議并制訂的關於封山育林保護水源的鄉規民約。

【參考文獻】曹善壽．雲南林業文化碑刻．芒市：德宏民族出版社，2005.6：355-358.

鄉規十戒碑

碑陽：

雅戶鄉規民約碑（一行）

白塔，舊邑也。家書戶禮，農耕婦織（二行）。縣主王兩任寧邑，因觀風城（三行）南，見此境紳耆，迎送率多秀良（四行），"雅戶"因以命名。迄今年遠碑殘，稷先相望謹遵古制，重修成規（五行）十條，永垂不朽之志（六行）。

一戒忤逆父母（七行）；一戒欺壓善良（八行）；一戒蠱惑愚昧（九行）；一戒流毒地方（十行）；一戒連朋結黨（十一行）；一戒聚賭窩贓（十二行）；一戒酗酒滋事（十三行）；一戒唆訟紛爭（十四行）；一戒收藏盜賊（十五行）；一戒販買芙蓉（十六行）。

以上十條，犯者鳴（十七行）。

再議水例開後（十八行）。

一、清明水公放。清水，放者每畝（十九行）三百文，包栽。洪水，放者每畝伍（二十行）十文。後，有添水後，每畝加一百（二十一行）文；概放洪水者，不取。一、龍潭水（二十二行）公放，每畝水價公議。每正月（二十三行）至二月初六日止。以後救濟秧田、苗圃間有餘水灌田者，每畝^②亦（二十五行）是三百文。總以芒種為期。過期（二十六行）不宜再賣。

---

① 道光二十二年：1842 年。

② 《曲靖石刻》漏錄"每畝"2 字，據《曲靖市文物志》補錄。

所議水例上滿下流（二十七行）。有逆行者，合鄉公處（二十八行）。

道光二十二年六月合鄉公立（二十九行）

碑陰：

雅戶村合鄉碑誌

蓋聞碑之有誌，猶史之有徵也。吾鄉舊有隋莊公項，徐培之宗先待後，於嘉慶二十年[①]挺身辦理義學館學租，又於道光七年[②]接手，經權多年，出入為公，生息延至□□。道光二十年，培之自思年遠，央請五鄉紳耆：願立清交文契後，邀五鄉紳耆具結於顧縣主在案，因勒石以誌不朽。

立清交公項，文約人徐培之，系本村住。為因公項學租隋莊，年老無力經營，情願憑五鄉老幼將接買之田地，以及放出之賬清交與合村。田地耕種賬項經權，徐培子孫一應人等，俱不得異言翻悔。此系心甘情願並無逼迫等情。當即銀契本單，兩相交明。日後徐培家中又有契紙本單，俱為故紙，不得藉故生端。如違，甘以倍罰無辭。恐後無憑，立此清交公項文約為據。

實計學租八十兩，再照。

（以下四行為公證人題名）

大清道光二十年六月二十三日合鄉

【概述】碑存曲靖市麒麟區三寶鎮雅戶村小廟內。碑為青石質，長方形，高56厘米，寬110厘米。碑陽、碑陰均刻有字。碑陽刻文29行，行6-13字，計268字。碑陰刻文27行，行5-14字，計212字。該碑陰陽兩面四周邊緣飾雙綫夾花形波紋圖案，碑面磨制光潔，刻工精細，文均正書，字迹端莊秀麗，具有較高的書法藝術價值。清道光二十二年（1842），全鄉民眾同立。碑陽為“雅戶鄉規民約”，記載了鄉規十條戒律，同時刻立了當地水利管理使用合理負擔等事項；碑陰為“雅戶村合鄉碑誌”，記載了全村開辦義學、轉買土地等事項。該碑被稱為古今民約典範，為研究曲靖地方史、民風民俗提供了實物依據。

【參考文獻】徐發蒼.曲靖石刻.昆明：雲南民族出版社，1999.12：189-192；《曲靖市文物志》編纂委員會.曲靖市文物志.昆明：雲南民族出版社，1989.8：74-76；雲南省曲靖地區志編纂委員會，曲靖市人民政府地方志辦公室.曲靖地區志.昆明：雲南人民出版社，1999.12：273-274.

據《曲靖石刻》錄文，參《曲靖市文物志》校勘。

---

① 嘉慶二十年：1815年。
② 道光七年：1827年。

禁放牲畜以安農事碑

署臨安府河西縣正堂加三級記錄六次孫

特授臨安府河西縣正堂卓異候加一級記錄三次陽　　　　　　　　　　　為

嚴禁□放牲畜鴨隻以安農業事。緣蘇家營寸村紳耆等呈稱，道光十八年奉縣主孫示，漁村中河上築提①造橋，積水以救良田，兼培風水而除敝端等情。據此合再示渝②該各村人等，勿得□放踐踏□埝禾苗，如違重究。此乃善舉，令各營遵照勒石，以垂不朽。

今將各條規、蘇家營寸村捐資銀兩、打壩造橋小工銀兩開後：

一、劄壩水定於每年臘月初十日。

一、開壩定於小滿後三日。

一、壩內自壩埝至三營前後之田，有畜養鴨隻，定於立秋日不得放至田內傷害稻穀，錢糧攸關。

一、賣壩內之魚，不買者不得入溝擅拿。

一、壩之草不得擅扯。

一、畜養牛馬牲畜之家，不拘田埝高低，俱不得縱放踐踏以及傷害田埝樹株。

一、壩水劄五年，放乾一年。放乾之年，定於正月初十日關水。

一、劄壩水以劄到石刻為定，不得高低。

以上各條俱系請示批准，照示勒石。如有故違不遵者，罰銀一兩入公，有不依罰者，三營送官處治。

一、買得漁村趙姓田一分，價銀三十六兩，座落小海心，東至葛姓大田埝，南至小河，西至賣主田，北至港口。隋代秋糧一斗，寸村上五升，蘇家營上五升。打壩橋梁時，石以及石工價去銀十六兩伍錢。小工每日三十個，共做二十日，每工一百文，共錢六十千文。

一、請示立碑刻字，共費銀五□五□。

一、買鴨廠之人，只許放入空田，不得踐踏穀草。

蘇家營寸村董事人（下缺）仝立石

道光二十五年七月初一日吉旦

【概述】碑存通海縣河西鎮寸村小學土主寺，清道光二十五年（1845）立。碑文記載了臨安府河西縣正堂對蘇家營、寸村、漁村輪流放水、禁放牲畜以安農事的條約規定。

【參考文獻】通海縣人民政府．通海歷代碑刻集．昆明：雲南美術出版社，2014.5；182.

---

① 提：應為“堤”。

② 渝：疑誤，應為“諭”。

峨山縣橄欖甸水井碑 [①]

　　當[②]謂泉之,為言水也,而水,山之血脈,而人所依者水,而吾橄欖甸村居高山,水源稀少,每遇干旱年景,水絕源遠,飲水難,是闔村共同商議修理水井一口,以救饑喝[③]。即日言定,自今後不論誰家婦女,不得在此漿洗衣服污穢龍神水井。倘有此情,一經查出,罰銀三錢三分入公,絕不絢情[④]。有持強不服者,必鳴官處治,無謂言之不預。

　　【概述】道光二十六年(1846)二月立碑。碑文記述了為解決人畜飲水問題,橄欖甸全村共同商議集資修建水井,并對污染水源者進行懲處作了明確規定。

　　【參考文獻】峨山彝族自治縣水電局. 峨山彝族自治縣水利志. 內部資料,1992.12:308.

恒公河碑記

開河碑記(一行)

　　嘗考禹疏九河,歷代得免汜濫之苦;稷教稼穡,萬世同享甘脂之休。是知我(二行)聖王治世安民之恩,不可一時或忘,日久湮沒也。今河陽縣[⑤]屬永昌鄉之草海,水長[⑥][漲]淹倒前衛、秧田二村房屋,奉發庫銀買田開河渲瀉海水一案。因地震山陷,落水洞阻塞,出水微細,以致海水節年漸長。至道光二十年[⑦]秋冬(三行)二季積水滿,不但淹沒沿海之後所、前衛、秧田、黃泥等四村田禾,並將最低之前衛、秧田二村房屋淹倒多半。村民楊高騰等情急,將堤埂下挖洞瀉水,出龍池村門首,該村戚矣。宜良縣士民馬坦等先後上控違禁開溝(四行),不容水出。當斯時也,若非憲恩浩蕩,不惟四村田畝浚多旱少,錢糧難支,即前衛、秧田二村房屋盡被淹倒,無所安息,田畝淹沒,日用無資,難免流離失散,棄業逃荒。恭幸蒙制憲掛念切民,優[尤]惟恐失所。紮委糧儲(五行)道沈督同署雲南府宮委員署鎮州恒,親臨勘驗二縣被淹情形,紮飭委員恒會同宜、河二縣,逐細踏勘,妥議具詳等。因查恒大

---

① 原無碑名,現碑名為新擬。

② 當:疑誤,應為"嘗"。

③ 饑喝:疑誤,應為"饑渴"。

④ 絢情:疑誤,應為"徇情"。

⑤ 河陽縣:今澄江縣。

⑥《宜良碑刻》勘誤為:長(漲),據《新華字典》查證,長:升高(多指水位或物價),後作"漲"。下同。

⑦ 道光二十年:1840年。

老爺會詳內開：卑職恒文遵即前往該處，會同宜良、河陽二縣，迅即查明確擬議詳（六行）覆等。因奉此遵，于道光二十年十二月初六日馳詣宜良，會同卑職陸葆^①，遍查宜良各河道來源去路，詳細踏勘，四圍皆山，形同釜底，每遇大雨時行，各處山水漲發，由石牛箐文公河等處匯歸大赤江，去城東南四十里（七行）之紅石岩。岩口雖寬三丈，因兩岸石壁中多石龍，出水微細，以致大赤江水不能暢下，是以沿江低田，節年多被淹沒，再加以炒甸草海積水最高，瀉入石牛箐，直歸文公河，河身又極淺窄，河高田低，不能加深挑挖，河身（八行）漲滿，堤岸漲裂，則文公河兩岸之田亦多淹沒。此宜良歷年被淹之情形也。卑職隨又馳詣河陽，會同卑職胡炯，勘得前衛、後所、秧田、黃泥四村，各相距四、五、六里不等。四村之中有草海一潭。草海之西，乾隆年間有落（九行）水洞一處，水自洞出，歸入陽宗海中。因地震山陷，水洞阻塞，出水微細。道光十三、十六兩年地震之後，更覺積水難消，除由龍池村堤埂外，四圍皆山，水無瀉處。該民等於堤埂下現挖一洞，開溝瀉水，計以兩月之久，而前（十行）衛等四村田地尚未全行涸出，此河陽縣現在被淹情形也。卑職等會議河陽，草海積水四村現已被淹，若不設法渲泄，日積日多，不但四村受害難堪，將來水滿堤潰，宜良亦有桑田滄海之虞。若竟任其直泄，不與限制（十一行），其水由永濟河流入獅子箐，即泄入宜良石牛箐中，則文公一河亦斷不能容受。唯有兩縣官民同心協力，無分彼此，先將下游受水之區，設法疏浚堤防，使水勢稍分，俾上游水有宣洩，不致停積，庶於兩邑水利、農田，均（十二行）有俾益等情。除勘丈宜良之石牛河、滉橋河、雙龍橋河、文公河、大赤江等處，應修丈數，需費銀兩，因文長碑小，不能備載刪去外，僅將勘估草海尾河一節錄列，以便後人稽考。內開又查，河陽縣所屬草甸四村積水尚未全（十三行）涸，茲值冬晴日久，宜良下游水有所容，則河陽下游之水正可趁時宣洩。該民等現于龍池堤腳開洞放水，洞高三尺餘，寬一尺五寸，卑職等因正當水涸之際，令其每次挖深尺餘，使水暢流，以便即時泄盡。惟是土（十四行）硐出水，日久恐致損壞，且易啟私挖寬深之漸，擬修石閘一座，其閘高一丈二尺，長寬均一丈六尺，中開一洞，高二尺五寸，寬一尺三寸；涵硐一個，石硐高下，以出水之土硐為憑，俟水放畢，土硐之底即石硐之中。修建閘（十五行）座，俱用整石廂砌，中灌灰漿。閘上仍舊築堤，以垂永久。至現在四村開溝處，挖傷龍池村豆田八垛，應由卑職胡炯查照該田原價補給；其堤外溝路寬窄不一，自願挑挖，一律深通，擬溝五尺，即可暢流，由永濟河經獅子（十六行）箐歸入宜良石牛河中。所有建閘開溝估需銀四百餘兩，卑職胡炯惟當竭盡心力，如式修建挑挖，以期草甸四村民人田永無水患。其龍池村民開溝有礙之處，卑職並應寬為多買丈餘，妥為培修，庶能穩久，以冀仰慰（十七行）憲臺軫念民依之至意。以上各條，卑職陸葆、胡炯悉心商酌，意見相同，傳問兩邑士民，剴切曉諭，亦俱歡悅誠服，當經取具各結備案，所辦兩縣工程經費另詳，糧憲批示飭遵等，因詳奉批結在案。查經費銀兩，宜良縣需銀一千六百兩（十八行），河陽縣需銀兩四百兩，業經藩糧憲議詳，請于道庫米餘項下借支，放給宜良縣銀一千六百兩，在於雲南府宜良縣二缺各年分銀捌百兩；河陽縣借銀四百兩，在於本缺攤捐，均限四年攤足還款。詳奉批准發給。業蒙縣（十九行）主請領

---

① 陸葆：江南副榜，曾任宜良知縣。

銀四百兩，傳齊龍池村應買八坵田主，各照原價發給承領。餘銀購料興工，蒙督同委員陳慶基趕緊修建草甸尾河已。於是翌年閏三月初十日工竣，造冊詳報請銷，並飭將所買田畝，除開河外尚有畸零可耕之處。令（二十行）四村承種，按年完糧。如有盈餘，為歲修之費等因在案。是自今以後，不但四村所淹田畝業有限制，即秧田、前衛二村可保房屋堅久，得免流離失散之苦，皆賴各上憲軫念民疾之德，恩同再造，不替疏通九河，教民稼穡之（二十一行）聖王哉！誠恐日久或忘，故刻之於石，以垂永久云（二十二行）。

　　為首人　楊高騰　崔　景　張希德　楊學在　張希長

　　　　　　石貴玉　楊學在　王國佑　石有錦　王國佐

　　　　　　張正泰　王國泰

　　　　　　恩賜九品八十叟速　禧　述詳敘

　　　　　　縣庠生員　王廷傑　書

　　　　　　石師　　李　珍　鐫（二十三至二十八行）

　　　大清道光二十六年 [①] 歲次丙午季春月廿七日，闔營士庶仝立（二十九行）

　　【概述】碑存宜良縣湯池鎮草甸前衛營村大寺左陪房東牆。碑為青石質，額刻"恒公河碑記"5字。碑高200厘米，寬84厘米，文22行，行86字。道光二十六年（1846），民眾同立。碑文記述道光年間，由於地震致使草海落水洞淤塞，積水難消，後所、前衛、秧田、黃泥等四村田禾被淹沒，前衛、秧田二村房屋被淹倒多半。為瀉水村民楊高騰等違禁開溝，造成龍池村遭患，龍池村士民馬坦等上控至官府。雲南府宮委員恒文受命會同宜良縣令陸葆、河陽縣令胡炯，經過詳細踏勘、調查，提出兩縣官民同心協力，無分彼此，采取綜合治理的辦法，經過一系列工程和財政措施，終于妥善處理了這一困擾多年的水患難題。

　　【參考文獻】周恩福．宜良碑刻．昆明：雲南民族出版社，2006.12：27-30.

騰場渡 [②] 碑記

趙連城

　　蓋聞"天一生水，地六成之" [③] 者，水也，固生人以養人而兼濟人者也。古大禹疏瀹排決而浮濟達河，九州有安瀾之慶，四海享清晏之休。而天成地平，豈獨潞江 [④] 一渡為然哉！

---

① 道光二十六年：1846 年。

② 騰場渡：即怒江流經施甸縣何元鄉境內之攀枝花渡。

③ "天一生水，地六成之"：源自遠古時代的"河圖"，意為水是萬物的起源，是組成宇宙的基本物質，亦即萬物都和水有關係。

④ 潞江：水名，即雲南省的怒江。

甸西騰塲一渡，開自前朝，兩山壁立，一水雲奔；茫乎不得其畔岸，浩乎不得津涯。倘非一葉之舟，何以達彼岸而先登乎？前朝慮人之深屬淺揭也，而船設焉。凡官紳、士庶、農工、商賈經斯水者，誰謂河廣，縱一葉以杭之①，問諸水濱，招舟子以俱往。於是行者相與慶於途，居者相與歌於野。船首則蔣姓歷代經理，水夫則夷民歷世相傳。凡過渡者，除印文書外，量力幫給夫費，不得抗拗。庶幾水行陸行，四達無滯。何莫非體天地生人、養人、濟人之一念哉！以是為序。一、船首蔣姓六支共管，不得紊越。一、水夫夷民合寨均派，不得推委。蔣姓於九月十五管起，至十二月二十五即止；於正月又管起，於四月十五即止。兩岸五穀生芽，過渡客商牲畜不得踐踏，水中飄來樹木，在船首水夫打撈為鹽菜之資。

太學生② 蔣灼、蔣忻頓具

蔣氏門中六支歷代渡口蔣春富、春英、春枝、春陽、蔣綸、蔣淵、蔣序、蔣楮、蔣溱、蔣校、蔣維基、蔣維義、蔣為棟、蔣為森、蔣為全。

保山縣學生員趙連城題筆

童生李乾頓首拜題

道光二十六年十二月二十五日　　　　敬同立石

【概述】碑存施甸縣何元鄉莽王寨村蔣從發家。碑高70厘米，寬40厘米。道光二十六年（1846），民眾同立。碑文記述潞江騰塲渡口的來歷以及渡口正常運行的相關規定。

【參考文獻】中國人民政治協商會議施甸縣委員會，施甸縣文史資料委員會．施甸縣文史資料（第四輯）：施甸碑銘錄．內部資料，2008.7：95-98；雲南省施甸縣志編纂委員會．施甸縣志．北京：新華出版社，1997.10：683.

據《施甸碑銘錄》錄文，參《施甸縣志》補錄。

來鳳蹊閣村告白護林碑③

立告白：閣村眾姓人等，係來鳳蹊住，因開新溝④（一行）用工四千餘个，費米三十餘石，用錢五十餘千文，□□□⑤（二行）銀三百餘兩。此時工完告竣，虧欠已多。閣村計議，

---

① "誰謂河廣，縱一葉以杭之"：語出《詩經·衛風·河廣》："誰謂河廣，一葦杭之"。縱：發；放。一葉：即一葉之舟，指小船。杭：古同"航"，渡河。
② 太學生：是指在太學讀書的生員，亦是最高級的生員。太學：我國古代設於京城的最高學府。漢武帝時開始設立。魏晉到明清，或設太學，或設國子監，或兩者同時設立，名稱不一，制度也有變化，但均為傳授儒家經典的最高學府。
③《賓川縣水利志》錄為"來鳳溪新開溝"，《賓川縣志》錄為"來鳳溪新開溝告白"。
④《大理叢書·金石篇》漏錄"打洞"2字。
⑤《大理叢書·金石篇》錄為"□□□"，據拓片應為"□共合"。

只好①（三行）將來鳳蹊所屬山塲、樹木、陸地，一並護持，陸續充（四行）公填償，所有來徃客商，以及養牲畜人等，不得（五行）妄加②踐踏新溝，輕賤地火，縱放牲畜，坎［砍］③伐樹木（六行）。若有不遵以上數條，一經查出，罰銀十両，④（七行）米五石充公，勿謂言之不早也。為此，告白（八行）。

道光二十七年⑤三月初二日，合村衆姓人等仝立（九行）。

【概述】碑立於賓川縣拉烏鄉來鳳蹊板房村。碑為紅砂石質，高44厘米，厚7厘米。碑文直行楷書，文9行，行17-22字。道光二十七年（1847）立。碑文記載了來鳳溪民眾為彌補開新溝之虧欠，共同議定封山育林之事。

【參考文獻】楊世鈺，趙寅松.大理叢書·金石篇（卷三）.昆明：雲南民族出版社，2010.12：1381-1382；賓川縣水利電力局.賓川縣水利志.內部資料，1992.10：345；雲南省賓川縣志編纂委員會.賓川縣志.昆明：雲南人民出版社，1997.8：913.

據《大理叢書·金石篇》錄文，參拓片校勘。

慶洞莊觀音寺南溝洋溪澗水記

慶洞莊觀音寺南溝洋溪澗水記

天下大利必歸農，故歷朝首重水利。明制，民間新辟水道必奏請以聞，奉旨勘驗定奪而後施行，所以杜權勢侵佔也。為慶洞莊觀音寺之南溝洋澗水可考焉。是二村者，聚落虎頭山下，圭山在其北，洋溪在其南。田則梯也，蓄水則滲；甸則沙也，積糞則泄。涸溪無源，潦則沖漲；井甃最淺，旱則渴乾。諺云：鄰居借水，僅予三勺，職是故也。明天順八年⑥，禮部監趙公榮奏辟南溝一道，鑿山十五里之遙，引洋溪澗水，北達小弘圭山下而止，以灌村田。惟時頒請聖旨，貯奉村中。其分水也，則洋溪水源，設溝有七，分水為十，本甸溝頭為第二道，用水二分，勿容溢制。連鄉六溝，得水八分。其經制也，則陽峽明鑿，陰澗暗渡，歲修有明，日巡有警。其杜弊也，則夏至後柯黎莊甸，得用水尾，歲有貲助；附近各田，漏溝水外，不能波及。其睦鄰也，則馬鞍山下所經鄰田，清水沖埋，力認抬挖，紅水則否。自時厥後，丞民乃粒⑦。嗣因觀音寺後屢經水沖，沙填溝塞，度用浩繁。萬曆年間，戶部郎中何公文極，酌於溝身砌以石條，蓋以石板，定鋤式之寬窄，制沙箕之大小，節省工費，民力乃蘇。

---

① 《大理叢書·金石篇》錄為"好"，據拓片應為"得"。
② 《大理叢書·金石篇》錄為"加"，據拓片應為"相"。
③ 據拓片，原文為"坎"。"坎坎伐檀兮"——《詩·魏風·伐檀》
④ 《大理叢書·金石篇》漏錄"白"字。
⑤ 道光二十七年：1847年。
⑥ 明天順八年：1464年。
⑦ 粒：通"立"。

泊至道光丙午①之夏，洪水夜發，沖刷民居，舊存聖旨，亦被湮沒，然數百年古規，昭昭在人耳目也。夫以二分之水，灌千畝之田，亦云微矣。以遠瀉之水，灌易涸之田，亦云勞矣。回想當年初辟此溝之時，其規畫裁制、勤勞耗費不知凡幾，以得水利於窮也。今日者，龍章篆邈矣無存，駿跡鴻規依然共，率村人士，憲後之失其原，懼權勢之或生侵佔也，爰記而志之。

道光丁未年季春月吉旦，楊潤昌、趙錦文、何柏賢、楊茂松、段漢文、趙吉、趙寶、趙鎮、□□、趙登雲、郭永春、花扇如合村全立。

【概述】碑存大理市喜洲鎮慶洞村。碑高108厘米，寬47厘米。碑文直行楷書，文16行，行43字，保存完好。清道光二十七年（1847），合村民眾同立。碑文記述了南溝洋溪澗水利工程的興建歷史、水利管理及使用規例等，後因洪澇災害將原分水經制聖旨碑湮沒無存，為"懼權勢之或生侵佔也"，特立碑重申數百年的水例古規。

【參考文獻】大理市文化叢書編輯委員會.大理市古碑存文錄.昆明：雲南民族出版社，1996.8：593-595；國家民族事務委員會全國少數民族古籍整理研究室.中國少數民族古籍總目提要·白族卷.北京：中國大百科全書出版社，2004.11：69-70.

挖清水河碑記

□□道劉水利□□親臨踏勘另分地段，永勒章程，共相遵守，以為長例。而此碑所以不敢廢者，用表前□耆老苦心勤力無待督責，可為後人效法之意云爾。是為記。

二四六甲、上苜蓿廠、下苜蓿廠□□□再□

立挑挖清水河合□李□人□楊甘國□謝朝順、李發□□永□起□□□順葉□尚義等，錄□□□□□□人等情。因清水河道壅淤阻塞，被水淹壞秧苗。河道多年眾皆目覩為患，今三排老幼人等，公全□□□□□□撒春季固水之道路，因被泥土壅淤不能通利，三排人等情願自行除挖，使其灌溉田畝滋潤秧苗，永除淹□□患，水稻得成。

因賦早完，民食已滋□不□□□美哉。其田壅淤之界，上至本河新濟橋閘□為界，下至充關壩小塘子石橋□為界，共計丈量得柒百捌拾畝□有餘。今議定照三排分為三段，每一排一段其上一段，□春二甲、春四甲、春六甲□等，□應自行挑挖貳百伍拾□丈；其中一段，係上苜蓿廠情願自行挑挖貳百伍拾□□；其中一段，係下苜蓿廠情願自行挑挖貳百捌拾丈有餘。以上三段河工議定，□年挑挖一次，彼此不得相互推諉，□宜務須□□□□不得紊亂段規，亦不得淺挖完事。深挖之後，若有強行挖河堵壩，以及車□□莫□□人等，查出違罰。倘有違規不遵者，具名稟官究治。人□□乎，餘害興例則匪□不致滋□為害，而河道得其通利不致塞淤矣。為此，三排人等共同約定挑挖，恐後無憑，立此根據為澧證。

---

① 道光丙午：道光二十六年，即1846年。

若小塘子、下苜蓿廠眾人多挖□拾餘丈□明再□□

今將三排眾人等姓名俱列於後：

上苜蓿廠：□□、□葵、謝□順、□昆、□□、甘國□、李春、沈福、趙士宗。

下苜蓿廠：楊□、徐□□、□□、李□□、李□、徐□□、□□才、□開□、李必清、李萬春。

春二甲：楊雲、趙瑄、楊金寶、李□。

春四甲：段永、□起、楊蔚、李梅元、李恒□、趙有亮、鄭萬。

春六甲：□發、丁富、趙發春、趙萬全、趙國□、趙□清、張宏春、趙中和、趙文富、□□□。

大清道光貳拾柒年^① 拾月貳拾陸日，立挑挖清水河合□□□碑

【概述】碑原鑲嵌於雙鳳古安國寺正殿牆壁內，現存昆明市官渡古鎮文管所碑林內。碑為青石質，高 120 厘米，寬 51 厘米。清道光二十七年（1847）立。該碑記述了因清水河（今枧槽河）河道淤塞，田禾屢年被淹，三排各村耆老共同議定：分段挑挖，疏通河道，灌溉田畝，滋潤秧苗，以此永除水患。

【參考文獻】《雙鳳社區志》編纂委員會. 雙鳳社區志. 內部資料，2014.11：319–320.

丙午歲白井水災序

李承基

　　古之所謂天災流行，國家代有。故旱澇水火，無世無之。此殆劫運所遭，亦或數之使然與？不然，何其猝發而莫之遏也。白井，界在迤西，粵稽往古，自唐開闢，延及明季，將近千年。洪水為災，漂沒人民無算。識者委之於劫數，然與？否與？自明末迄今二百餘年，本朝太平日久，斯民無氾濫之虞。方謂安瀾有慶，常隸舜日堯天，無何劫數交加。丙午歲六月間，連日大雨，迨二十五日初更之後，山溪暴漲，澎湃汪洋，五井民房、灶房、大釜、柴薪盡入澤國，橋樑十餘座悉被水沖，廟宇七、八處半多坍塌。本司衙署水與簷齊，自頭二門至大堂、二堂、花廳、廚房、兵練、書差各舍共七十餘間，以及照牆、垣墉，罔不傾圮。惟上房三間地勢微高，僅淹四尺餘，幸有樓可棲，本衙老稚，藉以安身。至於文案稿卷，半入凋殘。洎存倉鹽玖拾餘萬斤，悉歸烏有。淤填鹵井四十一口，墮煎鹽貳百餘萬斤。水勢稍退，予急捐錢三十餘千，先行賑濟，一面星飛申聞上憲。蒙奏請借銀貳千兩，飭灶戶具領修復。其墮煎鹽斤分作三年帶征解繳，其借項亦分限三年加解歸款。外先蒙委員履勘，隨攜銀一千兩到井。散放不敷，予又借墊銀一百九十八兩零，湊足賑濟，凡災民四千三百四十四丁口。

---

① 道光貳拾柒年：1847 年。

而常平社倉各穀一千五百餘石，亦多淞濕霉變，間有未浸水之常平穀三百二十三石，予惟恫瘝在抱，悉將分濟災民。倉既空虛，又復申明各憲，獨任捐廉買補還倉，結報在案。惟傾圮司署，工資浩大，無款可籌，因詳請借廉，尚待批允。是以借貸銀兩，先行修復完固。至於司署一切牆垣，向無石腳，一經水淹，悉皆坍塌。經今新修，各牆俱用大石高砌二、三尺，庶使牆基堅固。其照牆俱用條石封砌，以期久遠。

嗟嗟！劫之與數相因，而人焉得先知而避之。避之不能為，制置者得不多方急救，以甦斯民之困乎？今逾年，大工告竣。其被災情形，予與群黎懼茲慘酷，言之可為寒心也。是為序。

【概述】該碑應立於道光二十七年（1847），提舉李承基撰文。碑文記載道光年間白井連日大雨山洪暴發，民眾受災嚴重，提舉李承基捐資籌錢、開倉賑濟災民并恢復重建司署之詳細經過。

【參考文獻】楊成彪.楚雄彝族自治州舊方志全書·大姚卷（下）.昆明：雲南人民出版社，2005.7：1331-1332.

河工案由碑記

道光二十五年①十一月十三日，代辦知州沈移奉大理府知府寶札內開，道光二十五年十一月初十日，轉奉制憲賀札開：該州舉貢生民等具稟河工積弊，懇將本年改辦章程飭垂永久一案。奉批：農田水利本地方官應辦之事，各舉貢等稟稱該牧改辦章程，是否堪垂永久？仰大理府悉心核議，詳候察奪，稟發仍繳。十一月二十三日，續奉大理府知府寶札內開：十一月十五日，轉奉迤西道周批，據該州舉貢生民等具稟河工積弊，懇將本年改辦章程飭垂永久一案，農田關係民生，水利尤農田根本。據稟，該州河工自恒牧實力整頓，已有成效。可見，為政在人，盡一分心有一分益，但興利除弊，行之以斷，尤貴要之以久。仰大理府轉飭該署牧，將改辦章程酌定簡明條款，詳明立案，以垂永久，毋稍延遲，稟發仍繳。以上稟請改辦瀰苴河工案由。

是年十二月二十九日，署州恒奉札覆：詳遵，將改辦章程臚列簡明條款，備文具冊，通詳列憲。續於二十六年二月十九日，奉到大理府遵批札飭內開：二月初十日，奉迤西道周批，據該州議詳舉貢等具稟，改辦瀰苴河工章程，籲請定例，以垂永久一案。奉批，仰即轉飭，照議立案，此繳原稟存等因，奉此，合就札行，為此，仰州官吏即便照議立案，勿違。三月初八日，又奉大理府寶遵批札飭內開：三月初一日，奉糧儲道王札內開：二月十九日，轉奉制憲賀批，據該署府詳鄧川州舉人等具稟改辦瀰苴河工章程，緣由已悉，仰雲南糧儲道會同迤西道核議，飭遵具報，書冊、清冊並發仍繳。以上批准改辦河工章程案由。

道光二十八年五月初九日，署州湯奉大理府唐札內開：二十八年四月二十九日，奉制

① 道光二十五年：1845 年。

憲林批，據該州舉人等稟稱，詳定瀰苴河工章程懇恩泐石一案，奉批鄧川州瀰苴河工甫於二十六年春間詳定章程，經前部堂批飭立案，以資遵守，何以轉瞬即改易三條，仍滋流弊？地方官不思興利除弊，一任丁役播弄侵漁，豈爲民父母之道耶？所請將詳定章程十二條泐石遵守之處，准其即行照辦，仰大理府立案飭遵，此後如有擅改滋弊，定即官糸役究不貸，原稟清摺三件並發仍繳，等因。奉此，查此案前據該舉人等具稟到府，當經批飭，遵照前詳立石，以免紛更在案。茲奉前因，合就札行，爲此，仰州官吏即遵照立案，此後如有擅改滋弊，定即糸究不貸。五月十三日，又奉大理府唐遵批札行內開：五月初三日，奉迤西道王批，據該州舉人等稟請，詳定瀰苴河工章程懇恩泐石以垂永久一案，仰大理府速飭鄧川州查，照周前道詳定章程辦理，仍令該舉人等將酌定條款泐石，以免日久紛更滋弊，切切。以上稟請泐石案由。

【概述】道光二十八年（1848）立。碑文詳細刊載了道光年間迤西道、雲南糧儲道、大理府、鄧川州等各級官府處理鄧川州瀰苴河工一案的前因後果。

【參考文獻】楊世鈺，趙寅松．大理叢書·方志篇（卷七）：咸豐·鄧川州志．北京：民族出版社，2007.5：564-565.

釵村水利告示碑

欽命督理雲南屯田糧儲分巡雲武地方兼管水道蔣　　　　　　　　　　　　　　爲

示鑿硐穿山開溝引水，以資灌溉而利農事。按[1]據班莊里[2]釵村二、七甲人民施在單具呈，該村萬曆七年[3]祖輩自備工本鑿硐穿山，開溝引水救田，乃將山硐開穿，而明溝頭水源尚遠。因工程浩大，民力不及，屢修屢止，茲又蓄有松山數嶺，賣獲錢壹仟餘百串之多，商同鄉老人等情節，續興工開挖橫山溝道，引水救濟良田，等情。當應飭委水利和府同知，經親往水源勘明確，該處未開之溝，並無有礙田廬墓，亦不干礙他人水利，自應照舊准其開挖橫山溝道引水灌田，合行給示曉諭。爲此，示仰附近漢、夷軍民人等知悉。今釵村開挖水溝，倘有一切人等從中阻撓，藉端滋事，許該村民人稟請拿究，洽[4]以應得之罪。仍將開溝工竣日期具報查考，毋違，特示。

右仰通知

乾隆五十六年[5]六月十一日發釵村實貼曉諭

① 按：疑誤，應爲“案”。
② 班莊里：明洪武十五年（1382），雲南府下設昆明、昆陽等 11 個州縣。昆明縣鄉村設置 25 里，其中的黑林里、沙浪里、班莊里、利一里、普坪里、石鼻里、高嶤里等即爲原西山區轄地。
③ 萬曆七年：1579 年。
④ 洽：假借爲“給”。
⑤ 乾隆五十六年：1791 年。

告示

道光二十八年十二月十五日闔村公立

【概述】碑存昆明市黑林鋪街道。碑長 100 厘米，高 80 厘米。碑文 19 行，行 20 字。道光二十八年（1848），闔村公立。碑文刊刻班莊里釵村為引水灌田開挖水溝的告示。

【參考文獻】《黑林鋪鎮志》編纂委員會. 黑林鋪鎮志. 內部資料，1995.10：300-301.

牟定縣莊子村水規碑

蓋聞力德服田，為人之本。開溝放水，乃耕作之根源。

莊子村位邑南邊界，山多田少，土地民貧，加之田無水路，稍迂 [1] 干旱，鮮不輟耕。康熙年間，先祖王自學等人，於大河中造雷公車引水入田，甫經五載被水沖廢。雍正十年 [2]，王寧等人尋思放水，開闢溝路一條，由格依鮓阱小河頭起至寨子山下井大路止，引龍潭水二股，中隔大河，搭梘槽渡水，成功三十餘載。至乾隆三十八年 [3]，河水漲泛，將石節梘槽概行沖壞。於道光九年 [4]，王璽思水心切，在大河中打石砌悶，倡率眾田戶按田捐資，隔河悶水，至今運行正常。

當 [5] 思：創業不易，守成也難。恐防後來日久年遠，惟不知先人之苦，根據失傳，故水規細則垂碑，以誌不朽云爾。

從水發源處量至水入悶溝處，按九輪水均分於址石為憑。倘迂大雨，行有倒塌易傷處，一人不能維力者，要九輪人齊，公修公補，不得異言。

恐防後來日久年遠，有越分放水，無論男女婦人，不着自己面分之水而橫行亂放，皆理所不容。尤有未至挖水而遂截斷水尾，亦所不容。倘若不遵古規，以寨子山下溝闕子未至挖水之時而遂截斷水尾，以及橫行亂放等弊，一經查出，定罰銀十兩入公。

除弊端之外，間或有田少之家，有餘剩之水，向他議釀來放，理所當然。古人云：求水之人與，爰是化行。美人之風經界正，爰是農夫之慶。

受益田戶用水日程，自頭輪至第九輪戶交接水權，通照日落交水，日出接放，周而復始。

道光二十九年 [6] 四月十九日

【概述】道光二十九年（1849）立石。碑文記述了莊子村引水灌溉來之不易的歷史，今為

---

① 《雲南鄉規民約大觀》錄為"迂"，疑誤，據文意應為"遇"。下同。
② 雍正十年：1732 年。
③ 乾隆三十八年：1773 年。
④ 道光九年：1829 年。
⑤ 當：疑誤，應為"嘗"。
⑥ 道光二十九年：1849 年。

防日久生變，特將水規細則垂碑之事。

【參考文獻】黃珺．雲南鄉規民約大觀．昆明：雲南美術出版社，2010.12：89-90.

修永定壩子河記

李　鳳

　　道光二十三年^①春，余來署斯邑，見士羽民風頗屬醇樸。惟城垣、廟宇、衙署、兩學傾圮過甚，詢系十三年地震而致。是年夏，余兼^②廉率四鄉，將先農壇建起。十月，籌款將四城樓修起。會善姓李錫綸家捐銀二百兩，將兩學修起，並修養濟院於東門外。武舉馬聯珠、馬聯壁施地基斜長數丈，二十五年，籌措官水碾租息，建北門外照壁，貢生楊永申捐地基數丈。城南馬料河為赴金馬廠要路，當水勢漲發，涉者苦之。余捐廉，倡在廠及附近居民捐資修石橋一座，因故改其河日^③金馬，即以名橋焉。至衙署內外自牌坊至三堂，或捐廉或借款，隨時修補，不敢踵事增華。自費避因陋就簡，然此皆為事之易為者也。

　　州之東有八盤江，北有永濟河，二水會於城南十里之趙公莊，莊旁橫河歸建永定石壩一道，重修加高，年久沙淤。是年夏季，陰雨連綿，三河水漲，加以群山箐水皆為壩阻，上壅為害。秉高勘查，環城一帶盡為澤國，經旬而水始退，計淹田七千餘工，淹民房三百餘間。悉心采詢，僉謂頻年如是。心竊憂之，至二十四、五年，水患頻仍，果如輿論。因此後患情形，宜於永定壩旁開修子河，設閘啟閉，冬春閉閘蓄水以灌田，夏秋啟閘而洩洪。□□稟明各憲，蒙批籌款□□□受患田畝每工酌捐錢一百文，□□管事開報。而頑劣阻撓其間，曲折備載文件，至道光二十九年秋，功甫告竣，連日大雨而不為患，此予^④河益之明徵也。而仍年久損壞，因查前州會君於嘉慶十二年^⑤間，在八盤江支設水碾二盤，歲收租米九市石，以六石三斗作浚水濟河之資，以二石七斗作兵甲分貼，無須常浚。批將此浚河租米移作子河歲修，永遠遵守，亦以水利歸水利，而會君之德愈以不朽，有非妄為於其間也。然而，興利除害責在有司，□□補偏端歸，志所願，父母斯民加意此子河也。萬姓不復受害，則幸甚矣。余之修先農廟，重農事也；修兩學宮，而崇文教也；修城樓，所以謀民衛；修衙署，所以重公□□□，建橋之利民涉，照壁之培風水，養濟院之恤孤□□，子河之水患一出愚惘。□□□本州人士□□之故共城此舉，非士耆民風由來醇樸，何能致此哉。記子河巔末並序。王□□事後之君子，非余是余，是余則非余之敢知也，是為記。

---

① 道光二十三年：1843 年
② 兼：疑誤，應為"捐"。
③ 日：屬誤，應為"曰"。
④ 予：疑誤，應為"子"。
⑤ 嘉慶十二年：1807 年。

奉天鐵嶺李鳳記並書

道光二十九年冬十月穀旦立

【概述】碑存石林縣文化館，高 54 厘米，長 110 厘米。文 43 行，共 860 字，正書。道光二十九年（1849）立石，李鳳撰文并書丹。碑文記述了道光年間時任官員李鳳捐資倡修永定壩子河的始末。

【參考文獻】石林彝族自治縣水利局．石林彝族自治縣水利電力志．內部資料，2000：290－291；雲南省文化廳．中國文物地圖集·雲南分冊．昆明：雲南科學技術出版社，2001.3：46－47．

據《石林彝族自治縣水利電力志》錄文。

青海石壁水利

特授大理府雲南縣正堂加三級紀錄六次張　　　　　　　　　　爲（一行）

捐資息訟示勒永遵事。照得雲邑石壁村①、青海營②之田畝，向用大小青海之水，印（二行）冊固怡然也。其多年爭控者，因海泥淤阻爰放壹石貳斗，今青海營向不分納，以（三行）致石壁訴青海營春水柒分此放以阻彼放此置建□水利，各藏禍心，且應大（四行）矣。經本縣親勘詳查，若溥減石壁減放□□□□□□□□□□□□□事亦難。□（五行）念兩村將及千家利，茲咸□□□□□□□□式拾兩交公□□□（六行）呈以啟首事啟水復生□□□□□□□即作積資亦美事也。□（七行）放□□□□仍遵□□□□□□□分青海營□分小海□□（八行）無論冬春石壁各村放兩分，□□人□照分輪流灌放不□□□□□□□（九行）之時，二宜均流，修小海之壩，正□□□□□□海積有淤田□□□納糧　得因（十行）田□海藉□□糧□本縣府□□□□□以代之紀寫兩村之好，永□□□（十一行）。□現時之寧承平勒石永遵，以垂永久（十二行）。

右仰通知（十三行）

道光叁拾年③貳月陸日示（十四行）

告示

發署內勒石曉諭（十五行）

【概述】該碑無文獻記載，資料為調研所獲。碑存祥雲縣文化館後碑廊。碑為青石質，高

---

① 石壁村：村名，今隸屬於祥雲縣沙龍鎮。該村距鎮政府所在地 3 公里，距縣城 8 公里。東鄰龍洞，南鄰花園，西鄰青海，北鄰板橋。轄石壁大村、小石壁、馬鞍山、迤馬鞍山 4 個自然村，共 9 個村民小組。

② 青海營：村名，今隸屬於祥雲縣沙龍鎮，距鎮政府所在地 3 公里，距縣城 10 公里。東鄰石壁村，南鄰板橋村，西鄰白石岩村，北鄰花園村。轄青海營、後所 2 個自然村、10 個村民小組。

③ 道光叁拾年：1850 年。

120 厘米，寬 79 厘米，厚 12 厘米。碑額呈圭形，額上楷體陰刻 "青海石壁水利" 6 字。碑文直行楷書，文 15 行，行 4-30 字，全文計 360 余字，惜年遠代湮，部分字迹漫漶，模糊不清。道光三十年（1850 年）立石。碑文記述道光年間，石壁村、青海營二村因使用青海湖[1]水而產生水利糾紛，後經雲南縣張知縣踏勘悉查，公正處理平息訟爭并勒石告示之事。

雙柏碏嘉水源保護碑[2]

　　署碏嘉分州即陞縣正堂軍功，隨帶加三級紀錄□□□為永定章程，以廣水源事。茲據道光三十年二月十三日，舊縣里士民黃金鎧、黃金銑、王豐泰、黃金釗等呈稱：本里有種不肖之徒，私行刊伐老柴窩山樹木，燒炭種地，以致築窯燒石灰，泥沙壅塞，閭里糧田，無水灌溉一案。當即分州提訊，俱各供認。重加懲責外，取具甘結，日後不得妄伐一草一木結狀。大村里士民等，猶恐日久仍蹈前轍，稟懇永定章程，保護泉源，俾世無乏水之患。請示垂後等情前來，本分州查訪老柴窩所發之泉，歷代灌田食水，歷代取資，所利甚巨，豈容卑鄙小人妄行刊伐，開挖燒炭使泉源無所庇護，致有乾涸之患。夫一人得利，萬人被害，此種行為，不但王法之所不宥，即家理亦不相容。言念及此，深堪痛恨。為此，示仰漢夷人等知悉：自此以後，仰大村里鄉約隨時稽察，不惟不准開挖燒炭，即取薪者亦不准登山剪伐。倘敢不遵，許該約扭稟來署，按照絕人飲食以致死者律計辦，決不寬容。□□□□願我士民□□□永矢勿替。俾泉源不竭，庶類得以資生，則幸甚矣。遵之凜之，勿違特示：一不得放火燒山打獵。一不得築窯燒炭燒石灰。一不得開挖採種地。一不得採取柴薪。一不得放牧牲畜。以上諸條俱系有關水源來龍，仰大村里鄉約遞年稽察，如有犯者，該鄉約□稟報究治。

道光三十年三月　示

　　特授楚雄府碏嘉分州加三級紀錄□次涂，為再行剴切示禁，永定久遠事。
　　照得碏邑居山谷之中，地多堅石，難以鑿井，城廂內外，灌田汲飲，全賴老柴窩山箐積水分資，相傳已久，關係匪輕。前有不法之徒，赴該山伐樹種地，築窯燒炭，士民黃金鎧等即聯名呈稟，經前任分州判□□□等察實責懲結案，曉諭在案。本分州蒞任，復據該士民王億兆等擾官藐法，縱火燒山等情，□□□經提訊究治，履勘定斷，取結在案。查老柴窩山，系碏城來龍，非如別處公地可比。該山附近舊縣邦糧山、核桃山、老鐵廠等士民，各以利己之心，幾至樹株伐罄，沙泥壅塞，殊於水道大有窒礙。茲經本分州明斷立案，令士民

---

[1] 青海湖：位於祥雲縣城川壩東南角的沙龍鎮境內，海拔 1966 米，距縣城 7 公里，是祥雲縣最大的淡水湖。舊稱青湖、青龍海、青海子。據清光緒《雲南縣志》載：青龍海，在城南二十里，納寶泉壩水三分之一，灌東南十五村田畝。歲久淤塞，雍正八年（1730），知縣王璐浚疏通。乾隆二十年（1755），中河海口為山溪所阻，知縣謝聖綸詳修。有租穀不敷歲修，漸復淤塞，道光七年（1830）舉人董齊全、生員戴萬鈴等修復。

[2]《楚雄歷代碑刻》錄為 "封山護林永定章程"，現碑名據《楚雄彝族自治州文物志》。

沿山一帶撒種松秧，培植樹木，至於炭窯概行拆毀。但恐日久沅生，合再剴切示禁。為此，示仰合邑漢夷及附近居民人等知悉：嗣後，倘有再赴老柴窩山箐刊伐一草一木，以及開挖種地築窯燒炭者，許該鄉保等指名具稟，以憑鎖拏到案，不特治以應得之罪，且必從重罰銀，充合草木損毀。若隱不報，並及是案嚴懲。本分州言出法隨，決不稍寬。自示之後，爾士民互相稽察加以維持，庶泉源遠長，世無涸□，利民飲水灌田矣。務宜凜遵毋違，特示。

道光三十年十月三日示

合邑士民　仝立

【概述】碑鑲嵌於楚雄彝族自治州雙柏縣碌嘉鎮古城西門牆內。碑高 156 厘米，寬 76 厘米，厚 13 厘米。額呈半圓狀，飾八卦雲雷紋，中刻楷書"永定章程"4 字。碑文直行楷書，文 23 行，計 856 字。清道光三十年（1850），碌嘉合邑士民仝立。碑文記載道光三十年三月、十月，兩任楚雄府南安州碌嘉分州正堂，為禁止士民在哀牢山老柴窩箐砍伐森林、燒炭開荒，作出的封山育林、保護水源以資民眾灌田食水的裁決告示。該碑對保護當地的森林與水源起重要作用，1989 年被公布為縣級重點文物保護單位。

【參考文獻】楚雄彝族自治州博物館 . 楚雄彝族自治州文物志 . 昆明：雲南民族出版社，2008.7：200-202；張方玉 . 楚雄歷代碑刻 . 昆明：雲南民族出版社，2005.10：370-372.

據《楚雄歷代碑刻》錄文。

峩崀山茅庵石缸記 [①]

彭松森

渴則思飲，人之情也。渴而思，思而不得，則難乎釋 [②] 情者。若行旅，若由元城 [③] 趨思普，峩崀實為孔道。山高坡陡，近鮮店 [④] 戶。每當炎夏，行者時有望梅之恨。先君子鑒坡公有慨於此，於松森 [⑤] 生之歲置缸茅庵，日令人注水其中，以飲行旅。又恐注水之不常也，乃

---

① 據《元江志稿》記述，峨崀山石缸位於距縣城 5 公里的縣城—莫郎—思普古驛道間的莫郎坡上。清道光年間，城內彭姓大戶以生子彭松森而樂善好施，於此置一石缸，并由自家田產內劃出五石租穀的出租田一份，作為每日擔水供旅客飲用的工錢。至彭松森 50 多歲時，作碑記紀念此事。

② 《元江哈尼族彝族傣族自治縣交通志》錄為"釋"，據《元江志稿》應為"爲"。

③ 《元江哈尼族彝族傣族自治縣交通志》漏錄"以"字。

④ 《元江哈尼族彝族傣族自治縣交通志》錄為"店"，據《元江志稿》應為"居"。

⑤ 《元江哈尼族彝族傣族自治縣交通志》漏錄"出"字。

置租穀五擔^①以爲工資，蓋五十^②年於茲矣。先君子嘗語松森兄弟曰："爾^③翁投筆從戎，未能有所普潤，惟此區區者以惠行旅。爾等尚其無忍^④昭烈善小之戒而中止也！今先君子既往，森^⑤抱孫矣！每一追憶，言憂^⑥在耳，余小子^⑦未敢一日忘。惟是孫曾輩出，不必皆賢。倘出而廢之，不將有負先德焉^⑧！爰與弟松華將^⑨田畝於"分關"內批明，以後不得變更，並記之於碑，所以垂先君之訓於永久，非欲使飲^⑩者知其源焉！

【概述】碑文記述清道光年間，元江城內彭姓大戶樂善好施，借生子彭松森之機在茅庵設一水缸供過往旅客飲用，并置租穀五石作爲雇工每日擔水的工資。至彭松森50多歲時，作此碑記垂訓子孫。

【參考文獻】元江哈尼族彝族傣族自治縣交通局.元江哈尼族彝族傣族自治縣交通志.昆明：雲南大學出版社，1991.6：209-210；（民國）黃元直修，劉達式纂.元江志稿（全）.臺北：成文出版社，1968.12：272.

據《元江哈尼族彝族傣族自治縣交通志》錄文，參《元江志稿》校勘。

三江渠紀始

樊肇新^⑪

三江渠，卽三江口^⑫也。窓河及鳳羽三江之水滙流于此，橫流阻截，沙石淤湧，致窓河之水不能順行，淹沒軍民田地。萬厤戊戌間^⑬，邑紳具訴於撫軍，晉江陳公批行到縣，時知

---

① 《元江哈尼族彝族傣族自治縣交通志》錄爲"擔"，據《元江志稿》應爲"石"。
② 《元江哈尼族彝族傣族自治縣交通志》漏錄"餘"字。
③ 《元江哈尼族彝族傣族自治縣交通志》錄爲"爾"，據《元江志稿》應爲"而"。而：古同"爾"。
④ 《元江哈尼族彝族傣族自治縣交通志》錄爲"忍"，據《元江志稿》應爲"忽"。
⑤ 《元江哈尼族彝族傣族自治縣交通志》漏錄"亦"字。
⑥ 《元江哈尼族彝族傣族自治縣交通志》錄爲"憂"，據《元江志稿》應爲"猶"。
⑦ 《元江哈尼族彝族傣族自治縣交通志》漏錄"固"字。
⑧ 《元江哈尼族彝族傣族自治縣交通志》錄爲"焉"，據《元江志稿》應爲"耶"。
⑨ 《元江哈尼族彝族傣族自治縣交通志》漏錄"此"字。
⑩ 《元江哈尼族彝族傣族自治縣交通志》漏錄"水"字。
⑪ 樊肇新：四川慶符人，清道光丙申（1836）進士，入翰林院，道光二十二年（1842）以浪穹縣知縣兼署知州，歷署沾益、廣西、蒙自等州縣，俱有政聲。（洱源縣志編纂委員會編纂：《洱源縣志》，700頁，昆明，雲南人民出版社，1996；羅應濤編著：《詩游僰國》，122頁，成都，四川大學出版社，2006）
⑫ 三江口：即彌苴河（原名彌苴江）與（茈碧湖的）海尾河、鳳羽河（長33.6公里）交匯處稱三江口。
⑬ 萬厤戊戌間：即明神宗萬曆二十六年（1598）。

縣王承欽謀之，士民起①夫開挖，適以陞去。知縣李在公繼至，即以②經劃③，并議開子河以分水勢，又以入覲北去。是歲庚子，值霪雨，水災益甚；冬，永昌府同知李先芬來攝縣事，從眾議，酌用肥④索，但有當用工去處即爲開濬；先于大唐神廟前開子河一段，接湖水繞山麓而下，又于拖木廠去江心之石；約五旬，肥索用未及半，事已就緒；湖田多獲收，士民德之。

至國朝順治十八年⑤，知縣羅時昇大爲開濬。康熙年間知縣吳一鷺詳請疏濬。知縣趙珙躬身⑥督率，隨時挑挖。雍正八年⑦，總督鄂樂泰⑧檄知縣吳士信加工修濬，自鄭家庄至鄧川界十里，增築長堤四十餘丈，加高三江口小堤數尺，置木櫃五十，盛石截沙，水流無阻，湖田多利。乾隆二十七年⑨，奏准浪穹縣三江口堵築壩工，以防水患，惟舊開分殺水勢之子河及捍沙堤岸，久已湮沒無考。乾隆二十六、七年，白漢澗沙石沖入水口，知縣林中麟督同土官王芝成，於澗口創築旱壩數百丈，詳准每年小修於鹽餘項下領銀一百二十兩，三年大修領銀三百二十兩，又鄧川州每年津貼閘壩銀五十兩。三十六年⑩，知縣劉煥章率土官王芝成別開子河，並按糧攤捐，每糧一石捐錢二百文，以備歲修之用。嘉慶八年⑪及十一、二等年，澗水暴發，爲災尤甚，大小壩一例坍塌，知縣呂怡曾、張崇鼎疊次申報，經大憲題准，請帑賑卹二次。後，署知縣陳煒改築旱壩，自東至西數百丈，使沙石聚于煉城村前隙地，又以舊河西岸接旱壩築堤⑫百餘丈，種柳數千⑬株，以禦沙石。嘉慶二十年，知縣程其⑭誥輪派紳士，按段督修，在任八年，頗見實效。道光四年⑮，知縣林大樹率同紳士，隨時修築，旱壩、柳堤一例增高數尺，河無壅塞，始慶安瀾。

【概述】碑文詳細記述了從明萬曆二十六年至道光四年（1598—1824）間，官民共同修理、疏浚三江渠的歷史。

---

① 《洱源縣水利志》錄爲"起"，據《浪穹縣志畧》應爲"趨"。
② 《洱源縣水利志》錄爲"以"，據《浪穹縣志畧》應爲"爲"。
③ 《洱源縣水利志》錄爲"劃"，據《浪穹縣志畧》應爲"畫"。經畫：經營籌畫。
④ 《洱源縣水利志》錄爲"肥"，據《浪穹縣志畧》應爲"蚆"。蚆：海蚆，古書上說的一種貝。下同。
⑤ 順治十八年：1661 年。
⑥ 《洱源縣水利志》錄爲"身"，據《浪穹縣志畧》應爲"親"。
⑦ 雍正八年：1730 年。
⑧ 《洱源縣水利志》錄爲"樂"，據《浪穹縣志畧》應爲"爾"。屬誤，應爲"鄂爾泰"。
⑨ 乾隆二十七年：1762 年。
⑩ 三十六年：即乾隆三十六年（1771）。
⑪ 嘉慶八年：1803 年。
⑫ 《洱源縣水利志》錄爲"堤"，據《浪穹縣志畧》應爲"埂"。
⑬ 《洱源縣水利志》錄爲"千"，據《浪穹縣志畧》應爲"十"。
⑭ 《洱源縣水利志》錄爲"程其"，據《浪穹縣志畧》應爲"陳齊"。經查證應爲"程齊誥"。程齊誥：拔貢，湖北雲夢人，清嘉慶二十年（1815）任浪穹縣知縣。（洱源縣志編纂委員會編纂：《洱源縣志》，705 頁，昆明，雲南人民出版社，1996）
⑮ 道光四年：1824 年。

【參考文獻】洱源縣水利電力局．洱源縣水利志．昆明：雲南大學出版社，1995.3：318－319；（清）羅瀛美修，周沆纂．浪穹縣志畧（全二冊）．臺北：成文出版社，1975.1：523－527．據《洱源縣水利志》錄文，參《浪穹縣志畧》校勘。

疏浚水洞碑

楊景程[①]

經志水之變者如濟其流多伏出，蓋山澤相通之氣與夫邱壑委輸之形有自然者。漾弓江發源番界，匯宿沙諸溪之水，蜿蜒百里，東南注於象眠山麓，迴波螺旋，倒灌百嶠中，澎湃有聲，不見其也，亦奇觀也。世傳鶴拓[②]一區，舊為澤國，嘗有咃哆神僧者飛錫[③]於此，以念珠百八咒水擊石，石泐力穴出，水以歸墟，由是沈者乃陸。夫亦猶巨靈擘華，掌蹠猶存之說，其事近誕，不足辯已。繼世以來，雲塍墾辟，每當秋雨覆潓，群流暴漲，居民猶為波巨所苦。守土者亦無帛以治之。越己酉，我正暄秦父臺來司牧守，念切民依來春亟袖工為疏淪[④]計，搜岩探窟，得舊洞二十餘口，暢流無滯，是秋潦不加盈，歲則大熟，閭閻咸相慶焉。公猶率籲眾感告之曰：爾其知導河策乎？譬之導飲者，宜以時調其氣而節宣之，使無湮鬱[⑤]，及其既哽，然後探其喉而強以進，則增劇焉。今民亦勞止，汔可小康[⑥]矣，然功方鳩也，患竟免其魚乎，盍永圖之？僉曰唯唯。爰妥酌章程，著為條令。議以沿江村寨同力修浚，計畝攤夫，田分三則，較其受災輕重出役出差；餘未被浸者亦量予協濟，以示吉凶同患之義。歲約於二月八日開工，四月初旬告竣。官司卒之，衿耆董之，黎庶攻之，賞其勤，罰其惰，而責其逋慢。秋七八月，又日專夫二名，遊舟溯河，擯除浮梗，務蘄乎壅決室去，永慶安瀾焉。斯舉也，因所利而利，官不市其功；擇可勞而勞，民不私其力。今春經始，公復捐錢五十緡[⑦]以資畚挶，而鄉宦趙君某亦即欲助百金。慕義之忱如斯，響應固宜，謏論同聲，頌公生佛。謂安得咃哆尊者復現宰官身，大有造於我疆也，其功德胡可諼諼。爰縷而書之碣。

---

① 楊景程（1800—1860）：字宗洛，號雪門，白族，鄧川人。道光甲午（1834）舉人。曾官琅井（今屬楚雄彝族自治州）、保山教諭，鶴慶州學正等職。（陶應昌編著：《雲南歷代各族作家》，546頁，昆明，雲南民族出版社，1996）又據《洱源縣志》載：楊景程，清道光十四年（1834）任鶴慶府學正。（洱源縣志編纂委員會編纂：《洱源縣志》，712頁，昆明，雲南人民出版社，1996）故推測，該碑應立于道光年間。

② 鶴拓：唐時南詔的別名。

③ 飛錫：佛教語，指僧人游方。

④ 淪：屬誤，應為“瀹”。

⑤ 湮鬱：謂心情抑鬱不暢快。

⑥ 民亦勞止，汔可小康：出自《詩·大雅·民勞》。汔：幾乎，差不多。

⑦ 緡：古代計量單位，錢十緡即十串銅錢，一般每串一千文。

【概述】該碑應立於道光年間。碑文記述了鶴慶漾弓江沿江村寨計畝攤夫，田分三則，同力疏浚河道治理水患之事由。附：鶴慶甸南北諸水俱流入漾弓江，由南山麓石峽中伏流而出，即相傳祖師擲念珠所辟之水洞也。源廣流狹，洞又多淤塞。每逢澇歲，輒溢為災，昔人疏浚之法甚詳。每歲於二月八日鳩工，四月八日工竟，有學正楊景程疏浚水洞序勒之碑。自明河既開，洞之通塞於邑之大勢無關，人遂罕措意於此者，殊不思南供河源發自山神哨，本在群山中，每當七八月間，大雨時行，萬壑爭趨，河水輒挾沙石俱下，以故河身益高，瀕河諸田家又只顧目前，與水爭地，用是堤則日益薄。將來萬一潰決，其害有不可勝言者。今仍將楊記錄後，異後君子思患預防而知所從事焉。

【參考文獻】張了，張錫祿．鶴慶碑刻輯錄．內部資料，2001.10：218-219.

禁砍森立碑 [1]

鄧笌清

蓋聞朝廷有律法，鄉里有禁規，法律嚴而天下化，禁規嚴而風俗醇。如我伍寨，僻居上叢，山林多而田畝少，所有（一行）後山一帶層巒聳翠、樹林陰翳，望之蔚然而深秀者，前人蓄之以作水源也。無奈世風日下人心不古，各霸公山分為己業，而（二行）坐享其成者，有率土司代辦我河泥里錢糧謀為不軌，於嘉慶初年將後山私賣與猺人 [2] 砍種。□有董事者，知後山一放水源乾 [3]（三行）涸，□□燒盡後入 [4] 無所依賴。於是眾姓老幼商酌，欲行具控，無不雀躍爭先。所有佔得山林地者，自心情願立寫以退文約一概入公。大（四行）眾歡喜，同心□□均湊銀錢投呈在案，蒙恩斷作公山水源。迨至丁丑年 [5] 間，高逆叛亂，荷蒙縣主楊大老爺將土司咨部裁革（五行），里內屬縣□□四川、貴州接踵而至，攬地耕種。原退地之家徒起貪心，仍各侵佔將山林砍放，收食租石，致使一望綠林盡成不毛（六行）之地。則□□惠涸水少田荒，賦稅困而致欠。我寨中老幼目擊情傷，於道光二十年，同為公議禁規，設立箐長稽查砍伐。奈有貪心（七行）不足，潛行私放，公罰數次，藐視章陳 [6]，毫不畏懼。故首事者，只得倡率每家一人入山踮踏公私界址，將佔公地之家照數公罰，復立乎（八行）

---

① 《明清以來雲貴高原的環境與社會》錄為"禁砍森立碑"，參照《紅河州文物志》應為"禁砍森林碑"。
② 猺人：舊稱，指今瑤族。據清道光《他郎廳志》載：瑤族是從粵地遷來墨江居住的。遷移的時間是在明清時期，路綫是分別從貴州、廣西、廣東陸續遷入開化府（今文山壯族苗族自治州），又再進入今紅河州往思茅地區乃至西雙版納的勐臘。（鄧啟華主編：《清代普洱府志選注》，347頁，昆明，雲南大學出版社，2007）
③ 乾：古同"乾"。
④ 入：疑誤，應為"人"。
⑤ 丁丑年：指嘉慶二十二年（1817）。
⑥ 陳：疑誤，應為"程"。

界。封禁所蓄樹木不容砍伐柴料，所有舊地放荒養箐。倘有不遵者，罰（九行）銀十三兩；若拿着砍放者，與銀一兩；或箐長受賄而護弊者，罰銀三兩入公。又有，阿表物獨至大石硐一帶陸地，止許撒菝不准栽種苞谷。如再栽種苞谷，不論多少盡取充公。公議之後，願我眾人各宜（十行）：父戒其子，兄訓其弟，慎句。仍蹈前轍，致于[1]重罰。庶乎物阜民安，豈不美哉（十一行）。

計公山界址：左至切窩那，右至茨竹山路，下至以張姓水溝為界（十二行）。

首事人：鄧亮、李子美。

里長：伍發祥。

箐長：趙福、陳東來、伍光亮、張□起。

邑庠生鄧笄清撰書（印）

咸豐元年[2] 孟秋月上浣日吉旦（十三至十七行）

【概述】該碑原鑲嵌在元陽縣嘎娘鄉大伍寨村廟大門左牆上，現保存於村小學校內。碑為漢白玉石磨制而成，高65厘米，寬50厘米，碑額陰刻"永垂不朽"4字。碑文直行陰刻，共17行，計約500字，字迹模糊不清。清咸豐元年（1851）立，邑人癢生鄧笄清撰書。1990年被公布為元陽縣第一批縣級文物保護單位。碑文記載嘉慶年間，由於遷移到河泥里（今元陽縣嘎娘鄉）的四川人和貴州人亂砍濫伐森林，致使水少田荒，民眾苦不堪言。道光年間，為保護森林和水源，民眾共同議定禁止砍伐森林及相關的處罰規定，并設立箐長管理和稽查。

【參考文獻】楊偉兵.明清以來雲貴高原的環境與社會.上海：東方出版中心，2010.6：169；紅河州文化局.紅河州文物志.昆明：雲南人民出版社，2007.11：128.

據《明清以來雲貴高原的環境與社會》錄文，參《紅河州文物志》補齊資料，行數為新增。

井泉碑記 [3]

井泉之設以養陰，兼需灌溉，誠信然也。然不為之掘，水源難聚。不修二、三塘，清濁難分。嘉慶五年，曾修頭塘卷硐，挑飲清潔，甚是良美。二、三塘就地權便，未免水源散漫，清濁混雜，合村老幼，觀其頭塘之美，同心重修二、三塘。庶幾美以繼美，挑飲者良，灌溉者分，於是同議井規，惟願人人遵行勿替，是為序。

一井規：頭井挑飲，勿容泡洗物件；二井洗菜；三井洗衣服。勿容僭越，亦不得將土石填漲井內。再者，每月三十日，龍頭當撤洗井內潔淨。

---

① 于：疑誤，應為"干"。
② 咸豐元年：1851 年。
③ 該碑原無碑名，此碑名係新擬。

以上井規，各宜謹守，違者罰銀三錢三分入公。

咸豐元年仲春月下浣吉旦

【概述】碑存峨山彝族自治縣塔甸鎮西龍潭，額刻“源遠流長”4字。咸豐元年（1851）立。碑文鐫刻了井泉的用水規定。

【參考文獻】中國人民政治協商會議峨山彝族自治縣委員會文史資料委員會．峨山彝族自治縣文史資料選輯·第4輯．內部資料，1990.11：153.

巡檢司老街水利息訟碑

置廣西直隸州彌勒縣事南寧縣正堂加五級紀錄十次周，為均水利以息訟端事。緣涅沼為彌勒官莊，與螺蜋地等諸寨灌田分水，多年曾無角鼠爭訟。本年三月，莊民羅天福控螺蜋地趙升霸水利[①]案，當飭遵照舊規，勿許侵奪，而訟以息。九、十月雨缺水涸，趙升田據上游，復有所侵損。涅沼士民王本厚等心懷不平，群訟於庭。訊據眾證確鑿，趙升霸水屬實，因懲趙升及其子趙文彩，仿前人罰款，出銀十五兩，以資修築，為儆將來效尤也。嗣後王本厚等以給示勒石請余，因思彌邑人民情貪而好勝，往往利僅錙銖，始侵佔，繼攘奪，終日連年結訟，罔恤自家；又其甚者，光棍拷搕，罪干發遣，盜賊搶劫，律應斬決。其悍然之者，貪之念橫于於[②]，見利不惟忘義，且忘害焉。余忝為民牧，愧無術挽回之，特為諸村爭水略暢所言，俾知義中有利，利中有害，翕然守分循理，以讓化爭（下缺）遂足以照炯戒云。至若[③]

咸豐元年十月十五日，右給士民（15人從略）[④]立。

告費共去錢一百一十五千二百文，十二分均攤，每分出錢九千六百文，每丫出錢六百文。

合境遵示，禁宰耕牛，東至黑山，南至路右，西至河，北至風龍潭，有故違者，罰銀二十兩，送官究治。

【概述】碑存彌勒市巡檢司鎮老街觀音寺內。碑為青石質，高126厘米，寬70厘米，厚16厘米。碑文楷書。碑文記述了咸豐元年，彌勒知縣處理官莊趙升霸水息訟的經過。

【參考文獻】葛永才．彌勒文物志．昆明：雲南人民出版社，2014.9：164；雲南省彌勒縣志編纂委員會．彌勒縣志．昆明：雲南人民出版社，1987.10：807.

據《彌勒文物志》錄文，參《彌勒縣志》校勘。

---

① 《彌勒文物志》錄為“利”，疑誤，據《彌勒縣志》應為“到”。
② 《彌勒文物志》錄為“于於”，疑誤，據《彌勒縣志》應為“於中”。
③ 《彌勒文物志》漏錄“分水之法，放水之規，議罰霸水之銀兩，有前人碑記在，不復贅。”24字。
④ 《彌勒文物志》漏錄“閣村等同”4字。

酬勞水份碑記

朱　杓

　　蓋聞公而忘私，仁人也；見義勇為者，豪傑也。以仁人之心行豪傑之志，其利甚溥，其功必成也。橫山水洞之名，自前明隆慶壬申年 [①] 由來已久，迨至大清道光戊子年 [②] 而始告厥或功，一勞永逸。其間之心力、錢文可勝道哉，發帑興工，恩由上出；竭立繼造，賴我先民。飲水當思其源，食德當有所報，鄉黨公議，酬以老人水一排，於十三日輪放一日，酬其倡始者；又酬有壩頭水二十六日，分於開塘時分泡田四工，以酬相繼辦理者。定為額列，刻石永守。嗟夫！人云逝矣，利賴多矣。仁人豪傑之為，真令感佩難忘斯水也，聊以酬其心志，以勵後人云耳。今將老人姓名開列於左。（姓名略）

　　以上十三老人於春水十三日內輪放一日。

　　二、七兩甲壩頭水姓名開列於後（姓名略）。

　　以上壩頭水二十六日，分於開塘時每分泡田四工。

　　連然朱杓撰文，照南徐增貴書丹。

大清咸豐二年 [③] 十一月二十九日

釵村二、七甲公同敬立

　　【概述】碑存昆明市黑林鋪街道。清咸豐二年（1852），釵村二、七甲共同敬立。朱杓撰文，徐增貴書丹。碑文記述釵村二、七甲民眾飲水思源、食德報恩，給倡建、興修水利者定額酬分水份的規定。

　　【參考文獻】《黑林鋪鎮志》編纂委員會．黑林鋪鎮志．內部資料，1995.10：302.

---

① 隆慶壬申年：隆慶六年（1572）。

② 道光戊子年：道光八年（1828）。

③ 咸豐二年：1852 年。

江川縣牛摩洞① 功德碑記

蓋聞山不在高，有仙則名；水不在深，有龍則靈。吾村有空潭壹座，真勝景也，樹木蔭翳，層岩聳翠，又有茂木修竹映帶左右，其中之流泉滾滾不竭，如縷田園賴之灌溉無疆矣（下缺）為此勒石為記。

咸豐弍年冬月初五

三村士庶仝立

【概述】該碑現存江川縣翠峰鄉牛摩洞旁，清咸豐二年（1852）由三村民眾同立。碑文簡要記載了咸豐二年，鄰近三村民眾集資出工修建觀音閣，并疏通牛摩洞水源以滋養山林、灌溉田園的情況。

【參考文獻】曹善壽. 雲南林業文化碑刻. 芒市：德宏民族出版社，2005.6：392–393.

思臘永遠碑記

蓋聞五行陳而水為首，六府修而水居先，水之有利於生民也，大矣。余寨前良田數畝，歷年久遠，而水出無源，每多荒蕪之日。余見綠水②大凹之水，自岩羊山③奔流而下，余度其山勢，可以引灌於此。爰對諸父老言曰：人定可以勝天。由是，竭誠捐出銀柒兩伍錢，以作祖廟香火，於道光庚戌④之冬，率眾開挖，費銀數斤，穿岩過凹，幸蒙神靈護佑，得以成功。倘不先嚴其規矩，未免後來之爭競。今公同商議，凡屬水刻內者，各照水刻放用，只可相借相抵，不得恃強霸放。溝內一切修整攤派，不得推諉坐視。若或把口⑤偷放水應田者，眾水戶以公罰銀伍兩充公。恐人心不古，因勒石以垂永久云。

永昌府學生員頓首。

今將水分人戶開列於後：

楊大安壹分；上寨楊紹通壹分，楊紹業壹分，楊紹乾壹分，楊紹坤壹分；思臘寨楊紹

---

① 牛摩洞：坐落于江川縣翠峰鄉牛摩村龍潭山麓下的觀音閣內，屬天然溶洞。閣旁四周古木參天，鬱鬱蔥蔥，疊翠繁茂，在閣下有一股激流清泉，一年四季長流不息，特別雨季更為洶湧，方圓百米，流聲轟響可聽。
② 綠水：地名，今屬太平鎮綠水村委會。
③ 岩羊山：地名，地處綠水凹子下游。
④ 道光庚戌：道光三十年，歲次庚戌，即1850年。
⑤ 把口："把"疑誤，應為"扒"。扒口：刨開一個口子。

全壹分，楊必顯壹分，楊汝坤，楊汝海壹分，楊國相壹分，楊國治壹分半壹分，楊定光老水永配丁半分；下寨大支半分，楊必祥壹分，楊必禎壹分，楊友權壹分，楊汝福壹分，楊汝旺弟兄壹分，楊汝光壹分，楊汝芳半分，楊國輔半分，楊汝培半分，楊毓春半分，楊國柱半分。

大清咸豐三年三月初七日仝立

【概述】碑存保山施甸縣太平鎮思臘村下回龍村民小組楊余文家。碑高77厘米，寬46厘米。咸豐三年（1853）三月初七日立。碑文記述道光年間，思臘各寨民眾穿岩過凹引山水灌溉農田，為防日後紛爭，共同議定照水刻用水、溝道修整、人戶水分及相關處罰等事宜并勒石立碑。

【參考文獻】中國人民政治協商會議施甸縣委員會，施甸縣文史資料委員會．施甸縣文史資料（第四輯）：施甸碑銘錄．內部資料，2008.7：102-104.

增修海口石橋碑記

黃　琮

昆陽海口，乃省垣五州縣泄水之要津也。南北岸皆山箐，沙石亦淤，所以例有歲修，十年大修。大修之年，川字河築壩一堵，其費甚巨，用夫最多。道光丁酉[①]年大修後，昆邑紳耆捐資建石橋十八座，分為南、北、中三河，各有燕翅，迎送海水。南河建圓橋十座，以便船隻往來；中河建平橋七座，以資連接；北河建平橋四座，以通行人，誠善舉也。但遇春風倏起，老幼往來，多有不便。昆陽諸君子共謀捐資，於中河建石欄杆；南、北河陪以平石欄杆，亦事先預防之一道也。癸丑[②]秋，同游諸公共捐錢十錢，以襄厥成，因並書其事云。

【概述】咸豐三年（1853）立，黃琮撰文。碑文簡要記述了昆陽紳耆捐資建橋迎送海水以及後人增建石欄杆之事。

【參考文獻】西山區海口鎮志編纂辦公室．海口鎮志．內部資料，2001.7：324.

---

① 道光丁酉：即道光十七年（1837）。
② 癸丑：指咸豐癸丑，即咸豐三年（1853）。

均平水例碑

特授雲南大理府雲南縣正堂加三級隨帶加二級紀錄八次①大功三次張　　　爲（一行）

請示勒石，以垂永久，而免爭端事。照得縣屬梁王山②有龍泉水一道，自古定有程規，灌溉縣屬田畝（二行），相安數百餘年之久，士民等毫無爭放等弊。今接年以來，有華嚴村棍口恃強，由山溝截放，其四溝之水稀③（三行）少，中壩田畝每被荒蕪，士民等苦賠錢糧，難於上納。今扵本年二月內，與華嚴村互控爭論，蒙（四行）縣主張協同學師④汛廳土司⑤親臨山溝勘明，斷令四大溝之水肆拾分，其山溝之水壹分定平，照此灌放至（五行）西門外智光寺止，以免爭論。士民等允服，禀請給示勒石，以垂永久等情。據此除給示外，合行給示勒石。為（六行）此，示仰縣屬士庶、軍民人等知悉。其有水規勒石豎立各村，以昭平允。爾等自此之後，遵照四大溝肆拾（七行）分，山溝壹分灌放，勿得再行恃強紊規霸放，再攘爭端。各宜照示凜遵，如敢故違，定行重究，決不姑寬。各宜（八行）凜遵勿⑥違，特示（九行）。

咸豐伍年⑦叁月拾叁日　　闔縣紳耆士庶等同⑧立（十行）

【概述】碑存祥雲縣文化館後碑廊。碑為青石質，高155厘米，寬91厘米，厚16厘米。額呈圭形，額上鐫刻"均平水利"4字，碑額左部（"平水利"）斷裂於地。碑文楷體陰刻，文10行，行6-41字，計300余字。咸豐五年（1855），合縣民眾同立。碑文記述咸豐年間，祥雲梁王山龍泉水周邊村民發生水利糾紛，在地方官員裁決之後，村民將裁決方案勒石成碑。

【參考文獻】祥雲縣志編纂委員會.祥雲縣志.北京：中華書局，1996.3：833.

據《祥雲縣志》錄文，參照原碑、拓片校勘。

---

① 《祥雲縣志》漏錄"記"字。

② 梁王山：梁王山在雲南省祥雲縣北三十里。蒙氏時酋長王氏居於此。《雲南通志》載：有元梁王行宮遺址，每掘地得琉璃瓦。（段木干主編：《中外地名大辭典》（一至五冊），3281頁，臺北，人文出版社，1981）

③ 《祥雲縣志》錄為"稀"，據原碑應為"希"。希：（1）表示程度。非常；極。（2）少。

④ 學師：教師。亦以稱府、州、縣學學官。

⑤ 土司：元、明、清時期，在西南、西北地方設置的由少數民族首領充任并世襲的官職。有文職和武職之分。按等級以土知府、土知州、土知縣等官隸吏部，以宣慰使、宣撫使、安撫使等官隸兵部。明清時，曾在部分地區實行改土歸流，廢除世襲土司。中華人民共和國成立以後，土司制度被徹底廢除。

⑥ 《祥雲縣志》錄為"勿"，據原碑應為"毋"。

⑦ 咸豐伍年：1855年。

⑧ 《祥雲縣志》錄為"同"，據原碑應為"仝"。

馮公堤^①碑記

金 冕^②

　　堤名馮公，紀善政也。公豈自謂善政，而以是名哉？以是名未免矜其能、伐其功也。昔者，馮將軍異當論功時，獨立大樹下，一若無與拎己，則公之不自矜伐，其淵源蓋有自焉。然則州人士舍是別無以名之者，因寔命名，無可易也。側聞古志，井有以桓公名，泉有以范公名，亭有以謝公名，且西湖長堤亦以蘇公名，即吾邑志鄒公壩，何獨非此意乎？此數公者，非徼名也。當時之人感其德，不能不紀其寔耳。州之東有河曰"巴江"，發源拎黑、白兩龍潭，自東而南，距城里許，遠近田畝賴以灌溉，澤至渥也。日久岸傾，霪雨泛溢，匪特有傷禾稼，即城垣居民悉受其害。公為之惻然，率衆履勘，返即^③籌歀募工，選邑紳之諳練者勸其事。凡低陷處，築堤二百餘丈，厚為之防，又植樹數百株為護堤計。俾向之罹其害者，咸安之如常，惠莫大焉。若夫楊柳依依，松柏丸丸^④，與河水之清且漣、清且直，上下相映。後之覽者，爱其樹^⑤不啻甘棠蔽芾^⑥，垂蔭南國，則公之有造斯土而令人不忘者，不與范公諸君子比德哉！德同，則以公名堤也固宜。勸事者，王子廷桂^⑦，趙子時薰，冕舅父李公璸、叔父履惠也。

　　【概述】該碑應立於咸豐五年（1855），邑拔貢金冕撰文。碑文簡要記述路南知州馮祖繩籌款募工倡修巴江河堤、植樹護堤、造福民眾的德政以及"馮公堤"一名的由來。

　　【參考文獻】石林彝族自治縣史志辦公室．雲南石林舊志集成．昆明：雲南民族出版社，2009.5：523；馬標．路南縣志（全）（民國六年抄本·影印）．臺北：成文出版社，1967.9：121-122.

　　據《雲南石林舊志集成》錄文，參《路南縣志（全）》校勘。

---

① 馮公堤：咸豐五年（1855），知州馮祖繩倡修城東巴江河堤（即東山河堤）200丈防巴江水濫，後人稱之為"馮公堤"。（昆明市路南彝族自治縣志編纂委員會編：《路南彝族自治縣志》，15頁，昆明，雲南民族出版社，1996）
② 金冕：路南人，咸同間諸生，以文名於時，人稱"竹樵先生"，著述頗豐。咸豐間滇亂，其作多毀於兵燹。（陶應昌編著：《雲南歷代各族作家》，614頁，昆明，雲南民族出版社，1996）
③ 《雲南石林舊志集成》錄為"即"，據《路南縣志》應為"而"。
④ 丸丸：高大挺直貌。《詩·商頌·殷武》："陟彼景山，松柏丸丸。"
⑤ 《雲南石林舊志集成》漏錄"者"字。
⑥ 芾：小樹幹及小樹葉。蔽芾：形容樹木枝葉小而密。甘棠蔽芾：語出《詩經·召南》，謂周成王的輔臣召伯每巡行鄉邑，則選擇一棵棠樹，決獄政事於其下，使上自侯伯下至庶民各得其所。召公死後，民眾思召公之政，懷棠樹不敢伐，并作《甘棠》詩歌詠之。
⑦ 《雲南石林舊志集成》錄為"桂"，據《路南縣志（全）》應為"湺"。

升授元江軍民府因遠知政陳永棋[①] 墓誌銘[②]

從來循良立政，民享其利，服其教，畏其袖，於我公而益行焉！

公之籍貫，代遠年湮，已難盡述。憶自康熙年間，恭膺簡命，知政因邑，一時隨宜[③] 興除之治績，筆亦莫罄[④]。此豐碑重建，雖不足為公榮，而民懷其德，不禁樂為古以銘曰：

> 我公善政多，未易名言歌。
>
> 三溝[⑤] 興水利，萬畝流恩波。
>
> 生時惠力田，歿藏南畝巔。
>
> 龍蟠兼鳳翥[⑥]，神繞舊陌阡。
>
> 咸豐庚申年[⑦]，飛鸞教堂前。
>
> 四條垂綱領，訓誨尤周全。
>
> 食德及後人，拜掃必躬親。
>
> 碑古文剝落，眾姓喜重新。
>
> 片石留千秋，雙梟去來遊。
>
> 民命依公請，累葉永承庥。

大清咸豐十一年辛酉八月因遠士民重立

【概述】碑存元江縣因遠鎮政府駐地西南的南嶽廟左側。碑為青石質，長方形，高130厘米，寬100厘米。碑心鐫刻"恩主大人陳公諱永棋之墓"11字；有碑聯曰："惠政垂因邑，厚德仰南山"；

---

① 陳永棋：清康熙年間，任元江軍民府因遠知政廳行政長官。在任期間，除興辦學堂、鼓勵農業生產外，還從長計議，大興農田水利建設。他宣導民眾首先開挖了貫穿因遠壩的"直步溝"，將烏竜龍潭（自然噴泉）和虹江水引到壩子里灌溉農田；又在"利因河"上段堵起了二座攔河壩，將河水引向新開挖的"上溝"和"下溝"用來灌溉北澤壩的農田。此舉開創了因遠農田水利建設的先河，并使大面積農田受益匪淺。據《元江志稿》記載："陳永棋任因遠知政時，興學勸農，開直步，上、下溝，至今民食其德"。陳永棋病故於因遠知政任內，為緬懷其"德政"，因遠紳民披掛孝帛送葬，并將其遺體葬於南嶽廟一側——與白族奉為本主的南嶽大帝并列敬重。清咸豐年間，因遠紳民為其重修墳墓，復作墓表，寓情思於墓誌之中，進一步褒揚了這位地方官"興利除弊""保境安民"的業績。

② 該墓坐落於元江縣因遠鎮政府駐地西南一公里許的南嶽廟左側。

③ 隨宜：猶隨即。

④ 罄：本義為器中空，引申為盡，用盡。此處意為"寫盡"。

⑤ 三溝：指直步溝、上溝、下溝。

⑥ 龍蟠、鳳翥：指賢者遁世歸隱。蟠：屈曲，環繞，盤伏；翥：振翼而上，高飛。

⑦ 咸豐庚申年：即咸豐十年（1860）。

橫批："流芳"。清咸豐十一年（1861），因遠士民重立。碑文為陳永棋之墓誌銘，記述了陳公執政因遠時期，為民興水利，灌溉農田，保境安民的功績及咸豐年間重立墓碑的緣由。

【參考文獻】魏存龍.元江哈尼族彝族傣族自治縣農牧志.成都：四川民族出版社，1993.9：297，318-319.

松華壩下五排分水告示碑 _{（部分）}

金汁河分列五排，每排各分上下，至兜底閘為尾。自四月一日寅時起，放上下頭排各一晝夜。上下頭排自松華壩流沙橋起至金露庵界止。放上下二排二晝夜，上下二排自金露庵起，至小壩界止。放上下三排三晝夜，上下三排自小壩起至金馬橋止。放上下四排四晝夜，上下四排自金馬橋起至吳井橋界止。放上下五排五晝夜，上下五排自吳井橋起至兜底閘止。以上輪流，周而復始，挨次而下，直至八月底為止。若四月初一日需用趕水，着各排出夫二名，齊力上趕，有不出力者，惟排頭是問，准其鳴官究治（下缺）

【概述】碑存昆明市官渡區小街子安國寺內，立於清咸豐十一年（1861）。碑文記述金汁河下五排分水事并頌揚賽典赤·瞻思丁治水功績。

【參考文獻】昆明市官渡區文物志編纂委員會.昆明市官渡區文物志.內部資料，1983.12：194；中國人民政治協商會議昆明市官渡區委員會文史資料研究委員會.昆明市官渡區文史資料選輯·第一輯.內部資料，1988.3：71.

據《昆明市官渡區文史資料選輯》錄文。

貢者水井碑

此泉性寒，來人莫飲；
飲則生病，不飲是幸。

【概述】該碑位於紅河縣樂育鎮貢者村脚路邊水井處。同治二年（1863）立。

【參考文獻】李期博.紅河哈尼族彝族自治州哈尼族辭典.昆明：雲南民族出版社，2006.6：333.

欽加道銜署雲南屯田糧儲分巡雲武地方
兼管水利道張為碑

欽加道銜署雲南屯田糧儲分巡雲武地方兼管水利道張　　　　　　　　為[1]

出示永遠遵守事。案據水利同知會同昆明縣詳稱，據縣屬珥琮里[2]羊堡（甫）頭大（一行）村鄉民尚有清等，具控小村李開甲等擅改古閘緣由一案，奉批，飭令將私改（二行）新閘即行拆毀，仍令兩村各遵古規，復修古閘，循照舊定尺寸、節令上閘放水（三行）、漾水，並給示遵守，以杜爭端等因。奉此，當經卑職等立傳兩造訊明，親往勘驗（四行）。

勘得大村田周圍八百餘畝、小村田周圍四十餘畝，大村舊閘三尺四寸半，近（五行）小村半里許小村新改閘口，量計五尺六寸，門坎石比舊閘高七寸。復查訊向（六行）來放水規程，每屆栽插於小滿前三日，大村放水灌田，芒種後三日小村上閘（七行）漾水車拉灌溉高田，必須上滿下流以昭公允，兩村立有合同均已遺失，等情（八行）。

據此，卑職等驗明圖說研訊，據大村尚有清、小村李開甲等供稱，情願照依舊（九行）規，仍改為三尺四寸半，門坎石落平，底石、閘口寬三尺五寸、高三尺四寸半，並（十行）按照節令小滿十五日前十四日大村放水，第十五日小村放水。若值有水之年（十一行），小滿後三五日准令小村放水。兩造遵依，當堂出具甘結並立公議合同分執（十二行）遵辦去。後嗣據稟報業已改修如舊。卑職等隨即親往勘驗無異，丈量與圖說（十三行）符合，除取具甘結合同存案並發給告示外，理合會文詳請查核。□□並祈發（十四行）給告示曉諭該村等，勒石永遠遵守以杜爭端等情到道。據此，查私改古閘悠[3]（十五行）關水利民田，今此案既據訊明，兩造仍遵舊規、尺寸改修如故，並遵依放水日（十六行）期，兩村鄉民情願當堂出立甘結合同，懇請轉詳銷案給示遵守，前來合行出（十七行）示曉諭。

為此，示仰珥琮里、羊堡（甫）頭大村鄉民等，遵照舊規，仍循古閘尺寸，按照（十八行）節令放水，事關國計民生。該二村務須永敦和好，毋得妄生嫌隙擅自更（十九行）改是為至要，並即勒石永遠遵守以杜爭端。倘再任意播控，定即照例懲辦，切（二十行）切毋違。特示（二十一行）！

右仰通知（二十二行）

同治四年[4]四月二十一日示（二十三行）

告示　　　　　　　　發珥琮里羊堡（甫）頭大村勒石曉諭（二十四行）

---

① 此行應為第一行，全文計 41 行（未計立合同各村姓名）。
② 珥琮里：今小板橋。
③ 悠：疑誤，應為"攸"。
④ 同治四年：1865 年。

並將兩村公義合同錄後（二十五行）。

立公義合同：大小羊堡（甫）頭眾街鄰等，原因村邊溝頭有石閘壹座，系兩村先輩創建以為（二十六行）灌溉田畝放水之所，經歷久遠並無有私議擅改者。近因小村李開甲以為小村田畝地（二十七行）勢略高顙於放水，於舊年春間竟將石閘折（拆）毀，另立新閘加高尺許欲便私圖，竟不計妨（二十八行）害大村田畝。彼此鳴官，以憑允斷，業經提憲批示發局審訊，已蒙軍需局馬大（二十九行）老爺會同前水利府彭大老爺訊斷，照依舊規仍改為叁尺肆寸半，門坎石落平，底石（三十行）、閘口上下橫直寬叁尺伍寸，並飭按照節令小滿十五日前十四日大村放水，十五日准（三十一行）令小村放水。若值有水之年，大村放滿小滿後三五日，准令小村放水，只准用閘枋，不准（三十二行）用草餅。兩造遵依出具甘結，各在案並給示銷案。陡於同治三年八月十二日，有小村李（三十三行）開甲復行翻控，奉提憲復批、軍需局嚴訊，茲奉局憲馬大老爺、水利府文大老爺（三十四行），傳集兩造訊明，仍照前斷照依舊規尺寸並放水日期，情願當堂具結，照舊修改。因念我（三十五行）羊堡（甫）頭村居雖分大小，並無秦越之隔，從今兩相體愛，切無厚彼薄此，事後兩村若有一村（三十六行）翻悔，罰銀伍拾兩、白米拾石，為寺內香燈之費。李開甲日後籍閘復滋生事端，小村街鄰（三十七行）情願一力承擔。今公立合同永敦和好，惟願兩村後世子孫遵循勿替耳。此據行（三十八行）再計兩村公立合同叁張，大小兩村各執壹張，送呈水利府衙署存案壹張，以便日後互相查考（三十九行）。

同治四年三月十二日立（四十行）

		李崇善	尚　明			
	尚致中	尚有清	尚存甲			
大村	尚陽春	李顯貴	尚　志	三年分糧田	尚炳中	
	李國香	資占甲	李鳳起		資如松	
			施　萬			
	杜恒昭	尚培基	尚有禮			
立合同				暨兩村街鄰等立		
	楊忠愛	李正隆	李正東			
小村	李開甲	楊復□	李高才	四年分糧田	沈　愷	
	楊來泰				李正春	

【概述】碑存昆明市官渡區小板橋鎮普照寺內。碑為墨石質，高68厘米，寬108厘米。該碑記載：羊甫頭大、小兩村因灌溉用水發生糾紛，經水利同知會同昆明縣"親往勘驗"，經審理，"飭令將私改新閘即行拆毀，仍令兩村各遵古規，復修古閘，循照舊定尺寸、節令上閘放水"，大小兩村當事人表示"情願依舊規"改正。後小村村民"復行翻控"，經"軍需局嚴訊"，與水利府審理"訊明"，"仍照前斷，遵依舊規"，兩村"情願當堂具結"，於同治四年（1865）三月立下合同。兩村達成共識，"羊堡頭村居雖分大小，并無秦越之隔，從今兩相體愛"。

【參考文獻】羊甫村志編委會．羊甫村志．北京：中國文化出版社，2013.7：243-247.

水利碑記 ①（碑陽）② （1865 年）

大理府趙州雲南縣為重水道以養民生蒸民粒以重（一行）

國儲事。奉（二行）

瀾滄兵循道③據廩膳生員王鞏棟所議前事，奉批仰雲南縣查報等因，奉此督修一溝三壩功已告竣，□④（三行）有各村田畝水利，合炤縣前碑記，永為定規。為此，示仰和甸五村人等知悉，毋得以強淩弱、以眾暴寡，各自增減水（四行）分，詭混田畝，自有成局。今將水例欵目開列於後，以示遵依（五行）。

計開（六行）：

一水利炤縣前碑記，溯燈二村貳晝一夜；下簡村貳晝一夜；阿獅邑貳夜一晝；新生邑、左所貳晝一夜⑤；上簡村、許長（七行）村貳夜一晝，毋得增減。一水利炤古會輪流，繇⑥朋燈而左所、新生，繇左所、新生而上簡、許長，繇上簡而下簡，繇下簡而（八行）阿獅邑，繇阿獅邑而後朋燈，週而復始，毋得攙越。⑦田畝炤縣前碑記，上朋燈叁拾雙，下朋燈叁拾雙，下簡肆拾雙，兩（九行）李鄉紳貳拾雙，新生邑叁拾雙，左所叁拾雙，上簡叁拾雙，許常叁拾雙，阿獅邑陸拾雙，毋得詭混。一水利炤縣前碑記，如有洪（十行）水泛漲，任從溝道平流，不拘水利，不得⑧散漫田畝，借□生事，某家侵放。一水利炤前縣碑記，如無洪水，須備水利，倘上流有侵□⑨（十一行）一分者，許值水利村人稟究。一水利輪流須依時刻。寅時交割，寅時接放，戌時交割，戌時接放。交割遲一時者，定以霸佔；水（十二行）利論接放蚤一時者，定以侵窃。水利論法⑩不姑貸。一水利原炤田畝。有此一分即有此一分灌溉之水。今有賣田（十三行）而不賣水者，有買田而不得水放者，賣主則□田□賣水，買主則有田而無水，何從□□，如再有此等，許買主稟究（十四行）。一水利須炤畝放水。有村惡□□□□之□□霸二分之水者，許村人稟究。一水利原炤畝炤夫。今有值冬秋興夫時則減田畝，值（十五行）春夏□□時增水分，□此奸詐詭混，何以□□，許村人稟究。一水利自今年夫役□定，

---

① 雍正四年（1726），雲南縣正堂張漢督修禾甸五村龍泉，制定水例條款并刻碑勒石。《國際化視野下的中國西南邊疆：歷史與現狀》擬碑名為"禾甸五村龍泉水利碑"，但錄文不全。

② 該碑文僅為其碑陽，碑陰尚有碑文，另錄。

③《大理叢書·金石篇》漏錄"批"字。

④《大理叢書·金石篇》錄為"□"，據原碑應為"第"。

⑤《大理叢書·金石篇》錄為"貳晝一夜"，據原碑應為"貳夜一晝"。

⑥ 繇：古同"由"。

⑦《大理叢書·金石篇》漏錄"一"字。

⑧《大理叢書·金石篇》漏錄二字，但原碑字迹模糊不清，錄為"□□"。

⑨《大理叢書·金石篇》錄為"□"，據原碑應為"窃"。

⑩《大理叢書·金石篇》錄為"法"，據原碑應為"決"。

□他年即有修築□，有如今年一溝三（十六行）埧夫役浩煩□[1]，如今年不行，更待何年再行。即將本人田畝水分革去不與，以□數欸□□[2]必踐法在必行，永為定規。敢有村民（十七行）人等抗□不遵者，許村□[3]里老指名□報，以憑詳□鮮究，決不姑貸。右□村村□楊□□[4]、[楊]□□[5]、羅儒、羅□、王□紀、王勝先、湯立禎、[湯]學□、李□□、[李]尚明、盧勘、段松、王屏、楊炤（十八行）。

以上崇禎水利，雖云舊有章程，未免緩急不均，至雍正四年，蒙縣主張亭□□一定□□在人，因時因地宜緩宜急，公□[6]田土多寡之（十九行）數，分析用水多寡之分，將十日一輪之水利變為五日一輪，每大村各□□夜，□□[7]水分輪放，確有印冊可憑，□因咸豐戊午[8]年間慘遭（十二行）[9]大亂，龍宮三殿盡被燒毀，一溝三埧俱被水沖，幸有王飛□興工□□□□[10]成功，繼有羅先甲□□□先於同治癸亥[11]甲子年[12]運人修（二十一行）築下埧，又於乙丑年[13]重建龍宮二殿，夫役錢米俱照水分均派，毫無偏□，不三年間，三善□□。生斯際者，亦良苦矣，猶望後世勿□前（二十二行）□□□□□所願也。仍將雍正四年□□□所□□□逐□□□於後（二十三行）。

【概述】碑存祥雲縣禾甸鎮五大村龍泉寺，立於寺門過道東側。碑為青石質，高131厘米，寬65厘米，厚15厘米。額呈圭形，碑陽額上楷體鐫刻"水利碑記"4字，碑文直行楷書，文23行，行2-45字。清同治四年（1865）立石。碑文記載雍正年間，雲南縣正堂關於禾甸五村利用龍泉水"各村的放水時間、輪水順序、水權的交割以及違制用水的處理"的具體規定，以及龍宮殿宇的興廢歷史。該碑記載的水例條款，涵蓋了民間用水的各個方面，對研究雲南水利建設、水規水法、鄉規民約等具有重要的參考價值。碑文中使用"雙"作為田畝計量單位，是南詔、大理國計量田畝單位的延續，顯得尤為珍貴。

【參考文獻】楊世鈺，趙寅松.大理叢書·金石篇（卷五·續編）.昆明：雲南民族出版社，2010.12：2778-2780；林文勳.國際化視野下的中國西南邊疆：歷史與現狀.北京：人民出版社，2013.9：365-366.

據《大理叢書·金石篇》錄文，參原碑校勘、補錄。

---

① 《大理叢書·金石篇》錄為"□"，據原碑應為"者"。
② 《大理叢書·金石篇》錄為"□□"，據原碑應為"言水"。
③ 《大理叢書·金石篇》錄為"□"，據原碑應為"中"。
④ 《大理叢書·金石篇》錄為"□□"，據原碑應為"□傅"。
⑤ 《大理叢書·金石篇》錄為"□□"，據原碑應為"程尹"。
⑥ 《大理叢書·金石篇》錄為"□"，據原碑應為"訴"。
⑦ 《大理叢書·金石篇》錄為"□□"，據原碑應為"令炤"。
⑧ 咸豐戊午年：即咸豐八年（1858）。
⑨ 《大理叢書·金石篇》計行數為"（十二行）"，屬誤，應為"（二十行）"。
⑩ 《大理叢書·金石篇》錄為"□□"，據原碑應為"尚未"。
⑪ 同治癸亥年：即同治二年（1863）。
⑫ 同治甲子年：即同治三年（1864）。
⑬ 乙丑年：即同治四年（1865）。

水利碑記（碑陰） _{（1865 年）}

同治四年四月二十二日五村衆姓士民仝立（一行）

□上□日炤小□□□□□畫夜原額陸拾分，今□分為□日零貳分（二行）。楊仁芝式分、楊仁瑋式分、王綸式分、王承之式分、王廷牧一分、王廷焦一分、王廷瓚半分、王廷瓛乙分半、王廷築式分、王廷呈乙分、王廷信一分、王晨天一分、王鞠一分、王峋一分、王昂半分、王早半分、王廷任一分、王開圖一分、薛雲旌一分、王嶢一分□（三行）、王敦仁一分、王奮武一分、王魁一分、王春一分、王蘭一分、王廷相一分、王岸一分、王廷琬一分、王訓半分、王育才一分、王燦半分、王文式分、王廷瓆一分、王良才一分、王廷瑒一分、王柱一分、王歲□□□（四行）、王問達一分、王廷斌二分、王問鄉一分、王暲一分、王國器一分、王之鄉一分、王國存一分、王位一分、王閣心式分、王峥一分、王映一分、王鶴一分、王廷斌一分、王麟一分、王窠一分、王運一分、王朦一分、王可緣式分、王□一分、王（五行）基寧式分、王廷璠一分、王基旺一分、王以正式分、王基興一分、王廷琰一分、王銓一分、王廷王翠一分、王國輔一分、王茷一分、王畧式分、王庆一分、王岐式分、王齊珍一分、王學魯一分、王修魯一分、王孟龍一分、王廷□（六行）分、王自厚一分、王廷珂二分、王自明式分、王嶬一分、王稟一分、羅昇□四分、王自興一分、羅匡國一分、王遠一分、羅珍一分、王京一分、王廷師一分、羅儵一分、羅吾佐一分、王俟一分。

新生邑、左所、太平村共水一畫夜原額（七行）陸拾分復照前例：楊淳三分半、楊涵一分半、楊士偉式分半、楊丕德一分、楊世傑一分半、楊應魁四分、楊士胤一分、趙興文式分、楊士處三分、趙炳文式分、楊丕齊式分、楊弘寬式分、楊丕基一分半、楊發□一分（八行）、楊丕□一分、楊啟志一分、湯朝□二分、張必達一分、盧傑一分、張世問一分、盧智一分、周德美一分、盧俌半分、周德盛一分、盧王書一分、周德弘一分、盧儼一分、杜如蘭一分、盧□一分（九行）半、周伏二分、盧哲一分、段彥一分、盧彬一分、段應壬一分、□□□一分、段應遜一分、段應選一分、段和一分、段應元一分、段應龍一分、段應正一分、段應□半分、鮑愷半分、湯朝繝半分、盧□□□（十行）。

上簡村壹畫原額叁拾分今照前例：李犠貳分、李應□壹分、李仍敏貳分、李春科壹分、李仍龍壹分、李應萃半分、李後實壹分、李春壽壹分半、李□□（十一行）三分、李穎壹分、寶道雄半分、李毓秀壹分、湯文龍半分、湯文軒半分、羅天文壹分半、湯朝紹壹分、羅天□壹分、湯朝絨壹分、羅天仁半分、湯朝綸壹分、羅□耀壹分、羅天□壹分、□□（十二行）之壹分、羅天沛壹分、李順之壹分、羅天宵壹分、李科得壹分。

許常村壹夜原額叁拾分今照前例：湯龍壹分半、李□半分零一小分、□成一分、自思讓一小分、羅美一分、□□（十三行）一小分、自貞半分、羅輝一小分、羅秀半分、楊芳一分、羅輝式分、王廷瑒半分、王廷蕃一分、王廷珖半分、羅禮半分、王□半分、□昇一分、王印半分、王敦仁半分、王美玉半分、王廷准半分、□□（十四行）玉半分、王廷任半分、王開圖半分、王廷敦半分、王德謙半分、王廷凰半分、王星半分、王廷信半分、王昌半分、王潘半分、王德□半分、王位半分、王□□半分、王心脈半分、王□半分、王晟半分、□□（十五行）半分、王魁半分、王高科半分、王德□半分、王應運半分、王萃半分、王□熊半分、王□半分、王育才半分、王康半分、王廷朔□分、王訓半分、王癸半分、王□半分。

　　下簡村壹畫原額（十六行）拾分今照前例：湯朝繩一分半、楊有志半分、湯朝幼一分半、湯文龍半分、湯朝紹一分、湯啟元一分、湯朝緩一分、湯啟週一分、湯朝綸一分、湯□□三小分、楊新春一分半、湯文成一分、楊世田一分半、□□（十七行）半分、湯鏻一分半、湯朝繩半分、楊世高一分、湯朝□半分、劉正林式分、湯武一分、湯紹一分、湯必□半分、李春壽半分、湯節庸一分、湯登庸一分、李科德半分、湯英半分、楊從王半分、李□財□□（十八行）、楊啟泰半分、李躍鳳式分、李應萃壹分、楊啟祚半分、湯義半分、湯□法半分、湯法祖三分半、湯□一分半、王廷璒一分、湯純一分、王竭一分、□□楊一分、王恩一分、湯鬥柊一分、王穀半分、湯鬥□一分、□□（十九行）一分、湯邦和式分、王可正半分、湯潯一分、湯美一分、王德崇半分、湯複江一分、王德璽半分、王管國一分、王德配三分、湯德餘一分、王蒼呈半分、王孟龍一分、王達半分、王經半分、羅龍半分、王朝玉一分、王罟半分、□□□（二十行）一分、王德糧半分、王峻半分。

　　阿獅邑壹畫三夜原額陸拾分細分為壹百分：楊弘□□、湯洵一分半、楊弘禮三分、□□壹分、楊詠一分、楊□偉式分、楊□一分、羅天仁半分、楊天□一分、楊弘□式分半、楊浩□半分、楊□□□、楊（二十一行）銃三分、楊元修一分、楊正宇三分半、楊□□一分、楊□一分半、趙國民半分、□□□一分半、□□四分、楊□書三分、楊嘉三分、羅文□一分半、趙文一分、羅文集一分、趙□一分、羅寬一分、王德晤一分、羅世榮一分、趙處三分、□□□□□（二十二行）、楊其□一分、羅文得一分、楊啟□一分、楊□珍一分、楊其□式分、楊□賢一分、羅□□一分、楊□□式分、羅□□一分、楊□采一分、羅□□分、湯□一分半、羅海□半分、羅伏□一分、羅在□一分、羅春運一分、□□□□□□（二十三行）□□半分、羅□□半分、□□□□□□一分、羅麗半分、羅□□半分、羅美半分、楊□式分半、羅永□半分、楊□式分、羅□一分、楊誠一分半、楊升安一分、楊□明一分半、楊詳一分、楊□□□□□□（二十四行）。

　　（下缺一行，移立碑時被砂灰水泥覆蓋）（二十五行）

　　【概述】該碑文未見文獻記載，資料為調研時所獲，行數、標點、字數等為新增。碑存祥雲縣禾甸鎮五大村龍泉寺，原嵌於寺門過道西側牆上，近年寺廟重新修繕，現立於寺門過道東側，是以碑陰文字得以重見天日。碑陰額上楷體鐫刻"同治四年四月二十二日五村眾姓士民合立"18字，碑文直行楷書，文25行，行18-86字，碑陰計約1800字。碑陰刊刻了雍正年間，雲南縣正堂關於禾甸五大村各村各戶利用龍泉水的水分、額數的詳細規定。

重修大板井碑序

王鳴岐

重修大板井碑序（一行）

城西之南，有溥博①井焉，即俗名大板井（二行），為前太守薛伯陽先生所掘。先生精（三行）風鑑②之術，創建郡城規模皆其手定，則（四行）鑿井拎斯，知必有關于龍脈風水也。況（五行）四城內外，井亦甚多而水味鹹澀，總不若此（六行）井之清且甘。故自西而東，而南，而北，無不湯（七行）水同需。蓋此井之有功建邑者，五百年（八行）拎茲矣。近因修理久疏，而綆汲常擁，土頹（九行）石壞，岌岌欲覆。若不亟早維理，非唯負前（十行）賢開井之恩，亦③遺後人飲渴之苦。今歲仲（十一行）夏，里中父老會集倡議重修，詢謀僉同（十二行），眾善士亦踴躍爭先，共捐功德銀壹佰肆拾（十三行）餘金。拎是擇土興工，未越月而告成。夫散（十四行）財發粟，非無以濟閭閻。推食解衣，亦足以（十五行）周窮困，然能暫而不能久，能近而不能遠（十六行）。孰若斯井之澤被蒼生，恩流百世。易曰（十七行）："井養不窮"，其是之謂乎？然則諸君（十八行）子之同心同力，以成④此善舉者，亦將與斯井（十九行）同于不朽矣，是為序（二十行）。

吏部揀選知縣壬子科鄉貢進士（二十一行）

文峰王鳴岐撰文（二十二行）

吏部候選直隸州分州阿陽恩進士（二十三行）

虞廷李韶九書丹（二十四行）

同治九年⑤歲在庚午孟冬月朔八吉旦（二十五行）

【概述】碑存建水縣大板井龍王廟內，立於同治九年（1870）。碑額刻"永垂不朽"4字。碑文直行行書，文25行，行7—15字，計約400字。王鳴岐撰文，李韶九書丹。碑文記述了因年久失修，大板井岌岌可危，為不負前賢開井之恩，里中父老倡議捐資重修該井的經過。

【參考文獻】許儒慧．遺留在建水碑刻中的文明記憶．昆明：雲南人民出版社，2015.11：54—55.

據《遺留在建水碑刻中的文明記憶》錄文，參拓片校勘，行數為新增。

---

① 溥博：周遍廣遠。語出《禮記·中庸》："溥博淵泉，而時出之。"
② 風鑑：鑑，同"鑒"。風鑒：相面術。此處指看風水。
③《遺留在建水碑刻中的文明記憶》漏錄"將"字。
④《遺留在建水碑刻中的文明記憶》錄為"成"，據拓片應為"集"。
⑤ 同治九年：1870 年。

席草海水例碑誌 [①]

粵稽天一生水，而海為百穀之注，蓋川能折眾流而匯於一流，能通眾水而會於一水，故觀於海而歎，造物之無窮也。吾邑有席海由來遠矣，自黔國公平滇，其制已入版圖，內載周圍十五里，東至滌水田，南至山腳，西至海埂，北至吳家井，四至分明。收積干葛頂騎河壩水□□，攸灌田畝萬傾，軍民錢糧八十餘石。

雍正十三年[②]，巡撫都察院張，備陳水例牌到府轉縣，飭令鄉保查看據實稟報，本縣正堂請給印照，付水頭照此牌辦理，勿得怠玩，以致紊亂古規，誠慎重其事也。每年水頭按照時序，鳩工□村內外，查察堤岸溝渠，應行修塞處所，隨時外砌，毋庸任其淤塞倒陷，以及放沙截水等事，一切放水人等，亦莫不遵從恪守，罔敢抗違焉。但歷年久遠，古碑條亦朽壞，埂亦坍塌，水頭及村眾人等叩稟。

本縣正堂蘇太老爺台前給牌，督率修補糜廢，□支人工數千，未及月餘，俱已完固。□仝全村眾妥議，立定章程，聲明水利，遵照古規，逐一開列條款，勒石遵守，以垂永久云。

今將水例古規逐一開列於後。計開：

一、海垣四圍，聚納溪流管道之所，毋庸開挖溪壩塘堰等類，致使沙土淤塞海內。如再有違者，罰銀拾伍兩，秒海公用。

一、海邊水界之處，現有秧畝田丘，照舊布灑，如新自挑土放沙填海圈墾布種栽禾者，罰銀六兩修海。

一、立春之後，水頭分明溝渠，喚集人工，限定日期，趕緊將渠疏通修好，毋使阻滯。如違者，罰銀三兩。倘溝邊山腳挖塘秒壩，放沙填溝，並將泥土阻溝漾水者，罰銀陸兩修溝壩。

一、收貯海水，額有定數，滿平海界，四至兩頭石閘碼口流出為度，如有掘埂放水者，罰銀貳拾兩修埂。

一、開放涵洞，原有科條，立春開頭涵，灌溉豆麥；清明開貳涵，布灑秧種；三涵看其水多少，雨之早遲，水頭傳喚屯眾祭龍，約日期上下同開，違者罰銀伍兩修涵。

一、放着輪水之人，務於溝內分明水數多少，按定碼口□，晝水自卯時起至酉時止，夜水自戌時起至寅時止，不得擅自更易。如違者，罰銀三兩。若現在石閘碼□□□壞者，罰銀六兩，修碼口。

一、無輪水之田，並無輪水之期，不得早晚在於溝道混行，盜掘庠捅。揪撮他人輪水者，罰銀四兩。如將上溝之水盜放下溝者，罰銀捌兩修溝。

一、秒海垣堤岸，應聽水頭傳眾集議，按輪水均分，選期興修，捐給工料，踴躍趨事完固。

---

① 席草海："在縣治南十里。其海面周圍五六里，而水深不測，足溉田數千畝。"（楊成彪主編：《楚雄彝族自治州舊方志全書·楚雄卷》，1032 頁，昆明，雲南人民出版社，2005）
② 雍正十三年：1735 年。

若有推諉抗違者，罰銀伍兩，覓工補砌。

一、夏末秋初，耒作既畢，遵照古規，六月初二日塞涵，傳喚工料築埂修溝，邀攔干葛頂壩水入海，輪流轉收。倘有怠墮者，罰銀三兩。若盜放溝水者，罰銀伍兩修溝。

一、承辦水頭，須要勤慎公平，實心協力，四時查勘堤岸溝渠，稍有倒塌，即行補砌，以及紊規壞古，應行應止等事，不可徇情縱□。至每年捐給水頭谷石，各宜如舊清交，不得遲延拖欠。違者，照規究罰。

以上十條，系屯眾公議，務宜遵守，如有違規，定即鳴官處治究罰，□不□頭須至水利條約者戒。

上涵李伍拾壹輪，周而復始；王五七輪，周而復始；下涵九輪，周而復始。

鞠養元、胡學有、趙銘、王連芳、吳士全（計 51 人，姓名略）

嘉慶貳拾伍年 [①] 元月

同治十年 [②] 五月十一日調驗，具正堂黃

【概述】碑存楚雄市李家庵大海，同治十年（1871）立。碑文記述了由於歷年久遠古碑條朽壞、席草海壩埂坍塌，民眾稟請，縣府率眾督修，竣工後合村妥議立定章程，遵照水利古規輪流用水、修理堤壩并刻石立碑的詳細經過。

【參考文獻】雲南省楚雄市水電局．楚雄市水利志．內部資料，1996：192-193．

重修松華壩閘開浚盤龍江金汁河並新建各橋碑記

崔尊彝

昆明六河，盤龍江為大，分為金汁河。江之首，有松華閘，二河橐匙也。盤龍江水流低於田，有閘以束之，分水由金汁河循山而行，東菑數萬田疇，咸資灌溉，利莫大焉。自歷朝迄國朝，疊經修葺，蓄瀉有制，《滇志》載之詳矣。咸豐丙丁 [③] 以後，昆明禍患頻仍，沿河堤埂、閘壩，折毀居多，水利全荒，農民失業，國朝額賦亦無從徵收。迄光緒三年 [④]，予權糧儲道篆時，軍務甫竣，善後之策，農田水利為先。予疊次親履河源，熟加審視，並訪六河利弊，次第興除。因亟請之上憲，選派官紳襄理其事。始修松華閘，繼修軍民塘，堤埂長七十五丈；復建新濟橋、軍民閘；重修沈公閘、大波村橋壩、白龍閘、明月橋、南壩迎仙橋、前衛營橋、

---

① 嘉慶貳拾伍年：1820 年。

② 同治十年：1871 年。

③ 咸豐丙丁：屬誤，咸豐并無"丙丁"之歲次。應為"咸豐丙辰年"（咸豐六年，1856）；或者可將"咸豐丙丁"理解為："咸豐丙（辰）丁（巳）年"的簡稱，即咸豐六七年。

④ 光緒三年：1877 年。

梁家河橋，民忘其勞，尚有餘力；重修安瀾亭、觀音寺、咸陽王陵、萬慶塔；開浚轉塘河、擺渡河。是役也，費取諸公，夫出於民，諸官紳勤勞襄事，各農民俱踴躍趨公。工既竣，諸父老歡聲載道，僉跽而請曰："使君恩澤再造，我民亟宜勒諸貞瑉，以垂永久。"余曰："此官之職也，地方自有之利也。兵燹之餘，救其弊，扶其衰，使復其舊，余何功之有？余所厪念者，河道一年不治，即多阻塞，堤埂、閘壩數年不修，難免傾頹，有同歲殫民力，奉行故事，弊愈增而害愈甚。惟冀後之來者，軫念民瘼，不辭勞瘁，爾紳民等隨時擇要而請，俾弊常除、利常興，斯百年之利也，余亦與有榮施焉。"遂書以勒諸陰。各官紳與有勞者，水利同知魏錫經，委員陳勳、潘祖恩，紳士張夢齡、張聯森等，例得附書。

【概述】該碑立於光緒三年（1877），崔尊彝撰文。碑文記載了糧儲道崔尊彝督同水利同知魏錫經，委員陳勳、潘祖恩，紳士張夢齡、張聯森等，籌款重修堤埂、閘壩，開挖河道，修建橋梁、寺塔等的經過。

【參考文獻】牛鴻斌等點校．新纂雲南通志・七．昆明：雲南人民出版社，2007：19.

重修遺水碑記

蓋歷來梅花營田分為南溝、下河，自兵變而後，南溝碑記尚存，下河碑記失落。原古有定規按放，並無更易，因同治七年[1]發匪占居滅池，將此河壩橋頭城山腳石碑一座敲毀，後於光緒三年，有二會周天保等阻截索規，二比互控。蒙縣主成訊明公斷，給示勒石，永遠遵守為據。

特授雲南府易門縣正堂加三級紀錄六次成，為諭飭遵守，以靖爭端事。

照得梅花營士民湯之林、尹希賢、許兆麟、柳春甲及二會周天保等，爭控遺水一案，詳查北門一壩，載明邑志及碑記，均無任人啟閉之說可據。現經本縣親身履勘，審形核斷，梅花營應受遺水之處，固不得擅行開挖。其上游受水各戶亦不得全行壅塞，使遺水一流致有斷絕。至北門以下逐節新築小壩，每日自寅時起至戌時止，概准梅花營士民一律開放，以資灌注。其亥、子、丑三時，仍聽暫行阻截，以保吳家屯一帶田畝接濟之需。如此立法，尚無偏枯，以後作為永遠遵守之例，以免紛爭。除飭兩造人證具結完案外，合行曉諭。為此，示仰十會士民人等遵照。自示之後，倘有不法之徒首先索規，不遵約束，本縣惟有執法從事，不復以思意相待也。凜遵勿違，切切特示。

右仰通知

光緒三年四月二十八日
告示實貼梅花營曉諭

---

[1] 同治七年：1868 年。

【概述】該碑原立於易門縣梅花營，現存於城山水電局內。碑文為光緒年間易門縣知府判處梅花營士民湯之林等與二會周天保等爭控遺水一案的告示。

【參考文獻】易門縣水利電力局.易門縣水利志.內部資料，1990.12：336-337.

阳南村水例告示碑

三品御雲南儘先補用道大理府正堂毛

欽加布政使司銜雲南分巡迤西兵備道兼水利驛傳事加五級紀錄六次熊　　　　為（一行）

即補撫奠府特授雲南大理府太和縣正堂加三級紀錄四次夏

給示泐石遵守事。案據陽南村營頭、營尾兩登紳民王升恒、約總蘇怡、王世貴、楊璧、李盛元、楊重春、楊春等稟，為遵斷分水懇恩給示以垂永久一案，當經批飭公（二行）擬碑記底稿呈閱記。據兩造擬呈碑記並公同出具甘結前來，查所擬水例碑記條欵尚屬妥協，自應准其泐石，以資遵守，合行給示曉諭。為此，示仰陽南村營頭（三行）、營尾兩登紳民人等知悉。自示之後，務須各照公擬水例條欵永遠遵守，毋得紊亂爭競復起訟端。倘敢抗違，准其復稟來縣，以憑究治不貸，凜遵勿違，特示（四行）。今將閱定擬呈碑記開示於後：天下有利必有爭，水利關國賦民生，爭尤莫免。故，水利所在必定水例。例者，有規有條，利利息爭之當道也。例，無論歷石不遷之（五行）例，隨時濟變之例，出之必公，不然事易時移私勝爭起，利反為害。苟道也，烏得為例，烏得為水利。陽南二村水利古難盡述，據康熙存碣：北有黑龍箐等水式拾肆（六行）晝夜之小水，南有羊皮箐三四五六月共陸晝夜之大水，以二村同里甲差徭並有肆式分同放之例，焉分於合，焉讓於均，成歷古不逾之例也。公道照□□□例（七行）尋他例。據同治十三年二村所立和約，南以黑龍箐每月六晝夜之小水兩易，北分羊皮箐壹晝夜之大水既便，兩村之溝道又存肆式之古規，雖未經同立然亦（八行）足質信於民。雖有隱曲未公，亦未可謂非隨時濟衆之例也。墨跡未乾孰敢言義輕言別開新例，既自愚賤無恒，苟安則公議，弗論水利則私言不已。乾隆訟，夫嘉（九行）慶復屢訟，同治爭大，光緒丙午復大爭，遂昔約紊規。經縣、府、道曉訟，南訟北新開水例，北訟南不遵古例，屢結屢翻，閱年餘而章程未定。丁丑夏，各處仍例栽插紛（十行）然，二村知盡財揭無例可循，將各恃新舊符角力爭利，鄰里父老相言勸曰：愚賤不知法傳，人心世道之憂也。義不可默，往勸解之。二村老幼闔歡甘息，具呈結案（十一行），並述情懇恩給示垂碑，永為定例。蒙府尊批允，諭公擬二村水例碑記呈閱，鄰里父老不敢不畏庶人之議，亦不敢不畏官司之諭。爰遵上便不酌古通今，公擬（十二行）各例如是。蓋查二村水利隱伏情形，北村之田年行者多，不甚費水，需水可以少較南村，始則如一，繼則有餘。南村之田陂側者多，每甚費水，需水亦必多較北村（十三行），始則如一，繼則不足。糸以南村糧田倍於北村之數，確有"始必遵古如約，繼必有讓無"之理。但慮二村田糧不能古今如一，嫌隙現已，聚訟有年，難照古規不分畛（十四行）域肆式同挖。謹於古碑舊約中擬就各條，所謂酌盈以濟虛，少分者不為讓，衰多以益寡足，用而不争，息争以讓似屬便安也。雖非歷古不逾之例要，亦隨時濟護（十五行）之例矣。二村其於呈閱批驗以還盟諸心誌諸石，世世息訟無争，同富美利，無忘今日府尊之仁明焉，是為記。公擬水例各條開後：一擬羊皮箐水，三月拾（十六行）伍外壹晝夜，四月初十外壹晝夜，式十外壹晝夜，五月初十外壹晝夜，式拾外壹晝夜，六月初十外壹晝夜，共六晝夜，令營頭村挖；四月式拾外壹晝夜，共五晝夜（十七行），均令營尾村挖用，係已酌古碑舊約之中，南北上下田土之宜，二村愚昧不得尋故捏詞再起争端。一擬黑龍箐水，每月式拾壹日仍照舊規營頭村挖七晝夜（十八行），營尾村挖拾四晝夜無異。一擬舖司水，於二村式拾壹晝夜外，初八、十八、式十八分挖黑龍箐水共三晝夜，其營頭村分羊皮箐水壹晝夜，亦有分分挖，均照舊（十九行）規無異。一擬羊皮箐水六晝夜，三月十五後壹晝夜，作錢壹千五百文；四月初十外壹晝夜，作錢式千文；四月式十外壹晝夜，作錢式千五百文；五月初十外壹（二十行）晝夜，作錢叁千文；式十外壹晝夜，作錢叁千五百文。黑龍箐水每月壹晝夜，作錢叁百文，均為鄉約應役之費，亦照舊規無異。一擬羊皮箐水在六月內壹晝夜（二十一行），議定灌田有用者，作錢壹千伍百文；下河無用者，不許作錢，亦照舊規。一擬舖司水，分挖黑龍箐水叁晝夜，以有舖司之役不得作錢。在分挖羊皮箐水者，必照（二十二行）出錢歸火甲，亦舊規并前肆條係言水例干連。今已泐明，二村不得借故起争（二十三行）。

右仰通知（二十四行）

光緒三年六月十九日示

紳民： 王豐恒　 李光廷　 王濟恒　 李　忠

王世貴　 王蘇恒　 李光輝　 蒲榮坤　 李光遲

王升恒　 李上青　 蒲　杰　 李應清　 蒲　杵

楊枝芪　 楊枝葵　 楊　岫　 蒲萬具（二十五行）

告示

憑親友文生： 周克勉　 楊元貴　 楊澤蘭

董根遠　 楊　旭　 王應中

楊泮林　 段大光　 趙金坤

實貼陽南村曉諭（二十六行）

【概述】《中國少數民族古籍總目提要·白族卷》有該碑的題錄及簡介，但碑文尚無文獻記載，資料為調研時所獲。碑存大理市下關鎮洱濱村委會陽南北村本主廟官圓堂內，大理石質，保存完好。碑高123厘米，寬67厘米，上部有斷痕。碑嵌於牆上，新修大理石碑頭一塊，寬67厘米，高47厘米，其上楷體陰刻"榮垂鄉里"4字。碑文直行楷體陰刻，文26行，行4-72字，計1498字。光緒三年（1877），官民同立石。原碑無碑名，現碑名為據文意新擬。

該碑是清光緒年間大理府正堂毛、分巡迤西兵備道兼水利驛傳事熊、太和縣正堂夏，斷定陽南村營頭（陽南北村）、營尾（陽南南村）兩登水利紛争一案的告示碑。碑文記述了光緒年間，太和縣陽南村營頭、營尾兩登民眾争水起訟端，地方官府遵古碑舊約并據當時實際情況，酌情調配，公正斷定黑龍箐、羊皮箐等水利使用及管理章程的詳細經過。該碑是研究清代白族地區農村水利分配及管理的重要史料。

西閘壩碑

為開河復古，給示勒碑，以杜訟端事。

案查霑益新橋河，係古臘溪江水，由州境東下南甯[1]會白石、瀟湘以達陸涼，上關國賦，下繫民生，載在州志，本屬經流古道。

自咸豐初年，有上河民人因水挾泥沙，水漲田肥，種植有益，私於龍家塘壞堤決口，放水淤田，遂將小口轉成大溜，正河大片淤塞，於是，下游各村無水栽秧，累年爭控。

上年[2]春夏，又因築堤攔水彼此互控。經本府[3]、本州[4]、本縣[5]迭次親往會勘，查得大河淤塞，沙平如岸，顯係上游人民衹知利己，不顧損人，屢次決堤放水所致。本應勅令上河士民出夫挑淤，姑念事非一日，罪非一人，不肯深究以全鄉誼。擬於開復古河之中，分給溝河水利，俾其永遠相安。

斷令，大河應開，勻水放入溝河，以示公道。故令下游士民丁治齊等，公出人夫，代上游開河除淤，至龍家塘掘堤原處橫流要口，即斷令，上游九屯士民段開泰、鄧宗賢等按地出夫，建築土壩一道，以資攔水，壩中許鑲石硐一個，硐口凸字倒形，壩高一丈五尺，壩身上面計八尺寬，下面計二丈五尺寬。石硐口門，上半截定六尺寬，以洩洪流，下半截定二尺寬，以通清水。又於石硐之外，添做石槽，預備木枋，設遇天旱應放下閘枋淮，於閘枋頭上放五寸深流水歸入溝河。不得將水全行放下，致使下游無水栽秧。務使上游、下游均分水利，永不許移易更張。

以後，倘遇壩傾硐圮，應由上河九屯一力承修，如有私拆私壞，應照盜決河防律治罪。兩造咸願遵斷，此[6]上河士民段開泰、鄧宗賢、張朝玉、張朝升、莊新澤、孫明德、鄧學玉、劉國元、莊德純、陳占受、韓登標、趙鴻儒等已將壩硐鑲築如式。下河士民丁治齊、丁承武、朱自昂、崔雲發、蘇鳳三、李本立、李先義、李在春、鄧紹先、施君亮、劉光彩、戴萬鎰、戴恩德等亦將大河開挖深通，報經官驗，均屬堅固深暢。從此，大河復古，小港分流，上下各村，均霑利益。爭端既息，國賦日充，一水[7]荷天庥咸歌樂利。惟事關復古，須垂永久，

---

① 南甯：今曲靖。

② 上年：據下文，指光緒三年（1877）。

③ 本府：即曲靖府。

④ 本州：即霑益州。

⑤ 本縣：即南甯縣。

⑥ 《霑益州志》錄為"此"，據《霑益州志》應為"茲"。

⑦ 《霑益州志》錄為"一水"，據《霑益州志》應為"永"。

除將辦理緣由及兩造甘結詳明立案外，特再給示，准其鐫碑兩座，一置上河澄清菴，一置下河雲龍寺豎立，俾使眾目共瞻，以杜訟端而資永利。特示。

光緒四年[1]五月初十日示

【概述】該碑立於光緒四年（1878）。碑文記述沾益縣新橋河上游士民與下游士民之間的水利糾紛，後經官府斷令：由下游民眾開河除淤、上游民眾築壩鑲石洞，以使上下各村均分水利，并給示勒石。

【參考文獻】郝正治校注．沾益州志．昆明：雲南人民出版社，2009.7：263-264；（清）陳燕等修，李景賢等纂．霑益州志（全）．臺北：成文出版社，1967.9：197-198.

據《沾益州志》錄文，參《霑益州志》校勘。

欽命督理雲南屯田糧儲分巡雲武地方兼管水利道崔為碑

欽命督理雲南屯田糧儲分巡雲武地方兼管水利道崔　　　　　　　　　　　為[2]

給示遵守事。光緒五年五月二十九日，據廣南衛村民李正秀（一行）等，呈控羊堡[甫]頭村武生李顯文強霸水利，又據羊堡[甫]村鄉民資（二行）永年等，控告廣南衛村鄉民李正秀等惡騙水口、紊亂古規各（三行）等情到道。當經批示水利同知親往勘驗，提案訊結。嗣據水利（四行）同知查勘明確，斷令兩造仍遵舊章，各由各溝引水灌田。並令（五行）廣南、義路兩村人民，速將廣濟溝挖深三尺，務令疏通以利遄（六行）流。倘挑挖之後無水，再為酌辦。其順山溝之水，先盡羊堡[甫]頭村（七行）引灌栽插，俟有盈餘，分入廣濟溝均資灌溉。詳請核示前來，本（八行）道復派委密查繪圖參之，該同知所斷甚屬平允，批令如詳斷（九行）結。復據廣南衛村鄉民楊元等續呈水利不均、錢糧無着等情（十行），查水利攸關農田，不能不澈底究明。復批令雲南府查明原案（十一行）、圖說、提案，秉公訊斷。去後，茲據雲南府毛守詳稱，緣昆明縣屬（十二行）羊堡[甫]頭大小兩村並廣南衛、義路村，各農田皆賴寶象河水分（十三行）流灌溉。羊堡[甫]頭大小兩村向於河之南岸上段開溝鑲砌涵洞（十四行）引水，各順山溝。廣南衛、義路村亦於河之南岸中段開溝引水（十五行），名廣濟溝，與順山溝兩水分流十字交會之處，用石上下鑲砌（十六行）。順山溝架石槽如梁渡流而過，廣濟溝之水穿洞而出，兩不混（十七行）淆最為清晰。因慮水勢泛溢有損溝埂，羊堡[甫]村於石梁渡水處（十八行）留有缺口，因時啟閉。水泛之時，開此缺口分水入廣濟溝以殺（十九行）水勢，稱為關清放洪，並可保護堤埂，歷久相安無異。因廣濟溝（二十

---

① 光緒四年：1878 年。
② 此行應為第一行，全文計 43 行。

行）年久失修，沙石壅淤太甚，分流不暢，引灌不敷，楊元等不思尋（二十一行）源疏浚，見順山溝水滔滔不絕，輒生覬覦坐想[①]其成，指順山溝（二十二行）之石梁缺口為歷來分水舊章，煽惑無知啟壩爭放。羊堡［甫］頭村（二十三行）民見而攔阻，兩相爭鬧致肇訟端。經水利同知勘訊明確，斷令（二十四行）仍照舊章辦理。迺廣南衛村鄉民楊元等違斷不遵，續呈上控（二十五行）。

奉批傳審供悉前情覆核魏丞勘斷原極公允，楊元等以順山（二十六行）溝石梁缺口為水分古制，籍圖便宜，取巧翻控。查順山溝石梁（二十七行）缺口既為分水舊規，何以每年修挖溝道僅羊堡［甫］頭大小兩村（二十八行）人民出夫？該廣南、義路兩村並無一夫協濟，且廣濟溝以［與］順山（二十九行）溝十字交會之處，鑲砌石硐、石梁確有區別，並非虛設，豈容擾（三十行）亂。反復開導，楊元等始各悔悟，俯首無詞。現飭兩造各遵原斷（三十一行），仍照舊規引灌。並令楊元等，速將廣濟溝挑挖深通以利分流（三十二行）。倘仍無水，再為酌辦。至羊堡［甫］頭大小兩村，每年由順山溝引水（三十三行）灌田，如有盈餘，仍由缺口分入廣濟溝，俾廣南衛、義路兩村田畝（三十四行）利澤均沾。眾皆悅服，取具遵結，詳請銷案，並請給示遵守，前來（三十五行）本道復核。該府勘斷各節甚屬平允，兩造均各遵斷應准，如詳（三十六行）銷案給示遵守。除劄雲南府暨水利同知遵照辦理外，合行給（三十七行）示。為此，示仰該鄉民人等一體遵照，永遠遵守，毋得再啟爭端（三十八行）。倘有抗違，許即指名稟請，提究不貸。切切！特示（三十九行）

　　　　　　　　右仰通知

　　　　　　　　光緒五年八月初四　日 示

　　　　　　　　告示　　　　　　發羊堡［甫］頭大小兩村勒石曉諭

　　【概述】碑存昆明市官渡區小板橋鎮普照寺內。碑為墨石質，高56厘米，寬84厘米。碑文記載：光緒五年（1879）五月，因農田灌溉用水糾紛，致廣南衛、義路與羊甫頭大、小兩村引發官司，經水利同知"親往勘驗""平允"審理結案。後廣南衛村民再引爭端，經雲南府及水利同知再行勘斷，公平審理，反復開導，致使引發爭端的村民"悔悟"，"俯首無詞"。由於官府對水利糾紛的重視，審理的"公允"，當事村民"眾皆悅服"，"詳請銷案"。為使"鄉民人等，一體遵照，永遠遵守，毋得再起爭端"，於光緒五年（1879）八月刻石立碑。

　　【參考文獻】羊甫村志編委會．羊甫村志．北京：中國文化出版社，2013.7：247-249.

---

① 想：疑誤，應為"享"。

文公河歲修水規章程碑

署雲南府宜良縣正堂加三級紀錄六次卓異侯陞陸　　　　　　　　　　　爲^①（一行）

給示遵守事。照得宜邑水利，前明嘉靖間臨元道文公開修河道，上自江頭，下至樂道，歷年均有歲修。其沿河各村有水分者，則派歲修人夫，無水分者均不（二行）派，及此舊章也。道光二十年^②冬，本縣躬爲督率挑挖各河，查黑羊村以下，下游河身多已淤塞。券查，道光十二年前縣吳^③任內，確查上下游河身相接處（三行）所，沒入胡家營堰塘之內，此外河身並有改成田畝，種植樹木者。逐段跴定河形，首先捐廉，勸諭開挖。並令胡家營讓出堰塘二百五十三弓^④，修築堤埂，以通上（四行）下游咽喉要口。功已垂成，調任而去，迄今未及十年，前功幾已盡廢。今據橋頭營士民^⑤邱占瓊、呂元清，下墩子營士民王樹堂、袁文蔚、盛永裕，中所士民（五行）王世瓊、王文魁、羅寶等先後呈請，各願興修。查橋頭營本有水分，惟地高河長，工費最鉅；中所則向無水分。然自前縣吳任內，即與橋頭營同請修挖，同已用（六行）過工費。下墩子營雖有文公河水分，僅引上游餘水灌溉低田，而正河之水與該村溝路不通。今疏通正河，水難下注，仍於高田無濟。復查該三村見義勇爲（七行），既已同願請修，自應同沾水利。其橋頭營^⑥、中所兩處本有溝路可通，下墩子營一處，跴得柴家營村前可以開修溝道，引正河之水下通該村老溝。當令下墩子營（八行）與柴家營商讓溝路，代爲抬糧補價，寫立合同議單。柴家營村民亦已應允。於道光二十一年三月十五日一律興工，寬深如式；復於沙溝經過河身處所，鑲（九行）砌大小石過澗十道，上過沙石，下通河流，以防淤塞，於六月初十日，一律工竣。其堰塘內堤埂，以及胡家營村前橋閘，各工應行培修之處，現因江水已發，田禾（十行）正茂，無處取土，不能加修。已據下墩子營生員王樹堂、袁文蔚等呈請。水涸時再行認眞修建，投遞認狀在案。今議定各該村放水章程，先滿橋頭營堰塘，次滿（十一行）下墩子營堰塘，次滿中所堰塘，輪流分放，以免爭執。至歲修章程，各依本村界址修挖河身，其公河、公埂依十分算，橋頭營認四分五，下墩子營認三分，中所認（十二行）二分五，均於每年十月間認眞修挖一次。其過澗、橋閘各工亦各依門面隨時修補。再查前所涵硐係橋頭營士民鑲砌，爲引上游餘水灌溉低田而設。今文（十三行）公河下游已通，而前所涵硐低於河身，倘仍終年洩放，則上游河流至此已瀉，便不能直流下游正河。嗣後，橋頭營、下墩子營、中所等村於冬春存蓄餘水時，準（十四行）將前所涵硐堵閉，以使河

---

① 《宜良碑刻》錄爲“暑”，據拓片應爲“署”；“侯”，應爲“候”；行末漏錄“爲”字。
② 道光二十年：1840 年。
③ 吳：即吳均。見《永濟塘碑》注②
④ 弓：舊時丈量土地用的器具和計量單位，一弓爲五尺，三百六十弓爲一里。
⑤ 《宜良碑刻》漏錄“邱鴻銳”3 字。
⑥ 《宜良碑刻》多錄“營”字。

流直下，不准他村擅行開放；其大雨時行之際，恐河流滿溢，仍舊開放以暢支流。又查上墩子村本無文公河水分，本年開修下游（十五行）河道，該村亦並未幫夫挑挖。惟鑒查道光元年[1] 前縣江任内，詳準上墩子村由橋頭營二道涵硐地方開溝引水，灌溉該村田畝在案。查二道涵硐之水由（十六行）前所涵硐放下，今準橋頭營等村堵閉前所涵硐，則水難下流，於上墩子村未免向隅。今議定先儘橋頭營、下墩子營、中所三村堰塘放滿後，亦準令上墩子村（十七行）由柴家營所開新溝内接放河水五日。俟五日後，仍歸橋頭營等村依次灌放，不得紊亂；其每年歲修，亦應令上墩子村酌量幫給，以歸平允。至橋頭營、中所附（十八行）近各村，歷查舊卷，向無文公河水分，本年亦未幫同派夫修挖。現據左所民人李紊、尤鳳書、鐘大寶等呈請，情願幫全歲修，分沾水利等情，業經批準在案。此外（十九行），各村以後每年歲修之時，如有情願幫全修挖者，準其自向橋頭營、下墩子營、中所等處紳耆公全酌議，分放餘水，以從民便。如本年並未幫夫，各村及以後（二十行）又不認歲修者，不得恃強爭水，自干究處。以上各條業經本縣詳明（二十一行）。

督部堂桂、撫部院張，署藩憲費、護糧憲鄭，署雲南府宮批示，飭遵合行出示曉諭。為此，示仰該村營士民等知悉，以後放水歲修章程，均各遵照詳定章程辦理，毋得推諉草（二十二行）率，以致前功廢棄。其附近各村，如有不幫歲修，恃強爭水者，準隨時稟官究處，各宜凜遵毋違。特示（二十三行）

道光二十一年七月初三日示　　　　　右仰通知（二十四行）

告示　　　　　　發橋頭營勒石遵守（二十五行）

光緒六年[2] 庚辰歲仲夏月望三日吉旦

晉陽同治壬申年[3] 歲貢生七十有一李休書，橋頭營士庶同建

鑴石工：張自誠（二十六行）

【概述】碑存宜良縣南羊鎮橋頭營村報恩寺正殿外廊北牆。碑為青石質，高175厘米，寬65厘米。光緒六年（1880），李休書，民眾同立。碑文記述由於年久失修，文公河河道淤塞。道光年間，民眾自願呈請興修、疏通，竣工後議定文公河放水章程、歲修章程等并勒石告示。

【參考文獻】周恩福. 宜良碑刻. 昆明：雲南民族出版社，2006.12：62–65.

據《宜良碑刻》錄文，參拓片校勘。

---

① 道光元年：1821年。

② 光緒六年：1880年。

③ 同治壬申年：同治十一年，歲次壬申，即1872年。

阿舍鄉魚澤坡護林碑 ①

特授臨安府阿迷州正堂加三級記錄六次光　　　　　　　　　　　為

諭飭遵辦事。案據東山下五里紳管蔡修齡、楊添等稟，溝壩工竣，稟懇示諭看壩夫一名，水頭夫三名，小心看壩，並溝路一切等情。據此，除出示曉諭各寨人民，除遵照舊例外，合行示諭。為此，示仰看壩夫小李白等，遵照舊制，小心看守，不許牛馬踐踏。海邊左右樹木，照舊蓄養，不許附近村民私砍盜賣。倘有不遵者，報知紳管酌議該案。仍准免夫役雜項錢糧。各宜凜遵毋違，特諭。

茲據軍功楊添稟明各寨紳耆，將水路讓送壹文，以便通渠栽種，並立有送約可憑，永遠遵守，可也。

右諭，仰看壩夫小李白准此。

光緒七年潤 ② 七月十四日諭

【概述】碑存硯山縣阿舍鄉巨美村魚澤坡壩水庫管理處。碑為青石質，高90厘米，寬60厘米，額刻"永垂不朽"4字。清光緒七年（1881），由臨安府阿迷州正堂特示阿舍鄉村民立。碑文刊載了阿迷州官府關於東山下五里溝壩管理、壩夫水頭設置等之告示。

【參考文獻】文山州林業局.文山壯族苗族自治州林業志.成都：成都科技大學出版社，1996.6：554–555；曹善壽.雲南林業文化碑刻.芒市：德宏民族出版社，2005.6：418–419；楊偉兵.明清以來雲貴高原的環境與社會.上海：東方出版中心，2010.6：158；硯山縣志編纂委員會.硯山縣志.昆明：雲南人民出版社，2000.12：980.

據《文山壯族苗族自治州林業志》錄文。

板橋鄉上冒水洞村龍潭平水碑記

楊錫昌

蓋聞不朽之業，至性光昭於天地，無盡之事，人力輝映乎古今。李公喬者，先輩人也，舍己為人，而博躍之功無異於以私濟眾，而激行之機鮮枯稿。此源不知開從何代，而泉出自

---

① 《硯山縣志》錄為"阿舍魚澤坡水庫碑"（錯漏多）；《雲南林業碑刻》錄為"魚澤坡水庫護林碑"。
② 潤：疑誤，應為"閏"。

414

康熙年間，不假五下之鑿，則興①夏禹治水之功無異。豈性②三村沾恩，即鄰村俱萬世載德矣。夫溝槽之制既作，井田之制漸興，德被黎庶蒼生，枉澗奠作安瀾，占大川之利。涉旱道掘為水道，欹！耕耘之繁昌也，後世不忘本源，因建龍王廟，將公神像奉於其內，以慶馨香之報。

歷咸豐丁巳年③，兵燹頻遭，廟宇毀壞，□邀二村老幼，同心協力共赴，鳩工於光緒庚辰年④重修，此亦後世不忘之意耳。噫嘻！昔山聆⑤之竹禾⑥以右軍傳，如柳州之山水以子厚著⑦，山名水零⑧，竹修木茂，豈不然哉。化雨恩風，俾萬姓春耕不綴。夫夏薅出作入息，望兆民收穫，更思冬藏，上輸國課，下育家人。奈人心不測，古道無存，只圖己南放⑨洋溢，罔顧人西郊苗槁。每到春耕之日，不遵上滿下流之制，縱砌挖水溝石平口，愛⑩糾梓里互相稽察，若小滿後或砌或挖者，眾人察知，罰銀拾兩以充公用，或修廟宇，或補路途以鑒戒，以警洗⑪風，庶國庫能輸而家人可養。余丙子年遊學此地，不忘固陋，略表其事，言簡而賅，是以為誌。

計開：

小滿後挖者，罰豬一個、米一斗、酒一挑，忽謂言之不先也。

路邑稟⑫生楊錫昌撰書

光緒辛巳年⑬季冬月之望五日二村眾姓吉旦同立

【概述】碑存石林彝族自治縣板橋鎮上冒水洞村，碑呈圓柱形，高200厘米，直徑93厘米。文17行，行34字，共471字，正書。光緒七年（1881）立，楊錫昌撰文并書丹。碑文記述咸豐年間上冒水洞村民齊心協力重修龍王廟，議定農田灌溉用水規約之事。

【參考文獻】政協石林彝族自治縣文史資料編輯委員會，石林縣文物管理所. 石林文物志. 內部資料，1999：27-28；石林彝族自治縣水利局. 石林彝族自治縣水利電力志. 內部資料，2000：293；實光華等. 石林文物研究. 昆明：雲南民族出版社，2010.5：44-45；雲南省文化廳. 中國文物地圖集·雲南分冊. 昆明：雲南科學技術出版社，2001.3：47.

① 《石林文物志》錄為"興"，據《石林彝族自治縣水利電力志》及上下文意，應為"與"。
② 《石林文物志》錄為"性"，據《石林彝族自治縣水利電力志》及上下文意，應為"惟"。
③ 咸豐丁巳：咸豐七年（1857）。
④ 光緒庚辰：光緒六年（1880）。
⑤ 《石林文物志》錄為"聆"，據《石林彝族自治縣水利電力志》《石林文物研究》等及上下文意，應為"陰"。
⑥ 《石林文物志》錄為"禾"，據《石林彝族自治縣水利電力志》及上下文意，應為"木"。
⑦ 《石林文物志》疑漏錄"稱"字。
⑧ 零：疑誤，應為"靈"。
⑨ 《石林文物志》錄為"放"，據《石林彝族自治縣水利電力志》及上下文意，應為"畝"。南畝：指田野。
⑩ 《石林文物志》錄為"愛"，據《石林彝族自治縣水利電力志》及上下文意，應為"爰"。
⑪ 《石林文物志》錄為"洗"，據《石林彝族自治縣水利電力志》及上下文意，應為"澆"。澆風：浮薄的社會風氣。
⑫ 《石林文物志》錄為"稟"，據《石林文物研究》及上下文意，應為"廩"。
⑬ 光緒辛巳：光緒七年（1881）。

功德水例碑記

大清光緒九年[①]歲次癸未臘月十九日，重修龍王殿宇以及泮池（一行）。

首事人：虞勝春、楊懷清、楊耀祖、環佩珩、伍兆麟，邀約合川紳管以及（二行）□□□十輪水人。所捐功德，垂列於后。記開：

石匠：方秉忠、李鳳揚；木匠：蔣儀；泥水匠：趙；塑匠：王（三行）虞世英功德銀五兩、虞勝春功德銀五兩。煉昌功德錢一十一千二百文，天馬管環玉沛錢壹千，功德錢貳拾四千文。王貴錢陸千。江頭村功德錢四千四百文。前所功德錢九千文（四行）。蛟旗營功德錢二千文。郭官營功德錢四千五百文。高官鋪功德四千八百文。下水口功德錢一千文。上久約村錢一千文（五行）。秆香村錢一千文。猾里錢二千六百文。下久約村錢一千五百文。板橋錢一千文。伏石婆□錢一千文（六行）。三甲錢一千六百五十文。白長村錢二千文。小規槽文錢一千文。田心錢一千文。阮家營錢一千文（七行）。汪旗營錢一千八百文。上棕棚錢一千六百文。下棕棚錢一千文。代家凹錢五百文。羊家房錢七百文（八行）。果城錢一千二百文。上村錢五百文。六子溝錢四百文。舊站錢一千六百文。小橋錢一千文（九行）。大坡錢一千文。葫蘆上下蔺錢二千文。付勤錢一千文。雲邑下村錢二千六百文。謝官營錢一千文（十行）。嘴子上、小馬房二村錢七百文。乾海子錢一千文。徐旗錢六百文。周里營錢一千文。雲邑三街錢三千文（十一行）。依鮓錢一千文。東海新莊錢八百文。老張營錢一千六百文。美長村錢一千文。鹿窩錢九百文（十二行）。水目山錢四百文。季伍營、許家營各村三百文。潘、陳二營錢一千文。波里約錢一千文。松梅村、大海子各村五百文（十三行）。龍洞錢三千文。下左所錢一千文。沙鍋村錢五千文。迤頭村錢一千文。草場錢六百文（十四行）。承明以含三□千文，趄香村罰疑銀十五兩，煉昌罰款十六兩，任發勝錢一千文，沈福萬錢一千，伍兆群錢五百（十五行）。

每輪派錢拾五千文，米三斗。其有輪水由五月初一卯時接水，放到初二寅時交。首輪王璉，二輪楊應（十六行），三輪楊正法，四輪楊丕育、陳賢，五輪伍興楚，六輪蔣儒，七、八二輪沈洲、沈興，九輪段玉堂，十輪環正輔。周而復始。重立（十七行）。

【概述】該碑未見文獻記載，資料為調研時所獲。碑鑲嵌於祥雲縣雲南驛鎮天馬、練昌龍王廟大殿右側牆上。青石質，高94厘米，寬62厘米，額刻"功德水利碑記"6字。光緒九年（1883）立石，保存完好。碑文楷體陰刻，文17行，行26-64字，計664字。碑文詳細記述了重修龍王廟及泮池，練昌、江頭、松梅、龍洞等村所捐功德情況及分十輪輪流放水的具體規定。

---

① 光緒九年：1883 年。

新灘大河義渡碑

鄭占勳

世襲芒部府魯那引芝堂欽加四品御郎補都閫府隴[①]**，為義渡世遠勒石垂碑事。**

嘗聞，莫為之前，雖美弗彰，莫為之後，雖盛弗傳，此固善由人作，而福自天庇者，且此之謂歟。如我新灘大河，石橫水湧，廣闊難涉，迫涉者恒遭非常之冗，乘浮者罕有不測之憂。故來往客商，每多受其艱辛萬難者，向非一日矣。予也思，欲與二三同人，募其多金，助其益善，或修木橋，垂數十年之堅，或造石橋，免千人之沉危。然而時異世殊，川石徒[②]簪，各安杆[③]梁於蕩巍之江河，非千金不可興，而人力亦難至於此，執問心真，令人畏作而憚為也。夫，棄畏為之盛事，而廢無窮之陰功，又非君子萬全之法也，何也？斷不必募四方君子，造橋樑而傷害無益。獨自回首裁躑，則一人可以自圖耳。吾閱陰騭而睹帝君所云："一則曰造河船以濟人渡，一則曰捐資財以成人美。"吾當從其言而效法之也。由是，造舟為梁，請稍子而舍，每年之需用，雖白渡人無財，如遇水漲，駱驢牛馬，方取十文，羊豕豬隻，給稍四文之數，為酒財之費用。如水漸消，只收二文，不必掯人勒索，枉取財耳。此一舉也，前之憂不測，但於船舟交付河岸，爾戶以文合眾等，恐猛滂沱，那時不到。不到之戶，如失舟拋，罪魔承倍，免而受其艱辛者，今皆受極[④]救而惠澤矣。故以勒石垂碑，永移[⑤]不朽，是此為序。

濟渡施主隴釗秀率男隴輔臣、頭人龔洪順、幫經鄭應珊、義渡林天賜、管事陳仕珍、永邑寒士鄭占勳撰題，匠士蘇正興同辦。

光緒九年仲冬月正浣望日穀旦吉立

【概述】碑存鎮雄縣坡頭鎮營上村新灘渡口，光緒九年（1883）立。碑高153厘米，寬80厘米，額鐫刻"永垂萬古"4字。碑文共計469字，現保存完好。碑文記載新灘大河水流湍急，廣闊難涉，來往客商屢遭不測，隴釗秀造舟為梁仗義濟渡世人并勒石垂碑之事。

【參考文獻】鎮雄縣志辦公室．鎮雄風物志．內部資料，1991.10：66-67.

---

① 隴：即隴釗秀，係芒部土司後裔，世居魯那（今營上村），家寬富裕，常作公益之事。隴釗秀仗義濟渡，勒石記事，則是一功。
② 徒：疑誤，應為"陡"。
③ 杆：疑誤，應為"杠"。杠梁：橋梁。
④ 極：疑誤，應為"濟"。
⑤ 移：疑誤，應為"遺"。

重修溫泉浴亭[①]記碑

蔡元燮

重修溫泉浴亭記（一行）

　　水隨地而有泉，而溫若有獨異者，以其或有而或無也。然山之有陽谷，地有火井，水之有溫（二行）泉，皆聚氣使然，非如德水、醴原[②]之偶爾清甘也，又何異焉？且浴，沂[③]徵於魯[④]，論溫谷紀于秦都[⑤]，他（三行）若王褒[⑥]之銘，張衡[⑦]之賦。酈山[⑧]華清之所遊，庾信[⑨]秦觀[⑩]之所述。凡見於《博物志》《水經注》及《古圖經》（四行）地志者，殆將以什百數，而滇未有聞。滇於中州最遠，其入職方列版圖，又最後。元、明以前，冠蓋（五行）之所罕經，文人學士足跡不至焉。安寧號第一泉，實自楊升庵[⑪]始，而螳川[⑫]更未有及者。斯泉（六行）也出於礁碚之下，蕪沒於荒榛斷梗之間，徒令樵夫、牧豎、野人、遊女、夷猓之屬玩之，濯之相與（七行）嬉戲，而評論泯泯然，弗傳於世。即傳而弗及於遠，其沈晦不

---

① 溫泉浴亭：始建於清雍正年間，乾隆、道光年間重修。

② 德水、醴原：德水：黃河的別名；醴原：疑誤，應為"醴泉"。

③ 沂：（沂河）水名，源出山東省，至江蘇省入海。

④ 魯：地區名。今山東省泰山以南的汶、泗、沂、沭水流域，是春秋時魯地，秦漢以後仍沿稱這地區為魯，近代又沿用為山東省簡稱。

⑤ 秦都：秦朝的都城咸陽，即今陝西西安。

⑥ 王褒（公元前90—前51年）：西漢著名辭賦家，字子淵，蜀郡資中（今四川資陽）人，漢宣帝文學侍從、諫大夫。著有賦十六篇，今存《洞簫賦》《九懷》《甘泉宮頌》《碧雞頌》《僮約》等。

⑦ 張衡（78—139）：東漢科學家、文學家，東漢六大畫家之一。字平子，河南南陽西鄂（今河南南陽縣石橋鎮）人，曾任南陽郡主簿、郎中、尚書侍郎、太史令。精通天文曆算，創制渾象、候風地動儀、指南車、自動記里鼓車、飛行木鳥；研究過圓周率，繪製中國第一幅較完備的星圖。著有《靈憲》《靈憲圖》《算網論》《二京賦》《歸田賦》和《四愁詩》等。

⑧ 酈山：即驪山，在陝西省臨潼縣東南。因山形似驪馬，呈純青色而得名。主峰海拔1302米，屬秦嶺支脈。奇峰突兀，松柏蒼翠，有烽火台、兵諫亭、華清池、秦始皇陵等名勝古迹，為全國重點風景名勝區。

⑨ 庾信（513—581）：北周文學家，字子山，南陽新野（今屬河南）人，善詩賦、駢文，其作綺豔經靡，有《哀江南賦》等名篇，累世傳誦，後人輯有《庾子山集》。

⑩ 秦觀（1049—1100）：字少遊，一字太虛，江蘇高郵人。被尊為婉約派一代詞宗，別號邗溝居士，學者稱其淮海居士。北宋文學家、詞人，宋神宗元豐八年（1085）進士，曾任太學博士（即國立大學的教官）、秘書省正字、國史院編修官，代表作品有《鵲橋仙》《淮海集》《淮海居士長短句》等。

⑪ 楊升庵（1488—1559）：字用修，號升庵，四川新都人。明正德六年（1511）狀元，授翰林院修撰，以博學著稱，其著作號稱400種，今存約200種，詩詞數千首。

⑫ 螳川：指古之東川，今之會澤。今東川、會澤，巧家古代為螳螂地，故有螳川之說。

知幾千百年，吾以悼斯泉之不遇（八行）也。光緒丁丑①冬，元燮②來守郡，公餘之暇覽山川、訪遺軼聞。陝人崔公乃鏞者為守，雍正時嘗種（九行）柳，築室其上，距今百五十載已。圮毀掃地無蹟矣，蹉夫！士君子蘊四時之氣，具中和之德，蠲厲（十行）蕩穢興贏起瘠，其澤足以及庶類而垂永久。遭時不遇，屏於寂寞之濱，為讒人媚子所齮齕。而（十一行）扯抑者何可勝？道斯泉雖僻處，尤得崔公表彰之，自為東川十景之一，灼然在人耳目。然則斯（十二行）泉亦不可謂不遇也。歲壬午③，元燮將去郡；捐金，屬郡人為浴亭，閱三月而畢工。凡為屋二所，計（十三行）高八尺，深丈許，廣七尺，門其中，以便浴。如施薄然。明年冬，予以銅務鐫職，重遊於此，始取道往（十四行）浴，馬前既歌詠之，爰為之銘曰：（十五行）

　　寒谷春，鄒吹律燒④，冰雪成金，玉泉之溫，匪幻術。解愠鬱滌煩痾，伏炎德起喧波，非石硫或丹（十六行）水火合元氣，多□百世養太和。構斯亭久，將敝嗣葺之，期勿替壽諸石，為泉慰（十七行）。

光緒九年歲在昭陽⑤協洽冬十一月

武陵蔡元燮記（十八行）

螳川劉昭鑒書丹（十九行）

石工卜雲（二十行）

　　【概述】碑存會澤縣城西約8公里處的熱水塘。碑為青石質，長方形，通高134厘米，寬69厘米，厚20厘米。額呈半圓形，高31厘米，額正中楷書陰刻"滇南第二泉"5字，四周加刻兩道陰綫，呈長方形框，框外加刻如意紋裝飾，形同牌位，左右兩邊陽刻兩組如意紋裝飾，圖案細膩而精美。碑文楷書陰刻，文20行，行4-36字，計583字。清光緒九年（1883）立，武陵（今湖北竹溪縣）蔡元燮撰文，螳川劉昭鑒書丹。碑文主要記載了會澤溫泉村的歷史、溫泉的水質以及重修浴亭的經過等情況。該碑對於研究會澤溫泉及當地的風俗民情有一定的參考價值。1986年，該碑被會澤縣人民政府公布為縣級文物保護單位。

　　【參考文獻】徐發蒼.曲靖石刻.昆明：雲南民族出版社，1999.12：240-245.

<hr>

① 光緒丁丑：即光緒三年（1877）。
② 元燮：即蔡元燮，湖南舉人，時任東川知府。
③ 壬午：即光緒八年（1882）。
④ 鄒吹律燒：相傳戰國齊人鄒衍精於音律，吹律能使地暖而禾黍滋生。《列子·湯問》："微矣子之彈也！雖師曠之清角，鄒衍之吹律，亡以加之。"張湛注："北方有地，美而寒，不生五穀。鄒子吹律暖之，而禾黍滋也。"後因以"鄒律"喻帶來溫暖與生機的事物。
⑤ 昭陽：歲時名。十干中癸的別稱，用於紀年。

重修龍神祠碑記

陳 燦[①]

聞之，國以民為本，民以食為天，然必雨暘時若而後百穀用成。龍神者，所以敷霖雨、滋稼穡、粒烝[②]民、裕正賦者也。赫靈濯聲，載在祀典，禮至隆而所關亦至鉅焉。郡城舊有龍神祠，兵燹後，祠毀弗修。光緒甲申[③]夏，雨澤愆期，余約同寅諸公，恭設神位於城隍祠，竭誠走禱，甘霖立沛，農田浦[④]霑，官民大悅。余語諸公曰："是既有以荷神庥，而無以妥[⑤]神靈，可乎哉？"因共詣神祠舊址，徘徊瞻眺，泉香草美，地廠培幽，四面峯巒，環抱拱向，洵地脈之所聚，神靈之所宅也。爰與龔海門明府首捐廉為之倡，而同寅諸公、郡中紳耆復釀[⑥]金若干，屬紳耆陳君思增、卜君云熙、朱君炳鳩工庀材，監視督修。經始於光緒甲申[⑦]九月廿日，落成於冬月廿日。余與海門明府率紳耆設位而薦馨香焉。祠宇丕煥，神所憑依，祈禱報賽，於是乎在。自今以始，迓和風甘雨之祥，衍歲豐民樂之慶，以介我稷黍，以穀我士女，不其懿歟！余重有望焉。

祠之中為龍泉，一名碧霞井，澂瑩甘冽，號郡中第一泉。東與鳳泉滙，因楚俗有"龍泉滙鳳泉，三年出狀元"之諺。祠鄰祇園寺，即古龍泉書院，為傳臚李公啟東讀書處。鄉先達流風遺韻，猶有存焉。都人士來遊於此，挹碧霞之清波，沐先輩之遺澤，求無負靈秀之鍾，而斯為山川生色，[⑧]必有憬然悟、勃然興者，是則余之所厚望也夫。

【概述】光緒十年（1884）立石，陳燦撰文。碑文記載光緒年間楚雄知府陳燦為民祈雨并捐廉倡修龍神祠的詳細經過。

【參考文獻】楊成彪. 楚雄彝族自治州舊方志全書·楚雄卷（下冊）. 雲南人民出版社，2005.7：1277；（清）崇謙等. 楚雄縣志（全）. 臺北：成文出版社，1967.9：230.

---

① 陳燦（1853—1923）：貴州貴陽人，字昆山。1869 年應貴州鄉試，成為舉人。1877 年舉進士第。初為吏部主事，後改官雲南，歷署澄江、楚雄、順寧、雲南四府，迆南、迆東、迆西、糧儲四道，升補按察使，署布政使。為官雲南二十多年，惠政甚多，土民稱頌。1908 年調任甘肅按察使，補布政使。1911 年離職回籍，1923 年卒於貴陽，享年 70 歲。著有《宦滇存稿》五卷，《知足知不足齋文存》二卷。（唐承德著：《貴州近現代人物資料》，146-147 頁，內部資料，1997）

② 《楚雄卷》錄為"烝"，據《楚雄縣志（全）》應為"丞"。

③ 光緒甲申：光緒十年（1884）。

④ 《楚雄卷》錄為"浦"，據《楚雄縣志（全）》應為"溥"。

⑤ 《楚雄卷》錄為"妥"，據《楚雄縣志（全）》應為"安"。

⑥ 《楚雄卷》錄為"釀"，據《楚雄縣志（全）》應為"籌"。

⑦ 《楚雄卷》漏錄"年"字。

⑧ 《楚雄卷》漏錄"當"字。

據《楚雄卷》錄文，參《楚雄縣志（全）》校勘。

崇邑村叺垂永久碑

陳開甲　錫三氏

立合同勒石：太一、太二、重邑①三村老幼人等，今立合同，為因葶蓂溪內有龍泉蕩漾，兼且嶺峻溪深，一遇雨水（一行）連天，大雖非河海可比，小亦非溝洫可同。我太一、太二、重邑，住居其末，房屋田墳多列兩傍。每至雨水發時，不（二行）衝壞田房，必衝壞墳塋。所以，前輩老人不忍坐視，各認地界，互相修守，勒石存碑，至今尚在。不料日久年遠，雖（三行）前輩之為未見，而義氣之感昭彰。所以，去歲南陽溪內衝壞田地無數，葶蓂溪下安堵無恐者，亦仗前輩見害（四行）思義同挽天心②之光。今而後，我三村人等務須照前輩所為，凡遇雨水發時，見即按戶修挖，至栽插週完，每月（五行）以初一、十五二日，如常去修。至於溪埂，上關國賦，下係民生，各照地界衛護。其邊石茨二項不准砍揹③以作衛（六行）護兩邊之用。倘有私圖己便擅行砍揹者，勿論何村之人，一經拿獲，三村同罰修理河埂。大則三四十丈，小則（七行）一二十丈，看其事之大小施為。倘有不遵者，三村定以目無法紀蓄意荒粮，鳴官究治。恐日久年遠，人心反復（八行），以致同受水害泯滅疊次，義舉之為，是以連名立此合同存照（九行）。

太和縣儒學生員陳開甲　錫三氏撰（方印二塊）（十行）

大理府儒學生員楊泮林　文樹氏書（方印二塊）（十一行）

董儒喜　楊聯奎　杜壽長　李恒質　楊爾祥　陳　佋　何國珍（十二行）

王　誠　楊文富　楊文華　楊爾豫　魏鳳麟　陳　俲　趙　洧（十三行）

楊川澤　杜聯佑　陳　奎　李一元　楊文彩　楊　祿　楊　占（十四行）

董　倫　杜朝禮　陳　仰　魏　冕　楊發清　史勇雄　陳德沛（十五行）

杜高奎　楊朝秀　楊逢春　楊　壽　張發科　趙　晴　陳大吉（十六行）

楊　淵　李　瀛　陳　㑇　陳大信　楊嘉佩　何國寶　張小根（十七行）

大清光緒十年④歲次甲申孟冬月上浣穀旦公仝立石（十八行）

【概述】該碑未見文獻記載，資料為調研時所獲。碑存大理市下關鎮崇邑村本主廟正殿前廊右側的牆壁上。碑為大理石質，高166厘米，寬72.5厘米，保存完好。碑額上刻"叺垂永久"4字，

① 重邑：即今大理市下關鎮太和村委會崇邑自然村。

② 天心：猶天意。

③ 揹：同"背"。

④ 光緒十年：1884年。

碑文直行楷書，文18行，行14-42字，計260字。其中第10、第11行處有方印。清光緒十年（1884）立。太和縣儒學生員陳開甲、錫三氏撰文，大理府儒學生員楊泮林、文樹氏書丹。碑文記載太一、太二、重邑三村，照舊規立合同，修理河埂共用龍泉水的基本情況。

落龍河碑 ①

　　匯黃、白、黑三潭之托南大、小新冊村，大、小落龍河地界而來。上流水易入田，惟大、小落龍河二村，每年小滿三日，具稟捕廳，督同東、西河水長築壩一次。經三晝夜灌滿開壩，其不得先小滿而築者，以下流陸地灌種雜糧並秧母之需水也。壩既開，水至龍王廟分流為東、西兩河，均順次灌用，栽盡封閉溝口，以濟遠村，此皆小滿後栽插之水。而其余節令，用不同時，均系上滿下流，灌足封溝，不使歸海無用，致令遠村苦乾，通河水規歷古如是。東河之水自分河後半里許，建有水濟閘一座，以作東河挖河瀉水之用，閘上漏水及沿漏水歸於大河者，至觀音山下建有觀音大閘一座，將水閘歸中河。是東河至此又分為上、中兩河，其上河歷蝙蝠山繞觀音山，南龍街、石碑村邊經可樂村頭，過烏龍浦村上直抵保保山腳止，灌溉四村所有上河之田地，其流最遠，其用最多，中河不得爭灌。其中河之水，由車家莊之下龍市橋之上，前人於龍市橋上修瀉水閘一座，以作中河挖河瀉水之用，其河自龍市橋上，過大灣子、高老埂，穿可樂村土主廟後達埋狗灘，直抵烏龍浦村首止，系灌溉大古、江尾、可樂，烏龍浦中河之田地。觀音閘及東、西河漏水歸大河者，流至古城會澤宮前，建石壩一座蓄水，以灌溉古城沿河之田地。又下至江尾村建閘二座蓄水，以灌溉江尾村沿大河之田。至縣前、古城、江尾之田有附近東、西兩河，無水道引用大河者，亦聽就近用之。西河之水，由河頭之下有小石閘一座，隨時啟閉以瀉泥沙濁流於大河，而挖河時亦啟之，水流至東門外，共子溝二十二條，各有涵洞。由下河分水石西流城外子溝二條，又至南門五孔橋溝、大佛寺溝，南西至禮拜寺溝，正西至西門外大石橋溝、渾水溝、墩子淘②，北折關聖廟溝、高溝、阿苴溝、阿擺溝、看作溝、紫土溝、順路溝［此順路分支甚多，流至斗南土主廟後埋狗墳，大路西乃用水溝，大路東乃瀉水溝，用水時閉之，至夏秋雨多開之瀉歸清水溝，兩堤甚寬能容車馬，不得挖堤為田］，正北至頭條溝、一條溝、漆樹溝、灣溝、茅草溝，呈貢之界止矣。其余水下流各溝皆肖、羅二營用之，惟順路溝頭至茅草溝以下皆肖、羅二營分挖。又由東門外，分一股入城流出至小梅子村，上有石閘二道，寬窄淺深兩處一樣，閘水北流曰上上河，則教練朋、殷家二村，閘水西流曰上河，則救小梅、斗南、彩龍村等，至昆明肖家營止。此西北兩水分定，

---

① 落龍河：今作洛龍河，又名東大河，位於昆明市呈貢新區境內，發源於呈貢區吳家營的白龍潭，全長13.7公里（從白龍潭至江尾村入滇池口），流域面積126.72公里，是呈貢縣6條河流中流量最大的一條，是呈貢人民的"母親河"，也是貫穿昆明市東西向的主要入滇河道和主城的景觀河道，它承擔着重要的排水、防洪、農業灌溉、景觀用水等功能。
② 淘：疑誤，應為"溝"。

各修各洱各用各水，歷古皆然。

【概述】該碑應立於光緒十一年（1885）。碑文詳細記述了洛龍河沿岸村莊的用水規定。

【參考文獻】中國人民政治協商會議昆明市呈貢區委員會．呈貢歷史建築及碑刻選．內部資料，2013.11：279–280；雲南省呈貢縣志編纂委員會，呈貢縣志．太原：山西人民出版社，1992：128.

蒙化靈泉記

卞庶凝[1]

　　蒙郡之鎮山為文華，其左為搗衣，嘉木蔥籠，蔚然蒼秀。山之阿出二泉，鳴如雷，噴如雪，洶洶湧湧而奔注於錦溪，附廓諸約之民人、田地皆資焉。乙酉[2]夏四月，大旱，水源盡涸，井不可汲，而溝澮起塵矣。予適泳乏其間，偕同寅設壇祈禱數四，輒罔應。都[3]人士乃請禱於東山之龍泉。予賚瓣香，跪荒煙蔓草中，見神碑僅尺許，將仆地。乃慨然曰："此郡人養命之源也，而供奉若此。"爰與馬弁同游戎李星垣、守戎張廷輔經政，相度地勢，創建亭鑿池之議。值禱後數日，雨大至，由是有秋。遂籌經費，鳩工拓地，開月池，建石亭，囑武生王承恩董其役，閱三月而告成。予因蒙志備載山川，而泉名闕如也，特名之曰靈泉，而並記其事。

光緒十一年十二月朔

知蒙化廳事高郵卞庶凝記並書[4]

【概述】碑存巍山縣城東山小潭子村後的龍潭石亭內。碑為黃砂石質，高169厘米，寬59厘米，厚13厘米。碑文楷書陰刻，文12行，行24字。清光緒十一年（1885），由蒙化直隸廳知事卞庶凝立碑撰記并書。碑文記錄了當地人民求雨解大旱的原委及鑿池建亭的情況。

【參考文獻】巍山縣志辦．巍山風景名勝碑刻區聯輯注．昆明：雲南人民出版社，1995.10：137；國家民委《民族問題五種叢書》編輯委員會．中國民族問題資料·檔案集成《民族問題五種叢書》及其檔案彙編：中國少數民族社會歷史調查資料叢刊·第83卷．北京：中央民族大學出版社，2005.12：439–440.

　　據《巍山風景名勝碑刻區聯輯注》錄文，參《中國少數民族社會歷史調查資料叢刊·第83卷》補錄。

---

① 卞庶凝：字午橋，江蘇高郵人，舉人，清光緒十年（1884）以景東同知權蒙化事。

② 乙酉：清光緒十一年，歲次乙酉，即1885年。

③ 都：原碑刻為"都"，疑誤，據上下文應為"郡"。

④ 《巍山風景名勝碑刻區聯輯注》漏錄"光緒十一年十二月朔知蒙化廳事高郵卞庶凝記並書"共計22字，參照《中國民族問題資料·檔案集成〈民族問題五種叢書〉及其檔案彙編：中國少數民族社會歷史調查資料叢刊·第83卷》補錄如上。

龍王潭中溝壩水例碑 [1]

　　永保協鎮札飭重立中溝壩碑文事，照得自龍王潭開闢以來，原有上、中、下三壩之分，惟中溝壩所管寬廣，糧田甚多。自康熙四年，蒙協鎮段大人奏上。

　　奉旨開闢艱辛勞力而水道長流，斯民共享昇平。先年以來，原有碑文可證，因杜逆反亂將碑石毀，今中溝壩同齊商確酌議，恐日後班子舛錯無憑可證而禍患生端，故爾重新勒遠照當初設立五大水頭，輪流充當，不拘年發潤月不潤月，總是按節令清明頭三天卯時開班，以卯酉為例，晝夜為一班，給票錢三百文。至於水多寡、開放先後，均按古規數目開放。挖溝壩有派錢不派錢者，所什規條一一悉備於後。

　　計開：

　　——聶家屯清明頭三日卯時開放溝壩水一班［挖溝壩不派錢］古水或兩班至卯時止。

　　——廖官屯接連開放古水七班，卯時起至卯時止。

　　——下營村接連開放古水三班，卯時起至卯時止。

　　——上營村接連開放古水八班，卯時起至卯時止；票錢兩百文。

　　——大馬官屯接連開放古水四班，卯時起至卯時止；又人命水一班，挖溝壩不派錢。

　　——海棠村古水兩班；東、中兩排接連又放水兩班，至卯時止。

　　——小馬官屯古水一班，買得瓦罐村丁水頭水半班，挖溝壩不派錢。

　　——王家莊接連開放新增水二班，官莊水二班，萬家水一班。

　　——下村南排接連開放古水六班半。內有買得白延水頭水一班，買得楊石匠水一班，買得征工水一班，此三班挖清溝壩一開錢。

　　——下村北排接連開放古水八班半。內有破土牲禮水一班，買得馮朝弼水頭水一班，買得木連科水頭水一班，買得丁口年水頭水一班，此四班水挖溝壩不派。

　　——竹官屯［杜買得上太平］水半班。

　　——上太平水一班半，公承水一班。內有行水牲禮水半班，此班挖壩不派。

　　——下太平接連開放古水一班半，又牲禮水半班，挖壩不派。

　　——新莊接連開放古水一班，又澗槽水半班，挖壩不派。

　　——中村接連開放古水一班。

　　——小村子接連開放買得馮鄉紳水一班。

　　——上村南排接連開放古水一班。

　　——上村北排接連開放古水一班。

　　——土地廟接連開放酒水一班。

---

[1]《保山市水利志》錄為"光緒十二年中溝壩二十八村紳耆同議請示將古規放水輪流先後次序班數"，現據碑文內容重擬為"龍王潭中溝壩水例碑"。

——柳上村接連開放大園場水一班，功承水一班，楊姓水一班［吳姓水一班］。

——馮家莊接連開放古水一班。

——小廟接連開放古水一班。

——好善營接連開放古水一班。

——木家莊北壩接連開放古水一班。

——小村子接連開放古水三班半。

——官村接連開放古水一班。

——沙登村接連開放古水一班。

——陳家莊接連開放古水一班。

——杜家莊接連開放古水一班。

——縣公房水一班。跟水頭走，不論前後，那處買着接那處放。

以上村屯所放正班之水，共計七十六班半。經中溝壩紳耆士庶酌議，日後不可加添，照古開放，無得紊亂規條。為此，永遠垂碑勒石，千古不朽云［上吳姓一般[1]，今杜賣與上村南排］，永遠按日開放。再記：

——每年挖溝壩執工人：下村北排一個，廖官屯一個，上營村一個，王家莊一個，大馬官屯一個。此五處執工人，每年管理溝壩班子。

——五大水頭：下北排頂當[2]頭一個，下太平頂當水頭一個，瓦罐村丁姓頂當水頭一個，下村南排頂當水頭一個，上太平頂當水頭一個。此五處輪流充當，兩年一卯，不拘輪着那處充當，即是洗壩水，總以公平正直，不得額外多取。但一十八號口有處不得阻塞，無處不得新開。為此，勒石不朽云。

光緒十二年　　月　　日

溝壩五大水頭、紳耆、士庶同立

【概述】該碑立於光緒十二年（1886）。碑文記載了光緒年間保山龍王潭中溝壩輪流放水的先後次序、班數，以及村屯之間水分買賣的記錄。

【參考文獻】保山市水利電力局．保山市水利志．內部資料，1993.5：163-165.

九龍池序

馮萬選

夫九者，數之極。龍者，純陽至健之物。池者，淵源陂障之具。以（一行）其數，則

---

① 般：疑誤，應為"班"。

② 此處疑漏錄"水"字。

變通不拘；以其德，則神靈不測；以其流，則源源不竭（二行），而時出無窮也。然而習坎①之，無滯。亦何必附麗扵敦艮之不（三行）遷耶？蓋至動必根扵至靜，蓄之厚者，源自遠也。

原棋西之山（四行），自石鐘山以下，層巒叠嶂，峭壁嵯峨，山水之爭，為奇狀者，景（五行）況歷歷可指。西山之麓，奇石隆然②傑起，復欽③然下垂如雲頭（六行）曲覆，有觀音大士，飛身絕壁間，端坐巉岩之上，其下清泉穿（七行）壁湧出，潺湲如玉，一似普陀風光。又東四十步，得潭焉，廣丈（八行）餘，泉出如列星聯珠，絡繹不絕。自東而北上七十餘步，又得（九行）泉焉。凡七穴，皆滃然仰出。前人既負土累石，塞其隘為一池（十行）。故分言之則有九，合言之則同出一溪。此九龍池所由名也（十一行）。池之上，宛然虹橋臥波，由橋石磴曲折層上，有亭焉，翼然臨（十二行）扵池上，曰洗心亭。由亭右梯石而上，得樓焉，曰大觀樓，曰聽（十三行）泉樓，曰層霄閣，曰三聖閣，皆托嶺層見叠出。自閣左旋絕壁（十四行）石磴迴環而上，峻極之巔有臺榭，出林墅數千仞。嘗與客登（十五行）臺而望，覺上干霄漢，下臨空潭，林木蔭④翳之中，炎夏猶寒。蓋（十六行）涼添岩畔樹，爽送水邊樓也。雖地處僻壤，無江淮之浩瀚，舟（十七行）楫不通；無河海之汪洋，蛟龍不逞，不足以震動天下之耳目（十八行）。而其興雲雨，施潤澤，居然噓氣成雲，出入風雨，棋西四十餘（十九行）村，受灌溉之利焉。至若月挂林梢，風來水面，騷人墨客趁興（二十行）逸情，漁樵乎潭上，極管絃之謳吟，笑傲扵林間，縱長夜之晏（二十一行）飲，非不足以紀一時之勝。然而潭溪之壯色，終不藉此也。

光（二十二行）緒丙戌⑤夏四月，有永昌太守蔡君信義，因公詣新，遊是潭，甚（二十三行）愛之，圖繪其迹以授余，復扵州署屬余為文以序之，並出已（二十四行）成圖繪三十餘幅示余，曰：將為百餘幅隨宦攜徃江夏，扵相（二十五行）得者送之。則是潭之不著名扵天下者因之而著，不傳聞扵（二十六行）天下者因之而傳。余故序之，以為斯池之幸（二十七行）。

里人儁卿馮萬選撰，男國珩敬書（二十八行）

光緒十三年⑥十二月上浣鑴（二十九行）

【概述】碑存玉溪市紅塔區九龍池公園大觀樓殿內。碑為青石質，高68厘米，寬104厘米。碑文正書，全文計29行。光緒十二年（1886）立石，馮萬選撰文，馮國珩書丹。碑文記述了九龍池得名、作者撰序立碑的緣由，及其建成後灌溉棋西四十餘村、景色怡人的事宜。

【參考文獻】中共玉溪市紅塔區委會，玉溪市紅塔區人民政府．中國·玉溪九龍池．昆明：雲南民族出版社，2007.12：12.

---

① 習坎：《易·坎》："《象》曰：習坎，重險也。"高亨注："本卦乃二坎相重，是為'習坎'。習，重也；坎，險也。故曰：'習坎，重險也。'"後因稱險阻為"習坎"。

② 隆：古同"隆"，高。隆然：形容劇烈震動的聲音。

③《中國·玉溪九龍池》錄為"欽"，據原碑應為"嶔"。嶔然：形容山石突出。

④《中國·玉溪九龍池》錄為"蔭"，據原碑應為"陰"。

⑤ 光緒丙戌：光緒十二年，即1886年。

⑥《中國·玉溪九龍池》錄為"光緒十三年"，據原碑應為"光緒十二年"。

據《中國·玉溪九龍池》錄文，參照原碑校勘。

玉泉龍神祠銘 ①

歐陽儀

玉泉龍神，聿著靈應。今夏四月，泉水忽涸。郡城內外，旱疫繼作。居民大惶，時儀 ② 奉檄茲土，率屬籲禱，寺僧聞山內有聲若牛鳴，或間夕一作。越二月，而泉乃復故，獨龍之為靈，蓋昭昭也。乃銘其祠曰：麗郡城北，象山之下，孕此靈泉，澎湃奔瀉，樛木翳日，絕壑通幽，窅曲深黝，實為龍湫。龍之為靈，奔濤驟霆，靡祈弗應，力破滄溟。光緒丙戌，月維孟夏，泉脈消竭，海枯石赭。遠近走告，蒼黃哽咽！慘若嬰赤，乳哺繼絕，胡天不弔 ③，降此鞠凶！龍弗我恤，繄龍弗龍，爰率士民，虔誠祀禱，羊一豕一，酹彼行潦，龍德而隱，逝者如斯，盈科後進，左之右之，匪龍之靈，惟帝之德，威福遐邇，百神效職。巍巍制府，逮及撫軍，岑公張公，薦此苾芬。澤被群黎，詒我多福，祠額雙懸，貽此荒服 ④，崔巍龍宮，永奠花馬，敬勒銘詞，用昭來者。

【概述】碑存麗江城北龍神祠內。碑高67厘米，寬80厘米。碑文隸書，文20行，行16字。光緒十二年(1886)立，歐陽儀撰。碑文記述光緒年間，麗江府龍神祠旁的玉泉干涸後，"旱疫繼作"，"居民大惶"，知府歐陽儀率士民獻羊豕、請寺僧求雨，為民眾祈福之事。

【參考文獻】雲南省編輯組，《中國少數民族社會歷史調查資料叢刊》修訂編輯委員會．納西族社會歷史調查（二）．北京：民族出版社，2009.5：275；劉景毛，文明元，王珏等點校．新纂雲南通志·五．昆明：雲南人民出版社，2007.3：456.

據《納西族社會歷史調查》錄文。

---

① 光緒十二年丙戌（1886），麗江府朱鴻卸任，由新委歐陽儀署理麗江府事，麗江縣席葆真解組，由新委韓寶琛署理麗江縣事。三月玉河源竭。五月二十八日午至酉，降冰雹，形似菱，下刺是里吉祥等七村已熟未獲田苗被傷，蠲免秋米四十五石另一合六勺，條編銀二十二兩五錢另八分。六月玉河源復出，歐陽太守作玉泉龍神祠銘，勒石立於祠內。
② 儀：即歐陽儀，湖南新化人，增生，光緒十二年（1886）任麗江府知府，光緒十三年（1887）卸任。
③ 弔：同"吊"。
④ 荒服：古"五服"之一。稱離京師2000—2500里的邊遠地方。亦泛指邊遠地區。

三棵松水事糾紛判決碑 ①

欽加鹽運使 ② 銜特用道、署理雲南永昌府事請永昌府正堂世襲騎都尉 ③ 鄒 ④ 　　　　　為

遵奉勒石事。光緒拾肆年正月十三日案奉

藩憲 ⑤ 會　札開案准

糧儲道咨開光緒十三年十一月二十日奉

督部堂 ⑥ 岑 ⑦ 批，據署永昌府郡守詳遵札覆勘，保山縣屬太平鄉民人何繼烈等，與太子寺管事楊昆山等，互爭水源上控一案。奉批查此案，前據保山縣孟令 ⑧ 已查明：何繼烈等村十五戶有田一百餘畝，全賴兩龍硐之水，舍此即不能栽插，太子寺取漏壩之水亦無所乏。楊昆山借太子寺為護符，從中漁利，持刀狡展，抗不遵斷。又據何繼烈等與 ⑨ 楊昆山借公斂錢，抗不具結等情具呈，均經批飭糧儲道會同布政司速飭該府，督飭保山縣迅提楊昆山到案，斷令具結各在案。茲據該守親往勘明，三棵松向用大小龍硐之水，田多十日，分八成，莽回寨分二成，太子寺田少，有濫壩箐溝灌溉足敷應用。惟楊昆山捏造碑記，抗不遵斷，實為謬。仰雲南糧儲道會同布政司迅飭該守，即將監生張維禮、趙迎元等衣頂褫革，並照該守所斷給示勒石，務令三棵松、莽回寨各並溝道，以免日後纏訟，倘楊昆山等敢再抗違，即從嚴究辦，以儆刁風而安閭閻，切切仍候撫部院批示，詳發繳先 ⑩。於十八日奉撫部院譚批，據詳已悉，楊昆山、張維禮、趙迎元同抗斷健訟，何以楊昆山獨不予褫革，除監生張維禮、趙迎元二名衣頂均即褫革外，仰糧儲道移會布政司轉飭永昌府迅將張維禮等監照追繳，並飭查明楊昆山系何功名，因何不予請革，另行明白稟覆，以憑核辦。太子寺蓄積共有若干，楊昆山等用資訟費侵蝕若干，並查明詳覆核辦，仍候督部堂批示，詳發即繳各。等因奉此，並據具詳到道，除遵批札飭永昌府分別查明，詳革究辦並呈覆外，相應咨會，請煩查核，會飭遵辦等由。道司准此，合就札飭。為此，札仰該府即便遵照辦理，特札。等因奉此。合行

---

① 三棵松：村名，清光緒時屬太平鄉（治所在今銀川街），中華人民共和國成立後屬由旺，1962年後屬保場，今屬仁和鎮蘇家行政村。坐落于施甸壩中段的西山山麓，東臨施甸大河。

② 鹽運使：官名，始置於元代，是設立於產鹽各省區管理食鹽的生產、轉運、專賣等職的官員。

③ 騎都尉：官名，漢武帝始置。

④ 鄒：即鄒馨蘭，貴州鎮遠人，附生出身，光緒十四年（1888）後任永昌知府。

⑤ 藩憲：藩臺的尊稱，明清時代的布政使。

⑥ 督部堂：雲南總督。

⑦ 岑：即岑毓英（1829—1889），清末將領，字彥卿，廣西西林人。曾鎮壓杜文秀回民起義，任雲貴總督。

⑧ 孟令：姓孟的保山縣令，生平不詳。

⑨ 與：疑誤，應為"告"字（何是原告一方，楊是被告一方）。

⑩ 詳發繳先：意為在把處理該案的詳細公文下發之前，先呈繳巡撫堂審批。

遵照出示，勒石曉諭。為此，示仰三棵松民人、太子寺管事等遵照勿違，特示。

光緒十四年歲在戊子時吉日立

【概述】碑存保山市施甸縣仁和鎮蘇家村三棵松何家祖祠。碑高160厘米，寬78厘米。額上鐫刻"永垂不朽"4字。光緒十四年（1888）立。碑文記載：太平鄉三棵松村民與太子寺管事之間發生水利糾紛，省督府餉糧儲道會同永昌府知府、保山縣知縣處理定案，立碑曉諭。本文對研究清朝末期保山地區的社會狀況和司法制度有一定參考價值。

【參考文獻】中國人民政治協商會議施甸縣委員會，施甸縣文史資料委員會．施甸縣文史資料（第四輯）：施甸碑銘錄．內部資料，2008.7：135-138.

重修龍泉海水碑記

章顯平

從來民生莫大於農田，而灌溉端資呼 [1] 水利。故水利之心 [2]，田糧之所禆益者也。吾鄉中張五軍之，有龍泉海水，創之者，睿群生養命之源；因之者，承萬世滋培之澤，其美利不甚薄 [3] 哉。

舊碑建自雍正五年，旁置關聖殿中，稟生 [4] 李太初撰，載明名姓水份情形，合同遵依。歷古以來，實屬平允，洵為永守良規者矣。惜咸豐戊午兵變，廟宇灰盡，碑彝焚裂無復存者。迨光緒丁丑冬，合村協力重新聖廟，未幾落成，簽 [5] 請水例糧數相關，並重公妥議，欲謀垂久之計。偏訪之下，幸由毛姓質出舊碑抄紙，公閱查實，允符成規，無煩異議。謹仿原置碑式，重刻於左，以便遵古制，聯立合同人，生宗萬珣、付以進、朱貴輔、張進舉、張有志、陸朝選、楊自奇、高維北、付之為、高拱璣、鄭國勳、鄭國俊、高銳、周起祥、高自德、胡際昌、毛朝迷、萬璋、白玉貴、陸明富、肖國相、陸瑞英、付以敬、高朝順、鄭國泰、高寬、白萬珊、肖義和、陸學義、胡進昌、付之聰、張國勳、李天璽等，系中所張彥伍君，為因本伍海水，沖沙淹田地荒蕪，錢糧遺累，萬難撐持，今會同合伍，從公商酬，仍將古海重修。但功力浩大，難以告成，除老軍二十分外，新入十二份合力修築，凡海上壹應費用、工價，照分均出。致于龍泉活水，亦照三十二分均放，其本伍錢糧，亦照三十二分輪流管辦，不得推諉；其本老軍田地、房產、丁瑤，已有成規，日後所入十二分，不至爭競；其十二分只許輪流管辦錢糧，

① 呼：疑誤，應為"乎"。
② 心：疑誤，應為"興"。
③ 薄：疑誤，應為"溥"。
④ 稟生：疑誤，應為"廩生"。下同。
⑤ 簽：疑誤，應為"僉"。

其余合伍不得藉端生事挪害；其外入張國勳、李天喜二分，每逢總催之年，每份幫銀二兩，以入本伍公用；其營辦之事，合伍不致扳扯；其海下本軍田以及故軍地，仍照三十四分均分，不得隱漏。此系合伍公論妥議明白，其中並無徇私等情，日後倘有無知棍徒，建海已成功，妄行私報以私販公者，合伍協力懲處，甘罪無辭。恐後無憑，立此合同，永遠存照。

石摹碑記匪特善繼於前序，並照信守於後人，凡我同事，永遠流年遵行。但因兵燹後，各姓戶口凋零居多，公議凡廷輪當鄉約以及雜派，合魚進營、高家莊兩幫村，均按實在煙戶攤派，以照公平，無容更章，合併聲明。

邑儱稟生章　模顯平甫謹撰

邑文　　李　傑萬選甫謹書

大清光緒拾四年 [1] 戊子孟夏上浣吉旦公立

【概述】碑原存祥雲縣大波那張廠村，碑額鐫刻"樂利長存"4字，光緒十四年（1888）立。碑文記載光緒年間張廠村民眾合力重修龍泉海并共同議定水分、錢糧等的詳細情況。

【參考文獻】中國人民政治協商會議祥雲縣委員會.祥雲文史資料·第五輯.內部資料，1997.2：137–138.

輪放水碑記

花翎特授石屏州正堂加三級記錄六次毛　　　　　　　　　　　　　　　　為 [2]

給示勒石遵守，以杜爭端事。案據蔡營生員許甄藻等具稟，何鐘林等霸放溝水糾眾打傷一案，到州據此堂經票提訊斷，並諭飭該處寨老妥議，稟覆在案。茲據寨老、耆民楊懷仁、生員許安禮等稟稱，綠民等五畝壩有蔡營河內之水，歷有古規，先以上滿下流，灌溉田畝。於康熙四十一年，公議定規，照八大溝、八小溝以尺寸水平輪流分放。蒙前州主張批示，訴議甚規輪起，但未敢邊以為實用，敢備細稟呈伏祈，始終作主賞示，定期勒石遵守，俾民等均沾實惠，不致外規霸行沾感無涯，台閣千秋矣。為此，上稟等情。據此，當查所稟甚屬公允，合行給示勒石遵守。為此，示仰蔡營五畝壩十一晝夜分水人等遵照。自示之後，爾等務須按照後開條規輪流分放，勿得別生異議，致茲事端，凜遵勿違。切切，特示！

計開十一晝夜水班條規：

新房子、白夷寨分放一晝一夜。

何家寨分放一晝一夜。

水碓家廟分放一晝一夜。

蔡營土城、官邊分放一晝一夜。

---

① 光緒拾四年：1888 年。

② 此行疑漏錄"為"字，現據文意補出。

徐楊寨分放一晝。

許、李、高、趙寨分放三晝三夜。

下楊寨（今楊家寨）分放一晝一夜。

高家坡分放一晝一夜。

小五畝分放一晝一夜。

張武寨每月十五一晝夜。

交接分水，以日出日落為率。不得私竊水頭水尾，亦不得妄暗偷暗落漏洞。不得妄挖溝埂及有水之田，自仙人洞溝以上，擄水者不得擄斷，分水者亦不得紮斷。不得私買私賣，及盜水者查出必須報經眾溝理講處罰，若私自了結兩者被罰。不得執械放水及妄取人家柴草、果木及彈唱歌舞，違者報名稟官究治。

光緒十五年四月十一日，五畝壩十一晝夜分水紳耆士庶人等仝立

【概述】碑存石屏縣蔡營三元宮內。碑為青石質，高90厘米，寬52厘米。光緒十五年（1889），民眾同立。碑文刊刻了光緒年間蔡營五畝壩各村寨按條規分十一晝夜輪流放水的告示。

【參考文獻】雲南省石屏縣蔡營志編纂委員會．蔡營志．內部資料，2005：162-164.

納家營《清真禮拜寺碑》

蓋自混沌開而乾坤定，大命立而庶婦生。盤古人祖，以分教道，軒轅畫疆，以分都邑。竊我回（一行）始於西域，繼流東土，厥後歷年既久，人數繁衍，散處四方。夫河邑肥地，縣誌所不及，獨有清（二行）幽可取者，納家營一地。背獅山，面杞湖，上有李巴腳之水，下有黃龍潭一泉，秀峰在望，亦得（三行）山水之趣，形勢特出。故吾祖輩創業於此，數代相繼，支派秀發，科甲聯綿，代有其人，或深明經典（四行）而教鐸，或肄業詩書而膠癢，濟濟人才，多多益善。邇來興發變遷由於數，扶危在乎人意（五行）。自咸豐四年①，此水被古城忘親古之誼霸去二十餘年，我村點滴未得，田地荒蕪。至黃龍潭（六行），於光緒十二年②，又被該村侵佔。反復分爭此水，禍延一村，釀成興訟之端。真主之慈憫（七行），歷任各大憲及河西縣主屢有明斷，給以示諭，仍照舊制歸還，二比具結存案。此仍福善而（八行）不福③爭也。但數年溝坎倒塌，水路阻塞不能暢通，乃我村養命之源。現有康熙年間金汁古（九行）碑存記，是以不惜千辛萬苦，勞心有人，竭力執辦④歸公，修挖此水，悠然順流而（十行）下，使得救應田畝錢糧有所依歸。但工程亦難記數，論費用亦在壹仟數百金之

---

① 咸豐四年：1854 年。

② 光緒十二年：1886 年。

③ 福：疑誤，應為"復"。

④ 執辨：猶爭辯，強辯。辨，通"辯"。

多，並未（十一行）探派鄰居幫助分毫。而伊等有田地，亦吝惜，袖手裹足不前。磨礪之芳，我回自當如此。有田（十二行）地者幸焉，出資者幸焉，即工役亦莫不幸焉。尤恐年深日久，後人不識前輩之志，今特公議（十三行），開錄勒石，垂之永久，務望各族後人悉心，世世勿違，勿召初心。是為序。

今將修挖李巴腳（十四行）、黃龍潭水工程費用開列於後：

一、買得納姓田二丘，價銀捌拾五兩，糧陸升。

一、咸豐四年五（十五行）月，因古城霸佔李巴腳、黃龍潭水，具控羅縣主案下，蒙公斷，具結存案。開支往來，夫役、吃食、費用（十六行）銀二百五十八兩。

一、同治十年[①]五月，古城又爭李巴腳水，具控宮保岑東道蔡縣主王案下，修理（十七行）石匠、小工匠、夫役吃用銀六百零四兩五分。

一、光緒十二年黃龍潭倒塌，自行修理，用石匠、小工、夫役，石匠吃米油鹽什物等，用（十八行）銀一百五十二兩四五分。

一、光緒十五年[②]二月，又因古城新挖一塘，欲撤黃龍潭之水，復具控李縣主（十九行）案下。蒙親臨勘，當堂讞斷，將該村新控之塘填平，後委員前來開放水口一個，與該村龍（二十行）潭仍歸舊制，具結存案，至往來夫馬、石匠、小工吃食，夫役家私什物等項，用去銀兩四百七十八兩七分（二十一行）。

光緒十五年八月初十日合村老幼仝立石（二十二行）

【概述】碑存通海縣納古鎮納家營清真寺內。光緒十五年（1889），合村老幼同立。碑文楷書陰刻，文22行，行37字，全文計500餘字。碑文詳細記載了咸豐、光緒年間納家營與古城村之間的水利糾紛經過、官府判處結果，以及康熙年間因溝坎倒塌、水道阻塞而開展的修挖李巴腳、黃龍潭水利工程的具體情況。

【參考文獻】姚繼德, 肖芒. 雲南民族村寨調查: 回族——通海納古鎮. 昆明: 雲南大學出版社, 2001.4：292-294.

上溝塘子碑記

陳榮黼

蓋聞，泰山不讓土壤，故能成其高；河海不擇細流，故能成其深。河者溝土脊民稀，缺水灌溉。村之南有地名（一行）秧田灣者，可作宴［堰］塘：三面山而一面河，真天生之

---

① 同治十年：1871 年。
② 光緒十五年：1889 年。

塘也。於乾隆叁拾年[1]，得陳公瑞睹其形勢，爰集合村公同（二行）妥議，鑿山開河，集舊河為塘埂，三年而塘遂成矣，取其名曰：永濟塘。每年積水灌溉合村田畝，必須上滿下（三行）流，永定章程。□思前輩費千萬苦心而集成斯塘，使□土而成膏腴，俾合村慶鼓腹之歡，得非有賴於斯塘（四行）哉。今恐代遠年湮，沒其懿行，謹勒諸石，以誌不朽云爾（五行）。

乾隆肆拾伍年，本村開挖上溝壹條，每年修通放塘子水。其溝頭自白蓮寺楊家老墳山腳接水，直開至本（六行）村塘子內止。其溝底寬三尺，上下溝埂厚共六尺。其開溝時經□[2]着白蓮寺、古城各姓山場田地，俱照時補（七行）過價銀，立有契據為憑。其溝係由馬鞍[3]山腳經過，倘後日被河水將溝沖倒，准由河者溝挖上補下，另開溝（八行）道。今恐代遠年湮，人心不古，故勒石永遠遵守為據（九行）。

一、凡每年放塘子水，定於四月小滿三日開閘，其所泡后之田，每年公議抽收水租，以補塘子內水淹（十行）之田（十一行）[4]。

一、凡眾姓有塘子田者，每田壹工每年補谷叁斗（十二行）。

邑人陳榮黼撰並書（十三行）

大清光緒十五年十月十日[5]合村士庶仝立（十四行）

【概述】碑存宜良縣狗街鎮河者溝村。碑為白石質，無紋飾，高127厘米，寬56厘米。碑額上鐫刻楷體"上溝塘子碑記"6字，碑文直行楷書，文14行，行2-41字，全文計400余字。清光緒十五年（1889），合村士庶同立。碑文記述了永濟塘的修建經過，以及乾隆四十五年（1780）新開上溝、公議修溝放水規程并勒石立碑之事。

【參考文獻】周恩福.宜良碑刻·增補本（上）.昆明：雲南大學出版社，2016.12：100-101.
據《宜良碑刻·增補本》錄文，參拓片校勘。

重建佛陀山豐年寺序

姜瑞鴻

《後漢書》有言：氣佳者，鬱鬱蔥蔥。足見聖賢發祥之地，未有不具鬱蔥佳氣者，即建邦設都之地亦莫不然。降而下之，一村一邑之地，其居能足衣足食者，原由於樹木之森茂。此可見樹木之有關於人世者大矣！

郡城東南六七里許，有佛陀山者，立千尋之峭壁，作一方之保障，崇山峻嶺，茂林修竹。

---

① 乾隆叁拾年：1765 年。
②《宜良碑刻·增補本》錄為"□"，據拓片應為"佔"。
③《宜良碑刻·增補本》錄為"安"，據拓片應為"鞍"。
④ 據拓片，《宜良碑刻·增補本》此處漏記一行（即第十一行），全文應計 14 行。
⑤《宜良碑刻·增補本》錄為"十月十日"，據拓片應為"七月初十日"。

前明建寺於其間，供奉佛聖，名曰："法雲郡人"。士庶每一祈禱，無不靈應。至我朝嘉道間，僧人純真覺幻重新修建，較前甚屬可觀，更名為大佛寺。不幸疊遭兵燹，片瓦無存。鴻今奉檄來守是邦。光緒己丑①夏四月，郡紳士庶以此寺地面為素蓄水源之所，每恐無知之輩妄伐林木，妨害水源，則民不聊生，是以具稟前來請示修建。使得嚴禁樵採，保護森林，以固水源而資灌溉，可慶豐年等情。據此，查該紳等所稟各節，不惟有培永北之古迹，實足以載全國之名勝；不惟有資名士之遊覽，實足以護斯民之水源。

是以盡查嘉慶年間熊姓與陸姓爭地，興訟到案，有徐公迪行在任，將該善信陸逢靜、陸一軒、陸際雲等於嘉慶十九年八月十三日合族公立施約一紙照驗。內云：洪武年間，有始祖陸松受之職云云，余族內子孫及山鄰異姓人等，不得到此，稍有異言以及籍稱山主遭踏、寺僧苟索及砍伐樹木，任意作為，如違，任從寺僧執約稟究，其罰無辭。恐口無憑，立此施約，永遠存照。

（略）

神福有托，木林蔭翳，自然水源亦不涸矣！是為序。

　　　　欽加知府御特授永北直隸廳軍民府加三級記錄六次西蜀姜瑞鴻謹撰同建

　　　　大清光緒十七年歲次癸卯清和月下浣，郡稟②生黎祚甫介人熏沐敬書

【概述】清光緒十七年（1891），姜瑞鴻撰文，黎祚甫書丹。碑文記述光緒年間永北直隸廳軍民府知府姜瑞鴻順應民意，為保護水源以資灌溉而重修豐年寺的詳細經過。

【參考文獻】中國人民政治協商會議永勝縣委員會文史資料委員會．永勝文史資料選輯·第3輯．內部資料，1991.9：227-228.

馬關縣大龍潭告示碑③

代理開化府儒學署文山縣正堂葉

特授開化府安平廳④儒學正堂束　　　　　　　　　　　　　　　　　　為

士⑤示曉諭事。照得馬白學莊田畝，全賴大龍潭之水灌溉耕種。雖學租之所重，實系國

---

① 光緒己丑：光緒十五年（1889）。

② 稟：疑誤，應為"廩"。

③《雲南林業文化碑刻》擬名為"馬關縣城東海龍山（大龍潭）石壁護林碑"，《馬關縣水利水電志》錄碑名為："城子卡大龍潭石壁碑"。據碑文內容可擬為：馬關縣大龍潭告示碑。

④ 安平廳：清嘉慶二十五年（1820）置，治今雲南省文山縣開化鎮。屬開化府。轄境相當今雲南省馬關、文山、麻栗坡等縣地。光緒三十二年（1906）移治馬白關，即今雲南省馬關縣。1913年廢廳，改為安平縣。因與直隸（今河北）、貴州二省安平縣重複，1914年改名馬關縣。

⑤ 士：疑誤，應為"出"。

職^①民生之所攸關也。龍潭之左近，宜時時培護，使古木蔭翳，秀石疊翠，神龍得所待息，潭水始能暢流。今據佃民王開田、熊文興等稟稱"近有不肖之石匠、石民，膽敢於龍潭之上開廠，貪賣墳墓石碑，亂砍樹木，有壞風水，大忤神靈。懇請上示，嚴行禁止"等情，前來於此，合行不禁^②。為此，示仰學莊、佃農及遠近居民人等一體遵照。自示之後，不論諸邑人等，膽敢於龍潭之左近，再行砍伐樹木，開打石廠，許謀夥頭、甲頭、目老等稟報來署。

即稟請：

撫彝府票差鎖提，從嚴究治，決不寬宥。其龍潭之右石硐二口，不准人妄入歇宿。

如違，一併究治。各宜稟遵，切切毋違。特示。

右仰通知

光緒十六年^③冬月二十八日示
光緒十七年七月十七日夥頭苗萬吉立
告　示　發大龍潭地界實貼　曉諭

【概述】該碑刻於馬關縣城東海龍山（俗稱大龍潭）龍潭水源頭的半山腰石壁上，山石為石灰岩。碑文長86厘米，寬86厘米。光緒十七年（1891），夥頭苗萬吉立。碑文刊刻了光緒年間開化府為保護大龍潭水源而嚴禁不法之徒亂砍樹木、開山打石所出具的告示。

【參考文獻】曹善壽. 雲南林業文化碑刻. 芒市：德宏民族出版社，2005.6：430-432；雲南省馬關縣水利水電局. 馬關縣水利水電志. 內部資料，2001.5：368.

據《雲南林業文化碑刻》錄文。

東山彝族鄉思多摩鮓村龍潭水利碑記

從來水之流有源，不^④之生史^⑤有本，是木乃風水所（一行）關，水乃所系。有活泉以灌溉田畝，則國果^⑥有着，民生（二行）有賴。如我妙姑思多摩鮓^⑦龍潭所灌溉田畝，古

---

① 職：疑誤，應為"賦"。

② 不禁：疑誤，應為"禁止"。

③ 光緒十六年：1890 年。

④ 《祥雲碑刻》錄為"不"，據《祥雲文史資料》應為"木"。

⑤ 《祥雲碑刻》多錄"史"字。

⑥ 《祥雲碑刻》錄為"果"，據《祥雲文史資料》應為"課"。國課：猶國賦。

⑦ 《祥雲碑刻》錄為"思多摩鮓"，據《祥雲文史資料》錄為"恩多摩乍"。又查《雲南省祥雲縣地名志》應為"恩霞乍"。恩霞乍：屬今東山鄉妙姑村，在妙姑西北 1 公里，山區，海拔 2000 米。"恩霞乍"係彝語，意為响水箐，故名。（祥雲縣人民政府編：《雲南省祥雲縣地名志》，57 頁，內部資料，1987）

來原有（三行）完規，遂今人心不古，每多爭論，恐起禍端。受①邀本約（四行）紳者②暨閣③村老幼，公憑④分為四牌。定晝夜為一牌，於每（五行）年立夏日起，輪流管照，周而復始。不得以強淩弱，爭（六行）多論少，紊亂程其⑤。有龍潭一路樹木，溝上留二丈之地，溝（七行）下留一丈之地，勿得妄自砍伐。若有私自偷砍者，公憑（八行）重罪。庶乎國課，不誤民生，以遂矣。是為序（九行）。

第一牌：用亥、卯、未日期，賣菜鲊⑥于姓，照管于支⑦有（十行）。

第二牌：用申、⑧辰日期，恩哼奔于姓，照管于開成（十一行）。

第三牌：用巳、酉、戌⑨日期，龍潭魁姓，照管魁文富（十二行）。

第四牌：用寅、午、戊⑩日期，分頭上自姓，照管魁占春（十三行）。

光緒十八年歲在秀夏月日　事村公立石⑪（十四行）

【概述】碑存祥雲縣東山鄉妙姑村自啓明家中。碑為青石質，高86厘米，寬47厘米。光緒十八年（1892），合村民眾同立。碑文記載：妙姑思多摩鲊村賴龍潭灌溉田畝，古有完規，惜日久年遠，爭論紛起，光緒年間，為避禍端，全村民眾共同議定管理、輪放龍潭水等規定并勒石立碑。碑文言簡意賅，責任明確，時間具體。護林有方，用水有度。該碑是祥雲彝族地區較早的"水利法規"之一。

【參考文獻】李樹業．祥雲碑刻．昆明：雲南人民出版社，2014.12：172；中國人民政治協商會議祥雲縣委員會．祥雲文史資料·第四輯．內部資料，1994.12：157-158.

據《祥雲碑刻》錄文，參照《祥雲文史資料》校勘。

---

① 《祥雲碑刻》錄為"受"，據《祥雲文史資料》應為"爰"。
② 《祥雲碑刻》錄為"者"，據《祥雲文史資料》應為"耆"。
③ 《祥雲碑刻》錄為"閣"，據《祥雲文史資料》錄為"閤"。
④ 公憑：官方的証明文件。
⑤ 《祥雲碑刻》錄為"其"，據《祥雲文史資料》應為"序"。
⑥ 《祥雲碑刻》錄為"鲊"，據《祥雲文史資料》錄為"乍"。又查《雲南省祥雲縣地名志》應為"賣菜乍"。（祥雲縣人民政府編：《雲南省祥雲縣地名志》，57頁，內部資料，1987）
⑦ 《祥雲碑刻》錄為"支"，據《祥雲文史資料》應為"文"。
⑧ 《祥雲碑刻》漏錄"子"字。
⑨ 《祥雲碑刻》錄為"戌"，據《祥雲文史資料》應為"丑"。
⑩ 《祥雲碑刻》錄為"戊"，據《祥雲文史資料》應為"戌"。
⑪ 《祥雲碑刻》錄為"秀夏月日事村公立石"，據《祥雲文史資料》應為"季夏月日事村公立石"。

鶴陽開河碑記（一）^①

楊金和

鶴陽開河碑記（一行）

　　從來闢土開疆，興利除患，其攸關於民生國計者，士君子靡不樂而為之。顧為之而不得遂所欲為，與為之而竟得遂所欲為，其間或廢或（二行）舉，雖視乎天心，亦憑乎人事。矧^②掘地導江，古帝其難。非有經天緯地之才，則不觖創其始；非有倒海移山之力，則不觖要其終。此作者難（三行）而述者亦非易易耳。鶴陽古名總部，漢晋以還，半為澤國。至唐長慶初，有聖僧贊陀崛哆^③者西來白國，行經九鼎諸山，橫覽南北一帶（四行）^④汪洋，土人環居山麓，雞鳴犬吠相聞，而疆畝寥寥，艱於粒食。聖僧定中慧照，見海底坦平，可以耕種，遂矢願開疆。潛居東山巖穴（五行），面壁十年，擲牟珠於象山之陰，頃間成一百八洞，出東南而注金江。從此，水落地現，居民得以耕田而食，距今一千三百八十餘年矣。廼^⑤事以久（六行）而蠱壞。自前明以至我朝，諸洞日見壅塞，每當歲潦，水患叠興。嘉慶丙子年^⑥，漾水漲發，淹壞田廬，加以年穀不登，饑寒交迫，幸遇麗江府（七行）馮公敬典，憫赤子之顛連，勉籌壹萬餘金，議開明河於尾閭夾谷間，即以工貲代賑，誠一舉^⑦兩善。惜乎後欵不濟，致^⑧令有初無終。自時厥（八行）後，如清、姚二公之搜疏水洞，邑紳楊逢吉、趙秉泰之先後或挑砂磧或尋洞^⑨穴，祇可補救一時，終非久安之策。越一十八載，楊武愍^⑩公軍務（九行）肅清，不忍八圖子民屢遭沉溺，因與祁芝亭、楊懋候、寸雲樓、趙可軒、李瓊軒、丁碩甫、楊鳳樓諸君子約，經費一人籌捐，夫役地方籌辦（十行），尚其同舟共濟，以續馮公未了之心。自同治甲戌^⑪開工至光緒丙子，曾用三萬餘金、六十餘萬夫役。猥以奉（十一行）詔入□覲，畏此簡書，致^⑫功未半而終止，上峯且為之腕惜。丁丑之秋，黔南煥

---

① 該碑與《南新河記》（新修《鶴慶縣志》1991年版）所載內容大同小異，但比《南新河記》更為詳盡。

② 《鶴慶碑刻輯錄》錄為"矧"，據原碑應為"況"。

③ 《鶴慶碑刻輯錄》錄為"哆"，據原碑應為"崿"。

④ 《鶴慶碑刻輯錄》漏錄"萬頃"2字。

⑤ 《鶴慶碑刻輯錄》錄為"奈"，據原碑應為"廼"。

⑥ 嘉慶丙子年：嘉慶二十一年，即1816年。

⑦ 《鶴慶碑刻輯錄》漏錄"而"字。

⑧ 《鶴慶碑刻輯錄》錄為"至"，據原碑應為"致"。

⑨ 《鶴慶碑刻輯錄》錄為"瀾"，據原碑應為"洞"。

⑩ 《鶴慶碑刻輯錄》錄為"愍"，據原碑應為"愍"。

⑪ 同治甲戌：同治十三年，即1874年。

⑫ 同⑧。

文朱総戎適膺（十二行）簡命來鎮斯土，正值霾雨連旬，蛟川^①氾濫，直入城之東門。朱公登樓四望，浩浩無垠，有滄海桑田之變，因^②目擊心傷，慨然以開河為己（十三行）任。會同州牧周子佩、中軍楊懋候，申詳上憲，率水軍數百，民夫千餘，直趨漾水之濱，守定華山之麓，錘巖鑿壁，石破天驚，放（十四行）浪推砂，山鳴谷應。大磐矗立而為柱，雙峯對峙而為門；聿^③觀兩岸巍巍，不啻五丁之闢；行見一泓滾滾，居然三峽之雄。歷盡五載（十五行）之□□□^④乃蔵^⑤千秋之盛蹟。是役也，朱公以一人擔當，纘成馮、楊二公六十年未就之緒，又得楊君建勳、寸君增高、鮑君世卿、楊君友棠（十六行）、舒君金和、彭君大椿、高君培甲、王君國安、趙君運吉、李君祥麟，以及劉光裕、李友現^⑥、田現鵬、趙敝^⑦章、楊振昭、楊友筠諸紳耆協力同心，贊襄其（十七行）事，而冥冥中復助以連番大雨，俾得順水推砂，用力少而成功速。論者以為朱公之忠誠所格，即祖師之法力所維。迄今登西山而覽形勝（十八行），而歡牟伽陀首闢混沌，朱、楊二公再闢混沌，上下千百年間，其偉烈豐功直與石寶^⑧漾江並壽已。然大患已除，而尾閭石峽尚阻，上流泥砂多（十九行）壅滯，致春夏之交，卑窪麥苗輒被淹沒。適吳靜堂軍門、姜章漢州尊來官是地，覩前賢未盡之善，倡首籌貲，爰飭紳耆，募工集夫，復鑿石峽較前（二十行）深六七尺，僅留島石扵江心作中流之砥柱。勒石碑扵峽^⑨頂，頌上台之勳名。又重修鎮江廟，貌煥然一新，招僧住持以昭崇德報功之誠。斯役也，自光緒（二十一行）壬辰^⑩二月起至四月底，經營三月之久，董其事者為顧富春、趙慶燊、楊施澤、李上貴也。爰勒之石以垂不朽（二十二行）。

主講玉屏書院舉人楊金和葛廬氏撰
同知銜黔省補用知州楊國柱鳳樓書
大清光緒十八年歲次壬辰清和月中澣　穀旦
石工曹郁昌鐫^⑪（二十三至二十五行）

【概述】碑存鶴慶縣文化館碑廊內。該碑共計二通，此為第一通。青石質，通高195厘米，有碑額，額呈半圓形，高60厘米，寬102厘米，其上鐫有龍形圖案和"鶴陽開河碑記"6篆字；碑身高135厘米，寬79厘米。碑文直行楷書，文25行，行6-53字，計1000余字。光緒十八年（1892）立，楊金和撰文，楊國柱書丹。碑文記載了清嘉慶至光緒年間數次治理漾弓江水患的詳細情況。

【參考文獻】張了，張錫祿．鶴慶碑刻輯錄．內部資料，2001.10：210-215.

---

① 蛟川：水名。荊溪的別稱，在今江蘇省宜興市南。
② 《鶴慶碑刻輯錄》漏錄"此"字。
③ 《鶴慶碑刻輯錄》錄為"韋"，據原碑應為"聿"。
④ 《鶴慶碑刻輯錄》錄為"□□□"，據原碑應為"辛勤"。
⑤ 《鶴慶碑刻輯錄》錄為"蔵"，據原碑應為"成"。
⑥ 《鶴慶碑刻輯錄》錄為"現"，據原碑應為"德"。
⑦ 《鶴慶碑刻輯錄》錄為"敝"，據原碑應為"敝"。
⑧ 《鶴慶碑刻輯錄》錄為"寶"，據原碑應為"砳"。
⑨ 《鶴慶碑刻輯錄》錄為"峽"，據原碑應為"峴"。
⑩ 光緒壬辰：光緒十八年，即1892年。
⑪ 《鶴慶碑刻輯錄》漏錄"字"字。

據《鶴慶碑刻輯錄》錄文，參原碑校勘、補錄，行數為新增。

鶴陽開河碑記（二）

光緒拾捌年壬辰崴孟夏月中澣日吉旦 ①

今將開挖新河自同治十一年 ② 至光緒六年節次入出經費、功德銀錢併在事出力官紳人員，臚列於左（一行）

計開 ③（二行）：

（前部上欄）

一入楊爵帥印玉科捐銀錢、塩米、鉛鐵各項，合銀貳萬肆千伍百兩；

一入前任鶴麗鎮朱大人印洪章捐銀肆千零陸拾玖兩；

一入由省領來庫款銀貳千肆百伍拾兩；

一入前任州主周大老爺印銀 ④ 發來賑災款、存倉米，合銀柒百肆拾陸兩伍錢；

一入楊大人印建勳捐米，合銀捌百捌拾貳兩壹錢；

一入蔣大人印宗漢捐銀伍百兩；

一入丁大人 ⑤ 槐捐銀貳百兩；

（前部中欄）

一入職員李恒春捐銀伍拾兩；

一入職員舒金和捐銀伍拾兩；

一入職員楊國柱捐銀叄拾兩；

一入職員陳培源捐銀伍拾兩；

一入職員曹建勛捐銀叄拾兩；

一入職員李錦捐銀拾兩；

（前部下欄）

一入職員楊甲壽捐銀貳拾兩；

一入趙慶雲、趙五 ⑥ 田捐銀貳拾伍兩；

一入武生李恩選捐銀陸兩；

① 《鶴慶碑刻輯錄》錄該行在碑文末，據原碑應為第二通碑額。
② 同治十一年：1872 年。
③ 《鶴慶碑刻輯錄》漏錄第二行"計開"2 字。
④ 《鶴慶碑刻輯錄》錄為"銀"，據原碑應為"熙"。
⑤ 《鶴慶碑刻輯錄》漏錄"印"字。
⑥ 《鶴慶碑刻輯錄》錄為"五"，據原碑應為"玉"。

一入貢生董維城捐銀叁兩；

一入金玉號捐銀壹百貳拾兩；

一入買米叁千陸百捌拾伍石玖斗壹升。

（前部中下欄）

一入南北八圖十舖捐來烟戶米叁百捌拾玖石貳斗叁升（九行）。

以上共入銀叁萬叁千柒百肆拾壹兩陸錢，米肆千零柒[1]拾伍石壹斗肆升（十行）。

一出發閣屬挖河烟戶陸千貳百壹拾柒戶，按戶發給制錢壹千文，塩壹百觔，合銀壹萬壹千玖百陸拾柒兩柒錢貳分；一出發局管、局丁歷年伙食銀捌百壹拾伍兩（十一行）；

一出發公雇沙丁挖河共計肆千叁百肆拾叁丈捌尺，合銀玖千零叁拾伍兩玖錢柒分；一出買打鉄器炭觔並鉄匠工價，合銀貳百陸拾壹兩捌錢肆分（十二行）；

一出發公顧石匠開挖石峽共計肆萬壹千玖百柒拾捌工，合銀肆千壹百玖拾柒兩捌錢；一出發起建鎮江廟並官房，合銀陸百貳拾肆兩伍錢貳分（十三行）；

一出買椿[2]木、鋤鈀、竹蔑、撮箕、草荐、蓑衣各項，合銀壹千叁百伍拾肆兩貳錢；一出送委員蔡、恒、積、吳四位太尊，查勘河工程儀夫價叁百肆拾伍兩壹錢捌分（十四行）；

一出發犒勞民夫買豬肉壹萬肆千壹百陸拾伍斤，合銀伍百叁拾壹兩壹錢玖分；一出買米叁千陸百捌拾伍石玖斗壹升，合銀肆千六百零柒兩叁錢捌分（十五行）；

一出發公雇沙丁口粮米貳千貳百柒拾伍石伍斗伍升；一出發石匠打石夾口粮米壹百零[3]八石肆斗貳升；一出發鐵匠打鉄器口粮米壹拾玖石陸斗捌升（十六行）；

一出發各管歷年口粮米捌百柒拾肆石玖斗陸升伍合；一出發泥木匠砍匠口粮米貳拾柒石柒斗伍升；一出發挖河親兵口粮米柒百陸拾捌石柒斗陸升玖合（十七行）；

以上共出銀叁萬叁千柒百肆拾壹兩陸錢，共出米肆千零柒拾伍石壹斗肆升（十八行）。

（後部上欄）

又因石峽埂阻，卑窪田地仍有被湮，於光緒十八年春，蒙

鎮憲吳、州主姜捐廉修濬以竟全功。鑿深石峽長伍拾餘丈，寬四丈零，深六尺許。自二月初起至四月[4]，共[5]計用民夫四千五百餘名，石匠工價、椿木器械并續修鎮江廟，共用經費制錢肆百伍拾叁千貳百陸拾文。外前存米捐項下，奉撥酌[6]河工口[7]修銀四百兩，此款於光緒十四年[8]朱大人去任公送酵[9]勞親兵銀貳百兩。

又於光緒十五年，奉本府黃修建府署攤捐民間銀壹千兩外不敷二百両，黃將此存銀二百

---

① 《鶴慶碑刻輯錄》錄為"染"，據原碑應為"柒"。

② 《鶴慶碑刻輯錄》錄為"椿木"，據原碑應為"椿木"。下同。

③ 《鶴慶碑刻輯錄》多錄"零"字。

④ 《鶴慶碑刻輯錄》漏錄"底止"2字。

⑤ 《鶴慶碑刻輯錄》多錄"共"字。

⑥ 《鶴慶碑刻輯錄》錄為"酌"，據原碑應為"酌留"。

⑦ 《鶴慶碑刻輯錄》錄為"□"，據原碑應為"歲"。

⑧ 光緒十四年：1888 年。

⑨ 《鶴慶碑刻輯錄》錄為"酵"，據原碑應為"酵"。

両補交。無存。

（後部中欄）

歷年在事紳管：楊建勳、寸增高、田紹文、劉綸、李友德、顧富春、丁泰、劉光裕、鮑世卿、楊振昭、康春林、楊有筠、李沈成、王國安、高培甲、趙慶發、趙敞章、李祥林、田接後、楊生春、彭大椿、張翼林、舒金和、楊國柱、楊友棠、趙運吉、李上桂、楊□澤、葉李馨、李毓浩、李崇文、向①希元、祁士蘭、李春年、汪春藻、楊保發、呂茂勳、解尚、張鳳書、彭躍彩、李忠厚、楊光前、楊煥章、李沛薄、蘇銓、楊照臨、祁瀛洲、李克新、楊崇壽。

（後部下欄）

一常住香火項下：

一麟字第四號春中田拾伍畝七分五厘，坐落將軍，東至河，南至河，北至趙接宗，西至墳地。□②秋糧肆斗柒升式合五勺，計執照一章③，係丁武官屯楊育云。

一羽字第④伍拾捌號春中田肆畝七分，坐落金登北隴內，東至李楊輝，西至□□□。該秋糧壹斗肆升壹合，計執照一章，李楊輝捐入。又羽字……⑤肆分，坐落廟東，東至河埂，西至廟路，南至路，北至河埂。該糧式合肆勺。

一自石峽⑥下轉拐，以上稟請州主立案，永不准安立水碾、水磨阻滯河流（二十三行）。

一自石峽東轉拐，以下有安設碾磨者，遞⑦年每盤碾抽水租米壹石，每盤磨抽麥壹石，以作鎮江廟香火費（二十四行）。

【概述】碑存鶴慶縣文化館碑廊內。該碑共計二通，此為第二通。青石質，高143厘米，寬81厘米，額上楷體橫刻"光緒拾捌年壬辰歲孟夏月中澣日吉旦"16字。由於記述內容較多，碑身前部、後部之局部以上、中、下三欄刊刻，碑文總計文24行，行2-64字。光緒十八年（1892）立。碑文詳細刊刻了同治至光緒年間數次開挖新河的捐資、收支、主持監管等情。

【參考文獻】張了，張錫祿．鶴慶碑刻輯錄．內部資料，2001.10：210-215．

據《鶴慶碑刻輯錄》錄文，參原碑校勘、補錄，行數、標點為新增。

---

① 《鶴慶碑刻輯錄》錄為"向"，據原碑應為"何"。
② 《鶴慶碑刻輯錄》錄為"□"，據原碑應為"該"。
③ 《鶴慶碑刻輯錄》錄為"一章"，據原碑應為"一張"。下同。"張"字後漏錄"係丁武官屯楊育云"8字。
④ 《鶴慶碑刻輯錄》多錄"第"字。
⑤ 《鶴慶碑刻輯錄》錄為"……"，據原碑應為"伍拾"。
⑥ 《鶴慶碑刻輯錄》錄為"峽"，據原碑應為"夾"。下同。
⑦ 《鶴慶碑刻輯錄》錄為"迷"，據原碑應為"遞"。

丘北縣錦屏鎮下寨辦事處上寨村護林碑
《永入碑記》

欽加同知銜署理邱北縣[①] 補舊縣正堂加三級記錄六次任　　　　　　　　　　為

禁止砍伐，以培風水事。從來山林者乃關係之風化也。水源者乃人民之依賴也。山林盛則水源長，水源長則人民樂，勢所必然。即如小竹箐、養馬沖處水源，上下叢及城內下寨士民人等所望以生活者也。

本縣自蒞任以來，風聞昔之年山深木茂而水源不竭，今之日山窮水盡而水源不出，此無他，亦因爾地方樵採過甚耳。本縣雖無仁德以修種植之方，願與爾民奉天之道，因地之利，勿砍其枝，勿拔其本，能有共體此意者，功必償。或無賴之徒，不顧章程，不遵約束，牛馬踐之，斧斤伐之，共有不能體斯意者，過必罰。立規示禁。為此，示仰上下叢與城內下寨士民人等知悉。自示之後，倘有不守法戒，仍蹈故欲，經諭示為□虛談□，公論妄言，一經拿獲，仍照上年舊規，罰錢三千六百文，豬六十斤，酒三十斤，白米六斗，以作祭山培龍之費。若抗估不遵公斷者，即送入衙，任官處治，罰銀若干兩以入土地祠。此乃大關風化。各宜稟遵[②] 勿違，切切。特示。

以上二處山場所封樹木，查舊碑所載，原系張、胡兩姓世代永領，繼因地方變亂，人民雜居，毫無紀律，潛伐盜砍兩箐樹木，以後將絕二姓。細思此系邱陽風水所系，土民養命之物，唯恐難保，向以封禁。特將此二處山場並樹木情願將箐界四至劃入公。

而上下叢城內下寨紳耆頭目人等公議，共相封養，以作水源。各年請二人守箐，給穀二十升。凡水所流到之處，按田收穀亦不得估抗執意。人心叵測，仍致盜砍不息，是以邀眾聯名具禁，立碑在此示禁。從永定章程後，倘再有人盜砍者，拿獲報官，照舊規處罰。謹將山場四至臚列於後。

計開：

一、養馬沖□□□□□□。

二、小竹箐四至，上齊水壩，下齊石壩，□至塘腳□至山頂止。外有對門山□□□樹一株。除此二處養箐之外，其余皆是荒山私地，任憑砍伐不能禁止。

　　　　　　　　　　　　　光緒十八年二月二十八日，**紳耆頭目人同立**

---

① 邱北縣：從清雍正三年（1725）起至中華人民共和國成立前，縣名為"邱北"。中華人民共和國成立後，縣名改為"丘北"。（中華人民共和國民政部編：《中華人民共和國行政區劃（1949—1997）》，1749頁，北京，中國社會出版社，1998）

② 稟遵：疑誤，應為"凜遵"。

【概述】碑存丘北縣錦屏鎮下寨寨頭路邊，石灰石質，高196厘米，寬88厘米。光緒十八年（1892），紳耆人等同立。碑文記載了光緒年間邱北縣知府為保護小竹箐、養馬冲水源禁止民眾砍伐山林而制定的章程。

【參考文獻】曹善壽.雲南林業文化碑刻.芒市：德宏民族出版社，2005.6：435-437.

祿勸彝族苗族自治縣永封大箐告示碑①

特授武定直隸②在任前捕用撫正堂加六級記錄十二次馬

署理武定州祿勸縣事特用府即捕③清軍府□□周行曠　　　　　　　　為

示□勒石封禁事。照得桂花箐山勢孤高，每遇夏秋，山水發漲，水又卷沙，經附近田地多受其災，久經封禁在案。仍去春楊梅④捕⑤經開墾試種，本年夏間，水發沖壞田地柒百餘工，實屬有礙農田，亟應示禁。為此，仰□貳軍民人等道級，自出示之後，此桂花箐地方永遠封禁，不准開墾。倘有時利之徒□□□□，若經查出或被告發，定行提案重辦，決不稍寬，其各凜遵毋遣⑥，特告示。

右仰道知

大清光緒十九年九月十七日

吳雙有、李應清、張應星、黃有雲、付有才、牛世才、牛世有、李鳳紹、段有福、吳啟文等紳民立

【概述】碑存祿勸縣屏山街道辦事處魯溪楊家村旁。光緒十九年（1893），由武定直隸州祿勸知縣周行曠擬題，授吳雙有等紳民同立。碑文記載光緒年間，武定直隸州正堂馬、祿勸縣正堂周為永遠封禁桂花箐不准開墾而出示的告示。

【參考文獻】曹善壽.雲南林業文化碑刻.芒市：德宏民族出版社，2005.6：440-442.

---

①《雲南林業文化碑刻》中碑名為"祿勸彝族苗族自治縣《永封大箐》護林碑"，今據碑文內容改為"祿勸彝族苗族自治縣永封大箐告示碑"。
②武定直隸：即武定直隸州。清代設置的行政區，屬雲南省。民國二年（1913），廢直隸州為武定縣。
③捕用、即捕：疑誤，應為"補用、即補"。
④楊梅：應為"楊海"。據雲南省檔案館"77-11-2122"卷載：祿勸縣官豎立封山育林石碑中說："光緒十七年（1891）權紳楊海砍樹開墾種煙（特指鴉片煙），十八年箐長大水，克梯康等三條壩子沖濫田地數百畝"，"前任（武定）直隸州正堂馬，祿勸縣正堂周（行曠）稟准上憲懲治楊海，免糧發帳。光緒十九年勒石刻碑永封大箐，此後不准砍伐，若違重罰。尚有石碑存在，後有人亂砍，並照章嚴辦。故此山林樹木繁茂無比。"
⑤捕：疑誤，應為"甫"。
⑥遣：疑誤，應為"違"。

封禁要事碑記

　　立合同合村老幼人李鴻齡、楊開文、李九齡、李成芳、李瓊齡、楊名友、李汝銘、戴興義、普照高等，為封禁要事。緣：

　　先年村後有水溝貳條，由後山正破天罡直流，衝破正脈，響聲大甚。准合村人丁不順，屢損六畜，衣食維艱，難以支持。於同治庚午年[①]，鄉長師汝香、李廷詔、李廷楦、楊自林、李鳳祥、李耀高、李雲祥、魯占元、普照光等，統合村酌議。邀請高明地理斟酌，犯兇星，諸事不順，將此溝改移。青龍白虎兩山團抱，開溝向辛乙方放水，正合陰陽，主吉富貴。時將舊溝滅塞後，永不准縶放於村後之田地。自山頂一概封盡，不容放水成田，只許種乾糧食。為據。

　　自同治年間移此溝至此，衣食稍足，人丁茂盛，求財可順，強勝先年。恐後人心難測，仍然縶放此溝，今合村酌議立石為據，倘日後有人放水種村後之田，被人查實，罰銀伍拾兩入公。若有抗傲不出者，既送官究治，決不食言。倘有人起建房屋放水作泥，與管事言明，由不要緊之處方可准放。系合村情願，並無逼迫等情，口說無憑，公同立石，永遠為據。

　　又將道光年先輩與李姓合同移立，再照：

　　立合同文約人李才臣、李良臣，族內人李茂先，為因後山破濫，今合村公議，李茂先族內山一處，坐落蜜蜂凹。李才臣、李良臣族內山一處，坐落後山。情願與合村栽培樹株，以培風水，其後山各照至界管業，只許扞葬墳塋，不得開挖耕種。其後山並無錢糧上納，破爛乃攸關合村風水。公所種之樹，總以松栗栽培。日後樹木成林，只許各砍松樹枝，栗樹雜樹不得占己地面私自砍伐。若有私自砍伐栗樹雜木樹者，任隨合村人治罰。自封之後，亦不得牛馬踐踏小樹。公私情願，日後不得異言，恐口無憑，立此合同文約、移石為據。

　　道光拾年九月十七日

　　立合同文約人：李良臣、李才臣、李茂先、李登柱。

　　　　　　光緒拾玖年拾月初壹日，新舊管事統合村老幼人等同立

　　【概述】碑存通海縣甸心村新增尾天王殿前廳下右墻角，光緒十九年（1893）合村民眾同立。碑文記載了新增尾村民眾共同議定栽培樹木保護生態，滅塞舊溝培植風脈，及種田用水之相關規定的始末。

　　【參考文獻】楊應昌．甸心行政村志．昆明：雲南民族出版社，2006.4：577-578.

---

① 同治庚午年：即同治九年（1870）。

444

龍沛然督辦昭魯河工賑務德政碑序

蓋聞國以民為本，民以食為天。魯甸地瘠民貧，欠收已三年矣。乃蒙我龍公[1]沛然大人，目睹奇荒，面呈上憲，旋奉委督辦恩魯兩賑務、河工、醫藥，施棺、設粥廠、置義地，事事從民生起見，皆出於心之所不容也，非有為而然也。尤可感者，自來昭強魯弱，我魯但受水害，不蒙水利。公乃留心查察，將水道疏通，使之暢流無滯。我魯士民於公之將去也，因勒石以誌恩，蓋功德之感人者深矣。

光緒十九年十二月　　　日立

【概述】碑立於光緒十九年（1893）。碑文記載了時任武定知州龍沛然受委派督辦恩安、魯甸兩地賑恤工作期間，采取以工代賑的方法，疏通水道、整治昭魯大河之政績。

【參考文獻】昭通市志辦.昭通舊志彙編（六）：魯甸縣民國地志資料.昆明：雲南人民出版社，2006.5：1882；魯甸縣水利電力局.魯甸縣水利志.內部資料，1993.5：210.

據《魯甸縣民國地志資料》錄文。

東川大廟碑

從來大德不德者，浩蕩之神庥也！因利而利者，參贊之人力也。如星鯉潭之礁磨[2]，雖借人力，實係神庥！後之君子，誠體不息之（一行）汪洋，以廣小過之利濟，則人喜神歡，而川流敦化，神庥與日月爭光矣！倘淫戲以千百姓之譽，饕餮以從一己之欲，則神怒人（二行）怨，而潭翻泉涸，杵臼其能與山河並峙哉！闔川紳耆有鑒與[3]此，恐世遠年湮，星移物換，遂至恃才妄作，瓜分瓦解，爰妥議輪流（三行），經理租息，章程以規。於董事者，廟宇小河等項，不無歲修，以期功規[4]實用。至若山川勝概，倬翁先生諸公已寫於前，今亦毋庸（四行）物色矣。謹將章程次序如左，計開（五行）：

一礁磨功德。既為各村捐助全脩，則租息理應輪流管辦。今妥議：大樹營全西上為一輪，

---

① 龍公：即龍文，生卒時間不詳，字沛然，附貢生出身。清光緒十二年（1886）任大關廳（今大關縣）同知，設講學社、義學，興修水利，廉潔奉公，勤政為民。光緒十九年（1893），因政績卓著，調升武定直隸州知州。赴任途經昭通時，目睹旱澇所致饑荒、疫病慘狀，如實上陳并建言獻策，後被委派督辦恩安、魯甸兩地賑恤工作。
② 《大理洱源縣碑刻輯錄》錄為"礁磨"，據拓片應為"碓磹"。
③ 《大理洱源縣碑刻輯錄》錄為"與"，據拓片應為"於"。
④ 《大理洱源縣碑刻輯錄》錄為"規"，據拓片應為"歸"。

陳官營仝西下為一輪，輪流辦理，週（六行）而復始。凡遇經理碓磨租息，村寨公舉管事，務須審慎舉得其人。紳耆雖未必居功，舉非其人，則紳耆不得不任咎，此秦法也（七行）。

一管事接手。無論遠近，務須時親照察，租息陸續催收，年給薪水錢叁千文，其余還賒委寶[1]，添脩碓磨，修築龍潭，一一對衆算（八行）明，餘剩錢文，即於正月二十移交日清款。至有人前來租看碓磨，其租息多寡應集地方紳耆公仝斟酌，毋得獨行獨斷（九行）。

一租看碓磨。無論遠近，更替時集議辦秉[2]，錢貳千伍百文，其余租息，現有成規。倘時年豐歉，或加或減，再為妥議。接手以後，遇（十行）碓磨損壞，龍潭洩漏，開費僅在串伍數者，自行修補。倘若大修，務須通知管事，任其裁處（十一行）。

一東川利害，在於小河。倘無歲脩，田苗被湮，則碓磨亦為虛器矣。凡[3]二八兩月，照古牛踞河，分段修挖。先期公舉紳董管辦，遞（十二行）年給發開支食米，大率在陸拾串上下之譜。用攄民疲而昭福廕，紳管不得恣意需索，碓磨管事，亦不得□為刁攔，叭至互生（十三行）嫌隙，是為至善（十四行）。

一碓磨之便，既資山水，而銷水必先利道。如團山官庄中間沙溝，實銷水之利道也。近來沙溝為泥沙所淤，不無歲修。公同妥（十五行）議，協濟各田主錢陸千文，以圖公私兩得。不然該村種田，不惟水旱失宜，即水路阻塞而碓磨停滯矣（十六行）。

一東川享靈源之利，宜報靈源之德。遞年正月十五日慶祝聖誕，議定開支錢貳千文，食米壹斗，麵伍升。七月二十三日慶（十七行）祝勝會，開支錢貳千文，食米貳斗，麵伍升。強悍者不得多取，柔弱者亦不得相欺（十八行）。

一遞年春秋祀典，辦會談經，班期照前輪流，有始有終。一上登村，二劉官營，三沙橋甸，四社畔村，五騰龍村，六官庄、干木榔，七（十九行）松曲村，八大樹營、陳官營，九葛官營，十邑尾村，十一文筆村，共十一班，週而復始，毋得參差（二十行）。

一水尾閘口，務須隨時啟閉，倘若陰雨滂沱，山水陡發，難免坍塌之虞。歲修，採買条石、梭板、灰筋，工費多寡不等，叭及耑人看（二十一行）守，錢文向管事照發，以免倒流之患，是為至要。其余龍潭左右田畝受害處，當日田主楊相國、楊長有，業仝大衆言明，遞年幫（二十二行）伊糧錢壹千文為定外，看臥虹隄工食錢伍千文，管事照發（二十三行）。

以上各條，均係僉同衆議，永遠遵守。然大廟規模已有就緒，而兩廊大門款項支絀尚屬虛懸，俟積累有年，始可陸（二十四行）續補葺，工竣後，興學立師，作育人材，漸次舉辦可也（二十五行）。

龍飛光緒一十年[4]歲在甲午大簇月下澣之吉　　東川閤紳耆等仝泐石（二十六行）

【概述】碑存洱源縣右所鎮東川大廟內，大理石質，高104厘米，寬63厘米。碑文直行楷書，文26行，行6-48字。清光緒二十年（1894）民衆同立。碑文記載了光緒年間鄧川地區東川民

---

① 《大理洱源縣碑刻輯錄》錄為"寶"，據拓片應為"實"。
② 《大理洱源縣碑刻輯錄》錄為"東"，據拓片應為"秉"。
③ 《大理洱源縣碑刻輯錄》錄為"幾"，據拓片應為"凡"。
④ 《大理洱源縣碑刻輯錄》錄為"光緒一十年"，屬誤，應為"光緒二十年，歲次甲午"。

眾共同妥議輪流經理碓磨租息、修挖河道疏通水路、辦會談經祝禱等規章之詳細經過。該碑內容豐富，是基於共同水源、水利及共同信仰的地方基層自治條例，具有重要的參考價值。

【參考文獻】趙敏，王偉．大理洱源縣碑刻輯錄．昆明：雲南大學出版社，2017.11：132-134.

據《大理洱源縣碑刻輯錄》錄文，參拓片作了校勘。

嚴加禁止毀壩事緣碑記

欽加提督舉御侯升知府彌勒縣正堂傳　　　　　　　　　　為（一行）

案奉（二行）撫部院岑大人飭尊給示，嚴加禁止毀壩事。緣加委①張（三行）學海、武生張興同諸寨人等，為毀壩飭礙錢糧虛懸（四行）民生不遂事情身等。聞三伍村稟稱，毀沒原七星橋（五行）下之石壩，從古所等雨勒、雨廈、水尾、小可樂諸寨一（六行）帶田畝，引水灌溉救活禾稼不少。若壩毀，則數十（七行）石之錢糧無所出辦，而諸寨之大畆化為石田，且壩（八行）之讓毀，則水而發不知逾年之水災，歷年未逢以（九行）興何？涉查三伍村地方，自古不能毀此壩，泛濫悉（十行）免，雨勒、雨廈、水尾、小可樂諸寨之田畝。若毀此壩，則（十一行）納轍莫濟。願荷哉培池恩，上儲（十二行）國家之賦稅，下全諸寨人之生命矣。等情到縣，當即批（十三行）飭振稟，已悉查壩有古規，由來久矣。於嘉慶二十一（十四行）年②，經張任揭示順流灌溉，不得私自拆抵，亦不許再（十五行）行築高等因。茲本縣遵前案批飭該村之民不得（十六行）加高，即三伍村之民亦不得私拆，順流灌溉而□□（十七行）。又經外委張學海等，覆為懇請申詳撫憲允准（十八行）給示，嚴禁承不許拆毀等因，奉此，合函出示曉（十九行）諭，仰軍民人等一一照憲示民，而水利設法回要（二十行）交潛，仍照遵古規，各安無事之無。倘有無知之徒潛（二十一行）行拆毀，按律嚴懲決不姑寬，言出法行，各宜凜遵，切（二十二行）切特示。

右仰通知。

□□（二十三行）□十年十二月初九日，下伍村□貼曉喻（二十四行）。

任前先補用同知直隸州特授彌（二十五行）勒縣正堂加三級紀錄六次張，為出示曉諭事。照行三伍村現已修竣，足見各紳民（二十六行）自保田畆，踴躍趨公，實勘嘉尚。灌溉竭力於前，不能（二十七行）不計及於後，查後前河堤決口良田，雨過多河水（二十八行）此漲，惟天陰大其咎不在人。地乃上中兩村，歸咎下（二十九行）伍村石壩下（下略）（三十行）。

光緒二十年三月十六日示（三十一行）

【概述】碑存彌勒市雨廈村大寺內。碑高 160 厘米，寬 80 厘米。文 31 行，行 2-32 字，全

---

① 加委：舊時主管機關對所屬單位或群眾團體推舉出來的公職人員辦理委任手續。

② 嘉慶二十一年：1816 年。

文共約 600 字。光緒二十年（1894）立。碑文刊載了彌勒縣知府為嚴加禁止毀壞而出具的告示。

【參考文獻】葛永才.彌勒文物志.昆明：雲南人民出版社，2014.9：170.

重修落水洞碑記

　　縣東十里落水洞，相傳為神僧李畔富錫杖［穿］開，以宣洩湖水，其言荒渺難稽。重岩［層疊，崆峒旋轉，迂回］落下，伏流地中數十里，匯播溪江而去，浩［然，謂］巧有非人力所能為者，似神異，而實非神［異，乃天然而已。道］光年間，攤派通①、河②兩縣民夫，先後疏浚［於岳家］營，研其洞門過小，難以暢流，溝道不深，易致［漫盈，浸溢為］患，民慶安瀾。忽於上年夏間，霪雨為災，［水漲丈餘］，湖盈沒石，沿岸桑田半歸滄海，房屋亦多沒［浸於水焉］。蠲請賑究系一時權宜之計，詢之耆老，［曰：玄竅泥沙］淤塞，非二、三年不能落平。余謂既有此洞，可以［鑿深擴寬］，加以疏浚，俾湖水早退一日，即農田早［一日得受］益。爰集紳董親往履勘，即雇匠開挖。旋以工程浩［繁，捐］廉俸則力有所未能，派之民間則勢有不［能承負者］。稟請藩憲，史軫念民難籌發銀參③佰伍拾兩。復［又］稟請臨元總鎮，馬由營添撥石匠共壹仟零陸拾］，得石價銀壹佰玖拾兩，又捐廉銀捌拾兩。自上年七月開工至十月止，又自本年二月接修至四月，前後歷七閱月而工始告竣。是役也，董其事而不辭勞瘁者典史王家樸、邑人周本志，應自強之力［頗］多。現在涵洞別開數處，水勢建瓴而下，溝道亦逐段開深，瀕湖田畝漸次退出，我農民就欣然謀婦子［勤奮］鋤焉。然潮汐所至，沙草乘之，願後之君子隨時淘汰，勿使阻塞。庶幾水流順軌，海不揚波，慶萬寶之告［成，安］斯民於衽席，是余之所願望也。夫是為記。

　　欽加同知銜在任後補同知直隸州調補昆明縣知通海縣事江夏何亮標、調補上改心巡檢通海縣典史烏程王家樸監修。

光緒貳拾年肆月吉日立

【概述】該碑立於光緒二十年（1894），原位於落水洞，後被損壞，斷為兩截，少數文字模糊不清，斷碑今存通海縣楊廣鎮岳家營觀音寺內。碑文記載了重修落水洞的詳情。

【參考文獻】雲南省通海縣史志工作委員會.通海縣志.昆明：雲南人民出版社，1992.11：687.

---

① 通：通海縣。
② 河：河西縣。
③ 參：疑誤，應為"叁"。

新成堰記 ①

欽加同知銜特授大理府雲南縣正堂加三級紀錄六次王　　　　　　　為（一行）

給示勒石，以垂永久而昭信守事。案據監生羅文人，文生熊遇文、羅文炳，耆民羅文輔、何有本、李逢春等公稟：為修築公海工竣，懇恩賞示勒（二行）石以垂永久而免紊亂水規事。

緣生等合村，自祖以來，雖有海塘數座，不敷灌溉。於光緒拾捌年②公同妥議，書立合同。於村後箐內就羅姓長支（三行）③小海垠修築公塘一④座，俾合村糧田得敷澆灌。今已工竣，公議水分，以拾陸分零拾伍寸伍分為定，每年各照⑤水分分放（四行）。不得爭多論少，村眾允服。但恐日久生變，紊亂水規，無以為憑。為此，公懇附呈合同一紙籌⑥情。

據此，除公呈批示存檔外，查合同內載：新修堰（五行）塘水分共擬以拾陸分零拾伍寸伍分［為定，因使伍羅姓長文海垠准水陸分；湮浸羅鎮堰塘准水貳分；其餘捌分零拾伍寸伍分⑦合村公放（六行）後，再修海垠加高培厚；湮沒熊姓塘，再准水伍分；湮及⑧羅姓小堰，准水貳分，共以貳拾叁分零⑨伍寸伍分為止。其公議酬總管一人，功勞水一（七行）寸；酬分管四人，功勞水各一⑩寸，已在數中。其水例遵照雍正八年⑪天然堰碑記章程，每分定香貳尺，挨次輪放，周而復始。籌⑫情，查所議章（八行），允協合行，如稟給示。

為此，示仰上赤河尾生民、糧戶、有水分人等知悉。自示之後，務須遵照重修新定水分，輪流分放。不得沿路阻截（九行），程致干查究。各宜凜遵毋違，切切特示！（十行）
光緒貳拾年拾壹月⑬示

　　總管：羅文人

　　分管：羅光泰　羅國鎮　熊朝傑　李逢春

　　文生：熊遇文　羅文炳

---

① 《祥雲碑刻》錄為"上赤新成堰記碑"，現碑名據原碑照錄。
② 光緒拾捌年：1892年。
③ 《祥雲碑刻》漏錄"起立"2字。
④ 《祥雲碑刻》錄為"一"，據原碑應為"乙"。
⑤ 《祥雲碑刻》漏錄"合同水冊所載"6字。
⑥ 《祥雲碑刻》錄為"籌"，據原碑應為"等"。
⑦ 《祥雲碑刻》漏錄"［ ］"內35字，今據原碑補錄如上。"□"內之字，原碑殘損，據文意考證補出。
⑧ 《祥雲碑刻》錄為"及"，據原碑應為"沒"。
⑨ 《祥雲碑刻》漏錄"拾"字。
⑩ 《祥雲碑刻》錄為"一"，據原碑應為"乙"。
⑪ 雍正八年：1730年。
⑫ 同注釋⑥。
⑬ 《祥雲碑刻》漏錄"六日"2字。

監生：李盛春　羅文輔　羅文治

壽員：羅文郁　熊現文　熊朝卿　李映春　李發仙　羅文軒

　　　羅國璽　羅光煌　何有本　楊立鵬　羅國興　羅國輔

　　　熊朝義　李長有　楊廷香　羅國吉　羅文用　羅國佐

合村仝立

憑中：

武舉：李榮標；介賓：段雲蛟

文生：李振崑；增生：熊朝舉

壽員：熊師文；附生：羅國彥

廩膳生員王以忠恕全甫書（十一至十七行）

　　□水分四□□□□□□□□□□水利不實□□日按所湮沒糧田每年由分管□□千石等記（十八行）①

【概述】光緒二十年（1894），合村民眾同立。碑為青石質，額呈圭行，其上雙綫楷體鐫刻"新成堰記"4字。文18行，行11—59字，計600余字。碑文記述光緒年間，祥雲縣上赤河尾合村公立合同，新修堰塘一座，以資灌溉糧田，竣工後妥議水分、設管護人員、議定水利章程，并懇請知縣賞示勒石之事。

【參考文獻】李樹業.祥雲碑刻.昆明：雲南人民出版社，2014.12：163—165.

　　據《祥雲碑刻》錄文，參照原碑照片校勘、補錄。

黑樹龍潭水例碑記

特授大理府賓川州正堂加五級紀錄十次魏　　　　　　　　　為（一行）

　　給示勒石以垂久遠，而杜爭端事。案據文生于高甲、吳英培、任朝廣，武生陳國標、于登科、朱品超、任（二行）朝璽，監生傅懷邦等稟稱："黑樹龍潭之水，係十三村輪流灌放，自古分定閘數，並輪班次第向田。大（三行）羅城輪首，每輪頭班，均放沖溝水。四閘後始放正班，其余各村，按次照數輪流。惟龍潭口、顧家溝向（四行）無水分，係放仁慈廟餘水。每年隨時值旱隨時輪班，惟立夏節後一日至端陽節前一日，並無班期（五行）。十三村灌放秋苗，自端陽日寅時起，至次日寅時止，係周官營一村灌放。初六日寅時仍由大羅城（六行）開班，應放沖溝水，四閘後放正班，歷來無羔。自兵燹後始行紊亂，以致累興訟端，古規幾至湮沒。是（七行）以連名懇恩給示，永遠遵守而杜紊亂。"稟請到州。據此，除批准俻案外，合行出示。為此，示仰十三（八行）村紳首粮戶人等，勒石永遠遵照，務須遵照舊規，輪流灌放，

---

① 《祥雲碑刻》漏錄此行。字迹模糊不清，30余字。

勿得仍前紊亂，啟爭干咎。毋違切切。特（九行）示遵！今將各村閘數、班次開列於後。計開（十行）：

一、大羅城沖溝水四閘，計壹日壹夜；正班水肆閘，計壹日壹夜。

一、周官營正班水捌閘，計貳日貳（十一行）夜。

一、白庒冒正班水貳閘，計一日。

一、馬官營正班水貳閘，計壹夜。

一、總府溝上埧正班水壹閘，又（十二行）新墾水壹閘，共計壹日。

一、河頭基河西，正班水貳閘，計壹夜。

一、河頭基河東，正班水壹閘，暨大、小（十三行）王可，甸心村、三家村等伍閘，共陸閘，計貳日壹夜。惟該五村，雖在上流，不得越班灌放。務須倣此（十四行）！

右仰通知（十五行）

光緒貳拾壹年捌月拾捌日

告示

武生：于錦標

軍功：陳吉祥

從九：劉成美

壽員：于昱、于昭

鄉飲：楊正發、王治等全立石（十六至二十行）

【概述】該碑未見文獻記載，資料為調研時所獲。碑存賓川縣州城大羅城小學。石灰石質，高164厘米，寬68厘米，厚22厘米。額上楷體陽刻"水例碑記"4字，各置於一方版內。碑文直行楷書，文20行，行4-38字。光緒二十一年（1895）立。碑文記載：黑樹龍潭乃十三村重要水源，古有定規，輪流灌放，歷來無恙。後遭兵燹而規制紊亂，訟爭不斷。光緒年間，紳民懇請賓川州正堂給示遵照舊規以杜紊亂，并勒石記之。

據拓片錄文，行數、標點為新增。

密三咱仁興村則責俄修補古壩小引

夫百畝之事，自古先年乙溝乙壩。至時溝壩移遠，夏日春耕，水勢荒疏難以流通，五穀不登，民食不飽，國賦難納。至光緒十八年，有李開科請照修補古壩乙道，乘時修補以通水道而滋灌溉。水勢勇①濯，流通溝尾。上至放峨壩口，下止車米典門首，望其家家歌有，上關國賦，下系民生。眾戶子孫多賴，數口之家可以無饑矣。

---

① 勇：疑誤，應為"湧"。

一、杜買得顧姓挖土地界二塊，共去畫字銀十二兩。又沖李春林麥地，不論年月、深淺，共補良錢十二千文。

光緒二十三年六月一日

昌首[①]：李玉、李開科、普亮、王海、張連直

三村同立

【概述】碑存楚雄彝族自治州武定縣貓街鎮咪三咱小學內，光緒二十三年（1897），三村民眾同立。碑文記述了村民李開科等倡議修補古壩之事。

【參考文獻】雲南省武定縣水電局. 武定縣水利志. 昆明：雲南美術出版社，1994.11：192.

修彌渡通川河記

淩應梧

修彌渡通川河記（一行）

光緒乙未[②]孟春，余權大理府事，會彌渡紳士楊玉發等，以酌提公產，添修河工為請。西巡觀察使張公鑑之，顧謂其屬吏應梧曰，向聞子守澂（二行）郡時，勤求水利，彌渡河務，還以勞子，子太守，其亟往圖之。應梧謹再拜受命。先是岑襄勤之督師討平杜逆也。清釐各屬叛產，無慮數千百頃（三行），悉界地方，歲濟公用，訂為卷金，賓興、膏火、義學、河道，暨傷亡兵士家屬養贍諸名目，酌濟多寡，俾無侵素。分命紳士司其出納，歲終，上會計簿於（四行）官，德甚盛甚溥也。厥後司公產者率多侵漁乾沒，置河弗理，亦莫有稽牘按問者。河害寖深寖廣，淹沒田畝，沖踣路人及畜，居民行旅咸病之。楊（五行）紳等毅然以修河自任，而有是請，不得謂非行仁義者矣。仲春之杪，余往勘河，循河下至彌渡三十里，再下至苴力河五十里，河至此止矣。住[③]下（六行）則深窟密箐，莫可究詰焉。則見有蹣跚水中者，所募之百餘壯夫也。問其經始于役兩越月矣。稽其度支，所費千餘緡矣。河之長，直計八十里，紆（七行）曲計之，不僅百里。已濬者六里許耳，待濬者繁不勝紀。紀其尤為險要而且晚可虞者，尚二十餘區。矧河宜治，江亦宜治。厥江三，實維河原，曰赤（八行）水，曰毘雄，曰毘雌，與夫九股箐之水，俱入於河。次第治之，斯誠正本清原之道云爾也。顧時迪工鉅，應募復寡。守甫下車，信未孚，民可奈何？嗟乎（九行）！民之痛等切膚也，守之責毋旁貸也。守固無良圖也，佚道之使而已，亦匪別圖也。前事之師而已，因民力，治民事，具有澂江治水成效在。遂乃號（十行）於眾曰：具爾畚鍤，飼爾牛，負爾耒，偕往勉從事于河之干。

<hr>

① 昌首：疑誤，應為“倡首”。

② 光緒乙未：光緒二十一年（1895）。

③ 《大理叢書·金石篇》錄為“住”，據拓片應為“往”。

示汝險且要者先治之，饑吾餉爾，兼犒爾牛。險要既平，迤疆迤理，畢爾耕稼，完爾廩。吾將（十一行）與爾共慶。夫歲之大有，秋咸紛然以起，謂太守憂民之憂如此，有不惟命者，衆棄之。余竊幸厥事之集也，因以下游之役，属署通守毛司馬瀚豐（十二行），以上游之役，属洗大令祖祥，仍責在工紳者，五日一報。郡居數日，乃返，粘河圖于壁，日審焉。泊仲夏，河流報疏矣。秋時再往，則黃雲遍野，向之汙（十三行）澤，悉復沃壤。田夫野叟，稽首道側，或奉罍以進，把琖顧盼，為流連久之去。復語以續修之役底完善乃已。後此歲修，不復勞爾衆矣。并助百緡為（十四行）之勸，属其事于實任通守孫君繩武，命商巡政廷倬佐之。明年春，續修告竣，余卸肩去郡矣。茲因紳耆之請，為記共①事，俾書之碑（十五行）。

　　卸大理府事遷江淩應梧撰并書（十六行）。

　　在事紳耆銜名附刊於後，軍功：劉銳、成起龍、許雙科、任邦、丁紹興、王鳳、谷煌、楊恩、楊洪兆。武舉：張倫。武生：傅太任、徐乘龍、李占魁（十七行）。文生：王賓、李林、楊焜、李祥雲、劉光堯、李崇義、秦繼先、王圻②、韓蹲③、成文藻。監生：黃萬川、楊光春、李墅④、杜善嶸、史從智、從九、奎登雲、郭瓊（十八行）、蔡鍾傑、楊燦。世職：師諭、師儒藻、李興裔。管事：楊名魁、孔憲章、萬德盛、李塘、郭聞唐、王正魁、潘應祿、何占槐、董正光、董開科、白玉珍、白（十九行）酥、時陽⑤、鄒立山、楊粹、蒲逢春、宋儒、李梓、吳耀宗、鄧崇忠、田旺、賴東升、侯仲、雷材、姚湘、奎錫章、楊倫、李發、王尚質、李茂亭、李福海、楊得（二十行）珠、李樹、沈昭、師學道、楊錦、唐文廣、張榮宗、李天培、李昌、劉萱、王金、蔣有、張忠（二十一行）。

光緒二十三年六月初十日勒石（二十二行）

　　【概述】碑存彌渡縣文化館。碑為大理石質，高169厘米，寬78厘米，厚5.5厘米。碑陽碑陰兩面均鐫刻內容相同的碑文，碑文直行楷書，文22行，行7~55字，共1053字。清光緒二十三年（1897）立，淩應梧撰文并書丹。碑文記述光緒年間，時任大理知府淩應梧會同彌渡紳士楊玉發等，籌措疏浚通川河（彌渡壩內上到紅岩赤水，中及毗雄，即西大河、九股箐水，下至毗雌河、苴力河一整條壩區水系）的詳細過程。該碑對歷史上彌渡通川河的治理、大理地區水利建設等的研究具有重要的史料價值。

　　【參考文獻】楊世鈺，趙寅松.大理叢書·金石篇（卷三）.昆明：雲南民族出版社，2010.12：1609-1611. 張昭.彌渡文物志.昆明：雲南民族出版社，2005.3：140-142.

　　據《大理叢書·金石篇》錄文，參拓片校勘。

---

① 《大理叢書·金石篇》錄為"共"，據拓片應為"其"。
② 《大理叢書·金石篇》錄為"圻"，據拓片應為"炘"。
③ 《大理叢書·金石篇》錄為"蹲"，據拓片應為"增"。
④ 墅：古同"墅"。
⑤ 《大理叢書·金石篇》錄為"陽"，據拓片應為"暘"。

繼控遺水碑記 ①

在任補用同知直隸州特授雲南府易門縣正堂軍功隨帶加二級紀大功二十次王，為繼控遺水碑記。

從來下河道遺水，古有定例，原無爭競。自賊匪占城池，將水利失落，於光緒三年②被二會人阻截，彼此具控，蒙成縣主給示，遵守按放後並無阻截。至光緒二十三年複有大營高玉堂等，持勢混占遺水，二比興訟，又蒙王縣主踏勘各處水道，核斷稟明各大憲批准定案給示，勒石永遠遵守為據。遵奉給示，永遠遵守，以靖爭端事。照得梅花營耆民柳高茂、許世發等，以大營士民高玉堂、武占魁等互控霸水呈凶一案，本縣查勘大營水道原在坵口，梅花營水道，原由北門壩總水口分有遺水一分，經由劉官壩至梅花營，後因坵口淤塞，大營水道借由劉官壩經過，遂將梅花營原有水道一併混入大營。檢查舊載，遍詢閣邑眾紳耆老，證據無異，當將各情據實通稟，嗣奉督憲崧、撫憲黃批行。臬憲湯、糧憲英、藩憲裕、本府林會核批飭，將高玉堂、武占魁另案議擬詳辦外，述令分晰水道，斷定杜爭，特即修復坵口故道，俾大營人等依輪灌放，由坵口水道放至大營灌溉。其梅花營應有遺水，仍由北門壩溝口漏下十分中之二分，經劉官壩流抵梅花營灌放。此次既經修復，永遠遵守，而無爭競。□□□人等於輪水之日，不准於北門壩總溝口概行密紮，涓滴無遺，致梅花營□□遺水盡失，又啟爭端，致干懲究。但梅花營應得漏下遺水，仍不得過原斷十分中之二分，□究治。該大營、梅花營士民人等務宜遵守，持示以昭平允而沾水利。除兩造人等出具此後，不敢紛爭紊規切結存案外，合行遵奉憲批給示，勒石永遠遵守。為此，示仰梅花營人等知悉，各宜遵照此次給示判定水路灌溉，倘敢故違再滋爭端，定行例辦，切切特示。

右仰通知

告示光緒二十四年③三月初日

示發梅花營實貼曉諭

光緒二十四年五月中浣吉旦大五會閤營同立

【概述】該碑立於光緒二十四年（1898）。碑文記述了易門縣知縣處理梅花營、大營兩村士民互控霸水逞凶一案的詳情。

【參考文獻】易門縣水利電力局．易門縣水利志．內部資料，1990.12：337–338.

---

① 原碑無碑名，現據文意補擬如上。
② 光緒三年：1877 年。
③ 光緒二十四年：1898 年。

妙姑水利碑記

　　蓋聞，天乙生水，地久成之[①]。自古有水則生，無水則亡。昔日禹王疏幾[②]河淪濟潔，而生之江、浜、汝、淮、泗，然後可得而食。想我村：有賣菜乍[③]，出得龍水一溪，而時出之，灌既田畝數百餘工。此系上關錢糧，下濟民生。按年一條規矩，年年遵照而放，亦不在均。今合村妥議，照田而放，亦得其平，於是為敘。

　　謹將水盤規模由復之之，全心祭龍，修溝打壩，按十二屬空三趕四交灌。

　　申子辰：賣菜乍。己酉丑：落泰廠。寅午戍[④]：大水口。亥卯未：克麥籤。

　　以上四盤，周而復始，輪流轉放。每到日落交班，無論男婦老幼，不得亂挖亂放，邀接水尾。若然紊亂越規，以牛角為鳴，公議懲，可也。

本邑後生學士燦雲照南沐手敬書

　　計開：

　　村長于常受、魁發玉、自萬興、周文和其有頭班。

　　水盤：壹分，兩截放。

　　栽工：第壹，一百一；栽工：第二，一百廿；栽工：第三，一百零三；栽工：第四，八十零半工，共計四一十四個半[⑤]。

　　管事：自榮、魁文香、于羅富、周文興。

　　巡水壩長：一天三回，工食拼逗。

光緒二十四年歲在戊戍[⑥]四月初六日，妙姑合老少人等全立

　　【概述】碑鑲嵌於祥雲縣東山鄉初級中學圍牆上，碑額篆書鐫刻"萬古常昭"4字，碑文楷書。光緒二十四年（1898），妙姑民眾同立。碑文記述光緒年間，妙姑村民眾重新議定龍潭水輪流轉放、修溝打壩并勒石立碑之事。

---

① 天乙生水，地久成之：屬誤，應為"天一生水，地六成之"。

② 禹王疏幾河淪濟潔："幾"：屬誤，應為"九"。九河：指多條河流；淪：屬誤，應為"瀹"；濟潔：指濟水、潔水。語出《孟子·滕文公上》："禹疏九河，瀹濟潔而注諸海。決汝漢，排淮泗而注之江，然後中國可得而食也。當是時也，禹八年於外，三過其門而不入，雖欲耕，得乎？"（王常則譯注：《孟子》，76頁，太原，山西古籍出版社，2003）

③ 賣菜乍：村名。屬今東山鄉妙姑村，在妙姑西北1.5公里，山區，海拔1980米。原彝語稱"賣射乍"，音變為"賣菜乍"。賣射：甑子的汽；乍：地方。意為像甑子蒸一樣熱的地方，因當地氣候炎熱而得村名。（祥雲縣人民政府編：《雲南省祥雲縣地名志》，57頁，內部資料，1987）

④ 己：屬誤，應為"巳"；戍：屬誤，應為"戌"。

⑤ 據上文，疑誤，應為"共計四百一十三個半"。

⑥ 戊戍：疑誤，應為"戊戌"。據查，光緒二十四年（1898），歲次戊戌。

【參考文獻】中國人民政治協商會議祥雲縣委員會．祥雲文史資料·第四輯．內部資料，1994.12：159-160.

大可村老圍碑文

千秋模範

趙文彬　段士錕

　　蓋聞民以耕為本，耕以水為先。雖流泉之有源，籍人工以開路。故禹疏九河，功垂萬世。我路邑有寶鄉有大可村，田地廣闊，灌溉少源。村之東有一溪焉，發源小疊水，然中為溝澗所隔，雖有水而空望濟。於道光十年[1]紳耆經營地勢澗溝，新建石橋接水，鑿山引來，和衷共濟。於光緒二十三[2]年間，澗橋坍塌，又復固流。村中紳耆李萬高、槐務本、孟春、槐為楨、李桐、槐為義、武榮等，協同呈稟，深知心實焦急，自愧薄俸，不能相助耳。諭示紳耆李萬高、槐鳳池、槐務本、孟春、槐為楨、李桐、槐文元、槐文炳、槐為義、武榮、槐建中、楊潤、楊占魁、槐紹中，暨領各村士民等，以公濟美，按計田工捐資合力重修。茲時又買羅姓田拾工有餘，並公眾山地一沖，築塘積水，復修澗橋，果乃眾志誠誠[3]，不數月而力成。今導源泉之水如故，新築溝澗之堤為塘。利益盈村，灌溉不絕，故名其橋日[4]普豐橋，誌其澗日[5]永濟塘。爾等算計田工分為上中下三等，砌石平口，水分均分，刊碑為據，以免紛爭。自此安耕樂業，咸歌大有，戶富家毀，永享昇平矣，是為序。

　　路邑拔貢　　趙文彬
　　稟[6]生　　　段士錕　　仝撰書

　　　　　　欽加提舉銜署澄江府路南州正堂加三級紀錄六次羅為
　　　　　　光緒二十五年歲次己[7]亥季春月二十八日閣[8]村士庶同刊

---

① 道光十年：1830 年。
② 光緒二十三年：1897 年。
③ 誠誠：疑誤，應為"（眾志）成城"
④ 日：屬誤，應為"曰"。
⑤ 同注釋④。
⑥ 稟：屬誤，應為"廩"。
⑦ 己：屬誤，應為"己"。
⑧ 閣：屬誤，應為"閤"。

【概述】光緒二十五年（1899）合村同立，趙文彬、段士錕撰文并書丹。碑文記述光緒年間大可村澗橋坍塌，村中紳耆李萬高等呈稟官府，路南州正堂羅諭示，合力復修澗橋、筑塘積水、均分水分并刊碑為據之事。

【參考文獻】石林彝族自治縣水利局.石林彝族自治縣水利電力志.內部資料，2000：292-293.

告示碑記

欽加同知御調署雲南府昆明縣事駐縣正堂加三級記錄六次李　　　　　　　　為

　　給示勒石，永遠遵守，以免紊亂事。緣廣南衛、義路村田業毗連，中有迤南大路一條，其路之上田屬義路村，之下田屬廣南衛。兩村放水插秧，均由寶象河放水灌溉。此河自高而下，中有迤南大路之石榴園礄洞一所，向無石閘。本年四月初五日，有廣南衛士民，在石榴園地方築閘積水，淹壞義路村田內之小春。義路村眾將閘拆毀，兩造口角，並將廣南衛私造閘拆之、楊鳳清等毆傷。呈控來縣，親往踏勘，傳集兩造村眾研訊明確。查石榴園之石礄向無石閘，斷今以後不得再向此處私自修閘，以息訟端。至小滿後，義路村先分水三天三夜，廣南衛後分水三天三夜，輪流照放，勿得爭論。兩造田業毗，仍敦和好，取具各結存案外，誠恐日久弊生致起事端，合結示諭勒石，永遠遵守，以免紊亂。倘有不尊，稟明傳案，重究不貸，其各凜遵，毋違。

　　特　示

光緒二十五年六月二十九日立

右示給義路村士民准此

【概述】碑存昆明市官渡古鎮孔子廟內。碑高120厘米，寬60厘米，光緒二十五年（1899）立。碑文記述光緒年間，廣南衛村士民私自在石榴園處築閘積水，淹壞了義路村的小春作物。義路村民眾將閘壩拆毀，雙方發生口角，并引發鬥毆事件。後經官府踏勘公斷，判令石榴園處不得私自修閘，且對二村輪流放水作了明確規定。

【參考文獻】羊浦區《義路村志》編纂委員會.義路村志.北京：中國文化出版社，2012.1：228-229.

三臺山土庫做齋戲大頭管事碑記

李嘉培

□□□□建
三臺山土庫　　做齋頭戲大管事碑文

　　從來幕為之，前雖美，弗彰。幕為之□□雖盛，弗傳。[1] 即如白龍潭[2] 源泉，灌溉東隅田畝。古今上、下河，遞年三、七月初一日，慶祝聖誕，修齋演戲。原照頭出資，而□□□□□□□□□□□□□□□□□三臺山水伍輪。土庫水一輪。其齋戲小頭，原有舊規，唯大頭與管事無憑，流年紛爭。因於七朔齋事畢，蒙會內紳耆同二屯老幼妥議，三臺山應齋戲大頭及管事伍輪，退土庫做齋戲大頭管事壹輪。永為規定，二屯均宜世守，如有紊亂，自甘重罰。因勒石以□永久云。

邑人李嘉培撰並書
光緒二十五年七月初四日

上、下河紳士（十人姓名略）
下山頭士庶（十八人姓名略）及合屯人等立。

【概述】碑存玉溪市紅塔區白龍潭白龍寺內，光緒二十五年（1899）立石。碑文記載光緒年間三臺山、土庫二屯利用白龍潭水源輪流灌溉田畝，并按水分負責到期組織齋會及演戲的規定。該碑對研究清末至民國玉溪地區水利史、戲曲史及滇劇等方面具有重要的參考價值。

【參考文獻】中國戲曲志雲南卷編輯部. 雲南戲曲資料（五）. 內部資料，1989.2：139-140.

---

① 此句屬誤，應為"從來莫為之前，雖美弗彰；莫為之後，雖盛弗傳。"
② 白龍潭：位於玉溪市東北的龍馬山山下，距州城約 3 公里，風景秀麗，清靜幽雅，為玉溪市著名的風景名勝之一。景區內山間有白龍祠，始建於明代，清代雍正、嘉慶間曾重修。舊時每年夏曆三月、七月初一日，民眾為"白龍皇帝"祝壽演戲。1984 年 9 月，雲南省人民政府公布為重點文物保護單位。

永濟硐碑

趙 鳳

　　修利堤防道達溝瀆禮教也，即先王之所以重農焉。我竇鄉大可一村，舊系陸地山田，灌溉維艱。邑之東有餘水焉，都人士合計之：槐松、槐傑、槐楷、槐其祥、槐其相、槐鳳鳴、槐其福、槐亮、何守賓、武中林、周有富等，樂倡義奉。己巳歲，嘉慶十四年[1]，請金批開挖過硐。緣資關聖宮銀百五十金，各捐資辦理。歲余費成，眾頗患之。施有槐梓、槐遇春等，繼起鳩工承攬開挖，出己募以貸資斧。募月正而勤穿鑿，備嘗辛苦。甲戌秋，同治十三年[2]，乃告成功。俟後改溝移澗，工耗日繁，床頭金盡，為粥以帳焉。夫乃知事之成於人者，不有休，何以開其先。不有述，何以成其後。過硐之成，其善作而善述也。越十五年己丑冬[3]，復有何睿、槐鳳棲、槐巽、槐聯仲、槐鳳騰、槐鳳玉等十人善成其終，而石梘亦告竣焉。凡美利之普於無言者，且鞏固於無疆矣。夫安得後之繼今，亦憂今之繼昔也夫，爰為之序。

　　署澄江府路南州、宣威州正堂即用府加三級紀錄六次趙鳳

　　計開：

　　一、開修過硐，去銀一千九百二十兩。

　　一、續修過硐，去銀一百五十四兩三錢。

　　一、杜買水溝道路，杜價銀十兩。東至壩上分水處，南至自壩上澗內溝上邊一丈，西至自澗至過硐口溝上一丈，北至河。

　　一、開溝築岸，去銀一百五十五兩。

　　一、修石梘，去銀一百五十九兩。

　　管事：槐其澤、槐可春、槐鳳飛、槐鳳起、槐剛、槐之蕃、武有常、槐鳳高、何宣、何禮、李祥、武有禮。

　　開修過硐：槐舉、槐巽、冒起、何啟成。

　　匠人：段國祚、槐安、李有安、趙發科、李卓、金髮玉。

　　【概述】碑存石林彝族自治縣大可鄉大可村，高132厘米，長65厘米。文18行，共597字。清光緒二十五年（1899）立，趙鳳撰文。碑文記述了嘉慶至光緒年間大可村民眾集資築壩興修水利之事。

　　【參考文獻】石林彝族自治縣水利局. 石林彝族自治縣水利電力志. 內部資料，2000：291-

---

① 嘉慶十四年：1809年，歲次己巳。
② 甲戌：屬誤，應為"甲戌"。同治十三年：1874年，歲次甲戌。
③ 己丑：屬誤，應為"己丑"。光緒十五年：1889年，歲次己丑。

292；雲南省文化廳．中國文物地圖集・雲南分冊．昆明：雲南科學技術出版社，2001.3：47.
據《石林彝族自治縣水利電力志》錄文。

酬勳祠碑記

楊桂清[1]

酬勳祠碑記（一行）

昔叔孫豹論不朽云：太上有立德，其次有立功（二行），其次有立言。是三者有一於此，皆足於[2]溥惠利（三行）於無窮。繫追思於靡暨，昭令名於來茲，食馨香（四行）於後世者也。本營田土廣腴，向艱水利，往往雨（五行）澤愆期，或先則播種無資，或後則灌溉無恃。人（六行）人[3]力雖勤，地利雖厚，而屢豐大有之歌，但聽諸天（七行）時之若而已矣。自前明嘉靖年間，蒙臨元道文（八行）公開池江河[4]，由江頭[5]以迄樂道[6]，而水利乃興。然（九行）人事不齊，溝渠漸塞，利亦未及久濟也。嗣於道（十行）光十年，蒙前任縣主吳公，準與開修溝道，興築（十一行）堰塘，於是永豐塘成而利乃大焉。道光十六年（十二行），蒙後任縣主吳公，立定修河章程。道光二十六（十三行）年[7]，蒙繼任縣主陸公，準與疏通河道，而水利乃（十四行）永濟無窮矣。將所謂以人力而興地利，即以人（十五行）力而代天工者非耶。然是役也，約鄰村以請示（十六行），糾衆力以築塘，自始至終，任勞任怨，則本營邱（十七行）公鳳瑞、鴻銳[8]、鴻基、鴻彥、占全、占文，呂公紹顯、紹（十八行）寅、元清、元明、元春，劉公聯元等諸公之力居多（十九行），勳成永濟，至今賴之。迨光緒甲午年[9]，重建報恩（二十行）寺。工竣之明年，合營士庶思造福之有自，念舊（二十一行）德而不忘，謀於寺之南，建祠一區，

---

① 楊桂清：狗街玉龍村人，據《宜良縣志・選舉・五貢》載："光緒二十七年（1901）並行庚子（1900）、辛丑（1901）恩正兩科。"家道清貧，中舉後以教讀為生，受聘於同鄉之土官村。

② 《宜良碑刻》錄為"于"，據原碑應為"以"。

③ 《宜良碑刻》多錄"人"字。

④ 池江河：宜良水道名稱，皆由陽宗海而來。陽宗海漢稱大澤，唐稱大池。因其水下注南盤江，故縣境內稱南盤江為大池江，元代縣設大池（亦作太池）縣，亦以此故。而同一水系之賈龍河，亦屬大池江，後為加區別，乃另稱為大赤江。文公河之興，故又有此池江河之別稱也。池江河，即文公河，亦稱文公渠。中華人民共和國成立後統稱西河，因位於縣境西側（即南盤江西岸），而東側（南盤江東岸）另有人工管道龍公渠，則稱東河。

⑤ 江頭：即江頭村。文公河始流地，因文公河亦是江，故稱江頭村。

⑥ 樂道：即樂道村。

⑦ 道光二十六年：1846 年。

⑧ 邱鴻銳：據《宜良縣志・人物志・善行》載："字扶搖，增貢生，橋頭營人。生平樂善不倦，而尤以敬宗睦族為先務。咸豐庚申年（1860），邑大饑，公於城隍廟設施粥場，又於橋頭營立施棺會。亂甫平，公乃捐地基，約賓會，倡建邱氏宗祠，煥然一新。年九十一，以壽終。"

⑨ 光緒甲午年：光緒二十年，歲次甲午，即 1894 年。

中祀文公牌（二十二行）位，酬水利之由興也；配以吳公、陸公酬水利之（二十三行）由成也；陪以邱公鳳瑞等位，及合營三代靈位（二十四行），酬其興利築塘，修渠襄事也。復陪以呂公元漢（二十五行），邱公世增長生之位，酬其重建報恩及昔年保（二十六行）禦之力也。至建寺勤勞諸公，年尤①壯盛者，未敢（二十七行）預焉。名勒寺碑，確有可考，名之曰：酬勳。黍稷馨（二十八行）香，用以伸世世報本之思焉。而將來循吏、鄉賢（二十九行），猶虛其位以待之也。於戲！興利除弊，仰先輩之（三十行）經營；崇德報功，茲後人之悃愊。謹略敘其原由（三十一行），用昭示於來許，壽諸貞瑉，以志不朽云。

邑廩生楊桂清撰，增生邱占蓮書（三十二行）

光緒二十五年季冬月十六日合營士庶敬立（三十三行）

【概述】碑存宜良縣南羊鎮橋頭營村報恩寺。碑為白石質，高52厘米，寬95厘米。光緒二十五年（1899），民眾同立，邑廩生楊桂清撰文，增生邱占蓮書丹。碑文記載自明嘉靖以來，歷任縣主開修溝道、興築堰塘為民興利的功績，以及重修報恩寺、新建酬勳祠的原委。

【參考文獻】周恩福.宜良碑刻.昆明：雲南民族出版社，2006.12：66-68.

據《宜良碑刻》錄文，參拓片校勘。

季莊②水碑記

劉應元

天下事散則無力，聚則成功，凡物皆然，而況於水乎！河上灣③自（下缺）有南莊阽季莊水壹牌，十二日一輪。凡同溝共井之區，均資其（下缺）溉焉！無如人事變遷，各家遂將此水分散出售，甚至日久弊生（下缺）分漸多至百餘分。水勢散而水力微矣！物理迴圈分久必合，邑（下缺）耆老合謀商議：由常住公備價贖取全阽小水，人皆樂從。廖姓（下缺）二小分亦慨然送公，今將零者積之，定水為貳拾分，每輪或日（下缺）夜每分租柒斗，共納租拾肆石，又贖得大水十九分半，中三分（下缺）舊置一分半，共計大水肆分半，亦以柒斗一分招租。由是散者（下缺）分者合。足以除冒放之弊，足以收灌溉之功。水力聚而功德亦（下缺）矣！僉曰：善哉！此舉事成，勒石為記。

郡廩士劉應元撰言

首事：李鼎元　張守義　沈　權

知見：劉光桂　蘇　銓

---

①《宜良碑刻》錄為"尤"，據原碑應為"猶"。

②季莊：地名，在今巍山縣廟街境內。

③河上灣：村名，在今巍山縣廟街境內。

合村士庶： 李光餘　張鑒銘　張　洋　張啟泰

　　　　　 危汝敬　李成生　危興邦　李光祖

　　　　　 張紹德　危興仁　張建勳　張輝璧

　　　　　 陳紹虞　李光弼　危映鬥　張□彩

　　　　　 宋興元　陳　瑛　張輝宇　李鍾璃

光緒二十六年歲在庚子仲冬月上浣之吉河上灣眾姓同立

　　【概述】碑存巍山縣廟街月波庵。該碑下部多處殘損，字迹泯滅不清。清光緒二十六年（1900），河上灣民眾同立。碑文記載河上灣原按舊制輪流分水，後因各家私自出售水分，致使水流分散、水勢變弱不利於灌溉，光緒年間，經鄉紳耆老合議贖回水分以資灌溉。該碑是巍山水利史研究的重要資料，對研究本地區農業灌溉、社會發展具有重要參考意義。

　　【參考文獻】唐立．明清滇西蒙化碑刻．東京：東京外國語大學國立亞非語言文化研究所，2015：233.

楊朱二公祠堂記

楊金鑑 [1]

　　竊惟有功德於民則祀，王道亦順輿情，惟俎豆之事，嘗聞神功特隆報享。我國家崇德報功，祠祭掌之宗伯 [2]，典禮隸於有司。惟於淫祀則禁之惟恐不嚴，於正祀則崇之惟恐不及。其或民沾實惠，輿論所推，例得請祀，示曠典也。鶴慶僻處一隅，凡祀典所闕，歲時修祭罔或闕。光緒戊戌 [3] 冬，邑士大夫新建二公祠於城南門外，明崇報也。崇報云何？則前鶴麗鎮 [4] 楊公、朱公之在開河而為民去患也。今夫立德建功，固守土官之職耳，朝廷待之以爵祿而何與於民？乃民心愛戴有不容已，然後知民情大可見矣。古之論治功者，曰興水利除水患。鶴邑之水患，由來久矣。相傳舊本澤國，唐六詔時有番僧以神力擲念珠於南山之麓，穿開一百八洞，洩水

① 楊金鑑（？—1917）：字敬庭（一作敷庭），原名金鑾，鶴慶人，楊金鎧之兄。光緒壬午（1882）舉人，銓安寧、石屏學正，均以親老未赴。卒於家。（陶應昌編著：《雲南歷代各族作家》，659頁，昆明，雲南民族出版社，1996）
② 宗伯：官名。周代六卿之一。掌宗廟祭祀等事，即後世禮部之職。因亦稱禮部尚書為大宗伯或宗伯，禮部侍郎即為少宗伯。
③ 光緒戊戌：光緒二十四年（1898）。
④ 鶴麗鎮：鶴慶的舊稱。元至元八年（1271）置鶴慶路，鶴慶由此而得名。明洪武十五年（1382）設鶴慶府，洪武三十年（1397）升為軍民府。清順治十六年（1659）設大鶴麗鎮總兵行轅，管轄大理、麗江、中甸、維西、永勝、劍川等地的軍事事務。康熙七年（1668），大鶴麗鎮改稱鶴麗鎮，仍為滇西北軍事重鎮。乾隆三十五年（1770），撤府為州，民國二年（1913），改州為縣。

開疆。迨年遠洞淤，幾成水國。光緒乙亥①，楊武愍公玉科，以軍務肅清，念斯邑之蹂躪尤深，廬舍之湮沒過半，慨然動其愷惻之念，捐銀二萬五千金有奇，招集民夫，以工代賑。擇龍華、象嶺之中，別開新河。亦越三載，勢成作輟。知季子②之多金易盡，而愚公之移山難為。丁丑夏秋之交，大雨滂沱，河伯猖獗，城鄉內外，幾為龍蛇之窟。適湖南朱公洪章鎮守是邦，目擊心傷，乃召董事者同駕扁舟，往新河口詳覽形勢，因慨然曰："新河不開，邑其為沼，繼楊公者，其在我乎？"遂慨捐廉四千五百餘金，率善水之軍百餘人，仍借民役，晝夜督率，風雨無阻。未幾而山鳴谷應，水勢奔騰，沛然瀉出於兩山之間者，新河開也。於是唱籌量沙，順流而下者，亦復有年，而吾邑遂永無水患矣。在昔禹王治水，能拯天下之溺，今楊公、朱公開河，能拯一邑之溺。是二公者，竭一己之誠，勝五丁之力，厥功豈不偉哉！歲癸巳，舍弟金鎧以部郎銓省，謂宜建祠，以伸崇報之意。薦紳先生，皆韙其言，因聯名上其事於有司，而藩書索規費甚奢，無以應，竟爾擱置。戊戌夏，巡道張公因公到鶴，詢其故，曰："邇者東事孔棘，恐未暇及此。顧立祠既出民同意，題請可也，即不題請亦可也。"遂相與度地於蕭公祠南，為吾鄉觀音堂舊址，址稍狹，欲擴之，復購獲奚姓民地。蕭公祠者，江西會館也，與址相連③，江西客謂侵佔蕭祠址，訟之府。府尊諭令酬以值，始清膠葛④而得鳩工庀材。金鑑以丁酉冬赴公車，戊戌秋出都門，己亥夏旋里。三年之間，奔走不暇，而祠適落成。遊覽一週，見料實工堅，崇宏⑤壯麗，采質相映，金碧交輝。於戲！亦巨⑥觀哉。計建正祠三楹，兩旁翼以耳房各二楹，皆東嚮。左右各建廳房三楹，為南北嚮。中建一坊而翼以牆，以蔽內外。坊外兩翼，建執事廳各三楹。又前建大門三楹，門左右翼以舖面各二楹，以門隣南街，貰之可為香火之費。共用去白金二千六百金有奇，皆係民捐民修。先是，邑紳舒君金和之子監生良佐者，以事赴湖南，到朱公府，其哲嗣聞興斯役，寄捐銀五百兩。經費不敷，舒君復捐銀二百兩。是役也，諏吉於光緒戊戌年冬月，告成於庚子年⑦十月。不請欵，不勞民，興此大役而帖⑧然無擾，豈非楊公、朱公之德之感人者深歟？董其事者，總理為記名提督楊君建勳、四品封典舒君金和及舒君之從子舉人內閣中書良彌也。司計⑨為從九品⑩楊君振昭、周君郁文。督工為國學生李君桂森、典史喬君國珍，例得載入。噫！後之人擴而充之，嗣而葺之，庶斯祠之不朽哉。

山陰張弨霄《題楊朱二公祠》詩："乱世帥朝廷賤，眾所欽服必善戰。賊畏士愛輕金繒，

---

① 光緒乙亥：光緒元年（1875）。

② 季子：指戰國時洛陽人蘇秦。《史記·蘇秦列傳》"見季子位高金多也"，後借指窮困者或先窮後通者。

③ 《民國鶴慶縣志》（點校）錄為"連"，據《民國·鶴慶縣志》應為"聯"。

④ 《民國鶴慶縣志》（點校）錄為"膠葛"，據《民國·鶴慶縣志》應為"轇轕"。

⑤ 《民國鶴慶縣志》（點校）錄為"宏"，據《民國·鶴慶縣志》應為"閎"。

⑥ 《民國鶴慶縣志》（點校）錄為"巨"，據《民國·鶴慶縣志》應為"鉅"。

⑦ 庚子年：即光緒二十六年（1900）。

⑧ 《民國鶴慶縣志》（點校）錄為"帖"，據《民國·鶴慶縣志》應為"怗"。

⑨ 司計：官署名，唐對比部的改稱，掌財物出納稽核。

⑩ 《民國鶴慶縣志》（點校）多錄"品"字。

設施不亞名將傳。治世帥①朝廷尊，循資按格麼②且昏。和嶠錢癖傳衣鉢，一聞寇警驚心魂。貴所當賤賤所貴，舉措顛倒以其彙。問有特出羣起攻，務欲盈廷一氣味。將才向重勇識膽，趨蹌卑卑何足算。臣節最尚忠與清，上濫下偷何為情。君不見山陰姚公子，八閩旗瞻螈蚣起。耿藩滅矣臺灣平，佐父成功耀國史。嘗薄方伯而不為，一麾來鎮邊患弭。又不見武愍楊將軍，兩復州城著奇勳。五百鐵騎從天下，十萬逆囬散如雲。既援斯民出水火，復軫飢溺理江瀆。浪擲黃金不自惜，克厥成志有朱君。溯昔鶴拓水一片，崛多③途經慈悲現。定力堅持浣④婦逢，指向石寶堪修鍊。從茲入洞靜㸔禪，趺坐向壁十年面。念珠一撒地穴穿，頃刻桑田滄海變。佛果已圓西方歸，至今朝拜答恩眷。千載沙淤穴口噎，崛多在天果不滅。楊公未竟朱公繼，象眠山麓萬夫決。重舉一任沙土崩，火烘能令石根齧。直達金沙百餘里，越嶺度壑幾曲折。不費公家不擾民，私犒激勸軍心悅。日坐堤岸親督工，雨任淋漓日任熱。從知至性匹神靈，毛間萬古永暢洩。崛多有院楊朱祠，香火苾芬兩不絕。吁嗟乎，延陵色徒命畢馬，餘子紛紛檜以下。總戎百年若爾人，除山陰姚興皮⑤匹寡。楊朱有祠姚無祠，闕典誰為補請者。我經祠宇欽遺風，仰企流連百拜也。"

【概述】碑應立於光緒二十六年（1900），楊金鑑撰文。碑文記述光緒年間，鶴慶民眾為崇報楊玉科、朱洪章開新河為民興水利除水患而新建二公祠的經過。

【參考文獻】楊金鎧纂輯，高金和點校．民國鶴慶縣志．昆明：雲南大學出版社，2016.12：127-128；楊世鈺，趙寅松．大理叢書·方志篇（卷九）：（民國）鶴慶縣志．北京：民族出版社，2007.5：196-197．

據《民國鶴慶縣志》（點校）錄文，參《民國·鶴慶縣志》（影印）校勘。

羊龍潭水利碑序

欽賜花翎補用知府，即補直隸州借報鶴慶州正堂，加三級記錄六次記大功十二次鄧，為水利垂碑事。照得松樹曲、邑頭村、文筆村與西甸村、文明村、象眠村，同放羊龍潭水灌溉田畝。水由高處平流對繞，遞文明村邊過北，水往橋下過，復東流至西甸村背後，照例分水，立有石閘。本年六月，松樹曲三村控西甸三村"鑿挖水道，屢壞古規"等情到州內，並稟"前任王州主去任後，象眠村違斷又改設新壩"等因。本州不勝慎重，曾經堂訊細審，又兩次委員踏勘，確得情實。除責斥違式外，斷令同照古規，修復石閘。其南安道田由此閘

---

① 《民國鶴慶縣志》（點校）錄為"帥"，據《民國·鶴慶縣志》應為"紳"。
② 《民國鶴慶縣志》（點校）錄為"麼"，據《民國·鶴慶縣志》應為"髦"。
③ 《民國鶴慶縣志》（點校）錄為"崛多"，據《民國·鶴慶縣志》應為"啒哆"。下同。
④ 《民國鶴慶縣志》（點校）錄為"浣"，據《民國·鶴慶縣志》應為"澣"。"澣"同"浣"。
⑤ 《民國鶴慶縣志》（點校）多錄"皮"字。

內正路放水,並令拆去提經適通龍潭水之新壩,只准仍用私接箐水之土壩。此處乃格外私溝,本無放龍潭水例。總之,不准於別處設法盜龍潭水入箐壩內。斷訖,俾兩造書立合同,蓋印存照,再取結存案,以息訟端。為此事由,批仰兩造,即便照合同立碑,以永久各宜遵守!此命。遵將合同開後:

立合同憑據文約書人:松樹曲、邑頭村、文筆村、西甸村、文明村、象眠村住,為因本年五月二十日西甸村私橇石閘。又象眠三村於箐底新築水壩,偷放上大溝水,松樹、邑頭、文筆三村具控在案。蒙州主鄧訊三次,飭令石閘六村平攤,照古鑲還,將新壩拆去,照準舊壩。兩造已遵斷具結。奈象眠三村抗傲吱唔,索性偷溝水入箐,以充碾磨之用。松樹曲三村溝田水竭,禾苗槁炕,無奈只得將伊象眠三村碾磨打壞,冀得龍潭之水,以潤槁苗。象眠三村復控在案。蒙廳主劉親臨踏勘盡意。稻田無水栽,田有種乾糧者;秧田有水漾淹者。回復州尊,復蒙堂訊。斥令將新壩拆去,其水碾仍准支三盤。由九月初十開碾,至二月初一日止。封其余水碾,永不准支。象眠三村視為具文,估抗仍不拆壩。松樹曲三村只得自己去拆,被象眠三村人眾用石從高處亂打下來,將松樹曲人打傷,報明在案。蒙飭書差仵作驗明。復蒙委大紳舒老太爺、楊山長、趙老太爺及紳耆查勘處理,勸令二比和息,以杜爭端。查得南安道田之水系分在西甸村石閘內放。箐底之舊壩本在三小溝水尾口上北去三丈許,原只接箐內之浸水。令象眠村將三小溝水尾口下之新壩拆去其石閘三口;西甸村放及南安道之石閘底寬裁尺一尺零五分。其松樹曲三村亦不准無故藉端打碾。如違,稟官重治。其水班北流古閘二塊,照古灌溉。二比遵大紳相勸,永息爭端,以敦和好。欲後有憑,立此合同文約存照。

龍飛大清光緒二十七年八月十三日

象眠村: 趙廣齡　潘祚發　李文彬　李正芳

西甸村: (缺)

文明村: 施正甲　潘文魁　施連科　董德昌

邑頭村: 李蔚然　李浚煊　趙士元　李衍祥

文筆村: □□海　趙中立　張兆元　趙發瀛

松樹曲: 張有錫　張汝安　李鼎甲　李秀槐

公同立

【概述】該碑立於清光緒二十七年(1901)。碑文記述了鶴慶松樹曲三村與西甸三村雙方,為爭奪羊龍潭水源而發生糾紛、械鬥,後經官府出面,立合同分水勒石以息訟端的情況。

【參考文獻】張了,張錫祿.鶴慶碑刻輯錄.內部資料,2001.10:216-217.

小果村水利告示碑 [1]

　　欽加同知銜署理大理府浪穹縣大挑補用縣正堂加三級紀錄五次記大功十次房，爲（一行）出示曉諭事。案查，前據小果村增生李占魁、王鎮淮暨闔村等，具控（二行）漢登民人等逞兇，決堤沖毀糧田等情到縣，當即提集堂訊，斷令二（三行）村紳民和衷相商，務使水勢分流，毋得損人利己。小果仍築新舊兩（四行）堤，設立龍硐，各找溝路。漢登村亦開通古溝，二村同分水勢。小果從（五行）龍硐中分水勢拊南，漢登分水勢拊東北，不致混流，共相樂業等因（六行）在案，合行出示曉諭。為此，仰小果村紳民等遵照，嗣後開溝挖分水（七行）道，務須各照斷規，不得利己損人，以杜後慮而免爭競，毋違。特示遵（八行）

　　右仰通知（九行）

　　光緒二十八年三月二十日

　　紳耆：王　純　李占魁　趙時義　王有根（十行）

　　　　　王文郁　楊　福　王嵩中　王奪魁（十一行）

　　　　　王迎兆　王鎮淮　王正和　王正邦（十二行）

　　　　　王天賜　王育保暨闔村等仝立（十三行）

　　告示（十四行）

　　【概述】碑存洱源縣茈碧湖鎮小果村，大理石質，高78厘米，寬51厘米，額上陽刻印章一枚。碑文直行楷體陰刻，文14行，行2-34字，計280字。清光緒二十八年（1902）官民同立。碑文刊載了光緒年間浪穹縣正堂處理小果村與漢登村水利糾紛的判決告示。

　　據拓片錄文，行數、標點為新增。

威信里水利碑記

　　據情出示曉諭，泐石鐫碑，永杜爭端，而裕水源事。案據下威信里魚塘村團首陳功宇、俸聯升，紳糧劉玉寶、羅琨，伙甲 [2]、糧戶等稟稱：緣羅琨戶有頭道糧田水一溝，由源至尾三十餘里，每年修溝用工數百餘，至中途分水一道，上圈、戶乃在前，魚塘一村在後，三村分水人多，並支有懶碓十餘張，魚塘糧戶盡在村尾，自中途分水處有十二三里之遙，每被二村之人獨霸，挖溝安碓，不使下流，是以屢次爭鬥，州署有案可稽，懇請於途中分水處安

---

[1] 原碑無碑名，現據文意新擬。
[2] 伙甲：疑誤，應為"火甲"。下同。

一水坪。據此，查該紳等所稟各節，事尚可行，自應照準。除批示存卷備案外，合行曉諭，仰魚塘各村紳糧人等一體知悉，自示之後，仰即於中途分水處安一水坪，三村均勻分放，不得恃強獨霸，又啟爭端。至安水坪修溝之後，核查所費無幾，準由各戶照糧均攤，以昭公允。倘有抗傲不遵，以及違示霸放等情，準即送州究治，決不姑寬。此乃為該紳民等永杜後患起見，務各懍遵勿違。

今將出州請示、泐石鐫碑費用、吃食開後。計開：

一出州請示二次共費用錢五千文；

一鐫碑匠費共用錢十一千六百文；

一公請管溝工頭一個，每年給穀八十斛[1]，伙甲經收出穀十斛，其余存積留作修溝費用。牛架工共一百零九架半，前溝四十四架，分水一尺無零，後溝六十五架半，分水一尺多四寸。

以上所費每架牛工，田主出鐫碑錢一百五十文，田佃出吃食錢五十五文，每年田佃每架牛工出管溝租穀一斛。

光緒二十八年[2] 六月初七日示

實豎立三村安水坪面前曉諭

【概述】光緒二十八年（1902）立。碑文為官府處理上圈、戶乃、魚塘三村水利糾紛的告示。

【參考文獻】雲南省雲縣地方志編纂委員會.雲縣志.昆明：雲南人民出版社，1994.7：866-867.

赤川重修古底水潭碑

欽加同知銜署大理府賓川州事准補易門縣正堂加一級紀錄二次紀大功六次郭，為（一行）諭飭遵辦事。案據赤川耆中分□□□□□暨合川紳民等以□□作主，以濬水源而益民生事。緣古底一地自古田多水少，灌溉維艱。道光年間（二行）有先輩趙士、趙蒸等倡首，由合川之壩口修有閘水潭壹個，灌溉秋稅糧百有餘石之多。自離亂廢壞後無力修補，每至播種之期，地（三行）方人民多聚壩口爭先霸放，致釀禍端。屢年日望重修此潭，奈無籌欵，地方水田俱種乾粮者，多半偶遇天乾收成難望，國課（四行）因以遷延。歷年公議重修，亦無成議。現下紳民妥商重修此潭，人心翕從，無不喜悅。並舉議□公正老成之總理：趙郊、張毓巖、王紹武、高振林，監理銀（五行）錢出入。管事：周士忠、子受春、子光廷、楊正發等數人。其所費用銀錢兩約在陸百餘金之數，及小工亦照水班烟戶均榀撰之人事，似可圖成。遞年灌放田畝不難（六行），加收數百餘石。倘三年後灌放有餘，即乾地亦可開墾而益民生者不少。是以聯名具稟，伏乞恩星作主，賞准批示給諭以專責成。庶國課（七行）不致遷延，民生日

---

① 斛：我國古量器名，亦是容量單位，一斛本為十斗，後來改為五斗。

② 光緒二十八年：1902 年。

見其豐裕，等情。據此，除呈批示外，合行給諭。為此，諭仰總理王紹武、趙郊，管事周士忠、子受春等遵照前批辦理。圡賓一層該生等，擬請照（八行）古例煙戶均楄，務期公尒，慎勿稍涉偏抑致滋實。如有前項情弊，或以查出，或被告發，則是自干咎戾也。切切特諭（九行）。

　　總理提調：王紹武、趙郊、張毓崟、高振林。監理管事：周士忠、子受春、子光廷、楊正發。右諭仰等准此。

　　具稟人員：趙□、趙鴻崧、彭守義、邵元良、王紹義、周材、羅廷輝、海継癸、趙晋儒、王隨、丁體元、趙貴保、李濮雲、□光臨、李祚昌、趙晋良、張丕漢、趙正川、趙晋卿、子連富。

　　催收管事：丁□、楊昭武、李長保、李丕昌、趙義、王沇昭、□□□、王沼、王紹業、李國光、李玉德、王□、杞洋、海學正、子第保、子應祖、杞勝玉、趙學□、楊中保。

　　監催鄉約：李偉才、杞澤仁、何有忠、李□追、鄭允廷、□汝欽（十至十九行）。

　　　　　　　　　　　　光緒二十九年歲次癸郊又五月下浣日吉旦（二十行）

　　【概述】該碑未見文獻記載，資料為調研時所獲。碑存賓川縣平川鎮古底土主廟，碑為四方體，石灰石質，高74厘米，寬42厘米。碑文直行楷書，鐫刻於碑石之側面。光緒二十九年（1903）立。碑文記載光緒年間，賓川赤川紳民共同議定重修古底水潭相關事宜，稟明上憲并獲准給諭的詳細經過。該碑是研究清代賓川水利史的重要史料。

　　據原碑錄文，行數、標點為新增。

賓川州擴修古底水潭碑記

碑一：

　　光緒二十七、八兩年，蒙歴任州主出示曉諭，地方開墾開荒，遇水澤艱難之處，或開水，或修潭，疊次（一行）諄諄示諭。因古底有一曠潭，未及成功，地方妥商聯名具稟，公舉總理出入在案。蒙（二行）

　　州主郭給諭飭令修理，扵光緒二十八年十月十三日起開山動土興工，至二十九年四月二十七日（三行）止，所有石匠、泥匠、炭匠、铁匠，以及打碑、奠土，各項工資、吃食俱由東西兩約均捐，所出入銀錢（四行）、吃米、人工均憑合川紳民算明，出入兩抵，均已昭然清白。合將各項出入逐一條分，開列扵后（五行）。

　　計開（六行）：

　　一入水盤磨，捐銀叁拾壹兩壹錢柒分，米壹石捌斗伍升，豆叁斗玖升肆合，小工式千零捌拾工（七行）。

　　一入本科摩，捐銀壹拾伍兩叁錢柒分，米捌斗肆升肆合，豆壹斗捌升陆合，小工壹千零陆拾陆工（八行）。

一入安五里，捐銀貳拾陸両陸錢柒分，米壹石伍斗柒升式合，豆叁斗陸升，小工壹千陆百壹拾伍工（九行）。

一入藤蛟坡，捐銀壹拾陸両柒錢柒分，米玖斗叁升半，豆貳斗叁升肆合，小工壹千零柒拾伍工（十行）。

一入永順村，捐銀壹拾陸両玖錢捌分，米壹石零壹升，豆貳斗伍升式合，小工壹千零伍拾工（十一行）。

一入永和村，捐銀貳拾玖両玖錢壹分，米壹石捌斗肆升，豆肆斗伍升壹合，小工貳千壹百工（十二行）。

一入普吉登，公租銀叁拾両。一入兩約項下當賣守水公田銀肆拾両（十三行）。

以上東約通共捐出銀壹百柒拾貳両捌錢柒分，米捌石零伍升，豆壹石捌斗柒升捌合（十四行）。

做小工捌千玖百捌拾陸工（十五行）。

碑二：

一入土官庄，捐銀伍拾壹両柒錢伍分，米貳石肆斗，豆伍斗壹升半，小工貳千陆百貳拾工（一行）。

一入甸尾，捐銀伍拾壹両柒錢伍分，米貳石肆斗，豆伍斗肆升半，小工貳千陆百肆拾肆工（二行）。

一入水坪村，捐銀叁拾肆両伍錢，米壹石陆斗，豆叁斗貳升，小工壹千柒百伍拾柒工（三行）。

一入漢邑村，捐銀叁拾肆両伍錢，米壹石伍斗玖升，豆叁斗柒升，小工壹千玖百貳拾伍工（四行）。

以上西約共捐入銀壹百柒拾貳両伍錢，米柒石玖斗玖升，豆壹石柒斗伍升，做小工捌千玖百肆拾陆工（五行）。

出帳項下（六行）：

一出石匠方天貴弟兄銀壹百玖拾両零貳錢陆分。一出本地石匠楊紹川、楊紹林銀伍両捌錢，打碑銀伍両貳錢（七行）。

一出買石灰銀叁拾捌両捌錢柒分。一出買酒、塩、紙、筆、墨、小菜、烟、茶各項，共合銀肆拾両零柒錢貳分（八行）。

一出鉄匠工資銀叁両壹錢柒分。一出買猪、雞、羊、香油各項，共合銀叁拾捌両玖錢壹分（九行）。

一出泥匠工資銀壹拾伍両捌錢叁分（十行）。

一出買落水石囗銀肆両玖錢捌分（十一行）。

一出工房踏勘潭子食費銀陆両壹錢，小錢去銀玖錢肆分（十二行）。

一出潭上听用小弟兄工價銀伍両貳錢式分（十三行）。

一出買鉄壹百伍拾觔，合銀捌両壹錢肆分（十四行）。

一出具懇稟四次，共去銀叁両柒錢陆分（十五行）。

一出匠人酒壹石貳斗，米玖石捌斗，肉壹百捌拾伍斤半，油叁拾柒斤，塩捌拾壹斤半，菸玖斤，豆壹石玖斗，茶貳斤。（十六行）。

完功後，由五月初七日起至六月二十二日止，憑紳老前後算賬，開支勒石，各項共出合銀壹（十七行）拾肆兩陸錢，下實存銀叁兩肆錢肆分。憑衆交出（十八行）。

王國炳沐手敬書（十九行）

【概述】該碑未見文獻記載，資料為調研時所獲。碑存平川鎮古底土主廟，碑為四方體，石灰石質，高74厘米，寬42厘米。碑文直行楷書，鐫刻於碑石之側面。碑一文15行，行2-39字；碑二文18行，行4-51字。光緒二十九年（1903）立。碑文簡要記述了光緒年間賓川州東西兩約捐資擴修古底水潭的緣由，詳細刊載了該項水利工程的各項收支情況。該碑是研究清朝賓川水利建設、財務公開等的重要史料。

據原碑錄文，行數、標點為新增。

觀音閣水塘

光緒二十八年九月二十八日，由古底先輩趙士、趙蒸倡導動工興修，二十九年五月竣工。因田多水少不夠用，人們爭聚壩口搶放水，多釀禍端。後由王紹武、趙鄧、張毓巖、高根林為首，倡導重修擴大，於光緒三十年正月十六日破土動工，三月二十日竣工。

永和、永順、水平、騰蛟坡、安五里、卑果麽、水盤磨、甸尾、南山、漢邑、土官等十一村，兩次修塘，共用白銀四百六十七兩，大米二百零九斗，用工一萬九千個。

清光緒三十年三月二十日立

【概述】該碑立於光緒三十年（1904）。碑文簡要記述了觀音閣水塘興建、重修的詳細情況。
【參考文獻】賓川縣水利電力局．賓川縣水利志．內部資料，1992.10：347-348.

培補儲水堤告示碑

戴花翎特授大理府賓川州正堂加三級紀錄六次記大功六十八次陳　　　　　為（一行）
□飭遵趙晉儒、王紹周、趙志城、彭守義、王紹義、王國炳、張丕漢，辦事據邵本謙、趙勤、張毓岐、羅廷輝、李祚昌、趙鳴崧、李煥雲等，以懇恩再諭，以專責成各情，具稟到州。詞稱：緣生等地方修理儲水堤一個，前蒙恩星給（二行）諭在案，復委工房親臨踏勘後，於本年四月，業已功成告竣。因堤壋高厚，水勢猛急。眾議以為新築新積，恐不能經久，特未積水，詎料本年雨（三行）澤深厚，堤墾因以震裂。地方紳民齊往勘明，眾議培補，奈地方別無欸籌，只有仍照人戶水班均捐。眾皆喜悅，無不翕從。若不培補，則前功盡棄（四行）。用是聯名再呈，伏乞仁天作主，賞准施行。再諭飭總理趙郊、王紹武、張毓巍、高振林，管事子受春、子必顯、周士忠、楊正發等得有專責，以期一（五行）勞永逸，庶使無用之水積為有用等情。據此，除呈詞批示外，合行給諭。為此，諭仰總理趙郊等遵照趕速會同籌欸，興工修復，勿得徒托空言。因（六行）循遲誤，是為至要，切切特諭（七行）。

總理提調，受勞受怨：張毓巍、趙郊、王紹武、高振林。

經理當事：子必顯、子受春、周士忠、楊正發。

催收：李樹堂、子應祖、丁梧、楊忠保、王平鄭、王紹業、李丕昌、子棣保。

管事：王源、李玉得、楊潤科、杞勝王、海學正、鄭芳蘭、王沆昭、趙學廉。

監工：趙朝源、趙源、李常保。

監催：海汝欽、鄭光廷。

鄉約：子楊奎、李有發等准此（八至十二行）。

今將光緒叁拾年正月十六日起開山動土興工，至三月二十日止功完告竣所有出入銀錢，開發泥、石、灰、鉄四匠，以及各項積欸（十三行）、工資、吃食均已憑合川紳民等算明，出入昭然清白，經收管事人員並未染指分毫。紳民等業已稟覆批示在案。故此（十四行），勒石以垂永久。並將各項出入銀錢、食米逐一條晰開列於後。計開：一入甸尾銀拾式兩，米陸斗，小工伍伯陸拾伍工（十五行）。

一入永和村銀玖兩捌錢貳分，米肆斗柒升，小工肆伯壹拾伍工。一入安五里銀陸兩柒錢，米肆斗，小工叁伯六拾伍工。一入南山漢邑二村銀柒兩伍錢，米三斗柒升，小工式伯肆拾柒工。（十六行）。

一入永順村銀伍兩伍錢壹分，米式斗六升半，小工式伯叁拾工。一入卑果麼銀肆兩柒錢，米式斗，小工式伯壹拾工。一入水坪村銀捌兩，米肆斗，小工叁伯陸拾工（十七行）。

一入騰蛟坡銀肆兩伍錢一分，米式斗式升半，小工式伯式拾叁工。一入水盤磨銀玖兩陸錢玖分，米肆斗柒升，小工叁伯捌拾伍工。一入土官莊銀拾式兩，米陸斗，小工伍伯柒拾伍工（十八行）。

以上東西兩約通共入銀柒拾玖兩伍錢，入米三石玖斗柒升，下剩米陸斗，即交東西兩約手以作地方紳民議公辦米費用（十六至十八行下段）。

通共出泥、石、灰、鉄四匠及遞稟各項裸欸銀捌拾壹兩陸錢肆分。自光緒二十八年九月二十八日起至三十年三月廿日止，通共入銀肆伯陸拾柒兩，憑公眾清算以入對出，實（十九行）出不敷銀壹兩叁錢肆分。具績稟在事人員李聯壁、趙德源、趙培源、趙鳴堯、趙澤源、邵飛熊、趙晉卿、趙復源、張效元、周禮、周材、趙逢源、羅廷炳、邵仲熊、趙鳴桂、趙晉能、李旺隨、丁柯（二十行）、邵元良、張琛、蔡文光、李光臨、李雲龍、趙廷珍、趙鳴興、楊成棋、楊增芳、李春和、羅元洲、予連富、王奠一、張暄、楊佐朝、海繼發、趙貴保、李光輝、楊德芳、羅緯（二十一行）、杞澤潤、予應泰、羅復禮、張仲銘、張煥南（二十二行）。

　　　　　大清光緒叁拾年歲次甲辰孟秋月上浣　　　　　吉旦（二十三行）

【概述】該碑未見文獻記載，資料為調研時所獲。碑存賓川縣平川鎮古底土主廟，碑為四方體，石灰石質，高74厘米，寬42厘米。碑文直行楷書，鐫刻於碑石之側面，文23行，行18–82字不等。清光緒三十年（1904）立。碑文共分二部分，前半部分記述了光緒年間民眾懇請賓川州正堂准予培補儲水堤之緣由，以及官府批准後出具的相關告示；後半部分刊載了該項工程從始至終各項收支的詳細情況。

據原碑錄文，行數、標點為新增。

雲南縣水例碑 ①

雲南縣正堂汪，乞恩勒石，永定水例事。乾隆七年 ②，據舉人（一行）楊知穎、生員楊芳等呈稱：同族內弟兄子孫並里民段美，同請皇本銀叁百兩（二行），炤拾壹分傭工修樂耕堤壩塘上下二座，壩塘告竣，皇本還清。遞年所積之水（三行），已炤拾壹分平放。乞恩賞給過印冊，以垂永久。為此，合行給冊，仰楊芳永遠（四行）遵守。毋 ③ 得以強凌弱，私行挖鑽，偷水壞規。如違，許該在分之人稟官究治（五行）。

須至冊者，右給舉人楊知穎，永為遵守勒石。計開：水分人等（六行），楊芳乙分，楊家政、楊家聲二人平放，楊知權乙分，楊啟泰放式分半，楊開泰放伍分，楊溶、楊藩乙分，楊家康、楊家順二人放乙分半，楊家緒放柒分半，楊家齊、楊家慶二人放柒分半（七行），楊知穎乙分，楊嶠、楊嵂 ④ 二人平放，楊淮乙分，楊國正全放（八行），楊知貞乙分，楊錦章、楊金章二人平放（九行），楊知襄、楊知述乙分，楊培桂放乙分半，楊嵂放柒分半，楊嶠 ⑤ 放柒分半，楊知瀟、楊知訥、楊知潞三家共乙大分，楊開甲放式分半，楊鎰放式分半，楊德裕放伍分，楊開業、楊開先、楊開後共放壹分，楊知湄、楊知肅、楊知湘三家共乙大分，楊家緒放乙分，楊國樑放伍分，楊國正放式分半，楊國夊、楊國佐二人放式分半，楊開業、楊開先、楊開後三人共放乙分，段姓放柒分半，楊承祖放式分半，段美、段文燦乙分，段姓共放式分式分半，杜賣與楊培籠 ⑥、楊培蛟柒分半（十行），楊淇乙分，楊國夊、楊國佐二人平放（十一行）。

光緒三十年歲次甲辰桂月上浣重立（十二行）

【概述】碑存祥雲縣禾甸鎮黃聯村楊家祖祠內。碑為青石質，高108厘米，寬61厘米，厚19厘米。額呈圭形，額上雙綫陰刻"水利碑"3字。碑文直行楷書，文12行，行15–30字。清

---

① 《祥雲碑刻》錄碑名為"樂耕堤水利碑記"，錄文錯漏較多。
② 乾隆七年：1742年。
③ 《大理叢書·金石篇》錄為"無"，據原碑應為"毋"。
④ 《大理叢書·金石篇》錄為"楊嶠、楊嵂"，據原碑應為"楊嵂、楊嶠"。
⑤ 《大理叢書·金石篇》錄為"嶠"，據原碑應為"嵋"。
⑥ 《大理叢書·金石篇》錄為"籠"，據原碑應為"龍"。

光緒三十年（1904）立。碑文記述了當地民眾籌措銀兩雇工修築堤壩蓄水、分水的事宜。

【參考文獻】楊世鈺，趙寅松．大理叢書·金石篇（卷三）．昆明：雲南民族出版社，2010.12：1630-1631．李樹業．祥雲碑刻．昆明：雲南人民出版社，2014.12：157-158．

據《大理叢書·金石篇》錄文，參原碑校勘。

西閘河護堤碑

楊時俊

賞戴花翎特授雲南大理府鄧川州正堂加三級紀錄六次曾　　爲（一行）

酌定妥章，以息訟端，俾期永遠遵守事。照得州屬瀰苴大河西岸，有支流一道，名曰：西閘。康熙以前，原係（二行）灌田龍洞。嗣於康熙初，經漁戶等探得水尾流接弓魚石洞，該漁戶等因於龍洞兩旁購田開閘，以圖漁（三行）利，迄今多年獲利甚豐。該等復於閘溝中紮壩捕魚，大於閘堤有害。因此，每遇堤潰均令漁戶幫款同修（四行）。即光緒七年、二十一、二十九等年，均經出款協修有案。其幫款之多寡，視呼①工之大小，並無一定專章。故（五行）一遇閘河②潰，田戶與漁戶動多齟齬，以致興訟之端不一而足。本年五月，西閘河堤潰決，即據廩生殷（六行）後與漁戶文生王瑤、武生蘇兆麟等，因此互控。又有兆邑貢生楊思誠、青索廩生丁午陽及各田戶等，請（七行）定額章，以杜訟累到案。經本州集訊明確，兩造均願請定章程，藉可永遠遵守等語。平心而論，該漁戶等（八行）既享捕魚之利，而紮壩捕魚復於水利有碍，自應酌定幫款以彰公道。但閘堤長十餘里，如果幫款過多（九行），漁戶力必不勝，自宜秉公酌定，以免偏枯。茲擬嗣後，除閘口塘堤照章專責漁戶修理，塘堤下之田戶協（十行）濟夫役外，其余如遇堤潰，將所用椿木、竹篾以及雇用打椿壯工搬運藻草、土塊、船支各費，作為拾賝分（十一行）攤：田戶認柒賝伍分，漁戶認貳賝伍分。苐田戶人等不得因漁戶有此幫項遂爾玩視，以後應將河堤隨（十二行）時加高培厚，毋令單薄易潰。其龍洞處所，該田戶等宜慎重保護，是所專責。倘或任意疏忽，以至河堤潰（十三行）決，定將該田戶從重罰辦。至修理經費，如果管理非人，必至以少報多從中舞弊，以後應由田戶、漁戶擇（十四行）有品行者幫同經理賬目，以杜其弊。其每逢河底歲修，所有筆墨薪紅等費，向係漁戶承認，亦應照舊辦（十五行）理。但每修一次不得過拾千之數，以示限制。如此妥定章程，設使一遇堤潰，即可遵照辦理，庶免互相藉（十六行）口動滋訟累。除通詳各憲立案外，合行勒碑示。為此，示仰該處田戶、漁戶一體永遠遵守。倘有任意故（十七行）違，玩視定章，定行照例嚴懲，以為不遵定章者戒。凜之，慎之，毋違。特示！

右　仰　永　遠　遵　照（十八行）。

---

① 《洱源文史資料》錄為"呼"，據原碑應為"乎"。
② 《洱源文史資料》漏錄"堤"字。

欽加六品職銜吏部不論雙單月分缺先選用教職邑歲貢生子英氏楊時俊奉諭恭繕（十九行）

光緒三十一年七月　　日

江尾、兆邑、青索田戶：戴學成、杜必強、湯樹德、李炳榮、丁午陽、趙嗣曾、楊鑄偉、杜運椿、李明、李廷舒、戴法蒼、王錦榮、楊思誠、湯朏虞、李先瀛、杜瀛選、杜紳、湯宗典、杜賓王、丁克明、李宗鄰、李霖、杜開、杜上儒、李耀椿，暨漁戶：蘇兆麟、王璠、李宗鄰等

公仝勒石永遠遵守（二十行）[1]

【概述】碑存大理市上關鎮兆邑村文昌宮內，大理石質，高92厘米，寬50厘米，保存完好。碑文直行楷書，文20行，行25-98字，計842字。光緒三十一年（1905），江尾、兆邑、青索三村田戶、漁戶同立。碑文記述光緒年間，西閘河堤潰決，沿河各村田戶、漁戶訟爭紛起請定章程，鄧川知州秉公執法、妥定章程，并就閘口河堤維修責任、費用分攤、賬目管理等事項作了公允判示。

【參考文獻】中國人民政治協商會議雲南省洱源縣委員會文史資料委員會．洱源文史資料·第三輯．內部資料，1993.2：39-40.

據《洱源文史資料》錄文，參原碑校勘，行數為新增。

小城村楊家塘碑

嘗天一生水，地六成是水也。不惟人生所必有，亦田畝所必需。況上關國課，下濟民生者哉。如我楊家塘水，非若龍泉自天而生，由地而出，實因人力以補天地之功者也。蓋後園地田畝每不接各處龍泉，春苗多致枯槁，錢糧每有賠累。至明萬曆間，有先祖昭武將軍守正公，開導鳳尾箐水。因其已然之跡，以成萬世之功。告竣後，旋卜地於後園甸上首，悶地龍水以利後世。因國事羈身，抵開一小股而大功未就。

迄我朝嘉慶間，有貢生雲卿公與族內子弟生員逢桂品、高殿、賜崇、高□、榮榘等妥議，再悶一洞。將族中存積銀錢概行用費，以贊先人宏緒，由是田畝得已周全，民生不憂困乏。迄後子孫繁盛，田園廣植，灌溉猶有難周全。及光緒三十一年[2]，又有總理貢生履瑞、稟生[3]步青，合與子弟壽民履堂、鄉欽步西，監工增生世璋，文童履洪，承擔悶洞水。世倚、世俊管事，世貴、世昌，監生世潘、世奎，文童世祿，子弟世選、世明、世華、世德、世恩、世達、楊瑾、楊華等而規策之。復於兩洞之北上開悶一洞，而龍水湧出不舍。書夜[4]人有善念，

---

① 此行《洱源文史資料》錄文有誤，現據原碑抄錄如上。

② 光緒三十一年：1905年。

③ 稟生：疑誤，應為"廩生"。

④ 書夜：疑誤，應為"晝夜"。

天心以之，為萬世永賴，一方普潤者也。雖然人力皆由田畝，而工程浩大，開費銀錢悉本族公抽出。生民恐世遠而年湮也，故垂諸水，永久以勒，貞瑉是為序。

謹將所灌田畝計開於左。（下略）

光緒丙午年^①二月初六日合族仝立

【概述】碑原在大理市挖色鎮楊家塘塘邊，今存大理市挖色鎮小城村村頭。光緒丙午年（1906），合族同立。碑額鐫刻“永存不朽”4字。碑額左角刻“萬世”2字，右角刻“永賴”2字。碑文記載明萬曆及清嘉慶、光緒年間，小城村軍民同心協力共同悶地龍引水灌田造福民眾的事迹。

【參考文獻】王富.魯川志稿.內部資料，2003.10：393.

龍井甘泉記

世 卟

龍神祠成，規前隙地，寬廣約十餘畝，外環溪流，每遇□□^②，輒浸為坡，直灌河北街。厯苦水患，因緣溪砌堤，就圍隙地，為蓮池。

收荒土，培雅景，而水患以除。池東岸有清泉噴出，下沙土阪^③，掀□^④如脣，尤凝滑似石揩之泥也，益異之，試取水飲，甘齒^⑤異常。溯此泉水，自龍山踽行地中，經石沙淬濾，澈^⑥屬而出，宜其在山出山，無異或也。是地盛烟瘴，水尤惡劣，厥者輒瘑。砌石儲之，命曰龍井泉，以□^⑦居民而便行人。

光緒丙午年二月，世卟附記

【概述】清光緒三十二年（1906）立。碑文簡要記述了龍井泉的由來。

【參考文獻】蕭霽虹.雲南道教碑刻輯釋.北京：中國社會科學出版社，2013.12：647-648；甘汝棠.富州縣志（全）.臺北：成文出版社，1974.12：120.

據《雲南道教碑刻輯釋》錄文，參《富州縣志》（民國二十一年油印本·影印）校勘。

---

① 光緒丙午年：光緒三十二年，即 1906 年。
② 《雲南道教碑刻輯釋》錄為缺字“□□”，據《富州縣志》應為“盛漲”。
③ 《雲南道教碑刻輯釋》錄為“阪”，據《富州縣志》應為“坂”。二者同。
④ 《雲南道教碑刻輯釋》錄為缺字“□”，據《富州縣志》應為“露”。
⑤ 《雲南道教碑刻輯釋》錄為“齒”，據《富州縣志》應為“潔”。
⑥ 《雲南道教碑刻輯釋》錄為“澈”，據《富州縣志》應為“激”。
⑦ 《雲南道教碑刻輯釋》錄為缺字“□”，據《富州縣志》應為“濟”。

永卓水松牧養利序

周鳳岐

　　盡①自天一生水以來，原以養人。水也者，源之遠者，流自長，必有得天時之善者也。不然，歲序之變②（一行）遷靡定，天時之迭運無期。或遇天乾有幾年，遇雨水有幾歲。則水之不平，亦人事之不明，特恐（二行）因水以起其事也。迄今自於光緒丙午歲，興隆一村紳耆老幼人等，好意大存，公仝妥議言（三行）振起，以水利非但有益於一家，而有益於一邑。免前後以口舌相爭，永斷禍害之根也。是故水（四行）利議定，每年到栽插之天，尊舉三人挖③巡，工價送定叁仟。自栽插一開，守水三人晝夜招呼，須（五行）上滿以下流，自首以至於尾，勿得私意自蔽，不可縱欲偷安，要存大公無私之意，倘有護蔽，不論（六行）何④人，見者報明，齊公加倍重罰。自於一村栽畢後添苗水者，須從目前乾傷，反轉添還，至守到十（七行）五日滿，為挖息焉。自議水利之後，各人聽其自然，水利不准私家大小男女出來偷挖，各顧（八行）自己也。自水利一嚴，人人各宜凛遵，莫到臨時異言。倘有不遵，犯者，守水三人拏獲，速還（九行）報明村中頭人紳老，齊公重罰銀兩，究治不貸，勿謂言之不先也。兼有論居深山者，以樹（十行）木為重，以牧養為專，自樹木一不准以連皮坎抬還家，牧養馬諸物，自收穫後准放十日。其（十一行）餘豬物之類，通年永不准濫放。自議數項之後，各人謹守牧養。如有不遵者，一再齊公重罰（十二行），勿得抗敖鄉規也。近因世道澆漓，人心險阻，恐口無憑，尊請先生採擇，故垂碑於勒石（十三行），永為萬古不朽之事云，是為序（十四行）。

永卓水松牧養利序
大理府太和縣儒學生員裕吾周鳳岐序（十五行）
光緒三十二年暑月二十日中浣黃道閣村仝立石（十六行）

　　【概述】碑存大理市下關鎮吊草村本主廟內，保存完好，原應有碑頭碑座固定，惜已佚。碑為大理石質，高47.5厘米，寬33.5厘米，厚2厘米。碑文直行楷書，文16行，行12-39字。清光緒三十二年（1906）立，周鳳岐撰文。碑文記述了光緒年間興隆村民眾公議制定水利、放牧等方面的管理規定并垂碑勒石之事。該碑對清末白族地區鄉規民約、農村水利、生態環境等方面的研究具有重要的參考價值。

---

① 《大理叢書·金石篇》錄為"盡"，據原碑應為"蓋"。
② 《大理叢書·金石篇》錄為"變"，據原碑應為"推"。
③ 挖：同"拖"。"挖，引也。——《廣雅》"
④ 《大理叢書·金石篇》多錄"何"字，據原碑無"何"字。

【參考文獻】楊世鈺，趙寅松.大理叢書·金石篇（卷三）.昆明：雲南民族出版社，2010.12：1642-1643.

據《大理叢書·金石篇》錄文，參原碑校勘。

重修昆明六河碑記

自來農田樹藝，上固乘乎天時，下尤資夫水利。昆明首邑，自元咸陽王鎮滇，創興水利，開通六河，支分派別，源遠流長，並量地置閘，設巡水役，以時啟閉，各路田畝，鹹資灌溉。並籌款定章，按歲修浚，誠利賴於無窮也。其如年遠代湮，款既熹微，復被侵蝕，每歲雖修，奉行故事而已。若夫土岸之崩潰，石堤之坍塌，未遑議修復，以致光緒三十一年秋七月，天降霪霖，洪水為患，盤龍江堤決于金牛寺，玉帶河堤決于南詢寺，金汁河堤決于何家院，此外各河堤決者，更仆難數，附近民房、田畝，悉成澤國，群黎呼號望救，誠數十年罕見之奇災也。幸蒙當道諸公僅念民瘼，提倡賑撫，紳民亦輸將佽助，設賑撫局，嘉惠貧黎，獲慶更生。然倒懸雖解於眉急，而綢繆宜先於未雨。爰於是年冬，設河工局于南城外，官督紳辦，大舉修復，次第履勘，相形勢，擇緊要，或應置木樁，或應添石堤，低者加高，薄者加厚，務期堅固結實，俾河身暢行，群流順軌，即復遇洪水，庶免成災。是役也，經始於光緒三十一年冬十二月，告成于明年秋七月，謹將督辦、協理官紳並修理工程，以及收支各項、經費數目，勒諸貞珉，以垂永久，且使後之人有所觀覽焉。謹將顛末援筆識之，是為記。今將水災捐收功德數目銀兩列後：

計開：

官款項下：

督憲丁振鐸，捐銀一千四百四十兩；學憲吳魯，捐法圓七十兩；礦務唐炯，捐銀一千兩；藩憲劉春霖，捐銀一千兩；臬憲陳燦，捐銀七百二十兩；糧憲柳旭，捐銀三百六十兩；鹽憲普津，捐銀五百兩；東巡憲興祿，捐銀五百兩；西巡憲關以鏞，捐銀一百兩；南巡憲石鴻韶，捐銀一百四十四兩；開廣道魏景桐，捐銀一百四十四兩；善後局郭燦，捐銀七十二兩；洋務局李壽田，捐銀七十二兩；厘金局繆國鈞，捐銀七十二兩；警察局韓樹滋，捐銀七十二兩；農工商務局方宏綸，捐銀一百兩；團練處吳成熙，捐銀七十二兩；候補道錢登熙，捐銀一百兩；雲南府鄒馨德，捐銀四百兩；臨安府党蒙，捐銀七十兩；開化府賀宗章，捐銀七十兩；大理府陳秉崧，捐銀二十兩；曲靖府秦樹聲，捐銀一百四十兩；永昌府郎承詵，捐銀七十二兩；東川府周暻，捐銀三十六兩；昭通府張賡揚，捐銀四十兩；順甯府劉雲章，捐銀七十二兩；協辦賑務張鑑清，捐銀二百兩；署昆明縣桂福，捐銀三百六十兩；元江州王元齡，捐銀四十兩；署廣西州黎元熙，捐銀三十六兩；署箇舊廳雷元樹，捐銀一百六十八兩；永北廳左肇南，捐銀二十兩；白井提舉文源，捐銀二十兩；安平軍民府席瑛，捐銀三十五兩；魯甸撫彝府劉世濬，捐銀十兩；富州撫彝府李世楷，捐銀五十兩；石屏州魏朝瑞，捐銀三十兩零四錢五分；南安州崇謙，捐銀七十二兩；署甯州王鎮邦，捐銀七十兩；署昆陽州鄧瑤，捐銀五十兩；劍川州雷葆初，捐銀三十六兩；署南安州彭祖詒，捐銀二十兩；鄧川州曾廣閣，捐銀二十兩；羅平州陶大濬，捐銀十二兩；安寧州江濂，捐銀十兩；浪穹縣吳昌祀，捐銀一百四十兩；蒙自縣周文鎬，捐銀四十二兩；河陽縣吳崧霖，捐銀三十兩；宜良縣羅守誠，捐銀二十一兩；恩安縣范修明，捐銀二十八兩；大姚縣張炳奎，捐銀二十兩；南寧縣申家樹，捐銀二十兩；河西縣洪樹榮，捐銀十四兩；呈貢縣錢紹彭，捐銀十兩；藩庫廳施允深，捐銀三百五十兩；六城厘金塗建章，捐銀七十二兩；永北厘金阮振千，捐銀二十一兩六錢；平彝厘金王賡虞，捐銀二十一兩；新嶍厘金黃增祿，捐銀三十兩；永昌厘金狄瑤江，捐銀三十兩；通海厘金朱廷銓，捐銀二十兩；騰越厘金周炯，捐銀二十兩；彌渡厘金吳學祈，捐銀十兩；昆陽厘金羅仰光，捐銀十兩；彤彤氏，捐銀七十二兩；忠恕堂，捐銀七十二兩；行素堂，捐銀三十五兩；高等學堂，共捐銀一百六十九兩零六分；英國領事務謹順，捐銀三十五兩；鐵路公司總辦稽貝，捐銀三百五十兩；協理全滇教務明類師，捐銀一百兩。

以上各位長官，通共捐銀一萬零二十三兩一錢一分；以上西員三員，共捐銀四百八十五兩。

紳商士庶捐款項下：

翰林院庶吉士羅瑞圖，捐銀三十兩；廣東補用道王鴻圖，捐銀三千五百兩；開化鎮白金柱，捐銀二百一十兩；廣東補用道李光翰，捐銀二百一十兩；候選道馬啟祥，捐銀七十兩；候選道何國棟，捐銀三十五兩；福建候補知府何紹堂，捐銀四兩二錢；分省補用知縣李正榮，捐銀一千兩；江都縣湯曜，捐銀一百兩；副將銜彭發榮，捐銀三十五兩；補用通判張聯森，捐銀七兩；候選州同呂德洋，捐銀一百兩；同知銜曹琳，捐銀二千一百六十兩；中書袁嘉猷，捐銀十四兩；候選知州解秉仁，捐銀一百兩；知州銜謝洪恩，捐銀二十一兩；候選府經歷張樹森，捐銀七兩；同知銜張德峰，捐銀七兩；五品銜王寶珊，捐銀一百兩；刑幕楊務本，捐銀二兩八錢；宜良紳商等，捐銀四十二兩二錢四分；石屏紳商，捐銀四十五兩一錢五分；余寶臣，捐銀五十兩；王月軒，捐銀三十兩；周祥雲，捐銀二十兩；夏子文，捐銀二十兩；李澄齋，捐銀二十兩；範柱臣，捐銀二十兩；李慎齋，捐銀二十兩；陳子嘉，捐銀三十兩；任正卿，捐銀十兩；李雲廷，捐銀五兩；牛小山，捐銀二兩；陳仲和，捐銀二兩；楊復齋，捐銀三兩；司禹臣，捐銀五兩；周達卿，捐銀五兩；郭介石，捐銀四兩；趙賡宇，捐銀三兩；周善齋，捐銀三兩；簡雲卿，捐銀四兩；曹小屏，捐銀三兩；何少白，捐銀三兩；曾頤齋，捐銀三兩；提標塘務楊小蘭，捐銀二兩；開化塘務羅幹臣，捐銀二兩；普洱塘務曾子馨，捐銀二兩；騰越塘務李仙橋，捐銀二兩；武定塘務張述之，捐銀一兩；永北塘務馮鼎臣，捐銀一兩；興文當，捐銀二百兩；順慶當，捐銀一百兩；長華當，捐銀十四兩；長順當，捐銀十四兩；萬美當，捐銀三十六兩；悅來當，捐銀三十六兩；光美當，捐銀一兩三錢；裕元當，捐銀四兩三錢二分；春華當，捐銀二十一兩六錢；鑫茂當，捐銀四兩三錢二分；福興當，捐銀二兩一錢六分；同順當，捐銀一兩四錢；寅盛當，捐銀七兩；天寶當，捐銀七兩；恒裕當，捐銀二兩；興義和，捐銀十四兩；丁義、源豐，捐銀一百一十二兩；福合公，捐銀七十二兩；朱德裕，捐銀七十兩；李堂初，捐銀七十兩；應天昌，捐銀七十兩；順成號，捐銀七十兩；楊衡源，捐銀二十一兩；興順和，捐銀二十一兩；元昌號，捐銀二十一兩；裕泰昌，捐銀二十一兩；楊寶瑛，捐銀三十五兩；紙張闔行，捐銀三十二兩；書局闔行，捐銀二十一兩；白米闔行，捐銀六十兩零三錢五分；鹽鋪闔行，捐銀四十兩；京貨闔行，捐銀二十兩零二錢三分；絲線闔行，捐銀十四兩一錢八分；布鋪闔行，捐銀四十一兩三錢八分；新貨衣行，捐銀二十兩；纓帽闔行，捐銀十六兩三錢；油臘闔行，捐銀二十三兩四錢七分；京果闔行，捐銀二十兩七錢六分；童福盛、余慶盛、周寶銓、段通寶、朵萬泰、李福林、德馨號、順泰昌、文明號、福泰林、林祥仁、晉豐號、李瑞豐、廣壽堂、王元、王治，以上十五柱①，各捐銀十兩，共銀一百五十兩②；應天昌、萬源昌、光裕昌、上達昌、同發祥、雲發祥、雲生祥、寶慶祥、天申行、天源正、天源盛、天寶慶、豫同興、公昌興、張義興、錦泰和、祥雲集、太原郡、陳永立、吳鴻福、運興祥、五福祥、雲集祥、長興利、李寶寀、聚金長、祥昌號、集昌號、顯昌號、同信公、孔昭全、孔慶恩、元吉行、易思貴、易思來、成春號、正順號、楊兆聯、王培顯、王壽山、曹寶聚、吳光璧、蕭汝智、杜家祿、張福來、周雲龍、無名氏，以上四十七柱各捐銀七兩，共合銀三百二十九兩；何紹揚、姚晴谷、段朝相、慶興祥、長和祥、永昌祥、應泰祥、鴻昌隆、李宏昌、永盛行、際春行、姜福泰、信源昌、德寶昌、四達利、陳永興，以上十六柱，各捐銀三兩五錢，共合銀五十六兩；受天昌、永和昌、利濟堂、益源堂、慶仁堂、大興號、黃士運、向郁文，以上八柱，各捐銀二兩八錢，共合銀二十二兩四錢；六和堂、德春堂、興順祥、同春號、勳美號、寶發號，以上六柱，各捐銀二兩六錢，共合銀十二兩六錢③。

蒙自縣各商號，捐銀四百九十兩；蒙自縣公司局，捐銀二十八兩；蕭萬福，捐銀三十兩；羅寶義，捐銀二十兩；朱恒泰捐銀二十一兩；順成號，捐銀二十一兩；張建興，捐銀十四兩；東盛昌，捐銀十四兩；百川通，捐銀十四兩三錢六分；信興昌，捐銀二十一兩；寶和昌，捐銀二十一兩；姚啟興，捐銀二十一兩；劉明受，捐銀二十一兩；源裕昌，捐銀十四兩；豫福昌，捐銀十四兩；王天成，捐銀十四兩；豐盛號，捐銀十四兩；張春和，捐銀十四兩；三元祥，捐銀十四兩；元慶祥，捐銀十四兩；東美和，捐銀一兩五錢；錦盛隆，捐銀七兩二錢；萬盛興，捐銀七兩二錢；集義生，捐銀七兩二錢；益豐恒，捐銀七兩二錢；德生行，捐銀五兩六錢；春元利，捐銀四兩二錢；致和堂，捐銀四兩二錢；寅生堂，捐銀四兩二錢；王藎卿，捐銀四兩二錢；潘家來，捐銀四兩二錢；陳漢章，捐銀三兩六錢；慰珍酒行，捐銀二兩八錢八分；倪耕心堂，捐銀二兩一錢；顧秦氏，捐銀五兩；金寶豐，捐銀二兩；天寶盛，捐銀一兩；尹義昌，捐銀一兩；新春號、太和春、張壽彭、楊成龍、崔壽仁、徐嘉仁、李汝松、馬雲祥、許寶，以上九柱，各捐銀一兩四錢，共合銀十二兩六錢；楊興仁、楊桂清、楊自明、萬鋆、楊蕙、潘俊、王體謙、呂元潮、呂錦春、何屆遠、袁秉全、時際春、楊載文、孔憲章、李宣、耿鈺、李家祥、呂音堂、洪開貴、呂應熊，以上二十柱，各捐銀七錢，共合銀一十四兩。

以上紳、商、士、庶，通共捐銀一萬零九百六十九兩三錢一分。

一、奉善後局發下辦理急賑制足錢六千串文，龍圓銀四千兩，每兩作制足錢一千文，

---

① 十五柱：疑誤，應為十六柱。
② 一百五十兩：疑誤，應為一百六十兩。
③ 十二兩六錢：疑誤，應為十五兩六錢。

合錢四千串文，二共奉發錢一萬串文，作合銀一萬兩。

一、奉善後局發下大修各河經費銀三萬五千八百一十四兩七錢。

總計捐款、領款通共合收銀六萬七千二百九十二兩一錢二分。

開除項下：

一、發給被水災民遷住東南城樓極貧大丁口二百七十三丁口，每丁口給錢六百文，合錢一百六十三吊八百文；小丁口一百三十七丁口，每丁口給錢三百文，合錢四十一吊一百文，共發錢二百零四吊九百文。

一、發給城廂內外被水災民，查勘登記，憑票發錢，共計極貧大丁口三千九百五十七丁口，每丁口給錢六百文，合錢二千三百七十四吊二百文；小丁口二千六百五十二丁口，每丁口給錢三百文，合錢七百九十五吊六百文，共各憑票發給錢三千一百六十九吊八百文。

一、發城廂內外被水災民，查勘登記，憑票發錢，共計次貧大丁口五千七百七十丁口，每丁口給錢四百文，合錢二千三百零八吊文；小丁口三千六百零七丁口，每丁口給錢二百文，合錢七百二十一吊四百文，共合憑票發給錢三千零二十九吊四百文。

一、發被水淹斃災民六丁口，每丁口給錢四吊文，合錢二十四吊文。

一、發給南窯村決口前被水災災民四戶，共給賑款錢七吊文。

一、堵築金牛寺後盤龍江決口，獎賞各營兵勇錢二百二十吊文。

一、堵築金牛寺後盤龍江決口，買備穀草四百四十五捆、麥草六船、丈二拖櫓二百四十二棵、八尺椽子二百二十九棵、六尺椽子四十七棵、五尺床板三塊、六尺樓板五塊、八尺檁子四棵、二丈九大柱子一棵、石料口袋一千一百一十八個、芝麻口袋六十個、草索一千一百六十四棵、茶葉藍二百五十支、靛籃五十八支、泥木工五十一個、添築河堤工六十個等項，合錢三百三十一吊九百七十文。

一、發給何家院、廣衛營、白廟三處金汁河決口椿木、夫役經費，共錢三百吊文。

一、發給南窯村、盤龍江舊七甲村、寶象河三甲、羅羅河等處決口椿木經費、夫役賞號，共錢一百二十吊文。

一、出由警察分局雇募救濟船、篆塘撐船水手、挑錢力錢，及開支紙張、賬簿、筆墨、刊刻木板，買備銅鎖、煙茶、油燭並雜役辛工，及米、鹽、薪、蔬等項，共錢一百二十五吊一百三十文。

以上急賑開除共錢七千五百三十二串二百文，作合銀七千五百三十二兩二錢。

一、辦理大賑，計大丁口七千九百九十四丁口，每一大丁口照章給銀二兩，共銀八千九百八十八兩[①]；小丁口三千五百七十丁口，每一小丁口照章給銀一兩，共銀三千五百七十兩。已倒瓦樓房九間，每間照章給修理費銀六兩，共銀五十四兩；平瓦房一百三十八間半，每間照章給修理費銀四兩，共銀五百五十四兩；草房四百零三間半，每間照章給修理費銀四兩，共銀一千六百一十四兩；倒牆八百三十二堵，每堵照章給修理費銀一兩，共銀八百三十二兩。又補發敷澤堡急賑大廠、小廠、水晶村、大菜園等村大丁口

---

① 八千九百八十八兩：疑誤，應為一萬五千九百八十八兩。

四十七丁口，每丁口給銀六錢，共銀二十八兩二錢；小丁口三十一丁口，每丁口給銀三錢，共銀九兩三錢，通共合發給賑銀一萬五千六百四十九兩五錢。

一、設賑撫局辦理大賑，開支書識、巡勇、雜役等辛工，及局內火食、零星等項，合銀四百零七兩七錢六分。

以上大賑開除共銀一萬六千零五十七兩二錢六分。

一、開辦河工局，疏浚六河並各支河，雇夫十三萬八千九百四十名，每名給工銀一錢八分，合銀二萬五千零九兩二錢。

一、修砌各河石岸六百三十六丈七尺六寸，圓匡石橋三道、平石橋三道、涵洞二十九座、大路三十二丈，雇募土石大工八千五百三十八名，每名給工資銀二錢四分，合銀二千零四十九兩一錢二分；小工七千三百九十六名，每名給工銀一錢八分，合銀一千三百三十一兩二錢八分。又發給各村鄉管自行修理石岸、石橋工料銀一千二百七十兩零七錢八分。又購買杉、松椿各項石料及修理閘神、廟宇、神像及修整報公祠、咸陽王牌位，共銀九千零九十九兩四錢。雇用車腳，買備石灰、鐵木器具，局內開支火食、零星及驗收工程開用等項，合銀四千九百四十二兩八錢八分，共合銀一萬八千六百九十三兩四錢六分。

以上大修各河開除共銀四萬三千七百零二兩六錢六分。

總計辦理急賑、大賑、大修各河，通共開除銀六萬七千二百九十二兩一錢二分，入出兩抵無存，登明。

督辦員紳：

鄒馨德、張鑑清、潤福、成林、桂福、晏端榮、楊瑜復、張士衡、楊紹選、尹文煦、羅瑞圖、王鴻圖、張聯森、呂德祥、曹琳、楊學禮、解秉仁、羅森、許際泰、張樹森、李寶、曹濟川、保嗣德、楊鈞、曹發科、王致中、王寶珊、洪恩榮、趙廷璧、周嘉興、陳天駿、呂興周、文燦奎、惠嘉懋、張應宸、宋嘉壽、吳保善、羅秀。

光緒三十二年歲次丙午仲秋月上浣賑撫河工局同立

【概述】光緒三十二年（1906），賑撫河工局同立。碑文記述光緒年間洪水成災，官、紳、商、士、庶各界齊心協力修理六河之事，刊列了捐款、收支各項、經費數目等詳情。

【參考文獻】牛鴻斌等點校．新纂雲南通志·七．昆明：雲南人民出版社，2007.3：494－497.

楊柳彎村龍潭碑記

給示勒石，以垂永久，而杜後患事。案據敔縣楊柳彎監生張全等，安寧州屬之土廠村監生施洪、潘永材等，各以越界截水、減規霸水等情，互挖一案到縣。據此，當今批准集訊，並示詣踏勘明確。緣楊柳彎與土廠村相隔一河，楊柳彎村之田在河北居上，土廠村之田在河南居下。兩村同河，放水各有其壩，壩各有溝汕。因楊柳彎另有龍潭一座，水源只涓涓。

在彎之盡頭處，與土廠毫無相干。

本年大旱，河水斷流，水僅存一線，楊柳彎居民賴以滋潤秧苗。土廠村人恃眾逞強越界，將龍潭之水挖決下河，再由河流下灌田。堂訊時，據土廠村潘永材供稱：此水後系分放，溝中嵌有水平石一座，被楊柳彎村人將石挖移別處等語。本縣至溝上查看，並無挖移痕迹，水平石本在下麵，系楊柳村分水之石，與別人無干。溝上尺寸亦合，而伊等所開之溝，則土色新鮮，若以水平石要在此處，則溝寬而石短，三面詰問，該監生施洪等，語多強辯。當將施洪、潘永材帶回署，管押禮房[①]。移請安寧州追查，監照詳革，以示懲儆，除通稟各大憲外，合行給示。為此，仰楊柳彎閤村士民遵照勒碑，以重永久遠[②]，而杜後釁，切切特示。

署祿豐縣正堂加三級記錄六次傅
光緒三十三年五月初四日

【概述】碑存祿豐縣和平鎮楊柳灣村。碑高 115 厘米，寬 67 厘米。碑文直書 13 行，計 482 字，刻於光緒三十三年（1907）。碑文記載了楊柳灣、土廠村兩村民眾的水利糾紛，以及祿豐知縣秉公判處該"越界截水，減規霸水"案的告示。

【參考文獻】祿豐縣地方志編纂辦公室．祿豐縣水利志．內部資料，1989.10：162.

重修晏清橋記

楊增培

重修晏清橋記（一行）

瀘西城南半里許有石橋焉，名曰："晏清"。蓋取其[③]義於"海晏河清"，而為億萬行人徃來之便也。前明萬曆間，晉太平[④]公（二行）祖倡捐建之，而落成於蕭以裕公祖，王道平平，民免厲竭[⑤]，誠造福吾瀘也。無如代遠年湮，滄[⑥]海易變，每遇夏秋河水（三行）泛漲，泥沙壅塞。年復一年，橋硐被其壓塌，非第人民病涉，且於堤埂頃倒，萬頃田畝時遭水害。自明迄今，歷任有司（四行）非不修葺補綴之，而因陋就簡，不過一時權宜之計，終非可以一勞永逸者。

---

① 禮房：明清時知縣衙門辦理祭祀、考試等事務的下屬機關。
② 以重永久遠：疑誤，應為"以垂永久"。
③ 《阿盧文物》錄為"取其"，據拓片應為"其取"。
④ 《阿盧文物》多錄"平"字。
⑤ 《阿盧文物》錄為"竭"，據拓片應為"揭"。厲揭：涉水。連衣涉水叫厲，提起衣服涉水叫揭。語出《詩・邶風・匏有苦葉》："深則厲，淺則揭。"毛傳："以衣涉水為厲，謂由帶以上也。揭，褰衣也。"
⑥ 《阿盧文物》錄為"滄"，據拓片應為"桑"。

去歲丙午夏（五行），廊^①舫陳公祖榮任瀘郡，關心民瘼，^②悉一切河道。故由永惠壩起，親自^③徃堪^④，至城東南四十里之海門硐，意在興水之利（六行）^⑤也。然又苦州郡^⑥連年^⑦遭旱災，欲動公歎則新政多端待舉，其如不濟其^⑧事何！欲用民財，則閭自^⑨日食維艱，其如（七行）艱^⑩供此役。何公於是苦心籌劃^⑪，赴省面稟大憲^⑫，痛陳利害，請領賑銀叁千兩，以工代賑。今春二月初，乃召地方紳（八行）者，伐石庀材，鳩工動眾，兼^⑬詣督率，不憚沐雨櫛風諸勞，迄於四月底告成。其橋高一丈六尺，長二丈餘尺，中跨三（九行）^⑭硐，以平石鋪橋面，以條石豎攔馬^⑮，東西兩路用石修堦，各數丈。昔之橋壅硐塞，大不便於行旅者。今則登南樓一（十行）望，而長虹煥彩矣！所謂不傷財，不勞民，一舉而兩全者，陳公有焉。雖然公以賑銀三千兩而利賴吾瀘者，^⑯不止此（十一行）：

自永惠壩^⑰疏通西河，直達魚鱗壩，約一千六百餘丈，灌田三千餘畝。兩堤傾者，則增高加寬之；為後日植桑計，又於（十二行）小村門首新開子河一道，達黃草洲，約一千三百三十丈，以收放^⑱水、洩水勢而就墾荒。他如開壁^⑲門硐，功德偉著（十三行）。郡舉人詹君煦齋已撰專論^⑳，故不復勒。

天生陳、高二公開河築壩於前，越三百餘年，復生蘭舫陳公疏河建橋於後（十四行），所處時勢不同，^㉑其憂國憂民，寔為吾瀘千萬家興利除弊，不依然出一轍哉！至於督工則州吏目秦君文培，至紳（十五行）士則吳君晏卿，沈君級三、李君竹溪等皆和衷共濟，協力效勞焉。余幸際其時，目覩寔政，不忍聽其湮沒，今樂觀厥（十六行）成，特原始要，終記之琭珉，以垂不朽（十七行）！

---

① 《阿盧文物》錄為"廊"，據拓片應為"蘭"。下同。
② 《阿盧文物》漏錄"備"字。
③ 《阿盧文物》錄為"自"，據拓片應為"身"。
④ 《阿盧文物》錄為"堪"，據拓片應為"勘"。
⑤ 《阿盧文物》漏錄"計"字。
⑥ 《阿盧文物》錄為"郡"，據拓片應為"境"。
⑦ 《阿盧文物》漏錄"疊"字。
⑧ 《阿盧文物》錄為"其"，據拓片應為"於"。
⑨ 《阿盧文物》錄為"自"，據拓片應為"閭"。閭閻：泛指民間；借指平民。
⑩ 《阿盧文物》錄為"艱"，據拓片應為"難"。
⑪ 《阿盧文物》錄為"劃"，據拓片應為"畫"。籌畫：謀劃。
⑫ 大憲：清代地方官員對總督或巡撫的稱謂。
⑬ 《阿盧文物》漏錄"親"字。
⑭ 《阿盧文物》漏錄"捲"字。
⑮ 《阿盧文物》錄為"馬"，據拓片應為"焉"。
⑯ 《阿盧文物》漏錄"獨"字。
⑰ 永惠壩：在瓦窰村前，始建於明。
⑱ 《阿盧文物》錄為"放"，據拓片應為"泛"。
⑲ 《阿盧文物》錄為"壁"，據拓片應為"劈"，其後漏錄"海"字。
⑳ 《阿盧文物》錄為"論"，據拓片應為"記"。
㉑ 《阿盧文物》漏錄"而"字。

揀選知縣郡舉人：楊增培撰。

湖北漢陽府廩生：傅用霖書。

石工：芮樹勳、宋尚文①。

光緒丁未②孟冬③立

【概述】碑存瀘西縣城南南橋寺內。碑為青石質，長方形。碑頭楷書陰刻"濟人利物"4字。"人"字上部殘。碑通高135厘米，寬70厘米，碑文20行，行44字不等。字刻口深，清晰而較為完好。光緒三十三年（1907）立。碑文記載了陳祖榮任職瀘郡期間，關心民眾疾苦，積極籌措資金，鳩工疏浚海晏河、重修晏清橋，為民興利除弊、濟人利物的業績。

【參考文獻】師培硯，婁靜，張小綫. 阿盧文物. 昆明：雲南人民出版社，2008.7：97-99.

據《阿盧文物》錄文，參照拓片校勘。

禁止東營開取土石告示

花翎三品銜④調補黑鹽井提舉⑤、署新興州事、昆陽州正堂加六級紀二次郎，為（一行）

給示勒石，永垂久遠事。案據東營住民合開運等呈稱：該民等營居高山之脚、深箐之旁（二行），民房良田，時患箐水湧漲，因箐居中有石岩一堵，可以堵閘箐水漫流之害。因聶萬全等（三行）修路，由此取石，以致石渣填滿溝渠，營如澤國，受害匪輕，向其理論，被控到案。幸承各村（四行）紳耆見路工告竣，勸令聶萬全等永不得在此山打石，仍敦鄰里之好，兩造應尣投具，邀（五行）恩和息，切結完案。竊恐後者效尤，不惟合營受害，兼有訟累之憂，是以據情賞求懇示⑥勒（六行）石，得以禁止，永杜後釁等情。據此，查修路固屬義舉，而水患亦宜先事預防，除呈批示照（七行）准外，合行給示。為此，示仰該營及附近村屯漢回軍民人等一體遵照，自示之後，勿論何（八行）村何屯及本營應用，均不准再往此山打石，圖利於己，貽害於人。倘敢故違，一經告發，定（九行）即提案重懲，決不稍寬。各宜凜遵勿違，切切，特示（十行）。

告示

右仰通知（十一行）

光緒三十四年九月十八日，發東邊營曉諭（十二行）。

立出信字合同文書人：聶萬全、沈榮光、賈應鵬、胡玉、何萬寶、吳永林、袁玉陳、

---

① 《阿盧文物》漏錄"石工芮樹勳宋尚文"8字，現據拓片補錄如上。

② 《阿盧文物》漏錄"年"字。光緒丁未年：即光緒三十三年（1907）。

③ 《阿盧文物》漏錄"月"字。孟冬月：十月。

④ 《玉溪碑刻選集》錄為"銜"，據拓片應為"禦"。

⑤ 《玉溪碑刻選集》漏錄"司提舉"3字。

⑥ 《玉溪碑刻選集》錄為"賞求懇示"，據拓片應為"懇求賞示"。

鍾永安，係何、前、沈、馮、木、袁、夏各屯廣上甲住人。為修路取石，兩下一時氣憤，致起爭端（十三行）。今者各知其非是，面為訂和，前此所取石處，再不去取。嗣後兩下務期情義相交，彼此不得尋隙生非，別起事端。至於沙溝水、龍潭水、河水，俱照規矩，不准估霸買（十四行）賣。設有買賣，上賣下罰，下買上罰。去放水之人，無論何等人，須由先放者讓放，後去者不得隨帶器械，恃強橫爭，亦必順溝放下，不得扒人田口及借田咎水（十五行）。若有此等情，公議重罰。

再者，放水一事，立夏以前，見水放水；立夏以後，上滿下流。但遇天旱，亦須讓上放，不得故違。若違，罰與前同。此係二比情願，日後不得異（十六行）言翻悔。恐口無憑，立此信字合同存照行（十七行）。

憑各屯人：雷明光、何光明、袁春、張應甲、謝超一、何本春、何維藩、沈有才、褚品三、呂天壽、沈萬祥、胡秀（十八行）。

光緒叁拾肆年三月二十三日立，出信字合同文書人：胡玉、吳永林、何萬寶、沈榮光、聶萬全、賈應鵬、袁玉陳、鍾永安、程春元、袁奇、楊玉貴、何彬（十九行）。

代字人：郭明軒（二十行）。

【概述】碑存玉溪市紅塔區北城東營清真寺。碑為青石質，高173厘米，寬75厘米。碑頭陰刻"永遠遵守"4字。光緒三十四年（1908）立。碑文刊載了聶萬全修路打石致石渣填滿溝渠，導致東營村水患，後經官府調解，雙方和解并議定用水規章的告示。

【參考文獻】玉溪市檔案局，玉溪市檔案館.玉溪碑刻選集.昆明：雲南人民出版社，2009.3：60-61.

據《玉溪碑刻選集》錄文，參照拓片校勘。

南新河記 [1]

楊金和

從來闢土開疆，興利除患，其攸關於民生國計者，士君子靡不樂而為之。顧為之而不得遂所欲為，與為之而竟得遂所欲為。其間或廢或舉，雖視乎天心，亦憑乎人事。矧掘地導江，古帝其難。非有經天緯地之才，則不能創其始；非有倒海移山之力，則不能要其終。君子觀於漾弓之開闢，益信人力之可以補天工焉。鶴陽古名總部，漢晉以還，半為澤國。至

---

[1] 該碑內容與現存的《鶴陽開河碑記》所載大同小異，同為楊金和撰，同記開漾弓新河事，可作比照研究。

唐長慶初①，有聖僧贊陀崛②哆西來白國，行經九鼎諸山，橫覽漾弓南北一帶汪洋，土民環居山麓，雞鳴犬吠相聞，而疆畝寥寥，難于粒食。聖僧定中慧，照見海底寬平，儘可耕種，因而矢願開疆。自維道力未堅，於東山嵩窟面壁十年。乃擲尼珠於象眠③山之陰，頃間④通一百八孔，出東南而注金江。從此，水落地現，居民得以耕田而食，至今一千三百餘年矣。奈事以久而蠱壞。前明以來，諸洞日見淤塞，每當歲澇，水患疊興。我朝嘉慶丙子⑤，漾河漲發，淹損田廬，加以年穀不登，飢溺交警。幸遇麗江府馮公，憫赤子之顛連，籌請一萬白金，議開明河於尾閭峽⑥谷，即以工資代賑，誠一舉而兩善。惜乎後欸不繼，至令有初無終。自時厥後如清、姚二公，相繼搜疏水洞，亦可補救一時，然⑦終非久安之策。越二十餘年⑧，楊武愍軍務肅清，不忍八圖子民屢遭漂溺，乃屬其耆老大聲疾呼，經費一人籌捐，夫役地方承辦，尚其同舟共濟，以續馮公未了之心。自同治癸酉⑨興工，至光緒丙子⑩，已用三萬餘金，六十餘萬夫役。猥以奉詔入覲，致功未半而事中止，有心人莫不爲惋⑪惜。丁丑⑫之秋，黔南朱總戎膺簡命來鎮斯土，適值蛟川汜濫，波撼城之東門。朱公登陴四望，村墟汩歿，禾稼漂流，岌岌乎有桑田滄海之變，不禁目擊心傷，慨然以開河爲己任。會同邑侯周公申詳上憲，隨率水軍數百，民夫千餘，長驅漾水之濱，結盧華山之側，鎚巖鑿壁，石破天驚，放壩推沙，山鳴谷應。大磐轟立而爲柱，雙峯挾護而爲欄，掘開地澤千尋，奚啻五丁⑬之闢，直達金沙萬里，居然三峽之雄。先後五六年中，行見岸爲谷，而谷爲陵。後之覽者，將謂人力不至於此矣。夫安知是役也，朱公以一人之擔當，纘成馮、楊二公六十年來⑭未就之緒。既得郡⑮人士始終協力，左右贊襄，而冥冥中復應以連番大雨，俾得順水推沙，用力省而成功速。論者以爲祖師之法力所維，亦朱公之忠誠所格。迄今登西山而覽勝，見夫裏溝外洫，井井有條；南畝東郊，芃芃其麥。乃歎牟伽陀首闢渾⑯沌，朱楊兩軍門⑰再闢混沌，上下千百年間，食德服疇，幾忘其爲誰氏之力已。

---

① 唐長慶初：821 年。
② 《鶴慶碑刻輯錄》錄爲“崛”，據《鶴慶州志》應爲“嘔”。
③ 《鶴慶碑刻輯錄》多錄“眠”字。
④ 《鶴慶碑刻輯錄》錄爲“間”，據《鶴慶州志》應爲“開”。
⑤ 嘉慶丙子：嘉慶二十一年，即 1816 年。
⑥ 《鶴慶碑刻輯錄》錄爲“峽”，據《鶴慶州志》應爲“夾”。
⑦ 《鶴慶碑刻輯錄》多錄“然”字。
⑧ 《鶴慶碑刻輯錄》錄爲“年”，據《鶴慶州志》應爲“載”。
⑨ 同治癸酉：同治十二年，即 1873 年。
⑩ 光緒丙子：光緒二年，即 1876 年。
⑪ 《鶴慶碑刻輯錄》錄爲“惋”，據《鶴慶州志》應爲“腕”。
⑫ 丁丑：指光緒三年，歲次丁丑，即 1877 年。
⑬ 五丁：神話傳說中的五個力士。
⑭ 《鶴慶碑刻輯錄》多錄“來”字。
⑮ 《鶴慶碑刻輯錄》錄爲“郡”，據《鶴慶州志》應爲“都”。
⑯ 《鶴慶碑刻輯錄》錄爲“渾”，據《鶴慶州志》應爲“混”。
⑰ 軍門：明代有稱總督、巡撫爲軍門者，清代則爲提督或總兵加提督銜者的尊稱。

【概述】碑存鶴慶縣金墩鄉北溪村鎮江廟內。邑人楊金和撰，楊國柱書。碑文記載了漾弓河的歷史，及光緒年間時任鶴慶知州朱公體恤民情、整治水道之政績。

【參考文獻】張了，張錫祿.鶴慶碑刻輯錄.內部資料，2001.10：208-209；雲南省鶴慶縣志編纂委員會.鶴慶縣志.昆明：雲南人民出版社，1991.6：630；楊世鈺，趙寅松.大理叢書·方志篇（卷八）：（光緒）鶴慶州志.北京：民族出版社，2007.5：446.

據《鶴慶碑刻輯錄》錄文，參《鶴慶州志》（影印）校勘。

重修慶豐大閘並請碑敘

何鐘吉

從來創業難，守成也不易，古語不其然乎。如慶豐大閘①，創始於縣主沈公堂，厪念民生，詳懇上憲籌款，並飭田戶捐資，委武舉陳一隆總理監修，經營三載，金費萬餘兩。成功後，於嘉慶四年②若閘堤口迤外傾圮，約花三千餘金補葺全功。又於同治五年③左閘堤口柵塌，又費二千餘金重修完竣。但歷年久遠，筧洞石腳早已空虛，況地方變亂，兵燹頻繁，臨失於經理，是以不數年，大閘門外兩筧洞概行倒塌。如不及時重修，將來發墜，不惟民生衣食無着，即系國家課款攸關。幸前任黨公洞悉民隱，稟請上憲籌款在案，伏荷現任萬師情段撫學碑力調維，請准庫幣三千金，勸捐田戶三千金，重修堤腳閘口迤外，加修橋墩形豬嘴四腳，修高堤埂四尺，加寬堤埂一丈六尺，修長土埂九丈二尺，為一勞永逸之舉。尤荷憲恩厪注④鄭重工程札委⑤委員桂大令親臨，會同縣尊萬公督率地方紳士何鐘吉、邵鐘勳、唐昌典、陳訓芳總理兼修，分司其事。是役也，沾鴻恩於憲典，竭脂膏於閥閱⑥，司事之下乾惕，況癢閣敢怠荒。築基下底，務使工堅料實，俾長堤鞏盤石之安，杜漸防微，原期水足田豐，造五溝奕葉之福。斯不負上憲及萬公愛民之至意焉，可。

經修閘工邑南貢生何鐘吉恭撰並書

【概述】該碑應立於光緒年間，何鐘吉撰文并書丹。碑文記載光緒年間，慶豐大閘筧洞倒塌，牟定縣官民齊心協力捐資籌款，共同維修之事。

_____

① 據《牟定縣志》記載，清乾隆元年（1736）曾在牟定縣趙旗村建慶豐大閘，後因兵燹坍塌，先後於光緒六年（1880）、光緒二十年（1894）進行重修、維修。
② 嘉慶四年（1799 年）。
③ 同治五年（1866 年）。
④ 厪注：猶厪念。舊時書信中常用之。
⑤ 札委：舊時官府委派差使的公文。
⑥《牟定縣志》錄為"閥閣"，查《新華字典》無該詞，結合上下文意不通，疑誤，應為"閥閱"。閥閱：指有功勳的世家。

修濬嘉麗澤河口碑記

距州治東南十五里，曰嘉麗澤[①]，實受嵩明全境之水。水之滙而歸澤者，凡四十八溪。由澤尾而下迤三十餘里，出河口而流入尋甸界。澤周百餘里，環澤皆稻田，而民居五十三村錯焉。州界分九里，一廂惟邵甸里，遠於澤，餘皆資澤之利，而亦同其害。比年以來，河口澤尾皆壅於泥沙，而沿河居民又截河爲防，以便私圖。以故河身益壅，澤之水無所洩，每夏秋淫潦，溪流灌注，澤不能受，則汎濫而爲民田害。而報災免糧之請，歲以爲常，而催科亦累，州之人深患苦之。

丁酉[②]孟冬，賀邑侯來權州篆，既視事，問民疾苦甚殷，州之人復以水患告。侯親履之而信，乃大集州之耆俊規所以治之。且請於大吏，既得報，於是遴紳董專，責成賦工於民，計其近遠而第其重輕，通力合作。由河口沿流而上，分段程功，壅者開之，防者毀之。先暢其流，次疏其支，慮其或弛也。復請大吏嚴檄以諭，而委員專董其役。侯則間數日一親臨視而獎勵之。凡官之費，一出於官，不擾於民。民之費，一出於民，亦不以煩官。羣情踴躍，悅以忘勞，經始於戊戌[③]二月十六日，告成於三月杪。州人士不能忘侯惠，復請余文之碑。余以謂國家畀教養之權於司牧，而大吏層累以臨之民之利病，司牧不言，大吏不得而知也。知之矣，而所爲興除之者，則仍聽司牧者自爲之，而大吏特觀其能否以爲殿最，唐李習之有言，囊帛櫝金笑與秩，終今之司牧，其視民之利病如秦越人之肥瘠[④]也。嵩之民苦水患久矣，前乎此未嘗不以告司牧者，亦未嘗不爲之理，而水之患卒如故。今侯之舉，亦以民力除民患耳。而嵩之人獨眷眷乎不能忘者，漢申公所謂爲治不在多言，顧力行何如耳，若侯者，蓋深有味乎此言，而可免於習之之譏也。

夫是役也，計民工十二萬有奇，爲期四十餘日，而蕆事亦可謂不疾而速矣。抑余尤有慮者夫，創鉅則痛深，事難則氣餒。今日者，河流暢矣，繼自今，願州人士懲其鉅而思其難，力役者，毋恃成功而忘其苦，沿河村民目擊夫鉅且艱者，勿便私害公而輕爲截防，多樹木以固堤，勤刷沙以防壅。後之君子懲前毖後，常省察而激勵之。則今日之成功可久，而嵩之人不忘侯之惠者，亦與之俱永矣。

【概述】碑文記述光緒年間，州牧賀宗章采取疏壅防毀暢流等方法，鳩工12萬，歷時40余日，

---

① 嘉麗澤：據《明一統志·雲南府山川》記載："嘉利澤在嵩明州東南十五里，方圓百里，水灌民田，魚供民食，故名。"後人將"嘉利"改爲"嘉麗"。

② 丁酉：即光緒二十三年（1897）。

③ 戊戌：即光緒二十四年（1898）。

④《石屏縣志·校補本》錄爲"瘖"，據《民國石屏縣志》應爲"瘠"。

修浚嘉麗澤河口、造福桑梓的詳細經過。

【參考文獻】袁嘉穀纂修，孫官生校補．石屏縣志．北京：中國文史出版社，2012.9：763-764；鳳凰出版社等．中國地方志集成·雲南府縣志輯53：民國石屏縣志（三）．南京：鳳凰出版社，2009.3：196-198.

據《石屏縣志·校補本》錄文，參《民國石屏縣志》校勘。

建修龍溝河堤記

李良年

天下之水患，莫甚於黃河，中國之堤工，亦莫大於黃河。此外，支流別派，雖有疏浚堤防，似難與之潔長較短矣。而慶安堤則不然，光緒二十有七年[1]春，余蒞斯土，鹺政[2]暇，歷覽山川，見井前由南而北，有河曰龍川江，源出鎮南，由楚雄來，與井諸河匯焉，北過元謀，入金沙江。井後有龍溝河，發源於菖蒲潭，踞西山之巔，奔湍下出石門箐，由井北入龍川江約十里。平時涓涓細流，深不沒脛，以比龍江之水，殆十不及一也。然溪側累石為堤，高數十尺，厚十數層，長數十丈，睹之，以為溪小若此，何必重勞民力乃爾。井人曰：是河也，每當夏秋之際，或雨水驟集，或蛟氾為災，洪水橫流，水高井低，不減於黃河也。溯自開井迄今，時而修堤，時而疏浚，所費帑金，不知凡幾。河之廣狹雖不同，而屢為民害，則與黃河同。疑信參半，是歲夏五，適有蛟氾一事。時余因公在省，井署委員以蛟氾成災，具稟前來。據稱五月二十一日午未之交，雨傾盆，逾時不止，迨至申刻，洪水自龍溝河上游洶湧而下，所過之區，山谷俱震，以致決開石犀下河堤六十八丈，致淹塞龍泉井、新井，沖壞文廟、財神祠、學署等要地，及灶房、民房數十間，淹死人民數十丁口，湮沒牲畜無算。□□方尋至河之上游，有山名黃泥嘴，自山頂下裂數十丈，寬深丈許，蓋即蛟之所自出也。並據紳等懇請，轉稟詳查□，修復河堤在案。余當即稟懇委員查勘，旋返井會同委員葉倅樹勳、藍令榮疇、焦令鼎銘，並集紳灶耆民往復勘察，安置受災灶民，提修井眼、街道，一面將各祠署核實估計工程，另稟籌修。又復切實商訂堤工，始議請款九萬餘金，繼而□□慮難以照準。□後乃減為五排細石，前三後二，中用毛條石及鐵煉、石灰、膠泥等項，省至貳萬六千餘金。開□□□□通稟。旋蒙撫御院兼署督部堂李片奏。七月初八日奉旨："覽奏，殊堪恤惻，著督飭妥為賑撫。一面堵塞決口，免致停煎誤課，欽此欽遵。"由戶部咨滇轉行查照□□□□□兩作修堤費。諭令官紳匠役，出具切結，保固三十年。但在限內，遇有雨水蛟氾，堤岸坍塌，無論若□□□□□□□賠三賍貼。嗣經各灶紳等呈請，邀免蛟患賠修。復蒙批示，以後果遇蛟患，惟有山摧地陷，形跡可□□□□□□□

---

[1] 光緒二十七年：1901 年。

[2] 鹺政：鹽務，指經管有關食鹽的事務。

水漲，導致損河堤，仍勒令依限分賠在案。於是，由庫照數領銀，擇吉興工。監修委員則有兩□□□□□□二日開辦，至二十八年春正月，將岸腳浮松處所，一概掏深。照原議□修貳丈高堤岸，誠不足以□□□□□籌一變通之法，將堤岸上十層，減為前用二排細修，後用一排細修，下十層前後各用細修石一□□□□□修石數排之工，以彌補加高數層之費。詢謀僉同，一面上稟請詳，一面督工修砌。旋奉批駁，將原定□□□已成之工拆毀，一律照原案改修。井地灶紳，以堤岸為井口，民命所系，若不稟准加高，縱照案興修，亦終未□邀求。旋蒙委鄒寅臣太守，暨原勘監令，於九月先後到井復勘，逐段較量丈尺。有應加高二九層者，或六至五層者，高低牽算，約若應加三層半之數。其已修上段之三十四丈，井紳等公同邀免拆修，懇請於正岸外附案。鄒公據情通稟在案。批准時，監修王委員辭差，接委竹軒周君到井督工，以二十九年夏四月二十四，署任提舉李公良年驗收。稟請詳咨完結修堤事件，惟今堤加高三層半，及附加細石三排，並掏河各件，約共上憲撥款發給。井地被災之後各灶艱難萬狀，實屬□□□□□。念余涖此邦□父母斯民之□民之溺，由己水患。余曷忍復以重累害民耶？有欲為我上稟，請□□□謂□時帑項奇□，必因此而□□焉。非臣民所宜□十余願捐廉以資彌補。是役也，需款三萬六千八百三十五兩八錢五分一厘，其奉蕃祀另捐掏修河□□□有六月，計需細石一萬六千六百一十八塊，計八千三百零九兩。毛石□萬二千九百五□□□□□□□尺，鐵錠四萬零三百九十八，細石灰一十八萬一千三百三十斤，糯米一十一石九斗。撮□□□□□□□一段，上五段三十四丈，連附石三排，共二丈三尺，□□□三十四□，計□二丈，原□二十□□□□□□□半有餘，總計一千六百零十丈。噫！此堤純用石料□□□之，以上□□為□治之□□□□□□□□□□□下一段及沿河碎石沙泥，隨時修浚，務使河流順暢，水道疏通，□□人民□□□□□□

　　　　光緒三十一年[①] 仲春月　仲春[②] 宣統元年[③] 仲秋月　穀旦
　　　　卸署署理黑鹽井提舉□□□□□□井庠生□□□□□

　　【概述】碑存祿豐縣黑井鎮北龍溝河南岸。碑為砂岩石質，主碑書"慶安堤"3大字，左右副碑各碑高191厘米，寬67厘米。碑文直行楷書。清宣統元年（1909）立，黑井鹽課提舉李良年撰，井人楊壬林書丹。碑文記載光緒年間黑井暴雨成災，上游山崩，下游洪水毀堤，造成房屋倒坍，人員傷亡慘重，地方官員申報朝廷，奉旨修新堤的詳情。

　　【參考文獻】張方玉．楚雄歷代碑刻．昆明：雲南民族出版社，2005.10：421-423.

---

① 光緒三十一年：1905年。
② 仲春：疑重複應刪除。
③ 宣統元年：1909年。

小龍洞口放水石槽碑

欽加同知銜雲南府宜良縣正堂加三級紀錄六次記大功三次桂① 　　　爲（一行）

給示勒碑事。案據玉龍村士民李增華等（二行）稟稱：緣士民等與下伍營爭控水槽一案（三行），蒙恩親詣，勘得士民等村，石槽上深五（四行）寸四分，下深五寸七分，寬七寸三分；下五（五行）營石槽上深五寸三分，下深五寸四分，寬（六行）九寸二分。去後，蒙恩復訊，當堂斷令，兩（七行）村同放龍口之水，仍照舊分放，其石槽之（八行）深寬仍照舊，不准鑿動。倘有不遵舊規，准（九行）其稟究。下五營之餘水，斷令從今永遠與（十行）士民等村同其灌溉，不收水租。上滿下流（十一行），下五營不得擅放入河，士民等村亦不得（十二行）阻淹田苗。兩村士民等均已遵結在案，惟（十三行）有叩懇（十四行）仁恩垂鑒賞示，勒石遵守，以絕訟端而免（十五行）後累等情。據此，查此案前經兩造具控，斷（十六行）結在茲，據請示前來合行，給示遵守。為此（十七行），示仰該兩村紳民人等，一體遵照堂斷，勒（十八行）石立碑。所有應放水分，務須循照舊規分（二十行）放，互敦和好。以後勿再起釁爭訟。倘有違（二十一行）抗不遵者，許即指名稟究不貸。各宜凜遵（二十二行）勿違。特示（二十三行）。

右仰通知（二十四行）

宜統元年五月二十日，士民：李振熊、李景昌、李增華、李嶧、楊桂清、楊發楨、楊茂湖②、楊玉泉立，李蔭南書（二十五行）。

告示　　發玉龍村勒石曉諭（二十六行）

【概述】碑存宜良縣狗街鎮玉龍村土主寺前廂房。碑為青石質，高55厘米，寬76厘米，文26行，行4-27字。宜統元年（1909），楊桂清等立，李蔭南書。碑文記載宜良縣正堂關於玉龍村士民李增華等與下伍營爭控水槽一案的處理情況之告示。

【參考文獻】周恩福.宜良碑刻.昆明：雲南民族出版社，2006.12：12-13.

據《宜良碑刻》錄文，參拓片校勘。

小新村修溝放水碑誌

蓋聞：開江開河，乃上古之遺風；修道修溝，亦今人之所為。我村大麥地（一行）放

---

① 桂：據《宜良縣志·秩官志·清知縣》載："桂運炳，貴州舉人。（光緒）三十四年（1908）任。"
② 《宜良碑刻》錄為"湖"，據拓片應為"源"。

水之古溝，自古由歐家屋後面^①放出於大路溝。數年以來，山水充塞（二行），其歐家屋後之水難以流放。栽麥田者朱春、朱鎮、張得成等思得一計，特請（三行）齊村中紳耆，公仝酌議，鑲一過洞，其歐家屋後之溝水始出自大田焉（四行）。由大田而出於朱宗祠南首之山水溝，並與包趙氏、朱永義、朱永加、朱鄭氏讓（五行）田開溝。其讓溝之田共計大小六坵。包趙氏等情願將改溝之田永讓（六行）作公溝，日後讓田之子孫永不得異言翻悔。倘日後此溝若有遂修，讓（七行）改溝之田永不要出錢修溝。除此六坵之外，一經溝道阻塞，當即出錢攤（八行）修，倘有估抗不出者，公議勿容放水。其大田內李忠純、朱得信亦出功（九行）德，當全訂明。或遇放水，不拘借着何人之田渡水，亦可借放。在前讓田（十行）開溝，立有合仝，對^②神焚化。恐代遠年湮，因勒石以誌不忘云（十一行）。

其讓溝之田未受價銀。至小豆斷腰之時，放水須要小心，勿得混放，違者議罰（十二行）。

謹將修溝功德計開：

大麥地每工出功德花銀三毫五銖，麥地、梨園、黃泥田高處每工出功德銀二毫（十三行）。

一、讓溝人：包趙氏、朱鄭氏、朱永義、朱永加。

憑中：李恒、張能、丁法、丁厚、朱履坤、朱得新、包長進、李忠純、朱永盛、朱永柱、朱瓊林、朱寶林（十四行）。

宣統元年二月初三日　　　大麥地一帶　　　修溝碑誌（十五行）

【概述】碑存通海縣楊廣鎮小新村三聖宮內。碑為青石質，高83厘米，寬45厘米，額上鐫刻"源遠流長"4字。宣統元年（1909）立石。碑文記述宣統年間，小新村村民包趙氏、朱永義等，自願將私田讓出作為修溝放水的公溝，以資灌溉田畝并勒石為憑的義舉。

【參考文獻】通海縣人民政府.通海歷代碑刻集.昆明：雲南美術出版社，2014.5：212.

據《通海歷代碑刻集》錄文，參拓片校勘，行數為新增。

修濬蜻蛉河工記

甘孟賢

上有大澤，必遞推而後及下。直省之督撫，宣上德而布之有司者也；州縣之牧令，承所布而致之民^③也。牧令親民，然不能事事而躬之，人人而語之，必邦人士之留心民瘼，熟

---

① 《通海歷代碑刻集》錄為"面"，據拓片應為"而"。
② 《通海歷代碑刻集》錄為"對"，據拓片應為"兌"。
③ 《楚雄彝族自治州舊方志全書·姚安卷》漏錄"者"字。

知利病者，相助爲理。斯上德下究而無屯膏之虞。光緒丙午①，滇中大旱。我德宗景皇帝軫念民瘼，賞賑銀貳拾萬兩。吾姚災劇，例得銀叁千兩，尋以秋熟罷賑。前州侯、上元李侯少懷，請以此銀存庫，爲異日修訂②復溯之資。今上御極之元年己酉，州大水。州侯黃公符階，以災聞，得賑銀陸百兩。計災區太多，不能普及，請合前存之銀，修濬蜻蛉一河。適制府李公仲宣節鉞蒞滇，惓惓以養民爲急，飭如所請。

既得命，我侯進士民而詔之曰："今新政，講求自治，聚邦之秀良而肄習之，務在官民一心相與，宣上德而逮下。蜻蛉河堙塞久矣，爾州人宜極③思自治之義，毋規避，毋自利，廣播皇仁，周於蔀屋，吾將視其勤惰而賞罰之。"州人聞命，躍然悚然。遂以庚戌正月十日興工，二月晦畢。是役也，相度河勢，起大石溯，迄萬川橋，凡陸仟捌佰零玖丈，分段興修，注重在幹河也。添濬貳段，一紫雲巖，訖④大石溯凡一千九百丈，濬其源也。一則中路支河，凡二千三百丈，以其西北衆流之所歸，濬而深之，所以殺幹河之勢也。河分大段，段設總督工員一人或二人。大段中又分二百丈爲一小段，則有督修員、監工員，遞相節制，如身使臂，如臂使指，其事易舉也。設會議局於文昌宮，會計有員，文冊有員，稽工有員，密查有員，事有分任，責無旁貸也。在河諸員，風日沙泥，奔走巡視，日給食費錢八十枚或六十枚，以枵腹不能集事也。在局諸員，設有飯食，不受一錢，以事屬公益，無受錢之義也。徵召民夫，一丁應役四日，紳民一體，示均也。每伏日給食費足錢三十枚，力杜侵蝕之弊，勞其力，必恤其身也。貧者應役，富者以錢募之。計公私所給，日得錢八九十枚，則有濟於貧民也。沿河建平水閘四區，杜爭也。工役將竣，設農官，置莊田，爲歲修計，免後此勞民動衆也。繼自今春霖可通，秋霖得洩，向之憂旱憂潦者，庶有瘳乎！論者以此銀發賑，利在一時。以此銀濬河，利在數世。所以宣暢皇仁，恩周蔀屋者，於是乎在，是固然矣。考之州乘，蛉河工役，凡三見：一見於道光五年，二見於道光二十五年，三見於光緒五年。自起工以至畢役，或百有六十日，或百有二十日。其最速者，向推南豐吳公子誠、道光二⑤五年之役，以九十日完竣。而今日萬丈之役，竟以五十日蕆事，蓋誠感宵旰之憂勞，制府之勤恤，我侯之敦勉。又值新政初頒，人思自治，故其工役之神速完善，一至於此。草莽小臣甘孟賢，鼓腹林下，仰瞻帝力，謹筆記其事。北面再拜，稽首作頌曰：

惟皇承運，監臨九有。滇雖極邊，敷澤罔後。遍⑥災上告，聖心憂勞。迺命疆臣，大沛甘膏。宜發帑金，活我赤子，勿聽流離，溝壑轉死。蕞爾姚地，聖澤所周，朝命甫下，穀熟孟秋。有臣金鼇，請興水利；有臣玉方，請申前議，願以賑金，濬茲蛉河。姚人聞命，踴躍歡歌，謂我聖皇，恩流下土。利我農田，溉我蔬圃。負畚持鍤，罔敢不恪。千夫共趨，萬手齊作，掘其壅塞，刮其泥沙，洪流暢達，旱潦無嗟。遐荒稽首，聖德如天，被我姚民，於萬斯年。

---

① 光緒丙午：即光緒三十二年（1906）。
② 《楚雄彝族自治州舊方志全書·姚安卷》錄爲"訂"，據《民國·姚安縣志》應爲"河"。
③ 《楚雄彝族自治州舊方志全書·姚安卷》錄爲"極"，據《民國·姚安縣志》應爲"亟"。
④ 《楚雄彝族自治州舊方志全書·姚安卷》錄爲"訖"，據《民國·姚安縣志》應爲"迄"。
⑤ 《楚雄彝族自治州舊方志全書·姚安卷》漏錄"十"字。
⑥ 《楚雄彝族自治州舊方志全書·姚安卷》錄爲"遍"，據《民國·姚安縣志》應爲"偏"。

【概述】宣統二年（1910）立，甘孟賢撰文。碑文記載宣統年間姚安官民共同修浚蜻蛉河工程之詳細經過。

【參考文獻】楊成彪．楚雄彝族自治州舊方志全書·姚安卷（下）．昆明：雲南人民出版社，2005.7：1978-1980；林超民等．西南稀見方誌文獻·第27卷：民國·姚安縣志（下）．蘭州：蘭州大學出版社，2003.8：515-517.

據《楚雄彝族自治州舊方志全書·姚安卷》錄文，參《民國·姚安縣志》校勘。

東晋湖記

韓 棨

客有經東晋湖者，顧余而言曰："東湖以景之勝重乎，抑以利之溥重乎？"余曰："在利不在景。凡天地之生成，山川之發毓，一澤一浸有裨於民生者，靡不祥[1]載輿圖，著其美利，夏書《禹貢》言滎波既豬，又曰九澤既陂，《周禮·職方》言九州之川浸，《爾雅·釋地》紀十藪之嘉名，胥是道也，何獨於東湖而疑[2]之夫。"東湖名義未詳，或曰晋，進也，水漸進而不已也。或曰晋，洊也，水漸至而習坎也，然姑弗深考。湖周十餘里。相傳中有九首龍，故出泉不一，其屬滙障汪洋，澄澄無翳；環湖內外，為田數百頃，咸資灌溉，冬不涸，夏不溢，旱不乾，潦不潰，其利與羅江埒。湖口設閘，登穀後閉，以蓄水，刈麥後啓，以洩水。屆期有司刑牲致祭，報其功也。隄畔多植桃，當春和景明，花紅夾岸，與萬頃晴波掩，相[3]映於青山綠樹間，昔人題為"東湖錦浪"，游賞者攜尊題詠，曲水流觴[4]，如蘭亭脩禊[5]故事，是誠景之勝也。顧遺莫大之利而以景求之，隘矣。景有四時，而徒以春當之，抑又隘矣。杭有西湖，四時佳景，不可勝收。六朝以來，以其美比西子，論殊太過，蘇子瞻守杭，勤政暇不眈逸樂於湖中，取葑田[6]壘石為隄以便民，時號"蘇公隄"。迄今享其利者，稱道弗衰。茲湖田不出於葑，而利倍於葑，誠使守土者師長公遺意，溯源導委，因湖之故地拓而廣之，疏而淪[7]之，復飭附近居民，時其啓閉，曲防者有儆焉，美利溥於無疆，休聲垂於不替，則

---

① 《鳳儀誌》錄為"祥"，據《趙州志》應為"詳"。

② 《鳳儀誌》錄為"疑"，據《趙州志》應為"提"。

③ 《鳳儀誌》多錄"相"字。

④ 流觴：古人每逢農曆三月上巳日，於彎曲的水渠旁集會，在上游放置酒杯，杯隨水流，流到誰面前，誰就取杯把酒喝下，叫做流觴。

⑤ 脩禊：古代民俗於農曆三月上旬的巳日（三國魏以後始固定為三月初三）到水邊嬉戲，以祓除不祥，稱為修禊。

⑥ 葑田：湖澤中葑菱積聚處，年久腐化變為泥土，水涸成田，是謂"葑田"。

⑦ 《鳳儀誌》錄為"淪"，據《趙州志》應為"瀹"。

東湖之在趙^①，視西湖之杭，景雖遜之，利實同之。後之經茲湖者，睹春桃之萬樹，比於甘棠，眎德水之一亭^②，儷於蘇偃^③，不更足多乎哉，因為記之。

【概述】碑存大理市鳳儀鎮。清代舉人韓桼撰文。碑文以散文體的形式記叙了東晉湖塘的面積、灌溉規定、修築堤埂等基本情況，飽含了作者對該湖惠澤黎民的頌揚之情。

【參考文獻】鳳儀誌編纂員會.鳳儀誌.昆明：雲南大學出版社，1996.10：568-569；（清）陳釗鏜修，李其馨等纂.趙州志（全二冊·影印）.臺北：成文出版社，1975.1：584-586.

據《鳳儀誌》錄文，參《趙州志》校勘。

兩河志

何其俠

屏治週四里，一石盤結而成其上。北枕三台，隆崗^④傑出，南望鍾秀、玉屏諸山，如幃帳列戟，東南環以異湖。又東北二十里，則建水之煥泮諸山，蒼藹拔出於湖東南之上。其東南繞湖之山，稍下於煥山；而視煥山之在其上者，如羣老之排闥，而請謁焉。西三十里，則秀山、柴嶺橫峙其上，秀湖之水自西匝於城北，東注於異湖。又東出於海門。北百二十里則爲曲江，南東西^⑤百五十里，元江界焉。二江東注屏之南北，山水納於二江者，則州之兩河，逆之又自東而西合，流而南注於元江。實畛町之上遊，滇以南之奥區也。

北河起少沖之陰，石坎之右腋也，左右二里，合諸澗之淤，北走爲澗。二里東，滙夏家莊之右澗，又二里而北，流於路鬼格^⑥；十里而^⑦入於河頭叠作^⑧之水入焉。水經石洞，洞朗然可坐百夫，山翁^⑨蔚多熊獮^⑩。三里而東，會於牛期旦之水。三里又東，納石坎之水，流旋如磨而西趨於灣子寨，河流潏邃，皆高瀉瀨鳴土田火耨焉。灣子之南，斷壁幽藤，經涯子截河而仰。取道叠作，諸蠻出剽之一途也。河又三里，而入於腊左寨，北滙新河而入於阿泥寨。故寨臨河，今徙於山北之麓矣。又五里，西出於阿烏寨南，吞長嶺之水，南北之

①趙：趙州，今大理市鳳儀鎮。
②《鳳儀誌》錄為"亭"，據《趙州志》應為"淳"。
③《鳳儀誌》錄為"偃"，據《趙州志》應為"隄"。
④《石屏縣志》錄為"崗"，據《石屏州志》應為"岡"。下同。
⑤《石屏縣志》錄為"東西"，據《石屏州志》應為"北"。
⑥路鬼格：今石屏縣龍朋鎮魯土格。
⑦《石屏縣志》漏錄"西"字。
⑧叠作：今龍朋之抵左。
⑨《石屏縣志》錄為"翁"，據《石屏州志》應為"荔"。
⑩《石屏縣志》錄為"獮"，據《石屏州志》應為"獮"。

山互河爲折，而少東幷杉木之箐水，復西流三里，而至於常①德寨。折河者，龍朋道之所由經也。產鰷類，小鰽朱尾，而廣頯居人，淘石得焉，河以西，咸有之。又五里，並長德之濚，而西奔於大田畝②，仰箐山出，亦龍朋之西道也。五里入於乙白勒。四里達馬鞍山、六谷沖③之水出焉。山當谷口，中坦而前後銳似鞍形也。又西入於磨鴻沖，五里而三岔之水入焉。三岔河者，龍朋諸水會而入流也，發於巴阿④疊作東，至河頭關嶺，緣龍朋之土城、木瓜車、下甸尾，六十里而入於谷。谷磴有洞，去水百尺，磴腰可徑而入，土官龍世榮嘗結宇其內。當滇土擾亂，黔國公天波死緬甸，天波子忠顯，世榮匿置洞中。忠顯，世榮女贅也，生子神保。後土司叛，欲以爲主。事敗送京師。今庖榻厨厠，宛然在也。

自洞谷行二十里，阿夏隴之水滙於三岔東入於河。河又西出衛家沖之彝雜⑤抹，⑥故冶鐵處也。入谷如入甕然，又五里而阿夏隴之水出焉。西出於偎河磨古寨，兩山夾其洩口，嵬窮惡立，若呵之遏其流。東則白得、團山之水出焉，西入於橋頭，土田之沃壤甲於他所。西則昌明之水入焉，水奔出石間，春⑦雪怒流，土人謂之雄河。凡聲陽也，澎湃震谷，謂之雄宜焉。河又攜其雄而達撒坡墹賽⑧，十里入於白得，南北山間之積漸底澤漭灢⑨咸怒，而趨於河，二十里，入於小魯奎之下季母白。坡頭甸之水出焉，兩岩壁立，河不怒而默流，小魯奎若崒崔⑩千仞，多亂石，茂松楸⑪，四起中陷，潀潭千丈，近潭竦然。土人謂有神駒其中，震電或見之。河又五里，出於大魯奎，扒泥⑫之水出焉。水倍於北河，其源出新平之樂里鄉，山石壁立，有河曲巨鱗居之。居民入窟捕鯉，窟橫徑二丈，縱不知其修。值巨魚，以手捫之，山動洞隘，不能回旋，其人驚遁，幾爲若唊云。予至其處，人告之如此，眞妄未之審也。

河又西而南，過龜樞十里，至撮科鹽沖，倘垻之水出焉，達於張林。又二十里，而泡竹之水並其黑石之水而西入於河。產鹵，撮科居人湤河涸，甕汲而煮焉。河隘，則鹵沒矣。河又十里，而至小河底。又十里而蘆柴溝水西入於河。又十里而大小哨之水東注於河，產鱉，多竹箭，河亦⑬折而少東。又二十里，北岩之水出其南，阿溪諸水出其北。二水南北相望而

---

① 《石屏縣志》錄爲"常"，據《石屏州志》應爲"長"。
② 《石屏縣志》錄爲"畝"，據《石屏州志》應爲"母"。
③ 《石屏縣志》多錄"沖"字。
④ 巴阿：今龍朋之巴窩。
⑤ 《石屏縣志》錄爲"雜"，據《石屏州志》應爲"朶"。
⑥ 《石屏縣志》漏錄"朶抹"2字。
⑦ 《石屏縣志》錄爲"春"，據《石屏州志》應爲"春"。
⑧ 墹賽：今名漫傘。
⑨ 《石屏縣志》錄爲"灢"，據《石屏州志》應爲"瀁"。
⑩ 《石屏縣志》錄爲"崒崔"，據《石屏州志》應爲"崔崒"。
⑪ 《石屏縣志》錄爲"楸"，據《石屏州志》應爲"楸"。
⑫ 《石屏縣志》錄爲"尼"，據《石屏州志》應爲"泥"。
⑬ 《石屏縣志》漏錄"西"字。

下哈糯[①]以注於河。哈糯者，往順治己亥[②]元江那氏作叛[③]，平西吳三桂之掩師所由濟河而上也。河又十里，而東滙於南河以南河[④]入於江。

　　南河者，五郎溝之總號也，不知其得郎之謂。其源東出於暖耳山，而附於山南之北者，源有五焉：一出於假巴，一發於三家，一發於淤沖，一發於白龍潭，合暖耳，則五河也。五河異派而皆會於雞街。自暖耳而西注於他克母。又出於者那，假巴之水入焉，河五並而四矣。由假巴五里而出方卷[⑤]槽沖，崇山斷立，多蛇蛤。又五里而出於牛屎寨[⑥]，三家之水入焉，河四並而三矣。又五里而出於舍母糯，崇崗之箐瀏多入之。產飛鼠，類小犬，飛樹梢[⑦]而啖松實；多獐。[⑧]又西出於舊寨，五里，車家城，城一斗大耳，車故龍氏兵目脅，其民而築之者，產橘柑。又三里而出磨扇結[⑨]，二里而出雞街，乾沖之水出焉。乾沖者，即溫湯之河，上並白龍潭之水而下，則五河自此而一矣。

　　乾沖北嶺，即異龍湖之白浪也。水南奔十里而至於黃沙有廠焉，石金星而火色。又五里而至熱水塘，水可熟雞子；春時人爭浴之，以爲可療[⑩]疾也。池左有石洞，竅上而虛中，中有積石，浴人求子者意禱之，納手其中以探石，得石而別男女。此猶夷教之尚鬼，而好怪者。河又三里，而響水洞之水出焉。泉發玉屏之右腋山陰，暗少人至者。水出於大寨，合冠子之澗水，而入於雙箐。奔響泉懸瀑百尺，有灘，勦黑土人言：水怪伏其中，狀如小豬[⑪]然者。河又二里，而至於溫湯之河，走亂石三里而至於雞街。此五河之所并也。

　　又二[⑫]里，而至於糯五，經胖別砦，過正陰砦，下紅牙齒；又十里，而至普通。又五里，而達於金竹林。河岩二里，有蝦洞。居人以網[⑬]置其口，蝦緣河入其[⑭]洞，得之。蝦朱色，長鬚，身可六寸，非河所能產。或由南海溯[⑮]流尋江而上者；然獨見於此洞，豈水之氣召之來[⑯]耶？

　　南河又十里，而大會於北河，以南入於江。南河之派，雖五計，其流自屏治東南，而西至於西南，纔五六十里，源短而勢下。北河數倍於南河，自屏治之東北，而旋至於西南，吞吐攜並者二[⑰]百餘里，其勢最高而漸下。然兩河南北各去治三四十里，西去百里，環而逆

① 哈糯：今石屏縣寶秀鎮海糯。
② 順治己亥：即順治十六年（1659）。
③ 那氏作叛：指元江土司那松當年反清復明。
④ 《石屏縣志》多錄"河"字。
⑤ 《石屏縣志》錄為"方卷"，據《石屏州志》應為"於捲"。
⑥ 牛屎寨：今改名文化村。
⑦ 《石屏縣志》錄為"梢"，據《石屏州志》應為"稍"。
⑧ 《石屏縣志》漏錄"河"字。
⑨ 磨扇結：今名莫舍井。
⑩ 《石屏縣志》錄為"療"，據《石屏州志》應為"瘳"。
⑪ 《石屏縣志》錄為"豬"，據《石屏州志》應為"犯"。
⑫ 《石屏縣志》漏錄"十"字。
⑬ 《石屏縣志》錄為"網"，據《石屏州 志》應為"罾"。
⑭ 《石屏縣志》多錄"其"字。
⑮ 《石屏縣志》錄為"溯"，據《石屏州志》應為"沂"。
⑯ 《石屏縣志》多錄"來"字。
⑰ 《石屏縣志》錄為"二"，據《石屏州志》應為"三"。

流於外，如磨之有槽，然而皆合於西南以入於江。

洞虛子曰：余聞此兩河之入江也，其實甚怪。嘗偕友人戴德三往觀之，見水割[1]山石而下者，瀑湍奔放，[2]礫石有撼峯扳嶽之勢；瀑鳴岩動，則蛟舞龍泣，雲飛雪走，雷聲而地折，使人驚神駭目而摧心者，五六十里。自今思之，魂夢渺然，猶冀其一觀，惜當日之駭焉！不終日而卽去也。

【概述】該文詳細介紹了石屏州南、北兩河的流域面積、幹支流狀況、河道狀況、地勢起伏情況等。其中，南河自屏治東南向西流至西南，約五六十里，源短而勢下；北河數倍於南河，自屏治東北蜿蜒流至西南，吞吐攜并者三百餘里，其勢最高而漸下。然而，皆合於西南以入於江。

【參考文獻】雲南省石屏縣志編纂委員會．石屏縣志．昆明：雲南人民出版社，1990.10：820-822；（清）管學宣．石屏州志．臺北：成文出版社，1969.1：193-195.

據《石屏縣志》錄文，參《石屏州志》校勘。

丫口石缸五言六韻[3]

徐　價

喘氣登丫口，坡高眾口乾。

瓊缸盈此水，金石借他山。

九折一肩苦，三岔萬嗓安。

盡非夏日飲，正是渴時甘。

人上瑤池岸，仙承玉露盤。

求雖無弗與，至是敢云然。

【概述】碑文簡要地歌頌了舊時村中義士出資於丫口處興建石缸，并雇工擔水以供路客解渴的善舉。該詩由地方文士徐價作，刻於石缸之上。

【參考文獻】元江哈尼族彝族傣族自治縣交通局．元江哈尼族彝族傣族自治縣交通志．昆明：雲南大學出版社，1991.6：210.

---

① 《石屏縣志》錄為"割"，據《石屏州志》應為"劃"。
② 《石屏縣志》漏錄"怒波"2字。
③ 丫口：位於元江縣洼垤鄉邑慈碑村東高坡十字路間，故名。舊時，元江木船載運貨物至南巴沖、普漂等渡口，須以人背馬馱轉運東鄉。行人身負重物從低海拔渡口行至高海拔高山，口干舌燥之苦不言而喻，而沿途離村太遠，遠水難解近渴。時有邑慈碑村人黃國太、馬常泰、徐靜真（13歲佛教徒）出資興建石缸，雇工擔水以供路客解渴，并有地方文士徐價作《丫口石缸五言六韻》碑刻，立於石缸之上。

重濬蒙自學海碑

李 焜①

　　學海者，古南湖也，在城之南，縱廣數里，匯潦潢而成澤，灌莽蕉穢，澉漏沮洳，故曰草陂，曰草湖。明初，漢人漸積，開屯立學。陂盈為湖，湖盈稱海，海堰為泮。郡守錢邦俌、別駕胡文顯行縣，賞其風水，令其開泮池之積土，壘為三山，取海上三神山意。故蒙自有三山毓秀之景，文風大起，士子舉鄉會者漸多。嘉靖壬子②冬，岳憲蔣虹衆請於撫軍鮑思菴，直指黃西野，檄郡守章士元，舉其佐周崧與百夫長王昌引灑雞泉、生三呂泉入法果泉東，匯落龍洞水以入泮池，謂之四水瀠祥。於是，學海浸愈巨。萬歷十年，學海告涸，民艱水食，蓋其脈與城郭內外井泉相通，海竭則井枯。縣丞車輅與教諭張四端、訓導譚應兆，請於上官，復修濬之。三十五年，邑令吾楚王邀引白謙泉，破嶺三重鑿水渠，由東山至尹家莊而繞三山之南，以學海為壑。乾隆中，前令王君、汪君繼修濬之，迨今三十餘年，海身漸淤，海邊無防，不能大畜。洪波乘勢決入大屯，水歉之年，海乾井竭，城野交病，且水出東西二方，兩口交爭大於交風有碍。五十四年，余來攝令於斯，兼領文山事軍興旁午日不暇給，荒度土功能無驚動。然伏念師興而雨感召有由，代賑以工行權之昔，因捐廉俸七百金，深濬數澤。紳士庶民無不樂助。查此海坐亥向巳，衹宜出水丁方，必須放水，有水乃於文風有裨，爰高築隄堰以衛汎泉，以資水食。更於丁方獨開一口，以通坎艮之氣。

　　上臺聞而嘉焉且為碑記其事，以垂永久。余竊以蒙自雖邊庭僻邑，元明來學海一開人才競起，以至於今，前明登進士者九人，舉鄉榜者三十餘人，內官則至都諫、僉都，外官則至運使、糸政、布政。

　　本朝，滇南鄉試解額五十六名，雍正壬子③一科蒙自獲售八人。現今，名標藝苑仕歷臺閣，雖內地大縣無以過之，可不謂科第之成乎。前之賢士大夫既興為開，後應興為繼。此余所以不敢自諉，幸已告成功，因序。此海為文風之所由興，以期諸人士共勉，於無既云。

【概述】碑文詳細記述了明初起至清朝年間，歷朝為官者對蒙自學海（南湖）的修治情況。
【參考文獻】（清）李焜．蒙自縣志（全）．臺北：成文出版社，1967.9：140-141.

---

① 李焜：昆明人，康熙戊子（1708）舉人，任烏蒙教授。雍正八年（1730），祿逆作亂，死于學宮。
（張秀芬、王珏、李春龍等點校：《新纂雲南通志·九》，4頁，昆明，雲南人民出版社，2007）
② 嘉靖壬子：即嘉靖三十一年（1552）。
③ 雍正壬子：即雍正十年（1732）。

金山保護水源告示碑

吳烈里、啟良存、仁秉義、陶禮四村紳耆等，當同酌定護山章程。開刻於左：

一、我等護山，現有縣主朱大老爺所給山照可憑。

一、出水阱東首松坡上東至岩，南西北三至阱，此四至內有關水源永不許以作陰宅。雖有楊姓陰宅，當年耆民和毛義等恐涸水源控告，縣主容通不容葬等語，具結會經在案。

一、李姓陰宅捐功德錢伍拾捌仟文，趙姓陰宅捐功德乙拾陸仟文，現經出與□內任地不任樹之憑據。

一、本地人陰宅在護山內者，只得任地不得任樹。□□山內，此後不許義送與別人作陰宅。

（上缺）紳士和用禮、段復昌。耆民（下缺）

【概述】碑存於麗江市古城區金山東山廟內，碑為沙石質，額刻"永垂不朽"4字，碑面右側兩端均有缺損。碑文楷體陰刻。碑文刊載當地四村紳耆為保護水源而共同議定的護山章程。

【參考文獻】楊林軍.麗江歷代碑刻輯錄與研究.昆明：雲南民族出版社，2011.7：232-233.

西龍潭三角塘石橋前石刻

此山幡其龍而名為崗，峭石淩空生，左木蔭翳，湧泉竟流，清濁異源夏不署[①]而冬不涸，幽而奇，天然佳境也。志者仁者，濯纓洗足何爾為之，矢引[②]審吾邑之城西，村落磷次，田疇萬頃，咸仰給是泉灌，沉為民食天利賴無窮，豈特為遊觀之所已哉。

鏡澈眾壺，幽潭寒玉，倉浪泉源。

壬午冬至前一日，周競喱野野樵識

【概述】碑文寥寥數語道明澂江縣西龍潭為當地民眾重要水源之事。

【參考文獻】澂江縣水利電力局.澂江縣水利電力志.內部資料，1989.10：264.

---

① 署：疑誤，應為"暑"。

② 矢引：疑誤，應為"剡"。

芭蕉龍潭序

王序端

　　壬子之夏，鄧境乏雨，祈禱無應也。司牧者憂之，因檢州志，知大樓橋村有濟旱龍神焉！於六月六日，訪至其地，見潭畔松杉廿餘株，亭亭蔽日，周圍環生芭蕉，可二畝許，卽俗所稱美人蕉者。其上有小阜，層石疊磴，寒泉細流。下有一潭，不甚深濶，村民之飲啄①、灌溉咸取給於斯，斯殆神所憑依者矣！不知何年，何官祈雨輒應，遂以芭蕉得名。而芭蕉深碧叢生若林，不假人力修培，長此護衛潭畔，靈應豈虛語哉！序以禱意告陳民艱苦，過期不雨將成涸鮒。次日，臨潭取水，果於酉刻陰雲四合，雷雨大作，傾盆之勢直至次日卯末辰初。是歲，農歌大有偕邀神惠也！

　　序，旣覘靈異，恐後之司牧者，時值亢旱無從爲民請命，指其地曰：大樓橋村，有龍潭在焉，可以祈雨。並爲記，泐石於其地。

　　【概述】碑文記述洱源縣鄧川境內大樓橋村芭蕉龍潭得名的緣由，以及亢旱時期地方官員爲民祈雨之事。

　　【參考文獻】（清）侯允欽．鄧川州志（全）．臺北：成文出版社，1968.12：171.

海口龍瑞兩見碑

李從綱

　　從來彌綸參贊，建樹非常。天徵其瑞，地效其靈，故大禹治水成功②，神龜③出洛，千古昭垂。滇自周楚莊蹻畧地而後，迄漢唐元明，歷代文教武勳，亮工熙績，史冊所傳，未有盛於我少保公，鄂大公祖大人者也。公節度三省，燮調元化，開拓疆域，平定蠻獠④，改設

---

① 飲啄：本意爲飲水啄食，引申爲吃喝，生活。語出《莊子·養生主》："澤雉十步一啄，百步一飲，不蘄畜乎樊中。"
② 《海口鎮志》錄爲"成功"，據《昆陽州志》應爲"功成"。
③ 《海口鎮志》錄爲"龜"，據《昆陽州志》應爲"功"。
④ 蠻獠：舊時對西南方少數民族的蔑稱。

郡邑，增立學校，鑿山濬川，通舟便賈，舉凡體國經野[1]，嘉謨嘉猷[2]，難以校[3]述。蓋公平生才華學識，事業經綸，爲天下名臣第一。更念政在養民，養民惟土。滇之膏腴植墳，奪於滇池浸沒者半，滇池[4]之水患不除，則滇之沃壤不出。滇源廣末狹，勢若倒流，海口爲宣洩咽喉。歷來修治，不過築壩障水，於清水諸閘挖[5]剔壅塞。即多方區畫，亦止深濬豹山之下。至牛舌洲橫於前，石龍硤梗於後，千百年無有人見及此者。公仰體皇上爲國爲民，萬里澄清，至意相度形勢，悉得要領，卓然並[6]謀，鑿牛舌[7]洲，疏石龍之硤，他灘礙者，亦盡去之。不惜資幣，興工大修，爲一勞永逸計。自此百川奔流，四濱坌積，墾田萬頃，煙樹千家。面環海桑麻，熙熙然，羣歌沃壤，裕國足民，莫此爲甚。斯舉也，功在一時，利在萬世，德施之溥，洵[8]大人龍德哉。斯[9]時撫軍公沈念切民膜，與有同心；藩憲張，制用持衡，克明克慎；臬憲常、鹽憲馮、永昌道憲賈，諮詢僉協；糧憲黃，數臨河借箸，祠神勞工，聿昭誠懇；本府袁、曲靖府終，紆籌周至；清軍府臧，總理攸宜；父母官劉，實心實力，爲地主，內外倍勞；竝前署州徐、候補羅平趙、昆明縣吳、晉寧州鄒、呈貢縣殷，各殫乃職，兢兢處命於時庶民子求[10]，休嘉北[11]慶。今歲[12]庚戌孟春二十[13]二日白龍一見，仲春望再見。俱起自河北鳳凰山，旋昇於海門龍馬山之巔，頭角巍然，鱗甲璀爛[14]，崢嶸而夭矯，磅礴而蜿蜒，全身畢露，雖雷雨中，祥光四射，一海如銀，官民睹者，踴躍歡欣，咸頌我公豐功厚德之感召也。如此瑞應，昌利見之期，著明良之盛。而重熙累洽[15]，亦於斯見乎，誠曠古罕見[16]者矣。顧龍何以獨白，意者滇流獨西，海之口西入於位爲兌，於色爲白。詩曰：西有長庚[17]，庚金體也，龍殆庚星[18]精，居得其正，故其白純粹，有莫能緇，莫能京者。況長庚後於日，所以續日之長。龍之見也，實爲公壽國壽世，以壽斯民之明驗也哉。夫大禹治水，神龜[19]。我公治水，神龍見滇，

---

① 體國經野：把都城劃分爲若干區域，由官宦貴族分別居住或讓奴隸平民耕作。泛指治理國家。

② 嘉謨嘉猷：嘉謨：高明的經過謀略；嘉猷：治國的好規劃。

③ 《海口鎮志》錄爲"校"，據《昆陽州志》應爲"枚"。枚述：逐一叙述。

④ 《海口鎮志》多錄"池"字。

⑤ 《海口鎮志》錄爲"挖"，據《昆陽州志》應爲"摻"。摻剔：摻尋，尋找。

⑥ 《海口鎮志》錄爲"並"，據《昆陽州志》應爲"胠"。

⑦ 《海口鎮志》漏錄"之"字。

⑧ 《海口鎮志》錄爲"洵"，據《昆陽州志》應爲"洵"。

⑨ 《海口鎮志》多錄"斯"字。

⑩ 《海口鎮志》錄爲"求"，據《昆陽州志》應爲"來"。

⑪ 《海口鎮志》錄爲"北"，據《昆陽州志》應爲"兆"。

⑫ 《海口鎮志》多錄"歲"字。

⑬ 《海口鎮志》錄爲"二十"，據《昆陽州志》原爲"廿"。

⑭ 《海口鎮志》錄爲"爛"，據《昆陽州志》應爲"璨"。

⑮ 重熙累洽：指國家接連幾代太平安樂。重熙：舊時用以稱頌君主累世聖明。累洽：謂太平相承。

⑯ 《海口鎮志》錄爲"見"，據《昆陽州志》應爲"覯"。

⑰ 長庚：中國古代指黃昏時出現在西方天空的金星，東有啓明，西有長庚。

⑱ 《海口鎮志》漏錄"之"字。

⑲ 《海口鎮志》漏錄"出治"2字。

是神龍之顯靈於滇,猶神龜之負書於洛,其功德直可比靈斯①於禹矣。公齂齂②昇平,勳庸懋著,允愜宸衷,前有慶雲之見,今又有龍瑞之徵。治數黔粵,選福③昆明,猶善不自居,曰:吾君聖哉,吾民淳哉,猗歟!其心休休,上相之鳳④歟,然惟心在君民,則開曠世之永賴,自膺曠世之殊榮。厥功厥德,當與山共高,水其⑤長矣。從綱巨橋迁陋,恭逢盛瑞,敢攄其概以志不朽。又爲之歌,歌曰:維山巍⑥嶐兮,維水洋洋;六詔綏輯兮,寧我封疆;黔南粵西兮,仁風化雨;幅員開闢兮,超今軼古;地平天平兮,水既治之;工歌大夏兮,底績稱奇;神龍神龜兮,後先輝映;我公勤⑦此大烈兮,億萬斯年。蒙休無竟。

【概述】碑文記述了祖大人在任期間,為官清廉,體恤民情,深謀遠慮,采取"鑿牛舌洲,疏浚石龍之硤,盡除灘礙"等方法,與同僚共同修治滇池海口水利工程的詳細情況,歌頌了官吏們為民興利造福民眾的豐功偉績。

【參考文獻】西山區海口鎮志編纂辦公室.海口鎮志.內部資料,2001.7:321-322;(清)朱慶椿等修.昆陽州志·卷六.清道光二十年刻本,25-30.

據《海口鎮志》錄文,參《昆陽州志》校勘。

豐年洞記

戴　清

步出城東十餘里,⑧忽坦夷,忽坡陀,忽曲折徑⑨行田塍上,又踰溪澗,始抵豐年洞。洞高廣約十丈,地皆沙石。仰望如倒垂猪羊形,如駱駝、獅子狀,差堪賞玩。再入,則黑暗窄狹,石磴高下崎嶇,非火籠照耀作蛇行不能前。盡處復寬潤,下有潭,極深,水清澈。對面一磎⑩,透漏天光。水從磎瀉出不知何處,惟聞砰磅訇磕聲,疑為長江大河也。太守何公祈雨於此,使人深入請水,出而道其狀,固知為龍神窟穴。洞在荒服,昔為野人遊女幽會之所,土人乎⑪為"風流洞"。後鐘太守以其名不雅馴,更曰"豐年洞",鑴諸石,已非復

---

① 《海口鎮志》錄為"靈斯",據《昆陽州志》應為"隆"。
② 《海口鎮志》錄為"齂",據《昆陽州志》應為"齤"。
③ 《海口鎮志》錄為"選福",據《昆陽州志》應為"福造"。
④ 《海口鎮志》錄為"鳳",據《昆陽州志》應為"風"。
⑤ 《海口鎮志》錄為"其",據《昆陽州志》應為"共"。
⑥ 《海口鎮志》錄為"巍",據《昆陽州志》應為"崒"。
⑦ 《海口鎮志》錄為"勤",據《昆陽州志》應為"胁"。
⑧ 《廣南縣志》漏錄"路"字。
⑨ 《廣南縣志》錄為"徑",據《廣南府誌(全)》應為"經"。
⑩ 《廣南縣志》錄為"磎",為正;《廣南府誌(全)》錄為"欲",屬誤。
⑪ 《廣南縣志》錄為"乎",據《廣南府誌(全)》應為"呼"。

夷風矣。近則禱雨屢着，靈感庇及三農，居然為吾郡之望焉。余曾讀柳子厚《黃溪記茅鹿門》，謂："天地內，不特遺才不得試，併有名山絕壑而不得自炫於騷人墨客之文者，曷可勝道？"余於豐年洞亦云，因記之以寄慨。

【概述】廣南府郡人戴清撰文。碑文簡要記述了豐年洞的由來。

【參考文獻】雲南省廣南縣地方志編纂委員會．廣南縣志．北京：中華書局，2001.9：1275；（清）林則徐等修，李希玲纂．廣南府誌（全）．臺北：成文出版社，1967.5：137-138.

據《廣南縣志》錄文，參（光緒三十一年重抄本·影印，道光乙酉歲鐫）《廣南府誌（全）》校勘。

三庄坡施水設田畝碑記

楊運昌

從來修橋補路以利行旅，豈敢曰廣行陰隲，而功德所在即陰隲所存。況於缺水之區施之以水，其功德入^①有大焉者乎？夷考鶴慶甸南三庄坡一嶺，山高路險，土少石多，躋其顛者，無從邀杯水以解渴，行者苦之。雖南有三庄河，北有桃樹河，不盡長流滾滾而來，顧箐底源泉自非資人力以轉輸，無由激而行之，使之在山，此仁人君子目擊情形所為軫念者也。幸廿年前早有甸南好義諸公倡施水之議，更得旅永貿易諸君子贊成之，共結善緣，計釀白金一百五十金，購置田約五畝，以其租入為施水之費，山頂置石缸一，責成領田種者隨時運貯之，如或缸中無水，即撥佃另行公舉。惟良法美意端賴後君子之遵守，或更能擴充，使如南海楊枝之甘露遍灑大千世界，其為功德，更何可量耶？茲特將所制田畝及樂善各芳名勒之碑，用垂不朽。計開：

一買獲溪魯村後甸內水田壹畝伍分，計四坵，去價銀五十六兩五錢正。
一買溪魯村後甸內水田五分，計一坵，去價銀六兩五錢正。
一買溪魯村後甸內水田五分，計一坵，去價銀十一兩正。
一買西甸村水田八分，計一坵，坐落松樹曲後甸內，去價銀十五兩正。
一買西甸村水田一節，計一畝，坐落南安道甸內，去價銀二十兩正。
一買西甸村水田五分，坐落漆場甸內，去價銀二十五兩正。
一買西甸村秋田一坵，坐落西甸村舍北，去價銀六兩正。

以上所置田計四畝六分，又秋田一坵，共去價銀一百五十兩，其田四至及隨糧俱在契緒。
首事人為：楊天德、趙宗佑、楊發時、劉永錫、趙榮基、趙璠、李恆春、楊愷、慶雲號、

---

① 《民國鶴慶縣志》（點校）錄為"入"，據《民國·鶴慶縣志》應為"又"。

寶興號、萬有堂、萬應堂、恆春堂、恒豐號、興發號、楊春育、楊元達、趙萊^①榮、趙建中、趙發科、楊重建、趙連生、奚應寶、楊奉祖、源春號、大生堂、元發號、趙金柱、楊德、寶源號、占盛號、祥瑞號、高遇祖、劉復昌、鶴順號，計共三十五人。

【概述】楊運昌撰文。碑文記載：鶴慶好義諸公與商貿人士共同籌資，購置田畝收取田租作為施水費用，在甸南三莊坡山頂置石缸貯水，供過往商旅行人飲用，歌頌了他们的善舉。

【參考文獻】楊金鎧纂輯，高金和點校．民國鶴慶縣志．昆明：雲南大學出版社，2016.12：26；楊世鈺，趙寅松．大理叢書·方志篇（卷九）：民國·鶴慶縣志．北京：民族出版社，2007.5：41-42.

據《民國鶴慶縣志》（點校）錄文，參《民國·鶴慶縣志》（影印）校勘。

---

① 《民國鶴慶縣志》（點校）錄為"萊"，據《民國·鶴慶縣志》應為"芙"。

民 國

青水堰塘潤澤海碑記

欽加七品銜賞戴花翎在任即補直隸州特授雲南縣正堂加三級記[1] 錄六次記大功十九次莊，為（一行）

黃聯署職員楊培桂，舉人楊家興，世職楊國佐、楊國久、楊國正，民楊家齊、楊開業、楊金章、楊開泰、楊啟泰、楊鎰、楊家康、李開科、李正昌、湯致祥，明鏡燈楊金元、周湛、楊泰、楊呈源（二行）、李茂、楊枝萃、周士茂、李炳、楊梧、楊洪源、楊文魁、楊漢文、楊林、楊朝棟、周鈞、楊暹等稟稱：兩村傅［拼］股修海，訂立合同，輪班灌溉，請示勒石，以垂永久。而興水利事，情緣（三行）因黃聯署楊姓，有祖遣[2] 山產壹項[3]，坐落白井庄，其箐可以修理海塘，是以兩村先輩人，同修有雙龍海壹座。無如海面不稱，屢修屢壞。雙龍海下黃聯署楊姓，又（四行）修有青水堰塘壹座，足以灌溉白井庄之田畝。青水堰塘下楊培桂、楊家興之祖人，又私修壹座，灌溉神道碑下田畝，名曰監生海，今易名曰潤澤海。此海海面（五行）潤[4] 大，地勢相稱。若兩村竭力修理成器，則亢旱無憂。與其二家私而有之，獨享權力，不若公諸一村，一村灌溉不盡，又不若公諸兩村，而公德公益之為愈也。今培（六行）桂與家興，念切桑梓，願將此海送出。白井庄願將青水堰塘傅［拼］籠，邀約黃聯署湯、李二姓，與明鏡燈周、李、楊三姓，以拾股修理。每股傅［拼］銀壹百兩，每股每（七行）輪放水壹晝夜。楊培桂與家興壹股，除與舊修功成半股，減半股傅［拼］銀伍拾兩。白井庄壹股，亦除與舊修功成半股，減半股傅［拼］銀伍拾兩。其余捌股黃聯署肆（八行）股，明鏡燈肆股，以每股傅［拼］銀壹百兩之數，陸續傅［拼］出，陸續修理。准於本年修就，若玖百不敷，得照拾股均攤。即俟後恐有倒踏，一切夫役，仍照拾股攤來修理。若有一二股不修，一二股（九行）即為無分，幾股修即為幾分。倘所均傅［拼］不修者，海面仍歸還黃聯署楊姓原主照管。凡來入股者，不得視為己有也。但黃聯署楊姓，不能以山產海面係屬自己，而欺壓外來入股之人（十行）。而來入股者，亦不能因海而騙及黃聯署楊姓之山產。至白井庄秧畝水，原以青水堰塘灌溉，准其預為開放灌溉秧畝。但只可足用，不得濫費。若兩村秧畝原有水灌溉，不望此海，或遇（十一行）天時告變，有欠缺時，准其放出壹日，照股數輪分。願放者放，不願放者聽，但不能因此而灌溉豆麥也。海頭每年肆人，一村二人，照股數輪當，並無薪水。開海日期，以芒種節為定，二比公議，但（十二行）放水之大小，開海議定，前後一律，不得前大後小。兩村或先或後，至期拈鬮。惟白井庄壹股開海准其先放，

---

[1] 《大理叢書·金石篇》錄為"記"，據拓片應為"紀"。
[2] 《大理叢書·金石篇》錄為"遣"，據拓片應為"遺"。
[3] 《大理叢書·金石篇》錄為"項"，據拓片應為"頃"。
[4] 《大理叢書·金石篇》錄為"潤"，據拓片應為"潤"。

不與兩村拈鬮。黃聯署拈在先者，[1]先放肆日肆（十三行）夜。彼此交代。其交代地方時刻，以小松坡門首日落為定。其有水規，務要嚴重水規嚴則，二比自然和美無事矣。凡輪着黃聯署者，明鏡燈不得偷放；輪着明鏡燈者，黃聯署亦不得偷（十四行）放。即放水時或遇下雨，亦不得以為橫水而亂挖也。若有不法之徒，破壞所議規則，公議罰銀伍拾兩，入公培補海塘。若有修至半途退縮者，亦公議罰銀伍拾兩。但海塘既以修理成器，溝（十五行）路尤要潤大，溝心寬定貳尺陸寸，仍照舊溝修理，勿論傷着兩村地面，兩村定讓出，不得阻撓。至於與乾海孜溝路相擠壹節，彼此不能相阻。開海時二比相商，若此貳座芒種放，乾海孜（十六行）夏至放，此貳座夏至放，乾海孜芒種放。一面寫立合同，一面請示勒石，以垂永久，則後世子孫自無爭競之患矣。為此，寫立合同一樣三紙，楊培桂、楊家興與白井庄貳股收執壹紙，黃聯（十七行）署肆股收執壹紙，明鏡燈肆股收執壹紙，以為信據。垂之片石，以誌不朽。

光緒三十三年[2]七月十八日立，執約合同人明鏡燈、黃聯署兩村姓名俱見前（十八行）。

謹將明鏡燈肆大股水分姓名，以及由光緒三十三年興工至民國元年勒石每大股傅（拼）派銀兩錢米各項，逐一刊列於左，其所派小工土丈不在此列。計開（十九行）：周支十五家半，汪康附傅［拼］一小分，共傅［拼］壹大股，分為十五分半。周湛壹分，周鈞壹分，周銀壹分，周學洽[3]一分，周學清[4]一分，周士茂一分，周鋙一分，周錢一分，周學書一分，周槇一分（二十行），周學曾一分，周茂一分，周善継一分，周丕成一分，周呂半分，汪康一分。此大股共支費銀壹佰壹拾陸兩玖錢，支錢肆拾捌千五百文，又米肆皇石貳斗柒升（二十一行）。四甲二支共二十七家傅［拼］壹大股外又傅［拼］入十甲一股之中八分。楊松一分，楊材一分，楊棟一分，楊恩榮一分，楊柱一分，楊枝萃分半，楊開泰分半，楊枝和一分，楊枝富一分，楊泰一分，楊口（二十二行）一分，楊漢文式分，楊開文半分，楊遠文半分，楊康半分，楊高半分，楊朝棟分半，楊春富一分，楊春秀一分，楊德光一分，楊春樹一分，楊春魁一分，楊珍一分，楊瑤一分，楊璠一分，楊口（二十三行）分半，楊暹一分。此大股共支費銀壹佰壹拾陸兩玖錢，支錢肆拾捌千五百文，支米肆皇石貳斗柒升（二十四行）。十甲共十一家傅［拼］壹大股，於此大股之中，有四甲二支傅［拼］入八分，除四甲放八分外，十甲分放。楊金元貳分壹挖，楊梧貳分壹挖，楊達一分，楊章半分，楊佐半分，楊佑（三十五行）一分，楊東山半分，楊文魁一分，楊遇慶一分，楊光炳半分，楊光燦半分。此大股共支費銀壹百壹拾陸兩玖錢，支錢肆拾捌千五百文，支米肆皇石貳斗柒升（二十六行）。長支與李姓共十九家半傅［拼］壹大股，楊呈元[5]一分，楊洪源一分，楊鳳一分，楊晶一分，楊紹孔一分，楊照孔一分，楊垚一分，楊嵩一分，楊治一分，楊潛一分，楊榮一分，楊文秀一分，口口（二十七行）半分，李炳一分，李士林半分，李珍半分，李培本半分，李瓊一分，李茂一分，李蘭半分，李芋一分，李雙貴一分。此大股共支費銀壹佰壹拾陸兩玖錢，支錢肆拾捌（二十八

---

① 《大理叢書·金石篇》漏錄"先放五日五夜。明鏡燈拈在先者，"13 字。
② 光緒三十三年：1907 年。
③ 《大理叢書·金石篇》錄為"洽"，據拓片應為"治"。
④ 《大理叢書·金石篇》錄為"清"，據拓片應為"濱"。
⑤ 《大理叢書·金石篇》錄為"元"，據拓片應為"源"。

行）千五百文，支米肆皇石貳斗柒升。其余海上合同叁紙，黃聯署楊培桂收執壹紙，楊國久收執壹紙，明鏡燈楊金元收執壹紙，再刊（二十九行）。

民國元年歲次壬子孟冬月上澣①吉旦穀立

雲南新學生建中甫楊標敬書

石匠段文濱刊（三十行）

右將承辦鄉約附後②（三十一行，下略）

【概述】碑存祥雲縣禾甸鎮明鏡燈村土主廟內。碑為石灰石質，高157厘米，寬92厘米。碑額刻“青水堰塘潤澤海碑記”9字。碑文直行楷書，文31行，行35–71字。民國元年（1912）立，佚名撰文，楊標書丹，段文濱刊刻，該碑至今保存完好。碑文記述祥雲禾甸明鏡燈、黃聯署兩村拼股對原有的清水堰塘、潤澤海進行擴修改建，并議定各戶參股銀數，制定水利章程明細的詳細情況。該碑對民國時期大理地區白族農村水利建設及管理、鄉規民約等研究具有重要的參考價值。

【參考文獻】楊世鈺，趙寅松．大理叢書·金石篇（卷三）．昆明：雲南民族出版社，2010.12：1683–1686.

據《大理叢書·金石篇》錄文，參拓片校勘。

泐石永遵碑③

署理彌渡縣知事陳④   為⑤（一行）

出示通告事。案據密祉川八士村初等小學校教員兼村董鄒邦孟，百長李廷勳，五十長湛沛、李魁廷、李恩（二行）澤、鄒朝用，村長李英，父老氏李乘時、李德柱、李棟廷、張尚忠、李恩溥，調查員張文選、李學曾、李根蔭、李樹屏（三行）、李恩治、李述文、李成用、鄒朝宴，學堂收支聶簑蘭、李輝廷、李廷文、李雲龍、李厚、周儒勳，修補管事鄒朝廷（四行）、李恩造、李樹隆、李學興，初等學校教習李生系合村等稟稱：竊哀⑥林木之於泉水，有密切之關係。林木能（五行）吸取地心之水汽，而上升為支。所以，高山茂林之地，雨澤先施。林木能保存地面之濕汽，而下窪為泉。所以（六行），深阱要之中，泉水多出。西學之言水利者，多注重林木也。彌祉有太極山，老樹參天，泉水四出。左有露（七行）果阱，右有倉

---

① 上澣：唐宋官員行旬休，即在官九日，休息一日。休息日多行浣洗。因以“上澣”指農曆每月上旬的休息日或泛指上旬。澣：同“浣”。

② 此工程清代經呈報雲南縣正堂批准，於光緒三十三年（1907）開工，至民國元年始最後竣工銘碑。

③《彌渡縣志》錄碑名為“彌祉八士村告示碑”，內容相同，文字有節略。

④ 陳：即陳禎，民國二年（1913）任彌渡縣知事。

⑤《彌渡縣文物志》漏錄“為”字，現據《彌渡縣志》補錄如上。

⑥《彌渡縣文物志》錄為“哀”字，疑誤，據上下文意應為“謂”。

房阱，中有燒香阱，其水澤灌溉全彌，其糧[1]波注溢彌渡，千百家性命，千萬畝良田實嘉賴焉，其（八行）利溥矣。近有無知頑民，砍大樹林附之一炬[2]，名為砍火，種些苦蕎收一季後，收[3]不能於此處再種，樹不能於此（九行）地復生。因之，深林化為童山，龍潭變成焦土。水汽因之漸小，栽插倍覺艱難。所以，數年來兩澤愆期，泉枯水（十行）竭。莊稼欠收者，皆砍火以代[4]樹林之為甚巨也。又村後大塘子，灌著乾田五百餘畝，秋冬蓄水時，濫挖（十一行）濫放，栽插之際，成一乾塘，為害非小。因之，並具稟呈明，仰祈出示通告，永遠勒石。凡太極山下，露果阱至燒（十二行）香阱、倉房阱之一帶地方，不得爛砍火；大溝上下之樹，不得濫砍；大塘子之水，非栽插之時，不得濫挖。如（十三行）有過[5]者，公議罰款。伏乞允准，永遠勒石遵行等情。據此，除照準外，合行出示通告。為此，仰該處附近居民人（十四行）等知悉。嗣後，樹木、泉水均宜分別護蓄，籍資灌溉而重森林。倘敢仍蹈前轍，亂砍亂挖者，即由該村董、百長（十五行）、五十長集眾議罰，以示懲儆。但不得籍有此示，藉故荷斂，致于[6]並究。其各遵照勿違。特示（十六行）。

右仰通知（十七行）

民國十年歲次癸丑[7]五月二十三日（十八行）

通告（十九行）

發給彌祉八士村永遠曉諭（二十行）

【概述】碑存彌渡縣密祉鎮八士村文昌宮內。碑為大理石質，高81厘米，寬49厘米。碑額陰刻雙綫大楷"泐石永遵"4字，碑文直行楷書，文20行，行2-41字，計609字。碑末有7×6.5厘米方形陰刻雙綫框篆印"雲南彌渡縣印"一方。民國二年（1913）立石。碑文記載民國二年彌渡縣知事陳禎，為禁止密祉八士村民眾亂砍濫伐太極頂林木，濫挖濫放大塘子蓄水而發布的通告。

【參考文獻】張昭. 彌渡文物志. 昆明：雲南民族出版社，2005.3：143-144；彌渡縣志編纂委員會. 彌渡縣志. 成都：四川辭書出版社，1993.4：851.

據《彌渡文物志》錄文，參《彌渡縣志》校勘、補錄。

---

① 《彌渡文物志》錄為"糧"，疑誤，據《彌渡縣志》應為"餘"。
② 《彌渡文物志》錄為"附之一炬"，疑誤；《彌渡縣志》錄為"付之一炬"，此為正。
③ 《彌渡文物志》錄為"收"，疑誤，據《彌渡縣志》應為"伐"。
④ 《彌渡文物志》錄為"代"，疑誤，據《彌渡縣志》及文意應為"蕎"。
⑤ 《彌渡文物志》錄為"過"，疑誤，據《彌渡縣志》及文意應為"違"。
⑥ 《彌渡文物志》錄為"于"，疑誤，據《彌渡縣志》及文意應為"干"。
⑦ 《彌渡文物志》錄為"民國十年歲次癸丑"，疑誤，據《彌渡縣志》應為"民國二年歲次癸丑"。另：民國十年，歲次辛酉。

五魯碑記《大溝章程》

楊膏雨

　　竊以天道曰，非人心之巧詐莫測，人事遽更，世道之變態殊多，闔村等因人心之不古，累受伊之奸詐，故又將三家村、五魯碑、芭蕉箐等處之水再為敍述，以求永久。自洪武年間開田、開溝，有田則有糧，有田則有水，是以較田畝之多寡，量溝路之遠近，分放五分，繼于先輩。多的母人不遵古規，彼此爭兢[①]具控，蒙周縣主當眾判斷，仍照古規，勿得爭兢，及至尋碑，殊多缺落，故又序其事，以為異日把握，以永垂不朽云。

　　試再將三家村之水分及本村之水分並同序明，錄列於後：

　　蓋三家村、五魯碑、芭蕉箐三村與多的母共分得水五分，至大黑山下首，將五分合分三分。三家村田少，分得一分，五魯碑、芭蕉箐二村田多，分得二分。每年分雇找水一人，三家村溝近每年應出溝穀三斗；五魯碑、芭蕉箐二村溝遠，每年應出溝谷三石六斗，以作找水之費。

　　其芭蕉箐、五魯碑又將此二分之水分為四大班，所有修溝放水，定下規矩章程，安立水刻，按田之多少、水溝路之遠近，晝夜時刻、較糧公平，輪流灌放，以免霸截爭論、偷放分水、修溝懶惰、欠工疏忽等弊也。其四大班之內，每一班分為九刻，一班水分着溝穀九斗。一刻又分為十分，每分着溝穀一升，故分十分。

　　其放水定例時刻：日水自卯時起，至酉時止；夜水自戌時起至寅時止，各照水分輪流灌放。水分多者因其田多，田多者溝穀亦多。水分少者田少，田少者溝穀必少。總之，水、田、穀三者，先輩人較均平而定規程焉。

　　若修溝時欠工一個，罰米二升；盜截水分被查出者，罰銅錢一千文，倘有不遵者，公議倍罰。

　　其外，若有新開挖之田，先年無水分者，查出竊放實情加倍重罰。

邑士楊膏雨書

大中華共和國二年黃鐘月上浣朔日穀旦三村人等

　　【概述】碑存易門縣雙龍營鎮芭蕉箐小學校內。民國二年（1913），三村民眾同立，邑士楊膏雨撰文。碑文刊刻了三家村、五魯碑、芭蕉箐三村按照田畝多寡、溝路遠近分水、輪流灌放，以及各村所需承擔修溝之溝穀的規章。

　　【參考文獻】易門縣水利電力局．易門縣水利志．內部資料，1990.12：333-334.

---

① 爭兢：疑誤，應為"爭競"。下同。

小古城馬料河沿線分水嶺碑

雲南省會 ^{高級}_{地方} 審判長廳 爲（一行）

上告人：王楷、李開元、王興、王秉均、王占魁等，系呈貢小王家營人。被上告人：徐國熏、楊福、華①連科、韓純等，系呈貢縣小古城溪波村人（二行）

右列上告人王楷等，對於民國二年五月二十七日，經省會地方審判廳就該村上告人等以紊亂古規各情控訴該上告人等所為第二審之判（三行）事實，緣呈貢縣屬之馬料河水，每年至②立春起至清明止，自豬圈壩以下各溝、各村俱有古規按排輪流放③灌溉，春分至清明散排後，其水盡歸（四行）三四兩排之小古城、大溪波村、麻莪村三村灌溉秋畝，別村別排不得阴④撬、挖放。乾隆九年，曾立有碑記。迨光緒十九年，三四兩排與照西、五朧等村（五行）爭水興訟，由水利府訊判勒石，仍然古規。援據乾隆九年輪，歷年遵守無異。光緒三十二年，實有小王家營民人楊存有等不遵古碑，估霸（六行）挖放，互控在縣。經郭前令訊明，判令：兩造仍照碑記古規，惟其水只准灌溉秋畝，不准灌溉別排。殊小王家營民人王楷等，屢存覬覦，不以碑記為憑（七行），堅稱該村向有水分，任意估挖。民國二年，被小古城、大溪波各村民人徐國新等，復控在縣。經令映乙訊判，始則飭令兩造仍照碑記古規。繼則（八行）判令：河水細時，先盡小古城村、大溪波村放溉秋田；河水大時，自應分流以濟小王家營。此不過從權變通之辦法，徐國新等堅不具結。經該縣（九行）呈奉前民政司，批准以徐國新等妨害他人水利，按律各處有期徒刑在案。徐國新等不服，控訴到省會地方審判廳。經地方廳訊明並調閱碑記（十行）屬實，將呈貢縣原判撤銷，判令：兩造仍遵照碑記古規，于清明排前安排輪流分放，清明散排後其水盡歸三四兩排大溪波村、小古城、麻莪村（十一行）三村灌溉秋田，別村別排不得分放，小王家營亦⑤得行挖壩忘⑥爭。王楷等不服，復上告到廳，訊明前情應即判決。

理由：查此案兩造所爭水（十二行）利，既有兩碑記古規歷年遵守無異，小王家營謹自立春起至清明止得按排放水，清明散排並無水分。乾隆九年所立碑記載甚明，小王家營（十三行）王楷等不遵守古規，擅行爭放，迭經呈貢縣地方廳訊明判決，飭仍遵照古規。該王楷等一味堅持控爭不已，殊屬刁狡。據王楷等所主張，該村（十四行）向有水分立有碑文，

---

① 《呈貢歷史建築及碑刻選》錄為"華"字，疑誤，據上下文意應為"畢"。
② 《呈貢歷史建築及碑刻選》錄為"至"字，疑誤，據上下文意應為"自"。
③ 疑《呈貢歷史建築及碑刻選》漏錄"水"字。
④ 《呈貢歷史建築及碑刻選》錄為"阴"字，疑誤，據上下文意應為"阻"。
⑤ 疑《呈貢歷史建築及碑刻選》漏錄"不"字。
⑥ 《呈貢歷史建築及碑刻選》錄為"忘"字，疑誤，據上下文意應為"妄"。

可憑乾隆九年之碑不確，只能以光緒十九年之碑為憑等語。查光緒十九年之碑，系三四兩排與照西、五臟等村爭水（十五行）興訟之碑，並非小王家營清明散排後尚有水分之碑，且碑文所載即系依照舊碑辦理。小王家營清明後並無水分，毫無疑義。王楷等以該村口在三四兩排放水數內，古碑既言清明散排後其水盡歸三四兩排灌溉秧畝，雖未經明言小王家營字樣，而小王家營當然在有水之列。抑知口（十六行）家營雖在三四排內，系指清明前輪排放水而言，清明散排後小王家營等無水分碑文記載甚明。種種證據確鑿可憑，王楷等猶復爭執不休，實（十七行）屬無理取鬧。據上理由，應認地方審判廳原判全部有效，故為判決如右（十八行）：

徐國新　韓　純

中華民國二年九月初九日發給被上告人　　畢連科　准此同立遵守

楊　福　王占魁

【概述】碑存昆明市呈貢新區小古城蓮華庵內。高160厘米，寬80厘米，額上鐫刻"永垂不朽"4字。碑文直行楷書，文16行，計2000餘字。民國二年（1913）立石。碑文刊載了民國初年，雲南省會高級審判廳對呈貢縣小王家營與小古城、大溪波村民眾水利糾紛一案所做出的終審判決。

【參考文獻】中國人民政治協商會議昆明市呈貢區委員會.呈貢歷史建築及碑刻選.內部資料，2013.11：285-287.

高牧水利碑[①]

楊粹仁

雲南縣知事楊[②] 　　　　　　　　　　　　　　　　　　　　　　為（一行）

給予[③] 勒石，永遠遵守，叺後[④] 古制而杜訟端事。案據：誠川[⑤] 小牧舍、高伍屯周昌南、劉俊等，具（二行）控高時等串減[⑥] 古制、利己損人一案，當經詣勘訊明，判決在案。查品甸海下頭閘，係分大（三行）小貳水■[⑦]。其西閘■，古制有石孔，水壹股係高伍屯。西閘■係小牧舍。兩村平日飲水[⑧] 灌（四行）溉所需。自昔人心古樸，彼此相安。故當時水價[⑨]

---

① 《祥雲碑刻》原錄為缺字符"□"，為便於與腳注中的"口"字區別，現統一錄為■。
② 楊：即楊粹仁，時任雲南縣知事。
③ 《祥雲碑刻》錄為"予"，據拓片應為"示"。
④ 《祥雲碑刻》錄為"後"，據拓片應為"復"。
⑤ 《祥雲碑刻》錄為"誠"，據拓片應為"城"。城川：即祥城。
⑥ 《祥雲碑刻》錄為"減"，據拓片應為"滅"。
⑦ 《祥雲碑刻》錄為"■"，據拓片應為"口"。下同。
⑧ 《祥雲碑刻》錄為"水"，據拓片應為"料"。飲料：指飲用。
⑨ 《祥雲碑刻》錄為"價"，據拓片應為"份"。

古規碑記，未將此份石孔水載明。至（五行）

　　民國叁年三月，海下各村叭為既有閘■，何能留此石孔叭致多有水份？聚眾爭執（六行），凡^①事端。經本知事親詣查明，實係古時石孔，並無新鑿痕迹。即訊海下各村紳耆，均（七行）稱實有石孔之不^②。近因石孔漸大，恐愈久愈大，水份不均。當即督飭興工^③修閘■石孔（八行），復仍其舊，眾皆悅服。并傳集訊明，判令勒石叭垂永遠。除取結完案外，合行給示。為（九行）此，示仰該海下各村人民遵照，毋得紊亂爭奪。如違，查明重究。切切，此示（十行）。

　　計開：

　　一、頭閘西水■古石孔水壹眼^④（十一行）。

　　一、石孔水壹股係高伍屯，西閘■水係小牧舍。兩村同放，照上滿下流例（十二行）。

　　方印

　　憑海下紳耆：吳紹美、吳開林、楊萃溪、楊國村^⑤、楊開泰、楊開聯、楊開理（十三行）、劉純、劉忠、劉澤、劉照吉、劉照星、劉儀、王興國、高雲^⑥（十四行）、高志興、徐澤、徐忠。高伍^⑦遵照勒石（十五行）。

民國叁年捌月二十一日縣知事楊粹仁 楊粹仁印 （十六行）

　　【概述】碑存祥雲縣祥城高牧小牧舍村祖祠內。碑為石灰石質，長方形。額呈圭形，其上楷書陰刻"水利碑"3個大字，碑末上下各刻有方印2方。碑文直行楷書，文16行，行7-35字，計400餘字。民國三年（1914），縣知事楊粹仁撰文，民眾同立。碑文記述民國年間，小牧舍、高伍屯兩村因水而起爭端，雲南縣知事楊粹仁親詣訊明、興工復修，并判令兩村同放，上滿下流，給示勒石之事。

　　【參考文獻】李樹業．祥雲碑刻．昆明：雲南人民出版社，2014.12：158-159.

　　據《祥雲碑刻》錄文，參拓片校勘。

---

①《祥雲碑刻》錄為"聚眾爭執（六行）凡事端"，據拓片存在誤錄、漏錄、行數標注錯誤，應為"聚眾爭執幾（六行）釀事端"。下文中行數標注錯誤處，直接更正，不再重複注釋。

②《祥雲碑刻》錄為"不"，據拓片應為"水"。

③《祥雲碑刻》漏錄"重"字。

④《祥雲碑刻》錄為"眼"，據拓片應為"股"。

⑤《祥雲碑刻》錄為"村"，據拓片應為"材"。

⑥《祥雲碑刻》錄為"雲"，據拓片應為"曇"。

⑦《祥雲碑刻》漏錄"屯"字。

商辦雲南耀龍電燈公司石龍壩工程紀畧

商辦雲南耀龍電燈公司石龍壩工程紀畧（一行）

公司之開辦，創議扵前清勸業道劉岑舫先生。初擬官商合辦，因其集股無多，復撓他故，劉君乃扵（二行）前清宣統元年己酉冬十月，決計與商會總理（三行）王筱齋君迭次磋商，改歸商辦，故定名為商辦耀龍電燈公司。旋由商會開議，公舉王君為總董。庚戌[①]（四行）春二月，王君有南京賽會之役，啟行在即，遂重托陳柄熙君代表担任。陳君爰扵五月復由商會（五行）開會組織辦法，公舉左益軒君為總理、施雲卿君為協理。衆議以左君駐石龍壩，担任壩中一切（六行）工程事件。而左君對扵實業公益之事，素主熱心，以此事為地方利權所關，遂不憚煩難，慨[②]然允許，務（七行）求達扵成立之目的。乃亟亟扵六月初二日偕同德國工程師毛士地亞君到壩踏勘開河、建機房各（八行）地点。勘定之後，即由左君派人，分頭鳩工庀材，迅速趕辦，逐扵七月興工。蓋此事左君意在速成，以（九行）為早開燈一日，公司早獲權利一日，故其招集泥木石大小各項工人，日約千餘名，崩山炸石，不顧危險（十行），分段趕做，猛力進行。其最要者，嚴訂規則，所有各辦事人及各項工人，每夜均係四鐘開飯，天明出工，日（十一行）入方息。自開工以來，賴左君督率有方，鼓勵有術，故各項工人，踴躍從命。年餘來不避雪雨風霜，亦（十二行）不計年節星期，一鼓作氣，銳意前驅，只期兼程以並進，不辭險阻之艱難，以故長千四百七十八密達[③]（十三行）之河，高數丈之石機房，以及滾龍埧瀉水河，正河大石埧對面迎送水，公司住房暨造橋、築路、開井、運機（十四行）等項工程，未幾即次第落成。自宣統二年七月興工，至民國元年壬子四月開燈，全功告竣，通計一年（十五行）有九月。中間除因漲水不能工作，暨鐵路斷壞，紅毛泥載運不到，以及光復時洋工程師往河內避亂，共（十六行）耽延四月有餘，其實只一年有五月即行告厥成功。噫！慘淡經營，頗費苦心，向使非左君之不辭勞怨（十七行），辦事認真，及諸同人之協力勸[④]助，焉能有如是告竣之速耶！壩中各項工程，約計共用款九萬餘金，其細（十八行）目均另碑登載。茲因工程浩大，創辦匪易，左君及各執事人之勳勞，實不容忘，用特紀其大畧，勒諸石（十九行）上，以誌不朽云（二十行）。

中華民國三年[⑤]**歲次甲寅仲夏月　吉立**（二十一行）

【概述】碑存昆明市西山區海口鎮石龍壩水電站，原碑為青石質，高130厘米，寬60厘米。

---

① 庚戌：指宣統二年，歲次庚戌，即1910年。

②《雲南省志・卷三十七：電力工業志》錄為"慨"，據拓片應為"概"。

③ 密達：法語 mètre 的音譯，或譯為"米突"。即米。公制長度的主單位。

④ 勸：古同"襄"，助；輔助。

⑤ 民國三年：1914年。

額上鐫刻 "永垂不朽" 4字，民國三年（1914）立石。惜已殘斷，且字迹早已斑駁不清。1990年，該站依原碑文字和樣式用墨石作了仿刻。碑文詳細記述了石龍壩水電站從籌劃到修建的史實。

附：石龍壩水電站：全國重點文物保護單位，批號Ⅵ—1055，近現代（清末）代表性水電站建築。位於雲南省昆明市西山區海口鎮石龍壩。清宣統元年（1909）建築。原為清光緒元年（1875）官商合辦開發螳螂川工程，後改商辦，建耀龍電燈公司。購進德國西門子工廠所產240千瓦發電機組兩台，歷時一年半建成。占地345平方米，耗資50余萬元，所發電力可供6000余盞電燈照明，是我國最早的商辦水電站。

【參考文獻】雲南省地方志編纂委員會.雲南省志·卷三十七：電力工業志.昆明：雲南人民出版社，1994.3：482；鄭群.中國第一座水電站石龍壩傳奇.昆明：雲南教育出版社，2012.3：43-44；昆明市西山區文物志編纂委員會.昆明市西山區文物志.內部資料，1988.3：83-85.

據《雲南省志·卷三十七：電力工業志》錄文，參拓片校勘，行數為新增。

昔馬黃桑坡護林公約 ①

立實禁蓄水源憑據文約人：黃桑坡中寨老幼人等。同心禁到中寨楊自周名下田邊，情有水壩青樹一塘，前賴此青樹林、茨竹、大竹、金竹、藺閣，上資國賦，下養民生。自祖以來，我寨風純俗美，物阜卓豐。因本年以至近，有無恥之徒，擅行砍伐樹株、竹木，是以約眾同心禁蓄。

香山老箐及水壩一帶山場，如有再行砍伐生樹者，拿獲罰銅錢三千文；如有縱火燒毀者，查實拿獲罰銅錢七千文；如若抗拒者，眾等稟官究治。系是人人情願，其中並無逼迫等情，恐口無憑，立此禁蓄憑據。是實。

一、禁私砍生柴者，重罰不貸。見證報信者，給紅錢 ② 六百文，決不失言。
一、禁擅行縱火燒毀水源、香山老箐者，重罰。
一、禁偷盜私砍大竹、茨竹者，重罰不貸。

民國三年二月初一日立

【概述】碑文刊載了民國三年昔馬黃桑坡中寨民眾，為蓄積水源而共同訂立的禁止亂砍濫伐、損毀水源的規約。

【參考文獻】李榮高.雲南林業文化碑刻.芒市：德宏民族出版社，2005.6：519-521；德

① 昔馬：即今昔馬鎮，地處德宏傣族景頗族自治州盈江縣西部，西北面與緬甸毗鄰，國境綫長18.3公里。自古為南方 "絲綢之路" 的最後出境通道，是盈江縣的主要邊境口岸之一。人口以漢、傈僳、景頗三種民族為主體。
② 紅錢：指獎勵給報信者的銅錢。

宏州史志辦公室 . 德宏歷史資料：經濟·社會卷 . 芒市：德宏民族出版社，2012.10：314.

據《雲南林業文化碑刻》錄文。

新修莈園[①] 壩塘碑記

新修郊園壩塘碑記（一行）

古有農官巡行阡陌，凡有關於農田水利者，無不規畫而經理之，農事之重有由來矣。今則不古若也，水利非不設官也（二行），而深居簡出有名無實，一遇亢旱，亦委諸天災流行而已，問猶有自由間[②] 來如禹之盡力溝壩者乎，何古今人之不相及[③]（三行）。郊園素稱瘠壤，苦旱久矣。一旦而盡成膏腴者，水之利賴無窮也。夫天下事難口圈始，設無樸实耐勞如三街士民等，力（四行）任其事亦將或作或輟，議論多而成功少耳，当其來興功也。幾經審度，幾費籌畫，而始為此一勞永逸之計也。於（五行）是詢謀僉同，通力合作，當局者不辭辛苦，同井者願效于來，用力不過數千工，溉田宜[④] 僅（六行）一百畝，不意為地方謀公益造幸福者，競出於指顧問[⑤]，不愧三街人民同心協力而成千（七行）秋不朽之功業者矣。昔則灌溉無從枉費移山之力，今則蓄洩有準，爭誇治水之功。此一（八行）舉也非止於一人，實衆人之力居多焉。他日採風者，援筆而實記之未始，非邑乘之功也（九行）。是為之記（十行）。

謹將修築壩塘捐工等芳名開列于后（十一行）。

計開（十二行）：

管工：黃厚口[⑥]、賀文龍、黃秉衡、王永昌、賀文彬、楊文彬。

管事：劉雲昌、賀士元、黃汝翼。

紳士：黃斐然、王萬全、王用賓、董恩貴。

以上每戶捐工十六個。

（以下共略去 133 人芳名，計 15 行）

黃秉礼、黃正邦、李有林、陳敢年、黃培昌、黃石來、黃老三、黃玉然、陳寶和、陳桂先、黃小橋、張紹尹、張継文、張継和、王重德、黃正中、賀文運、賀大和、賀正平、賀文早、賀萬寶、賀秉珍、賀秉順、賀秉元、周家達、賀萬邦、周尚智、周老二、楊兆龍、張牙鎖、張永康、張永寶、張永太、張才安、張家貴、張家樂、張家彩、張文科、張朝珍、張六十、張老安、楊口科、楊本芳、楊才科、楊世太、楊樹林、楊樹勳、楊永昌、張科長、董汝先、

---

① 《三街村志》錄為"莈園"，據拓片應為"郊園"。

② 《三街村志》錄為"間"，據拓片應為"問"。

③ 《三街村志》漏錄"也"字。

④ 《三街村志》錄為"宜"，據拓片應為"豈"。

⑤ 《三街村志》錄為"問"，據拓片應為"間"。

⑥ 《三街村志》錄為缺字符"口"，據拓片應為"菴"。

董汝珍、董占元、董□有、董恩寬、董汝清、張起賢、張起昌、劉小和、黃浩然、黃順和、黃老三、黃樹榮、黃樹嘉、黃樹凱、黃雲科、黃翠然、龔恩科、黃汝績、黃汝勳、黃小三、黃聯芳、黃秉忠、黃桂明、黃桂馨、黃桂廷、周老甥、周小八、黃金學、黃金才、黃學林、黃學禮、黃桂昌、黃雲龍、黃秉仁、黃秉益、黃秉謙、龔萬春、楊□科、楊本翠、龔士明、龔士寬、楊本芳、王宗位、王四代、劉永棋、劉永德、劉老五、汪天成、王致中、劉萬喜、劉金喜、王金和、劉官學、黃小甲、王本墨、王永和、王用賢、蘇連科、王雲中、汪天田、汪家□、汪明顯、汪現生、王永福、劉中祥、汪恩甲、顧有才、王朝宗、□□□、□有元、王雲慶、王雲龍、王雲鳳、解長林、王和、王□安、黃順義、業老三、黃秀、黃兆美、黃一斤、□□□。

以上每戶捐工十六個（十三至二十七行）。

耆民：張永寬、龔德興、劉開香、王重安、黃順祥、黃聯城、王本恆[1]（二十八行）。

大中華民國三年陰歷六月十四日　　　　王家營上下三街仝立（二十九行）

【概述】民國三年（1914），王家營民眾同立。碑額上刻"百代流芳"4字，文29行，行2—46字。碑文記述了水利的重要性以及三街士民新修郊園壩塘的經過。

【參考文獻】江川縣大街鎮三街村委會．三街村志．昆明：雲南人民出版社，2008.12：231—232.

據《三街村志》錄文，參拓片校勘、補錄，行數、標點為新增。

分溝碑序

溝以通水，水利匪一，而沙一溝，利農尤最。然水利厚焉，而疏溝整岸之功庸可廢乎。稽此溝古規疏整一事，按水流之經過、獲利之若何而分派。因有上四甲、中十二甲、下八甲之區，若頭沙棍偶有坍塌，則合二十四甲之力而修之。迄兵燹後，餘仍舊規，惟上四甲修整之工，付諸桃園、小東山，許其按水四[2]之畝數而抽稅，旱地則免。及後旱地漸辟，水田增多，收納如故。修整一事毫不關心，溝塞岸崩，視若秦越。農人苦灌溉之艱，自任修整，而彼之抽費亦如故。嗚呼，享抽費之權利，而不盡疏淪[3]之義務。嗟我農人，輸將稍遲，叫囂立至，人分[4]木石，誰甘忍任，故界同人，但聲分溝。經城議事會之決議，遂果斯舉，爰勒諸石，以防後弊，並將分溝節數開列於後。

由小東山至沙棍，溝約長三百五十二丈。因本甲為桃園、小東山、死水河、小東臺

---

① 《三街村志》漏錄"133人芳名"及第二十八行，共計426字，現據拓片補錄如上。

② 四：疑誤，應為"田"。

③ 淪：疑誤，應為"瀹"。

④ 分：疑誤，應為"非"。

舊^①、學地山、小古城、城內七地組成，故分此溝為七節。每歲春時，各節舉行修溝一次，否則惟該節是問。第一節，六十五丈，桃園；第二節，四十丈，死水河；第三節，五十五丈，小東山；第四節，四十丈，學地山；第五節，四十丈，小古城；第六節，五十五丈，城內；第七節，五十五丈，小樂臺舊。

首事者開列於後（略）。

民國四年二月二十三日七村同立

【概述】民國四年（1915）七村同立。碑文記述民國年間由於溝塞岸崩灌溉維艱，經城議事會商議，桃源、小東山、死水河等七村分節數修溝之事。

【參考文獻】石林彝族自治縣水利局．石林彝族自治縣水利電力志．內部資料，2000：297-298.

古水規（石刻）

署理楚雄縣行政公署王　　　　　　　　　　　　　　　　　　　　　　　　　　　　為

給示勒石以昭遵守事。據在區士民仝等稟稱，系民等三村素號乾寡，田禾缺水，全賴村迤山箐之水流入灌溉田畝。前於明初，洪武年間，經三村聚議，此水關係楚廣兩屬軍民田糧貳千餘百多工，當經村民議決，修築水溝閘口。據稟請楚雄廣通兩縣長親臨查勘，平均付放水股，按照時刻輪流灌放，議為官溝，大水流溢其下，則為私溝，分清界限，俾免官私混爭。當時修溝築閘，鄰近之朱家龍潭，經明村邀與同修，適該村以工程浩大，無力贊成。迨明村竭立修訖水利見效，伊村垂涎入股，婉求至再，明村父老念切鄉鄰，平情付分，由官溝流小水一股，龍潭河以上，官口以下，滴水坎分放，以資伊灌潤秧田，其余不得多爭。訂以每年伊村上納明村水租穀一斗，小水一股，不得多放，不容放大，倘若放大犯規，罰銀伍兩。由每屆十月祭龍，集合挖溝，照輪放水，更換溝頭，按時輪流承充，並妥定水規十條，若有估竊混爭情事，共同議罰章，稟准立碑，自明至今，遵守無異。詎料日久變生，茲因村中一股無知少識之人，誤會自由，軏云古碑不足信，□混爭將欲發生，不能不事先防範。民等因思水利重計，田糧攸關，幸際恩星照臨，□只□歌，民等惟有據情乞祈查核，批□立案，仍照古規輪水灌放，永杜破壞爭萌，不得藉詞維新，廢棄古規。特乞頒示垂碑遵守，俾知國民共和原則，利國便民，維持治安，豈容任意破壞，有碑田糧頒示垂碑遵守，無贊咸沾仁德不朽矣。等情據此，當此水利關係農田，既有古碑可考，自應仍照規輪放，以資灌溉，倘有不肖之徒，藉□紊亂估放，□即執稟，以賃^②提究，決不寬貸。並准如請給示照遵守，此批示在案，合行立示曉諭。為此，示□□該各村農民人等一體遵照。自示之後，爾等務須各遵舊規，輪流分放，倘有不肖徒，藉詞自由，破壞古規，紊亂估放，許各村人執稟來縣，

①小東臺舊：疑誤，應為"小樂臺舊"。小樂臺舊：村名，隸屬石林彝族自治縣鹿阜鎮。
②賃：疑誤，應為"憑"。

518

以憑提究，事關水利，決不寬貸，各宜凜遵勿違，切切此示。

第一條，總壩箐之閘，不准挖下私溝，倘若胡行，查出罰銀拾兩。

第二條，立碑之後，不得掏踏一字，如有掏踏一字，罰銀五兩。

第三條，朱家龍潭之小水龍潭河迤上，官水口迤下，滴水坎分放，日夜長流，不得借下雨之名，不能以小放大，如有胡行，查出罰銀伍兩。

第四條，溝頭官溝埂下之田，男女勿容上溝撬硐偷放明暗之水，情死判命，眾言定無人命，死也枉然。

第五條，泡田原等發河水，勿得借下雨之名而截斷輪水，查出罰銀貳兩。

第六條，放山水泡田，勿得使沙填溝，勿劈官溝戽 [①] 田，二項查出罰銀三兩。

第七條，十月初五祭龍，輪水挖溝，男女不可阻滯，倘有此情，罰銀一兩。

第八條，隔河渡水，只渡己面之水，不得借此偷放，如若不遵，查出罰銀四兩。

第九條，卯時節水，酉時閘水，倘若不遵，罰銀一兩。

以上各條規則，龍水陸股，十五輪轉放，照規罰落，修理溝壩，倘若不遵，執稟官處治。倘有水分之人，如有諸事，即傳即到，不來者，罰銀三兩。

一輪	沈家壩	九輪	水廟前
二輪	水平田	十輪	王官水
三輪	王正田	十一輪	石水橋
四輪	馬家田	十二輪	趙方水
五輪	余家田	十三輪	普官水
六輪	□家田	十四輪	王春田
七輪	劉有玉	十五輪	張有仁
八輪	水嘴子		

民國四年四月十一號

【概述】碑存楚雄市蒼嶺鎮石澗，民國四年（1915）立石。碑文記述因伊村不肖之徒作亂，明村民眾稟請縣府重新頒布古水規，并規定分十五輪轉放龍潭水的事由。

【參考文獻】雲南省楚雄市水電局. 楚雄市水利志. 內部資料，1996：193-195.

西河碑記

雲南巡按使批

一件：路南縣五村住民李開羅等公稟

為叩懇查勘西河保衛民生由：

---

① 戽：用戽斗汲水灌田。

公稟悉：查該縣西河，不獨關係農田甚巨，即於城廂內外居民所關亦非淺鮮。此次本使巡蒞邑中，親睹氾濫情形，極為憂灼。據來稟呈稱各節，此河歷來修浚之費皆有專款。自城議事會成立之後，始將此款提歸會內。浚河亦由該會負責，現議事會既經停辦，經管王之謂、李興等，輒淨增浚河之款移作演戲無益之用。並自提款以後，出入帳目未經宣佈，種種不合，殊屬有害公益，有害地方，就中難保無侵蝕挪移之敝。仰路南縣立即傳集城鄉紳耆及前議事會諸紳並該經管王之謂等，當同將提此款後入出帳目查算清白。嗣後撥出款額若干，專作每年浚河之費。該款無論如何急需，不得挪移他用。其保管款項及所負浚河責任之人，或由城內選充，或仍歸交由該鄉民等經手，抑或城鄉同負責任，均由該縣就近查酌，妥慎辦理，務使款項有定，職責分明，年年修浚，地方永無水患，是為至要。王之謂等如有侵挪情弊，並應按律究辦，勿得瞻徇，切切此批，原稟並發仍繳。

原呈人：五村經受張釗、谷成源、趙本善、楊開貴、李鐘彩等公呈。

中華民國四年六月七日刊立

【概述】民國四年（1915）刊立。碑文刊刻了雲南巡按使處理路南縣五村民眾關於請求查勘西河修浚費用專款使用情況之批示。

【參考文獻】石林彝族自治縣水利局．石林彝族自治縣水利電力志．內部資料，2000：294.

光尊寺之山佃擺菜新寨荸處灌溉田畝水規碑記 [①]

雲南省永昌保山縣知事由　　　　　　　　　　　　　　　　為（一行）

此案已經委紳親往踣 [②] 勘，繪圖呈復 [③]，瞭若指掌。該四川地與擺菜山、梓里山、新寨山，原（二行）有天然界限，其界限即自紅巖腳下沿栗坡河而下，直達渭西河，此河以南即擺菜山（三行）、新寨山、梓里山之人戶田地所在。地居上游，其所需之水端資白沙水及疊水河兩處（四行）發源者也。界河以北即四川地，馬姓人戶田地在焉。其上游皆山及水溝。其房廬田地（五行），悉在下游。所出之水有料簏箐、麥地坡、石頭窩、龍硐等四處。水源之所出者。惟查四川（六行）地開成之田，較之擺菜、梓里、新寨之田為多。畔因新寨每將用剩之水，任意流入無用（七行）之渭西河，以致該四川地不服，爭由上游開溝放水。經擺菜山等居民阻撓，均各執有（八行）理由。茲按圖奪理，斷令該擺菜、新寨、梓里等仍放白沙、疊水兩處發源之水，儘先灌溉（九行）。將該三山之田灌足，即歸熊窩河流過四川地，

---

① 《保山碑刻》中碑名為"光尊寺山佃田畝水規碑"，現據碑文改為"光尊寺之山佃擺菜新寨等處灌溉田畝水規碑記"。

② 《保山碑刻》錄為"踣"，據原碑應為"跐"。

③ 《保山碑刻》錄為"復"，據原碑應為"覆"。

添資灌溉。不准該新寨漫不經心，落流（十行）入渭西河，以有用之水，流入無用之河。該擺菜山等三寨正當灌田之時，該四川地居（十一行）民不得爭挖，以損人利己，致干稟究。再，雨水早得之年，不拘節應，該擺菜等三寨灌畢（十二行），即准放過四川地。如雨水遲遲之年，准該擺菜山等三寨放至小滿節完日止。由芒種（十三行）日起，准四川地將水挖放。此判，着各出具遵結完案，永遠遵守可也（十四行）！

　　管事：高沛、李培、魯潤新、劉體富、田源、劉嘉品、趙大鵬、李自開等立（十五行）。

中華民國四年七月初七日判決勒碑（十六行）

　　【概述】碑存保山市隆陽區板橋鎮光尊寺內。碑為青石質，高181厘米、寬66厘米，額刻"光尊寺之山佃擺菜新寨等處灌溉田畝水規碑記"20字。碑文直書陰刻，文16行，行12-33字，計473字。民國四年（1915），光尊寺山佃田畝爭水案判決後，保山縣長由人龍指派村管事高沛等刻立。碑文記載光尊寺山佃田畝用水爭執案的發生及判決結果，具有重要的史料價值。

　　【參考文獻】保山市文化廣電新聞出版局.保山碑刻.昆明：雲南美術出版社，2008.5：44-45.

　　據《保山碑刻》錄文，參原碑校勘，行數為新增。

鳳凰村鄉規民約碑

一、保障村內空地一塊［現今學校球場］，為永久歸閣村婚喪聚客之處，私人不得吞佔。

二、保障大小七個積水塘，永遠歸閣村人飲用，任何人不得私自挖埂放水，浸泡田地。

三、保障密枝山、封山區域林木，不得私行亂砍。

四、閣村議決，倘有私自侵佔等弊，閣村鳴鑼緝究，議決罰款或送官懲辦，恐後無憑，立此碑文為據。

民國四年七月十八日立

　　【概述】該碑原存於彌勒縣西三鎮鳳凰村公房內，立於民國四年（1915），惜已毀。碑文為鳳凰村的鄉鄉規民約，其中明確規定了保護水源的條款。

　　【參考文獻】葛永才.彌勒文物志.昆明：雲南人民出版社，2014.9：168.

海源寺村人享有梆樹硐放水權碑記

雲南省[①]水利分局 　　　　　　　　　　　　　　　　　爲（一行）

　　[②]示曉諭事。案據[③]海源寺[④]村田甽，向係放用梆硐之水以資灌溉，嗣因班庄村（二行）黑林舖等村[⑤]人民不准放用，致起[⑥]爭議。現經本局查勘明確，傳集兩造，剴切開（三行）導，飭令仍照從前習慣放水灌用，並飭將梆樹[⑦]硐修低兩寸，兩造均遵依具結在（四行）案。茲恐日久不足微[⑧]信，勢必至長[⑨]起爭端，令[⑩]行出示曉諭。為此，仰海源寺等村（五行）人民一體知悉。嗣後海源寺[⑪]田甽仍准照從前習慣放水灌用，各村人民不（六行）得無故阻撓，致于[⑫]查究。切切此示（七行）

　　　　　　　　　　　　　　　　　　右示通[⑬]知（八行）
　　　　　　　　　　　　　　　　　民國四年十二月二十二日[⑭]（九行）
　　　　　　　　　　　　　　　　　發海源寺村梆硐勒石曉諭（十行）[⑮]

　　【概述】碑存昆明市海源寺龍王廟前大門口。碑為青石質，高90厘米，寬46厘米，厚11厘米。額上鎸刻"永垂不朽"4字。文10行，行4–30字，計199字。民國四年（1915）立。碑文為雲南省水利分局處理班莊村、黑林舖等與海源寺村之間的水利爭端的告示。

　　【參考文獻】《黑林舖鎮志》編纂委員會．黑林舖鎮志．內部資料，1995.10：306.

　　據《黑林舖鎮志》錄文，參原碑校勘，行數新增，形制實測。

---

① 《黑林舖鎮志》多錄"省"字。
② 《黑林舖鎮志》漏錄"出"字。
③ 《黑林舖鎮志》錄為"據"，據原碑應為"查"。
④ 海源寺：位於昆明西郊，距城約10公里。該寺始建於元代，因建在滇池之源頭，故而得名。
⑤ 《黑林舖鎮志》錄為"村"，據原碑應為"廒"。
⑥ 《黑林舖鎮志》錄為"起"，據原碑應為"啓"。
⑦ 《黑林舖鎮志》多錄"樹"字。
⑧ 《黑林舖鎮志》錄為"微"，據原碑應為"徵"。徵信：考核證實；取信，憑信。
⑨ 《黑林舖鎮志》錄為"長"，據原碑應為"常"。
⑩ 《黑林舖鎮志》錄為"令"，據原碑應為"合"。合行：應當；應當施行。
⑪ 《黑林舖鎮志》漏錄"村"字。
⑫ 《黑林舖鎮志》錄為"于"，據原碑應為"干"。
⑬ 《黑林舖鎮志》錄為"通"，據原碑應為"週"。
⑭ 《黑林舖鎮志》錄為"十二月二十二日"，據原碑應為"十月二十三日"。
⑮ 《黑林舖鎮志》漏錄第十行，計11字，現據原碑補錄如上。

豐盛村與化古城訴爭中壩溝水利碑記 [1]

呈貢縣知事蘇　　　　　　　　　　　　　　　　　　　　　為

遵批給示，以資永受事。民國五年六月四日，奉雲南都督府唐批，據縣詳線局中壩溝爭水案件，遵批執行完畢，取結報請查核銷案示遵一案，奉批詳及抄件，均悉此案既經該知事遵批傳集呂王邦等，□切開導，已據投狀遵依認限填溝建閘，並經委派巡長召集雨造 [2] 勘驗明確，已填完畢。秦光銘等已准具切結，前來應准如詳銷案。呂王邦等並准免議。日前任張知事初審判決各情，應即聲以作□無效，並由縣給示勒石碑資永守而免後議，仲即遵照並即錄案分詳司法廳水利局案抄件存此批，等因。奉此，查化案先因豐盛村與化古城訴爭中壩溝水利，經前任張知事訊判，化古城紳民不服上訴。奉前巡按使將□據水利分局由局長詳委李委員有珍馳往勘，以擬由中壩溝下橫大路橋下建一石閘，並將水淤田旁之撤水溝填塞，其□照舊規辦理報局轉詳。奉雲南都督府唐□、局委員向思□到線，會傳兩造按照所擬辦法嚴屬執行，嗣因豐盛村民具結後又翻異，覆經詳奉雲南都督府唐批，開查前次核准水利局轉詳李委員有珍堪 [3] 斷此案，爭執辦法於豐盛村、化古城村放清水、橫水各節概照舊規辦理，建閘一層系□杜絕兩村爭點起見，填溝一層亦因豐盛村以有用之水撤入大河，故□令將溝口填塞免妨下游水利。辦法至□公允，於兩村並無妨礙，是以□行水利局派員前往會同該知事，照所擬辦法執行，以免有誤。農時應□縣迅即勒令限期填溝、建閘至填建完畢任照舊規放水，再違抗即治以妨害水利之罪，等因。遵經傳集豐盛村民呂王邦、李□訊據投限狀稱：今於結狀事□民等與秦光銘等爭水涉訟一案，甘願具結，如違自感認罪。所具狀是實，□將具結之事由開後。計開：蒙恩提訊，民等甘願仍遵前判，限叄日內於橫大路石橋下修建石閘，並將水淤田旁溝頭阻塞，仍照舊規放水。倘再逾達，情甘重罪。伏乞公鑒，嗣經辦理完竣。曾由駐化城之巡長李陰興召集兩造同往勘驗，以確□□均無異議。據該化古城紳民秦光銘、曹懷、戴□、曹富、鄭芹等，投案具切結稱：實結得民村狀訴豐盛村人滅溝撤水一案，蒙恩督□轉奉都督，據水利局李委員有珍勘斷此案，爭執辦法於村民與豐盛村兩村放清水、橫水各節，概照舊規辦理，建閘一層系□杜絕兩村爭點起見，填溝一層為不准以南岸有用之水撤□□於大河。核准照辦在案。今已依限召集兩村遵□辦理，建閘於橫大路橋□下，其間之兩旁□石距橋口面石二尺七寸，閘頭與橋頂蓋石下麵之牆石低叄寸□標□計寬叄尺一寸，按期上撤上閘，時常留此孔以便上滿下流；水淤田旁新開之撤水溝，豐盛村人認□引放河水之溝斷不使南岸之水撤流於河；其近河口、溝口與閘期同時□閉。此溝滌僅有一尺，與水淤

①《呈貢歷史建築及碑刻選》中原碑名為"呈貢知事蘇為碑"，現據碑文內容改為"豐盛村與化古城訴爭中壩溝水利碑記"。

② 雨造：疑誤，應為"兩造"。下同，直接更正。

③ 堪：疑誤，應為"勘"。

田內中壩溝相距二十餘丈，原系不通，前因積水過度由此撤流於河，今以閘□憑後決無此弊；又上邊之扁擔溝尾，豐盛村人承認斷不使有用之水瀉流於河，紳民等情願永久遵守無違。倘若有違，甘願治以妨害水利之罪。理合出具切結事實，各等情由縣照抄各傳詳奉都督唐批示，前因並□由縣給示勒石，應遵照辦理。惟此案系經各上級機關委勘擬辦，□縣執行，是以照錄案中所有文□、給示，仰該化古城、豐盛兩村紳民人等一體永遠遵守，勿違。切切此示！

民國五年六月　　　　日，發化古城勘^①石遵守。此示，給後化古城村民□以示中請詳列舊規□縣蒙批□村□□□□遵守，較之摘錄數語必更詳晰，即遵照等因。奉此，遵將□□□都督唐核准局詳□縣執行全文照用於後□□：

雲南都督府飭第一百一十號：為飭遵事，案據水利分局局長由雲龍詳稱：奉前巡按使任飭查呈貢縣民秦光銘、羅琨等，狀訴因爭中壩溝水利釀成刑事重案一案，案飭即迅速派員前往查勘，議擬救濟辦法，詳候核定。仍將委員情形先行報查，等因。當即飭委本局科員李有珍前往查勘，並具文詳報在案。茲據該科員覆稱科員遵即前往，該屬會同兩造逐一查勘，勘得沿山溝發源於梁王河之中壩溝以及陳家壩溝，灌溉梁王河南岸一帶田畝。嗣因梁王河底陷底，陳家壩溝隧^②致廢棄，僅有中壩溝之水流入，沿山溝以灌放環秀、化城、化古城等村田畝。照各村放水舊規，梁王河清水，系交霜降節後，化古城派水長二人建蓬在中壩溝頭築壩，引放與環秀村人按田畝多寡均分。水入中壩溝後，畫^③則歸上游近溝各溝灌溉田畝，夜則歸化古城灌泡田地。蓄積堰塘至梁王河橫水，系交小滿叁日，豐盛村由中壩溝下橫大路橋口築壩，蓄堵灌田，上滿下流。從前，該各村照規辦理尚無事端。本年夏令小滿，豐盛村築溝堵水時復於壩上水淤田旁另開支溝將水撤流於河，使化古城村不得享用上滿下流之水。該化古城村人爭水灌放，因將豐盛村所築溝壩□去，以致大啟爭競釀出人命重案。除人命係數刑事應歸司法辦理外，至該村民等爭放中壩溝之水屬民事部分，亟應妥擬解決辦法以息爭端。查此次二村之爭點，既因豐盛村築壩蓄水及開溝撤水起見，自非妥訂放水之法不足以□爭端。擬由中壩溝下橫天^④路橋口下建一石閘，每年小滿叁日後上閘，至豐盛村栽秧時即行撤法碑^⑤。豐盛村所蓄之水，不患化古城人開□，而化古城田畝亦可享受中壩溝上滿下流之餘水，其餘仍照舊規辦理。至豐盛村新開水淤田旁之撤水溝，應飭即行填塞免妨下游水利。又據秦光銘等並狀訴化古城李清魯等新開支溝截存水利一層，查化城擬由栽秧田下灣子溝築埂蓄水，將南岸公有之水收蓄，其間新開一溝移灌化城北岸田畝，實於南岸下游之田妨害甚鉅。自應飭令填塞，以杜後患而息爭端。所有稟飭查勘情形，理合繪圖具文詳情，查核轉詳辦理等情到局。查中壩溝淨水一案，既據該科員查明淨水原因，凝且^⑥解決辦法詳情核轉前來，查核所擬辦法尚屬妥協，為本案既往第一審判決，該民等如有不服，自應按照訴訟程

---

① 勘：疑誤，應為"勒"。
② 隧：疑誤，應為"遂"。
③ 畫：疑誤，應為"晝"。
④ 天：疑誤，應為"大"。
⑤ 法碑：疑誤，應為"去"。
⑥ 凝且：疑誤，應為"擬具"。

式依法訴訟，應否□下司法機關查照辦理之處出自酌裁□詳，前情理合具文轉詳情祈鈞府，府賜查核辦理等情。據此，查此案前據該縣民秦光銘、羅琨等，分詞狀訴，當經核明批示並飭該局委員查勘，議擬在案。茲據詳前情，該委員所擬解決辦法，即經該局核明尚屬妥協，應即准予照辦。事關水利，現在小春，已□極應迅速執行，以免有誤農時。除批飭水利局仍派員前往會同該縣，照所擬辦法嚴屬執行外，合行抄發原案，飭仰新任蘇知事即便遵照辦理，並將命案另行依律判決詳報均，勿違延。仍將遵辦情形報次飭，民國五年二月十七日。飭按此訴訟之發往彼村人之點□橫霸不待言矣，而我村人之從容不迫，凡有一舉動一稟呈，皆集閣村人公同酌議，非一二人所敢擅專。茲特將在事出力姓名開左，封開：秦光銘、曹懷義、戴陞、曹富、鄭芹、李桐、方朝佐、李梧、鄭嘉光、鄭兆龍、武歆、鄭敏、鄭維禮、武樂、鄭端、曹培英、鄭琛。

秦光銘書丹

石工昆明李曙鑄字

【概述】碑存昆明市呈貢區馬金鋪街道化古城社區居委會內。民國五年（1916），秦光銘、曹懷義等立，秦光銘書丹。碑文記載了各級官員處理豐盛村與化古城訴爭中壩溝水利而引發的民事糾紛、刑事案件的詳細情況，最終判定兩村填溝建閘，遵照舊規用水。

【參考文獻】中國人民政治協商會議昆明市呈貢區委員會. 呈貢歷史建築及碑刻選. 內部資料，2013.11：288-291.

大達村民新溝、溫溝公約碑 ①

謹將大達村民新溝□溫溝二條規□大畧勒石，碑文作為後生知□□（一行）。從於明朝永樂二年 ②，興工開溝，開至三年工竣，開通溝□工□費用□□□（二行）拾銀兩，末單刻立碑文。至民國伍年，合村鄉老公議刻立碑記，新□之□（三行）墓根、石桑場、普提樹、叁甸□、人墓嶺、古秧田壹段，大秧樹、柴柴場，逐工□□（四行）。

田□出□，余 ③ 自柴柴場外至溝頭等甸，尽由溝開出而始守田。然□相述古□（五行），彼時契約所載，此時□遠來存，今人未賞目觀，將規□規 ④ 未定仁。今□禁□名皆□（六行）冊，此溝下自溝頭，至柴柴場外之田，不議水分，只許芒種前、小滿後五日，放（七行）水栽種。如期延誤，只得夏至後十日之外，開溝引□耕種，不□□□□（八行）。有截放者，

---

① 《大理叢書·金石篇》錄碑名為"謹將大達村民新溝□溫溝二條規□大略勒石碑"，今據碑文內容擬為"大達村民新溝、溫溝公約碑"。
② 永樂二年：1404 年。
③ 《大理叢書·金石篇》錄為"余"，據拓片應為"緣"。
④ 《大理叢書·金石篇》多錄"規"字。

仍然照於上溝規責，干罰銀式兩。

一、議溫溝溝規之責，□於洪□（九行）四年，當初開通溝路，原開溝□□□，今一百四拾餘載，已歷四百餘年之久。後（十行）甲辰乙巳二年，雨水廣闊，山崩地烈，石岩倒下，將原溝塞斷，實水不足，田數荒（十一行）。至民國二年，合村鄉老重修溫溝一條，承上啟下，將此段開溝道以復之水足（十二行），分潤美景，光華歲上有豐年之慶，至重修溫溝之□，賞□於田數，攤派谷米呂獻（十三行），邑人得工價，開合谷拾陸石之資。自從立碑之後，各人遵□照水分之灌溉，□（十四行）不致興新溝之水，將腰截放，如有溝長查獲者，一併二罰。為此，刻後[1]碑記之道（十五行）。

一、議溫溝章程，□[2]年二名溝長□□照水□□定□[3]水頭分兩輪引水尾而從（十六行）。

鄉老張眾選、張開甲、張春福、張毓賢、陳訓、張吟、楊芬、張淩雲、張崑、張輝斗、張□全立（十七行）。

民國伍年歲次丙辰□月良旦立（十八行）

【概述】碑存雲龍縣長新鄉大達村。碑為紅砂石質，高100厘米，寬58厘米。額上鐫刻"永享太平"4個大字，碑文直行楷書陰刻。民國五年（1916）立。碑文記載大達村村民分水的公約。

【參考文獻】楊世鈺，趙寅松．大理叢書·金石篇（卷五·續編）．昆明：雲南民族出版社，2010.12：2848-2849；楊偉兵．雲貴高原的土地利用與生態變遷（1659—1912）．上海：上海人民出版社，2008.8：313-315.

據《大理叢書·金石篇》錄文，參拓片校勘。

特獎四等嘉禾章雲龍縣知事葛為碑[4]

特獎四等嘉禾章雲龍縣知事葛   為（一行）

出示曉諭事。照得長春坡學校以基本金開成學田，應由大達村開溝引水灌溉，後經（二行）前任縣丁批准，並委鹽工等員興修在案，工尚未完竣，桑起爭端。本縣到任，據大達村民張眾選、趙邦彥、陳誥、張崟（三行）、張春濤、張宿明、張宿湖、李文熾等以狼狽朋謀，假公濟私等情，具控楊惠元、楊瑞昌到案，當經本侯親往踏勘（四行）。

本縣去冬巡視到關里大達村勘明，本縣回署傳集兩造到案，明白勸導學田水溝工程將竣，耗費大資，斷難（五行）中止。大達村人謂水不敷用，本縣當即酌中判斷，以一股引出灌溉

---

① 《大理叢書·金石篇》錄為"後"，據拓片應為"立"。
② 《大理叢書·金石篇》錄為"□"，據拓片應為"遞"。
③ 《大理叢書·金石篇》錄為"□□定□"，據拓片應為"分擬定後"。
④ 此碑名為《大理叢書·金石篇》所擬，據碑文內容可新擬名為：長春坡學校與大達村分水灌學田爭訟碑。

新開學田。照此試辦一年，如水敷用，即永（六行）為定案，如實不敷用，屆時另議辦法等語，宣示，在案。□張眾選等經過增塋不服判決，當委本署（七行）永審員劉承鈞，會同永登巡長楊承志，前往大達村督工開溝。嗣據該委員等稟覆，大達村紳民全體要求，謂水（八行）不敷，願照數賠繳開田經費等情，請示前來本縣。查此案：田已開成，共用去學校基本金叁百零壹兩壹分，當然以（九行）開溝分水為正辦。惟該大達村人橫於胸，群其阻撓，現若強成其事，將來恐不免壞破之虞，則絆纏必甚，該兩（十行）村惡感愈深。現認承諾照數賠欵，不能不署予通融，當經批准，飭繳去後。□據該大達村民陳誥、張宿湖等，將（十一行）開田費銀叁百零壹兩壹分，作合龍元四佰一拾八元一角九仙[1]，如數呈繳到署。並查明大達村張宿海等，□（十二行）指入長春坡公學欵，本息共合銀柒拾弍兩伍分四分[2]，作合龍元壹百元零八角五仙，請示永遠停開新溝等（十三行）情外，所有繳到學欵銀柒拾弍兩伍分四分，作合開田費銀叁佰零壹兩壹分共合銀叁百柒拾叁兩陸分四（十四行）分，當即如數點。僅多為□商生息，抵押契約，□交勸學所保存，所得息銀按季由勸學所代收，轉□作該長春（十五行）坡公學校經費，以垂永久。塗諭飭外，合行出示曉諭，仰該大達村人民遵照，即將示諭勒石。嗣後，經過大達村（十六行）水溝永不開通，分水灌溉學田之案，亦即註銷。以清□□，其各稟遵毋遠[3]，切切特示（十七行）。

民國五年歲次丙辰孟秋月下澣良旦立　　　實勒大達村曉諭（十八行）

【概述】碑存雲龍縣長新鄉大達村。碑為紅砂石質，高135厘米，寬70厘米。碑頭橫書"永垂不朽"4字。民國五年（1916）立。碑文記載：長春坡學校開成學田後，欲從大達村開溝分水灌溉，但由於大達村水不敷用，民眾極力反對，"桑起爭端"。後經雲龍縣知事親往踏勘查明，判令"經過大達村水溝永不開通，分水灌溉學田之案，亦即註銷"，大達村人民自願賠償開溝費用，作為長春坡學校辦學經費，爭訟始息。

【參考文獻】楊世鈺，趙寅松.大理叢書·金石篇（卷五·續編）.昆明：雲南民族出版社，2010.12：2850-2851.

永遠遵守

立出合約人：魏官史崙高仝合村人等、高埂[4]楊飛翔仝閤村人等。為因兩村修築壩塘（一行），魏官在王家凹修築一塘，又在老鸛窩修築一塘；高埂在小壩修築一塘，已有數年（二行）。三塘水路俱歸一河，開水之時，往往爭先恐後。於民國四年業已控告在案，

---

① 仙：貨幣單位，同"分"，十個一仙為一毫（即一角）。
② 四分：疑誤，應為"四厘"。下同。
③ 遠：疑誤，應為"違"。
④ 高埂：高埂村。

未曾判（三行）決。今由地方保長楊兆驥、陳萬選等，從中勸和，妥議開水條規：高埂埧居下游，自進（四行）小滿之日起，開放至第八日止，魏官不得打埧阻攔；魏官埧居上游，自小滿第九日（五行）放起，至進芒種第八日止，高埂亦不得留水阻攔；芒種第九日歸高埂放苗水（六行）。又，魏官春季添放塘子心之秋水。二村管事全至高埂埧上計定平號，任隨魏官（七行）開放以八日為定。倘遇下雨，高埂不得築塞，魏官亦不得放過平號。至於小埧之田（八行），歸魏官之埧水泡。傅家灣之田，歸高埂之埧水泡。若二處之田，有相雜者，各處水穀（九行）歸各村上納。恐後無憑，立此合約存照（十行）。

民國五年四月初二日（十一行）。

憑中人：楊維、陳輔元、陳聘、張繼尹。

立出合約人：趙□[1]臣、孔昭德、傅占高、史崇高、李宗興、李□[2]廷、李郁軒、李尚華、趙樹德、史昭祥、陳萬、陳映昌。

高埂創埧人：楊鍾謹、陶聯科、張必祥、張國□、李秀、楊培秀、楊培書、張永貴、楊必志、陳憲萬、張保和、楊□□、張□□、楊思忠、楊□□、楊雨潤、□中、張□□、陳銘章、陳萬□、陳時發、楊登善、曲鴻發、張善德[3]。

□[4]村同造

代字：李巨卿

【概述】民國五年（1916）立。碑文記載民國年間，地方保長楊兆驥、陳萬選等調解魏官、高埂兩村之水利糾紛，妥議水規，并立約存碑之事。

【參考文獻】江川縣大街鎮三街村委會. 三街村志. 昆明：雲南人民出版社，2008.12：240-241.

據《三街村志》錄文，參拓片校勘、補錄。

普蘭利濟龍潭序

陳嘉修

龍，神物也。何以神？以其變化不測，能興雲作雨，利物濟民也。

普蘭[5]北關外八里餘有潭焉，其水清澈，遊魚可數。相傳有龍居其中心，每至其側，凜

---

① 《三街村志》錄為"□"，據拓片應為"獻"。

② 《三街村志》錄為"□"，據拓片應為"啟"。

③ 《三街村志》略去"高埂創壩人"後人名，今據拓片補錄如上，共計24人，因原碑斷裂過且有修補痕迹，名字無考者，以"□"替代。

④ 《三街村志》錄為"□"，據拓片應為"八"。

⑤ 普蘭：今西疇縣。

凜然有生氣焉。此尚不足神奇也。所最神奇者，每當天時亢旱，下游田畝枯竭，水不敷用，一遇農民爭水鬥毆，則無論晴天朗日，水必由潭湧出，滔滔然有江河疾下之勢，不過一刹那間，灌溉已足，劃然即止。處有匪夷所思者，則水湧出數丈，又復吸入，如是者再，乃長驅直下。籲！神也！以其如此靈異，遂呼之為“瘋龍潭”①。

余謂非瘋也，是龍故作情態，以示神爽於世之人耳。顧龍亦有分辨，未可以一律論。福民者謂之神龍，殃民者謂之孽龍。世之號為偉人者，皆以龍目之。吾願世之偉人，為普蘭利物濟民之神龍，勿為洪水氾濫之孽龍，則天下攸賴矣！

余來蒞是邦，聞此潭之神異，不禁有所感慨：歎斯世之枯竭而望救者，不啻恒河沙數②，安得逐處有此龍潭，以澤潤斯民也。爰揮毫為記，以彰龍之德而表龍之靈。因以利濟名其潭云爾。是為序。

普蘭行政委員富州陳嘉修寅伯氏謹識③

【概述】該碑鑲嵌於西疇縣城北龍潭的石壁上，民國六至七年（1917—1918）立，保存完好。碑額有一方框，內刻“永垂不朽”4字。碑文記述了普蘭利濟龍潭的神奇及龍潭得名的緣由。

【參考文獻】雲南省西疇縣志編纂委員會.西疇縣志.昆明：雲南人民出版社，1996.4：694-695；文山壯族苗族自治州地方志編纂委員會.文山壯族苗族自治州志（第一卷）.昆明：雲南人民出版社，2000.11：267.

據《西疇縣志》錄文。

判決易河灣張石屯水利爭執碑記④

署理雲南玉溪縣知事劉   爲（一行）

給示勒石遵守，以垂永久而杜訟端事。案查接管卷內，據廣下甲易（二行）河灣住民瞿級先等，以恃衆淩弱、阻撓古溝等情狀，訴該甲張石屯（三行）李家林等一案到縣，當經白前任准理集訊，飭令瞿級先等將二道（四行）溝及現爭斗口子溝詳細繪圖，并飭李家林將白龍潭碑記刷來呈（五行）候核奪覆訊，并令委河工水利會長前往踏勘呈縣。隨即開庭覆審（六行），訊得該瞿級先等既屬易河灣人，而易河灣之田應放易河灣之水（七行），

---

① 瘋龍潭：位於西疇縣城郊東北 2.5 公里的公路旁。原為一石穴，水從穴中流出，匯成一潭，潭水清澈，游魚可數。潭水長年不涸，保持一定水位。有時干旱數月，潭水不見減少；有時大雨數日，潭水亦不外流。龍潭每年要發“瘋”數次，有時天干地晴，龍潭忽然發“瘋”，泉水從洞中滾滾湧出，其聲隆隆，高噴丈餘，傾注數十步，忽又吸回，涓滴不流，似有龐然大物從洞中吸回，經兩三次噴湧、吸回，泉水始恢復原樣，平靜如初。因此取名為“瘋龍潭”。

② 恒河沙數：像恒河里的沙粒一樣，無法計算。形容數量很多。

③ 據《文山壯族苗族自治州志》記載，民國六至七年（1917—1918），普蘭（今西疇）行政委員陳嘉修及調查縣治委員謝拭，在龍潭發“瘋”時均親臨潭旁，觀看奇景，并勒石記載其事。

④ 《玉溪碑刻選集》錄碑名為“判決易河、張石屯水利爭執碑記”。

乃竟敢將張石屯頭道溝之中間石埧之斗口子截水灌放，并損壞（八行）石埧，希圖舍遠就近，實屬非是。當判令瞿級先等仍照易河灣舊規（九行）放水，不准再將張石屯斗口子之埧決放；又易河灣之田有在任井（十行）一方面者，向來歸何處之水灌放，仍就何處之水放入，不得混爭等（十一行）情判決，并取具兩造，遵結備案在案。惟未給示勒石，殊不足以垂永（十二行）久而杜訟端，茲據該被訴人李家林、張其運、任飛鶴、殷占翠、張萬壽（十三行）等懇請給示勒石前來，自應照准，合行給示，仰該張石屯、易河灣等（十四行）屯人民遵照。自給示勒石之後，各宜遵守成規，不得紊亂爭竟①，致干（十五行）查究，凜遵勿違。切切此示，遵（十六行）。

民國六年②歲次丁巳十月［十日］③，三屯紳首：唐鳳侶、瞿順昌，紳民：［任飛鵬、李家林、畢春林、殷志有、李星垣、任飛鶴、殷占翠、張其運、任運昌、張□□、李□元、□□□、任饋邦、楊萬□、□文昌、□□□］④等同立（十七行）。

【概述】碑存玉溪市紅塔區白龍潭白龍寺。碑為青石質，高96厘米，寬60厘米。碑文為正書，第一行"署理雲南玉溪縣知事劉為"為雙綫陰刻。民國六年（1917）十月立。碑文記述了民國年間玉溪縣劉知事審理易河灣、張石屯民眾水利糾紛案件的事實經過及處理結果。

【參考文獻】玉溪市檔案局，玉溪市檔案館. 玉溪碑刻選集. 昆明：雲南人民出版社，2009.3：69-70；中共玉溪市紅塔區李棋街道工作委員會，玉溪市紅塔區人民政府李棋街道辦事處. 李棋鎮志（1978—2010）. 昆明：雲南人民出版社，2012.12：568.

據《玉溪碑刻選集》《李棋鎮志》錄文，參拓片照片校勘，行數為新增。

署馬龍縣知事雲南陸軍兵站長六等文虎章王公德元之紀念碑

楊家盛

禹疎（一行）

禹疎九河，除洪水之害，明開堰塘防旱魃之災。後世歌功不朽，萬民獲利無窮。今之牧民北轍，言興利除害，僅見坐而言之，未能起而行之。吾邑素（二行）稱瘠區，貧甲滇南，推言無故良由。旱潦不均以致低霍，北常變水潦之患，高阜北西遭旱魃之虐。□防旱無術，

---

① 爭竟：疑誤，應為"爭競"。
② 民國六年：1917 年。
③ 《玉溪碑刻選集》《李棋鎮志》漏錄"十日"2 字，今據拓片補錄如上。
④ 《玉溪碑刻選集》《李棋鎮志》略去［］中人名，今據拓片補錄如上。

修潦無方，往往臨淵羨魚不能退而（三行）結網，惟有徒手興嗟捲舌坐嘆而已。何幸天降生佛來守，是□下車供，始見民瘠苦。乃嗟曰："何不開築堰塘，提防水勢，變旱潦無擾，自然轉貧為富（四行）"。士庶答以工程浩大。手候煩雜，遂相遠戒以云事之不可為。先生聽聞斯言揪然而告，曰："龐皇堅大之事業皆受於人類熱腸。力之下北□不能為（五行）不少為之有哉？"是以凡刮□吾民北靡不提倡而整理之云。地方之幸福筆難盡述。茲反四旗田之一部分而言之是役也。窩目者□百年矣，歷任（六行）郡治誰不欲負此舉盛名？奈心思將動，話餅成歸而我德元，先生能於車□忘午之際不辭勞瘁，禧然行之。特請上峰撥提鉅款於亥己季整之（七行）垂不朽。余不敏弗顧侶詞，遂破膽援筆以獻曰（八行）："造福通泉，子惠元元；虛堂懸鏡，化洽琴弦；萬民翹首，白日青天；永垂利賴，世澤綿綿。"（九行）

　　馬龍縣總團兼陸軍兵站員楊家盛撰（十行）。

　　陸軍兵站員兼團務事李德彰書（十一行）。

　　兼理本村事務各員：範建離、楊家楨、施朝鳳、陸興德、陸□春、施仕宏、施應中、範雲光、徐連洲、施朝剴、施應昭、吳應現、施朝賢、邱懷珍、陸興昌、施應相、施仕堂、施朝清、施仕全等建（十二行）。

　　堰壩開溝一事通行閣村公開，無得橫毫阻坑[①]。倘有不明阻坑持力，報告明官承條□□，孫星亮金呈將（十三行）。

　　　　　民國六年八月朔日四旗田閣村紳商士庶人等同立（十四行）

　　【概述】碑存馬龍縣，保存完好。碑為長方形，高190厘米，寬68厘米。碑心書"署馬龍縣知事雲南陸軍兵站長六等文虎章王公德元之紀念碑"26字，正書。碑兩側書碑文，共14行，計650字，正書，個別字為行書或草書。民國六年（1917）立，楊家盛撰文，李德彰書丹。碑文記載了民國初期馬龍縣的自然、氣候、水利以及當時地方生活、習俗、民風等情況，對研究地方史，尤其是水利狀況有一定價值。

　　【參考文獻】徐發蒼．曲靖石刻．昆明：雲南民族出版社，1999.12：298-301.

勸大梘槽兩岸碑記

陸自炘

　　從來莫為之先，雖美弗彰。莫為之後，雖盛弗傳。如我四村大溝，中隔小河一條，僅搭梘槽一座，未期何年創造誰人倡首？後來修補不計其數，又連年七八月之間，雨集溝澮皆盈，洪水沖壞兩岸豬嘴二丈有餘，猶如破窯之勢。因遠近難尋，至大至長之梘槽，此及

---

① 阻坑：疑誤，應為"阻抗"。下同。

農業第一要端。有老紳耆張朝忠，督率吳從雲、施得英、陳啟明、普銀胡、陳宗等稟情，縣長委令立案，由田工多寡捐資，同溝共井之力通力合作，延萬門下村匠人，開山、打石、搬運，勷起對河兩邊之岸，今已功成告竣。嗟！我農家之田畝，共沾溝水之樂利。特此勒石，以垂久遠。爰為之序。

篆文陸自炘

計開：

山價去銀洋貳塊；

石價、工價去洋圓五十塊；

去石匠吃米一石三斗；

石灰七百斤，去洋二塊三角；

共去小工一千一百六十二個；

共去吃賬三十五千五百文；

百子村田工五百一十個，以三得田四百，甸末、糯左寬村共田工六百一十零半工。

倡首：張朝忠、吳從雲、施得英。

紳首：胡聯喜、普德、曾子錢。

匠人：傅海清、傅廣。

水長：陳啟明、胡成忠、陸義邦、普銀。

中華民國六年仲春十六日
四村眾姓共同立

【概述】該碑原立於武定縣猫街鎮百子村大廟西側山牆上，後被毀。碑文記述紳耆張朝忠等報請縣府立案，倡修大梘槽河岸的事宜。

【參考文獻】雲南省武定縣水電局．武定縣水利志．昆明：雲南美術出版社，1994.11：192-193.

重開金汁溝碑記

李法坤

玉溪為滇中奧 [①] 地，縣治東南獨高亢，無河流，無源泉，所恃以為挹注 [②] 者有三：曰關索壩，曰大壩溝，而源既高，流及遠，其利尤溥者則金汁溝也。先是鄉先輩馮飛熊倡鑿此溝，功未及半，因訟遂寢，廢圮 [③] 幾百年矣。宣統改元，邑大水，災及農田。前刺史何業敬具狀

① 奧：疑誤，應為"粵"。
② 挹注：見"挹彼注茲"。把液體從一個容器中舀出，倒入另一個容器。引申為以有余來彌補不足。
③ 《玉溪市水利志》誤錄為"廢圮"，應為"廢圮"。下同。

以聞，明年，由省庫頒帑三千兩為修浚費。邑紳李森若請於二千兩重開此溝，許之，並檄公總其事。公乃集眾分任，荒度①經營。公家備食具，民出夫役，自源迄委計有十餘里。舊有者修復其廢圯，而加辟其深廣，新鑿者因其地勢高下，墊之平之。開鑿之深廣，各如其度。凡茲工役，取固取堅，給直得人動眾弗擾；公則間日一省視，且治酒食親慰勞焉，以故不督而自勸欣躍以趨公。歷七月而竣工，時宣統辛亥四年也。溝既成，是歲環溝農田禾麥盡熟，再則大熟，今則偏東南無曠土，皆沃壤矣。雖然功成矣，利溥矣，不均利益無以信，今不有紀述無以示後，公復持均壹計久遠，召集村眾，公議善後事。沿溝區段凡三：曰上、中、下，放水以股計，以上晝夜為一股。冬春溝水，上段浸潤豆麥外，悉數盡中、下兩段輪放注蓄，立夏以後，及遇渾水，仍依習慣，上滿下流，先上段放足，以第及於中、下兩段。歲修，三段同力合作。段置壩長一，專司輪放事，各視力給其資。惟上段溝源所在，壩長事繁，年由中下兩段共攤銀幣三十元以為補助。議成，請於今知事劉祖蔭，亟贊成並予立案，永著為例，鄉之人又以坤居久知之頗熟，函囑記其事。坤以為玉溪之有金汁溝，猶吾邑之有金汁河也。河引盤龍江水灌溉東南數百餘村。為此分水溝洞也如其數。凡均水有規，歲修有法，自元以來，利賴數百千年而成規守之勿敢失。以視茲溝其潤澤之遠近廣狹雖不同，而為利農田則一也。李公盡力溝洫至老彌篤，關索壩、大壩溝，先後均賴公力以成。今又重開此溝，繼前人未盡之志，啟後人無窮之利，其為東南計至矣、盡矣，其功德視元之咸陽王瞻思丁②又何如耶！後之人歲克繕修，勿令廢圯，蕭規曹隨③，守而勿失、勿廢，以私勿奇以勢，東南庶幾永賴乎，故樂為之計。是役也，首事艱巨者李森若也，綜核會計者李雲文、鄭東晉也，旦夕視不憚勞瘁者高有貨、鄭占龍、朱立廷、含英叔侄也，例得備書云，並敘次三段分股輪水村戶：

上段：沙頭村、馮家沖、右所屯、中所屯、許家灣、窖塘屯、上邑村、縣城內（附：上新街、北門街）。中段：詹花屯附南門街分水一股，光裕昌分氷兩股，下邑村公分水半股，上鄭屯鄭保和分水一股，納美齋分水半股，李潤分水半股，下鄭屯公分水二股，李貽謀分水一股，常家屯公分水一股，葫蘆屯公分水二股，獨樹屯公分水一股，馮家屯公分水三股半，大盧屯公分水二股，小盧屯公分水一股，高其光弟兄分水半股，經費局分水一股，鴛鴦屯公分水半股。下段：高倉李連芳分水半股，大李官屯公分水三股，海矣屯公分水一股半，馬料河公分水二股，桅杆屯公分水三股，壯旗屯公分水三股附矣莫村。

中華民國六年歲次丁巳④夏五穀旦，記者、書者，前勸學所總董昆明李法坤。請款發起者，

---

① 荒度：大力治理；統盤籌劃。

② 賽典赤·瞻思丁（1211—1279）：一名烏馬兒，回族人，元代初期優秀的政治家。中統二年（1261），任四川、陝西等地行省長官。至元十一年（1274），任雲南省平章政事。在滇六年，政績頗多，置州縣令長，由行省統一管轄；開展屯田，修昆明六河，傳播先進耕種技術，建孔廟等，使雲南日趨安定；立驛站，加強雲南與中原各地的聯繫，深得民從擁戴，對雲南的社會、經濟和文化建設都作出了重大貢獻。至元十六年（1279），賽典赤·瞻思丁死於任上，送葬群眾"號泣震野"。忽必烈聞訊後，"思震典赤之功，詔雲南省臣盡守賽典赤成規。"大德元年（1297）追贈賽典赤為"上柱國、咸陽王"。

③ 蕭規曹隨：蕭何創立了規章制度，死後，曹參做了宰相，仍照著實行。比喻按照前任的成規辦事。

④ 丁巳：疑誤，民國六年歲次丁巳。

前刺史湖南何業敬。立案贊成者，今知事昆明劉祖蔭。通力合作者，沿溝三段各村及股份人等，並公同勒三石分立上、中、下三段，俾有遵守，昭示來茲。西古城劉開學、劉開文分水一股，以上中、下兩段共計水分三十五股。

【概述】該碑立於民國六年（1917）。碑文記述了何業敬、李若森等繼前人之志重修玉溪金汁溝造福民眾之功績，以及議定沿溝區分三段分股輪水的詳細情況。

【參考文獻】玉溪市志辦公室．玉溪市志資料選刊（第十九輯）·玉溪市水利志．內部資料，1987.6：226-227.

南庄約學堂水碑記

劉應元

南庄約學堂水碑記（一行）

有田有水，輪牌分溉，通例也，無所謂水租也。水有租者，惟小[①]三約則然。南庄阱水，自古分為十牌，各（二行）立名目。一下廠，二官下，三隊伍，四橋頭，五、六古城，七抄漠，八百姓，九南庄，十季庄。有明朝古碑可證（三行）。當日按村攤分，想必無租。繼因田多水少，而水乃有租矣。又因溝遠者難放，而水有買賣矣。迨至增（四行）添火醮水、左家水，而水乃成十二牌矣。夫火醮水以公濟公，尚屬公理。若左家水，則必強權也。古城（五行）水內變出雷家水一夜，亦為強權無疑。所以左雷二水繁亂複雜，百弊滋生，約中人久有贖買歸公（六行）之意。適於民國三年，本約得賑歀銀叄百餘圓，公議即將此銀贖買左家水一牌，更名曰學堂水。其（七行）納租與火醮水相等，暫作學校歀費。如學校有變更，即將此租輪辦水利。至水利足時，仍歸學務。或（八行）分或合，因時制宜。但不得於學務水利外，借故侵挪。惟是火醮水則七甲之公也，學堂水則九甲之（九行）公也。而九甲中又各分多寡，則由賑歀之多寡而定也。當即立有合同九張，各村柄存，互相維繫，以（十行）息爭端，以防破壞。茲並詳十二牌之原因，壽諸礎碣。惟望後之人能善其後，永保公益云爾。古碑並（十一行）立於旁，以備參考。各村應有租數附計於後，以備將來（十二行）。

宗旗廠應有租肆石。顧旗廠應有租貳石伍斗。古城村應有租貳石伍斗（十三行）。上南庄應有租伍斗。河上湾應有租貳石伍斗。下南庄應有租貳石伍斗（十四行）。中南庄應有租壹石。謝旗廠應有租貳石伍斗。羅華閉夏村應有租貳石（十五行）。

前清咸薦隱園居士劉應元子乾甫謹識（十六行）。

民國七年[②]歲在戊午孟春月中浣吉旦。

---

① 《大理叢書·金石篇》錄為“小”，據拓片應為“中”。
② 民國七年：1918 年。

闔約紳耆（略二十五人名）①

楊汝榮、楊國泰、華玉軒、鄧恒、葛興仁、劉殿元、虞其昌、李國禎、施善、劉慶秦、謝鈞、張運隆、楊兆科、李鍾燦、華春常、葛鍾琪、李光國、羅成章、姚杰、羅光明、宗兆貴、趙興惠、項東志、方嶔、適光宗等仝立（十七行）。

【概述】碑存巍山縣廟街鎮古城村寺。碑為大理石質，高70厘米，寬45厘米，額刻"永保公益"4字。碑文直行楷書，文21行，行8-38字。民國七年（1918）立，劉應元撰文并書丹。碑文記錄了南庄阱水的水利情況及辦學資料。

【參考文獻】楊世鈺，趙寅松.大理叢書·金石篇（卷四）.昆明：雲南民族出版社，2010.12：1716–1717.

據《大理叢書·金石篇》錄文，參拓片校勘。

移井記

藍有光

縣舊制中學校設立於煥文書院中，校前舊有一井，雖開浚在先，而堪與家每多顯議。光②本非知風水者也，此中休咎③，豈敢臆說。井當其街，其不便於出入也實甚。爰集同事同君少青、王君孝全、何君崧生等，會議勸捐移置其旁，並舉鄉人吳君蔭華、李君茂圓、王君竹虛等擔任鳩工改造。一時捐金者、督工者相繼樂從，斯舉遂定。計工興戊午④之春，未及半月即樂成，其工之速，其費之省，固為掘井者所僅見。而其源泉之湧，既甘且洌，更視舊井為有加，事半也，而功倍之。僉以為挹彼之茲⑤，"井養不窮"⑥，徵光倡議之功不及，此顧光有何功。惟在樂捐諸君子，縱不以為功，然飲水思源，事不忘所自始也。盍刻捐石以記之。鄉人曰："諸用是備述顛末，並錄芳名而為之記。"

【概述】該碑立於民國七年（1918），藍有光撰文。碑文記述了建水縣因舊井擋道出入不便，拔貢藍有光等倡議集資移井的詳細經過。

【參考文獻】許儒慧.遺留在建水碑刻中的文明記憶.昆明：雲南人民出版社，2015.11：66.

---

① 《大理叢書·金石篇》略錄二十五人姓名，今據拓片補錄如上"楊汝榮、楊國泰……方嶔、適光宗等"，計71字。

② 光：即藍有光。

③ 休咎：疑誤，應為"休咎"。休咎：吉與凶；善與惡。

④ 戊午：即民國七年（1918）。

⑤ 挹彼之茲：常作"挹彼注茲""挹彼注此"。

⑥ 井養不窮：語出《周易·井》："井養而不窮也。"意為：把水井治理保護好，則水源不盡。比喻不斷得到別人的恩惠。

江尾村開鑿篆塘碑記

楊汝盛

江尾村 [①] 開篆塘記

余村住縣城五里許，居滇池之東，距省約四十里。水陸可通且往昆陽、海口、晉寧等處，尤利舟行。惟是停舶池畔維難。村之北有大溝一條，上自秧田，下通滇池。原屬私產，歷來用之捕魚。其內計分三股：盛興家兄汝福合占二股，張姓占有一股，村中有識者欲就之開為篆塘以利舟楫，卒以及難工鉅未果行。壬子春，村董張樵、李長發諸公復起倡儀 [②] 開鑿，進省就商於盛。盛以有利地方，竭力贊成，且謂如諸君果實行舉辦，盛認勸家兄將所有大溝捐助之。其張姓一股及因擴充塘幅，溝埂改有侵占私人田地者，則由公家酌賞其價值議成歸來，隨即公推賢達熱心者十餘人，董理其事，合謀進行。一面勘定位址，一面籌措資金，所占私人田地，當即議價賠償或以公產易之，並按戶派工開鑿，而疏浚之未及匝月已告成功。其董事之熱心任事，村民之勇於公益，誠足欽佩，計其塘幅東西約寬一十五丈九尺，南北約寬一十二丈五尺，全溝均寬二丈，兩岸埂各寬八尺。噫嘻，當此文明□進之世，商務奮興之時，中西有識之士莫不視交通為要圖。如香港海口辟而東西便，巴拿馬運河開則世界通。自此篆塘功成。宣特村之文明進化，商務振興已哉，其附近城鄉亦將因之利便興隆也。盛以公暇施里，承諸鄉長之命爰撮其顛來 [③] 之金石，盛來能文聊述此者，昭信示也。至應如何保護及改良，尚望俊 [④] 之賢者。是為記。

董事：張樵、李長發、楊起源、張汝升、林朝華。

評議：張汝霈、肖忠、張榮品、徐汝為、張斌、張華魁、張汝能、李成英、段成、楊鑫、張汝舟、張舒芹、姚正春。

監督：段篪、張樹勳、楊思澤、張應濤、施惠、李政、張懷仁、張向坤、張汝昌、張春。

鄉約：徐六科、肖雲。

里人：楊汝盛撰文，張懷仁書丹。

大中華民國八年共黃□月穀旦
河西楊新有勒石

【概述】碑原立於昆明市呈貢區江尾村兜底寺內，現存於李敏故居內。碑為墨石質，高125

---

① 江尾村：江尾村位於滇池東岸湖濱平原，瀕臨洛龍河入湖口，東北距呈貢縣城2.5公里。原有古迹兜底寺、海潮寺、小青寺、觀音寺等。

② 儀：疑誤，應為"議"。

③ 來：疑誤，應為"末"。

④ 俊：疑誤，應為"俊"。

厘米，寬61厘米，厚14厘米。民國八年（1919）立，里人楊汝盛撰文，張懷仁書丹，河西楊新有勒石。碑文記述江尾村民眾為利舟楫、振興商務而開鑿篆塘之事。

【參考文獻】中國人民政治協商會議昆明市呈貢區委員會．呈貢歷史建築及碑刻選．內部資料，2013.11：292-294.

龍洞靈泉寺碑記 [①]

福緣善慶　功德無量

楊定芳

茲因三十五年 [②]，重修靈泉寺。完時，田戶人等議決，大龍水四季依老水刻長流，不可柵阻。如有私柵水刻，查覺議定，罰香油廿瓶入寺；倘鼓抗者，由田戶等照規重處重罰。

蓋聞自盤古開闢以來，三皇五帝 [③] 之起，興三德五事 [④] 之聖化，惟稱神農氏，嘗得乙物，結成一果，香甜美味，名為五穀。而食斯物，以養萬民，因此樂業。後稷教民稼穡，播種五穀。而五穀，乃水所養。但天下昆蟲草木，凡有血氣，非水不養。有水能生，有水則有龍，有龍則感恩天上，普濟於人間。

抑為民國丁巳年五月二十八日戌時，風雨不調，天降滂沱，洪水橫流，淹填田畝不少。眾等茲有楊國和、楊興科、張秀等，約同眾田戶人等，公同商議，每畝壹工，捐出功德銀洋四角，勿論遠近肥瘦，田畝均皆平攤，以資建造。載明幫助到聖母、龍王、土主諸佛廟宇應用，以感源泉滾滾晝夜不舍之功，溥溥川流不息之恩。仰仗時雨之化，澤潤萬戶之田，以致同初。漢晉以來，庶民無不遵之信之，由是，前輩創修一正兩廂，業已坍塌，而廂房前人未修。此刻，眾等同心協力，重修大殿、廂房、耳房，亦改移大門，由左廂下格而進。眾備出銀洋拾元，補我在左耳房應用，仰該人人皆知，將廟修整全美完竣。而水源所管田畝者，共計壹千零六十八個工之田數，共捐功德銀四百貳十柒元貳角，所有碓房共捐功德銀貳十六元五角。將此銀耗盡，不敷銀拾捌元三角，以為格外募化公德，不派田工。

然而，水刻者仍照從前古規，龍塘內正分二刻，拾份均分，頭條溝二份，中溝四份，糖房溝四份。而糖房溝水至楊國正碓房又同中溝平分，一邊二份，有小白龍水溝上應著拾個

---

① 靈泉寺：坐落於太平鎮龍洞自然村東北側，創建於清光緒二十五年（1899）。民國八年（1919）群眾集資增蓋正面房、廂房、南北廂房多間，後為學校用房，今為龍洞小學校址。

② 三十五年：疑誤，應為"光緒二十五年"。

③ 三皇五帝：三皇，即伏羲、神農、黃帝；五帝，為少昊、顓頊、帝嚳、堯、舜。原為傳說中我國遠古的部落酋長，後借指遠古時代。

④ 三德五事：三德，謂正直、剛、柔；五事，謂貌、言、視、聽、思也。

工之田，准應在糖房溝之內。其中溝水行至八張碓，又為拾份均分，平田貳份，下河貳份，中溝六份。

以後各溝按規額放水，勿得偷砍水刻。然而，放水者不得恃強欺弱鼓放，亦不得依勢壓人逼放。以後若有愚蠢之人，不遵放水規矩者，決定處以罰金伍元，不能減讓。然而，罰得金者入於靈泉寺香火之資。前以尚未勒石，引水篡亂，故此刊碑垂石，永世不朽云。

再者，又批明不敷銀拾八元三角，龍井寨共捐七塊四角，等子鋪楊興科、楊福萬各捐二元五角，楊福昌、楊合元、楊在升各捐十元，楊天元、楊漢元各捐六角，楊正賢、楊合昌各捐二角，張家寨仍照田工派三塊五角，以清工匠之賬。

上溝田工，等子鋪十一個，龍洞一百一十三個，張家寨十五個。中溝田工，等子鋪二百零十九個半，龍洞二百六十二個，出岩子頭有九十一個，橫溝四十四個。中河，等子鋪一百二十八個，龍洞十五個，張家寨三十一個，蒲草田在內。糖房溝田工，等子鋪八十一個，龍洞三個，張家寨八十四個，外小白龍水十個。平子田，等子鋪十八個，龍洞十三個，張家寨二十八個。

中華民國八年①孟夏月中浣小滿前一日廟中，初等小學校長楊定芳敬書，本境士庶眾姓人等特立。

靈泉寺壩內，栽種上下香若②，倘有六畜亂放，小人誠恐就便；偷拿什物有贓，報明本廟、紳士前，以公同議決，重處重罰可。

【概述】碑存保山施甸縣太平鎮龍洞村龍王廟旁。高119厘米，寬73厘米。碑體保存完好，字迹清晰。民國八年（1919），民眾同立，楊定芳敬書。碑文記述民國年間，民眾重修、增修靈泉寺，并共同議定各溝遵照古規按規額利用大龍水的詳細情況。

【參考文獻】中國人民政治協商會議施甸縣委員會，施甸縣文史資料委員會．施甸縣文史資料（第四輯）：施甸碑銘錄．內部資料，2008.7：165–168.

上下沐邑、新仁太平水利糾紛判決碑 ③

劍川縣 行政／司法 公署第一審民事判決堂諭

判決　原告人：羊長壽、楊顯亮、楊攀柱鈞上下沐邑住務農

　　　被告人：顏嗣卿務農、陳瑞卿軍界、李兆華務農，均新仁里、上下太平各村住

右判當事人，因爭水分涉訟一案，經本知事開庭審訊明確，特為□□□□訊得由螳螂

---

① 民國八年：1919 年。
② 香若：疑誤，應為"香茗"。
③ 原碑無碑名，現據碑文內容新擬。

河（下缺）均分潤新仁里等各村與上下（下缺）上溝□新仁裏各（下缺）爭訟，歷經前清魏①、呂②各任公□□□□□□案，該上下沐邑均應得此河水四分之一，現復爭執。經本知事親臨踏勘，復據化龍村村長、耆老海聘江、早成勳、海文蔚、早恒昌等共稱，此條由村中心過西之溝，原系古溝，化龍村田均以此水灌溉，上下沐主邑確系接此水源以資灌溉。是以，上下沐邑人之對於此項水分接引灌溉自古為然。況該村系接化龍村之溝尾，若不許分下此溝，不惟沐邑無水灌溉，既化龍水源之地，亦將無水灌溉秧田田畝。不特無事，亦更無此理。現時，該新仁里等村將此分水溝口填塞，實屬頑橫無理。應照村落多寡，判令該新仁里各村得中溝水十分之七，上下沐邑得溝水十分之三，以昭平允，而免混爭。訟費新仁里等村負擔。此諭

　　　　劍川縣知事楊天一　　楊天一印

　　抄錄費二錢五分，送造費一錢五分。錢即角也。

　　民國九年③十一月十三日發給

　　　　上下沐主邑　楊顯亮　楊炳呂　楊顯祿

　　　　　　　　　　羊長壽　楊攀柱　楊玉樹

　　　　　　　　　　羊恩沛　張燦顯　李炳元　收執

　　刻石保存上下沐邑紳楊雲漢照書核對無訛

　　【概述】碑存劍川縣金華鎮下沐邑村關帝廟內，已殘損不全。碑為大理石質，高35厘米，寬62.5厘米。碑文楷書，文28行，每行字數不等。民國九年（1920）立，邑紳楊雲漢書丹。碑文刊刻了民國年間，劍川縣知事審理上下沐邑與新仁里、太平等村水利糾紛訴訟案件的判決文告。

　　【參考文獻】高發元.雲南民族村寨調查：白族——劍川東嶺鄉下沐邑村.昆明：雲南大學出版社，2001.4：228-229.

① 魏：指魏鴻燾。光緒十二年（1886），新仁、太平村民將原沐英所開古溝阻塞，截斷上、下沐邑水源。村中文生告至官府，時任劍川知州魏鴻燾，訊悉端倪。考古碑所載，認為"沐邑應接螳螂河水四分之一昭然可考"，"且踏看填塞溝道，正為沐邑接引螳螂河水要道，其為古溝可知"，又對方所稱"螳螂河水原有古規"無任何實據，顯然為"架捏情弊"，故判令沐邑"即將所填古溝挖出，仍接螳螂河水四分之一。各村不得攔阻，沐邑人亦不得越蔭。并將此判勒石為碑，以成鐵案"。此為沐邑與周圍村子的第一次水利官司。（高發元主編：《雲南民族村寨調查：白族——劍川東嶺鄉下沐邑村》，169-170頁，昆明，雲南大學出版社，2001）
② 呂：指呂調陽。光緒二十年（1894），新仁、太平鄉紳王時彥等又"檀行聚眾，妄阻秧水"，當時知州呂調陽"照前官（指魏鴻燾）判斷"，判之"立將水口挖開，照舊分水，不得阻止"，此為前一次官司的延續。（高發元主編：《雲南民族村寨調查：白族——劍川東嶺鄉下沐邑村》，170頁，昆明，雲南大學出版社，2001）
③ 民國九年：1920年。

上下沐邑水分① 石刻碑②

劍川州州③正堂魏　　　　　　　　　　　　　　　　　　　　為

批判立碑，永為鐵案遵守事。照得上下沐邑文生楊趙清等，具（一行）控^{太平④}_{新仁}王時彥滅古塞溝一案。批：查此案曾經訊（二行）悉端倪，踏看清楚，兼考古碑所載，螳螂河水原屬沐主（三行）邑楊琳、新仁里陳九疇、太平村吳震、庄登村段彬各一（四行）分，是沐主邑應接螳螂河水四分之一昭然可考。且踏（五行）看填塞溝道，正當沐邑接引螳螂河水要道，其為古溝（六行）可知。況查閱劉伯剴詞，稱螳螂河水原有古規，又不能（七行）將古規如何分法，有何實據，詳悉指出，其為架捏情弊（八行），又更顯然。至將麥地水田搪抵之處，尤為荒謬。夫麥地（九行）亦須灌溉，並非山林曠野，絕無水分可比。如謂麥地受（十行）水少，田畝受水多，豈受水少即有水分、受水多則可滅（十一行）其水分耶？而沐邑總不過蔭螳螂河水四分之一耳，雖（十二行）有益於沐邑，究何害於各村？種種呈詞，殊無情理。本州（十三行）權事斯邑，諸迅⑤悉秉大公斷，不能存五日京兆之心為（十四行）左右袒。前管事李汝霖、陳宗敬一行，辦事尚屬公平，仰（十五行）再迅赴該處，監率沐邑，即將所填古溝挖⑥出，仍接螳螂（十六行）河水四分之一。各村不得攔阻，沐邑人亦不得越蔭。並（十七行）將此判勒石為碑，以成鐵案。倘有不遵，着即將某處某（十八行）人不遵據實呈稟，以憑拘究，毋得以兩造各執一詞，含（十九行）混具稟，致于⑦并究，以昭平允。此判，先此實貼署前曉諭（二十行）。光緒十二年十二月廿日發。着即刻石勒碑，永為遵守（二十一行）。

右判給沐邑^上_下兩村紳楊^{趙清}_{飛龍}者^{張廣生}_{楊聯發}等准此（二十二行）

特授劍川州正堂呂示　今將批閱呈詞開后（二十三行）

計開　一件，據東庙廩生楊運亨并各村紳民等具呈（二十四行）^{生員}楊趙清、楊時昌等越界霸奪截斷水道一詞（二十五行）

批⑧據公呈稱，該紳民等村為此水利案件在前魏任內未經（二十六行）了結，何以謝任內數年之久又不復控？豈數年不用水灌（二十七行）溉乎？及本州任內，既是沐邑村不應放

---

① 《雲南民族村寨調查：白族——劍川東嶺鄉下沐邑村》錄為"分"，據原碑應為"份"。
② 《雲南民族村寨調查：白族——劍川東嶺鄉下沐邑村》漏錄"之二重"3字
③ 《雲南民族村寨調查：白族——劍川東嶺鄉下沐邑村》多錄"州"字。
④ 《雲南民族村寨調查：白族——劍川東嶺鄉下沐邑村》漏錄"村"字。
⑤ 《雲南民族村寨調查：白族——劍川東嶺鄉下沐邑村》錄為"迅"，據原碑應為"凡"。
⑥ 《雲南民族村寨調查：白族——劍川東嶺鄉下沐邑村》錄為"挖"，據原碑應為"抅"。
⑦ 《雲南民族村寨調查：白族——劍川東嶺鄉下沐邑村》錄為"于"，據原碑應為"干"。
⑧ 《雲南民族村寨調查：白族——劍川東嶺鄉下沐邑村》多錄"批"字。

此河水，該紳民等（二十八行）宜先呈明情節，候傳訊，明確是誰抗違，然後阻止，方在情（二十九行）理。乃該紳民等檀①行聚衆，妄阻秧水，實屬目無官長。本州（三十行）照前官判斷，飭令鄉約及王時彦，仍遵前案舉行，諒無錯（三十一行）誤，該紳民等曷得妄自瑣瀆？此飭，按呂州主押令鄉約王時彦二人立將水口挖②開，照舊分水，不得阻止（三十二行）。

  光緒二十年五月初八日，發實貼署前曉諭（三十三行）。

  上下沐邑水分始末石刻碑書後：上下沐邑之有水分，自（三十四行）元、明移民開墾至今。清乾隆間，州長李更立有四分水碑（三十五行），在今警局南山牆下。乃沐邑貢生楊琳、新仁里貢生陳九（三十六行）疇、太平村紳吳震、庄登村紳段彬四君，倡修螳螂河源木（三十七行）石沙倉，並治沐英所開沐邑、王家、早家三溝，時以四村田（三十八行）居水尾，稟請州長照沐英舊制，通詳立案，特予水分之碑（三十九行）也。清光緒十二年，新仁、太平各村恃③衆橫霸，經魏州鴻壽（四十行）公考查碑文，親看水道，判令賡續，將判勒石，永為遵守。乃（四十一行）魏州不久離任，石刻因循至今。而古四分水碑又年久剝（四十二行）蝕，清光緒二十八九年④，饒州能弼私改為按察司章程碑（四十三行），今縣署頭門北首最粗老石碑是也。古碑未改時，尚有魏（四十四行）呂二公手之水分訟⑤；既改後，而魏呂二公之判決又（四十五行）無石刻以存之，安免強鄰之侵虐乎？今既為共和民族也（四十六行），而復有楊縣天一公手之⑥案發見，又豈能逆料者哉（四十七行）？本村用是石刻水分始末，俾後人有所遵守勿失，幸泯強（四十八行）鄰之爭競，則亦使民無訟之一端也。是為之記，以為石刻（四十九行）書後。又楊縣判本，以新章體例另作一碑并記（五十行）。

  民國九年劍川東鄉上下沐主邑立，州⑦紳楊雲漢記并書（五十一行）

  【概述】碑存劍川縣金華鎮金星村下沐邑老年活動室內，嵌於該室大門西側之墻壁上。碑為大理石質，高41厘米，寬106厘米，碑文直行楷書，文51行。民國九年（1920），上下沐邑民衆同立，州紳楊雲漢記并書。碑文刊刻了光緒十二年（1886）魏知州、光緒二十年（1894）呂知州處理上下沐邑與太平、新仁等村之間的水利糾紛案件的判示，記述了乾隆年間李知州所立四分水碑的更易情況及民國年間楊知事判本的發現等，擺事實、講道理，冀望民衆遵古制、均水分以息爭訟。

  【參考文獻】高發元.雲南民族村寨調查：白族——劍川東嶺鄉下沐邑村.昆明：雲南大學出版社，2001.4：225-227.

  據《雲南民族村寨調查：白族——劍川東嶺鄉下沐邑村》錄文，參原碑校勘，形制為實測，行數為新增。

---

① 《雲南民族村寨調查：白族——劍川東嶺鄉下沐邑村》錄為"檀"，據原碑應為"擅"。
② 《雲南民族村寨調查：白族——劍川東嶺鄉下沐邑村》錄為"挖"，據原碑應為"扲"。
③ 《雲南民族村寨調查：白族——劍川東嶺鄉下沐邑村》錄為"特"，據原碑應為"恃"。
④ 《雲南民族村寨調查：白族——劍川東嶺鄉下沐邑村》漏錄"間"字。
⑤ 《雲南民族村寨調查：白族——劍川東嶺鄉下沐邑村》漏錄"則碑"2字。
⑥ 《雲南民族村寨調查：白族——劍川東嶺鄉下沐邑村》漏錄"水分"2字。
⑦ 《雲南民族村寨調查：白族——劍川東嶺鄉下沐邑村》錄為"州"，據原碑應為"村"。

下南庄贖水碑

虞克昌

下南庄贖水碑（一行）

蓋聞國以民為卒，民以食為天。而食之所自來則在於田，與水何涉乎？然苟無水，則田不得灌溉，禾（二行）苗必槁，又安望其結實乎？然則食之原因固在田，尤在水也。原本村自古領有南庄大箐水一晝夜，其名（三行）即曰 [①] 南庄水，每牌十二門 [②] 一輪。本村之水，全箐又分為二十份。先年賣出者已多，而未賣者甚少。今因田多（四行）水少，難以灌溉。闔村老幼公同妥議，集股銀將此水贖回。而猶恐後人復又租賣與外，爰邀闔約紳民，公（五行）議條規斂 [③] 則，勒石以垂不朽云爾。謹將公議水規開列於後。計開（六行）：

一、水既贖回，永為本村之水，不得任意租賣於外。若有租賣與外村者，即將其水歸公。

一、水每年自五（七行）月初一必至摸左墳大水平下，方得分放。自十月初一，分放於各家水塘內亦可。

一、每逢大箐水（八行）之日，小箐中不准私徹塘水。其大小箐水會合，共作二十三份，大箐水二十份，小箐水三份。小箐無論遇（九行）何樣水，均照此數，不得增減。倘有強霸盜竊此水，公議處罰興辦水利費用。

一、大箐接水之（十行）時，皆以日出為定。每遇水期，日出從總壩挖來，至次早日出，寄庄莊水方得挖去，不得先後（十一行）。

一、小箐遇大箐水尾之日，必待大箐水斷，方許砌完。不得總壩方挖去，即切水尾。

以上五條，係（十二行）闔約紳民公訂，本村之人個個均有保守之責。逮 [④] 者以破壞公益處之（十三行）。

憑紳老（略二十八人名）。

本村（略二十五人名）。

竹圃 [⑤] 居士郡人虞克昌紹義氏謹識（十四至十九行）

民國九年歲次庚申孟夏月上浣之吉
合村士庶老幼人等仝立（二十行）

---

① 《大理叢書·金石篇》錄為"日"，據拓片應為"曰"。
② 《大理叢書·金石篇》錄為"門"，據拓片應為"日"。
③ 《大理叢書·金石篇》錄為"斂"，據拓片應為"數"。
④ 《大理叢書·金石篇》錄為"逮"，據拓片應為"達"。
⑤ 《大理叢書·金石篇》錄為"圃"，據拓片應為"蘭"。

【概述】碑存巍山縣廟街鎮下南庄村華嚴寺內。碑為大理石質。高78厘米，寬42厘米。額刻“永垂不朽”4字。碑文直行楷書，文20行，行6–40字。民國九年（1920），合村民眾同立。碑文記述了下南庄民眾集股銀贖回所賣之水，并將水規詳細勒石示眾的史實。

【參考文獻】楊世鈺，趙寅松. 大理叢書·金石篇（卷四）. 昆明：雲南民族出版社，2010.12：1724–1726.

據《大理叢書·金石篇》錄文，參拓片校勘。

保場四溝碑記

趙重陽

特授永昌保山縣長符 [①]、署理施甸縣佐 [②] 楊 [③] 二公之德政

嘗讀《易》有曰：“天一生水，地六成之。”久矣，此前人之定例，尤賴後人繼述也。如四溝數千畝之糧田，全賴東山此數□ [④] 而灌溉。由蔡家寨腳而發源，左有龍洞山腳一泉，大洞山腳一泉；右有三尖山腳一泉，新寨山腳一泉，紅石岩一泉。此數泉之水，順流三十餘里，至大河口分為四溝，按地支分放，晝夜輪流，四時不得紊亂。□勺如□溝以上之麥田，至芒種後，以竹筒渡放，四時不得浸擾，此歷來之例規也。禍因蘆子箐、扭松林（下缺）丘無水灌溉，反將四溝之水全行霸去。四溝眾等報明地方，向其理論。不料楊有蓁等不遵古規，反行□□專騙以訶。蒙符縣長批示，委令施甸縣佐楊親臨踩勘驗明，有古碑可證，蒙恩縣佐將兩造傳訓詢□，清理實情，當堂判斷。令二比仍照古規分放，准其蘆子箐、扭松林至芒種後以竹筒引渡，日後再不得四時浸擾。兩造悅服，同立堂判可證，以垂永久不朽云。

碓房乙共四十一座，磨房乙共四十座。

（坐落略）

以上所有之碓房每年至龍王勝會着租米五斗，磨房着香油五斤。

趙重陽、楊永清、楊大生、石進柱、段有林、楊國亨、段寶、張進緒、李世昌、楊樹時、趙其實、趙仝發、楊發琦、段連登、趙連發、李安然、趙發榮、李應時、段名有、楊□□。

前清永昌府學武庠生體乾趙重陽撰

前清例貢進士□□儒學訓導茂山段成林書

大中華民國拾年冬月初一日穀旦

① 符：指符廷銓，宣威人，時任保山縣長。

② 縣佐：縣令輔佐官員之統稱。辛亥革命後專置縣佐官職，為縣知事之佐理，設於縣內要地，不與縣知事同城。掌理縣知事委辦的各項事務，并得於駐地就近指揮監督該地員警及處理違警案件。後廢。

③ 楊：指楊錫時，保山人，時任保山縣施甸分治縣佐。

④ □：據上下文，疑為“泉”字。

【概述】碑存保山施甸縣仁和鎮保場東山寺。高124厘米，寬58厘米。民國十年（1921）立，趙重陽撰文，段成林書丹。碑文記述民國年間，蘆子箐、扭松林村民強行霸占水源，致與四溝民眾產生糾紛，永昌府委令施甸縣佐勘明并判令依古規分放的事實。

【參考文獻】中國人民政治協商會議施甸縣委員會，施甸縣文史資料委員會. 施甸縣文史資料（第四輯）：施甸碑銘錄. 內部資料，2008.7：169-171.

五十三村公田水利碑序（一）

徐聯鈞

五十三村公田水利碑序（一行）

五十三村奚以名為團體而名也，然五十三者統詞也，實則八十餘村焉。舊時分隸三屬所居村落，星列（二行）棋布，勢如散沙。乃飫集合而成團体，雖時世有古今，人事有代謝，而此團体則愈久而愈固者，其故何□（三行）？曰："叭有因以相維相係也。"其因為何？曰："玉皇閣者，五十三村團体之總因也。"而南、北、馬桑溝三阱之水（四行），及各斗醮[①]香火之公欵、公產，又其團体之分因焉。玉皇閣之建以舊無記載，不知其所自始，社祠之□（五行）悉火於兵。危樓傑閣，惟遺瓦礫，劫灰咸平。浚先輩孟光魁君，昆仲[②]楊星海君、白鴻昇君，先大父壽亭君□（六行）倡首重建，照舊址而廓大之。而團體之總因復立至三阱之水，雖有成規可循，而水利碑則遠在賓川，各（七行）斗醮香火公產，尚係會首及住持之僧經理。清代末葉，上峰禁止斗醮，搜提公欵，興辦學堂。而各公欵田（八行）產乃統歸收支逮管。然，田產散在各村，雖由收支按佃收租，而無田冊以實之。同人等懼有隱漏，諸□（九行），議勘丈而訖，無成謀。民國七年歲在戊午，彌地股匪猖獗，抄搶之外擄人勒贖，民間一日數驚。同人等□（十行）辦鄉團保衛桑梓。凡屬於團体內者，莫不捐資進行，不足則賣三阱散水以濟之。至次年二月匪風斂□（十一行），解散鄉團，乃以具餘欵，勘丈公田經營，彌月始克就緒。雖造有清冊四本，仍恐久則散失。且三阱之水皆（十二行）有例可循，而本境並無碑記可稽，亦一缺點也。特公議共同勒碑，以垂不朽。三阱水利則按照嘉慶三年[③]（十三行）、嘉慶二十一年[④]原碑絲毫不敢更易。議既定，同人僉囑鈞敘其事，鈞亦團體中一分子，不敢以不敏辭。因（十四行）揭其梗概如此，是為序（十五行）。

民國十年歲次辛酉孟秋月下浣之吉，前清增生徐聯鈞伯衡氏謹撰並書（十六行）。

謹將五十三村各項公田坐落、四至、粮數逐一開列於後（十七行）。

---

① 醮：本指道教的一種隆重的祭天神的儀式，後泛指各種祈福消灾的法事活動。

② 昆仲：對別人兄弟的稱呼。

③ 嘉慶三年：1798 年。

④ 嘉慶二十一年：1816 年。

計開（十八行）：

至聖會^①項下：共大小拾坵拾肆畝式分（十九行）。

一、坐落楊家營東甸，大小肆坵，計柒畝。東南北三至溝，西至楊姓田。一、坐落周新營西北甸，海塘壹（二十行）坵，計壹畝捌分。東西二至聞姓海塘，南至徐姓田，北至溝。一、海塘上秧田壹開，計柒分。東至聞姓（二十一行）海塘，南至聞姓房地，西至徐姓田，北至溝。一、坐落周新營南甸，田壹坵，計壹畝式分。東西二至聞（二十二行）姓田，南至潘姓田，北至溝。一、坐落周新營西北甸，田叁坵，計叁畝五分。東至聞姓田，南至溝，西北（二十三行）二至徐姓田。以上五分，共完景里前所李清伍至聖會戶銀壹兩叁錢伍厘（二十四行）。

【概述】該碑無文獻記載，資料為調研時所獲。"五十三村公田水利碑序"共四通，該碑為第一通，碑額陽刻"永"字，圓形背景。碑存彌渡縣新街鎮大西莊街玉皇閣南牆，青石質。高94厘米，寬64厘米。碑文直行楷書，文24行，行2-40字，計778字。民國十年（1921）立石，前清增生徐聯鈞撰文并書丹。碑文詳細記述了自古以來三阱水利及各斗醮香火之公款、公產乃五十三村團體得以維繫的成因，以及作者撰寫五十三村公田水利碑序的緣由，文末刊刻了至聖會項下五份共拾丘拾肆畝貳分公田坐落、四至、糧數。

五十三村公田水利碑序（二）

一、義學公田，坐落咸宜莊西甸，田貳坵，計叁畝柒分。東西至鄭姓田，南北二至溝。一、坐落咸宜莊西甸，田壹坵，計□□（一行）。東北二至鄭姓田，南至溝，西至蔡姓田，共完中七甲義學公戶茶米壹斗捌升伍合（二行）。

醮會^②公項下：共田貳拾陸坵，叁拾肆畝伍分（三行）。

一、坐落后所營西甸，田貳坵，計叁畝。東至王姓田，南北二至溝，西至袁姓田，完中九甲春醮會戶條米叁升伍合。一、坐落右（四行）所營西甸，田叁坵，計式畝。東至袁姓牆腳及田，南至路，西至袁姓田，北至牆腳及金姓田。一、坐落后所西甸，田壹坵（五行），計壹畝伍分。東西二至袁姓田，南北二至溝，共完雲白川后所營軍秋粮壹斗四升。一、坐落上蒙化廠南甸，田陸通長，共拾（六行）坵計拾式畝伍分。東至朱姓田，西南北三至溝，完白后楊圯伍天醮會戶老秋粮，拾四畝伍分。隨有馬桑阱水三月廿八（七行）日全所壹晝夜。一、坐落史近廠北甸，田叁坵，計四畝叁分。東至李姓田，南北二至史姓田，西至溝。一、坐落史近廠北（八行）甸，田壹坵，計七分。東南北三至史姓田，西至溝，共完直立楊圯伍天醮會戶老秋粮，式畝捌分。一、坐落史近廠北甸，田□（九行）坵，計叁畝。東南北三至史姓田，西至溝。一、坐落史近廠北甸，田肆坵，計七畝五分。東至河，南至李姓田，

---

① 至聖會：當地民間組織。
② 醮會：為祭祀或祈禱神靈、安撫幽冥而舉行的傳統民俗及民間宗教信仰活動。

西北二溝□（十行）。蒙直立白中前、洪世勳伍天醮會，戶馬料粮陸畝（十一行）。

南斗會^①公項下：共田拾陸坵拾七畝九分（十二行）。

一、坐落后所營東甸，田式坵，計壹畝叁分。東西二至袁姓田，南至河，北至溝，完雲白川后所軍秋粮壹斗六升。一、坐落 下 （十三行）高倉西甸，田拾叁通長，計廿伍畝。東至溝及海塘，西南二至溝，北至周姓田。完景里前所童盛伍定啓戶條銀壹兩伍錢式（十四行）分五厘，隨有叩明村地龍水壹晝夜。一、坐落江官廠西甸，田壹坵，計一畝六分。東至江姓田，南至近水溝，西至姚姓田（十五行），北至荒地，完景里前西江□伍南斗會戶条銀壹錢。一、荒地壹塊，坐落小竹蘭西甸。東至姬姓房基，南至小路，西北二至（十六行）小河，完楊圯伍南斗會戶秋墾粮九畝七分三厘（十七行）。

北斗會公項下：共田式拾柒坵，肆拾伍畝肆分（十八行）。

一、坐落后所營東甸，田叁坵，計四畝。東至陸姓田，西至袁姓田，南至河，北至溝。完雲白川后所營軍秋粮壹斗，隨有北溝陰（十九行）上壩何伍水廿^②三份半 中 之壹份。一坐落双村北甸，田玖坵，計拾壹畝四分。東至楊姓田，南北二至溝，西至官租田（二十行）。完白里下四甲斗醮會^③戶条米三斗三升五合，隨有寄庄水壹份。一坐落王家庄西甸，田伍坵，計拾壹畝。東西南三至（二十一行）溝，北至楊姓田。一坐落五家庄西甸，田壹坵，計伍分，東南北三至楊姓田，西至溝。一坐落史近廠西北甸，田叁通長（二十二行），計拾玖畝伍分。東西二至溝，南至胡姓田，北至路。一坐落史近廠北甸，田陸坵，計七畝。東至溝及史姓田，西南北三至（二十三行）溝，共完韓正伍北斗會公戶秋墾粮九畝五分六厘。

天誕會^④公項下（二十四行）：

一、坐落小徐家營西甸，伍坵，四畝五分。東北二至官租田，西至徐姓海塘，南至溝。完七甲天誕會戶条米壹斗七升五合（二十五行）。

聖母會^⑤公項下（二十六行）：

一、坐落新白村北甸，壹坵，壹畝伍分。東北二至楊姓田，南至寺後溝，西至谷姓田。完李青伍聖母會戶条五分五厘，茶五斗五合（二十七行）。

【概述】該碑無文獻記載，資料為調研時所獲。"五十三村公田水利碑序"共四通，該碑

---

① 斗會：既指我國民間的一種道教組織，又指該組織舉行的祈禱活動。由於祀奉的物件、會期不同，"斗會"又分南斗會和北斗會。南斗會會期為六月初一日至初六日，北斗會會期為九月初一日至初九日"。（張建章主編：《德宏宗教》，255 頁，芒市，德宏民族出版社，1992）民眾朝南斗（南斗星君）以益算、祈年，禮北斗（北斗真君）以益祿、祈年。（張澤洪著：《道教齋醮科儀研究》，274-276 頁，成都，巴蜀書社，1999）

② 廿：古同"廿"。廿：二十。後也大寫作"念"。

③ 斗醮會：即我國民間的一種道教組織。斗醮：道教朝斗科儀，道教稱之為斗醮，是祈禱斗中眾真的儀式。（潘崇賢、梁發主編：《道教與星斗信仰》（下），537 頁，济南，齊魯書社，2014）

④ 天誕會：當地民間組織。據傳，每年農曆正月初九日是玉皇大帝的誕辰，即日人們都會舉行彈奏洞經音樂、耍龍舞獅等慶祝活動，以表達敬奉之意和喜慶之情，并祈禱來年五穀豐登、六畜興旺、風調雨順、國泰民安。

⑤ 聖母會：當地民間組織。

為第二通，碑額陽刻"垂"字，圓形背景。碑存彌渡縣新街鎮大西莊街玉皇閣南牆，青石質。高94厘米，寬64厘米。碑文直行楷書，文27行，行6-45字，計1015字。民國十年（1921）立石，前清增生徐聯鈞撰文并書丹。碑文詳細記載了義學、醮會、南斗會、北斗會、天誕會、聖母會等的公田坐落、四至、糧數等情。

五十三村公田水利碑序（三）

一、坐落玉阁門下，田叁通長，計七畝。東至王姓牆腳，南至路，西至街心，北至溝。一、坐落玉阁後，田肆通長，計四畝五分。東（一行）西北三至付姓田，南至溝。一、坐落玉阁北甸，式坵，計壹畝七分。東至付姓田，南至玉阁及付姓田，西至荒地，北至河（二行）。一、坐落龔家營西甸，叁坵，計伍畝七分。東西二至龔姓田，南至溝，北至路。一、坐落桐樹庄東北甸，田拾式坵，計八畝五分（三行）。東至張姓田，南至溝，西至李姓田，北至蒙粮田。完中七甲普真戶条米一斗五升五合[1]，平九甲普真戶条米三斗二升四合（四行）。

續將南、北、馬桑溝三阱排輪水逐一開列于后（五行）。

計開（六行）：

北溝阱上壩排水項下：二月初一日景東民放水一晝夜；初二日梘槽口、咸宜庄放水一晝夜；初三日双村放水（七行）一晝夜；初四日小西庄放水一晝，后所營放水一夜；初五日何伍八甲民放水一晝，寄庄民放水一夜；初六（八行）日至初八日，白家營、西馬房二村放水三晝夜；初九日小徐家營、新白村放水一晝夜；初十日上下蒙化廠、張旗廠、廖家營（九行）放水一晝夜。下壩：二月初一日景東民放水一晝夜；初二日總夫民放水一晝夜；初三日双村民放水一晝（十行），新增民放水一夜；初四日陳家庄、冷官營、上沙河放水一晝夜；初五日陳家庄、冷官營、上沙河放水一晝，豹韜衛放（十一行）水一夜；初六日章岡廠、馬軍廠、小竹蘭放水一晝夜；初七日楊家小營、大竹蘭、大荒地、官廠水一晝夜；初八日董口（十二行）營、官家營、下沙河放水一晝夜；初九日上、下高倉放水一晝夜；初十日張總旗營、蒙民、烏旗廠放水一晝夜（十三行）。

以上上、下壩拾日壹排，週而復始，至三月初十日止。三月十一日鑄邑村即今楊家營放全水一晝夜；十二日梘槽口、咸宜庄（十四行）放上壩水一晝夜，桐樹庄、小庄子放下壩水一晝夜；十三、十四双村放全阱水式晝夜；十五日輪水起輪（十五行）。

南溝阱、馬桑阱排水項下：二月初一日桐樹庄、張總旗營放南溝阱水一晝夜，放馬桑阱水一晝夜；初二日張總旗（十六行）營、蒙民、烏旗廠放南溝阱水一晝夜，放馬桑阱水一晝夜；初三日白家營放南溝阱水一晝夜，放馬桑阱水一晝夜（十七行）；初四日大馬房放南溝阱水一晝夜，放馬桑阱水一晝夜；初五日千双地即今大徐家營、張家小村放南溝阱

---

① 合：（1）容量單位，市制十合為一升。"十合為升，十升為斗。"（《漢書》）（2）舊時量糧食的器具，容量為一合，木或竹制，方形或圓筒形。

水一畫（十八行）夜，放馬桑阱水一畫夜；初六日江官廠、□□□放南溝阱水一畫夜，放馬桑阱水一畫夜；初七日陶家營放南溝阱（十九行）水一畫夜，上馬台、茨芭村放馬桑阱水一畫夜；初八日新庄子放南溝阱水一畫夜，后所營放馬桑阱水一畫夜；初九日（二十行）普庄即今大庄子放南溝阱水一畫夜，小西庄放馬桑阱水一畫夜；初十日胡家小村、沙溝庄、上曹旗廠、魯家庄放南（二十一行）溝阱水一畫夜，小徐家營、上蒙化廠放馬桑阱水一畫夜；十一日大西庄放南溝阱水一畫夜，倮樹園、小河、下蒙化（二十二行）放馬桑阱水一畫夜；十二日地龍河、丁家營、李家營、陳洱村放南溝阱水一畫夜，張旗廠放馬桑阱水一畫夜；十三（二十三行）日羊甫村、江家庄、塩水塘、小西庄、彭家庄、小黎蔄放南溝阱水一畫夜，廖家營放馬桑阱水一畫夜；十四日劉家庄、□（二十四行）家營、曹旗廠三村放南溝阱水式分，小馬房放水一分，小羅家營放馬桑阱水一畫夜。以上排水以十四日為一輪（二十五行），週而復始，排至十二月廿六日止。廿七日張總旗營、烏旗廠放馬桑水一畫夜，大西庄、小馬房放南溝阱水一畫夜；廿（二十六行）八日大徐家營、江官廠放南溝阱水一畫夜；□□□放馬桑阱水一畫夜；□□□□□□□（二十七行）。

【概述】該碑無文獻記載，資料為調研時所獲。"五十三村公田水利碑序"共四通，該碑為第三通，碑額陽刻"不"字，圓形背景。碑存彌渡縣新街鎮大西莊街玉皇閣南牆，青石質。高94厘米，寬56厘米。碑文直行楷書，文27行，行2-45字，計1128字。民國十年（1921）立石，前清增生徐聯鈞撰文并書丹。碑文刊勒了五十三村關於北溝阱上下壩、南溝阱、馬桑阱排水的詳細規定。

五十三村公田水利碑序（四）

北溝阱上下壩輪水項下：每年自三月十五日起，輪以十四晝夜為一輪，週而復始。□□數目、位次開列於后（一行）。

計開（二行）：

一、洱海衛水叄晝夜；二、寄庄水壹晝夜；三、蒙化衛水叄晝夜；四、民水式晝夜；五、新增水壹晝夜；六、景東水式晝夜（三行）；七、總夫水式晝夜。以上十四晝夜輪流轉放（四行）。

南溝阱輪水項下：每年自四月初一日起輪，以十四晝夜為一輪（五行）。

計開（六行）：

一、總夫水四晝夜；二、雲縣水叄晝夜；三、蒙化水叄晝夜；四、景東水式晝夜；五、寄庄水壹晝夜；六、馬家水壹晝夜（七行）。

以上十四晝夜輪流輪放，週而復始（八行）。

馬桑阱輪水項下：每年自四月初一日起輪，以十九晝夜為一輪（九行）。

四月初一日小西庄放；初二日上馬台放；初三日小徐家營放；初四日張旗廠放；初五日白家營放；初六日叩家（十行）水；初七日江官廠放；初八日小河、大徐家營放；初九日小西庄放；初十日上馬台放；十一日、十二日后所營、白家營放（十一行）；十三日□□□放；十四日叩家水；十五日、十六日桐樹庄放；十七日張總旗營放；十八日、十九日官租、西馬房放（十二行）。

以上十九晝夜輪流轉放，週而復始。其接水規程勿論排輪水，均以日出日落為定（十三行）。

再將五十三村編連斗醮村落坨數開列于后。計開：董家營、官家營、下沙河、高倉一坨；小徐家營、新白村、上蒙化廠、楊（十四行）家營、小廖家營、周新營一坨；張總旗營州屬仝樹庄、張總旗營蒙屬烏旗廠一坨；大馬房、小馬房、白家營一坨；小羅（十五行）家營、陶家營一坨；新庄子、大庄子一坨；侯家營、曹旗廠、劉家庄、大西庄一坨；江官廠、胡家小村、沙溝庄一坨；廖家（十六行）營、李家營一坨；張家小村、大徐家營、下蒙化廠、張旗廠一坨；小西庄、后所營一坨；咸宜庄、梘槽口、双村一坨；龔家（十七行）營、咸宜庄、陳洱村、小河一坨；犁頭村、咸宜庄、新白村、冷官營、豹韜衛一坨；陳家庄、小庄子、上沙河、章岡廠、馬軍廠、小竹（十八行）蘭一坨；官廠、楊家小營、大竹蘭、大荒地、白馬廟一坨。醮會聯天誕、聖法會，南斗聯主君、灶君會，北斗聯龍王、天齊會（十九行）。

紳庶：白芳春、楊登、段福林、李堪、楊發明、王治、楊發業、羅祥、張嵩（二十行）、龔萬鐘、王鑑、陳作春、劉雲、楊開文、夏澤、張連富、張銑、趙元發（二十一行）、李朝選、李友、徐聯璋、張河、張鏡清、楊忠、左萬寶、李經、傅鏡（二十二行）、姚應昌、江舟、章□英、徐珠、楊憑秀、楊富、李春林、張貴、塗嘉勳（二十三行）、徐東龍、徐鴻、徐聯鈞、張錦、張培祥、趙忠、任開科、劉勳、高榮（二十四行）、白含珍、楊月、谷永旺、徐玢、廖榮光、朱瑤、李萬年、李清、甘玉富（二十五行）、白含璋、張鑒、朱啟明、張鈺、張起鳳、王槐、張國譽、羅珊、李鳳（二十六行）、孟國權、時□、孟學材、金□、□□□、楊鳳、劉開春、畢華、周榮（二十七行）、蔡玉發、周宇、陶元澄、侯□、□金科、□美、陳延佩、□金、塗斂（二十八行）

　　　　　　　同立石
　　　　　　　民國拾年歲次辛酉□秋月上浣□（二十九行）

　　【概述】該碑無文獻記載，資料為調研時所獲。"五十三村公田水利碑序"共四通，該碑為第四通，碑額陽刻"朽"字，圓形背景。碑存彌渡縣新街鎮大西莊街玉皇閣南牆，青石質。高94厘米，寬66厘米。碑文直行楷書，文29行，行2-45字，計855字。民國十年（1921）立石，前清增生徐聯鈞撰文并書丹。碑文刊刻了五十三村關於北溝陞上下壩、南溝陞、馬桑陞輪水的詳細規定，以及五十三村編連斗醮村落坨數。

因遠白族鄉規碑 ①

公議鄉規事：照得婚喪人之大禮也，自官禮成書而慶吊之禮明，有不可更易者，乃世閱滄桑變本加厲，遂致周公②制禮之真而怪象層出，以致禮節之間，無所限制，而成市儈之狡黠，何以為禮！？

我因遠③八甲婚喪禮節，古時得中，俗尚敦厚。近來人心險詐，往往於禮節中巧取機變，撫今思昔，能不痛心！茲集合八甲士庶合議，因時變通，爰將各項規定條章，勒石照行。謹將條章開列於後：

初婚行聘禮：乾禮限於二十六元，若辦酒水，由此內酌量。通信銀八元，壓盒銀一元六角。完娶時酒水一切照舊辦理，不得增減，違者議罰銀三十三元充公。

再婚禮：將婆家所有衣服、手飾等物交割清楚後，兌銀三十六元。若有增減，加倍處罰充公。其有夫之妻，不在此限。

送慶吊禮：普通以二角五分為定，欲多送者，聽其自便。

溝洫：各家田頭，各自疏通，並公溝亦宜隨時流水。若有損壞，急宜培補，勿得阻塞不通，違者罰銀一元六角充公。

森林：急宜培養，不得任意縱火、毀壞，違者罰銀六元。松柏：尤宜注重，若有查獲指名來報者，賞銀三元。

鏟田上埂：只得用竹片除草，不得任意用鏟厚鋤，違者罰銀三元。

以上規章，自勒石之日起執行。

大中華民國十年正月初一日因遠士庶人等同立

【概述】碑存元江縣因遠鎮文化中心。碑為細紅岩石質，長方形。高86厘米，寬55厘米，厚5厘米。碑額鐫刻"永遠遵守"4字，行楷書。碑文直行楷書，文17行，行1–40字，計418字。民國十年（1921），因遠八甲士庶同立。碑文記述因遠八甲民眾共同議定鄉規，并刊載了有關婚喪嫁娶、溝洫流水、森林防火、田埂除草等六條共同遵守的規章。

【參考文獻】元江縣民委、縣志辦．元江哈尼族彝族傣族自治縣民族志．昆明：雲南大學出版社，1990.3：291-292；魏存龍．元江哈尼族彝族傣族自治縣農牧志．成都：四川民族出版社，

---

①《雲南林業文化碑刻》擬碑名為"元江縣《永遠遵守》護林碑"，并略去條章中的第一至三條，計124字，且碑文內容有錯漏。
②周公：西周初期政治家。姓姬名旦，也稱叔旦。
③因遠：今元江哈尼族彝族傣族自治縣因遠鎮，以地有因遠山得名。大理國時置因遠部，元為因遠甸，明洪武十八年（1385），與羅槃部并置為因遠羅必甸長官司。嘉靖中，改為奉化州。清設因遠巡檢，民國設縣佐，1939年設因遠鎮。

1993.9：320-321.

據《元江哈尼族彝族傣族自治縣民族志》錄文。

永遠遵守碑

（古城水系民間保護碑）

陸軍少將三等嘉禾章[①]署理麗江縣知事楊　　　　　　　　　　為（一行）

佈告曉諭事。案據縣屬東白馬忠義、龍潭、吉祥三甲紳耆李炳璋、張愷、和文俊、和愷、余繼和、陳（二行）儒淵、楊用礼、和士珍、劉宗恒等公呈稱：竊查玉河之水，流至雙石橋之上，玉河村之下分為三（三行）股，邑人稱為三叉河，其中流以及東叉之沿河口岸，從無跨河建築，無利害之關係者無論也（四行）。惟西叉之河流，自黃山麓之高原而下，經過四方街西面市場繁盛之地，以達東白馬之忠義（五行）、龍潭、吉祥三甲地面，而滙歸上刺縹之大河，特西河身占最高地步，有搏躍激行之勢，沿河岸（六行）根易於雍塞，罅漏過多，年修一次，徒勞補葺。三叉雖云平分，實則下至末流，只有中流之一半（七行）；或謂地勢使然，而究其弊源，皆因跨河建築而致也。查此股河流，人民賴以吸飲者，則有萃文（八行）村、科貢坊、四方街、黃山村、現雲閣、新院村、忠義甲以至吉祥甲、慶雲甲等數千戶；賴以灌溉者（九行），則有東白馬、上刺縹兩里之田園數萬畝。且較諸他河更易乾涸，蓋以高原之水則易竭，多建（十行）築則易雍塞也。是以於前清同治十年[②]縣長胡[③]，光緒二十四年[④]縣長吳迭經出示，嚴禁跨河建（十一行）築，飭大研、白馬兩里人民刻石永遠遵守等因在案。乃有無恥之徒，自恃富豪，踰河侵占地基（十二行），跨河建築，以圖一家一人之便利，置萬民之飲料灌溉於不顧。查此沿河兩岸，隨處可以跨河（十三行）建築，誠恐奸宄[⑤]接踵而起，希圖便利，肆行跨河建築，則萬民之飲料，田園之灌溉，時有不濟之（十四行）虞，是豪奸之虐民，較諸旱魃之為虐而益烈者！是以不揣冒昧，聯名公呈，伏祈查核准，即出示（十五行）曉諭：沿河兩岸居民，不准跨河建築，並飭紳等垂碑勒石，永遠遵守，以資流通水利，而濟民生（十六行）等情。據此，查玉河西叉一流，不准跨河建築，既經前歷任禁止勒石有案，所請出示，重申曉諭（十七行），應予照准，除批示外，合行佈告，仰該沿河兩岸居民人等，一體遵照。嗣後不准跨河建築，有礙（十八行）水利。勿違，切切！

---

① 嘉禾章：即嘉禾獎章，設於 1912 年 7 月，共九等（後有變動），授予那些有勳勞於國家或有功績於學問、事業的人，授予等級按授予物件的功勳大小及職位高低酌定。

② 同治十年：1871 年。

③ 胡：指胡邦傑，四川鹽源人，同治十年任麗江縣長。

④ 光緒二十四年：1898 年。

⑤ 《麗江歷代碑刻輯錄與研究》錄為"寵（宠）"，據原碑應為"宄"。

特此佈告（十九行）。

大研

民國十一年六月　　　日，發白馬里、龍潭里實貼曉諭（二十行）
刺縹
張　愷　張楊秀　和文俊
三里紳老：李炳璋　袁士安　和繼丞　等全立（二十一行）
李蔚昌　楊　耀　和士珍

【概述】碑存麗江古城七一街下段興文小學校內。碑為青石質，中間斷裂，現已接合。高96厘米，寬60.5厘米，厚10厘米。碑額刻"永遠遵守"4字，文21行，行18—36字，計約726字。民國十一年（1922）民眾同立。近年，由該校領導發起重立於校園內。為了便於識讀，用紅漆對碑文進行勾色。碑文刊載民國年間，時任麗江縣知事楊在白馬里紳耆的請示下，為保證白馬里村民之飲水便利、灌溉暢通，重申古城居民嚴禁在西河上修造建築而出具的告示。該碑在研究麗江古城水系保護、古城與城郊鄉里關係、地方傳統習慣等方面具有重要的史料價值。

【參考文獻】楊林軍．麗江歷代碑刻輯錄與研究．昆明：雲南民族出版社，2011.7：206—208.

據《麗江歷代碑刻輯錄與研究》錄文，參原碑校勘。

龍華塘存碑 [1]

永垂不朽

　　夫滄海桑田，世事之變遷無定；而殘碑古碣，後人之稽察有憑。吾龍華塘一村，與蘇家村毗連，後山有龍洞五：曰李子水、曰大龍洞、曰小龍洞、曰白沙水、曰濫壩潭水。源頭雖分五處，而下流總歸一溝，立有水平，兩村同放，蘇家村伍之叁，吾龍華塘得伍之貳，歷年已久，並無爭執。不意於民國九年間，蘇家村後點者出，忽於總溝之底新開一溝，引放濫潭之水，據為該村獨有。曾經起訴到施甸所 [2]、保山縣、永平第二審各公署。前後兩年間，迭蒙各官長判斷，皆令兩村遵照古規，將濫潭水仍歸古之總溝，蘇家村仍放伍之叁，吾龍華塘仍放伍之貳。兩村遵斷後，當同孔團首昭鏡立下合全文約為據。惟是息爭止亂，雖願和平於今日；而恃強淩弱，又恐交涉於他年。宗周 [3] 等預防再發後事，為復思未雨綢繆之

---

① 龍華塘：村名，因村內一池塘邊有龍華寺而得名。民國十二年（1923）屬興義鄉，今屬仁和鎮蘇家行政村。

② 施甸所：施甸事務所，代保山縣處理施甸民事糾紛及其他一些事務的機構。

③ 宗周：即後文所述龍華塘紳民楊宗周。

計，作勒銘記敍之辭。雖年荒代遠，契券難存，而訴生訟起，碑文可證，則吾龍華塘一村，子子孫孫當不致受強暴之魚肉，興固有之水利也。茲將保山縣長楊林^①堂諭^②，及兩村所立之合全文約逐細開列於後：

保山縣長楊林堂諭

記得此案控經永平縣第二審判決，迄未將事訊勘明白。濫潭之水向來系歸總溝，後因蘇姓方面新開一溝道，將濫潭溝水不使流入總溝，以致楊姓不服。而二審亦未將爭執訊明，惟判令總溝水應平分。楊姓雖服，而蘇姓則又主張總溝向系三二分放，與古規不合。然該蘇姓將濫潭水不合流入總溝之故又隱匿不說，以致久訟不休。經本縣前往勘明，濫潭之水，實系新開之溝，自應恢復古規，改入總溝之內，一律以五股蘇姓占三份，楊姓占二份，兩邊不得再行妄爭，諭知在案。本縣回署後，復據該處團首孔昭鏡並稱，楊蘇二姓訟事經本縣勘明，諭知兩邊，均願遵依。惟查水源之處，因地勢低落，有水漏落在山窪內，流自下面。楊姓修有一溝，向歸楊姓所有，現經團首勸令由蘇姓在山凹處出力打壩分水平，楊姓亦甚願意懇請加入，判明以杜爭端等語，查此處漏落山凹之水，既經楊姓願意分水二半與蘇姓，自願照辦，並候令行。該團首於蘇姓打壩時，召集兩邊，將此水剖分清楚，永遠遵守，毋得再生枝節，此判。民國十一年陽曆一月八日判。

蘇家村、龍花塘^③兩村同據遵依和息合全文約憑據。

立憑帖人：蘇元科、蘇在顯等，為因水利而杜後患，事情緣蘇姓山界出有水源一處，流於山外，自古蘇家村、龍華塘兩寨以三成與二成分放；外有濫潭水一處，因此兩造相爭致起公^④端。蒙縣長楊親臨勘驗判斷，令其將濫潭水合併大溝，仍照五成分放，兩造依遵判斷。外有大溝底水一處，因所過之處現有山凹阻隔，流去自然歸於龍華塘界內，為起訴訟官，將濫潭水判斷歸總溝分放，今兩造永敦和好，從團保調和，併將此水並為兩造平均分放。至於山凹阻隔之處所費之工程，蘇姓任其一力承擔，絲毫不干龍華塘之事。其溝經過李姓之山，李姓亦不得阻擋，日後蘇姓亦不得借溝騙山，李姓日後開種，蘇姓不致異言。至起工之日，若有後患，蘇姓亦一力承擔至工程告竣。其水分當立一岸，必須平均，蘇姓不能多分，而龍華塘亦不致少得。若大溝底之水所經之山凹，恐日後山凹漸次沖深不能成功，而以前之濫潭水及白沙水、小龍水、大龍水、李子水，蘇姓不得折衷而分五股之水，當日兩造甘願，中間並無相強，欲後有憑，立此憑帖為據。

民國十一年十一月十五日。立憑帖人：蘇元科、蘇在顯、蘇在任、蘇元根、蘇在祿、蘇之茂。

判令該兩造仍照古時水平分放，其被告新開之小溝，着令填塞。碓窩，亦令其自行取消，勿得再肆妄爭。訟費歸被告擔負，如該當事人有不服理由，准於二十日內赴二審上訴，特此堂諭。

---

① 楊林：大姚人，軍功出身，民國十年（1911）起任保山知縣。
② 堂諭：清代州縣衙門審斷案件需當場提出處理批示，稱為堂諭。民國初年，各縣知事審斷輕微案件仍沿用。後廢。
③ 龍花塘：應為"龍華塘"。
④ 公：疑誤，應為"訟"。

民國九年陽曆十一月二十二日判！

大中華民國十二年[①]孟春月，興義鄉龍華塘紳民楊宗周、楊興、楊良、楊枝、楊學賢、楊福春、楊如相、張清全、李其發仝立石。

【概述】碑存保山施甸縣仁和鎮蘇家村。高146厘米，寬60厘米，額刻"永垂不朽"4字。民國十二年（1923）立。碑文詳細記述了民國年間，保山縣府審理龍華塘村與蘇家村群眾的水利糾紛案件的經過與結果。該碑對了解當時的社會生活狀況、司法制度、行政設置等具有重要的參考價值。

【參考文獻】中國人民政治協商會議施甸縣委員會，施甸縣文史資料委員會．施甸縣文史資料（第四輯）：施甸碑銘錄．內部資料，2008.7：172-176.

明鏡燈楊氏宗譜源流碑序

楊　標

　　遡我祖籍，原系南京應天府派衍長安。始任金陵，復宦滇南，歷代相治，簪纓世冑，家傳清白，代有偉人，錄不勝述。一世祖楊公諱實隆，自元時薦文學舉人，為南詔酋長，奉使貢獻，大元寵理旌異，賜封千戶侯，命守滇陽。生楊公諱通，字大模，征南有功，加封武略將軍。生子二，長名惠，次名祥。惠封姚南府奉議大夫，理任九載，政通人和，百廢俱興。歸修建飛龍、萬壽二寺以崇神靈。洪武壬戌[②]，天兵南征，隱居獨善。囑弟祥率眾歸附，蒙奉聖恩，誥封世襲洱海衛中左所校尉。惠公生鼎，遊宦四川城都省金堂縣主簿。旨封御前大臣，經筵講官。兄春襲職將仕郎。迄楊珠任為昭信校尉，封百戶侯。至六世祖楊正升、楊正輝為指揮世襲。七世祖楊敏，封千戶侯。弟楊敬入繼三甲，官職從此罔替。敏公生七子，長尚元，次尚先，三尚魁，四尚會，五尚達，六尚乾，七尚兆。此七支之源也，歷數相傳，後裔番昌，不可勝序。但以分七支之後，長、三、七遷住新澤村；四、五、六恒居城北村、溫水塘；二支遷住明鏡登。斯時，棠棣聯芳者昭昭，橋梓競秀者比比。如長支校尉楊珠，歷任作棟作舟，皆入縉紳；二支先公、苓公、進思公、國瑞公，皆庠生；三支起文、汝健、汝明、汝松者，亦皆庠生，又有增生汝為、優生應剛與可畏，具云有名人也；四支庠生則有尊賢、顯跡、時中、時傑、楊注、時達、開魁、開元、開貴是，其廩生若開秩、貢生若楊組、監生若開振是也；五支楊墊、之琰、時履、時觀、時吉皆庠生；六支起黿、子聰亦皆庠生；七支庠生則有五保、楊珩、楊璽，此皆七支之偉人也。概自我祖實隆迄今，論世一十四紀年，幾六百年。其分派族大支繁，不能備述，僅撮其要以述之。想本族之中，文武功名難以枚舉，即後之貢、

---

① 民國十二年：1923 年。
② 洪武壬戌：即洪武十五年（1382）。

廪、增、附數傳以來，不知凡幾矣。余恐世遠年湮，族譜淆亂，故略志之，以便後人之稽考焉。

自尚先分七支以後，因子嗣番昌，土地日狹，不能不擇里居仁。歷至允升公，擇里於明鏡燈。時未有龍泉活水，多屬曠土荒郊。幸楊先公於康熙年間約周、李、楊三姓，將我南甸水田一段抵作海面，修築甜蕎海灌溉田面；又有蓋公、苤公、舒公，於乾隆辛亥修有墳箐內私海一座，以十三股半修理，灌溉南甸田畝。金元公至前清光緒三十三年，倡首約黃聯署湯、李、楊三姓與明鏡燈周、李、楊三姓，兩村修築白井莊箐青水堰塘、潤澤海上下貳座，以十四股修理，水利規則均立有合同碑記；楊梧、楊錦、現龍、飛龍、雲龍諸公，素習石藝，修有牛井西大橋、鐵城橋、普昌河橋、本村與城北兩村八仙橋。故譜練益精，各處馳名。姚安段縣長有優賞匾額。至於楊標、楊柄、興龍，性敏特達，幼年供書而新舊章程，思維明時，所聞輒解。標以雲南師範畢業；柄公與興龍公於祥雲師範畢業；三合公蒙各縣長屢委充校長、興學校、植人才，而公德公益之為愈也。其嘉賓、嘉福、汝龍為高等畢業，又有楊偉、楊桐、楊章、正龍、全龍公，俱勤儉克家。其余經懷善事，誠信各公懿行，指不勝屈。茲復念先代之源流，碑碣標杆多年不豎。此時父子同心、弟兄協競，龍公捐資重修鼎立。所以稽祖籍、表懿行，此善記善述之功，可光前而裕後。其棠棣聯芳之勝族也，無一不由祖德積累而成者也。凡我子孫，宜各守爾典，佩銘是訓。是曆紀先公之美績，撰萬古不磨云耳。

烈祖建鴻勛，雖世遠年湮，迄於今報德報功。

三相孫之標古績；四支後裔標前征。生賢垂偉績；信流光積厚念及此，可傳可法！

前清貢生王以忠題贈

後裔孫楊標建中甫敬撰書丹

民國十二年仲春月中浣吉旦十甲楊氏後裔孫合族同立

【概述】碑存祥雲縣禾甸鎮明鏡燈楊氏祖墳，石灰石質，高97厘米，寬66厘米，厚10厘米，額上楷體鐫刻“木本水源”4字。碑面風化剝蝕，字迹模糊。碑文直行楷書，文28行，行41字，保存基本完好。民國十二年（1923），楊氏後裔同立。碑文詳細記述了楊氏的族源，以及其族人在當地所開展的水利建設和公益事業等。該碑對白族歷史文化研究有重要的參考價值。

【參考文獻】李樹業.祥雲碑刻.昆明：雲南人民出版社，2014.12：21-22.

路南西區永利碑記

湯希禹

民國十一年，壬戌冬十月，余奉首長唐公檄來宰是邦。抵任後，地方紳耆艾君呈瑞、門下士李君銘珍來署请曰：西區小屯等五村，向來缺水，呈瑞等於陳公任內，興修一壩，工程過半，因地方變亂，暫行停止，現擬繼續興工，尚望維持保獲。余曰：農田水利，民生攸賴，為山九刃，安可工虧一簣，請君勉乎哉。越兩月，余往勘，見其水則源源而來也，其提① 則高而厚也。問用款若干？則曰：九千餘元也。灌田若干？則曰：三千餘工。嗟呼！所費最約而收利最博②。今之所謂實業，孰有過於此者哉。本年夏曆二月，據該區張輔臣等，以工程告竣勒石刊碑等情到署，詞稱：士民等地方水源缺乏，屢遇旱災，乾隆年間，有張、史二公籌款提倡創修初為、石牛兩壩，開溝千餘丈，引水灌田，其功甚偉。迄今田工開闢較多而水少，不敷灌溉，如遇干旱，尤難栽插，因此民村困苦。時民國元年羅公蒞任，士民等公同會議，由鄉議事會呈報，擇滑皮山地點一處，修築圍塘積水灌田，羅公親臨履勘，適有圍內田戶從中阻撓，未能舉行。後馬、揚③ 二公皆親勘，允准開辦，奈款支拙，以故延緩。民國九年，陳公寶航，視察民情，以工浩大，首在得人。查悉本村有艾翁華延，急公好義，辦事熱心，乃召集面商，付以經理之責。於是五村父老子弟傾心樂從，於民國十年夏曆正月三十日興工。其提高五丈餘尺，寬十一丈，長五十餘丈，闊分上中下，以濟上下兩溝。其款費按上中下三等量田出資，小工亦按田輪派。工程過半，陳公卸事，專案移交，陳公在田，繼續督工修造，時際變遷，停工半載有餘。今幸縣長蒞任，振興水利，竭力提倡，始得大功造竣。因重修祠堂春秋享祀，食德報功於不朽。至於款項、工料、條目另行造冊呈報，理合具呈，懇請撰序刊碑，以資遵守等語。並呈出入帳目冊、規則，一同呈請核示前來，查收支款尚屬實在，規定放水各條，原為弭爭起見，應准存案備查。夏曆四月，約同謝公楚生往視，時當忙種，而五村田畝向日乏水灌溉者，今日則栽插殆遍矣。壩名永利，祝其永享利益也。因思士子在鄉，能為興萬利，造無量之福。如艾君者，其亦可嘉也巳④。余既樂觀厥成，又欲使後之君子知其事始末也，爰筆為之序。至經理、籌辦、監工、雇工，收支、買辦各員贊助得力，亦應書其名，以誌不朽云耳。

前清舉人署路南縣知事調任第三區團務監督會澤湯希禹撰並書。

經理員：李銘珍、艾呈瑞。

籌辦員：魯士洪、魯興甲、黎萬全、黎用全。

催工員：鄭開邦、應洪順、魯希唐、芮保森、楊松林、嚴以恭、劉增富、喻鴻圖、沈宗洪、毛嵩、陳興任、雷廷恕、段開玉、武世興、可全、李鴻文、楊家珍、李貴、楊柱。

監工員：毛有綸、艾呈薈。

經收員：張輔臣

支出員：毛翼、鄭開基。

籌辦員：毛翔、雷應孝、孫福、喻子齡、李文學、何家興、段榮、楊春山、馬正興、魯希周、雷廷思、楊高科、劉雲、李鴻書、武尚寶。

監工員：雷廷豫、李銅、何家林。

賈辦員：楊春榮、黎體全、毛正美。

---

① 提：疑誤，應為"堤"。下同。
② 搏：疑誤，應為"溥"。
③ 揚：疑誤，應為"楊"。
④ 巳：疑誤，應為"已"。

茲將五村田畝開列於後：

大官莊：上、中、下則田七百二十六工。

小官莊：上、下則田共二百五十零半工。

黑泥塘：下則田八十九工。

小　屯：上、中、下則田共一千八百三十三工半。

太平田：下則田二百四十六工半。

　　　　　大中華民國十二年歲次癸亥古曆夏四月二十六日，五村士庶公立

【概述】碑存石林縣小屯村中寺內。碑高250厘米，寬100厘米。民國十二年（1923）五村同立，湯希禹撰文并書丹。碑文記述民國年間路南西區大官莊、小官莊、黑泥塘、小屯、太平田等五村民眾齊心協力共同興修永利壩的始末。

【參考文獻】石林彝族自治縣水利局．石林彝族自治縣水利電力志．內部資料，2000：294–296.

利用堰塘碑記 ①

王以忠　葉萬富

利用堰塘碑記　　　　　　　　　　　　　　　　　造主　楊枝芳　楊體仁（一行）

蓋天下事，人工可以培地利、②可以補天時，其理勢大較然也。③吾境民風渾樸，少經貿易，專以農業為大宗。然農所資者，水也。故，無水則（二行）耕作無可施，必有水而後豐登有。可卜是水之源，不可不力為之經營也。如阿獅邑④一村，住列五村之中而田居水尾。雖一溝二⑤壩均有份⑥，一值旱（三行）年，則灌溉恒虞每不足。今有倡首楊君耀周等，深念及此，秉公德心與⑦公益事，並有各公管事同心輔助。因會集合村人士妥商組織，於大墳山東（四行）則⑧就本村楊、羅、趙、李姓秧田地點，公築一積水埧堰以資灌溉，名曰"利用堰"，

---

①《祥雲碑刻》碑名為"醒獅邑白族地區萬古常昭碑記"，據碑文內容，碑名應為"利用堰塘碑記"。

②《祥雲碑刻》漏錄"地利"2字。

③《祥雲碑刻》漏錄"概"字。

④阿獅邑：村名，原白語稱"阿獅憂"。祥雲縣禾甸鎮醒獅邑（村）。"阿獅"為獅子，"憂"為村子，意為獅子村，因坐落於形如獅子的山坡上，故名。（祥雲縣人民政府編：《雲南省祥雲縣地名志》，45頁，內部資料，1987）

⑤《祥雲碑刻》錄為"二"，據原碑應為"三"。

⑥《祥雲碑刻》錄為"份"，據原碑應為"分"。

⑦《祥雲碑刻》錄為"與"，據原碑應為"興"。

⑧《祥雲碑刻》錄為"則"，據原碑應為"側"。

蓋用利用厚生[①]之義也。其修築之規則，議定入香貳拾柱零陸拾[②]，每（五行）柱[③]壹尺為準。銀與工按尺寸攤派，外添酧[④]倡首管事功勞水在內，始終合計每寸該用合洋銀叄拾元之譜。又由大墳山腳開通一新溝，蜿蜒以（六行）通[⑤]四官墳下，交灌壹拾石有零之粮田。勿論何家地點，不得阻撓。其開放時之水規約，[⑥]為伍大份[⑦]拈閹點香逐次輪放，頭轉到底，次輪又由尾（七行）轉到頭。遲早各得均平，此洶萬世永賴之美舉也。今為海堰落成，合行上縣懇恩準其立案，發給遵照，印給水利[⑧]冊薄[⑨]，先立美約合同，以期永（八行）久，[⑩]俾爾子孫各皆照此碑記規則永守。如有違約壞規，從公干罰銀貳百元，以作修塘應用。今事事已就，倡首、管事從頭至尾自備伙食並不費（九行）公欸。老幼眾念辛勤[⑪]，酧答功勞[⑫]壹尺捌寸。书曰"錢財如糞土，情義值千金"。酧功[⑬]勞亦正理也。行事完全，求記[⑭]余，余以誼屬同鄉，責不容辭。爰是約（十行）舉事实，勒為碑記，以垂子孫，永遠記載不忘焉！

　　同鄉貢生王以忠恕全甫謹撰。

　　右將入水分姓名、數目、次第記勒於後[⑮]（略），以便照管。

　　計開（十一行）：

　　第一管事楊鴻標，实入水捌寸合銀貳百肆拾元，酧功勞水肆寸，共合水壹尺貳寸；倡首楊耀周，实入水捌寸合銀貳百肆拾元，酧功勞水陸寸，共合水壹尺肆寸；楊雲周，实（十二行）入水肆寸合銀壹百貳拾元；楊有富，实入水捌寸合銀貳百肆拾元；羅世昌，实入水肆寸合銀壹百貳拾元。此五柱共合香肆炷零貳寸。

　　第貳管事羅允昌，入水陸寸合銀壹（十三行）百捌拾元，酧功勞水貳寸共合水捌寸；羅永法，入水陸寸合銀壹百捌拾元；李卿，入水貳寸合銀陸拾元；李廷魁，入水貳寸合銀陸拾元；楊世發，入水肆寸合銀壹百貳拾元（十四行）；楊崇，入水貳寸合銀陸拾元；楊有才，入水陸寸合銀壹百捌拾元；楊蘭，入水肆寸合銀壹百貳拾元；楊映咸，入水貳寸合銀陸拾元；楊嵋，入水貳寸合銀陸拾元；楊絢，入（十五行）水貳寸合銀陸拾元。以上拾壹柱共

---

① 利用厚生：充分發揮物的作用，使民眾富裕。利用：盡物之用；厚：富裕；生：民眾。

② 《祥雲碑刻》錄為"拾"，據原碑應為"寸"。

③ 《祥雲碑刻》漏錄"以"字。

④ 《祥雲碑刻》所錄"酬"，原碑皆為"酧"。酧：同"酬"。

⑤ 《祥雲碑刻》漏錄"至"字。

⑥ 《祥雲碑刻》漏錄"榀"字。榀：量詞，一個房架稱一榀。

⑦ 《祥雲碑刻》錄為"份"，據原碑應為"分"。

⑧ 《祥雲碑刻》錄為"利"，據原碑應為"例"。

⑨ 《祥雲碑刻》錄為"薄"，據原碑應為"簿"。

⑩ 《祥雲碑刻》漏錄"凡"字。

⑪ 《祥雲碑刻》錄為"勤"，據原碑應為"情"。

⑫ 《祥雲碑刻》漏錄"水"字。

⑬ 《祥雲碑刻》漏錄"酧"字。

⑭ 《祥雲碑刻》漏錄"於"字。

⑮ 《祥雲碑刻》中此行略去"以便照管計開"，後又略去14行，即12-25行，計923字。現據原碑補錄如上。

合水香肆炷。

第叄管事楊鍾，入水陸寸合銀壹百捌拾元，酧功勞水貳寸共合水捌寸；楊鎔，入水肆寸合銀壹百貳拾元；楊芳，入水肆寸合（十六行）銀壹百貳拾元；楊闹甲，入水貳寸合銀陸拾元；楊闹選，入水肆寸合銀壹百貳拾元；楊勳，入水陸寸合銀壹百捌拾元；楊和，入水肆寸合銀壹百貳拾元；楊銀，入水肆寸合銀（十七行）壹百貳拾元；楊闹宏，入水貳寸合銀陸拾元；羅光國，入水貳寸合銀陸拾元。以上拾柱共合水香肆炷。

第肆管事羅光正，入水陸寸合銀壹百捌拾元，酧功勞水貳寸共合水（十八行）捌寸；羅光龍，入水捌寸合銀貳百肆拾元；趙定元，入水捌寸合銀貳百肆拾元；趙銑，入水壹尺合銀叄百元；趙發，入水貳寸合銀陸拾元；趙定銀，入水陸寸合銀壹百捌拾元（十九行）。以上陸柱共合水香肆炷零貳寸。

第五管事楊從孔，入水陸寸合銀壹百捌拾元，酧功勞水貳寸共合水捌寸；楊從曾，入水肆寸合銀壹百貳拾元；楊從有，入水肆寸合銀壹百貳拾元（二十行）；楊瑞，入水貳寸合銀陸拾元；楊澤，入水貳寸合銀陸拾元；羅仕華，入水肆寸合銀壹百貳拾元；羅仕富，入水貳寸合銀陸拾元；楊再，入水陸寸合銀壹百捌拾元；楊倫，入水貳（二十一行）寸合銀陸拾元；楊瑶，入水貳寸合銀陸拾元；楊鴻儒，入水肆寸合銀壹百貳拾元；楊紹中，入水貳寸合銀陸拾元。以上拾貳柱，共合水香肆炷零貳寸止，由民國十年六月起工至十三年（二十二行）八月勒碑記算，前後共用合洋銀陸千壹百捌拾元正，挑土伍千玖百丈，小工叄千玖百名，勒於片石，永垂不朽。後批定水分只準村中典儅，不準杜賣，並不準出村外。又有羅、趙二姓西甸小（二十三行）水井荒海內有荒秧田式區，永遠送與公項作為海面田位抵換，當日抵還與各人耕種者，永遠世守，各照各業，不得爭兢。又有楊姓永送與公項大塔底水田式号第三百廿五、廿六号，抵（二十四行）換還與楊鴻標四坵、楊世發壹坵，永守為業，公私両相不得反悔，如若違言，照章干罰，再照（二十五行）。

嘗所謂一人積福，希帶[1]一村；一村正道，福被子孫。些[2]說誠然也！我境有貴村楊君耀周及各君者，厬民國世界，存平等济世之心。目前現修就[3]堰塘，並善為調和。修橋補路，培植（二十六行）庙宇、宗祠，羔村中風脉。思邑之從来富貴不足，專用陰陽以察之。余因粗知地孝，求余斟酌貴村地勢。来龍由筆架山而来，至此從甲脉入首，融結平洋伏地，金獅吐水，左右双河繞（二十七行）抱歸戌庫，四面生旺如[4]財禄馬貴人之砂，各有位應。宅住獅之腰中，正合座獅形象。可惜前無绣毬，村中錯留[5]一溝，並有秧田数井在獅子背上，此處[6]燒窯[7]為氣弱受虧。遂將此溝（二十八行）與秧田改良培平，轉向両边繞抱。四方栽

---

① 《祥雲碑刻》錄為"帶"，據原碑應為"代"。

② 《祥雲碑刻》錄為"些"，據原碑應為"此"。

③ 《祥雲碑刻》漏錄"一"字。

④ 《祥雲碑刻》錄為"如"，據原碑應為"奴"。

⑤ 《祥雲碑刻》錄為"留"，據原碑應為"流"。

⑥ 《祥雲碑刻》錄為"此處"，據原碑應為"北边"。

⑦ 《祥雲碑刻》錄為"窯"，據原碑應為"磖"。下同。

梆、竹、木，得遇獅子両手。前修就左右両阁，為得捧绣毯。並合邑之紫微、文昌，貴人長生。納甲方位得諸吉相照，應^①不燒窯培就旺氣，果然門^②（二十九行）前合村多多順利，人才^③發茂、内外通泰、所謀遂意、公私迪吉^④，实可稱地灵而人自傑也！人行正道，神天亦得扶助也。後人加倍培補，凡事照此，一團和氣，永增世德發祥也。承蒙（三十行）

各公不棄，命余書碑，就此求序拎余。余乃區區俗士、碌碌庸才，豈敢舞筆弄文。爰是不揣固陋，拈筆從实俗而序之，就此片石以垂不朽。同鄉俗士葉萬富餘齊拜撰（三十一行）。

再記：楊耀周、^⑤楊芳抵得祖祠門首秧田壹井，東乙節永送與公項培平風脉作公地点。公出銀貳拾元，議將耀周門首路改向南边，楊闹華、楊闹宏門首行通，中留柒尺寬。又耀周（三十二行）起盖守夜房地点，作公路行走。如動作，公私不得阻撓。再照（三十三行）。

餘斋贈

民國十三年歲在甲子仲秋月下浣吉旦

倡首：楊耀周，管事：楊鴻標，带前後書錄記算：楊鍾、楊從孔、羅光正、羅允昌，右暨合村老幼人等同立（三十四行）。

【概述】碑存祥雲縣禾甸鎮醒獅邑村楊家祖祠內。碑為青石質，高134厘米，寬84厘米。底座為青石，高21厘米，長87厘米。碑額上雙綫鐫刻"萬古常昭"4個楷體大字，其右分兩行楷書鐫刻"共同十分竭力"6字，其左分兩行楷書鐫刻"培成百代祿鐘"6字。碑文直行楷書，文34行，行14-69字，全碑計2040字。民國十三年（1924），醒獅邑村民眾同立。碑文記述醒獅邑雖有一溝三壩，但由於地處水尾，每遇旱年則灌溉不足。村民楊耀周等積極倡議，集合村之力按尺寸攤派銀、工，公築積水壩堰一座，開新溝一條以資灌溉，均平水份、抓鬮輪放、立定規約，并刻石立碑。

【參考文獻】李樹業.祥雲碑刻.昆明：雲南人民出版社，2014.12：89-90.

據《祥雲碑刻》錄文，參原碑校勘、補錄，行數、標點為新增。

---

① 《祥雲碑刻》錄為"應"，據原碑應為"又"。
② 《祥雲碑刻》錄為"門"，據原碑應為"目"。
③ 《祥雲碑刻》錄為"才"，據原碑應為"材"。
④ 迪吉：《書·大禹謨》："惠迪吉，從逆凶。"孔傳："迪，道也。順道吉，從逆凶。"後因以"迪吉"表示吉祥，安好。
⑤ 《祥雲碑刻》錄為"、"，據原碑應為"與"。

路美邑、北山水利糾紛碑 [1]

謝毓楠

路南縣公署給示遵守事

案據段崇堯等續呈，李鐘獄等用心叵測，難以議和等情；並據李思培等呈：北山趙明德等滅殃民意圖不遂各等情到縣。據有關兩村水利，如無正當，難免不滋生事端，知事邀同議長王傑及紳董楊適軒、趙子材察勘。先於清嘉慶年間兩村因爭溝道起訴，經澄江府吳勘明立石，北山所開溝道，系放天生橋水，路美邑系放卜所之水，各有溝路，不得相混。兩村遵循在案。茲因本年天旱，路美邑需用秧水，由溝道鑿孔開放，胡家季邦以擅滅古規，故放溝水一案。茲經勘悉前情，着照從前舊規，稍有變通，俾有利益。查北山由路美邑經過溝道，從北山邊開挖溝道費工甚巨，茲判令改由三角田另開新溝，完全由路美邑保護修理。自改溝後，水量由北山圍塘自易滿溢，北山溝水准路 [2] 路美邑放水灌溉，至當年冬春之交，舊曆正二兩月，並準路美邑每年放水三日救青豆麥。由雙方安置平水石，各有平水石以免爭執。自經此判決以後，雙方應各存天理，勿事私圖。因該兩村互有密切關係，也當經判斷□□。復據該兩村董事趙明德、楊本立等公同議定用水規則，呈請給示刊石前來。查所擬各條，兩村均沾利益，予照準合行。給仰該兩村人民等遵即勒石，勿得再起爭端，是所至望焉。切切此示！

計開：

一、北山將地涵洞連下直對過洞溝路，改由三尖角沿河邊開挖新溝抬拾餘丈，直接路美邑原有小張溝身以達北山溝流行。

二、所改溝地點：北山亦不給使以北山之溝。

三、自改溝以後，水量較大，北山可準路美邑放水灌溉秧田，但不得肆行亂放，四處濫溢。若有此情，北山人查覺，從重處罰。

四、每年冬乾年歲，舊曆冬月中旬準路美邑將新壩水放下，借溝放水二日，臘月中旬借溝放水三日灌青豆麥田，放水地點，雙方安置。平水石各有□□□□絕北山溝水，並放水先二日，路美邑通知兩村各派二人到溝監視，以免滋鬧。

五、開挖新溝並每年抬溝工程，均系北山擔任，修抬溝泥，無論多寡，順溝埂擱置，不得故意遮埋莊稼，挖開溝埂，流埋保護，二村公同保護。

六、每年立夏後，北山溝每年借路美邑放水灌溉田畝，不得亂挖溝埂及放沙壅淤溝身。放水之後，路美邑加意保護。

---

① 原無碑名，今據文意新擬。

② 路：疑誤，多錄。

知事謝毓楠
民國十四年一月五日
示發東區路美邑實貼

北山首人：趙明德、李文彥、胡家邦、胡士奇、姜建周、陶士英、姜輔周、殷崇堯。

路美邑首人：楊本立、李鐘獄、李家□、張文興、李思培、楊秉貞、楊文星、張秉仁。

【概述】民國十四年（1925）立石。碑文刊刻了民國年間路南縣知事謝毓楠妥善處理路美邑、北山水利糾紛一案，以及同意兩村共同議定的用水規則之呈請并勒石為示的詳細情況。

【參考文獻】石林彝族自治縣水利局. 石林彝族自治縣水利電力志. 內部資料，2000：296-297.

海邑雙壩塘碑文

陸良縣知事王，出示曉諭事。

案據南區海邑保董楊發用及首人昂有才、張德有、金楊名、張配、楊概棠、楊魁、威紹元、李三、王志學、王家信等人呈：

興修閘壩塘灌溉田畝，計定方案，給示以便工作事。緣海邑等村寨，雖有田畝，無積水之塘。若遇干旱之年，無法灌溉，形同廢葉棄草。有水無法灌溉，極為可惜。圍塘三面，均有三山，圍埂只可修一面。對於塘基內有農民秧田數畝，現在民等會議踏勘，按田派工，將閘成人民之利。按田工數日分派其銀元，作為應出之錢。勘測後，以一畝水畝[1] 即可盛蓄□□，以後按田畝計算銀元，並簽是聯名。公叩仰奉給示，應即照準在案外，合給示諭。為此，示所□之。自示之後，按計定等督率，按糧出工興修。倘若固抗阻撓，其[2] 指示稟告縣知。惟該首人等，務須秉公辦事，不得偏粘涓蠹，以貽所屬，切具各稟遵殤[3]，切切此據。

書雄田工銀十二元半　瀘西尚仲興書

民國十五年三月中旬四村公共立

【概述】民國十五年（1926）立，尚仲興書丹。碑文刊載了民國年間陸良縣王知事准許海邑等村寨興修閘壩塘灌溉田畝所出具的告示。

【參考文獻】石林彝族自治縣水利局. 石林彝族自治縣水利電力志. 內部資料，2000：298.

---

① 水畝：疑誤，應為"水田"。

② 其：疑誤，應為"具"。

③ 殤：疑誤，應為"飭"。

永遠決定水例碑文

雲南省公署水利訴訟終審決定書第陸號（一行）

原再訴願人：陳崇儒年四十五歲，李士林[①]五十三歲，陳浩[②]三十六歲，陳崇順年四十歲，均屬彌渡縣屬茅草房村住民，務農。

被再訴願人：孔士煜年（二行）五十一歲，自魁年五十二歲，康鴻喜年四十七歲，鄒文元年三十四歲，均屬彌渡縣屬孔家營村住民，務農。

右列原再訴願人，對于民國十三年九月三十（三行）日所為之第二審裁決不服，提起再訴願，經本公署以書狀審理決定如左（四行）：

主文[③]：實業司第二審所為之裁決變更之兩造所爭東北箐水分為兩期灌放，第一期自清明節起至立夏日止，分為四六灌放，茅草房民人放十分之四，孔家（五行）營民人放十分之六。分水方法或以水碑[④]或輪班次，由原被兩造邀請鄰村公正紳耆協同商定；第二期自立夏後起，無論何時，兩造所有田畝之水份均係上滿下（六行）流，順次第灌放，茅草房民人在海塘下流，就秧田溝、獨立樹溝、河邊溝引水之田在第一期得附隨于孔家營人所得十分之六之水分[⑤]中灌放，在第二期仍規定為上（七行）滿下流，茅草房人由獨立樹等溝引水，每年幫孔家營人巡水費用銅錢貳千文，訟費拾元，由原再訴願人及被再訴願人共同平均負擔事實。緣彌渡縣屬有孔家營及（八行）茅草房兩村，孔家營村居茅草房村下，相距約三四里之遙，其灌[⑥]水份一方係與蘇家溝、禹家溝共放東南箐水，一方係與康家溝（即茅草房人放水之溝）共放東北箐水（九行），其放水規章，在清明至立夏期間，干[⑦]前清乾隆四年[⑧]二月二十二日曾由該地同享水利之禹家溝、蘇家溝、康家溝、孔家營等處人眾共同會商就，各溝安設水砰一道，東南箐（十行）水由蘇家溝、禹家溝分放十分之四，孔家營分放十分之六，東北箐由康家溝分放十分之一，孔家營分放十分之九。現蘇家溝及禹家溝之水砰尚屬存在，獨康家溝之水砰已（十一行）無安設痕迹。該砰究係安設後毀去，抑係從未安設，及兩造現在在該時期中放水實際上是否按照水規冊，此時已無可考。此兩造自清明至立夏期間之放水情形也，至立夏（十二行）以後放水規則按照該地習慣向係上滿下流，在被再訴願人孔士煜等所提出之前，清乾隆四年二月二十二日各村人眾議立之永遠水規冊，並未載有特別分水辦法。又（十三行）

---

① 《大理叢書·金石篇》漏錄"年"字。

② 同注釋①。

③ 主文：法律用語，舊時訴訟判決書上記載判決結論的第一段文字。

④ 《大理叢書·金石篇》錄為"碑"，據原碑應為"砰"。

⑤ 《大理叢書·金石篇》錄為"分"，據原碑應為"份"。

⑥ 《大理叢書·金石篇》漏錄"田"字。

⑦ 《大理叢書·金石篇》錄為"干"，據原碑應為"于"。

⑧ 乾隆四年：1739 年。

在該兩造所爭之東北箐之下，被訴願人孔家營民人舊人[1]曾築有海塘一座，塘下之獨立樹溝、河邊溝、秋田溝[2]，每年于撒秧插秧用水之時，亦有就孔家營水份中享有分用之（十四行）權，推用水時須支付銅錢貳千文與孔家營人，作為巡水費用。民國八年舊曆五月中，該地以插節屆時，雨澤愆期之故，兩造因此遂起訟爭。案經實業司第二審裁決，維持民國（十五行）十年六月十二日彌渡縣前覃知事所為之第一審判決，判令康家溝安設四六石水砰一道，孔家營分水六分[3]，茅草房分水四分[4]，不分先後兩溝照砰並放。茅草房之獨立樹溝（十六行）：秋田溝引灌秋田之水，每年不幫實[5]用，由正月初直放至芒種節等語在案。該陳崇儒等不服，向本公署提起再訴願，經本公署令委該現任彌渡縣知事親往勘查，該東北箐出（十七行）水無多，每年以四六分，兩造均有不利是實理由。本案據原再訴願人陳崇儒等再訴願意旨畧謂：〈一〉被再訴願人提出前清乾隆年間各村公定之水規冊，係屬偽造，該冊能否（十八行）發生效力，須視黑箐廠海塘之水是否確有輪排分放之舉動。現查黑箐廠海塘前人迭次修築，卒未能儲蓄水份涵養水源，至今各村引為恨事，從未有訂立水規輪排分放之（十九行）舉。該水規冊何能發生效力。〈二〉茅草房民人所居地位概係深山窮谷，所有田畝肥磽不同，以贂股分放則茅草房雖多得水份，而禾苗亦難葱[6]生，故該處水利不能分贂灌放，向（二十行）係上滿下流。〈三〉康家溝如果確有一九水砰，孔家營自應認真保管，何以該處並無水砰，現該處既無水砰痕迹，是該等自棄權利坐失時效。按之法理，茅草房人已具占有主權（二十一行）。〈四〉獨立樹溝、秋田溝、河邊溝，在正月至芒種期間，非用水時間，此時水份即涓滴不下，亦無甚妨害。芒種以後，需求[7]水如金，而斯時乃斷令不得用水，殊有未合。被訴願人答辯意旨（二十二行）畧謂：〈一〉被再訴願人等提出之前清乾隆年間之水規冊，訂自前清乾隆四年，迭經法庭認為有力証據，何能認為偽造，且縱屬偽造，該陳崇儒[8]何以不于數十年[9]提起控訴（二十三行），請求取消銷，依法例，當事人負有舉証之責，該等究持何種証據與孔家營人爭康家溝水份？〈二〉陳崇儒等引放獨立樹溝、[10]河邊溝水份，何[11]例每年須幫孔家營巡水錢貳千（二十四行）文，覃前縣長斷令免除與舊規不符，應請恢愎[12]。〈三〉茅草房田居少數，孔家營田居多數，放水規章式百餘年均係茅草房[13]人分放十分之一，孔家

---

① 《大理叢書·金石篇》錄為"人"，據原碑應為"日"。
② 《大理叢書·金石篇》錄為"秋田溝"，據拓片應為"秋田溝"。下同。
③ 《大理叢書·金石篇》錄為"分"，據原碑應為"份"。
④ 同注釋③。
⑤ 《大理叢書·金石篇》錄為"實"，據原碑應為"費"。
⑥ 《大理叢書·金石篇》錄為"葱"，據原碑應為"滋"。
⑦ 《大理叢書·金石篇》多錄"求"字。
⑧ 《大理叢書·金石篇》漏錄"等"字。
⑨ 《大理叢書·金石篇》漏錄"前"字。
⑩ 《大理叢書·金石篇》漏錄"秋田溝"3字。
⑪ 《大理叢書·金石篇》錄為"何"，據原碑應為"向"。
⑫ 《大理叢書·金石篇》錄為"愎"，據原碑應為"復"。
⑬ 《大理叢書·金石篇》漏錄"民"字。

營① 十分之九，請仍照舊制（二十五行）斷給茅草房民人十分之一云云。本案判決要點略分為四：〈一〉被再訴願人孔士煜等所提出乾隆四年之水規冊，是否偽造及該水規② 所載自清明至立夏康家溝放此水十（二十六行）分之一之規例，現在曾否實行？查該被再訴願人提出之水規冊其上雖無官府印信，然查其紙色墨跡均係遠年舊物，毫無瑕疵可指確不能認為近年偽造之物。惟該水規冊（二十七行）雖不能認為偽造，然該冊所載孔家營與康家溝一九分放之例是否歷來實際③？不可不詳言及之。查被訴願人等對於本案所爭之點，始終主張東北箐水份，歷來確係按照乾（二十八行）隆年間各村公眾所議立之水規冊，于清明至立夏在康家溝安設一九水砰，而孔家營人與茅草房民④ 人一九分放是東北箐水份，非係輪班灌放，實係由水砰砰⑤ 分賑灌放可知。夫（二十九行）既由水砰分放，則該水砰之存否，實為該兩造分放溝水曾否按照水規冊之一最大關鍵。現查康家溝據該彌渡縣⑥ 覃知事及現任王知事之查勘，並彌渡縣中鄉第四保（三十行）新舊保董李大俊、鄒璋等之証明，均無一九水砰存在。該被再訴願人孔士煜尚無其他反証，可以証明該處東北箐水確係一九分放，則其所謂一九分放之語亦不過昔日過（三十一行）去之陳迹，非現在兩造所繼續實行之規章也。蓋被再訴願人所提出之水規冊，其效力僅足以証明東北箐水份在乾隆年間有一九分放之規定，而不能証明其一九分放之（三十二行）規定繼續實行至今。而該一九分放之規繼續實行至今與否，當以⑦ 康家溝有無一九水砰存在以為判斷也。現康家溝既經查明確無一九水砰，當即推定該被再訴願人所（三十三行）主張一九分放之規例，現在實未實行。且其未實行之日期，非自近年始（該處水砰雖據孔士煜等謂係係⑧ 起訴特⑨ 由陳崇儒等挖去，然挖去後必留有挖去痕迹，現迭經多次踏勘（三十四行）均無水砰痕迹，則在第一審程□該彌渡縣第四保新舊保董李大俊、鄒璋及該地老民禹登桂、羅士賢所供，康家溝素無水砰之証言與事實相符，即應發生証據力，因此認定（三十五行）該處水砰非自近年失去，按法例水流之通過使用權，應以習慣為標準，然習慣又必須其⑩ 有不妨害公安及歷來公然平穩實行等條件，始有採用價值。本案該被再訴願人所（三十六行）主張一九分放之規例現在既未實行，當然不能採用。惟東北箐水份在清明至立夏期間，一九分放之規例，既已不予採用，而該溝現在所實行之規例，該當事兩造人等均各（三十七行）保留在心，未肯輕于宣露，則該溝在清明至立夏之水份當何處⑪ 以為判斷，是又不可不注意。該東北箐水份以一九分放可否實行。〈二〉東北箐

---

① 《大理叢書·金石篇》漏錄"分放"2字。
② 《大理叢書·金石篇》漏錄"冊"字。
③ 《大理叢書·金石篇》錄為"際"，據原碑應為"行"。
④ 《大理叢書·金石篇》多錄"民"字。
⑤ 《大理叢書·金石篇》多錄"砰"字。
⑥ 《大理叢書·金石篇》漏錄"前任"2字。
⑦ 《大理叢書·金石篇》漏錄"該"字。
⑧ 《大理叢書·金石篇》多錄"係"字。
⑨ 《大理叢書·金石篇》錄為"特"，據原碑應為"時"。
⑩ 《大理叢書·金石篇》錄為"其"，據原碑應為"具"。
⑪ 《大理叢書·金石篇》錄為"處"，據原碑應為"據"。

水份在清明至立夏期間，由茅草（三十八行）房及孔家營民人一九分放，可否實行，欲知東北箐水份于清明至立夏一九分放可否實行，不可不以康家溝現在無水矴之原因，及該箐水量之大小，以為判斷之根據。（甲）就（三十九行）康家溝無水矴之原因言：查水矴係屬分水之物，倘^①矴分水各方所分之水無大^②偏倚，實為雙方放水便利。既經議定，必當見諸實行。並^③見諸實行，必不更行毀去。縱更毀去，不（四十行）久必謀修復。該溝水矴如謂自始並未安設，則何以議定後而不安設。如謂安設後毀去，則又何以毀去後不謀修復。可見，該溝^④安設^⑤水矴一九分放之規例，實有不能實行（四十一行）處可知。（乙）就康家溝之水量言查康家溝水量。據現任彌渡縣知事王家修踏勘主覆，謂該箐溝水份寬不過一尺，深不過數寸，並無源頭龍水，以全數灌溉尚不能救其秧田，若（四十二行）過^⑥天乾以四六分放，恐不能得其效用等語。可見該箐滿^⑦水量以四六分貽灌放尚未能實行，況以一九分放乎？因此推定，該箐溝水份在清明至立夏期間，以一九分放確係不（四十三行）能實行。且陳崇儒等對于該溝水分在該時期中不僅分放十分之一，惟查陳崇儒等對于該箐溝水份雖不僅十分之一，然亦非上滿下流。蓋當時水量稀少，農家用以用灌小（四十四行）秧，倘定為上滿下流，則孔家營孔士煜等田畝在下，小秧必無水灌溉。實業司第二審裁決，維持彌渡縣第一審覆前知事判決，斷令四六分放尚屬平允，惟分放時期並未指明（四十五行），縣^⑧判令安置水矴，使該當事人等就自己已確定之權利中，^⑨實行權利時舍由矴分放外，別無選擇。最使^⑩利之方法之餘^⑪，假使溝^⑫過微不能分貽灌放，則兩造均感不便，不（四十六行）免稍有未協。用是變更將分水日期依水規冊，定為清明至立夏放水方法或分貽數成^⑬分班期不予限定。
〈三〉東北箐水在立夏後是否上滿下流，東北箐水份據孔士煜等主張（四十七行）分貽灌放，然分貽灌放之時期據水規冊所載，明明係自清明至立夏止，是立夏後之水分，從^⑭該水規冊之所規至今完全實行，茅草房人尚不能受其拘束，況該水規冊之所規（四十八行）定，又未當實行乎。故該箐溝在立夏^⑮之水，孔士煜苟不能特別提出証據，証明係屬分貽灌放，則其分貽主張，當然只能認為在清明立夏期間，過此即無何等根據。斯時水份（四十九行）自應

---

① 《大理叢書·金石篇》漏錄"由"字。
② 《大理叢書·金石篇》錄為"大"，據原碑應為"太"。
③ 《大理叢書·金石篇》多錄"並"字。
④ 《大理叢書·金石篇》錄為"溝"，據原碑應為"箐"。
⑤ 《大理叢書·金石篇》漏錄"一九"兩字。
⑥ 《大理叢書·金石篇》錄為"過"，據原碑應為"遇"。
⑦ 《大理叢書·金石篇》錄為"滿"，據原碑應為"溝"。
⑧ 《大理叢書·金石篇》錄為"縣"，據原碑應為"且"。
⑨ 《大理叢書·金石篇》漏錄"于"字。
⑩ 《大理叢書·金石篇》錄為"使"，據原碑應為"便"。
⑪ 《大理叢書·金石篇》漏錄"地"字。
⑫ 《大理叢書·金石篇》漏錄"水"字。
⑬ 《大理叢書·金石篇》錄為"成"，據原碑應為"或"。
⑭ 《大理叢書·金石篇》錄為"分從"，據原碑應為"份縱"。
⑮ 《大理叢書·金石篇》漏錄"後"字。

按照（本省各地用水慣例末省^①在立夏後用水慣例除龍潭水塘水、將自^②規定，由放水人分放之水之外，其余河水、山水等均係上滿下流）及該彌渡縣第四保新舊保董（五十行）李大俊、鄒璋及該地老民禹登桂、羅士賢等之証言，認定為上灌^③下流。〈四〉陳崇儒等引放河邊溝、獨立樹溝、秧田溝，應否帮費及限制時間，查河邊溝、獨立樹溝、秧田溝位置係居（五十一行）東北箐及康家溝下，其水份來源係孔家營人孔士煜等一方由東南箐分來，一方由東北箐（即陳崇儒等康家溝水份之來源）分來，其主權係由孔家營管有，陳崇儒等引放□（五十二行）數溝水放（陳崇儒對于該數溝得享有分放之權，在孔士煜業已承認，故無須特別証明），按照法例自應遵依古規，帮補孔家營人之巡水費用，以昭權利義務之平均。至陳崇儒（五十三行）等對于該數溝放水日期，該兩造並未爭論，自易勿庸特為限制。第二審維持該彌渡縣覃前知事之第一審判決，斷令陳崇儒等引放秧田等溝水份每年不帮費用。至正月（五十四行）初一日放至芒種節止，不論認為允協亦應變更。綜上所述理由，特為決定如主文（五十五行）。

　　本案照章以本公署為終審機關，兩造所爭之點，自決定書送達之翌日起，即發生確定力，不得請求再審。抄錄費照章每千字壹元，計叁千捌百字應徵叁元捌角，由（五十六行）請求送達決定書者負担，並註（五十七行）。

民國十五年八月　　　　日（五十八行）

　　【概述】碑存彌渡縣彌城鎮紅星茅草房里營。碑為沙石質，高 160 厘米，寬 135 厘米，厚 10 厘米。碑額陰刻楷書“永遠決定水例碑文”8 字，右起橫書。正文直行楷書，文 58 行，行 8—68 字，共 3800 餘字。民國十五年（1926）立石。碑文刊刻了民國十五年，雲南省公署關於彌渡縣茅草房村與孔家營村水利糾紛訴訟案件所作的終審判決。該碑是彌渡縣境內現存最大的一通碑刻，也是彌渡碑刻中字數最多的一通，具有重要的史料價值。

　　【參考文獻】楊世鈺，趙寅松. 大理叢書·金石篇（卷五·續編）. 昆明：雲南民族出版社，2010.12：2869—2873.

　　據《大理叢書·金石篇》錄文，參原碑校勘。

---

① 《大理叢書·金石篇》錄為“本省……末省……”，據原碑應為“本有……未有……”。
② 《大理叢書·金石篇》錄為“、將自”，據原碑應為“及特有”。
③ 《大理叢書·金石篇》錄為“灌”，據原碑應為“滿”。

岔河義渡碑序 ①

張瑞臣

　　鎮雄之百有八十里，下南五甲安德隆屬下岔河界河，界連川黔，矗岩深壑，峥嶸萬仞，中開鳥道，二水中流，春夏雨淋，則洪水泛瀾，波濤萬傾，汪洋無際，來往過客每有十天半月之阻，若值資告罄，莫不望洋而呼嗟。至前清之甲辰年 ②，屯主隴君慶堂有鑒於此，不惜重資，先為鑿河開徑，繼而造船招渡，於民國十六年丁卯之花月，將渡規則鎸碑，擬定條約，永垂不朽。嗟呼，一衣之徹，猶載於書，一飯之微，猶傳於史。況隴君者，不募眾之資，不吝一己之費，先修數百年崎嶇之路，復施千萬人利濟之舟，為往來開方便，為子孫仲上根，利人利己，已修善修福，懿哉！斯舉，余故樂而為之序。

　　岔河施渡，由本年起，及五、臘、二月份紙香燭之資，但每人只許收二十文。若有勒索多收，准其扭報來本，重罰不貸，各宜周知。

屯主　　隴慶堂　　施
畢屬儒生張瑞臣釋撰

　　【概述】該碑立於民國十六年（1927）。碑原在鎮雄縣坡頭鎮德隆村雲、貴、川三省交界處的岔河岸，額上鎸刻"永垂萬古" 4 字，惜今已不存。碑文記載光緒年間屯主隴慶堂出資鑿河開徑、造船義渡、方便來往過客之事。

　　【參考文獻】鎮雄縣志辦公室．鎮雄風物志．內部資料，1991.10：75-76.

黑龍潭重建碑記

郭光文

　　黑龍潭為吾邑龍泉之一，灌溉六屯良田廿餘頃，昔人飲水思源，建廟塑象以祭之，築台演劇以禱之，至誠且敬矣。惟是年煙代久，不識潭間戲名緣何傾圮，遂將龍神會戲並歸龍吟寺，僅存春夏祭典。每值會期，間有提議恢復舊觀者，終為財力所限未果。

---

① 岔河義渡碑：岔河為雲、貴、川三省通衢，歷來以舟濟渡。光緒年間，鄉紳隴慶堂修船載渡，利人利己。民國十六年（1927），為示紀念，後人立此碑。
② 前清之甲辰年：即光緒三十年（1904）。

丁卯秋，文偕友人臨潭網魚為樂，見名址荊棘滿地，行將煙沒，因思有以存之。乃會商六屯父老捐贄[1]重建，眾皆欣然樂助。得款數千餘元，公舉文總理大概，史君平臣、王君超然、郭斐然、郭聯三、郭慶康、郭增吉等分司其事。即日鳩工庀材，就戲名基址建得月亭[2]，籍存古績；復增建觀象樓[3]於潭北，作遊覽休息之所。茲已落成，司事者例得書名，捐資者亦應勒石，以彰其善，並願後起者擴充而光大之，俾斯潭成一勝景，與昆明之黑龍潭並傳，與吾邑之九龍池媲美，則幸甚矣！愛[4]為序。

現署嶍峨縣縣長里人郭光文謹序，邑人景紹康敬書
中華民國十八年歲次己巳蒲月[5]穀旦

【概述】民國十八年（1929）立，郭文光撰文，景紹康書丹。碑文記述了黑龍潭為嶍峨縣重要水源之一，當地民眾飲水思源建廟祭祀，惜因年代久遠已傾圮，後捐資重建的事實。

【參考文獻】玉溪市志辦公室．玉溪市志資料選刊（第四輯）．內部資料，1984.1：372–373.

橫水塘築塘開溝修廟碑記

許克襄

　　蓋聞：人存政舉，經訓昭垂，是地方之興；廢靡不以，經（一行）理之賢，否為權輿。亙古以來，得人而理明效昭，然固（二行）有毫髮之莫爽也。吾宜橫水塘一區，地僻民瘠，兵燹（三行）後元氣未復，加以叢樹森林，代取殆盡，附近童山濯濯（四行）[6]，環睹蕭然，荒涼尤甚。自孟君宣三[7]經管公款以（五行）來，凡地方應興應辦之事，宜無不任勞任怨，熱心勇（六行）[8]力進行。宣三秉承於下，殫竭心力，不憚煩勞，今成（八行）效昭著，有裨地方，試臚舉之：

　　——[9]恪遵部令，注重森林（九行）也。宣三於蔣公任內，遵令種植松柏茶梨，諸山（十行）殆遍，目下成活者計達數萬餘株。所謂百年利民之（十一行）圖，舍此而誰？

---

① 贄：疑誤，應為"資"。
② 得月亭：建於民國十七年（1928）。
③ 觀象樓：建於民國十五年（1926）。
④ 愛：疑誤，應為"爰"。
⑤ 蒲月：指農曆五月。舊俗端午節，懸菖蒲艾葉等於門首，用以辟邪。因稱五月為"蒲月"。
⑥《宜良碑刻·增補本》此處行數標注錯誤。據拓片應為"濯（四行）濯"
⑦ 孟君宣三：即孟懷德，字宣三。（許實編，鄭祖榮點校：《宜良縣志點注》，206頁，昆明，雲南民族出版社，2008）
⑧《宜良碑刻·增補本》漏錄1行，計"19字"，據拓片應為"為且得賢縣長蔣公月秋提倡於上因勢利導毅"（七行）
⑨《宜良碑刻·增補本》錄為"——"（破折號），據拓片應為"一"。下同。

——疏通溝渠，以資灌溉也。吾村地居高（十二行）阜，向乏潴水以利田畝。村中雖有舊塘，然因潴浚久（十三行）缺，以致填塞，遂成荒廢。每至夏屆栽插，田畝乏水，村（十四行）農興嗟。幸蔣公蒞任，垂詢民間疾苦，首悉此端。因（十五行）宜三會同闔村父老子弟，有公稟請築堰塘之舉（十六行），毅然准行，分別佈告，即飭農會勘定，另鬨新溝三路（十七行）。並於溝流所經之地，妥商地主，協訂合同，藉免繆轕（十八行）。不匝月而塘成功竣，年來栽插者已無缺水之虞。歌（十九行）頌功德，阡陌相聞，謂：非賢骰，曷克辦此？

——重脩廟宇（二十行），以重禮[1]祀也。吾村向有土主廟一所，歲久坍塌，賴（二十一行）蔣公提倡，令宣三鳩工庀材，鼎建前殿及兩廂。房（二十二行）屋落成後，蔣公手書匾聯懸掛內外。今于民十五（二十三行）[2]重建後殿，莊嚴佛像，廟貌重新，村人報賽酹神，舉（二十四行）皆欣然色喜，稱道弗置。噫！維持地方，旁及於此，所謂（二十五行）一鄉之善士，宣三其當之無愧耶。前經蔣公呈（二十六行）請政府發給匾額、獎章，成人之美，固已盡彰善之骰（二十七行）事矣。惟是吾村人既叨：賢縣長百廢俱興，尤感（二十八行）宣三利我桑梓，且得村衆量力資助，樂成其事，不可（二十九行）不有以昭示來兹。爰泐石以誌不朽云（三十行）。

謹將開光奠土募捐功德芳名列後（三十一行）：

孟懷德捐洋伍拾元　　孟懷昌捐洋伍拾元[3]（三十二行）

鄭鰲芳捐洋伍拾元　　王家留捐洋拾伍拾[4]元（三十三行）

王建忠捐洋伍拾元　　張玉貴捐洋拾元（三十四行）

段寶國[5]捐洋伍拾元　　孟懷馨捐洋拾元（三十五行）

李陸氏捐洋伍拾元　　王　文捐洋拾元（三十六行）

湛　權捐洋伍拾元　　孟　香捐洋拾元（三十七行）

李金成捐洋陸拾元　　王家蘭捐洋拾元（三十八行）

管事：張玉貴、孟懷昌、王家愷。

木匠：吳明安、吳發興[6]、王家祥、王家明，各捐洋拾元（三十九行）。

泥水匠：秦崇興、郭壽堂（四十行）。

石匠：楊家明、普雲壽（四十一行）。

書[7]畫匠：李樹奎、張護靈（四十二行）。

許克襄遞盦氏　拜撰（四十三行）。

嚴　需慶氛氏　敬書（四十四行）。

民國十八年季春月吉日，橫水塘閟邨父老仝敬立（四十五行）

---

① 《宜良碑刻·增補本》錄為"禮"，據拓片應為"裡"。

② 《宜良碑刻·增補本》漏錄"年"。

③ 《宜良碑刻·增補本》錄為"伍拾元"，據拓片應為"拾伍元"。

④ 《宜良碑刻·增補本》多錄"拾"字。

⑤ 《宜良碑刻·增補本》錄為"段寶國"，據拓片應為"段國寶"。

⑥ 《宜良碑刻·增補本》錄為"吳發興"，據拓片應為"吳興淩"。

⑦ 《宜良碑刻·增補本》多錄"書"字。

【概述】碑存宜良縣匡遠鎮橫水塘村土主寺。白石質，高 80 厘米，寬 140 厘米。民國十八年（1929），合村父老同立。碑文記述民國年間，橫水塘村民孟懷德勞心勞力率眾植樹、築塘、開溝、重修土主寺等為本村民眾謀福利的事迹。

【參考文獻】周恩福．宜良碑刻·增補本（上）．昆明：雲南大學出版社，2016.12：109-112.
據《宜良碑刻·增補本》錄文，參拓片作了校勘、補錄，更正了行數。

三角塘及四周山場陸地界址並水碾規則碑

沈世卿

　　我山沈、上伍、南大、化魚四村，向有大龍泉以資灌濟。詎意乾隆初年，此水陡然斷絕。而四村紳耆沈士雲、沈鐔、陳琦、李鶴鳴、史兆魁等，始有築塘聚水之倡。於東山之東，得地一區，其深約數丈，廣約數百畝，儼然天造堰塘也。而附近山場、陸地，均屬四村公有。因於四周開溝數條，引水其中，未幾而為澤國，成巨浸矣。惜無出水之口，爰度相地勢，於塘之西北，由山腹穿地道以通之。而山腹多堅石，鑿險錘幽，熬費心力。塘口砌石為閘。既成，名曰：三角。蓋象形也。計此塘經始於乾隆三十二年[①]十月，落成於乾隆四十三年四月，先後閱十一載。其工程之大，與口款之巨，從可知矣。至道光初，一塘之水，遂不敷用，乃於塘之東另築新塘聚水，而資補助。至光緒丁未年元旦，塘底通而水漸涸。四村憂之，幾經設法修補，卒不成功。後乃於塘側，建醮[②]三日，悔過省愆。至戊申[③]春初一口，雷電交作，風雨驟至，塘底通處忽自塞，塘水漸滿如故。嗚呼，幸矣。民國十三年，因歷年既久，塘底日漸填高，而閘口遂因是而低，雨澤稍多之年，閘口一面，既有溢水之患。當有本營沈君尚文，商承沈公燦亭，而有重修老閘口之倡。凡鳩工庀材，籌資指導諸事，沈君均以身先之，而陳君筱園、汪君煥然、尜君同仁，亦竭力贊襄。兩塘至是，始完全成功，而亭[④]樂利於無窮。憶百餘年來，四村先後慘淡經營，不知費幾許心力，始有今日。吾等後人，應如何保護而坐守之，稗[⑤]無負先人開鑿繼築之功，及沈君等重修之力。思夫兩塘及山場陸地界址，並口地、寺地租數，雖有山照合同，並立案公文可稽，然券最易湮沒，不若勒石之為愈。特依據照券合同，將四至、租數，分條臚別，並附水碾規則，訂為約目六項，囑予為序。

【概述】碑存昆明市宜良縣沈家營公房。民國十八年（1929），沈世卿撰文，山沈營、化魚村、南大營、上伍營四村民眾同立。碑文記述清乾隆至民國年間，山沈營、上伍營、南大營、

---

① 乾隆三十二年：1767 年。
② 建醮：舊時僧道設壇為亡魂祈禱。
③ 戊申：即光緒三十四年（1908）。
④ 亭：疑誤，應為“享”。
⑤ 稗：疑誤，應為“俾”。俾：使，把。

化魚村四村開鑿三角塘、另築新塘、重修老閘口的詳細經過。

【參考文獻】許實輯纂，鄭祖榮點注.《宜良縣志》點注 [民國十年（1921）版]. 昆明：雲南民族出版社，2008.11：60.

魏官重修壩塘新開水溝碑記

李嘉猷

魏官重修壩塘新開水溝碑記（一行）

盖聞："國以民為本，民以食為天"，誠要政也。故古者凡關扵農田水利，則必設專官以董治之，其扵國計民生莫不一舉而兩得。今則（二行）不然，水利非不設官也，求其實地。從事者百無一二，或嵗值亢旱，則委諸天災流行，國計民生將何能裨益耶？魏官居甯海西陲，既（三行）多瘠土，復少靈泉，苦旱久矣。是以，鄉先輩曾扵王家凹、老鸛窝等處，相連而築壩塘二，蓄聚冬水，春夏頗資利用，奈不久傾覆。兹者（四行）村中人士倡議重修，羣策羣力，幾經籌畫，幾費經營，而斯壩塘復成，并扵冲子河增修一道蓄水，可溉數千畝，獲益豈淺鮮哉！壩既（五行）成，較高田園猶難灌溉，乃扵白土凹、楊家大墳一帶，順其地勢新開水溝以導之。自此，灌溉無不周矣。然斯舉也，當其甫議之時，誰（六行）不謂工程浩大，鮮克有濟，迄夫詢謀僉同，共懷愚公移山之心，咸抱精衛填海之志，盡力有限奏效無窮，向苦荒蕪徧野者，今則綠（七行）禾在田矣；向嘆饑饉載道者，今則黃穀滿倉矣。天時難[1]有旱潦，人事定卜豐盈。所謂國計以足，民生以裕，幸孰甚焉。余尤願後之来（八行）者，當知時加修補，俾斯壩勿或傾圯，此溝不至埋沒，無負創始者之苦衷。斯可矣，是為記（九行）。

瓦倉高初兩級小學校長李嘉猷敬撰并書（十行）

謹將倡首紳耆及捐工姓名錄列扵後[2]（十一行）：

李宗海、趙陰先、孔昭德、周鶴章、李尚瑞、李尚寬、李宗雲、李尚易、傅占科、李尚綿、李宗忠、李同有（十二行）、李宗培、李尚彩、陳萬、孔憲邦、李尚源、李嘉壽、陳致中、李尚達、史玉明、李尚藻、史燦章、史本周（十三行）、趙榮春、趙席先、周鳳山、史憲章、陳汝金、趙維先、傅占高、李樹榮、李嘉明、周含章、陳秀元、史宗熙（十四行）、孔廣惠、李贊勳、劉應庚、陳秀宇、李本中、李尚壽、陳秀林、李尚祿、李家聲、周開榮、孔昭法、李尚學（十五行）、史玉麟、李尚一、李宗興、周振聲、陳發科、李尚金、孫其達、李嘉楷、周雲昌、陳汝珍、李嘉鼎、李順才（十六行）、史玉坤、李贊俊、李宗蘭、李尚庚、劉培、

---

① 《三街村志》錄為"難"。據拓片應為"雖"。

② 《三街村志》原錄文略去姓名，今據拓片補錄如上，共 96 人，計 286 字。

572

趙樹國、徐國樑、陳發禎、李尚興、陳開昌、趙發春、周振鴻（十七行）、李尚文、趙樹瀛、史玉美、趙奉先、趙樹基、趙樹才、孔廣禮、李尚有、孫國有、李尚本、徐國柱、史興楊（十八行）、李尚琳、史玉鴻、史玉雲、史成章、趙樹德、李尚權、孔昭才、史玉有、孫憲忠、李尚培、孔昭有、史元章（十九行）。

大中華民國十八年歲次己巳十一月三十日

魏官合營公立（二十行）

【概述】該碑立於民國十八年（1929）。碑額鐫刻"利用厚生"4字，文20行，滿行50字。碑文記述了江川縣魏官村民眾群策群力集資重修王家凹、老鸛窩壩塘，并在衝子河新建小壩、在白土凹一帶新開水溝的情況。

【參考文獻】江川縣大街鎮三街村委會. 三街村志. 昆明：雲南人民出版社，2008.12：225-226.

據《三街村志》錄文，參拓片校勘、補錄，行數、標點為新增。

重建海門橋碑記（一）

張應科

仙雲兩湖	中通一河
泥沙壅淤	海水潦闊
濱海田疇	遂成澤國
民憂水澇	上書呼喻
道尹秦公	關心民瘼
因勢利導	鳩工開鑿
海門有橋	建明天順
垂年五百	基圮梁頹
行旅不便	重建民國
茲慶落成	卜年春秋

工程專員：張應科撰

監工員：鄒紹魯

庶務員：官培恩　書丹

民國十九年仲春月吉旦

【概述】該碑立於民國十九年（1930）。碑文以詩歌的形式詠頌了道尹秦公關心民眾疾苦，為民興利除害，疏浚河道及興建海門橋的功績，并介紹了民國年間重建該橋及落成的情況。

【參考文獻】江川縣水利電力局．江川縣水利志．內部資料，1988.11：148.

重建海門橋碑記（二）

杜國斌

　　雲仙兩湖之濱，有海門焉，建自前明。南通臨安，北達昆明，洵要津也。歷四百餘年，湖壅橋圮，江黎澂宆，幾成澤國。道尹秦公，福利人民，導湖建橋，斌亦與焉。今春橋成水平，爰述顛末，以誌不朽云。

　　湖水清，橋梁成，狂浪已安平。

　　水路可通行，攘往熙來萬萬春。

邦辦杜國斌撰

工程專員張應科書

民國十九年仲春月吉旦

【概述】該碑立於民國十九年（1930）。碑文簡要記述了道尹秦公疏導雲仙兩湖重建海門橋之事。

【參考文獻】江川縣水利電力局．江川縣水利志．內部資料，1988.11：148–149.

巧邑村水倉公租維持碑記 [①]

彌渡縣 政府縣建設局 縣長 董尹 　　　　　　　　　　　　　　　為（一行）

為呈請查照，以垂永久事。案准（二行）：

巧邑村紳民：奎星煒、奎星耀、皋義、奎星煌、皋瑾、李新春、奎銓熙、曺化龍、鄧為（三行）珍、皋世福、奎蔚文、鄧儒珍、皋丕榮、熊明、奎鑑榮、皋仕昇、奎絢文、皋世金、奎文（四行）華、皋檀、奎儒崇、曺忠、郭耀新、皋世璧等，具報該村水倉公租情形，懇請轉呈（五行）立案，以資遵循而維永久等由一案，當經據情轉呈。去後，茲奉（六行）：

　　縣政府董指令開呈。悉查，此項公租既經該局長查明，的係該村水倉公所（七行）固有公租。現經該紳民等公同維持，又復籌增至式拾伍石餘斗之多。自應（八行）准予另行立案，以垂永久。

───────────

① 該碑原無碑名，現據碑文內容擬為"巧邑村水倉公租維持碑記"。

574

事關公歉，仰該局長即便轉行，各該紳民務須一（九行）致維持，以期日有增加而裨農政，是為至要。除由府立案外，仰即遵照此令（十行），等因。奉此，相應錄令函請貴紳民等煩為查照，俟後務須一致維持，以垂（十一行）永久而裨農政，是為至要。此致（十二行）

　　巧邑村水倉公管事：皋世福、李新春、曹忠暨合村紳民等（十三行）。

　　永遠遵守，俾眾週知（十四行）。

　　一份坐落沙田，共納租拾捌石（十五行）；

　　一份坐落堆子田，共納租式石式斗（十六行）；

　　一份坐落碓房後，共納租伍石（十七行）。

　　士彬、鄧儒珍、映彩、皋檀謹書（十八行）。

民國十九年九月十六日合村全立石（十九行）

　　【概述】該碑無文獻記載，資料為調研所獲。碑存彌渡縣寅街鎮巧邑村寧國古寺斗姆殿東牆外。碑為大理石質，高70厘米，寬47厘米，額上鐫刻"永垂不朽"4字。正文直行楷書，文19行，行8-30字，計353字。民國十九年（1930），巧邑村民眾同立，現保存完好。碑文記述民國十九年，巧邑村紳民奎星煒、李新春等，呈請彌渡縣縣長董、建設局局長尹，立案查證核實該村水倉公租的情況，并勒石遵照執行以垂永久之事。該碑對研究民國時期水利管理辦法及農業生產具有參考價值。

鄧川縣羅時江案公呈批示摘由碑 [①]

鄧川縣羅時江案公呈批示摘由碑（一行）

　　縣政府批令第535號　　令：紳民楊承緒、楊思恒、董策、張本善、張士寬、李春圃、段㐂恭、楊高選、楊鴻烈、段克誠、張汝鏡、楊茂林、董杏林、楊（二行）時中、張河、魏朋九、丁星壽、李錫祥、李鴻書、李紹白、杜粹儒、李瑞華等公呈一件，為決水殃民，以鄰為壑，懇息洪水，以重生命財產（三行）事。竊和上、元上、元下、崇下等里，位置邑之南部，地勢最卑，形如釜底，為洱海上游，每逢海水澎漲，禾稻淹沒，秋季歉收，影響（四行）來年春季荳麥。中有湖潭寺淺溝一條，與羅時江 [②] 相距不過十餘丈，賴以洩 [③] 苴河各龍洞之水，

---

① 《洱源文史資料》錄為"羅時江石碑"，據原碑應為"鄧川縣羅時江案公呈批示摘由碑"。

② 羅時江：南詔時，羅時、羅鳳兄弟二人頗好義。是時，鄧川西湖水由德源城西北入河，每夏秋河漲，宣泄不及，河水倒注，浸沒田畝無算。時偕弟鳳相勢於玉案山西，鑿長渠導之，直達於洱，於是湖水暢流，民咸得耕，至今人呼所通水道為羅時江云。（方國瑜主編：《雲南史料叢刊·第十一卷》，290頁，昆明，雲南大學出版社，2001）

③ 《洱源文史資料》漏錄"淁"字。

尚虞難消。而該西湖紳耆來函（五行）稱，挖壘羅時^①江東岸洩水溝等語，抵賴已極，不知羅時^②江古例由艮橋入浉河，唐時羅氏開之此江，即是洩水溝道，歲修夫役，歷年紮（六行）埧，法良意美。河身寬四五丈，深丈餘，無虞不給，乃廢古法。不深挖寬劈，妄行決水東注，是欲以東方為魚，西方為鮒，所謂以隣（七行）為壑，利己損人，殄民衣食，上損財賦，莫此為甚。況羅時江年來數潰，東岸田畝漂沒，秋種極遲，春苗失望。再加以全江之水注入湖潭（八行）寺村，各村田畝實不能耕，西岸數千畝用^③槔汲水之田，無水灌溉，即成荒坵矣。祈我鈞長，保民如赤，一視同仁，飭令照舊修挖，無庸（九行）舍舊圖新，以禍鄰境，則水患可免，農業可保，頂祝無涯矣。等情，蒙縣批示，公呈己悉^④，查縣屬之羅時江，原以瀉西川之水，而安東川之（十行）民，自唐迄今，深淘浚濬，即可以安兩川，而消橫流也。該呈以防微杜漸，誠恐禍及將來，不為無見。仰候令飭羅時江總理，照舊疏濬，所（十一行）請開通子河之處，作為罷論可也。仰即知照，此批，後具^⑤續呈：為續叩天恩，轉呈立案，令遵勒石，以期永久，而彰盛德事。窃紳民等，以決水（十二行）殃民等情，呈請核奪，蒙批照舊疏濬，所請開通子河之處作為罷論等因^⑥案，當即傳諭各村，歡呼樂只，所可慮者，目前雖可相安（十三行），嗣後或生異議，紳民等為防微杜漸，計酌擬改良辦法數條，以期歷久不敝。試約畧陳^⑦。

一、三道橋下，蘆葦阻水，亟宜芟除（十四行）。至如^⑧壕之沙溝尾，泥沙直沖江口，亟宜繞道，以綏^⑨沙流。

二、魏軍屯及蓮河村橋下，沙水侵入江心，佔據河身，亟宜挖除，以暢江流（十五行）。

三、禁止西湖船戶用船桿、鉄叉刺^⑩東岸堤埂，免其坍塌，並改道由西岸隄埂行路，東岸則栽植樹木以固隄防。

四、照舊深（十六行）挖寬劈，按戶行夫，否則懲處。總理督工、各職員由各里正紳協助，利害切己，取其熱心任事。

以上各條擬請勒諸貞珉，用昭永久，俾（十七行）資遵守而息忘^⑪議等情。旋於十九年十月三十^⑫一日，復奉批示，續呈己悉。查所擬辦法各條，頗有可采之處，若能遵守^⑬法深（十八行）挖寬劈，實力疏濬，即^⑭以消水患矣。何必鰓鰓焉，畫蛇添足。仰即自行勒石建碑，

---

① 《洱源文史資料》多錄"時"字。
② 同注釋①。
③ 《洱源文史資料》漏錄"桔"字。
④ 《洱源文史資料》錄為"己悉"，據原碑應為"己悉"。下同。
⑤ 《洱源文史資料》錄為"縣"，據原碑應為"具"。
⑥ 《洱源文史資料》漏錄"在"字。
⑦ 《洱源文史資料》漏錄"之"字。
⑧ 《洱源文史資料》漏錄"城"字。
⑨ 《洱源文史資料》錄為"綏"，據原碑應為"緩"。
⑩ 《洱源文史資料》漏錄"擊"字。
⑪ 《洱源文史資料》錄為"忘"，據原碑應為"妄"。
⑫ 《洱源文史資料》錄為"三十"，據原碑應為"卅"。
⑬ 《洱源文史資料》漏錄"古"字。
⑭ 《洱源文史資料》漏錄"足"字。

着^①本縣府立案，可也。此批（十九行）！

縣長楊鴻琛（二十行）

民國十九年陽曆十月^②，馬甲、大邑、寺登、青索、蓮和^③、魏軍屯、溪長村、中和、兆邑、大營、南莤、北莤、東莤、西莤、湖潭寺、漏邑（二十一行）等^④十五村公立（二十二行）。

【概述】碑存大理市上關鎮兆邑村文昌宮內。大理石質，高100厘米，寬55厘米，保存完好。碑文直行楷體陰刻，字迹娟秀，文22行，行5–51字，計約1000字。民國十九年（1930），馬甲、大邑、寺登等十五村民眾同立。碑文記述民國年間，羅時江水患成災，西湖紳耆欲決水東注引發糾紛。後經鄧川縣楊鴻琛縣長批示，深挖寬辟，照舊疏浚，水患即除。為防微杜漸，十五村民眾議定規約數條呈批，獲准并勒石。

【參考文獻】中國人民政治協商會議雲南省洱源縣委員會文史資料委員會. 洱源文史資料·第三輯. 內部資料，1993.2：37–38.

據《洱源文史資料》錄文，參原碑校勘，行數為新增。

重脩慶安堤第一段工程碑記

張　籍

重脩慶安堤第一段工程碑記（一行）

黑井地勢狹隘，両山壁峙，龍江中流，南来北去。而龍溝河流，高出場地，自西来（二行）滙，冬乾春晴之候，水不盈尺，及至夏秋之交，輒因陰雨綿延，山水大發，則洪濤（三行）巨浪，陡凌橫流，石大如舟，填滿江心。考諸歷史，居民之受其害者，盡數年或數（四行）十年必一遇焉。而光緒二十七年^⑤之水災，則又為其最者也。時提舉江公覩水（五行）患之頻仍，恐井場之淪沒，乃稟准巨幣，築慶安堤凡十一段。工程浩大，建築鞏（六行）固，誠西北之保障也。民十三年秋九月，河水又大發，而第一段石岸，首當其衝（七行），崩潰數丈。後以政局迭變，故數年來尚未脩復也。民十九年，場長傅銘爕、鹽稅（八行）局長李一廷両公，先後蒞井，見石岸日就頹傾，深恐殃及全岸，慨然有興修之（九行）志。於是請款重修，並舉嫻熟工程之段心元、龔兆龍、周仁諸君，監工而董其事（十行）。計石料工資用去滇幣

---

① 《洱源文史資料》漏錄"由"字。

② 《洱源文史資料》錄為"民國十九年陽曆十月"，據原碑應為"民國十九年十二月十八日"。

③ 《洱源文史資料》錄為"和"，據原碑應為"河"。

④ 《洱源文史資料》錄為"漏邑等"，據原碑應為"隆易寺"。

⑤ 光緒二十七年：1901年。

九千二百餘元，費時三月有半，始克蔵事。爰立石而記（十一行）其始末，以資他日之考證云。

民國十九年十二月

劍川稚徵^①張　籍敬誌竝書（十二行）

【概述】此碑原立於祿豐縣黑井鎮慶安堤旁，現存堤南岸一居民家後院。碑高 150 厘米，寬 63 厘米，厚 12 厘米，已斷為兩截。碑文直行楷書，文 12 行，行 30 字，計約 400 字。民國十九年（1930）立，張籍撰文并書丹。碑文記載黑井龍溝河水患及民國十九年重修慶安堤第一段工程的情況。

【參考文獻】張方玉．楚雄歷代碑刻．昆明：雲南民族出版社，2005.10：419.

據《楚雄歷代碑刻》錄文，參拓片校勘，行數為新增。

周盤氏自建石缸序

何望霖

村之西，通衢也。行旅往來，絡繹不絕。當丁任日，商賈雲集，常數千人，而每苦於無水可飲，輒[興]望梅之思，村[之]人熟視[之]^②若無覩也。

己巳^③春，有周盤氏^④者，興善念，捐重資，出而建築石缸，購置田畝，俾蓄水供水，永久足恃。行人之苦，於焉消除，良足嘉也。

庚午^⑤冬，工既竣，問序於余，余因之有感矣。夫世之擁有資財者，往往建齋醮^⑥，事鬼神，雖捐踵頂而不惜，而知^⑦斯善舉，不聞有人焉。經營而創建之，乃出於來自遐荒之婦女，其得失為何如哉！禮失而求諸野，吾於^⑧斯人亦云。

民國十九年歲次庚午　月　日何望霖撰並書

【概述】該碑立於民國十九年（1930），何望霖撰文并書丹。碑文記述民國年間周盤氏捐資建石缸，供過往商旅飲用的善舉。

【參考文獻】雲南省紅河縣志編纂委員會．紅河縣志．昆明：雲南人民出版社，1991.9：

---

① 《楚雄歷代碑刻》錄為"徵"，據拓片應為"徵"。

② 括號中之字，為參照《紅河縣文史資料》補充，僅供參考。

③ 己巳：民國十八年，歲次己巳，即 1929 年。

④ 周盤氏：為迤薩人周禮先到老撾經商娶回的瑤族婦女。

⑤ 庚午：民國十九年（1930）。

⑥ 齋醮：請僧道設齋壇，祈禱神佛。

⑦ 《紅河縣志》錄為"知"，據《紅河縣文史資料》應為"如"。

⑧ 《紅河縣志》錄為"於"，據《紅河縣文史資料》應為"人"。

757；中國人民政治協商會議紅河縣委員會文史資料委員會．紅河縣文史資料·第二輯．內部資料，1996.12：162.

據《紅河縣志》錄文，參《紅河縣文史資料》校勘。

陸良南區建築大麥沖經始落成碑

陳漢弼

陸良南區 ① **建築大麥沖** ② **經始落成序**（一行）

古來建大功、立大業，必有非常之人，持堅忍久志，方能成功。于當時興利，于後代溯思。吾陸南區一帶，土壤肥沃，良田遍野。惟泉源稀少，素有旱虞。罕（二行）遇雨賜 ③ 時若之年，亦能歌入有之慶；若遇久旱不雨之歲，則難免歲歉之戚。頻年以來，對於旱瘼，有關心者每欲設法築壩蓄餘水，以資灌溉之需，盡（三行）人力而補天時之缺。然徒托空談，不能以行踐言。逮及民國十有八年，熊公心畬來長吾之縣象 ④，下車伊始，即徵求民疾。凡有水潦患者，輒鑿河疏流（四行）。若夫憂旱者，必築壩補救。史營長光培卸鹽津渡厘差歸籍，見公之為官，以民為懷，乃予公言云：吾邑之南區一帶，有田而乏水，民間歷年時欲築壩（五行）於大麥沖，言而未行。此沖生於石魚村與木凹子兩寨之間，東西兩山，延綿環繞，中有平坦之地，長二三里，闊里許，無窪無坡，半草半土。附近西山之（六行）麓，有清泉湧出，約有車水之譜，惜乎流至於沖底地洞瀉下。公聞之，毅然與史君光培、俞保董敏仁、楊分團首春廷、趙保董映昌、郭老太爺明唐乘馬（七行）前來親看斯沖之環山及地形。公至而舉目四視，即與史君等言曰：此沖，面積平而且廣，築數仞之壩堤，容水莫測，灌田無數，顯然一天生之蓄水池（八行）也。君等何不早為之提倡乎。當即與史君等斟酌築壩之所在，計畫籌款之籌法。轉至縣府，即委俞保董敏仁率領石工張有其前往玉溪，參看其縣（九行）官壩之築法，歸來以便摹仿。復與史君商委提調、經理、督工、文牘、會計各執事人員，擇吉興工。款項由沿溝可救之村寨認真清查人工之數目，按工（十行）每年每工出銀壹角，小工酌量攤派。統計各村田工，合壹萬貳仟壹佰陸拾肆工。建築兩載，共捐用銀貳仟柒佰叁拾貳元捌，共食米伍拾餘石，共小（十一行）工叁萬陸仟肆佰玖拾貳工。而鑲閘之石，業已完畢，惟小工之工程尚未告竣，而公即奉調昆明市政府之督辦。延至今歲，幸遇張公耀華繼任（十二行）陸，亦有愛民之仁，乃續與各執事人商酌，除石工已竣不再興工之外，復按各村田工分攤小工，每工個半，賡續興工，共去小工壹萬捌仟餘。迄今幸（十三行）已告落成，

① 陸良南區：今陸良縣召誇一帶。
② 大麥沖：地名，屬召誇鎮。
③ 賜：疑誤，應為"暘"。
④ 象：疑誤，應為"篆"。

征余為序。余雕蟲小技，才非子建①，筆豈班馬②，只能略述斯沖築壩之巔末，以為序云。史營長和而贊之曰（十四行）：

呼哉此壩，寬而且長；他日蓄水，如海似洋；吾區田畝，隨時種良；旱而無憂，水溢田莊；早種先收，戶戶小康（十五行）。

雲南民政廳區長訓練所畢業員代任此壩文牘陳漢弼撰並書（十六行）。

總提調：前任縣長熊心崙；新任縣長張耀華、營長史光培、分團首楊春延、建設局長俞其觀、自治主任楊體元。

督工經理：郭明唐、趙映昌、俞敏仁、皇甫應、俞萬吉、俞良臣。

會計：岳興培、他占真。

石匠：張有仁、郭中山、郭金璽。

各村補助首人：俞本仁、鄭明興、許忠才、俞萬國、唐應忠（以下34人名略），熊公之　□民願將地通□。

大中華民國貳拾年叁月貳拾陸日建立

【概述】碑存陸良縣召誇新莊。青石質，長方形，高230厘米，寬85厘米。額書"功震芳河"4字，陽刻。碑文楷體陰刻，文16行，每行57字不等，計1050字。民國二十年（1931）立，陳漢弼撰文并書丹。碑文詳細記述了民國年間陸良南區修築大麥冲水庫灌溉工程的原委、經過，是研究陸良水利史的重要碑刻。

【參考文獻】徐發蒼. 曲靖石刻. 昆明：雲南民族出版社，1999.12：319－324.

世守勿替碑

天下事之可久而不變者，莫為之勒石，此自然之理也。玉溪之東南，高亢並無龍潭、源泉、河流，蒙馮公飛熊老大人開修溝一條，名曰金汁溝。上段□所□數多年矣，其溝狹小；中下兩段難成，三③次又蒙李公森若老伯父提倡，派工修堤。修通之後，溝道遙遠，田畝無數，此水不敷栽插之用。三次又蒙馮公子鈞五大人提倡，派工用力修堤。至今水源浩大，數屯沾前人之恩非淺矣。開通之後，按工分股：馮家屯高姓宗祠□分得水股半，瀦蓄於高宗祠之新壩塘內，以備來年栽插之用。每年款項溝費，照田抽款，高宗祠之田應繳一股，高龍潭之田應繳半股，因壩塘寬大，若遇天旱，恐不敷用，又添認半股。此二股所需之款項，高宗祠之田漸少，應出一半，高龍潭之田漸多，應出一半；所得水分，高宗祠應分三分之二，高龍潭應分三分之一。壩內高田，□□□立夏後無論何人之用，務須議定日期，方准開車扯之；

---

① 子建：曹植，字子建，三國時著名文學家，曹操之子。
② 班馬：班固、司馬遷的合稱。
③ 三：據上下文，疑誤，應為"二"。

580

立夏前任意亂扯者，公議處罰。至於水穀，各屯田畝歸各屯抽繳。壩內有餘之水賣得之款，完全歸高宗祠內，若有不敷，亦歸高宗祠貼出。今因壩內修埂一條，故兩下相爭，邀請建設局長黃公星文從中相勸，此埂作為無效，日後不得再修。內壩之水得自由出入，無論何人不得阻止，此係二比心甘情願，中間並無蒙混逼迫等弊。從茲以後，理宜合衷共濟，不得爭端，致失和氣，恐後無憑，立此二比有合同存照。恐合同年久有失，故此勒石為據，以垂永久不朽矣。鄉長邵、張。

民國二十年十一月十六日，立合同文約人：高有葵、高有光、高有學、其長、其用、其賢、其山、福增、福康、高家賢、高尚貴、高聯級、高長甲、高其唐，闔族老幼人等同立。

【概述】該碑立於民國二十年（1931）。碑文記述了金汁溝開修、維護、分水，以及高宗祠、高龍潭雙方水利糾紛、協商立約的基本情況。

【參考文獻】左文山．玉溪市志資料選刊（第十輯）：玉溪市民國檔案資料輯要．內部資料，1985.12：40-41.

溝壩紀念碑

俞斯猷　張鑒渠

新築窯安閘開溝碑序（一行）

大凹之北，周官莊一帶，為西澗河[①]流域。舊於閔家墳左側立平壩一道，以緩水勢，無甚關係。惟壩後有天然陂塘，可蓄水以資灌溉，□□（二行）窯村高水缺，若於播種之際，屢欲以此地築壩開溝，化無用為有用，均以人眾意紛，財力不足，未克舉行，聽其荒廢者已數百年矣。時庚午（三行），玉溪熊公心畬主掌陸政，開鑿西河，除去石壩，東南二區[②]受福無窮，二窯之水困，愈形拮据。公復曰：兩害相權，取其輕者。二窯秧水（四行），可開上游以求水利，則福不減於東南。議成，紳民張鑒渠、趙光華、王福興等稟情於公，築壩置閘，開溝浚流，作利民之本。得公親臨踏看（五行）數四，相其地形之高下，一一肇畫，檄委中尉黃炳玉，紳民王澤民、唐秉清、趙玉春、常發貴、張映樞等經理其事。而熊公升擢以去，繼任張（六行）耀華以舊政之托，竭力提倡。自二月五日開始動工至翌年八月中旬，由史家墳至窯上，約五六里之大溝告厥成功。所需款項由二村之（七行）戶口攤逗[③]，銀貳仟餘佰元，小工叁萬貳仟餘百名，附近村落以□溝邊有地之家，並未助一錢一夫之力，他方倘用此壩之水，應當（八行）水租，以均擔負而籌管壩之費。是役也，非得熊公規劃於前，不足以興工動重；非得張公維持後，亦不能各事齊備，踴躍工作；更非得（九行）之父老民眾一德一心，

---

① 西澗河：南盤江流經陸良境內的支流。
② 東南二區：當為今板橋鎮、三岔河鎮、中樞鎮、華僑農場一帶。
③ 攤逗：攤派集資。

尤不足以沾水利坐享幸福。今壩事已厥，村老請勒石垂遠。猷以書生，從事其間，知其底蘊，故略記之，以告將來（十行）。

又序：

二窯村高，面河背阜，灌溉之福，從未曾有。在昔，先民於河中造壩，尚可積水播種，踩水栽秧，以謀日用之需。至民國庚午之歲，東南區求去水（十二行）患，改造兩橋，消除石壩，吾村之水困，較前尤甚。幸得邑候①熊公、約盤濟虛，將村北大凹之天生壩塘提倡修築，二窯無水之患，稍得以解其痛（十三行）苦，並承城中紳老俞世瓊、梅耿泰、俞之碧、張全□、俞立□、□祖□等，協心□同，溝壩始告成功。然工成窯財盡力竭，未得圓滿之用，是後溝邊旱（十四行）地若改成水田，就壩水之便，以應補助工錢，以保□□□□□□□□□人勞我逸，坐享漁人之利。計斯壩之成，也費去銀貳仟餘百元，民（十五行）工叁萬貳仟有餘名，覷彌困鎖，□不能言，古□□□□□□□□□有地之戶，喧賓奪主，置吾二窯經始之苦心於不顧，願後之君子保（十六行）護維持，尋源溯流，勿使強奪，方不負官紗前人。□力偶導之，或□□□□□，萬世永輕矣。故記之於石。

　　清庠彥張鑒渠鏡泉氏撰（十七行）

　　民國二十一年歲次癸酉季春月下浣之吉，黑白窯村父老民眾公立（十八行）

【概述】碑存陸良縣窯上小學。青石質，長方形，高 185 厘米，寬 68 厘米。碑文分兩部分：上部書"新築窯安閘開溝碑序"文共 10 行，俞斯猷撰文；下部書"新築窯安開溝碑又序"文共 8 行，張鑒渠撰文；碑頂部書"溝壩紀念"4 字，正書，陽刻。碑文共 840 字。民國二十一年（1932）立。碑文記載民國年間，陸良縣修築水庫閘壩、開溝引水，解決窯上村農田干旱問題的詳細經過。對研究民國時期陸良水利發展史具有重要參考價值。

【參考文獻】徐發蒼. 曲靖石刻. 昆明：雲南民族出版社，1999.12：325-329.

玉龍村新建水碾碑記

李增華

玉龍村新建水碾碑記（一行）

吾村有小龍洞水焉，龍泉混混，晝夜不息。向例與下伍營平均分配，吾村約可得二車力之量，以作灌溉（二行）田畝之用。其分放辦法另有淋水規目及碑記，相緣成習，茲不復贅述。民國十八年秋，闔村老幼人等咸（三行）以此項龍泉水，除灌溉田畝而外，不作別用，坐失其利，殊為可惜。慨由水份門戶之負担又復過重，若不（四行）從而生利以補助之，則

---

① 候：疑誤，應為"侯"。

勢難承當。遂選材興工，水碾之建造從此始。然斯舉也，計自民國十八年九月興（五行）工，經四月而告竣，約費通用紙幣五千餘元。雖其間由每水分捐洋拾元，不敷之數由殷室借貸以成，全（六行）要皆由羣策羣力經營佈措，有以致之也。迄今基礎鞏固，闔村人戶利用水碾之便宜特將始末別為序（七行）次如左，以備參考而期利賴無疆云。

一、陡坡寺住持僧湛權送水碾地基一份，隨房北首場一塊在（八行）內，東至李荇地，南至水溝，西至楊姓塘子，北至常住田；並所建碾房木料，僅給香資洋叁拾元。又李荇（九行）送水碾入水溝壹條，長約七丈餘，寬約二丈。茲將出水捐姓名開後。計開（十行）：

李光斗水二份　李鐘南水五份　李增貴水二份　蔣國正水二份　李懷智水一份（十一行）
何　禎水一份　楊家祐水一份　楊壽增水一份　楊兆臣水一份　李中坤水三份（十二行）
楊起鴻水一份　楊　洲水二份　楊　琳①水一份　李懷馨水一份　李增華水三份（十三行）
李　銳水二份　李鳳儀水一份　楊應魁水三份　李光裕水三份　李國正水四份（十四行）
楊家榮水一份　陡坡寺水三份　楊希增水二份　李懷本水一份　李　續水一份（十五行）
李　枝水一份　李懷秀水一份　李周南水五份　楊家桂水一份　李錦②秀水二份（十六行）
王有能水二份　楊　澤水一份　楊兆順水一份　李錦章水一份　李鳳書水二份（十七行）
楊家林水一份　楊玉清水二份　李懷安水二份　楊　續水二份　楊周氏水二份（十八行）
李　鏡水一份　李振熊水四份　楊氏族水三份　楊　絟水一份　李　濤水二份（十九行）
楊　繡水二份　李　杰水一份　楊　有水一份　李樹茂水三份　楊文季水一份（二十行）
李　舉水二份　李懷琛水二③份　楊壽彭水一份　楊壽春水一份　楊正和水一份（二十一行）
李　端水一份　蔣國珍水一份　李　崗水一份　李五桂水一份　李氏族水一份（二十二行）
李樹森水二份　楊家彬水一份　楊　芬水一份　李　夔水一份　李　鎔水一份（二十三行）
李　荇水一份　李懷松水一份　李　忠水一份　李鳳章水一份　楊紹春水一份（二十四行）
楊興章水二份　楊希春水一份　李自昌水一份　李　潤水二份　日④懷忠水二份（二十五行）

一、建水碾共去洋伍千餘元，除由各水份捐洋壹千式百叁拾（二十六行）元外，不敷洋叁千柒百柒拾元，由本村公眾墊出。俟水碾完（二十七行）成，由公眾收租，以四年為限，如數賠償後，仍歸各水份收租（二十八行），以作答報。覆載之費，其佚⑤役陸百餘名，均係村內按戶攤做（二十九行）。

　　　　　　　　玉龍村樂山李增華提倡并撰書
　　　　　　　　木匠：陶正章
　　　　　　　　石匠：沈世達、雙有德鐫石
**　　　　民國二十一年四月十五日，闔村各水份仝立（三十行）**

①《宜良碑刻・增補本》錄為"琳"，據拓片應為"綝"。
②《宜良碑刻・增補本》錄為"錦"，據拓片應為"景"。
③《宜良碑刻・增補本》錄為"二"，據拓片應為"一"。
④《宜良碑刻・增補本》錄為"日"，據拓片應為"李"。
⑤《宜良碑刻・增補本》錄為"佚"，據拓片應為"伕"。

【概述】碑存宜良縣狗街鎮玉龍村土主寺。碑為白石質，高100厘米，寬66厘米，額上鐫刻"利賴無疆"4字。民國二十一年（1932），合村民眾同立。碑文記述了玉龍村民眾修建水碾的緣由、始末以及所出水捐的詳細情況。

【參考文獻】周恩福.宜良碑刻·增補本（上）.昆明：雲南大學出版社，2016.12：113-115.據《宜良碑刻·增補本》錄文，參拓片校勘。

勘斷辛家屯占河開地告示碑記

玉溪縣政府　　　　　　　　　　　　　　　　　　　　　為（一行）

給示泐石，以垂永久事。案查：昨據縣屬龍吟鄉郭家屯鄉長郭光璧、村董郭友仁、郭增（二行）吉、趙文蔚、朱正、呂自貴、王世泰、安其銘等公呈，以辛家屯人佔河做地、損傷河埂，報請（三行）勘驗、補救粮田等情到府。當經本府親往勘查，勘得河之南岸淤積地甚多，已將甸尾（四行）村舊有木橋堵填二孔。舊日河埂原有漿果老樹可稽，今漿果老樹外亦淤積數丈、十（五行）餘丈不等，辛家屯人利用淤積河身，開作菜地，拎地邊又插栁種竹，漸漸侵佔河身，以（六行）致河身日窄，灣曲愈甚。北岸河堤漸受衝積[①]毀損，單薄異常，萬一洪水漲發，宣洩不及（七行），則左德鄉上流一帶粮田亦將盡被沖埋，受害者不僅白城鄉北岸之粮田也。根本辦法（八行），應將淤積之地盡數疏濬，使河身加寬，河道改直，始觟長治久安。惟工程浩大，當茲修（九行）築公路期間，民力不暇二用，只有俟諸異日。茲為目前補救計，暫定辦法三條：

（一）南岸（十行）即辛家屯方面不准再拎舊河堤以外種樹，並將舊河堤外先後所種栁竹雜樹，應責（十一行）成該辛家屯村董督飭所屬各戶，照本府所指示者砍去，連樹樁挖掘，另圖標明示知（十二行）；

（二）不准辛家屯人拎淤積地面上開闢菜地；

（三）由郭家屯公眾拎此岸適當地方打（十三行）樁植樹，保護此堤，免致再受沖毀，亦拎圖上標明。

以上三項辦法係為防止以後河（十四行）身再被侵窄起見，應飭該兩村村董各自分別遵辦，統限廢曆二十一年一月底辦（十五行）完竣。倘有佔抗因循情事，定即按名提究懲處。俟民力稍暇，即由左下、白下兩鄉徵（十六行）用民工，為大規模之疏濬。即今分令該辛家屯、郭井兩屯村董遵照辦理，并呈請（十七行）農礦廳核示在案。茲奉（十八行）

農礦廳一六二八號指令開呈："悉查插栁河間，佔用為地，殊屬非是，自應嚴予取締，該縣長所（十九行）擬辦法三條，尚屬可行，既經分令各該村屯村董遵辦，應准如呈備案，仰即知照，此令。"等因。奉（二十行）此，合行給示泐石，仰該郭家屯人民一體遵照，勿違，

---

① 《玉溪碑刻選集》錄為"積"，據拓片應為"激"。

切切此令（二十一行）。

縣長：郭崇賢（二十二行）

中華民國二十一年六月二十一日

右示給五屯遵守（二十三行）

【概述】碑存玉溪市紅塔區郭井村。碑為青石質，高90厘米，寬72厘米。碑文正書，額上鐫刻"永遠遵守"4字。民國二十一年（1932）立。碑文記述了郭家屯民眾狀告辛家屯人占河開地、插柳種竹，導致河身日窄、灣曲愈甚，衝毀堤壩、糧田，貽害鄉鄰的事由，後經官府勘明勒令辛家屯人將侵占的淤地限期退回，并頒三項辦法，勒石明示。

【參考文獻】玉溪市檔案局，玉溪市檔案館．玉溪碑刻選集．昆明：雲南人民出版社，2009.3：73－74.

據《玉溪碑刻選集》錄文，參照拓片作了校勘。

修築蓮花塘碑記

楊經正

修築蓮花塘碑記

嘗考周禮，川衡[①]掌過川澤之禁令。而平其守，以時舍其守，附注流水，曰川潴水，曰澤平其守者，更番以時勞逸得均也。舍馳也。舍其守者，有時而守，有時而舍也。民國初建蘇公江，中央政府令各縣邑修築陂塘，以利民生。吾邑敬天廠[②]楊公點崔、蘇公開元、董公徐慶、楊公楨、楊公樹超、楊公植東、楊公誌、蘇公景星、董公其位、蘇公結廖、董公現龍、蘇公泉、蘇公潮、蘇公澮、董公兆麟、楊公蘇、董公高諸公起而應命，修築蓮花塘。察其形勢之勝利，經畫之周詳，規模之永久，靡不符合周禮。而為今曰裕民生之良法焉。其水接米總菁，來源是亦巨川也。其地購本村之民田，是播母金也！築隄於蓮花山麓，約數十丈，洪波潴蓄，不斷不涸，是導洿澤也。創築之初，其先公後私，宵旰督率者，有人胼手胝足畚鍤弗懈者，有人此呼彼應勸勉效順者，又有人於是以眾心之合力，而成百年利賴之塘，民亦勞止，汔可小休矣。然未已焉！乃籌善後之方例，於立秋前後灌水，以滿隄為度。輪年新舊鄉約更代，巡守任職盡責，至芒種節前後開塘。乃馳其守，而均勞逸，其南北甸，未入塘額溉水，居殿予覽。塘成而後，向之栽植不齊者，今則水旱無憂矣。向之磽瘠為病者，今則膏腴稱羨矣。是宜，占縣志水利之一席，父老不忘勝跡顏曰：蓮塘。予念蓮之始生曰荷結實，曰蓮詩，曰彼澤之陂有蒲與荷，今以天然之蓮峰映地利之大澤，用蓮實之苦心自得香稻之甘味也。因

---

① 川衡：《周禮》官名，為地官之屬，掌川澤之禁令。

② 敬天廠：村名，古稱"師姑彎"，今大理市鳳儀鎮敬天村。

答懿戚之請，而為之記。再將此塘與秧母糧戶開後。在三，蓮花塘戶糧陸斗肆升伍合。山[①]二，張國瑞戶糧叁升。在一，秧母塘戶糧叁斗玖升。

啟發立碑人：蘇占標、蘇景義、楊銑、董煥西、楊茂、趙耀南、楊作霖、董蓁、蘇鼎、董騰鸞、董占標、董時道、董鍾、楊錄、蘇李陽。

師範國文專修科畢業初級中學校教員楊經正菴氏謹撰並書，暨合村人等仝立。

民國二十一年歲次壬申季秋月穀旦

【概述】碑存大理市鳳儀鎮敬天村本主廟。碑為大理石質，高102厘米，寬58厘米。碑額題刻有“永垂不朽云”5字。民國二十一年（1932），合村人等仝立。碑文記錄了敬天廠民眾響應政府號召，不辭辛勞修築蓮花塘造福鄉里的功績。

【參考文獻】馬存兆.大理鳳儀古碑文集.香港：香港科技大學華南研究中心，2013.6：277-278.

建修新民橋碑誌

楊 杍

郡西二十五里有土鍋寨河，即西洋江上流二水之一水也。發源於九龍山，雖百餘里來源，一路皆深山窮谷，危岩林茂。春冬水淺，極綠極清，可濯可涉；每夏泊[②]秋，雨淫水漲，則洪波巨浪，摧石傾木，沖激橫流，奔騰洶涌，而為民患者。昔人對於此河建石橋者四，架木橋者，幾於年年為之，不可勝數。迄今皆為波坍塌，與浪漂沒，可為浩嘆！辛未春，余權蓮郡，以河浪之無梁，是商民之所病，實為政之所恥。乃於整頓教育、建設、公安、保衛諸大端，及民間疾苦，地方利弊，應行興舉外，召集闔郡士紳開會討論，再建石橋。蒞會之士，咸踴躍樂從，始就縣城西街江西會館設籌建處，是年十月延匠興工，壬申六月工竣。時當夏潦，應候落成。從此杠梁既舉，波浪不驚，康衢獲履，病涉弗聞，余於民瘼稍盡一責焉。橋之面積寬一丈六尺，長九丈有餘。橋下設一環洞，高三丈有奇，寬三丈六尺，需費七千六百餘元，此皆襄事者相與有成，余撫其姓字以勒諸石，念自民國肇造，人民事事鼎新，斯橋乃余與民人共建，余不敢獨掠其美，名其橋曰“新民”，援為之誌。

廣南縣政府縣長楊杍

籌設處正副主任：何正煜　唐家培　孫慎修　唐聲樹
　　　　　　　　陸保藩　顏孔鑄　曹紹武

籌建處收支：　　李兆鉞

---

① 山：疑誤，應為“在”。
② 泊：疑誤，應為“洎”。

書記： 李平園

管理橋工人： 嚴鳴皋　顏孔鑄

督工人： 李永和　嚴鳴朝　陳致遠

匠人： 向嘉彩

民國二十一年歲次壬申仲冬月穀旦

【概述】碑立於民國二十一年（1932），廣南縣縣長楊杼撰文。碑文記載：廣南縣西二十五里有土鍋寨河，每年夏秋，雨淫水漲，洪潦成患。昔人曾架木橋、建石橋無數，但皆被波浪衝沒。民國年間，時任縣長楊杼體恤民情、勤政為民，召集士紳共同商議再建石橋，并帶頭捐資修建新民橋。

【參考文獻】政協廣南縣委員會.廣南文史資料集（下冊）.內部資料，2015.3：163.

萬工閘始末記

　　智明寺之西大尖山下，有河水曰深水塘，歷年水勢洶湧，附近田地莫不賴以灌溉。近年以來，森林稀少，水源涸竭，每逢雨水愆期，時虞旱魃[1]為虐。民國三年，秦令恩述曾一度提倡就兩山深水岸口修閘蓄水，以利農田，以工程浩大畏難而罷。職縣到任後，出巡經過斯地，念該閘有利農田，長此廢馳，殊覺可惜，於是就地集紳研議，決議於本年一月開始動工。並委前實業所長孫應甲為督修主任，何有功、馬春魁為監修員，康錫章等為經理員，馬能才、杜國明等為協助員，徵集民力，按田畝出工；並由職縣罰金項下撥款滇弊[2]壹千元，作為補助費用。幸賴督修主任孫應甲，熱心□□指導有方，監修員何有功、馬春魁，經理員康錫章，協助員馬能才、杜國民等各勤苦奈勞，公益為懷，職縣亦時巡視指導，於本年四月二十二日竣工，萬工閘於是落成。

楚雄縣長周繼福

民國二十二年七月

【概述】該碑立於民國二十二年（1933），碑文記述了萬工閘修建的始末。

【參考文獻】雲南省楚雄市水電局.楚雄市水利志.內部資料，1996：195-196.

---

① 魅：疑誤，應為"魃"。

② 弊：屬誤，應為"幣"。

疏鑿仙雲兩湖口碑文匯錄並言

　　仙雲兩湖口疏鑿工程，先後十三寒署①，其間地方多故，時工時輟，不無遺憾。而董其事者，復因時率多他徙，雲龍等幸始終其事，良以省府期許之厚，地方喁望之殷，上承領導，下喜協恭，得竭愚慮以赴之。

　　茲當收束，例須實紀其事，以作紀念，爰分敘疏浚、開鑿橋記，既將在事人名泐之於石，並省府善後碑記築壁分置海口、海門橋兩地，非自衒也。

　　夫滇居邊徼，資富惟農，覘水利之廢興，即可卜農事之枯菀輓近。溝渠不治，膏腴變為窪潦者比比皆然，其能捍水患以興水利者曾不多覯，惟賑災免糧，歲不絕書。問其故，輒日②：工事浩大，地方之力，不舉不知，大扣大鳴、小扣小鳴，以堅定之意志運經濟之方法，則如斯者固嘗苦閭閻也，抑有進者。是役也，刷沙導水，畚土錘泥，靡不多方研幾。三縣士紳，躬與協助，見聞既多，不乏心得，此後兩湖工程，當能駕輕就熟，殊可喜也。

　　省府本嘉惠人民之意，始議疏鑿，故於金君鑄九請以公田歸地方，慨然允許，美利德澤，有加無已，是又宜勿忘也。至於雲龍等獲睹人民樂利，已符私願，向之純盡義務，未避辛苦，亦區區不足論耳。今者，工程處裁撤，雲龍等解除責任，特匯印碑文略並於首，幸邦人士詧③鑒焉？

民國二十四年五月

由雲龍、張邦翰、董澤、秦光第同識

　　【概述】該碑立於民國二十四年（1935）。碑文為作者在歷盡艱辛、耗時13年的撫仙、星雲兩湖口疏鑿工程告竣之際的記事、抒情。

　　【參考文獻】江川縣水利電力局．江川縣水利志．內部資料，1988.11：149.

---

① 寒署：疑誤，應為"寒暑"。

② 日：疑誤，應為"曰"。

③ 詧：同"察"。

重修省會六河暨海口屢豐閘記

繆嘉銘

　　滇池周圍五百餘里，匯省城六河之水，由海口注入螳螂川[1]，汪洋浩瀚。凡濱池昆明、呈貢、晉甯、昆陽四縣，農田灌溉與夫水道運輸胥於是賴。惟上游諸水來自山間，沖激泥沙，每致淤塞，而海口為其尾閭，匯流沉澱，宣洩匪易。每當夏秋大雨，山洪瀑發，橫溢氾濫，沿河村落及環池耕地動受其害，故往昔司水利者咸以六河及海口之疏浚為要務焉。晚近官府疏於宣導，人民習於偷惰，前賢治河之功績、典型，幾於廢墜。今主席龍公秉政，以求勤求民事，倡興水利。嘉銘時承乏實業，仰體德意，勉力督率所司，周詳審慮，以次興辦。自民國二十年冬春農隙之際，募集民夫，分別疏導。先之以省會六河暨各支河，通淤浚塞，固堤修閘，同時並進。復慮夏秋洪漲為災，則編組防洪隊沿河逡巡，以防潰決。三載以來，共用民夫三十四萬六千一百名，修建石岸經費及人員旅費十萬零六千三百八十五元。各河既暢流無阻，乃從事於海口河之浚治，積年雍滯於以宣達，共用民夫二萬一千四百七十一名，經費約三萬元。繼是更重修屢豐閘，以調節滇池水流。閘三座二十一孔，橫跨於海口川字河上，為前清道光十六年總督伊里布、巡撫伯顏濤率四縣官紳修建者。自光緒四年[2]重修迄今，將六十年矣，橋基多所崩塌，閘梁半就頹壞，傾圮之險象畢呈，修葺之時機難緩。用是請帑重修，顯利小民，農田隱存，先賢偉績經始。二十四年一月而工竣，需費才六千四百五十餘元。先後董其役者，則重賴前水利局長李毓茂，現任局長莊永華之始終不懈，四縣官紳亦能相助為理，而所應募之民夫更以利害切身，盡力以赴，其能費約工省而其效甚速。使嘉銘得稍抒內疚者，則實群策群力所致也。從茲海口河中歸然橫鎖，控制流量，宣洩暢通，四縣之民生攸賴，昔賢之善政彌彰。敢曰："莫為之後，雖盛弗傳乎！"吾盡吾責，但求得免於罪戾已耳。爰誌顛末，以謞求者。

民國二十四年二月
雲南省實業廳長繆嘉銘謹撰

【概述】該碑立於民國二十四年（1935），雲南省實業廳長繆嘉銘撰文。碑文記述自民國

---

① 螳螂川：係金沙江支流，全長 252 公里，為滇池之唯一出口。螳螂川自滇池流向西北，經昆明市之安寧、富民、祿勸，於祿勸與東川交界處注入金沙江。其上游稱螳螂川，過富民稱普渡河。螳螂川安寧、富民一帶河道較寬，流速較緩，多河曲階地；祿勸普渡河水流湍急，高山夾峙，河流深切，"V"型河谷廣布。《華陽國志·南中志》記滇池縣"有澤水，周回二百餘里，所以深廣，下流淺狹，如倒流"，即指此河。
② 光緒四年：1878 年。

二十年起，繆嘉銘受龍雲委派，募集民工固堤修閘、通淤浚塞，歷時三載浚治海口河，并重修屢豐閘以調節滇池水流的詳細經過。

【參考文獻】西山區海口鎮志編纂辦公室．海口鎮志．內部資料，2001.7：325-326．

雲南省公署水利訴訟終審決定書碑記

雲南省公署水利訴訟終審決定書第八號（一行）

原再訴願人　徐安邦、王惠、那世國、達文俊、達永常、戚基仁，年甲不一，均屬宜良縣屬下達村住民，務農。

被再訴願人　禾登村趙鳳雲、楊槐、楊天智、趙萬秀，可保村李美才、李存忠、李茂芝，永丰營張國輔、李開枝、徐清、趙興國，均務農，年甲不一。

右（二行）當事人等因水利涉訟，訴于实業司，于民國十五年四月三十日所為之第二審裁決不服，提起再訴願及附帶再訴願，經本公署以書狀審理，決定如左（三行）：

主文　第二審裁決一部變更，下達村徐安邦等新設水碾仍准繼續修築，開碾期間定為每年自立秋後兩星（期）起，至次年小滿節令一星期止。閉碾期間定為每年自小滿後一星期起，至立秋後兩星期止。開碾期間下達村民人可以隨時引水沖碾。但引水時須注意沙泥侵入水碾水溝，如有（四行）不慎致沙泥侵入，下達村民人須負挑挖及賠償責任。在閉碾期間，下達村除依舊立碑文引水灌田外，不得引水沖碾。老直河中下達村民人所修築之石壩迅即取銷，改築臨時沙壩，高不得超過壹尺五寸；壩上□□（五行）下達村引水溝口所鑲石閘閘底提高五寸。再訴願訟費拾元歸兩造共同平均負担（六行）。

事實　緣宜良縣屬有老直河一條，河頭東西兩岸出有龍潭三個，一曰大龍潭，一曰二龍潭，一曰虛龍潭。大龍潭、二龍潭均在河東，虛龍潭獨居河西。三潭水流均灌禾登、可保等村田畝。惟因禾登田畝係在老直河西岸，故該趙鳳云等引放（七行）潭水份灌溉該村田畝，須將該潭水份由老直河底引過河西，經過下達村田畝後始能達目的。去歲十二月間，該下達村民人徐安邦等，因籌學團兩款起見，擬就該村達街壩口二龍潭水經過處修建水碾一盤，借資舂米，以便籌款（八行）項。旋因二龍潭水份稀微，不敷沖碾之用，遂又擬由該河上游西岸下達村引水舊溝引用河水，以補不足，並將老直河河身攔河草壩改築石壩，以為截水工具。在碾尚未脩成期中，趙鳳云等（九行）為該河西岸下達村人引水舊溝其緊接溝頭東岸，亦有舊溝可通大龍潭，將來下達村人安設水碾水份不足時，恐有挖放大龍潭水之情事，及洪水發時河中沙泥有侵入溝身，填實二龍潭水（十行）溝危險之故，遂向該宜良縣公署提起訴願。案經实業司第二審裁決，斷令徐安邦等新設水碾仍准繼脩築，老直河中所脩築之石壩迅即取銷，改修沙壩，壩高不得超過壹尺五寸，壩（十一行）西岸下達村引水溝口可鑲石閘，閘底提高五寸。並限定自舊歷四月初一^①起，至八月底止五個月內，除四五月中河水稍平，閘下田畝須水灌泡時，下達村人得由閘口引放苗水外，其余時期均不得（十二行）開閘引水沖運^②新碾。又被訴願人等對于^③舊溝，亦不淂任意開挖寬深，且除小滿三日三夜內應淂水份外，不淂挖放大龍潭水份在案。該兩造不服，先後提起再訴願（十三行）。

理由　本案據原再訴願人徐安邦等訴願意旨及答辯意旨畧謂：（一）老直河原係沙壩，現改築石壩之兩峅，尚高過于石壩四五尺之多，上游沙泥何由流出？縱即流出，而近河一帶田畝均係下達村所有，非禾登村（十四行）所有，且距禾登村田畝尚有四五里之遙，亦不淂損害^④禾登村田畝，如有損害，下達村人^⑤甘願負責，何必定欲取銷石壩；（二）老直河西峅溝口原打有石閘枋一道，洪水發時將閘關閉，泥沙自可順壩頭而下，何（十五行）能侵入溝中；（三）二龍潭水份在平時僅有兩車有餘，不敷沖碾所用，故沖碾水份須借老直河水份。而老直河水又係無源水流，須在夏秋始有充分泉源。□二審判令夏秋閉碾，冬春閉碾，開碾時期老直（十六行）河中全無水流，何以開運，團學兩款更何以籌集？（四）大龍潭水份在小滿三日後由下達村引過西峅，日出歸下達村灌放，日入歸可保、永丰灌放，此係歷來舊規；（五）現在下達村建碾地点，原係下達古代（十七行）箐溝，並非戚忠讓與趙鳳云等所開之溝，有戚基仁證。

被再訴願人趙鳳云等答辯意旨及附帶訴願意旨畧謂：（一）潭水來源係出于石隙，如^⑥溝底既高，沙水倒灌入潭，一旦將石隙倒填，水源必阻；（二）（十八行）河身改脩石壩，係違舊規，二審判令改築沙壩至為平允；（三）此次涉訴主要部分係在不准侵地建碾，並未與下達村爭執水份；（四）禾登村灌田水份原來並無缺乏，何必下達村人引河水代為增加；矧河水（十九行）壩入潭溝時，于禾登村田畝尚多危害；（五）下達村新建碾房，係^⑦騎河脩築，侵及禾登村溝道，應請責令退出。

本案判決要点，當以原訴願人徐安邦等引灌老直河水份春碾，有無淹埋禾登（二十行）田畝之虞，及其對于現在建築新碾地点有無享有安置水碾之權兩点以為斷。

就前一点言，老直河係^⑧沙河，且該下達村引水春碾地点係居上游，與發水山麓相近，每當夏季雨澤多時，倘溝口（二十一行）閘枋關閉不嚴，山水陡發，難免不無砂泥侵入溝身之危險。此危險雖經該原訴願人徐安邦等在二審程序當庭具結，如有砂泥入溝，甘願負擔挑挖，不致害及禾登田畝之責任。然山水陡來（二十二行），防備多有不及，如俟將來實害發生時再事賠還，則不惟于国民经济上多所損害，且亦非所以保護所有權人利益之道，故不如先事預防之為淂策。此所有權人对于他人之行為有妨害其權利（二十三行）之虞者，淂為請

---

① 《宜良碑刻·增補本》漏錄"日"字。
② 《宜良碑刻·增補本》錄為"沖運"，據拓片應為"運沖"。
③ 《宜良碑刻·增補本》漏錄"閘下"2字。
④ 《宜良碑刻·增補本》漏錄"該"字。
⑤ 《宜良碑刻·增補本》漏錄"民"字。
⑥ 《宜良碑刻·增補本》錄為"如"，據拓片應為"若"。
⑦ 《宜良碑刻·增補本》漏錄"屬"字。
⑧ 同注釋⑦。

求避止其足為防害之行為之法理所由設也。本案該徐安邦等引水舂碾，沙害雖属尚未实現，然夏季確有沙害侵入之虞，當然應于夏季禁止其足為妨害之行為。原審斷令自舊（二十四行）歷四月初一日起，至八月底止，禁止徐安邦等開閘舂碾，尚属合法。惟禁止開碾時期^①不以節令為標準，而以月份為標準。每年節令早遲不一，而雨水收發亦因之以异，故不若特予變更，以節令而^②限制（二十五行）之為妥善。但在此有限制節令外，其余開碾節令亦難免絶对無雨水發生之時。厥當此雨水發生時間，不達村人民除应注意避止沙泥侵入溝中外，倘如再有沙害海及禾登田畝，尤应負賠償之義務（二十六行）。

就後一点言，現下達村民人徐安邦等修碾溝道，虽據趙鳳云虽指聲，原係下達村民人戚忠讓与該村田畝所開之溝，其所有權本属禾登、可保等村。然經本公署審查，該禾登等村由戚忠讓与田畝所開（二十七行）之溝道，據其提出前清乾隆三年七月刊立之碑文所載，"二龍潭居河之北，古人開之，原欲利濟萬世而垂子孫于無替。為想其時水高河低，混混而出不禁，源源而來，迨其後河水頻漲，沙石漸淤，致使有（二十八行）源之水阻于河北，不能南渡，望洋咨嗟興嘆無濟。賴有識者示以開溝，河内引水归源，乃獲有濟。忽而水起又被淹埋，一年之間，幾勞數次，豈其不憚煩。与亦為生計，是以不憚其煩，爰備花（二十九行）紅酒禮，与下達村民^③戚忠、戚愷義讓田畝，開挖溝渠。于河于路俱讓過洞，因勢利道復还原溝"等語以观，是該禾登村由戚忠讓与田畝所開之溝，係專為引放二龍潭水過河而設，現下達村設（三十行）碾之溝，據兩造所繪圖說，該溝水流係与大河平流直下，经过下達村田畝，会合該禾登村由河下穿過引放二龍潭水之水溝後，始達設碾溝道。其設碾溝道非專為禾登引用二龍潭水（三十一行）份而設。顯明易見，原有^④再訴願人徐安邦等，指稱被再訴願人趙鳳云等向戚忠讓與所開之溝，為現在趙鳳云等由河下引放二龍潭水之橫溝，非下達村人現在設碾之溝，尚有相當理由，現（三十二行）趙鳳云等既不能提出別項有力證據，可以證明該溝為禾登等村所私有，且下達村民人運沖水碾，碾下仍甾有出水水口，于趙鳳云等用水權利亦無損害等情，當然应即准其繼續建設，勿庸退（三十三行）讓。原審裁決对于此点判決並無大誤，应予維持。至河中石埧，非係舊有之物，且有沙壅之弊，按法例自应仍照舊日習慣，迅即取銷改築臨時沙坝。放水規章仍照舊規，勿庸特別限制。本上（三十四行）所述理由，特為決定如主文（三十五行）。

省立第一中學畢業生李鎮書，石匠龔家存鐫（三十六行）

民國二十六年閏五月廿日^⑤，禾登、可保、永丰三村仝立（三十七行）

【概述】碑存宜良縣湯池鎮永豐營村鳳儀寺內。碑為白石質，高150厘米，寬80厘米。民

① 《宜良碑刻·增補本》錄為"期"，據拓片應為"間"。
② 《宜良碑刻·增補本》錄為"而"，據拓片應為"来"。
③ 《宜良碑刻·增補本》多錄"民"字。
④ 《宜良碑刻·增補本》多錄"有"字。
⑤ 《宜良碑刻·增補本》錄為"民國二十六年閏五月廿日"，據拓片應為"民國二十六年潤五月廿日"。

國二十六年（1937），禾登、可保、永豐三村民眾同立。該碑為雲南省公署審理宜良縣屬下達村與禾登、可保、永豐營等村之間水利糾紛之終審判決書，碑文詳盡記述了該案原、被告雙方的訴願、事實、理由，剖析了案件本質，提出了審斷要點，并以歷史記載文字為證據，作出公正、公允的審斷等情。該碑為不可多見之現代法律文書碑，頗具特色。

【參考文獻】周恩福. 宜良碑刻·增補本（上）. 昆明：雲南大學出版社，2016.12：116-121.
據《宜良碑刻·增補本》錄文，參拓片校勘。

小海堰之兩次堂諭碑記 ①

小海堰之兩次堂諭碑記（一行）

窃因小海堰原歸武家屯所蓄水灌溉田畝，歷經數百餘年遵例無更。近被諸葛營違反古規，生枝涉訟。曾扵民國拾年九月蒙（二行）

符縣長諱廷銓之判諭如左（三行）：

保山縣行政并司法公署民事第一審判詞（四行）。

原告楊盛昌、楊明慧、符堂、胡正良、黃福、張清、黃連城、楊漢臣；被告顧均 ②、張德珍、顧仕田、李昇、武超、楊榮富等，年甲不一，均縣屬人（五行）。

右列當事人等，因爭水利涉訟，經本公署審理，以堂諭判決如左。堂諭（六行）：

緣諸葛營村東有聚水海子一個，其海內田畝悉歸諸葛營人享有，每年扵秋收完畢後將水聚足，以作武家屯灌溉田畝之用。但武家屯決水灌田時，只准將海（七行）內溝渠空閑之水澈放。至海內田中之水，各歸各田栽種，不准挖墾決流，以碍該田農事。歷代□□以來各無異議。本年因天時稍旱，該諸葛營人楊盛昌私圖小（八行）利，至將己面私自應享田水決賣與武家屯個人灌溉田畝，遂激起武家屯人公怒，相率數十人到該海將各田墾挖開，所有各田應享之水一概流出。該諸葛營（九行）人不服，故尔起訟到縣。訊悉前情，判令仍照古規辦理。按年所蓄之水，在各田中者，概由諸葛營各田戶留存享有。除田以外所有各溝、渠、塘之水，一律由武家屯及（十行）歷年應放該水之人引放。自此以後，諸葛營人不准加堤蓄水，私自賣錢。武家屯人亦不准亂決田中之水，再起爭端。至武家屯所立之碑，載有"武指揮洗馬塘"等（十一行）詞作為無效。此判！

保山縣知事符廷銓

復扵民國二十七年 ③ 十二月蒙（十二行）

楊縣長　天理之判諭如左（十三行）

---

① 《保山碑刻》中原碑名為"小海子水規訟案判決碑"，現據碑文改為"小海堰之兩次堂諭碑記"。
② 《保山碑刻》錄為"均"，據拓片應為"鈞"。
③ 民國二十七年：1938 年。

保山縣政府蕪理司法民事第一審判決堂諭

原告楊明德、蘸錫珍，住諸葛營；被告張文劉、張德貴，住武家屯，年歲不一，均保山縣人，務農（十四行）。

右列當事人等因海田涉訟，案經本府傳案審理，以堂諭判決如左。

堂諭：復訊本案因諸葛營村東有聚水海子一個，其海內田畝乃諸葛營人所墾闢，向（十五行）只能種一季，不能栽植小春。古規扵每年秋收後將水聚足，以作來年武家屯人灌溉田畝之用。但武家屯人決水灌田時，只許將海內溝渠空閑之水測放，至扵（十六行）田內之水，不得挖墾直流，此乃兩利之事，歷年兩村人均各遵守，已成古規。前扵民國拾年因天旱缺水，諸葛營之楊盛昌私圖小利，將己面應享田水賣與武家（十七行）屯個人灌田，遂致激起武家屯人之眾怒，相率多人將海內各田埂挖開，致海水全數流出。諸葛營人不服，控經前知事符廷銓，于十年九月一日判決，發給堂諭（十八行），兩造遵依，相沿至今。楊明德等忽生異議，捏造海子"兩年乾，五年水"之說，欲扵秋收後將海水放乾，栽種小春。武家屯人恐其有妨來春農事，向之禁阻，致又起訴（十九行）。前經集訊，令第二區區長查復大致。區長碍扵情面，延未呈復，以致案懸莫結。今集案復訊，據被訴人張文劉呈驗民國十年判本及志書碑記，並無准許秋收後（二十行）放水栽種小春之規定。

該原訴人楊明德等以"兩年乾，五年水，係歷來習慣"勉無根據可考，亦無人証足憑，自應認為控訴無效，所有海子田秋收只能照舊蓄水（二十一行），以俗來春之需，不能放水栽種小春，致妨武家屯人眾水利。此判！

縣長楊天理，承審員李乃清（二十二行）

中華民國二十七年國曆十二月三十一日，閣屯眾姓人等遵判勒石（二十三行）

【概述】碑存保山市隆陽區漢莊鎮武家屯村內。碑為青石質，高182厘米、寬70厘米。碑文直書陰刻23行，1157字。碑額呈半圓形，其上陰刻"永垂不朽"4字。民國二十七年（1938）十二月，武家屯村民遵判刻立。碑文刊載保山縣長符廷銓、楊天理對諸葛營、武家屯兩村用水爭執案的兩次堂訊判決，內容涉及小海子水庫用水爭執的起因、經過及判決裁處規定。該碑是了解地方農田水利發展演變情況的重要資料。

【參考文獻】保山市文化廣電新聞出版局．保山碑刻．昆明：雲南美術出版社，2008.5：50-51.

據《保山碑刻》錄文，參拓片校勘，行數為新增。

脩築石龍街龍溝河北岸石堤記

陳培松

　　縣城北關外，有所謂龍溝河者，居高臨下東流而入大河。河身廣達數十丈，河之南爲市井，河之北為石龍街，柳往雷來是此區交通要道。每夏烋雨集，山洪暴發，水勢如萬馬奔騰，驚心動魄。有時急流轉石，廬舍爲墟，泛濫成灾，數見不鮮。臨流所太息者，比比皆是。在昔，關心水患者，於兩岸築石爲堤，叺資防禦。惟年湮代遠，莫可追考。自清光緒五年，河堤崩潰，提舉蕭公培基呈准撥款，兩岸同時鳩工脩築。居民得慶安堤，滷井亦賴叺屏障。迨光緒貳拾柒年①夏而為灾，兩岸又被沖潰，提舉江公海清復呈准脩建。先由南岸動工，甫經工竣，江公奉調離任，叺經費無着，北岸工程竟爾擱置。迄今三十餘年，歷次潰決成灾，殊屬可悲。去歲南岍下段，又蒙運籌撥款請脩南岸，因以無患。去年夏初，余奉命來宰是邦，目覩石龍街地面低窪，河身高過街面，始遇決泛則全街將成澤國。不禁□焉。□之回思，南岸爲井灶所在，關係固大，而北岍有居民百餘戶，多爲井灶工匠之家，復爲義倉租穀及教育田產之所在，關係亦非淺。除非兩岸同時並重，不可也擬籌欬脩治，適逢鶴麗中維華永邊防保安司令史公敏齋自事回籍，亦認爲北岸有積極脩建必要。乃邀集石龍街紳民沈立基等四十餘人聯名呈請縣府，轉呈省府，援續脩南岸慶安堤下段，例請飭由鹽稅項下撥款脩築。史公到省後，復親向上峰要求，遂蒙核准。派鹽興煙酒牲屠稅局長李君向東，估勘工程，發給脩費新幣捌千零捌拾元零伍角伍仙②柒厘，由黑井鹽稅局撥領。奉令後，遵即開會籌商，組織工程委員會，公推沈君立基、史君應興、史君貽直、劉君實、胡君紹唐、李君惠、胡君有德、李君□□、張君能等玖人爲委員，以主其事。縣府場署、稅局各派監工員一員，逐日監脩。堤之長為三十丈，分爲五段，每段高度自一丈二尺至一丈五尺止，堤之闊概以一丈爲率。是役也，於本年三月中旬興工，於六月底完成。爲時不及四月，已將三十餘年歲歲蘊蓄之隱患一旦解除。是皆天公及諸委員見義勇爲之力也，可叺□矣。而主座龍公，於此非常時期，經費支絀之際，慨然撥給鉅款脩築，造福地方尤無窮焉。工既成，委員會擬勒石刻碑叺垂盛舉，丐序於余，自不避讕陋，略述顛末，始此□之工，拙不訣也。是爲序。

鹽興縣③縣長陳培松謹撰並書
中華民國二十七年七月

---

① 光緒貳拾柒年：1901 年。

② 仙：同"分"。

③ 鹽興縣：舊縣名。1913 年由定遠縣屬黑鹽井、琅井和廣通轄元永井、阿陋井合并設置，治黑鹽井（今雲南省祿豐縣西北黑鹽井鎮）。1958 年撤銷，并入廣通縣。1960 年廣通縣裁撤，并入祿豐縣。

【概述】碑存祿豐縣黑井鎮龍溝河北岸石龍村口。碑高256厘米，寬79厘米，厚19厘米。碑額篆書"思患預防"4字。碑文直行隸書，文17行，滿行56字，共757字。民國二十七年（1938）立，鹽興縣縣長陳培松撰文、書丹。碑文記載龍溝河水患及石龍街人修堤保村的歷史。1980年3月，該碑被公布為縣級重點文物保護單位。

【參考文獻】張方玉.楚雄歷代碑刻.昆明：雲南民族出版社，2005.10：416-417；楚雄彝族自治州博物館.楚雄彝族自治州文物志.昆明：雲南民族出版社，2008.7：212.

據《楚雄歷代碑刻》錄文，參拓片（部分）校勘。

肖玉井序

疑者，善變也。人化為鬼作祟，亦世人之所疑也。羅蛙寨人民疑八旬之老嫗羅姥者，生前能變鬼祟人，將其搞死以除害，是疑之而又生疑也。是以宋團首將該人民提案集紳議處，罰金肆百元，儲辦慈善，懲儆效尤。後余議主此款修築肖玉塘，而今事成工竣矣。其實羅姥者，化此蓄水濟人之井而眾獲益，此中變化之利害，又非羅蛙寨人民之所能夢及，抑世人之所疑不到也。嘻！余恨世俗有變鬼之說，且憐羅蛙寨人民之愚，羅姥者死事之慘，因將此款，建井於斯，並為之敘，便將來汲飲此水者，知有破除迷信之意云爾。

趙國梁稿
邵廣元書
民國二十八年二月初八日立

【概述】該碑立於民國二十八年（1939），趙國梁撰文、邵廣元書丹。碑文記述了修建紅河縣肖玉井的原委。

【參考文獻】雲南省紅河縣志編纂委員會.紅河縣志.昆明：雲南人民出版社，1991.9：757-758.

永垂不朽碑[①]

嘗聞：木長先固其根，流遠先浚淵源，治國必有國法，處鄉必有鄉規，其事雖殊理則一也。然而（一行），鄉規各有不同，就其地方性質之所具風俗，鄉規亦因之而異，如辟荒開田，是推廣生產（二行），實為正當事業，惟大村則不然。蓋大村壩居出腰，山脈淺近，所以水源稀少，以少數之水源，灌（三行）引多數之田畝，水利難以周到。故別鄉以開田為

---

① 《蘭坪白族普米族自治縣文化藝術志》錄為"永立不朽"。

上策，惟大村以遏止開田為後盾。先人以水利（四行）為前車之鑒，于咸豐五年[1]立碑垂石，建設水斗、水升，測田畝之多寡、溝之遠近而立水分。以大溝（五行）分為七條支溝灌溉全壩，各守水分，並無異言。且上段乾地不得開田，而截斷下壩水源。即下溝（六行）不能偷漏上溝，彼此相安無可諱言，確是有條不紊。迄今，政府清丈，而有李繼華[2]、和德科者，趁（七行）機以乾地丈為水田，遂認為有效業權，合村紳老不忍坐視，乃舉和之璞、劉鎮國、白金寶、張汝明（八行）、和長吉、陳國華、和國寶、黃全崗、楊秀才、劉世立等，出而代表與之涉訟。初聲請於評判處，而評判（九行）主任未悉地方情形，只以和德科之耕地六二零之號碼乙畝四分，既無證據，且系新開，實有（十行）防害。該和德科自知情虛，願將耕地歸為公有，已經具結和解在案，惟以李繼華有推廣生產之（十一行）本旨，評判處擬以業權歸之，但不許用上下兩溝之水利等語。合村乃憶有田必有水，而李繼華（十二行）有田而無水，難免防害水利，此亦不成。問題再起訟於縣政府，蒙縣長楊公判決：不許李姓（十三行）栽作水田，而防害大眾水利。茲當交涉完竣，將以歷來事實，勒諸貞珉，永鑒萬古。□□□後之視（十四行）今，亦猶今之視昔，庶不負善繼善述之道矣。是為序（十五行）。

今將縣府堂諭開列於後：

查此案昨經訊明，以該李繼華不宜以小防大，不（十六行）准在栽插時，先行引用溝水。至不甚關係時，不防使其略為引用，各等諭當堂宣示在案，何以又（十七行）來續呈？查爾原告一面之意，無非始終不許李繼華引用溝水而巳[3]。惟該李繼華對於此項田地（十八行），曾經當堂申明為數無多，既有防害即以放棄亦無大礙等語，應不予再行引用，永不栽插成（十九行）田，以免防害大眾，永杜後患，而昭公允。仰即具結完案，勿得再生枝節，切切此諭（二十行）。

民國二十八年歲次己卯季夏，合村士庶同立（二十一行）

【概述】碑存蘭坪縣營盤鎮新華村光明寺內。碑為青石質，高98厘米，寬71厘米，厚13厘米。碑額鐫刻“永垂不朽”4字，碑文直行楷體陰刻，文21行，行18—36字，全文計770字。民國二十八年（1939）立石。碑文記載：民國年間，大村（今新華村）李繼華等依仗權勢，趁清丈田畝之機，私自引用溝水妨害大眾水利，破壞鄉規。村民選出代表，上訴到縣政府，最後得到公正判決。該碑是研究怒江地區鄉規民約、水利問題的寶貴歷史資料。

【參考文獻】中國人民政治協商會議雲南省怒江傈僳族自治州委員會文史資料委員會.怒江文史資料選輯·第1—20輯摘編（下卷）.芒市：德宏民族出版社，1994.8：1225—1227；蘭坪白族普米族自治縣文化局.蘭坪白族普米族自治縣文化藝術志.內部資料，1998.1：333—334.

據《怒江文史資料選輯》錄文，參《蘭坪白族普米族自治縣文化藝術志》校勘、行數為新增。

---

① 咸豐五年：1855年。
② 李繼華：當時大村（後改稱“新華村”）富戶，曾擔任過營盤鎮鎮長。
③ 巳：疑誤，應為“已”。

爭公溝水份訴訟判詞碑

語云：創業難，守成亦不易。蓋前人能創而後人不能守，終屬無濟。吾村原無水源，自前清乾隆元年，始經先輩人由白塔山開溝引泉，經七爪山而至村後。數百年來灌溉田畝，村人享受無窮之利。至民國三十一年，忽被李興義盜賣與大回村楊姓。事後村人方知，幸本村人李錦堂等深明創守之義，領導村人提起訴訟，復遇神明之縣長徐公一堂判決，使吾村之水泉恢復如初。村人無以感報，特立此碑以誌不忘。

茲將判詞刊立於後：

兼理司法河西縣政府第一審民事判決書
卅一年　第　　號

原告李興泰、李雲標、李榮光、李興邦、龔紹堂、戴應榮、黃在潤，河西普應鎮新增尾住，業農。被告楊友昌，河西星拱鄉大回村住，業農。關係人李興義，河西普應鎮新增尾住，公務。右列當事人，因爭水利涉訟，本府審理判決如左：

主文　被告楊友昌，承買李興義之田，准予登記，惟應用天落水栽插，不得妄爭公溝之水利。本審訴訟費用，應由被告人負擔。

事實　緣新增尾村住居山腳，缺乏水源。先輩於乾隆元年由白塔山開溝，經七爪山穿山洞而出至村後，全村賴以灌溉。二十一年經其縣判定，於縣府門口立碑為記，歷有年所。殊於本年栽插時，被大回村住民楊友昌父子[即被告]由七爪山後將水盜放至該村，水源斷絕，飲料缺乏。經看溝人告誡，伊反出惡言，是以激動公憤，訴請作主。其被告楊友昌則云此田原買有水份，並呈驗賣契，果批有"此田水得放"五字。當經傳賣主李興義到案，據供此田是其先父李雨亭由沙落村人買得，本無水份。後經村人許可，捐功德銀十元，得放此水，並呈驗信契。惟據原告等供，信契係偽造。在偽造信契時，李雨亭充當團紳，率團入保縣府，當時縣知事畏逃避居民家，故得隨伊造作。至"此田水得放"五字，乃成交之後私行加批。被告亦承認不諱。訊悉前情，應即依法判決：理由，查此案係爭公溝水份，實為乾隆元年新增尾人全村公開，至廿一年經其縣判定刊碑為記。共分十九排，有簿可憑，已歷年所。李興義祖遺及承嗣之水亦有多份，早經出售清楚。此次出賣，乃父於宣統三年接買他村王姓之山田與楊友昌，其田原係天落水，與新增尾公溝之水無涉。業已立約成交，繼因楊友昌要挾水份，李興義遂背中證人於契上添入"此田水得放"五字。墨蹟與契中各字不同，被告楊友昌亦承認係後添入，當然不能有效。至李興義呈驗信契，核查契內中人，十字押共有八個，純出一筆摹畫。花押三個，係出於代字人同一手筆。又王照文改為王昭文，查王昭文乃沙落村人，與此水份無關，更不合在場作中，偽造之跡顯然。契上雖蓋有縣印，乃其父身充團紳，就卸

事官要求許可所蓋，亦不規則。原告等所供，應認為有理由。兼之該村各水戶輪流引放之簿記，經百餘年未改，更難插入享此水利。是其欺人而實自欺。除將信契塗銷附卷外，姑念李興義赤貧，當庭中斥免究。該買主楊友昌買價甚賤，既不願退還，由該村承買。其田處於窪地，得水甚易，仍用天落水栽插可也。惟不得妄爭公溝水份，始准登轉移業權，以斷糾紛。本此理由，特為判決如主文。

兼理司法河西縣政府民事庭縣長徐舜欽，承審員許經文，書記員楊超凡。

中華民國三十一年九月二十日合村士庶老幼人等同立石

李榮賓　書

【概述】碑存通海縣甸心村新增尾天王殿大殿外右邊花窗平台下，民國三十一年（1942）合村民眾同立，李榮賓書丹。碑文記述民國年間新增尾村灌溉水源遭盜賣，村人李錦堂帶領民眾提起訴訟，經縣政府徐舜欽縣長判決恢復該村水泉如初，民眾立碑感報以志不忘之事。

【參考文獻】楊應昌 . 甸心行政村志 . 昆明：雲南民族出版社，2006.4：588-589.

修建西浦公園記

劉承功

西浦距城西五里餘，當西岩山麓，嚴壑深邃，山石黝然而黑，大者如怒獅伏虎，小者如巨蟹潛扎① 浴。山足六七穴，源泉混湧而出，瀦者為澄潭，灣境西南田晦② ，皆賴之以為灌溉。是不惟風景宜人，實乃人民生命之源。相傳泉源之在北者來自明湖，在南者瀉自昆池，以泉之清蝕別之，似非無據。自前代以來，即有因山建臺閣，近水為亭榭，每當初夏相率修禊於此，然觀其往跡，大都因襲點綴，零落失次。初來能橫山范水，使人力與天然相配合，為山川生色彩也。夫名山勝水，足以陶養性情，滌蕩塵穢，能善用之大可為教化之一助。余蒞灣後，見斯境之優善美，喜動於色，惜舊跡之簡陋，則又有慊③ 於心，因與幫之明哲決議，改建為西浦公園。集各方財力，委王君尚賢為監修，時逾半載，將原有廟宇亭閣，修葺完竣。復新建傅泉亭於潭中，志不忘農事。水邊隙地則偏植花木，以供遊人休息。余於公餘之暇，與二三風雅士，閒步其間，攀嚴尋徑，扶檻登樓，眼望田疇綠墅，喜生意之滿前；近俯峭石清流，覺塵心之盡去。邦人君子乘興而來，諒亦同茲感焉！惟以時事多艱，物力有限，工程設計不敢求全，後之來者，繼起而廣大之，則尤幸矣！

中華民國三十一年歲在壬午之冬月，知灣江縣事永勝劉承功撰，邑人張鑫婁丹。

① 扎：疑誤，應為"虬"。
② 晦：疑誤，應為"晦"。
③ 慊：通"歉"，慚愧。

甸惠渠記 [1]

張邦翰

彌勒縣南 [2] 八十里，有壩曰竹園。有水蜿蜒流於壩之中央者（一行），甸溪也。壩內可耕田約 [3] 十三萬市畝，溪分東西兩部。[4] 農田（二行）藉黑龍潭水灌溉者有新溝，藉龍潭哨水灌溉者有東西溝 [5]（三行）。東之溝外灌水 [6] 於東岸甸，西之溝口灌 [7] 於西岸，因水頭及 [8] 地（四行）勢之限制，能灌溉者不過四五萬市畝耳 [9]，餘則非旱即荒。邦（五行）翰奉本省政府主席龍公命，兼雲南省農田水利貸款委（六行）員会主任委員，理農田水利事。於是，審度地勢，於民國十（七行）八年 [10] 五月測竹園壩，翌年六月測竣，卅年一月興工，卅 [11] 二（八行）年四月渠成。在甸溪出谷入壩口之海家橋以上兩公里半（九行）處築石壩攔溪水，增高水位於 [12] 壩聯繫，向東岸沿山坡開渠（十行），繞黑龍潭、龍潭哨泉源而上，經竹園鎮南下，直達七星橋。渠（十一行）長凡三十七公里。東部兩萬餘畝高田，向為諸溝水所不及（十二行）者，胥收灌溉之利焉。西岸旱地，扼於地形，限於甸溪最枯流（十三行）期 [13] 未能併開，渠惟就甸兩 [14] 溝擴而充之，亦是 [15] 增灌一千四百（十四行）餘市畝。幹渠內分石渠八公里餘，石洞一百四十公尺，土渠（十五行）二十八公里餘。支渠三十二道，共長三十一公里餘。凡

---

① 《彌勒文物志》擬碑名為"竹園甸惠渠碑"，據原碑應為"甸惠渠記"。
② 《彌勒文物志》錄為"南"，據原碑應為"距"。
③ 《彌勒文物志》多錄"約"字。
④ 《彌勒文物志》漏錄"東部"二字。
⑤ 《彌勒文物志》錄為"東西溝"，據原碑應為"東溝甸"。
⑥ 《彌勒文物志》錄為"外灌水"，據原碑應為"引溪水"。
⑦ 《彌勒文物志》錄為"口灌"，據原碑應為"引溪水"。
⑧ 《彌勒文物志》多錄"及"字。
⑨ 《彌勒文物志》錄為"四五萬市畝耳"，據原碑應為"四萬餘市畝，其"。
⑩ 《彌勒文物志》錄為"十八年"，據原碑應為"二十八年"。
⑪ 《彌勒文物志》錄為"卅年"，據原碑應為"三十"。
⑫ 《彌勒文物志》錄為"於"，據原碑應為"與"。
⑬ 《彌勒文物志》錄為"期"，據原碑應為"量"。
⑭ 《彌勒文物志》錄為"兩"，據原碑應為"溪"。
⑮ 《彌勒文物志》錄為"是"，據原碑應為"已"。

幹支（十六行）渠之建築物共計一百六十三座，費款两千八百萬元 ①，土方（十七行）則先后計徵民役凡四十餘萬人，可謂民亦勞上 ② 矣。渠成請（十八行）主席龍公命名，以源 ③ 出甸溪遂賜 ④ 名為甸惠云。一渠之成（十九行），用民力如此其衆也，費款如此其多也，歷時如此其久也，工（二十行）程如此 ⑤ 其难也，后之人其可忽呼 ⑥ 哉！（二十一行）

中華民國卅二年四月，雲南省建設廳 ⑦ 兼農田水利(二十二行)貸款委員會 ⑧ 委員張邦翰記。

副主任委員蔣震揚、委員（二十三行）繆善銘 ⑨、陸崇仁、馬鎮國、黃家驥、王振芳、吳任淪 ⑩；委員兼總工（二十四行）程師朱光新 ⑪；秘書兼技術室主任馬耀先 ⑫；工程 ⑬ 副主任（二十五行）楊曾祐 ⑭；工務課長趙本務；會計課長劉昌 ⑮ 壽；總務課長王執（二十六行）中；工程師張連 ⑯ 榮、馮鍾毅 ⑰；[二十七行漏錄、漏計] 彌勒縣 ⑱ 縣長王承忠；工程處主任封景孚；工程師（二十八行）易汝素 ⑲、何尚志、陳少湘、蔣鉤 ⑳、孫維棋 ㉑、劉晋凱、王程員 ㉒ 朱培清（二十九行）、王紹光、廖盛；會計員王漆漢 ㉓；會計助理員趙之駿；事務員萬（三十行）傳敏 ㉔、談 ㉕ 子乾；顧問熊國棟、張炳榮；水利協會會長趙煥之 ㉖；副（三十一行）

---

① 《彌勒文物志》錄為“元”，據原碑應為“圓”。
② 《彌勒文物志》錄為“上”，據原碑應為“止”。
③ 《彌勒文物志》錄為“源”，據原碑應為“渠”。
④ 《彌勒文物志》錄為“賜”，據原碑應為“錫”。錫：賞賜，賜給。
⑤ 《彌勒文物志》錄為“如此”，據原碑應為“若是”。
⑥ 《彌勒文物志》錄為“呼”，據原碑應為“乎”。
⑦ 《彌勒文物志》漏錄“長”。
⑧ 《彌勒文物志》漏錄“主任”2 字。
⑨ 《彌勒文物志》錄為“繆善銘”，據原碑應為“徐嘉銘”。
⑩ 《彌勒文物志》錄為“淪”，據原碑應為“滄”。
⑪ 《彌勒文物志》錄為“新”，據原碑應為“彩”。
⑫ 《彌勒文物志》錄為“耀先”，據原碑應為“躍光”。
⑬ 《彌勒文物志》漏錄“師兼”2 字。
⑭ 《彌勒文物志》錄為“楊曾祐”，據原碑應為“楊增佑”。
⑮ 《彌勒文物志》錄為“昌”，據原碑應為“增”。
⑯ 《彌勒文物志》錄為“連”，據原碑應為“建”。
⑰ 《彌勒文物志》錄為“毅”，據原碑應為“豫”。其後漏錄“王炳章、張建德，工程員宋彧淅、高（二十七行）德亮、葉耘尊”。
⑱ 《彌勒文物志》多錄“縣”。
⑲ 《彌勒文物志》錄為“素”，據原碑應為“章”。
⑳ 《彌勒文物志》錄為“鉤”，據原碑應為“均”。
㉑ 《彌勒文物志》錄為“棋”，據原碑應為“椿”。
㉒ 《彌勒文物志》多錄“王程員”。
㉓ 《彌勒文物志》錄為“漆漢”，據原碑應為“澤莫”。
㉔ 《彌勒文物志》錄為“敏”，據原碑應為“毅”。
㉕ 《彌勒文物志》錄為“談”，據原碑應為“譚”。
㉖ 《彌勒文物志》錄為“之”，據原碑應為“元”。

會長王炳①智、趙煥鏞；徵工處常務委員張璧、趙柚（三十二行）。

【概述】碑存彌勒市竹園鎮竹園村竹朋水利管理所。碑為青石質，有碑座。碑身高104厘米，寬178厘米，厚16厘米。碑座高68厘米，長248厘米，橫長110厘米。碑文為楷書，文32行，行22字，計700餘字。中華民國卅二年（1943）四月，雲南省建設廳兼農田水利貸款委員會委員張邦翰記。碑文記述民國二十八至三十二年（1939—1943）彌勒縣修建水利灌溉工程甸惠渠的始末。

【參考文獻】葛永才.彌勒文物志.昆明：雲南人民出版社，2014.9：190-191.

據《彌勒文物志》錄文，參原碑校勘。

龍公渠② 紀念碑（碑陽北向）

中華民國三十二年夏③ 四月

龍公渠新渠落成紀念

雲南省④ 建設廳長張邦翰題

【概述】龍公渠紀念碑，坐落在宜良縣北古城鎮南盤江橋閘順流左岸橋頭。碑坐南面北，為正方形四面體塔式建築，漢白玉石質。碑身高250厘米，寬70厘米；碑額高50厘米，寬90厘米；碑座為兩級，第一級高20厘米，寬12厘米；第二級高108厘米，寬85厘米；碑體通高428厘米。碑陽楷書陰刻"龍公渠新渠落成紀念"（中）、"雲南建設廳長張邦翰題"（左）、"中華民國三十二年四月"（右）29字。碑陰隸書陰刻"龍公渠記"，計18豎行，係時任雲南省軍需局長兼雲南省督開宜良東河河工處長段克昌（宜良籍，字曉峰）撰文，宜良縣長兼河工處副處長徐自立書丹。碑左西向，楷書陰刻"龍公渠記"計17豎行，由雲南省建設廳長兼農田水利貸款委員會主任委員張邦翰撰文。碑右東向，楷書陰刻"文公龍公甸惠華惠四渠合記"，計13豎行，由時任雲南省建設廳長兼農田水利貸款委員會主任委員張邦翰、昆明中國農業銀行經理兼副主任委員蔣震揚合撰。

---

① 《彌勒文物志》錄為"炳"，據原碑應為"秉"。
② 龍公渠：亦稱"東河"，由北古城狗街子東築壩引南盤江水入渠，至狗街又匯入南盤江，全長30多公里，灌溉田地數萬畝。管道始議於明嘉靖年間，復議於清乾隆、嘉慶時期，皆因地域梗阻未遂。龍雲任雲南省主席時再次提議修渠，并令建設廳長張邦翰召集宜良、路南兩縣官紳調解，於1942年3月動工，次年4月完成。為頌揚龍雲倡建此渠功績，在溝渠建成後遂立此碑，以作紀念。
③ 《宜良碑刻》多錄"夏"字。
④ 《宜良碑刻》多錄"省"字。

【參考文獻】周恩福．宜良碑刻．昆明：雲南民族出版社，2006.12：69；雲南省政協文史委員會．雲南文史資料選輯·第55輯：雲南百年歷史名碑．昆明：雲南人民出版社，1999.10：366．據《宜良碑刻》錄文，參原碑照片校勘。

龍公渠記（碑陰南向）

段克昌

龍公渠記　邑人段克昌制文　徐自立書丹（一行）

宜良東河議修久矣。以宜、路兩邑利害迥別，明清兩代屢議興修俱不果。民國二十六年春，省主席龍公關懷各縣生產，毅力主持開鑿，命克昌董其事。昌以（二行）鄉人對於地方生產建設義不容辭，遂協商兩邑父老，共襄斯舉。爰於是歲二月興工，翌春竣事。北自安家橋起，疏浚河身，增築河堤，需民工十六萬名，補（三行）佔用地價十四萬元，建涵洞三十有六，雙渡槽一，費財十二萬元；水門橋以下橋涵河身咸為新鑿，全長六十華里，灌田二萬餘畝。工竣，父老以斯舉發自（四行）今主席龍公，易名曰龍公渠，志善政垂久遠也。第上游通而下游渴，利猶未溥，於是，鄉人陳祿、馬負圖、傅瀛建議，由水門橋達三龍潭另開新渠，向農貸會（五行）貸款為之。雖工程困難，負責者持以毅力，經始於三十年，越歲而觀厥成，兩渠貫通為利溥矣，建設廳長張公西林記之甚詳不贅。始修其事者，鄉人董鉅（六行）、陳祿、張樹德、傅瀛、馬負圖、陳永德、陳旭。監修者，縣令王君丕，而陳祿、傅瀛、馬負圖計畫督導，寒暑無閑，尤為難能。舊渠疏鑿，為工四十有六萬，用幣百五十（七行）有六萬。凡事經始為難而眾擎易舉，使斯渠而不決策於上、盡力於下，則日就湮淤，胥受厥害。今得早觀厥成，兩邑咸獲其利，功不可沒，故記之（八行）。

雲南省政府督開宜良東河河工處

處長：段克昌

副處長：王丕

委員：陳旭、陳永德、傅瀛、董巨[①]、陳祿、馬負圖、張樹德

紳耆：劉潤、李紹虞、陳尚廉、陳永安、陳建中、陳國佐、谷鐘英、馬朝棟、陳紹德、段祥雲、李杉、楊潤、楊向齊、楊瑾、李鳳章、李進、李占科、楊金培、李如惠、楊思賢、朱從坤、楊正昌、陳文蔚、宋正炳、孫永壽、陳培桂、沈文明、許樹榕、馬維騏、李培基

鄉鎮保長：李成、馬朝榮、李嶅、李賡堯、陳永齡、楊德顯、陳銳、朱紹坤、李家培

督工員：董純、駱鴻禎、官勤、任廷潤、何桂芳、楊國安、侯開輔、李光清、段正芳、陳紹虞、劉榮、余澤、李克昌、高明中、谷宗樹、端彩文、楊雨時、王家政、毛興榮、官尚宗、

---

① 巨：據前文，應為"鉅"。下同。

張智、普躍、洪禮廉、黃琳、李守仁、傅濟、楊華林、何增齡、董丕臣、許永昌

同　建

【概述】該碑記鐫刻於"龍公渠紀念碑"之碑陰，由段克昌撰文、徐自立書丹。碑文記述了雲南省政府主席龍雲開鑿東河的德政、龍公渠得名的原委，以及鄉人董鉅、陳祿等由水門橋達三龍潭另開新渠、貫通兩渠造福民眾的功績。

【參考文獻】周恩福．宜良碑刻．昆明：雲南民族出版社，2006.12：69-71.

龍公渠記（碑左西向）

張邦翰

龍公渠記（一行）

自安家橋北起而南訖於南狗街有渠焉，綿亙三十餘公里，引南盤江水入其中，深潴以灌下游旁田約二萬畝者，龍公渠也。眾感本省政府主（二行）席龍公而浚此渠也最力，故請以此名之。先是明嘉靖時臨沅僉事道文衡浚西河，思正東河而渠焉[1]。東河者，今此渠也，終為古城人士地域（三行）之見，終不果浚。迨清乾嘉間開河，議復起，仍被梗阻，由是遂垂為永禁，再見成愈堅不可回矣。方龍公倡浚此渠之始，知事之艱也如彼。顧（四行）邦翰既承治渠命，敢畏不往？乃詣古城，集宜良、路南兩縣官紳，曉譬疏解。當議紛且裂之際，眾中有昌言者曰："均是人也，聞廳長詞，甯不動於中（五行）耶？然果屈於今日之所言，其奈吾儕祖宗反對開河恥辱之原議何？"歷二日夕，反復剖析公私利害備至，卒得釋怨寢其事。今邑士之賢也又若（六行）此，特表而出之。於是量度經營既久，三十一年[2]春三月興工，至三十二年三月而渠成。是渠也，乃合上下游新舊水道而貫通者；由南盤江別決辟（七行）口導水入，延三公里餘而達水門橋，曰上游新浚渠道；至水門橋而下為二十六年段君小峰董其事，知宜良縣事王君丕督縣紳首董鉅、陳祿（八行）、傅瀛、馬負圖、陳永德等掘以成之者，是曰下游舊渠道。計新渠所設，有攔河大壩一，引河水壩一，進水閘門二，片石渠基四千公方，石護坡一（九行）千餘公尺，石拱橋六，涵洞十，擋土牆三，土方六萬餘公方，佔用田地九十畝五分二厘，補價三十七萬四千九百九十三元七角，其所費為六百（十行）萬元。云一渠之成，用力也眾，費財也巨，成功也亦非易，後之人其可忽乎哉！凡今之役於渠者，又曷可忘也？故類其姓名剞勒石後。中華民國三（十一行）十二年夏四月日。

雲南省建設廳長兼農田水利貸款委員會主任委員張邦翰；兼副主任委員蔣震揚；兼委

---

① 文衡浚西河，思正東河而渠焉：指文衡主持興修西河成功之時，既考慮到宜良壩子南盤江東南農田的水利灌溉問題，提出了開鑿東河的建議。惜文公奉調，開河之議遂停。

② 三十一年：即民國三十一年，1942 年。

員徐嘉銘、陸崇仁、馬鎮國、黃家驥、王振芳、吳任滄（十二行）；兼總工程師朱光彩；秘書兼技術科主任馬躍光；工程師兼技術室副主任楊增佑；工務科長趙本務；會計科長劉景；總務（十三行）科長王執中；工程師趙鑒培、張建榮、馮鍾豫、王炳章、張建德；工程員宋彧淅、高德亮、葉耘尊；宜良縣長王丕、路南縣長羅人吉；工程處主任龍（十四行）瑞霖；工程師李傅基、王海波、張鍔、李開勤、張濟時；監工員曹揚凱、任銘美、章雲峰、李佩釧、張汝淮；會計員王民興；會計助理員馬良圖；事務（十五行）員淩子余、張述文；書記李慶熙、陳淋慈；水利協會會長董鉅、副會長陳祿、傅瀛；總務股長馬負圖；工務股長陳永德兼；會計馬良圖；事務員李鏡、谷春（十六行）芳；征工隊長董誠、陳旭；征工副隊長董純、楊德顯；督工員李家培、朱紹紳、盧松年、趙富；古城紳首李占科、楊思賢、李進、李鳳章、楊瑾①（十七行）。

　　【概述】該碑記鐫刻於“龍公渠紀念碑”碑左西向，雲南省建設廳長兼農田水利貸款委員會主任委員張邦翰撰文。碑文談古論今，詳細地記載了龍公渠修浚始末，并刊列了辦事人員名單。
　　【參考文獻】周恩福．宜良碑刻．昆明：雲南民族出版社，2006.12：72-73.

文公、龍公、甸惠、華惠四渠合記（碑右東向）

張邦翰　蔣震揚

文公、龍公、甸惠、華惠渠合記（一行）

　　吾國之言水利，從來久矣，其詳不可得而考。若秦之鄭國渠，蜀之灌口，俱載簡籍，其後代有沿革。而采（二行）科學以為浚築，則始自近世。然民狃舊俗，難與慮始，故曉然於渠成利溥者恒鮮。執政者每鑒於治未盡寧，與夫（三行）才財之難，多未果作。自主席龍公治吾滇而後政暇，嘗慭神於厚生諸事；以民之力耕也，猶不足於衣食，其故蓋（四行）有在焉。復以邦翰承乏建廳者久，乃命度地，興水利，廣辟田而灌溉之。而公更體中樞，銳意圖此之。遂定前之農（五行）本局及後之中、中、交、農與一省富滇新銀行為貸款地，二十八年②春，合組雲南省農田水利貸款委員會成，命邦翰（六行）兼掌其事。於是延專才，經始擘劃③，就宜良、沾益、彌勒三縣所屬地浚四渠。四渠者何？曰文公、龍公、甸惠、華惠是也。二（七行）十九年夏五月次第興工，三十年農本局業務轉移，三十一年國家銀行業務劃分，各行、

----

① 楊瑾：生於1905年，諱瑾，字蘊瑜，原路南籍北古城人。據《故宜路陸聯立三庠中學校長楊公墓誌銘》記載，“幼發蒙私塾，畢業宜中，行篤品端，慨然有報國志”。抗戰時期，“創辦聯中，毅奮於教育救國，為國育才匡世”。從教之余，力主民族大義，宣講愛國抗戰，宣導社會進步，一身正氣，兩袖清風，卒於1951年。
② 二十八年：1939年。
③ 擘劃：亦作“擘畫”，籌劃；安排。

局貸款次第由中國農民（八行）銀行單獨辦理，震揚奉命協辦主其事。訖三十二年夏四月而渠成。綜其流域所及，計灌地幾達十萬畝。民皆翕然（九行）趨之而念其役之勞，工程師則竭其技以赴事，貸款則依數以給所求，官紳則力助以觀厥成，功誠不可沒矣。是皆感（十行）公之風而興者，知公所為，宜嗣續而珍之以永其存，擴之以利乎眾，以仁民而效見於一也。如此，其不可以無（十一行）傳，茲特著其心焉耳。事之始末，別載四渠分記。

中華民國三十二年夏四月，雲南省建設廳長兼農田水利（十二行）貸款委員會主任張邦翰，昆明中國農民銀行經理兼副主任委員蔣震揚記（十三行）。

【概述】該碑記鐫刻於"龍公渠紀念碑"碑右東向，由雲南省建設廳長兼農田水利貸款委員會主任張邦翰、昆明中國農民銀行經理兼副主任委員蔣震揚合撰。碑文記述雲南省政府主席龍雲主政雲南以後，組建農田水利建設機構，多方籌措水利建設資金，廣延水利建設專門人才，動員和組織各地官紳士庶大興水利建設的德政。

【參考文獻】周恩福．宜良碑刻．昆明：雲南民族出版社，2006.12：74-75.

鄧川縣政府訓令碑

黃承祐

鄧川縣政府訓令（一行）

令埠壩修理督導趙人龍（二行）

為令飭遵辦事。案查鳳藏、聖母、臥牛、龍王等碉，當經本縣長親（三行）臨勘查，該等山水暴發時，附近之各田廬確有沖沒，堪虞。即應早（四行）為修理，先事預防。着將該碉等附近各田戶，對扵羅時江修挖應（五行）出之伕役全數撥回，修理各碉埠壩，以免顧此失彼；至昕積[①]之豆（六行）穀，以去歲規定之數目積一季，此後即不再積；而應積之標準，則（七行）分別利害輕重，以極近西湖濱一帶田畝積之。除分令外，合行令（八行）仰該督導遵照辦理，並將修理埠壩日期及逐日出伕數目呈報（九行）來府，以凴查考而便派員督導。勿違，切切此令（十行）。

縣長黃承祐[②]（十一行）

中華民國三十二年五月十五日（十二行）

【概述】碑原存洱源縣鄧川鎮舊州村，大理石質，高94厘米，寬48厘米。碑文直行楷體陰刻，文12行，行5-25字。民國三十二年（1943）立石。碑文刊載了民國年間鄧川縣縣長黃承祐頒

---

① 《大理洱源縣碑刻輯錄》錄為"續"，據拓片應為"積"。

② 《大理洱源縣碑刻輯錄》錄為"佑"，據拓片應為"祐"。

布的關於修理各硐埂壩預防山洪的政府訓令。

【參考文獻】趙敏，王偉．大理洱源縣碑刻輯錄．昆明：雲南大學出版社，2017.11：190-191.

據《大理洱源縣碑刻輯錄》錄文，參拓片校勘。

西溝水利碑

開遠縣縣長魏嘉惠與雲南礦業公司開遠水電廠廠長邵浚，就西溝水量問題達成協議三條，勒石以昭信守。

一、臨安河水先盡西溝農田使用，以經常保持西溝原有水量，每秒鐘一立方公尺為準則。不足此定量供應農田使用時，應由電廠溝內開閘引還，以重水利。若有困難時，彼此善意協商處理。

二、雙方校準就南橋西溝石堤上刻橫線兩條，以作水面標志。

三、上項辦法經雙方議定後，呈報省政府暨各上級機關備案，勒石於電廠、縣府門口，永遠遵守。

中華民國三十二年五月二十七日

【概述】該碑立於民國三十二年（1943）。碑文記述了開遠縣縣長魏嘉惠與雲南礦業公司開遠水電廠廠長邵浚就西溝水量問題達成三條協定，并勒石以示遵守之事。

【參考文獻】雲南省開遠市地方志編纂委員會．開遠市志．昆明：雲南人民出版社，1996.11：672.

月湖碑序

張仁寶

中山先生建國方略，注重民生，且民生賴稻，稻非水不生，然未諳月湖[①]蓄水何代，落業宋朝之革村。傳至明神宗十三年[②]，有好義之祖先張普受、畢季禮、張儒恭、潘小老、李躍楠、董旭東等六人提倡水利，穿十二丈巖嶺，築丈八高之石閘，灌溉千頃，澤被萬民。迨

---

① 月湖：在路南縣東北 28 公里，北大村鄉與西街口鄉接壤處，係天然岩溶湖泊。因湖形似彎月，故名。（雲南省地方志編纂委員會總編，雲南省水利水電廳編：《雲南省志·卷三十八：水利志》，447 頁，昆明，雲南人民出版社，1998）
② 明神宗十三年：萬曆十三年（1585）。

及光緒四載①，武職張永、姜福保，不允趙參將之凋，教唆雨②村民篡訟，經周、孫、馬三正堂睹功不損。至光緒十三年，再經汪州主，至十七年，受賄殃民之陳州主，不遑其厭飲。同年冬初，競把巍峨峭壁之古閘，毀之半數。至二十三年，再經羅、周勘明保故。在民國十五年三月，助敵陸屬楊幹臣，召五區團加以呼嚇未遂，殘蒼生以快其意，將古閘拆毀殆盡，致革村萬民立甌被饑，有水莫濟，農村破產，民生調③蔽。幸至民國三十二年，頃奉蔣委員長蓄水救人之廣播，鄙等籌備經濟，恢復原閘，損失匝月，耗資萬元，銷米石餘，需灰萬餘斤，工在五千以上。溝為本村浩大之功，於是刊石立碑，警惕後裔，知月湖尚在挫折中活躍，應如何保持焉，是以為志。

提辦：畢繼科、尹榮周、畢開科、張志鴻、張普卿

幹事：張士明、潘福有、畢進科、普開義、姜文興、尹佐周、普國興、張文生、高德興、張士興、姜小老、畢京科、高映謙、張石貴、姜玉德、張姜玉、張正福、張畢朝、普毓南

助理：張士明、尹逵、畢躍昌、張士盛、尹同、潘福清

暨合村等立

張仁寶題並書

匠師張開先

中華民國三十二年七月三十日合村等日④立

【概述】民國三十二年（1943）合村同立，張仁寶撰文并書丹。碑文記述了月湖自明萬曆十三年（1585）開發利用，清光緒年間損毀、復修，再至民國十五年（1926）拆毀及民國三十二年恢復重建的詳細經過。

【參考文獻】石林彝族自治縣水利局．石林彝族自治縣水利電力志．內部資料，2000：288.

---

① 光緒四載：即光緒四年（1878）。
② 雨：疑誤，應為"兩"。
③ 調：疑誤，應為"凋"。
④ 日：疑誤，應為"仝"。

重修玉泉鄉後海閘記 [①]

郭燮熙 [②]

　　雲南山國也，距東海南海遠甚。乃昆明之滇池，一名滇海，大理之洱河，一名洱海，致海邦人士或非笑之。然滇池雲水，洱河雪水，跡其尾閭所瀉，終走金沙，入瀾滄，會歸東太平洋與南太平洋。則各從而海之庸，何病？鎮南一山縣也。在昔南界河洞村之西，有瀦水塘，周圍可六七里許，清秋月白，水天一色，俗呼為前海。是村後山北又有瀦水塘，周圍可二十里許，春季風高，萬頃波濤，俗呼為後海云。今夫玉泉鄉之有二海也，濱海農田，胥資其水利。茲專即後海言。合上莊科、河洞村、上河壩三村，都計灌溉軍民田二千餘畝，先民有作，曾在東堤海口修一涵洞，蓄水則閉，泄水則開，蓋千百年來矣。乃者當前清康熙四十四年 [③]，軍民僉稱：前此海口用土木石築，萬一崩頹，為害甚巨，則議修鎖水閘，請于和州繆公，委任世襲土州同段公光贊董役落成，嘉德豐功，惠而不費，當時陳明經應登撰文，特援西湖蘇公堤先例而名曰"段公閘"，樹之碑以垂不朽。自康熙迄今二百三十餘年矣。按碑記，閘高一丈五尺，長十二丈，內塞外開，仍為暗洞，而且失修已久，危險滋多，民國十三年遂被洪水沖壞，泥沙淤積，蓄泄俱難，假令長此因循，則影響於國計民生至大，如後患何？爰有上莊科公民周子德功苦心志士也，為公益計，倡議重修海，眾贊同。先期籌畫當於民十六年，民二十年二次雇匠人入山，伐獲粗細石條共六百丈，強半由民工運至海口。越民二十八年，公議每畝積穀二升，共積市石穀四十餘石，作興修基本。民三十年始大動工，雇牟定石工何師、張師主任修造，采新方式改為明閘，高度二丈，寬四丈二尺，長七尺，中心廣二丈，本縣石工許與陳助之，又增石條數十丈，並修送水二，需大工四千餘工，小工二萬八千餘工，凡食米、煙茶、油肉分別供給，其他需用之各種物資，如石灰、糯米、腐豆、桐油、香油之屬，無不賅備。所可幸者，由農民合作社貸款，獲國幣一萬二千元，以二年為期，縣長李公廉方代負全責，將於每畝暫攤派國幣十元作償債基金。若猶不敷，再為公議善後。夏曆壬午 [④] 二月周子過，余請為之記。夫天下利必歸農，通義也。然農田之利，水居多。近自倭寇狓猖，國軍抗戰五年矣。而建國大經同時邁進，吾滇政府於水利正積極提倡，縣府李公鼎力維持，俾數十年預期之大工程，得於民三十二年完全藏事。以視北鄉之萬工壩，屢經修而不成，西

① 後海閘：清康熙四十四年（1705），知州繆公委任世襲土州同段光贊修鎖水閘。越民國三十年（1941），上莊科公民周德功倡首改修明閘。

② 郭燮熙（1868—1943）：字理初，號梅花老人，清代光緒戊子科舉人，鎮南（今南華）縣龍川鎮西街人。民國二年（1913）任魯甸縣縣長，民國六年（1917）任鹽豐縣縣長。為官期間，勤政為民，廉潔奉公，重視教育，改良實業，興修水利，編修《魯甸縣志》《鹽豐縣志》。

③ 康熙四十四年：1705 年。

④ 夏曆壬午：即民國三十一年（1942）。

鄉之沙橋河，欲改修而不果。則周子等之恒心一志，可不謂難能哉？抑余嘗觀浙江《海鹽縣志》，彼原海邦也，而關於水利事，且猶紀載係詳。矧茲山縣如玉泉鄉修閘一役，在縣乘，自應大書並撰記，勒碑以詔近海農家之後來者。

【概述】碑應立於民國三十二年（1943），郭燮熙撰文。碑文回顧了清康熙年間修鎖水閘的前情，詳細記述了民國年間重修玉泉鄉後海閘的始末。

【參考文獻】楊成彪.楚雄彝族自治州舊方志全書·南華卷.昆明：雲南人民出版社，2005.7：696-697.

昭魯水利工程記 [①]

滇省水利，始於興於元初賽典赤·瞻思丁，至清康雍間鄂爾泰而規模大，備其水利，一疏窮源竟委，胥關國計民生，雖二百餘年，後猶得按圖而索洵，可謂不朽之盛業矣。

今主座龍公治滇以來，閭閻□安政績彪炳，對於農田水利軫念彌切，乃考鑒既往諏詢當地，指示原則上統籌辦理，開蒙開文次弟完成。洑以昭通、魯甸毗連之區，荒海浩蕩，自魯屬桃源鎮，迄昭屬新民村，長三十餘華里，全部面積可二萬畝，而淹沒者居其半。清光緒十九年，昭通大旱成災，服務委員龍文以工代賑，曾加疏浚，歷時數年，殊鮮成效。

主座數經其地，目睹災情，怒焉憂之，因於軍書旁午之際，倡議舉辦。先委盧應祥君董其事繼復，遂改鶴慶王槐清為工程處長，負責推進。先住縣城，着手測勘，櫛風沐雨，踔泥濘涉崎蹀，蹙烈日之下，掙扎荊棘之中。凡月餘計劃始訂，迨乎施工，全處移駐桃源，策動員工，淊者疏之，滯者導之，急者緩之，高者夷之，疏浚之力，興建箪之工約為二與五之比。由民國三十年十一月，迄民國三十二年十月，費國幣八百餘萬元，計成大閘一，長三百公尺，高九公尺，頂厚三公尺八，底厚四十三公尺七。中設涵洞三，位置高下悉因需要而各異，一長十八公尺，高三公尺，廣半之；一長三十三公尺，廣一公尺，高三倍之；一長四十七公尺，高廣與第二號等。洞外箪導水石溝一，長二百六十公尺，設疊水四道，便橋三座。蓄水量為三百萬立方公尺，可溉農田二萬畝。鄉之一片汪洋，今悉變為膏腴者，可五千六百畝，賴以減除水患者數倍。□□飲水者尚且思源，矧飲和食德者敢□，可自凶□□□龍公閘紀實，間外更箪長渠，蜿延全境。□□昭屬之查拿閘，都長十三公里六，所經之地因□地形地質之各殊，

---

① 工程簡介：民國三十年（1941）由雲南省主席龍雲倡議，省財政廳主持，8月在魯甸文廟成立"昭魯水利工程處"，後移至小桃源。鶴慶縣王槐清任工程處處長兼總工程師，工程處下設技術、材料、總務、工務四個股和一個測量隊。11月開工興建，民國三十二年（1943）10月竣工。為紀念龍雲和財政廳長陸崇仁，把水庫取名為龍公閘，渠道取名為陸公渠，并在壩後豎六棱形石標杆刻字紀念，1973年6月毀。因庫址原名邵家閘，故又名邵家閘。（魯甸縣水利電力局編纂：《魯甸縣水利志》，43頁，內部資料，1993）

底坡斷面各視所需水量隨之增減，上跨大橋五，中設涵洞五十餘，斗門入其它灌溉。□渠凡二十五公里，排水渠十八公里，要皆運□最□，學理期實適用其，自丁家灣以下一段無泄山洪，尤為消弭。全壩水患之樞紐蓋全聞□，利非比渠無□顯；全壩之害非此渠□由除，紳民請名陸公渠，以資紀念，余為國家設官□□民興利除弊，乃□職之所當，為何敢貪天之功？□□已力謝弗之許僉，曰咸陽文端遠矣。二百年來司牧是邦者，熟視阡陌，滄海誰湫存念非。

　　主座與公之關心民瘼，則地方安能泄潴澤？而返□□□□，功德在民，不可不紀也，語曰莫為之前，雖□（下缺），功德在民，不可不紀也。語曰莫為之前，雖□（下缺），雖感弗傳後，光輝映有，不可泯滅，□（下缺）意而紀其岩崖略勒諸貞珉。□（下缺）幫。

　　工程師：石永權、李開吉、胡積堯、劉立人、崔鴻章、□培華、李應星、王廷金、張炳鑫、段明龍、饒思聰、鄧奎、範圍能。

　　辦事員：李錫年、郭思信、王鴻績、施燦華。

　　醫官：陸榮魁。

　　警衛隊長：周孟達。

　　顧問：中央陸軍獨立第二旅旅長龍純祖。

　　參議：雲南第一區行政督察專員王鳳瑞。

　　署理：魯甸縣長徐役東。

　　工程用款：國幣八百五十六萬餘元。

　　開工日期：民國三十年十一月十日。

　　完工日期：民國三十二年十月十日。

　　刻工：施美昌、錢興才。

中華民國三十三年元月吉日

　　【概述】碑原立於魯甸縣桃源水庫壩後，為六棱形石標杆，1973 年損毀，殘碑現存於桃源水庫管理所。民國三十三年（1944）立石。碑文詳細記述了民國三十年至三十二年間龍雲主持修建昭魯水利工程的始末。

　　【參考文獻】魯甸縣水利電力局 . 魯甸縣水利志 . 內部資料，1993.5：210-213.

馬鹿塘、苦竹林等村修溝用水合同碑 [①]

具立溝單人戶　合同

　　光緒二十七年 [②]，苦竹林、馬鹿塘、新寨、河頭、保山寨眾溝戶議定開溝。座落地為平

---

① 馬鹿塘：村名，隸屬於紅河哈尼族彝族自治州金平苗族瑤族傣族自治縣金河鎮。原碑無碑名，今據文意新擬。

② 光緒二十七年：1901 年。

河三家寨子腳大溝水一股，修□□□□□□，議定每個工三毫。偷水犯拿提花銀一元，眾議罰米一斗，豬肉十六斤，酒三十碗，鹽一斤。又如，倘有天番田崩，眾溝戶議定水口能可以下；倘有田不崩，不許可能上能下，擬各照前處罰。

趙進朝水半口	李德受水二口
盤金恩水半口	李成保水一口
李玉德水一口	朱一苗水半口
陳木腮水二口	李折壹水半口
陳扯戛水二口	高折彩水一口
李平才水二口	高朵梅水一口
朱一告水二口	趙承明水一口
盤有明水二口	曹一戛水二口
趙才理水一口	鄧進印水一口
盤永縣水一口	李陡折水一口
趙金安水一口	李取扯水三口
朱舍水一口半	李取壹水半口

立於民國三十三年

甲申歲朱文富買恩水一口，來幫補溝底，現金陸元正

【概述】該碑立於民國三十三年（1944）。碑文記載了光緒年間苦竹林、馬鹿塘、新寨、河頭、保山寨眾溝戶共同議定的修溝用水合同。

【參考文獻】雲南省編輯組．雲南少數民族社會歷史調查資料彙編（二）．昆明：雲南人民出版社，1987.10：109.

嘉麗澤《歷年洪痕海拔》石刻[1]

光緒十九年[2]	1900.33m
光緒十八年	1900.03m
民 17 年[3]	1899.73 公尺
民 34 年	1899.2m

---

[1] 民國《嵩明縣志·水系》對嘉麗澤的水情有如下記載："……夏秋水漲時，面積約十萬餘畝。春冬水涸則分為二澤，一名清水海，一名八步海，面積共三萬餘畝。近海諸田可用桔橰灌溉，惟雨量稍多則四面漫溢，村莊田畝胥受其害者共四十八村，受水最甚之田畝已成永荒，每年空擔糧稅者為數不少"。可見當時嘉麗澤水患災害的嚴重情形。

[2] 光緒十九年：1893 年。

[3] 民 17 年：1928 年。

民國 28 年	1898.97m
民國 33 年	1898.44m
民國 30 年	1897.29m

【概述】石刻位於嵩明縣牛欄江鎮羅邦村與黑山村之間的鯰魚洞洞口左側石壁上。該石壁為青色石灰岩質，石壁最高 5.5 米，最寬 6 米。石刻記載了清代光緒十八年（1892）至民國三十四年（1945）嘉麗澤洪水水位痕迹及水位的海拔高度。該石刻是研究嘉麗澤及嵩明壩子水文極為重要的實物資料。2002 年 7 月，嵩明縣人民政府公布嘉麗澤歷年洪痕海拔石刻為縣級文物保護單位；2003 年 5 月，昆明市人民政府公布石刻為市級文物保護單位；2003 年 12 月，雲南省人民政府公布石刻為省級文物保護單位。

【參考文獻】嵩明縣文物志編纂委員會.嵩明縣文物志.昆明：雲南民族出版社，2001.12：118-119.

李若瑜題詩

民元洪水令人驚，
四十八村盡當心。
河泊畢屋梯三級，
全仗春收度長生。
民國卅四年四月一日李若瑜題
嘉麗澤水利工程處製

【概述】該題刻位於嵩明縣"嘉麗澤《歷年洪痕海拔》石刻"一側，為一塊磨平約 40 厘米 ×30 厘米的壁面上，楷體直行陰刻。民國三十四年四月一日，嘉麗澤水利工程處製。該詩高度概括了嵩明歷史上嘉麗澤洪水淹沒沿澤 48 村房屋、田地的灾情。

據原碑錄文。

利祿大壩記

利祿大壩記（一行）

祿充水利，歷代欲興而未（二行）能。其難蓋在人力、財力與地（三行）形，及[①] 地勢

___

① 及：為據拓片校勘時補錄之字。

之籌畫利用，故（四行）屢議屢廢，迄今未曾見諸實行（五行）。民國卅年，同人等決議於力則（六行）河之曲凹處起建。款項除由公（七行）款籌出外，再將沙灘出賣作（八行）為補助。卅一年三月完成底涵（九行）硐之上一截；卅二年造泄水口及（十行）二涵硐；卅三年完成泄水口與二（十一行）涵硐未竣之工程；卅四年再添接（十二行）底涵硐之下半截。經之營之，至今（十三行）全部石工已得告厥成功。土工亦繼（十四行）長增高將達百尺竿頭，並命名為（十五行）"利祿大壩"。早已附具以上各情（十六行），呈請縣府備案。後之人應加意保（十七行）護利用，使之永垂千秋不朽也（十八行）！

創辦人：張傳甲[①]、楊增祿、魯懷興、張洪材、謝洪升、張連甲、張傳璽、魯開鼎（十九至二十一行）。

中華民國卅四年[②]九月十二日（二十二行）

【概述】碑呈扇形，碑文左起直行隸書，文 21 行，民國三十四年（1945）立。碑文記載了澄江利祿大壩修建的詳細經過。

【參考文獻】政協澄江縣委員會．澄江文史資料合訂本（第一輯至第十四輯）．內部資料，2014.12：701-703.

據《澄江文史資料合訂本》錄文，參拓片校勘，行數為新增。

三街重修壩塘碑記

李嘉猷

三街重修壩塘碑記（一行）

粵稽，我國自神農氏出，始作耒耜[③]教稼穡，農業之興由来久矣。故人民築壩開溝振興水利，亦不（二行）得不從事整治之。考三街築壩於小阱，當清季咸同間，修築已歷年。所奈基礎未固，隨即傾圮，貽（三行）害匪淺。汔扵民國三十五年，經紳首李希賢、黃樹禎、王致祥等倡議重修，詢謀僉同集資鳩工[④]，就（四行）原址復加補綴。不期日[⑤]而告成，并沿山麓開水溝一道以通茨園。凡三街田畝，均稱灌溉便利。人（五行）民有足食之慶，因延，予為記，乃將其顛末畧記之，以垂不朽。俾後之来者，當時亊修補，庶三街水（六行）利永

---

① 張傳甲（1903—1958）：字子卿，原江川縣祿充村人。自幼聰穎好學，善書法，曾就讀于東陸大學。期間，參加雲南省第一次文官考試，成績優異被委任為靖邊（現屏邊）縣知事，後辭官回鄉；創辦江川縣立"鐘秀小學"并任校長，為地方培育了大量人才；籌資興修水利，建"利祿大壩"。
② 民國卅四年：1945 年。
③《三街村志》錄為"來耜"，據拓片應為"耒耜"。耒耜：古代一種像犁的農具，也用作農具的統稱。
④《三街村志》錄為"鷦工"，據拓片及上下文，應為"鳩工"。
⑤《三街村志》錄為"日"，據拓片應為"月"。

久有濟云。又將與四甲、汪家营定期放水協約刊列於後。

邑人李嘉猷撰并書（七行）

立協定合仝：四甲、三街、汪家營三村紳首人等，為因四甲築壩二道①大坡頭，三街築壩一道在（八行）小阱，汪家營築壩一道在大阱，均係仝用一河。每至夏初放水灌田，為開放塘水之先後及時間（九行）之長短，輒起爭端，幾至械鬥。曾經萃文聯保主任李公居中調解，為三街②房舍相連田陌交錯，自（十行）應三街③合商④照壩塘之次序及數目，按期輪放，以期永息爭端共敦和睦。是以，將協議⑤之條約三（十一行）村各立一紙，互相交執，以作憑証。自立合仝之後，各宜永遠遵守，不得再生私見致起爭端。若有（十二行）違抗，當即經公議廢無⑥辭。恐口無憑，特立此合仝存照行。茲將協議條約錄列於後。

計開（十三行）：

一、汪家營之壩由進小滿之日開放至苐五日止，第六日歸三街開放，至進小滿十日歸四甲（十四行）開，至進忙種五日為一輪。

二、汪家營之壩又由忙種第六日開至第七日晚，三街由第八日（十五行）至第九日，四甲由苐十日至⑦十三日為二輪。以後每壩再輪二日，仍由汪家營起至四甲上⑧為苐三輪（十六行）。

互協立⑨約人：

四甲：陳梅溪、陳漢、楊秉鈞、楊澤新、何占興、陳朝章、陳湘濤、陳朝治⑩。

三街：龔璞山、李希賢、黃樹禎、賀秉襄、汪天成、王雲龍、王元明、周樹清。

汪家營：汪永興、汪雲燦、汪天和、汪雲貴。

主任中証：周鴻昌、李翼臣（十七行）。

民國三十四年五月　　日⑪（十八行）

【概述】該碑立於民國三十四年（1945）。碑額上書"利濟民生"4字，文18行，行8-36字，計642字。碑文記述了民國年間江川縣三街村民李希賢、黃樹禎等集資聚眾重修、加固小阱壩，新開水溝，造福百姓的義舉，文末刊刻了四甲、三街、汪家營三村定期放水的協議。

【參考文獻】江川縣大街鎮三街村委會.三街村志.昆明：雲南人民出版社，2008.12：

---

① 《三街村志》漏錄"在"字。
② 《三街村志》錄為"三街"，據拓片應為"三村"。
③ 同注釋②。
④ 《三街村志》錄為"高"，據拓片應為"商"。
⑤ 《三街村志》錄為"協議"，據拓片應為"協定"。下同。
⑥ 《三街村志》錄為"與"，據拓片應為"無"。
⑦ 《三街村志》漏錄"苐"字。
⑧ 《三街村志》錄為"上"，據拓片應為"止"。
⑨ 《三街村志》多錄"立"字。
⑩ 《三街村志》漏錄"代李"2字。
⑪ 《三街村志》漏錄"日"字，現據拓片補錄如上。

據《三街村志》錄文，參拓片校勘，行數、標點為新增。

創建盤龍江芹菜沖穀昌壩碑記

盧漢　羅庸

昆明地勢，東則江導盤龍，西則淵停滇海。水源豐富，取之有餘，徒以蓄泄無方，迄未得盡自然之利。元代賽典赤，開金汁河引江入渠[1]。於是龍江左岸之田，強半得資灌溉，利民福國，厥功亦甚偉己！只以事當作始，力專開浚，未遑並顧兼營；為徹底控制水量之設施，致高原低谷，仍不得不隨天時為旱潦，而人力莫能補救，於其間每遭洪水淹地，恒達萬畝。且成泛濫之災，此皆後人不善紹述使然，夫豈前賢咎哉！省政府前主席龍公鑒於斯，乃於三十三年[2]九月，以查勘地勢結果，提出建築水庫意見，於省務會議決議，由建設廳任測量規畫；由經濟委員會任舉辦資金。翌年工程實施辦法暨計畫書等，既經省廳擬呈府核定，始於七月一日成立雲南省建設廳盤龍江芹菜沖水庫工程處，分遴事務工程人員，照案進行甫施工。而省府改組益以是歲適逢洪水週期，堤壩基坑或圮或溢，路面亦毀，損失甚鉅，工遂中綴。迨漢繼長省政，察知原委，深慮萬一懈弛，不特□廢原議，且亦再舉為難，爰命工程處調整人事，加強組織，並於已經耗損之八千萬元外，今由省企業局及經濟委員會□再加撥巨帑，限期務底於成，自入本年日夜積極工作直六月杪全部遂報竣工。綜計是役所支工程費及事務並修路地價諸款，最初廳擬預算為九千九百萬元，嗣以物價累漲及洪水損失，幾度追加，前後共用　　億　千　百　拾萬餘元，幾逾原額之□倍，其主辦此事之建設廳長，始則楊文清，繼則隴體要；工程處處長，前為秦光華，後為龍志鈞；而機械水利土木諸部之工程師則為楊克嶸、丘勤寶暨工程處諸員，司其經過時間則自三十三年九月創議之始，迄於本年八月三十日落成之日，恰屆兩年，亦可謂艱巨矣！而其效能，則據原擬計畫書所得結論，謂欲使金汁河和盤龍江下游農田四萬五千畝，全部及時栽種需水量五百余萬公方；欲使盤龍江兩岸免除洪流泛濫之災，需攔洪四千四百五十餘萬公方。顧此水庫之效能，因限於地勢僅能達此數之半，是則此壩所能啟閉蓄泄以調節水量而適應所需者，蓋亦二萬二三千畝而已。如何利用而擴充之，尚有待於今後之綢繆焉。落成有日，廳請命名，因念市縣劃分縣名，曾定沿用漢之穀昌，而此壩既成，足占年穀豐昌之慶，遂命曰穀昌壩。夫功者，難成而易毀；事者，懼勝而忽敗。吾人食金汁河之澤六百餘年，因陋就簡，不知改進，遂利少而害多，

---

[1] 指元賽典赤·贍思丁在盤龍江上游築松花壩，引盤龍江入金汁河灌溉東郊一帶農田，碑文記有"江左之田強半得資灌溉"。

[2] 三十三年：指民國三十三年（1944）。

此其教訓既此，昭已凜殷，鑒之匪遙；思締構^①之不易，謹其護視時，其修葺以循塗繼踵者續創造已成之業，以日就月將者恢前人未竟之功，則數年、數十年後，將見全縣悉成沃壤，霪水以無憂，人事繼修，地□愛寶，江流無盡，利亦無盡。是則區區所望於父老昆弟也歟！

　　　　中華民國三十五年八月三十日，雲南省建設廳盤龍江水庫工程處立

　　【概述】碑存昆明北郊穀昌壩水庫南端。碑為長方形，高 193 厘米，寬 87 厘米，無座，無紋飾。楷書，書法仿趙孟頫《無逸》，碑文題"雲南省政府主席盧漢撰，江都羅庸書"。民國三十五年（1946）八月三十日，雲南省建設廳盤龍江水庫工程處立，羅庸撰文并書丹。碑文主要記載治理盤龍江水害的歷史沿革；創建穀昌壩的經過及庫容、灌溉面積；將來治理盤龍江水害的遠景設想，希望後人汲取前人教訓，等等。

　　【參考文獻】雲南省地方志編纂委員會.雲南省志·卷三十八：水利志.昆明：雲南人民出版社，1998.12：646-647；昆明市官渡區文物志編纂委員會.昆明市官渡區文物志.內部資料，1983.12：146-147.

　　據《雲南省志·卷三十八：水利志》錄文。

龍公渠管理處、水利協會水規草案會呈件碑

　　宜良龍公渠 管理處 會呈一件：
　　　　　　　水利協會

　　為訂立水規，經試辦圓滿，繕呈水規修正表暨第十四次會議記錄，請鑒核備案示遵，並祈准予（一行）刻石立碑，以垂永久，而昭信守由（二行）。

　　呈為　呈請備案示遵事：竊查宜良龍公渠，原名東河。自明代嘉靖年間文公衡開鑿西河，即有開鑿之議。其後文公去任，地方人士亦常提倡開鑿，終因（三行）協議未妥，不能實現。民國二十六年，蒙雲南省主席龍公倡導於上，並命軍需局長段公筱峯主持，其間上游沿用安家橋等村舊渠，將渠身擴大，渠岸增高（四行）；下游自水門橋起，沿續舊渠水尾，新開渠道，渠尾達南狗街。全長六十華里，以接舊渠餘水引灌下游農田。後因同一溝渠常感上溢下涸，灌溉不周，民國二（五行）十八年，復由龍公渠水利協會呈請中央農田水利貸款委員會，貸欵六百萬元，即由水利協會主持其事。自水門橋以上至攔河大壩止，另辟龍口，新築溝（六行）壩，佔用田地先補價而後興工。又蒙前建設廳長張公西林、中央水利專員朱公華舫親臨踏勘，勞心規劃，自民國三十一年興工，三十二年竣事。溝壩完善（七行），水量充分，萬伍百畝旱地盡變良田。水規草案經試辦三年，灌溉圓滿，有利無弊，農貸欵亦^②還清。前經第十四

---

① 締構：經營開創。語出晉·左思《魏都賦》："有魏開國之日，締構之初，萬邑譬焉，亦獨犨麛之與子都，培塿之與方壺也。"

② 《宜良碑刻·增補本》漏錄"已"字。

次全渠會員代表大會決議①，須將水規草案（八行）署加修正，呈請上峯備案，並准刻石立碑，以垂永久等語紀錄在卷。為此，根據議案，繕具水規草案修正表，備文呈請（九行）

鈞廳衡核備案，並祈准予刻石立碑，以垂永久而昭信守。謹呈（十行）

雲南省建設廳長楊，附呈水規草案修正表暨會議紀錄各一份，呈宜良縣政府文與此相同，故不重錄（十一行）。

宜良縣②龍公渠 管理處水利協會 正副處會 長董鉅、陳祿、傅瀛③（十二行）。

雲南建設廳指令④字第九十五號 民國三十四年□月⑤廿二日 龍公渠管理處水利協會 正副處會 長董鉅、陳祿、傅瀛（十三行）。

會呈一件：為訂立水規，經試辦圓滿，請准備案刻石立碑，抄呈水規修正表暨第十四次會議紀錄，請鑒核示遵由（十四行）。呈及附件均悉。查所呈水規表厘訂尚屬周詳，且經試辦三載，灌溉圓滿，應准予備案並刻石立碑，以資遵守。其執行辦法，應飭查遵前頒各渠灌溉管（十五行）理暫行章程之規定，發動人民組織水老、斗夫、渠保等，以便協助管⑥理。至所呈第十四次會議紀錄，核查亦無不合，並准備案，仰即遵照。此令，廳長楊文清（十六行）。

宜良縣政府指令 建龍水字第三八二號 民國三十四年六月九日 龍公渠水利協會正副會長董鉅、陳祿、傅瀛（十七行）。

一件：為呈報水規草案，請查核備案，並祈准予刻石立碑，以資遵守由（十八行）

呈悉。查此項水規草案，既經試辦三年，水量有盈無缺，應准刻石立碑，以資遵守，仰即遵照。此令，附表存。縣長：邱名棟（十九行）。

中華民國三十五年三月五日，尋陽秦開基書（二十行）

【概述】碑存宜良縣狗街鎮狗街村。碑為白石質，高208厘米，寬82厘米。碑文楷書陰刻，計20行。民國三十五年（1946）立石。碑文記述了宜良縣龍公渠管理處、水利協會會呈水規草案并祈准勒石之詳情。

【參考文獻】周恩福.宜良碑刻·增補本（上）.昆明：雲南大學出版社，2016.12：130-132.

據《宜良碑刻·增補本》錄文，參拓片校勘。

---

① 《宜良碑刻·增補本》錄為"決議"，據拓片應為"議決"。
② 《宜良碑刻·增補本》多錄"縣"字。
③ 《宜良碑刻·增補本》漏計一行。據拓片，此處應為"（十二行）"。
④ 《宜良碑刻·增補本》漏錄"總"字。
⑤ 《宜良碑刻·增補本》多錄"□月"字。
⑥ 《宜良碑刻·增補本》錄為"管"，據拓片應為"辦"。

宜良縣龍公渠水份及水規碑

宜良縣龍公渠水份及水規碑記（一行）

甲、水份分配（二行）

一、龍公渠共分為七個水份、四個時期。每份灌田一千五百畝。第一水份小木興村、大木興村、下任營；第二水份陳所渡、上任營、大小梅子村、許家營；第三水份城東、城北村、小渡口、化魚村、玉龍村、馬隆鄉；第四水份（三行）東毛營、馬軍村、端家營、谷家營；第五水份中營、小里營、灣子；第六水份西村、竹瓦倉；第七水份狗街。

二、第一個時期春季蓄堰塘水。自清明節日晨起，每個水份五日夜，接水時間，以日照西山頂為准，共（四行）計三十五晝夜，今後永久由此類推輪放。

三、第二個時期名為栽秧水。每水份兩日夜，自清明節日計算至三十六日晨，日照西山頂為准，仍由輪當頭淋者接放，周而復始，共二次，計二十八日夜。

四、第三（五行）個時期名為夏季添苗水。得自清明節後六十日晨，日照西山頂時接放，每水份一日夜，周而復始，至秋分末日止。

五、第四個時期為閑水。自寒露節日起可泳豆麥，仍由頭淋輪放，每份一晝夜，周而復始（六行），至次年雨水節末日止。

乙、水規（七行）

每年每個水份第次可為頭淋，依次得輪。當一次頭淋自民國三十三年起，系第一水份為頭淋，從此推而下，每七年內各水份輪回一次。以後照此類推，周而復始，不得爭論。

各水（八行）份輪放時期，沿渠各村按規定執行，禁止偷放禾苗水情事。倘有偷放渠水一小部分，一經拿獲，罰谷壹市石，不認罰者，鄉臺遊示眾。若有破壞泄堤、偷開渠洞者，實觸犯水規，罰豬羊各一頭，豬（九行）重一百斤，羊重三十斤，外加罰谷貳市石以供正用。設盜水人家境赤貧，不能負擔者，由居住之村營公眾負擔。

各水份和村營蓄積之堰塘水，於栽秧時得不畛域灌溉，餘水應聽其順流（十行）而下，不准擅自放入盤江。放渠水入盤江情事，一經查獲，應受最嚴重之處分（十一行）。

丙、附記（十二行）

龍公渠歲修之實施。歲修任務按受益田畝之多寡，分段工作，限定小雪節止，全渠修理完峻[1]。惟自化魚村鎖水門以上，至許家營汗灘之段，及匯東橋以上起至進水閘門之段，並包括（十三行）大小壩在內，列為特別工程，由七水份共同負責，各段工程歲修，務須在規定期內修理完善，經驗收後方能卸責。

龍公渠永久集會日期，每年兩次，春季訂於夏曆正月十六日，秋季七月七日。惟某（十四

---

[1] 峻：疑誤，應為"竣"。

行）水份輪當頭淋□□□□□□。

各村營田地已經登記，水權頒發三聯單為證。今後，凡未領獲三聯單者，均不得享受同等得益。全渠受益各村田畝，歷年水租谷永遠系屬（十五行）個人，何村耕地則由何村收儲使用。

大小木興村、上下任營、陳所渡等蓄水地點，即在大小木興村堰塘內。自民國三十三年春季起，所有塘內豆麥，成熟時務須提前趕收，以便儲水。塘埂即由上列各村（十六行）負責加高二中尺。灣子、小里營、竹瓦倉、西村、狗街蓄水地點，而西村新路即由上列五村加高三中尺（十七行）。

龍公渠□□□□□出款及做土方一覽表（十八行）

（略一覽表四行）

會員：馬負圖（以下略十八人，二十三行）

　　　陳永德（以下略十八人，二十四行）

　　　陳　旭（以下略十八人，二十五行）

　　　段純之（以下略十八人，二十六行）

　　　李紹先（以下略十八人，二十七行）

中華民國三十五年正月十六日

【概述】碑存宜良縣狗街鎮陳所渡村，碑面剝蝕，字迹漫漶。碑為白石質，高220厘米，寬80厘米。碑文詳細刊載了宜良縣關於龍公渠水份分配、輪放第次、工程歲修及永久集會等方面的規定。

【參考文獻】周恩福．宜良碑刻．昆明：雲南民族出版社，2006.12：80–82.

彌勒甸惠渠修溝用水規約

一、甸惠渠[1] 因修溝放水保護受益農田，維持各段永久水利特訂[2] 本規約。

二、受益農田[3] 修溝及有關工程管理、水利行政等事項，統由本渠水利協會全權處理指揮。

三、每年陽曆四月二十（穀雨）至六月二十[4]（夏至）兩月期間，定為本渠分三段輪流

---

① 甸惠渠：渠首位於彌勒縣竹園壩西北，1943年建成，1948年改建，灌溉面積1.5萬畝。幾經擴建、改建，沿用至今。

②《雲南省志·卷三十八：水利志》漏錄“定”字。

③《雲南省志·卷三十八：水利志》漏錄“用水”2字。

④《雲南省志·卷三十八：水利志》（穀雨）（夏至）之前均漏錄“日”字。

放水。渠首至土橋（23+000）一段，計長二十三公里，定為第一段引放用水；土橋以下聖[①]普特（32+500）一段，計長九公里五，定[②]為第二段引放用水。普特以下至渠尾（37+200）一段，計長四公里七，定[③]為第三段引放用水。每段放水時間為三日，照此輪流，周而復始。若遇旱年，經眾協議[④]提前或延長實施，其余月日受益農戶自由使用，不加管制。

四、凡享受本渠水利各村寨，每年陽曆四月二十日前每村寨各出壯丁一人，向竹園本渠協會報到組成[⑤]放水巡護隊，執行放水規約及巡護修理渠道等工作。

五、春耕用水前，享受本渠水利各村寨，應照前第三條規定分段舉行大挖一次，名曰歲修，定為常例。至雨水停止後施行清淤培堤，名曰小修，由各保甲長負責督導，受益農戶清整本保護區域內渠道，渠首至二號橋（6+770）一段，長七公里，每年歲修由全渠受益農戶[⑥]定[⑦]期召集議定。

六、放水時間或雨季，遇有渠身淤阻、渠堤塌陷影響農田用水，由所屬附近保甲受益農戶搶修，並飛速報請本渠水利協會指導工作。

七、本渠溝身兩旁無論何段，均不得安放[⑧]水碾及其它[⑨]利用水力設備，也[⑩]不得橫築溝心坝及私挖渠堤。違者，無論公私，除責令修復原狀外並應議處。

八、凡有破壞[⑪]規約致影響水量及用水[⑫]，由受害農民或管理人員報請本[⑬]水利協會查究，當事人送請司法機關，責令賠償損失，並以妨害水利處辦。

九、本規約經享受水權之法門、竹園、朋普三個鄉鎮紳耆開會議定、公布，全部受益農戶認可，呈准雲南省政府、雲南建設廳暨彌勒縣政府立案後刊碑刻[⑭]石，永資遵守。

十、本規約自三十七年起實行。

中華民國三十七年四月

【概述】碑存彌勒縣竹園鎮竹朋水利管理所，碑為青石質，高94厘米，寬40厘米，厚20厘米。民國三十七年（1948），由三鄉紳耆議定并經省府批准後立碑。碑文記載了民國年間，法門、竹園、朋普三鄉紳耆開會議定，并經農戶認可和政府批准的關於甸惠渠維修、管理、輪流用水的規約。

---

① 《雲南省志·卷三十八：水利志》錄為"聖"，據原碑應為"至"。
② 《雲南省志·卷三十八：水利志》錄為"定"，據原碑應為"訂"。
③ 《雲南省志·卷三十八：水利志》錄為"定"，據原碑應為"訂"。
④ 《雲南省志·卷三十八：水利志》漏錄"得"字。
⑤ 《雲南省志·卷三十八：水利志》錄為"成"，據原碑應為"織"。
⑥ 《雲南省志·卷三十八：水利志》漏錄"共同負擔。以上大修小修時期，均由本渠水利協會"20字。
⑦ 《雲南省志·卷三十八：水利志》錄為"定"，據原碑應為"先"。
⑧ 《雲南省志·卷三十八：水利志》錄為"放"，據原碑應為"設"。
⑨ 《雲南省志·卷三十八：水利志》錄為"及其它"，據原碑應為"或其他"。
⑩ 《雲南省志·卷三十八：水利志》錄為"也"，據原碑應為"亦"。
⑪ 《雲南省志·卷三十八：水利志》漏錄"本"字。
⑫ 《雲南省志·卷三十八：水利志》漏錄"者"字。
⑬ 《雲南省志·卷三十八：水利志》漏錄"渠"字。
⑭ 《雲南省志·卷三十八：水利志》錄為"刻"，據原碑應為"勒"。

【參考文獻】雲南省地方志編纂委員會.雲南省志·卷三十八：水利志.昆明：雲南人民出版社，1998.12：647.

據《雲南省志·卷三十八：水利志》錄文，參原碑校勘。

關索壩碑記

嚴天駿

左德鄉瓦窯村、上鄭屯、鐘郭屯、常家屯、葫蘆屯、大小瀧水塘冷水田、上邑村等七村，阡陌相連，計田可千數百頃。固非瘠土，而地勢較高，無源泉、無瀦水藉資灌注，歲小旱輒成災，力農者以為苦。顧宜蒔罌粟，獲利數倍稻粱，雖苦之，尚弗措意。比歲煙禁嚴，雨復不時，向之所恃失東隅收桑榆者，適成絕望，徒仰天哀籲而已。癸丑秋[①]，邑宰孫蒓庵君巡視，得疾苦狀，盡然[②]惻然。由邑人李森若、趙佩青及羅、鄭諸紳謀築堰，善其後，堰區內外務俾渟蓄涓滴不泄，以關領之大壩為外堰，黑箐為內堰，經費則權貸積穀二百八十石。為之儀定，聞於當道，極可。將鳩工，村人惑以堰內之田一旦築壩於外，每歲無收，群起爭執不決。于時君乃重集闔父老會議，卒如最初規劃，堰內之田酌給半資以補助之。是歲陰曆二月二十三日經始，至四年[③]七月落成。凡用工二萬二千一百八十九名，用銀四千七百三十二元七角四仙。內堰堤廣六丈二尺，袤一十四丈三尺；外堰堤廣九丈五尺，袤二十五丈七尺，土若石即固且堅。是役始終，總其成者，森若、佩青、羅瑞廷、鄭寶臣亦有力焉。

【概述】原碑去向不明。碑文記載了 1913 年玉溪縣左德鄉邑紳李森若、趙佩青、羅瑞廷、鄭寶臣等倡修關索壩以灌溉農田造福百姓之事。據《玉溪市志》載：關索壩，歷經 2 年告竣，蓄水灌田 4000 畝，是民國時期玉溪縣一大水利工程。

【參考文獻】玉溪市志辦公室.玉溪市志資料選刊（第十九輯）·玉溪市水利志.內部資料，1987.6：228；水利部珠江水利委員會，《珠江志》編纂委員會.珠江志：第 5 卷.廣州：廣東科技出版社，1994. 8：117.

據《玉溪市水利志》錄文，參《珠江志》校勘。

---

① 癸丑秋：民國二年，即 1913 年。
② 盡："盡，傷痛也。——《說文》"
③ 四年：民國四年，即 1915 年。

經修馬關縣城水溝碑記

張自明

　　夫人為萬物之靈，而飲食為吾人之天。舉凡城郭、烟村，莫不以倚山臨水為適宜之所在。水秀山明，人才亦因之傑出，山水之關於人也，重矣。

　　馬關萬峰疊翠，環繞四周，其間土阜綿亘，溪流低而弱，無井水可汲，所賴者龍潭水耳。潭在海龍山麓，距城十餘里，在山之泉本清，而中途穿田度嶺，收納幾多污穢；冬春之交，復有截流之患，甚至每水一挑，需洋三毫以上。不惟取汲者感跋涉[①]之難艱，而一勺[②]濁漿已屬不堪入口。前人曾一度興修，由坿郭以石槽捲水，年深日久，傾頹無餘，牧民者不加提倡，可慨也已。

　　今年春，余履斯土，目擊此種困苦，乃召諸士紳而詢之，咸以無款告。余不禁惻然曰："此水不治，為害大矣。衛生且不顧，將何以濟緩急乎？"公暇，乃溯流往探，至松毛寨後山，則見一水晶瑩，滔滔作響。由此以至縣城，不過七百餘丈，雖不飫購鐵質之水管，而燒泥筒以引之，所費當無幾何，況此水為全城民眾所必需，以其日感困難，何若捐些須之款以修之，集腋可以成裘，眾擎自必易舉也。夕陽西下，仍順流而返，即招[③]諸紳決議，撥垻地[④]匪產三千作底，由市民捐足萬元之數，令委經理五人，以左紳進思、李紳家桃、李紳兆成、劉紳作樑、張紳天源為縣中之熱心者，協同經理。於是定工燒筒，僱工砌井，派工運料，督工挖溝，不兩月間而一泓清泉滿城流遍矣。

　　是役也，不惟除無窮之苦，且可備緩急之需，斯亦市之民樂捐所致耳。竊願飲其水而思其源，協其力而保其後，永而久之，是所至望。開工於辛未[⑤]之季冬[⑥]，至壬申[⑦]月[⑧]而工竣。款目出納，另詳別碑。用誌數言，以記斯舉。龍陵張自明[⑨]謹識。

---

① 《民國馬關縣志校注》錄為"涉"，據《民國馬關縣志》應為"跋"。

② 《民國馬關縣志校注》錄為"勺"，據《民國馬關縣志》應為"勻"。依上下文意，"勺"為正。

③ 《民國馬關縣志校注》錄為"招"，據《民國馬關縣志》應為"召"。

④ 垻地：在山溝里打壩，攔住從山上沖刷下的泥土而淤成的農田。

⑤ 辛未：民國二十年（1931）。

⑥ 季冬：冬季的最後一個月，農曆十二月。

⑦ 壬申：民國二十一年（1932）。

⑧ 原文缺月份數。

⑨ 張自明（1884—1939）：龍陵縣鎮安鎮東門人，光緒二十九年（1903）考入雲南講武堂，與朱德、盧漢等為同學，期間參加了孫中山先生組織的同盟會。護國戰爭時，任上校參謀長，治軍嚴明，籌劃有方。後到江西進賢縣任縣長，有政績。民國十八年（1929）被委任為麻栗坡防汛督辦，民國二十年（1931）調馬關縣任縣長。為官清廉，治理有方，熱愛教育，擅長詩文，著有《渾庵詩集》《馬關縣志》等，其對聯"沙鷗狎人去住，雲海蕩我心胸"至今尚存昆明大觀樓，被世人稱為名聯。

【概述】碑文記載了時任馬關縣縣長張自明體恤民情，倡議捐資興修水溝，并采取燒制泥筒、雇工砌井、督工挖溝等方法引水，解決縣城民眾飲水困難的政績。

【參考文獻】何廷明，婁自昌．民國馬關縣志校注．昆明：雲南大學出版社，2012.7：271-272；鳳凰出版社等．中國地方志集成·雲南府縣志輯（46）：民國馬關縣志．南京：鳳凰出版社，2009：329-332．

據《民國馬關縣志校注》錄文，參《民國馬關縣志》校勘。

開鑿撫仙星雲兩湖口碑記

秦光第 [1]

撫仙、星雲兩湖，界華寧、江川、澂江三縣間，為患久矣，明巡按姜思睿、清總督鄂爾泰曾兩次疏浚。嘉慶九年 [2] 淫雨為災，沿湖各村又成澤國，江川知縣許亨會鄰封加疏浚，並規定歲修，分地段立碑記，由三縣永遠遵守。日久玩生，石沙積累，湖口壅狹，河身填塞。近數十年來，洪水一至，泛爛成災，不特田地淹沒，沿湖八十餘村亦被其流蕩。因而江、寧邊境，田少人多，民食不足，且縣治距遠，政令難周，盜匪匿跡，民不聊生。民國十一年九月，奉命查辦江寧軍民衝突案，目擊慘狀，始實施疏浚、開鑿兩法，疏浚另詳碑記，茲不贅。

開鑿工程，有鑒於前之隨疏隨壅，故籌款購輕便鐵道及各種器具轟炸藥料，徹底工作，以期一勞永逸。自十二年冬起，地方多故，屢停屢辦，至二十二年 [3] 夏止，計上湖口及隔河，較前鑿深四五尺至六七尺，其天然石底鑿為現在河床者約深三四尺，下湖口及清水河較上湖口及隔河鑿深約加二分之一，其石底亦鑿為石床，使上下湖口河身由數百年填積之砂礫巨石剗除淨盡，或炸或鑿，無不辟寬、攻深勾配合度，兩湖流量緩急適宜，牛舌壩、梅子箐兩河，距入清水河里許，成"川"字形，向來發生大患，多在牛舌壩河，次即梅子箐河，而防其患者，全賴牛舌、梅子兩壩。茲清水河驟深一丈三四尺，牛舌壩河水勢向急，此後尤急數倍，河底沖深，事所必然。兩河驟深，中間牛舌壩之倒塌，指日可待，故此次善後工程，首注意於牛舌壩河。其河身原積沙石，不能不完全挑去，順山一面，亦不能再鑿深一二尺，以利宣洩；順壩一面，則疊高一二尺，以護壩腳，並擇要修砌魚鱗壩四、五道以保河底。新修護壁二十餘丈，深其腳以固壩埂。官莊象鼻嶺之尖，鑿去銳角二三丈，以利水勢：入清水河處，向來阻水之驚怪石，一概炸除，次於梅子箐新開河道二里有餘，以通清水河，其入河處之大山嘴，亦施工鑿去，並延長牛、梅兩壩各七八丈，引兩河之水於流度最速處方貫入清水河，根本大患，庶可免除矣，臨時大患，更望歲修預防，隨時經營耳。

---

① 《江川縣水利志》錄為"奏光第"，應為"秦光第"。下同。
② 嘉慶九年：1804 年。
③ 二十二年：民國二十二年（1933）。

此外，又補助三縣修建堰塘十餘處，以增水利，重建海門、海晏兩大石橋，以利交通。又於海口修建樓房鋪面二十間，空地三塊，按年收租，以作歲修經費。各處工作，迥非昔比，先後歷時十載，用石土各工十六萬名，耗款四十餘萬元，末①向人民捐一錢，借一米。僅由財政廳借一萬，禁煙公擠八萬，富滇銀行七萬，殖邊銀行一萬，共十七萬元。其余由收穫租押補助費開支，撥借各款，已由應收田租田價補助費賠還，僅欠禁煙公所八萬及收束工程三萬。

因江、寧久遭匪患，民生凋敝，應納公租積欠至二千七百八十餘石。蒙省府軫念民瘼，概准豁免，俾籌償稽時。然綜計涸出公田沙灘、置辦鋪房、輕便線道及各項鐵件等所值亦頗不貲。正擬籌償欠款，約集三縣代表在省開會，適金鑄九先生游宦歸來，眷懷桑梓，獨肩義舉，出滇幣十萬元，供本處分益提獎，收束工程之需。江川涸出公田一千二百餘畝，悉數即作兩縣應分利益，永歸兩縣辦理教育、水利、交通、森林諸公益事。至澂江境內，已墾未墾沙灘八百餘畝，即作抵該縣應分利益，亦不再出款項。經三縣代表決議，實符本處開鑿宗旨，呈准省府造冊移交，其禁煙公所八萬，亦呈准豁免。而捐款數目，即照原定章程，東陸大學分四萬，實業、建設兩廳各一萬，提獎各職員一萬，收束工程三萬，開鑿之役竟於此矣。

惟念開鑿以來，蒙省府隨時維持，承同人不畏難險，不辭勞怨，民眾亦熱忱贊助，上下一心，使數百年大患一舉而廓清之，於地方復無所擾，不可謂非幸事也。自茲以往，尤望三縣士紳先其所急，講求水利，於江川雙龍鄉及華寧墟子鄉再擇要增築堰塘以謀厚生之道。至教育、交通、實業諸端，審勢度力，次第畢舉，樹風聲而資楷模，將試目俟之。所餘鐵器、鋪面等，如三縣代表議決案，留作地方公用，餘載善後碑記。在事人員，另行泐石，爰敘顛末用志不忘云。

【概述】碑存江川縣星雲湖出口隔河海門橋橋北岸左側一牆壁上。碑文記述民國十二至二十二年（1923—1933）間開鑿南盤江上中游撫仙湖、星雲湖兩湖口的詳細經過。

【參考文獻】江川縣水利電力局．江川縣水利志．內部資料，1988.11：147–148.

疏浚撫仙星雲兩湖口碑記

秦光第

民國十一年秋，黎②屬寧海，江③屬普廟各鄉軍團誤會，釀成巨案。光第奉命會同近衛團長魯瓊查辦，頻往來於星雲湖岸。嗣設官招撫、賑恤，獎懲、善後各事就緒，集寧海紳民諭之曰："若鄉田肥美，民質樸，農產豐裕，沃區也，十數年來，胡多匪患？"則曰："誠

---

① 末：疑誤，應為"未"。
② 黎：華寧縣。
③ 江：江川縣。

如公言，雖然寧民向皆男耕女織，本業農商，惟田腴而狹，頻遭水患，屢歲不登，失業遊民致流為匪，此匪患所由來，公其諒之。"備詢其故，始悉澂[1]、黎、江三縣之間有瀦水之湖二，曰撫仙、曰星雲，湖口之通塞，三縣利害與共。自前清雍正間，鄂文端督滇時曾一疏淩[2]，後之從事者，僅注意牛舌壩、梅子箐，而湖口、河身毫末[3]議及，迄今二百餘年，歲修、大修均奉行故事，敷衍塞責，以致湖口壅淤，人民苦之。近復繼長增高，沿湖人民未受湖水利，轉受湖水害矣。問何不設法疏浚？則曰：工艱且巨，所費不貲。復詢所以，則曰仙雲兩湖上下相聯，星雲湖水由海門橋經隔河宣泄於撫仙，復由撫仙之海口河流數十里瀉入鐵赤河，欲浚星雲，必先浚撫仙，因兩湖水面傾斜無多，盈則俱盈，涸則俱涸，故也。惟海口河沙石沖積有年，一旦施工，已非易易，加以隔河自界魚石至海門撟，半屬石底，又自海門橋至星雲湖口，左右兩山過峽，石龍一片橫旦[4]，挖之不可，鑿之不能，歷年三縣官紳屢集議而未克舉行者。以此，光第悉聞其說，而未識疏浚之難果如該紳所述焉否也。

因思寧海善後，此其要端，且兩口疏浚受其利者詎之寧海一隅。適便道經海門橋，集江川紳民與議，旋至海口河視察一周，與紳民所言同。唯審度情勢，尚非無可施工者，乃取道澂江，又集官紳徵求意見，與寧海紳民無異。光第知兩湖水患與三縣關係甚巨也。於是，擬具疏浚、開鑿兩步辦法。第一步疏浚，其利在民，請於省署假款二萬元，從事興修。工浚，由兩湖沿岸被淹田畝，調查水患深淺，分別甲乙捐款，兩年繳還。不敷，由三縣循舊例平均攤配。

省署允可，付省務會議決定。十一月，光第再赴寧海召集三縣官紳特開會議於組織機關，釐定章程，推舉職員，酌派工人定期工作等事，不厭求詳，凡三日而議甫定，乃於十二年陰曆正月十六日開工，五月初七日告竣。是役也，歷時三月有餘，自撫仙湖口起至三盤水碾止，修理河身約七百餘丈，浚深河底三尺至五尺；又自星雲湖口起至撫仙湖邊止，修理河身約六百丈，浚深河底約四五尺。凡石底均用椎鑿石龍一段，或炸後而鑿，或鑿而又炸，計役土石工五萬九千有奇，合薪工等費都銀二萬一千八百餘元，假款不敷，由三縣各籌墊銀六百元。繼測驗兩湖水面，均低落二尺餘，調查兩湖沿岸積年受害村莊共八十餘人戶，凡三千九百餘被淹田畝，得四千五百餘，照滇省村人習慣，一畝三工，合一萬三千餘工，計甲等九千餘工，乙等四千餘工，本年田禾俱獲有秋。於是，按所獲田畝，甲田每工捐銀二元，乙田每工捐銀一元，應收捐款銀二萬四千有奇，各紳董請一次完繳，光第俯順與情，允之。收支比較，約餘銀三千元，凡徵收費用，職員獎金皆出於此，餘作辦理兩口善後款。事將蕆，瀕湖人民一致歡欣，對光第個人且加頌辭。

竊維是役款項則財政、實業兩司假墊，工程則澂、黎、江三縣分擔，光第不過與同事員紳提倡計議，敢謂佚道，使民勞苦弗怨，嘗覺因公力役，撫慰未周，幸同人和衷共濟，成此盛舉。聞有以至誠所動，金石為開之說相勖者，光第滋愧矣！事竣，三縣官紳丐記勒石，

---

① 澂：澄江縣。

② 疏淩：疑誤，應為"疏浚"。

③ 末：疑誤，應為"未"。

④ 橫旦：疑誤，應為"橫亘"。

光第不文，爰核實敍述，在事職名，另石刊載。至第二步開鸞[1]辦法，應賡續計畫，俾竟全功云。

茲將疏浚開鑿撫仙、星雲兩湖口工程及橋工、公田、在事出力人員職銜姓名分別開列於左。

計開：

疏浚工程出力人員：總辦蒙自道尹[2]秦光第、會辦進衛第七團長魯瓊、坐辦江川縣長陸亞夫、幫辦澂江縣長孫天輔、幫辦黎縣長黃寶森、特派員蒙自道署秘書季紹伯、籌辦員澂江楊欣榮。

稽查：澂江納鴻恩、江川周鏡清、黎縣孫嗣賢。

會計：澂江魯開勳、江川官培恩、黎縣李蔭恩。

庶務：澂江段世學、江川蔡本忠、黎縣何國鈞。

監工：澂江：李昂、李恩堯、王鴻烈；江川：鄒學忠、宋光輝、靳培明；黎縣：汪以禮、楊憲章、李文成。

開鑿工程及橋工公田出力人員：實業廳長繆嘉銘、總辦實業司長由雲龍、總辦建設廳長張邦翰、總辦蒙自道尹陳鈞、總辦禁煙司長李鴻綸、總辦教育司長董澤、總辦內務司長秦光第、會辦團務監督湯希禹。

坐辦：江川縣長：孫天輔、蔡臻、彭商賢；澂江縣長：季紹伯、李培天、杜宗瓊。

幫辦：黎縣長：李上理、熊鴻鈞、劉名昭。

籌辦員：寧海縣佐楊欣榮、劉毓菘、蔣大興、謝炳炎。

文牘員：黎縣：張知名、張廷選；昆明：魏文彬、張希江。

工程員：朱家基、張應科。

測繪員：施以敏、段丕昆、鐵世熙。

名譽稽核：黎縣金鳳彩、澂江李家珍。

稽核：黎縣楊沛澤、平奕、李文楨。

會計：澂江：李彥、張天敘；江川：陳天德。

庶務：澂江王鴻烈、江川官培恩、黎縣何國鈞。

稽查：黎縣陳榮章、江川宋光輝、澂江戴如洋。

監工：澂江：李本壽、劉耀；江川：苗自成、羅中茂、鄒紹魯。

公田經理：蔡臻、傅宅安、張楷蔭。

公田會計兼庶務：澂江趙琦。

公田名譽助理：江川王廷章、黎縣起應選。

公田助理：蔣幼生、賀耀祖、楊紹震。

---

① 鸞：疑誤，應為"鑿"。

② 道尹：1914 年 5 月，袁世凱政府時公布省、道、縣等地方官制，改各省觀察使為道尹，管理所轄各縣行政事務，隸屬于省長。

【概述】該碑存於澄江縣海口鎮海口大橋(海晏橋)側。碑為青石質,高209厘米,寬106厘米。碑立於民國年間。碑文記述了民國十一年至民國十二年(1922—1923)蒙自道尹秦光第組織江川、澄江、華寧三縣紳民對撫仙、星雲兩湖進行治理的始末。

【參考文獻】江川縣水利電力局.江川縣水利志.內部資料,1988.11:144-146.

雲南省政府為勒石永飭遵守事

查疏鑿撫仙、星雲兩湖工程,經本府督飭工程處慘澹經營十載有餘,已觀厥成,一切情形,詳見疏鑿兩湖口及重建海門海晏兩橋各碑記,勿待贅述。

茲者,江、華、澄①三縣水患既除,田地增加,已昭然在目,而所有公田應收公租,十七年②份、二十一年份,均因雨水過多,影響收成,完全減免。十四年至十九年份止,所有欠租,共計二千七百九十六石九斗餘,又念人民窮困,概行豁免。二十年份,江川雙龍兩鄉夏雨失時,秋收歉薄,亦減租七賍,嗣復豁免禁煙局借款八萬元,准金樹德堂捐出舊幣十萬元,即將江、華兩屬境內田灘讓歸該堂捐辦兩屬教育、實業諸公益,並飭實業、教育兩廳切實監督。至於澄江境內田灘,則劃歸澄江辦理教育之用。體恤三縣人民,至斯已極。此後本可永享幸福,但堤壩雖堅,年久或潰,河道雖通,沙石日積,恐壩潰河塞,泛濫仍難倖免。為永慶安瀾計,能不釐訂辦法以善其後耶!善後辦法,首重歲修,其危害堤壩各項,亦應嚴禁,必須逐年修補,防患未然,時時保之護之,乃可永享幸福,庶免蟻穴潰堤之虞矣。本府有見及此,特將辦法勒石,仰各永遠遵守勿違,切切此示。

茲將歲修辦法附嚴禁事項分條列後:

甲、歲修責任,審度情勢並就利害關係,分上下湖口各別擔任。

一、下湖口及清水河牛舌壩、梅子箐兩河,與華、江、澄三縣利害相關,由江、華金樹德堂捐田興學,辦事處商請三縣縣長委員辦理。

二、上湖口及隔河,於江、華兩縣涸出田灘尤有關係,茲所有田灘既歸金樹德堂捐田興學辦事處,為便利該起見,歲修責任劃歸該處負擔。

三、上下兩湖口,就近各舉資望較深者一二人,專負巡守湖河及保管新舊各項碑記之責。擔任上湖口者,酌給津貼;擔任下湖口者,即以原有壩長田之租息作酬。若遇臨時發生倒塌壅塞,立即報告捐田興學辦事處,分別緩急,酌量趕修或商請三縣縣長委員修理,遇有違犯後開禁例者,即呈送縣府依法辦理,不得私行處罰。

四、不論上下湖口,如遇發生重要事件,其責任及經費等項,均由捐田興學辦事處商請三縣縣長共同擔負委員辦理。

---

① 江、華、澄:指江川縣、華寧縣、澄江縣。
② 十七年:民國十七年(1928)。

乙、歲修經費

五、歲修經費，即以工程處所建海口樓房鋪面二十間及撥留空地三塊之租金如數擔任，上下湖口各分一半，每年工竣，取據報請實業廳核銷。

六、歲修經費，如有餘存，歸併下年歲修費內。倘有不敷，應由捐田興學辦事處或三縣縣長臨時籌劃。

七、海口鋪房及空地，概歸三縣保管委員會經理，所收租金，專供歲修之用，上下湖口平均分配，他事不得移挪侵佔。

丙、歲修器具

八、工程處所餘輕便鐵道、鐵兜及各項工作器具，列冊發交三縣委員會共同保管，專供歲修、大修之用，不得散失。如華、江、澂三縣遇有公益借用，須呈實業廳核辦，但每縣不得借過三分之一，並須自限歸還日期，擔負賠償責任，以重公物而免遺失。

丁、歲修日期

九、每年歲修，務於春秋乘湖水乾涸之際，照章認真舉行，不得敷衍塞責。

戊[①]、兩湖嚴禁事項

一、湖口兩岸，嚴禁開挖田地及侵佔壩長田。

二、兩湖口及清水河、隔河，嚴禁在湖岸撒網搬罾捕魚。

三、各河岸嚴禁縱放牛馬等物及砍伐樹木、苦刺。

四、各河內嚴禁拋擲沙石、泥土、渣滓、竹木及有礙河流物件。

五、嚴禁河內橫欄大繩，有礙交通。

六、嚴禁毀壞河岸、橋樑、石壩及一切碑記。

以上各條，如有違犯，由巡守專員呈送縣府重懲不貸。

【概述】碑文詳細刊載了民國年間，雲南省政府為永慶安瀾計而制訂的關於兩湖口歲修辦法及嚴禁事項的規章。

【參考文獻】華寧縣志編委會．華寧史料類編．內部資料，1986.5：131－132.

---

① 戊：疑誤，應為"戌"。

附錄：雲南水利碑刻題名索引

（該索引按碑名音序進行編排、頁码附後）

C

參考文獻

地方志

［1］（清）朱慶椿等修．昆陽州志．清道光二十年刻本，1840.

［2］（清）道光壬寅冬鐫版．浪穹縣志．板存學宮，1842.

［3］（清）朱慶椿，陳金堂纂修．晉寧州志．民國十五年刊本，1926.

［4］李根源．永昌府文徵（民國綫裝本）．1941.

［5］（清）劉毓珂等纂修．永昌府志（全）．臺北：成文出版社，1967.

［6］（清）袁嘉穀修，許實纂．宜良縣志（民國十年刊本·影印版）．臺北：成文出版社，1967.

［7］（清）劉沛霖等修，朱光鼎等纂．宣威州志（全）．臺北：成文出版社，1967.

［8］（清）李焜撰．蒙自縣志（全）．臺北：成文出版社，1967.

［9］（清）侯允欽纂修．鄧川州志（全）．臺北：成文出版社，1968.

［10］（民國）黃元直修，劉達式纂．元江志稿（全）．臺北：成文出版社，1968.

［11］（清）管學宣．石屏州志．臺北：成文出版社，1969.

［12］（清）周埰等修，李綬等纂．廣西府志（全二冊）．臺北：成文出版社，1975.

［13］（清）羅瀛美修，周沆纂．浪穹縣志略．（全二冊）臺北：成文出版社，1975.

［14］（清）祝宏等纂修（清雍正九年修，民國廿二年重刊本）．建水縣志（全二冊）．臺北：成文出版社，1975.

［15］（清）王世貴，何基盛等纂雲南大理文史資料選輯·地方志之八：康熙劍川州志．內部資料，1982.

［16］（明）艾自修纂，王雲校勘；洱源縣志辦公室翻印．重修鄧川州志．內部資料，1986.

［17］彌勒縣縣志編纂委員會．彌勒縣志．昆明：雲南人民出版社，1987.

［18］玉溪地方志辦公室．玉溪市志資料選刊（第二十四輯）·大營街志．內部資料，1988.

［19］巍山彝族回族自治縣縣志編委辦公室．巍寶山志．昆明：雲南人民出版社，1989.

［20］雲南省石屏縣志編纂委員會．石屏縣志．昆明：雲南人民出版社，1990.

［21］雲南省鶴慶縣志編纂委員會．鶴慶縣志．昆明：雲南人民出版社，1991.

［22］雲南省紅河縣志編纂委員會．紅河縣志．昆明：雲南人民出版社，1991.

［23］（明）劉文徵撰，古永繼點校．滇志．昆明：雲南教育出版社，1991.

［24］（清）管學宣，萬咸燕纂修；麗江縣納西族自治縣縣志編纂委員會辦公室校點．（乾隆八年纂修）麗江府志略．內部資料，1992.

［25］雲南省通海縣史志工作委員會．通海縣志．昆明：雲南人民出版社，1992.

［26］雲南省瀘西縣志編纂委員會．瀘西縣志．昆明：雲南人民出版社，1992.

［27］彌渡縣志編纂委員會．彌渡縣志．成都：四川辭書出版社，1993.

［28］（清）劉自唐纂輯，祿豐縣志辦公室校點．康熙祿豐縣志．昆明：雲南大學出版社，1993.

［29］玉溪市地方志編纂委員會．玉溪市志．北京：中華書局．1993.

［30］雲南省雲縣地方志編纂委員會．雲縣志．昆明：雲南人民出版社，1994.

［31］雲南省魯甸縣志編纂委員會．魯甸縣志．昆明：雲南人民出版社，1995.

［32］雲南省永善縣人民政府．永善縣志．昆明：雲南人民出版社，1995.

［33］《黑林鋪鎮志》編纂委員會．黑林鋪鎮志．內部資料，1995.

［34］祥雲縣志編纂委員會．祥雲縣志．北京：中華書局，1996.

［35］雲南省西疇縣志編纂委員會．西疇縣志．昆明：雲南人民出版社，1996.

［36］鳳儀誌編纂委員會．鳳儀誌．昆明：雲南大學出版社，1996.

［37］昆明市路南彝族自治縣志編纂委員會．路南彝族自治縣志．昆明：雲南民族出版社，1996.

［38］雲南省開遠市地方志編纂委員會．開遠市志．昆明：雲南人民出版社，1996.

［39］雲南省施甸縣志編纂委員會．施甸縣志．北京：新華出版社，1997.

［40］雲南省祿豐縣地方志編纂委員會．祿豐縣志．昆明：雲南人民出版社，1997.

［41］梁耀武，李亞平點校．續修易門縣志．昆明：雲南人民出版社，1997.

［42］（清）伍青蓮，張聖功，項聯晉，等，雲南省祥雲縣人民政府辦公室整理．（康熙·乾隆·光緒）雲南縣志．北京：中華書局，1998.

［43］雲南省邱北縣地方志編纂委員會．邱北縣志．北京：中華書局，1999.

［44］昭通地區地方志編纂委員會．昭通地區志．昆明：雲南人民出版社，1999.

［45］雲南省曲靖地區志編纂委員會，曲靖市人民政府地方志辦公室．曲靖地區志．昆明：雲南人民出版社，1999.

［46］昆明市西山區地方志編纂委員會．西山區志．北京：中華書局，2000.

［47］文山壯族苗族自治州地方志編纂委員會．文山壯族苗族自治州志（第一卷）．昆明：雲南人民出版社，2000.

［48］硯山縣志編纂委員會．硯山縣志．昆明：雲南人民出版社，2000.

［49］高發元．雲南民族村寨調查：白族——劍川東嶺鄉下沐邑村．昆明：雲南大學出版社，2001.

［50］姚繼德，肖芒．雲南民族村寨調查：回族——通海納古鎮．昆明：雲南大學出版社，2001.

［51］雲南省峨山彝族自治縣志編纂委員會．峨山彝族自治縣志．北京：中華書局，2001.

［52］故宮博物院．［乾隆］晉寧州志·［雍正］呈貢縣志·［乾隆］續編路南州志·［康熙］嵩明州志．海口：海南山版社，2001.

［53］西山區海口鎮志編纂辦公室．海口鎮志．內部資料，2001.

［54］（明）陳文修，李春龍、劉景毛校注．景泰雲南圖經志書校注．昆明：雲南民族出版社，2002.

［55］文山壯族苗族自治州地方志編纂委員會．文山壯族苗族自治州志（第二卷）．昆明：雲南人民出版社，2002.

［56］開遠市小龍潭辦事處志編纂委員會．開遠市小龍潭志．北京：中華書局，2002.

［57］王富．魯川志稿．內部資料，2003.

［58］楊成彪．楚雄彝族自治州舊方志全書·南華卷．昆明：雲南人民出版社，2005.

［59］楊成彪．楚雄彝族自治州舊方志全書·武定卷．昆明：雲南人民出版社，2005.

［60］楊成彪．楚雄彝族自治州舊方志全書·祿豐卷．昆明：雲南人民出版社，2005.

［61］楊成彪．楚雄彝族自治州舊方志全書·楚雄卷．昆明：雲南人民出版社，2005.

［62］雲南省石屏縣蔡營志編纂委員會．蔡營志．內部資料，2005.

［63］昭通舊志彙編編輯委員會．昭通舊志彙編．昆明：雲南人民出版社，2006.

［64］易門縣地方志編纂委員會．易門縣志．北京：中華書局，2006.

［65］梁曉強．東川府志·東川府續志（校注本）．昆明：雲南人民出版社，2006.

［66］雲南省南華縣地方志編纂委員會．南華縣志（1986—2002）．昆明：雲南人民出版社，2006.

［67］李春龍，江燕點校，新纂雲南通志（四）．昆明：雲南人民出版社，2007.

［68］劉景毛，文明元，王珏等點校．新纂雲南通志（五）．昆明：雲南人民出版社，2007.

［69］牛鴻斌等點校．新纂雲南通志（七）．昆明：雲南人民出版社，2007.

［70］劉景毛，文明元，王珏等點校．新纂雲南通志（八）．昆明：雲南人民出版社，2007.

［71］楊世鈺，趙寅松．大理叢書·方志篇（卷九）：［民國］彌渡縣志稿．北京：民族出版社，2007.

［72］古永繼．滇黔志略點校．貴陽：貴州人民出版社，2008.

［73］許實輯纂，鄭祖榮點注．宜良縣志點注．昆明：雲南民族出版社，2008.

［74］江川縣大街鎮三街村委會．三街村志．昆明：雲南人民出版社，2008.

［75］（清）吳光漢修，宋成基纂，鳳凰出版社等編選．中國地方志集成·雲南府縣志輯 8：光緒鎮雄州志．南京：鳳凰出版社，2009.

［76］陸崇仁修；湯祚纂；鳳凰出版社等編選．中國地方志集成·雲南府縣志輯 9：民國巧家縣志稿．南京：鳳凰出版社，2009.

［77］鳳凰出版社等編選．中國地方志集成·雲南府縣志輯 26：道光澂江府志、乾隆新興州志．南京：鳳凰出版社，2009.

［78］郝正治校注．沾益州志．昆明：雲南人民出版社，2009.

［79］羊浦區《義路村志》編纂委員會．義路村志．北京：中國文化出版社，2012.

［80］何廷明，婁自昌．民國《馬關縣志》校注．昆明：雲南大學出版社，2012.

［81］（清）程封纂修，佘孟良標點注釋．石屏州志．北京：中國文史出版社，2012.

［82］袁嘉穀纂修，孫官生校補．石屏縣志．北京：中國文史出版社，2012.

［83］中共玉溪市紅塔區李棋街道工作委員會，玉溪市紅塔區人民政府李棋街道辦事處．李棋鎮志（1978—2010）．昆明：雲南人民出版社，2012．

［84］羊甫村志編委會．羊甫村志．北京：中國文化出版社，2013．

［85］中共雲溪社區總支委員會，雲溪社區居民委員會．雲溪、永豐村志．北京：中國文化出版社．2014．

［86］《雙鳳社區志》編纂委員會．雙鳳社區志．內部資料，2014．

專門志（水利、林業、交通、文物等）

［1］昆明市官渡區文物志編纂委員會．昆明市官渡區文物志．內部資料，1983．

［2］玉溪市文化局．玉溪市文物志．內部資料，1986．

［3］玉溪市志辦公室．玉溪市志資料選刊（第十九輯）：玉溪市水利志．內部資料，1987．

［4］祥雲縣人民政府．雲南省祥雲縣地名志．內部資料，1987．

［5］江川縣水利電力局．江川縣水利志．內部資料，1988．

［6］《曲靖市文物志》編纂委員會．曲靖市文物志．昆明：雲南民族出版社，1989．

［7］澂江縣水利電力局．澂江縣水利電力志．內部資料，1989．

［8］祿豐縣地方志編纂辦公室．祿豐縣水利志．內部資料，1989．

［9］元江縣民委、縣志辦．元江哈尼族彝族傣族自治縣民族志．昆明：雲南大學出版社，1990．

［10］《西山區民族志》編寫組．西山區民族志．昆明：雲南人民出版社，1990．

［11］易門縣水利電力局．易門縣水利志．內部資料，1990．

［12］元江哈尼族彝族傣族自治縣交通局．元江哈尼族彝族傣族自治縣交通志．昆明：雲南大學出版社，1991．

［13］鎮雄縣志辦公室．鎮雄風物志．內部資料，1991．

［14］玉溪地區水利電力局．玉溪地區水利志．香港：黃河文化出版社，1992．

［15］楊光昆．東川市文物志．昆明：雲南民族出版社，1991．

［16］峨山彝族自治縣水電局．峨山彝族自治縣水利志．內部資料，1992．

［17］魏存龍．元江哈尼族彝族傣族自治縣農牧志．成都：四川民族出版社，1993．

［18］雲南省地方志編纂委員會．雲南省志·卷三十七：電力工業志．昆明：雲南人民出版社，1994．

［19］雲南省武定縣水電局．武定縣水利志．昆明：雲南美術出版社，1994．

［20］洱源縣水利電力局．洱源縣水利志．昆明：雲南大學出版社，1995．

［21］雲南省楚雄市水電局．楚雄市水利志．內部資料，1996．

［22］蘇佛濤．石屏縣文物志．昆明：雲南人民出版社，1998．

［23］彌渡縣教育局．彌渡縣教育志．昆明：雲南科技出版社，1997．

［24］雲南省地方志編纂委員會．雲南省志·卷三十八：水利志．昆明：雲南人民出版社，1998．

［25］國家文物局，雲南省文化廳．中國文物地圖集·雲南分冊．昆明：雲南科技出版社，2001.

［26］嵩明縣文物志編纂委員會．嵩明縣文物志．昆明：雲南民族出版社，2001.

［27］黃桂樞．思茅地區文物志．昆明：雲南民族出版社，2002.

［28］邱宣充．水目山志．昆明：雲南科技出版社，2003.

［29］雲南省地方志編纂委員會，雲南省林業廳．雲南省志·卷三十六：林業志．昆明：雲南人民出版社，2003.

［30］貴州省文史研究館．貴州通志·宦蹟志．貴陽：貴州人民出版社，2004.

［31］張昭．彌渡文物志．昆明：雲南民族出版社，2005.

［32］魯甸少數民族志編纂委員會．魯甸縣少數民族志．昆明：雲南民族出版社，2005.

［33］紅河州文化局．紅河州文物志．昆明：雲南人民出版社，2007.

［34］開遠市文物管理所．開遠文物志．昆明：雲南美術出版社，2007.

［35］安寧市文物志編纂委員會．安寧市文物志．昆明：雲南民族出版社，2007.

［36］鐘仕民．楚雄彝族自治州文物志．昆明：雲南民族出版社，2008.

［37］師培硯，婁靜，張小繞．阿廬文物．昆明：雲南人民出版社，2008.

［38］楚雄彝族自治州博物館．楚雄彝族自治州文物志．昆明：雲南民族出版社，2008.

［39］大理白族自治州蒼山保護管理局．蒼山志．昆明：雲南民族出版社，2008.

［40］張奮興．大理海東風物志續編．昆明：雲南人民出版社，2008.

［41］竇光華等．石林文物研究．昆明：雲南民族出版社，2010.

［42］鄭群．中國第一座水電站石龍壩傳奇．昆明：雲南教育出版社，2012.

［43］《中國河湖大典》編纂委員會．中國河湖大典·珠江卷．北京：中國水利水電出版社，2013.

［44］葛永才．彌勒文物志．昆明：雲南人民出版社，2014.

文史資料

［1］梁耀武．玉溪縣志資料選刊·第一輯：歷史大事記述長編．內部資料，1983.

［2］左文山．玉溪市志資料選刊·第十輯：玉溪市民國檔案資料輯要．內部資料，1985.

［3］玉溪市志辦公室．玉溪市志資料選刊·第四輯．內部資料，1985.

［4］華寧縣志編委會．華寧史料類編．內部資料，1986.

［5］雲南省編輯組．雲南少數民族社會歷史調查資料彙編（二）．昆明：雲南人民出版社，1987.

［6］中國人民政治協商會議昆明市官渡區委員會文史資料研究委員會．昆明市官渡區文史資料選輯·第一輯．內部資料，1998.

［7］中國人民政治協商會議石屏縣委員會文史資料委員會．石屏文史資料選輯·第1輯．內部資料，1988.

［8］中國戲曲志雲南卷編輯部．雲南戲曲資料（五）．內部資料，1989.

［9］中國人民政治協商會議峨山彝族自治縣委員會文史資料委員會．峨山彝族自治縣文史資料選輯·第 4 輯．內部資料，1990.

［10］中國人民政治協商會議祥雲縣委員會．祥雲文史資料·第一輯．內部資料，1991.

［11］昭通市政協文史資料委員會．昭通文史資料選輯·第六輯．內部資料，1991.

［12］中國人民政治協商會議雲南省南華縣委員會．南華縣文史資料選輯·第一輯．內部資料，1991.

［13］中國人民政治協商會議昆明市西山區委員會文史資料委員會．西山區文史資料選輯·第 5 輯．內部資料，1992.

［14］中國人民政治協商會議雲南省洱源縣委員會文史資料委員會．洱源文史資料·第三輯．內部資料，1993.

［15］蘭坪白族普米族自治縣人民政府．蘭坪史料集拾遺．內部資料，1994.

［16］中國人民政治協商會議雲南省怒江傈僳族自治州委員會文史資料委員會．怒江文史資料選輯·第 1—20 輯摘編（下卷）．芒市：德宏民族出版社，1994.

［17］中國人民政治協商會議雲南省大理白族自治州委員會文史資料委員會．大理州文史資料·第 8 輯．內部資料，1994.

［18］中國人民政治協商會議祥雲縣委員會．祥雲文史資料·第四輯．內部資料，1994.

［19］方國瑜．雲南史料叢刊·第六卷．昆明：雲南大學出版社，2000.

［20］方國瑜．雲南史料叢刊·第七卷．昆明：雲南大學出版社，2001.

［21］方國瑜．雲南史料叢刊·第十三卷．昆明：雲南大學出版社，2001.

［22］中國人民政治協商會議雲南省陸良縣委員會文史資料委員會．陸良縣文史資料選輯·第 12 輯．2000.

［23］鄒長銘．昭通史話．內部資料，2000.

［24］中國人民政治協商會議昆明市西山區委員會文史資料委員會．西山區文史資料（第 9 輯）．內部資料，2004.

［25］國家民族事務委員會全國少數民族古籍整理研究室．中國少數民族古籍總目提要·白族卷．北京：中國大百科全書出版社，2004.

［26］國家民委《民族問題五種叢書》編輯委員會．中國民族問題資料·檔案集成《民族問題五種叢書》及其檔案彙編：中國少數民族社會歷史調查資料叢刊·第 83 卷．北京：中央民族大學出版社，2005.

［27］國家民委《民族問題五種叢書》編輯委員會．中國民族問題資料·檔案集成《民族問題五種叢書》及其檔案彙編：中國少數民族社會歷史調查資料叢刊·第 85 卷．北京：中央民族大學出版社，2005.

［28］國家民委《民族問題五種叢書》編輯委員會．中國民族問題資料·檔案集成《民族問題五種叢書》及其檔案彙編：中國少數民族社會歷史調查資料叢刊·第 94 卷．北京：中央民族大學出版社，2005.

[29] 雲南省水利水電勘測設計研究院．雲南省歷史洪旱災害史料實錄（1911年〈清宣統三年〉以前）．昆明：雲南科技出版社，2008.

[30] 李正清．昭通史編年．昆明：晨光出版社，2009.

[31] 雲南省編輯組，《中國少數民族社會歷史調查資料叢刊》修訂編輯委員會．納西族社會歷史調查（二）．北京：民族出版社，2009.

[32] 楊偉兵．明清以來雲貴高原的環境與社會．上海：東方出版中心，2010.

[33] 林超民．西南古籍研究（2010年）．昆明：雲南大學出版社，2011.

[34] 何正廷．句町國史．北京：民族出版社，2011.

[35] 政協澄江縣委員會．澄江文史資料合訂本（第一輯至第十四輯）．內部資料，2014.

金石錄、碑刻集

[1] 巍山縣志辦．巍山風景名勝碑刻匾聯輯注．昆明：雲南人民出版社，1995.

[2] 大理市文化叢書編輯委員會．大理市古碑存文錄．昆明：雲南民族出版社，1996.

[3] 徐發蒼．曲靖石刻．昆明：雲南民族出版社，1999.

[4] 張了，張錫祿．鶴慶碑刻輯錄．內部資料，2001.

[5] 李榮高．雲南林業文化碑刻．芒市：德宏民族出版社，2005.

[6] 張方玉．楚雄歷代碑刻．昆明：雲南民族出版社，2005.

[7] 周恩福．宜良碑刻．昆明：雲南民族出版社，2006.

[8] 保山市文化廣電新聞出版局．保山碑刻．昆明：雲南美術出版社，2008.

[9] 中國人民政治協商會議施甸縣委員會，施甸縣文史資料委員會．施甸縣文史資料（第四輯）：施甸碑銘錄．內部資料，2008.

[10] 玉溪市檔案局，玉溪市檔案館．玉溪碑刻選集．昆明：雲南人民出版社，2009.

[11] 楊世鈺，趙寅松．大理叢書·金石篇（卷一）．昆明：雲南民族出版社，2010.

[12] 楊世鈺，趙寅松．大理叢書·金石篇（卷二）．昆明：雲南民族出版社，2010.

[13] 楊世鈺，趙寅松．大理叢書·金石篇（卷三）．昆明：雲南民族出版社，2010.

[14] 楊世鈺，趙寅松．大理叢書·金石篇（卷四）．昆明：雲南民族出版社，2010.

[15] 楊世鈺，趙寅松．大理叢書·金石篇（卷五·續編）．昆明：雲南民族出版社，2010.

[16] 黃珺．雲南鄉規民約大觀．昆明：雲南美術出版社，2010.

[17] 楊林軍．麗江歷代碑刻輯錄與研究．昆明：雲南民族出版社，2011.

[18] 騰衝縣旅遊局．騰衝名碑輯釋．昆明：雲南民族出版社，2012.

[19] 馬存兆．大理鳳儀古碑文集．香港：香港科技大學華南研究中心，2013.

[20] 中國人民政治協商會議昆明市呈貢區委員會．呈貢歷史建築及碑刻選．內部資料，2013.

[21] 蕭霽虹．雲南道教碑刻輯釋．北京：中國社會科學出版社，2013.

[22] 通海縣人民政府．通海歷代碑刻集．昆明：雲南美術出版社，2014.

[23] 李樹業．祥雲碑刻．昆明：雲南人民出版社，2014.

[24] 唐立．明清滇西蒙化碑刻．東京：東京外國語大學國立亞非語言文化研究所，2015.

[25] 許儒慧．遺留在建水碑刻中的文明記憶．昆明：雲南人民出版社，2015.

[26] 周恩福．宜良碑刻・增補本．昆明：雲南大學出版社，2016.

其他著述

[1] 段木干．中外地名大辭典（一至五冊）．臺北：人文出版社，1981.

[2] 李昆生．雲南文物古迹．昆明：雲南人民出版社，1984.

[3] 王海濤．昆明文物古迹．昆明：雲南人民出版社，1989.

[4] 張政烺．中國古代職官大辭典．鄭州：河南人民出版社，1990.

[5] 梁淑芬等．國家公務員實用辭典．武漢：武漢大學出版社，1990.

[6] 邱宣充，張瑛華．雲南文物古迹大全．昆明：雲南人民出版社，1992.

[7] 中國歷史大辭典・歷史地理卷編纂委員會．中國歷史大辭典・歷史地理卷．上海：上海辭書出版社，1996.

[8] 李正清．大理喜洲文化史考．昆明：雲南民族出版社，1998.

[9] 中華人民共和國民政部．中華人民共和國行政區劃（1949—1997）．北京：中國社會出版社，1998.

[10] 周文華．雲南歷史文化名城．昆明：雲南美術出版社，1999.

[11] 張忠綱．全唐詩大辭典．北京：語文出版社，2000.

[12] 姚繼德，肖芒．雲南民族村寨調查：回族——通海納古鎮．昆明：雲南大學出版社，2001.4.

[13] 紅河彝族辭典編纂委員會．紅河彝族辭典．昆明：雲南民族出版社，2002.

[14] 張增祺．探秘撫仙湖：尋找失去的古代文明．昆明：雲南民族出版社，2002.

[15] 王常則譯注．孟子．太原：山西古籍出版社，2003.

[16] 高興文．宣威歷代文學藝術作品系列叢書・古代文學作品卷．昆明：雲南民族出版社，2005.

[17] 李期博．紅河哈尼族彝族自治州哈尼族辭典．昆明：雲南民族出版社，2006.

[18] 陳後強．蒼南縣陳姓通覽．杭州：杭州出版社，2006.

[19] 中共玉溪市紅塔區委會，玉溪市紅塔區人民政府．中國・玉溪九龍池．昆明：雲南民族出版社，2007.

[20] 楊偉兵．雲貴高原的土地利用與生態變遷（1659—1912）．上海：上海人民出版社，2008.

[21] （明）李元陽．李元陽集・散文卷．昆明：雲南大學出版社，2008.

[22] 王邦佐等．政治學辭典．上海：上海辭書出版社，2009.

［23］楊旭恒，汪榕．雲南民族村鎮旅遊．昆明：雲南美術出版社，2009.

［24］李衛東．文明交往視角下納西族文化的發展．昆明：雲南民族出版社，2011.

［25］（明）徐中行著，王群栗點校．徐中行集．杭州：浙江古籍出版社，2012.

［26］蔣筱波．中國宰相傳．西安：三秦出版社，2012.

［27］袁翔珠．清政府對苗疆生態環境的保護．北京：社會科學文獻出版社，2013.

［28］林文勳．國際化視野下的中國西南邊疆：歷史與現狀．北京：人民出版社，2013.

［29］傅林祥，林涓，任玉雪，等．中國行政區劃通史．上海：復旦大學出版社，2013.

［30］陳寶貴．東山土司．昆明：雲南人民出版社，2014.

［31］劉廷鑾，孫家蘭．山東明清進士通覽·清代卷．濟南：山東文藝出版社，2014.

［32］王英華，杜龍江，鄧俊．圖說古代水利工程．北京：中國水利水電出版社，2015.

［33］詹七一，冉隆中．西南語彙．昆明：雲南人民出版社，2015.

［34］邵炳祥．迤薩記憶·古石缸．僑鄉紅河，2009（1）：10.

後　記

　　2015 年 7 月 22 日，"雲南水利碑刻文獻收集整理研究"獲批立項，也正是從那時起，我的業余生活就與"入館查資料、到所找綫索、四處奔走、訪古尋碑、整理研讀"結下了不解之緣。

　　每每周末、假期休息的時候，東奔西走、南來北往，皆為碑事。這樣的時日，文雅些講，可美其名曰"文化考察"，頗有幾分高大上的感覺。通俗點說，則直言不諱"游山玩水"，多少有點令人艷羨的意思，但孩子隨行一次後，便毅然決然地發誓："以後文化考察，我再也不去了。"於我而言，其實調研工作才剛剛開始。

　　難忘在紅河哈尼族彝族自治州前不靠村後不挨店的山路上，汽車右前輪軸承突損之險象；在臨滄至景谷的 G323 國道上遭遇塌方的焦慮與煎熬；在怒江傈僳族自治州高黎貢山獨龍江公路隧道附近突降大雪的心驚肉跳；在雲龍塵土飛揚的道路上，汽車空調保險燒毀，酷暑難耐開窗吸塵的苦不堪言……

　　當然，除却這些，更多的還是找到原碑、獲得拓片的興奮，發現文獻未載或文獻僅有題錄的碑刻之驚喜，以及校勘時發現缺漏和查證訛誤之後的成就感和滿足感。而今的《雲南水利碑刻輯釋》，是縱身遨游書海，廣泛深入田野，辛勤研讀碑拓等的結果，也是四年多來我最大的收穫和樂趣。

　　由於該項目是首次對雲南水利碑刻的全面、系統整理和專題研究，是一項嶄新的、無人嘗試過的開創性工作，雖然課題組傾注了大量的心血，但限於時間、經費、知識、水平、能力等因素的影響，依然存在如下幾方面的問題：

　　（1）碑刻仍有遺漏。由於時間緊、範圍廣、人手少、經費緊張等原因，課題組無法深入雲南省 8 州 8 市的各縣、鄉鎮、村，亦不可能對碑刻實現一網打盡，故尚有部分水利碑刻散佚民間而未被發現。

　　（2）資料不够全面。雖然雲南省圖書館、各地州市圖書館、幾大高校圖書館的地方文獻資料較為豐富，但館藏文獻資源依然存在不可避免的局限性，因此，無法做到資料收集的全面和詳盡。

　　（3）校注存在不足。由於代遠年湮、風雨剝蝕、人為損毀，部分碑刻字迹漫漶、泯滅、缺漏，部分碑刻原碑、拓片佚失，校勘、斷句、標點等工作難度陡增；碑刻中生僻字、異體字較多，字體辨識、碑文輯錄、注釋概述時困難不少；加之，個人古文功底、學術水平的限制，故準確性、詳實性仍有待提升。

　　（4）研究深入不够。關於同一時期不同地區、同一地區不同時期、同一地區不同民族、同一民族不同地區等方面水利碑刻的橫向、縱向比較研究，尚待繼續深入。

以上種種，敬請方家、學者批評斧正，也切盼後之來者日臻完善。

該項目得以順利完成，首先，感謝課題組黃正良、田懷清、謝道辛、楊銳明、余麗萍、蔣淩雲等老師，與我并肩作戰；其次，感謝雲南省圖書館，紅河、楚雄、怒江、玉溪、曲靖、昭通、麗江、保山等州市圖書館，彌勒、建水、會澤、祿豐、彌渡、巍山、鶴慶等縣圖書館，雲南大學、雲南師範大學、曲靖師範學院、昭通學院等高校圖書館的同仁們，為課題組文獻查閱提供的極大便利；再次，感謝各地政協文史辦、文物管理部門、博物館等，為課題組資料收集提供的熱忱幫助；感謝田野調查中所遇見的熱心人士、父老鄉親，為我們尋碑所付出的種種；感謝汪致敏、李偉、楊世武、任敏、張偉、左家琦、張錫祿、楊恒燦、董利偉、楊繼紅、飛哥、藏獒、半仙、許仙、阿龍、四壽、華仔、阿榮、磊仔等的鼎力相助。

感謝我的愛人黨紅梅，在生活中無論陽光、風雨，與我同甘共苦；在科研上時時對我的鞭策、激勵；在田野調查時勇挑後勤、財務等重擔，與我攜手翻山越嶺、風雨兼程。

最後，特別鳴謝大理白族自治州水利經營投資有限公司，為該書出版提供的經費資助；大理市中和歷史文化研究所的全體老師，對該書出版給予的熱心關愛；民族出版社、左道文化的編輯們，為本書出版付出的辛苦和努力。

趙志宏

2019 年 6 月 26 日